TURING 图灵计算机科学丛书

计算机程序设计艺术
卷1：基本算法
（第3版）

[美] 高德纳（**Donald E. Knuth**）◎著

李伯民 范明 蒋爱军 ◎译

The Art of Computer Programming

Vol 1: Fundamental Algorithms
Third Edition

人民邮电出版社
北京

图书在版编目（CIP）数据

计算机程序设计艺术：第 3 版. 第 1 卷，基本算法 /
(美) 高德纳（Knuth, D.E.）著；李伯民，范明，蒋爱军
译. -- 北京 ：人民邮电出版社，2016.1
　（图灵计算机科学丛书）
　书名原文：The Art of Computer Programming, Vol
1: Fundamental Alogorithms
　ISBN 978-7-115-36067-0

　I. ① 计… II. ① 高… ② 李… ③ 范… ④ 蒋… III.
① 程序设计　IV. ① TP311.1

中国版本图书馆 CIP 数据核字 (2015) 第 226056 号

内　容　提　要

　《计算机程序设计艺术》系列被公认为计算机科学领域的权威之作，深入阐述了程序设计理论，对计算机领域的发展有着极为深远的影响. 本书是该系列的第 1 卷，讲解基本算法，包含了其他各卷都需用到的基本内容. 本卷从基本概念开始，然后讲述信息结构，并辅以大量的习题及答案.

　本书适合从事计算机科学、计算数学等各方面工作的人员阅读，也适合高等院校相关专业的师生作为教学参考书，对于想深入理解计算机算法的读者，是一份必不可少的珍品.

◆ 著　　　　　[美] 高德纳（Donald E. Knuth）
　　译　　　　　李伯民　范　明　蒋爱军
　　责任编辑　　傅志红
　　执行编辑　　隋春宁
　　责任印制　　杨林杰
　　排版指导　　刘海洋
◆ 人民邮电出版社出版发行　　　北京市丰台区成寿寺路 11 号
　　邮编　100164　　电子邮件　315@ptpress.com.cn
　　网址　https://www.ptpress.com.cn
　　北京捷迅佳彩印刷有限公司印刷
◆ 开本：787 × 1092　1/16
　　印张：33.5　　　　　　　　2016 年 1 月第 1 版
　　字数：923 千字　　　　　　2025 年 2 月北京第 21 次印刷
　　　　著作权合同登记号　图字：01-2009-7275 号

定价：198.00 元
读者服务热线：(010)84084456-6009　印装质量热线：(010)81055316
反盗版热线：(010)81055315

版权声明

致中国读者

Greetings to all readers of these books in China! I fondly hope that many Chinese computer programmers will learn to recognize my Chinese name "高德纳", which was given to me by Francis Yao just before I visited your country in 1977. I still have very fond memories of that three-week visit, and I have been glad to see "高德纳" on the masthead of the *Journal of Computer Science and Technology* since 1989. This name makes me feel close to all Chinese people although I cannot speak your language.

People who devote much of their lives to computer programming must do a great deal of hard work and must master many subtle technical details. Not many are able to do this well. But the rewards are great, because a well written program can be a beautiful work of art, and because computer programs are helping to bring all people of the world together.

Donald E. Knuth

向我这些书的所有中国读者问好！我天真地希望中国的程序员们能记住我的中文名字叫高德纳，这是我 1977 年访问你们中国前夕，姚期智的夫人姚储枫给我起的名字. 对于那次为期三周的访问，我至今仍然留有深切的记忆，而且让我非常高兴的是，从 1989 年以后，《计算机科学技术学报》的刊头就用了我的中文名字. 虽然我不会说你们的中国话，但这个名字拉近了我们之间的距离.

投身计算机程序设计的人需要做大量相当艰苦的工作，而且必须掌握很多微妙的技术细节. 许多人还不能成功地做到这一点. 但是如果你做到了，就可以得到巨大的回报，因为精心编写的程序就像一个美丽的艺术作品，而且计算机程序能够聚拢全世界的人.

高德纳

前　言

本书应数以千计的读者来信之邀而出版. 我们用了多年的时间
对大量的食谱进行了反复检验, 挑选出最佳的、有趣的、完美的食谱
奉献给大家. 现在我们可以自信满满地说, 不管是谁, 即使
此前从来没有做过菜, 只要严格按书中的说明进行操作,
也能获得跟我们一样的烹饪效果.

——*McCall's Cook book*（1963）

为数字计算机编写程序的过程特别愉快, 因为我们不仅可以获得经济和科学两方面的收益, 还能尽享写诗或作曲般的艺术体验. 本书是多卷丛书中的第一卷, 整个丛书旨在培训读者掌握程序员必备的各种技能.

在接下来的章节中, 我不打算介绍计算机程序设计的入门知识, 而是假定读者已有了一定的基础. 预备知识实际上非常简单, 但初学者恐怕需要一些时间并动手实践, 方能理解数字计算机的概念. 读者应该具有如下知识.

(a) 对存储程序式数字计算机的工作原理有一些认识. 不一定需要电子学背景, 但需要知道指令在机器内存中是如何保存和连续执行的.

(b) 能够用计算机可以"理解"的确切术语来描述问题的解决方案.（这些机器不懂所谓的常识, 它们只会精准地按要求干活, 不会多做也不会少做. 这是刚开始接触计算机时最难领悟的概念. ）

(c) 掌握一些最基本的计算机技术, 例如循环（重复执行一组指令）、子程序的使用、下标变量的使用.

(d) 能够了解常见的计算机术语, 如内存、寄存器、位、浮点、溢出、软件等. 正文中未给出定义的一些术语, 会在每卷最后的索引部分给出简明的定义.

或许可以把这四点归结为一个要求: 读者起码为一台计算机编写和测试过至少（比如说）4 个程序.

我力图使本套丛书能满足两方面的需求. 首先, 这些书总结了几个重要领域的知识, 可以作为参考书; 其次, 它们可以用作自学教材或计算机与信息科学专业的大学教材. 为此, 我在书中加入了大量的习题, 并为多数习题提供了答案. 此外, 我在书中尽可能地用事实说话, 言之有据, 避免做一些含糊的泛泛而谈.

这套书针对的读者不是那些对计算机只有一时兴趣的人, 但也绝不仅限于计算机专业人士. 其实, 我的一个主要目标是使其他领域的广大工作者能够方便地了解这些程序设计方法, 他们本可以利用计算机获得更丰硕的成果, 但却没时间去技术刊物中查找必需的信息.

本套丛书的主题可以称为"非数值分析". 在传统意义上, 计算机是与方程求根、数值插值与积分等数值问题求解联系在一起的, 但我不会专门讨论数值问题, 最多顺带提一下. 数值计算的程序设计是一个发展迅猛、引人入胜的领域, 目前已出版了许多相关图书. 不过, 从 20 世纪 60 年代初期开始, 计算机更多地用于处理那些很少出现数值的问题, 此时用到的是计算机的决策能力而非算术运算能力. 非数值问题中也会用到一些加法和减法, 但基本不需要乘法和除法. 当然, 即便是主要关注数值计算的程序设计的人也可以在非数值方法的学习中受益, 因为数值程序中也会用到非数值方法.

非数值分析的研究成果散见于大量科技刊物中. 通过研究, 我从大量文献中提炼出了一些可以用于多种编程场合的最基本的方法, 并尝试着将其组织为一套"理论". 同时, 我还展示了如何应用这一理论解决大量的实际问题.

当然, "非数值分析"是一种太过负面的否定性的提法, 使用肯定性的描述语来刻画这一研究领域要好得多. "信息处理"对于我们的内容而言过于宽泛, "程序设计技术"又显得太狭窄了, 因此我提出用算法分析来概括本套丛书的主题比较恰当, 这一名称暗示我们将探讨"与特定计算机算法的性质有关的理论".

整套丛书以《计算机程序设计艺术》为题, 内容总览如下.

> 卷 1. 基本算法
>
> 　第 1 章: 基本概念
>
> 　第 2 章: 信息结构
>
> 卷 2. 半数值算法
>
> 　第 3 章: 随机数
>
> 　第 4 章: 算术
>
> 卷 3. 排序与查找
>
> 　第 5 章: 排序
>
> 　第 6 章: 查找
>
> 卷 4. 组合算法
>
> 　第 7 章: 组合查找
>
> 　第 8 章: 递归
>
> 卷 5. 语法算法
>
> 　第 9 章: 词法扫描
>
> 　第 10 章: 语法分析

第 4 卷涉及的范围很大, 实际上包含好几本书 (卷 4A、4B, 等等). 此外, 我还计划编写两卷更具专业性的内容: 第 6 卷语言理论 (第 11 章) 和第 7 卷编译器 (第 12 章).

1962 年, 我打算按顺序把上述章节组织成一本书, 但很快就意识到应该深入介绍这些主题, 而不能蜻蜓点水般地只讲些皮毛. 最终写成的篇幅表明, 每一章包含的内容都无法在一学期的大学课程中讲完, 因此只能分卷出版. 我知道一本书仅有一章或两章会显得很奇怪, 但为了便于相互参照, 我决定保留原来的章节编号. 我计划出一本第 1 卷至第 5 卷的精简版, 供大学用作本科计算机课程的参考书或教材. 该精简版的内容是这 5 卷的子集, 但略去了专业性较强的信息. 精简版与完整版的章节编号将保持一致.

本卷可以看成是整套丛书的交集, 因为它包含了其他各卷都需要用到的基本内容, 而第 2 卷至第 5 卷则可以彼此独立地阅读. 第 1 卷不仅可以作为阅读其他各卷的参考书, 还可以用作下述课程的大学教材或自学读物: 数据结构 (主要是第 2 章的内容), 或者离散数学 (主要是 1.1 节、1.2 节、1.3.3 节和 2.3.4 节的内容)、机器语言程序设计 (主要是 1.3 节和 1.4 节的内容) 等.

我撰写本书的出发点不同于当前的大多数计算机程序设计书籍. 我教给读者的不是如何使用别人的软件, 而是如何自己编写更好的软件.

　　我最初的目标是引领读者到达每个主题的知识前沿. 然而, 身处一个经济上有利可图的领域, 要保持不落伍是极端困难的, 计算机科学的迅猛发展使我这一梦想最终破灭了. 我们讨论的每一个主题都包含了全世界成千上万的能人异士所贡献出的成千上万的精妙成果. 因此, 我一改初衷, 开始专注于那些很可能在多年后仍然很重要的"经典"方法, 并尽我所能来描述它们. 特别地, 我尽力跟踪了每个主题的演变历史, 为其未来的发展打好坚实的基础; 我尽力选择了与当前用法一致的简明术语; 我尽力囊括了与顺序计算机程序设计相关的所有美妙且易于表述的思想.

　　对于本套丛书的数学内容还需要说几句. 从内容选择上来说, 具有高中代数知识的普通读者就可以阅读这些书, 遇到涉及较多数学知识的部分时可以略读, 而偏好数学的读者则可以学到许多与离散数学相关的很有意思的数学方法. 为在行文上兼顾这两类读者, 我给每道习题都标定了等级, 数学性强的题目会被特别标示出来, 我还在多数章节里把主要数学结果放在其证明之前陈述. 相关证明要么留作习题(答案单独用一节集中给出), 要么在小节的最后给出.

　　如果读者主要对程序设计而非相关的数学内容感兴趣, 那么可以在感觉数学难度显著加大时停止阅读这一节, 而对数学有兴趣的读者则能在这些节中发现许多丰富而有趣的内容. 不少已经发表的与计算机程序设计有关的数学文章都含有错误, 本书的目标之一就是用正确的数学方法向读者传授相关的内容. 我自认为是一名数学家, 因此会竭尽所能地维护数学的完整性, 对此我责无旁贷.

　　其实有基本的微积分知识就足够理解本丛书中的多数数学内容, 因为所需的其他理论大多是由此建立起来的. 当然, 有时我会用到复变函数理论、概率论、数论等更深入的定理, 这种情况下我会列出相应的教科书供读者参考.

　　撰写这套丛书时最艰难的抉择, 在于如何展示各种各样的方法. 采用流程图且非形式化地逐步描述算法显然很有优势, 相关讨论可以参考《ACM 通讯》第 6 卷(1963 年 9 月)第 555–563 页的 "Computer-Drawn Flowcharts" (计算机绘制流程图)一文. 不过, 描述任何计算机算法时, 形式化的准确语言也是必不可少的, 我需要决定是使用 ALGOL 或 FORTRAN 这样的代数语言, 还是使用一种面向机器的语言. 可能当今的许多计算机专家都不赞同我最终使用了面向机器的语言, 但我确信自己的选择是恰当的, 理由如下.

　　(a) 程序员在很大程度上受编程语言的影响. 如今的主流趋势就是, 使用语言中最简单的结构而不是对机器而言性能最好的特性来构建程序. 如果学习并理解了面向机器的语言, 程序员会倾向于使用一种效率高得多的方法, 这更贴近实际.

　　(b) 除了个别情况, 我们所用的程序都相当短小. 因此只要有台合适的计算机, 理解这些程序不会有什么难度.

　　(c) 高级语言不适合用来讨论协同程序连接、随机数生成、多精度算术以及与内存有效使用相关的许多问题的底层细节.

　　(d) 只要不是对计算机只有一时兴趣的人, 都应该学好机器语言, 这是计算机的基础.

　　(e) 无论如何, 我们都需要某种机器语言作为许多示例中的软件程序的输出.

　　(f) 代数语言每隔 5 年左右就会改朝换代, 而我想强调的是永恒的思想.

　　从另一个角度来看, 我承认如果使用高级程序设计语言, 程序的编写要容易一些, 程序的调试更是容易很多. 事实上, 计算机已非常强大快速, 我从 1970 年开始就很少使用低级的机器语言编写程序了. 然而, 对于书中许多有趣的问题而言, 程序员的技巧是至关重要的. 例如, 某些组合计算需要重复 1 万亿次, 其内循环时间每减少 1 微秒, 我们就能节省 11.6 天. 类似地，多花些时间编写每天需要在许多计算机装置中多次使用的软件也是值得的，因为软件只需要编写一次.

既然已经决定了使用面向机器的语言，下一个问题就是应该用哪种语言. 我可以选择特定机器 X 上的语言，但若如此，没有机器 X 的人就会认为本书是仅仅针对 X 用户的. 此外，机器 X 可能具有许多与本书内容无关的特性，仍需加以解释. 两年后，生产机器 X 的厂家可能会推出 $X+1$ 或 $10X$，那时候就不会再有人对 X 感兴趣了.

为了避免陷入这样的窘境，我尝试着设计了一种操作规则非常简单（甚至只要一个小时就能掌握）的"理想"计算机，它跟实际的机器很类似. 学生没有理由对学习多种计算机的特性感到恐惧：一旦掌握了某种机器语言，其他机器的语言自然就很简单了. 毫无疑问，真正的程序员在职业生涯中会碰到许多种机器语言. 对于我们的假想机而言，现在唯一的缺陷就是难以执行为它编写的程序. 幸运的是，许多志愿者已经自告奋勇地站出来为其编写模拟程序了，因此程序的执行也不再是问题了. 这些模拟程序非常适合于教学目的，因为它们甚至比实际的计算机还要易于使用.

我尽量在讨论每个主题时引用最好的早期论文，并摘录一些新的进展. 对期刊文献的引用一般采用标准的缩写方式，但下列引用最频繁的杂志例外，它们的缩写如下：

CACM = Communications of the Association for Computing Machinery（《ACM 通讯》）

JACM = Journal of the Association for Computing Machinery（《ACM 杂志》）

Comp. J. = The Computer Journal (British Computer Society)（英国计算机学会《计算机杂志》）

Math. Comp. = Mathematics of Computation（《计算数学》）

AMM = The American Mathematical Monthly（《美国数学月刊》）

SICOMP = SIAM Journal on Computing（《SIAM 计算杂志》）

FOCS = IEEE Symposium on Foundations of Computer Science（《IEEE 计算机科学基础论文集》）

SODA = ACM-SIAM Symposium on Discrete Algorithms（《ACM-SIAM 离散算法论文集》）

STOC = ACM Symposium on Theory of Computing（《ACM 计算理论论文集》）

Crelle = Journal für die reine und angewandte Mathematik（《理论与应用数学杂志》）

例如，我将用"*CACM* 6 (1963), 555–563"表示前面提到的那篇文献. 此外，还会用《具体数学》表示 *Concrete Mathematics* 一书，1.2 节引言部分会引用到它.

这套丛书的许多技术性内容出现在习题中. 有些重要习题的构思不是我的原创，我会尽力给出原创者的信息. 相应的文献引用通常在该节的正文或者习题的答案中给出. 但许多情况下，习题基于未发表的材料，此时就无法给出进一步的引文信息了.

许多人在本套丛书的撰写过程中给了了帮助，在此表示深深的谢意. 首先是我的妻子高精蘭，感谢她的极大耐心，感谢她为本书绘制了部分插图，感谢她各方面无尽的支持. 其次感谢罗伯特·弗洛伊德，他早在 20 世纪 60 年代就为增强本套丛书的内容投入了大量的时间. 此外，其他数以千计的人士也提供了重要的帮助，如果要一一列出他们的名字还需要一本书的篇幅！他们中的许多人无私地允许我使用其尚未公开发表的内容. 我在加州理工大学和斯坦福大学从事研究工作时，国家科学基金会和海军研究署给予了多年的慷慨赞助. 从我 1962 年开始写书起，Addison-Wesley 公司就一直提供着大力的支持和合作. 我知道，向他们表示感谢的最好方法就是尽我所能把书写成他们所期待的样子，不负他们的投入.

第 3 版前言

花 10 年时间开发了用于计算机排版的 TeX 系统和 METAFONT 系统之后，我现在已经能够实现当初的一个梦想了：用这些系统来排版《计算机程序设计艺术》. 最终，本书的全部内容都存储在我的个人电脑中，该电子格式可以随时适应印刷技术和显示技术的改进. 新的设置使得我可以在文字上进行数千处的改进，这是我多年来一直想做的.

我对新版的文字逐字进行了认真的审阅，力图在保持原有的蓬勃朝气的同时，加入一些可能更成熟的论断. 新版增加了几十道新的习题，并为原有的几十道习题给出了改进的新答案.

《计算机程序设计艺术》丛书尚未完稿，因此书中有些部分还带有"建设中"的图标，以向读者致歉——这部分内容还不是最新的. 我电脑中的文件里堆满了重要的材料，打算写进第 1 卷最后壮丽无比的第 4 版中，或许从现在算起还需要 15 年的时间. 但我必须先完成第 4 卷和第 5 卷，非到万不得已，我不想拖延这两卷的出版时间.

我一直在努力扩展和改进这套书，从 1980 年开始，有了 Addison-Wesley 出版公司的编辑彼得·戈登的指导，这一工作的进展大有提高. 他已经不仅是我的出版伙伴，而且成为了我私交很好的朋友，是他不断地促使我朝着卓有成效的方向前进. 的确，这三十多年来，我和出版社数十位朋友的互动交往，恐怕是远远超过了一个作者所能享受到的待遇. 特别值得赞许的是，责任编辑约翰·富勒永不知疲倦地提供支持，尽管我频繁更新书中内容，他也始终如一地注重任何一个细节，让这套书以最高质量标准面世.

准备这一新版本的大部分艰苦工作是由菲利斯·温克勒、西尔维奥·利维和杰弗里·奥尔德姆完成的. 温克勒和利维把第 2 版的全部文本熟练地录入了计算机，并做了编辑修改，奥尔德姆则几乎把所有的插图都转换成了METAPOST 格式. 我修正了细心的读者在第 2 版中发现的所有错误（还有读者未能察觉的一些错误），并尽量避免在新增内容中引入新的错误. 但我猜测可能仍然有一些缺陷，我希望能尽快加以改正. 因此，我很乐意向首先发现技术性错误、印刷错误或历史知识错误的人按每处支付 \$2.56. 下列网页上列出了所有已反馈给我的最新勘误：http://www-cs-faculty.stanford.edu/~knuth/taocp.html.

高德纳

加利福尼亚斯坦福

1997 年 4 月

过去二十年里发生了巨变.

——比尔·盖茨（1995）

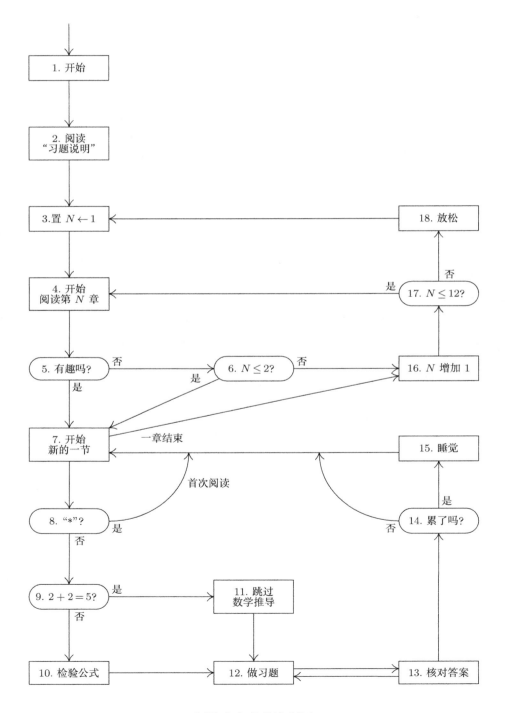

阅读本套书的流程图

阅读本套书的步骤

1. 先阅读本步骤，除非你已经在读了. 继续忠实遵循这些步骤. （这个步骤的一般形式及其流程图贯穿全书. ）

2. 阅读"习题说明".

3. 置 $N = 1$.

4. 开始阅读第 N 章. 不要阅读章首的引文.

5. 你对这一章的主题是否有兴趣? 是，转到第 7 步；不是，转到第 6 步.

6. $N \leq 2$ 吗? 不是，转到第 16 步；是，无论如何要通读这一章. （第 1 章和第 2 章包含重要的导引材料，也回顾了基本的程序设计方法. 最低限度，你应该略读有关记号和有关 MIX 的那几节. ）

7. 开始阅读这一章的下一节. 如果这章已读完，转到第 16 步.

8. 这一节是否标记了星号（＊）? 若是，首次阅读时可以先略去（其中包含了有趣的特定专题，不过不是必不可少的）；返回第 7 步.

9. 你喜欢数学吗? 如果数学对你而言是天书，转到第 11 步；否则，转到第 10 步.

10. 检查这一节中的数学推导（发现错误请告知作者）. 转到第 12 步.

11. 如果当前这一节都是数学计算，你最好不读推导过程. 但是，你应该熟悉这一节的基本结果. 这些结果通常在开始处陈述，或者以仿宋体放在难读部分的后面.

12. 遵照第 2 步提到的"习题说明"做这一节的习题.

13. 做完习题并觉得满意之后，按照书后的答案核对你的结果（如果那道题有答案）. 你也应该读读没时间做的那些习题的答案. 注：多数情况下，理应在做第 $n+1$ 道习题之前阅读第 n 道题的答案，所以第 12 步和第 13 步通常是同时进行的.

14. 累了吗? 没有，返回第 7 步.

15. 睡觉. 醒后返回第 7 步.

16. N 增加 1. 如果 $N = 3, 5, 7, 9, 11, 12$，开始阅读这套书的下一卷.

17. 若 N 小于或等于 12，返回第 4 步.

18. 祝贺你! 现在说服你的朋友买一本卷 1 阅读吧. 也请返回第 3 步.

> 只读一本书的人是悲哀的.
> ——乔治·赫伯特, *Jacula Prudentum*, 1144（1640）

> 所有著作的唯一共同缺点，在于表达形式过于冗长.
> ——沃夫纳格, *Réflexions*, 628（1746）

> 书是平凡的，唯有生命是伟大的.
> ——托马斯·卡莱尔, *Journal*（1839）

习题说明

这套书的习题既可用于自学，也可用于课堂练习．任何人单凭阅读而不运用获得的知识解决具体问题，进而激励自己思考所阅读的内容，就想学会一门学科，即便可能，也很困难．再者，人们大凡对亲身发现的事物才有透彻的了解．因此，习题是这套书的一个重要组成部分．我力求习题的信息尽可能丰富，并且兼具趣味性和启发性．

很多书会把容易的题和很难的题随意混杂在一起．这样做有些不合适，因为读者在做题前想知道需要花多少时间，不然他们可能会跳过所有习题．理查德·贝尔曼的《动态规划》（*Dynamic Programming*）一书就是个典型的例子．这是一本很重要的开创性著作，在书中某些章后"习题和研究题"的标题下，极为平常的问题与深奥的未解难题掺杂在一起．据说有人问过贝尔曼博士，如何区分习题和研究题，他回答说："若你能求解，它就是一道习题；否则，它就是一道研究题．"

在我们这种类型的书中，有足够理由同时收录研究题和非常容易的习题．因此，为了避免读者陷入区分的困境，我用等级编号来说明习题的难易程度．这些编号的意义如下所示．

等级　说明

00　极为容易的习题，只要理解了文中内容就能立即解答．这样的习题差不多都是可以"在脑子中"形成答案．

10　简单问题，它让你思考刚阅读的材料，决非难题．你至多花一分钟就能做完，可考虑借助笔和纸求解．

20　普通问题，检验你对正文内容的基本理解，完全解答可能需要 15 到 20 分钟．

30　具有中等难度的较复杂问题．为了找到满意的答案，可能需要两小时以上．要是开着电视机，时间甚至更长．

40　非常困难或者很长的问题，适合作为课堂教学中一个学期的设计项目．学生应当有能力在一段相当长的时间内解决这个问题，但解答不简单．

50　研究题，尽管有许多人尝试，但直到我写书时尚未有满意的解答．你若找到这类问题的答案，应该写文章发表．而且，我乐于尽快获知这个问题的解答（只要它是正确的）．

依据上述尺度，其他等级的意义便清楚了．例如，一道等级为 17 的习题就比普通问题略微简单点．等级为 50 的问题，若是将来被某个读者解决了，可能会在本书以后的版本中标记为 40 等，并发布在因特网上的本书勘误表中．

等级编号除以 5 得到的余数，表示完成这道习题的具体工作量．因此，等级为 24 的习题，比等级为 25 的习题可能花更长的时间，不过做后一种习题需要更多的创造性．等级为 46 及以上的习题是开放式问题，有待进一步研究，其难度等级由尝试解决该问题的人数而定．

作者力求为习题指定精确的等级编号，但这很困难，因为出题人无法确切知道别人在求解时会有多大难度；同时，每个人都会更擅长解决某些类型的问题．希望等级编号能合理地反映习题的难度，读者应把它们看成一般的指导而非绝对的指标．

本书的读者群具有不同程度数学教育和素养，因此某些习题仅供喜欢数学的读者使用．如果习题涉及的数学背景大大超过了仅对算法编程感兴趣的读者的接受能力，那么等级编号前会有一个字母 *M*．如果习题的求解必须用到本书中没有详细讨论的微积分等高等数学知识，那么用两个字母 *HM*．*HM* 记号并不一定意味着习题很难．

　　某些习题前有个箭头 ▶，这表示问题极具启示性，特别向读者推荐．当然，不能期待读者或者学生做全部习题，所以我挑选出了看起来最有价值的习题．（这并非要贬低其他习题！）读者至少应该试着解答等级 10 以下的所有习题，再去优先考虑箭头标出的那些较高等级的习题．

　　书后给出了多数习题的答案．请读者慎用答案，还未认真求解之前不要求助于答案，除非你确实没有时间做某道习题．在你得出自己的答案或者做了应有的尝试之后，再看习题答案是有教益和帮助的．书中给出的解答通常非常简短，因为我假定你已经用自己的方法做了认真的尝试，所以只概述其细节．有时解答给出的信息比较少，不过通常会给较多信息．很可能你得出的答案比书后答案更好，你也可能发现书中答案的错误，对此，我愿闻其详．本书的后续版本会给出改进后的答案，在适当情况下也会列出解答者的姓名．

　　你做一道习题时，可以利用前面习题的答案，除非明确禁止这样做．我在标注习题等级时已经考虑到了这一点，因此，习题 $n+1$ 的等级可能低于习题 n 的等级，尽管习题 n 的结果只是它的特例．

编号摘要：		*00*	立即回答
		10	简单（一分钟）
		20	普通（一刻钟）
▶	推荐的	*30*	中等难度
M	面向数学的	*40*	学期设计
HM	需要"高等数学"	*50*	研究题

习题

▶ **1.** [*00*] 等级"*M20*"的含义是什么？

2. [*10*] 教科书中的习题对于读者具有什么价值？

3. [*14*] 证明 $13^3 = 2197$．推广你的答案．（这是一类令人讨厌的问题，我尽量不出这类题．）

4. [*HM45*] 证明：当 n 为大于 2 的整数时，方程 $x^n + y^n = z^n$ 无正整数解 x, y, z．

我们能够面对问题．
我们会侦破这起悬案的，
因为我们能够理出头绪，找到办法．
——赫尔克里·波洛，《东方快车谋杀案》（1934）

目　　录

第 1 章 基本概念

> 很多不熟悉数学研究的人往往以为，因为查尔斯·巴贝奇的分析机
> 是用数值符号输出结果的，所以它的处理过程在本质上必然是
> 算术的、数值的，而不是代数的、分析的．这是一种误解．
> 分析机能对数值量进行排列和组合，和处理字母或者其他通用符号
> 完全一样．事实上，如果事先约定好，那么
> 分析机也可以用代数符号显示结果．
> ——洛夫莱斯伯爵夫人奥古斯塔·艾达[①]（1843）

> 看在上帝的份上，
> 从小事做起，循序渐进．
> ——爱比克泰德[②]（《语录》第 IV 卷）

1.1 算法

算法是计算机程序设计的基本概念，所以我们就从分析这个概念入手．

algorithm（算法）这个词非常有趣，乍一看，仿佛有人想写 logarithm（对数），但把前面 4 个字母的次序弄乱了．直到 1957 年，algorithm 这个词才第一次出现在《韦氏新世界词典》（*Webster's New World Dictionary*）中．我们只能找到更古老的词形 algorism，它表示用阿拉伯数字进行的算术运算．在中世纪，珠算人员用算盘进行计算，而数算人员（algorist）则依据十进制计算规则用阿拉伯数字做计算．迄至文艺复兴时期，这个词的来源已经成谜．早期的语言学家猜测，它源自 algiros（费力的）+ arithmos（数字）的组合．另一些人则反对这种说法，认为这个词由卡斯蒂利亚王国的国王阿尔哥尔（Algor）衍生而来．最终，数学史研究者找到了 algorism 这个词的真正来源：它出自波斯知名教科书作者的名字 Abū 'Abd Allāh Muḥammad ibn Mūsā al-Khwārizmī（约公元 825 年），其字面意义是"穆罕默德，阿卜杜拉之父，摩西之子，花剌子模之居民"[③]．中亚地区的咸海在古代称为花剌子模湖，而花剌子模地区位于咸海正南方的阿姆河盆地[④]．这位花拉子米写就了著名的阿拉伯文教科书 *Kitāb al-jabr wa'l-muqābala*（还原和相等的规则），该书系统研究了线性方程和二次方程求解．由书名又衍生出另一个词 algebra（代数）．[关于花拉子米的生平及著作的评述，可参阅海因茨·泽马内克的 *Lecture Notes in Computer Science* **122** (1981), 1–81.]

algorism 一词的形式和含义逐渐变得面目全非．正如《牛津英语词典》（*Oxford English Dictionary*）的解释："（这个词）经过伪词源学多次附会曲解，如新近的词汇 algorithm（算法），有意同 arithmetic（算术）的希腊词根相混淆．"鉴于人们已经忘记了原词的出处，从 algorism（十进制计算法）到 algorithm（算法）的变化就不难理解了．一本早年出版的德国《数学大全辞典》[*Vollständiges mathematisches Lexicon*（Leipzig: 1747）] 给出了 Algorithmus（算法）的定义："该词结合了加、减、乘、除四则算术运算的概念．"那时，拉丁语词组 algorithmus infinitesimalis（无穷小量的算法）用于表示戈特弗里德·莱布尼茨所建立的"用无穷小量计算的方法"．

---

① 诗人理查德·洛夫莱斯伯爵的夫人，诗人拜伦之女，数学家．她协助查尔斯·巴贝奇发展现代计算机，被后人公认为第一位计算机程序员．——译者注

② 古罗马时期唯心主义哲学派别斯多葛派晚期主要代表人物之一．——译者注

③ 花拉子米，阿拉伯数学家和天文学家，把印度和阿拉伯的数学和代数介绍到欧洲．他关于印度和阿拉伯数学的著作被译成拉丁文，书名是《印度计算法》（*Algoritmi de numero Indorum*）．algoritmi 是其名字的拉丁文译名，后来演变成 algorithm（算法）一词．——译者注

④ 阿姆河流经现今土库曼斯坦和乌兹别克斯坦境内，古代称阿姆河沿岸地带为花剌子模．——译者注

到了 1950 年，算法一词最常使人联想到欧几里得算法（辗转相除法），这是一种求解两个正整数的最大公因数的过程，出自欧几里得《几何原本》（*Elements*）第 7 卷的命题 1 和命题 2. 在此向读者展示欧几里得算法，它具有启示作用.

算法 E（欧几里得算法）.   给定两个正整数 m 和 n，求它们的最大公因数，即同时整除 m 和 n 的最大正整数.

E1.［求余数.］用 n 除 m，令 r 为余数.（我们将有 $0 \le r < n$.）

E2.［余数为 0?］如果 $r = 0$，算法终止. n 是答案.

E3.［减少.］置 $m \leftarrow n$, $n \leftarrow r$，然后返回步骤 E1.   ▌

当然，欧几里得当初并不是用这种形式叙述他的算法的. 上述形式展现了本书所有算法的呈现风格.

我们对所考虑的每个算法设定一个标识字母（上例中是 E），算法的步骤用这个字母加一个数字来标识（E1, E2, E3）. 书中各章分成带编号的若干节，一节之内的算法只用字母标识. 引用其他章节的算法时，要加注相应的节号. 例如，我们当前处在 1.1 节，欧几里得算法在本节中称为算法 E，而在后续各节中称为算法 1.1E.

算法的每一步（例如上面的步骤 E1）以方括号括起的短语开始，这个短语尽可能简要概括了这一步的主要内容. 这种短语也常出现在相应的流程图中，例如图 1，这样读者就很容易清楚理解算法了.

图 1　算法 E 的流程图

概括性短语之后，以文字和符号说明要执行的某种操作或者某种判定. 随后也可能出现带括号的注释，例如步骤 E1 的第二句. 注释作为这一算法步骤的解释性信息，通常指出变量的某些不变特征或者这一步的当前目标. 注释不具体说明算法的操作，仅提供或有助于读者理解算法的辅助资料.

步骤 E3 中的箭头"$\leftarrow$"是极其重要的替换操作，有时也称为赋值或者代入：$m \leftarrow n$ 的意思是用变量 n 的当前值替换变量 m 的值. 在算法 E 开始时，m 和 n 的值是最初给定的正整数；当算法结束时，这两个变量通常具有不同的值. 箭头用于区分替换操作与相等关系：我们不说"置 $m = n$"，但也许会问"$m = n$ 吗?". 等号"$=$"表示可以检验的条件，而箭头"$\leftarrow$"表示可以执行的操作. "n 增加 1"的操作用"$n \leftarrow n + 1$"表示（读作"用 $n + 1$ 替换 n"或者"n 得到 $n + 1$"）. 一般地，"变量 $\leftarrow$ 算式"的含义是：用出现在算式中的任何变量的当前值计算该算式，然后用结果替换箭头左端变量的原有值. 没有接受过计算机专业教育的人，有时习惯把 n 增加 1 的运算说成"n 变成 $n + 1$"，写成 $n \rightarrow n + 1$. 这种符号表示会引起混乱，因为它同规范约定相冲突，应当避免使用.

请注意，步骤 E3 中的操作顺序很重要："置 $m \leftarrow n$, $n \leftarrow r$"完全不同于"置 $n \leftarrow r$, $m \leftarrow n$"，后一种操作顺序意味着 n 的原值已经失去，无法赋给 m，因此它等价于"置 $n \leftarrow r$, $m \leftarrow r$". 当需要把多个变量全部设置为同一个值时，我们可以用多个箭头. 例如"$n \leftarrow r$,

"$m \leftarrow r$" 可以写成 "$n \leftarrow m \leftarrow r$". 为了交换两个变量的值, 我们可以写 "交换 $m \leftrightarrow n$". 这个操作也可以利用一个新变量 t 来表示, 写成 "置 $t \leftarrow m$, $m \leftarrow n$, $n \leftarrow t$".

算法从号码最小的一步开始执行 (通常就是步骤 1), 然后按照顺序执行随后的操作步骤, 除非出现执行其他步骤的说明. 在欧几里得算法的步骤 E3 中, 强制语句 "返回步骤 E1" 直接指定计算步骤的顺序. 在步骤 E2 中, 操作以 "如果 $r = 0$" 开始; 如果 $r \neq 0$, 那么该操作语句中的其余部分就不再执行, 也未指定操作. 自然, 我们可以增加一个多余的操作语句: "如果 $r \neq 0$, 继续转到步骤 E3."

步骤 E3 后面有一道粗黑竖直线段 ▮, 表示算法终结, 回到正文.

至此, 我们实际上已经讨论了本书算法的全部符号约定, 只剩下一个符号, 那就是用于表示有序数组元素的 "下标" 项的符号. 假定有 n 个量 $v_1, v_2, \ldots, v_n$, 我们通常用 $v[j]$ 表示其中的第 j 个元素, 而不把它写成 v_j. 同样, 我们往往选用 $a[i,j]$ 表示像 a_{ij} 这样的双下标量. 变量命名有时也采用含多个字母的名称, 一般用大写字母, 例如 TEMP 可表示用于临时保存某个计算值的变量, 而 PRIME[K] 可表示第 K 个素数, 如此等等.

关于算法的形式, 我们就讲到这里, 现在来说说如何执行算法. 需要立即指出的是, 不能像读小说那样读算法, 因为那样会很难理解算法流程. 必须把算法看成是可信的, 而要全面了解算法的最好途径就是试用它. 读者应当纸笔不离手, 每读到一个算法, 就立即执行一个例子. 本书通常会大致介绍一个可执行的算法实例, 若是没有例子, 读者也能很容易想出一个. 这样做可以轻松地理解给定算法, 而其他所有方法通常不会成功.

下面我们就执行算法 E 的一个实例. 假定已知 $m = 119$ 和 $n = 544$, 我们从步骤 E1 开始. (读者应当按照我们的详细说明, 逐步执行这个算法.) 在这种情况下, 用 n 除 m 非常简单. 真是太简单了, 因为商为 0, 余数是 119. 于是, $r \leftarrow 119$. 我们进入步骤 E2, 由于 $r \neq 0$, 因而无操作. 在步骤 E3, 我们置 $m \leftarrow 544$, $n \leftarrow 119$. 很明显, 如果最初 $m < n$, 那么步骤 E1 中的商始终为 0, 算法总要以这种颇为烦琐的方式交换 m 与 n. 为此, 我们增加一个新的操作步骤:

E0. [保证 $m \geq n$.] 如果 $m < n$, 交换 $m \leftrightarrow n$.

这种做法没有实质性地改变算法, 只是略微增加了一点儿文字长度, 并在大约半数情况下减少了运行时间.

返回步骤 E1, 我们求出 $544/119 = 4 + 68/119$, 所以 $r \leftarrow 68$. 此时仍然不执行步骤 E2. 在步骤 E3, 我们置 $m \leftarrow 119$, $n \leftarrow 68$. 下一轮, 我们先置 $r \leftarrow 51$, 最终置 $m \leftarrow 68$, $n \leftarrow 51$. 再下一轮, 先置 $r \leftarrow 17$, 再置 $m \leftarrow 51$, $n \leftarrow 17$. 最后, 17 整除 51, 我们置 $r \leftarrow 0$, 算法在步骤 E2 终止. 由算法求出, 119 与 544 的最大公因数是 17.

看, 这就是一个算法. 算法的现代含义与食谱、流程、方法、工序步骤、例行手续和繁文缛节非常接近, 不过 "算法" 一词的内涵有着细微的差异. 一个算法不仅仅是一组数量有限的规则, 给出求解特定一类问题的一系列操作步骤, 除此之外, 它还具备如下 5 个重要特征.

(1) 有限性 (有穷性). 算法必须在执行有限步之后终止. 算法 E 满足这个条件, 因为在步骤 E1 后 r 的值小于 n. 如果 $r \neq 0$, 那么下一次再执行步骤 E1 后, n 的值减少. 一个递减的正整数序列最后必然终止, 所以对于 n 的任何初值, 步骤 E1 仅仅执行有限次. 不过需要注意, 这个步数可以取到任意大的值, 例如适当选取相当大的 m 和 n, 便可能使步骤 E1 执行超百万次.

(一个过程如果具备算法除有限性外的全部特征, 那么可以称为计算方法. 欧几里得当年不仅介绍了求两个数最大公因数的算法, 而且也给出了求两条线段长度的 "最大公测度" 的非常相似的几何构造. 如果两条线段的长度是不可通约的, 那么这就是一个不会终止的计算方法. 不终止的计算方法的另一个例子是反应式进程, 这种进程不断与环境交互作用.)

(2) 确定性. 算法的每一步都必须精确定义, 对于每种情况要执行的操作必须给出严格而无歧义的说明. 本书中的所有算法都满足这条准则(但愿如此), 但是它们是用自然语言说明的, 所以读者的理解可能和我的意图有出入. 为避免这种困境, 明确指定算法, 我们有形式化定义的程序设计语言或者计算机语言, 其中每个语句都具有非常确定的含义. 本书中的许多算法将同时用自然语言和计算机语言给出. 用计算机语言表示的计算方法称为程序(program).

在算法 E 中, 对步骤 E1 应用确定性准则, 就意味着读者应当完全了解用 n 除 m 的含义以及余数的含义. 事实上, 如果 m 和 n 不是正整数, 那么对于这种含义并没有一般共识. 试问, 用 $-\pi$ 除 -8 的余数是什么? 用 0 除 59/13 的余数是什么? 因此根据确定性准则, 我们必须确保每当执行步骤 E1 时, m 和 n 的值一定是正整数. 依据假设, 这在算法开始时为真. 经过步骤 E1 之后, 如果我们到达步骤 E3, r 必须是不为 0 的非负整数. 所以, m 和 n 确实是合乎要求的正整数.

(3) 输入. 一个算法具有 0 个或者多个输入(input): 算法开始前赋给它的初始量, 或者在算法执行中动态赋给它的量. 这样的输入取自特定的对象集合. 例如, 在算法 E 中有两个输入, 即 m 和 n, 它们都取自正整数集.

(4) 输出. 一个算法具有 1 个或者多个输出(output): 与输入有着某种指定关系的量. 算法 E 有一个输出, 即步骤 E2 中的 n, 它是两个输入的最大公因数.

(容易证明, 这个数确实是最大公因数. 在步骤 E1 之后有

$$m = qn + r,$$

其中 q 是某个整数. 如果 $r = 0$, 那么 m 是 n 的倍数, 此时 n 显然是 m 和 n 的最大公因数. 注意到如果 $r \neq 0$, 任何同时整除 m 和 n 的数必定整除 $m - qn = r$, 而且任何同时整除 n 和 r 的数必定整除 $qn + r = m$, 所以 m 和 n 的公因数集合与 n 和 r 的公因数集合是相同的. 特别地, m 和 n 的最大公因数与 n 和 r 的最大公因数是相同的. 所以, 步骤 E3 不会改变原问题的答案.)

(5) 可行性(有效性). 通常还要求算法在下述意义下是可行的: 它的所有操作必须足够基本, 原则上人们可以用笔和纸在有限时间内准确地执行. 算法 E 的操作仅有正整数相除, 检验一个整数是否为 0, 以及置一个变量的值与另一个变量的值相等. 这些操作是可行的, 因为可以用有限的形式把整数写在纸上, 并且至少存在一种计算正整数除法的方法("除法算法"). 但是, 如果涉及的值是用无穷小数展开式表示的任意实数, 或者是真实线段的长度(不能准确确定), 同样的操作就是不可行的. 再举一个不可行操作步骤的例子: "如果 4 是使得方程 $w^n + x^n + y^n = z^n$ 存在正整数解 w, x, y, z 的最大整数 n, 那么转到步骤 E4." 这样的操作步骤是不可行的, 除非有人成功构造出一个能够判定 4 是否是具备所述性质的最大整数的算法.

我们来比较一下算法和食谱的概念. 食谱多半具备有限性(尽管人们常说守着的壶是烧不开的)、输入(鸡蛋、面粉等)以及输出(盒饭等), 但是它的显著缺陷是缺乏确定性. 在烹饪指南中常常出现不确定的情况——"加少许盐". 所谓"少许"可以定义为"少于 $1/8$ 茶匙", 盐或许算是有明确定义的, 但是究竟应把盐加在哪儿? 顶上还是边上? 像"轻轻搅拌直到均匀混合"或者"在小锅中微热白兰地"之类的指示, 已经完全适合解释给训练有素的厨师听; 但是对于算法的描述, 必须达到连计算机也能够理解照做的程度. 尽管如此, 计算机程序员还是能

从研究食谱佳作中学到很多东西的.（事实上，我几乎想把本丛书的这一卷定名为"程序员的食谱"．或许有一天，我会尝试写一本名为"厨房的算法"的书．)

我们应当指出，有限性的要求太低了，不足以满足实际应用的需求．一个有用的算法的步骤数不仅应当有限，而且应当非常有限，大小合理．例如有个国际象棋的算法，可以判定执白子一方在不失误的情况下是否一定能获胜（见习题 2.2.3–28）．那个算法足以求解一个引起成千上万人强烈兴趣的问题，但是完全可以断定，我们在有生之年不会看到它的答案，因为执行算法需要的时间虽然是有限的，不过长得难以想象．此外，请参阅第 8 章关于某些有限数的讨论，那些数大得让人完全无法理解．

在实践中，我们不仅需要各种算法，而且还要求这些算法在广义美学意义下是好的．好算法的一个标准是算法执行时间，这可以用每一步执行的次数来表达．其他标准还包括算法对于不同类型计算机的适应性，算法本身的简单和优雅，等等．

我们经常会面对同一问题的多种算法，因此需要判别哪个算法是最佳的．这种状况把我们引向了算法分析（algorithmic analysis）这个极为有趣且极端重要的领域：给定一个算法，我们要确定它的性能特征．

我们按这种观点来考虑欧几里得算法．假如我们提个问题："假定 n 的值已知，m 在全部正整数范围内取值，那么执行算法 E 的步骤 E1 的平均次数 T_n 将是多少？"首先，我们需要检验这个问题是否存在有意义的答案，因为我们想在 m 有无限多选择的条件下获得平均值．不过很明显，在首次执行 E1 后，仅会用到 m 除以 n 所得的余数，不再需要 m．所以为了求 T_n，我们只需对 $m = 1, m = 2, \ldots, m = n$ 试用算法，统计出步骤 E1 的总执行次数，然后再除以 n．

现在，我们要确定 T_n 的性质．例如，它是近似等于 $\frac{1}{3} n$，还是 $\sqrt{n}$？事实上，这个数学问题非常难解答，也非常令人着迷，至今尚未完全解决，4.5.3 节将进行更详细的探讨．可以证明，对于很大的 n 值，T_n 近似等于 $(12(\ln 2)/\pi^2) \ln n$，即与 n 的自然对数成正比，而这个比例常数根本不可能随便猜出！对欧几里得算法以及计算最大公因数的其他方法的详细讨论，请参阅 4.5.2 节．

我喜欢用算法分析这个名称描述这类研究．算法分析的一般思想是，取某个特定的算法，确定它的定量特性．偶尔，我们也要研究一个算法在某种意义下是不是最优的．至于算法理论，则完全属于另一主题，它主要研究对于计算特定量是否存在可行算法．

迄今为止，我们对算法的讨论并不精确．重视数学的读者完全有理由认为，将有关算法的任何理论建立在前面解释的基础上是非常不稳固的．因此，我们在本节的最后，简要介绍一种方法，把数学的集合论作为算法概念的坚实基础．我们把一种计算方法形式地定义为一个四元组 (Q, I, Ω, f)，其中 Q 是包含子集 I 和 Ω 的集合，f 是从 Q 映射到自身的函数．此外，Ω 在 f 下应保持点点不动；也就是说，对于 Ω 中的所有元素 q，$f(q)$ 应当等于 q．四个量 Q, I, Ω, f 分别用来表示计算状态、输入、输出和计算规则．集合 I 中的每个输入 x 定义一个计算序列 $x_0, x_1, x_2, \ldots$ 如下：

$$x_0 = x \qquad \text{和} \qquad x_{k+1} = f(x_k) \quad \text{对于} \quad k \geq 0. \tag{1}$$

如果 k 是使 x_k 在 Ω 中的最小整数，就说计算序列在 k 步内终止，此时就说从 x 产生输出 x_k．（请注意，如果 x_k 在 Ω 中，那么 x_{k+1} 也在 Ω 中，因为此时 $x_{k+1} = x_k$．）某些计算序列可能永远不会终止．对于 I 中的所有 x 都能在有限步内终止的计算方法就是算法．

以算法 E 为例，它可以用这些术语形式化地表述如下：令 Q 为所有单元素 (n)、所有有序数偶（序偶）(m, n) 以及所有有序四元组 $(m, n, r, 1), (m, n, r, 2), (m, n, p, 3)$ 的集合，其中 m, n, p 是正整数，r 是非负整数．令 I 为所有有序数偶 (m, n) 组成的 Q 的子集，Ω 为所有单元

素 (n) 组成的 Q 的子集. f 定义为:

$$f((m,n)) = (m,n,0,1); \qquad f((n)) = (n);$$
$$f((m,n,r,1)) = (m,n,\text{用 } n \text{ 除 } m \text{ 的余数}, 2);$$
$$f((m,n,r,2)) = (n) \quad \text{如果} \quad r = 0, \qquad (m,n,r,3) \quad \text{其他情形};$$
$$f((m,n,p,3)) = (n,p,p,1).$$

(2)

这种表示法同算法 E 之间的对应是显而易见的.

算法概念的这种表述方式,不再涉及前面提到的可行性的限制. 例如,Q 可以表示无法手工计算的无穷序列,f 可以包含凡人有时无法执行的操作. 如果我们想要限制算法的概念,使其只包含基本的操作,那么我们可以限制 Q, I, Ω, f,例如设置如下的约束条件:令 A 为字母的有限集,A^* 为 A 上所有字符串的集合(所有有序序列 $x_1 x_2 \ldots x_n$ 的集合,其中 $n \geq 0$,x_j($1 \leq j \leq n$)是 A 中的元素). 这步的思路是对计算状态编码,以便用 A^* 的字符串表示计算状态. 现在令 N 为一个非负整数,Q 为所有 (σ, j) 的集合,其中 σ 是 A^* 中的元素,j 是一个整数,$0 \leq j \leq N$;令 I 为取 $j = 0$ 时 Q 的子集,Ω 为取 $j = N$ 时 Q 的子集. 如果 θ 和 σ 是 A^* 中的字符串,那么当 σ 对于字符串 α 和 ω 具有 $\alpha\theta\omega$ 的形式时,我们就说 θ 出现在 σ 中. 最后,令 f 为下述类型的函数,其中 θ_j 和 ϕ_j 是字符串,a_j 和 b_j($0 \leq j < N$)是整数:

$$f((\sigma, j)) = (\sigma, a_j) \qquad \text{如果 } \theta_j \text{ 不出现在 } \sigma \text{ 中};$$
$$f((\sigma, j)) = (\alpha\phi_j\omega, b_j) \quad \text{如果 } \alpha \text{ 是满足 } \sigma = \alpha\theta_j\omega \text{ 的最短字符串};$$
$$f((\sigma, N)) = (\sigma, N).$$

(3)

这类计算方法的每一步显然是可行的. 而且经验表明,这种模式匹配规则也足以胜任任何可以手工计算的工作. 还有很多方法可以表述可行计算方法的概念(例如利用图灵机),它们在本质上是等价的. 上面的表述与安德烈·马尔可夫在其《算法论》(*The Theory of Algorithms*)一书中给出的定义其实是相同的 [*Trudy Mat. Inst. Akad. Nauk* **42**(1954), 1–376],该书后来由尼古拉·纳戈尔内修订并增补 [Moscow:Nauka, 1984],并有英文版 [Dordrecht: Kluwer, 1988].

习题

1. [10] 正文中展示了可以利用替换记号,通过置 $t \leftarrow m$, $m \leftarrow n$, $n \leftarrow t$,交换变量 m 和 n 的值. 请说明怎样通过一连串替换,把四个变量 (a,b,c,d) 重新排列成 (b,c,d,a). 换句话说,a 的新值是 b 的初始值,以此类推. 试用最少的替换次数实现.

2. [15] 证明从步骤 E1 第二次执行起,每次该步开始时,m 必然大于 n(第一次执行时可能不满足).

3. [20] (为了提高效率)修改算法 E,使其避免出现 $m \leftarrow n$ 之类的平凡替换操作. 按照算法 E 的风格写出这个新算法,将其称为算法 F.

4. [16] 2166 与 6099 的最大公因数是多少?

▶ **5.** [12] 说明"阅读本套书的步骤"其实不是一个真正的算法,因为在算法的五个特征中,它至少缺少三个! 另外请指出它与算法 E 在格式上的差异.

6. [20] 当 $n = 5$ 时,执行算法 E 步骤 E1 的平均次数 T_5 是多少?

▶ **7.** [M21] m 已知,n 在所有正整数范围内取值,令 U_m 为算法 E 中步骤 E1 执行的平均次数. 说明 U_m 具有合理定义. U_m 与 T_m 有关系吗?

8. [M25] 通过指定式 (3) 中的 θ_j, ϕ_j, a_j, b_j,给出计算正整数 m 和 n 的最大公因数的"可行的"形式算法. 令输入由字符串 $a^m b^n$ 表示,也就是在 m 个 a 后连着 n 个 b. 你的解法应当力求尽可能简单. [提示:利用算法 E,把步骤 E1 中的除法改为置 $r \leftarrow |m - n|$, $n \leftarrow \min(m, n)$.]

▶ **9.** [*M30*] 假定 $C_1 = (Q_1, I_1, \Omega_1, f_1)$ 和 $C_2 = (Q_2, I_2, \Omega_2, f_2)$ 是两个计算方法. 例如, C_1 可以代表式 (2)中的算法 E, 不过要限制 m 和 n 的大小; 而 C_2 可以代表算法 E 的一个计算机程序实现. (因此 Q_2 可以是计算机所有状态的集合, 也就是计算机内存和寄存器所有可能的配置; f_2 可以是计算机单步操作的定义; I_2 可以是初始状态的集合, 包括确定最大公因数的相应程序以及 m 和 n 的值.)

试就"C_2 是 C_1 的一个表示"或者"C_2 模拟 C_1"的概念, 给出集合论定义. 直观上, 这意味着 C_1 的任何计算序列都由 C_2 模拟实现, 不过 C_2 可能要用更多的计算步骤, 保留更多的状态信息. (因此, 我们得以严格解释"程序 X 是算法 Y 的一个实现"这一陈述.)

1.2 数学准备

在这一节，我们要给出本套《计算机程序设计艺术》中的种种数学记号，还将推导几个会反复使用的基本公式．读者即使不关心复杂的数学推导，至少应该熟悉各种公式的含义，以便利用推导的结果．

本书中的数学记号主要有两个目的：一是描述算法的各个部分，二是分析算法的性能特征．前一节已经说明，算法描述中使用的记号是非常简单的．我们在分析算法的性能时，需要使用其他的专门记号．

我们将要讨论的大多数算法伴有数学计算，以此确定算法预期的执行速度．这类计算几乎涉及每个数学分支，要是讨论在各种场合用到的所有数学概念，需要专门写一本书．然而，大部分计算只用到大学的代数知识，凡是具备初等微积分知识的读者都能够理解其中出现的几乎所有数学运算过程．有时我们需要用到复变函数论、群论、数论、概率论等方面更高深的结果．在这种情况下，我们尽可能用初等方式加以解释，不然会给出其他参考文献．

算法分析中涉及的数学方法往往别具一格．例如，我们会经常用到有理数的有限和，或者求解递推关系．传统的数学课程只会轻描淡写地讨论这些主题，所以在下面几小节，我们不仅要透彻地讲解记号的定义和用法，还要举例深入说明对我们最有用的计算类型和计算技法．

重要注记：尽管下面几小节会就计算机算法研究中所需的数学技巧提供相当广泛的练习，但是大多数读者不会一看便知它们同计算机程序设计之间有怎样的紧密联系（1.2.1 节除外）．读者可以选择仔细阅读下面几小节，相信我的断言，这里讨论的主题极其相关．但是为了更有学习动力，更可取的方式或许是首先略读这一节，而后（等到在后几章见过各种计算方法的大量应用之后）再返回来进行更深入的学习．读者如果在首次阅读本书时在这里花费过多时间，那么可能一直学不到计算机程序设计的部分！然而，读者至少应该熟悉下面几小节的大体内容，即便是在首次阅读也应该尝试求解几道习题．应当特别注意 1.2.10 节，因为它是后面大部分理论内容的起点．1.2 节之后的 1.3 节突然脱离了"纯数学"的领域，进入了"纯计算机程序设计"的领域．

在葛立恒、高德纳和奥伦·帕塔许尼克合著的《具体数学：计算机科学基础（第 2 版）》（*Concrete Mathematics, Second Edition*, Reading, Mass.: Addison-Wesley, 1944）[①]中，可以找到对后述许多内容的全面从容的阐述．再提到这本书时，我们会把它简称为《具体数学》．

1.2.1 数学归纳法

令 $P(n)$ 是关于整数 n 的某个命题，例如"n 乘 $(n+3)$ 是偶数"，或者"如果 $n \geq 10$，那么 $2^n > n^3$"．假定我们需要证明 $P(n)$ 对于所有正整数 n 为真，一种重要做法是：

(a) 证明 $P(1)$ 为真；

(b) 证明"如果 $P(1), P(2), \ldots, P(n)$ 全部为真，那么 $P(n+1)$ 也为真"，这个证明应对任意正整数 n 成立．

考虑下面的等式序列，自古以来，有许多人独立地发现了它们：

$$1 = 1^2$$
$$1 + 3 = 2^2$$
$$1 + 3 + 5 = 3^2$$
$$1 + 3 + 5 + 7 = 4^2$$

---

① 中文版由人民邮电出版社于 2013 年出版．——编者注

$$1 + 3 + 5 + 7 + 9 = 5^2. \tag{1}$$

可以用如下公式表示一般的性质:

$$1 + 3 + \cdots + (2n - 1) = n^2, \tag{2}$$

我们暂且把这个等式称为 $P(n)$. 我们希望证明 $P(n)$ 对于所有正整数 n 为真. 遵循上面概述的过程, 我们有:

(a) "因为 $1 = 1^2$, 所以 $P(1)$ 为真."

(b) "如果 $P(1), \ldots, P(n)$ 全部为真, 特别是 $P(n)$ 为真, 于是式 (2)成立; 对两端加 $2n + 1$, 得到

$$1 + 3 + \cdots + (2n - 1) + (2n + 1) = n^2 + 2n + 1 = (n + 1)^2.$$

由此证明, $P(n + 1)$ 也为真."

我们可以把这个方法看成一个算法式证明过程. 事实上, 如果已经确立上面的步骤 (a) 和 (b), 那么下述算法对于任意正整数 n, 都能产生 $P(n)$ 为真的证明.

算法 I (构造证明). 给定一个正整数 n, 这个算法将产生 $P(n)$ 为真的证明.

I1. [证明 $P(1)$.] 置 $k \leftarrow 1$, 并且根据 (a), 输出 $P(1)$ 的证明.

I2. [$k = n$?] 如果 $k = n$, 算法终止, 所需的证明已经输出.

I3. [证明 $P(k + 1)$.] 根据 (b), 输出 "如果 $P(1), \ldots, P(k)$ 全部为真, 那么 $P(k + 1)$ 为真" 的证明, 并输出: "我们已经证明 $P(1), \ldots, P(k)$, 因此 $P(k + 1)$ 为真."

I4. [增加 k.] k 增加 1, 转到步骤 I2. ∎

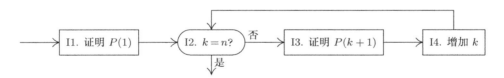

图 2 算法 I: 数学归纳法

由于这个算法显然对于任意给定的正整数 n 给出了 $P(n)$ 的证明, 因而这个包含步骤 (a) 和 (b) 的证明技法在逻辑上是正确的. 这个证明称为数学归纳法证明.

应该把数学归纳法的概念同科学中常说的归纳推理区别开来. 科学家对客观事物进行特定的观察, 通过 "归纳" 创立解释事实的某种一般性理论或者假说. 例如, 我们可以观察式 (1)中的 5 个关系式, 并且提出式 (2). 在这种意义下, 归纳无非是我们对于这一情况的最佳猜测, 数学家称之为经验结果或者猜想.

另一个例子有助于理解科学中的归纳. 用 $p(n)$ 表示正整数 n 的分拆数目, 就是以不同方式把 n 写成正整数之和的数目, 其中不考虑分拆次序. 因为 5 恰好可以用 7 种方式分拆:

$$1 + 1 + 1 + 1 + 1 = 2 + 1 + 1 + 1 = 2 + 2 + 1 = 3 + 1 + 1 = 3 + 2 = 4 + 1 = 5,$$

所以有 $p(5) = 7$. 事实上, 很容易确定前几个数的分拆数目:

$$p(1) = 1 \quad p(2) = 2 \quad p(3) = 3 \quad p(4) = 5 \quad p(5) = 7.$$

至此，我们可能想要通过归纳提出假设：分拆序列 $p(2), p(3), \ldots$ 取遍所有素数. 为了检验这个假设，我们继续计算 $p(6)$ 并观察结果，竟然 $p(6) = 11$，同我们的猜测一致！

[遗憾的是，$p(7)$ 等于 15，一切化为泡影，我们必须从头再试. 众所周知，尽管斯里尼瓦瑟·拉马努金成功猜测和证明了有关数 $p(n)$ 的许多重要结果，但它们是非常复杂的. 进一步的资料可参见哈代的《拉马努金》[Ramanujan (London: Cambridge University Press, 1940)] 一书的第 6 章和第 8 章. 另见 7.2.1.4 节.]

数学归纳法与刚才解释的归纳完全不同. 它不是猜测，而是对命题的确定性证明. 实际上，它是对无限多命题的证明，对于每个 n 都有一个命题. 这种方法之所以称为"归纳法"，仅仅因为人们在应用数学归纳法之前，必须首先设法确定要证明的结论. 今后在本书中，"归纳（法）"一词仅表示数学归纳法证明.

有一种证明式 (2) 的几何方法，如图 3 所示. 对于 $n = 6$，我们把 n^2 个方格分组成 $1 + 3 + \cdots + (2n - 1)$ 个方格. 但是，在最后的分析中，我们仅当证明对于所有的 n 都能够实现这种构造时，才能把这幅图看成是一种"证明"，而且这样的图示证明本质上与用归纳法证明是相同的.

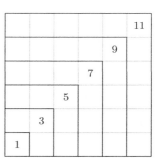

图 3 奇数之和是平方数

我们对式 (2) 的证明仅仅使用了 (b) 的一个特例，即我们只证明了 $P(n)$ 为真蕴涵 $P(n + 1)$ 为真. 这种简单情形很常见，也很重要，下面的例子更加说明了归纳法的能力. 我们用 $F_0 = 0$，$F_1 = 1$ 以及其后每一项是它前面两项之和的规则，定义斐波那契数列 $F_0, F_1, F_2, \ldots$. 因此，这个数列开头的几项是 $0, 1, 1, 2, 3,$ $5, 8, 13, \ldots$. 我们将在 1.2.8 节详述该数列的性质. 现在我们证明，如果令 $\phi = (1 + \sqrt{5})/2$，那么对于所有正整数 n，有

$$F_n \leq \phi^{n-1}, \tag{3}$$

我们称这个公式为 $P(n)$.

如果 $n = 1$，那么 $F_1 = 1 = \phi^0 = \phi^{1-1}$，所以步骤 (a) 已经完成. 对于步骤 (b)，我们首先注意到 $P(2)$ 亦为真，因为 $F_2 = 1 < 1.6 < \phi^1 = \phi^{2-1}$. 现在，如果 $P(1), P(2), \ldots, P(n)$ 全部为真，并且 $n > 1$，那么我们特别知道 $P(n-1)$ 和 $P(n)$ 为真，所以 $F_{n-1} \leq \phi^{n-2}$，$F_n \leq \phi^{n-1}$. 两式相加，得到

$$F_{n+1} = F_{n-1} + F_n \leq \phi^{n-2} + \phi^{n-1} = \phi^{n-2}(1 + \phi). \tag{4}$$

数 ϕ 有一条重要性质，也是我们对该题选择这个数的根源，即

$$1 + \phi = \phi^2. \tag{5}$$

把式 (5) 代入式 (4)，得出 $F_{n+1} \leq \phi^n$，这就是 $P(n+1)$. 所以步骤 (b) 已经完成，而式 (3) 已经由数学归纳法得到证明. 请注意，这里我们采用两种不同的方法实现了步骤 (b) 的证明：当 $n = 1$ 时，直接证明 $P(n+1)$ 为真；当 $n > 1$ 时，则利用归纳方法. 这样做是必要的，因为当 $n = 1$ 时提及 $P(n-1) = P(0)$ 是不合法的.

数学归纳法还可以用来证明有关算法的问题，例如欧几里得算法的下述推广.

算法 E （ 推广的欧几里得算法 ）. 给定两个正整数 m 和 n，计算它们的最大公因数 d，并计算两个未必为正数的整数 a 和 b，使得 $am + bn = d$.

E1. ［初始化.］置 $a' \leftarrow b \leftarrow 1$, $a \leftarrow b' \leftarrow 0$, $c \leftarrow m$, $d \leftarrow n$.

E2. ［除法.］令 q 和 r 分别是用 d 除 c 所得的商和余数. （我们有 $c = qd + r$ 和 $0 \leq r < d$. ）

E3. ［余数为 0？］如果 $r = 0$，算法终止，此时有 $am + bn = d$，正如所求.

E4. ［循环.］置 $c \leftarrow d$, $d \leftarrow r$, $t \leftarrow a'$, $a' \leftarrow a$, $a \leftarrow t - qa$, $t \leftarrow b'$, $b' \leftarrow b$, $b \leftarrow t - qb$，然后返回 E2. ∎

如果从这个算法中去掉变量 a, b, a', b'，并且用 m 和 n 表示辅助变量 c 和 d，我们就得到了原来的算法 1.1E. 这个新算法增加的一点功能是确定系数 a 和 b. 假定 $m = 1769$, $n = 551$，我们相继得到（每次执行 E2 后）：

a'	a	b'	b	c	d	q	r
1	0	0	1	1769	551	3	116
0	1	1	−3	551	116	4	87
1	−4	−3	13	116	87	1	29
−4	5	13	−16	87	29	3	0

答案是正确的：$5 \times 1769 - 16 \times 551 = 8845 - 8816 = 29$，这是 1769 和 551 的最大公因数.

问题是如何证明这个算法对于所有 m 和 n 都能得到正确答案. 我们可以令 $P(n)$ 为命题"算法 E 对于 n 和所有整数 m 有效"，来应用数学归纳法. 然而，这样处理难度很大，还需要证明某些其他事实. 稍作考虑后我们发现，必须证明关于 a, b, a', b' 的某些事实，合适的结果就是等式

$$a'm + b'n = c, \qquad am + bn = d \tag{6}$$

在步骤 E2 执行后总是成立. 我们可以直接证明这两个等式，只需注意到当首次转到 E2 时它们肯定成立，而且 E4 不改变它们的正确性（见习题 6）.

现在我们对 n 归纳，证明算法 E 是正确的：如果 m 是 n 的倍数，算法显然能够正确执行，因为在第一次到达 E3 时就立即完成了. 当 $n = 1$ 时这种情况总是出现，剩下的情况仅是 $n > 1$ 且 m 不是 n 的倍数. 在这种情形下，算法在第一次执行后置 $c \leftarrow n$ 和 $d \leftarrow r$，并且由于 $r < n$，按归纳法可以假设，d 的最终值是 n 和 r 的最大公因数. 根据 1.1 节给出的论证，数偶 $\{m, n\}$ 和 $\{n, r\}$ 具有相同的公因数，特别地，它们具有相同的最大公因数. 因此 d 是 m 和 n 的最大公因数，而且由式 (6)，$am + bn = d$.

上面证明中的楷体短语表明，在归纳法证明中经常使用固定的习惯表述：当实现 (b) 部分时，我们不说"我们现在假设 $P(1), P(2), \ldots, P(n)$，并且用这个假设证明 $P(n+1)$"，通常只说"我们现在证明 $P(n)$；按归纳法可以假设，当 $1 \leq k < n$ 时 $P(k)$ 恒为真".

如果非常仔细地检查这个论证，并且稍微改变一下视角，就能想象出一种可证明任意算法正确性的一般方法. 这种方法的思想是对某个算法画出流程图，并且在表示计算流程的每个箭头上标记关于当前状态的断言. 如图 4 所示，其中的断言依次标记为 $A1, A2, \ldots, A6$.（所有这些断言都约定变量为整数，为节省篇幅略去了这一规定.）$A1$ 给出了算法开始时的初始假设，而 $A4$ 叙述了我们希望就输出值 a, b, d 证明的结果.

这个一般方法要求对于流程图中的每个方框证明命题：

> 如果指向某方框的至少一个箭头上的断言在执行方框内操作之前为真，那么离开该方框的相关箭头上的所有断言在执行方框内操作之后都为真. 　(7)

由此，我们必须证明一些命题，例如 E2 之前的断言 $A2$ 或 $A6$ 分别蕴涵 E2 之后的 $A3$.（本例中 $A2$ 是比 $A6$ 更强的命题，即 $A2$ 蕴涵 $A6$. 所以我们仅需证明，E2 之前的 $A6$ 蕴涵 E2 之后的 $A3$. 请注意，$A6$ 中的 $d > 0$ 是保证操作 E2 有意义的必要条件.）此外，还需要证明 $A3$ 且 $r = 0$ 蕴涵 $A4$，$A3$ 且 $r \neq 0$ 蕴涵 $A5$，等等. 需要给出的每一项证明都是非常容易的.

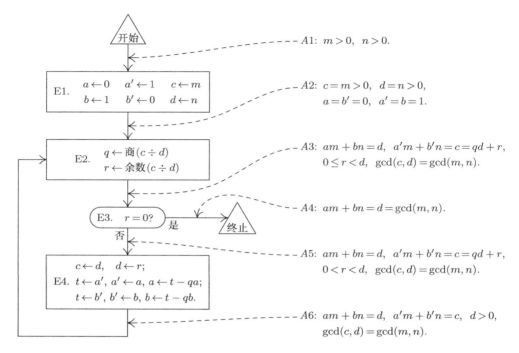

图 4 算法 E 的流程图，标记了证明算法正确性的断言

一旦对每个方框都证明了命题 (7)，就可以推出在算法执行期间，所有断言均为真. 因为我们可以对计算的步数（即流程图中通过的箭头数）应用归纳法. 当通过从"开始"引出的第一个箭头时，断言 A1 为真，因为我们始终假定输入值是符合规定的，所以第一个箭头上的断言是正确的. 如果第 n 个箭头上的断言为真，那么根据命题 (7)，第 $(n+1)$ 个箭头上的断言亦为真.

利用这种一般方法，证明一个给定算法是正确算法的难点显然主要在于构造流程图中的正确断言. 这个归纳环节一旦完成，再证明"指向某方框的每个断言在逻辑上蕴涵离开该方框的每个断言"就完全平淡无奇了. 事实上，一旦找到少数几个难度大的断言，构造其他断言本身也是平淡无奇之事. 因此在我们的例子中，只要给定了 A1、A4 和 A6，要写出 A2、A3 和 A5 就非常简单了. 其中，断言 A6 是整个证明中最具创造性的部分，其余的断言原则上都是机械性的补充工作. 因此，本书后续算法不会按图 4 的详细程度给出周全的形式证明，只会叙述关键的归纳断言. 那些断言要么出现在算法之后的讨论中，要么以带括号的注释形式出现在算法自身的描述中.

这个证明算法正确性的方法还具有另一个更重要的性质：它反映我们理解算法的途径. 不妨回忆一下，1.1 节曾经告诫读者，不能像读小说那样读算法，而是建议用样本数据实际运行一两次算法. 之所以这样明确提醒读者，是因为试运行算法的一个例子有助于读者在心中形成各种断言. 我认为，我们只有在头脑里像图 4 一样清晰地填好了各种断言，才会真正理解算法为什么是正确的. 对于人们相互之间正确交流算法，这个观点在心理学上有一个重要的推论：向别人解释一个算法时，始终应该明确陈述那些不能由自动机轻易导出的关键性断言. 例如陈述算法 E 时，应同时提及断言 A6.

然而细心的读者会注意到，我们刚才对算法 E 的证明中有一处漏洞. 我们从未证明算法必会终止，我们只证明了如果算法终止，那么它会给出正确的答案！

（请注意，假如我们允许算法 E 的变量 m, n, c, d, r 取 $u + v\sqrt{2}$ 形式的值，其中 u 和 v 为整数，那么算法 E 依然是有意义的. 这时，变量 q, a, b, a', b' 依然取整数值. 例如，如果我们取

初始值 $m = 12 - 6\sqrt{2}$ 和 $n = 20 - 10\sqrt{2}$，这一方法将计算出"最大公因数" $d = 4 - 2\sqrt{2}$，以及 $a = +2$ 和 $b = -1$. 即使在这种扩充假设下，断言 $A1$ 至 $A6$ 的证明仍然有效. 所以，所有断言在算法的任何执行过程中均为真. 但是，如果我们从 $m = 1$ 和 $n = \sqrt{2}$ 开始，那么计算就不会终止（见习题 12）. 因此，断言 $A1$ 至 $A6$ 的证明从逻辑上不能证明算法是有限的.）

通常需要单独证明算法会终止. 但是习题 13 表明，对于许多重要情形，可以扩充上面的方法，将算法终止性的证明作为副产品包括在内.

至此我们已经两次证明了算法 E 的正确性. 为了确保逻辑的严密性，我们也应尝试证明本小节的第一个算法，即算法 I 是正确的. 事实上，我们已经用算法 I 证实了一切归纳法证明的正确性. 如果我们试图证明算法 I 是正确有效的，就要面对进退维谷的困境——不再次用归纳法就无法真正证明它！论证将变成循环推理.

在上面的分析中，整数的每一种性质在证明过程中必定用到了归纳法，因为如果我们深入到基本概念，整数本质上就是用归纳法定义的. 因此，我们可以把这种思想公理化：任何正整数 n 或者等于 1，或者可以从 1 开始重复加 1 而得到. 这就足以证明算法 I 是正确的.（关于整数基本概念的严格讨论，参见"关于数学归纳法"["On Mathematical Induction"，李昂·汉金，*AMM* **67** (1960), 323–338] 这篇论文.）

由此可知，数学归纳法隐含的思想同数的概念有着紧密的关系. 把数学归纳法用于严格证明的第一位欧洲人是意大利科学家弗朗西斯科·马若利科，那是在 1575 年. 皮埃尔·德·费马在 17 世纪初进一步改进了数学归纳法，称之为"无穷递降法". 布莱兹·帕斯卡在其晚期的著作中也明确表述了这个概念（1653）. "数学归纳法"这个词组是奥古斯塔斯·德摩根在 19 世纪初创造的. [见 *The Penny Cyclopædia* **12** (1838), 465–466；*AMM* **24** (1917), 199–207；**25** (1918), 197–201；*Arch. Hist. Exact Sci.* **9** (1972), 1–21.] 对数学归纳法更深入的讨论，参见乔治·波利亚的《数学中的归纳与类比》[*Induction and Analogy in Mathematics*, Princeton, N.J.: Princeton University Press, 1954] 一书的第 7 章.

像上面那样用断言和归纳表述的算法证明，主要发明人是罗伯特·弗洛伊德. 他指出，一种程序设计语言中每个操作的语义定义均可表示成一条逻辑规则，该规则明确表述能够根据什么断言在操作执行之前为真，证明什么断言在操作执行之后为真 [见"Assigning Meanings to Programs"，*Proc. Symp. Appl. Math.*, Amer. Math. Soc., **19** (1967), 19–32]. 彼得·诺尔 [*BIT* **6**(1966), 310–316] 也独立提出了类似的思想，他把断言称为"一般瞬象". 查尔斯·霍尔 [*CACM* **14** (1971), 39–45] 引入了"不变量"的概念，这是一个重大改进. 后来人们发现，不如把弗洛伊德的证明方向颠倒过来，从一个操作执行之后应该成立的断言，推断操作执行之前必须成立的"最弱前条件". 这样一来，我们可以从输出结果的具体要求开始逆推，发现保证正确的新算法. [见艾兹赫尔·戴克斯特拉，*CACM* **18** (1975), 453–457；*A Discipline of Programming*, Prentice-Hall, 1976.]

实际上，归纳断言概念的原始形态出现于 1946 年，与荷曼·哥斯廷和约翰·冯·诺依曼发明流程图在同一时期，他们最初的流程图包含了"断言框"，与图 4 中的断言极为相似. [参见冯·诺依曼，*Collected Works* **5**，New York: Macmillan, 1963, 91–99. 另请参阅阿兰·图灵早期对于验证的评述和图表介绍，见 *Report of a Conference on High Speed Automatic Calculating Machines*，Cambridge Univ., 1949, 67–68；经弗朗西斯·莫里斯和克利福德·琼斯评论，重刊于 *Annals of the History of Computing* **6** (1984), 139–143.]

编写程序时，若在恰当的时机提供有关机器状态的
一两个命题，极其有助于了解程序的工作原理.
......
在绝对的理论的方法中，要为断言提供严密的数学证明.
在绝对的实验的方法中，要在机器上用各种各样的初始条件试验，
仅当断言在每种情况下都成立时，才能宣告程序是正确的.
这两种方法都有不足之处.

——图灵，Ferranti Mark I 程序设计手册（1950）

习题

1. [05] 如果要对所有非负整数 $n = 0, 1, 2, \ldots$ 而不是对 $n = 1, 2, 3, \ldots$ 证明某个命题 $P(n)$，请说明应如何修改数学归纳法证明思路.

▶ **2.** [15] 下面的定理证明必定有错. 错在哪里?

定理. 令 a 为任意正数. 对于所有正整数 n，有 $a^{n-1} = 1$.

证明. 如果 $n = 1$，那么 $a^{n-1} = a^{1-1} = a^0 = 1$. 于是，按照归纳法，假设定理对 $1, 2, \ldots, n$ 为真，我们有

$$a^{(n+1)-1} = a^n = \frac{a^{n-1} \times a^{n-1}}{a^{(n-1)-1}} = \frac{1 \times 1}{1} = 1,$$

所以定理对 $n + 1$ 也为真.

3. [18] 下面定理的归纳法证明表面上是正确的，但是由于某种原因，当 $n = 6$ 时，等式左端给出 $\frac{1}{2} + \frac{1}{6} + \frac{1}{12} + \frac{1}{20} + \frac{1}{30} = \frac{5}{6}$，而右端给出 $\frac{3}{2} - \frac{1}{6} = \frac{4}{3}$. 你能找出错误吗?

定理.

$$\frac{1}{1 \times 2} + \frac{1}{2 \times 3} + \cdots + \frac{1}{(n-1) \times n} = \frac{3}{2} - \frac{1}{n}.$$

证明. 我们对 n 用归纳法. 对于 $n = 1$，显然 $3/2 - 1/n = 1/(1 \times 2)$. 假设定理对于 n 为真，那么

$$\frac{1}{1 \times 2} + \cdots + \frac{1}{(n-1) \times n} + \frac{1}{n \times (n+1)}$$
$$= \frac{3}{2} - \frac{1}{n} + \frac{1}{n(n+1)} = \frac{3}{2} - \frac{1}{n} + \left(\frac{1}{n} - \frac{1}{n+1} \right) = \frac{3}{2} - \frac{1}{n+1}$$

4. [20] 证明: 斐波那契数除满足等式 (3) 外，还对一切正整数 n 满足 $F_n \geq \phi^{n-2}$.

5. [21] 素数是 > 1 且除 1 和其自身外没有其他正整数因数的整数. 根据此定义和数学归纳法，证明每个 > 1 的整数可以写成一个或多个素数的乘积.（一个素数视为单个素数的"乘积"，也就是它本身.）

6. [20] 证明: 如果式 (6) 在步骤 E4 之前成立，那么在执行 E4 后也成立.

7. [23] 对于 $1^2, 2^2 - 1^2, 3^2 - 2^2 + 1^2, 4^2 - 3^2 + 2^2 - 1^2, 5^2 - 4^2 + 3^2 - 2^2 + 1^2$ 等和式，给出求和规则，并用归纳法予以证明.

▶ **8.** [25] (a) 用数学归纳法，证明尼科马彻斯（约公元 100 年）提出的下述定理: $1^3 = 1, 2^3 = 3 + 5,$ $3^3 = 7 + 9 + 11, 4^3 = 13 + 15 + 17 + 19, \cdots$. (b) 利用这个结果，证明著名的公式 $1^3 + 2^3 + \cdots + n^3 = (1 + 2 + \cdots + n)^2$.

[注记: 这个公式有一个引人注目的几何解释，由沃伦·勒什鲍给出，如图 5 所示，见 *Math. Gazette* **49** (1965), 200. 其思想同尼科马彻斯定理和图 3 有关. 在马丁·加德纳的《打结的甜甜圈》(*Knotted Doughnuts*, New York: Freeman, 1986) 第 16 章以及约翰·康威和理查德·盖伊的《数字之篇》(*The Book of Numbers*, New York: Copernicus, 1996) 第 2 章中，可以找到其他"无字"证明.]

$$边长 = 5+5+5+5+5+5 = 5\cdot(5+1)$$
$$边长 = 5+4+3+2+1+1+2+3+4+5$$
$$= 2\cdot(1+2+\cdots+5)$$
$$面积 = 4\cdot1^2+4\cdot2\cdot2^2+4\cdot3\cdot3^2+4\cdot4\cdot4^2+4\cdot5\cdot5^2$$
$$= 4\cdot(1^3+2^3+\cdots+5^3)$$

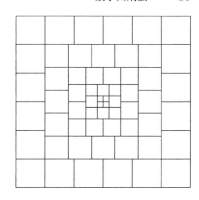

图 5 习题 8(b) 的几何形式

9. [20] 用归纳法证明：如果 $0 < a < 1$，那么 $(1-a)^n \geq 1 - na$.

10. [M22] 用归纳法证明：如果 $n \geq 10$，那么 $2^n > n^3$.

11. [M30] 试求下式的简单求和公式，并予以证明：

$$\frac{1^3}{1^4+4} - \frac{3^3}{3^4+4} + \frac{5^3}{5^4+4} - \cdots + \frac{(-1)^n(2n+1)^3}{(2n+1)^4+4}$$

12. [M25] 正文提到，可以推广算法 E，使之能够接受形如 $u+v\sqrt{2}$ 的输入值，其中 u 和 v 为整数. 说明如何推广，使得计算仍然可以用初等方法完成（即不用 $\sqrt{2}$ 的无穷十进制展开式）. 另外证明，如果 $m = 1$ 和 $n = \sqrt{2}$，则计算不会终止.

▶ **13.** [M23] 扩充算法 E，添加新变量 T，在每一步的开头增加操作 $T \leftarrow T + 1$.（因此，T 相当于统计执行步数的计数器.）假定 T 的初值为 0，则图 4 中的断言 A1 变为 "$m > 0, n > 0, T = 0$". 同样，应该把附加条件 $T = 1$ 添加到 A2. 请说明如何把附加条件添加到各个断言中，使得 A1, A2, ..., A6 中的任何一个断言都蕴涵 $T \leq 3n$，而且仍然可以实现归纳法证明.（因此，计算至多在 $3n$ 步必定终止.）

14. [50] （弗洛伊德）编写一个计算机程序，它接受的输入是某种程序设计语言的程序以及可选的断言. 为了证明这个计算机程序是正确的，它试图补充所需的其他断言.［例如，力求编写一个程序，它能在只给定 A1、A4 和 A6 的条件下，证明算法 E 是正确的. 关于该问题的进一步讨论，见罗伯特·弗洛伊德和詹姆斯·金发表在国际信息处理联合会大会会刊（IFIP Congress proceedings, 1971）上的论文.］

▶ **15.** [HM28] （广义归纳法）正文说明了如何证明依赖于单个整数 n 的命题 $P(n)$，但是没有描述如何证明依赖于两个整数 m 和 n 的命题 $P(m, n)$. 在后面这种情况，证明通常是通过某种"二重归纳法"给出的，这种归纳法常常显得不易理解. 实际上，有一个比简单归纳法更一般的重要原理，它不仅适用于两个整数的情况，还适用于证明关于不可数集合的命题，例如对于所有实数 x 的命题 $P(x)$. 这个一般原理称为良序（well-ordering）原理.

令 $\prec$ 是集合 S 上的一个关系，它具备下述性质：

(i) 给定 S 中的元素 x, y, z，如果 $x \prec y$ 且 $y \prec z$，那么 $x \prec z$；

(ii) 给定 S 中的元素 x 和 y，下面三种可能性中恰有一种为真：$x \prec y$，$x = y$，$y \prec x$；

(iii) 如果 A 是 S 的任意非空子集，那么 A 中存在元素 x，对于 A 中的所有元素 y，满足 $x \preceq y$（即 $x \prec y$ 或 $x = y$）.

这个关系称为 S 的一个良序关系. 例如，按照平常的"小于"关系 $<$，正整数显然是良序的.

(a) 证明：按照 $<$ 关系，所有整数的集合不是良序的.

(b) 在所有整数的集合上定义一个良序关系.

(c) 按照 $<$ 关系，所有非负实数的集合是良序的吗？

(d) （字典序）令 S 按 $\prec$ 关系是良序的；对于 $n > 0$，令 T_n 为 S 中元素 x_j 的所有 n 元组 $(x_1, x_2, \ldots, x_n)$ 的集合. 如果存在某个 $k(1 \leq k \leq n)$ 使得 $x_j = y_j$ 对于 $1 \leq j < k$ 恒成立，而 $x_k \prec y_k$，那么定义 $(x_1, x_2, \ldots, x_n) \prec (y_1, y_2, \ldots, y_n)$. $\prec$ 是 T_n 的一个良序关系吗？

(e) 接 (d)，令 $T = \bigcup_{n \geq 1} T_n$. 如果对于某个 $k \leq \min(m, n)$，$x_j = y_j$ 对于 $1 \leq j < k$ 恒成立，而 $x_k \prec y_k$；或者如果 $m < n$，而 $x_j = y_j$ 对于 $1 \leq j \leq m$ 恒成立，那么定义 $(x_1, x_2, \ldots, x_m) \prec (y_1, y_2, \ldots, y_n)$. $\prec$ 是 T 的一个良序关系吗？

(f) 证明：$\prec$ 是 S 的一个良序关系，当且仅当它满足上面的条件 (i) 和 (ii)，并且不存在无穷序列 x_1, $x_2, x_3, \ldots$ 满足 $j \geq 1$ 时恒有 $x_{j+1} \prec x_j$.

(g) 令 S 按照 $\prec$ 是良序的，令 $P(x)$ 是关于 S 中的元素 x 的一个命题. 证明：如果在 $P(y)$ 对于所有 $y \prec x$ 均为真的假定下能够证明 $P(x)$，那么 $P(x)$ 对于 S 中的所有 x 为真.

［注记：(g) 部分是前面提到的简单归纳法的推广. 在 S 为正整数集合时，它就是正文中讨论的数学归纳法这种简单情形. 此时要求证明，如果 $P(y)$ 对于所有正整数 $y < 1$ 均为真，那么 $P(1)$ 为真；这无异于直接要求证明 $P(1)$，因为 $P(y)$ 对于所有这样的 y（空集）必定为真. 由此可知，在很多情况下无须单独论证 $P(1)$.

把 (d) 同 (g) 结合起来，就得到了 n 元归纳法的强有力的方法，用于证明关于 n 个正整数 $m_1, \ldots, m_n$ 的命题 $P(m_1, \ldots, m_n)$.

(f) 部分在计算机算法中有进一步应用：如果把一道计算的每个状态 x 映射到属于良序集 S 的元素 $f(x)$，使得计算的每一步能够把状态 x 变成状态 y，且有 $f(y) \prec f(x)$，那么算法必定终止. 这个原理推广了此前证明算法 1.1E 终止时使用的 n 值严格递减的论证. ］

1.2.2 数、幂与对数

现在，我们来仔细考察一下数，以此开始对数值数学的研究. 整数（integer number）指的是

$$\ldots, -3, -2, -1, 0, 1, 2, 3, \ldots$$

包括负整数、零和正整数. 有理数（rational number）是两个整数之比（商）p/q，其中 q 为正整数. 实数（real number）x 是具有十进制展开式

$$x = n + 0.d_1 d_2 d_3 \ldots \tag{1}$$

的量，其中 n 是整数，每个 d_i 是 0 与 9 之间的一位数字，而且数字序列末尾不能是无限多个连续的 9. 表示式 (1) 意味着，对于所有正整数 k，

$$n + \frac{d_1}{10} + \frac{d_2}{100} + \cdots + \frac{d_k}{10^k} \leq x < n + \frac{d_1}{10} + \frac{d_2}{100} + \cdots + \frac{d_k}{10^k} + \frac{1}{10^k}. \tag{2}$$

有些实数不是有理数，如

$$\pi = 3.14159265358979\ldots \quad \text{圆周率，圆的周长与直径之比;}$$

$$\phi = 1.61803398874989\ldots \quad \text{黄金分割比 } (1 + \sqrt{5})/2, \text{ 见 } 1.2.8 \text{ 节.}$$

附录 A 中给出了精度达小数点后 40 位的重要常数表. 我们对实数的加法、减法、乘法、除法以及比较大小都很熟悉，因此不需要讨论这些运算的性质.

求解关于整数的难题时常常用到实数，而求解关于实数的难题时则常常用到一类更一般的数，即复数. 复数（complex number）是形如 $z = x + iy$ 的量 z，其中 x 和 y 为实数，而 i 是满足等式 $i^2 = -1$ 的一个特殊量. x 和 y 称为 z 的实部和虚部，z 的模定义为

$$|z| = \sqrt{x^2 + y^2}. \tag{3}$$

z 的复共轭为 $\bar{z} = x - iy$，而且有 $z\bar{z} = x^2 + y^2 = |z|^2$. 复数理论在很多方面比实数理论更简单，更优美，不过人们一般认为它更高深. 所以我们在本书中将集中讨论实数，只在实数变得过于复杂时才用复数.

如果 u 和 v 是实数,且 $u \le v$,那么闭区间 $[u \mathinner{..} v]$ 是满足 $u \le x \le v$ 的实数 x 的集合. 类似地,开区间 $(u \mathinner{..} v)$ 是满足 $u < x < v$ 的实数 x 的集合. 同样可以定义半开半闭区间 $[u \mathinner{..} v)$ 或 $(u \mathinner{..} v]$. 此外,在区间的开端点允许 u 取 $-\infty$ 或者 v 取 ∞,分别表示区间没有下界或者没有上界,因此 $(-\infty \mathinner{..} \infty)$ 代表全部实数的集合,而 $[0 \mathinner{..} \infty)$ 代表非负实数的集合.

在这一节,字母 b 均表示一个正实数. 如果 n 是一个整数,那么用如下熟悉的规则定义 b^n:

$$b^0 = 1, \qquad b^n = b^{n-1}b \quad \text{如果} \quad n > 0, \qquad b^n = b^{n+1}/b \quad \text{如果} \quad n < 0. \tag{4}$$

用归纳法很容易证明,只要 x 和 y 是整数,指数定律就成立:

$$b^{x+y} = b^x b^y, \qquad (b^x)^y = b^{xy}. \tag{5}$$

如果 u 是一个正实数,m 是一个正整数,那么总存在唯一的正实数 v,使得 $v^m = u$,v 称为 u 的 m 次根,记为 $v = \sqrt[m]{u}$.

现在,我们对于有理数 $r = p/q$,如下定义 b^r:

$$b^{p/q} = \sqrt[q]{b^p}. \tag{6}$$

这个定义是由尼克尔·奥里斯姆(约公元 1360 年)给出的. 它是一个圆满的定义,因为 $b^{ap/aq} = b^{p/q}$,并且指数定律即使在 x 和 y 为任意有理数时依然成立(见习题 9).

最后,对于所有实数值 x,定义 b^x. 首先假定 $b > 1$. 如果 x 是由等式 (1) 给定的,我们要求

$$b^{n + d_1/10 + \cdots + d_k/10^k} \le b^x < b^{n + d_1/10 + \cdots + d_k/10^k + 1/10^k}. \tag{7}$$

由上式,b^x 就被定义为唯一确定的正实数,因为式 (7) 右端与左端的差为

$$b^{n + d_1/10 + \cdots + d_k/10^k}(b^{1/10^k} - 1).$$

由后面的习题 13 可知,这个差小于 $b^{n+1}(b-1)/10^k$,因此如果取足够大的 k,就能获得任意精度的 b^x 值.

例如,我们求出

$$10^{0.30102999} = 1.9999999739\ldots, \qquad 10^{0.30103000} = 2.0000000199\ldots, \tag{8}$$

所以,如果 $b = 10$,$x = 0.30102999\ldots$,我们就能得到精度达到小数点后第 7 位的 b^x 之值(尽管我们仍然无法确定 b^x 的十进制数展开是 $1.999\ldots$ 还是 $2.000\ldots$).

当 $b < 1$ 时,我们定义 $b^x = (1/b)^{-x}$;当 $b = 1$ 时,我们定义 $b^x = 1$. 在这样的定义下,可以证明指数定律 (5) 对于 x 和 y 的任何实数值都成立. 定义 b^x 的这些思想是由约翰·沃利斯(1655)和艾萨克·牛顿(1669)最先明确提出的.

现在,我们来看一个重要的问题. 给定正实数 y,我们能否求出一个实数 x,使得 $y = b^x$?答案是"能"(假如 $b \ne 1$),因为当已知 $b^x = y$ 时,我们只需逆向利用式 (7),就能确定 n 和 $d_1, d_2, \ldots$. 这样得到的数 x 称为以 b 为底 y 的对数,记为 $x = \log_b y$. 根据这个定义,我们有

$$x = b^{\log_b x} = \log_b(b^x). \tag{9}$$

例如,式 (8) 说明

$$\log_{10} 2 = 0.30102999\ldots. \tag{10}$$

从指数定律推出

$$\log_b(xy) = \log_b x + \log_b y, \qquad \text{如果} \quad x > 0, \quad y > 0 \tag{11}$$

和

$$\log_b(c^y) = y \log_b c, \qquad 如果 \quad c > 0. \tag{12}$$

等式 (10) 是所谓的常用对数，即以 10 为底的对数. 人们也许认为，在计算机领域，二进制对数（以 2 为底）更有用，因为大多数计算机进行二进制算术运算. 实际上我们会看到，二进制对数确实非常有用，但最主要的原因并不是二进制运算，而是因为计算机算法经常产生双向分支（二路分支）. 二进制对数出现得非常频繁，应当用一种简洁的记号表示它，所以我们将采纳爱德华·莱因戈尔德的建议，记

$$\lg x = \log_2 x. \tag{13}$$

现在的问题是，$\lg x$ 与 $\log_{10} x$ 之间是否有任何关系. 很幸运，确实有. 由等式 (9) 和 (12)，我们有

$$\log_{10} x = \log_{10}(2^{\lg x}) = (\lg x)(\log_{10} 2).$$

因此，$\lg x = \log_{10} x / \log_{10} 2$，而且一般情况下有

$$\log_c x = \frac{\log_b x}{\log_b c}. \tag{14}$$

等式 (11) (12) (14) 是对数运算的基本规则.

其实在多数情况下，10 和 2 都不是处理对数运算最便利的底数. 有一个实数记为 $e = 2.718281828459045\ldots$，以它为底的对数具有更加简单的性质. 习惯上我们把以 e 为底的对数称为自然对数，记为

$$\ln x = \log_e x. \tag{15}$$

这个相当随意的定义（事实上我们还没有真正定义 e）或许在读者看来并不"自然"，不过我们会发现，我们越是使用 $\ln x$，它就越发显得自然. 其实约翰·纳皮尔在 1590 年之前就发现了自然对数（但形式略有不同，也没有发现它同幂的联系），这比发现任何其他类型的对数早很多年. 下面有两个经典的例子，每本微积分教科书都会证明它们，它们多少说明了为什么纳皮尔对数堪称"自然"对数. (a) 在图 6 中，阴影区域的面积等于 $\ln x$. (b) 如果一家银行的年利率为 r，以半年为期计算复利，那么每一美元一年后本息和为 $(1 + r/2)^2$ 美元；如果以季度为期计算复利，得到的是 $(1 + r/4)^4$ 美元；如果以天为期计算复利，

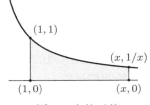

图 6 自然对数

可以得到 $(1 + r/365)^{365}$ 美元. 如果连续计算复利，那么对于存入的每一美元将恰好得到 e^r 美元（忽略舍入误差）. 在当今这个计算机时代，许多银行实际上已经采用了这个极限公式.

弗·卡约里曾发表一系列文章，介绍了对数和指数概念的有趣历史 [*AMM* **20** (1913), 5–14, 35–47, 75–84, 107–117, 148–151, 173–182, 205–210].

结束这一节前，我们来考虑如何计算对数. 由不等式 (7) 可以直接看出一个方法：如果令 $b^x = y$，并且使不等式的各个部分都变成原来的 10^k 次幂，那么存在整数 m，使得

$$b^m \le y^{10^k} < b^{m+1}. \tag{16}$$

为了得到 y 的对数，只需要把 y 自乘到这个巨大的幂，然后求出哪个 m 使得结果介于 b 的 m 和 $m + 1$ 次幂之间. 这时，$m/10^k$ 就是精确到小数点后第 k 位的答案.

虽然这个方法显然不切实际，但是略加修改，就导出一个简单合理的计算对数的过程. 我们来说明如何计算 $\log_{10} x$，并且用二进制数把答案表示成

$$\log_{10} x = n + b_1/2 + b_2/4 + b_3/8 + \cdots. \tag{17}$$

首先我们向左或者向右移动 x 的小数点，使其达到 $1 \le x/10^n < 10$，这样确定了整数部分 n. 为了得到 $b_1, b_2, \ldots$，置 $x_0 = x/10^n$，并对于 $k \ge 1$，置

$$
\begin{aligned}
b_k = 0, \quad & x_k = x_{k-1}^2, \quad && \text{如果} \quad x_{k-1}^2 < 10; \\
b_k = 1, \quad & x_k = x_{k-1}^2/10, \quad && \text{如果} \quad x_{k-1}^2 \ge 10.
\end{aligned}
\tag{18}
$$

这个计算过程的正确性由下述事实推出：对于 $k = 0, 1, 2, \ldots$，

$$1 \le x_k = x^{2^k}/10^{2^k(n+b_1/2+\cdots+b_k/2^k)} < 10. \tag{19}$$

而这很容易用归纳法证明.

当然，实际计算时我们只能用有限的精度，所以不能准确地置 $x_k = x_{k-1}^2$，而是置 $x_k = x_{k-1}^2$ 舍入或者截断到一定位数的值. 例如，下面是 $\log_{10} 2$ 舍入到 4 位有效数字的计算：

$$
\begin{aligned}
x_0 &= 2.000; \\
x_1 &= 4.000, & b_1 &= 0; & x_6 &= 1.845, & b_6 &= 1; \\
x_2 &= 1.600, & b_2 &= 1; & x_7 &= 3.404, & b_7 &= 0; \\
x_3 &= 2.560, & b_3 &= 0; & x_8 &= 1.159, & b_8 &= 1; \\
x_4 &= 6.554, & b_4 &= 0; & x_9 &= 1.343, & b_9 &= 0; \\
x_5 &= 4.295, & b_5 &= 1; & x_{10} &= 1.804, & b_{10} &= 0; & \cdots
\end{aligned}
$$

计算误差引起了误差的传播. x_{10} 的真实舍入值为 1.798，最终导致 b_{19} 计算错误，得到二进制值 $(0.0100110100010000011\ldots)_2$，对应于十进制小数 $0.301031\ldots$，而不是式 (10) 中给出的真实值.

采用此类方法时，我们必须检查位数限制带来的计算误差. 习题 27 推导出这个误差的一个上界. 像上面那样保留 4 位数字计算时，对数计算值的误差保证低于 0.00044. 上面我们得到了更加精确的答案，主要是因为我们得到了 x_0、x_1、x_2 和 x_3 的准确值.

这个方法既简单，又饶有趣味，但是它或许不是在计算机上计算对数的最好方法. 另一种方法在习题 25 中给出.

习题

1. [00] 最小的正有理数是多少？

2. [00] $1 + 0.239999999\ldots$ 是一个十进制展开式吗？

3. [02] $(-3)^{-3}$ 是多少？

▶ **4.** [05] $(0.125)^{-2/3}$ 是多少？

5. [05] 我们通过十进制展开式定义了实数. 讨论怎样改用二进制展开式定义实数，并且给出替代式 (2) 的定义.

6. [10] 令 $x = m + 0.d_1 d_2 \ldots$ 和 $y = n + 0.e_1 e_2 \ldots$ 为实数. 基于十进制表示，给出用来判定 $x = y$，$x < y$ 还是 $x > y$ 的规则.

7. [M23] 已知 x 和 y 为整数，从式 (4) 给出的定义出发，证明指数定律.

8. [25] 令 m 为正整数. 证明每个正实数 u 有唯一的 m 次正根，做法是给出一种方法，依次构造根的十进制展开式中的 $n, d_1, d_2, \ldots$ 的值.

9. [*M23*] 假定当 x 和 y 为整数时指数定律成立，证明 x 和 y 为有理数时指数定律也成立.

10. [*18*] 证明 $\log_{10} 2$ 不是有理数.

▶ **11.** [*10*] 如果 $b = 10$, $x \approx \log_{10} 2$, 为了确定 b^x 的十进制展开式的前 3 位小数, 我们需要知道多少位精度的 x 值? [注记: 可以利用习题 10 的结果.]

12. [*02*] 解释式 (10) 为什么可由式 (8) 推出.

▶ **13.** [*M23*] (a) 已知 x 是正实数, n 是正整数, 证明不等式 $\sqrt[n]{1+x} - 1 \le x/n$. (b) 利用这个结果解释式 (7) 后面的说明.

14. [*15*] 证明式 (12).

15. [*10*] 证明或证伪:

$$\log_b x/y = \log_b x - \log_b y, \qquad \text{如果} \quad x, y > 0.$$

16. [*00*] 怎样用 $\ln x$ 和 $\ln 10$ 表示 $\log_{10} x$?

▶ **17.** [*05*] 计算: $\lg 32$; $\log_\pi \pi$; $\ln e$; $\log_b 1$; $\log_b(-1)$.

18. [*10*] 证明或证伪: $\log_8 x = \frac{1}{2} \lg x$.

▶ **19.** [*20*] 如果整数 n 的十进制表示长 14 位数, n 的值能否存入容量为 47 个二进制位和 1 个符号位的一个计算机字?

20. [*10*] 在 $\log_{10} 2$ 与 $\log_2 10$ 之间是否存在简单的关系?

21. [*15*] (对数的对数) 用 $\ln \ln x, \ln \ln b, \ln b$ 表示 $\log_b \log_b x$.

▶ **22.** [*20*] (理查德·汉明) 证明

$$\lg x \approx \ln x + \log_{10} x.$$

且误差小于 1%!(因此利用自然对数表和常用对数表也可以获得二进制对数的近似值.)

23. [*M25*] 根据图 6, 给出 $\ln xy = \ln x + \ln y$ 的几何证明.

24. [*15*] 说明怎样修改本小节最后用于计算以 10 为底的对数的方法, 使之能计算以 2 为底的对数.

25. [*22*] 假定我们有一台二进制的计算机和一个数 x, $1 \le x < 2$. 说明利用下面的算法, 可以计算 $y = \log_b x$ 的近似值, 仅需使用同所需精度的小数位数成正比的移位、加法、减法运算:

> **L1.** [初始化.] 置 $y \leftarrow 0$, $z \leftarrow x$ 右移 1 位, $k \leftarrow 1$.
>
> **L2.** [检验算法终结.] 如果 $x = 1$, 终止.
>
> **L3.** [比较.] 如果 $x - z < 1$, 置 $z \leftarrow z$ 右移 1 位, $k \leftarrow k + 1$, 重复这一步.
>
> **L4.** [减少值.] 置 $x \leftarrow x - z$, $z \leftarrow x$ 右移 k 位, $y \leftarrow y + \log_b(2^k/(2^k - 1))$, 然后转到 L2. ∎

[注记: 这个方法同计算机硬件中做除法的方法非常相似. 其原始思想要追溯到亨利·布里格斯, 他以此方法计算的对数表于 1624 年出版 (当时他用的是十进制而不是二进制). 我们需要一份包含 $\log_b 2$, $\log_b(4/3)$, $\log_b(8/7)$ 等常数的辅助表, 位数要与计算机精度相同. 算法有意由数字向右移位引入计算误差, 以保证最终 x 减少到 1 而使算法终止. 这道习题意在说明这个算法为何会终止, 为何能计算出 $\log_b x$ 的近似值.]

26. [*M27*] 根据算术运算中用到的精度, 对于上题算法的固有误差求出一个严格的上界.

▶ **27.** [*M25*] 考虑正文中讨论的计算 $\log_{10} x$ 的方法. 令 x'_k 表示计算到 x_k 时的近似值, 定义如下: $x(1 - \delta) \le 10^n x'_0 \le x(1 + \epsilon)$. 在用式 (18) 计算 x'_k 时, 用 y_k 代替 $(x'_{k-1})^2$, 其中 $(x'_{k-1})^2 (1 - \delta) \le y_k \le (x'_{k-1})^2 (1 + \epsilon)$, 且 $1 \le y_k < 100$. 这里 δ 和 ϵ 是很小的常数, 反映由于舍入或者截断而产生的误差的上界和下界. 如果用 $\log' x$ 表示计算的结果, 证明在 k 步之后有

$$\log_{10} x + 2 \log_{10}(1 - \delta) - 1/2^k < \log' x \le \log_{10} x + 2 \log_{10}(1 + \epsilon).$$

28. [*M30*] (理查德·费曼) 建立当 $0 \le x < 1$ 时计算 b^x 的一种方法, 仅使用移位、加法和减法 (类似于习题 25 的算法), 并且分析它的精度.

29. [*HM20*] 给定大于 1 的实数 x. (a) 实数 $b > 1$ 取什么值时, $b \log_b x$ 取到最小值? (b) 整数 $b > 1$ 取什么值时, $b \log_b x$ 取到最小值? (c) 整数 $b > 1$ 取什么值时, $(b+1) \log_b x$ 取到最小值?

30. [*12*] 假定 $n > 1$ 且 $n \neq e$, 化简表达式 $(\ln n)^{\ln n / \ln \ln n}$.

1.2.3 和与积

令 $a_1, a_2, \ldots$ 为任意数列. 我们经常对 $a_1 + a_2 + \cdots + a_n$ 这样的和感兴趣. 这个和可以用等价的记号写成更紧凑的形式

$$\sum_{j=1}^{n} a_j \qquad \text{或} \qquad \sum_{1 \leq j \leq n} a_j. \tag{1}$$

如果 n 为 0, 我们把 $a_1 + a_2 + \ldots + a_n = \sum_{1 \leq j \leq n} a_j$ 定义为 0. 因此, 在此类和式中使用省略号的习惯做法有时会遇到模棱两可的情形, 此时这种记号的意义可能稍显特别, 但也是合乎逻辑的, 如习题 1. 一般地, 如果 $R(j)$ 是包含 j 的关系式, 记号

$$\sum_{R(j)} a_j \tag{2}$$

表示所有 a_j 的和, 其中 j 是满足条件 $R(j)$ 的整数. 如果不存在这样的整数, 记号 (2) 就表示 0. (1) 和 (2) 中的字母 j 称为哑下标或者下标变量, 仅仅是为了做记号而引进的, 通常使用字母 i, j, k, m, n, r, s, t 表示 (有时带有下标或者撇号). 式 (1) 或 (2) 中的大求和符号可以写得更紧凑, 如 $\sum_{j=1}^{n} a_j$ 或 $\sum_{R(j)} a_j$. 利用 $\sum$ 和下标变量表示上下限有穷的求和的方式是约瑟夫 · 傅里叶于 1820 年发明的.

严格说来, 记号 $\sum_{1 \leq j \leq n} a_j$ 有歧义, 因为它没有明确指出是对 j 还是对 n 求和. 具体到这个记号的例子中, 正常人都不会把它理解成对 $n \geq j$ 求和. 但是可以构造出具有意义的其他例子, 其中没有指明下标变量, 如 $\sum_{j \leq k} \binom{j+k}{2j-k}$. 对于这种情况, 上下文必须说明哪个变量是哑变量, 哪个变量在和式之外也有意义. 像 $\sum_{j \leq k} \binom{j+k}{2j-k}$ 这样的和式, 大概只能在 j 和 k 之一具有外部意义时使用.

在多数情况下, 仅当和有限 (有穷) 时, 即仅有有限个 j 值满足 $R(j)$ 和 $a_j \neq 0$ 时, 我们才会使用记号 (2). 如果所求的是无限和, 例如

$$\sum_{j=1}^{\infty} a_j = \sum_{j \geq 1} a_j = a_1 + a_2 + a_3 + \cdots$$

有无限多个非零项, 那么就必须用微积分方法. 这时 (2) 的确切意义是

$$\sum_{R(j)} a_j = \left(\lim_{n \to \infty} \sum_{\substack{R(j) \\ 0 \leq j < n}} a_j \right) + \left(\lim_{n \to \infty} \sum_{\substack{R(j) \\ -n \leq j < 0}} a_j \right), \tag{3}$$

前提是两个极限都存在. 如果至少有一个极限不存在, 则这个无限和是发散的, 即不存在; 否则, 它是收敛的.

如果在求和记号 $\sum$ 下面出现两个或者多个条件, 如式 (3), 我们就要求所有条件都必须满足.

关于和式有四种基本的代数运算, 它们非常重要, 求解许多问题都需要通晓它们. 现在我们来讨论这四种运算.

(a) 分配律，用于和式的乘积：

$$\left(\sum_{R(i)} a_i\right)\left(\sum_{S(j)} b_j\right) = \sum_{R(i)}\left(\sum_{S(j)} a_i b_j\right). \tag{4}$$

为了理解这个定律，考虑特例

$$\left(\sum_{i=1}^{2} a_i\right)\left(\sum_{j=1}^{3} b_j\right) = (a_1 + a_2)(b_1 + b_2 + b_3)$$

$$= (a_1 b_1 + a_1 b_2 + a_1 b_3) + (a_2 b_1 + a_2 b_2 + a_2 b_3)$$

$$= \sum_{i=1}^{2}\left(\sum_{j=1}^{3} a_i b_j\right).$$

习惯上，我们不写式 (4) 右端的括号. 像 $\sum_{R(i)}\left(\sum_{S(j)} a_{ij}\right)$ 这样的二重求和，一般简写成 $\sum_{R(i)} \sum_{S(j)} a_{ij}$.

(b) 变量代换：

$$\sum_{R(i)} a_i = \sum_{R(j)} a_j = \sum_{R(p(j))} a_{p(j)}. \tag{5}$$

这个等式表示两类代换. 第一种情况，我们只把下标变量的名称由 i 改成 j. 第二种情况更有意义，这里的 $p(j)$ 是 j 的函数，代表相关取值的一个排列（置换）；更确切地说，对于满足关系 $R(i)$ 的每个整数 i，必定存在恰好一个满足关系 $p(j) = i$ 的整数 j. 有两个重要的特例，即 $p(j) = c + j$ 和 $p(j) = c - j$，其中 c 是不依赖于 j 的整数. 这两类情形总是满足上述条件，而且在实际应用中最为常用. 例如，

$$\sum_{1 \le j \le n} a_j = \sum_{1 \le j-1 \le n} a_{j-1} = \sum_{2 \le j \le n+1} a_{j-1}. \tag{6}$$

读者应该仔细研究这个例子.

对于有的无限和，不能用 $p(j)$ 代替 j. 如上所述，如果 $p(j) = c \pm j$，那么代换操作总是正确的，但是在其他情况下，就必须当心一些. [例如，见汤姆·阿波斯托尔，*Mathematical Analysis*，Reading, Mass.: Addison-Wesley, 1957, 第 12 章. 保证等式 (5) 对于整数的任何排列 $p(j)$ 成立的一个充分条件是 $\sum_{R(j)} |a_j|$ 存在.]

(c) 交换求和次序：

$$\sum_{R(i)} \sum_{S(j)} a_{ij} = \sum_{S(j)} \sum_{R(i)} a_{ij}. \tag{7}$$

考虑这个等式的一个非常简单的特例：

$$\sum_{R(i)} \sum_{j=1}^{2} a_{ij} = \sum_{R(i)} (a_{i1} + a_{i2}),$$

$$\sum_{j=1}^{2} \sum_{R(i)} a_{ij} = \sum_{R(i)} a_{i1} + \sum_{R(i)} a_{i2}.$$

由等式 (7)，上面两式相等；也就是说

$$\sum_{R(i)} (b_i + c_i) = \sum_{R(i)} b_i + \sum_{R(i)} c_i. \tag{8}$$

其中, 令 $b_i = a_{i1}$ 和 $c_i = a_{i2}$ 即可.

交换求和次序的操作极其有用, 因为我们经常只知道 $\sum_{R(i)} a_{ij}$ 的简单形式, 却不知道 $\sum_{S(j)} a_{ij}$ 的简单形式. 还有一种更一般的情况经常需要交换求和次序, 即关系 $S(j)$ 同时依赖于 i 和 j 的时候. 此时我们可以用 $S(i, j)$ 表示这个关系. 至少在理论上, 总是可以按下面的方式交换求和次序:

$$\sum_{R(i)} \sum_{S(i,j)} a_{ij} = \sum_{S'(j)} \sum_{R'(i,j)} a_{ij}, \tag{9}$$

其中 $S'(j)$ 是关系 "存在整数 i 使得 $R(i)$ 和 $S(i, j)$ 同时为真", 而 $R'(i, j)$ 是关系 "$R(i)$ 与 $S(i, j)$ 同时为真". 例如, 如果求和是 $\sum_{i=1}^{n} \sum_{j=1}^{i} a_{ij}$, 那么 $S'(j)$ 是关系 "存在整数 i 使得 $1 \le i \le n$ 且 $1 \le j \le i$", 也就是 $1 \le j \le n$; 而 $R'(i, j)$ 是关系 "$1 \le i \le n$ 且 $1 \le j \le i$", 也就是 $j \le i \le n$. 因此,

$$\sum_{i=1}^{n} \sum_{j=1}^{i} a_{ij} = \sum_{j=1}^{n} \sum_{i=j}^{n} a_{ij}. \tag{10}$$

[注记: 和 (b) 的变量代换一样, 交换求和次序的操作对于无穷级数未必是正确的. 如果级数绝对收敛, 即 $\sum_{R(i)} \sum_{S(j)} |a_{ij}|$ 存在, 可以证明式 (7) 和 (9) 成立. 此外, 如果 $R(i)$ 和 $S(j)$ 中的任何一个使式 (7) 一侧的和成为有限和, 且出现的每个无限和都收敛, 那么交换求和次序是正确的. 特别地, 式 (8) 对于收敛的无限和总是成立的.]

(d) 处理求和范围. 对于任意关系 $R(j)$ 和 $S(j)$, 有

$$\sum_{R(j)} a_j + \sum_{S(j)} a_j = \sum_{R(j) \text{ 或 } S(j)} a_j + \sum_{R(j) \text{ 且 } S(j)} a_j. \tag{11}$$

例如,

$$\sum_{1 \le j \le m} a_j + \sum_{m \le j \le n} a_j = \left(\sum_{1 \le j \le n} a_j \right) + a_m, \tag{12}$$

其中假定 $1 \le m \le n$. 本例中, "$R(j)$ 且 $S(j)$" 就是 $j = m$, 所以右边第二个和式化简为 a_m. 在式 (11) 的多数应用中, 或者 j 只有一两个取值能同时满足 $R(j)$ 和 $S(j)$, 或者 $R(j)$ 和 $S(j)$ 不可能同时为真. 如果是后面一种情况, 等式 (11) 右端就没有第二项和了.

至此, 我们已经介绍完处理和式的四条基本规则. 下面我们通过进一步的实例, 学习如何应用这些方法.

例 1

$$
\begin{aligned}
\sum_{0 \le j \le n} a_j &= \sum_{\substack{0 \le j \le n \\ j \text{ 为偶数}}} a_j + \sum_{\substack{0 \le j \le n \\ j \text{ 为奇数}}} a_j && \text{由规则 (d)} \\[2mm]
&= \sum_{\substack{0 \le 2j \le n \\ 2j \text{ 为偶数}}} a_{2j} + \sum_{\substack{0 \le 2j+1 \le n \\ 2j+1 \text{ 为奇数}}} a_{2j+1} && \text{由规则 (b)} \\[2mm]
&= \sum_{0 \le j \le n/2} a_{2j} + \sum_{0 \le j < n/2} a_{2j+1}.
\end{aligned}
$$

最后一步只是为了化简两个求和记号 $\sum$ 下面的条件.

例 2 令

$$S_1 = \sum_{i=0}^{n} \sum_{j=0}^{i} a_i a_j = \sum_{j=0}^{n} \sum_{i=j}^{n} a_i a_j \qquad \text{由规则 (c) ［见等式 (10)］}$$

$$= \sum_{i=0}^{n} \sum_{j=i}^{n} a_i a_j \qquad \text{由规则 (b)},$$

第二步交换 i 和 j 的名称, 并注意到 $a_j a_i = a_i a_j$. 如果用 S_2 表示后面这个和, 则有

$$2S_1 = S_1 + S_2 = \sum_{i=0}^{n} \left(\sum_{j=0}^{i} a_i a_j + \sum_{j=i}^{n} a_i a_j \right) \qquad \text{由等式 (8)}$$

$$= \sum_{i=0}^{n} \left(\left(\sum_{j=0}^{n} a_i a_j \right) + a_i a_i \right) \qquad \begin{array}{l} \text{由规则 (d)} \\ \text{［见等式 (12)］} \end{array}$$

$$= \sum_{i=0}^{n} \sum_{j=0}^{n} a_i a_j + \sum_{i=0}^{n} a_i a_i \qquad \text{由等式 (8)}$$

$$= \left(\sum_{i=0}^{n} a_i \right) \left(\sum_{j=0}^{n} a_j \right) + \left(\sum_{i=0}^{n} a_i^2 \right) \qquad \text{由规则 (a)}$$

$$= \left(\sum_{i=0}^{n} a_i \right)^2 + \left(\sum_{i=0}^{n} a_i^2 \right) \qquad \text{由规则 (b)}.$$

这样我们推导出了重要的恒等式

$$\sum_{i=0}^{n} \sum_{j=0}^{i} a_i a_j = \frac{1}{2} \left(\left(\sum_{i=0}^{n} a_i \right)^2 + \left(\sum_{i=0}^{n} a_i^2 \right) \right). \tag{13}$$

例 3（等比数列求和） 假定 $x \neq 1$, $n \geq 0$, 则

$$a + ax + \cdots + ax^n = \sum_{0 \leq j \leq n} ax^j \qquad \text{由定义 (2)}$$

$$= a + \sum_{1 \leq j \leq n} ax^j \qquad \text{由规则 (d)}$$

$$= a + x \sum_{1 \leq j \leq n} ax^{j-1} \qquad \text{由 (a) 的一个很特别的特例}$$

$$= a + x \sum_{0 \leq j \leq n-1} ax^j \qquad \text{由规则 (b) ［见等式 (6)］}$$

$$= a + x \sum_{0 \leq j \leq n} ax^j - ax^{n+1} \qquad \text{由规则 (d)}.$$

比较第一个关系式和最后一个关系式, 我们有

$$(1 - x) \sum_{0 \leq j \leq n} ax^j = a - ax^{n+1},$$

因此我们得到基本公式

$$\sum_{0 \le j \le n} ax^j = a\left(\frac{1 - x^{n+1}}{1 - x}\right). \tag{14}$$

例 4（*等差数列求和*）   假定 $n \ge 0$，则

$$a + (a+b) + \cdots + (a + nb)$$

$$= \sum_{0 \le j \le n} (a + bj) \qquad\qquad \text{由定义 (2)}$$

$$= \sum_{0 \le n-j \le n} \big(a + b(n - j)\big) \qquad\qquad \text{由规则 (b)}$$

$$= \sum_{0 \le j \le n} (a + bn - bj) \qquad\qquad \text{由化简}$$

$$= \sum_{0 \le j \le n} (2a + bn) - \sum_{0 \le j \le n} (a + bj) \qquad \text{由等式 (8)}$$

$$= (n + 1)(2a + bn) - \sum_{0 \le j \le n} (a + bj),$$

最后一步是因为第一个和的 $(n+1)$ 项都不依赖于 j. 现在把第一个表达式和最后一个表达式写在等式两端，同时除以 2 并整理得

$$\sum_{0 \le j \le n} (a + bj) = a(n + 1) + \tfrac{1}{2}bn(n + 1). \tag{15}$$

这个结果等于 $(n + 1)$ 乘 $\tfrac{1}{2}\big(a + (a + bn)\big)$，可以理解为首项和末项的平均值乘以项数.

请注意，我们仅仅通过对和式的简单处理，就推出了重要的等式 (13) (14) (15). 多数教科书只会叙述这些公式，并且用归纳法证明它们. 当然，归纳法是完全正确的，但是它丝毫无法提示读者，当初人们若不是碰巧猜中，又是如何想到这个公式的. 在算法分析中，我们要面对许许多多没有明显规律的和式. 我们如果像上面那样处理和式，经常无须巧妙猜测就能求出答案.

采用下述方括号记号，可以大大化简许多和式以及其他公式的处理过程：

$$[\text{命题}] = \begin{cases} 1, & \text{如果命题为真；} \\ 0, & \text{如果命题为假.} \end{cases} \tag{16}$$

例如，我们可以写出

$$\sum_{R(j)} a_j = \sum_j a_j \big[R(j)\big], \tag{17}$$

其中右端是对所有整数 j 求和，因为当 $R(j)$ 为假时，无限和中相应的项为 0.（我们假定 a_j 对所有 j 均有定义.）

采用方括号记号，我们可以按一种值得深思的方式，从规则 (a) 和 (c) 推出规则 (b)：

$$\sum_{R(p(j))} a_{p(j)} = \sum_j a_{p(j)} \big[R(p(j))\big]$$

$$= \sum_j \sum_i a_i \big[R(i)\big] \big[i = p(j)\big]$$

$$= \sum_i a_i \big[R(i)\big] \sum_j \big[i = p(j)\big]. \tag{18}$$

如果我们假定 p 是式 (5) 中所要求的相关取值的一个排列, 那么当 $R(i)$ 为真时, 上式右端关于 j 的和式等于 1. 因此剩下 $\sum_i a_i[R(i)]$, 即 $\sum_{R(i)} a_i$. 这证明式 (5) 成立. 如果 p 不是这样一个排列, 式 (18) 给出 $\sum_{R(p(j))} a_{p(j)}$ 的真实值.

方括号记号最著名的特殊应用, 要数所谓的克罗内克 δ 符号

$$\delta_{ij} = [i=j] = \begin{cases} 1, & \text{如果 } i = j; \\ 0, & \text{如果 } i \neq j. \end{cases} \tag{19}$$

它由利奥波德 · 克罗内克于 1868 年发明. 像式 (16) 那样更一般的记号是由肯尼斯 · 艾弗森于 1962 年发明的, 因此式 (16) 通常称为艾弗森约定. [见高德纳, *AMM* **99** (1992), 403–422.]

与求和记号类似, 符号

$$\prod_{R(j)} a_j \tag{20}$$

代表所有 a_j 的乘积, 其中下标是满足 $R(j)$ 的整数 j. 如果不存在这样的整数 j, 那么乘积的值定义为 1 (不是 0).

稍作适当修改, $\sum$ 记号的操作 (b) (c) (d) 对于 $\prod$ 记号也是有效的. 本小节最后的习题给出乘积记号的实际使用例子.

最后, 我们介绍用于多重求和的另外一种方便记号: 单个 $\sum$ 记号下面可以有关于几个下标变量的一个或者多个关系, 表示对满足条件的变量的所有组合求和. 例如,

$$\sum_{0 \leq i \leq n} \sum_{0 \leq j \leq n} a_{ij} = \sum_{0 \leq i, j \leq n} a_{ij}; \qquad \sum_{0 \leq i \leq n} \sum_{0 \leq j \leq i} a_{ij} = \sum_{0 \leq j \leq i \leq n} a_{ij}.$$

在这个记号中, 下标之间没有规定先后次序, 所以我们能够用一种新的方式导出等式 (10):

$$\sum_{i=1}^{n} \sum_{j=1}^{i} a_{ij} = \sum_{i,j} a_{ij}[1 \leq i \leq n][1 \leq j \leq i] = \sum_{i,j} a_{ij}[1 \leq j \leq n][j \leq i \leq n]$$
$$= \sum_{j=1}^{n} \sum_{i=j}^{n} a_{ij},$$

其中利用 $[1 \leq i \leq n][1 \leq j \leq i] = [1 \leq j \leq i \leq n] = [1 \leq j \leq n][j \leq i \leq n]$ 这个事实. 更一般的等式 (9) 也可以用类似的方法从恒等式

$$\big[R(i)\big]\big[S(i,j)\big] = \big[R(i) \text{ 且 } S(i,j)\big] = \big[S'(j)\big]\big[R'(i,j)\big]. \tag{21}$$

推出.

为了说明多重下标求和记号的有效性, 我们再举一个例子, 即

$$\sum_{\substack{j_1 + \cdots + j_n = n \\ j_1 \geq \cdots \geq j_n \geq 0}} a_{j_1 \ldots j_n}, \tag{22}$$

其中 a 是一个 n 重下标变量. 例如, 如果 $n = 5$, 这个记号代表

$$a_{11111} + a_{21110} + a_{22100} + a_{31100} + a_{32000} + a_{41000} + a_{50000}.$$

(参见 1.2.1 节关于整数分拆的说明.)

习题（第一组）

▶ **1.** *[00]* 正文提到 $a_1 + a_2 + \cdots + a_0 = 0$, 那么 $a_2 + \cdots + a_0$ 是什么?

2. *[01]* 如果 $n = 3.14$, 记号 $\sum_{1 \leq j \leq n} a_j$ 的含义是什么?

▶ **3.** [*13*] 不用 $\sum$ 记号, 分别写出同

$$\sum_{0 \le n \le 5} \frac{1}{2n+1}$$

和

$$\sum_{0 \le n^2 \le 5} \frac{1}{2n^2+1}$$

等价的表达式. 说明为什么尽管有规则 (b), 两个答案却不一样.

4. [*10*] 不用 $\sum$ 记号, 对于 $n = 3$ 的情况分别写出同等式 (10) 两端等价的表达式 (写成和式之和的形式).

▶ **5.** [*HM20*] 证明: 规则 (a) 对于收敛的无穷级数都成立.

6. [*HM20*] 证明: 规则 (d) 对于任意无穷级数成立, 只要其中的四个和中有三个是存在的.

7. [*HM23*] 已知 c 是一个整数, 证明: 即使两端的级数是无穷级数, $\sum_{R(j)} a_j = \sum_{R(c-j)} a_{c-j}$ 也成立.

8. [*HM25*] 给出一个不满足式 (7) 的无穷级数.

▶ **9.** [*05*] 如果 $n = -1$, 式 (14) 的推导还有效吗?

10. [*05*] 如果 $n = -2$, 式 (14) 的推导还有效吗?

11. [*03*] 如果 $x = 1$, 式 (14) 的右端是什么?

12. [*10*] $1 + \frac{1}{7} + \frac{1}{49} + \frac{1}{343} + \cdots + (\frac{1}{7})^n$ 等于多少?

13. [*10*] 利用式 (15), 假定 $m \le n$, 计算 $\sum_{j=m}^{n} j$.

14. [*11*] 利用上题的结果, 计算 $\sum_{j=m}^{n} \sum_{k=r}^{s} jk$.

▶ **15.** [*M22*] 对于小的 n 值, 计算 $1 \times 2 + 2 \times 2^2 + 3 \times 2^3 + \cdots + n \times 2^n$ 的和. 你能否看出规律? 如果看不出, 仿照式 (14) 的推导步骤, 找出规律.

16. [*M22*] 不用数学归纳法, 证明: 如果 $x \ne 1$, 那么

$$\sum_{j=0}^{n} jx^j = \frac{nx^{n+2} - (n+1)x^{n+1} + x}{(x-1)^2}.$$

▶ **17.** [*M00*] 令 S 为整数的一个集合. $\sum_{j \in S} 1$ 等于什么?

18. [*M20*] 已知 $R(i)$ 是关系 "n 是 i 的倍数", $S(i,j)$ 是关系 "$1 \le j < i$", 说明如何像式 (9) 那样交换求和次序.

19. [*20*] 计算 $\sum_{j=m}^{n} (a_j - a_{j-1})$.

▶ **20.** [*25*] 矩阵博士[①] 曾经观察到非同寻常的一系列公式:

$$9 \times 1 + 2 = 11, \quad 9 \times 12 + 3 = 111, \quad 9 \times 123 + 4 = 1111, \quad 9 \times 1234 + 5 = 11111.$$

(a) 用 $\sum$ 记号写出这位伟大博士的重要发现.

(b) 你对 (a) 的答案无疑会涉及十进制基数 10, 推广该公式, 得到一个或许可适用于任意基数 b 的公式.

(c) 利用正文导出的公式或者习题 16 的公式, 证明你在 (b) 中得到的公式.

▶ **21.** [*M25*] 从式 (8) 和式 (17) 推导规则 (d).

▶ **22.** [*20*] 把和改成积, 类推对应于式 (5) (7) (8) (11) 的相应等式.

23. [*10*] 当没有整数满足 $R(j)$ 时, $\sum_{R(j)} a_j$ 和 $\prod_{R(j)} a_j$ 分别定义为 0 和 1. 解释理由.

24. [*20*] 假定 $R(j)$ 仅对有限多的 j 为真. 对满足 $R(j)$ 的整数数目归纳, 证明 $\log_b \prod_{R(j)} a_j = \sum_{R(j)} (\log_b a_j)$, 假定所有 $a_j > 0$.

---

① Irving Joshua Matrix, 简称 Dr. I. J. Matrix, 美国著名数学科普作家马丁·加德纳笔下的虚构人物.——编者注

▶ **25.** [15] 下述推导对吗? 哪里错了?

$$\left(\sum_{i=1}^{n} a_i\right)\left(\sum_{j=1}^{n} \frac{1}{a_j}\right) = \sum_{1 \le i \le n} \sum_{1 \le j \le n} \frac{a_i}{a_j} = \sum_{1 \le i \le n} \sum_{1 \le i \le n} \frac{a_i}{a_i} = \sum_{i=1}^{n} 1 = n.$$

26. [25] 像习题 22 那样处理 $\prod$ 记号, 证明可以用 $\prod_{i=0}^{n} a_i$ 表示 $\prod_{i=0}^{n} \prod_{j=0}^{i} a_i a_j$.

27. [M20] 假定 $0 < a_j < 1$, 证明

$$\prod_{j=1}^{n} (1 - a_j) \ge 1 - \sum_{j=1}^{n} a_j,$$

以推广习题 1.2.1–9 的结果.

28. [M22] 试求 $\prod_{j=2}^{n} (1 - 1/j^2)$ 的简单计算公式.

▶ **29.** [M30] (a) 用本节最后介绍的多重求和记号, 表示 $\sum_{i=0}^{n} \sum_{j=0}^{i} \sum_{k=0}^{j} a_i a_j a_k$. (b) 用 $\sum_{i=0}^{n} a_i$, $\sum_{i=0}^{n} a_i^2$, $\sum_{i=0}^{n} a_i^3$, 表示 (a) 中的和. [见式 (13).]

▶ **30.** [M23] (雅克·比内, 1812) 不用归纳法, 证明恒等式

$$\left(\sum_{j=1}^{n} a_j x_j\right)\left(\sum_{j=1}^{n} b_j y_j\right) = \left(\sum_{j=1}^{n} a_j y_j\right)\left(\sum_{j=1}^{n} b_j x_j\right) + \sum_{1 \le j < k \le n} (a_j b_k - a_k b_j)(x_j y_k - x_k y_j).$$

[如果 $w_1, \ldots, w_n$ 和 $z_1, \ldots, z_n$ 为任意复数, 置 $a_j = w_j$, $b_j = \overline{z}_j$, $x_j = \overline{w}_j$, $y_j = z_j$, 则得到一个重要的特例:

$$\left(\sum_{j=1}^{n} |w_j|^2\right)\left(\sum_{j=1}^{n} |z_j|^2\right) = \left|\sum_{j=1}^{n} w_j z_j\right|^2 + \sum_{1 \le j < k \le n} |w_j \overline{z}_k - w_k \overline{z}_j|^2.$$

$|w_j \overline{z}_k - w_k \overline{z}_j|^2$ 项是非负的, 所以著名的柯西-施瓦茨不等式

$$\left(\sum_{j=1}^{n} |w_j|^2\right)\left(\sum_{j=1}^{n} |z_j|^2\right) \ge \left|\sum_{j=1}^{n} w_j z_j\right|^2$$

就是比内公式的一个推论.]

31. [M20] 利用比内公式, 用 $\sum_{j=1}^{n} u_j v_j$, $\sum_{j=1}^{n} u_j$, $\sum_{j=1}^{n} v_j$, 表示和 $\sum_{1 \le j < k \le n} (u_j - u_k)(v_j - v_k)$.

32. [M20] 证明

$$\prod_{j=1}^{n} \sum_{i=1}^{m} a_{ij} = \sum_{1 \le i_1, \ldots, i_n \le m} a_{i_1 1} \ldots a_{i_n n}.$$

▶ **33.** [M30] 一天晚上, 矩阵博士发现了下面这些可能比习题 20 更重要的公式:

$$\frac{1}{(a-b)(a-c)} + \frac{1}{(b-a)(b-c)} + \frac{1}{(c-a)(c-b)} = 0,$$

$$\frac{a}{(a-b)(a-c)} + \frac{b}{(b-a)(b-c)} + \frac{c}{(c-a)(c-b)} = 0,$$

$$\frac{a^2}{(a-b)(a-c)} + \frac{b^2}{(b-a)(b-c)} + \frac{c^2}{(c-a)(c-b)} = 1,$$

$$\frac{a^3}{(a-b)(a-c)} + \frac{b^3}{(b-a)(b-c)} + \frac{c^3}{(c-a)(c-b)} = a + b + c.$$

证明这些公式是一个一般定律的特例; 令 $x_1, x_2, \ldots, x_n$ 是两两不同的数, 证明

$$\sum_{j=1}^{n} \left(x_j^r \Big/ \prod_{\substack{1 \le k \le n \\ k \ne j}} (x_j - x_k)\right) = \begin{cases} 0, & \text{如果 } 0 \le r < n-1; \\ 1, & \text{如果 } r = n-1; \\ \sum_{j=1}^{n} x_j, & \text{如果 } r = n. \end{cases}$$

34. [*M25*] 证明

$$\sum_{k=1}^{n} \frac{\prod_{1 \le r \le n,\, r \neq m}(x+k-r)}{\prod_{1 \le r \le n,\, r \neq k}(k-r)} = 1.$$

其中 $1 \le m \le n$，x 是任意的. 例如，如果 $n=4$ 而 $m=2$，那么

$$\frac{x(x-2)(x-3)}{(-1)(-2)(-3)} + \frac{(x+1)(x-1)(x-2)}{(1)(-1)(-2)} + \frac{(x+2)x(x-1)}{(2)(1)(-1)} + \frac{(x+3)(x+1)x}{(3)(2)(1)} = 1.$$

35. [*HM20*] 记号 $\sup_{R(j)} a_j$ 表示满足 $R(j)$ 的元素 a_j 的最小上界（上确界），其用法完全类似于 $\sum$ 记号和 $\prod$ 记号.（当仅有有限多个 j 满足 $R(j)$ 时，通常用 $\max_{R(j)} a_j$ 表示这个量.）说明如何改变规则 (a) (b) (c) (d)，使其适用于该记号的处理. 特别讨论由规则 (a) 类推得到的下述规则：

$$(\sup_{R(i)} a_i) + (\sup_{S(j)} b_j) = \sup_{R(i)}(\sup_{S(j)}(a_i + b_j)).$$

当不存在满足 $R(j)$ 的 j 时，给出这个记号的恰当定义.

习题（第二组）

行列式与矩阵. 下面这些有趣的习题是为至少知道行列式、具备初等矩阵论入门知识的读者提供的. 要计算行列式的值，就要灵活综合运用下列运算：(a) 提取一行或者一列的公因数（式）；(b) 把一行（列）的若干倍加到另一行（列）；(c) 按照余子式（cofactor）展开. 运算 (c) 最简单、最常见的用法是，当行列式左上角的元素为 $+1$ 而整个第一行或者第一列的其余元素均为 0 时，直接删除第一行和第一列；然后计算所得的更小的行列式. 一般地，在一个 $n \times n$ 行列式中，元素 a_{ij} 的余子式是 $(-1)^{i+j}$ 乘以删除 a_{ij} 所在的行和列后得到的 $(n-1) \times (n-1)$ 行列式. 行列式的值等于 $\sum a_{ij} \cdot \text{cofactor}(a_{ij})$，在求和中保持下标 i 或者 j 之一不变，而另一个下标从 1 变到 n.

如果矩阵 (b_{ij}) 是矩阵 (a_{ij}) 的逆矩阵，那么 b_{ij} 等于 a_{ji}（不是 a_{ij}）的余子式除以整个矩阵的行列式. 下面的几类矩阵特别重要：

范德蒙德矩阵

$$a_{ij} = x_j^i$$

$$\begin{pmatrix} x_1 & x_2 & \dots & x_n \\ x_1^2 & x_2^2 & \dots & x_n^2 \\ \vdots & & & \vdots \\ x_1^n & x_2^n & \dots & x_n^n \end{pmatrix}$$

组合矩阵

$$a_{ij} = y + \delta_{ij} x$$

$$\begin{pmatrix} x+y & y & \dots & y \\ y & x+y & \dots & y \\ \vdots & & & \vdots \\ y & y & \dots & x+y \end{pmatrix}$$

柯西矩阵

$$a_{ij} = 1/(x_i + y_j)$$

$$\begin{pmatrix} 1/(x_1+y_1) & 1/(x_1+y_2) & \dots & 1/(x_1+y_n) \\ 1/(x_2+y_1) & 1/(x_2+y_2) & \dots & 1/(x_2+y_n) \\ \vdots & & & \vdots \\ 1/(x_n+y_1) & 1/(x_n+y_2) & \dots & 1/(x_n+y_n) \end{pmatrix}$$

36. [*M23*] 证明组合矩阵的行列式是 $x^{n-1}(x+ny)$.

▶ **37.** [*M24*] 证明范德蒙德矩阵的行列式是

$$\prod_{1 \le j \le n} x_j \prod_{1 \le i < j \le n}(x_j - x_i).$$

▶ **38.** [*M25*] 证明柯西矩阵的行列式是

$$\prod_{1 \le i < j \le n} (x_j - x_i)(y_j - y_i) \bigg/ \prod_{1 \le i,j \le n} (x_i + y_j).$$

39. [*M23*] 证明组合矩阵的逆矩阵也是组合矩阵, 其元素是 $b_{ij} = (-y + \delta_{ij}(x + ny))/x(x + ny)$.

40. [*M24*] 证明范德蒙德矩阵的逆矩阵之元素是

$$b_{ij} = \left(\sum_{\substack{1 \le k_1 < \cdots < k_{n-j} \le n \\ k_1, \ldots, k_{n-j} \ne i}} (-1)^{j-1} x_{k_1} \ldots x_{k_{n-j}} \right) \bigg/ x_i \prod_{\substack{1 \le k \le n \\ k \ne i}} (x_k - x_i).$$

不必担心分子中复杂的和式, 它只不过是多项式 $(x_1 - x) \ldots (x_n - x)/(x_i - x)$ 中 x^{j-1} 的系数.

41. [*M26*] 证明柯西矩阵的逆矩阵之元素是

$$b_{ij} = \left(\prod_{1 \le k \le n} (x_j + y_k)(x_k + y_i) \right) \bigg/ (x_j + y_i) \left(\prod_{\substack{1 \le k \le n \\ k \ne j}} (x_j - x_k) \right) \left(\prod_{\substack{1 \le k \le n \\ k \ne i}} (y_i - y_k) \right).$$

42. [*M18*] 在组合矩阵的逆矩阵中, 所有 n^2 个元素之和等于什么?

43. [*M24*] 在范德蒙德矩阵的逆矩阵中, 所有 n^2 个元素之和等于什么? [提示: 利用习题 33.]

▶ **44.** [*M26*] 在柯西矩阵的逆矩阵中, 所有 n^2 个元素之和等于什么?

▶ **45.** [*M25*] 希尔伯特矩阵是以 $a_{ij} = 1/(i + j - 1)$ 为元素的矩阵, 有时称为 (无穷) 希尔伯特矩阵的 $n \times n$ 块. 证明这是柯西矩阵的一个特例, 求出它的逆矩阵, 并证明逆矩阵的每个元素是整数, 且所有元素之和等于 n^2. [注记: 希尔伯特矩阵经常用来检验各种矩阵处理的算法, 因为它们在数值上是不稳定的, 并且有已知的逆矩阵. 但是, 本题理论求得的已知的逆矩阵不应该同实际计算出的逆矩阵做比较, 因为原矩阵计算前必须事先用舍入后的数值表示. 由于数值的不稳定性, 近似希尔伯特矩阵的逆矩阵同准确希尔伯特矩阵的逆矩阵会存在某种差异. 由于逆矩阵的元素是整数, 并且逆矩阵和原来的矩阵一样是不稳定的, 所以人们一方面可以准确地确定逆矩阵, 而另一方面可以试图对逆矩阵再次求逆. 不过, 逆矩阵中的整数是相当大的.] 求解这个问题需要用到阶乘和二项式系数的基本知识, 见 1.2.5 节和 1.2.6 节.

▶ **46.** [*M30*] 令 A 是一个 $m \times n$ 矩阵, B 是一个 $n \times m$ 矩阵. 已知 $1 \le j_1, j_2, \ldots, j_m \le n$, 令 $A_{j_1 j_2 \ldots j_m}$ 是由 A 的 $j_1, \ldots, j_m$ 列构成的 $m \times m$ 矩阵, $B_{j_1 j_2 \ldots j_m}$ 是由 B 的 $j_1, \ldots, j_m$ 行构成的 $m \times m$ 矩阵. 证明比内-柯西恒等式

$$\det (AB) = \sum_{1 \le j_1 < j_2 < \cdots < j_m \le n} \det (A_{j_1 j_2 \ldots j_m}) \det (B_{j_1 j_2 \ldots j_m}),$$

其中 $\det$ 表示行列式. (请注意特例: (i)$m = n$, (ii)$m = 1$, (iii)$B = A^T$, (iv)$m > n$, (v)$m = 2$.)

47. [*M27*] (克里斯琴·克拉滕特勒) 证明

$$\det \begin{pmatrix} (x + q_2)(x + q_3) & (x + p_1)(x + q_3) & (x + p_1)(x + p_2) \\ (y + q_2)(y + q_3) & (y + p_1)(y + q_3) & (y + p_1)(y + p_2) \\ (z + q_2)(z + q_3) & (z + p_1)(z + q_3) & (z + p_1)(z + p_2) \end{pmatrix}$$
$$= (x - y)(x - z)(y - z)(p_1 - q_2)(p_1 - q_3)(p_2 - q_3).$$

把这个等式推广到包含 $3n - 2$ 个变量 $x_1, \ldots, x_n, p_1, \ldots, p_{n-1}, q_2, \ldots, q_n$ 的 $n \times n$ 行列式的恒等式. 将该式同习题 38 的结果做比较.

1.2.4 整数函数与初等数论

如果 x 是任意实数, 记为

$$\lfloor x \rfloor = \text{小于或者等于 } x \text{ 的最大整数 (} x \text{ 的下整)}$$
$$\lceil x \rceil = \text{大于或者等于 } x \text{ 的最小整数 (} x \text{ 的上整)}$$

1970 年以前，往往用记号 $[x]$ 表示这两个函数之一，通常是指前者. 但是，由艾弗森在 20 世纪 60 年代发明的上述记号更为有用，因为 $\lfloor x \rfloor$ 和 $\lceil x \rceil$ 在实际问题中的使用频率几乎相同. 函数 $\lfloor x \rfloor$ 有时也称为取整函数，即 entier 函数，这个法文单词意为"整数".

验证下面的公式和例子很容易:

$$\left\lfloor \sqrt{2} \right\rfloor = 1, \quad \left\lceil \sqrt{2} \right\rceil = 2, \quad \left\lfloor +\frac{1}{2} \right\rfloor = 0, \quad \left\lceil -\frac{1}{2} \right\rceil = 0, \quad \left\lfloor -\frac{1}{2} \right\rfloor = -1 \,(\text{不是 } 0!\;);$$

$$\lceil x \rceil = \lfloor x \rfloor \qquad \text{当且仅当} x \text{是整数},$$

$$\lceil x \rceil = \lfloor x \rfloor + 1 \qquad \text{当且仅当} x \text{不是整数};$$

$$\lfloor -x \rfloor = -\lceil x \rceil; \quad x - 1 < \lfloor x \rfloor \le x \le \lceil x \rceil < x + 1.$$

本节后面的习题列出了含有向下取整和向上取整运算的其他重要公式.

如果 x 和 y 是任意实数，我们定义下述二元运算:

$$x \bmod y = x - y \lfloor x/y \rfloor, \qquad \text{如果 } y \ne 0; \qquad x \bmod 0 = x. \tag{1}$$

从这个定义可以看出，当 $y \ne 0$ 时，

$$0 \le \frac{x}{y} - \left\lfloor \frac{x}{y} \right\rfloor = \frac{x \bmod y}{y} < 1. \tag{2}$$

因此，

(a) 如果 $y > 0$，那么 $0 \le x \bmod y < y$;

(b) 如果 $y < 0$，那么 $0 \ge x \bmod y > y$;

(c) $x - (x \bmod y)$ 是 y 的整数倍.

我们称 $x \bmod y$ 为 y 除 x 所得的余数，称 $\lfloor x/y \rfloor$ 为商.

所以，当 x 和 y 为整数时，mod 就是我们熟悉的取余数的运算:

$$5 \bmod 3 = 2, \qquad 18 \bmod 3 = 0, \qquad -2 \bmod 3 = 1. \tag{3}$$

当且仅当 x 是 y 的倍数时，也就是当且仅当 x 被 y 除尽时，有 $x \bmod y = 0$. 记号 $y\backslash x$ 读作 "y 整除 x"，表示 y 是一个正整数，且 $x \bmod y = 0$.

当 x 和 y 取任意实数值时，mod 运算也是有用的. 例如，我们可以把三角函数中的正切函数写成

$$\tan x = \tan(x \bmod \pi).$$

$x \bmod 1$ 这个值是 x 的小数部分. 由等式(1)有

$$x = \lfloor x \rfloor + (x \bmod 1). \tag{4}$$

在数论著述中，"mod" 这个符号经常具有一种与此密切相关的不同意义. 但在本书中，我们将采用下面的书写形式表示数论中的同余概念: 陈述式

$$x \equiv y \pmod z \tag{5}$$

表示 $x \bmod z = y \bmod z$，相当于 "$x - y$ 是 z 的整数倍". 式 (5) 读作 "x 和 y 模 z 同余".

下面我们来给出同余的基本性质，本书在推导数论结果时要用到这些性质. 在下面的公式中，所有变量均取整数. 如果两个整数 x 和 y 没有大于 1 的公因数，即最大公因数为 1，那么称它们是互素的，并记作 $x \perp y$. 整数互素的概念很常用，例如当一个分数的分子与分母互素时，我们习惯称之为"最简"分数.

定律 A. 如果 $a \equiv b$ 且 $x \equiv y$ (modulo m)，那么 $a \pm x \equiv b \pm y$ 且 $ax \equiv by$ (modulo m).

定律 B. 如果 $ax \equiv by$ 且 $a \equiv b$ (modulo m)，而 $a \perp m$，那么 $x \equiv y$ (modulo m).

定律 C. 如果 $n \neq 0$，那么 $a \equiv b$ (modulo m) 当且仅当 $an \equiv bn$ (modulo mn).

定律 D. 如果 $r \perp s$，那么 $a \equiv b$ (modulo rs) 当且仅当 $a \equiv b$ (modulo r) 且 $a \equiv b$ (modulo s).

定律 A 说明，可以像普通的加法、减法和乘法那样，对 modulo m 做加法、减法和乘法. 定律 B 则针对除法运算，表明当除数与模数 m 互素时，可以约去公因数. 定律 C 和定律 D 考虑改变模数的结果. 后面的习题将证明这几个定律.

下面的重要定理是定律 A 和定律 B 的推论.

定理 F (费马小定理, 1640). 如果 p 是一个素数，那么对于所有整数 a，有 $a^p \equiv a$ (modulo p).

证明. 如果 a 是 p 的倍数，显然 $a^p \equiv 0 \equiv a$ (modulo p). 所以我们只需考虑 $a \bmod p \neq 0$ 的情况. 由于 p 是素数，这意味着 $a \perp p$. 考虑

$$0 \bmod p, \quad a \bmod p, \quad 2a \bmod p, \quad \ldots, \quad (p-1)a \bmod p. \tag{6}$$

这 p 个数两两不同，因为如果 $ax \bmod p = ay \bmod p$，那么由定义 (5)，$ax \equiv ay$ (modulo p)；因此，按定律 B，$x \equiv y$ (modulo p).

由于式 (6) 给出 p 个不同的数，它们都是小于 p 的非负整数，第一个数为 0，而其余的数是按某种次序排列的 $1, 2, \ldots, p-1$. 所以，按定律 A，

$$(a)(2a) \ldots ((p-1)a) \equiv 1 \cdot 2 \ldots (p-1) \pmod{p}. \tag{7}$$

同余式的两端同时乘 a，得到

$$a^p(1 \cdot 2 \ldots (p-1)) \equiv a(1 \cdot 2 \ldots (p-1)) \pmod{p}. \tag{8}$$

这就证明定理成立，因为每个因数 $1, 2, \ldots, p-1$ 都与 p 互素，由定律 B 可以消去. ▮

习题

1. [00] 计算: $\lfloor 1.1 \rfloor$, $\lfloor -1.1 \rfloor$, $\lceil -1.1 \rceil$, $\lfloor 0.99999 \rfloor$, $\lfloor \lg 35 \rfloor$.

▶ **2.** [01] $\lceil \lfloor x \rfloor \rceil$ 等于什么?

3. [M10] 令 n 为整数, x 为实数, 证明

(a) 当且仅当 $x < n$ 时, $\lfloor x \rfloor < n$; 　　(b) 当且仅当 $n \leq x$ 时, $n \leq \lfloor x \rfloor$;

(c) 当且仅当 $x \leq n$ 时, $\lceil x \rceil \leq n$; 　　(d) 当且仅当 $n < x$ 时, $n < \lceil x \rceil$;

(e) 当且仅当 $x - 1 < n \leq x$ 时, 又当且仅当 $n \leq x < n+1$ 时, $\lfloor x \rfloor = n$;

(f) 当且仅当 $x \leq n < x+1$ 时, 又当且仅当 $n - 1 < x \leq n$ 时, $\lceil x \rceil = n$.

[这些公式是证明关于 $\lfloor x \rfloor$ 和 $\lceil x \rceil$ 各种结论的最重要的工具.]

▶ **4.** [M10] 利用上题, 证明 $\lfloor -x \rfloor = -\lceil x \rceil$.

5. [16] 假定 x 为正实数, 建立一个把 x 表示成舍入到最近的整数的简单公式. 舍入规则要在 $x \bmod 1 < \frac{1}{2}$ 时产生 $\lfloor x \rfloor$, 而在 $x \bmod 1 \geq \frac{1}{2}$ 时产生 $\lceil x \rceil$. 你的答案应该用一个式子同时包含两种情况. 讨论当 x 为负实数时, 你的公式将得到怎样的舍入结果.

▶ **6.** [20] 在下列等式中, 哪些等式对于所有正实数 x 恒成立? (a) $\lfloor \sqrt{\lfloor x \rfloor} \rfloor = \lfloor \sqrt{x} \rfloor$; (b) $\lceil \sqrt{\lceil x \rceil} \rceil = \lceil \sqrt{x} \rceil$; (c) $\lceil \sqrt{\lfloor x \rfloor} \rceil = \lceil \sqrt{x} \rceil$.

7. [M15] 证明 $\lfloor x \rfloor + \lfloor y \rfloor \leq \lfloor x+y \rfloor$, 并且当且仅当 $x \bmod 1 + y \bmod 1 < 1$ 时取等号. 对于向上取整函数, 类似的公式成立吗?

8. [*00*] 100 mod 3，100 mod 7，−100 mod 7，−100 mod 0 等于多少？

9. [*05*] 5 mod −3，18 mod −3，−2 mod −3 等于多少？

▶ **10.** [*10*] 1.1 mod 1，0.11 mod 0.1，0.11 mod −0.1 等于多少？

11. [*00*] 按照我们的约定，"$x \equiv y$ (modulo 0)"的含义是什么？

12. [*00*] 哪些整数与 1 是互素的？

13. [*M00*] 我们约定 0 与 n 的最大公因数是 $|n|$. 哪些整数与 0 是互素的？

▶ **14.** [*12*] 如果 $x \bmod 3 = 2$，$x \bmod 5 = 3$，那么 $x \bmod 15$ 等于几？

15. [*10*] 证明：$z(x \bmod y) = (zx) \bmod (zy)$. [定律 C 是这个分配律的直接推论.]

16. [*M10*] 假定 $y > 0$. 证明：如果 $(x − z)/y$ 是整数，且 $0 \le z < y$，那么 $z = x \bmod y$.

17. [*M15*] 根据同余定义直接证明定律 A；再证明定律 D 的一半：如果 $a \equiv b$ (modulo rs)，那么 $a \equiv b$ (modulo r) 且 $a \equiv b$ (modulo s). （r 和 s 为任意整数.）

18. [*M15*] 利用定律 B 证明定律 D 的另外一半：已知 $r \perp s$，如果 $a \equiv b$ (modulo r) 且 $a \equiv b$ (modulo s)，那么 $a \equiv b$ (modulo rs).

▶ **19.** [*M10*] （倒数定律）如果 $n \perp m$，那么存在整数 n'，使得 $nn' \equiv 1$ (modulo m). 利用推广的欧几里得算法（算法 1.2.1E）证明这个结果.

20. [*M15*] 利用倒数定律和定律 A 证明定律 B.

21. [*M22*] （算术基本定理）利用定律 B 和习题 1.2.1–5，证明每个正整数 $n > 1$ 可以写成素数乘积的形式，且这种表示是唯一的（不计因数的次序）. 换句话说，证明恰好存在一种方法把 n 表示为 $n = p_1 p_2 \ldots p_k$，其中每个 p_j 为素数，而且 $p_1 \le p_2 \le \cdots \le p_k$.

▶ **22.** [*M10*] 举例说明，如果 a 与 m 不互素，定律 B 未必成立.

23. [*M10*] 举例说明，如果 r 与 s 不互素，定律 D 未必成立.

▶ **24.** [*M20*] 定律 A，B，C，D 的适用范围能否从整数推广到任意实数？

25. [*M02*] 根据定理 F，证明：p 是素数时，$a^{p−1} \bmod p = [a$ 不是 p 的倍数$]$.

26. [*M15*] 令 p 为奇素数，a 为任意整数，$b = a^{(p−1)/2}$. 证明：$b \bmod p$ 或者等于 0，或者等于 1，或者等于 $p − 1$. [提示：考虑 $(b + 1)(b − 1)$.]

27. [*M15*] 已知 n 为正整数. 令 $\varphi(n)$ 为 $\{0, 1, \ldots, n − 1\}$ 中与 n 互素的数的个数，于是 $\varphi(1) = 1$，$\varphi(2) = 1$，$\varphi(3) = 2$，$\varphi(4) = 2$，等等. 如果 p 为素数，证明 $\varphi(p) = p − 1$，并对正整数 e，计算 $\varphi(p^e)$.

▶ **28.** [*M25*] 说明可以把证明定理 F 所用的方法用于证明由其扩充得到的欧拉定理：对于任意正整数 m，当 $a \perp m$ 时，$a^{\varphi(m)} \equiv 1$ (modulo m). （特别地，习题 19 中的数 n' 可以取为 $n^{\varphi(m)−1} \bmod m$. ）

29. [*M22*] $f(n)$ 是关于正整数 n 的函数. 如果只要 $r \perp s$ 就有 $f(rs) = f(r)f(s)$，那么 $f(n)$ 就称为积性函数. 证明下列函数都是积性函数：(a) $f(n) = n^c$，其中 c 为任意常数；(b) $f(n) = [$ 对于任意整数 $k > 1$，n 都不能被 k^2 整除 $]$；(c) $f(n) = c^k$，其中 k 是 n 的不同素因数的个数；(d) 任意两个积性函数之积.

30. [*M30*] 证明习题 27 中的函数 $\varphi(n)$ 是积性函数. 利用这个结果求 $\varphi(1000000)$ 的值，并给出当 n 已分解成素因子的乘积时 $\varphi(n)$ 的简便算法.

31. [*M22*] 证明：如果 $f(n)$ 为积性函数，那么 $g(n) = \sum_{d \backslash n} f(d)$ 也是积性函数.

32. [*M18*] 对于任意函数 $f(x, y)$，证明二重求和的恒等式

$$\sum_{d \backslash n} \sum_{c \backslash d} f(c, d) = \sum_{c \backslash n} \sum_{d \backslash (n/c)} f(c, cd).$$

33. [*M18*] 计算 (a) $\lfloor \frac{1}{2}(n+m) \rfloor + \lfloor \frac{1}{2}(n-m+1) \rfloor$；(b) $\lceil \frac{1}{2}(n+m) \rceil + \lceil \frac{1}{2}(n-m+1) \rceil$，其中 m 和 n 为整数.（注意 $m=0$ 的特殊情形.）

▶ **34.** [*M21*] 为了保证等式 $\lfloor \log_b x \rfloor = \lfloor \log_b \lfloor x \rfloor \rfloor$ 对于所有实数 $x \geq 1$ 成立，实数 $b > 1$ 应满足什么充分必要条件?

▶ **35.** [*M20*] 已知 m 和 n 为整数，$n > 0$，证明

$$\lfloor (x+m)/n \rfloor = \lfloor (\lfloor x \rfloor + m)/n \rfloor$$

对于所有实数 x 成立.（当 $m=0$ 时，我们得到一个重要的特例.）对于向上取整函数，类似的结果成立吗?

36. [*M23*] 证明 $\sum_{k=1}^{n} \lfloor k/2 \rfloor = \lfloor n^2/4 \rfloor$. 计算 $\sum_{k=1}^{n} \lceil k/2 \rceil$.

▶ **37.** [*M30*] 令 m 和 n 为整数，$n > 0$，证明

$$\sum_{0 \leq k < n} \left\lfloor \frac{mk+x}{n} \right\rfloor = \frac{(m-1)(n-1)}{2} + \frac{d-1}{2} + d\lfloor x/d \rfloor,$$

其中 d 是 m 和 n 的最大公因数，x 为任意实数.

38. [*M26*] （布希，1909）证明：对于所有实数 x 和 y $(y > 0)$，

$$\sum_{0 \leq k < y} \left\lfloor x + \frac{k}{y} \right\rfloor = \lfloor xy + \lfloor x+1 \rfloor (\lceil y \rceil - y) \rfloor.$$

特别地，当 y 是正整数 n 时，我们得到重要的公式

$$\lfloor x \rfloor + \left\lfloor x + \frac{1}{n} \right\rfloor + \cdots + \left\lfloor x + \frac{n-1}{n} \right\rfloor = \lfloor nx \rfloor.$$

39. [*HM35*] 函数 f 如果对任意正整数 n 都满足 $f(x) + f(x + \frac{1}{n}) + \cdots + f(x + \frac{n-1}{n}) = f(nx)$，那么称它为复制函数. 习题 38 证明了 $\lfloor x \rfloor$ 是复制函数. 证明下列函数是复制函数：

(a) $f(x) = x - \frac{1}{2}$；
(b) $f(x) = [x \text{ 是整数}]$；
(c) $f(x) = [x \text{ 是正整数}]$；
(d) $f(x) = [\text{存在有理数 } r \text{ 和整数 } m, \text{ 使得 } x = r\pi + m]$；
(e) (d) 中函数的三种变形：分别限制 r 为正数，或者 m 为正数，或者 r 和 m 同时为正数；
(f) $f(x) = \log |2\sin \pi x|$，允许 $f(x)$ 取 $-\infty$；
(g) 任意两个复制函数之和；
(h) 一个复制函数的常数倍；
(i) 函数 $g(x) = f(x - \lfloor x \rfloor)$，其中 $f(x)$ 是复制函数.

40. [*HM46*] 研究复制函数类，确定属于一种特殊类型的所有复制函数. 例如，习题 39(a) 中的函数是唯一的连续复制函数吗? 此外，一类更一般的函数可能值得研究，它们满足

$$f(x) + f\left(x + \frac{1}{n}\right) + \cdots + f\left(x + \frac{n-1}{n}\right) = a_n f(nx) + b_n,$$

这里 a_n 和 b_n 是依赖于 n 但是与 x 无关的数. 这类函数的导数和（$b_n = 0$ 时）积分也是同类函数. 如果我们要求 $b_n = 0$，这类函数中就有伯努利多项式、三角函数 $\cot \pi x$ 和 $\csc^2 \pi x$，以及赫维茨广义 ζ 函数 $\zeta(s, x) = \sum_{k \geq 0} 1/(k+x)^s$，其中 s 是固定值. 取 $b_n \neq 0$，我们还有其他著名的函数，例如 ψ 函数.

41. [*M23*] 令 $a_1, a_2, a_3, \ldots$ 表示序列 $1, 2, 2, 3, 3, 3, 4, 4, 4, 4, \ldots$，利用取整函数求出用 n 表示 a_n 的表达式.

42. [*M24*] (a) 证明：

$$\sum_{k=1}^{n} a_k = na_n - \sum_{k=1}^{n-1} k(a_{k+1} - a_k), \qquad \text{如果 } n > 0.$$

(b) 上面的公式对于计算某些涉及向下取整函数的和是很有用的. 证明: 如果整数 $b \geq 2$, 那么

$$\sum_{k=1}^{n} \lfloor \log_b k \rfloor = (n+1) \lfloor \log_b n \rfloor - (b^{\lfloor \log_b n \rfloor + 1} - b)/(b-1).$$

43. [*M23*] 计算 $\sum_{k=1}^{n} \lfloor \sqrt{k} \rfloor$.

44. [*M24*] 证明: 如果 b 和 n 为整数, $b \geq 2$, $n \geq 0$, 那么 $\sum_{k \geq 0} \sum_{1 \leq j < b} \lfloor (n+jb^k)/b^{k+1} \rfloor = n$. 当 $n < 0$ 时, 这个和的值是什么?

▶ **45.** [*M28*] 习题 37 的结果有些令人意外, 因为它蕴涵着当 m 和 n 是正整数时

$$\sum_{0 \leq k < n} \left\lfloor \frac{mk+x}{n} \right\rfloor = \sum_{0 \leq k < m} \left\lfloor \frac{nk+x}{m} \right\rfloor.$$

这类"互反关系"的公式还有很多 (参见 3.3.3 节). 证明: 对于任意函数 f, 我们有

$$\sum_{0 \leq j < n} f\left(\left\lfloor \frac{mj}{n} \right\rfloor \right) = \sum_{0 \leq r < m} \left\lceil \frac{rn}{m} \right\rceil (f(r-1) - f(r)) + nf(m-1).$$

特别地, 证明

$$\sum_{0 \leq j < n} \left(\begin{array}{c} \lfloor mj/n \rfloor + 1 \\ k \end{array} \right) + \sum_{0 \leq j < m} \left\lceil \frac{jn}{m} \right\rceil \left(\begin{array}{c} j \\ k-1 \end{array} \right) = n \left(\begin{array}{c} m \\ k \end{array} \right).$$

[提示: 考虑变量代换 $r = \lfloor mj/n \rfloor$. 二项式系数 $\binom{m}{k}$ 在 1.2.6 节讨论.]

46. [*M29*] (一般互反律) 扩充习题 45 的公式, 以得到 $\sum_{0 \leq j < \alpha n} f(\lfloor mj/n \rfloor)$ 的表达式, 其中 α 是任意正实数.

▶ **47.** [*M31*] 当 p 为奇素数时, 定义勒让德符号 $\left(\frac{q}{p} \right)$. 当 $q^{(p-1)/2} \bmod p$ 分别取 $1, 0, p-1$ 时, $\left(\frac{q}{p} \right)$ 相应取 $+1, 0, -1$. (习题 26 证明, $q^{(p-1)/2} \bmod p$ 只可能取这三个值.)

   (a) 假定 q 不是 p 的倍数, 证明

$$(-1)^{\lfloor 2kq/p \rfloor} (2kq \bmod p), \qquad 0 < k < p/2.$$

这些数按某种顺序与数 $2, 4, \ldots, p-1$ (modulo p) 同余. 因此 $\left(\frac{q}{p} \right) = (-1)^{\sigma}$, 其中 $\sigma = \sum_{0 \leq k < p/2} \lfloor 2kq/p \rfloor$.
   (b) 利用 (a) 的结果计算 $\left(\frac{2}{p} \right)$.
   (c) 假定 q 为奇数, 证明 $\sum_{0 \leq k < p/2} \lfloor 2kq/p \rfloor \equiv \sum_{0 \leq k < p/2} \lfloor kq/p \rfloor$ (modulo 2), 除非 q 是 p 的倍数.
[提示: 考虑 $\lfloor (p-1-2k)q/p \rfloor$.]
   (d) 假定 p 和 q 是不同的奇素数, 利用习题 46 的一般互反律公式获得二次互反律 $\left(\frac{q}{p} \right) \left(\frac{p}{q} \right) = (-1)^{(p-1)(q-1)/4}$.

48. [*M26*] 对于整数 m 和 n, 证明或证伪下列恒等式:

$$\text{(a)} \quad \left\lfloor \frac{m+n-1}{n} \right\rfloor = \left\lceil \frac{m}{n} \right\rceil; \qquad \text{(b)} \quad \left\lfloor \frac{n+2-\lfloor n/25 \rfloor}{3} \right\rfloor = \left\lfloor \frac{8n+24}{25} \right\rfloor.$$

49. [*M30*] 假定整值函数 $f(x)$ 满足两个简单的定律: (i) $f(x+1) = f(x)+1$; (ii) 对于所有正整数 n, $f(x) = f(f(nx)/n)$. 证明: 对于所有有理数 x, 或者 $f(x) = \lfloor x \rfloor$ 恒成立, 或者 $f(x) = \lceil x \rceil$ 恒成立.

1.2.5 排列与阶乘

一个 n 元排列 (n 个对象的排列) 是 n 个不同对象排成一行的一种排放方式. 3 个对象 $\{a, b, c\}$ 有 6 种排列:

$$a\,b\,c, \qquad a\,c\,b, \qquad b\,a\,c, \qquad b\,c\,a, \qquad c\,a\,b, \qquad c\,b\,a. \tag{1}$$

在算法分析中，排列的性质是非常重要的．我们将推导有关排列的许多有趣结果．[①] 首要任务就是计数：共有多少种 n 元排列？总共有 n 个对象，选择最左端的对象有 n 种方式，选定第一个对象之后，下一个位置有 $n-1$ 种方式选择一个不同的对象，这样前两个位置就有 $n(n-1)$ 种选择．类似地，对于不同于前两个对象的第三个对象有 $n-2$ 种选择，所以对于前 3 个对象共有 $n(n-1)(n-2)$ 种选择方式．一般地，如果用 p_{nk} 表示从 n 个对象中选择 k 个对象排成一行的方式数目，则

$$p_{nk} = n(n-1)\ldots(n-k+1). \tag{2}$$

所以，所有排列的总数是 $p_{nn} = n(n-1)\ldots(1)$．

假定已经构造出 $n-1$ 个对象的所有排列，然后按照归纳的方式构造 n 个对象的所有排列，这一过程在我们的各种应用中是非常重要的．我们用数字 $\{1,2,3\}$ 代替字母 $\{a,b,c\}$，重新写出式 (1)，则之前的排列变成

$$1\,2\,3, \qquad 1\,3\,2, \qquad 2\,1\,3, \qquad 2\,3\,1, \qquad 3\,1\,2, \qquad 3\,2\,1. \tag{3}$$

想想看，如何从这个阵列获得 $\{1,2,3,4\}$ 的排列？从 $n-1$ 元排列出发，构造 n 元排列，主要有两种方法．

方法 1. 对于 $\{1,2,\ldots,n-1\}$ 的每个排列 $a_1 a_2 \ldots a_{n-1}$，在所有可能的位置插入数字 n，构成 n 个新排列，

$$n\,a_1 a_2 \ldots a_{n-1}, \qquad a_1\,n\,a_2 \ldots a_{n-1}, \qquad \ldots \qquad a_1 a_2 \ldots n\,a_{n-1}, \qquad a_1 a_2 \ldots a_{n-1}\,n.$$

例如，我们由 (3) 中的排列 $2\,3\,1$，得到 $4\,2\,3\,1$，$2\,4\,3\,1$，$2\,3\,4\,1$，$2\,3\,1\,4$．明显看出，用这种方式可以获得所有 n 元排列，而且不会出现重复．

方法 2. 对于 $\{1,2,\ldots,n-1\}$ 的每个排列 $a_1 a_2 \ldots a_{n-1}$，按照下述方式构成 n 个新排列：首先构造阵列

$$a_1 a_2 \ldots a_{n-1}\tfrac{1}{2}, \qquad a_1 a_2 \ldots a_{n-1}\tfrac{3}{2}, \qquad \ldots \qquad a_1 a_2 \ldots a_{n-1}\left(n-\tfrac{1}{2}\right).$$

然后从小到大用数字 $\{1,2,\ldots,n\}$ 重新命名每个排列中的元素，保持次序．例如，我们由 (3) 中的排列 $2\,3\,1$，得到

$$2\,3\,1\tfrac{1}{2}, \qquad 2\,3\,1\tfrac{3}{2}, \qquad 2\,3\,1\tfrac{5}{2}, \qquad 2\,3\,1\tfrac{7}{2},$$

重新命名便得到

$$3\,4\,2\,1, \qquad 3\,4\,1\,2, \qquad 2\,4\,1\,3, \qquad 2\,3\,1\,4.$$

用另一种方法描述这个过程：取排列 $a_1 a_2 \ldots a_{n-1}$ 以及整数 k，$1 \le k \le n$；对于值 $\ge k$ 的每个 a_j 加 1，这样得到元素 $\{1,\ldots,k-1,k+1,\ldots,n\}$ 的一个排列 $b_1 b_2 \ldots b_{n-1}$，于是 $b_1 b_2 \ldots b_{n-1} k$ 是 $\{1,\ldots,n\}$ 的一个排列．

显然，这个构造同样获得每种 n 元排列恰好一次．把 k 置于最左端，或者改成任何其他固定位置，显然也是可行的．

如果 p_n 是 n 元排列的总数，上述两种方法都说明 $p_n = n p_{n-1}$．由此，我们可以用两种新方法证明式 (2) 已经证出的 $p_n = n(n-1)\ldots(1)$．

[①] 事实上，由于排列极其重要，沃恩·普拉特提议把它的英文由 permutation 缩短为 perm．要是这个建议得到采纳，计算机科学的教科书将变得更薄（或许还会更便宜）．

p_n 这个重要的值称为 n 的阶乘，记为

$$n! = 1 \cdot 2 \cdot \ldots \cdot n = \prod_{k=1}^{n} k. \tag{4}$$

根据此前对空乘积的约定（1.2.3 节）

$$0! = 1, \tag{5}$$

且按照这个约定，基本恒等式

$$n! = (n-1)!\, n \tag{6}$$

对于所有正整数 n 成立.

在计算机作业中，阶乘是相当常见的，建议读者记住前面几个阶乘的值：

$$0! = 1, \quad 1! = 1, \quad 2! = 2, \quad 3! = 6, \quad 4! = 24, \quad 5! = 120.$$

阶乘增加非常快，1000! 在十进制中已超过 2500 位.

应该记住 $10! = 3\,628\,800$，牢记 10! 大约为 360 万. 在一定意义下，计算是否可行大致以此为界. 一方面，如果一个算法需要检验超过 10! 种情形，那么它就可能耗时过长而不实用；另一方面，如果我们决定检验 10! 种情形，假如检验每种情形耗时 1 毫秒的计算机时间，那么算法的全部运行时间约为 1 小时. 当然，这只是非常粗略的解释，但是至少有助于读者直观地认识计算上可行的范围.

很自然，读者可能想知道 $n!$ 同数学中的其他量有什么关系. 例如，假如不费劲计算式 (4) 的乘法，能否判断出 1000! 究竟有多大？詹姆斯·斯特林找到了这个问题的答案，见他的名著《微分法》（$Methodus\ Differentialis$，1730）第 137 页.

$$n! \approx \sqrt{2\pi n} \left(\frac{n}{\mathrm{e}}\right)^n \tag{7}$$

式中的 "$\approx$" 表示 "约等于"，而 "e" 是在 1.2.2 节介绍的自然对数的底数. 我们将在 1.2.11.2 节证明斯特林近似公式 (7). 习题 24 简单证明了更粗略的估计.

下面，我们举例说明如何应用这个公式. 可以计算

$$40320 = 8! \approx 4\sqrt{\pi} \left(\frac{8}{\mathrm{e}}\right)^8 = 2^{26}\sqrt{\pi}\,\mathrm{e}^{-8} \approx 67108864 \cdot 1.77245 \cdot 0.00033546 \approx 39902,$$

误差约为 1%. 我们在后面会看到，这个公式的相对误差约为 $1/(12n)$.

除了由式 (7) 给出的近似值之外，我们也容易获得 $n!$ 分解成素因子的准确值. 事实上，素数 p 是 $n!$ 的因子，重数为

$$\mu = \left\lfloor \frac{n}{p} \right\rfloor + \left\lfloor \frac{n}{p^2} \right\rfloor + \left\lfloor \frac{n}{p^3} \right\rfloor + \cdots = \sum_{k>0} \left\lfloor \frac{n}{p^k} \right\rfloor. \tag{8}$$

例如，如果 $n = 1000$, $p = 3$，那么

$$\mu = \left\lfloor \frac{1000}{3} \right\rfloor + \left\lfloor \frac{1000}{9} \right\rfloor + \left\lfloor \frac{1000}{27} \right\rfloor + \left\lfloor \frac{1000}{81} \right\rfloor + \left\lfloor \frac{1000}{243} \right\rfloor + \left\lfloor \frac{1000}{729} \right\rfloor$$

$$= 333 + 111 + 37 + 12 + 4 + 1 = 498.$$

所以，1000! 被 3^{498} 整除，但不能被 3^{499} 整除. 式 (8) 虽然写成无限和的形式，不过对于任何确定的 n 值和 p 值，它其实是有限和，因为后面的项均为 0. 从习题 1.2.4–35 推出 $\lfloor n/p^{k+1} \rfloor = \lfloor \lfloor n/p^k \rfloor / p \rfloor$，据此可以简化式 (8) 中的计算，因为只用求出 p 除前一项的商，舍弃余数.

　　式 (8) 由下述事实推出: $\lfloor n/p^k \rfloor$ 等于在 $\{1, 2, \ldots, n\}$ 中是 p^k 倍数的整数之个数. 如果我们考察乘积 (4) 中的整数, 那么被 p^j 整除但是不能被 p^{j+1} 整除的任何整数在式 (8) 中恰好计数 j 次: 在 $\lfloor n/p \rfloor$ 中计数一次, 在 $\lfloor n/p^2 \rfloor$ 中计数一次, $\ldots$, 在 $\lfloor n/p^j \rfloor$ 中计数一次. 这就是因子 p 在 $n!$ 中出现的总次数 (重数). [见勒让德的《数论导引》法语版第 8 页, 即 *Essai sur la Théorie des Nombres*, 2nd edition (Paris: 1808), page 8.]

　　自然出现另外一个问题: 我们对于非负整数 n 定义了阶乘函数 $n!$, 它对于 n 的有理数值甚至实数值是否也有意义? 例如, $(\frac{1}{2})!$ 是什么? 为了阐明这个问题, 让我们引入一个 "阶和"(termial) 函数

$$n? = 1 + 2 + \cdots + n = \sum_{k=1}^{n} k, \tag{9}$$

它与阶乘函数类似, 只是用加法代替乘法. 我们从式 1.2.3–(15) 已经知道这个等差级数之和:

$$n? = \tfrac{1}{2} n(n+1). \tag{10}$$

这个结果启示我们, 用式 (10) 代替式 (9), 可以把 "阶和" 函数推广到任意 n. 我们有 $(\frac{1}{2})? = \frac{3}{8}$.

　　斯特林本人曾多次试图把 $n!$ 推广到非整数 n. 他把近似式 (7) 扩展为无限和, 可惜这个和有时并不收敛. 他的方法给出了极好的近似值, 但是不能扩展到给出准确值. [对于这种特殊情况的讨论, 见康拉德·克诺普, *Theory and Application of Infinite Series*, 2nd ed. (Glasgow: Blackie, 1951), 518–520, 527, 534.]

　　斯特林又试了一回. 他注意到

$$n! = 1 + \left(1 - \frac{1}{1!}\right)n + \left(1 - \frac{1}{1!} + \frac{1}{2!}\right)n(n-1)$$
$$+ \left(1 - \frac{1}{1!} + \frac{1}{2!} - \frac{1}{3!}\right)n(n-1)(n-2) + \cdots. \tag{11}$$

(我们将在下一小节证明这个公式.) 式 (11) 中的和表面上是无限和, 其实对于任何非负整数 n 都是有限和. 但是, 它不能按我们想要的方式推广 $n!$, 因为除非 n 是非负整数, 这个无限和都是不存在的. (见习题 16.)

　　斯特林没有气馁, 他找到了一个序列 $a_1, a_2, \ldots$, 这个序列满足

$$\ln n! = a_1 n + a_2 n(n-1) + \cdots = \sum_{k \geq 0} a_{k+1} \prod_{0 \leq j \leq k} (n-j). \tag{12}$$

他未能证明这个和对于 n 的所有分数值都定义了 $n!$, 尽管他能推导出 $(\frac{1}{2})! = \sqrt{\pi}/2$.

　　差不多在同一时期, 欧拉思考了同一问题, 率先找到了正确的推广:

$$n! = \lim_{m \to \infty} \frac{m^n m!}{(n+1)(n+2)\ldots(n+m)}. \tag{13}$$

欧拉于 1729 年 10 月 13 日写信把这一思想告诉哥德巴赫. 他的公式对于负整数以外的任何 n 值都能定义 $n!$; 当 n 为负整数时分母变为 0, 视为 $n!$ 取无限大. 习题 8 和习题 22 说明了式 (13) 为什么是一个合理的定义.

　　又过了将近两个世纪, 埃尔米特于 1900 年证明, 斯特林的构想 (12) 其实对于非整数 n 成功地定义了 $n!$. 他还证明, 欧拉的推广与斯特林的推广其实是等价的.

　　早期, 人们对于阶乘用过多种记号. 欧拉实际上把它写成 $[n]$, 卡尔·弗里德里希·高斯则写成 Πn, 而在英国和意大利流行 $\lfloor n$ 和 $n \rfloor$ 两种符号. 如今, 当 n 为整数时普遍使用的记号 $n!$ 是由一位不大知名的数学家基斯顿·卡曼创造的, 最早出现在一部代数教科书中 [*Élémens d'Arithmétique Universelle* (Cologne: 1808), page 219].

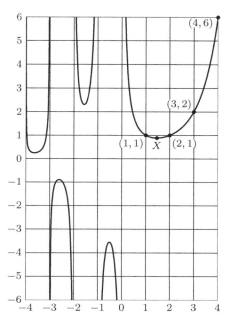

图 7 函数 $\Gamma(x) = (x-1)!$. X 点取局部极小值, 坐标
(1.46163 21449 68362 34126 26595, 0.88560 31944 10888 70027 88159)

然而, 当 n 不是整数时, 我们通常不用记号 $n!$, 改用勒让德提出的记号:

$$n! = \Gamma(n+1) = n\Gamma(n). \tag{14}$$

这个函数 $\Gamma(x)$ 称为 Γ 函数. 由式 (13), 它的定义为

$$\Gamma(x) = \frac{x!}{x} = \lim_{m \to \infty} \frac{m^x m!}{x(x+1)(x+2)\ldots(x+m)}, \tag{15}$$

$\Gamma(x)$ 的图象如图 7 所示.

等式 (13) 和 (15) 对于复数值同实数值一样定义阶乘和 Γ 函数. 不过, 当考虑同时带有实部和虚部的变量时, 我们一般用字母 z 代替 n 或 x. 阶乘函数与 Γ 函数关系密切, 不仅有 $z! = \Gamma(z+1)$, 而且当 z 不是整数时也满足

$$(-z)!\,\Gamma(z) = \frac{\pi}{\sin \pi z}. \tag{16}$$

（见习题 23.）

尽管 $\Gamma(z)$ 当 z 为 0 或者负整数时取无穷大, 但是函数 $1/\Gamma(z)$ 对于所有复数 z 却是有明确定义的（见习题 1.2.7–24）. Γ 函数的高等应用通常要用到一个重要的周线积分公式, 它由赫尔曼 · 汉克尔提出:

$$\frac{1}{\Gamma(z)} = \frac{1}{2\pi i} \oint \frac{e^t \, dt}{t^z}. \tag{17}$$

复积分的路径从 $-\infty$ 开始, 按逆时针方向环绕原点一周再回到 $-\infty$. [*Zeitschrift für Math. und Physik* **9** (1864), 1–21.]

离散数学中的许多公式包含类似阶乘的乘积, 称为阶乘幂. 当 k 为正整数时, $x^{\underline{k}}$ 和 $x^{\bar{k}}$（读作 "x 的 k 次降幂" 和 "x 的 k 次升幂"）定义如下:

$$x^{\underline{k}} = x(x-1)\ldots(x-k+1) = \prod_{j=0}^{k-1}(x-j); \tag{18}$$

$$x^{\bar{k}} = x(x+1)\ldots(x+k-1) = \prod_{j=0}^{k-1}(x+j). \tag{19}$$

于是，式 (2) 中的 p_{nk} 正好是 $n^{\underline{k}}$. 请注意，我们有

$$x^{\bar{k}} = (x+k-1)^{\underline{k}} = (-1)^k(-x)^{\underline{k}}. \tag{20}$$

可以用一般公式

$$x^{\underline{k}} = \frac{x!}{(x-k)!}, \qquad x^{\bar{k}} = \frac{\Gamma(x+k)}{\Gamma(x)} \tag{21}$$

定义其他 k 值的阶乘幂. [$x^{\bar{k}}$ 和 $x^{\underline{k}}$ 这两个记号的出处分别是 A. 卡佩利, *Giornale di Mat. di Battaglini* **31** (1893), 291–313 以及 L. 托斯卡诺, *Comment. Accademia delle Scienze* **3** (1939), 721–757.]

关于阶乘从斯特林时代演变至今的有趣历史, "欧拉积分: Γ 函数的历史剪影"一文做了追溯. [见菲利普·戴维斯, "Leonhard Euler's integral: A historical profile of the gamma function", *AMM* **66** (1959), 849–869. 另见雅克·杜卡, *Archive for History of Exact Sciences* **31** (1984), 15–34.]

习题

1. [*00*] 洗一副 52 张的纸牌, 有多少种不同结果?

2. [*10*] 用式 (2) 中的记号, 证明 $p_{n(n-1)} = p_{nn}$, 并说明原因.

3. [*10*] 方法 1 和方法 2 分别会从排列 3 1 2 4 构造出 $\{1,2,3,4,5\}$ 的什么排列?

▶ **4.** [*13*] 已知 $\log_{10} 1000! = 2567.60464\ldots$, 试准确给出 1000! 在十进制中有多少位数. 首位数字是几? 末位数字是几?

5. [*15*] 利用下述更精确的斯特林近似公式估计 8! 的值:

$$n! \approx \sqrt{2\pi n}\left(\frac{n}{e}\right)^n\left(1 + \frac{1}{12n}\right).$$

▶ **6.** [*17*] 利用式 (8) 把 20! 写成素因数的乘积.

7. [*M10*] 证明: 式 (10) 中的"广义阶和"函数对于所有实数 x 满足恒等式 $x? = x + (x-1)?$.

8. [*HM15*] 证明: 当 n 为非负整数时, 式 (13) 中的极限确实等于 $n!$.

9. [*M10*] 已知 $\left(\frac{1}{2}\right)! = \sqrt{\pi}/2$, 求 $\Gamma\left(\frac{1}{2}\right)$ 和 $\Gamma\left(-\frac{1}{2}\right)$.

▶ **10.** [*HM20*] 恒等式 $\Gamma(x+1) = x\Gamma(x)$ 对于所有实数 x 都成立吗? (见习题 7.)

11. [*M15*] 令 n 的二进制表示为 $n = 2^{e_1} + 2^{e_2} + \cdots + 2^{e_r}$, 其中 $e_1 > e_2 > \cdots > e_r \geq 0$. 证明 $n!$ 被 2^{n-r} 整除, 但是不能被 2^{n-r+1} 整除.

▶ **12.** [*M22*] (勒让德, 1808) 推广上题的结果, 令 p 为素数, 并且令 n 的 p 进制表示为 $n = a_k p^k + a_{k-1} p^{k-1} + \cdots + a_1 p + a_0$. 把式 (8) 中的数 μ 表示成包含 n、p 和各个 a 的简单公式.

13. [*M23*] (威尔逊定理, 实际由莱布尼茨证明, 1682) 如果 p 为素数, 那么 $(p-1)! \bmod p = p-1$. 通过让 $\{1, 2, \ldots, p-1\}$ 各数两两配对, 使每对数的乘积模 p 余 1, 证明这个定理.

▶ **14.** [*M28*] (施蒂克贝格, 1890) 利用习题 12 的记号, 对于任何正整数 n, 我们可以通过 p 进制表示确定 $n! \bmod p$, 从而推广威尔逊定理. 事实上, 证明 $n!/p^\mu \equiv (-1)^\mu a_0! a_1! \ldots a_k! \pmod{p}$.

15. [*HM15*] 方阵的积和式与行列式的展式定义基本相同, 只不过积和式的每项都取正号, 而行列式是交替地取正号和负号. 于是

$$\begin{pmatrix} a & b & c \\ d & e & f \\ g & h & i \end{pmatrix}$$

的积和式是 $aei + bfg + cdh + gec + hfa + idb$. 那么方阵

$$\begin{pmatrix} 1 \times 1 & 1 \times 2 & \dots & 1 \times n \\ 2 \times 1 & 2 \times 2 & \dots & 2 \times n \\ \vdots & \vdots & \ddots & \vdots \\ n \times 1 & n \times 2 & \dots & n \times n \end{pmatrix}$$

的积和式是什么?

16. [*HM15*] 证明: 式 (11) 中的无限和不收敛, 除非 n 是非负整数.

17. [*HM20*] 证明: 如果 $\alpha_1 + \cdots + \alpha_k = \beta_1 + \cdots + \beta_k$, 且各个 β 都不是负整数, 那么无穷乘积

$$\prod_{n \geq 1} \frac{(n + \alpha_1) \dots (n + \alpha_k)}{(n + \beta_1) \dots (n + \beta_k)}$$

等于 $\Gamma(1 + \beta_1) \dots \Gamma(1 + \beta_k) / \Gamma(1 + \alpha_1) \dots \Gamma(1 + \alpha_k)$.

18. [*M20*] 假定 $\pi/2 = \frac{2}{1} \cdot \frac{2}{3} \cdot \frac{4}{3} \cdot \frac{4}{5} \cdot \frac{6}{5} \cdot \frac{6}{7} \cdots$ (这是沃利斯乘积, 由约翰·沃利斯在 1655 年得到, 我们将在习题 1.2.6–43 中证明它.) 利用上题, 证明 $(\frac{1}{2})! = \sqrt{\pi}/2$.

19. [*HM22*] 用 $\Gamma_m(x)$ 表示等式 (15) 中出现在 $\lim_{m \to \infty}$ 之后的量. 证明: 如果 $x > 0$,

$$\Gamma_m(x) = \int_0^m \left(1 - \frac{t}{m}\right)^m t^{x-1}\, dt = m^x \int_0^1 (1 - t)^m t^{x-1}\, dt.$$

20. [*HM21*] 如果 $0 \leq t \leq m$, 那么 $0 \leq e^{-t} - (1 - t/m)^m \leq t^2 e^{-t}/m$. 利用这个事实和上题结果, 证明: 如果 $x > 0$, 那么 $\Gamma(x) = \int_0^\infty e^{-t} t^{x-1}\, dt$.

21. [*HM25*] (路易斯·阿伯加斯特, 1800) 令 $D_x^k u$ 代表函数 u 对 x 的 k 阶导数. 链式法则表明 $D_x^1 w = D_u^1 w\, D_x^1 u$. 如果对二阶导数应用链式法则, 则 $D_x^2 w = D_u^2 w (D_x^1 u)^2 + D_u^1 w\, D_x^2 u$. 证明一般公式为

$$D_x^n w = \sum_{j=0}^n \sum_{\substack{k_1 + k_2 + \cdots + k_n = j \\ k_1 + 2k_2 + \cdots + nk_n = n \\ k_1, k_2, \dots, k_n \geq 0}} D_u^j w \frac{n!}{k_1!\,(1!)^{k_1} \dots k_n!\,(n!)^{k_n}} (D_x^1 u)^{k_1} \dots (D_x^n u)^{k_n}.$$

▶ **22.** [*HM20*] 设想你是欧拉, 正在寻找把 $n!$ 推广到非整数值 n 的方法. 由于 $(n + \frac{1}{2})!/n!$ 乘 $((n + \frac{1}{2}) + \frac{1}{2})!/(n + \frac{1}{2})!$ 等于 $(n+1)!/n! = n+1$, 因此看起来 $(n + \frac{1}{2})!/n!$ 自然应该近似等于 $\sqrt{n}$. 同样应有 $(n + \frac{1}{3})!/n! \approx \sqrt[3]{n}$. 建立当 n 趋近于无穷大时关于比值 $(n+x)!/n!$ 的一个假设. 当 x 为整数时, 你的假设正确吗? 当 x 不是整数时, 你的假设能否给出 $x!$ 的适当的值?

23. [*HM20*] 已知 $\pi z \prod_{n=1}^\infty (1 - z^2/n^2) = \sin \pi z$, 证明等式 (16).

▶ **24.** [*HM21*] 证明有用的不等式

$$\frac{n^n}{e^{n-1}} \leq n! \leq \frac{n^{n+1}}{e^{n-1}}, \qquad 整数\ n \geq 1.$$

[提示: $1 + x \leq e^x$ 对于所有实数 x 成立, 因此 $(k+1)/k \leq e^{1/k} \leq k/(k-1)$.]

25. [*M20*] 阶乘幂满足类似普通指数定律 $x^{m+n} = x^m x^n$ 的定律吗?

1.2.6 二项式系数

从 n 个对象中一次取 k 个对象的组合是从 n 个对象的集合取出 k 个不同元素的全部选择方式, 不计选取对象的次序. 从 5 个对象 $\{a, b, c, d, e\}$ 一次选取 3 个对象的组合是

$$abc, \quad abd, \quad abe, \quad acd, \quad ace, \quad ade, \quad bcd, \quad bce, \quad bde, \quad cde. \qquad (1)$$

很容易计算 n 个对象取出 k 个的组合数: 上一小节的等式 (2) 表明, 从 n 个对象中选取 k 个进行排列, 有 $n(n-1)\ldots(n-k+1)$ 种方法, 其中每个 k 元组合在这些排列中恰好出现 $k!$ 次, 因为它内部共有 $k!$ 种排列. 我们用 $\binom{n}{k}$ 表示组合数, 于是它就等于

$$\binom{n}{k} = \frac{n(n-1)\ldots(n-k+1)}{k(k-1)\ldots(1)}, \tag{2}$$

例如

$$\binom{5}{3} = \frac{5\cdot4\cdot3}{3\cdot2\cdot1} = 10$$

就是式 (1) 中的组合数.

数 $\binom{n}{k}$ 读作 "n 中选取 k", 称为二项式系数, 有着非常多的应用. 这类数或许是算法分析用到的最重要的数, 所以读者务必熟悉它们.

即使当 n 不是整数时, 也可以用等式 (2) 定义 $\binom{n}{k}$. 确切地说, 对于所有实数 r 和所有整数 k, 我们定义符号 $\binom{r}{k}$:

$$\binom{r}{k} = \frac{r(r-1)\ldots(r-k+1)}{k(k-1)\ldots(1)} = \frac{r^{\underline{k}}}{k!} = \prod_{j=1}^{k}\frac{r+1-j}{j}, \qquad \text{整数 } k \geq 0;$$

$$\binom{r}{k} = 0, \qquad\qquad\qquad\qquad\qquad \text{整数 } k < 0. \tag{3}$$

k 取特殊值时, 有

$$\binom{r}{0} = 1, \qquad \binom{r}{1} = r, \qquad \binom{r}{2} = \frac{r(r-1)}{2}. \tag{4}$$

表 1 给出 r 和 k 取 0 至 9 的整数时二项式系数的值, 读者应该记住 $0 \leq r \leq 4$ 的值.

表 1   二项式系数表 (帕斯卡三角)

r	$\binom{r}{0}$	$\binom{r}{1}$	$\binom{r}{2}$	$\binom{r}{3}$	$\binom{r}{4}$	$\binom{r}{5}$	$\binom{r}{6}$	$\binom{r}{7}$	$\binom{r}{8}$	$\binom{r}{9}$
0	1	0	0	0	0	0	0	0	0	0
1	1	1	0	0	0	0	0	0	0	0
2	1	2	1	0	0	0	0	0	0	0
3	1	3	3	1	0	0	0	0	0	0
4	1	4	6	4	1	0	0	0	0	0
5	1	5	10	10	5	1	0	0	0	0
6	1	6	15	20	15	6	1	0	0	0
7	1	7	21	35	35	21	7	1	0	0
8	1	8	28	56	70	56	28	8	1	0
9	1	9	36	84	126	126	84	36	9	1

二项式系数的历史悠久而且有趣. 表 1 称为 "帕斯卡三角", 因为它出现在帕斯卡的《算术三角论》(*Traité du Triangle Arithmétique*, 1653) 一书中. 这本专著具有重要的意义, 因为它是最早的概率论著作之一. 但是二项式系数不是帕斯卡发明的 (在他那个年代, 二项式系数在欧洲已经众所周知). 表 1 也出现在中国元代数学家朱世杰于 1303 年成书的《四元玉鉴》中, 这本书指出二项式系数是一项古老的发现. 杨辉在 1261 年把它归为贾宪 (约 1100 年) 的发现, 但贾宪的著作已经失传. 已知最早的二项式系数详述出现在 10 世纪, 见哈拉尤达当时对平加拉的 *Chandaḥśāstra* 这部古印度经典著作的评论. [见查克拉瓦尔蒂, *Bull. Calcutta Math. Soc.* **24** (1932), 79–88.] 早在大约 850 年, 另外一位印度数学家马哈维拉已在

其 *Gaṇita Sāra Saṅgraha*一书的第 6 章中解释了 $\binom{r}{k}$ 的计算规则 (3)；后来在 1150 年，婆什迦罗在其名作 *Līlāvatī*一书临近结尾处再次叙述了马哈维拉的规则. k 值小的二项式系数很早就为人所知，曾以几何解释的形式出现在希腊人和罗马人的著作中（见图 8）. 记号 $\binom{r}{k}$ 是由安德烈亚斯·冯·厄廷格豪森最早使用的，见其《组合分析》（*Die combinatorische Analysis*, Vienna: 1826）一书的 §31.

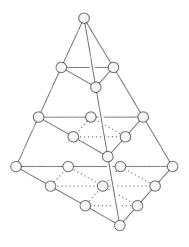

图 8 $\binom{n+2}{3}$ 的几何解释（$n=4$）

读者可能已经注意到了，表 1 有几个有意思的规律和模式. 毫不夸张地说，二项式系数满足成千上万的恒等式. 千百年以来，它的种种奇特性质不断浮出水面，为人所知. 实际上，由于涉及它的关系实在是太多了，因此每当有人发现一个新的恒等式时，都几乎只有发现者自己才会为之兴奋. 为了运用在算法分析中出现的公式，必须有办法处理二项式系数，所以在这一小节，我将简单说明如何对它进行运算. 马克·吐温[①]一度想把全天下所有的笑话浓缩成十几种基本形式（例如关于农夫女儿的，关于丈母娘的，等等），我们则力图把成千上万种恒等式提炼成少数几个基本运算，运用它们可以求解今后遇到的几乎所有同二项式系数有关的问题.

在大多数应用问题中，$\binom{r}{k}$ 中的 r 和 k 均为整数，而我们将要描述的方法中，有几种仅适用于这种情况. 所以，我们将在每一个带编号的等式的右端，仔细列出对式中变量的所有约束条件. 例如，等式 (3) 要求 k 为整数，对于 r 则不做限制. 约束条件最少的恒等式也是最有用的.

现在，我们来探讨二项式系数的基本运算方法.

A. 用阶乘表示二项式系数. 从等式 (3)，我们立即得到

$$\binom{n}{k} = \frac{n!}{k!\,(n-k)!}, \qquad \text{整数 } n \geq \text{整数 } k \geq 0. \tag{5}$$

因此，阶乘的组合和二项式系数能相互表示.

B. 对称性条件. 由等式 (3) 和等式 (5)，我们得到

$$\binom{n}{k} = \binom{n}{n-k}, \qquad \text{整数 } n \geq 0, \text{整数 } k. \tag{6}$$

这个公式对于所有的整数 k 都成立. 当 k 为负数或者 $k>n$ 时，二项式系数为 0（假定 n 为非负整数）.

C. 移进括号和移出括号. 从定义 (3)，我们得到

$$\binom{r}{k} = \frac{r}{k}\binom{r-1}{k-1}, \qquad \text{整数 } k \neq 0. \tag{7}$$

这个公式非常有用，可以用来把一个表达式中的二项式系数同其他部分结合起来. 通过初等变换，我们得到规则

$$k\binom{r}{k} = r\binom{r-1}{k-1}, \qquad \frac{1}{r}\binom{r}{k} = \frac{1}{k}\binom{r-1}{k-1}.$$

第一条规则对于所有整数 k 成立，第二条规则当除数不为 0 时成立. 还有一个类似的关系式：

$$\binom{r}{k} = \frac{r}{r-k}\binom{r-1}{k}, \qquad \text{整数 } k \neq r. \tag{8}$$

---

① 美国著名作家（1835–1910），其小说以幽默讽刺见长. ——译者注

我们通过交替运用等式 (6) 和等式 (7)，证明等式 (8)，演示这两条变换规则的用法：

$$\binom{r}{k} = \binom{r}{r-k} = \frac{r}{r-k}\binom{r-1}{r-1-k} = \frac{r}{r-k}\binom{r-1}{k}.$$

［注记：由于等式 (6) 和等式 (7) 的约束条件，上述推导仅当 r 是不等于 k 的正整数时才成立. 然而，等式 (8) 宣称对于任意的 $r \neq k$ 成立. 这一结论可以用一种简单而又重要的方式证明：我们已经对于无限多个 r 值证实

$$r\binom{r-1}{k} = (r-k)\binom{r}{k},$$

上式两端都是关于 r 的多项式. 一个 n 次非零多项式至多只能有 n 个不同的零点，所以（两式相减）可证，如果次数 $\leq n$ 的两个多项式在至少 $n+1$ 个不同的点处取相同值，那么这两个多项式是始终相等的. 这条原理可以把许多恒等式成立的范围从整数扩展到所有实数.］

D. 加法公式. 在表 1 中，基本关系式

$$\binom{r}{k} = \binom{r-1}{k} + \binom{r-1}{k-1}, \quad \text{整数 } k \tag{9}$$

显然是成立的（因为表中的每个值是其左上方和上方的两个值之和），而且容易根据等式 (3) 证明它是普遍成立的. 另外，等式 (7) 和 (8) 告诉我们

$$r\binom{r-1}{k} + r\binom{r-1}{k-1} = (r-k)\binom{r}{k} + k\binom{r}{k} = r\binom{r}{k}.$$

当 r 为整数时，等式 (9) 经常可以在对 r 归纳证明时发挥作用.

E. 求和公式. 重复应用公式 (9)，给出

$$\binom{r}{k} = \binom{r-1}{k} + \binom{r-1}{k-1} = \binom{r-1}{k} + \binom{r-2}{k-1} + \binom{r-2}{k-2} = \cdots$$

或者

$$\binom{r}{k} = \binom{r-1}{k-1} + \binom{r-1}{k} = \binom{r-1}{k-1} + \binom{r-2}{k-1} + \binom{r-2}{k} = \cdots.$$

于是我们导出如下两个重要的求和公式：

$$\sum_{k=0}^{n}\binom{r+k}{k} = \binom{r}{0} + \binom{r+1}{1} + \cdots + \binom{r+n}{n} = \binom{r+n+1}{n},$$
$$\text{整数 } n \geq 0; \quad (10)$$

$$\sum_{k=0}^{n}\binom{k}{m} = \binom{0}{m} + \binom{1}{m} + \cdots + \binom{n}{m} = \binom{n+1}{m+1},$$
$$\text{整数 } m \geq 0, \text{ 整数 } n \geq 0. \quad (11)$$

通过对 n 归纳可以轻易证明等式 (11). 有趣的是，对等式 (10) 两次应用等式 (6) 也能导出它：

$$\sum_{0 \leq k \leq n}\binom{k}{m} = \sum_{0 \leq m+k \leq n}\binom{m+k}{m} = \sum_{-m \leq k < 0}\binom{m+k}{m} + \sum_{0 \leq k \leq n-m}\binom{m+k}{k}$$
$$= 0 + \binom{m+(n-m)+1}{n-m} = \binom{n+1}{m+1},$$

其中假定 $n \geq m$. 如果 $n < m$，则等式 (11) 是显而易见的.

等式 (11) 应用非常频繁. 事实上，我们此前已经推导出了它的一些特例. 例如当 $m = 1$ 时，我们就见到了亲爱的老朋友——等差数列之和：

$$\binom{0}{1} + \binom{1}{1} + \cdots + \binom{n}{1} = 0 + 1 + \cdots + n = \binom{n+1}{2} = \frac{(n+1)n}{2}.$$

假定我们想推导和 $1^2 + 2^2 + \cdots + n^2$ 的简单计算公式. 这可以通过注意 $k^2 = 2\binom{k}{2} + \binom{k}{1}$ 得到，因此，

$$\sum_{k=0}^{n} k^2 = \sum_{k=0}^{n} \left(2\binom{k}{2} + \binom{k}{1} \right) = 2\binom{n+1}{3} + \binom{n+1}{2}.$$

同时，这个用二项式系数表示的答案在需要时也可以改回多项式表示：

$$1^2 + 2^2 + \cdots + n^2 = 2\frac{(n+1)n(n-1)}{6} + \frac{(n+1)n}{2} = \tfrac{1}{3}n(n + \tfrac{1}{2})(n+1). \tag{12}$$

用同样的方法可以得到 $1^3 + 2^3 + \cdots + n^3$ 的公式. 任意多项式 $a_0 + a_1 k + a_2 k^2 + \cdots + a_m k^m$ 都可以表示成 $b_0 \binom{k}{0} + b_1 \binom{k}{1} + \cdots + b_m \binom{k}{m}$，其中 $b_0, \ldots, b_m$ 是恰当选择的系数. 后面我们还会讨论这方面的内容.

F. 二项式定理. 当然，二项式定理是我们最主要的工具之一：

$$(x+y)^r = \sum_k \binom{r}{k} x^k y^{r-k}, \qquad 整数 \; r \geq 0. \tag{13}$$

例如，$(x+y)^4 = x^4 + 4x^3 y + 6x^2 y^2 + 4xy^3 + y^4$.（我们总算能够说明 $\binom{r}{k}$ 为什么得名"二项式系数"了.）

有必要指出，我们在等式 (13) 中用的是 $\sum_k$ 的写法，而不是读者可能意料之中的记号 $\sum_{k=0}^r$. 如果对 k 不加限制，我们是对所有整数 k 求和，即求和范围是 $-\infty < k < +\infty$. 但是，在式 (13) 中，两个记号完全是等价的，因为 $k < 0$ 或者 $k > r$ 的项为零. 我们更愿用 $\sum_k$ 这种形式更简单的记号，因为求和的条件越简单，计算也就越简单. 如果无须记下求和的上下限，我们就省去大量单调乏味的工作，所以只要不必指定上下限，我们就不做无用功. 我们采用的记号还有另外一个优点：如果 r 不是非负整数，等式 (13) 变成无限和，而微积分的二项式定理说明，如果 $|x/y| < 1$，等式 (13) 对于所有 r 成立.

应该指出，公式 (13) 给出了

$$0^0 = 1, \tag{14}$$

我们将始终采用这个约定.

在等式 (13) 中 $y = 1$ 的特例是很重要的，在此特别写出：

$$\sum_k \binom{r}{k} x^k = (1+x)^r, \qquad 整数 \; r \geq 0 \; 或者 \; |x| < 1. \tag{15}$$

二项式定理是牛顿发现的. 他于 1676 年 6 月 13 日和 10 月 24 日先后致信英国皇家学会秘书亨利·奥顿堡，在信中宣布了这一发现. [见德克·斯特洛伊克，*Source Book in Mathematics* (Harvard Univ. Press, 1969), 284–291.] 但是，他显然没有给出真正的证明. 在牛顿那个年代，严格证明的必要性尚未得到充分认识. 欧拉在 1774 年首次试图给出证明，不过他的证明并不完整. 最后，高斯于 1812 年首次给出了真正的证明. 事实上，这是第一次有人圆满证明关于无限和的结果.

19 世纪初，尼尔斯·阿贝尔发现了二项式公式 (13) 的一个出人意外的推广：

$$(x+y)^n = \sum_k \binom{n}{k} x(x-kz)^{k-1} (y+kz)^{n-k}, \qquad 整数 \; n \geq 0, \; x \neq 0. \tag{16}$$

这是关于三个变量 x, y, z 的恒等式（见习题 50–52）. 阿贝尔在刚刚创刊的《理论与应用数学杂志》上发表了这个公式及其证明，见 *Journal für die reine und angewandte Mathematik* (1826) 第 1 卷第 159–160 页. 这本由奥古斯特·克雷尔创办的德国杂志很快声名鹊起. 值得注意的是，阿贝尔在此卷杂志上还发表了很多篇论文，包括关于 5 次或 5 次以上代数方程无根式解以及关于二项式定理的著名论文. 有关公式 (16) 的若干参考文献，可参阅亨利·古尔德，*AMM* **69** (1962), 572.

G. 上标取反. 由定义 (3)，对分子的每一项加负号，直接推出基本恒等式

$$\binom{r}{k} = (-1)^k \binom{k-r-1}{k}, \quad \text{整数 } k, \tag{17}$$

这对上标取相反数的变换经常很有用.

等式 (17) 的一个简单推论是求和公式

$$\sum_{k \le n} \binom{r}{k}(-1)^k = \binom{r}{0} - \binom{r}{1} + \cdots + (-1)^n \binom{r}{n} = (-1)^n \binom{r-1}{n}, \quad \text{整数 } n. \tag{18}$$

这个恒等式可以利用等式 (9) 用归纳法证明，也可以直接利用等式 (17) 和 (10) 证明：

$$\sum_{k \le n} \binom{r}{k}(-1)^k = \sum_{k \le n} \binom{k-r-1}{k} = \binom{-r+n}{n} = (-1)^n \binom{r-1}{n}.$$

在等式 (17) 中令 r 取整数可获得另外一个重要应用：

$$\binom{n}{m} = (-1)^{n-m} \binom{-(m+1)}{n-m}, \quad \text{整数 } n \ge 0, \text{ 整数 } m. \tag{19}$$

（在等式 (17) 中置 $r = n$，$k = n - m$，利用等式 (6).）把 n 从上标的位置移到了下标的位置.

H. 简化乘积. 当出现二项式系数的乘积时，通常可以利用等式 (5) 把它们展成阶乘再写回二项式系数，从而用多种方式重新表示它们. 例如，

$$\binom{r}{m}\binom{m}{k} = \binom{r}{k}\binom{r-k}{m-k}, \quad \text{整数 } m, \text{ 整数 } k. \tag{20}$$

当 r 是 $\ge m$ 的整数时，足以证明等式 (20) 成立（见等式 (8) 后面的注释）；当 $0 \le k \le m$ 时也可以. 于是有

$$\binom{r}{m}\binom{m}{k} = \frac{r!\,m!}{m!\,(r-m)!\,k!\,(m-k)!} = \frac{r!\,(r-k)!}{k!\,(r-k)!\,(m-k)!\,(r-m)!} = \binom{r}{k}\binom{r-k}{m-k}.$$

如果二项式系数中有一个指标（上式中的 m）同时出现在上标和下标的位置，而我们希望它只出现在其中一个位置，那么等式 (20) 就非常有用. 请注意，等式 (7) 是等式 (20) 在 $k = 1$ 时的特例.

I. 乘积之和. 为了圆满结束对二项式系数处理的全部讨论，我们提出下面几个非常一般的恒等式，它们的证明在本小节的习题中给出. 这些公式说明如何对两个二项式系数的乘积求和，其中操作变量 k 分别出现在各种不同的位置：

$$\sum_k \binom{r}{k}\binom{s}{n-k} = \binom{r+s}{n}, \quad \text{整数 } n; \tag{21}$$

$$\sum_k \binom{r}{m+k}\binom{s}{n+k} = \binom{r+s}{r-m+n}, \quad \text{整数 } m, \text{ 整数 } n, \text{ 整数 } r \ge 0; \tag{22}$$

$$\sum_k \binom{r}{k}\binom{s+k}{n}(-1)^{r-k} = \binom{s}{n-r}, \quad \text{整数 } n, \text{ 整数 } r \ge 0; \tag{23}$$

$$\sum_{k=0}^{r} \binom{r-k}{m} \binom{s}{k-t} (-1)^{k-t} = \binom{r-t-s}{r-t-m},$$

$$\text{整数 } t \geq 0, \text{ 整数 } r \geq 0, \text{ 整数 } m \geq 0; \quad (24)$$

$$\sum_{k=0}^{r} \binom{r-k}{m} \binom{s+k}{n} = \binom{r+s+1}{m+n+1},$$

$$\text{整数 } n \geq \text{整数 } s \geq 0, \text{ 整数 } m \geq 0, \text{ 整数 } r \geq 0; \quad (25)$$

$$\sum_{k \geq 0} \binom{r-tk}{k} \binom{s-t(n-k)}{n-k} \frac{r}{r-tk} = \binom{r+s-tn}{n}, \quad \text{整数 } n. \quad (26)$$

在这些恒等式中, 等式 (21) 是迄今为止最重要的一个, 应该特别记住. 记忆它的一种方法是, 把右端理解为从 r 位男士和 s 位女士中间选择 n 人的方式的数目, 左端每一项是选择 k 位男士和 $n-k$ 位女士的方式的数目. 等式 (21) 通常称为范德蒙德恒等式, 因为范德蒙德发表了它 [*Mém. Acad. Roy. Sciences* (Paris, 1772), part 1, 489–498]. 然而, 这个等式早已出现在前面提到的朱世杰写于 1303 年的专著中 [见约瑟·尼达姆, *Science and Civilisation in China* **3** (Cambridge University Press, 1959), 138–139].

在等式 (26) 中, 如果 $r = tk$, 可以消去分子中的一个因式, 从而避免用 0 作分母. 所以, 等式 (26) 是关于变量 r, s, t 的多项式恒等式. 显然, 等式 (21) 是等式 (26) 取 $t = 0$ 的一个特例.

应该指出, 等式 (23) 和 (25) 有一种不是一目了然的用法: 用左端更复杂的表达式代替右端简单的二项式系数, 交换求和的顺序, 再进行简化, 这样做经常是很有用的. 我们可以把两式左端视为

$$\binom{s}{n+a} \quad \text{用} \quad \binom{s+k}{n}$$

表示的表达式. 等式 (23) 用于取值为负的 a, 等式 (25) 用于取值为正的 a.

我们对二项式系数运算方法的探讨到此结束. 特别建议读者记住等式 (5) (6) (7) (9) (13) (17) (20) (21)——用你最喜欢的荧光笔把它们圈起来!

有了这么多方法, 对于出现的几乎所有问题, 我们应该能用至少三种不同的方式解决. 下面几个例子演示如何使用这些方法.

例 1. 当 r 为正整数时, 计算 $\sum_k \binom{r}{k} \binom{s}{k} k$.

解. 式 (7) 有助于去掉外部的 k:

$$\sum_k \binom{r}{k} \binom{s}{k} k = \sum_k \binom{r}{k} \binom{s-1}{k-1} s = s \sum_k \binom{r}{k} \binom{s-1}{k-1}.$$

现在适合用式 (22), 取 $m = 0$ 和 $n = -1$. 所以答案是

$$\sum_k \binom{r}{k} \binom{s}{k} k = \binom{r+s-1}{r-1} s, \quad \text{整数 } r \geq 0.$$

例 2. 如果 n 为非负整数, 计算 $\sum_k \binom{n+k}{2k} \binom{2k}{k} \frac{(-1)^k}{k+1}$.

解. 这个问题难一些, 求和指标 k 出现在 6 处! 首先应用等式 (20), 得到

$$\sum_k \binom{n+k}{k} \binom{n}{k} \frac{(-1)^k}{k+1}.$$

现在我们可以松一口气了，因为原来公式中几处令人生畏的特性已经消失．下一步处理是显而易见的，我们参考例 1 的方法，应用等式 (7)：

$$\sum_k \binom{n+k}{k}\binom{n+1}{k+1}\frac{(-1)^k}{n+1}. \tag{27}$$

很好，又有一个 k 消失了．接下来有两种同样有效的处理途径．我们可以用 $\binom{n+k}{n}$ 替换 $\binom{n+k}{k}$，其中假定 $k \geq 0$，再用等式 (23) 求和：

$$\sum_{k \geq 0} \binom{n+k}{n}\binom{n+1}{k+1}\frac{(-1)^k}{n+1}$$

$$= -\frac{1}{n+1}\sum_{k \geq 1}\binom{n-1+k}{n}\binom{n+1}{k}(-1)^k$$

$$= -\frac{1}{n+1}\sum_{k \geq 0}\binom{n-1+k}{n}\binom{n+1}{k}(-1)^k + \frac{1}{n+1}\binom{n-1}{n}$$

$$= -\frac{1}{n+1}(-1)^{n+1}\binom{n-1}{-1} + \frac{1}{n+1}\binom{n-1}{n} = \frac{1}{n+1}\binom{n-1}{n}.$$

二项式系数 $\binom{n-1}{n}$ 一般等于 0，只有当 $n = 0$ 时它等于 1．所以我们能够用艾弗森记号（式 1.2.3–(16)）简便地把答案表述为 $[n = 0]$，或用克罗内克 δ 记号（式 1.2.3–(19)）表述为 δ_{n0}．

从等式 (27) 出发的另外一种处理途径是，利用等式 (17) 得到

$$\sum_k \binom{-(n+1)}{k}\binom{n+1}{k+1}\frac{1}{n+1}.$$

现在我们可以应用等式 (22)，得到和

$$\binom{n+1-(n+1)}{n+1-1+0}\frac{1}{n+1} = \binom{0}{n}\frac{1}{n+1}.$$

我们再次导出了答案：

$$\sum_k \binom{n+k}{2k}\binom{2k}{k}\frac{(-1)^k}{k+1} = \delta_{n0}, \qquad 整数\ n \geq 0. \tag{28}$$

例 3.   当 m 和 n 为正整数时，计算 $\sum_k \binom{n+k}{m+2k}\binom{2k}{k}\frac{(-1)^k}{k+1}$．

解．假如 m 为 0，所求式就是例 2．但是，式中出现 m 意味着我们甚至不能从例 2 的解法入手，因为第一步用到的式 (20) 就已经不再适用了．在这种情况下，我们不惜先把事情复杂化，用形如 $\binom{x+k}{2k}$ 的和替换麻烦的 $\binom{n+k}{m+2k}$，因为这样能把问题转化为我们知道如何求解的问题．因此，我们使用等式 (25)，取

$$r = n+k-1, \quad m = 2k, \quad s = 0, \quad n = m-1,$$

得到

$$\sum_k \sum_{0 \leq j \leq n+k-1} \binom{n+k-1-j}{2k}\binom{2k}{k}\binom{j}{m-1}\frac{(-1)^k}{k+1}. \tag{29}$$

我们希望首先对 k 求和，但是交换求和次序要求我们对 $k \geq 0$ 且 $k \geq j-n+1$ 的 k 值求和．可惜后面这个条件有麻烦，因为如果 $j \geq n$，我们不知道所要求的和．没关系，我们有办法应对．注意到当 $n \leq j \leq n+k-1$ 时，式 (29) 中的项为 0．这个条件蕴涵 $k \geq 1$，因此，

$0 \le n+k-1-j \le k-1 < 2k$，从而式 (29) 中第一个二项式系数将变成 0. 所以，我们可以用 $0 \le j < n$ 代替第二个求和条件，再交换求和次序就平淡无奇了. 现在由等式 (28) 对 k 求和，给出

$$\sum_{0 \le j < n} \binom{j}{m-1} \delta_{(n-1-j)0},$$

式中除 $j = n - 1$ 之外的所有项为 0. 因此，最后的答案是

$$\binom{n-1}{m-1}.$$

这个问题的求解过程相当复杂，但是实际上不难理解，每一步都有理有据，应当仔细研究这个推导过程，因为它以实例说明如何巧妙运用等式中的条件. 然而，求解这个问题实际上还有更好的方法，我们把它作为习题留给读者，请想办法把给定的和变换成适用公式 (26) 的形式（见习题 30）.

例 4. 证明

$$\sum_k A_k(r,t) A_{n-k}(s,t) = A_n(r+s,t), \qquad \text{整数 } n \ge 0. \tag{30}$$

其中 $A_n(x,t)$ 是 x 的 n 次多项式，满足

$$A_n(x,t) = \binom{x-nt}{n} \frac{x}{x-nt}, \qquad \text{对于 } x \ne nt.$$

解. 我们可以假定 $0 \le k \le n$ 时有 $r \ne kt \ne s$，因为等式 (30) 的两端都是 r, s, t 的多项式. 我们的问题是求

$$\sum_k \binom{r-kt}{k} \binom{s-(n-k)t}{n-k} \frac{r}{r-kt} \frac{s}{s-(n-k)t}.$$

表面上，这其至比前面的问题更可怕！但是，请注意它同等式 (26) 很相似，而且还要注意 $t = 0$ 的情况. 我们可能想把

$$\binom{r-kt}{k} \frac{r}{r-kt} \qquad \text{改写成} \qquad \binom{r-kt-1}{k-1} \frac{r}{k},$$

只是后者势必失去同等式 (26) 的相似性，而且当 $k = 0$ 时不成立. 更好的处理方法是利用部分分式. 凭借这种方法，一个分母复杂的分式经常可以写成一些分母简单的分式之和. 事实上，我们有

$$\frac{1}{r-kt} \frac{1}{s-(n-k)t} = \frac{1}{r+s-nt} \left(\frac{1}{r-kt} + \frac{1}{s-(n-k)t} \right).$$

代入我们所求的和中，便得到

$$\frac{s}{r+s-nt} \sum_k \binom{r-kt}{k} \binom{s-(n-k)t}{n-k} \frac{r}{r-kt}$$
$$+ \frac{r}{r+s-nt} \sum_k \binom{r-kt}{k} \binom{s-(n-k)t}{n-k} \frac{s}{s-(n-k)t}.$$

如果在第二个和式中把 k 改为 $n-k$，式 (26) 可求出这两个和的值，由此立即推出所求的结果. 恒等式 (26) 和 (30) 出自海因里希·罗思的 *Formulæ de Serierum Reversione* (Leipzig: 1793). 至今，这两个公式的特例仍不断宣告"发现". 关于这两个公式的有趣历史及部分推广，请参阅古尔德和考克基的文章 [*Journal of Combinatorial Theory* **1** (1966), 233–247].

例 5. 确定 $a_0, a_1, a_2, \ldots$ 的值，使所有非负整数 n 都满足

$$n! = a_0 + a_1 n + a_2 n(n-1) + a_3 n(n-1)(n-2) + \cdots. \tag{31}$$

解. 我们在前一小节提出而未予证明的等式 1.2.5–(11) 给出了这个问题的答案. 不过，让我们假装还不知道这个答案. 显然问题确实存在一个解，因为我们可以置 $n = 0$ 并确定 a_0，然后置 $n = 1$ 并确定 a_1，依此类推.

首先，我们用二项式系数表示等式 (31)：

$$n! = \sum_k \binom{n}{k} k! \, a_k. \tag{32}$$

像这样从隐式方程求解 a_k 的问题称为反演问题，解决本题的方法也适用于求解类似的问题.

求解的思想以等式 (23) 当 $s = 0$ 时的特例为基础：

$$\sum_k \binom{r}{k}\binom{k}{n}(-1)^{r-k} = \binom{0}{n-r} = \delta_{nr}, \quad \text{整数 } n, \text{ 整数 } r \geq 0. \tag{33}$$

这个公式的重要性在于，当 $n \neq r$ 时其和为零，这使我们能够求解本题，因为像例 3 那样有许多项消失了：

$$\sum_n n! \binom{m}{n}(-1)^{m-n} = \sum_n \sum_k \binom{n}{k} k! \, a_k \binom{m}{n}(-1)^{m-n}$$

$$= \sum_k k! \, a_k \sum_n \binom{n}{k}\binom{m}{n}(-1)^{m-n}$$

$$= \sum_k k! \, a_k \delta_{km} = m! \, a_m.$$

注意，我们把 $n = 0, 1, \ldots$ 时的等式 (32) 乘以适当倍数加在一起，获得的等式中仅出现一个 a_m 值. 至此我们得到

$$a_m = \sum_{n \geq 0} (-1)^{m-n} \frac{n!}{m!} \binom{m}{n} = \sum_{0 \leq n \leq m} \frac{(-1)^{m-n}}{(m-n)!} = \sum_{0 \leq n \leq m} \frac{(-1)^n}{n!}.$$

这样就完成例 5 的求解. 现在让我们对等式 (33) 的推论做更周密的考察：当 r 和 m 为非负整数时，我们有

$$\sum_k \binom{r}{k}(-1)^{r-k}\left(c_0 \binom{k}{0} + c_1 \binom{k}{1} + \cdots + c_m \binom{k}{m}\right) = c_r,$$

因为在求和后其他项变为 0. 适当选择系数 c_i，我们可以把 k 的任何多项式表示成带有上标 k 的二项式系数之和，从而推出

$$\sum_k \binom{r}{k}(-1)^{r-k}(b_0 + b_1 k + \cdots + b_r k^r) = r! \, b_r, \quad \text{整数 } r \geq 0, \tag{34}$$

其中 $b_0 + \cdots + b_r k^r$ 代表次数不超过 r 的任意多项式. （读者如果学过数值分析，便会认为此式不足为奇，因为 $\sum_k \binom{r}{k}(-1)^{r-k} f(x+k)$ 不过是函数 $f(x)$ 的 "r 阶差分" 而已.）

利用等式 (34)，我们可以立即得到很多其他的关系式，这些关系式乍看很复杂，证明通常也很长，如

$$\sum_k \binom{r}{k}\binom{s-kt}{r}(-1)^k = t^r, \quad \text{整数 } r \geq 0. \tag{35}$$

按惯例，像本书这样的教科书往往会给出许多极富技巧性的例子，令人难以忘怀，但是从来不会提到看似简单却无法应用所给技巧的问题. 上述例子可能使读者以为二项式系数是所向披靡的利器. 然而应该指出，尽管存在着公式 (10) (11) (18)，对于类似的和

$$\sum_{k=0}^{n}\binom{m}{k} = \binom{m}{0} + \binom{m}{1} + \cdots + \binom{m}{n},\tag{36}$$

在 $n < m$ 时却似乎并没有简单的求和公式.（$n = m$ 时，答案很简单. 是什么？见习题 36.）

当 m 为明确给出的负整数时，这个和确实有闭合式，可写成 n 的函数，例如

$$\sum_{k=0}^{n}\binom{-2}{k} = (-1)^n\left\lceil\frac{n+1}{2}\right\rceil.\tag{37}$$

还有一个简单公式

$$\sum_{k=0}^{n}\binom{m}{k}\left(k-\frac{m}{2}\right) = -\frac{m}{2}\binom{m-1}{n},\tag{38}$$

所求和式看起来似乎应当更难，而不是如此容易.

我们要怎样确定和式已无法继续简化呢？幸好现在有一个好办法，可以在很多重要的情况下有效回答这个问题. 拉尔夫·高斯珀和多龙·泽尔伯格建立了一种算法，如果存在二项式系数表示的闭合式，算法会给出解；如果不存在，算法会给出证明. 高斯珀-泽尔伯格算法超出了本书的范围，在《具体数学》5.8 节中有具体说明. 另请参见《A 等于 B》一书［佩特科夫塞克、维尔夫和泽尔伯格，$A = B$ (Wellesley, Mass.: A. K. Peters, 1996)］.

系统化、机械化处理二项式系数求和的主要工具是超几何函数的性质. 超几何函数是用阶乘升幂定义的下述无穷级数：

$$F\left(\begin{matrix}a_1, \ldots, a_m \\ b_1, \ldots, b_n\end{matrix}\,\middle|\, z\right) = \sum_{k\geq 0}\frac{a_1^{\bar{k}}\ldots a_m^{\bar{k}}}{b_1^{\bar{k}}\ldots b_n^{\bar{k}}}\frac{z^k}{k!}.\tag{39}$$

《具体数学》5.5 节和 5.6 节介绍了这些重要函数. 相关历史知识另请参阅杜卡的 *Archive for History of Exact Sciences* **31** (1984), 15–34.

二项式系数的概念有若干重大的推广，我们应该做简要讨论. 首先，可以考虑对 $\binom{r}{k}$ 中的下标 k 取任意实数值，参见习题 40 至 45. 另一种推广是

$$\binom{r}{k}_q = \frac{(1-q^r)(1-q^{r-1})\ldots(1-q^{r-k+1})}{(1-q^k)(1-q^{k-1})\ldots(1-q^1)},\tag{40}$$

当 q 趋近极限值 1 时，左端系数变成平常的二项式系数 $\binom{r}{k}_1 = \binom{r}{k}$，它可以看成是用 $1-q$ 除分子和分母中每一项的结果. 这样的"q 项式系数"的基本性质在习题 58 中讨论.

然而，就我们的目的而言，最重要的推广是多项式系数

$$\binom{k_1+k_2+\cdots+k_m}{k_1, k_2, \ldots, k_m} = \frac{(k_1+k_2+\cdots+k_m)!}{k_1!\,k_2!\ldots k_m!},\quad 整数 k_i \geq 0.\tag{41}$$

多项式系数的主要性质是等式 (13) 的推广：

$$(x_1+x_2+\cdots+x_m)^n = \sum_{k_1+k_2+\cdots+k_m=n}\binom{n}{k_1, k_2, \ldots, k_m}x_1^{k_1}x_2^{k_2}\ldots x_m^{k_m}.\tag{42}$$

要注意，任何多项式系数都可以通过二项式系数表示：

$$\binom{k_1+k_2+\cdots+k_m}{k_1, k_2, \ldots, k_m} = \binom{k_1+k_2}{k_1}\binom{k_1+k_2+k_3}{k_1+k_2}\cdots\binom{k_1+\cdots+k_m}{k_1+\cdots+k_{m-1}},\tag{43}$$

所以我们可以应用处理二项式系数的已知方法. 等式 (20) 的两端是三项式系数

$$\binom{r}{k,\, m-k,\, r-m}.$$

在本小节最后，对多项式从 x 的幂表示到二项式系数表示的变换，我们做个简要分析. 这个变换用到的系数称为斯特林数，出现在众多算法的研究中.

斯特林数有两类：我们用 $\left[\begin{smallmatrix}n\\k\end{smallmatrix}\right]$ 表示第一类斯特林数，用 $\left\{\begin{smallmatrix}n\\k\end{smallmatrix}\right\}$ 表示第二类斯特林数. 这两种记号是由卡拉马特提出的 [*Mathematica* (Cluj) **9** (1935), 164–178]，同此前试用过的其他多种符号相比，具有令人信服的优点 [见高德纳, *AMM* **99** (1992), 403–422]. 我们能记住 $\left\{\begin{smallmatrix}n\\k\end{smallmatrix}\right\}$ 中的大括号，因为大括号表示集合，而 $\left\{\begin{smallmatrix}n\\k\end{smallmatrix}\right\}$ 正是把 n 个元素的集合分拆为 k 个不相交子集的分拆数，见习题 64. 另外一个斯特林数 $\left[\begin{smallmatrix}n\\k\end{smallmatrix}\right]$ 也可以从组合学角度理解，我们将在 1.3.3 节考察：$\left[\begin{smallmatrix}n\\k\end{smallmatrix}\right]$ 是把 n 个字母排成 k 个环的排列数.

两个斯特林三角如表 2 所示，它们在某些方面同帕斯卡三角相似.

表 2 两类斯特林数

n	$\left[\begin{smallmatrix}n\\0\end{smallmatrix}\right]$	$\left[\begin{smallmatrix}n\\1\end{smallmatrix}\right]$	$\left[\begin{smallmatrix}n\\2\end{smallmatrix}\right]$	$\left[\begin{smallmatrix}n\\3\end{smallmatrix}\right]$	$\left[\begin{smallmatrix}n\\4\end{smallmatrix}\right]$	$\left[\begin{smallmatrix}n\\5\end{smallmatrix}\right]$	$\left[\begin{smallmatrix}n\\6\end{smallmatrix}\right]$	$\left[\begin{smallmatrix}n\\7\end{smallmatrix}\right]$	$\left[\begin{smallmatrix}n\\8\end{smallmatrix}\right]$
0	1	0	0	0	0	0	0	0	0
1	0	1	0	0	0	0	0	0	0
2	0	1	1	0	0	0	0	0	0
3	0	2	3	1	0	0	0	0	0
4	0	6	11	6	1	0	0	0	0
5	0	24	50	35	10	1	0	0	0
6	0	120	274	225	85	15	1	0	0
7	0	720	1764	1624	735	175	21	1	0
8	0	5040	13068	13132	6769	1960	322	28	1

n	$\left\{\begin{smallmatrix}n\\0\end{smallmatrix}\right\}$	$\left\{\begin{smallmatrix}n\\1\end{smallmatrix}\right\}$	$\left\{\begin{smallmatrix}n\\2\end{smallmatrix}\right\}$	$\left\{\begin{smallmatrix}n\\3\end{smallmatrix}\right\}$	$\left\{\begin{smallmatrix}n\\4\end{smallmatrix}\right\}$	$\left\{\begin{smallmatrix}n\\5\end{smallmatrix}\right\}$	$\left\{\begin{smallmatrix}n\\6\end{smallmatrix}\right\}$	$\left\{\begin{smallmatrix}n\\7\end{smallmatrix}\right\}$	$\left\{\begin{smallmatrix}n\\8\end{smallmatrix}\right\}$
0	1	0	0	0	0	0	0	0	0
1	0	1	0	0	0	0	0	0	0
2	0	1	1	0	0	0	0	0	0
3	0	1	3	1	0	0	0	0	0
4	0	1	7	6	1	0	0	0	0
5	0	1	15	25	10	1	0	0	0
6	0	1	31	90	65	15	1	0	0
7	0	1	63	301	350	140	21	1	0
8	0	1	127	966	1701	1050	266	28	1

当 n 为很大的数时，有效的近似值参见利奥·莫泽和马克斯·怀曼, *J. London Math. Soc.* **33** (1958), 133–146; *Duke Math. J.* **25** (1958), 29–43; 戴维·巴顿、弗洛伦丝·戴维和马克辛·梅林顿, *Biometrika* **47** (1960), 439–445; **50** (1963), 169–176; 尼古拉斯·特姆, *Studies in Applied Math.* **89** (1993), 233–243; 维尔夫, *J. Combinatorial Theory* **A64** (1993), 344–349; 黄显贵, *J. Combinatorial Theory* **A71** (1995), 343–351.

第一类斯特林数用来把阶乘幂转换为普通的幂：

$$
\begin{aligned}
x^{\underline{n}} &= x(x-1)\ldots(x-n+1)\\
&= \left[\begin{matrix}n\\n\end{matrix}\right]x^n - \left[\begin{matrix}n\\n-1\end{matrix}\right]x^{n-1} + \cdots + (-1)^n\left[\begin{matrix}n\\0\end{matrix}\right]\\
&= \sum_k (-1)^{n-k}\left[\begin{matrix}n\\k\end{matrix}\right]x^k.
\end{aligned}
\tag{44}
$$

例如，由表 2，

$$\binom{x}{5} = \frac{x^{\underline{5}}}{5!} = \frac{1}{120}(x^5 - 10x^4 + 35x^3 - 50x^2 + 24x).$$

第二类斯特林数用来把普通的幂转换成阶乘幂：

$$x^n = \left\{ {n \atop n} \right\} x^{\underline{n}} + \cdots + \left\{ {n \atop 1} \right\} x^{\underline{1}} + \left\{ {n \atop 0} \right\} x^{\underline{0}} = \sum_k \left\{ {n \atop k} \right\} x^{\underline{k}}. \tag{45}$$

事实上，这个公式是斯特林在其《微分法》[*Methodus Differentialis* (London: 1730)] 一书中研究数 $\left\{ {n \atop k} \right\}$ 的最初原因. 例如，由表 2 得到

$$x^5 = x^{\underline{5}} + 10x^{\underline{4}} + 25x^{\underline{3}} + 15x^{\underline{2}} + x^{\underline{1}}$$

$$= 120\binom{x}{5} + 240\binom{x}{4} + 150\binom{x}{3} + 30\binom{x}{2} + \binom{x}{1}.$$

现在我们来罗列包含斯特林数的重要恒等式. 在这些恒等式中，变量 m 和 n 总是表示非负整数.

加法公式：

$$\begin{aligned}\left[{n+1 \atop m} \right] &= n\left[{n \atop m} \right] + \left[{n \atop m-1} \right]; \\ \left\{ {n+1 \atop m} \right\} &= m\left\{ {n \atop m} \right\} + \left\{ {n \atop m-1} \right\}.\end{aligned} \tag{46}$$

反演公式（同等式 (33) 比较）：

$$\sum_k \left[{n \atop k} \right]\left\{ {k \atop m} \right\}(-1)^{n-k} = \delta_{mn}, \qquad \sum_k \left\{ {n \atop k} \right\}\left[{k \atop m} \right](-1)^{n-k} = \delta_{mn}. \tag{47}$$

特殊值：

$$\binom{0}{n} = \left[{0 \atop n} \right] = \left\{ {0 \atop n} \right\} = \delta_{n0}, \qquad \binom{n}{n} = \left[{n \atop n} \right] = \left\{ {n \atop n} \right\} = 1; \tag{48}$$

$$\left[{n \atop n-1} \right] = \left\{ {n \atop n-1} \right\} = \binom{n}{2}; \tag{49}$$

$$\left[{n+1 \atop 0} \right] = \left\{ {n+1 \atop 0} \right\} = 0, \quad \left[{n+1 \atop 1} \right] = n!, \quad \left\{ {n+1 \atop 1} \right\} = 1, \quad \left\{ {n+1 \atop 2} \right\} = 2^n - 1. \tag{50}$$

展开公式：

$$\sum_k \left[{n \atop k} \right]\binom{k}{m} = \left[{n+1 \atop m+1} \right], \qquad \sum_k \left[{n+1 \atop k+1} \right]\binom{k}{m}(-1)^{k-m} = \left[{n \atop m} \right]; \tag{51}$$

$$\sum_k \left\{ {k \atop m} \right\}\binom{n}{k} = \left\{ {n+1 \atop m+1} \right\}, \qquad \sum_k \left\{ {k+1 \atop m+1} \right\}\binom{n}{k}(-1)^{n-k} = \left\{ {n \atop m} \right\}; \tag{52}$$

$$\sum_k \binom{m}{k}(-1)^{m-k}k^n = m!\left\{ {n \atop m} \right\}; \tag{53}$$

$$\begin{aligned}\sum_k \binom{m-n}{m+k}\binom{m+n}{n+k}\left\{ {m+k \atop k} \right\} &= \left[{n \atop n-m} \right], \\ \sum_k \binom{m-n}{m+k}\binom{m+n}{n+k}\left[{m+k \atop k} \right] &= \left\{ {n \atop n-m} \right\};\end{aligned} \tag{54}$$

$$\sum_k \left\{ {n+1 \atop k+1} \right\} \left[{k \atop m} \right] (-1)^{k-m} = \binom{n}{m}; \tag{55}$$

$$\sum_{k \le n} \left[{k \atop m} \right] \frac{n!}{k!} = \left[{n+1 \atop m+1} \right], \qquad \sum_{k \le n} \left\{ {k \atop m} \right\} (m+1)^{n-k} = \left\{ {n+1 \atop m+1} \right\}. \tag{56}$$

除此之外, 斯特林数还有一些基本恒等式, 见习题1.2.6–61和1.2.7–6, 以及 1.2.9 节的等式 (23) (26) (27) (28).

等式 (49) 只是一种普遍现象的一个实例: m 为非负整数时, 两类斯特林数 $\left[{n \atop n-m} \right]$ 和 $\left\{ {n \atop n-m} \right\}$ 就是 n 的 $2m$ 次多项式. 例如, $m = 2$ 和 $m = 3$ 时, 相应的公式为

$$\begin{aligned} \left[{n \atop n-2} \right] &= \binom{n}{4} + 2\binom{n+1}{4}, & \left\{ {n \atop n-2} \right\} &= \binom{n+1}{4} + 2\binom{n}{4}, \\ \left[{n \atop n-3} \right] &= \binom{n}{6} + 8\binom{n+1}{6} + 6\binom{n+2}{6}; & \left\{ {n \atop n-3} \right\} &= \binom{n+2}{6} + 8\binom{n+1}{6} + 6\binom{n}{6}. \end{aligned} \tag{57}$$

因此, 对于 r 的任意实数值 (或者复数值) 定义数 $\left[{r \atop r-m} \right]$ 和 $\left\{ {r \atop r-m} \right\}$ 是有意义的. 采用这个推广, 两类斯特林数由一个有趣的对偶定律

$$\left\{ {n \atop m} \right\} = \left[{-m \atop -n} \right] \tag{58}$$

统一起来, 斯特林的原始讨论中隐含了这个结论. 此外, 每当 z 的实部为正数时, 无穷级数

$$z^r = \sum_k \left\{ {r \atop r-k} \right\} z^{\underline{r-k}} \tag{59}$$

收敛. 在这个意义下, 一般的等式(45)仍然成立. 类似地, 对应的式(44)也可以推广到一个具有渐近性 (但是不收敛) 的级数:

$$z^r = \sum_{k=0}^{m} \left[{r \atop r-k} \right] (-1)^k z^{\underline{r-k}} + O(z^{r-m-1}). \tag{60}$$

(见习题 65.) 在《具体数学》6.1 节、6.2 节和 6.5 节中, 包含关于斯特林数以及在式中如何处理它的补充材料. 此外, 斯特林数是一类一般的三角数族的特例, 见习题 4.7–21.

习题

1. [00] 从 n 个物体中一次取出 $n-1$ 个的组合有多少种?

2. [00] $\binom{0}{0}$ 等于什么? ?

3. [00] 桥牌开局时有多少种可能的手牌 (一副 52 张牌中的 13 张牌)?

4. [10] 把习题 3 的答案写成素数乘积的形式.

▶ **5.** [05] 利用帕斯卡三角说明 $11^4 = 14641$.

▶ **6.** [10] 利用加法公式(9)可以向各个方向扩展帕斯卡三角 (表 1). 求表 1 向上延伸的三行 (即 $r = -1$, -2 和 -3 的行).

7. [12] 如果 n 为固定的正整数, 什么 k 值使 $\binom{n}{k}$ 取最大值?

8. [00] 等式 (6) 的 "对称性条件" 反映了帕斯卡三角的什么特性?

9. [01] $\binom{n}{n}$ 的值等于什么? (考虑所有的整数 n.)

▶ **10.** [*M25*] 如果 p 为素数，证明：

(a) $\dbinom{n}{p} \equiv \left\lfloor \dfrac{n}{p} \right\rfloor$ (modulo p).

(b) $\dbinom{p}{k} \equiv 0$ (modulo p)，其中 $1 \le k \le p-1$.

(c) $\dbinom{p-1}{k} \equiv (-1)^k$ (modulo p)，其中 $0 \le k \le p-1$.

(d) $\dbinom{p+1}{k} \equiv 0$ (modulo p)，其中 $2 \le k \le p-1$.

(e) （爱德华·卢卡斯，1877）

$$\binom{n}{k} \equiv \binom{\lfloor n/p \rfloor}{\lfloor k/p \rfloor} \binom{n \bmod p}{k \bmod p} \pmod{p}.$$

(f) 如果 n 和 k 的 p 进制表示为

$$n = a_r p^r + \cdots + a_1 p + a_0, \qquad \text{那么} \quad \binom{n}{k} \equiv \binom{a_r}{b_r} \cdots \binom{a_1}{b_1} \binom{a_0}{b_0} \pmod{p},$$
$$k = b_r p^r + \cdots + b_1 p + b_0,$$

▶ **11.** [*M20*] （恩斯特·库默尔，1852）令 p 为素数，证明：如果

$$\binom{a+b}{a}$$

能被 p^n 整除但不能被 p^{n+1} 整除，那么 n 等于在 p 进制中把 p 加到 b 上的进位次数. ［提示：参见习题 1.2.5–12. ］

12. [*M22*] 是否存在令帕斯卡三角中第 n 行所有非零项都是奇数的正整数 n？如果存在，求出全部这样的 n.

13. [*M13*] 证明求和公式 (10).

14. [*M21*] 求 $\sum_{k=0}^{n} k^4$ 的值.

15. [*M15*] 证明二项式公式 (13).

16. [*M15*] 已知 n 和 k 为正整数，证明对称恒等式

$$(-1)^n \binom{-n}{k-1} = (-1)^k \binom{-k}{n-1}.$$

▶ **17.** [*M18*] 由等式 (15) 证明朱世杰-范德蒙德公式 (21)，利用 $(1+x)^{r+s} = (1+x)^r (1+x)^s$ 的思想.

18. [*M15*] 利用等式 (21) 和 (6) 证明等式 (22).

19. [*M18*] 用归纳法证明等式 (23).

20. [*M20*] 利用等式 (21) 和 (19) 证明等式 (24)，然后利用等式 (19) 证明等式 (25).

▶ **21.** [*M05*] 等式 (25) 的两端是 s 的多项式. 它为何不是关于 s 的恒等式？

22. [*M20*] 对于 $s = n-1-r+nt$ 的特例，证明等式 (26).

23. [*M13*] 假定等式 (26) 对于 (r, s, t, n) 和 $(r, s-t, t, n-1)$ 成立，证明它对于 $(r, s+1, t, n)$ 也成立.

24. [*M15*] 说明结合前面两题的结果为什么能证明等式 (26).

25. [*HM30*] 按例 4（见等式 (30)）定义多项式 $A_n(x, t)$. 令 $z = x^{t+1} - x^t$. 证明：只要 x 足够接近 1，那么 $\sum_k A_k(r, t) z^k = x^r$. ［注记：如果 $t = 0$，这个结果实质上是二项式定理；因此这个等式是二项式定理的重要推广. 在证明中可以假定二项式定理 (15) 成立. ］［提示：从恒等式

$$\sum_j (-1)^j \binom{k}{j} \binom{r-jt}{k} \frac{r}{r-jt} = \delta_{k0}$$

入手. ］

26. [*HM25*] 用上题的假设，证明

$$\sum_k \binom{r-tk}{k} z^k = \frac{x^{r+1}}{(t+1)x-t}.$$

27. [*HM21*] 利用习题 25 的结果求解例 4，并由前面两题证明等式 (26)．[提示：参见习题 17．]

28. [*M25*] 证明：如果 n 为非负整数，那么

$$\sum_k \binom{r+tk}{k}\binom{s-tk}{n-k} = \sum_{k \geq 0} \binom{r+s-k}{n-k} t^k.$$

29. [*M20*] 证明等式 (34) 仅仅是在习题 1.2.3–33 中证明的一般恒等式的特例．

▸ **30.** [*M24*] 处理例 3 的和，使其可以应用等式 (26) 求解．说明这种解法比正文所用方法更好．

▸ **31.** [*M20*] 假定 m 和 n 为整数，计算

$$\sum_k \binom{m-r+s}{k}\binom{n+r-s}{n-k}\binom{r+k}{m+n},$$

结果用 r, s, m, n 表示．第一步把

$$\binom{r+k}{m+n} \qquad \text{换成} \qquad \sum_j \binom{r}{m+n-j}\binom{k}{j}.$$

32. [*M20*] 证明 $\sum_k \left[{n \atop k}\right] x^k = x^{\bar{n}}$，其中 $x^{\bar{n}}$ 是在阶乘幂定义式 1.2.5–(19) 中定义的升幂．

33. [*M20*] （范德蒙德，1772）证明当其中的幂是阶乘幂而不是普通幂时，二项式公式仍然成立；换句话说，证明

$$(x+y)^n = \sum_k \binom{n}{k} x^{\underline{k}} y^{\underline{n-k}}; \qquad (x+y)^{\bar{n}} = \sum_k \binom{n}{k} x^{\bar{k}} y^{\overline{n-k}}.$$

34. [*M23*] （托勒里和）参照上题，证明二项式公式的阿贝尔推广 (16) 对于阶乘升幂也成立：

$$(x+y)^{\bar{n}} = \sum_k \binom{n}{k} x(x-kz+1)^{\overline{k-1}} (y+kz)^{\overline{n-k}}.$$

35. [*M23*] 直接根据定义 (44) 和 (45)，证明斯特林数的加法公式 (46)．

36. [*M10*] 帕斯卡三角每行各数之和 $\sum_k \binom{n}{k}$ 等于什么？这些数交替取正负号之和 $\sum_k \binom{n}{k}(-1)^k$ 等于什么？

37. [*M10*] 从上题的答案，推导帕斯卡三角每行隔项之和 $\binom{n}{0} + \binom{n}{2} + \binom{n}{4} + \cdots$ 的值．

38. [*HM30*] （拉米斯，1834）推广上题的结果，已知 $0 \leq k < m$，证明公式：

$$\binom{n}{k} + \binom{n}{m+k} + \binom{n}{2m+k} + \cdots = \frac{1}{m} \sum_{0 \leq j < m} \left(2\cos\frac{j\pi}{m}\right)^n \cos\frac{j(n-2k)\pi}{m}.$$

例如

$$\binom{n}{1} + \binom{n}{4} + \binom{n}{7} + \cdots = \frac{1}{3}\left(2^n + 2\cos\frac{(n-2)\pi}{3}\right).$$

[提示：分别将这些系数乘以合适的 m 次单位根．] 这个恒等式当 $m \geq n$ 时特别重要．

39. [*M10*] 第一个斯特林三角的每行各数之和 $\sum_k \left[{n \atop k}\right]$ 等于什么？这些数字交替取正负号之和等于什么？（见习题 36．）

40. [*HM17*] 对于正实数 x 和 y，β 函数 $\mathrm{B}(x,y)$ 由公式 $\mathrm{B}(x,y) = \int_0^1 t^{x-1}(1-t)^{y-1}\,dt$ 定义．

   (a) 证明 $\mathrm{B}(x,1) = \mathrm{B}(1,x) = 1/x$．

   (b) 证明 $\mathrm{B}(x+1,y) + \mathrm{B}(x,y+1) = \mathrm{B}(x,y)$．

   (c) 证明 $\mathrm{B}(x,y) = ((x+y)/y)\,\mathrm{B}(x,y+1)$．

41. [*HM22*] 在习题 1.2.5–19 中，我们通过证明 m 为正整数时，$\Gamma_m(x) = m^x \mathrm{B}(x, m+1)$，证明了 Γ 函数和 β 函数之间的一个关系式.

(a) 证明

$$\mathrm{B}(x, y) = \frac{\Gamma_m(y) m^x}{\Gamma_m(x+y)} \mathrm{B}(x, y+m+1).$$

(b) 证明

$$\mathrm{B}(x, y) = \frac{\Gamma(x)\Gamma(y)}{\Gamma(x+y)}.$$

42. [*HM10*] 用上面定义的 β 函数表示二项式系数 $\binom{r}{k}$. （这样可以把二项式系数的定义扩展到 k 的所有实数值.）

43. [*HM20*] 证明 $\mathrm{B}(1/2, 1/2) = \pi$. （据习题 41 可推出 $\Gamma(1/2) = \sqrt{\pi}$.)

44. [*HM20*] 利用习题 42 中提出的广义二项式系数，证明

$$\binom{r}{1/2} = 2^{2r+1} \bigg/ \binom{2r}{r} \pi.$$

45. [*HM21*] 利用习题 42 中提出的广义二项式系数，求 $\lim_{r \to \infty} \binom{r}{k} / r^k$.

▶ **46.** [*M21*] 利用斯特林近似公式 1.2.5–(7)，求 $\binom{x+y}{y}$ 的近似值，假定 x 和 y 都很大. 特别地，求出 n 很大时 $\binom{2n}{n}$ 的近似值.

47. [*M21*] 已知 k 为整数，证明

$$\binom{r}{k} \binom{r-1/2}{k} = \binom{2r}{k} \binom{2r-k}{k} \bigg/ 4^k = \binom{2r}{2k} \binom{2k}{k} \bigg/ 4^k.$$

对于 $r = -1/2$ 的特例给出更简单的公式.

▶ **48.** [*M25*] 证明

$$\sum_{k \geq 0} \binom{n}{k} \frac{(-1)^k}{k+x} = \frac{n!}{x(x+1)\dots(x+n)} = \frac{1}{x\binom{n+x}{n}},$$

假定式中的各个分母不等于 0. [注意这个公式给出二项式系数的倒数，以及 $1/x(x+1)\dots(x+n)$ 的部分分式展开.]

49. [*M20*] 证明恒等式 $(1+x)^r = (1-x^2)^r (1-x)^{-r}$ 蕴涵二项式系数的一个关系式.

50. [*M20*] 在 $x + y = 0$ 的特殊情况下，证明阿贝尔公式 (16).

51. [*M21*] 做代换 $y = (x+y) - x$，把等式右端按 $(x+y)$ 的幂展开，应用上题的结果，证明阿贝尔公式 (16).

52. [*HM11*] 通过计算阿贝尔公式(16)右端当 $n = x = -1$ 和 $y = z = 1$ 时的值，证明这个公式当 n 不是非负整数时未必成立.

53. [*M25*] (a) 对 m 归纳，证明恒等式

$$\sum_{k=0}^{m} \binom{r}{k} \binom{s}{n-k} (nr - (r+s)k) = (m+1)(n-m) \binom{r}{m+1} \binom{s}{n-m},$$

其中 m 和 n 为整数. (b) 利用从习题 47 得到的重要关系式

$$\binom{-1/2}{n} = \frac{(-1)^n}{2^{2n}} \binom{2n}{n}, \quad \binom{1/2}{n} = \frac{(-1)^{n-1}}{2^{2n}(2n-1)} \binom{2n}{n} = \frac{(-1)^{n-1}}{2^{2n-1}(2n-1)} \binom{2n-1}{n} - \delta_{n0},$$

证明下述公式可以作为 (a) 中恒等式的特例而得到:

$$\sum_{k=0}^{m} \binom{2k-1}{k} \binom{2n-2k}{n-k} \frac{-1}{2k-1} = \frac{n-m}{2n} \binom{2m}{m} \binom{2n-2m}{n-m} + \frac{1}{2} \binom{2n}{n}.$$

（这个结果比等式(26)在 $r = -1$，$s = 0$，$t = -2$ 的情况一般得多. ）

54. [*M21*] 把帕斯卡三角（如表 1 所示）看成一个矩阵. 它的逆矩阵是什么？

55. [*M21*] 把两个斯特林三角（表 2）分别看成矩阵，确定它们的逆矩阵.

56. [*20*] （组合数系）对于每个整数 $n = 0, 1, 2, \ldots, 20$，求出满足 $n = \binom{a}{3} + \binom{b}{2} + \binom{c}{1}$ 而且 $a > b > c \geq 0$ 的三个整数 a, b, c. 对于更大的 n 值，你能看出规律吗？

▶ **57.** [*M22*] 证明：在斯特林推广阶乘函数的尝试 1.2.5–(12) 中，系数 a_m 为

$$\frac{(-1)^m}{m!} \sum_{k \geq 1} (-1)^k \binom{m-1}{k-1} \ln k.$$

58. [*M23*] （海因里希·罗思，1811）用等式 (40) 的记号，证明"q 项式定理"：

$$(1+x)(1+qx)\ldots(1+q^{n-1}x) = \sum_k \binom{n}{k}_q q^{k(k-1)/2} x^k.$$

此外，给出基本恒等式 (17) 和 (21) 的 q 项式推广.

59. [*M25*] 数列 A_{nk}（$n \geq 0$，$k \geq 0$）满足关系式 $A_{n0} = 1$，$A_{0k} = \delta_{0k}$，$A_{nk} = A_{(n-1)k} + A_{(n-1)(k-1)} + \binom{n}{k}$，其中 $nk > 0$. 求 A_{nk}.

▶ **60.** [*M23*] 我们已经知道，$\binom{n}{k}$ 是从 n 个对象中一次取出 k 个的组合数，也就是从 n 元集合中选取 k 个不同元素的方法数. 可重组合同通常的组合相似，不同之处在于每个对象可以选取任意多次. 因此，如果我们考虑可重组合，列表 (1) 还要扩展以包括 $aaa, aab, aac, aad, aae, abb$ 等. 如果允许重复，n 个对象取出 k 个的组合有多少种？

61. [*M25*] 计算和

$$\sum_k \begin{bmatrix} n+1 \\ k+1 \end{bmatrix} \begin{Bmatrix} k \\ m \end{Bmatrix} (-1)^{k-m},$$

由此得到等式 (55) 的对应公式.

▶ **62.** [*M23*] 正文给出若干包含两个二项式系数乘积的求和公式. 求和涉及三个二项式系数乘积时，下述公式和习题 31 的恒等式似乎最有用：

$$\sum_k (-1)^k \binom{l+m}{l+k} \binom{m+n}{m+k} \binom{n+l}{n+k} = \frac{(l+m+n)!}{l!\,m!\,n!}, \quad \text{整数 } l, m, n \geq 0.$$

（这个和同时包含 k 的正值和负值.）证明这个恒等式.

[提示：有一个非常简短的证明，第一步是应用习题 31 的结果.]

63. [*M30*] 如果 l、m 和 n 均为整数，并且 $n \geq 0$，证明

$$\sum_{j,k} (-1)^{j+k} \binom{j+k}{k+l} \binom{r}{j} \binom{n}{k} \binom{s+n-j-k}{m-j} = (-1)^l \binom{n+r}{n+l} \binom{s-r}{m-n-l}.$$

▶ **64.** [*M20*] 证明 $\begin{Bmatrix} n \\ m \end{Bmatrix}$ 是把 n 元集合分拆成 m 个不相交的非空子集的方法数. 例如，集合 $\{1,2,3,4\}$ 可以用 $\begin{Bmatrix} 4 \\ 2 \end{Bmatrix} = 7$ 种方式分拆成两个子集：$\{1,2,3\}\{4\}$；$\{1,2,4\}\{3\}$；$\{1,3,4\}\{2\}$；$\{2,3,4\}\{1\}$；$\{1,2\}\{3,4\}$；$\{1,3\}\{2,4\}$；$\{1,4\}\{2,3\}$. [提示：利用等式 (46).]

65. [*HM35*] （本杰明·洛根）证明等式 (59) 和 (60).

66. [*HM30*] 假定实数 x, y, z 满足

$$\binom{x}{n} = \binom{y}{n} + \binom{z}{n-1},$$

其中 $x \geq n-1$，$y \geq n-1$，$z > n-2$，整数 $n \geq 2$. 证明

$$\binom{x}{n-1} \leq \binom{y}{n-1} + \binom{z}{n-2} \quad \text{当且仅当} \quad y \geq z;$$

$$\binom{x}{n+1} \leq \binom{y}{n+1} + \binom{z}{n} \quad \text{当且仅当} \quad y \leq z.$$

▶ **67.** [*M20*] 我们经常需要估计二项式系数，确定它取值不是特别大．证明好记的上界

$$\binom{n}{k} \le \left(\frac{ne}{k}\right)^k, \qquad 如果 \ n \ge k \ge 0.$$

68. [*M25*] （亚伯拉罕·棣莫弗）证明：如果 n 为非负整数，那么

$$\sum_k \binom{n}{k} p^k (1-p)^{n-k} |k - np| = 2\lceil np \rceil \binom{n}{\lceil np \rceil} p^{\lceil np \rceil} (1-p)^{n+1-\lceil np \rceil}.$$

1.2.7 调和数

在后面的讨论中，下述和式极为重要：

$$H_n = 1 + \frac{1}{2} + \frac{1}{3} + \cdots + \frac{1}{n} = \sum_{k=1}^{n} \frac{1}{k}, \qquad n \ge 0. \tag{1}$$

这个和在古典数学中并不常见，也没有标准表示记号．然而算法分析动不动就要同它打交道，我们将始终称它为 H_n．（除了 H_n 之外，有些数学文献也用记号 h_n 或者 S_n 或者 $\psi(n+1) + \gamma$ 表示它．字母 H 代表 harmonic，即"调和"；我们将 H_n 称为调和数，因为式 (1) 习惯上称为调和级数．）早在公元前 186 年以前，中国人已在竹简上写明了 $H_{10} = \frac{7381}{2520}$ 的计算方法，把它当成一道算术题．［见卡伦，*Historia Math.* **34** (2007), 10–44．］

乍看之下，当 n 取很大的值时，H_n 似乎不会特别大，因为我们向级数中加进的数越来越小．但是，实际上不难看出，如果我们取足够大的 n，H_n 的值可以随意增大，因为

$$H_{2^m} \ge 1 + \frac{m}{2}. \tag{2}$$

推出这个下界的过程如下：对于 $m \ge 0$，有

$$H_{2^{m+1}} = H_{2^m} + \frac{1}{2^m + 1} + \frac{1}{2^m + 2} + \cdots + \frac{1}{2^{m+1}}$$
$$\ge H_{2^m} + \frac{1}{2^{m+1}} + \frac{1}{2^{m+1}} + \cdots + \frac{1}{2^{m+1}} = H_{2^m} + \frac{1}{2}.$$

所以当 m 增加 1 时，式 (2) 的左端至少增加 $\frac{1}{2}$．

关于 H_n 的值，有必要获得比式 (2) 给出的更为详尽的信息．H_n 大小的近似值是一个众所周知的数（至少在数学界是这样），可以表示为

$$H_n = \ln n + \gamma + \frac{1}{2n} - \frac{1}{12n^2} + \frac{1}{120n^4} - \epsilon, \qquad 0 < \epsilon < \frac{1}{252n^6}. \tag{3}$$

这里，$\gamma = 0.5772156649\ldots$ 是由欧拉提出的欧拉常数，见 *Commentarii Acad. Sci. Imp. Pet.* **7** (1734), 150–161．在附录 A 的表中给出了 n 较小时 H_n 的准确值，以及 γ 的 40 位小数值．我们将在 1.2.11.2 节推导式 (3)．

由此看来，H_n 同 n 的自然对数是相当接近的．习题 7(a) 简单说明了 H_n 具有类似对数的性质．

在一定意义上，当 n 越来越大时，H_n 仅勉强地趋近无穷大，因为对于所有的 n，当 r 为大于 1 的任意实值指数时，类似的和

$$1 + \frac{1}{2^r} + \frac{1}{3^r} + \cdots + \frac{1}{n^r} \tag{4}$$

总是有界（见习题 3）．我们把式 (4) 中的和记为 $H_n^{(r)}$．当式 (4) 中的指数 r 至少为 2 时，只要 n 不是太小，$H_n^{(r)}$ 的值就非常接近其最大值 $H_\infty^{(r)}$．$H_\infty^{(r)}$ 在数学中是一个非常著名的量，称

为黎曼 ζ 函数:

$$H_\infty^{(r)} = \zeta(r) = \sum_{k \geq 1} \frac{1}{k^r}. \tag{5}$$

已经知道, 如果 r 为偶整数, $\zeta(r)$ 的值等于

$$H_\infty^{(r)} = \frac{1}{2} |B_r| \frac{(2\pi)^r}{r!}, \qquad 整数 \ r/2 \geq 1, \tag{6}$$

其中 B_r 是伯努利数 (参见 1.2.11.2 节和附录 A). 特别地,

$$H_\infty^{(2)} = \frac{\pi^2}{6}, \quad H_\infty^{(4)} = \frac{\pi^4}{90}, \quad H_\infty^{(6)} = \frac{\pi^6}{945}, \quad H_\infty^{(8)} = \frac{\pi^8}{9450}. \tag{7}$$

这些结果是欧拉得到的. 关于它们的讨论与证明, 见《具体数学》6.5 节.

现在我们来考察涉及调和数的几个重要的和. 首先,

$$\sum_{k=1}^{n} H_k = (n+1)H_n - n. \tag{8}$$

要得到上式, 只需交换求和次序:

$$\sum_{k=1}^{n} \sum_{j=1}^{k} \frac{1}{j} = \sum_{j=1}^{n} \sum_{k=j}^{n} \frac{1}{j} = \sum_{j=1}^{n} \frac{n+1-j}{j}.$$

式 (8) 是和式 $\sum_{k=1}^{n} \binom{k}{m} H_k$ 的一个特例. 现在我们利用一种重要的方法——分部求和 (见习题 10), 来确定这个一般的和. 只要 $\sum a_k$ 和 $(b_{k+1} - b_k)$ 这两个量具有简单的形式, 就很适合用分部求和计算 $\sum a_k b_k$. 注意到本例中有

$$\binom{k}{m} = \binom{k+1}{m+1} - \binom{k}{m+1},$$

因此

$$\binom{k}{m} H_k = \binom{k+1}{m+1} \left(H_{k+1} - \frac{1}{k+1} \right) - \binom{k}{m+1} H_k,$$

所以

$$\sum_{k=1}^{n} \binom{k}{m} H_k = \left(\binom{2}{m+1} H_2 - \binom{1}{m+1} H_1 \right) + \cdots$$

$$+ \left(\binom{n+1}{m+1} H_{n+1} - \binom{n}{m+1} H_n \right) - \sum_{k=1}^{n} \binom{k+1}{m+1} \frac{1}{k+1}$$

$$= \binom{n+1}{m+1} H_{n+1} - \binom{1}{m+1} H_1 - \frac{1}{m+1} \sum_{k=0}^{n} \binom{k}{m} + \frac{1}{m+1} \binom{0}{m}.$$

应用式 1.2.6–(11) 得到所求公式:

$$\sum_{k=1}^{n} \binom{k}{m} H_k = \binom{n+1}{m+1} \left(H_{n+1} - \frac{1}{m+1} \right). \tag{9}$$

(上述推导过程和结果, 都与微积分中的分部积分计算

$$\int_1^n x^m \ln x \, dx = \frac{n^{m+1}}{m+1} \left(\ln n - \frac{1}{m+1} \right) + \frac{1}{(m+1)^2}$$

是类似的.)

最后，我们来考察一种不同类型的和式：$\sum_k \binom{n}{k} x^k H_k$. 为简单起见，暂时用 S_n 表示它. 由于

$$S_{n+1} = \sum_k \left(\binom{n}{k} + \binom{n}{k-1} \right) x^k H_k = S_n + x \sum_{k \geq 1} \binom{n}{k-1} x^{k-1} \left(H_{k-1} + \frac{1}{k} \right)$$

$$= S_n + x S_n + \frac{1}{n+1} \sum_{k \geq 1} \binom{n+1}{k} x^k,$$

因此 $S_{n+1} = (x+1)S_n + \left((x+1)^{n+1} - 1 \right)/(n+1)$，而我们有

$$\frac{S_{n+1}}{(x+1)^{n+1}} = \frac{S_n}{(x+1)^n} + \frac{1}{n+1} - \frac{1}{(n+1)(x+1)^{n+1}}.$$

这个等式连同 $S_1 = x$，证明

$$\frac{S_n}{(x+1)^n} = H_n - \sum_{k=1}^n \frac{1}{k(x+1)^k}. \tag{10}$$

这个新的和是无穷级数 1.2.9–(17) 的一部分，因为 $\ln\left(1/(1-1/(x+1)) \right) = \ln(1+1/x)$，并且这个级数当 $x > 0$ 时收敛. 两者之差为

$$\sum_{k>n} \frac{1}{k(x+1)^k} < \frac{1}{(n+1)(x+1)^{n+1}} \sum_{k \geq 0} \frac{1}{(x+1)^k} = \frac{1}{(n+1)(x+1)^n x}.$$

这就证明了下述定理.

定理 A. 如果 $x > 0$，那么

$$\sum_{k=1}^n \binom{n}{k} x^k H_k = (x+1)^n \left(H_n - \ln\left(1 + \frac{1}{x} \right) \right) + \epsilon.$$

其中 $0 < \epsilon < 1/\big(x(n+1)\big)$. ▮

习题

1. [01] H_0、H_1 和 H_2 是什么?

2. [13] 说明如何对正文中证明 $H_{2^m} \geq 1 + m/2$ 的论证过程稍作修改，就可以证明 $H_{2^m} \leq 1 + m$.

3. [M21] 推广上题中采用的论证方法，证明当 $r > 1$ 时，和 $H_n^{(r)}$ 对于所有 n 都是有界的. 求出一个上界.

▶ **4.** [10] 判定下列哪些命题对于所有正整数 n 为真: (a) $H_n < \ln n$. (b) $H_n > \ln n$. (c) $H_n > \ln n + \gamma$.

5. [15] 利用附录 A 中的表，给出 H_{10000} 到 15 位小数的值.

6. [M15] 证明调和数同上一小节引入的斯特林数直接相关. 事实上，

$$H_n = \begin{bmatrix} n+1 \\ 2 \end{bmatrix} \Big/ n!.$$

7. [M21] 令 $T(m,n) = H_m + H_n - H_{mn}$. (a) 证明当 m 或者 n 增加时，$T(m,n)$ 不会增加（假定 m 和 n 为正整数）. (b) 计算 $T(m,n)$ 当 $m,n > 0$ 时的最小值和最大值.

8. [HM18] 比较等式 (8) 与 $\sum_{k=1}^n \ln k$；估计两者之差并写成 n 的函数.

▶ **9.** [M18] 定理 A 仅当 $x > 0$ 时成立；当 $x = -1$ 时，定理所估计的和取什么值?

10. [M20]（分部求和）在习题 1.2.4–42 和等式 (9) 的推导中，我们已经使用过分部求和的特例. 证明分部求和的一般公式

$$\sum_{1 \le k < n} (a_{k+1} - a_k) b_k = a_n b_n - a_1 b_1 - \sum_{1 \le k < n} a_{k+1}(b_{k+1} - b_k).$$

▶ **11.** [M21] 利用分部求和，求

$$\sum_{1 < k \le n} \frac{1}{k(k-1)} H_k.$$

▶ **12.** [M10] 计算 $H_\infty^{(1000)}$，精确到至少 100 位小数.

13. [M22] 证明恒等式

$$\sum_{k=1}^n \frac{x^k}{k} = H_n + \sum_{k=1}^n \binom{n}{k} \frac{(x-1)^k}{k}.$$

（特别注意 $x = 0$ 的特例，这种情况给出同习题 1.2.6–48 相关的一个恒等式.）

14. [M22] 证明 $\sum_{k=1}^n H_k/k = \frac{1}{2}(H_n^2 + H_n^{(2)})$，计算 $\sum_{k=1}^n H_k/(k+1)$.

▶ **15.** [M23] 用 n 和 H_n 表示 $\sum_{k=1}^n H_k^2$.

16. [18] 用调和数表示和 $1 + \frac{1}{3} + \cdots + \frac{1}{2n-1}$.

17. [M24]（爱德华·华林，1782）令 p 为奇素数. 证明 H_{p-1} 的分子被 p 整除.

18. [M33]（约翰·塞尔弗里奇）整除 $1 + \frac{1}{3} + \cdots + \frac{1}{2n-1}$ 分子的 2 的最高次幂是多少？

▶ **19.** [M30] 列出使 H_n 取整数的所有非负整数 n.［提示：如果 H_n 的分子为奇数而分母为偶数，那么它不可能是整数.］

20. [HM22] 本小节定理 A 之前有一个和式，求解此类问题可以用数学分析的方法：如果 $f(x) = \sum_{k \ge 0} a_k x^k$，且这个级数对于 $x = x_0$ 收敛，证明

$$\sum_{k \ge 0} a_k x_0^k H_k = \int_0^1 \frac{f(x_0) - f(x_0 y)}{1 - y} \, dy.$$

21. [M24] 计算 $\sum_{k=1}^n H_k/(n+1-k)$.

22. [M28] 计算 $\sum_{k=0}^n H_k H_{n-k}$.

▶ **23.** [HM20] 通过考察函数 $\Gamma'(x)/\Gamma(x)$，说明怎样把 H_n 自然推广到非整数值 n. 你可以提前使用下题的 $\Gamma'(1) = -\gamma$ 这个结果.

24. [HM21] 证明

$$x e^{\gamma x} \prod_{k \ge 1} \left(\left(1 + \frac{x}{k}\right) e^{-x/k} \right) = \frac{1}{\Gamma(x)}.$$

（考虑这个无穷乘积的部分乘积.）

25. [M21] 令 $H_n^{(u,v)} = \sum_{1 \le j \le k \le n} 1/(j^u k^v)$. 求 $H_n^{(0,v)}$ 和 $H_n^{(u,0)}$. 证明一般的恒等式 $H_n^{(u,v)} + H_n^{(v,u)} = H_n^{(u)} H_n^{(v)} + H_n^{(u+v)}$.

1.2.8 斐波那契数

在数列

$$0, \ 1, \ 1, \ 2, \ 3, \ 5, \ 8, \ 13, \ 21, \ 34, \ \ldots \tag{1}$$

中，每个数都是前面两个数的和. 在后面我们要探讨的至少十几个看似与之不相关的算法中，这个数列将扮演重要的角色. 我们用 F_n 表示这个数列中的数，并且从形式上把它们定义为

$$F_0 = 0; \qquad F_1 = 1; \qquad F_{n+2} = F_{n+1} + F_n, \qquad n \ge 0. \tag{2}$$

　　这个著名的数列公布于 1202 年，发明者名叫比萨的列奥纳多，有时也被人称为列昂纳多·斐波那契（所谓"斐波那契"，来自拉丁文 *Filius Bonaccii*，意为 Bonaccio 之子）. 他的著作《珠算篇》(*Liber Abaci*) 包含这样一道习题："从一对兔子开始，一年时间能够繁育多少对兔子？"为了方便求解，题目假定每对兔子每月新繁殖一对幼兔，仔兔出生一个月以后进入生育期，所有兔子都不会死亡. 所以，一个月之后将有两对兔子；两个月之后将有三对兔子；在接下来的一个月，最初的一对兔子和第一个月出生的一对兔子都将生出一对兔子，因此共有五对兔子；依此类推.

　　斐波那契是欧洲中世纪最杰出的数学家. 他研究了花拉子米的著作（"算法"一词就来自花拉子米的名字，见 1.1 节），还为算术和几何学做出了许多独特的贡献. 斐波那契出版了两卷著作，于 1857 年重印 [邦孔帕尼，*Scritti di Leonardo Pisano* (Rome, 1857–1862)；F_n 见 Vol. 1, 283–285]. 他之所以提出兔子问题，自然不是为了研究生物学和人口爆炸的实际应用，它不过是一道加法习题. 事实上，迄今它仍是一道相当好的计算机加法习题（见习题 3）. 斐波那契写道："可以按这个顺序做无数个月（加法）."

　　在斐波那契写书之前，印度学者已经讨论过序列 $\langle F_n \rangle$. 长期以来，他们对由一拍和两拍音符（或音节）构成的节奏模式有着浓厚的兴趣. 有 n 拍的这种节奏模式的数目等于 F_{n+1}. 因此，戈帕拉（公元 1135 年以前）和赫马坎德拉（约公元 1150 年）都曾明确地提出数列 1, 2, 3, 5, 8, 13, 21, 34, ... [见辛格，*Historia Math.* **12** (1985), 229–244. 另见习题 4.5.3–32.]

　　这个序列也出现在约翰内斯·开普勒在 1611 年的著作中. 他观察到这些数，并写下了自己的思索 [开普勒，*The Six-Cornered Snowflake* (Oxford: Clarendon Press, 1966), 21]. 开普勒多半不知道斐波那契的简要论述. 在自然界中，经常可以观察到斐波那契数，其原因可能同兔子问题的初始假设相似. [针对这一问题，尤为深入浅出的解释，见约翰·康威和理查德·盖伊，*The Book of Numbers* (New York: Copernicus, 1996), 113–126.]

　　F_n 与算法之间具有密切的联系. 第一个迹象出现在 1837 年，当时埃米尔·莱热利用斐波那契数列研究欧几里得算法的效率. 他指出，如果算法 1.1E 中的数 m 和 n 不大于 F_k，那么步骤 E2 最多执行 $k-1$ 次. 这是斐波那契序列的首次实际应用.（参见定理 4.5.3F.）在 19 世纪 70 年代，数学家卢卡斯获得了有关斐波那契数的一些非常深奥的结果，特别是利用它证明了 $2^{127} - 1$ 这个 39 位的数是素数. 卢卡斯把数列 $\langle F_n \rangle$ 命名为"斐波那契数（列）"，这个名字一直沿用至今.

　　我们在 1.2.1 节已经简要探讨过斐波那契数列（等式 (3) 和习题 4）. 当时发现，如果 n 为正整数，且

$$\phi = \tfrac{1}{2}(1 + \sqrt{5}), \tag{3}$$

那么 $\phi^{n-2} \le F_n \le \phi^{n-1}$. 我们很快将会看到，$\phi$ 这个数同斐波那契数有着紧密的联系.

　　数 ϕ 本身有一段非常有趣的历史. 欧几里得把它称为"外内比"，因为如果 A 与 B 之比为 ϕ，那么 A 与 B 之比等于 $A+B$ 与 A 之比. 文艺复兴时代，作家们称它为"神圣比例". 而从 19 世纪起，它被通称为"黄金分割比". 许多艺术家和作家断言，ϕ 与 1 之比在美学上是最令人赏心悦目的比例，而他们的见解同计算机程序设计的美学观点也是吻合的. 关于 ϕ 的史话，可参阅一篇出色的论文"黄金分割、叶序与威佐夫博弈" [哈罗德·斯科特·麦克唐纳·考克斯特，"The Golden Section, Phyllotaxis, and Wythoff's Game", *Scripta Math.* **19** (1953), 135–143]，以及加德纳的《科学美国人数学谜题与数学游戏集》第二册第 8 章 [加德纳，*The 2nd Scientific American Book of Mathematical Puzzles and Diversions*, (New York: Simon and Schuster, 1961)]. 关于 ϕ 的若干流言已由乔治·马可夫斯基撰文澄清 [*College Math. J.* **23**

(1992), 2–19]. 欧洲早期的计算大师西蒙·雅各布早已知道 F_{n+1}/F_n 的值趋近 ϕ 的事实,他于 1564 年去世 [见彼得·施赖伯, *Historia Math.* **22** (1995), 422–424].

在这一小节,我们使用的记号略嫌不够庄重. 高端大气的数学文献往往把 F_n 改称为 u_n,ϕ 改称为 τ. 我们这里的记号几乎通用于趣味数学界(以及民科"论文"),而且使用范围仍在迅速扩张. 字母 ϕ(phi)来源于古希腊艺术家斐狄亚斯的名字,据说他在雕刻作品中经常使用黄金分割比. [见库克, *The Curves of Life* (1914), 420.] 记号 F_n 与《斐波那契季刊》[*Fibonacci Quarterly*] 使用的记号一致,读者可以在那本刊物中找到很多有关斐波那契序列的结果. 关于 F_n 的经典文献,可以参考《数论的历史》第 17 章的精彩总结 [迪克森, *History of the Theory of Numbers* **1** (Carnegie Inst. of Washington, 1919)].

斐波那契数满足许多有趣的恒等式,其中一些出现在本节的习题中. 最常见的关系式之一是由开普勒于 1608 年在一封信中提出的,但是首次公开发表的是乔凡尼·多美尼科·卡西尼 [*Histoire Acad. Roy. Sci.* **1** (Paris, 1680), 201]. 这个关系式是

$$F_{n+1}F_{n-1} - F_n^2 = (-1)^n, \tag{4}$$

它很容易用归纳法证明. 还有一种更深奥的证法:首先用简单的归纳法证明矩阵恒等式

$$\begin{pmatrix} F_{n+1} & F_n \\ F_n & F_{n-1} \end{pmatrix} = \begin{pmatrix} 1 & 1 \\ 1 & 0 \end{pmatrix}^n, \tag{5}$$

然后对等式两端取行列式.

关系式 (4) 表明 F_n 与 F_{n+1} 是互素的,因为它们的公因数必定是 $(-1)^n$ 的因数.

从定义 (2) 我们立即得到

$$F_{n+3} = F_{n+2} + F_{n+1} = 2F_{n+1} + F_n; \quad F_{n+4} = 3F_{n+1} + 2F_n.$$

一般地,由归纳法可证明等式

$$F_{n+m} = F_m F_{n+1} + F_{m-1}F_n. \tag{6}$$

对于任何正整数 m 成立.

在等式 (6) 中取 m 为 n 的倍数,则归纳可知

$$F_{nk} \text{ 为 } F_n \text{ 的倍数.}$$

由此,在序列 $\langle F_n \rangle$ 中每隔 2 项就出现一个偶数,每隔 3 项就出现 3 的倍数,每隔 4 项就出现 5 的倍数,依此类推.

事实上,还有更普遍的结论成立. 如果我们用 $\gcd(m,n)$ 代表 m 和 n 的最大公因数,就会出现一个颇为神奇的定理.

定理 A(卢卡斯,1876). 一个数同时整除 F_m 和 F_n,当且仅当它是 F_d 的因数,其中 $d = \gcd(m,n)$. 特别地,有

$$\gcd(F_m, F_n) = F_{\gcd(m,n)}. \tag{7}$$

证明. 用欧几里得算法证明. 我们注意到,根据等式 (6),F_m 和 F_n 的公因数也是 F_{n+m} 的因数;反过来,F_{n+m} 和 F_n 的公因数也是 $F_m F_{n+1}$ 的因数. 由于 F_{n+1} 与 F_n 互素,F_{n+m} 和 F_n 的公因数也整除 F_m. 这样,我们证明了对于任何数 d,

$$d \text{ 整除 } F_m \text{ 和 } F_n \text{ 当且仅当 } d \text{ 整除 } F_{m+n} \text{ 和 } F_n. \tag{8}$$

我们现在来说明，如果任何序列 $\langle F_n \rangle$ 使得命题 (8) 成立，并且它的首项 $F_0 = 0$，那么这个序列满足定理 A.

首先，显然可以对 k 归纳，把命题 (8) 扩展为规则

$$d \text{ 整除 } F_m \text{ 和 } F_n \text{ 当且仅当 } d \text{ 整除 } F_{m+kn} \text{ 和 } F_n,$$

其中 k 是任何非负整数. 这个结果可以更简洁地陈述为

$$d \text{ 整除 } F_{m \bmod n} \text{ 和 } F_n \text{ 当且仅当 } d \text{ 整除 } F_m \text{ 和 } F_n. \tag{9}$$

如果 r 是用 n 除 m 的余数，即 $r = m \bmod n$，那么 $\{F_m, F_n\}$ 的公因数也是 $\{F_n, F_r\}$ 的公因数. 由此推出，在算法 1.1E 的整个操作过程中，当 m 和 n 改变时，$\{F_m, F_n\}$ 的公因数的集合保持不变. 最后，当 $r = 0$ 时，这些公因数就是 $F_0 = 0$ 和 $F_{\gcd(m,n)}$ 的公因数. ∎

有关斐波那契数的多数重要结果，可以从用 ϕ 表示的 F_n 通式得到，我们现在来推导这个通式. 推导使用的方法是极为重要的，对数学有兴趣的读者应当细心研究. 我们将在下一小节详尽探讨该方法.

首先建立无穷级数

$$\begin{aligned} G(z) &= F_0 + F_1 z + F_2 z^2 + F_3 z^3 + F_4 z^4 + \cdots \\ &= z + z^2 + 2z^3 + 3z^4 + \cdots. \end{aligned} \tag{10}$$

我们并无先验的理由指望这个无穷和是存在的，甚至压根没理由认为 $G(z)$ 这个函数是值得研究的——但是请持乐观的态度，看看如果 $G(z)$ 存在，我们能得出什么结论. 这样一个处理过程的优点在于，$G(z)$ 用一个函数同时代表了整个斐波那契序列. 如果我们发现 $G(z)$ 是一个 "已知" 函数，那么可以确定它的系数. 我们称 $G(z)$ 为序列 $\langle F_n \rangle$ 的生成函数.

我们现在可以对 $G(z)$ 进行如下考察：

$$\begin{aligned} zG(z) &= F_0 z + F_1 z^2 + F_2 z^3 + F_3 z^4 + \cdots, \\ z^2 G(z) &= \qquad\quad F_0 z^2 + F_1 z^3 + F_2 z^4 + \cdots. \end{aligned}$$

通过相减得到

$$\begin{aligned} (1 - z - z^2)G(z) = F_0 &+ (F_1 - F_0)z + (F_2 - F_1 - F_0)z^2 \\ &+ (F_3 - F_2 - F_1)z^3 + (F_4 - F_3 - F_2)z^4 + \cdots. \end{aligned}$$

由于 F_n 的定义，上式除第二项之外的所有项变为零，所以这个表达式等于 z. 我们由此看出，如果 $G(z)$ 存在，那么

$$G(z) = z/(1 - z - z^2). \tag{11}$$

事实上，可以把这个函数展开成 z 的无穷级数（泰勒级数）. 做反向推导，我们发现等式 (11) 的幂级数展开式的系数必定是斐波那契数.

现在我们可以处理 $G(z)$，深入认识斐波那契序列. 分母 $1 - z - z^2$ 是具有两个根 $\frac{1}{2}(-1 \pm \sqrt{5})$ 的二次多项式. 在进行少量计算后，我们发现通过部分分式的方法，可以把 $G(z)$ 展开成

$$G(z) = \frac{1}{\sqrt{5}}\left(\frac{1}{1 - \phi z} - \frac{1}{1 - \widehat{\phi} z}\right) \tag{12}$$

的形式，其中

$$\widehat{\phi} = 1 - \phi = \tfrac{1}{2}(1 - \sqrt{5}). \tag{13}$$

量 $1/(1 - \phi z)$ 是无穷等比级数 $1 + \phi z + \phi^2 z^2 + \cdots$ 的和，所以我们有

$$G(z) = \frac{1}{\sqrt{5}} (1 + \phi z + \phi^2 z^2 + \cdots - 1 - \hat{\phi} z - \hat{\phi}^2 z^2 - \cdots).$$

现在考察 z^n 的系数，已知它必定等于 F_n，因此

$$F_n = \frac{1}{\sqrt{5}} (\phi^n - \hat{\phi}^n). \tag{14}$$

这是斐波那契数的重要的闭合式，最早在 18 世纪初期发现. ［见丹尼尔·伯努利，*Comment. Acad. Sci. Petrop.* **3** (1728), 85–100, §7；又见棣莫弗，*Philos. Trans.* **32** (1722), 162–178. 棣莫弗在这篇文章中说明了如何求解一般线性递推方程，解法实质上就是我们导出等式 (14) 的方法.］

我们完全可以仅仅叙述等式 (14) 并用归纳法证明它，然而上面还是给出了大段推导. 上述推导意在说明，利用生成函数这种重要的方法，人们就有办法在证明之前先发现有这么一个等式存在. 生成函数是一种很有价值的方法，能用来求解各种各样的问题.

从等式 (14) 可以证明许多命题. 首先我们注意 $\hat{\phi}$ 是一个绝对值小于 1 的负数（$-0.61803\ldots$），所以当 n 取很大的值时 $\hat{\phi}^n$ 变得非常小. 事实上，$\hat{\phi}^n/\sqrt{5}$ 这个数始终很小，因此有

$$F_n = \phi^n/\sqrt{5} \text{ 舍入到最接近的整数.} \tag{15}$$

其他的结果可以直接从 $G(z)$ 得到. 例如

$$G(z)^2 = \frac{1}{5} \left(\frac{1}{(1-\phi z)^2} + \frac{1}{(1-\hat{\phi} z)^2} - \frac{2}{1-z-z^2} \right), \tag{16}$$

并且 $G(z)^2$ 中 z^n 的系数是 $\sum_{k=0}^{n} F_k F_{n-k}$. 因此我们推出

$$\begin{aligned}
\sum_{k=0}^{n} F_k F_{n-k} &= \tfrac{1}{5} \big((n+1)(\phi^n + \hat{\phi}^n) - 2F_{n+1} \big) \\
&= \tfrac{1}{5} \big((n+1)(F_n + 2F_{n-1}) - 2F_{n+1} \big) \\
&= \tfrac{1}{5}(n-1)F_n + \tfrac{2}{5}nF_{n-1}.
\end{aligned} \tag{17}$$

（第二步推导是从习题 11 的结果得到的.）

习题

1. [*10*] 回答斐波那契的原始问题：一年后共有多少对兔子？

▶ **2.** [*20*] 由等式 (15) 看来，F_{1000} 的近似值是什么？（利用附录 A 查对数表.）

3. [*25*] 编写一个计算机程序，用十进制记号计算并打印从 F_1 到 F_{1000} 的值.（上题确定必须处理的数的大小.）

▶ **4.** [*14*] 求满足 $F_n = n$ 的全部 n.

5. [*20*] 求满足 $F_n = n^2$ 的全部 n.

6. [*HM10*] 证明等式 (5).

▶ **7.** [*15*] 如果 n 不是素数，那么 F_n 也不是素数（只有一个数例外）. 证明该结论，并找出那个例外.

8. [*15*] 在很多情况下，假定 $F_{n+2} = F_{n+1} + F_n$ 对于所有整数 n 成立，从而对于负整数 n 定义 F_n，这样是很方便的. 探讨这种做法：F_{-1} 等于什么？F_{-2} 等于什么？F_{-n} 能够简单地用 F_n 表示吗？

9. [*M20*] 利用习题 8 的约定，判断当下标允许取任何整数时，等式 (4) (6) (14) (15) 是否依然成立.

10. [*15*] $\phi^n/\sqrt{5}$ 大于还是小于 F_n？

11. [*M20*] 证明: 对于所有整数 n, $\phi^n = F_n\phi + F_{n-1}$, $\hat{\phi}^n = F_n\hat{\phi} + F_{n-1}$.

▶ **12.** [*M26*] "二阶" 斐波那契序列由规则

$$\mathcal{F}_0 = 0, \quad \mathcal{F}_1 = 1, \quad \mathcal{F}_{n+2} = \mathcal{F}_{n+1} + \mathcal{F}_n + F_n$$

定义, 用 F_n 和 F_{n+1} 表示 $\mathcal{F}_n$. [提示: 利用生成函数.]

▶ **13.** [*M22*] 若 r、s 和 c 为给定常数, 用斐波那契数表示下列数列:

a) $a_0 = r$, $a_1 = s$; $a_{n+2} = a_{n+1} + a_n$, $n \geq 0$.
b) $b_0 = 0$, $b_1 = 1$; $b_{n+2} = b_{n+1} + b_n + c$, $n \geq 0$.

14. [*M28*] 令 m 为固定正整数. 已知

$$a_0 = 0, \quad a_1 = 1; \quad a_{n+2} = a_{n+1} + a_n + \binom{n}{m}, \quad \text{其中 } n \geq 0$$

求 a_n.

15. [*M22*] 令 $f(n)$ 和 $g(n)$ 为任意函数, $n \geq 0$ 时令

$$\begin{aligned} a_0 = 0, \quad & a_1 = 1, \quad a_{n+2} = a_{n+1} + a_n + f(n); \\ b_0 = 0, \quad & b_1 = 1, \quad b_{n+2} = b_{n+1} + b_n + g(n); \\ c_0 = 0, \quad & c_1 = 1, \quad c_{n+2} = c_{n+1} + c_n + xf(n) + yg(n). \end{aligned}$$

以 x, y, a_n, b_n, F_n 表示 c_n.

▶ **16.** [*M20*] 如果从恰当的角度观察, 斐波那契数隐现在帕斯卡三角中. 证明下述二项式系数之和是一个斐波那契数:

$$\sum_{k=0}^{n} \binom{n-k}{k}.$$

17. [*M24*] 利用习题 8 的约定, 证明等式 (4) 的下述推广: $F_{n+k}F_{m-k} - F_n F_m = (-1)^n F_{m-n-k}F_k$.

18. [*20*] $F_n^2 + F_{n+1}^2$ 始终是斐波那契数吗?

▶ **19.** [*M27*] $\cos 36°$ 等于什么?

20. [*M16*] 通过斐波那契数表示 $\sum_{k=0}^{n} F_k$.

21. [*M25*] $\sum_{k=0}^{n} F_k x^k$ 等于什么?

▶ **22.** [*M20*] 证明 $\sum_k \binom{n}{k} F_{m+k}$ 是斐波那契数.

23. [*M23*] 推广上题, 证明 $\sum_k \binom{n}{k} F_t^k F_{t-1}^{n-k} F_{m+k}$ 始终是斐波那契数.

24. [*HM20*] 计算 $n \times n$ 行列式

$$\det \begin{pmatrix} 1 & -1 & 0 & 0 & \dots & 0 & 0 & 0 \\ 1 & 1 & -1 & 0 & \dots & 0 & 0 & 0 \\ 0 & 1 & 1 & -1 & \dots & 0 & 0 & 0 \\ \vdots & \vdots & \vdots & \vdots & \ddots & \vdots & \vdots & \vdots \\ 0 & 0 & 0 & 0 & \dots & 1 & 1 & -1 \\ 0 & 0 & 0 & 0 & \dots & 0 & 1 & 1 \end{pmatrix}.$$

25. [*M21*] 证明

$$2^n F_n = 2\sum_k \binom{n}{k} 5^{(k-1)/2}.$$

▶ **26.** [*M20*] 利用上题证明: 如果 p 为奇素数, 那么 $F_p \equiv 5^{(p-1)/2} \pmod{p}$.

27. [*M20*] 利用上题证明: 如果 p 是不同于 5 的素数, 那么 F_{p-1} 和 F_{p+1} 中恰有一个是 p 的倍数.

28. [*M21*] $F_{n+1} - \phi F_n$ 等于什么?

▶ **29.** [*M23*]（斐波那契系数）卢卡斯仿照二项式系数定义了

$$\binom{n}{k}_{\mathcal{F}} = \frac{F_n F_{n-1} \dots F_{n-k+1}}{F_k F_{k-1} \dots F_1} = \prod_{j=1}^{k}\left(\frac{F_{n-k+j}}{F_j}\right).$$

(a) 对于 $0 \le k \le n \le 6$，给出 $\binom{n}{k}_{\mathcal{F}}$ 的数值表. (b) 证明下式，并以此证明 $\binom{n}{k}_{\mathcal{F}}$ 始终为整数，因为我们有

$$\binom{n}{k}_{\mathcal{F}} = F_{k-1}\binom{n-1}{k}_{\mathcal{F}} + F_{n-k+1}\binom{n-1}{k-1}_{\mathcal{F}}.$$

▶ **30.** [*M38*]（多夫·亚尔登和西奥多·默慈金）斐波那契数的 m 次幂的序列满足一个递推关系式，其中每项依赖于前面的 $m+1$ 项. 证明

$$\sum_k \binom{m}{k}_{\mathcal{F}}(-1)^{\lceil (m-k)/2\rceil} F_{n+k}^{m-1} = 0, \quad \text{如果 } m > 0.$$

例如，当 $m = 3$ 时我们得到恒等式 $F_n^2 - 2F_{n+1}^2 - 2F_{n+2}^2 + F_{n+3}^2 = 0$.

31. [*M20*] 证明 $F_{2n}\phi \bmod 1 = 1 - \phi^{-2n}$ 和 $F_{2n+1}\phi \bmod 1 = \phi^{-2n-1}$.

32. [*M24*] 两个斐波那契数相除所得的余数也是 $\pm$ 斐波那契数. 证明：按模 F_n，

$$F_{mn+r} \equiv \begin{cases} F_r, & \text{如果 } m \bmod 4 = 0; \\ (-1)^{r+1}F_{n-r}, & \text{如果 } m \bmod 4 = 1; \\ (-1)^n F_r, & \text{如果 } m \bmod 4 = 2; \\ (-1)^{r+1+n}F_{n-r}, & \text{如果 } m \bmod 4 = 3. \end{cases}$$

33. [*HM24*] 给定 $z = \pi/2 + \mathrm{i}\ln\phi$，证明 $\sin nz/\sin z = \mathrm{i}^{1-n}F_n$.

▶ **34.** [*M24*]（斐波那契数系）令记号 $k \gg m$ 代表 $k \ge m+2$. 证明：每个正整数 n 可以唯一地表示成 $n = F_{k_1} + F_{k_2} + \cdots + F_{k_r}$，其中 $k_1 \gg k_2 \gg \cdots \gg k_r \gg 0$.

35. [*M24*]（一种 ϕ 数系）考虑用数字 0 和 1 以 ϕ 为基写成的实数，例如 $(100.1)_\phi = \phi^2 + \phi^{-1}$. 说明存在无限多种表示数 1 的方法，例如 $1 = (.11)_\phi = (.011111\dots)_\phi$. 但是如果要求不出现两个相邻的 1，而且表示不以无穷序列 01010101... 结束，那么每个非负实数有唯一的表示. 整数的表示是什么？

▶ **36.** [*M32*]（斐波那契字符串）令 $S_1 = $ "a"，$S_2 = $ "b"，$S_{n+2} = S_{n+1}S_n (n > 0)$；换句话说，$S_{n+2}$ 是把 S_n 置于 S_{n+1} 的右边构成的. 我们有 $S_3 = $ "ba"，$S_4 = $ "bab"，$S_5 = $ "babba"，等等. S_n 显然有 F_n 个字母. 考察 S_n 的特性.（何处出现连续两个相同字母？你能预测 S_n 的第 k 个字母是 a 还是 b 吗？字母 b 的密度有多大？等等.）

▶ **37.** [*M35*]（罗伯特·盖斯凯尔和迈克尔·惠尼罕）两位玩家进行如下游戏：在包含 n 个筹码的筹码堆中，第一名玩家取走任意数目的筹码，但是不能取出全部筹码. 此后两人轮流取走筹码，每次取出筹码的数目至少为 1 个，但是不能超过前一个人上次所取筹码的两倍. 取走最后一个筹码的玩家获胜.（例如，假定 $n = 11$；玩家 A 取走 3 个筹码；玩家 B 可以取走 1 至 6 个筹码，他取出 1 个. 剩余 7 个筹码，玩家 A 可以取走 1 个或 2 个筹码，他取出 2 个；玩家 B 可以取走 1 至 4 个筹码，他取出 1 个. 剩余 4 个筹码，玩家 A 现在取出 1 个；玩家 B 必须至少取出 1 个筹码，而玩家 A 在下一轮中获胜.）

　　如果最初有 1000 个筹码，第一名玩家的最佳游戏策略是什么？

38. [*35*] 对于上题描述的游戏，编写以最优方式参与游戏的计算机程序.

39. [*M24*] 已知 $a_0 = 0$，$a_1 = 1$，当 $n \ge 0$ 时 $a_{n+2} = a_{n+1} + 6a_n$. 求 a_n 的闭合式.

40. [*M25*] 求解递推方程

$$f(1) = 0; \quad f(n) = \min_{0 < k < n} \max(1 + f(k), 2 + f(n-k)) \quad \text{其中 } n > 1.$$

▶ **41.** [*M25*]（尤里·马季亚谢维奇，1990）令 $f(x) = \lfloor x + \phi^{-1} \rfloor$. 证明：如果习题 34 的斐波那契数系中 n 的表示是 $n = F_{k_1} + \cdots + F_{k_r}$，那么 $F_{k_1+1} + \cdots + F_{k_r+1} = f(\phi n)$. 给出 $F_{k_1-1} + \cdots + F_{k_r-1}$ 的类似公式.

42. [*M26*]（戴维·克拉尔纳）证明：如果 m 和 n 为非负整数，那么存在唯一的下标序列 $k_1 \gg k_2 \gg \cdots \gg k_r$，满足

$$m = F_{k_1} + F_{k_2} + \cdots + F_{k_r}, \qquad n = F_{k_1+1} + F_{k_2+1} + \cdots + F_{k_r+1}.$$

（见习题 34. 下标 k 可以为负数，r 可以为 0.）

1.2.9　生成函数

我们每当想要了解某个数列 $\langle a_n \rangle = a_0, a_1, a_2, \ldots$ 时，总可以建立用"参数" z 表示的无限和

$$G(z) = a_0 + a_1 z + a_2 z^2 + \cdots = \sum_{n \geq 0} a_n z^n, \tag{1}$$

然后想办法研究函数 G. 这个函数只用一个量就表示了整个数列. 如果数列 $\langle a_n \rangle$ 是递归定义的（即 a_n 通过 $a_0, a_1, \ldots, a_{n-1}$ 定义），那么这是一个重要的有利条件. 此外，假定式 (1) 中的无限和对于 z 的某个非零值存在，我们就能用微分方法重新获得 $a_0, a_1, \ldots$ 的值.

$G(z)$ 称为序列 $a_0, a_1, a_2, \ldots$ 的生成函数. 生成函数带来了一大批新方法，大大增强了我们的解题能力. 正如前一小节所说，棣莫弗引进生成函数是为了求解一般的线性递归问题. 斯特林把棣莫弗的理论扩展到更复杂的递归方程，还说明了如何应用微积分以及算术运算 [*Methodus Differentialis* (London: 1730), Proposition 15]. 几年之后，欧拉开始从几个新的途径利用生成函数，他写的关于分拆的论文就是一例 [*Commentarii Acad. Sci. Pet.* **13** (1741), 64–93; *Novi Comment. Acad. Sci. Pet.* **3** (1750), 125–169]. 皮埃尔·西蒙·拉普拉斯在其经典著作《概率论的解析理论》[*Théorie Analytique des Probabilités* (Paris: 1812)] 中进一步发展了生成函数的用法.

无限和 (1) 的收敛性问题是很重要的. 任何一本关于无穷级数理论的教科书都要证明：

(a) 如果级数对于某个特定的值 $z = z_0$ 收敛，那么它对于 $|z| < |z_0|$ 的所有 z 值收敛；

(b) 级数对于某个 $z \neq 0$ 收敛，当且仅当序列 $\langle \sqrt[n]{|a_n|} \rangle$ 是有界的.（如果这个条件不满足，那么我们或许可以找到关于序列 $\langle a_n/n! \rangle$ 或者其他相关序列的收敛级数.）

另外，当我们用生成函数求解问题时，通常不必担心级数的收敛性，因为我们只是在寻找某个问题求解的可能途径. 无论这一过程多么不严谨，只要能设法找到解，也许就能独立地证明解的正确性. 例如，在上一小节我们使用生成函数推出了等式 (14)，而之后用归纳法证明它成立是很简单的事情，我们甚至无须提及它是用生成函数发现的. 此外，可以严格地证明，我们用生成函数所做的大部分（几乎全部）运算都是正确的，无论级数收敛与否. 例如见埃里克·贝尔，*Trans. Amer. Math. Soc.* **25** (1923), 135–154; 伊万·尼云，*AMM* **76** (1969), 871–889; 彼得·亨利兹，*Applied and Computational Complex Analysis* **1** (Wiley, 1974), Chapter 1.

现在我们来讨论生成函数的主要处理方法.

A. 加法. 若 $G(z)$ 是 $\langle a_n \rangle = a_0, a_1, \ldots$ 的生成函数，$H(z)$ 是 $\langle b_n \rangle = b_0, b_1, \ldots$ 的生成函数，则 $\alpha G(z) + \beta H(z)$ 是 $\langle \alpha a_n + \beta b_n \rangle = \alpha a_0 + \beta b_0, \alpha a_1 + \beta b_1 \ldots$ 的生成函数：

$$\alpha \sum_{n \geq 0} a_n z^n + \beta \sum_{n \geq 0} b_n z^n = \sum_{n \geq 0} (\alpha a_n + \beta b_n) z^n. \tag{2}$$

B. 移位. 若 $G(z)$ 是 $\langle a_n \rangle = a_0, a_1, \ldots$ 的生成函数，则 $z^m G(z)$ 是 $\langle a_{n-m} \rangle = 0, \ldots, 0, a_0, a_1, \ldots$ 的生成函数：

$$z^m \sum_{n \geq 0} a_n z^n = \sum_{n \geq m} a_{n-m} z^n. \tag{3}$$

若 n 为负值时视为 $a_n = 0$, 则可以把最后这个求和扩展到所有 $n \geq 0$.

同样, $\big(G(z) - a_0 - a_1 z - \cdots - a_{m-1} z^{m-1}\big)/z^m$ 是 $\langle a_{n+m} \rangle = a_m, a_{m+1}, \ldots$ 的生成函数:

$$z^{-m} \sum_{n \geq m} a_n z^n = \sum_{n \geq 0} a_{n+m} z^n. \tag{4}$$

我们把加法运算 A 和移位运算 B 结合起来求解前一小节的斐波那契问题: $G(z)$ 是 $\langle F_n \rangle$ 的生成函数, $zG(z)$ 是 $\langle F_{n-1} \rangle$ 的生成函数, $z^2 G(z)$ 是 $\langle F_{n-2} \rangle$ 的生成函数, $(1 - z - z^2)G(z)$ 是 $\langle F_n - F_{n-1} - F_{n-2} \rangle$ 的生成函数. 于是, 由于 $n \geq 2$ 时, $F_n - F_{n-1} - F_{n-2}$ 为零, 我们发现 $(1 - z - z^2)G(z)$ 是一个多项式. 同样, 给定任何线性递归序列, 即满足 $a_n = c_1 a_{n-1} + \cdots + c_m a_{n-m}$ 的序列, 其生成函数必是一个多项式除以 $(1 - c_1 z - \cdots - c_m z^m)$ 的结果.

让我们考虑最简单的例子: 如果 $G(z)$ 是常数序列 $1, 1, 1, \ldots$ 的生成函数, 那么 $zG(z)$ 生成序列 $0, 1, 1, \ldots$, 所以 $(1 - z)G(z) = 1$. 这个结果给出简单但是非常重要的公式

$$\frac{1}{1 - z} = 1 + z + z^2 + \cdots. \tag{5}$$

C. 乘法. 若 $G(z)$ 是序列 $a_0, a_1, \ldots$ 的生成函数, $H(z)$ 是序列 $b_0, b_1, \ldots$ 的生成函数, 则

$$\begin{aligned} G(z)H(z) &= (a_0 + a_1 z + a_2 z^2 + \cdots)(b_0 + b_1 z + b_2 z^2 + \cdots) \\ &= (a_0 b_0) + (a_0 b_1 + a_1 b_0)z + (a_0 b_2 + a_1 b_1 + a_2 b_0)z^2 + \cdots. \end{aligned}$$

因此, $G(z)H(z)$ 是序列 $c_0, c_1, \ldots$ 的生成函数, 其中

$$c_n = \sum_{k=0}^{n} a_k b_{n-k}. \tag{6}$$

式 (3) 是这个结果的一个非常特殊的特例. 另外一个重要的特例出现在每个 b_n 都等于 1 的时候:

$$\frac{1}{1 - z}G(z) = a_0 + (a_0 + a_1)z + (a_0 + a_1 + a_2)z^2 + \cdots. \tag{7}$$

这里我们得到原序列的部分和序列的生成函数.

对于三个函数的乘积, 生成序列的规则由式 (6) 推出; $F(z)G(z)H(z)$ 生成序列 $d_0, d_1, d_2, \ldots$, 其中

$$d_n = \sum_{\substack{i,j,k \geq 0 \\ i+j+k=n}} a_i b_j c_k. \tag{8}$$

对于任意多个函数的乘积 (只要是有意义的), 生成序列的一般规则是

$$\prod_{j \geq 0} \sum_{k \geq 0} a_{jk} z^k = \sum_{n \geq 0} z^n \sum_{\substack{k_0, k_1, \ldots \geq 0 \\ k_0 + k_1 + \cdots = n}} a_{0k_0} a_{1k_1} \cdots. \tag{9}$$

当某个序列的递归公式包含二项式系数时, 我们通常要求获得由

$$c_n = \sum_{k} \binom{n}{k} a_k b_{n-k} \tag{10}$$

定义的序列 $c_0, c_1, \ldots$ 的生成函数. 在这种情况下, 通常更应该利用序列 $\langle a_n/n! \rangle$, $\langle b_n/n! \rangle$, $\langle c_n/n! \rangle$ 的生成函数, 因为我们有

$$\left(\frac{a_0}{0!} + \frac{a_1}{1!}z + \frac{a_2}{2!}z^2 + \cdots\right)\left(\frac{b_0}{0!} + \frac{b_1}{1!}z + \frac{b_2}{2!}z^2 + \cdots\right) = \left(\frac{c_0}{0!} + \frac{c_1}{1!}z + \frac{c_2}{2!}z^2 + \cdots\right), \tag{11}$$

其中 c_n 由式 (10) 给定.

D. z 的变换. 显然 $G(cz)$ 是序列 $a_0, ca_1, c^2 a_2, \dots$ 的生成函数. 特例 $1, c, c^2, c^3, \dots$ 的生成函数是 $1/(1 - cz)$.

在级数里隔一项取一项时, 有一种常见的技巧:

$$
\begin{aligned}
\tfrac{1}{2}\big(G(z) + G(-z)\big) &= a_0 \;+\; a_2 z^2 \;+\; a_4 z^4 \;+\; \cdots, \\
\tfrac{1}{2}\big(G(z) - G(-z)\big) &= \quad\; a_1 z \;+\; a_3 z^3 \;+\; a_5 z^5 \;+\; \cdots.
\end{aligned}
\tag{12}
$$

利用单位复根, 我们可以推广这种思想, 每隔 $m-1$ 项提取第 m 项: 令 $\omega = \mathrm{e}^{2\pi \mathrm{i}/m} = \cos(2\pi/m) + \mathrm{i}\sin(2\pi/m)$, 有

$$
\sum_{n \geq 0,\, n \bmod m = r} a_n z^n = \frac{1}{m} \sum_{0 \leq k < m} \omega^{-kr} G(\omega^k z), \quad 0 \leq r < m.
\tag{13}
$$

（见习题 14.）例如, 如果 $m = 3$, $r = 1$, 单位复立方根之一是 $\omega = -\frac{1}{2} + \frac{\sqrt{3}}{2}\mathrm{i}$, 由此推出

$$
a_1 z + a_4 z^4 + a_7 z^7 + \cdots = \tfrac{1}{3}\big(G(z) + \omega^{-1} G(\omega z) + \omega^{-2} G(\omega^2 z)\big).
$$

E. 微分与积分. 微积分的方法带来了利用生成函数的更多运算. 假定 $G(z)$ 是由式 (1) 给定的, 那么它的导数为

$$
G'(z) = a_1 + 2a_2 z + 3a_3 z^2 + \cdots = \sum_{k \geq 0} (k+1) a_{k+1} z^k.
\tag{14}
$$

序列 $\langle na_n \rangle$ 的生成函数是 $zG'(z)$. 因此, 我们通过对生成函数做运算, 可以把一个序列的第 n 项同 n 的多项式结合起来.

逆转这个过程, 求积分给出另一种有用的运算:

$$
\int_0^z G(t)\,\mathrm{d}t = a_0 z + \frac{1}{2} a_1 z^2 + \frac{1}{3} a_2 z^3 + \cdots = \sum_{k \geq 1} \frac{1}{k} a_{k-1} z^k.
\tag{15}
$$

作为特例, 我们有式 (5) 的导数和积分:

$$
\frac{1}{(1-z)^2} = 1 + 2z + 3z^2 + \cdots = \sum_{k \geq 0} (k+1) z^k.
\tag{16}
$$

$$
\ln \frac{1}{1-z} = z + \frac{1}{2} z^2 + \frac{1}{3} z^3 + \cdots = \sum_{k \geq 1} \frac{1}{k} z^k.
\tag{17}
$$

把第二个公式同式 (7) 结合, 我们可以得到调和数的生成函数:

$$
\frac{1}{1-z} \ln \frac{1}{1-z} = z + \frac{3}{2} z^2 + \frac{11}{6} z^3 + \cdots = \sum_{k \geq 0} H_k z^k.
\tag{18}
$$

F. 已知的生成函数. 每当能够确定一个函数的幂级数展开时, 无疑我们已经找到了一个特定序列的生成函数. 这些特殊的函数同上述的运算结合起来可能是十分有用的. 下面列举几个最重要的幂级数展开式.

(i) 二项式定理.

$$
(1+z)^r = 1 + rz + \frac{r(r-1)}{2} z^2 + \cdots = \sum_{k \geq 0} \binom{r}{k} z^k.
\tag{19}
$$

当 r 为负整数时, 我们得到一个已经反映在等式 (5) 和 (16) 中的特例:

$$
\frac{1}{(1-z)^{n+1}} = \sum_{k \geq 0} \binom{-n-1}{k} (-z)^k = \sum_{k \geq 0} \binom{n+k}{n} z^k.
\tag{20}
$$

还有一个在习题 1.2.6–25 中证明的推广: 如果 x 是 z 的连续函数, 满足方程 $x^{t+1} = x^t + z$, 其中当 $z = 0$ 时 $x = 1$, 那么

$$x^r = 1 + rz + \frac{r(r - 2t - 1)}{2}z^2 + \cdots = \sum_{k \geq 0} \binom{r - kt}{k} \frac{r}{r - kt} z^k. \tag{21}$$

(ii) 指数级数.

$$\exp z = e^z = 1 + z + \frac{1}{2!}z^2 + \cdots = \sum_{k \geq 0} \frac{1}{k!}z^k. \tag{22}$$

一般地, 我们有包含斯特林数的公式:

$$(e^z - 1)^n = z^n + \frac{1}{n+1}\begin{Bmatrix} n+1 \\ n \end{Bmatrix}z^{n+1} + \cdots = n!\sum_{k}\begin{Bmatrix} k \\ n \end{Bmatrix}\frac{z^k}{k!}. \tag{23}$$

(iii) 对数级数 (见式 (17) 和 (18)).

$$\ln(1 + z) = z - \frac{1}{2}z^2 + \frac{1}{3}z^3 - \cdots = \sum_{k \geq 1} \frac{(-1)^{k+1}}{k}z^k, \tag{24}$$

$$\frac{1}{(1-z)^{m+1}}\ln\left(\frac{1}{1-z}\right) = \sum_{k \geq 1}(H_{m+k} - H_m)\binom{m+k}{k}z^k. \tag{25}$$

式 (23) 的斯特林数给出一个更一般的等式:

$$\left(\ln\frac{1}{1-z}\right)^n = z^n + \frac{1}{n+1}\begin{bmatrix} n+1 \\ n \end{bmatrix}z^{n+1} + \cdots = n!\sum_{k}\begin{bmatrix} k \\ n \end{bmatrix}\frac{z^k}{k!}. \tag{26}$$

其他推广包括许多调和数求和公式, 见德里克·泽夫, *Inf. Proc. Letters* **5** (1976), 75–77; 朱尔金·斯皮伯, *Math. Comp.* **55** (1990), 839–863.

(iv) 其他.

$$z(z + 1) \ldots (z + n - 1) = \sum_{k}\begin{bmatrix} n \\ k \end{bmatrix}z^k, \tag{27}$$

$$\frac{z^n}{(1-z)(1-2z)\ldots(1-nz)} = \sum_{k}\begin{Bmatrix} k \\ n \end{Bmatrix}z^k, \tag{28}$$

$$\frac{z}{e^z - 1} = 1 - \frac{1}{2}z + \frac{1}{12}z^2 + \cdots = \sum_{k \geq 0}\frac{B_k z^k}{k!}. \tag{29}$$

最后一个公式中的系数 B_k 是伯努利数, 1.2.11.2 节将就此深入探讨. 在附录 A 中有伯努利数取值表.

习题 2.3.4.4–29 将证明同等式 (21) 类似的另一个恒等式: 如果 x 是 z 的连续函数, 满足方程 $x = e^{zx^t}$, 其中当 $z = 0$ 时 $x = 1$, 那么

$$x^r = 1 + rz + \frac{r(r + 2t)}{2}z^2 + \cdots = \sum_{k \geq 0}\frac{r(r + kt)^{k-1}}{k!}z^k. \tag{30}$$

式 (21) 和 (30) 的重要推广在习题 4.7–22 中讨论.

G. 提取系数. 对于 $G(z)$ 中 z^n 项的系数, 采用记号

$$[z^n]\,G(z) \tag{31}$$

通常是很方便的. 例如, 如果 $G(z)$ 是式 (1) 中的生成函数, 我们有 $[z^n]\,G(z) = a_n$ 和 $[z^n]\,G(z)/(1 - z) = \sum_{k=0}^{n} a_k$. 在复变函数论中, 一个极其基本的结果是柯西的一个公式

[*Exercices de Math.* **1** (1826), 95–113 = *Œuvres* (2) **6**, 124–145, 式 (11)]，我们借助周线积分可以利用此公式提取任何想要的系数：

$$[z^n]\,G(z) = \frac{1}{2\pi\mathrm{i}} \oint_{|z|=r} \frac{G(z)\,\mathrm{d}z}{z^{n+1}},\tag{32}$$

只要 $G(z)$ 对于 $z = z_0$ 和 $0 < r < |z_0|$ 收敛. 基本思想是，对于所有整数 $m \neq -1$，积分 $\oint_{|z|=r} z^m \,\mathrm{d}z$ 为 0；而 $m = -1$ 时为

$$\int_{-\pi}^{\pi} (re^{\mathrm{i}\theta})^{-1}\mathrm{d}(re^{\mathrm{i}\theta}) = \mathrm{i}\int_{-\pi}^{\pi}\mathrm{d}\theta = 2\pi\mathrm{i}.$$

讨论一个系数的近似值时，等式 (32) 尤其重要.

最后，我们回过头来讨论在 1.2.3 节中仅获得部分解决的一个问题. 由等式 1.2.3–(13) 和习题 1.2.3–29，我们已经知道

$$\sum_{1\leq i\leq j\leq n} x_i x_j = \frac{1}{2}\left(\sum_{k=1}^{n} x_k\right)^2 + \frac{1}{2}\left(\sum_{k=1}^{n} x_k^2\right),$$

$$\sum_{1\leq i\leq j\leq k\leq n} x_i x_j x_k = \frac{1}{6}\left(\sum_{k=1}^{n} x_k\right)^3 + \frac{1}{2}\left(\sum_{k=1}^{n} x_k\right)\left(\sum_{k=1}^{n} x_k^2\right) + \frac{1}{3}\left(\sum_{k=1}^{n} x_k^3\right).$$

一般地，假定有 n 个数 $x_1, x_2, \ldots, x_n$，希望求和

$$h_m = \sum_{1\leq j_1\leq\cdots\leq j_m\leq n} x_{j_1}\cdots x_{j_m}.\tag{33}$$

如果可能，应当用 $S_1, S_2, \ldots, S_m$ 表示这个和，其中

$$S_j = \sum_{k=1}^{n} x_k^j,\tag{34}$$

即 j 次幂之和. 利用这种更紧凑的记号，上面的公式变成 $h_2 = \frac{1}{2}S_1^2 + \frac{1}{2}S_2$，$h_3 = \frac{1}{6}S_1^3 + \frac{1}{2}S_1 S_2 + \frac{1}{3}S_3$.

通过建立生成函数

$$G(z) = 1 + h_1 z + h_2 z^2 + \cdots = \sum_{k\geq 0} h_k z^k.\tag{35}$$

我们可以解决这个问题. 按照级数相乘的规则，我们求出

$$G(z) = (1 + x_1 z + x_1^2 z^2 + \cdots)(1 + x_2 z + x_2^2 z^2 + \cdots)\ldots(1 + x_n z + x_n^2 z^2 + \cdots)$$

$$= \frac{1}{(1 - x_1 z)(1 - x_2 z)\ldots(1 - x_n z)}.\tag{36}$$

所以 $G(z)$ 是一个多项式的倒数. 对乘积取对数常常很有用，所以我们从式(17)求出

$$\ln G(z) = \ln\frac{1}{1 - x_1 z} + \cdots + \ln\frac{1}{1 - x_n z}$$

$$= \left(\sum_{k\geq 1} \frac{x_1^k z^k}{k}\right) + \cdots + \left(\sum_{k\geq 1} \frac{x_n^k z^k}{k}\right) = \sum_{k\geq 1} \frac{S_k z^k}{k}.\tag{37}$$

至此 $\ln G(z)$ 已经由 S 表示. 为了获得问题的答案，我们只需借助等式 (22) 和 (9) 再次计算 $G(z)$ 的幂级数展开：

$$G(z) = \mathrm{e}^{\ln G(z)} = \exp\Big(\sum_{k \geq 1} \frac{S_k z^k}{k}\Big) = \prod_{k \geq 1} \mathrm{e}^{S_k z^k/k}$$

$$= \Big(1 + S_1 z + \frac{S_1^2 z^2}{2!} + \cdots\Big)\Big(1 + \frac{S_2 z^2}{2} + \frac{S_2^2 z^4}{2^2 \cdot 2!} + \cdots\Big)\cdots$$

$$= \sum_{m \geq 0}\Big(\sum_{\substack{k_1, k_2, \ldots, k_m \geq 0 \\ k_1 + 2k_2 + \cdots + mk_m = m}} \frac{S_1^{k_1}}{1^{k_1} k_1!}\frac{S_2^{k_2}}{2^{k_2} k_2!}\cdots\frac{S_m^{k_m}}{m^{k_m} k_m!}\Big)z^m. \tag{38}$$

括号中的量是 h_m. 仔细考察便知，这个颇为壮观的和其实并不复杂. 对特定的 m 值，项数就是 m 的分拆数 $p(m)$（1.2.1 节）. 例如，12 的一个分拆是

$$12 = 5 + 2 + 2 + 2 + 1.$$

分拆对应于方程 $k_1 + 2k_2 + \cdots + 12k_{12} = 12$ 的解，其中 k_j 是分拆中 j 的个数. 在上面的例子中，$k_1 = 1$，$k_2 = 3$，$k_5 = 1$，而其余的 k 为 0；所以，h_{12} 的表达式含有项

$$\frac{S_1}{1^1 1!}\frac{S_2^3}{2^3 3!}\frac{S_5}{5^1 1!} = \frac{1}{240}S_1 S_2^3 S_5$$

对式 (37) 求导数，不难导出递归公式

$$h_n = \frac{1}{n}(S_1 h_{n-1} + S_2 h_{n-2} + \cdots + S_n h_0), \qquad n \geq 1. \tag{39}$$

波利亚对生成函数的应用做了有趣的介绍 [波利亚，"On picture writing"，*AMM* **63** (1956)，689–697]. 《具体数学》第 7 章沿用了他的方法. 另参阅维尔夫，*generatingfunctionology*，2nd edition (Academic Press, 1994).

> 生成函数乃是一根晒衣绳，
> 我们在其上悬挂一串数列供人参观.
> ——维尔夫（1989）

习题

1. [*M12*] 序列 $2, 5, 13, 35, \ldots = \langle 2^n + 3^n \rangle$ 的生成函数是什么？

▶ **2.** [*M13*] 证明等式 (11).

3. [*HM21*] 求 $\langle H_n \rangle$ 的生成函数 (18) 的导数，将它同 $\langle \sum_{k=0}^n H_k \rangle$ 的生成函数做比较. 你能推导出什么关系？

4. [*M01*] 解释等式 (19) 为什么是等式 (21) 的特例.

5. [*M20*] 对 n 归纳，证明等式 (23).

▶ **6.** [*HM15*] 求序列

$$\Big\langle \sum_{0 < k < n} \frac{1}{k(n-k)} \Big\rangle$$

的生成函数；求它的导数，并用调和数表示系数.

7. [*M15*] 证明等式 (38) 的每一步推导过程.

8. [*M23*] 求 n 的分拆数 $p(n)$ 的生成函数.

9. [*M11*] 按照等式 (34) 和 (35) 的记号，如何用 S_1、S_2、S_3 和 S_4 表示 h_4？

▶ **10.** [*M25*] 一个初等对称函数的定义式为

$$e_m = \sum_{1 \le j_1 < \cdots < j_m \le n} x_{j_1} \ldots x_{j_m}.$$

（e_m 和 (33) 的 h_m 很像，唯一区别是不允许出现相等的下标.）求 e_m 的生成函数，并用等式 (34) 中的 S_j 表示 e_m. 写出 e_1, e_2, e_3 和 e_4 的公式.

▶ **11.** [*M25*] 可以利用等式 (39) 来通过 h 表示 S：$S_1 = h_1$，$S_2 = 2h_2 - h_1^2$，$S_3 = 3h_3 - 3h_1 h_2 + h_1^3$，等等. 在 S_m 的这种表示中，当 $k_1 + 2k_2 + \cdots + mk_m = m$ 时，$h_1^{k_1} h_2^{k_2} \ldots h_m^{k_m}$ 的系数是什么？

▶ **12.** [*M20*] 假定我们有双下标序列 $\langle a_{mn} \rangle$，$m, n = 0, 1, \ldots$. 说明怎样用一个双变量生成函数表示这个双下标序列，并且确定序列 $\langle \binom{n}{m} \rangle$ 的生成函数.

13. [*HM22*] 函数 $f(x)$ 的拉普拉斯变换是函数

$$\mathbf{L}f(s) = \int_0^\infty e^{-st} f(t) \, dt.$$

假定无穷序列 $a_0, a_1, a_2, \ldots$ 有收敛的生成函数，令 $f(x)$ 为阶梯函数 $\sum_k a_k [0 \le k \le x]$. 用这个序列的生成函数 G 表示 $f(x)$ 的拉普拉斯变换.

14. [*HM21*] 证明等式 (13).

15. [*M28*] 考察 $H(w) = \sum_{n \ge 0} G_n(z) w^n$，寻找生成函数

$$G_n(z) = \sum_{k=0}^{n} \binom{n-k}{k} z^k = \sum_{k=0}^{n} \binom{2k-n-1}{k} (-z)^k$$

的闭合式.

16. [*M22*] 给出生成函数 $G_{nr}(z) = \sum_k a_{nkr} z^k$ 的简单公式，其中 a_{nkr} 是从 n 个对象中选取 k 个的方式的数目，选取时遵守每个对象至多可以选取 r 次的条件. （如果 $r = 1$，有 $\binom{n}{k}$ 种方式；如果 $r \ge k$，方式数是习题 1.2.6–60 的可重组合数.）

17. [*M25*] 如果把 $1/(1-z)^w$ 展开成同时用 z 和 w 表示的二重幂级数，各项系数是什么？

▶ **18.** [*M25*] n 和 r 为给定正整数，求简单计算公式：

(a) $\sum_{1 \le k_1 < k_2 < \cdots < k_r \le n} k_1 k_2 \ldots k_r$；(b) $\sum_{1 \le k_1 \le k_2 \le \cdots \le k_r \le n} k_1 k_2 \ldots k_r$.

（例如，当 $n = 3$ 和 $r = 2$ 时，这两个和分别是 $1 \cdot 2 + 1 \cdot 3 + 2 \cdot 3$ 和 $1 \cdot 1 + 1 \cdot 2 + 1 \cdot 3 + 2 \cdot 2 + 2 \cdot 3 + 3 \cdot 3$.）

19. [*HM32*] （高斯，1812）下列无穷级数的和是众所周知的：

$$1 - \frac{1}{2} + \frac{1}{3} - \frac{1}{4} + \cdots = \ln 2; \qquad 1 - \frac{1}{3} + \frac{1}{5} - \frac{1}{7} + \cdots = \frac{\pi}{4};$$

$$1 - \frac{1}{4} + \frac{1}{7} - \frac{1}{10} + \cdots = \frac{\pi\sqrt{3}}{9} + \frac{1}{3} \ln 2.$$

利用习题 1.2.7–24 答案中的定义

$$H_x = \sum_{n \ge 1} \left(\frac{1}{n} - \frac{1}{n+x} \right),$$

这几个级数可以分别写成

$$1 - \frac{1}{2} H_{1/2}; \qquad \frac{2}{3} - \frac{1}{4} H_{1/4} + \frac{1}{4} H_{3/4}; \qquad \frac{3}{4} - \frac{1}{6} H_{1/6} + \frac{1}{6} H_{2/3}.$$

证明：一般地，$H_{p/q}$ 有值

$$\frac{q}{p} - \frac{\pi}{2} \cot \frac{p}{q} \pi - \ln 2q + 2 \sum_{0 < k < q/2} \cos \frac{2pk}{q} \pi \cdot \ln \sin \frac{k}{q} \pi,$$

其中 p 和 q 是满足 $0 < p < q$ 的整数. [提示：根据阿贝尔极限定理，这个和为

$$\lim_{x \to 1-} \sum_{n \ge 1} \left(\frac{1}{n} - \frac{1}{n+p/q} \right) x^{p+nq}.$$

利用式 (13) 把这个幂级数表示成一种可以计算极限值的形式.]

20. [*M21*] 使 $\sum_{n\geq 0} n^m z^n = \sum_{k=0}^m c_{mk} z^k/(1-z)^{k+1}$ 成立的系数 c_{mk} 是什么?

21. [*HM30*] 建立序列 $\langle n! \rangle$ 的生成函数, 讨论这个函数的特性.

22. [*M21*] 求生成函数 $G(z)$, 要求它满足

$$[z^n]\, G(z) = \sum_{k_0+2k_1+4k_2+8k_3+\cdots=n} \binom{r}{k_0}\binom{r}{k_1}\binom{r}{k_2}\binom{r}{k_3}\cdots$$

23. [*M33*] （伦纳德·卡里兹）(a) 证明: 对于所有整数 $m \geq 1$, 存在多项式 $f_m(z_1,\ldots,z_m)$ 和 $g_m(z_1,\ldots,z_m)$, 使得公式

$$\sum_{k_1,\ldots,k_m \geq 0} \binom{r}{n-k_1}\binom{k_1}{n-k_2}\cdots\binom{k_{m-1}}{n-k_m} z_1^{k_1}\ldots z_m^{k_m} = f_m(z_1,\ldots,z_m)^{n-r} g_m(z_1,\ldots,z_m)^r$$

对于所有整数 $n \geq r \geq 0$ 为恒等式.

    (b) 推广习题 15, 求用 (a) 中函数 f_m 和 g_m 表示的和

$$S_n(z_1,\ldots,z_m) = \sum_{k_1,\ldots,k_m \geq 0} \binom{k_1}{n-k_2}\binom{k_2}{n-k_3}\cdots\binom{k_m}{n-k_1} z_1^{k_1}\ldots z_m^{k_m}$$

的闭合式.

    (c) 求 $z_1 = \cdots = z_m = z$ 时 $S_n(z_1,\ldots,z_m)$ 的简单表达式.

24. [*M22*] 证明对于任意生成函数 $G(z)$, 有

$$\sum_k \binom{m}{k} [z^{n-k}]\, G(z)^k = [z^n]\, (1+zG(z))^m.$$

在下列条件下计算恒等式两端: (a) $G(z)=1/(1-z)$; (b) $G(z)=(e^z - 1)/z$.

▶ **25.** [*M23*] 对于和 $\sum_k \binom{n}{k}\binom{2n-2k}{n-k}(-2)^k$, 通过简化等价的算式 $\sum_k [w^k] (1-2w)^n [z^{n-k}] (1+z)^{2n-2k}$ 求其值.

26. [*M40*] 探索生成函数系数记号 (31) 的推广. 按照推广的记号, 式 (1) 给出的 $G(z)$ 为例, 可以写出 $[z^2 - 2z^5]\, G(z) = a_2 - 2a_5$.

1.2.10 典型算法分析

现在我们应用前面几小节讨论的一些方法, 研究一个典型的算法.

算法 M（找出最大值）. 给定 n 个元素 $X[1], X[2], \ldots, X[n]$, 我们将求出 m 和 j, 使得 $m = X[j] = \max_{1 \leq i \leq n} X[i]$, 其中 j 是满足这个关系式的最大下标.

M1. [初始化.] 置 $j \leftarrow n$, $k \leftarrow n-1$, $m \leftarrow X[n]$. （算法执行期间, 有 $m = X[j] = \max_{k < i \leq n} X[i]$.）

M2. [是否检验完毕?] 如果 $k = 0$, 算法终止.

M3. [比较.] 如果 $X[k] \leq m$, 转到 M5.

M4. [改变 m.] 置 $j \leftarrow k$, $m \leftarrow X[k]$. （这个 m 值是新的当前最大值.）

M5. [减小 k.] k 减 1, 然后返回 M2. ∎

这个相当明显的算法看起来也许很平常, 无须考虑仔细分析, 但是, 它其实能充分展示可以用于更复杂的算法的研究途径. 在计算机程序设计中, 算法分析是非常重要的, 因为对于一种应用通常有若干可供使用的算法, 我们希望知道哪个算法是最佳的.

算法 M 需要固定的存储空间，所以我们仅分析执行它所需的时间. 为此，我们将计算每一步执行的次数（见图 9）：

算法步号	执行次数
M1	1
M2	n
M3	$n-1$
M4	A
M5	$n-1$

只要知道每一步执行的次数，我们就可以确定它在特定计算机上的执行时间.

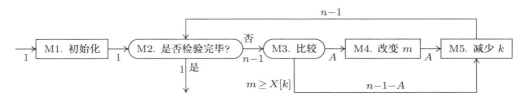

图 9 算法 M. 箭头线上的数字标识经过每条路径的次数. 注意必须满足"基尔霍夫第一定律"：进出每个结点的流量必须相等

在上面的算法各步执行次数表中，除量 A 之外的每个数都是已知的，而 A 是我们必须改变当前最大值的次数. 为了完成分析，我们来讨论 A 这个有趣的量.

分析 A 时通常要求 A 的最小值（为了乐观的人），A 的最大值（为了悲观的人），A 的平均值（为了持观望态度的人）以及 A 的标准差（衡量取值距离平均值远近的定量指标）.

A 的最小值为 0，此时有

$$X[n] = \max_{1 \le k \le n} X[k];$$

最大值为 $n-1$，此时有

$$X[1] > X[2] > \cdots > X[n].$$

因此平均值介于 0 和 $n-1$ 之间. 平均值等于 $\frac{1}{2}n$ 吗？等于 $\sqrt{n}$ 吗？为了回答这个问题，我们需要定义平均值的含义. 而为了正确地定义平均值，我们对于输入数据 $X[1], X[2], \ldots, X[n]$ 的性质必须做某些假定. 我们将假定 $X[k]$ 两两取值不同，并且这些值的 $n!$ 个排列都是等可能的.（在大多数情况下这是一种合理的假定，但是也可以在其他假定下进行分析，见本小节末尾的习题.）

算法 M 的性能不依赖于 $X[k]$ 的精确值，而只与它们的大小顺序有关. 例如，若 $n=3$，我们假定下面 6 种可能性是等可能的.

状态	A值		状态	A值
$X[1] < X[2] < X[3]$	0		$X[2] < X[3] < X[1]$	1
$X[1] < X[3] < X[2]$	1		$X[3] < X[1] < X[2]$	1
$X[2] < X[1] < X[3]$	0		$X[3] < X[2] < X[1]$	2

当 $n=3$ 时，A 的平均值为 $(0+1+0+1+1+2)/6 = 5/6$.

显而易见，我们可以取 $X[1], X[2], \ldots, X[n]$ 为 $1, 2, \ldots, n$ 按某个顺序的排列. 我们按假定，把这样 $n!$ 种排列视为等可能的. A 取 k 值的概率为

$$p_{nk} = (\text{满足 } A=k \text{ 的 } n \text{ 元排列数})/n!. \tag{1}$$

例如，从上面的表可得 $p_{30} = \frac{1}{3}$，$p_{31} = \frac{1}{2}$，$p_{32} = \frac{1}{6}$.

我们照例把平均值（"均值"或"期望值"）定义为

$$A_n = \sum_k k p_{nk},\tag{2}$$

把方差 V_n 定义为 $(A - A_n)^2$ 的平均值，因此

$$V_n = \sum_k (k - A_n)^2 p_{nk} = \sum_k k^2 p_{nk} - 2 A_n \sum_k k p_{nk} + A_n^2 \sum_k p_{nk}$$
$$= \sum_k k^2 p_{nk} - 2 A_n A_n + A_n^2 = \sum_k k^2 p_{nk} - A_n^2.\tag{3}$$

最后，我们把标准差 σ_n 定义为 $\sqrt{V_n}$.

标准差 σ_n 的意义或许最好这样理解：对于所有 $r \geq 1$，A 落在其平均值的 $r\sigma_n$ 邻域以外的概率小于 $1/r^2$. 例如，$|A - A_n| > 2\sigma_n$ 的概率 $< 1/4$. （证明：令 p 为所述概率. 于是如果 $p > 0$，那么 $(A - A_n)^2$ 的平均值大于 $p \cdot (r\sigma_n)^2 + (1 - p) \cdot 0$，即 $V_n > pr^2 V_n$. ）这一关系通常称为切比雪夫不等式，虽然它其实首先是由边奈美发现的 [*Comptes Rendus Acad. Sci.* **37** (Paris, 1853), 320–321].

我们可以通过确定概率 p_{nk} 来测定 A 的特性. 不难用归纳方式进行计算：按照等式 (1)，我们需要计算满足 $A = k$ 的 n 元排列数. 令此数为 $P_{nk} = n! \, p_{nk}$.

考虑关于 $\{1, 2, \ldots, n\}$ 的所有排列 $x_1 x_2 \ldots x_n$，见 1.2.5 节. 如果 $x_1 = n$，那么 A 值比它对 $x_2 \ldots x_n$ 得到的值大 1；如果 $x_1 \neq n$，那么 A 值与它对 $x_2 \ldots x_n$ 得到的值完全相同. 因此我们求出 $P_{nk} = P_{(n-1)(k-1)} + (n-1) P_{(n-1)k}$，等价于

$$p_{nk} = \frac{1}{n} p_{(n-1)(k-1)} + \frac{n-1}{n} p_{(n-1)k}.\tag{4}$$

如果我们给出初始条件

$$p_{1k} = \delta_{0k}; \qquad p_{nk} = 0 \quad \text{如果 } k < 0,\tag{5}$$

则可由上式确定 p_{nk}.

利用生成函数，我们可以获得关于 p_{nk} 的信息. 令

$$G_n(z) = p_{n0} + p_{n1}z + \cdots = \sum_k p_{nk} z^k.\tag{6}$$

我们知道 $A \leq n - 1$，所以对于很大的 k 值有 $p_{nk} = 0$；因此 $G_n(z)$ 其实是一个多项式，我们只是为了方便而把它写成无限和.

从等式 (5) 可得 $G_1(z) = 1$；从式 (4) 可得

$$G_n(z) = \frac{z}{n} G_{n-1}(z) + \frac{n-1}{n} G_{n-1}(z) = \frac{z+n-1}{n} G_{n-1}(z).\tag{7}$$

（读者应当仔细研究等式 (4) 与 (7) 之间的关系. ）我们现在可以看出

$$G_n(z) = \frac{z+n-1}{n} G_{n-1}(z) = \frac{z+n-1}{n} \frac{z+n-2}{n-1} G_{n-2}(z) = \cdots$$
$$= \frac{1}{n!}(z+n-1)(z+n-2)\ldots(z+1)$$
$$= \frac{1}{z+n}\binom{z+n}{n},\tag{8}$$

所以 $G_n(z)$ 实质上是一个二项式系数！

这个函数出现在上一小节的等式 1.2.9–(27) 中，当时我们有

$$G_n(z) = \frac{1}{n!} \sum_k \begin{bmatrix} n \\ k \end{bmatrix} z^{k-1},$$

所以 p_{nk} 可以通过斯特林数表示：

$$p_{nk} = \begin{bmatrix} n \\ k+1 \end{bmatrix} \bigg/ n!. \tag{9}$$

图 10 显示当 $n = 12$ 时 p_{nk} 的近似数值.

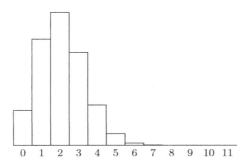

图 10 步骤 M4 在 $n = 12$ 时的概率分布. 均值为 58301/27720, 约等于 2.10. 方差约为 1.54

现在我们只需要把 p_{nk} 的值插入等式 (2) 和 (3), 求出要求的平均值. 但是说得轻巧做起来难. 事实上, 很少能够显式地确定概率 p_{nk}. 在多数问题中, 我们知道生成函数 $G_n(z)$, 但是对于实际的概率知之甚少. 重要的事实在于, 我们能够从生成函数本身轻而易举地确定均值和方差.

为了看出这一点, 让我们假定有一个生成函数, 它的系数表示概率：

$$G(z) = p_0 + p_1 z + p_2 z^2 + \cdots,$$

其中 p_k 是某个事件取 k 值的概率. 我们希望计算均值和方差

$$\text{mean}(G) = \sum_k k p_k, \qquad \text{var}(G) = \sum_k k^2 p_k - \big(\text{mean}(G)\big)^2. \tag{10}$$

利用微分方法, 不难发现如何求这两个值. 注意到

$$G(1) = 1, \tag{11}$$

因为 $G(1) = p_0 + p_1 + p_2 + \cdots$ 是所有可能的概率之和. 同样由 $G'(z) = \sum_k k p_k z^{k-1}$, 我们有

$$\text{mean}(G) = \sum_k k p_k = G'(1). \tag{12}$$

最后再次利用微分, 我们得到（见习题 2）

$$\text{var}(G) = G''(1) + G'(1) - G'(1)^2. \tag{13}$$

等式 (12) 和 (13) 通过生成函数给出所求的均值和方差的表达式.

在例题中, 我们希望计算 $G'_n(1) = A_n$. 从等式 (7) 我们得到

$$G'_n(z) = \frac{1}{n} G_{n-1}(z) + \frac{z+n-1}{n} G'_{n-1}(z);$$

$$G'_n(1) = \frac{1}{n} + G'_{n-1}(1).$$

再由初始条件 $G'_1(1) = 0$ 求出

$$A_n = G'_n(1) = H_n - 1. \tag{14}$$

这是所求的执行 M4 步的平均次数; 当 n 很大时, 它近似等于 $\ln n$. 〔注记: $A + 1$ 的 r 阶矩, 即 $\sum_k (k+1)^r p_{nk}$, 等于 $[z^n](1-z)^{-1} \sum_k \left\{{r \atop k}\right\}(\ln \frac{1}{1-z})^k$, 近似值为 $(\ln n)^r$. 见皮特·罗斯, *CACM* **9** (1966), 342. A 的分布最早由弗里德里克·福斯特和艾伦·斯图尔特研究, 见 *J. Roy. Stat. Soc.* **B16** (1954), 1–22. 〕

我们可以用同样的方式计算方差 V_n. 首先, 让我们提出一个重要的简化结果.

定理 A.   令 G 和 H 是满足 $G(1) = H(1) = 1$ 的两个生成函数. 如果 mean(G) 和 var(G) 按照式 (12) 和 (13)定义, 我们有

$$\mathrm{mean}(GH) = \mathrm{mean}(G) + \mathrm{mean}(H); \qquad \mathrm{var}(GH) = \mathrm{var}(G) + \mathrm{var}(H). \tag{15}$$

在后面我们要证明这个定理. 它告诉我们, 生成函数之积的均值与方差可以化为均值之和与方差之和.   ∎

令 $Q_n(z) = (z + n - 1)/n$, 我们有 $Q'_n(1) = 1/n$, $Q''_n(1) = 0$. 因此

$$\mathrm{mean}(Q_n) = \frac{1}{n}, \quad \mathrm{var}(Q_n) = \frac{1}{n} - \frac{1}{n^2}.$$

最后, 由于 $G_n(z) = \prod_{k=2}^n Q_k(z)$, 推出

$$\mathrm{mean}(G_n) = \sum_{k=2}^n \mathrm{mean}(Q_k) = \sum_{k=2}^n \frac{1}{k} = H_n - 1,$$

$$\mathrm{var}(G_n) = \sum_{k=2}^n \mathrm{var}(Q_k) = \sum_{k=1}^n \left(\frac{1}{k} - \frac{1}{k^2}\right) = H_n - H_n^{(2)}.$$

综上所述, 我们已经求出要求的与量 A 有关的统计值:

$$A = \left(\min 0, \quad \mathrm{ave}\ H_n - 1, \quad \max n - 1, \quad \mathrm{dev}\ \sqrt{H_n - H_n^{(2)}}\right). \tag{16}$$

本书将一直使用式 (16) 中的记号描述其他概率量的统计特性.

我们已经完成算法 M 的分析, 其中新出现的内容是对概率论的介绍. 对于本书中的大多数应用而言, 初等概率论就足够了: 我们已经给出均值、方差和标准差的定义和简单的计数方法, 足以应付我们要提出的大部分问题. 更复杂的算法会帮助我们学会熟练推算概率.

让我们来考虑几道简单的概率问题, 练习使用这些方法. 首先想到的极有可能是掷硬币问题: 假定我们掷一枚硬币 n 次, 每一次抛掷得到正面朝上的概率为 p, 那么正面朝上的平均次数是多少? 标准差是多少?

我们考虑的是硬币两面不均匀的情况, 也就是说, 我们不做 $p = \frac{1}{2}$ 的假定. 这样的问题才更有趣味, 何况实际的硬币本来就都是不均匀的 (不然我们就无法区分正面与背面了).

像前面那样, 我们令 p_{nk} 为掷 n 次硬币出现 k 次正面的概率, 并且令 $G_n(z)$ 为对应的生成函数. 显然我们有

$$p_{nk} = p\,p_{(n-1)(k-1)} + q\,p_{(n-1)k}, \tag{17}$$

其中 $q = 1 - p$ 是背面朝上的概率. 同以前一样, 我们从等式 (17) 出发, 证明 $G_n(z) = (q + pz)G_{n-1}(z)$, 进而从明显的初始条件 $G_1(z) = q + pz$ 得到

$$G_n(z) = (q + pz)^n. \tag{18}$$

因此，由定理 A，

$$\text{mean}(G_n) = n\,\text{mean}(G_1) = pn.$$

$$\text{var}(G_n) = n\,\text{var}(G_1) = (p - p^2)n = pqn.$$

所以，对于出现正面的次数，我们得到统计量

$$(\min 0, \quad \text{ave } pn, \quad \max n, \quad \text{dev } \sqrt{pqn}). \tag{19}$$

图 11 显示当 $p = \frac{3}{5}$，$n = 12$ 时 p_{nk} 的值. 当标准差同 $\sqrt{n}$ 成正比，而且最大值与最小值之差同 n 成正比时，我们可以认为状态关于平均值是"稳定"的.

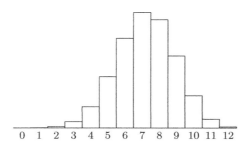

图 11 掷硬币的概率分布：12 次独立抛掷，每次成功概率均为 3/5

让我们来处理一个更简单的问题. 假定在某个过程中获得数值 $1, 2, \ldots, n$ 的概率是相等的. 这种情况的生成函数为

$$G(z) = \frac{1}{n}z + \frac{1}{n}z^2 + \cdots + \frac{1}{n}z^n = \frac{1}{n}\frac{z^{n+1} - z}{z - 1}. \tag{20}$$

经过某些比较困难的计算之后，我们求出

$$G'(z) = \frac{nz^{n+1} - (n+1)z^n + 1}{n(z-1)^2},$$

$$G''(z) = \frac{n(n-1)z^{n+1} - 2(n+1)(n-1)z^n + n(n+1)z^{n-1} - 2}{n(z-1)^3}.$$

要想计算均值和方差，我们需要知道 $G'(1)$ 和 $G''(1)$；但是代入 $z = 1$ 时，我们得到的这两个等式变成 0/0 型不定式. 因此，必须求当 z 趋近 1 时的极限，而这并不轻松.

幸好可以采用一种简单得多的处理方法. 由泰勒定理，我们有

$$G(1 + z) = G(1) + G'(1)z + \frac{G''(1)}{2!}z^2 + \cdots, \tag{21}$$

因此，我们只需在生成函数 (20) 中用 $z + 1$ 替换 z，直接读出系数：

$$G(1 + z) = \frac{1}{n}\frac{(1+z)^{n+1} - 1 - z}{z} = 1 + \frac{n+1}{2}z + \frac{(n+1)(n-1)}{6}z^2 + \cdots.$$

由此推出 $G'(1) = \frac{1}{2}(n+1)$，$G''(1) = \frac{1}{3}(n+1)(n-1)$. 这个均匀分布的统计量为

$$\left(\min 1, \quad \text{ave } \frac{n+1}{2}, \quad \max n, \quad \text{dev } \sqrt{\frac{(n+1)(n-1)}{12}}\right). \tag{22}$$

此时，偏差近似等于 $0.289n$，表示状态明显不稳定.

最后我们来证明定理 A，把我们的结论与古典概率论联系起来. 设 X 是一个仅取非负整数值的随机变量，$X = k$ 的概率为 p_k. 这种情况下，$G(z) = p_0 + p_1 z + p_2 z^2 + \cdots$ 称为 X 的概率生成函数，$G(e^{it}) = p_0 + p_1 e^{it} + p_2 e^{2it} + \cdots$ 习惯上称为这个分布的特征函数. 由这样的两个

生成函数之积给出的分布称为两个分布的卷积（convolution），它代表分别具有相应分布的两个独立随机变量之和.

随机变量 X 的均值（或平均值）通常称为它的期望值，记作 $\mathrm{E}\,X$. 于是，X 的方差是 $\mathrm{E}\,X^2 - (\mathrm{E}\,X)^2$. 使用这个记号，在 X 仅取非负整数值的情况下，X 的概率生成函数 $G(z) = \mathrm{E}\,z^X$，也就是 z^X 的期望值. 同样，如果 X 是一个或者是真或者是假的命题，使用艾弗森记号（式 1.2.3–(16)），X 为真的概率是 $\Pr(X) = \mathrm{E}[X]$.

均值和方差只不过是索瓦尔德·蒂勒于 1889 年发现的所谓半不变量或者累积量中的两个量 [见安德斯·哈尔德，*International Statistical Review* **68** (2000), 137–153]. 半不变量 $\kappa_1, \kappa_2, \kappa_3, \dots$ 由规则

$$\frac{\kappa_1 t}{1!} + \frac{\kappa_2 t^2}{2!} + \frac{\kappa_3 t^3}{3!} + \cdots = \ln G(\mathrm{e}^t) \tag{23}$$

定义. 我们有

$$\kappa_n = \frac{\mathrm{d}^n}{\mathrm{d}t^n} \ln G(\mathrm{e}^t)\Big|_{t=0},$$

特别地，因为 $G(1) = \sum_k p_k = 1$，有

$$\kappa_1 = \frac{\mathrm{e}^t G'(\mathrm{e}^t)}{G(\mathrm{e}^t)}\Big|_{t=0} = G'(1)$$

以及

$$\kappa_2 = \frac{\mathrm{e}^{2t} G''(\mathrm{e}^t)}{G(\mathrm{e}^t)} + \frac{\mathrm{e}^t G'(\mathrm{e}^t)}{G(\mathrm{e}^t)} - \frac{\mathrm{e}^{2t} G'(\mathrm{e}^t)^2}{G(\mathrm{e}^t)^2}\Big|_{t=0} = G''(1) + G'(1) - G'(1)^2.$$

由于半不变量是通过生成函数的对数定义的，定理 A 显然成立，而且实际上可以推广定理 A，使之适用于所有的半不变量.

正态分布的半不变量除平均值和方差之外全部为 0. 在正态分布中，我们可以大大加强切比雪夫不等式：正态分布的随机值同均值之差小于标准差的概率为

$$\frac{1}{\sqrt{2\pi}} \int_{-1}^{+1} \mathrm{e}^{-t^2/2} \, \mathrm{d}t.$$

所占比例约为 68.268949213709%. 两者之差小于两倍标准差的概率大约为 95.449973610364%，小于三倍标准差的概率大约为 99.730020393674%. 由等式 (8) 和 (18) 定义的分布当 n 很大时为近似正态分布（见习题 13 和 14）.

如果一个随机变量不大可能偏离其均值太多，则我们经常需要确切知道这样的信息. 有两个极为简单然而很有效的公式可以方便估计这样的概率，这两个公式称为尾概率不等式. 如果 X 的概率生成函数是 $G(z)$，那么

$$\Pr(X \le r) \le x^{-r} G(x) \qquad \text{如果 } 0 < x \le 1; \tag{24}$$

$$\Pr(X \ge r) \le x^{-r} G(x) \qquad \text{如果 } x \ge 1. \tag{25}$$

这两个不等式很容易证明：如果 $G(z) = p_0 + p_1 z + p_2 z^2 + \cdots$，那么当 $0 < x \le 1$ 时，有

$$\Pr(X \le r) = p_0 + p_1 + \cdots + p_{\lfloor r \rfloor} \le x^{-r} p_0 + x^{1-r} p_1 + \cdots + x^{\lfloor r \rfloor - r} p_{\lfloor r \rfloor} \le x^{-r} G(x);$$

而当 $x \ge 1$ 时，有

$$\Pr(X \ge r) = p_{\lceil r \rceil} + p_{\lceil r \rceil + 1} + \cdots \le x^{\lceil r \rceil - r} p_{\lceil r \rceil} + x^{\lceil r \rceil + 1 - r} p_{\lceil r \rceil + 1} + \cdots \le x^{-r} G(x).$$

选择 x 的值使不等式 (24) 和 (25) 的右端达到或者接近最小值，左端通常可以获得非常接近真实尾概率的上界.

习题 21–23 说明几种重要情形的尾概率不等式. 这些不等式是一个一般原理的特例, 该原理最早见于安德雷·柯尔莫哥洛夫的著作 [*Grundbegriffe der Wahrscheinlichkeitsrechnung* (Springer, 1933)]: 如果 $f(t) \geq s > 0$ 对于所有 $t \geq r$ 成立, $f(t) \geq 0$ 对于所有在随机变量 X 定义域内的 t 成立, 那么只要 $\mathrm{E}f(X)$ 存在, 就有 $\Pr(X \geq r) \leq s^{-1}\mathrm{E}f(X)$. 当 $f(t) = x^t$ 且 $s = x^r$ 时, 我们得到式 (25). [伯恩斯坦贡献了关键思路, 见 *Uchenye zapiski Nauchno-Issledovatel'skikh kafedr Ukrainy* **1** (1924), 38–48.]

习题

1. [*10*] 根据等式 (4) 和 (5), 确定 p_{n0} 的值, 从算法 M 的观点解释得到的结果.

2. [*HM16*] 从等式 (10) 推导等式 (13).

3. [*M15*] 如果我们利用算法 M 求 1000 个随机排序、两两不同的项的最大值, 那么步骤 M4 执行次数的最小值、最大值、平均值和标准差是什么? (给出这几个量的十进制近似值.)

4. [*M10*] 对于掷硬币试验的等式 (17), 给出 p_{nk} 的显式闭合式.

5. [*M13*] 图 11 的分布的均值和标准差是什么?

6. [*HM27*] 我们已经计算了重要的概率分布 (8) (18) (20) 的均值和方差. 这几种分布的第三个半不变量 κ_3 分别是什么?

▶ **7.** [*M27*] 在对算法 M 的分析中, 我们假定所有 $X[k]$ 两两不同. 如果我们改用更弱的假定: $X[1], X[2], \ldots, X[n]$ 恰好包含 m 个不同的值; 服从这个约束条件的具体取值是随机取的. 在这种情况下 A 的概率分布是什么?

▶ **8.** [*M20*] 假定每个 $X[k]$ 的值是从含有 M 个不同元素的集合中随机取出的, 于是 $X[1], X[2], \ldots, X[n]$ 的取值有 M^n 种可能选择, 视为是等可能的. 所有 $X[k]$ 两两不同的概率有多大?

9. [*M25*] 推广上题的结果, 对于这些 X 中恰好出现 m 个不同值的概率求一个公式. 用斯特林数表示你的答案.

10. [*M20*] 结合上面三道习题的结果, 在每个 X 是从 M 个不同对象的集合中随机选取的假设下, 求 $A = k$ 的概率计算公式.

▶ **11.** [*M15*] 如果我们把 $G(z)$ 改为 $F(z) = z^n G(z)$, 分布的半不变量会发生什么变化?

12. [*HM21*] 当 $G(z) = p_0 + p_1 z + p_2 z^2 + \cdots$ 代表一个概率分布时, $M_n = \sum_k k^n p_k$ 和 $m_n = \sum_k (k - M_1)^n p_k$ 这两个量分别称为 "n 阶矩" 和 "n 阶中心矩". 证明 $G(e^t) = 1 + M_1 t + M_2 t^2/2! + \cdots$; 然后用阿伯加斯特公式 (习题 1.2.5–21) 证明

$$\kappa_n = \sum_{\substack{k_1, k_2, \ldots, k_n \geq 0 \\ k_1 + 2k_2 + \cdots = n}} \frac{(-1)^{k_1 + k_2 + \cdots + k_n - 1} n! (k_1 + k_2 + \cdots + k_n - 1)!}{k_1! 1!^{k_1} k_2! 2!^{k_2} \ldots k_n! n!^{k_n}} M_1^{k_1} M_2^{k_2} \ldots M_n^{k_n}.$$

特别地, $\kappa_1 = M_1$, $\kappa_2 = M_2 - M_1^2$ (这是我们已知的), $\kappa_3 = M_3 - 3M_1 M_2 + 2M_1^3$, $\kappa_4 = M_4 - 4M_1 M_3 + 12M_1^2 M_2 - 3M_2^2 - 6M_1^4$. 当 $n \geq 2$ 时, 通过中心矩 $m_2, m_3, \ldots$ 表示 κ_n 的类似表达式是什么?

13. [*HM38*] 具有均值 μ_n 和标准差 σ_n 的概率生成函数 $G_n(z)$ 构成一个序列. 如果对于 t 的所有实数值有

$$\lim_{n \to \infty} e^{-it\mu_n/\sigma_n} G_n(e^{it/\sigma_n}) = e^{-t^2/2},$$

就说这个序列趋近正态分布. 利用等式 (8) 给出的 $G_n(z)$, 证明 $G_n(z)$ 趋近正态分布.

注记: 可以证明, 此处定义的 "趋近正态分布" 等价于

$$\lim_{n \to \infty} \Pr\left(\frac{X_n - \mu_n}{\sigma_n} \leq x\right) = \frac{1}{\sqrt{2\pi}} \int_{-\infty}^{x} e^{-t^2/2}\, dt,$$

其中 X_n 是一个随机量，它的概率由 $G_n(z)$ 确定. 这是莱维重要的"连续性定理"的一个特例. 莱维定理是概率论的基本数学结果，它的证明远离本书正题，不过并不是非常困难 [可参阅格涅坚科和柯尔莫哥洛夫的《相互独立随机变数之和的极限分布》[①]，钟开莱的英译版见 *Limit Distributions for Sums of Independent Random Variables*, (Reading, Mass.: Addison-Wesley, 1954)].

14. [*HM30*] （棣莫弗）利用上题的约定，证明由等式 (18) 给出的二项分布 $G_n(z)$ 趋近正态分布.

15. [*HM23*] 当某个量取 k 值的概率为 $\mathrm{e}^{-\mu}(\mu^k/k!)$ 时，就说它有均值为 μ 的泊松分布.

  (a) 这一组概率的生成函数是什么？

  (b) 它的各个半不变量的值是什么？

  (c) 证明：当 $n \to \infty$ 时，均值为 np 的泊松分布在习题 13 的意义下趋近正态分布.

16. [*M25*] 假定 X 是随机变量，其值是由 $g_1(z), g_2(z), \ldots, g_r(z)$ 生成的概率分布的混合. 所谓"混合"是指它以概率 p_k 取值 $g_k(z)$，其中 $p_1 + p_2 + \cdots + p_r = 1$. X 的生成函数是什么？通过 $g_1, g_2, \ldots, g_r$ 的均值和方差表示 X 的均值和方差.

▶ **17.** [*M27*] 令 $f(z)$ 和 $g(z)$ 是表示概率分布的生成函数.

  (a) 证明 $h(z) = g\big(f(z)\big)$ 也是表示概率分布的生成函数.

  (b) 通过 $f(z)$ 和 $g(z)$ 解释 $h(z)$ 的意义. （由 $h(z)$ 的系数表示的概率具有什么意义？）

  (c) 给出用 f 和 g 的均值和方差表示 h 的均值和方差的公式.

18. [*M28*] 假定算法 M 中，$X[1], X[2], \ldots, X[n]$ 的取值恰好包含 k_1 个 1, k_2 个 2, $\ldots$, k_n 个 n，它们按随机次序排列. （这里

$$k_1 + k_2 + \cdots + k_n = n.$$

之前正文中假定 $k_1 = k_2 = \cdots = k_n = 1$. ）证明：在这种推广的情况下，生成函数 (8) 变成

$$\left(\frac{k_n z}{k_n}\right)\left(\frac{k_{n-1}z + k_n}{k_{n-1} + k_n}\right)\left(\frac{k_{n-2}z + k_{n-1} + k_n}{k_{n-2} + k_{n-1} + k_n}\right) \cdots \left(\frac{k_1 z + k_2 + \cdots + k_n}{k_1 + k_2 + \cdots + k_n}\right) \Big/ z,$$

约定 $0/0 = 1$.

19. [*M21*] 如果 $a_k > a_j$ 对于 $1 \le j < k$ 都成立，我们就说 a_k 是序列 $a_1 a_2 \ldots a_n$ 的一个右向最大值（从左到右的最大值）. 假定 $a_1 a_2 \ldots a_n$ 是 $\{1, 2, \ldots, n\}$ 的一个排列，令 $b_1 b_2 \ldots b_n$ 是其逆排列，于是 $a_k = l$ 当且仅当 $b_l = k$. 证明：a_k 是 $a_1 a_2 \ldots a_n$ 的一个右向最大值，当且仅当 k 是 $b_1 b_2 \ldots b_n$ 的一个左向最小值.

▶ **20.** [*M22*] 假定我们要计算 $\max\{|a_1 - b_1|, |a_2 - b_2|, \ldots, |a_n - b_n|\}$，其中 $b_1 \le b_2 \le \cdots \le b_n$. 证明只要计算 $\max\{m_L, m_R\}$ 就足够了，其中

$$m_L = \max\{a_k - b_k \mid a_k \text{ 是 } a_1 a_2 \ldots a_n \text{ 的一个右向最大值}\},$$

$$m_R = \max\{b_k - a_k \mid a_k \text{ 是 } a_1 a_2 \ldots a_n \text{ 的一个左向最小值}\}.$$

[因此，如果各个 a 是按随机顺序排列的，那么减法必须执行的次数 k 大约仅为 $2\ln n$.]

▶ **21.** [*HM21*] 令 X 为抛掷一枚随机硬币 n 次时出现正面的次数，其生成函数为 (18). 利用不等式 (25) 证明：当 $\epsilon \ge 0$ 时，

$$\Pr(X \ge n(p + \epsilon)) \le \mathrm{e}^{-\epsilon^2 n/(2q)},$$

并且获取对于 $\Pr(X \le n(p - \epsilon))$ 的类似估计.

▶ **22.** [*HM22*] 假定 X 具有生成函数 $(q_1 + p_1 z)(q_2 + p_2 z) \ldots (q_n + p_n z)$，其中对于 $1 \le k \le n$ 有 $p_k + q_k = 1$. 令 $\mu = \mathrm{E}\, X = p_1 + p_2 + \cdots + p_n$. (a) 证明：

$$\Pr(X \le \mu r) \le (r^{-r} \mathrm{e}^{r-1})^\mu, \quad \text{如果 } 0 < r \le 1;$$

$$\Pr(X \ge \mu r) \le (r^{-r} \mathrm{e}^{r-1})^\mu, \quad \text{如果 } r \ge 1.$$

---

① 中文版由王寿仁翻译，科学出版社 1955 年出版. ——译者注

(b) 当 $r \approx 1$ 时，把上面两个估计式的右端表示成简便的形式. (c) 证明：如果 r 是充分大的数，我们有 $\Pr(X \geq \mu r) \leq 2^{-\mu r}$.

23. [HM23] 一个随机变量具有负二项分布，生成函数为 $(q - pz)^{-n}$，其中 $q = p + 1$. 估计它的尾概率.

*1.2.11 渐近表示

为了把一个量同其他量做比较，我们时常想要知道它的近似值而不是精确值. 例如，当 n 是大数时，$n!$ 的斯特林近似式就是这一类的有用表示. 我们也已经利用过 $H_n \approx \ln n + \gamma$ 这个结果. 这种渐近式的推导一般要涉及高等数学，不过在接下来的几小节中，我们推导所需结果的过程中，用到的数学知识不会超出初等微积分的范围.

*1.2.11.1 大 O 记号. 保罗·巴赫曼在其《解析数论》[*Analytische Zahlentheorie* (1894)] 一书中发明了一种非常方便的近似值记号——大 O 记号，它使我们可以用等号 "=" 代替约等号 "$\approx$"，还能定量计算精确度. 例如，

$$H_n = \ln n + \gamma + O\left(\frac{1}{n}\right). \tag{1}$$

（上式读作 "H 下标 n 项等于 n 的自然对数加上欧拉常数加上 n 分之一的大 O"，英文读作 "H sub n equals the natural log of n plus Euler's constant plus big-oh of one over n".）

一般而言，只要 $f(n)$ 为正整数 n 的函数，就可以使用记号 $O(f(n))$. 它代表一个显式表示未知的量，我们只知道它的值不是太大. $O(f(n))$ 的准确含义是：存在正常数 M 和 n_0，使得对于所有正整数 $n \geq n_0$，由 $O(f(n))$ 代表的数 x_n 满足条件 $|x_n| \leq M |f(n)|$. 我们不说明常数 M 和 n_0 是多少；其实在不同情况下出现大 O 时，这两个常数通常有不同的值.

例如等式 (1) 意味着当 $n \geq n_0$ 时，$|H_n - \ln n - \gamma| \leq M/n$. 虽然对常数 M 和 n_0 未加说明，但是我们可以肯定，如果 n 足够大，那么 $O(1/n)$ 这个量将任意地小.

让我们再多考察几个例子. 我们知道

$$1^2 + 2^2 + \cdots + n^2 = \tfrac{1}{3}n(n + \tfrac{1}{2})(n + 1) = \tfrac{1}{3}n^3 + \tfrac{1}{2}n^2 + \tfrac{1}{6}n.$$

由此推出

$$1^2 + 2^2 + \cdots + n^2 = O(n^4), \tag{2}$$

$$1^2 + 2^2 + \cdots + n^2 = O(n^3), \tag{3}$$

$$1^2 + 2^2 + \cdots + n^2 = \tfrac{1}{3}n^3 + O(n^2). \tag{4}$$

等式 (2) 是相当粗略的，然而并非不正确；等式 (3) 更强；等式 (4) 则进一步加强. 为了证实这几个等式，我们将要证明，如果 $P(n) = a_0 + a_1 n + \cdots + a_m n^m$ 是次数小于或等于 m 的任意多项式，那么 $P(n) = O(n^m)$. 推出这个结果，是因为当 $n \geq 1$ 时，

$$|P(n)| \leq |a_0| + |a_1| n + \cdots + |a_m| n^m = (|a_0| /n^m + |a_1| /n^{m-1} + \cdots + |a_m|) n^m$$
$$\leq (|a_0| + |a_1| + \cdots + |a_m|) n^m.$$

所以，我们可以取 $M = |a_0| + |a_1| + \cdots + |a_m|$ 和 $n_0 = 1$. 也可以取其他值，比如 $M = |a_0|/2^m + |a_1|/2^{m-1} + \cdots + |a_m|$ 和 $n_0 = 2$.

大 O 记号对于近似值处理有很大帮助，因为它能简要描述一个经常出现的概念，同时又略去往往无关的详细信息. 此外，它可以按照常见的方式进行代数计算，尽管需要记住某些重大的差别. 最重要的一点是单向相等性：我们可以写出等式 $\tfrac{1}{2}n^2 + n = O(n^2)$，但是绝对不会把它写成

$O(n^2) = \frac{1}{2}n^2 + n$. （不然由于 $\frac{1}{4}n^2 = O(n^2)$，我们会得出荒谬的关系 $\frac{1}{4}n^2 = \frac{1}{2}n^2 + n$.）我们始终约定：一个等式的右端不会给出比左端更多的信息；等式右端是其左端的一种"粗略表示".

关于"＝"用法的这种约定可更确切地表述如下：不妨把包含 $O(f(n))$ 记号的表达式看成 n 的函数的集合. 符号 $O(f(n))$ 代表所有以整数为自变量且满足下述条件的函数 g 的集合：存在常数 M 和 n_0，使得 $|g(n)| \leq M|f(n)|$ 对于所有整数 $n \geq n_0$ 成立. 如果 S 和 T 是函数的集合，那么 $S + T$ 表示集合 $\{g + h \mid g \in S \text{ 且 } h \in T\}$；类似地，我们定义 $S + c, S - T$, $S \cdot T, \log S, \ldots$. 如果 $\alpha(n)$ 和 $\beta(n)$ 是包含大 O 记号的表达式，那么记号 $\alpha(n) = \beta(n)$ 意味着由 $\alpha(n)$ 表示的函数集合包含于由 $\beta(n)$ 表示的函数集合.

因此，我们可以执行习惯上用"＝"进行的大部分运算：如果 $\alpha(n) = \beta(n)$ 且 $\beta(n) = \gamma(n)$，那么 $\alpha(n) = \gamma(n)$. 如果 $\alpha(n) = \beta(n)$，$\delta(n)$ 是用 $\beta(n)$ 替换 $\gamma(n)$ 式中的 $\alpha(n)$ 得到的公式，那么 $\gamma(n) = \delta(n)$. 从这两个结果可以推出其他结论，例如若 $g(x_1, x_2, \ldots, x_m)$ 是实函数，而 $\alpha_k(n) = \beta_k(n)$ 对 $1 \leq k \leq m$ 成立，那么 $g(\alpha_1(n), \alpha_2(n), \ldots, \alpha_m(n)) = g(\beta_1(n), \beta_2(n), \ldots, \beta_m(n))$.

下面是可以用大 O 记号进行的一些简单运算：

$$f(n) = O(f(n)), \tag{5}$$

$$c \cdot O(f(n)) = O(f(n)), \qquad c \text{ 为常数}, \tag{6}$$

$$O(f(n)) + O(f(n)) = O(f(n)), \tag{7}$$

$$O(O(f(n))) = O(f(n)), \tag{8}$$

$$O(f(n))O(g(n)) = O(f(n)g(n)), \tag{9}$$

$$O(f(n)g(n)) = f(n)O(g(n)). \tag{10}$$

大 O 记号也经常用在关于复变量 z 的函数中，用在 $z = 0$ 的邻域内. $O(f(z))$ 代表所有满足下述条件的量 $g(z)$：只要 $|z| < r$，就有 $|g(z)| \leq M|f(z)|$.（同样，M 和 r 是未定的常数，尽管我们在需要时可以指定它们的值.）大 O 记号的上下文应该指明相应的变量名称及其范围. 当变量名是 n 时，我们隐含假定 $O(f(n))$ 是关于大整数 n 的函数；当变量名是 z 时，我们隐含假定 $O(f(z))$ 是关于小复数 z 的函数.

假定 $g(z)$ 是由无穷幂级数

$$g(z) = \sum_{k \geq 0} a_k z^k$$

给出的函数，这个级数在 $z = z_0$ 时收敛. 那么只要 $|z| < |z_0|$，绝对值之和 $\sum_{k \geq 0} |a_k z^k|$ 也必然收敛. 因此，如果 $z_0 \neq 0$，我们总是可以写

$$g(z) = a_0 + a_1 z + \cdots + a_m z^m + O(z^{m+1}). \tag{11}$$

因为 $g(z) = a_0 + a_1 z + \cdots + a_m z^m + z^{m+1}(a_{m+1} + a_{m+2}z + \cdots)$；仅需证明，存在正数 r，使得 $|z| \leq r$ 时括号中的量有界；容易看出，只要 $|z| \leq r < |z_0|$，$|a_{m+1}| + |a_{m+2}| r + |a_{m+3}| r^2 + \cdots$ 就是一个上界.

例如，在 1.2.9 节列出的那些生成函数给出很多当 z 足够小时成立的重要渐近式，包括

$$e^z = 1 + z + \frac{1}{2!}z^2 + \cdots + \frac{1}{m!}z^m + O(z^{m+1}), \tag{12}$$

$$\ln(1+z) = z - \frac{1}{2}z^2 + \cdots + \frac{(-1)^{m+1}}{m}z^m + O(z^{m+1}), \tag{13}$$

$$(1+z)^\alpha = 1 + \alpha z + \binom{\alpha}{2}z^2 + \cdots + \binom{\alpha}{m}z^m + O(z^{m+1}), \tag{14}$$

$$\frac{1}{1-z}\ln\frac{1}{1-z} = z + H_2 z^2 + \cdots + H_m z^m + O(z^{m+1}), \tag{15}$$

其中 m 为非负整数. 值得注意, 任何具体的大 O 记号都隐含一对常数 M 和 r, 两者彼此相关. 例如, 对于任何固定的 r, 当 $|z| \le r$ 时, e^z 显然是 $O(1)$, 因为 $|e^z| \le e^{|z|}$; 但是不存在对于一切 z 值都满足 $|e^z| \le M$ 的常数 M. 所以, 当范围 r 增加时, 上界 M 也要增大.

有时, 一个渐近级数虽然不对应于一个收敛的无穷级数, 但也是正确的. 例如, 通过普通的幂表示阶乘幂的两个基本公式

$$n^{\bar r} = \sum_{k=0}^{m}\begin{bmatrix} r \\ r-k \end{bmatrix}n^{r-k} + O(n^{r-m-1}), \tag{16}$$

$$n^{\underline r} = \sum_{k=0}^{m}(-1)^k\begin{bmatrix} r \\ r-k \end{bmatrix}n^{r-k} + O(n^{r-m-1}), \tag{17}$$

对于任何实数 r 和任何固定的整数 $m \ge 0$ 都是渐近成立的, 然而无限和

$$\sum_{k=0}^{\infty}\begin{bmatrix} 1/2 \\ 1/2-k \end{bmatrix}n^{1/2-k}$$

对于所有 n 发散 (见习题 12.) 当然, 当 r 为非负整数时, $n^{\bar r}$ 和 $n^{\underline r}$ 都只是 r 次多项式, 式(17) 实际上就是 1.2.6–(44). 当 r 是负整数且 $|n| > |r|$ 时, 无限和 $\sum_{k=0}^{\infty}\begin{bmatrix} r \\ r-k \end{bmatrix}n^{r-k}$ 确实收敛到 $n^{\bar r} = 1/(n-1)^{-r}$; 利用等式 1.2.6–(58), 还可以把这个和写成更自然的形式 $\sum_{k=0}^{\infty}\begin{Bmatrix} k-r \\ -r \end{Bmatrix}n^{r-k}$.

举一个简单的例子来说明至今所介绍的概念. 考虑 $\sqrt[n]{n}$ 这个量: 当 n 增大时, 求 n 次根的运算使其值有减小的趋势, 但是 $\sqrt[n]{n}$ 究竟是减小还是增大, 并不是一目了然的. 实际上, $\sqrt[n]{n}$ 会减小到 1. 让我们再考虑稍许复杂一些的量 $n(\sqrt[n]{n} - 1)$. 当 n 变大时, 我们现在知道 $(\sqrt[n]{n} - 1)$ 却会变小, 那么 $n(\sqrt[n]{n} - 1)$ 会怎样变化?

应用上面的公式, 这个问题迎刃而解. 我们有

$$\sqrt[n]{n} = e^{\ln n/n} = 1 + (\ln n/n) + O\big((\ln n/n)^2\big), \tag{18}$$

因为当 $n \to \infty$ 时, $\ln n/n \to 0$, 见习题 8 和 11. (注意, 我们不需要指定 O 记号中对数的基数, 其中常量被忽略了.) 这个等式证明我们先前的论断, 即 $\sqrt[n]{n} \to 1$. 此外, 它还说明

$$n(\sqrt[n]{n} - 1) = n\big(\ln n/n + O((\ln n/n)^2)\big) = \ln n + O\big((\ln n)^2/n\big). \tag{19}$$

换句话说, $n(\sqrt[n]{n} - 1)$ 近似等于 $\ln n$; 两者之差为 $O\big((\ln n)^2/n\big)$, 当 n 趋近无穷大时, 它趋近于 0.

人们时常滥用大 O 记号, 以为它表示确切的增长量级. 有些人在使用它的时候, 以为它不仅说明上界, 还限定下界. 例如, 对 n 个数排序的一种算法有可能被斥为效率过低, "理由是运行时间为 $O(n^2)$". 但是 $O(n^2)$ 的运行时间并非一定意味着它不是 $O(n)$ 的. 还有另外一个大 Ω 记号, 它是用来表示下界的:

$$g(n) = \Omega(f(n)) \tag{20}$$

意味着存在两个正常数 L 和 n_0 使得

$$|g(n)| \ge L|f(n)| \quad \text{所有 } n \ge n_0.$$

使用这个记号，我们能够正确地断定，如果 n 足够大，那么运行时间为 $\Omega(n^2)$ 的排序算法不如运行时间为 $O(n \log n)$ 的算法高效. 但是，如果不知道在大 O 和大 Ω 中隐含的常数因子，我们就完全不知道 $O(n \log n)$ 的算法将从多么大的 n 开始表现出优势.

最后，如果要说明严格的增长量级，但不想指明常数大小，那么我们可以使用大 Θ：

$$g(n) = \Theta(f(n)) \qquad \Longleftrightarrow \qquad g(n) = O(f(n)) \text{ 且 } g(n) = \Omega(f(n)). \tag{21}$$

习题

1. [*HM01*] $\lim_{n\to\infty} O(n^{-1/3})$ 等于什么？

▶ **2.** [*M10*] 阿呆利用"不证自明"的公式 $O(f(n)) - O(f(n)) = 0$ 获得了一些令人吃惊的结果. 他的错误出在哪里？这个公式的右端应当是什么？

3. [*M15*] 用 $(\ln n + \gamma + O(1/n))$ 乘 $(n + O(\sqrt{n}))$，用大 O 记号表示你的答案.

▶ **4.** [*M15*] 如果 $a > 0$，给出 $n(\sqrt[n]{a} - 1)$ 展开到 $O(1/n^3)$ 项的渐近式.

5. [*M20*] 证明或证伪：$O(f(n) + g(n)) = f(n) + O(g(n))$，其中 $f(n)$ 和 $g(n)$ 对于所有的 n 取正值.（与等式 (10) 做比较.）

▶ **6.** [*M20*] 下述论证的错误在哪里？"因为 $n = O(n)$，$2n = O(n)$，...，我们有

$$\sum_{k=1}^{n} kn = \sum_{k=1}^{n} O(n) = O(n^2). \text{ "}$$

7. [*HM15*] 证明：如果 m 为整数，那么对于任意大的 x 值都满足 $e^x \le Mx^m$ 的 M 是不存在的.

8. [*HM20*] 证明：当 $n \to \infty$ 时，$(\ln n)^m/n \to 0$.

9. [*HM20*] 证明：对于所有固定的 $m \ge 0$，$e^{O(z^m)} = 1 + O(z^m)$.

10. [*HM22*] 针对 $\ln(1 + O(z^m))$，给出类似于习题 9 的一个命题.

▶ **11.** [*M11*] 解释等式 (18) 何以是正确的.

12. [*HM25*] 利用 $\begin{bmatrix} 1/2 \\ 1/2-k \end{bmatrix} = (-\frac{1}{2})^k [z^k] (ze^z/(e^z - 1))^{1/2}$，证明当 $k \to \infty$ 时，$\begin{bmatrix} 1/2 \\ 1/2-k \end{bmatrix} n^{-k}$ 对于任意整数 n 都不趋近于 0.

▶ **13.** [*M10*] 证明或证伪：$g(n) = \Omega(f(n))$ 当且仅当 $f(n) = O(g(n))$.

*1.2.11.2 欧拉求和公式. 欧拉提出了一种极有用的求和方法，能获得令人满意的近似值. 他的方法是用积分逼近有限和，在许多情况下，利用这种手段可以不断改进近似值. [*Commentarii Academiæ Scientiarum Imperialis Petropolitanæ* **6** (1732), 68–97.]

图 12 对比了当 $n = 7$ 时的 $\int_1^n f(x)\, dx$ 与 $\sum_{k=1}^{n-1} f(k)$. 假定函数 $f(x)$ 可微，欧拉的策略给出一个计算两者之差的有用公式.

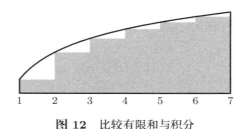

图 12 比较有限和与积分

为方便起见，我们将使用记号

$$\{x\} = x \bmod 1 = x - \lfloor x \rfloor. \tag{1}$$

我们的推导从下述恒等式开始：

$$\int_k^{k+1} \left(\{x\} - \tfrac{1}{2}\right) f'(x)\,\mathrm{d}x = (x - k - \tfrac{1}{2}) f(x) \Big|_k^{k+1} - \int_k^{k+1} f(x)\,\mathrm{d}x$$

$$= \tfrac{1}{2}\big(f(k+1) + f(k)\big) - \int_k^{k+1} f(x)\,\mathrm{d}x. \tag{2}$$

（这个结果是由分部积分法得到的.）等式的两端都对 $1 \le k < n$ 求和，得到

$$\int_1^n \left(\{x\} - \tfrac{1}{2}\right) f'(x)\,\mathrm{d}x = \sum_{1 \le k < n} f(k) + \tfrac{1}{2}\big(f(n) - f(1)\big) - \int_1^n f(x)\,\mathrm{d}x;$$

即

$$\sum_{1 \le k < n} f(k) = \int_1^n f(x)\,\mathrm{d}x - \tfrac{1}{2}\big(f(n) - f(1)\big) + \int_1^n B_1(\{x\}) f'(x)\,\mathrm{d}x, \tag{3}$$

其中 $B_1(x)$ 是多项式 $x - \tfrac{1}{2}$. 这便是所求的有限和与积分之间的联系.

我们如果继续分部积分，可以进一步求近似值. 但是在此之前，我们先来讨论伯努利数，即下述无穷级数的系数：

$$\frac{z}{\mathrm{e}^z - 1} = B_0 + B_1 z + \frac{B_2 z^2}{2!} + \cdots = \sum_{k \ge 0} \frac{B_k z^k}{k!}. \tag{4}$$

这个级数的系数出现在形形色色的应用问题中. 雅各布·伯努利去世后出版的著作《猜度术》[*Ars Conjectandi*, 1713] 将它介绍给了欧洲数学家. 无独有偶，差不多在同一时间，日本的关孝和也发现了这类数——同样在他去世后不久的 1712 年发表 [《关孝和全集》(大阪: 1974), 39–42].

前几个伯努利数是

$$B_0 = 1, \quad B_1 = -\tfrac{1}{2}, \quad B_2 = \tfrac{1}{6}, \quad B_3 = 0, \quad B_4 = -\tfrac{1}{30}. \tag{5}$$

附录 A 的表 3 中列出了接下去的一些数值. 由于

$$\frac{z}{\mathrm{e}^z - 1} + \frac{z}{2} = \frac{z}{2} \frac{\mathrm{e}^z + 1}{\mathrm{e}^z - 1} = -\frac{z}{2} \frac{\mathrm{e}^{-z} + 1}{\mathrm{e}^{-z} - 1}$$

是一个偶函数，因此

$$B_3 = B_5 = B_7 = B_9 = \cdots = 0. \tag{6}$$

如果伯努利数的定义式 (4) 两端同时乘以 $\mathrm{e}^z - 1$，并令 z 的同次幂的系数相等，便得到公式

$$\sum_k \binom{n}{k} B_k = B_n + \delta_{n1}. \tag{7}$$

（见习题 1.）现在我们定义伯努利多项式

$$B_m(x) = \sum_k \binom{m}{k} B_k x^{m-k}. \tag{8}$$

如果 $m = 1$，那么 $B_1(x) = B_0 x + B_1 = x - \tfrac{1}{2}$，对应于上面 (3) 中使用的多项式. 如果 $m > 1$，那么由 (7) 有 $B_m(1) = B_m = B_m(0)$；换句话说，$B_m(\{x\})$ 在整数点 x 处不间断.

讲了伯努利多项式和伯努利数, 它们与我们的问题之间有什么关系? 答案立刻揭晓. 我们对等式 (8) 求导数, 得到

$$
\begin{aligned}
B_m'(x) &= \sum_k \binom{m}{k}(m-k)B_k x^{m-k-1} \\
&= m\sum_k \binom{m-1}{k}B_k x^{m-1-k} \\
&= mB_{m-1}(x).
\end{aligned} \tag{9}
$$

因此, 当 $m \geq 1$ 时可以分部积分如下:

$$
\frac{1}{m!}\int_1^n B_m(\{x\})f^{(m)}(x)\,\mathrm{d}x = \frac{1}{(m+1)!}\big(B_{m+1}(1)f^{(m)}(n) - B_{m+1}(0)f^{(m)}(1)\big)
$$
$$
- \frac{1}{(m+1)!}\int_1^n B_{m+1}(\{x\})f^{(m+1)}(x)\,\mathrm{d}x.
$$

据此可以继续改进式 (3) 的近似值, 并且利用式 (6) 得到欧拉的一般公式:

$$
\begin{aligned}
\sum_{1 \leq k < n} f(k) &= \int_1^n f(x)\,\mathrm{d}x - \frac{1}{2}\big(f(n)-f(1)\big) + \frac{B_2}{2!}\big(f'(n)-f'(1)\big) + \cdots \\
&\quad + \frac{(-1)^m B_m}{m!}\big(f^{(m-1)}(n) - f^{(m-1)}(1)\big) + R_{mn} \\
&= \int_1^n f(x)\,\mathrm{d}x + \sum_{k=1}^m \frac{B_k}{k!}\big(f^{(k-1)}(n) - f^{(k-1)}(1)\big) + R_{mn},
\end{aligned} \tag{10}
$$

其中

$$
R_{mn} = \frac{(-1)^{m+1}}{m!}\int_1^n B_m(\{x\})f^{(m)}(x)\,\mathrm{d}x. \tag{11}
$$

当 $B_m(\{x\})f^{(m)}(x)/m!$ 非常小的时候, 余项 R_{mn} 是很小的. 事实上, 可以证明, 当 m 为偶数时,

$$
\left|\frac{B_m(\{x\})}{m!}\right| \leq \frac{|B_m|}{m!} < \frac{4}{(2\pi)^m}. \tag{12}
$$

[见《具体数学》9.5 节.] 另外, 当 m 增加时, $f^{(m)}(x)$ 通常随之变大. 所以对于给定的 n, 存在 m 的 "最佳" 值, 使 $|R_{mn}|$ 取最小值.

人们已经知道, 当 m 为偶数时, 存在数 θ 满足: 只要 $f^{(m+2)}(x)\,f^{(m+4)}(x) > 0$ 对于 $1 < x < n$ 成立, 就有

$$
R_{mn} = \theta\frac{B_{m+2}}{(m+2)!}\big(f^{(m+1)}(n) - f^{(m+1)}(1)\big), \quad 0 < \theta < 1. \tag{13}
$$

所以此时余项与第一个舍弃项符号相同, 而绝对值更小. 这个结果有一种更简单的形式, 将在习题 3 证明.

现在让我们把欧拉公式应用到两个重要的例子中. 首先, 置 $f(x) = 1/x$. 它的 m 阶导数为 $f^{(m)}(x) = (-1)^m m!/x^{m+1}$, 所以我们由式 (10) 得到

$$
H_{n-1} = \ln n + \sum_{k=1}^m \frac{B_k}{k}(-1)^{k-1}\left(\frac{1}{n^k} - 1\right) + R_{mn}. \tag{14}
$$

现在求出

$$
\gamma = \lim_{n\to\infty}(H_{n-1} - \ln n) = \sum_{k=1}^m \frac{B_k}{k}(-1)^k + \lim_{n\to\infty} R_{mn}. \tag{15}
$$

由于 $\lim_{n\to\infty} R_{mn} = -\int_1^\infty B_m(\{x\})\,\mathrm{d}x/x^{m+1}$ 存在，证明确实存在常数 γ. 因此可以结合式 (14) 和 (15)，推出调和数的一般近似值：

$$H_{n-1} = \ln n + \gamma + \sum_{k=1}^m \frac{(-1)^{k-1}B_k}{kn^k} + \int_n^\infty \frac{B_m(\{x\})\,\mathrm{d}x}{x^{m+1}}$$

$$= \ln n + \gamma + \sum_{k=1}^{m-1} \frac{(-1)^{k-1}B_k}{kn^k} + O\left(\frac{1}{n^m}\right).$$

把 m 换成 $m+1$，得出

$$H_{n-1} = \ln n + \gamma + \sum_{k=1}^m \frac{(-1)^{k-1}B_k}{kn^k} + O\left(\frac{1}{n^{m+1}}\right). \tag{16}$$

此外，我们从等式 (13) 看出，误差小于第一个舍弃项. 我们可以得到一个特例（对两端加 $1/n$）：

$$H_n = \ln n + \gamma + \frac{1}{2n} - \frac{1}{12n^2} + \frac{1}{120n^4} - \epsilon, \qquad 0 < \epsilon < \frac{B_6}{6n^6} = \frac{1}{252n^6}.$$

这就是式 1.2.7–(3). 对于很大的 k，伯努利数 B_k 将变得非常大（当 k 为偶数时近似等于 $(-1)^{1+k/2}2(k!/(2\pi)^k)$），所以式 (16) 对于任何固定的 n 值，不可能扩展为一个收敛的无穷级数.

可以用同样的方法推导斯特林近似式. 这一次我们置 $f(x) = \ln x$，由式 (10) 得到

$$\ln(n-1)! = n\ln n - n + 1 - \tfrac{1}{2}\ln n + \sum_{1<k\le m} \frac{B_k(-1)^k}{k(k-1)}\left(\frac{1}{n^{k-1}} - 1\right) + R_{mn}. \tag{17}$$

沿用上面的做法，我们发现极限

$$\lim_{n\to\infty}\left(\ln n! - n\ln n + n - \tfrac{1}{2}\ln n\right) = 1 + \sum_{1<k\le m} \frac{B_k(-1)^{k+1}}{k(k-1)} + \lim_{n\to\infty} R_{mn}$$

存在；暂且把它称为 σ（"斯特林常数"）. 我们得到斯特林的结果

$$\ln n! = (n+\tfrac{1}{2})\ln n - n + \sigma + \sum_{1<k\le m} \frac{B_k(-1)^k}{k(k-1)n^{k-1}} + O\left(\frac{1}{n^m}\right). \tag{18}$$

特别地，令 $m=5$，得到

$$\ln n! = (n+\tfrac{1}{2})\ln n - n + \sigma + \frac{1}{12n} - \frac{1}{360n^3} + O\left(\frac{1}{n^5}\right).$$

以两端为指数，求 e 的幂：

$$n! = \mathrm{e}^\sigma\sqrt{n}\left(\frac{n}{\mathrm{e}}\right)^n \exp\left(\frac{1}{12n} - \frac{1}{360n^3} + O\left(\frac{1}{n^5}\right)\right).$$

利用 $\mathrm{e}^\sigma = \sqrt{2\pi}$（见习题 5），展开指数部分，我们获得最终结果：

$$n! = \sqrt{2\pi n}\left(\frac{n}{\mathrm{e}}\right)^n\left(1 + \frac{1}{12n} + \frac{1}{288n^2} - \frac{139}{51840n^3} - \frac{571}{2488320n^4} + O\left(\frac{1}{n^5}\right)\right). \tag{19}$$

习题

1. [*M18*] 证明等式 (7).

2. [*HM20*] 请注意，对于任何序列 B_n，而不仅限于由式 (4) 定义的序列，都能从 (8) 推出 (9). 解释等式 (10) 成立为什么要求序列是由 (4) 定义的.

3. [*HM20*] 令 $C_{mn} = (B_m/m!)(f^{(m-1)}(n) - f^{(m-1)}(1))$ 是欧拉求和公式中的第 m 个修正项. 假定 $f^{(m)}(x)$ 在 $1 \le x \le n$ 内不变号, 证明 $|R_{mn}| \le |C_{mn}|$ 对 $m = 2k > 0$ 成立; 换句话说, 证明余项的绝对值不大于计算出的最后一项的绝对值.

▶ **4.** [*HM20*] （幂的和）当 $f(x) = x^m$ 时, f 的高阶导数全部为 0, 所以欧拉求和公式用伯努利数给出

$$S_m(n) = \sum_{0 \le k < n} k^m$$

这个和的准确值. （伯努利与关孝和当年就是因为研究 $S_m(n)$, $m = 1, 2, 3, \ldots$, 才会发现伯努利数.）用伯努利多项式表示 $S_m(n)$. 对于 $m = 0, 1, 2$ 验证你的答案. （注意求和范围是 $0 \le k < n$ 而不是 $1 \le k < n$; 欧拉求和公式在完全用 0 替换 1 时依然适用.）

5. [*HM30*] 已知

$$n! = \kappa \sqrt{n} \left(\frac{n}{e}\right)^n \left(1 + O\left(\frac{1}{n}\right)\right),$$

利用沃利斯乘积（习题 1.2.5–18）, 证明 $\kappa = \sqrt{2\pi}$. [提示: 考虑 $\binom{2n}{n}$, n 取较大的值.]

▶ **6.** [*HM30*] 证明斯特林近似式对于非整数 n 也成立:

$$\Gamma(x+1) = \sqrt{2\pi x}\left(\frac{x}{e}\right)^x \left(1 + O\left(\frac{1}{x}\right)\right), \quad x \ge a > 0.$$

[提示: 在欧拉求和公式中令 $f(x) = \ln(x+c)$, 并且应用在 1.2.5 节给出的 $\Gamma(x)$ 的定义.]

▶ **7.** [*HM32*] $1^1 2^2 3^3 \ldots n^n$ 的近似值是什么?

8. [*M23*] 求 $\ln(an^2 + bn)!$ 绝对误差 $O(n^{-2})$ 的近似值. 当 c 为正常数时, 利用前一个渐近值计算 $\binom{cn^2}{n} / (c^n \binom{n^2}{n})$ 带相对误差 $O(n^{-2})$ 的渐近值. 此处, 绝对误差 ϵ 是指 (真实值) = (近似值) $+ \epsilon$, 相对误差 ϵ 是指 (真实值) = (近似值)$(1 + \epsilon)$.

▶ **9.** [*M25*] 用两种方法求 $\binom{2n}{n}$ 带相对误差 $O(n^{-3})$ 的渐近值: (a) 通过斯特林近似式; (b) 通过习题 1.2.6–47 和式 1.2.11.1–(16).

*1.2.11.3 若干渐近计算式. 在这一小节我们将研究下面三个令人感兴趣的和, 目的在于推导它们的近似值:

$$P(n) = 1 + \frac{n-1}{n} + \frac{n-2}{n}\frac{n-2}{n-1} + \cdots = \sum_{k=0}^{n} \frac{(n-k)^k (n-k)!}{n!}, \tag{1}$$

$$Q(n) = 1 + \frac{n-1}{n} + \frac{n-1}{n}\frac{n-2}{n} + \cdots = \sum_{k=1}^{n} \frac{n!}{(n-k)!\, n^k}, \tag{2}$$

$$R(n) = 1 + \frac{n}{n+1} + \frac{n}{n+1}\frac{n}{n+2} + \cdots = \sum_{k \ge 0} \frac{n!\, n^k}{(n+k)!}. \tag{3}$$

这三个函数出现在后面我们将要遇到的若干算法中, 它们形式相似而内在性质不同. $P(n)$ 和 $Q(n)$ 为有限和, 而 $R(n)$ 是无限和. 当 n 为很大的数时, 这三个函数看上去近乎相等, 不过不能明显看出它们当中任何一个的近似值是什么. 探讨这三个函数的近似值, 将带来很多富有启发性的附带结果. （在继续了解本书如何处理这三个函数之前, 读者可以暂时掩卷不读, 自己动手试着推算一下.）

首先, 我们注意 $Q(n)$ 与 $R(n)$ 之间的一个重要联系:

$$Q(n) + R(n) = \frac{n!}{n^n}\left(\left(1 + n + \cdots + \frac{n^{n-1}}{(n-1)!}\right) + \left(\frac{n^n}{n!} + \frac{n^{n+1}}{(n+1)!} + \cdots\right)\right)$$

$$= \frac{n!\, e^n}{n^n}. \tag{4}$$

斯特林公式告诉我们, $n! e^n/n^n$ 近似等于 $\sqrt{2\pi n}$, 所以我们可以推测 $Q(n)$ 和 $R(n)$ 都粗略地等于 $\sqrt{\pi n/2}$.

下一步, 我们必须考虑 e^n 的级数的部分和. 利用带余项的泰勒公式

$$f(x) = f(0) + f'(0)x + \cdots + \frac{f^{(n)}(0)x^n}{n!} + \int_0^x \frac{t^n}{n!} f^{(n+1)}(x-t)\, \mathrm{d}t. \tag{5}$$

我们立即导出一个重要的函数

$$\gamma(a, x) = \int_0^x \mathrm{e}^{-t} t^{a-1}\, \mathrm{d}t. \tag{6}$$

这个函数称为不完全 γ 函数. 我们假定 $a > 0$. 由习题 1.2.5–20, 有 $\gamma(a, \infty) = \Gamma(a)$; 这就是 "不完全 γ 函数" 这个名称的由来. 它有两个很有用的按 x 的幂展开的级数 (见习题 2 和习题 3):

$$\gamma(a, x) = \frac{x^a}{a} - \frac{x^{a+1}}{a+1} + \frac{x^{a+2}}{2!\,(a+2)} - \cdots \qquad = \sum_{k \geq 0} \frac{(-1)^k x^{k+a}}{k!\,(k+a)}. \tag{7}$$

$$e^x \gamma(a, x) = \frac{x^a}{a} + \frac{x^{a+1}}{a(a+1)} + \frac{x^{a+2}}{a(a+1)(a+2)} + \cdots = \sum_{k \geq 0} \frac{x^{k+a}}{a(a+1)\ldots(a+k)}. \tag{8}$$

我们从第二个公式看出它同 $R(n)$ 的联系:

$$R(n) = \frac{n!\,e^n}{n^n} \left(\frac{\gamma(n, n)}{(n-1)!} \right). \tag{9}$$

这里特意不把这个等式写成最简形式, 因为 $\gamma(n, n)$ 是 $\gamma(n, \infty) = \Gamma(n) = (n-1)!$ 的一部分, 而 $n!\,e^n/n^n$ 是关系式 (4) 右端的量.

求近似值问题于是归结为求 $\gamma(n, n)/(n-1)!$ 的理想估计. 现在假定 y 是固定的, x 取很大的值, 我们来确定 $\gamma(x+1, x+y)/\Gamma(x+1)$ 的近似值. 下面使用的方法比将要获得的结果更为重要, 所以读者应当细心研究随后的推导.

按照定义, 我们有

$$\begin{aligned}
\frac{\gamma(x+1, x+y)}{\Gamma(x+1)} &= \frac{1}{\Gamma(x+1)} \int_0^{x+y} \mathrm{e}^{-t} t^x\, \mathrm{d}t \\
&= 1 - \frac{1}{\Gamma(x+1)} \int_x^{\infty} \mathrm{e}^{-t} t^x\, \mathrm{d}t + \frac{1}{\Gamma(x+1)} \int_x^{x+y} \mathrm{e}^{-t} t^x\, \mathrm{d}t. \tag{10}
\end{aligned}$$

置

$$I_1 = \int_x^{\infty} \mathrm{e}^{-t} t^x\, \mathrm{d}t,$$

$$I_2 = \int_x^{x+y} \mathrm{e}^{-t} t^x\, \mathrm{d}t,$$

依次考察这两个积分.

I_1 的估计: 代入 $t = x(1+u)$, 把 I_1 转换成从 0 到无穷大的积分; 进一步代入 $v = u - \ln(1+u)$ 和 $\mathrm{d}v = (1 - 1/(1+u))\, \mathrm{d}u$ (这样做是合法的, 因为 v 是 u 的单调函数),

$$I_1 = \mathrm{e}^{-x} x^x \int_0^{\infty} x\mathrm{e}^{-xu}(1+u)^x\, \mathrm{d}u = \mathrm{e}^{-x} x^x \int_0^{\infty} x\mathrm{e}^{-xv}\left(1 + \frac{1}{u}\right) \mathrm{d}v. \tag{11}$$

在最后这个积分中, 用 v 的一个幂级数替换 $1 + 1/u$. 我们得到

$$v = \tfrac{1}{2}u^2 - \tfrac{1}{3}u^3 + \tfrac{1}{4}u^4 - \tfrac{1}{5}u^5 + \cdots = (u^2/2)(1 - \tfrac{2}{3}u + \tfrac{1}{2}u^2 - \tfrac{2}{5}u^3 + \cdots).$$

置 $w = \sqrt{2v}$，因此有

$$w = u\left(1 - \tfrac{2}{3}u + \tfrac{1}{2}u^2 - \tfrac{2}{5}u^3 + \cdots\right)^{1/2} = u - \tfrac{1}{3}u^2 + \tfrac{7}{36}u^3 - \tfrac{73}{540}u^4 + \tfrac{1331}{12960}u^5 + O(u^6).$$

（这个展式可以通过二项式定理获得．关于进行这类变换以及下面需要的其他幂级数处理的高效方法，将在 4.7 节考察．）现在我们可以把 u 作为 w 的幂级数求解：

$$u = w + \tfrac{1}{3}w^2 + \tfrac{1}{36}w^3 - \tfrac{1}{270}w^4 + \tfrac{1}{4320}w^5 + O(w^6).$$

$$1 + \frac{1}{u} = 1 + \frac{1}{w} - \frac{1}{3} + \frac{1}{12}w - \frac{2}{135}w^2 + \frac{1}{864}w^3 + O(w^4)$$

$$= \frac{1}{\sqrt{2}}v^{-1/2} + \frac{2}{3} + \frac{\sqrt{2}}{12}v^{1/2} - \frac{4}{135}v + \frac{\sqrt{2}}{432}v^{3/2} + O(v^2). \tag{12}$$

在所有这些公式中，大 O 记号都是指很小的变量值；就是说，对于足够小的正数 r，有 $|u| \le r$, $|v| \le r$, $|w| \le r$. 这样足以令人满意吗？在等式 (11) 中，用 v 代换 $1 + 1/u$ 的时候，应当对于 $0 \le v < \infty$ 成立，而不仅对于 $|v| \le r$ 成立．幸好，对于这个积分，从 0 到 ∞ 的积分值几乎完全依赖于被积函数在自变量接近零时的取值．事实上，对于任意固定的 $r > 0$ 以及很大的 x，我们有（见习题 4）

$$\int_r^\infty x e^{-xv}\left(1 + \frac{1}{u}\right)\mathrm{d}v = O(e^{-rx}). \tag{13}$$

我们感兴趣的是一直到 $O(x^{-m})$ 项的近似值；由于对于任意正数 r 和 m，$O((1/e^r)^x)$ 都远远小于 $O(x^{-m})$，我们仅需从 0 到任何固定的正数 r 积分．因此，我们取足够小的 r，就可以保证上面对幂级数的所有处理都是正确的（见式 1.2.11.1–(11) 和 1.2.11.3–(13)）．

现在有

$$\int_0^\infty x e^{-xv} v^\alpha \,\mathrm{d}v = \frac{1}{x^\alpha}\int_0^\infty e^{-q} q^\alpha \,\mathrm{d}q = \frac{1}{x^\alpha}\Gamma(\alpha + 1), \quad \text{如果 } \alpha > -1, \tag{14}$$

所以，通过把级数 (12) 插入积分 (11)，我们终于得到

$$I_1 = e^{-x}x^x\left(\sqrt{\frac{\pi}{2}}x^{1/2} + \frac{2}{3} + \frac{\sqrt{2\pi}}{24}x^{-1/2} - \frac{4}{135}x^{-1} + \frac{\sqrt{2\pi}}{576}x^{-3/2} + O(x^{-2})\right). \tag{15}$$

I_2 的估计：在积分 I_2 中代入 $t = u + x$，得到

$$I_2 = e^{-x}x^x\int_0^y e^{-u}\left(1 + \frac{u}{x}\right)^x \mathrm{d}u. \tag{16}$$

于是有

$$e^{-u}\left(1 + \frac{u}{x}\right)^x = \exp\left(-u + x\ln\left(1 + \frac{u}{x}\right)\right) = \exp\left(\frac{-u^2}{2x} + \frac{u^3}{3x^2} + O(x^{-3})\right)$$

$$= 1 - \frac{u^2}{2x} + \frac{u^4}{8x^2} + \frac{u^3}{3x^2} + O(x^{-3}),$$

其中 $0 \le u \le y$，x 很大．因此我们求出

$$I_2 = e^{-x}x^x\left(y - \frac{y^3}{6}x^{-1} + \left(\frac{y^4}{12} + \frac{y^5}{40}\right)x^{-2} + O(x^{-3})\right). \tag{17}$$

最后，我们分析在式 (10) 中用因式 $1/\Gamma(x+1)$ 乘式 (15) 和 (17) 时出现的系数 $e^{-x}x^x/\Gamma(x+1)$. 根据习题 1.2.11.2–6，斯特林近似式对于 Γ 函数成立；由此可得

$$\frac{e^{-x}x^x}{\Gamma(x+1)} = \frac{e^{-1/12x + O(x^{-3})}}{\sqrt{2\pi x}}$$

$$= \frac{1}{\sqrt{2\pi}}x^{-1/2} - \frac{1}{12\sqrt{2\pi}}x^{-3/2} + \frac{1}{288\sqrt{2\pi}}x^{-5/2} + O(x^{-7/2}). \tag{18}$$

现在集 (10) (15) (17) (18) 之大成，隆重推出——

定理 A.　对于很大的 x 和固定的 y，

$$\frac{\gamma(x+1, x+y)}{\Gamma(x+1)} = \frac{1}{2} + \left(\frac{y-2/3}{\sqrt{2\pi}}\right)x^{-1/2} + \frac{1}{\sqrt{2\pi}}\left(\frac{23}{270} - \frac{y}{12} - \frac{y^3}{6}\right)x^{-3/2}$$
$$+ O(x^{-5/2}). \quad \blacksquare \tag{19}$$

上面的方法已经表明，这个近似式可以扩展到我们想达到的任意阶 x 幂.

利用等式 (4) 和 (9)，可以用定理 A 求 $R(n)$ 和 $Q(n)$ 的近似值，但是此项计算以后再做. 现在我们研究 $P(n)$，它似乎需要采用不同的方法. 我们有

$$P(n) = \sum_{k=0}^{n} \frac{k^{n-k}k!}{n!} = \frac{\sqrt{2\pi}}{n!}\sum_{k=0}^{n} k^{n+1/2}e^{-k}\left(1 + \frac{1}{12k} + O(k^{-2})\right). \tag{20}$$

因此，为了得到 $P(n)$ 的值，我们必须研究形如

$$\sum_{k=0}^{n} k^{n+1/2}e^{-k}$$

的和.

令 $f(x) = x^{n+1/2}e^{-x}$，应用欧拉求和公式

$$\sum_{k=0}^{n} k^{n+1/2}e^{-k} = \int_0^n x^{n+1/2}e^{-x}\,dx + \tfrac{1}{2}n^{n+1/2}e^{-n} + \tfrac{1}{24}n^{n-1/2}e^{-n} - R. \tag{21}$$

对余式的粗略分析（见习题 5）表明，$R = O(n^n e^{-n})$；又由于积分是一个不完全 γ 函数，我们有

$$\sum_{k=0}^{n} k^{n+1/2}e^{-k} = \gamma\left(n + \tfrac{3}{2}, n\right) + \tfrac{1}{2}n^{n+1/2}e^{-n} + O(n^n e^{-n}). \tag{22}$$

式 (20) 还需要估计和式

$$\sum_{k=0}^{n} k^{n-1/2}e^{-k} = \sum_{0 \le k \le n-1} k^{(n-1)+1/2}e^{-k} + n^{n-1/2}e^{-n},$$

这个估计也可以通过式 (22) 获得.

现在有了足够的公式来确定 $P(n)$、$Q(n)$、$R(n)$ 的近似值，只剩下代入和乘法等运算要做了. 在这个过程中，我们将利用展开式

$$(n+\alpha)^{n+\beta} = n^{n+\beta}e^{\alpha}\left(1 + \alpha\left(\beta - \frac{\alpha}{2}\right)\frac{1}{n} + O(n^{-2})\right), \tag{23}$$

此式在习题 6 中证明. 对于 $P(n)$，式 (21) 的方法仅产生渐近级数的前面两项，其余的项可以利用习题 14 中描述的启发性方法获得.

汇集上面全部计算的结果，得到要求的渐近式：

$$P(n) = \sqrt{\frac{\pi n}{2}} - \frac{2}{3} + \frac{11}{24}\sqrt{\frac{\pi}{2n}} + \frac{4}{135n} - \frac{71}{1152}\sqrt{\frac{\pi}{2n^3}} + O(n^{-2}), \tag{24}$$

$$Q(n) = \sqrt{\frac{\pi n}{2}} - \frac{1}{3} + \frac{1}{12}\sqrt{\frac{\pi}{2n}} - \frac{4}{135n} + \frac{1}{288}\sqrt{\frac{\pi}{2n^3}} + O(n^{-2}), \tag{25}$$

$$R(n) = \sqrt{\frac{\pi n}{2}} + \frac{1}{3} + \frac{1}{12}\sqrt{\frac{\pi}{2n}} + \frac{4}{135n} + \frac{1}{288}\sqrt{\frac{\pi}{2n^3}} + O(n^{-2}). \tag{26}$$

公开发表的文献对这里研究的三个函数只做了轻描淡写的讨论. $P(n)$ 展开式中的第一项 $\sqrt{\pi n/2}$ 由霍华德·德穆思在博士论文中给出 [Stanford University, October 1956), 67–68]. 我在 1963 年曾利用这个结果, 以及 $n \le 2000$ 的 $P(n)$ 数值表和一把好计算尺, 推出经验估计 $P(n) \approx \sqrt{\pi n/2} - 0.6667 + 0.575/\sqrt{n}$. 自然会猜测, 0.6667 其实是 2/3 的近似值, 而 0.575 或许是 $\gamma = 0.57721\ldots$ 的近似值 (做人当然要乐观啦). 后来在本小节写作期间, $P(n)$ 的正确展开式宣告发现, 2/3 的猜想得到了证实, 但另一个系数 0.575 并非 γ, 却是 $\frac{11}{24}\sqrt{\pi/2} \approx 0.5744$. 这个结果同时证实了理论估计与经验估计.

同 $Q(n)$ 和 $R(n)$ 的渐近值等价的公式是由自学成材的杰出印度数学家拉马努金首先确定的, 他提出估计 $n!\,e^n/2n^n - Q(n)$ 的问题 [*J. Indian Math. Soc.* **3** (1911), 128; **4** (1912), 151–152]. 他在解答中给出了渐近级数 $\frac{1}{3} + \frac{4}{135}n^{-1} - \frac{8}{2835}n^{-2} - \frac{16}{8505}n^{-3} + \cdots$, 这个结果大大超过等式 (25) 的精度. 他的推导比上面描述的方法更为精巧: 为了估计 I_1, 他代入 $t = x + u\sqrt{2x}$, 把被积函数表示成形如 $c_{jk}\int_0^\infty \exp(-u^2)u^j x^{-k/2}\,du$ 的项的和. 积分 I_2 完全可以不推导, 因为当 $a > 0$ 时, $a\gamma(a,x) = x^a e^{-x} + \gamma(a+1,x)$, 见 (8). 求 $Q(n)$ 的渐近表示还有一个更简单的方法 (也许是最简单的), 就是习题 20. 我们采用的推导方法尽管比较复杂, 但是具有启示作用, 作者是罗伯特·弗兹 [*Zeitschrift für Physik* **112** (1939), 92–95], 他主要关心满足 $\gamma(x+1, x+y) = \Gamma(x+1)/2$ 的 y 值. 不完全 γ 函数的渐近性质后来又由弗朗西斯科·特里戈米扩充到复变量函数 [*Math. Zeitschrift* **53** (1950), 136–148]. 此外可参阅尼古拉斯·特姆的 *Math. Comp.* **29** (1975), 1109–1114; *SIAM J. Math. Anal.* **10** (1979), 757–766. 古尔德列出了研究 $Q(n)$ 的其他若干参考文献, 见 *AMM* **75** (1968), 1019–1021.

我们对于 $P(n)$、$Q(n)$、$R(n)$ 的渐近级数的推导仅仅用到初等微积分的简单方法. 请注意我们对于每个函数采用了不同的方法! 其实我们明明可以用习题 14 的方法解决这三个问题, 那种方法将在 5.1.4 节及 5.2.2 节详细说明. 那样求解将会更加精巧, 但是缺少教益.

对其他资料有兴趣的读者应当参考尼古拉斯·戈维特·德布鲁因的一部优秀著作 [*Asymptotic Methods in Analysis* (Amsterdam: North-Holland, 1958)]. 另请参阅安德鲁·奥德里兹科新近的综述作品 [*Handbook of Combinatorics* **2** (MIT Press, 1995), 1063–1229], 其中包含 65 个详尽的例子和一份全面的参考文献目录.

习题

1. [*HM20*] 对 n 归纳, 证明式 (5).

2. [*HM20*] 从式 (6) 推导 (7).

3. [*M20*] 从式 (7) 推导 (8).

▶ **4.** [*HM10*] 证明式 (13).

5. [*HM24*] 证明式 (21) 中的 R 是 $O(n^n e^{-n})$.

▶ **6.** [*HM20*] 证明式 (23).

▶ **7.** [*HM30*] 在 I_2 的估计中, 我们考察了 $\int_0^y e^{-u}\left(1 + \frac{u}{x}\right)^x du$. 给出

$$\int_0^{yx^{1/4}} e^{-u}\left(1 + \frac{u}{x}\right)^x du$$

到 $O(x^{-2})$ 阶项的渐近表示, 其中 y 固定, x 很大.

8. [*HM30*] 如果当 $x \to \infty$ 和 $0 \le r < 1$ 时有 $f(x) = O(x^r)$，那么证明

$$\int_0^{f(x)} e^{-u} \left(1 + \frac{u}{x}\right)^x du = \int_0^{f(x)} \exp\left(\frac{-u^2}{2x} + \frac{u^3}{3x^2} - \cdots + \frac{(-1)^{m-1} u^m}{m x^{m-1}}\right) du + O(x^{-s}),$$

其中 $m = \lceil (s+2r)/(1-r) \rceil$. [这特别证明特里戈米的一个结果：如果 $f(x) = O(\sqrt{x})$，那么

$$\int_0^{f(x)} e^{-u} \left(1 + \frac{u}{x}\right)^x du = \sqrt{2x} \int_0^{f(x)/\sqrt{2x}} e^{-t^2} dt + O(1). \quad]$$

▶ **9.** [*HM36*] $\gamma(x+1, px)/\Gamma(x+1)$ 对于很大的 x 有什么特性？（此处 p 为实常数；如果 $p < 0$，我们假定 x 是整数，所以 t^x 对于负的 t 值也是有明确定义的.）渐近展开式在大 O 项之前应至少出两项.

10. [*HM34*] 在上题的假设下，取 $p \ne 1$，对于固定的 y，求 $\gamma(x+1, px + py/(p-1)) - \gamma(x+1, px)$ 的渐近展开式. 展开项与上题答案阶数相同.

▶ **11.** [*HM35*] 引入参数 x，推广函数 $Q(n)$ 和 $R(n)$：

$$Q_x(n) = 1 + \frac{n-1}{n} x + \frac{n-1}{n} \frac{n-2}{n} x^2 + \cdots,$$

$$R_x(n) = 1 + \frac{n}{n+1} x + \frac{n}{n+1} \frac{n}{n+2} x^2 + \cdots.$$

考察这种情况，求它们当 $x \ne 1$ 时的渐近式.

12. [*HM20*] 可以把和正态分布（见 1.2.10 节）有关的函数 $\int_0^x e^{-t^2/2} dt$ 表示成不完全 γ 函数的一个特例. 求 a, b, y 的值，使得 $b\gamma(a, y)$ 等于 $\int_0^x e^{-t^2/2} dt$.

13. [*HM42*] （拉马努金）证明 $R(n) - Q(n) = \frac{2}{3} + 8/(135(n + \theta(n)))$，其中 $\frac{2}{21} \le \theta(n) \le \frac{8}{45}$. （这个等式蕴涵弱得多的结果 $R(n+1) - Q(n+1) < R(n) - Q(n)$.）

▶ **14.** [*HM39*] （德布鲁因）本题的目的在于，对固定的 α，求当 $n \to \infty$ 时 $\sum_{k=0}^n k^{n+\alpha} e^{-k}$ 的渐近展开式.

(a) 用 $n-k$ 替换 k，证明所求和等于 $n^{n+\alpha} e^{-n} \sum_{k=0}^n e^{-k^2/2n} f(k, n)$，其中

$$f(k, n) = \left(1 - \frac{k}{n}\right)^\alpha \exp\left(-\frac{k^3}{3n^2} - \frac{k^4}{4n^3} - \cdots\right).$$

(b) 证明对于所有 $m \ge 0$ 和 $\epsilon > 0$，量 $f(k, n)$ 可以写成如下形式：

$$\sum_{0 \le i \le j \le m} c_{ij} k^{2i+j} n^{-i-j} + O\left(n^{(m+1)(-1/2+3\epsilon)}\right), \qquad \text{如果 } 0 \le k \le n^{1/2+\epsilon}.$$

(c) 证明 (b) 的一个推论：对于所有 $\delta > 0$，有

$$\sum_{k=0}^n e^{-k^2/2n} f(k, n) = \sum_{0 \le i \le j \le m} c_{ij} n^{-i-j} \sum_{k \ge 0} k^{2i+j} e^{-k^2/2n} + O\left(n^{-m/2+\delta}\right).$$

[提示：上式在 $n^{1/2+\epsilon} < k < \infty$ 范围内求和，结果对于一切 r 都是 $O(n^{-r})$.]

(d) 证明如果固定 $t \ge 0$，$\sum_{k \ge 0} k^t e^{-k^2/2n}$ 的渐近展开式可以由欧拉求和公式得到.

(e) 最后推出

$$\sum_{k=0}^n k^{n+\alpha} e^{-k} = n^{n+\alpha} e^{-n} \left(\sqrt{\frac{\pi n}{2}} - \frac{1}{6} - \alpha + \left(\frac{1}{12} + \frac{1}{2}\alpha + \frac{1}{2}\alpha^2\right) \sqrt{\frac{\pi}{2n}} + O(n^{-1})\right).$$

这个计算公式理论上可以对任意 r 扩充到 $O(n^{-r})$.

15. [*HM20*] 证明下述积分与 $Q(n)$ 有关系：

$$\int_0^\infty \left(1 + \frac{z}{n}\right)^n e^{-z} dz.$$

16. $[M24]$　证明恒等式

$$\sum_k (-1)^k \binom{n}{k} k^{n-1} Q(k) = (-1)^n (n-1)!, \quad \text{其中 } n > 0.$$

17. $[HM29]$　（肯尼斯·米勒）根据对称性，我们还应该考虑第四种级数 $S(n)$，它与 $P(n)$ 的关系恰如 $R(n)$ 与 $Q(n)$ 的关系：

$$S(n) = 1 + \frac{n}{n+1} + \frac{n}{n+2}\,\frac{n+1}{n+2} + \cdots = \sum_{k \geq 0} \frac{(n+k-1)!}{(n-1)!\,(n+k)^k}.$$

这个函数的渐近特性是什么?

18. $[M25]$　证明和 $\sum \binom{n}{k} k^k (n-k)^{n-k}$ 与 $\sum \binom{n}{k}(k+1)^k(n-k)^{n-k}$ 可以用 Q 函数表示成非常简单的形式.

19. $[HM30]$　（沃森引理）证明：如果积分 $C_n = \int_0^\infty e^{-nx} f(x)\,dx$ 对于所有很大的 n 存在，而且 $f(x) = O(x^\alpha)$ 对于 $0 \leq x \leq r$ 成立，其中 $r > 0$, $\alpha > -1$，那么 $C_n = O(n^{-1-\alpha})$.

▶ **20.** $[HM30]$　令 $u = w + \frac{1}{3}w^2 + \frac{1}{36}w^3 - \frac{1}{270}w^4 + \cdots = \sum_{k=1}^\infty c_k w^k$ 是方程 $w = (u^2 - \frac{2}{3}u^3 + \frac{2}{4}u^4 - \frac{2}{5}u^5 + \cdots)^{1/2}$ 的幂级数解，见式 (12). 证明

$$Q(n) + 1 = \sum_{k=1}^{m-1} k c_k \Gamma(k/2)\left(\frac{n}{2}\right)^{1-k/2} + O\left(n^{1-m/2}\right)$$

对所有 $m \geq 1$ 成立. ［提示：对习题 15 中的恒等式应用沃森引理. ］

> 我觉得自己似乎能在数学中有所建树,
> 虽然我不明白这有何重要意义.
> ——海伦·凯勒（1898）

1.3 MIX

在本书中，我们经常需要用到计算机的内部机器语言. 我们用的是一台虚拟的计算机，称为 MIX，它酷似 20 世纪 60 年代和 70 年代的每一种计算机，要说有何不同的话，或许就是它更精巧. MIX 机器语言有很强大的设计功能，足以对大多数算法编写出简短的程序；同时这种语言非常简单，很容易掌握它的运算与操作指令.

我们敦促读者细心学习这一节，因为 MIX 语言会在本书中反复出现. 读者应该打消对于学习机器语言的顾虑；事实上我甚至发现，在一周之内用五六种不同的机器语言编写程序也不算稀奇！每位对于计算机不是单纯一时兴起的人士，大概迟早会了解至少一种机器语言. MIX 经过特意设计，保留了历史上各种计算机的最简单形态，所以它的特性是很容易理解的.

然而必须承认，MIX 如今已完全过时. 所以本书以后的版本将改用一台新计算机，称为 MMIX，即 2009 的罗马数字表示. MMIX 将是一台所谓的精简指令集计算机（RISC），用 64 位的字作算术运算. MMIX 比 MIX 更精致，它会与 20 世纪 90 年代的主流计算机相似.

把本书中的各种材料从 MIX 转换到 MMIX 将是一项长期的任务；我请求志愿者协助这一工作. 同时，我希望读者愿意继续和过气的 MIX 架构再共处几年时间——这种架构依然值得了解，因为它有助于为今后的发展提供背景基础.[①]

1.3.1 MIX 的描述

MIX 是世界上第一台多不饱和计算机（可以从多方面扩展）. 像大多数计算机一样，它有一个标识码——1009. 这个号码是 16 台真实计算机的标识码的算术平均值，这些计算机与 MIX 非常相似，而且很容易在它们上面模拟 MIX：

$$\lfloor(360 + 650 + 709 + 7070 + U3 + SS80 + 1107 + 1604 + G20 + B220$$
$$+ S2000 + 920 + 601 + H800 + PDP\text{-}4 + II)/16\rfloor = 1009. \tag{1}$$

用罗马数字表示[②]，可以更简单地得到这一结果.

MIX 具有一种独特的性质：它同时采用二进制和十进制. MIX 的程序员实际上并不知道他们是在为以 2 还是 10 为基数做四则运算的计算机编程. 所以无论是在哪一种计算机上，用 MIX 编写的算法程序都只需稍加修改就可以使用，模拟 MIX 也都很容易. 习惯于二进制机器的程序员可以把 MIX 当成二进制的，习惯于十进制机器的程序员可以把 MIX 看成十进制的，来自某颗外星的程序员还可以把 MIX 视为三进制的.

字. MIX 数据的基本单位是字节（byte）. 每个字节包含数量不确定的信息，但是它必须至少能够保存 64 个不同的值. 也就是说，我们知道可以把 0 到 63 的任何一个数保存在一个字节中. 与此同时，每个字节至多包含 100 个不同的值. 因此，在二进制的计算机上，一个字节必然是 6 位（bit）；在十进制的计算机上，每个字节必然是两位（digit）.[③]

---

① 高德纳 2005 年出版的 *The Art of Computer Programming, Volume 1, Fascicle 1: MMIX – A RISC Computer for the New Millennium*，马丁·鲁克特 2015 年出版的 *MMIX Supplement: Supplement to The Art of Computer Programming Volumes 1, 2, 3 by Donald E. Knuth*. 人民邮电出版社引进了这两本书，2020 年合并为《计算机程序设计艺术：MMIX 增补》出版. 配合该书，读者可以使用 MMIX 语言完成本套丛书前 3 卷的所有程序.——编者注

② 在罗马字母记数系统中，M 代表 1000，IX 代表 9，所以 MIX 表示 1009，MMIX 表示 2009.——译者注

③ 大致自 1975 年以来，"字节"一词的含义已演变为恰有 8 位的二进制序列，足以表示 0 到 255. 因此，假想的 MIX 计算机的字节小于实际的字节，甚至比实际的半字节大不了多少. 我们讨论 MIX 的字节时，将穿越回字节尚未标准化定义的时期，把这个词限制在上述的传统意义上.

用 MIX 的语言编写程序时，应保证绝不假定一个字节能表示超过 64 个值. 我们如果想要处理 80 这个数，就必须留两个相邻的字节来表示它，尽管在十进制计算机上用一个字节就足够了. 无论字节大小如何，用 MIX 语言编写的算法都应能正确运行. 虽然可以编写出依赖于字节大小的程序，不过这样的做法是本书的精神所不容的，本书只认可对各种字节大小都能给出正确结果的程序. 通常不难遵守这条基本规则，因此十进制计算机的程序设计同二进制计算机的程序设计并没有多大差别.

两个相邻字节可以表示从 0 到 4095 的数.

三个相邻字节可以表示从 0 到 262 143 的数.

四个相邻字节可以表示从 0 到 16 777 215 的数.

五个相邻字节可以表示从 0 到 1 073 741 823 的数.

一个计算机字由五个字节和一个符号位组成. 符号位只有 + 和 − 两个可能取值.

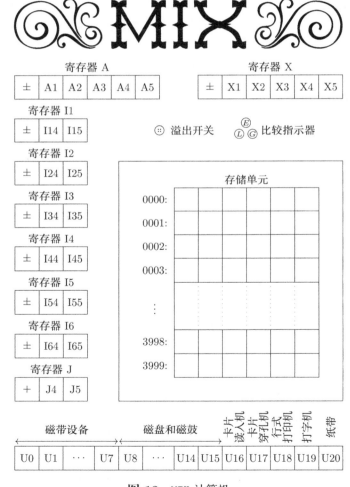

图 13 MIX 计算机

寄存器. MIX 有 9 个寄存器（见图 13）：

A 寄存器（累加器，Accumulator）包含 5 个字节和 1 个符号位.

X 寄存器（扩展寄存器，Extension）同样包含 5 个字节和 1 个符号位.

I 寄存器（变址寄存器，Index register）有 6 个，分别称为 I1, I2, I3, I4, I5, I6，各包含 2 个字节和 1 个符号位.

J 寄存器（转址寄存器，Jump address）包含 2 个字节，隐含符号默认永远取 +.

我们将在寄存器名称前面加写小写字母 r 以标识 MIX 寄存器. 因此 rA 就表示 "A 寄存器".

A 寄存器具有很多用途，特别是用在四则运算和数据操作中. X 寄存器是对 A 寄存器的一种 "右侧" 扩展，它同 rA 结合使用，保存一个 10 字节的乘积或者被除数，也可以用来保存从 rA 右端移出的数据. 变址寄存器 rI1, rI2, rI3, rI4, rI5, rI6 主要用于计数和用于引用可变的存储地址. J 寄存器总是用来保存最近一次 "转移" 操作之后一条指令的地址，主要与子例程配合使用.

除寄存器之外，MIX 还包含

> 上溢开关（有 "开" "关" 两种取值的一个二进制位）；
>
> 比较指示器（有 3 种取值：LESS表示小于，EQUAL表示等于，GREATER表示大于）；
>
> 内存储器（4000 个字的存储空间，每个字有 5 个字节和 1 个符号位）；
>
> 输入输出设备（使用卡片、纸带、磁带、磁盘等）.

字的部分字段. 一个计算机字有 5 个字节和 1 个符号位，编号如下：

0	1	2	3	4	5
±	字节	字节	字节	字节	字节

$$(2)$$

大多数指令允许程序员仅使用字的一部分. 在这种情况下，程序员可以给出一个非标准的 "字段说明". 允许使用的字段是计算机字中的相邻字节，用 (L:R) 表示，其中 L 是字段左端字节的编号，R 是字段右端字节的编号. 字段说明的例子有：

(0:0)，只用符号位.

(0:2)，符号位和前两个字节.

(0:5)，整个字；这是最常见的字段说明.

(1:5)，除了符号位之外的整个字.

(4:4)，只用第 4 个字节.

(4:5)，最后两个字节.

字段说明的用法随指令的不同而略有差异，下面将对它在各指令中的用法做详细解释. 实际上，每个字段说明 (L:R) 在计算机内部是用 $8L + R$ 这个数表示的，请注意此数能轻松存放在一个字节内.

指令格式. 用于保存指令的计算机字具有下列形式：

0	1	2	3	4	5
±	A	A	I	F	C

$$(3)$$

最右边的字节 C 是操作码，说明执行什么操作. 例如，C = 8 指定 "装入 A 寄存器" 的 LDA.

F 字节保存对操作码的限定（或修改）. 它通常是一个字段说明 (L:R) = $8L + R$. 例如，如果 C = 8，F = 11，操作码代表 "把 (1:3) 字段装入寄存器 A" 的操作. 有时 F 也有其他用途，例如在输入输出指令中，F 是相关的输入输出设备的设备号.

指令左端部分的 ±AA 是地址.（注意符号位是地址的一部分.）地址后面的 I 字段是变址说明，可以用于改变有效地址. 如果 I = 0，地址 ±AA 直接使用；其他情况下，I 将包含最小取 1 最大取 6 的一个数 i，在指令执行之前，要把变址寄存器 Ii 中的数同 ±AA 按代数方式相加，用结果作为操作地址. 这种改变操作地址的变址过程出现在所有指令中. 我们用字母 M 表示任何指定的变址发生后的新地址.（如果变址寄存器的值加上地址 ±AA 所得的结果不能容纳在两个字节内，那么 M 的值无定义.）

在大多数指令中，M 指的是一个存储单元. 在本书中，术语"存储单元"与"存储位置"基本可以互换使用. 我们假定内存储器有 4000 个存储单元，从 0 到 3999 编号，因此每个存储位置可以用两个字节编址. 在指令中，只要 M 是指一个存储单元，必须有 $0 \le M \le 3999$，而且此时我们用 CONTENTS(M) 表示存放在存储位置 M 的值.

在某些指令中，"地址" M 具有另外一种意义，甚至可以取负值. 因此，用一条指令把 M 加到一个变址寄存器上，其操作要考虑 M 的符号.

记号. 为了用一种便于阅读的方式讨论指令，我们将使用记号

$$\text{OP} \quad \text{ADDRESS,I(F)} \tag{4}$$

表示像 (3) 那样的指令.

此处 OP 是指令操作码（C 部分）的符号名称，即操作符；ADDRESS 是 ±AA 部分；I 和 F 分别代表 I 字段和 F 字段.

如果 I 为 0，那么省略 ",I". 如果 F 是这个特定操作符的标准 F 字段说明，就不需写出 "(F)". 几乎所有操作符的标准 F 字段说明都是 (0:5)，代表一个完整的字. 如果某种操作符的标准 F 字段说明不是整个字，我们会在讨论它的时候明确指出它的 F 字段说明.

例如，把一个数装入累加器的指令称为 LDA，操作码为 8. 对于这条指令，我们有

约定的表示	实际的数字指令
LDA　2000,2(0:3)	+ 2000 | 2 | 3 | 8
LDA　2000,2(1:3)	+ 2000 | 2 | 11 | 8
LDA　2000(1:3)	+ 2000 | 0 | 11 | 8
LDA　2000	+ 2000 | 0 | 5 | 8
LDA　-2000,4	− 2000 | 4 | 5 | 8

(5)

上面 "LDA 2000,2(0:3)" 这条指令可以读作 "向 A 寄存器装入单元 2000 按 2 变址后的 0 至 3 字段内容".

为了表示一个 MIX 字的数值内容，我们将始终使用像上面那样的方框记号. 注意在字

+	2000	2	3	8

中，数字 +2000 填在符号位和两个相邻的字节内；但是字节 (1:1) 和字节 (2:2) 的实际内容因 MIX 计算机而异，因为字节的大小是可变的. 再给出 MIX 字的这种记号的另外一个例子，方格图

−	10000	3000

表示的字有两个字段，其中一个字段是 3 字节加符号位，存放 −10000；另一个 2 字节字段存放 3000. 一个字如果分成不止一个字段，就称为 "组装" 字.

每条指令的操作规则. 前面格式 (3) 之后的说明已经定义了每个指令字的 M, F, C 这三个量. 现在我们逐一定义每条指令对应的操作.

装入操作符.

• LDA（装入 A）. C = 8；F = 字段.

由 CONTENTS(M) 的指定字段取代寄存器 A 原来的内容.

对于所有用部分字段作为输入的操作，符号如果是字段的一部分则应使用，否则默认为"+"号. 当装入寄存器时，该字段会移到寄存器的右侧.

例：如果 F 是标准的字段说明 (0:5)，指令把单元 M 的全部内容复制到 rA 中. 如果 F 是 (1:5)，指令装入正号和 CONTENTS(M) 的绝对值. 如果 M 包含一个指令字，F 为 (0:2)，则装入 "±AA" 字段，形式为

±	0	0	0	A	A

假定位置 2000 包含字

−	80	3	5	4

，   (6)

那么我们装入不同的部分字段，可分别得到下列结果：

指令		执行后的 rA 内容				
LDA	2000	−	80	3	5	4
LDA	2000(1:5)	+	80	3	5	4
LDA	2000(3:5)	+	0	0	3	5	4
LDA	2000(0:3)	−	0	0	80	3
LDA	2000(4:4)	+	0	0	0	5
LDA	2000(0:0)	−	0	0	0	0
LDA	2000(1:1)	+	0	0	0	?

（最后一条指令产生部分不确定的结果，因为字节大小是可变的.）

• LDX（装入 X）. C = 15；F = 字段.

和LDA一样，唯一区别是装入 rX 而不是 rA.

• LDi（装入 i）. C = 8 + i；F = 字段.

和 LDA 一样，唯一区别是装入 rIi 而不是 rA. 一个变址寄存器只有两个字节（而不是五个字节）和一个符号位；始终假定 1, 2, 3 字节为零. 如果一条 LDi 指令将置 1, 2, 3 字节为非零值，那么这条指令无定义.

在所有指令的描述中，"i" 始终代表满足 $1 \leq i \leq 6$ 的整数. 所以 LDi 就代表 6 条不同的指令：LD1, LD2, . . . , LD6.

• LDAN（反号装入 A）. C = 16；F = 字段.

• LDXN（反号装入 X）. C = 23；F = 字段.

• LDiN（反号装入 i）. C = 16 + i；F = 字段.

这 8 条指令分别和 LDA、LDX、LDi 一样，唯一区别是装入带相反符号的值.

存储操作符.

• STA（存储 A）. C = 24；F = 字段.

用 rA 的部分内容取代由 F 指定的 CONTENTS(M) 的字段. CONTENTS(M) 的其他部分保持不变.

在存储操作中，F 字段的有效位高低同装入操作相反：从寄存器右侧取出字段的若干个字节，在需要时向左移位，然后插入到CONTENTS(M)的相应字段. 符号位不会改变，除非它是字段的一部分. 寄存器的内容不受影响.

例：假定位置 2000 包含

| − | 1 | 2 | 3 | 4 | 5 | ，

寄存器 A 包含

| + | 6 | 7 | 8 | 9 | 0 | ，

那么：

指令	执行后的位置 2000 内容
STA 2000	+ 6 7 8 9 0
STA 2000(1:5)	− 6 7 8 9 0
STA 2000(5:5)	− 1 2 3 4 0
STA 2000(2:2)	− 1 0 3 4 5
STA 2000(2:3)	− 1 9 0 4 5
STA 2000(0:1)	+ 0 2 3 4 5

- STX（存储 X）. C = 31；F = 字段.

和 STA 一样，唯一区别是存储 rX 而不是 rA.

- STi（存储 i）. C = 24 + i；F = 字段.

和 STA一样，唯一区别是存储 rIi 而不是 rA. 变址寄存器的 1, 2, 3 字节均为零，因此如果 rI1 包含

| ± | m | n | ，

它在操作时相当于

| ± | 0 | 0 | 0 | m | n | .

- STJ（存储 J）. C = 32；F = 字段.

和 STi 一样，唯一区别是存储 rJ，而且符号恒为 +.

对于 STJ指令，F 的标准字段说明是 (0:2) 而不是 (0:5). 这是很自然的，因为 STJ 几乎总是用于指令的地址字段.

- STZ（存储零）. C = 33；F = 字段.

和 STA一样，唯一区别是存储正零. 换句话说，它把 CONTENTS(M)的指定字段清零.

算术运算符. 加法、减法、乘法和除法运算都允许附有字段说明. 可以用字段说明"(0:6)"表示运算是"浮点"运算（见 4.2 节），但是我们为 MIX 编写的程序很少会利用这个特性，因为我们主要关注对于整数的算法.

标准字段说明照例是 (0:5). 其他字段的处理同 LDA中的处理一样. 我们将用字母 V 表示 CONTENTS(M)的指定字段. 因此，假如操作码换成LDA，V 就是装入寄存器 A 中的值.

- ADD（加法）. C = 1；F = 字段.

把 V 加进 rA. 如果所得结果数值太大，寄存器 A 容纳不下，那么上溢开关就会打开，仿佛把一个"1"进位到 rA 左边的另一个假想的寄存器中，和的剩余部分出现在 rA 中.（其他时候，上溢开关的状态不改变.）如果结果为零，rA 的符号不改变.

例：下面的指令序列计算寄存器 A 的 5 个字节之和.

```
STA   2000
LDA   2000(5:5)
ADD   2000(4:4)
ADD   2000(3:3)
ADD   2000(2:2)
ADD   2000(1:1)
```

有时把这样的相加称为"横向加法".

在不同的 MIX 计算机中，上溢可能出现，也可能不出现，这是因为字节大小的定义是可变的. 我们不能说，如果值大于 1073741823 就一定发生上溢. 上溢只出现在结果值超出 5 个字节容量的时候，具体阈值与字节大小有关. 不过，人们依旧能够编写出合适的程序，它们无论字节大小如何，都能正确运行，并给出一致的最终结果.

● SUB（减法）. C = 2; F = 字段.

从 rA 中减去 V. （等价于在 ADD中用 −V 代替 V. ）

● MUL（乘法）. C = 3; F = 字段.

以 V 与 rA 的 10 字节乘积替换寄存器 A 和 X 的值. rA 和 rX 的符号均设置为乘积的代数符号（若 V 和 rA 原先同号则取 +，异号则取 −）.

● DIV（除法）. C = 4; F = 字段.

把 rA 和 rX 的值合起来当作一个 10 字节数 rAX（与 rA 同号），并除以 V 值. 如果 V=0，或者商的值超出 5 个字节（这与条件 $|rA| \geq |V|$ 等价），那么对寄存器 A 和 X 填入无定义的信息，并打开上溢开关. 在其他情况下，把商 $\pm \lfloor |rAX/V| \rfloor$ 存入 rA，余数 $\pm (|rAX| \bmod |V|)$ 存入 rX. 运算后，rA 的符号是商的代数符号（若 V 和 rA 原先同号则取 +，异号则取 −），rX 的符号是 rA 原来的符号.

算术指令示例：在多数情况下，进行算术运算的 MIX 字都是 5 个字节组成的单个数，不包括由若干字段组装而成的数. 然而如果小心谨慎，也能对组装的 MIX 字进行算术运算. 下面的例子应仔细研究. （像前面的例子一样，问号？表示不确定的值. ）

	+	1234	1	150	运算前的 rA
	+	100	5	50	单元 1000
ADD 1000	+	1334	6	200	运算后的 rA

	−	1234	0	0	9	运算前的 rA
	−	2000	150	0		单元 1000
SUB 1000	+	766	149	?		运算后的 rA

	+	1	1	1	1	1	运算前的 rA
	+	1	1	1	1	1	单元 1000
MUL 1000	+	0	1	2	3	4	运算后的 rA
	+	5	4	3	2	1	运算后的 rX

−					112	运算前的 rA
?	2	?	?	?	?	单元 1000
−					0	运算后的 rA
−					224	运算后的 rX

（MUL 1000(1:1)）

−	50	0		112	4	运算前的 rA
−		2	0	0	0	单元 1000
+		100	0	224		运算后的 rA
+	8	0	0	0		运算后的 rX

（MUL 1000）

+					0	运算前的 rA
?					17	运算前的 rX
+					3	单元 1000
+					5	运算后的 rA
+					2	运算后的 rX

（DIV 1000）

−					0	运算前的 rA
+	1235	0		3	1	运算前的 rX
−	0	0	0	2	0	单元 1000
+	0	617		?	?	运算后的 rA
−	0	0	0	?	1	运算后的 rX

（DIV 1000）

（选择这些例子的原则是：与其给出不完全的简单说明，不如给出完全但有难度的说明.）

地址传送操作符. 在下面的操作中，"地址" M（可能经过变址）在使用时当成一个带符号的数，而不是作为存储器中的单元地址.

- ENTA（送入 A）. C = 48；F = 2.

把数值 M 装入 rA. 这个操作等价于从包含带符号值 M 的存储字执行"LDA"操作. 如果 M=0，装入这条指令的符号.

例："ENTA 0"置 rA 为 +0（正零）. "ENTA 0,1"置 rA 为变址寄存器 1 的当前值，不过把 −0 变为 +0. "ENTA -0,1"是类似的，不过把 +0 变为 −0.

- ENTX（送入 X）. C = 55；F = 2.
- ENTi（送入 i）. C = 48 + i；F = 2.

类似于 ENTA，装入相应的寄存器.

- ENNA（反号送入 A）. C = 48；F = 3.
- ENNX（反号送入 X）. C = 55；F = 3.
- ENNi（反号送入 i）. C = 48 + i；F = 3.

和 ENTA、ENTX、ENTi 一样，唯一区别是装入相反的符号.

例："ENN3 0,3"把 rI3 的值替换为其相反数，不过 −0 仍然保留为 −0.

- INCA（增加 A）. C = 48；F = 0.

把值 M 加进 rA. 这个操作等价于从包含 M 值的存储字执行 "ADD". 可能出现上溢, 处理方法与ADD完全一样.

例: "INCA 1" 对 rA 的值加 1.

- INCX (增加 X). $C = 55$; $F = 0$.

把值 M 加进 rX. 如果出现上溢, 这个操作等价于ADD, 不过是用 rX 而不是 rA. 寄存器 A 不会受这条指令的影响.

- INCi (增加 i). $C = 48 + i$; $F = 0$.

把 M 加进 rIi. 一定不出现上溢; 如果 M + rIi 不能容纳在 2 个字节中, 这条指令的结果是未定义的.

- DECA (减少 A). $C = 48$; $F = 1$.
- DECX (减少 X). $C = 55$; $F = 1$.
- DECi (减少 i). $C = 48 + i$; $F = 1$.

这 8 条指令分别和 INCA、INCX、INCi 一样, 唯一区别是对寄存器减 M 而不是加 M.

注意 ENTA、ENNA、INCA、DECA 的操作码 C 是相同的, 用 F 字段区分不同的操作.

比较操作符. MIX 的所有比较操作符用来比较的两个值, 都是一个在寄存器中, 一个在存储器中. 依据寄存器中的值小于、等于、大于存储单元的值, 相应将比较指示器设置为LESS、EQUAL、GREATER. 负零与正零相等.

- CMPA (比较 A). $C = 56$; $F = $ 字段.

用 rA 的指定字段与 CONTENTS(M) 的相同字段做比较. 如果 F 不包括符号位, 两者的字段都认为是非负的; 不然, 也要比较符号. (当 F 为 (0:0) 时, 结果总是相等的, 因为负零等于正零.)

- CMPX (比较 X). $C = 63$; $F = $ 字段.

类似于CMPA.

- CMPi (比较 i). $C = 56 + i$; $F = $ 字段.

类似于CMPA. 在这种比较中, 变址寄存器的 1, 2, 3 字节当成 0. (因此, 如果 F = (1:2), 比较结果不会是 GREATER.)

转移操作符. 指令通常是按顺序依次执行的, 也就是说, 在执行单元 P 中的指令后, 一般是执行单元 P + 1 中的指令. 但是几种 "转移" 指令会中断这种执行顺序. 一般当出现转移时, 寄存器 J 被设置为原顺序的下一条指令的地址 (即假如没有转移的下一条指令). 于是, 程序员如果愿意的话, 可以用一条 "存储 J" 指令, 以便设置以后将要用于返回程序原处的另一条指令的地址字段. 每当程序中实际出现一次转移时, J 寄存器都会改变, 除非转移操作符是JSJ; 同时, J 寄存器是不会被非转移指令改变的.

- JMP (转移). $C = 39$; $F = 0$.

无条件转移: 下一条指令是从位置 M 取出的指令.

- JSJ (转移, 保留 J). $C = 39$; $F = 1$.

和JMP一样, 但是 rJ 内容不改变.

- JOV (上溢时转移). $C = 39$; $F = 2$.

如果上溢开关置于 "开" 状态, 则关闭之并出现JMP; 否则不产生任何操作.

- JNOV (无上溢时转移). $C = 39$; $F = 3$.

如果上溢开关置于"关"状态，则出现 JMP；否则关闭之.

● JL, JE, JG, JGE, JNE, JLE（比较出现小于、等于、大于、大于等于、不等于、小于等于时转移）. $C = 39$；相应有 $F = 4, 5, 6, 7, 8, 9$.

当比较指示器置于指定的条件时转移. 例如，如果比较指示器为 LESS 或 GREATER，那么 JNE 将发生转移. 这些转移指令不改变比较指示器.

● JAN, JAZ, JAP, JANN, JANZ, JANP（A 寄存器为负数、零、正数、非负数、非零、非正数时转移）. $C = 40$；相应有 $F = 0, 1, 2, 3, 4, 5$.

如果 rA 中的数满足指定的条件，出现一次 JMP；不满足则不产生任何操作. "正数"是指大于零（不等于零）的数；"非正数"是指不是正数的数，即零或者负数.

● JXN, JXZ, JXP, JXNN, JXNZ, JXNP（X 寄存器为负数、零、正数、非负数、非零、非正数时转移）. $C = 47$；相应有 $F = 0, 1, 2, 3, 4, 5$.

● JiN, JiZ, JiP, JiNN, JiNZ, JiNP（i 寄存器为负数、零、正数、非负数、非零、非正数时转移）. $C = 40 + i$；相应有 $F = 0, 1, 2, 3, 4, 5$. 这 42 个转移指令类似于对 rA 的相应操作.

其他操作符.

● SLA, SRA, SLAX, SRAX, SLC, SRC（左移 A，右移 A，左移 AX，右移 AX，循环左移 AX，循环右移 AX）. $C = 6$；相应有 $F = 0, 1, 2, 3, 4, 5$.

这些是"移位"指令，其中 M 指定左移或者右移的 MIX 字节数，因此 M 必须是非负的. SLA 和 SRA 不影响 rX；其他移位同时影响寄存器 A 和 X，把它们视为一个 10 字节寄存器. 在执行 SLA、SRA、SLAX、SRAX 时，一些 0 移进寄存器的一端，而一些字节在另一端消失. 指令 SLC 和 SRC 调用"循环"移位，也就是说，从寄存器一端移出的字节在另一端移进寄存器. 在循环移位中，rA 和 rX 同时参与移位. 任何一种移位指令都绝对不会影响寄存器 A 和 X 的符号位.

例：		寄存器 A						寄存器 X				
初始内容	+	1	2	3	4	5	−	6	7	8	9	10
SRAX 1	+	0	1	2	3	4	−	5	6	7	8	9
SLA 2	+	2	3	4	0	0	−	5	6	7	8	9
SRC 4	+	6	7	8	9	2	−	3	4	0	0	5
SRA 2	+	0	0	6	7	8	−	3	4	0	0	5
SLC 501	+	0	6	7	8	3	−	4	0	0	5	0

● MOVE（传送或移动）. $C = 7$；$F = $ 数字，正常情况下为 1.

传送由 F 指定数量的字，原位置的起始单元是 M，新位置的起始单元由变址寄存器 1 的值指定. 一次传送一个字，当操作结束时，rI1 的值增加 F. 如果 F=0，不发生任何操作.

如果在两组单元之间出现重叠，务必当心. 例如，假定 $F = 3$, $M = 1000$. 那么，如果 rI1 = 999，我们把 CONTENTS(1000) 传送到 CONTENTS(999)，把 CONTENTS(1001) 传送到 CONTENTS(1000)，把 CONTENTS(1002) 传送到 CONTENTS(1001)；没有出现任何异常现象. 但是如果把 rI1 改为 1001，我们就会把 CONTENTS(1000) 传送到 CONTENTS(1001)，然后把 CONTENTS(1001) 传送到 CONTENTS(1002)，然后把 CONTENTS(1002) 传送到 CONTENTS(1003)；所以会把同一个字 CONTENTS(1000) 传送到三个地方.

● NOP（无操作）. $C = 0$.

不出现操作，略过这条指令. 省略 F 和 M.

● HLT（停机）. C = 5; F = 2.

机器停止操作. 当计算机操作员重新启动机器时, 最终净效果等价于 NOP.

输入输出操作符. MIX 有不少输入输出设备（都是另付费用选用的）. 如下所示, 每一种设备都给定一个号码:

设备号	外围设备	信息块大小
t	磁带设备号 $t \, (0 \leq t \leq 7)$	100 字
d	磁盘或磁鼓设备号 $d \, (8 \leq d \leq 15)$	100 字
16	卡片读入机	16 字
17	卡片穿孔机	16 字
18	行式打印机	24 字
19	打字机终端	14 字
20	纸带（机）	14 字

并非每台 MIX 计算机都配有上述所有设备, 我们有时会对是否拥有某种设备做适当的假定. 有些设备不兼具输入和输出功能. 上表中列出的字数是每台设备固有的信息块大小.

用磁带、磁盘或磁鼓设备输入或者输出时, 读入或者写出的是完整的字（5 个字节和 1 位符号位）. 但是 16 到 20 号设备总是用字符代码输入或者输出, 其中每个字节表示一个字母数字字符. 因此, 每个 MIX 机器字传输 5 个字符. 字符代码在本小节后面表 1 的顶部给出. 代码 00 对应于 "␣", 这个符号表示一个空格. 代码 01–29 表示字母 A 至 Z 和额外的 3 个希腊字母; 代码 30–39 代表数字 $0, 1, \ldots, 9$; 接着的代码 $40, 41, \ldots$ 代表标点符号和其他特殊字符. （MIX 的字符集令我们回想起计算机尚无法处理小写字母的那段日子.）我们不能用字符代码输入或者输出一个字节的全部可能取值, 因为某些组合是未定义的. 此外某些输入输出设备也可能无法处理字符集中的所有符号, 例如出现在字母中间的希腊字母 Σ 和 Π 或许不能被卡片读入机接受. 当进行字符代码输入时, 所有字的符号位设置为 +; 输出时则忽略符号位. 如果用打字机作为输入设备, 在每一行末尾输入 "回车" 后, 就会用空格填满那一行余下部分.

磁盘和磁鼓设备是外部存储装置, 每台设备包含 100 个字的信息块. 在下面定义的每一条 IN、OUT、IOC 指令中, 针对的 100 个字信息块由 rX 的当前值指定, 该值不应超出相应磁盘或磁鼓的容量.

● IN（输入）. C = 36; F = 设备.

这条指令启动信息传输, 从指定的输入设备传到从 M 开始的连续存储单元. 传输的单元个数是这个设备的信息块大小（见前面的设备表）. 如果此前对同一台设备进行的操作尚未完成, 计算机在此等待. 由这条指令启动的信息传输将持续一段未知的时间才能完成, 具体时间取决于输入设备的速度, 所以程序务必不要在信息传完之前访问存储器中的相应数据. 不应试图读取位于最后写进磁带的信息块之后的任何信息块.

● OUT（输出）. C = 37; F = 设备.

这条指令启动信息传输, 从自 M 开始的存储单元传输到指定的输出设备上. 如果设备一开始尚未就绪, 那么机器等待, 直到设备就绪才开始. 传输将持续一段未知的时间才能完成, 具体时间取决于输出设备的速度, 所以程序务必不要在信息传完之前改变存储器中的相应数据.

● IOC（输入输出控制）. C = 35; F = 设备.

如果设备忙碌, 那么机器等待, 直到指定设备处于不忙碌状态. 然后执行一个控制操作, 具体操作取决于使用的特定设备. 下面的几个例子将在本书的不同部分使用.

磁带：如果 $M = 0$，那么反绕磁带. 如果 $M < 0$，则磁带向回跳过 $-M$ 个信息块，也有可能在跳完之前已退回到磁带的起点. 如果 $M > 0$，则磁带向前跳过 M 个信息块，但不应向前跳过最后写进磁带的信息块之后的任何块.

例如，指令序列"OUT 1000(3); IOC -1(3); IN 2000(3)"把 100 个字输出到磁带 3 上，然后再把它重新读进存储器. 只要磁带可靠，这个序列的后面两条指令无非是把 100 个字从单元 1000–1099 传送到单元 2000–2099 的一种慢速方式. 指令序列"OUT 1000(3); IOC +1(3)"不应采用.

磁盘或磁鼓：M 应当为 0. 作用是依据 rX 定位设备，使得下一次在这台设备上执行 IN 或OUT 指令时，在使用相同 rX 设置值的情况下节省一些时间.

行式打印机：M 应当为 0. "IOC 0(18)"使打印机跳到下一页的顶端.

纸带（机）：M 应当为 0. "IOC 0(20)"反绕纸带.

- JRED（就绪时转移）. $C = 38$；$F =$ 设备.

如果指定的设备就绪，也就是此前由 IN 或者 OUT 或者 IOC 启动的操作结束，那么出现转移.

- JBUS（忙碌时转移）. $C = 34$；$F =$ 设备.

类似于 JRED，但是当指定的设备没有就绪时出现转移.

例：在位置 1000，指令"JBUS 1000(16)"将反复执行，直到设备 16（卡片读入机）就绪.

上述简单操作是 MIX 的全部输入输出指令. MIX 没有用来处理外围设备异常状态的"带检验"指示器等. 出现异常（如纸带机卡带、设备关闭、带用尽等）时，设备会始终处于忙碌状态，发出铃声，然后由熟练的计算机操作员采用常规维护步骤手工排除故障. 我们将在 5.4.6 节和 5.4.9 节讨论某些更复杂的外围设备，它们比这里描述的块大小固定的磁带、磁鼓和磁盘更昂贵，也更能代表如今的现代化设备.

转换操作符.

- NUM（转换为数字）. $C = 5$；$F = 0$.

这个操作用于把字符代码转换成数字代码. 省略 M. 寄存器 A 和 X 看作合起来包含一个字符代码形式的 10 字节数字；NUM 指令把 rA 的值设置为这个数（当作十进制数）的数字值. rX 的值与 rA 的符号不变. 字节 00, 10, 20, 30, 40, ... 转换为数字 0；字节 01, 11, 21, ... 转换为数字 1；等等. 转换时可能产生上溢，此时保留对 b^5 取模的余数，其中 b 是字节大小.

- CHAR（转换为字符）. $C = 5$；$F = 1$.

这个操作用于把数字代码转换为适合对卡片穿孔机、纸带机或行式打印机输出的字符代码. 指令把 rA 中的数值转换为一个 10 字节的十进制数，并以字符代码形式置于寄存器 A 和 X 中. rA 和 rX 的符号不变. 省略 M.

例：

	寄存器 A						寄存器 X				
初始内容	−	00	00	31	32	39	+	37	57	47	30	30
NUM 0	−		129777	00			+	37	57	47	30	30
INCA 1	−		129776	99			+	37	57	47	30	30
CHAR 0	−	30	30	31	32	39	+	37	37	36	39	39

计时. 为了对 MIX 程序的性能给出定量信息，MIX 的每个操作都赋有执行时间. 时间长短代表了 20 世纪 70 年代古董计算机的典型特性.

ADD 和 SUB，以及所有 LOAD 操作和 STORE 操作（包括 STZ），还有所有移位指令和比较操作，都花费 2 单位时间．MOVE 需要 1 单位时间加上传送每个字的 2 单位时间．MUL、NUM、CHAR 这三个操作都需要 10 单位时间，而 DIV 需要 12 单位时间．浮点运算的执行时间在 4.2.1 节说明．其余操作都花费 1 单位时间，再加上计算机可能用在IN、OUT、IOC、HLT 指令上的空闲时间．

特别注意，ENTA花费 1 单位时间，而LDA 花费 2 单位时间．计时规则很好记，因为事实上除了移位和转换指令以及 MUL 和 DIV 指令之外，其他指令花费的单位时间的数量都等于访问存储器（包括访问指令本身）的次数．

MIX 的基本时间单位是一个相对度量，我们简单地用 u 表示．可以把它看成比如说 10 微秒（比较廉价的计算机），或者 10 纳秒（比较昂贵的计算机）．

例：指令序列 LDA 1000; INCA 1; STA 1000 花费时间正好为 $5u$．

> 如今我以沉静的目光
> 察觉机器的真正脉动．
> ——威廉·华兹华斯[1]，《她是欢乐的幻影》（1804）

小结. 至此，除了"GO 按钮"之外，我们讨论了 MIX 的全部特性．GO 按钮在习题 26 讨论．尽管 MIX 有将近 150 种不同的操作，但是它们可以归并为少数几种简单类型，很容易记住．表 1 汇总每个操作码（C 值）对应的操作．每个操作符后面的括号内标明了默认的 F 字段．

通过下面的习题可以快速回顾本小节的内容．大多数习题是很简单的，读者应力求做完绝大部分习题．

习题

1. [*00*] 如果 MIX 是三进制（以 3 为基数）的计算机，每个字节应该有多少个三进制位（trit）？

2. [*02*] 如果一个数值要在 MIX 内表示，它可能大到 99999999，那么应该用多少相邻的字节存放它？

3. [*02*] 对于 MIX 指令的下列部分字段给出字段说明 (L:R)：(a) 地址字段；(b) 变址字段；(c) 字段说明字段；(d) 操作码字段.

4. [*00*] 装入指令例(5)中最后一个例子是"LDA -2000,4"．考虑到存储器地址不应为负数的事实，这怎么可能是合法的？

5. [*10*] 如果把 (6) 看成一条 MIX 指令，那么同 (6) 对应的类似于 (4) 的符号表示是什么？

> **6.** [*10*] 假定位置 3000 包含

+	5	1	200	15

下列指令的结果是什么？（如果某个指令无定义或者不完全定义，请指出．）(a) LDAN 3000;
(b) LD2N 3000(3:4); (c) LDX 3000(1:3); (d) LD6 3000; (e) LDXN 3000(0:0).

7. [*M15*] 对于DIV指令不产生上溢的全部情形，用代数运算 $X \bmod Y$ 和 $\lfloor X/Y \rfloor$ 给出指令结果的确切定义.

8. [*15*] 在前面 133 页"算术指令示例"的最后一条DIV指令中，"运算前的 rX"等于

+	1235	0	3	1

假如把它改成

−	1234	0	3	1

而例中其他部分不变，那么寄存器 A 和 X 在 DIV 指令执行后将包含什么值？

> **9.** [*15*] 列出可能改变上溢开关的设置值的全部 MIX 操作符.（不包括浮点运算操作符.）

---
[1] 英国诗人（1770—1850）．——译者注

表 1

字符代码:

00 01 02 03 04 05 06 07 08 09 10 11 12 13 14 15 16 17 18 19 20 21 22 23 24
␣ A B C D E F G H I Δ J K L M N O P Q R Σ Π S T U

00	1	01	2	02	2	03	10
无操作		$rA \leftarrow rA + V$		$rA \leftarrow rA - V$		$rAX \leftarrow rA \times V$	
NOP(0)		ADD(0:5) FADD(6)		SUB(0:5) FSUB(6)		MUL(0:5) FMUL(6)	
08	2	**09**	2	**10**	2	**11**	2
$rA \leftarrow V$		$rI1 \leftarrow V$		$rI2 \leftarrow V$		$rI3 \leftarrow V$	
LDA(0:5)		LD1(0:5)		LD2(0:5)		LD3(0:5)	
16	2	**17**	2	**18**	2	**19**	2
$rA \leftarrow -V$		$rI1 \leftarrow -V$		$rI2 \leftarrow -V$		$rI3 \leftarrow -V$	
LDAN(0:5)		LD1N(0:5)		LD2N(0:5)		LD3N(0:5)	
24	2	**25**	2	**26**	2	**27**	2
$M(F) \leftarrow rA$		$M(F) \leftarrow rI1$		$M(F) \leftarrow rI2$		$M(F) \leftarrow rI3$	
STA(0:5)		ST1(0:5)		ST2(0:5)		ST3(0:5)	
32	2	**33**	2	**34**	1	**35**	$1+T$
$M(F) \leftarrow rJ$		$M(F) \leftarrow 0$		设备 F 忙吗?		控制, 设备 F	
STJ(0:2)		STZ(0:5)		JBUS(0)		IOC(0)	
40	1	**41**	1	**42**	1	**43**	1
rA:0, 转移		rI1:0, 转移		rI2:0, 转移		rI3:0, 转移	
JA[+]		J1[+]		J2[+]		J3[+]	
48	1	**49**	1	**50**	1	**51**	1
$rA \leftarrow [rA]? \pm M$		$rI1 \leftarrow [rI1]? \pm M$		$rI2 \leftarrow [rI2]? \pm M$		$rI3 \leftarrow [rI3]? \pm M$	
INCA(0) DECA(1) ENTA(2) ENNA(3)		INC1(0) DEC1(1) ENT1(2) ENN1(3)		INC2(0) DEC2(1) ENT2(2) ENN2(3)		INC3(0) DEC3(1) ENT3(2) ENN3(3)	
56	2	**57**	2	**58**	2	**59**	2
$CI \leftarrow rA(F):V$		$CI \leftarrow rI1(F):V$		$CI \leftarrow rI2(F):V$		$CI \leftarrow rI3(F):V$	
CMPA(0:5) FCMP(6)		CMP1(0:5)		CMP2(0:5)		CMP3(0:5)	

一般形式:

C	t
描述	
OP(F)	

C = 操作码, 指令的 (5:5) 字段
F = 操作码的变形, 指令的 (4:4) 字段
M = 变址后的指令地址
V = M(F) = 位置 M 的字段 F 的内容
OP = 操作的符号名
(F) = 标准 F 设置
t = 执行时间, T = 互锁时间

25	26	27	28	29	30	31	32	33	34	35	36	37	38	39	40	41	42	43	44	45	46	47	48	49	50	51	52	53	54	55
V	W	X	Y	Z	0	1	2	3	4	5	6	7	8	9	.	,	(	)	+	−	*	/	=	$	<	>	@	;	:	'

04	*12*	**05**	*10*	**06**	*2*	**07**	*1+2F*
rA ← rAX/V rX ← 余数 DIV(0:5) FDIV(6)		特殊 NUM(0) CHAR(1) HLT(2)		移位 M 字节 SLA(0)　SRA(1) SLAX(2)　SRAX(3) SLC(4)　SRC(5)		从 M 到 rI1 移动 F 字 MOVE(1)	
12	*2*	**13**	*2*	**14**	*2*	**15**	*2*
rI4 ← V LD4(0:5)		rI5 ← V LD5(0:5)		rI6 ← V LD6(0:5)		rX ← V LDX(0:5)	
20	*2*	**21**	*2*	**22**	*2*	**23**	*2*
rI4 ← −V LD4N(0:5)		rI5 ← −V LD5N(0:5)		rI6 ← −V LD6N(0:5)		rX ← −V LDXN(0:5)	
28	*2*	**29**	*2*	**30**	*2*	**31**	*2*
M(F) ← rI4 ST4(0:5)		M(F) ← rI5 ST5(0:5)		M(F) ← rI6 ST6(0:5)		M(F) ← rX STX(0:5)	
36	*1+T*	**37**	*1+T*	**38**	*1*	**39**	*1*
输入，设备 F IN(0)		输出，设备 F OUT(0)		设备 F 就绪？ JRED(0)		转移 JMP(0)　JSJ(1) JOV(2)　JNOV(3) 还有下面的 [*]	
44	*1*	**45**	*1*	**46**	*1*	**47**	*1*
rI4:0, 转移 J4[+]		rI5:0, 转移 J5[+]		rI6:0, 转移 J6[+]		rX:0, 转移 JX[+]	
52	*1*	**53**	*1*	**54**	*1*	**55**	*1*
rI4 ← [rI4]? ± M INC4(0) DEC4(1) ENT4(2) ENN4(3)		rI5 ← [rI5]? ± M INC5(0) DEC5(1) ENT5(2) ENN5(3)		rI6 ← [rI6]? ± M INC6(0) DEC6(1) ENT6(2) ENN6(3)		rX ← [rX]? ± M INCX(0) DECX(1) ENTX(2) ENNX(3)	
60	*2*	**61**	*2*	**62**	*2*	**63**	*2*
CI ← rI4(F):V CMP4(0:5)		CI ← rI5(F):V CMP5(0:5)		CI ← rI6(F):V CMP6(0:5)		CI ← rX(F):V CMPX(0:5)	

rA = 寄存器 A
rX = 寄存器 X
rAX = 寄存器 A 和 X 视作一个
rIi = 变址寄存器 i, $1 \le i \le 6$
rJ = 寄存器 J
CI = 比较指示器

[*]:
JL(4)　<
JE(5)　=
JG(6)　>
JGE(7)　≥
JNE(8)　≠
JLE(9)　≤

[+]:
N(0)
Z(1)
P(2)
NN(3)
NZ(4)
NP(5)

10. [*15*] 列出可能改变比较指示器的设置值的全部 MIX 操作符.

▶ **11.** [*15*] 列出可能改变 rI1 的设置值的全部 MIX 操作符.

12. [*10*] 找出一条指令, 它的作用是用 2 乘 rI3 的当前值, 并且把结果保留在 rI3 中.

▶ **13.** [*10*] 假定位置 1000 包含指令 "JOV 1001". 这条指令在溢出开关打开的时候, 将其关闭 (无论开关状态如何, 都接着执行位置 1001 的指令). 如果把这条指令改成 "JNOV 1001", 会有差别吗? 如果改成 "JOV 1000" 或者 "JNOV 1000" 呢?

14. [*20*] 对于 MIX 的每个操作, 考虑能否设置 ±AA, I, F 这几部分, 使指令的结果完全等价于NOP (只不过执行时间可能更长). 假定不知道任何寄存器或者任何存储单元的值. 如果能产生NOP, 说明怎样实现. 例: 如果INCA的地址部分和变址部分均为 0, 那么它相当于无操作. JMP不可能是无操作, 因为它改变 rJ.

15. [*10*] 在打字机或者纸带机的信息块中有多少个字母数字字符? 在卡片读入机或者卡片穿孔机的信息块中有多少个这种字符? 在行式打印机的信息块中有多少个这种字符?

16. [*20*] 编写一则程序, 把存储位置 0000–0099 全部设置为零, 并且要求 (a) 程序尽量短; (b) 程序运行尽量快. [提示: 考虑使用MOVE指令.]

17. [*26*] 同上题一样, 不过要把位置 0000–N 设置为零, 其中 N 是 rI2 的当前值. 你的程序 (a) 和 (b) 应该能用于任何满足 $0 \le N \le 2999$ 的值 N; 应从位置 3000 开始.

▶ **18.** [*22*] 在下述 "数字一号" 程序执行后, 各个寄存器、开关和存储器会发生什么变化? (例如, rI1 和 rX 最终的设置值是什么? 溢出开关和比较指示器最终的设置值是什么?)

```
    STZ   1
    ENNX  1
    STX   1(0:1)
    SLAX  1
    ENNA  1
    INCX  1
    ENT1  1
    SRC   1
    ADD   1
    DEC1  -1
    STZ   1
    CMPA  1
    MOVE  -1,1(1)
    NUM   1
    CHAR  1
    HLT   1
```

▶ **19.** [*14*] 在上题中, 不计HLT 指令, 程序的执行时间是多少?

20. [*20*] 编写一则程序, 把全部 4000 个存储单元设置为 "HLT" 指令, 然后停止.

▶ **21.** [*24*] (a) 可能使 J 寄存器变成 0 吗? (b) 编写一则程序, 给定 rI4 中的一个数 N, 设置 J 寄存器等于 N, 假定 $0 < N \le 3000$. 你的程序应从位置 3000 开始. 当程序执行终结后, 所有存储单元的内容一定不能改变.

▶ **22.** [*28*] 假定位置 2000 包含一个整数 X. 编写两则计算 X^{13} 的程序, 要求把结果存入 A 寄存器后停机. 第一个程序应当使用最少的 MIX 存储单元; 第二个程序应当花费最短的执行时间. 假定 X^{13} 可以容纳在一个字中.

23. [*27*] 假定位置 0200 包含一个字

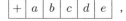

编写两则计算"反射"字

的程序，要求把结果存入 A 寄存器后停机. 第一个程序在完成这项任务时不应使用 MIX 装入和存储字的部分字段的功能. 两个程序都应当在所述条件下占用最少的存储位置（包括储存程序本身以及临时存储中间结果的所有位置）.

24. [*21*] 假定寄存器 A 和 X 分别包含

| + | 0 | *a* | *b* | *c* | *d* | 和 | + | *e* | *f* | *g* | *h* | *i* | , |

编写两则程序，把这两个寄存器中的字符分别改变为

| + | *a* | *b* | *c* | *d* | *e* | 和 | + | 0 | *f* | *g* | *h* | *i* | , |

要求 (a) 使用最小存储空间；(b) 使用最短执行时间.

▶ **25.** [*30*] 假定 MIX 的制造商希望生产一种功能更强的计算机（"超级 MIX"？），并且想要向尽可能多的老客户（当前拥有一台 MIX 计算机的人）购买更昂贵的新计算机. 他打算把这种新计算机硬件设计成 MIX 的扩充：为 MIX 编写的所有正确程序，不加修改就能在新机器上运行. 请对扩充加进的功能提出建议.（例如能否使一条指令的 I 字段得到更好利用？）

▶ **26.** [*32*] 这道问题是编写一则卡片装入程序. 每台计算机为了开始读入信息以及正确地启动作业，都有自身特殊的"自举"（或引导）问题. 对 MIX 来说，卡片的内容仅能用字符代码读入，包含装入程序本身的卡片也必须满足这个限制. 并非字节的所有可能值都能从卡片读入；从卡片读入的每个字都是正值.

MIX 具有在正文中未加说明的一个特征："GO按钮"，用来在存储器包含随意信息的起始状态下启动计算机. 当计算机操作员按下这个按钮时，发生下列动作.

(1) 一张卡片被读入 0000–0015 位置；这在实质上等价于执行指令"IN 0(16)".

(2) 当这张卡片已经完全读入，卡片读入机不再忙碌时，发生转移到单元 0000 的JMP. J 寄存器同时被设置为 0，上溢开关也归零.

(3) 计算机此时开始执行已从卡片读入的程序.

注记：没有卡片读入机的 MIX 计算机把GO 按钮连在其他输入设备上. 但是在本题中我们假定有一台卡片读入机，设备号为 16.

要编写的装入程序必须满足下列条件.

(i) 输入卡片叠首先应当是装入例程，然后是包含要装入的数字的若干信息卡片，再后面是一张"转移卡片"，它关闭装入例程，并且转移到主程序的开头. 装入例程应当能容纳在两张卡片上.

(ii) 信息卡片具有下述格式：

> 第 1–5 列，装入例程予以忽略.
> 第 6 列，在这张卡片上要装入的连续的字数（最小是 1，最大是 7）.
> 第 7–10 列，字 1 的位置，它总是大于 100（以免覆盖装入例程）.
> 第 11–20 列，字 1.
> 第 21–30 列，字 2（如果第 6 列的数字 ≥ 2）.
> . . .
> 第 71–80 列，字 7（如果第 6 列的数字 = 7）.

字 1, 2, . . . 中的内容穿孔为十进制数值形式. 如果一个字是负数，那么在末位上方附加穿孔一个负号（"顶部穿孔 11"），例如穿在第 20 列上. 假定这样使得输入的字符代码是 10, 11, 12, . . . , 19 而不是 30, 31, 32, . . . , 39. 例如，一张在 1–40 列穿孔成

$$\text{ABCDE3100001234567890000000000100\overline{100}}$$

的卡片，应当引导装入下列数据：

> 1000:   +0123456789;   1001:   +0000000001;   1002:   −0000000100.

(iii) 转移卡片在 1–10 列的格式为TRANSOnnnn，其中 nnnn 是程序开始执行的地址.

(iv) 装入例程应能在各种字节大小的机器上运行，对于存放装入例程的卡片不需做任何改变. 卡片不应包含与字节代码 20, 21, 48, 49, 50, . . . 对应的字符（即Σ, Π, =, \$, <, . . . ），因为不是所有卡片读入机都能接受这些字符. 特别是不能使用ENT, INC, CMP指令，它们未必能穿孔到卡片上.

1.3.2　MIX 汇编语言

我们用一种符号语言编写 MIX 程序，使程序读起来、写起来都相当轻松，程序员不必忧虑烦人的书写细节，从而避免这类细节经常导致的无谓错误. 这种 MIX 汇编语言MIXAL（MIX Assembly Language）是前一小节使用的指令记号的扩充. 它的主要特征是选用字母符号名代表数字，并且用单元字段（位置字段）把存储单元与符号名关联起来.

我们首先讲解一个简单的例子，让读者毫不费力地理解 MIXAL. 下面的代码是一则较长程序的片段，其目的是依据算法 1.2.10M 求 n 个元素 $X[1],\ldots,X[n]$ 的最大值.

程序 M（找出最大值）. 寄存器赋值：rA ≡ m，rI1 ≡ n，rI2 ≡ j，rI3 ≡ k，$X[i]$ ≡ CONTENTS($X+i$).

汇编后的指令	行号	LOC	OP	ADDRESS	次数	注释
	01	X	EQU	1000		
	02		ORIG	3000		
3000: + 3009 0 2 32	03	MAXIMUM	STJ	EXIT	1	子程序连接
3001: + 0 1 2 51	04	INIT	ENT3	0,1	1	*M1. 初始化.* $k \leftarrow n$.
3002: + 3005 0 0 39	05		JMP	CHANGEM	1	$j \leftarrow n$, $m \leftarrow X[n]$, $k \leftarrow n-1$.
3003: + 1000 3 5 56	06	LOOP	CMPA	X,3	$n-1$	*M3. 比较.*
3004: + 3007 0 7 39	07		JGE	*+3	$n-1$	如果 $m \geq X[k]$, 转到 M5.
3005: + 0 3 2 50	08	CHANGEM	ENT2	0,3	$A+1$	*M4. 改变 m.* $j \leftarrow k$.
3006: + 1000 3 5 08	09		LDA	X,3	$A+1$	$m \leftarrow X[k]$.
3007: + 1 0 1 51	10		DEC3	1	n	*M5. 减小 k*
3008: + 3003 0 2 43	11		J3P	LOOP	n	*M2. 是否检验完毕？* 如果 $k > 0$, 转到 M3.
3009: + 3009 0 0 39	12	EXIT	JMP	*	1	返回主程序. ∎

这个程序示例同时说明了下面若干事项.

(a) 我们主要关心的是"LOC""OP""ADDRESS"几列. 这几列包含用MIXAL这种符号机器语言编写的一个程序，我们将在下面详细解释这个程序.

(b) "汇编后的指令"列显示对应于这个 MIXAL 程序的实际的数字编码的机器语言. MIXAL 的设计旨在保证任何 MIXAL 程序都能轻而易举地翻译成数字形式的机器语言. 这种翻译工作通常由另外一个称为汇编程序或者汇编器的计算机程序完成. 这样一来，程序员可以用 MIXAL 这种符号机器语言完成全部的程序设计，而不必费心费力地人工确定等价的数字代码. 本书中几乎所有 MIX 程序都是用 MIXAL 编写的.

(c) "行号"列不是 MIXAL 程序的实际组成部分. 本书的 MIXAL 程序示例之所以包含行号，只是为了方便指明程序的各个部分.

(d) "注释"列给出关于程序的附加说明，与算法 1.2.10M 的步骤互相参照. 读者应当比较该程序与原算法（第 76 页）. 请注意，在把算法转换成 MIX 代码的过程中，利用了少许"程序员的特许权限"，例如把算法步骤 M2 放在程序的最后. 在程序 M 开始处的"寄存器赋值"说明 MIX 的各部件如何同算法中的变量相互对应.

(e) 在本书将要考察的许多程序中，"次数"列具有启示性. 它表示程序的轮廓，即执行过程中那一行指令将要执行多少次. 由此看出，06 行将要执行 $n-1$ 次，等等. 依照这个数据，我们可以确定，执行该子程序所需的时间为 $(5+5n+3A)u$，其中 A 已经在 1.2.10 节仔细分析过.

现在让我们来讨论程序 M 的 MIXAL 代码. 01 行

X EQU 1000

说明符号 X 与数字 1000 是等价的. 这条指令的作用可以从 06 行看出，那里的指令 "CMPA X,3"
在汇编后的等价数字形式为

+	1000	3	5	56

也就是 "CMPA 1000,3".

02 行说明，应当从位置 3000 开始依次选取随后各行的单元. 所以，在 03 行的 LOC（位
置）字段中出现的符号 MAXIMUM 同数字 3000 等价，其后的 INIT 同 3001 等价，LOOP 同 3003
等价，等等.

在 03–12 行，OP（操作码）字段包含 MIX 指令的符号名 STJ, ENT3 等. 但是 01 行和 02
行的符号名 EQU 和 ORIG 有所不同，它们称为伪操作，因为它们只是 MIXAL 的操作符，却不是
MIX 的操作符. 伪操作符不是程序本身的指令，它们提供关于符号程序的特殊信息. 于是

X EQU 1000

这一行只说明程序 M 的有关事项，并不表示程序运行时要设置任何变量为 1000. 请注意，在
汇编的时候，01 行和 02 行不产生指令.

03 行是 "存储 J" 指令，它把 J 寄存器的内容存入 EXIT 位置的 (0:2) 字段. 换句话说，它
把 rJ 存入 12 行指令的地址部分.

早先提到过，程序 M 本来是一则较长程序的一部分. 在大程序的其他地方会有指令序列，
例如

ENT1 100
JMP MAXIMUM
STA MAX

负责把 n 设置为 100 并转移到程序 M. 然后，程序 M 找到元素 $X[1], \ldots, X[100]$ 中的最大值，
把这个最大值保存在 rA 中，把它所在的位置 j 保存在 rI2 中，再返回到指令 "STA MAX" 处
（见习题 3）.

05 行把控制转移到 08 行. 对于 04, 05, 06 三行，不需做进一步解释. 07 行引进一个新记
号：星号*（读作 "自身"），指它所在行的位置单元. 因此，"*+3"（"自身加 3"）就是指从当
前行往后数三个单元. 由于 07 行与单元 3004 对应，所以该行的 "*+3" 是指单元 3007.

其余的符号代码毋需解释. 注意 12 行再次出现一个星号（见习题 2）.

我们借助一个例子，介绍汇编语言的其他几个特征. 程序的目标是计算前 500 个素数，并
把它们打印成一张 10 列的表，每列 50 个素数. 这张表在行式打印机上如下所示：

```
FIRST FIVE HUNDRED PRIMES
        0002 0233 0547 0877 1229 1597 1993 2371 2749 3187
        0003 0239 0557 0881 1231 1601 1997 2377 2753 3191
        0005 0241 0563 0883 1237 1607 1999 2381 2767 3203
        0007 0251 0569 0887 1249 1609 2003 2383 2777 3209
        0011 0257 0571 0907 1259 1613 2011 2389 2789 3217
          ⋮                                              ⋮
        0229 0541 0863 1223 1583 1987 2357 2741 3181 3571
```

我们将采用下述方法.

算法 P（打印前 500 个素数的表）. 这个算法包含两个不同的部分：P1–P8 步为第一部分，在机器内部准备 500 个素数的表；P9–P11 步为第二部分，按照上面显示的格式打印结果. 后一部分利用两个"缓冲区"，在其中建立每一行的显示图象；在打印一个缓冲区内容的同时，对另一个缓冲区填入数据.

P1.［开始建表.］置 PRIME[1] ← 2, N ← 3, J ← 1.（在下面的步骤中，N 将遍历可能是素数的奇数，J 记录当前已经找到多少个素数.）

P2.［N 是素数.］置 J ← J + 1, PRIME[J] ← N.

P3.［已找到 500 个？］如果 J = 500，转到步骤 P9.

P4.［推进 N.］置 N ← N + 2.

P5.［K ← 2.］置 K ← 2.（PRIME[K] 将遍历可能是 N 的素因数的数.）

P6.［PRIME[K]\N？］用 PRIME[K] 除 N；令 Q 为商，R 为余数. 如果 R = 0（因此 N 不是素数），转到 P4.

P7.［PRIME[K] 足够大？］如果 Q ≤ PRIME[K]，转到 P2.（此时 N 必定是素数. 证明这个论断是很有趣的，而且有一点异乎寻常，参见习题 6.）

P8.［推进 K.］K 增加 1，然后转到 P6.

P9.［打印标题.］至此我们做好了打印表的准备. 把打印机推进到下一页，设置 BUFFER[0] 为标题行，并且打印这一行. 置 B ← 1, M ← 1.

P10.［建立行数据.］按相应格式把 PRIME[M], PRIME[50 + M], ..., PRIME[450 + M] 填入 BUFFER[B].

P11.［打印行.］打印 BUFFER[B]；置 B ← 1 − B（即切换到另一个缓冲区）；M 增加 1. 如果 M ≤ 50，返回 P10；否则，算法终结. ▌

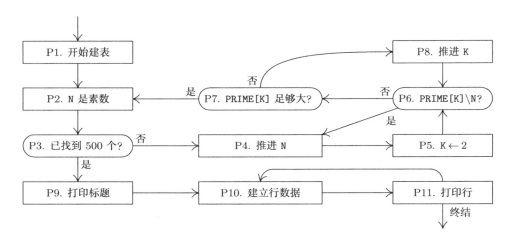

图 14　算法 P

程序 P（打印前 500 个素数的表）. 为了只用一个程序演示 MIXAL 的大部分特征，这个程序特意编写得略显笨拙. rI1 ≡ J − 500, rI2 ≡ N, rI3 ≡ K, rI4 指示 B, rI5 是 M 与 50 的倍数之和.

```
01  *  演示程序  ...  素数表
02  *
03  L        EQU  500              欲求素数的个数
04  PRINTER  EQU  18               行式打印机的设备号
05  PRIME    EQU  -1               素数表的存储区域
06  BUF0     EQU  2000             BUFFER[0] 的存储区域
07  BUF1     EQU  BUF0+25          BUFFER[1] 的存储区域
08           ORIG 3000
09  START    IOC  0(PRINTER)       跳到新页.
10           LD1  =1-L=            P1. 开始建表. J ← 1.
11           LD2  =3=              N ← 3.
12  2H       INC1 1                P2. N是素数. J ← J + 1.
13           ST2  PRIME+L,1        PRIME[J] ← N.
14           J1Z  2F               P3. 已找到 500 个?
15  4H       INC2 2                P4. 推进 N.
16           ENT3 2                P5. K ← 2.
17  6H       ENTA 0                P6. PRIME[K]\N ?
18           ENTX 0,2              rAX ← N.
19           DIV  PRIME,3          rA ← Q, rX ← R.
20           JXZ  4B               如果 R = 0, 转到 P4.
21           CMPA PRIME,3          P7. PRIME[K] 足够大?
22           INC3 1                P8. 推进 K.
23           JG   6B               如果 Q > PRIME[K], 转到 P6.
24           JMP  2B               否则N 是素数.
25  2H       OUT  TITLE(PRINTER)   P9. 打印标题.
26           ENT4 BUF1+10          置 B ← 1.
27           ENT5 -50              置 M ← 0.
28  2H       INC5 L+1              推进 M.
29  4H       LDA  PRIME,5          P10. 建立行数据.  (从右到左)
30           CHAR                  转换 PRIME[M] 为十进制数.
31           STX  0,4(1:4)
32           DEC4 1
33           DEC5 50               (rI5 每次减少 50 直到
34           J5P  4B                   它变成非正数)
35           OUT  0,4(PRINTER)     P11. 打印行.
36           LD4  24,4             切换缓冲区.
37           J5N  2B               如果 rI5 = 0, 我们已经完成任务.
38           HLT
39  * 初始化表和缓冲区的内容
40           ORIG PRIME+1
41           CON  2                第一个素数为 2.
42           ORIG BUF0-5
43  TITLE    ALF  FIRST           标题行的
44           ALF   FIVE             字母信息
45           ALF   HUND
46           ALF   RED P
```

```
47          ALF   RIMES
48          ORIG  BUF0+24
49          CON   BUF1+10              每个缓冲区都指向另一个缓冲区.
50          ORIG  BUF1+24
51          CON   BUF0+10
52          END   START               例程结束.    ▮
```

关于这个程序, 下面几点是值得注意的:

1. 01, 02, 39 行由星号开始: 这表示该行是仅限于提供说明的"注释"行, 对汇编后的程序没有实际影响.

2. 和程序 M 一样, 03 行中的伪操作符 EQU 设置一个符号的等价值. 本例是把 L 的等价值设置为 500. (在程序的 10–24 行中, L 代表待计算的素数的个数.) 注意, 在 05 行中符号 PRIME 获得一个负的等价值; 一个符号的等价值可以是任何带符号的 5 字节数. 在 07 行中 BUF1 的等价值按 BUF0+25 计算, 即 2025. MIXAL 对数字提供数量有限的算术运算, 另外一个例子出现在 13 行, 此处 PRIME+L 的值由汇编程序计算 (本例结果为 499).

3. 在 09, 25, 35 行的 F 部分, 使用了符号 PRINTER. 正如 ADDRESS 字段的其他部分一样, 这个总是置于括号内的 F 部分可以是数字, 也可以是符号. 31 行的部分字段说明 "(1:4)" 用到了冒号.

4. MIXAL 编程可用多种方式说明非指令的字. 41 行用伪操作符 CON 指明普通的常量 (constant) "2", 汇编结果是字

$$+\ |\qquad\qquad\qquad\ 2\ |\ .$$

49 行有一个略微复杂一些的常量 "BUF1+10", 它被汇编成字

$$+\ |\qquad\qquad\quad 2035\ |\ .$$

一个常量可以置于两个等号之间, 此时它称为字面常量 (见 10 行和 11 行). 对于字面常量, 汇编程序自动建立内部常量名, 并且插入 "CON" 行. 例如, 程序 P 的 10 行和 11 行事实上被转变成

```
10          LD1   con1
11          LD2   con2
```

在程序结束时, 汇编过程实际把

```
51a   con1  CON   1-L
51b   con2  CON   3
```

这两行插入到 51 行和 52 行之间 (两行顺序可能颠倒). 51a 行将汇编成字

$$-\ |\qquad\qquad\quad 499\ |\ .$$

使用字面常量无疑是很方便的, 因为这意味着程序员不必再为寻常的常量建立符号名, 也不必记住一定要在每个程序的结尾插进这些常量. 程序员可以专心关注核心问题, 不需为这样无聊的细节操心. (不过, 程序 P 中的字面常量并不是非常合适的例子, 因为如果使用更高效的指令 "ENT1 1-L" 和 "ENT2 3" 取代 10 行和 11 行, 程序会稍好一些.)

5. 一种好的汇编语言应当模仿程序员对于计算机程序的思考方式. 我们刚才提到的使用字面常量就是这一原则的实例. 另外一个例子是使用 "*", 这在程序 M 中已经说明. 还有一例是引进局部符号的思想, 例如 12, 25, 28 行的单元字段中出现的符号 2H.

局部符号是特殊的符号, 它们的等价值可以反复重新定义, 定义次数视需要而定. 像 PRIME 这样的全局符号在整个程序中只具备一种含义, 因此如果它出现在不止一行的单元字段中, 汇编程序将会报错. 然而, 局部符号的特质不同. 例如, 我们可以在一行 MIXAL 代码的单元字段写上 2H ("此处的 2"), 而在另一行的地址字段写上 2F ("此后的 2") 或者 2B ("此前的 2"):

2B 系指此前最近的位置 2H;
2F 系指此后最近的位置 2H.

因此, 14 行的 "2F" 是指后面的 25 行; 24 行的 "2B" 是指前面的 12 行; 37 行的 "2B" 是指前面的 28 行. 2F 或者 2B 的地址不可能指它自身所在的行, 例如

```
2H      EQU     10
2H      MOVE    2F(2B)
2H      EQU     2B-3
```

这三行 MIXAL 代码实际上等价于单行代码

MOVE *-3(10).

绝对不能把符号 2F 和 2B 用在单元字段中, 也不能把符号 2H 用在地址字段中. 总共有 10 种局部符号, 把上面例子中的 "2" 换成从 0 到 9 的任何一个数字就得到它们.

局部符号的思想是梅尔文·康威于 1958 年提出的, 它的发明与 UNIVAC I 计算机的汇编程序有关. 当程序员想要在程序中访问仅在几行之外的一条指令时, 局部符号可以减轻他们的负担, 使他们不必为每个地址选取符号名. 对于附近的位置, 程序员经常找不到适当的名称, 所以往往会使用像 X1, X2, X3 这样没有具体含义的符号名, 导致重复命名的潜在危险. 所以在汇编语言中, 局部符号是非常有用的, 同时也是很自然的.

6. 30 行和 38 行的地址部分是空的, 这表示汇编后的地址将为 0. 我们在 17 行也可以用空地址, 但是加上这个累赘的 0 可以提高程序的可读性.

7. 43–47 行使用 "ALF" 操作, 建立一个用 MIX 字母数字字符代码表示的 5 字节常量. 例如, 45 行将被汇编成字

+	00	08	24	15	04

代表 "␣HUND" —— 这是程序 P 输出的标题行的一部分.

在 MIXAL 程序中, 所有没有说明存储内容的单元通常都置为正零 (由装入例程占用的位置不包括在内, 一般是 3700–3999). 因此在 47 行之后不需要把标题行的其他字置为空格字符.

8. 算术运算可以与 ORIG 一同使用, 见 40, 42, 48, 50 行.

9. 一个完整的 MIXAL 程序最后一行的 OP 代码总是 "END". 这一行上的地址是程序装入内存储器后的起始单元.

10. 这是对程序 P 的最后一条注记. 我们指出, 该程序的指令经过了合理的组织, 使得只要可能, 变址寄存器就向零计数, 然后检验它们是否为零. 例如, 我们在 rI1 中存入数值 J-500 而不是 J. 26–34 行特别值得注意, 尽管或许有点不好理解.

观察程序 P 在某次实际运行中的统计数据, 也许是很有意味的. 19 行中的除法指令执行了 9538 次, 10–24 行的执行时间为 $182144u$.

　　编写 MIXAL 程序可在卡片上穿孔，也可在计算机终端设备上输入，如图 15 所示．下面的格式是在穿孔卡片上使用的：

1–10 列	LOC（单元）字段；
12–15 列	OP（操作符）字段；
17–80 列	ADDRESS（地址）字段和可选的注释；
11, 16 列	空．

但是，如果 1 列出现一个星号，那么整张卡片就视为一段注释．ADDRESS 字段以 16 列后面遇到的第 1 个空列结束．任何注释信息都可以穿孔写在这个空列的右边，对汇编程序不产生影响．（例外：当 OP 字段是 ALF 时，注释总是从 22 列开始．）

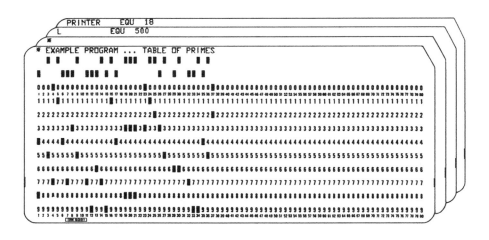

```
* EXAMPLE PROGRAM ...  TABLE OF PRIMES
*
L EQU 500
PRINTER EQU 18
PRIME EQU -1
BUF0 EQU 2000
BUF1 EQU BUF0+25
 ORIG 3000
START IOC 0(PRINTER)
 LD1 =1-L=
```

图 15　程序 P 的前面几行，上图为穿孔卡片，下图为终端设备上的输入

　　当输入来自终端时，格式的限制较少：LOC 字段以第 1 个空格结束，而 OP 字段和 ADDRESS字段（如果有）以非空格字符开始，延续到下一个空格结束．但是 ALF 这个特殊的 OP 代码后面要么接着 2 个空格字符和 5 个字母数字字符，要么接着 1 个空格字符和 5 个字母数字字符（第一个不是空格字符）．每一行的其余部分可以加入注释．

　　MIX 汇编程序接受以这种形式准备的输入文件，然后把它们转换为可装入形式的机器语言程序．读者如果有条件，可以使用 MIX 汇编器和 MIX 模拟器，借助它们求解本书中的各种习题．

　　至此，我们已经知道用 MIXAL 可以做什么．在本小节的最后，我们更仔细地描述一下MIXAL 语言的规则，特别说明在 MIXAL 中什么是不允许的．我们用数目相对不多的下述规则定义 MIXAL 语言．

1. 一个符号是包含 1 至 10 个字母或数字的字符串, 其中至少有一个字母. 例: PRIME, TEMP, 20BY20. 为了明确定义, 在前面描述的"局部符号"约定中介绍的特殊符号 dH, dF, dB (其中 d 是一位数字) 要改成其他的唯一的符号.

2. 一个数是包含 1 至 10 个数字的字符串. 例: 00052.

3. 在一则 MIXAL 程序中出现的每个符号, 或者是一个"已定义符号", 或者是一个"待定义引用". 已定义符号是在该 MIXAL 程序前面某一行的 LOC 字段中已经出现过的符号. 待定义引用则是尚未用这种方式定义过的符号.

4. 一个原子表达式是下列三者之一:

(a) 一个数,

(b) 一个已定义符号 (表示那个符号的等价数值, 见规则 13),

(c) 一个星号 (表示 ⊛ 的值, 见规则 10 和 11).

5. 一个表达式是下列三者之一:

(a) 一个原子表达式,

(b) 一个 + 号或 − 号后面接一个原子表达式,

(c) 一个表达式后面接一个双目运算符, 再接一个原子表达式.

允许使用的 6 种双目运算符 (二元运算符) 是 +, -, *, /, //, :. 它们对于 MIX 的数值字的定义如下:

```
C = A+B      LDA AA; ADD BB; STA CC.
C = A-B      LDA AA; SUB BB; STA CC.
C = A*B      LDA AA; MUL BB; STX CC.
C = A/B      LDA AA; SRAX 5; DIV BB; STA CC.
C = A//B     LDA AA; ENTX 0; DIV BB; STA CC.
C = A:B      LDA AA; MUL =8=; SLAX 5; ADD BB; STA CC.
```

这里, AA, BB, CC 分别表示包含符号 A, B, C 的值的单元. 一个表达式内的运算是从左到右执行的. 例:

-1+5	等于 4
-1+5*20/6	等于 4*20/6, 等于 80/6, 等于 13 (从左到右进行)
1//3	等于一个 MIX 字, 它的值近似等于 $b^5/3$, 其中 b 是字节大小; 即表示分数 $\frac{1}{3}$ 的字, 假定小数点在左边
1:3	等于 11 (通常用于部分字段说明)
*-3	等于 ⊛ 减 3
***	等于 ⊛ 乘 ⊛

6. 一个 A 部分 (用于描述 MIX 指令的地址字段) 是下列四者之一:

(a) 空 (表示值为 0),

(b) 一个表达式,

(c) 一个待定义引用 (表示该符号的最后等价值, 见规则 13),

(d) 一个字面常量 (表示对一个内部创建的符号的引用, 见规则 12).

7. 一个变址部分（用于描述 MIX 指令的变址字段）是下列二者之一：

(a) 空（表示值为 0），

(b) 一个逗号后面接一个表达式（表示该表达式的值）.

8. 一个 F 部分（用于描述 MIX 指令的 F 字段）是下列二者之一：

(a) 空（表示标准的 F 设置值，以表 1.3.1–1 中所示 OP 字段为基准），

(b) 一个左括号后面接一个表达式，再接一个右括号（表示该表达式的值）.

9. 一个 W 值（用于描述一个 MIX 全字常量）是下列二者之一：

(a) 一个表达式后面接一个 F 部分（这种情况下的空白 F 部分表示 (0:5)），

(b) 一个 W 值后面接一个逗号，再接一个 (a) 形式的 W 值.

一个 W 值表示由下述方式确定的一个 MIX 数值字的值：令该 W 值形如 "$E_1(F_1),E_2(F_2),$ $\dots,E_n(F_n)$"，其中 $n \geq 1$，各个 E 是表达式，F 是字段. 所求的结果是假如执行假想程序

$$\text{STZ WVAL; LDA } C_1\text{; STA WVAL}(F_1)\text{; }\dots\text{; LDA } C_n\text{; STA WVAL}(F_n)$$

后将会出现在存储单元 WVAL 中的终值. 程序中的 $C_1, \dots, C_n$ 表示包含表达式 $E_1, \dots, E_n$ 之值的单元. 每个 F_i 必须取 $8L_i + R_i$ 的形式，其中 $0 \leq L_i \leq R_i \leq 5$. 例：

1	是字	+				1
1,-1000(0:2)	是字	−	1000			1
-1000(0:2),1	是字	+				1

10. 汇编过程要用到由 ⊛（称为单元计数器或位置计数器）表示的值，初值为零. ⊛ 的值始终应当是能够容纳在两个字节内的非负整数. 当一行的单元字段非空时，该行必然包含一个此前尚未定义的符号. 该符号的等价值就定义为 ⊛ 的当前值.

11. 按规则 10 的描述处理 LOC 字段后，汇编过程取决于 OP 字段的值. OP 有 6 种可能情况：

(a) OP 是 MIX 的一个操作符（见 1.3.1 节末尾的表 1）. 表 1 对于 MIX 的每个操作符定义了标准的 C 值和 F 值. 在这种情况下，ADDRESS 应当是一个 A 部分（规则 6）后面接一个变址部分（规则 7），再接一个 F 部分（规则 8）. 我们由此得到 4 个值：C, F, A, I. 结果是把由指令序列 "LDA C; STA WORD; LDA F; STA WORD(4:4); LDA I; STA WORD(3:3); LDA A; STA WORD(0:2)" 确定的字汇编到由 ⊛ 指定的单元，并且对 ⊛ 加 1.

(b) OP 是 "EQU". ADDRESS 应当是一个 W 值（见规则 9）. 如果 LOC 字段非空，就把出现在那里的符号的等价值设置为在 ADDRESS 中说明的值. 这条规则优先于规则 10. ⊛ 的值保持不变.（举一个不平凡的例子，代码行

$$\text{BYTESIZE EQU } 1(4:4)$$

允许程序员使用一个取值依赖于字节大小的符号. 这种情况是可以接受的，前提是得到的程序对于每一种可能的字节大小都具有意义.）

(c) OP 是 "ORIG". ADDRESS 应当是一个 W 值（见规则 9）. 单元计数器 ⊛ 设置为这个值.（请注意，由于规则 10，出现在某 ORIG 行 LOC 字段的符号取 ⊛ 在改变之前的值作为它的等价值. 例如

$$\text{TABLE ORIG } *+100$$

把 TABLE 的等价值设置为 100 个单元的第一个单元.)

(d) OP 是 "CON". ADDRESS 应当是一个 W 值. 结果是把取这个值的一个字汇编到由 ⊛ 指定的单元，并且对 ⊛ 加 1.

(e) OP 是 "ALF". 结果是汇编由地址字段前 5 个字符组成的字符代码字，其他方面同 CON 一样.

(f) OP 是 "END". ADDRESS 应当是一个 W 值，在其 (4:5) 字段指定程序开始指令的单元. END 行标志 MIXAL 程序终结. 实际上，汇编器把对应于所有未定义符号以及字面常量的补充行以任意顺序恰好插入在 END 行之前（见规则 12 和 13）. 因此 END 行 LOC 字段中的符号将表示位于那些插入字之后的第一个单元.

12. 字面常量：长度小于 10 个字符的 W 值可以置于两个 "=" 号之间，用作待定义引用. 结果是创建一个新的内部符号，并且恰好在 END 行之前插入定义该符号的 CON 行（见程序 P 之后的注释 4）.

13. 每个符号都有唯一的等价值. 这是 MIX 的一个全字数值，正常情况下由该符号出现在 LOC 字段的情况，按照规则 10 或者规则 11(b) 确定. 如果这个符号没有出现在 LOC 字段，那么实际上在 END 行前面插入一个新行，这一行有 OP = "CON"，ADDRESS = "0"，LOC 字段写明该符号名.

注记：上列规则最重要的推论是对于待定义引用的限制. 尚未在先前某行的 LOC 字段中定义的符号，只允许用作指令的 A 部分，不允许用在其他地方，尤其不能用在：(a) 含有算术运算符的算式中；(b) EQU, ORIG, CON 的 ADDRESS 字段中. 例如，

$$\text{LDA} \quad \text{2F+1} \qquad \text{和} \qquad \text{CON} \quad \text{3F}$$

都是不合法的指令. 施加这种限制是为了能对程序进行更有效的汇编，而且编写这套书籍取得的经验表明，这种限制程度适中，基本没有太大影响.

实际上，MIX 有两种底层编程的符号语言：MIXAL[①] 是面向机器的语言，它的设计是为了便于用一个非常简单的汇编程序通过一遍扫描对程序进行编译；PL/MIX 是一种更充分反映数据结构和控制结构的语言，它看起来更像是 MIXAL 程序的注释字段.

习题（第一组）

1. [00] 正文中提到，"X EQU 1000" 不汇编成任何设置变量值的指令. 假定你正在编写一则 MIX 程序，要把某个存储单元（它的符号名为 X）包含的值设置为 1000. 你怎样用 MIXAL 编写出该语句？

▶ **2.** [10] 程序 M 的 12 行写有 "JMP *"，其中 * 表示那一行的地址. 这个程序为什么不会无休止地重复执行这条指令而陷入无限循环？

▶ **3.** [23] 如果把下述程序同程序 M 连接起来，它的结果是什么？

```
START IN   X+1(0)
      JBUS *(0)
      ENT1 100
1H    JMP  MAXIMUM
      LDX  X,1
      STA  X,1
```

---

① 我在 1971 年惊奇地获悉，在南斯拉夫有一种用于自动装置的清洗剂的名称也是 MIXAL.

```
        STX   X,2
        DEC1  1
        J1P   1B
        OUT   X+1(1)
        HLT
        END   START  ▌
```

▶ **4.** [25] 手工汇编程序 P.（花费的时间不会像你想象的那样长.）存储器各单元中，同符号形式的程序对应的真实数值内容是什么？

5. [11] 在程序 P 中为什么不需要用一条 JBUS 指令确定行式打印机何时就绪？

6. [HM20] (a) 证明：如果 n 不是素数，那么 n 有一个因子 d 满足 $1 < d \le \sqrt{n}$. (b) 利用这个事实说明，算法 P 的 P7 步中的检验证明了 N 是素数.

7. [10] (a) 在程序 P 的 34 行中 "4B" 的含义是什么？(b) 如果把 15 行的单元改为 "2H"，而且把 20 行的地址改为 "2B"，那么会产生什么结果？

▶ **8.** [24] 下述程序具有什么功能？（不要在计算机上运行程序，要手工确定它的作用！）

```
    * MYSTERY PROGRAM
    BUF ORIG *+3000
    1H  ENT1 1
        ENT2 0
        LDX  4F
    2H  ENT3 0,1
    3H  STZ  BUF,2
        INC2 1
        DEC3 1
        J3P  3B
        STX  BUF,2
        INC2 1
        INC1 1
        CMP1 =75=
        JL   2B
        ENN2 2400
        OUT  BUF+2400,2(18)
        INC2 24
        J2N  *-2
        HLT
    4H  ALF  AAAAA
        END  1B  ▌
```

习题（第二组）

这组习题是一些短小的程序设计问题，代表若干典型的计算机应用，涉及广泛的编程技术. 我们鼓励每位读者选做其中几道，以便熟悉使用 MIX，并充分复习基本程序设计技巧. 如果愿意的话，可以一边阅读第 1 章其余部分，一边并行完成这些习题.

下述列表指出习题中涉及的几类程序设计技术：

使用多路判定开关表：习题 9, 13, 23

使用二维数组变址寄存器：习题 10, 21, 23

解封装字符：习题 13, 23

整数和十进制小数的算术运算：习题 14, 16, 18

使用子程序：习题 14, 20

输入缓冲：习题 13

输出缓冲：习题 21, 23

表处理：习题 22

实时控制：习题 20

图形显示：习题 23

在本书中，如果习题要求"编写一个 MIX 程序"或者"编写一个 MIX 子程序"，你仅需针对题目要求编写符号形式的 MIXAL 代码. 代码本身不是完整的程序，它不过是一个（假想的）完整程序的片段. 在代码片段中，如果数据是外部提供的，不需要进行输入或输出，仅仅需要编写 MIXAL 语句行的 LOC, OP, ADDRESS 字段以及适当的注释. 除非特别指明，否则不要求写出汇编后的数值机器指令、行号和"次数"这三个列（见程序 M）；此外也不用写 END 行.

如果习题要求"编写一个完整的 MIX 程序"，那就意味着应当用 MIXAL 写出一个可执行的程序，特别是需要包含最后的 END 行. 有许多汇编器和 MIX 模拟器可以用来检验这种完整的程序.

▶ **9.** [25] 单元INST包含一个 MIX 字，据称它是一条 MIX 指令. 编写一个 MIX 程序：如果这个字的 C 字段、$\pm$AA 字段、I 字段和 F 字段按照表 1.3.1-1 均是有效的，程序转移到单元 GOOD；否则，程序应转移到单元 BAD. 记住 F 字段的有效性检验同 C 字段有关. 例如，如果 C = 7 (MOVE)，任何 F 字段都是可以接受的，但是如果 C = 8 (LDA)，F 字段必须形如 8L + R，其中 $0 \le L \le R \le 5$. "$\pm$AA"字段一般认为是有效的，除非 C 说明一条需要存储器地址的指令，而且 I = 0，$\pm$AA 不是有效的存储器地址.

注记：缺乏经验的程序员在处理这样的问题时，往往愿意写出一长串对于 C 字段的检验，例如"LDA C; JAZ 1F; DECA 5; JAN 2F; JAZ 3F; DECA 2; JAN 4F; ...". 这不是一种好做法！实现多路判定的最好方式是准备一张辅助表，所求的逻辑过程封装在表中. 例如，如果用一张有 64 个条目的表，我们可以写"LD1 C; LD1 TABLE,1; JMP 0,1"，由此非常快速地转移到期望的例程. 这样的表也可以保存其他有用的信息. 就本题而论，用表格仅仅使程序稍微长一些（包括表在内），却能大大提高它的速度和灵活性.

▶ **10.** [31] 假定我们把一个 9×8 矩阵

$$\begin{pmatrix} a_{11} & a_{12} & a_{13} & \ldots & a_{18} \\ a_{21} & a_{22} & a_{23} & \ldots & a_{28} \\ \vdots & & & & \vdots \\ a_{91} & a_{92} & a_{93} & \ldots & a_{98} \end{pmatrix}$$

存入存储器，把 a_{ij} 存储到单元 $1000 + 8i + j$. 所以，该矩阵在存储器中呈现为

$$\begin{pmatrix} (1009) & (1010) & (1011) & \ldots & (1016) \\ (1017) & (1018) & (1019) & \ldots & (1024) \\ \vdots & & & & \vdots \\ (1073) & (1074) & (1075) & \ldots & (1080) \end{pmatrix}.$$

如果矩阵中某个位置的值是所在行的最小值和所在列的最大值，就说该矩阵有一个"鞍点". 用符号表示，a_{ij} 是一个鞍点，如果

$$a_{ij} = \min_{1 \le k \le 8} a_{ik} = \max_{1 \le k \le 9} a_{kj}.$$

编写一个 MIX 程序，计算一个鞍点所在的单元（如果至少有一个鞍点），或者得到 0（如果不存在鞍点），并且把得到的值存入 rI1，然后停机.

11. [M29] 假定上题矩阵中的 72 个元素是两两不同的，并且假定所有 72! 种排列是等可能的，那么存在一个鞍点的概率是多大？如果我们假定矩阵的元素都为 0 或 1，并且所有 2^{72} 个这样的矩阵是等可能的，那么对应的概率是多大？

12. [*HM42*] 书后的习题答案对习题 10 给出两种解法，并且提示还有第三种解法．不清楚它们当中哪个解法更好．利用习题 11 的两种假定，分析答案给出的两种算法，判别哪个方法更好．

13. [*28*] 一位密码分析师需要计算各个字母在某种密码中出现的频率计数．他已经把密码穿孔到纸带上，用一个星号作为结束标志．编写一个完整的 MIX 程序，读入纸带，计算第一个星号之前出现的每个字符的频率，然后以

$$
\begin{array}{ll}
A & 0010257 \\
B & 0000179 \\
D & 0794301
\end{array}
$$

的形式打印结果，每行输出一个字符．不必计算空格数，也不用打印频率计数为 0 的字符（像上面的 C）．为了提高效率，用"缓冲区"方式输入：可以一边在存储器的一个区域读入一个数据块，一边在存储器的另一个区域计算字符．可以假定在输入纸带上有一个额外的信息块（接在包含星号结束标志的信息块之后）．

▶ **14.** [*31*] 下述算法是由意大利那不勒斯天文学家阿洛伊修斯·里利乌斯和德国耶稣会数学家克里斯托佛·克拉维约在 16 世纪末提出的．西方大多数教会用它来确定 1582 年之后任何一年的复活节 [①] 日期．

算法 E（计算复活节日期）．   令 Y 为欲求复活节日期的年份．

E1.［黄金数．］置 $G \leftarrow (Y \bmod 19) + 1$．（$G$ 是 19 年默冬章 [②] 中这一年的所谓"黄金数"．）

E2.［世纪数．］置 $C \leftarrow \lfloor Y/100 \rfloor + 1$．（当 Y 不是 100 的倍数时，C 为世纪数，例如 1984 年是在 20 世纪．）

E3.［修正量．］置 $X \leftarrow \lfloor 3C/4 \rfloor - 12$，$Z \leftarrow \lfloor (8C + 5)/25 \rfloor - 5$．（此处 X 是 1582 年以后像 1900 这样年份是 4 的倍数的平年数目，这种年份不置闰是为了与地球公转保持同步．Z 是用来使复活节与月球轨道同步的特别修正量．）

E4.［求星期日．］置 $D \leftarrow \lfloor 5Y/4 \rfloor - X - 10$．（3 月 $((-D) \bmod 7)$ 日将是星期日．）

E5.［求闰余．］置 $E \leftarrow (11G + 20 + Z - X) \bmod 30$．如果 $E = 25$ 且黄金数 $G > 11$，或者 $E = 24$，那么 E 增加 1．（这个数 E 就是闰余 [③]，它说明何时出现一次满月．）

E6.［求满月．］置 $N \leftarrow 44 - E$．如果 $N < 21$，那么置 $N \leftarrow N + 30$．（复活节应该是在 3 月 21 日当日或之后首次出现满月以后的第一个星期日．实际上，月球轨道的摄动使得这个日期不是准确无误的，但是我们在这里关心的是"历法月亮"而不是实际月亮．3 月的第 N 天是历法的满月日．）

E7.［推进到星期日．］置 $N \leftarrow N + 7 - ((D + N) \bmod 7)$．

E8.［求月份．］如果 $N > 31$，复活节日期是 4 月 $(N - 31)$ 日（表示为 $(N - 31)$ APRIL）；否则，日期是 3 月 N 日（表示为 N MARCH）． ▮

编写一个计算并打印给定年份的复活节日期的子程序，假定年份小于 100000．输出需采用"*dd* MONTH, *yyyyy*"的形式，其中 *dd* 是日子，MONTH 是月份，*yyyyy* 是年份．编写一个完整的 MIX 程序，利用上面这个子程序打印一张从 1950 年到 2000 年的复活节日期表．

15. [*M30*] 在上题的编码中，一个相当常见的错误是未认识到步骤 E5 用到的量 $(11G + 20 + Z - X)$ 可能取负值，因此可能没有正确计算出 mod 30 的正余数．（见 *CACM* **5** (1962), 556．）例如，在 14250 年，我们将求出 $G = 1$，$X = 95$，$Z = 40$；所以，如果我们得到 $E = -24$ 而不是 $E = +6$，将会得到荒谬的答案"42 APRIL"（4 月 42 日）．编写一个完整的 MIX 程序，求这个错误最早会导致在哪一年算出错误的复活节日期．

---

① 基督教纪念耶稣复活的节日，定为每年春分后第一次月圆后的第一个星期日．——译者注

② 古希腊天文学家默冬于公元前 432 年提出的置闰周期．在 19 个阴历年中安插 7 个闰月，即可与 19 个回归年相协调．——编者注

③ 阳历年超过阴历年的天数．——编者注

16. [*31*] 我们在 1.2.7 节曾经证明，和 $1 + \frac{1}{2} + \frac{1}{3} + \cdots$ 会变成无穷大. 但是如果用一台精度有限的计算机进行计算，这个和在某种意义下其实是存在的，因为只要一项一项地加，后面的项最终就会小到完全不会改变和. 例如，假定在计算上面的和时舍入到 1 位小数，那么我们有
$1 + 0.5 + 0.3 + 0.3 + 0.2 + 0.2 + 0.1 + 0.1 + 0.1 + 0.1 + 0.1 + 0.1 + 0.1 + 0.1 + 0.1 + 0.1 + 0.1 + 0.1 + 0.1 = 3.9$.

　　　　更确切地说，令 $r_n(x)$ 是 x 舍入到 n 位小数的结果，我们定义 $r_n(x) = \lfloor 10^n x + \frac{1}{2}\rfloor/10^n$. 于是，我们希望求

$$S_n = r_n(1) + r_n\left(\tfrac{1}{2}\right) + r_n\left(\tfrac{1}{3}\right) + \cdots.$$

我们知道 $S_1 = 3.9$，问题是编写一个完整的 MIX 程序，对于 $n = 2, 3, 4, 5$ 计算 S_n 并且打印结果.

　　　　注记：对于这个求和，比起一次加一个数 $r_n(1/m)$ 直到 $r_n(1/m)$ 变成 0 的简单过程来，有一种快得多的方法. 例如，对于从 66667 到 200000 的所有 m 值，都有 $r_5(1/m) = 0.00001$，因此避免计算全部 133334 次 $1/m$ 是明智的! 算法应当大致采用下列步骤.

　　A. 从 $m_h = 1$ 和 $S = 1$ 开始.

　　B. 置 $m_e = m_h + 1$，计算 $r_n(1/m_e) = r$，如果 $r = 0$ 则停止.

　　C. 求 m_h，它是使 $r_n(1/m) = r$ 的最大 m.

　　D. 把 $(m_h - m_e + 1)r$ 加到 S 上，然后返回步骤 B.

17. [*HM30*] 利用上题的记号，证明或证伪

$$\lim_{n\to\infty}(S_{n+1} - S_n) = \ln 10.$$

18. [*25*] 0 与 1 之间的分母 $\le n$ 的所有既约分数（最简分数）的递增序列称为 "n 阶法里序列". 例如 7 阶法里序列是

$$\frac{0}{1}, \frac{1}{7}, \frac{1}{6}, \frac{1}{5}, \frac{1}{4}, \frac{2}{7}, \frac{1}{3}, \frac{2}{5}, \frac{3}{7}, \frac{1}{2}, \frac{4}{7}, \frac{3}{5}, \frac{2}{3}, \frac{5}{7}, \frac{3}{4}, \frac{4}{5}, \frac{5}{6}, \frac{6}{7}, \frac{1}{1}$$

如果我们用 $x_0/y_0, x_1/y_1, x_2/y_2, \ldots$ 表示这个序列，习题 19 将证明

$$x_0 = 0, \quad y_0 = 1; \qquad x_1 = 1, \quad y_1 = n;$$
$$x_{k+2} = \lfloor (y_k + n)/y_{k+1}\rfloor x_{k+1} - x_k;$$
$$y_{k+2} = \lfloor (y_k + n)/y_{k+1}\rfloor y_{k+1} - y_k.$$

编写一个 MIX 子程序，通过把 x_k 和 y_k 分别存入单元 X$+k$, Y$+k$，计算 n 阶法里序列. （这个序列的总项数大约为 $3n^2/\pi^2$，所以你可以假定 n 是一个相当小的数.）

19. [*M30*] (a) 证明上题中通过递推方式定义的数 x_k 和 y_k 满足关系 $x_{k+1}y_k - x_k y_{k+1} = 1$. (b) 利用 (a) 的结论，证明分数 x_k/y_k 的序列确实是 n 阶法里序列.

▶ **20.** [*33*] 假定已经按照下面的方式，把 MIX 的上溢开关和 X 寄存器连接到德尔马大道和伯克利大街[①] 交叉路口的交通信号灯上：

　　　　　rX(2:2) = 德尔马大道交通信号灯 ⎱ 0 关闭，1 绿灯，2 黄灯，3 红灯；
　　　　　rX(3:3) = 伯克利大街交通信号灯 ⎰

　　　　　rX(4:4) = 德尔马大道行人信号灯 ⎱ 0 关闭，1 "WALK"，2 "DON'T WALK".
　　　　　rX(5:5) = 伯克利大街行人信号灯 ⎰

沿伯克利大街前行的汽车或行人要想通过路口，必须按下一个使 MIX 上溢开关接通的开关. 如果不出现这个条件，德尔马大道的信号灯将保持绿色.

　　　　信号灯周期如下：

　　　　　　　　德尔马大道交通信号灯呈绿色 ≥ 30 秒，呈黄色 8 秒；
　　　　　　　　伯克利大街交通信号灯呈绿色 20 秒，呈黄色 5 秒.

[①] 这两条街道位于美国加州理工学院附近，作者高德纳毕业于此并曾在此执教. ——编者注

当一个方向的交通信号灯为绿色或者黄色时，另一个方向的交通信号灯为红色. 当交通信号灯为绿色时，对应的行人信号灯显示 WALK（通行）；不过在绿灯转变为黄灯之前，行人信号灯闪亮 DON'T WALK（禁止通行），闪灯时长 12 秒，显示如下：

$$
\left.\begin{array}{ll}
\text{DON'T WALK} & \tfrac{1}{2}\ \text{秒} \\
\text{关闭} & \tfrac{1}{2}\ \text{秒}
\end{array}\right\}\ \text{重复 8 次;}
$$

DON'T WALK   4 秒（并在相应交通信号灯呈黄色和红色期间保持显示）.

如果上溢开关是在伯克利大街的交通信号灯呈绿色时接通的，汽车或者行人将在那个周期通过；但是如果是在呈黄色或者红色时接通的，那么必须等待德尔马大道的汽车或行人通过之后的下一个周期.

假定 MIX 的一个时间单位等于 10 微秒. 编写一个完整的 MIX 程序，按照由上溢开关给定的输入值，通过操纵 rX 控制这些灯. 所述的时间必须严格遵守，除非不可能做到. 注记：rX 的值正好在一条 LDX 指令或 INCX 指令结束时改变.

21. [*28*] 一个 n 阶幻方是由 1 至 n^2 的数排列成的一个方阵，其中每一行、每一列还有两条主对角线上的和都是 $n(n^2+1)/2$. 图 16 显示一个 7 阶幻方. 产生幻方的规则是很容易看出的：从方阵正中央下方一格开始，沿对角线方向向右下依次填入从 1 到 n^2 的数（越过边界时，把整个平面想象成是由这种方阵铺成的），直至达到一个已填有数字的方格；然后从最新填入数字的方格下方两格开始，继续如此填数. 只要 n 是奇数，这个方法就是行之有效的.

采用像习题 10 那样的存储器分配方式，编写一个完整的 MIX 程序，通过上面提供的方法生成 23×23 的幻方，并且打印结果. 〔这个方法是由伊本·海萨姆提出的，他于公元 965 年前后生于伊拉克的巴士拉，1040 年前后死于埃及开罗. 许多其他幻方构造方式也是很好的程序设计习题，参阅由劳斯·鲍尔撰写，哈罗德·考克斯特改编的 *Mathematical Recreations and Essays* (New York: Macmillan, 1939) 第 7 章.〕

22. [*31*] （约瑟夫问题）n 位男士围坐成一个圆圈. 假定我们从某个指定的位置开始，环绕圆圈数数，残忍地处死每次数到的第 m 位男士并合拢圆圈. 例如，如图 17 所示，当 $n = 8$，$m = 4$ 时，处死顺序是 54613872：1 号男士是第 5 个处死的，2 号男士是第 4 次处死的，依此类推. 编写一个完整的 MIX 程序，打印出当 $n = 24$，$m = 11$ 时的处死顺序. 力求设计一个聪明的算法，当 n 和 m 是很大的数时能快速执行（这个算法或许能拯救你的生命）. 参考文献：威廉·阿伦斯，*Mathematische Unterhaltungen und Spiele* **2** (Leipzig: Teubner, 1918)，第 15 章.

22	47	16	41	10	35	04
05	23	48	17	42	11	29
30	06	24	49	18	36	12
13	31	07	25	43	19	37
38	14	32	01	26	44	20
21	39	08	33	02	27	45
46	15	40	09	34	03	28

图 16 一个幻方

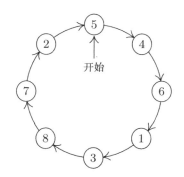

图 17 约瑟夫问题，$n = 8$，$m = 4$

23. [*37*] 本题旨在为许多以图形显示而不是表格作为输出的计算机应用提供一定经验. 这里的目标是"画"一幅纵横填字的字谜图.

给定一个以 0 和 1 为元素的矩阵作为输入. 项 0 表示一个白方格, 项 1 表示一个黑方格. 输出应当是一张字谜图, 在恰当的方格上对横向和纵向词语标明编号.

例如, 给定矩阵

$$\begin{pmatrix} 1 & 0 & 0 & 0 & 0 & 1 \\ 0 & 0 & 1 & 0 & 0 & 0 \\ 0 & 0 & 0 & 0 & 1 & 0 \\ 0 & 1 & 0 & 0 & 0 & 0 \\ 0 & 0 & 0 & 1 & 0 & 0 \\ 1 & 0 & 0 & 0 & 0 & 1 \end{pmatrix},$$

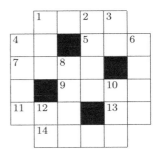

图 18 同习题 23 的矩阵对应的字谜图

对应的字谜图如图 18 所示. 如果一个方格是白方格, 并且 (a) 它的下面是白方格, 且上面不是白方格; 或者 (b) 它的右侧是白方格, 且左侧不是白方格, 那么对这个方格编号. 如果黑方格出现在边上, 那么把它从图中删除. 这在图 18 中有所体现, 图中去掉了四个角上的黑方格. 完成这项任务的一种简单方法, 是在给定的输入矩阵的上下左右人为地插入包含 −1 的行和列, 然后把每个同 −1 相邻的 +1 改变成 −1, 直到不再有 +1 同任何 −1 邻接.

应当用下述方法在行式打印机上打印最后的字谜图: 字谜图的每格应当对应于输出页面的 5 列和 3 行, 其中的 15 个位置应如下填入字符

无编号的 ⎵⎵⎵⎵+   编号为nn nn⎵⎵+   +++++
白方格: ⎵⎵⎵⎵+   白方格: ⎵⎵⎵⎵+   黑方格: +++++
        +++++   +++++   +++++

"−1" 方格, 取决于右侧或下方是否有 −1:

⎵⎵⎵⎵+   ⎵⎵⎵⎵+   ⎵⎵⎵⎵⎵   ⎵⎵⎵⎵⎵   ⎵⎵⎵⎵⎵
⎵⎵⎵⎵+   ⎵⎵⎵⎵+   ⎵⎵⎵⎵⎵   ⎵⎵⎵⎵⎵   ⎵⎵⎵⎵⎵
+++++   ⎵⎵⎵⎵+   +++++   ⎵⎵⎵⎵+   ⎵⎵⎵⎵⎵

于是图 18 显示的字谜图将打印出如图 19 所示的结果.

行式打印机每行宽度为 120 个字符, 足够打印最多可达 23 列的字谜图. 提供的输入数据是以 0 和 1 为元素的 23 × 23 矩阵, 每一行穿孔在一张输入卡片的 1–23 列上. 例如, 对应于上面矩阵第一行的卡片将穿孔成 "10000111111111111111111". 字谜图不一定是对称的, 可能出现一长串连续的黑格路径, 以奇特的方式通向图的外部.

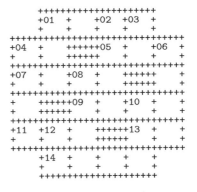

图 19 行式打印机上图 18 的图像

1.3.3 排列的应用

在这一小节, 我们将给出其他几个 MIX 程序的例子, 同时介绍排列的若干重要性质. 这些探讨也会引出计算机程序设计中某些有趣的一般性问题.

此前在 1.2.5 节讨论过排列. 我们把排列 $cdfbea$ 当作 6 个对象 a, b, c, d, e, f 在一条直线上的一种位置排布方式. 也可以采用另外一种观点: 把一个排列想象成这些对象的重排或者重新命名. 对于这种解释, 习惯上用一种两行记号表示排列. 例如,

$$\begin{pmatrix} a & b & c & d & e & f \\ c & d & f & b & e & a \end{pmatrix} \tag{1}$$

表示 "a 变为 c, b 变为 d, c 变为 f, d 变为 b, e 变为 e, f 变为 a". 把排列看成重排, 就意味着把对象 c 移动到从前由对象 a 占据的位置; 把排列看成重新命名, 则是指把对象 a 改名

为 c. 这种两行记号不受两行中列的次序变化的影响, 例如排列 (1) 也可以写成

$$\begin{pmatrix} c & d & f & b & a & e \\ f & b & a & d & c & e \end{pmatrix}$$

以及其他 718 种形式.

通常用一种循环记号表示这种解释. 排列 (1) 可以写成

$$(a\,c\,f)(b\,d), \tag{2}$$

这也表示 "a 变为 c, c 变为 f, f 变为 a, b 变为 d, d 变为 b". 循环 $(x_1\,x_2\dots x_n)$ 意味着 "x_1 变为 $x_2, \dots, x_{n-1}$ 变为 x_n, x_n 变为 x_1." 由于 e 在这个排列中是固定不变的, 因而它不出现在循环记号中; 就是说, 习惯上不写出像 "(e)" 这样的单元素循环. 如果一个排列固定所有元素, 于是仅出现单元素循环, 我们就称它为恒等排列, 用 "$()$" 表示.

循环记号的表示方法不是唯一的. 例如,

$$(b\,d)(a\,c\,f), \qquad (c\,f\,a)(b\,d), \qquad (d\,b)(f\,a\,c) \tag{3}$$

等记号都是同 (2) 等价的. 但是 "$(a\,f\,c)(b\,d)$" 不是这同一个循环, 因为它说明 a 变为 f.

容易看出为什么循环记号总是可以使用的. 从任意元素 x_1 开始, 假如排列把 x_1 变为 x_2, 把 x_2 变为 x_3, 等等, 直到最后 (因为只有有限个元素) 我们得到某个已经在 $x_1, \dots, x_n$ 中间出现过的元素 x_{n+1}, 那么 x_{n+1} 必须等于 x_1. 因为假如它不等于 x_1 而是等于 x_3, 而我们已经知道 x_2 变为 x_3; 但是按照假设, $x_n \ne x_2$ 变为 x_{n+1}. 所以 $x_{n+1} = x_1$. 并且对于 $n \ge 1$, 循环 $(x_1\,x_2\dots x_n)$ 是这个排列的一部分. 如果这不是全部排列, 那么我们能够找到另外一个元素 y_1, 并且用同样的方法得到另外一个循环 $(y_1\,y_2\dots y_m)$. 任何一个 y 都不可能同任何一个 x 相等, 因为 $x_i = y_j$ 意味着 $x_{i+1} = y_{j+1}$, 等等, 因此最终将有某个 k 使得 $x_k = y_1$, 同 y_1 的选择矛盾. 最后, 我们将找到所有的循环.

在程序设计中, 我们只要把某个 n 元集合按照一种不同的次序排列, 就会应用这些概念. 如果我们不想移动对象, 想对它们原地重排, 那么实际上必须采用循环结构. 例如, 为了完成重排 (1), 即置

$$(a, b, c, d, e, f) \leftarrow (c, d, f, b, e, a).$$

实际上我们将采用循环结构 (2), 依次置

$$t \leftarrow a, \quad a \leftarrow c, \quad c \leftarrow f, \quad f \leftarrow t; \quad t \leftarrow b, \quad b \leftarrow d, \quad d \leftarrow t.$$

任何这样的变换以不相交的循环形式出现, 认识这一点常常是有帮助的.

排列的乘积. 我们可以把两个排列乘在一起, 这种乘法应该理解成先应用一个排列, 再应用另一个排列. 例如, 如果在排列 (1) 后面接着排列

$$\begin{pmatrix} a & b & c & d & e & f \\ b & d & c & a & f & e \end{pmatrix},$$

那么 a 变为 c, 接着仍为 c; b 变为 d, 接着变为 a; 以此类推, 得到

$$\begin{pmatrix} a & b & c & d & e & f \\ c & d & f & b & e & a \end{pmatrix} \times \begin{pmatrix} a & b & c & d & e & f \\ b & d & c & a & f & e \end{pmatrix} = \begin{pmatrix} a & b & c & d & e & f \\ c & d & f & b & e & a \end{pmatrix} \times \begin{pmatrix} c & d & f & b & e & a \\ c & a & e & d & f & b \end{pmatrix}$$

$$= \begin{pmatrix} a & b & c & d & e & f \\ c & a & e & d & f & b \end{pmatrix}. \tag{4}$$

应当清楚，排列的乘法是不可交换的；换句话说，如果 π_1 和 π_2 是两个排列，那么 $\pi_1 \times \pi_2$ 不一定等于 $\pi_2 \times \pi_1$. 读者可以验证，如果交换 (4) 中的两个因子，将会得出不同的乘积（见习题 3）.

有人在做排列的乘法时采用从右到左的顺序，而不是像 (4) 中那样更自然的从左到右的顺序. 事实上，数学家在这个问题上分成两派. 那么，在应用变换 T_1 后再应用 T_2 的结果，究竟应该采用 T_1T_2 还是 T_2T_1 表示呢? 我们在本书中采用 T_1T_2.

利用循环记号，等式 (4) 将写成

$$(acf)(bd)(abd)(ef) = (acefb). \tag{5}$$

注意习惯上省略乘法符号"$\times$". 这样做同循环记号不冲突，因为不难看出，排列 $(acf)(bd)$ 确实是排列 (acf) 和 (bd) 的乘积.

排列的乘法可以直接用循环记号进行. 例如为了计算几个排列

$$(acfg)(bcd)(aed)(fade)(bgfae) \tag{6}$$

的乘积，我们发现（从左到右进行）"a 变为 c，然后 c 变为 d，然后 d 变为 a，然后 a 变为 d，然后 d 不变"；所以式 (6) 的最后结果是 a 变为 d，我们写成"(ad)"作为部分答案. 现在我们考虑关于 d 的结果："d 变为 b 变为 g"，于是得到部分结果"(adg)". 考虑 g，我们发现"g 变为 a，a 变为 e，e 变为 f，再变为 a"，所以第一个循环完成："(adg)". 现在我们挑选尚未出现过的一个新元素，比如 c，发现 c 变为 e. 读者可以验证"$(adg)(ceb)$"是从式 (6) 得到的最终答案.

现在让我们尝试用计算机来实现这个处理过程. 下述算法使用前段描述的方法，使之具备适用于机器计算的形式.

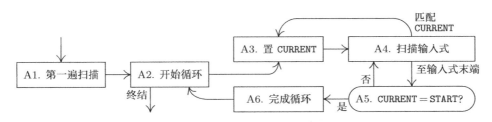

图 20　计算排列乘法的算法 A

算法 A（循环形式排列的乘法）.　这个算法接受像式 (6) 那样表为循环形式的排列的乘积，计算以不相交循环的乘积表示的结果排列. 为简单起见，这里不叙述单元素循环的消去问题，那只是这个算法的一种非常简单的扩充. 当算法执行时，我们依次"标记"输入式中的元素，即对于输入式中已经处理的符号做出某种标记.

A1.　［第一遍扫描.］标记所有左括号，并且对于同每个左括号匹配的右括号，用左括号后面第一个输入符号的带标记的副本代替.（见表 1 的例子.）

A2.　［开始循环.］从左到右搜索输入式中第一个未标记的元素.（如果所有元素都做了标记，算法终结.）置 START 等于它；输出一个左括号；输出这个元素；标记这个元素.

A3.　［置CURRENT.］置 CURRENT 等于输入式中下一个元素.

A4.　［扫描输入式.］向右扫描，直至达到输入式末端，或者找到一个等于 CURRENT 的元素；在后面一种情况，对它做标记，然后返回 A3.

表 1 对式 (6) 应用算法 A

经过步骤	START	CURRENT	$(acfg)(bcd)(aed)(fade)(bgfae)$	输出
A1			$(acfga)(bcdb)(aeda)(fadef)(bgfaeb)$	
A2	a		$(\,c\,fga)(bcdb)(aeda)(fadef)(bgfaeb)$	$(a$
A3	a	c	$(oc\,fga)(bcdb)(aeda)(fadef)(bgfaeb)$	
A4	a	c	$(acfga)(b\,db)(aeda)(fadef)(bgfaeb)$	
A4	a	d	$(acfga)(bcdb)(ae\,a)(fadef)(bgfaeb)$	
A4	a	a	$(acfga)(bcdb)(aeda)(f\,def)(bgfaeb)$	
A5	a	d	$(acfga)(bcdb)(aeda)(fadef)(bgfaeb)\,$	d
A5	a	g	$(acfga)(bcdb)(aeda)(fadef)(bgfaeb)\,$	g
A5	a	a	$(acfga)(bcdb)(aeda)(fadef)(bgfaeb)\,$	
A6	a	a	$(acfga)(bcdb)(aeda)(fadef)(bgfaeb)\,$	$)$
A2	c	a	$(\,fga)(bcdb)(aeda)(fadef)(bgfaeb)$	$(c$
A5	c	e	$(acfga)(bcdb)(aeda)(fadef)(bgfaeb)\,$	e
A5	c	b	$(acfga)(bcdb)(aeda)(fadef)(bgfaeb)\,$	b
A6	c	c	$(acfga)(bcdb)(aeda)(fadef)(bgfaeb)\,$	$)$
A6	f	f	$(acfga)(bcdb)(aeda)(fadef)(bgfaeb)\,$	$(f$

此处 ⌉ 代表刚扫描的元素之后的游标，已标记的元素呈浅灰色.

A5. [CURRENT = START?] 如果 CURRENT ≠ START，输出 CURRENT，返回 A4，再从输入式的左边开始扫描（由此继续寻找并输出一个循环）.

A6. [完成循环.]（已经输出一个完整的循环.）输出一个右括号，返回 A2.　　▌

以式 (6) 为例，表 1 逐步显示它的处理步骤. 表的第一行显示各个右括号用相应循环的第一个元素代替后的输入式；随后各行显示对越来越多元素做标记的进展情况. 用一个游标指示输入式中当前的处理位点. 输出为 "$(adg)(ceb)(f)$". 注意单元素循环会出现在输出中.

MIX 程序. 为了在 MIX 上实现上述算法，可以用一个字的符号位作为 "标记". 假定把输入按下列格式穿孔到卡片上：一张 80 列的卡片分成 16 个 5 字符字段，每个字段可能为下列四者之一：(a) "␣␣␣␣("，表示一个循环开始的左括号；(b) ")␣␣␣␣"，表示一个循环终结的右括号；(c) "␣␣␣␣␣"，全部空格，可以插入任何位置，以填充空间；(d) 其他形式的 5 个字符，代表进行排列的元素. 输入的最后一张卡片的 76–80 列为 "␣␣␣␣="，这是它的识别标志. 例如，式 (6) 可以穿孔成下面两张卡片.

(A	C	F	G)	(B	C	D)	(A	E	D)
(F	A	D	E)	(B	G	F	A	E)	=

我们的程序首先输出所给输入的完整副本，其后以相同格式输出答案.

程序 A（循环形式排列的乘法）. 这个程序实现算法 A，同时它也预先安排了输入和输出，以及消除单元素循环. 但是，它不检查输入中的错误.

```
01  MAXWDS  EQU   1200          输入的最大长度
02  PERM    ORIG  *+MAXWDS      输入排列
03  ANS     ORIG  *+MAXWDS      答案的区域
04  OUTBUF  ORIG  *+24          打印的区域
```

```
05 CARDS   EQU  16                 卡片读入机设备号
06 PRINTER EQU  18                 打印机设备号
07 BEGIN   IN   PERM(CARDS)        读第一张卡片
08         ENT2 0
09         LDA  EQUALS
10 1H      JBUS *(CARDS)           等待循环结束.
11         CMPA PERM+15,2
12         JE   *+2                是最后一张卡片吗?
13         IN   PERM+16,2(CARDS)   否, 再读一张卡片.
14         ENT1 OUTBUF
15         JBUS *(PRINTER)         打印输入卡片
16         MOVE PERM,2(16)           的一份副本.
17         OUT  OUTBUF(PRINTER)
18         JE   1F
19         INC2 16
20         CMP2 =MAXWDS-16=
21         JLE  1B                 重复进行直到输入完结.
22         HLT  666                输入过长!
23 1H      INC2 15          1      此时, 输入的 rI2 个字
24         ST2  SIZE        1         保存在 PERM, PERM + 1, ....
25         ENT3 0           1      A1. 第一遍扫描.
26 2H      LDAN PERM,3      A      取下一个输入元素.
27         CMPA LPREN(1:5)  A      是 "(" 吗?
28         JNE  1F          A
29         STA  PERM,3      B      如果是, 标记它.
30         INC3 1           B      把下一个非空格输入符号
31         LDXN PERM,3      B         置于 rX.
32         JXZ  *-2         B
33 1H      CMPA RPREN(1:5)  C
34         JNE  *+2         C
35         STX  PERM,3      D      用带标记的 rX 代替 ")".
36         INC3 1           C
37         CMP3 SIZE        C      已经处理完所有元素吗?
38         JL   2B          C
39         LDA  LPREN       1      为主程序做准备.
40         ENT1 ANS         1      rI1 = 存储下一个答案的区域
41 OPEN    ENT3 0           E      A2. 开始循环.
42 1H      LDXN PERM,3      F      寻找未标记的元素.
43         JXN  GO          F
44         INC3 1           G
45         CMP3 SIZE        G
46         JL   1B          G
47 *                              所有元素已作标记, 现在转向输出.
48 DONE    CMP1 =ANS=              答案是恒等排列吗?
49         JNE  *+2                如果是, 改变为 "()".
50         MOVE LPREN(2)
```

```
51            MOVE =0=                    在答案后置放 23 个空格字.
52            MOVE -1,1(22)
53            ENT3 0
54            OUT  ANS,3(PRINTER)
55            INC3 24
56            LDX  ANS,3                  打印所需数目的行.
57            JXNZ *-3
58            HLT
59  *
60  LPREN     ALF     (                  程序中使用的常量
61  RPREN     ALF  )
62  EQUALS    ALF     =
63  *
64  GO        MOVE LPREN          H       开始输出中的一个循环.
65            MOVE PERM,3         H
66            STX  START          H
67  SUCC      STX  PERM,3         J       标记一个元素.
68            INC3 1              J       右移一步.
69            LDXN PERM,3(1:5)    J       A3. 置 CURRENT（即 rX）.
70            JXN  1F             J       跳过空格.
71            JMP  *-3            0
72  5H        STX  0,1            Q       输出 CURRENT.
73            INC1 1              Q
74            ENT3 0              Q       再扫描输入式.
75  4H        CMPX PERM,3(1:5)    K       A4. 扫描输入式.
76            JE   SUCC           K       元素 = CURRENT?
77  1H        INC3 1              L       右移一步.
78            CMP3 SIZE           L       是输入式的结束吗?
79            JL   4B             L
80            CMPX START(1:5)     P       A5. CURRENT = START?
81            JNE  5B             P
82  CLOSE     MOVE RPREN          R       A6. 完成循环.
83            CMPA -3,1           R       注记: rA = "(".
84            JNE  OPEN           R
85            INC1 -3             S       删去单元素循环.
86            JMP  OPEN           S
87            END  BEGIN
```

这个大约有 75 条指令的程序比前一小节的几个程序长得多, 其实比本书中我们将要见到的大多数程序也要长. 不过它的长度并不吓人, 因为它分为几个完全独立的小部分. 07–22 行读入输入卡片, 并且打印每张卡片的一份副本; 23–38 行完成算法的步骤 A1, 对输入做预处理; 39–46 行和 64–86 行执行算法的主要任务; 48–57 行输出答案.

读者将会发现, 尽可能多地研究本书中给出的 MIX 程序是有教益的. 通过阅读别人的计算机程序, 获取程序设计技巧, 是极为重要的能力, 可是这样的训练不幸在很多计算机课程中遭到忽视, 导致有时出现效率低得可怕的计算机用法.

计时. 对于程序 A 中同输入输出无关的部分，我们已经给出频率计数，就像在程序 1.3.2M 所做的那样. 例如，30 行应该执行 B 次. 为方便起见，我们假定在输入中的空格字只能出现在最右端. 在这个假设下，71 行实际不会执行，32 行也不会出现转移.

通过简单的加法，可知程序执行的总时间为

$$(7 + 5A + 6B + 7C + 2D + E + 3F + 4G + 8H + 6J$$
$$+ 3K + 4L + 3P + 4Q + 6R + 2S)u \qquad (7)$$

加上输入和输出的时间. 为了理解式 (7) 的含义，我们需要研究 $A, B, C, D, E, F, G, H, J, K, L, P, Q, R, S$ 这 15 个未知量，并且必须把它们同输入的相应特征联系起来. 现在我们来说明处理这类问题的一般原则.

首先，我们应用电路理论中的"基尔霍夫第一定律"：一条指令执行的次数必须等于转移到这条指令的次数. 这条看起来很明显的法则时常以一种不明显的方式把若干量联系在一起. 分析程序 A 的流程，我们得出下列等式：

从程序行	我们推出
26, 38	$A = 1 + (C - 1)$
33, 28	$C = B + (A - B)$
41, 84, 86	$E = 1 + R$
42, 46	$F = E + (G - 1)$
64, 43	$H = F - G$
67, 70, 76	$J = H + (K - (L - J))$
75, 79	$K = Q + (L - P)$
82, 72	$R = P - Q$

由基尔霍夫第一定律给出的等式不都是独立的. 例如在当前例子中，我们看出第一个等式与第二个等式显然是等价的. 此外，最后一个等式可以从其他等式推出，因为第三、第四和第五个等式蕴涵 $H = R$，于是第六个等式表明 $K = L - R$. 总之，我们已经消去了 15 个未知量中的 6 个未知量：

$$A = C, \quad E = R + 1, \quad F = R + G, \quad H = R, \quad K = L - R, \quad Q = P - R. \qquad (8)$$

基尔霍夫第一定律是一个有用的工具，我们将在 2.3.4.1 节对它作更仔细的分析.

下一步是把变量与数据的重要特征进行配对. 我们由 24, 25, 30, 36 行发现

$$B + C = 输入的字数 = 16X - 1, \qquad (9)$$

其中 X 是输入卡片的数目. 由 28 行，

$$B = 输入中"("的数目 = 输入中循环的数目; \qquad (10)$$

同样，由 34 行，

$$D = 输入中")"的数目 = 输入中循环的数目. \qquad (11)$$

现在 (10) 和 (11) 给出一个不能由基尔霍夫第一定律推出的结论：

$$B = D. \qquad (12)$$

由 64 行,
$$H = 输出中循环的数目(包括单元素循环). \tag{13}$$

82 行说明 R 也等于这个量. 不过, 这里 $H = R$ 的结论是可以由基尔霍夫第一定律推出的, 因为它已经出现在式 (8) 中.

利用每个非空格字最后都会得到标记的这个事实, 由 29, 35, 67 行, 我们求出

$$J = Y - 2B, \tag{14}$$

其中 Y 是在输入排列中出现的非空格字的数目. 在输入排列中出现的每个不同的元素恰好写到输出中一次, 或者在 65 行, 或者在 72 行. 从这个事实, 我们得到

$$P = H + Q = 输入中不同元素的数目. \tag{15}$$

(见式 (8).) 稍加思索, 这个结果也能从 80 行得出. 最后我们从 85 行看出

$$S = 输出中单元素循环的数目. \tag{16}$$

显然, 至今我们已经解释的 B, C, H, J, P, S 这几个量实际上是独立的参量, 可能会列入程序 A 的计时中.

到目前为止, 我们已经获得多数结果, 只剩下未知量 G 和 L 有待分析. 对于这两个量, 我们必须用一点儿巧劲. 从 41 行和 74 行开始的输入扫描, 总是在 47 行 (最后一次) 或者在 80 行终结. 在这 $P + 1$ 个循环的每一个循环期间, 指令 "INC3 1" 执行 $B + C$ 次. 该指令仅出现在 44, 68, 77 行, 所以我们得到把未知量 G 和 L 联系起来的重要关系

$$G + J + L = (B + C)(P + 1). \tag{17}$$

幸好运行时间 (7) 是 $G + L$ 的函数 (它包含 $\cdots + 3F + 4G + \cdots + 3K + 4L + \cdots = \cdots + 7G + 7L + \cdots$), 所以我们无须特意对 G 和 L 这两个量再做任何分析.

综合所有结果, 我们求出, 不计输入输出在内的程序执行总时间为

$$(112NX + 304X - 2M - Y + 11U + 2V - 11)u. \tag{18}$$

上式中用到的数据特性的新名称如下:

$$
\begin{aligned}
X &= 输入卡片的数目, \\
Y &= 输入中非空字段的数目(不包括最后的 "="), \\
M &= 输入中循环的数目, \\
N &= 输入中不同元素名的数目, \\
U &= 输出中循环的数目(包括单元素循环), \\
V &= 输出中单元素循环的数目.
\end{aligned}
\tag{19}
$$

我们发现, 用这种方法分析程序 A 这样的问题, 在许多方面类似于求解有趣的谜题.

我们在下面将要证明, 如果假定输出排列是随机的, 那么输出中循环的数目 U 和单元素循环的数目 V 的平均值将分别等于 H_N 和 1.

另外一种方法. 算法 A 计算排列乘积的做法就是人们平常完成该任务的做法. 我们经常发现, 用计算机求解的问题同人类多年来面对的问题非常相似. 因此, 有些历史悠久的求解方法已经在世人的不断使用中得到改进, 它们同样适合作为计算机算法.

但是我们也经常遇到一些新方法, 它们尽管非常不适合人们使用, 却很适合用在计算机上. 根本原因在于计算机的 "思考方式" 是不同的, 它对于事实具有另外一种记忆方式. 这种差异

的一个例子就是我们的排列乘法问题：使用下面的算法，计算机可以通过对输入式的一遍扫描完成排列乘法，它一面进行排列的循环相乘，一面记住整个排列的当前状态. 面向人的算法 A 扫描输入式许多次，一次对应于一个输出元素. 新的算法 B 在一遍扫描中就能处理一切事项，这是我们这些智人无法切实做到的伟大技能.

这种面向计算机的排列乘法计算方法究竟是什么？表 2 用图解说明了方法的基本思想. 表中，循环式每个字符下面的列说明右侧的部分循环表示的排列是什么. 例如，部分输入式 "... $d\,e)(b\,g\,f\,a\,e)$" 表示排列

$$\begin{pmatrix} a & b & c & d & e & f & g \\ e & g & c & b & ? & a & f \end{pmatrix},$$

它出现在表中最右边的 d 的下方，其中 e 的未知值使用了 "$)$" 而非 "$?$" 表示.

表 2　用一遍扫描的排列乘法

$$(a\,c\,f\,g)\,(b\,c\,d)\,(a\,e\,d)\,(f\,a\,d\,e)\,(b\,g\,f\,a\,e)$$

$a \rightarrow d\,d\,a\,a\,a\,a\,a\,a\,a\,a\,a\,a\,a\,a\,d\,d\,d\,d\,d\,d\,e\,e\,e\,e\,e\,e\,e\,a\,a$

$b \rightarrow c\,c\,c\,c\,c\,c\,c\,g\,g\,g\,g\,g\,g\,g\,g\,g\,g\,g\,g\,g\,g\,b\,b\,b\,b\,b$

$c \rightarrow e\,e\,e\,d\,d\,d\,d\,d\,d\,c\,c\,c\,c\,c\,c\,c\,c\,c\,c\,c\,c\,c\,c\,c\,c\,c\,c$

$d \rightarrow g\,g\,g\,g\,g\,g\,g\,)\,)\,)\,d\,d\,)\,)\,)\,b\,b\,b\,b\,b\,d\,d\,d\,d\,d\,d\,d\,d$

$e \rightarrow b\,b\,b\,b\,b\,b\,b\,b\,b\,b\,b\,b\,b\,a\,a\,a\,)\,)\,)\,)\,b\,b\,)\,)\,)\,)\,)\,e$

$f \rightarrow f\,f\,f\,f\,e\,e\,e\,e\,e\,e\,e\,e\,e\,e\,e\,e\,a\,a\,a\,a\,a\,a\,a\,a\,f\,f\,f$

$g \rightarrow a\,)\,)\,)\,)\,f\,f\,f\,f\,f\,f\,f\,f\,f\,f\,f\,f\,f\,f\,f\,f\,f\,f\,f\,f\,g\,g\,g\,g$

对表 2 的观察表明，如果我们从右边的恒等变换开始，从右到左反向处理，就可以有条不紊地自动建立这个表. 在字母 x 下面的列同它右边的列（这一列记录重排之前的状态）差别仅在于 x 行，并且 x 行中的新值就是在之前一步变换中消失的值. 更确切地说，我们有下述算法.

算法 B　（循环形式排列的乘法）.　这个算法实际得到同算法 A 一样的结果. 假定把排列的元素命名为 $x_1, x_2, \ldots, x_n$. 我们采用一张辅助表 $T[1], T[2], \ldots, T[n]$；在算法终结时，输入排列中的 x_i 变为 x_j 当且仅当 $T[i] = j$.

B1.　[初始化.]　对 $1 \le k \le n$ 置 $T[k] \leftarrow k$. 同时，准备从右到左扫描输入.

B2.　[下一个元素.]　检验输入的下一个元素（从右到左）. 如果输入已经取尽，算法终结. 如果元素是 "$)$"，置 $Z \leftarrow 0$，重复 B2 步；如果元素是 "$($"，转到 B4. 在其他情况下，元素是对于某个 i 的 x_i，因此转到 B3.

B3.　[改变 $T[i]$.]　交换 $Z \leftrightarrow T[i]$. 如果这使 $T[i] = 0$，置 $j \leftarrow i$. 返回 B2.

B4.　[改变 $T[j]$.]　置 $T[j] \leftarrow Z$. （这时，j 是表 2 记号中显示 "$)$" 项的行，对应于同刚扫描的左括号匹配的右括号. ）返回 B2.　∎

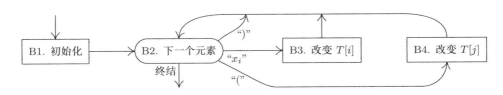

图 21　计算排列乘法的算法 B

当然在这个算法执行后, 我们还必须用循环形式输出表 T 的内容. 我们将会看到, 这很容易通过一种 "标记" 方法实现.

现在让我们根据这个新算法编写一个 MIX 程序. 我们打算使用和程序 A 同样的基本规则, 采用一样的输入和输出格式. 有一个来自算法本身的小问题, 就是在事先不知道元素 $x_1, x_2, \ldots, x_n$ 是什么的情况下, 我们怎么可能执行算法 B? 我们不知道 n, 也不知道名为 b 的元素是 x_1 还是 x_2, 等等. 解决这个问题, 有一种简单办法: 维护元素名称表, 在其中保存迄今为止遇到的元素, 并且每次搜索查找当前元素名 (参见下面程序中的 35–44 行).

程序 B (同程序 A 的结果一样). $\text{rX} \equiv Z$, $\text{rI4} \equiv i$, $\text{rI1} \equiv j$, $\text{rI3} = n$ (见到的不同元素名称的数目).

01	MAXWDS	EQU	1200		输入的最大长度
02	X	ORIG	*+MAXWDS		元素名称表
03	T	ORIG	*+MAXWDS		辅助状态表
04	PERM	ORIG	*+MAXWDS		输入排列
05	ANS	EQU	PERM		答案的区域
06	OUTBUF	ORIG	*+24		打印的区域
07	CARDS	EQU	16		与程序 A 的 05–22 行相同
...					
24		HLT	666		此时, 输入的 rI2 个字
25	1H	INC2	15	1	保存在 PERM, PERM + 1, ...
26		ENT3	0	1	且尚未见到任何元素名.
27	RIGHT	ENTX	0	A	置 $Z \leftarrow 0$.
28	SCAN	DEC2	1	B	*B2. 下一个元素.*
29		LDA	PERM,2	B	
30		JAZ	CYCLE	B	跳过空格.
31		CMPA	RPREN	C	
32		JE	RIGHT	C	下一个元素是 ")" 吗?
33		CMPA	LPREN	D	
34		JE	LEFT	D	是 "(" 吗?
35		ENT4	1,3	E	准备搜索.
36		STA	X	E	存储在表的开头.
37	2H	DEC4	1	F	搜索元素名表.
38		CMPA	X,4	F	
39		JNE	2B	F	重复进行, 直至找到匹配的元素名.
40		J4P	FOUND	G	前面是否出现过这个元素名?
41		INC3	1	H	否; 表的大小加 1.
42		STA	X,3	H	插入新元素名 x_n.
43		ST3	T,3	H	置 $T[n] \leftarrow n$.
44		ENT4	0,3	H	$i \leftarrow n$.
45	FOUND	LDA	T,4	J	*B3. 改变 $T[i]$.*
46		STX	T,4	J	存储 Z.
47		SRC	5	J	置 Z.
48		JANZ	SCAN	J	
49		ENT1	0,4	K	如果 Z 为 0, 置 $j \leftarrow i$.
50		JMP	SCAN	K	
51	LEFT	STX	T,1	L	*B4. 改变 $T[j]$.*

52	CYCLE	J2P	SCAN	P	返回 B2，除非已经结束.
53	*				
54	OUTPUT	ENT1	ANS	1	全部输入已经扫描.
55		J3Z	DONE	1	x 表和 T 表包含答案.
56	1H	LDAN	X,3	Q	现在我们构造循环记号.
57		JAP	SKIP	Q	元素名已经标记吗?
58		CMP3	T,3	R	有单元素循环吗?
59		JE	SKIP	R	
60		MOVE	LPREN	S	开始一个循环.
61	2H	MOVE	X,3	T	
62		STA	X,3	T	标记元素名.
63		LD3	T,3	T	寻找元素的后继.
64		LDAN	X,3	T	
65		JAN	2B	T	是否已经标记?
66		MOVE	RPREN	W	是，完成循环.
67	SKIP	DEC3	1	Z	移到下一个元素名.
68		J3P	1B	Z	
69	*				
70	DONE	CMP1	=ANS=		
	...				与程序 A 的 48–62 行相同
84	EQUALS	ALF	=		
85		END	BEGIN		∎

54–68 行从 T 表和元素名称表构造循环记号，这十余行的小算法相当精致，值得研究. 当然，纳入程序 B 计时的量 $A, B, \ldots, R, S, T, W, Z$ 与程序 A 分析中的同名量并不相同. 读者将会发现，分析这些时间做练习是饶有趣味的（见习题 10）.

经验表明，程序 B 的执行时间主要用在搜索元素名称表上——这就是计时中的量 F. 对于搜索和构建元素名称字典，可以使用更好的算法，通称为符号表算法. 它们在计算机应用中是非常重要的. 第 6 章包含对高效符号表算法的详尽讨论.

逆排列. 逆排列 π^- 是抵消 π 的作用的排列. 如果在 π 的作用下，i 变为 j，那么在 π^- 的作用下，j 变为 i. 因此乘积 $\pi\pi^-$ 等于恒等排列，乘积 $\pi^-\pi$ 也是如此. 人们通常用 π^{-1} 而不用 π^- 表示逆排列，但是这个上标 1 是多余的（理由与 $x^1 = x$ 相同）.

每个排列都有一个逆排列. 例如，排列

$$\begin{pmatrix} a & b & c & d & e & f \\ c & d & f & b & e & a \end{pmatrix} \qquad \text{的逆排列是} \qquad \begin{pmatrix} c & d & f & b & e & a \\ a & b & c & d & e & f \end{pmatrix} = \begin{pmatrix} a & b & c & d & e & f \\ f & d & a & b & e & c \end{pmatrix}.$$

现在我们来考察计算一个排列之逆排列的几种简单算法.

在这一小节的余下部分，我们假定处理的是数字 $\{1, 2, \ldots, n\}$ 的排列. 如果 $X[1]\,X[2]\ldots X[n]$ 是这样的一个排列，那么存在一种计算它的逆排列的简单方法：对于 $1 \le k \le n$ 置 $Y[X[k]] \leftarrow k$，那么 $Y[1]\,Y[2]\ldots Y[n]$ 是所求的逆排列. 这个方法使用 $2n$ 个存储单元，其中 n 个用于 X，n 个用于 Y.

但是为了让求解充满乐趣，我们不妨假定 n 是很大的数，同时还假定在计算 $X[1]\,X[2]\ldots X[n]$ 的逆排列时不想使用那么大的额外存储空间. 我们打算"原地"计算逆排列，使得在算法结束后，数组 $X[1]\,X[2]\ldots X[n]$ 将是原排列之逆排列. 要是仅仅依靠对于 $1 \le k \le n$ 置 $Y[X[k]] \leftarrow k$，无疑不满足要求. 通过考虑循环结构，我们可以得到下面的简单算法.

算法 I（原地求逆排列）. 把 $\{1, 2, \ldots, n\}$ 的一个排列 $X[1]X[2]\ldots X[n]$ 变成它的逆排列. 这个算法的作者是黄秉超 [*Inf. Proc. Letters* **12** (1981), 237–238].

I1. [初始化.] 置 $m \leftarrow n$, $j \leftarrow -1$.

I2. [下一个元素.] 置 $i \leftarrow X[m]$. 如果 $i < 0$, 转到 I5（这个元素已经处理）.

I3. [求一个元素之逆.]（这时 $j < 0$, $i = X[m]$. 如果 m 不是所在循环中最大的元素, 那么原来排列具有 $X[-j] = m$.）置 $X[m] \leftarrow j$, $j \leftarrow -m$, $m \leftarrow i$, $i \leftarrow X[m]$.

I4. [循环是否结束?] 如果 $i > 0$, 返回 I3（循环尚未结束）; 否则, 置 $i \leftarrow j$.（在后面一种情况, 原来排列具有 $X[-j] = m$, m 是所在循环中最大的元素.）

I5. [存储终值.] 置 $X[m] \leftarrow -i$.（$X[-i]$ 原来等于 m.）

I6. [对 m 循环.] m 减少 1. 如果 $m > 0$, 返回 I2; 否则, 算法终结. ▮

这个算法的一个例子见表 3. 该方法的基础是依次对排列的循环求逆, 做法是将求逆的元素变为负值来标记它, 然后再恢复正确的符号.

表 3 用算法 I 计算 621543 之逆排列

经过步骤	I2	I3	I3	I3	I5*	I2	I3	I3	I5	I2	I5	I5	I3	I5	I5
$X[1]$	6	6	6	−3	−3	−3	−3	−3	−3	−3	−3	−3	−3	−3	3
$X[2]$	2	2	2	2	2	2	2	2	2	2	2	2	−4	2	2
$X[3]$	1	1	−6	−6	−6	−6	−6	−6	−6	−6	6	6	6	6	6
$X[4]$	5	5	5	5	5	5	5	−5	−5	−5	5	5	5	5	5
$X[5]$	4	4	4	4	4	4	−1	−1	4	4	4	4	4	4	4
$X[6]$	3	−1	−1	−1	1	1	1	1	1	1	1	1	1	1	1
m	6	3	1	6	6	5	4	5	5	4	4	3	2	2	1
j	−1	−6	−3	−1	−1	−1	−5	−4	−4	−4	−4	−4	−2	−2	−2
i	3	1	6	−1	−1	4	5	−1	−4	−5	−5	−6	−4	−2	−3

从左到右阅读表中的列. 在 * 处已经求出循环 (163) 的逆排列

算法 I 与算法 A 的一些部分相似, 而且同程序 B 中寻找循环的算法（54–68 行）极其相似. 因此, 它是一类涉及重排的算法中的典型代表. 当准备一个 MIX 实现时, 我们发现, 最方便的做法是在一个寄存器中保存 $-i$ 的值, 而不是 i.

程序 I（原地求逆排列）. $\text{rI1} \equiv m$, $\text{rI2} \equiv -i$, $\text{rI3} \equiv j$, $n = \text{N}$, 该符号留待本程序作为更大程序的一部分汇编时定义.

01	INVERT	ENT1 N	1	<u>I1. 初始化.</u> $m \leftarrow n$.
02		ENT3 -1	1	$j \leftarrow -1$
03	2H	LD2N X,1	N	<u>I2. 下一个元素.</u> $i \leftarrow X[m]$.
04		J2P 5F	N	如果 $i < 0$, 转到 I5.
05	3H	ST3 X,1	N	<u>I3. 求一个元素之逆.</u> $X[m] \leftarrow j$.
06		ENN3 0,1	N	$j \leftarrow -m$.
07		ENN1 0,2	N	$m \leftarrow i$.
08		LD2N X,1	N	$i \leftarrow X[m]$.
09	4H	J2N 3B	N	<u>I4. 循环是否结束?</u> 如果 $i > 0$, 转到 I3.
10		ENN2 0,3	C	否则置 $i \leftarrow j$.

11	5H	ST2	X,1	N	*I5. 存储终值.* $X[m] \leftarrow -i$.
12	6H	DEC1	1	N	*I6. 对 m 循环.*
13		J1P	2B	N	如果 $m > 0$, 转到 I2.　■

这个程序的计时问题很容易按照前面说明的方式解决. 每个元素 $X[m]$ 都是首先在步骤 I3 设置为一个负值, 后面在步骤 I5 设置为一个正值. 程序执行的总时间等于 $(14N + C + 2)u$, 其中 N 是数组的大小, C 是循环的总数. 对于一个随机排列中的 C 的特性, 在下面进行分析.

对于完成任何给定的任务, 几乎总是存在不止一种方法, 所以我们猜测, 求逆排列大概也会有别的方法. 没错, 下面这个巧妙的算法是由约翰·布思罗伊德提出的.

算法 J（原地求逆排列）. 这个算法的结果同算法 I 一样, 但是方法不同.

J1.［所有元素置为负值.］对于 $1 \leq k \leq n$, 置 $X[k] \leftarrow -X[k]$. 此外, 置 $m \leftarrow n$.

J2.［初始化 j.］置 $j \leftarrow m$.

J3.［找负值项.］置 $i \leftarrow X[j]$. 如果 $i > 0$, 置 $j \leftarrow i$, 并重复这一步.

J4.［求逆.］置 $X[j] \leftarrow X[-i]$, $X[-i] \leftarrow m$.

J5.［对 m 循环.］m 减少 1; 如果 $m > 0$, 返回 J2. 否则, 算法终结.　■

布思罗伊德算法的一个例子见表 4. 这个方法实际上也是以循环结构为基础的, 但是它的有效性并不显而易见! 我们把算法有效性的验证留给读者（见习题 13）.

表 4　用算法 J 计算 621543 之逆排列

经过步骤	J2	J3	J5	J3	J5	J3	J5	J3	J5	J3	J5	J3	J5
$X[1]$	−6	−6	−6	−6	−6	−6	−6	−6	3	3	3	3	3
$X[2]$	−2	−2	−2	−2	−2	−2	−2	−2	−2	−2	2	2	2
$X[3]$	−1	−1	6	6	6	6	6	6	6	6	6	6	6
$X[4]$	−5	−5	−5	−5	5	5	5	5	5	5	5	5	5
$X[5]$	−4	−4	−4	−4	−5	−5	4	4	4	4	4	4	4
$X[6]$	−3	−3	−1	−1	−1	−1	−1	−1	−6	−6	−6	−6	1
m	6	6	5	5	4	4	3	3	2	2	1	1	0
i		−3	−3	−4	−4	−5	−5	−1	−1	−2	−2	−6	−6
j	6	6	6	5	5	5	5	6	6	2	2	6	6

程序 J（类似于程序 I）. rI1 ≡ m, rI2 ≡ j, rI3 ≡ $-i$.

01	INVERT	ENN1	N		1	*J1. 所有元素置为负值.*
02		ST1	X+N+1,1(0:0)		N	置符号为负号.
03		INC1	1		N	
04		J1N	*-2		N	还有元素吗?
05		ENT1	N		1	$m \leftarrow n$.
06	2H	ENN3	0,1		N	*J2. 初始化 j.* $i \leftarrow m$.
07		ENN2	0,3		A	$j \leftarrow i$.
08		LD3N	X,2		A	*J3. 找负值项.*
09		J3N	*-2		A	$i > 0$?
10		LDA	X,3		N	*J4. 求逆.*
11		STA	X,2		N	$X[j] \leftarrow X[-i]$.
12		ST1	X,3		N	$X[-i] \leftarrow m$.

| 13 | | DEC1 1 | | N | *J5. 对 m 循环.* |
| 14 | | J1P 2B | | N | 如果 $m > 0$, 转到 J2. ∎ |

为了确定这个程序的运行速度, 我们需要知道量 A 的值. 这个量很有意义, 富有启示性, 因此这里把它的计算留作习题 (见习题 14).

尽管算法 J 是非常巧妙的, 但是分析表明, 算法 I 更胜一筹. 事实上, 算法 J 的平均运行时间基本上同 $n \ln n$ 成正比, 而算法 I 的平均运行时间则基本上同 n 成正比. 也许将来有一天会有人用到算法 J (或者相关修改版), 毕竟它实在是相当优美, 若完全被人遗忘就太可惜了.

一种不寻常的对应. 我们已经指出, 一个排列的循环表示不是唯一的. 例如, 6 个元素的排列 (1 6 3)(4 5) 可以写成 (5 4)(3 1 6), 等等. 对于循环记号, 考虑一种标准形式将是很有用的, 这种标准形式是唯一的. 为了获得循环记号的标准形式, 我们采取下述步骤:

(a) 显式写出所有单元素循环;

(b) 在每个循环内部, 把最小的数字置于第一位;

(c) 按照循环内第一位数的降序, 对循环排序.

例如从 (3 1 6)(5 4) 开始, 我们将得到

$$\text{(a): } (3\,1\,6)(5\,4)(2); \qquad \text{(b): } (1\,6\,3)(4\,5)(2); \qquad \text{(c): } (4\,5)(2)(1\,6\,3). \tag{20}$$

这种标准形式的一个重要特性是可以去掉括号, 然后可由唯一的方式补全括号, 重新构造循环. 因此, 仅有一种方法在 "4 5 2 1 6 3" 中插入括号获得一个标准的循环形式: 我们必须恰在每个右向最小值之前插进左括号 (即把左括号紧挨着前面没有更小元素的每个元素之前插入).

这种插进括号与消去括号的方法, 在用循环形式表示的所有排列的集合与用线性形式表示的所有排列的集合之间, 给出一种异乎寻常的一一对应. 例如, 排列 6 2 1 5 4 3 的标准循环形式是 (4 5)(2)(1 6 3); 去掉括号, 得到 4 5 2 1 6 3, 它的循环形式是 (2 5 6 3)(1 4); 去掉括号, 得到 2 5 6 3 1 4, 它的循环形式是 (3 6 4)(1 2 5); 等等.

这种对应在研究不同类型的排列中有多种应用. 例如, 我们可以提出这样一个问题: "n 元排列平均含有多少个循环?" 为了回答这个问题, 我们考察用标准形式表示的所有 $n!$ 个排列的集合, 取消括号, 得到按某种顺序列出的所有 $n!$ 个排列的集合. 因此, 原来的问题等价于 "n 元排列平均有多少个右向最小值元素?" 对于后面这个问题, 我们已经在 1.2.10 节给出了回答, 那就是算法 1.2.10M 的分析中所得的 $(A + 1)$ 这个数值. 它的统计量为

$$\min 1, \qquad \text{ave } H_n, \qquad \max n, \qquad \text{dev } \sqrt{H_n - H_n^{(2)}}. \tag{21}$$

(实际上, 我们当时讨论的是左向最大值的平均个数, 但是那个数与右向最小值的平均个数显然相同.) 此外, 我们实际上证明了, 一个 n 元排列具有 k 个右向最小值的概率为 $\left[{n \atop k} \right]/n!$. 因此, 一个 n 元排列具有 k 个循环的概率为 $\left[{n \atop k} \right]/n!$.

我们还可以提出另一个问题: 右向最小值元素之间的平均距离是多少? 这个问题等价于循环的平均长度问题. 根据 (21) 中的统计量, 对于全部 $n!$ 个排列, 循环的总数为 $n! H_n$, 因为这是 $n!$ 乘以循环的平均个数. 如果我们从这些循环中随机地取出一个循环, 那么它的平均长度是多少?

设想用循环记号写出 $\{1, 2, \ldots, n\}$ 的全部 $n!$ 个排列, 那么出现多少个三元循环 (有 3 个元素的循环)? 为了回答这个问题, 让我们考虑一个特殊的三元循环 $(x\,y\,z)$ 出现多少次. 显而易见, 它恰好出现在 $(n - 3)!$ 个排列中, 因为这是剩余的 $n - 3$ 个元素的排列方式的数目. 可能出现的不同的三元循环 $(x\,y\,z)$ 有 $n(n-1)(n-2)/3$ 个, 因为对于 x 有 n 种选择, 对于 y 有 $(n-1)$ 种选择, 对于 z 有 $(n-2)$ 种选择. 而在这 $n(n-1)(n-2)$ 种选择之中, 每个特定的三

元循环又以 $(x\,y\,z)$, $(y\,z\,x)$, $(z\,x\,y)$ 这三种形式出现. 所以, 在全部 $n!$ 个排列中, 三元循环的总数为 $n(n-1)(n-2)/3$ 乘 $(n-3)!$, 即 $n!/3$. 同理可得, 对于 $1 \le m \le n$, m 元循环的总数为 $n!/m$. （这对于循环总数为 $n!H_n$ 的结论提供另外一种简单的证明, 因此随机选取一个排列, 它具有的循环的平均数是 H_n, 这正是我们已经知道的结果.）习题 17 证明, 如果我们把这 $n!H_n$ 个循环看成是等可能的, 那么随机选取一个循环, 它的平均长度为 n/H_n. 但是, 如果我们随机选取一个排列, 再从中随机选择一个元素, 那么包含这个元素的循环的平均长度要比 n/H_n 大一些.

为了完成对算法 A 和算法 B 的分析, 我们希望知道在一个随机排列中单元素循环的平均数. 这是一个有趣的问题. 假设我们写出所有的 $n!$ 个排列, 首先列举那些不包含单元素循环的排列, 然后列举那些只包含一个单元素循环的排列, 等等. 例如如果 $n=4$, 写出

无固定元素:　　2143　2341　2413　3142　3412　3421　4123　4312　4321
1 个固定元素:　　$\overline{1}342$　$\overline{1}423$　$3\overline{2}41$　$4\overline{2}13$　$24\overline{3}1$　$41\overline{3}2$　$231\overline{4}$　$312\overline{4}$
2 个固定元素:　　$\overline{12}43$　$\overline{1}4\overline{3}2$　$\overline{1}3\overline{2}4$　$4\overline{23}1$　$3\overline{2}1\overline{4}$　$21\overline{34}$
3 个固定元素:
4 个固定元素:　　$\overline{1234}$

（单元素循环也就是在排列中保持不变的元素, 在上面的表中特别划线标记.）不包含固定元素的排列称为更列排列, 也称为全错位排列. 更列排列的数目等于当把 n 封信装入 n 个信封时全部装错的装法数目.

令 P_{nk} 是恰好有 k 个固定元素的 n 元排列数, 例如

$$P_{40} = 9, \quad P_{41} = 8, \quad P_{42} = 6, \quad P_{43} = 0, \quad P_{44} = 1.$$

通过考察上面的列表, 可以揭示出这些数字之间的主要关系: 为获得有 k 个固定元素的所有排列, 首先选择固定的 k 个元素, 这有 $\binom{n}{k}$ 种方式; 然后排列剩余 $n-k$ 个元素, 总共有 $P_{(n-k)0}$ 种方式使得这些元素都不是固定的. 因此,

$$P_{nk} = \binom{n}{k} P_{(n-k)0}. \tag{22}$$

此外, 我们有"整体等于部分之和"的规则:

$$n! = P_{nn} + P_{n(n-1)} + P_{n(n-2)} + P_{n(n-3)} + \cdots. \tag{23}$$

把式 (22) 和 (23) 结合起来, 对结果略作改写, 我们求出

$$n! = \frac{P_{00}}{0!} + n\frac{P_{10}}{1!} + n(n-1)\frac{P_{20}}{2!} + n(n-1)(n-2)\frac{P_{30}}{3!} + \cdots. \tag{24}$$

这是对于所有正整数 n 必定成立的一个等式. 以前我们已经遇见过这个等式, 它出现在 1.2.5 节, 同斯特林试图推广阶乘函数有关. 我们也已经在 1.2.6 节（例 5）简单推导过它的系数. 我们推出

$$\frac{P_{m0}}{m!} = 1 - \frac{1}{1!} + \frac{1}{2!} - \cdots + (-1)^m\frac{1}{m!}. \tag{25}$$

现在令 p_{nk} 是一个 n 元排列恰好有 k 个单元素循环的概率. 由于 $p_{nk} = P_{nk}/n!$, 我们从等式 (22) 和 (25) 得到

$$p_{nk} = \frac{1}{k!}\left(1 - \frac{1}{1!} + \frac{1}{2!} - \cdots + (-1)^{n-k}\frac{1}{(n-k)!}\right). \tag{26}$$

所以, 生成函数 $G_n(z) = p_{n0} + p_{n1}z + p_{n2}z^2 + \cdots$ 为

$$G_n(z) = 1 + \frac{1}{1!}\,(z-1) + \cdots + \frac{1}{n!}\,(z-1)^n = \sum_{0 \le j \le n} \frac{1}{j!}\,(z-1)^j. \tag{27}$$

从这个公式推出 $G'_n(z) = G_{n-1}(z)$, 用 1.2.10 节的方法得到单元素循环数目的下列统计量:

$$(\min\ 0,\quad \text{ave}\ 1,\quad \max\ n,\quad \text{dev}\ 1),\qquad \text{其中}\quad n \ge 2. \tag{28}$$

对于计算不含单元素循环的排列的数目, 更直接一些的方法来自容斥原理. 这是解决许多计数问题的一种重要的方法. 一般的容斥原理可以表述如下: 给定 N 个元素和这些元素的 M 个子集 $S_1, S_2, \ldots, S_M$, 目标是计算有多少个元素不属于上述任何一个集合. 令 $|S|$ 表示集合 S 中的元素的数目, 于是所求的不属于任何集合 S_j 的对象数目为

$$N - \sum_{1 \le j \le M} |S_j| + \sum_{1 \le j < k \le M} |S_j \cap S_k| - \sum_{1 \le i < j < k \le M} |S_i \cap S_j \cap S_k| + \cdots$$
$$+ (-1)^M |S_1 \cap \cdots \cap S_M|. \tag{29}$$

(这样, 我们首先从总数 N 减去 $S_1, \ldots, S_M$ 中的元素的数目, 但是这就过低估计了所求的总数. 所以我们把每对集合 S_j 和 S_k 的公共元素 $S_j \cap S_k$ 的数目加回去, 然而这又给出一个过高的估计. 所以我们再减去每三个集合的公共元素的数目, 以此类推.) 证明这个公式有几种方法, 我们要求读者寻找其中一种方法 (见习题 25).

为了计算不包含单元素循环的 n 元排列数目, 我们考虑全部 $N = n!$ 个排列, 令 S_j 是元素 j 构成单元素循环的排列的集合. 如果 $1 \le j_1 < j_2 < \cdots < j_k \le n$, 那么 $S_{j_1} \cap S_{j_2} \cap \cdots \cap S_{j_k}$ 中的元素的数目就是元素 $j_1, \ldots, j_k$ 构成单元素循环的排列的数目, 它显然等于 $(n-k)!$. 于是和式 (29) 变成

$$n! - \binom{n}{1}(n-1)! + \binom{n}{2}(n-2)! - \binom{n}{3}(n-3)! + \cdots + (-1)^n \binom{n}{n} 0!,$$

与公式 (25) 一致.

容斥原理是由棣莫弗提出的 [*Doctrine of Chances* (London: 1718), 61–63; 3rd ed. (1756, 另有 Chelsea 重印版, 1957), 110–112]. 但是, 直到艾萨克·吐德哈特的《代数学》[*Algebra* (2nd ed., 1860), §762] 以及威廉·惠特沃思的名著《选择与机会》[*Choice and Chance* (Cambridge: 1867)] 做了进一步的推介和发展之后, 容斥原理的重要意义才真正得到普遍认识.

关于排列的组合性质, 我们将在 5.1 节进一步探讨.

习题

1. [*02*] 考虑 $\{0, 1, 2, 3, 4, 5, 6\}$ 的变换, 其中 x 用 $2x \bmod 7$ 替换. 证明这个变换是一个排列, 并且把它写成循环形式.

2. [*10*] 正文中说明, 通过一连串替换操作 ($x \leftarrow y$) 和一个辅助变量 t, 我们可以置 $(a, b, c, d, e, f) \leftarrow (c, d, f, b, e, a)$. 试说明如何通过一连串交换操作 ($x \leftrightarrow y$) 而不用辅助变量, 完成这个任务.

3. [*03*] 计算乘积 $\binom{a\ b\ c\ d\ e\ f}{b\ d\ c\ a\ f\ e} \times \binom{a\ b\ c\ d\ e\ f}{c\ d\ f\ b\ e\ a}$, 用两行记号表示答案. (同等式 (4) 做比较.)

4. [*10*] 把 $(a\,b\,d)(e\,f)(a\,c\,f)(b\,d)$ 表示成不相交循环的乘积.

▶ **5.** [*M10*] 式 (3) 显示, 同一个排列有几种等价的循环表示形式. 如果所有单元素循环都不写出, 该排列有多少种不同的书写方式?

6. [*M28*] 如果在程序 A 中删去所有空格字出现在最右端的假定, 程序计时会出现什么变化?

7. [*10*] 如果程序 A 以式 (6) 作为输入，式 (19) 中的 X, Y, M, N, U, V 这几个量是什么？输入和输出时间不计在内，程序 A 所需的执行时间是多少？

▶ **8.** [*23*] 能否修改程序 B，使它从左到右而不是从右到左扫描输入？

9. [*10*] 程序 A 和程序 B 接受同样的输入，而且实际上给出相同形式的结果．在两个程序中输出是完全一样的吗？

▶ **10.** [*M28*] 考察程序 B 的计时特性，即其中显示的量 $A, B, \ldots, Z$ 的特性．通过 F 和式 (19) 中定义的 X, Y, M, N, U, V 表示总时间．比较程序 A 和程序 B 对于输入 (6) 的总时间，前者见习题 7.

11. [*15*] 如果排列 π 是用循环形式给出的，寻找用循环形式书写 π^- 的一种简单规则．

12. [*M27*] （矩阵转置）假定一个 $m \times n$ 矩阵 (a_{ij}) $(m \neq n)$ 按照习题 1.3.2–10 的方式存储在存储器中，a_{ij} 的值出现在单元 $L + n(i-1) + (j-1)$，其中 L 是 a_{11} 所在位置．问题是寻找一种方法转置这个矩阵，获得一个 $n \times m$ 矩阵 (b_{ij})，其中 $b_{ij} = a_{ji}$ 存储在单元 $L + m(i-1) + (j-1)$．这样，矩阵是"基本原地"转置的．(a) 说明对于范围 $0 \leq x < N = mn - 1$ 内的所有 x，该转置变换把出现在单元 $L + x$ 中的值移动到单元 $L + (mx \bmod N)$．(b) 讨论用计算机实现该转置的方法．

▶ **13.** [*M24*] 证明算法 J 是有效的．

▶ **14.** [*M34*] 求算法 J 计时中的量 A 的平均值．

15. [*M12*] 是否存在一个排列，按照无括号的标准循环形式和线性形式，它都代表完全相同的变换？

16. [*M15*] 从排列 1324 的线性记号开始；把它转换成标准循环形式，然后去掉括号；重复这个过程，直到达到原来的排列．在这个过程中，会出现哪些排列？

17. [*M24*] (a) 正文中证明，在所有 n 元排列中共有 $n! H_n$ 个循环．如果把这些循环（包括单元素循环）分别写在 $n! H_n$ 张纸条上，随机地选择其中一张纸条，由此挑选出的循环的平均长度是多少？(b) 如果我们在 $n!$ 张纸条上写出所有 $n!$ 个排列，并且随机选择一个数 k，另外再选择其中一张纸条，那么那张纸条上包含 k 的循环是一个 m 元循环的概率是什么？包含 k 的循环的平均长度是多少？

▶ **18.** [*M27*] 在一个 n 元排列中，恰有 k 个 m 元循环的概率 p_{nkm} 是什么？对应的生成函数 $G_{nm}(z)$ 是什么？m 元循环的平均数目和标准差是什么？（正文仅讨论了 $m = 1$ 的情况．）

19. [*HM21*] 用等式 (25) 中的记号证明：对于所有 $n \geq 1$，更列排列的数目 P_{n0} 恰好等于 $n!/e$ 舍入到最近的整数．

20. [*M20*] 假定显式写出所有单元素循环，那么对于一个具有 α_1 个一元循环，α_2 个二元循环，$\ldots$ 的排列写出循环记号，有多少种不同的方式？（见习题 5.）

21. [*M22*] 一个 n 元排列恰具有 α_1 个一元循环，α_2 个二元循环，$\ldots$ 的概率 $P(n; \alpha_1, \alpha_2, \ldots)$ 是什么？

▶ **22.** [*HM34*] （下述方法由劳伦斯·薛普和斯图尔特·劳埃德提出，可以方便有力地求解同随机排列的循环结构有关的问题）我们不再认为对象数目 n 固定，排列可变，而是假定按照某种概率分布，独立选择出现在习题 20 和 21 中的量 $\alpha_1, \alpha_2, \alpha_3 \ldots$．令 w 是介于 0 与 1 之间的任意实数．

(a) 假定我们依据某个函数 $f(w, m, k)$，按照"$\alpha_m = k$ 的概率是 $f(w, m, k)$"的规则选择随机变量 $\alpha_1, \alpha_2, \alpha_3, \ldots$．确定 $f(w, m, k)$ 的值，使下面两个条件成立：(i) $\sum_{k \geq 0} f(w, m, k) = 1$ 对于 $0 < w < 1$ 和 $m \geq 1$ 成立；(ii) $\alpha_1 + 2\alpha_2 + 3\alpha_3 + \cdots = n$ 且 $\alpha_1 = k_1$, $\alpha_2 = k_2$, $\alpha_3 = k_3, \ldots$ 的概率等于 $(1-w)w^n P(n; k_1, k_2, k_3, \ldots)$，其中 $P(n; k_1, k_2, k_3, \ldots)$ 的定义见习题 21.

(b) 一个循环结构为 $\alpha_1, \alpha_2, \alpha_3, \ldots$ 的排列显然恰好排列 $\alpha_1 + 2\alpha_2 + 3\alpha_3 + \cdots$ 个对象．证明：如果这些 α 是按照 (a) 中的概率分布随机选择的，那么 $\alpha_1 + 2\alpha_2 + 3\alpha_3 + \cdots = n$ 的概率是 $(1-w)w^n$，$\alpha_1 + 2\alpha_2 + 3\alpha_3 + \cdots$ 为无穷大的概率是 0.

(c) 令 $\phi(\alpha_1, \alpha_2, \ldots)$ 是关于无穷多个数 $\alpha_1, \alpha_2, \ldots$ 的函数．证明：如果这些 α 是按照 (a) 中的概率分布随机选择的，那么 ϕ 的平均值是 $(1-w) \sum_{n \geq 0} w^n \phi_n$，这里 ϕ_n 表示 ϕ 遍取所有 n 元排列的平均值，其中变量 α_j 代表一个排列中的 j 元循环的个数．［例如，如果 $\phi(\alpha_1, \alpha_2, \ldots) = \alpha_1$，那么 ϕ_n 的值是随机选取一个 n 元排列中单元素循环的平均数目．我们在式 (28) 中已经证明，对于所有的 n 有 $\phi_n = 1$．］

(d) 利用这个方法，求解随机选取一个 n 元排列中，长度为偶数的循环的平均数目.

(e) 利用这个方法，求解习题 18.

23. [HM42] （戈洛姆，薛普，劳埃德）如果 l_n 表示 n 元排列中最长循环的平均长度，证明 $l_n \approx \lambda n + \frac{1}{2}\lambda$，其中 $\lambda \approx 0.62433$ 是常数. 事实上，证明 $\lim_{n \to \infty}(l_n - \lambda n - \frac{1}{2}\lambda) = 0$.

24. [M41] 求算法 J 计时中的量 A 的方差（见习题 14）.

25. [M22] 证明式 (29).

▶ **26.** [M24] 扩充容斥原理，获得恰好属于子集 $S_1, S_2, \ldots, S_M$ 中的 r 个子集的元素数目公式.（正文中仅考虑 $r = 0$ 的情况.）

27. [M20] 利用容斥原理，计算在 $0 \le n < am_1 m_2 \ldots m_t$ 范围内不能被 $m_1, m_2, \ldots, m_t$ 中任一个数整除的整数 n 的数目. 这里 $m_1, m_2, \ldots, m_t$ 和 a 是正整数，当 $j \ne k$ 时有 $m_j \perp m_k$.

28. [M21] （欧文·卡普兰斯基）若习题 1.3.2–22 定义的"约瑟夫排列"是用循环形式表示的，则当 $n = 8$ 和 $m = 4$ 时，我们得到 $(1\,5\,3\,6\,8\,2\,4)(7)$. 证明这个排列的通式是乘积 $(n\ n{-}1\ \ldots\ 2\ 1)^{m-1} \times (n\ n{-}1\ \ldots\ 2)^{m-1} \ldots (n\ n{-}1)^{m-1}$.

29. [M25] 证明当 $m = 2$ 时，约瑟夫排列的循环形式可以如下获得：首先用循环形式写出 $\{1, 2, \ldots, 2n\}$ 的"全混洗"排列，即把 $(1, 2, \ldots, 2n)$ 变为 $(2, 4, \ldots, 2n, 1, 3, \ldots, 2n-1)$；然后左右翻转，删去所有大于 n 的数. 例如，当 $n = 11$ 时，全混洗排列是 $(1\,2\,4\,8\,16\,9\,18\,13\,3\,6\,12)(5\,10\,20\,17\,11\,22\,21\,19\,15\,7\,14)$，约瑟夫排列是 $(7\,11\,10\,5)(6\,3\,9\,8\,4\,2\,1)$.

30. [M24] 利用习题 29 证明：当 $m = 2$ 时，约瑟夫排列的固定元素恰为所有形如 $(2^d - 1)(2n+1)/(2^{d+1} - 1)$ 的整数，其中 d 为正整数.

31. [HM38] 推广习题 29 和 30，证明对于一般的 m 和 n，第 k 位处死的男士所处的位置 x 可以如下计算：置 $x \leftarrow km$；然后如果 $x > n$，反复置 $x \leftarrow \lfloor (m(x-n)-1)/(m-1) \rfloor$，直到 $x \le n$. 所以当 $N \to \infty$ 时，对于 $1 \le n \le N$ 和固定的 $m > 1$，固定元素的平均数目趋近 $\sum_{k \ge 1}(m-1)^k/(m^{k+1} - (m-1)^k)$.［由于这个值介于 $(m-1)/m$ 与 1 之间，约瑟夫排列具有的固定元素略少于随机排列的固定元素.］

32. [M25] (a) 证明任何排列 $\pi = \pi_1 \pi_2 \ldots \pi_{2m+1}$ 如果形如

$$\pi = (2\,3)^{e_2}(4\,5)^{e_4} \ldots (2m\ 2m{+}1)^{e_{2m}}(1\,2)^{e_1}(3\,4)^{e_3} \ldots (2m{-}1\ 2m)^{e_{2m-1}},$$

其中每个 e_k 都是 0 或 1，那么它对于 $1 \le k \le 2m+1$ 有 $|\pi_k - k| \le 2$.

(b) 给定 $\{1, 2, \ldots, n\}$ 的任何一个排列 ρ，构造一个上述形式的排列 π 使得 $\rho\pi$ 只有一个循环. 因此，每个排列都"接近"一个循环.

33. [M33] 如果 $m = 2^{2^l}$，$n = 2^{2l+1}$，说明如何构造排列 $(\alpha_{j1}, \alpha_{j2}, \ldots, \alpha_{jn}; \beta_{j1}, \beta_{j2}, \ldots, \beta_{jn})$，其中 $0 \le j < m$，使其具有下述"正交性"性质.

$$\alpha_{i1}\beta_{j1}\alpha_{i2}\beta_{j2} \ldots \alpha_{in}\beta_{jn} = \begin{cases} (1\,2\,3\,4\,5), & \text{如果 } i = j; \\ (), & \text{如果 } i \ne j. \end{cases}$$

每个 α_{jk} 和 β_{jk} 应当是 $\{1, 2, 3, 4, 5\}$ 的一个排列.

▶ **34.** [M25] （转置数据块）实际应用中最常用的一种排列是把 $\alpha\beta$ 变成 $\beta\alpha$，其中 α 和 β 是一个数组的子串. 换句话说，如果 $x_0 x_1 \ldots x_{m-1} = \alpha$，$x_m x_{m+1} \ldots x_{m+n-1} = \beta$，我们要把数组 $x_0 x_1 \ldots x_{m+n-1} = \alpha\beta$ 变成数组 $x_m x_{m+1} \ldots x_{m+n-1} x_0 x_1 \ldots x_{m-1} = \beta\alpha$；对于 $0 \le k < m+n$，每个元素 x_k 应当用 $x_{p(k)}$ 替换，其中 $p(k) = (k+m) \bmod (m+n)$. 证明每个这样的"循环-移位"排列具有一种简单的循环结构，并且利用这种结构对于要求的重排设计一个简单的算法.

35. [M30] 接上题，令 $x_0 x_1 \ldots x_{l+m+n-1} = \alpha\beta\gamma$，其中 α, β, γ 是长度分别为 l, m, n 的串. 假设我们要把 $\alpha\beta\gamma$ 变成 $\gamma\beta\alpha$. 证明对应的排列具有一个简便的循环结构，这个结构引出一个高效的算法.［习题 34 考虑了 $m = 0$ 的特例.］提示：考虑把 $(\alpha\beta)(\gamma\beta)$ 变为 $(\gamma\beta)(\alpha\beta)$.

36. [*27*] 对于习题 35 答案中的算法编写一个 MIX 子程序，并分析它的运行时间. 将它同把 $\alpha\beta\gamma$ 变成 $(\alpha\beta\gamma)^R = \gamma^R\beta^R\alpha^R$ 再变成 $\gamma\beta\alpha$ 的简单方法做比较，其中 σ^R 表示数字串 σ 的左右倒置.

37. [*M26*] （奇排列）令 π 是 $1,...,n$ 的一个排列. 证明 π 可以写成奇数个二元循环之积当且仅当它可以写成两个 n 元循环之积.

1.4 若干基本程序设计技术

1.4.1 子程序

当某个任务要在一个程序的多处执行时，通常不应在每处重复编码. 为此，可以把这段代码（称为子程序）仅存放在一个地方，并且附加几条额外的指令，以在子程序结束后重新正常地启动外层程序. 子程序与主程序之间转移控制的过程称为子程序连接.

为了高效完成子程序连接，每一种计算机有其自身固有的特殊方式，通常使用一些特别的指令. 在 MIX 中，J 寄存器就用于这个目的. 我们将基于 MIX 机器语言展开讨论，但是类似的说明也适用于其他计算机的子程序连接.

利用子程序是为了节省程序空间. 它不会节省任何时间，不过可以通过占用较少空间而间接地节省时间. 例如，装入程序花费时间更少，或者程序需要扫描的遍数更少，或者在具有多级存储器的计算机上更充分利用高速存储器. 进入及退出子程序的额外时间通常是微不足道的，可以忽略不计.

子程序还具有其他诸多优点. 它使一个庞大而又复杂的程序具有更清晰的结构. 它构成问题整体的逻辑分割，而这种框架通常使程序的调试更加容易. 许多子程序还具有额外的价值，因为可以供子程序原始设计者以外的其他程序员使用.

大多数计算机装置建立了包含许许多多有用子程序的大型程序库，极大地方便了常规计算机应用的程序设计. 然而，程序员不应把这一点视为子程序的唯一目的. 子程序不仅包括公众均可使用的通用程序，专用子程序同样是重要的，即使它仅会在一个程序中出现. 1.4.3.1 节举例介绍了几个典型的子程序.

最简单的子程序要数那些仅有一个入口和一个出口的程序，如我们已经讲述过的 MAXIMUM 子程序（见 1.3.2 节的程序 M）. 为了方便参考，我们在这里重新写出该程序，把它修改成搜索 100 个固定单元中的最大值.

```
* 找出 X[1..100] 的最大值
MAX100   STJ   EXIT    子程序连接
         ENT3  100     M1. 初始化.
         JMP   2F
1H       CMPA  X,3     M3. 比较.
         JGE   *+3                              (1)
2H       ENT2  0,3     M4. 改变 m.
         LDA   X,3     找到新的最大值.
         DEC3  1       M5. 减小 k.
         J3P   1B      M2. 是否检验完毕?
EXIT     JMP   *       返回主程序.
```

在包含这段子程序的更大程序中，指令"JMP MAX100"将把 A 寄存器设置为单元 X + 1 到 X + 100 的当前最大值，而这个最大值的地址将出现在 rI2 中. 在这种情况下，子程序连接是通过"MAX100 STJ EXIT"以及后面的"EXIT JMP *"这两条指令实现的. 由于 J 寄存器的操作方式，退出子程序的出口指令随后将转移到引用 MAX100 的原指令后面一个单元.

像 MMIX 这种必将取代 MIX 的新型计算机，对返回地址有更好的记忆方式. 主要差别在于程序不用再修改存储器中的指令，相关信息将保存在寄存器或者特殊的数组内，而不是存放在程序本身中（参见习题 7）. 本书下一版将采用现代的观点，不过我们暂时仍然沿用自修改代码这种老式做法.

利用子程序节省的代码空间和损失的时间都不难定量确定. 假定一段代码需要使用 k 个单元, 它会重复出现在程序的 m 处. 把这段代码改写成子程序, 我们需要一条额外的指令 STJ 以及一行出口语句, 再加上在 m 处调用子程序时每次都用一条 JMP 指令. 这样给出的单元总数为 $m + k + 2$ 而不是之前的 mk, 所以节省的空间总量为

$$(m - 1)(k - 1) - 3. \tag{2}$$

如果 k 为 1 或者 m 为 1, 利用子程序不可能节省任何空间, 这自然是显而易见的. 如果 k 为 2, m 必须大于 4 才能节省空间, 等等.

损失的时间总量是花费在执行额外的 JMP、STJ 和 JMP 指令上的时间, 因为不用子程序时不会出现这 3 条指令. 因此, 如果程序在一轮运行期间调用 t 次子程序, 那么需要 $4t$ 个额外的时间周期.

这两条估计都得再打点折扣, 因为这只是理想情况. 许多子程序不能只用一条 JMP 指令调用. 此外, 如果不用子程序, 而是在程序内多处重复编码, 那么可以利用程序特定部分的具体特征, 对每一处进行定制编码. 如果用子程序, 那么编写代码必须考虑最一般情况而不是针对某种特殊情况, 这样通常会增加几条附加指令.

处理一般情况的子程序通常是通过参数表示的. 参数是支配子程序操作的值, 每次调用子程序, 参数取值都可能不同.

在外部程序中, 把控制转移到子程序并且使其正常启动的代码称为调用序列. 在调用子程序时提供的参数特定值称为变元 (argument). 单就我们的 MAX100 子程序而言, 调用序列只是一行 "JMP MAX100". 但是如果必须提供变元, 一般就需要更长的调用序列. 例如, 程序 1.3.2M 是 MAX100 子程序的扩展, 它的功能是找出数值表前面 n 个元素中的最大值. 参数 n 出现在变址寄存器 1 中, 它的调用序列

```
LD1  =n=              ENT1  n
              或
JMP  MAXIMUM          JMP   MAXIMUM
```

包含两步操作.

如果调用序列占用 c 个存储单元, 那么节省空间总量的式 (2) 变成

$$(m - 1)(k - c) - 常数. \tag{3}$$

子程序连接过程损失的时间也略有增加.

对于上面的节省空间和损失时间的公式, 可能需要进一步修正, 因为某些寄存器的值可能需要保留和恢复. 例如在 MAX100 子程序中, 我们必须记住, 指令 "JMP MAX100" 不仅获得寄存器 A 中最大值以及它在寄存器 I2 中的位置, 同时也把寄存器 I3 置为 0. 子程序可能破坏寄存器的内容, 这是必须牢记的. 为了防止 MAX100 改变 rI3 的值, 需要用额外的指令. 在 MIX 中最简单最快捷的方法是紧随 MAX100 之后插进指令 "ST3 3F(0:2)", 然后在紧靠 EXIT 之前插进指令 "3H ENT3 *". 这样的净损失是两行额外的代码, 再加每次调用子程序时多耗用三个机器周期.

可以把子程序视为计算机的机器语言的一种扩充. 存储器中保存了 MAX100 子程序之后, 我们就有一条指令 (即 "JMP MAX100") 用来查找最大值. 要精心地定义每个子程序的功能, 就像定义机器语言的操作符本身那样严谨. 所以, 即使没有旁人使用子程序或其说明, 程序员也务必写出每个子程序的特征. 以 1.3.2 节给出的 MAXIMUM 为例, 它的特征如下:

$$
\left.\begin{array}{ll}
\text{调用序列:} & \texttt{JMP MAXIMUM.} \\
\text{入口条件:} & \text{rI1} = n; \quad\; \text{假定 } n \geq 1. \\
\text{出口条件:} & \text{rA} = \max_{1 \leq k \leq n} \text{CONTENTS}(\text{X} + k) = \text{CONTENTS}(\text{X} + \text{rI2}); \\
& \text{rI3} = 0;\; \text{rJ 和 CI 也受到影响.}
\end{array}\right\} \tag{4}
$$

(我们习惯上不提寄存器 J 和比较指示器 CI 会受到子程序影响的事实, 在这里提出仅仅是为了完整性.) 注意, rX 和 rI1 这两个寄存器不会受子程序操作的影响, 因为在出口条件中没有提到它们. 子程序的特征说明还应当提及可能受它影响的所有外部存储单元. 本例的特征说明使我们能够断定, 没有在存储器保存别的数据, 因为在 (4) 中没有指出关于存储器的任何改变.

现在让我们来考虑子程序的多重入口问题. 假定有一个程序, 它需要调用通用子程序 MAXIMUM, 但是时常是要用到 MAX100 这个 $n = 100$ 的特例. 那么, 这两个子程序可以结合如下:

```
MAX100 ENT3 100     第一个入口
MAXN   STJ  EXIT    第二个入口
       JMP  2F      继续, 类似(1).                                    (5)
...
EXIT   JMP  *       返回主程序.  ∎
```

子程序 (5) 实际上与 (1) 相同, 只是交换了前面两条指令. 这里利用了 "ENT3" 不改变 J 寄存器中的值的事实. 如果我们还想对这个子程序添加第三个入口 MAX50, 可以在开始处插入代码

```
MAX50  ENT3 50
       JSJ  MAXN                                                    (6)
```

(回忆一下, "JSJ" 是指不改变 J 寄存器的转移.)

当参数的数目不多时, 为了把它们传送给子程序, 我们通常希望将它们要么放进方便的寄存器 (如 MAXN 用 rI3 保存参数 n, MAXIMUM 用 rI1 保存参数 n), 要么存入固定存储单元.

另外一种提供变元的简便方法, 是把它们罗列在 JMP 指令的后面. 由于子程序知道 J 寄存器中的地址值, 它能够正确访问参数. 例如, 如果我们打算把

```
JMP  MAXN
CON  n                                                             (7)
```

作为 MAXN 的调用序列, 那么可以把这个子程序写成下述形式:

```
MAXN   STJ  *+1
       ENT1 *     rI1 ← rJ.
       LD3  0,1   rI3 ← n.
       JMP  2F    继续, 同 (1).                                    (8)
...
       J3P  1B
       JMP  1,1   返回.  ∎
```

对于像 System/360 那样的计算机, 子程序连接一般通过把出口地址存入变址寄存器来实现, 因此这种约定是特别方便的. 如果子程序需要很多变元, 或者程序由编译器写成, 这种方法也是很有用的. 不过, 上面使用的多重入口方法在这种情况经常失效. 我们可以编写 "伪装" 代码

```
MAX100 STJ  1F
       JMP  MAXN
       CON  100
1H     JMP  *      ∎
```

但是这不如子程序 (5) 那么有吸引力.

有一种类似于在转移指令后面列出变元的方法, 通常用于多重出口子程序. 多重出口意味着子程序要依据检测到的条件, 返回到若干不同的单元之一. 在最严格的意义下, 子程序退出后返回的单元是一个参数, 所以如果它要在多个单元中根据情况选择一个出口, 那么应当把这些单元作为变元提供. 我们的最后一版"最大值"子程序, 将有两个入口和两个出口. 调用序列为:

<table>
<tr><td>对于一般的 n</td><td>对于 $n = 100$</td></tr>
<tr><td>ENT3 n</td><td></td></tr>
<tr><td>JMP   MAXN</td><td>JMP   MAX100</td></tr>
<tr><td>如果 $\max \leq 0$ 或 $\max \geq$ rX, 返回到这里.</td><td>如果 $\max \leq 0$ 或 $\max \geq$ rX, 返回到这里.</td></tr>
<tr><td>如果 $0 < \max <$ rX, 返回到这里.</td><td>如果 $0 < \max <$ rX, 返回到这里.</td></tr>
</table>

(换句话说, 当最大值是正数而且小于寄存器 X 中的值时, 出口是在转移指令之后数两个单元的位置.) 具有这些条件的子程序是很容易编写的:

```
MAX100 ENT3 100     n = 100 的入口
MAXN   STJ  EXIT    一般的 n 的入口
       JMP  2F      继续, 同(1).
...
       J3P  1B
       JANP EXIT    如果最大值 ≤ 0, 正常退出.                    (9)
       STX  TEMP
       CMPA TEMP
       JGE  EXIT    如果最大值 ≥ rX, 正常退出.
       ENT3 1       否则从第二个出口退出.
EXIT   JMP  *,3     返回到合适的位置.   ▌
```

子程序可以调用其他子程序. 在复杂的程序中, 子程序嵌套调用 5 层以上并不是罕事. 在使用这里描述的子程序连接方式时, 必须遵守的唯一限制是子程序不能对调用它的其他子程序反过来 (直接或间接地) 调用. 例如, 考虑下面的情况:

```
[主程序]|  [子程序A]        |  [子程序B]        |  [子程序C]
        | A    STJ EXITA  | B    STJ EXITB  | C    STJ EXITC
  ⋮     |        ⋮        |        ⋮        |        ⋮
JMP A   |      JMP B      |      JMP C      |      JMP A
  ⋮     |        ⋮        |        ⋮        |        ⋮
        | EXITA JMP *     | EXITB JMP *     | EXITC JMP *      (10)
```

如果主程序调用子程序 A, A 调用子程序 B, B 调用子程序 C, 而 C 又调用子程序 A, 就会破坏原来保存在 EXITA 的访问主程序的地址引用, 于是无法再返回到主程序. 同样的说明也适用于每个子程序使用的所有临时存储单元和寄存器. 不难设计子程序连接的约定, 使之能够正确处理这类递归调用情况. 第 8 章将详细考察递归问题.

最后, 我们简要讨论一下怎样编写非常长的复杂程序. 怎样判断需要什么类型的子程序? 如何确定应当使用何种调用序列? 一个行之有效的解决方法是利用迭代过程.

第 0 步 (初步想法). 首先大致确定编写这个程序采用的总体解决方案.

第 1 步 (程序的粗略方案). 现在我们开始用任何一种方便的语言编写程序的若干"外层"结构. 这一步有一定的系统化方法可循, 戴克斯特拉 [*Structured Programming* (Academic Press, 1972), Chapter 1] 和尼古拉斯·沃斯 [*CACM* **14** (1971), 221–227] 都有非常精彩的描述. 我们可以先把整个程序分割成为数不多的代码段, 不妨暂时把它们理解为子程序, 尽管它们仅被调用一次. 随后逐步把这些代码段细分为越来越小的部分, 相应执行越来越简单的任务. 每当某个计算任务看上去很可能或确实已经在别的地方出现时, 我们就真正定义一个执行该任务的子程序. 我们暂时不编写这个子程序, 而是假定它能执行任务, 继续编写主程序. 最后, 写出主程序的初稿之后, 我们再依次处理每个子程序, 并且力求首先编写最复杂的子程序, 然后处理子程序的子程序, 等等. 通过这种方式, 我们将获得一系列子程序. 每个子程序的功能或许已经经过多次改动, 所以程序初稿的开始部分可能会不太正确, 但是没关系, 因为那仅仅是粗略方案. 到这一步, 对于每个子程序应该怎么调用, 应当有多么通用, 我们都有了比较成熟的想法. 通常最好对每个子程序的通用性稍稍放宽一些.

第 2 步（第一个可用程序）. 这一步跟第一步的方向相反. 现在我们用计算机语言编写程序, 例如用 MIXAL 或 PL/MIX, 或者一种高级语言. 这次从最底层的子程序开始, 到最后才编写主程序. 在一个子程序完成编码之前, 尽量不写调用它的任何指令. （第 1 步的做法恰恰相反, 是直到一个子程序的所有调用都写出以后才考虑它的编码. ）

在这个过程中, 我们编写出越来越多的子程序, 信心也逐步增强, 因为计算机的能力在不断拓展扩充. 当写出一个独立的子程序的代码后, 我们应该立即为它提供完备的描述, 像 (4) 那样列出它的功能和调用序列. 不要覆盖程序中的临时存储单元, 这也是很重要的. 如果每个程序都要访问 TEMP 单元, 很可能造成灾难性的后果, 虽然在第 1 步准备方案时完全可以不考虑这样的问题. 为了排除覆盖存储单元的隐患, 明显可以让每个子程序只使用单独的临时存储空间. 如果这种作法过于浪费空间, 那么可以采用另外一种可取的方案, 就是把临时存储单元命名为 TEMP1, TEMP2, 等等. 在一个子程序内, 存储单元的编号从 TEMPj 开始, 其中 j 等于这个子程序所调用的所有次级子程序使用的最大号码再加 1.

第 3 步（重新检验）. 第 2 步的结果应当是一个基本可用的程序, 或许还有改进空间. 一个好的办法是再度反过来研究对每个子程序的所有调用. 可能应当扩充子程序的功能, 使其能够执行外层程序常常在调用它前后完成的一般任务. 或许应当把几个子程序合并成一个; 或许有的子程序仅被调用一次, 完全不应作为子程序. （或许有的子程序完全不被调用, 可以整个删除. ）

在这一阶段, 舍弃一切并回到第 1 步从头开始常常是明智的! 这并非戏言. 之前的工夫不会白费, 因为我们已经借此加深了对于待解决问题的理解. 写完程序之后, 我们或许发现可以对程序的总体结构做出若干改进. 没有理由害怕回到第 1 步, 再次通过第 2 步和第 3 步变得容易多了, 因为已经编写了一个类似的程序. 此外, 重写程序所有代码花的时间很可能不亚于以后节省的调试时间. 历史上某些最出色的计算机程序之所以成功, 在很大程度上应归功于意外: 大约在这一阶段, 全部作品无意间付之东流, 导致作者不得不重新开始.

另外, 也许无论怎么改进复杂的计算机程序, 总是还有改进的余地, 所以第 1 步和第 2 步不要无休止地重复下去. 在明显可以做出重大改进的时候, 是值得再花时间重新开始的. 但是终究要到达收益转为递减的时刻, 那时就不必费力从头再来了.

第 4 步（调试）. 在程序的最后加工（可能包括存储分配之类的细节收尾处理）之后, 我们应该换个角度, 从不同于前三步的新方向进行检查——研究程序在计算机中的实际执行顺序. 自然, 这可以人工进行, 也可以通过机器进行. 我发现, 这时使用系统例程追踪每条指令的头两次执行情况是非常有帮助的. 重要的是重新思考程序的基本思想, 确认一切事项都符合预期效果.

调试程序是一门技艺, 它需要进行很深入的研究, 而且采用的方法高度依赖于具体的计算机装置可以使用的工具. 进行有效调试的良好开端通常是准备适宜的检验数据. 最有效的调试方法大概是在程序内部精心设计构建的方法, 当今许多顶尖程序员几乎会把程序的一半代码用于辅助另外一半代码的调试进程. 前面这一半代码通常是以可读格式显示相关信息的简单例程, 它们最终将被删掉, 但是最终结果是在生产效率上获得意想不到的增益.

另外一种良好的调试习惯是把每次产生的错误都记录下来. 虽然记录自己的错误可能是非常难堪的事情, 但是对于任何研究调试问题的人而言, 这样的信息是很有价值的, 而且它还会帮助你学习如何减少将来的错误.

注记: 我于 1964 年写好了上面的大部分评述, 其时我虽已圆满完成多个中型软件项目, 尚未建立成熟的程序设计风格. 随后, 我在 20 世纪 80 年代认识到, 另外一种称为结构化文档编制或者文化程序设计 (literate programming)①的技术可能更为重要. 在初版于 1992 年的《文化程序设计》[*Literate Programming* (Cambridge Univ. Press)] 一书中, 我概述了自己最推崇的这一程序设计方法的最新观点. 顺便说一下, 该书的第 11 章详细记录了 1978 年至 1991 年期间从 TeX 程序中排除的所有错误.

> 在一定程度上, 最好让错误留在程序里, 而不是
> 耗费大量时间设计完全无误的程序.
> （完成这样的设计要用多少年?）
> ——图灵, Proposals for ACE（关于自动计算机的建议, 1945）

习题

1. [*10*] (4) 给出了子程序 1.3.2M 的特征. 请同样说明子程序 (5) 的特征.

2. [*10*] 提出代替 (6) 的代码, 其中不使用 JSJ 指令.

3. [*M15*] 补充 (4) 中的信息, 确切说明子程序 MAXIMUM 导致寄存器 J 和比较指示器 CI 发生什么变化, 并说明当寄存器 I1 不取正值时发生什么变化.

▶ **4.** [*21*] 编写一个子程序, 找出 X[a], X[$a+r$], X[$a+2r$], ..., X[n] 的最大值, 推广 MAXN, 其中 r 和 n 是参数, 而 a 是满足 $a \equiv n$ (modulo r) 的最小正数, 即 $a = 1 + (n-1) \bmod r$. 对于 $r = 1$ 的情况, 给出一个特别的入口. 像 (4) 那样列出你的子程序的特征.

5. [*21*] 假设 MIX 没有 J 寄存器. 创造一种不用 J 寄存器的子程序连接方法, 并且通过编写与 (1) 等效的 MAX100 子程序, 举例说明这种新方法. 用类似于 (4) 的方式说明这个子程序的特征. （保留 MIX 关于自修改代码的约定.）

▶ **6.** [*26*] 假设 MIX 没有 MOVE 操作符. 编写一个名为 MOVE 的子程序, 要求调用序列 "JMP MOVE; NOP A,I(F)" 等效于原本的指令 "MOVE A,I(F)". 两者之间的差别仅在于寄存器 J 的结果, 以及子程序自然会比机器指令耗费更多时间和空间的事实.

▶ **7.** [*20*] 为什么现在不建议用自修改代码?

1.4.2　协同程序

子例程属于一类更一般的程序组件 — 协同程序, 简称协程. 主程序与子程序之间的关系是非对称的; 与此相反, 协同程序彼此之间的关系是完全对称的, 因为它们相互调用.

为了理解协同程序的概念, 让我们考虑另外一种理解子程序的方式. 在前一小节, 我们把它当作计算机硬件的一种扩充, 仅仅用来节省代码行. 事实或许如此, 但是我们也可以采纳另外一种观点, 把主程序和子程序视为一个程序组, 这组程序中的每个成员要完成一项特定的作业. 主程序在完成作业的过程中需要激活子程序; 子程序将执行它自己的任务, 然后激活主程序. 我们可以充分想象, 从子程序的角度来看, 不妨认为当它退出时, 它也在调用主程序; 主程序继续履行自己的责任, 然后 "退出" 到子程序. 子程序接着执行任务, 然后再调用主程序.

① 又译为文艺编程或文学化编程, 指的是将编程过程视为文艺创作, 像作家一样为读者编写清晰优美易读的文档.

——编者注

　　这种带有几分牵强的观点其实表达了协同程序的关系，因为在两个协同程序之间，不可能区分哪个是哪个的子程序. 假定我们有两个协同程序 A 和 B，当设计 A 时，我们可以把 B 看成子程序；而在设计 B 时，可以把 A 看成子程序. 就是说，协同程序 A 用指令"JMP B"激活协同程序 B，协同程序 B 用指令"JMP A"激活协同程序 A. 每当一个协同程序被激活时，它就在上次操作中断的位置恢复程序执行.

　　例如，协同程序 A 和 B 可以是两个下国际象棋的程序. 我们可以把两个程序结合起来，使它们相互对弈.

　　对于 MIX 计算机，协同程序 A 和 B 之间的这种连接是通过在程序中写进下面 4 条指令实现的：

$$\text{A}\quad\text{STJ}\quad\text{BX}\qquad\qquad\text{B}\quad\text{STJ}\quad\text{AX}$$
$$\text{AX}\quad\text{JMP}\quad\text{A1}\qquad\qquad\text{BX}\quad\text{JMP}\quad\text{B1}$$

(1)

这种情况下，每次控制转移需要 4 个机器周期. 开始时 AX 和 BX 被设置为转移到相应协同程序的起始位置 A1 和 B1. 假定我们首先在单元 A1 启动协同程序 A，比如说当它在单元 A2 执行"JMP B"时，在单元 B1 的指令把 rJ 存入 AX，然后执行"JMP A2+1". BX 中的指令使我们转移到单元 B1，然后协同程序 B 开始执行，最终会在某个单元 B2 到达指令"JMP A2". 我们把 rJ 存入 BX，并且转移到单元 A2+1，继续执行协同程序 A，直到它再次转移到 B，B 把 rJ 存入 AX，并且转移到 B2+1，如此重复.

　　通过研究上面的例子可以看出，主程序与子程序之间的连接同协同程序与协同程序之间的连接的本质差别在于：子程序始终从头启动，通常有固定的起始位置；主程序和协同程序则始终在它上次终止处的下一个位置启动.

　　在实际应用中，协同程序最自然地出现在它们同输入和输出算法相联系的时候. 例如，假定协同程序 A 的功能是读入一些穿孔卡片，并且对输入数据执行某种变换，把它转化为一连串数据项. 另外一个我们称之为 B 的协同程序对这些数据项做进一步处理，并且打印答案. B 将周而复始地请求由 A 获得的相继输入项. 于是，协同程序 B 每当需要下一个输入项时就转移到 A，而协同程序 A 每当获得一个输入项时就转移到 B. 读者也许会说："啊，B 就是主程序，而 A 只不过是执行输入任务的一个子程序而已." 但是，假如处理过程 A 非常复杂，这种看法就不太合适了. 实际上，我们也可以把 A 想象成主程序，而 B 则是执行输出任务的一个子程序，这时上面的描述仍然是有效的. 如果介于两种极端情况之间，也就是说 A 和 B 都是很复杂的程序，而且每个程序都在多处地方调用另外一个程序，那么协同程序的概念就显得很有用了. 要想用简单例子说明协同程序概念的重要性是颇为困难的，因为最有用的协同程序的应用通常非常冗长.

　　为了研究协同程序的实际执行过程，我们考察一个假想的例子. 假定我们需要编写一个程序，把一种代码转换成另一种代码；待转换的输入代码是一串字母数字字符，最后是一个半角英文句点，如

$$\text{A2B5E3426FG0ZYW3210PQ89R.}$$

(2)

这个字符序列已经穿孔到卡片上，应忽略卡片上出现的空格列. 应该按照下述方式从左到右理解输入：如果下一个字符是 $0, 1, \ldots, 9$ 之中的一个数字，比如说是 n，那么它表示其后的字符重复 $(n+1)$ 次，不管后面那个字符是数字还是字母. 一个非数字字符就表示它自己. 程序的输出是按这种方式产生的字符序列，要求每 3 个字符分隔成一组，直到出现句点. 最后一组可能不足 3 个字符. 例如，程序应当把字符序列 (2) 转换成

$$\text{ABB\quad BEE\quad EEE\quad E44\quad 446\quad 66F\quad GZY\quad W22\quad 220\quad 0PQ\quad 999\quad 999\quad 999\quad R.}$$

(3)

注意序列中的 3426F 并不意味着字母 F 重复 3427 次. 它的含义是 4 个 4 后面接 3 个 6, 后面再接 1 个 F. 如果输入序列为 "1.", 那么输出就是简单的 "." 而不是 "..", 因为第一个句点终结输出. 我们的程序应当把输出穿孔到卡片上, 每张卡片上包含 16 组三个一组的字符, 最后一张卡片可能例外.

为了完成这种转换, 我们要编写两个协同程序和一个子程序. 这个子程序称为 NEXTCHAR, 用来寻找输入中的非空格字符, 并且把下一个这样的字符存入寄存器 A 中:

```
01   * 字符输入子程序
02   READER   EQU   16            卡片阅读机的设备号
03   INPUT    ORIG  *+16          输入卡片的位置
04   NEXTCHAR STJ   9F            子例程入口
05            JXNZ  3F            初始 rX = 0
06   1H       J6N   2F            初始 rI6 = 0
07            IN    INPUT(READER) 读下一张卡片.
08            JBUS  *(READER)     等待完成.
09            ENN6  16            令 rI6 指向第一个字.
10   2H       LDX   INPUT+16,6    取输入的下一个字.
11            INC6  1             指针推进.
12   3H       ENTA  0
13            SLAX  1             下一个字符 → rA.
14   9H       JANZ  *             跳过空格字符.
15            JMP   NEXTCHAR+1    ▮
```

这个子程序具有下述特征:

调用序列: JMP NEXTCHAR.
入口条件: rX = 待处理的字符; rI6 指向下一个字, 若 rI6 = 0 指示必须读入一张新卡片.
出口条件: rA = 输入的下一个非空格字符; rX 和 rI6 被设置为 NEXTCHAR 的下一个入口.

我们的第一个协同程序称为 IN, 它寻找输入代码中具有特定重复数的字符. 它最初从单元 IN1 开始:

```
16   * 第一个协同程序
17   2H       INCA  30            找到非数字字符.
18            JMP   OUT           把它送到 OUT 协同程序.
19   IN1      JMP   NEXTCHAR      获取字符.
20            DECA  30
21            JAN   2B            是字母吗?
22            CMPA  =10=
23            JGE   2B            是特殊字符吗?
24            STA   *+1(0:2)      找到数字 n.
25            ENT5  *             rI5 ← n.
26            JMP   NEXTCHAR      获取下一个字符.
27            JMP   OUT           把它送到 OUT 协同程序.
28            DEC5  1             n 减少 1.
29            J5NN  *-2           在需要时重复.
30            JMP   IN1           开始新的循环.    ▮
```

（回忆 MIX 的字符代码，数字 0–9 的代码为 30–39.）这个协同程序具有下述特征：

调用序列：　　　　　　　　　　　JMP IN.
出口条件

　　（当转移到 OUT 时）：　rA = 输入中具有特定重复数的下一个字符；
　　　　　　　　　　　　　　　rI4 在进入时的值保持不变.

入口条件

　　（当返回时）：　　　　　rA, rX, rI5, rI6 在上次退出时的值应该保持不变.

　　　对应的另一个协同程序称为 OUT，它把代码分成三个一组的字符组，并且穿孔到卡片上.
这个程序最初从 OUT1 开始：

```
31   * 第二个协同程序
32          ALF                      用于填空格的常数
33   OUTPUT ORIG *+16                保存答案的缓冲区
34   PUNCH  EQU  17                  卡片穿孔机的设备号
35   OUT1   ENT4 -16                 开始新的输出卡片.
36          ENT1 OUTPUT
37          MOVE -1,1(16)            输出区域填入空格.
38   1H     JMP  IN                  取下一个转换的字符.
39          STA  OUTPUT+16,4(1:1)    把它存入 (1:1) 字段.
40          CMPA PERIOD              是 "." 吗?
41          JE   9F
42          JMP  IN                  如果不是, 取下一个字符.
43          STA  OUTPUT+16,4(2:2)    把它存入 (2:2) 字段.
44          CMPA PERIOD              是 "." 吗?
45          JE   9F
46          JMP  IN                  如果不是, 取下一个字符.
47          STA  OUTPUT+16,4(3:3)    把它存入 (3:3) 字段.
48          CMPA PERIOD              是 "." 吗?
49          JE   9F
50          INC4 1                   移动到输出缓冲区的下一个字.
51          J4N  1B                  卡片是否结束?
52   9H     OUT  OUTPUT(PUNCH)       如果结束, 对它穿孔.
53          JBUS *(PUNCH)            等待完成.
54          JNE  OUT1                返回取其余字符, 除非
55          HLT                      检测到 ".".
56   PERIOD ALF  ⎵⎵⎵⎵.
```

　　　这个协同程序具有下述特征：

调用序列：　　　　　　　　　　　JMP OUT.
出口条件

　　（当转移到 IN 时）：　rA, rX, rI5, rI6 在进入时的值保持不变；
　　　　　　　　　　　　　rI1 可能受到影响；前面一个字符记录在输出中.

入口条件

　　（当返回时）：　　　　rA = 输入中具有特定重复数的下一个字符；
　　　　　　　　　　　　　rI4 在上次退出时的值应该保持不变.

为了完成程序，我们需编写协同程序连接的代码（见 (1)），并且提供合适的初始值. 协同程序的初始化并不困难，但是多半需要一些技巧.

```
57  *  初始化和连接
58  START  ENT6  0      为 NEXTCHAR 初始化 rI6.
59         ENTX  0      为 NEXTCHAR 初始化 rX.
60         JMP   OUT1   从 OUT 开始（见习题 2）.
61  OUT    STJ   INX    子程序连接
62  OUTX   JMP   OUT1
63  IN     STJ   OUTX
64  INX    JMP   IN1
65         END   START  ▮
```

这样程序就编写完了. 读者对这个程序应当仔细研究，特别是注意每个协同程序都能够独立地编写，仿佛另一个协同程序是它的子程序.

在上述程序中，协同程序 IN 和 OUT 的入口条件和出口条件彼此完全吻合. 但是在一般情况下，我们不会有这么幸运，协同程序连接还要包含用于装入和存储特定寄存器的指令. 例如，如果 OUT 会破坏寄存器 A 的内容，那么要把协同程序连接改变为

```
OUT  STJ  INX
     STA  HOLDA   当离开 IN 时存储 A.
OUTX JMP  OUT1
IN   STJ  OUTX                                         (4)
     LDA  HOLDA   当离开 OUT 时恢复 A.
INX  JMP  IN1   ▮
```

在协同程序与多遍算法之间存在一种重要的关联. 例如我们刚描述的转换过程可以分成两遍处理完成：第一遍仅执行 IN 协同程序，把它用于整个输入，并且把每个字符按照相应的重复数写到磁带上. 结束后倒带，接着在第二遍仅执行 OUT 协同程序，从磁带读入那些三个一组的字符组. 这种做法称为"两遍"过程. （从直观上看，所谓一"遍"表示对输入的一次完整的扫描. 这个定义并不是精确的，在很多算法中需用的遍数也不是完全明确的. 但是"遍"的直观概念虽然含糊，却很有用. ）

图 22a 说明一个 4 遍过程. 我们经常会发现，如果用 4 个协同程序 A, B, C, D 分别取代 A, B, C, D 这 4 遍程序，那么仅用一遍就可以完成同样的过程，如图 22b 所示. 当 A 遍把输出的一项写到磁带 1 时，协同程序 A 将在对应的时刻转移到 B；当 B 遍要从磁带 1 读入输入的一项时，协同程序 B 将在此时转移到 A；当 B 遍要把输出的一项写到磁带 2 时，协同程序 B 将转移到 C；等等. 使用 UNIX® 操作系统的用户会认出，这就像是一个"管道"（pipe），可以用"PassA | PassB | PassC | PassD"表示. B, C, D 这三遍的对应程序有时称为"过滤器"（filter）.

反过来，由 n 个协同程序完成的过程通常能够转换成一个 n 遍过程. 由于这种对应关系，很值得对多遍算法与一遍算法进行比较.

(a) 心理差别. 就同一问题而言，多遍算法通常比一遍算法更容易建立，也更好理解. 把一个过程分解成一系列更小的一个接一个的处理步骤，比很多转换同时发生的复杂过程更容易领会.

此外，如果要处理的是一个非常大的问题，或者是由许多人合作编写一个计算机程序，那么一个多遍算法对于作业的划分提供一种自然的方式.

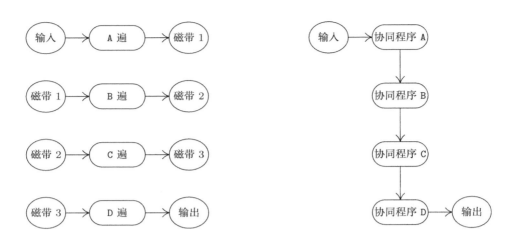

图 22 遍数：(a) 4 遍算法；(b) 1 遍算法

多遍算法的这些优点在协同程序中也是存在的，因为每个协同程序实际上可以单独编写，而协同程序连接使表面上的多遍算法变成了一遍过程.

(b) 时间差别. 多遍算法处理流动的中间数据（例如图 22 中磁带上的信息）需要组装、写、读和分拆的时间，而一遍算法不需要这些时间，因此速度更快.

(c) 空间差别. 一遍算法需要把所有程序同时保存在存储器中，而多遍算法仅需一次保存一个程序. 这种需求对于速度的影响甚至比 (b) 中所述的影响更大. 例如，许多计算机有一个较小的"快速存储器"和一个很大的"慢速存储器". 如果每遍程序刚好能够完全容纳在快速存储器中，那么多遍算法比我们在一遍算法中使用协同程序的结果会快得多（因为使用协同程序可能迫使程序的大部分出现在慢速存储器中，或者不断地在快速和慢速存储器之间交换）.

有时需要同时为多种计算机配置设计算法，而不同的配置拥有不同大小的存储容量. 在这样的情况下，可以采用协同程序的方式编写程序，以存储器的大小决定遍数：同时装入的协同程序应该尽量多，并且对于剩下的部分提供输入或输出子程序.

尽管协同程序同遍数之间的这种关系是很重要的，但是我们仍然应该牢记：协同程序的应用有时无法分割成多遍算法. 如果协同程序 B 从协同程序 A 获得输入，再把关键信息传送回 A，如前面提到的国际象棋对弈，那么不可能把这个操作序列转换成 A 遍后面跟着 B 遍的算法.

反过来，某些多遍算法显然不能转换成协同程序. 有的算法是固有的多遍算法，例如第二遍可能需要从第一遍累积信息（如某个字在输入中出现的总次数）. 关于这一点，值得提到一则古老的笑话.

搭公交车的老太太："小朋友，能告诉我去帕萨迪纳大街该在哪站下车吗？"
小男孩："看着我就行，在我下车前两站你就下车."

（好笑之处在于小男孩给出一个两遍算法.）

关于多遍算法就谈到这里. 我们会在本书的许多地方见到协同程序的其他例子，例如在 1.4.4 节中作为输入和输出缓冲方案的一部分. 协同程序在离散系统模拟中也起到重要作用，参见 2.2.5 节. 复制协同程序的重要思想在第 8 章讨论，而这种思想的某些有趣的应用可以从第 10 章找到.

习题

1. [10] 说明为什么教科书作者很难找到简短的协同程序的例子.

▶ **2.** [*20*] 正文中的程序首先启动协同程序 OUT. 假如首先执行协同程序 IN, 也就是把第 60 行的指令 "JMP OUT1"改成"JMP IN1", 那么会发生什么情况?

3. [*20*] 判断真假: OUT 内的三条"CMPA PERIOD"指令可以全部省略, 程序照样可以正常执行. (仔细观察.)

4. [*20*] 对于你所熟悉的实际计算机, 说明怎样给出类似于 (1) 的协同程序连接.

5. [*15*] 假定协同程序 IN 和 OUT 都要求寄存器 A 的内容在进入和退出之间原封不动; 换句话说, 假定无论"JMP IN"指令出现在例程 OUT 内的什么地方, 当控制返回到下一行时寄存器 A 的内容都仍然不变, 并且对于程序 IN 中的"JMP OUT"指令做同样的假定. 在这种情况下需要什么样的协同程序连接? (同 (4) 做比较.)

▶ **6.** [*22*] 对于三个协同程序 A, B, C 的情况, 给出与 (1) 类似的协同程序连接, 每个例程都可以转移到其他两个例程中的任何一个. (每当一个协同程序被启动时, 它从上次退出的地方开始执行.)

▶ **7.** [*30*] 编写一个 MIX 程序, 完成正文中程序所做字符串转换的逆转换, 也就是把 (3) 那样的穿孔卡片转换成像 (2) 那样的穿孔卡片. 输出应当是一个尽可能短的字符串, 因此在 (2) 中 Z 之前的 0 实际不会由 (3) 产生.

1.4.3 解释程序

在这一小节, 我们要考察一类常见的计算机程序 —— 解释程序 (也称为解释器). 解释程序是一种翻译性质的计算机程序, 它执行用类机器语言写成的另一程序的指令. 所谓类机器语言是指表示指令的一种方式, 其中指令一般具有操作码和地址等. (这个定义同当代大部分计算机术语的定义一样是不精确的, 也不必是精确的. 我们无法严格区分哪些程序是解释程序, 哪些程序不是解释程序.)

历史上构建的第一批解释程序针对的是专门为单纯编程而设计的类机器语言. 这样的语言比真正的机器语言更容易使用. 虽然符号化程序设计语言出现后, 这类解释程序很快失去需求价值, 但是解释程序并非从此消声匿迹, 其使用反而与日俱增. 如今可以把解释程序的有效使用看成是现代程序设计的重要特征. 解释程序的种种新兴应用主要是由下列原因引起的.

(a) 类机器语言能够用紧凑高效的方式表示复杂的判定序列和操作序列;

(b) 利用这样的表示, 可以在一个多遍过程的各遍之间出色地传输信息.

为此, 人们发明了专门在特定程序中使用的专用类机器语言, 用这些语言编写的程序通常完全是由计算机产生的. (今天的程序高手也是出色的机器设计师, 因为他们不仅创建解释程序, 同时还定义一种虚拟机, 要解释的语言就是这种虚拟机的语言.)

由于不太依赖机器, 解释技术还有一个优点——当更换计算机时, 只需重写解释程序. 此外, 很容易把有助于调试的工具构建在一个解释系统内部.

类型 (a) 的解释器例子在这套书后面多处出现, 例如第 8 章中的递归解释程序, 以及第 10 章中的"语法分析机". 一般情况下, 我们需要处理的问题中会出现大量特例, 它们虽然都彼此相似, 但是没有真正的简单模式.

例如, 考虑编写一个代数编译器, 要求生成把两个量加在一起的有效率的机器语言指令. 不妨设存在 10 种类型的量 (常量、简单变量、临时存储单元、下标变量、累加器或变址寄存器的值、定点数或浮点数, 等等), 两两组合产生 100 种不同情况. 为了执行每种情况下的正确操作, 需要编写一个很长的程序. 而这个问题的解释执行解决方案是专门设计一种语言, 它的"指令"容纳在一个字节中. 然后我们只需准备一张表, 列出这种语言的 100 个"程序", 每个程序完全存放在一个字中. 于是求解的思想就是挑选合适的表目, 执行相应的程序. 这种方法简单而高效.

至于类型 (b) 的解释程序, 我曾在"计算机绘制流程图"一文中举过一例 [高德纳, "Computer-Drawn Flowcharts", *CACM* **6** (1963), 555–563]. 在一个多遍程序中, 前面的遍必须把信息传送给后面的遍. 最有效率的传递方式通常是用类机器语言把信息写成对后面一遍传送的一组指令, 此时后面一遍无非是一个专用的解释程序, 而前面一遍无非是一个专用的"编译程序". 可以把多遍操作原理的这种理念表述为: 尽量告诉后面一遍该做什么, 而不仅仅提供大量事实, 要求后面一遍自己判断该做什么.

类型 (b) 的解释程序还有另外一个例子, 与特殊语言的编译程序有关. 如果这种语言包含很多特殊功能, 而这些功能不用子程序就很难在机器上实现, 那么得到的目标程序将包含非常冗长的子程序调用序列. 例如, 如果语言主要涉及多精度算术运算, 就会产生这种结果. 在这样的情况下, 如果用解释性语言表示, 就会大大缩短目标程序的长度. 可参阅《ALGOL 60 的实现》[布赖恩 · 兰德尔和劳福德 · 拉塞尔, *ALGOL 60 Implementation*, (New York: Academic Press, 1964)], 书中既描述了把 ALGOL 60 程序翻译成解释性语言的一种编译程序, 也描述了那种语言的解释程序. 此外, 对于在编译程序内部使用解释程序的例子, 可参阅"一个 ALGOL 60 编译器"一文 [小阿瑟 · 埃文斯, "An ALGOL 60 Compiler", *Ann. Rev. Auto. Programming* **4** (1964), 87–124]. 随着微程序设计计算机和专用集成电路芯片的出现, 这种解释性方法变得更有价值.

本书的排版就由 TEX 程序生成, 该程序把包含这一小节正文的文件转换成一种解释性语言, 这种称为 DVI 格式的语言是由戴维 · 富克斯在 1979 年设计的. [参阅高德纳, *TEX: The Program* (Reading, Mass.: Addison-Wesley, 1986), Part 31.] TEX 产生的 DVI 文件接着由一个称为 dvips 的解释程序 (由托马斯 · 罗基奇编写) 处理, 并且转换成一个指令文件, 指令属于另外一种解释性语言, 称为 PostScript® [Adobe Systems Inc., *PostScript Language Reference Manual*, 2nd edition (Reading, Mass.: Addison-Wesley, 1990)]. 最后, 我采用 PostScript 文件交稿, 出版商把它发送到一台商用打印机, 机器借助 PostScript 解释程序产生印刷版. 这种三遍操作演示了类型 (b) 的解释程序的处理过程. TEX 本身也包含类型 (a) 的一个小型解释程序, 用来处理每一种字体字符的所谓合字和字距信息 [*TEX: The Program*, §545].

用解释性语言编写的程序还有另外一种理解方法: 可以把它看成一系列一个接一个的子程序调用. 实际上, 可以把这样一个程序展开成一长串的子程序调用, 反过来也往往可以把这样的调用序列组装成一种容易解释的编码形式. 解释技术的优点在于表示形式紧凑, 不依赖于机器, 诊断能力强. 通常可以适当编写解释程序, 让花费在代码自身解释的时间以及转移到相应例程的时间忽略不计.

1.4.3.1 MIX 模拟程序. 如果对一个解释程序提供的语言是另一种计算机的机器语言, 那么通常把这个解释程序称为模拟程序或模拟器 (有时也称为仿真程序).

在我看来, 程序员花费在编写这种模拟程序上的时间实在是太多了, 耗费在使用这种程序上的计算机时间也实在是太多了. 编写模拟程序的初衷是很简单的: 有时一个计算机站购买一台新的计算机, 但是打算继续运行为旧机器编写的程序 (不愿再重写程序). 然而, 同临时雇用一批专业程序员重新编程相比, 这样做往往代价更高而成效更小. 我曾经参与过这样一个重新编程的项目, 竟发现使用多年的老程序中有一个严重错误, 新程序不但给出正确答案, 而且运行速度是旧程序的五倍! (不是说所有模拟程序都不好, 例如计算机制造商在设计和生产新计算机之前, 为了尽快开发新机器的软件而采用模拟程序是有优势的. 但是这是一种非常特殊的应用.) 低效使用计算机模拟程序有一个真实的极端案例: 竟有人在计算机 A 上模拟计算机 B 运行一个模拟计算机 C 的程序! 这种方式使一台昂贵的大型计算机获得的结果比廉价计算机的结果更差.

既然如此, 本书为什么还要出现模拟程序的可恶身影呢? 这样做出于两个原因.

(a) 我们在下面要描述的模拟程序将代表典型的解释程序, 并演示解释程序中采用的基本技术. 此外, 它也演示如何在一个中等规模的程序中使用子程序.

(b) 我们要描述 MIX 计算机的一个模拟程序, 它 (偏巧) 是用 MIX 语言写成的, 这将有助于在大多数计算机上编写类似的 MIX 模拟程序. 在程序的编码中, 我们有意避免过分使用面向 MIX 的特征. MIX 模拟程序可以有力地辅助本书或者其他教科书的教学.

应该注意, 这一小节描述的计算机模拟程序, 有别于离散系统模拟程序. 离散系统模拟程序是 2.2.5 节将要讨论的重要程序.

现在让我们回到编写 MIX 模拟程序的任务上来. 程序的输入将是存储在单元 0000–3499 的一连串 MIX 指令和数据. 我们要模仿 MIX 硬件的准确状态, 仿佛是 MIX 本身解释那些输入指令. 因此我们要实现在 1.3.1 节确定的操作说明. 例如, 程序将要维护一个称为 AREG 的变量, 用来保存所模拟的 A 寄存器的值; 还有另外一个变量 SIGNA, 用来保存对应的符号. 一个称为 CLOCK 的变量将记录在模拟程序执行期间流逝多少 MIX 单位时间.

MIX 指令 LDA, LD1, ..., LDX 以及其他类似指令的号码指出, 我们要把被模拟的这些寄存器的内容保存在如下的连续单元中:

> AREG, I1REG, I2REG, I3REG, I4REG, I5REG, I6REG, XREG, JREG, ZERO.

这里的 ZERO 是任何时候都填写 0 的一个 "寄存器". JREG 和 ZERO 的位置是根据 STJ 和 STZ 的操作码号码选定的.

我们编写这个模拟程序的原则是装作它不是真正由 MIX 机器硬件执行的, 据此我们要把寄存器的符号作为一个独立部分对待. 例如, 许多计算机不能表示 −0 (负零) 这个数, 而 MIX 一定能够表示; 因此, 我们在这个程序中始终要对符号做特殊处理. 单元 AREG, I1REG, ..., ZERO 将总是包含对应的寄存器内容的绝对值; 程序将用另一组单元 SIGNA, SIGN1, ..., SIGNZ 保存 +1 或 −1, 表示相应的寄存器取正号或负号.

一般情况下, 一个解释程序有一段负责中央控制, 在被解释的指令之间起作用. 我们的程序在每条模拟指令结束时转移到 CYCLE 单元.

控制程序对于所有指令执行共同的操作: 把指令的各个部分拆开, 分别存入便于以后使用的位置. 程序设置如下:

 rI6 = 下一条指令的单元;
 rI5 = M (当前指令的地址, 加上变址);
 rI4 = 当前指令的操作码;
 rI3 = 当前指令的 F 字段;
 INST = 当前指令.

程序 M.

```
001  * MIX 模拟程序
002          ORIG 3500           模拟的存储器从单元 0000 开始.
003  BEGIN   STZ  TIME(0:2)
004          STZ  OVTOG          OVTOG 是模拟的上溢开关.
005          STZ  COMPI          COMPI, 取 ±1 或 0, 是比较指示器.
006          ENT6 0              从单元 0000 取第一条指令.
007  CYCLE   LDA  CLOCK          控制程序开始.
```

```
008  TIME   INCA 0                       这个地址设置为
009         STA  CLOCK                      前一条指令的执行时间（见 033 行）.
010         LDA  0,6                     rA ← 模拟的指令.
011         STA  INST
012         INC6 1                       单元计数器推进.
013         LDX  INST(1:2)               取地址的绝对值.
014         SLAX 5                       对地址添加符号.
015         STA  M
016         LD2  INST(3:3)               检验变址字段.
017         J2Z  1F                      是否为 0?
018         DEC2 6
019         J2P  INDEXERROR              是否指定了非法变址?
020         LDA  SIGN6,2                 取变址寄存器的符号.
021         LDX  I6REG,2                 取变址寄存器的数值.
022         SLAX 5                       添加符号.
023         ADD  M                       对于变址作带符号的加法.
024         CMPA ZERO(1:3)               结果是否太大?
025         JNE  ADDRERROR               如果是, 模拟出现错误.
026         STA  M                       否则, 已经求出地址.
027  1H     LD3  INST(4:4)               rI3 ← F 字段.
028         LD5  M                       rI5 ← M.
029         LD4  INST(5:5)               rI4 ← C 字段.
030         DEC4 63
031         J4P  OPERROR                 操作码是否 ≥ 64?
032         LDA  OPTABLE,4(4:4)          从转换表中取执行时间.
033         STA  TIME(0:2)
034         LD2  OPTABLE,4(0:2)          取相应例程的地址.
035         JNOV 0,2                     转移到操作符.
036         JMP  0,2                     （防止上溢.）        ▌
```

请读者特别注意 034–036 行: 这 64 个操作符的 "转换表" 是模拟程序的一部分, 它使程序迅速转移到对应于当前指令的正确程序. 这是节省时间的一种重要技术（见习题 1.3.2–9）.

这个 64 个字长的转换表称为 OPTABLE, 也给出各个操作符的执行时间. 下列各行列出这张表的内容:

```
037         NOP  CYCLE(1)                操作码表;
038         ADD  ADD(2)                     典型表目形如
039         SUB  SUB(2)                     "OP 例程 (时间)"
040         MUL  MUL(10)
041         DIV  DIV(12)
042         HLT  SPEC(10)
043         SLA  SHIFT(2)
044         MOVE MOVE(1)
045         LDA  LOAD(2)
046         LD1  LOAD,1(2)
                  ...
051         LD6  LOAD,1(2)
```

```
052          LDX   LOAD(2)
053          LDAN  LOADN(2)
054          LD1N  LOADN,1(2)
             ...
060          LDXN  LOADN(2)
061          STA   STORE(2)
             ...
069          STJ   STORE(2)
070          STZ   STORE(2)
071          JBUS  JBUS(1)
072          IOC   IOC(1)
073          IN    IN(1)
074          OUT   OUT(1)
075          JRED  JRED(1)
076          JMP   JUMP(1)
077          JAP   REGJUMP(1)
             ...
084          JXP   REGJUMP(1)
085          INCA  ADDROP(1)
086          INC1  ADDROP,1(1)
             ...
092          INCX  ADDROP(1)
093          CMPA  COMPARE(2)
             ...
100  OPTABLE CMPX  COMPARE(2)    ▌
```

（在操作符 LDi, LDiN, INCi 的条目中附加有 ",1"，它把 (3:3) 字段设置为非 0 值．这在下面 289–290 行中用来说明：在模拟这几个操作之后，必须检验对应变址寄存器中的数值大小．）

模拟程序的下一部分仅列出用于保存模拟寄存器内容的单元：

```
101  AREG    CON   0    A 寄存器的数值
102  I1REG   CON   0    变址寄存器的数值
             ...
107  I6REG   CON   0
108  XREG    CON   0    X 寄存器的数值
109  JREG    CON   0    J 寄存器的数值
110  ZERO    CON   0    常数零，用于 "STZ"
111  SIGNA   CON   1    A 寄存器的符号
112  SIGN1   CON   1    变址寄存器的符号
             ...
117  SIGN6   CON   1
118  SIGNX   CON   1    X 寄存器的符号
119  SIGNJ   CON   1    J 寄存器的符号
120  SIGNZ   CON   1    由 "STZ" 存储的符号
121  INST    CON   0    被模拟的指令
122  COMPI   CON   0    比较指示器
123  OVTOG   CON   0    上溢开关
```

124 CLOCK   CON   0   模拟的执行时间 ▌

现在我们来考察由模拟程序使用的三个子程序. 首先看子程序 MEMORY:

调用序列: JMP MEMORY.

入口条件: rI5 = 有效的存储器地址 (否则子程序转移到 MEMERROR).

出口条件: rX = 存储单元 rI5 中字的符号; rA = 存储单元 rI5 中字的数值.

125	* 子程序		
126	MEMORY	STJ	9F	存储器读取子程序:
127		J5N	MEMERROR	
128		CMP5	=BEGIN=	模拟的存储是
129		JGE	MEMERROR	单元 0000 到 BEGIN − 1.
130		LDX	0,5	
131		ENTA	1	
132		SRAX	5	rX ← 字的符号.
133		LDA	0,5(1:5)	rA ← 字的数值.
134	9H	JMP	*	退出. ▌

第二个子程序 FCHECK 处理部分字段说明, 保证它具有 $8L + R$ 的形式, 其中 $L \le R \le 5$.

调用序列: JMP FCHECK.

入口条件: rI3 = 有效的字段说明 (否则子程序转移到 MEMERROR).

出口条件: $rA = rI1 = L, rX = R$.

135	FCHECK	STJ	9F	字段检查子程序:
136		ENTA	0	
137		ENTX	0,3	rAX ← 字段说明.
138		DIV	=8=	rA ← L, rX ← R.
139		CMPX	=5=	R > 5 吗?
140		JG	FERROR	
141		STX	R	
142		STA	L	
143		LD1	L	rI1 ← L.
144		CMPA	R	
145	9H	JLE	*	退出, 除非 L > R.
146		JMP	FERROR ▌	

最后一个子程序 GETV 求各种 MIX 操作符中使用的 V 值 (即单元 M 的相应字段), 定义见 1.3.1 节.

调用序列: JMP GETV.

入口条件: rI5 = 有效的存储地址; rI3 = 有效的字段 (如果无效, 会同前检出错误.)

出口条件: rA = V 的数值; rX = V 的符号; rI1 = L; rI2 = −R.

第二入口: JMP GETAV, 仅在比较操作符中用于从一个寄存器提取一个字段.

147	GETAV	STJ	9F	特殊入口, 见 300 行
148		JMP	1F	
149	GETV	STJ	9F	求 V 的子程序:
150		JMP	FCHECK	处理字段, 置 rI1 ← L.

151		JMP	MEMORY	rA ← 存储单元的数值, rX ← 符号.
152	1H	J1Z	2F	字段中是否包含符号?
153		ENTX	1	如果不包含, 设置正号.
154		SLA	-1,1	对字段左边的
155		SRA	-1,1	所有字节清零.
156	2H	LD2N	R	右移到
157		SRA	5,2	正确位置.
158	9H	JMP	*	退出. ▌

我们现在来考察关于每个操作符的子程序. 在这里给出它们是为了完整性, 读者只需研究其中少数几个, 除非确有必要作更周密的钻研. 建议把 SUB 和 JUMP 这两个操作符作为典型例子来研究. 注意与类似的操作符对应的子程序可以巧妙地结合起来, 并且注意 JUMP 程序如何使用另外一个转换表控制转移的类型.

159	* 每个操作符			
160	ADD	JMP	GETV	取 rA 和 rX 中的 V 值.
161		ENT1	0	rI1 ← 模拟的 rA 的变址.
162		JMP	INC	转到 "增值" 程序 INC.
163	SUB	JMP	GETV	取 rA 和 rX 中的 V 值.
164		ENT1	0	rI1 ← 模拟的 rA 的变址.
165		JMP	DEC	转到 "减值" 程序 DEC.
166	*			
167	MUL	JMP	GETV	取 rA 和 rX 中的 V 值.
168		CMPX	SIGNA	符号是否相同?
169		ENTX	1	
170		JE	*+2	置 rX 为结果的符号.
171		ENNX	1	
172		STX	SIGNA	把它放进两个模拟的寄存器.
173		STX	SIGNX	
174		MUL	AREG	两个操作数相乘.
175		JMP	STOREAX	存储数值.
176	*			
177	DIV	LDA	SIGNA	设置余数的符号.
178		STA	SIGNX	
179		JMP	GETV	取 rA 和 rX 中的 V 值.
180		CMPX	SIGNA	符号是否相同?
181		ENTX	1	
182		JE	*+2	置 rX 为结果的符号.
183		ENNX	1	
184		STX	SIGNA	把它放进模拟的 rA.
185		STA	TEMP	
186		LDA	AREG	两个操作数相除.
187		LDX	XREG	
188		DIV	TEMP	
189	STOREAX	STA	AREG	存储数值.
190		STX	XREG	
191	OVCHECK	JNOV	CYCLE	是否出现上溢?

```
192              ENTX  1                    如果是，置
193              STX   OVTOG                   模拟的上溢开关为开.
194              JMP   CYCLE                返回控制程序.
195  *
196  LOADN   JMP   GETV                 取 rA 和 rX 中的 V 值.
197          ENT1  47,4                 rI1 ← C − 16, 指示寄存器.
198  LOADN1  STX   TEMP                 反号.
199          LDXN  TEMP
200          JMP   LOAD1                把 LOADN 变为 LOAD.
201  LOAD    JMP   GETV                 取 rA 和 rX 中的 V 值.
202          ENT1  55,4                 rI1 ← C − 8, 指示寄存器.
203  LOAD1   STA   AREG,1               存储数值.
204          STX   SIGNA,1              存储符号.
205          JMP   SIZECHK              检验数值是否过大.
206  *
207  STORE   JMP   FCHECK               rI1 ← L.
208          JMP   MEMORY               取存储单元的内容.
209          J1P   1F                   字段中是否包含符号?
210          ENT1  1                    如果是，把 L 改为 1
211          LDX   SIGNA+39,4              并且"存储"寄存器的符号.
212  1H      LD2N  R                    rI2 ← −R.
213          SRAX  5,2                  保存字段右边的区域.
214          LDA   AREG+39,4            把寄存器插入字段中.
215          SLAX  5,2
216          ENN2  0,1                  rI2 ← −L.
217          SRAX  6,2
218          LDA   0,5                  恢复字段左边的区域.
219          SRA   6,2
220          SRAX  -1,1                 添加符号.
221          STX   0,5                  存入存储器.
222          JMP   CYCLE                返回控制程序.
223  *
224  JUMP    DEC3  9                    转移操作符.
225          J3P   FERROR               F 是否过大?
226          LDA   COMPI                rA ← 比较指示器.
227          JMP   JTABLE,3             转移到相应的程序.
228  JMP     ST6   JREG                 设置模拟的 J 寄存器.
229          JMP   JSJ
230          JMP   JOV
231          JMP   JNOV
232          JMP   LS
233          JMP   EQ
234          JMP   GR
235          JMP   GE
236          JMP   NE
237  JTABLE  JMP   LE                   转移表结束.
```

238	JOV	LDX	OVTOG	检验是否发生
239		JMP	*+3	上溢时转移.
240	JNOV	LDX	OVTOG	
241		DECX	1	取上溢开关的补码.
242		STZ	OVTOG	关闭上溢开关.
243		JXNZ	JMP	转移.
244		JMP	CYCLE	不转移.
245	LE	JAZ	JMP	当 rA 为 0 或负时转移.
246	LS	JAN	JMP	当 rA 为负时转移.
247		JMP	CYCLE	不转移.
248	NE	JAN	JMP	当 rA 为负或正时转移.
249	GR	JAP	JMP	当 rA 为正时转移.
250		JMP	CYCLE	不转移.
251	GE	JAP	JMP	当 rA 为正或 0 时转移.
252	EQ	JAZ	JMP	当 rA 为 0 时转移.
253		JMP	CYCLE	不转移.
254	JSJ	JMP	MEMORY	检验有效的存储地址.
255		ENT6	0,5	模拟转移.
256		JMP	CYCLE	返回主控制程序.
257	*			
258	REGJUMP	LDA	AREG+23,4	寄存器转移.
259		JAZ	*+2	寄存器是否为 0?
260		LDA	SIGNA+23,4	如果不为 0, 把符号置于 rA.
261		DEC3	5	
262		J3NP	JTABLE,3	改变为条件 JMP, 除非
263		JMP	FERROR	F 字段说明过大.
264	*			
265	ADDROP	DEC3	3	地址转移操作符.
266		J3P	FERROR	F 是否过大?
267		ENTX	0,5	
268		JXNZ	*+2	求 M 的符号.
269		LDX	INST	
270		ENTA	1	
271		SRAX	5	rX ← M 的符号.
272		LDA	M(1:5)	rA ← M 的数值.
273		ENT1	15,4	rI1 指示寄存器.
274		JMP	1F,3	4 路转移.
275		JMP	INC	增加值.
276		JMP	DEC	减少值.
277		JMP	LOAD1	装入.
278	1H	JMP	LOADN1	装入相反值.
279	DEC	STX	TEMP	反号.
280		LDXN	TEMP	把 DEC 化为 INC.
281	INC	CMPX	SIGNA,1	加法程序.
282		JE	1F	符号是否相同?
283		SUB	AREG,1	否; 数值相减.

```
284              JANP 2F                 是否需要变号?
285              STX  SIGNA,1            改变寄存器的符号.
286              JMP  2F
287  1H          ADD  AREG,1             数值相加.
288  2H          STA  AREG,1(1:5)        存储结果的数值.
289  SIZECHK LD1 OPTABLE,4(3:3)          我们是否装入了
290              J1Z  OVCHECK                     变址寄存器?
291              CMPA ZERO(1:3)          如果是, 确保结果
292              JE   CYCLE                      容纳在两字节中.
293              JMP  SIZEERROR
294  *
295  COMPARE JMP GETV                    取 rA 和 rX 中的 V 值.
296              SRAX 5                  添加符号.
297              STX  V
298              LDA  XREG,4             取相应寄存器中的 F 字段.
299              LDX  SIGNX,4
300              JMP  GETAV
301              SRAX 5                  添加符号.
302              CMPX V                  比较 (注意 −0 = +0).
303              STZ  COMPI              置比较指示器为
304              JE   CYCLE                      0 或者 +1 或者 −1
305              ENTA 1
306              JG   *+2
307              ENNA 1
308              STA  COMPI
309              JMP  CYCLE              返回控制程序.
310  *
311              END  BEGIN
```

上面的代码遵循了 1.3.1 节所述的一条微妙的规则: 指令 "ENTA -0" 把负零装入寄存器 A, 正如当变址寄存器 1 包含 +5 时指令 "ENTA -5,1" 的功能一样. 一般情况下, 当 M 为 0 时, ENTA 装入指令的符号, 而 ENNA 装入相反的符号. 我在写 1.3.1 节的初稿时曾经忽视了需要说明这个条件, 这样的问题通常只有在为了理解规则而编写计算机程序时才暴露出来.

上面的程序虽然很长, 它在以下几个方面仍然是不完善的.

(a) 不能识别浮点运算.

(b) 不包含对于操作码 5, 6, 7 的操作符的程序编码, 已留作习题.

(c) 不包含对于输入输出操作符的程序编码, 已留作习题.

(d) 没有为装入模拟程序做准备 (参见习题 4).

(e) 没有包含出错处理程序

        INDEXERROR, ADDRERROR, OPERROR, MEMERROR, FERROR, SIZEERROR

处理在模拟的程序中检查出的出错条件.

(f) 没有提供诊断工具. (一个有用的模拟程序应能在模拟程序执行期间打印寄存器的内容, 等等.)

习题

1. [*14*] 研究模拟程序中子程序 FCHECK 的所有用法. 你能够提出组织代码的更好方法吗?（参见在 1.4.1 节结尾讨论中的第 3 步. ）

2. [*20*] 编写正文中略去的 SHIFT 程序（操作码 6）.

▶ **3.** [*22*] 编写正文中略去的 MOVE 程序（操作码 7）.

4. [*14*] 修改正文中的程序, 使它犹如在按下 MIX 的 "GO 按钮" 时开始（见习题 1.3.1–26）.

▶ **5.** [*24*] 对于操作符 LDA 和 ENTA, 确定模拟需要的时间, 并且同 MIX 直接执行这两个操作符所用的实际时间进行比较.

6. [*28*] 编写正文中略去的输入输出操作符 JBUS, IOC, IN, OUT, JRED 的程序, 只允许使用设备 16 和 18. 假定 "读入卡片" 和 "跳到新页" 的操作所用的时间 $T = 10000u$, 而 "打印行" 的操作所用的时间 $T = 7500u$. ［注记: 经验表明, 应该把 "JBUS *" 作为 JBUS 指令的特例单独处理, 不然模拟程序看来会停止执行! ］

▶ **7.** [*32*] 修改上题的解决方案, 使 IN 或 OUT 的执行不立即引起 I/O 传输. 传输应当发生在模拟的设备所需时间大约经过一半之后.（这样会防止初学者易犯的一个错误, 避免不适当使用 IN 和 OUT. ）

8. [*20*] 判别真假: 每当模拟程序的 010 行执行时, 都有 $0 \le$ rI6 < BEGIN.

*1.4.3.2 追踪程序. 用一台计算机模拟它自己时（如前一小节在 MIX 上模拟 MIX）, 我们得到一种特殊的模拟程序, 称为追踪程序或者监控程序. 这种程序有时用于调试, 因为它们打印出所模拟的程序如何一步一步执行的记录资料.

前一小节编写的程序犹如是在另外一台计算机上模拟 MIX. 对于追踪程序, 我们则采用一种截然不同的方法, 通常让寄存器表示它们本身, 并且让操作符原样执行. 事实上, 我们时常设法让计算机原样执行大部分指令. 排除在外的主要是转移指令或者条件转移指令, 它们一定不能不加修改地执行, 因为追踪程序必须维持控制状态. 各种机器还有使追踪面临更多困难的独特特性. 在 MIX 的例子里, J 寄存器的问题最有研究价值.

下面给出的追踪程序当主程序转移到单元 ENTER 时启动, 这时把 J 寄存器设置为追踪开始的地址, X 寄存器设置为追踪停止的地址. 这个程序很有意思, 值得仔细研究.

```
01  * 追踪程序
02  ENTER   STX   TEST(0:2)      设置退出单元.
03          STX   LEAVEX(0:2)
04          STA   AREG           保存 rA 的内容.
05          STJ   JREG           保存 rJ 的内容.
06          LDA   JREG(0:2)      取追踪开始单元.
07  CYCLE   STA   PREG(0:2)      存储下一条指令的单元.
08  TEST    DECA  *              是退出单元吗?
09          JAZ   LEAVE
10  PREG    LDA   *              取下一条指令.
11          STA   INST           复制.
12          SRA   2
13          STA   INST1(0:3)     存储地址部分和变址部分.
14          LDA   INST(5:5)      取操作码 C.
15          DECA  38
16          JANN  1F             C ≥ 38 (JRED) 吗?
17          INCA  6
```

```
18              JANZ  2F            C ≠ 32 (STJ) 吗?
19              LDA   INST(0:4)
20              STA   *+2(0:4)      把 STJ 改成 STA.
21      JREG    ENTA  *             rA ← 模拟的 rJ 内容.
22              STA   *
23              JMP   INCP
24      2H      DECA  2
25              JANZ  2F            C ≠ 34 (JBUS) 吗?
26              JMP   3F
27      1H      DECA  9             检验转移指令.
28              JAP   2F            C > 47 (JXNP) 吗?
29      3H      LDA   8F(0:3)       我们检测到一条转移指令,
30              STA   INST(0:3)        把它的地址改成 "JUMP".
31      2H      LDA   AREG          恢复寄存器 A.
32      *                           现在除了 J 寄存器之外的所有寄存器
33      *                               具有关于外部程序的相应值.
34      INST    NOP   *             指令被执行.
35              STA   AREG          再次存储寄存器 A.
36      INCP    LDA   PREG(0:2)     移动到下一条指令.
37              INCA  1
38              JMP   CYCLE
39      8H      JSJ   JUMP          9 行和 40 行的常量
40      JUMP    LDA   8B(4:5)       出现一个转移.
41              SUB   INST(4:5)     是 JSJ 吗?
42              JAZ   *+4
43              LDA   PREG(0:2)     如果不是, 更新
44              INCA  1                 模拟的 J 寄存器.
45              STA   JREG(0:2)
46      INST1   ENTA  *
47              JMP   CYCLE         移动到转移的地址.
48      LEAVE   LDA   AREG          恢复寄存器 A.
49      LEAVEX  JMP   *             停止追踪.
50      AREG    CON   0             模拟的 rA 的内容.  ▌
```

关于一般的追踪程序以及这个具体示例, 应该注意下述事项:

(1) 我们仅介绍了追踪程序中最有趣的部分, 即当执行另外一个程序时保持控制的部分. 为了使追踪过程有用, 还必须用一个程序输出各个寄存器的内容, 而这一部分并未写入正文. 尽管输出程序确实是很重要的, 但是它会分散我们对于追踪程序细微特征的注意力, 所以这里把必需的修改留作习题 (见习题 2).

(2) 一般而言, 空间比时间更加重要; 就是说, 应该把追踪程序编写成尽可能简短的程序. 这样它才能与非常大的程序共存. 无论程序长短, 运行时间主要都耗费在输出上.

(3) 需要注意避免破坏大多数寄存器的内容, 事实上这个程序仅使用 MIX 的 A 寄存器. 无论是比较指示器还是上溢开关, 都未受到追踪程序的影响. (我们使用的寄存器越少, 需要恢复的值也越少.)

(4) 当出现到单元 JUMP 的转移时, 不需要用 "STA AREG" 指令, 因为 rA 应该没有改变.

(5) 在脱离追踪程序后，没有适当地重新设置 J 寄存器. 习题 1 说明如何补救这一点.

(6) 对于被追踪的程序只有三条限制：

(a) 它一定不能把任何数据存入追踪程序使用的单元；

(b) 它一定不能使用用于记录追踪信息的输出设备（例如 JBUS 将给出不正确的指示）；

(c) 当受到追踪时，它将以较慢的速度运行.

习题

1. [22] 修改正文中的追踪程序，使得在脱离它时恢复 J 寄存器.（你可以假定 J 寄存器不为 0.）

2. [26] 修改正文中的追踪程序，使得在执行程序的每一步之前在磁带设备 0 上记录下列信息：

字 1 的 (0:2) 字段：单元.

字 1 的 (4:5) 字段：寄存器 J（执行前）.

字 1 的 (3:3) 字段：如果比较指示器是大于，取 2；如果是等于，取 1；如果是小于，取 0；如果执行前上溢开关不处于打开位置，加 8.

字 2：指令.

字 3：寄存器 A（执行前）.

字 4–9：寄存器 I1–I6（执行前）.

字 10：寄存器 X（执行前）.

磁带的每个 100 字数据块的 11–100 字将包含另外 9 个具有同样格式的 10 个字的数据组.

3. [10] 上题提出把追踪程序的输出写到磁带上. 讨论这种作法为什么比直接打印更可取.

▶ **4.** [25] 如果追踪程序是在追踪它自己，那么会出现什么情况？特别考虑假如两条指令 ENTX LEAVEX; JMP *+1 正好位于 ENTER 前面，程序会有什么样的运行状态.

5. [28] 按照解决上题的方式，考虑一种情况：把追踪程序的两份副本置于存储器的不同地方，让它们相互追踪. 将会出现什么情况？

▶ **6.** [40] 编写一个追踪程序，要求它能够在习题 4 的意义下追踪自己：它应以比它本身更慢的速度打印它自己的程序执行步骤，而新程序将以更慢的速度追踪它自己，这样无穷尽地追踪下去，直到超出存储器容量为止.

▶ **7.** [25] 讨论如何编写一个高效的转移追踪例程，它打印的输出比常规追踪程序少得多. 转移追踪程序只记录发生的转移，不显示寄存器的内容. 它输出一系列成对的单元 (x_1, y_1), (x_2, y_2), ...，表示程序由单元 x_1 转移到 y_1，然后（在执行单元 $y_1, y_1 + 1, ..., x_2$ 的指令后）从 x_2 转到 y_2，等等.［利用这种信息，能用一个后继程序重建原程序的流程，并且导出每条指令执行的频率.］

1.4.4 输入与输出

两台计算机之间最显著的差异或许会是可用的输入与输出设备，以及控制这些外围设备的计算机指令. 我们不能指望只用一本书就讲完这个领域的所有问题和方法，所以我们将仅限于研究适用于大多数计算机的典型输入输出方法. MIX 的输入输出操作符代表着实际计算机可以使用的千差万别的设备之间的一种折中. 为了举例说明如何看待输入输出，让我们在这一小节讨论获得 MIX 的最佳输入输出的问题.

再次请求读者以宽容的态度对待老掉牙的 MIX 计算机及穿孔卡片等外围设备. 这种老式设备虽然完全过时，但是仍然能够把一些重要的经验传授给我们. 当然，以后使用 MMIX 计算机，教学效果肯定会更好.

很多计算机用户以为，输入和输出不能算是"真正的"程序设计的组成部分. 在他们眼里，这些任务冗长乏味，人们之所以要完成它们，仅仅是因为需要把信息输入计算机以及从计算机输出信息. 由于这种心态, 人们往往要等到考察计算机的其他所有特性之后, 才来学习如何使用输入和输出设备, 这就导致对于一台特定的计算机, 经常只有少数程序员比较了解输入和输出的细节. 这种想法或多或少是自然的, 因为计算机的输入输出设备一直不太精巧. 然而只有让更多的人严肃思考这个主题, 才有希望改善这种现状. 在这一小节以及其他章节（例如 5.4.6 节）, 我们将会看到某些与输入和输出有关的问题非常有趣, 某些算法也很优美.

这里或许应该对于英文术语说几句题外话. 虽然过去的英文字典仅仅把 "input"（输入）和 "output"（输出）作为名词列出, 例句: "What kind of input are we getting?"（我们得到什么类型的输入?）但是现在习惯上把它们用作形容词, 例句: "Don't drop the input taple."（不要卸下输入磁带.）或者用作及物动词, 例句: "Why did the program output this garbage?"（程序为什么输出这种无用信息?）合词 "input-output"（输入输出）常用缩写 "I/O" 表示. 人们也经常把输入操作称为 reading（读）, 把输出操作称为 writing（写）. 输入或者输出的东西一般称为 "data"（数据）——严格地说, "data" 是 "datum" 的复数形式, 但是把它作为集合名词使用, 就像是单数名词一样, 例句: "The data has not been read."（还没有读数据.）正如 "information"（信息）一词既指单数又指复数一样. 好了, 今天的英语课就上到这里.

假定现在我们打算从磁带读数据. 按 1.3.1 节中的定义, MIX 的 IN 操作符仅仅启动输入过程, 而当输入进行时, 计算机继续执行后续指令. 因此, 指令 "IN 1000(5)" 将开始从设备号 5 的磁带读 100 个字到存储单元 1000–1099, 但是程序接下来务必不要在输入完成以前访问这些存储单元. 仅当 (a) 另一个访问设备 5 的 I/O 操作（IN, 或 OUT 或 IOC）启动之后, 或者 (b) 条件转移指令 JBUS(5) 或 JRED(5) 指示设备 5 不再 "忙碌" 之后, 程序才可以认为输入已经完成.

因此, 要把一个磁带信息块读到单元 1000–1099 并且作为信息提供, 最简单方式是用两条指令的序列

$$\text{IN } 1000(5); \quad \text{JBUS } *(5).\tag{1}$$

我们已经在 1.4.2 节的程序采用过这种基本方法（见 07–08 行和 52–53 行）. 但是这个方法一般是要浪费计算机时间的, 因为可能要把大量宝贵的计算时间, 例如 $1000u$ 乃至 $10000u$, 消耗在 "JBUS" 指令的重复执行上. 如果把这种额外的时间用于计算, 那么程序运行的速度可能成倍地增加（见习题 4 和习题 5）.

为了避免这样的 "忙时等待", 一种办法是在输入中使用两个存储区域, 一边对一个区域读入数据, 一边用另一个区域的数据进行计算. 例如, 程序可以首先使用指令

$$\text{IN} \quad 2000(5) \qquad \text{开始读第一个数据块.}\tag{2}$$

随后每当需要输入一个磁带数据块时, 我们可以给出下列 5 条指令:

$$
\begin{array}{lll}
\text{ENT1 1000} & \text{为 MOVE 操作符做准备.} \\
\text{JBUS } *(5) & \text{等待直到设备 5 就绪.} \\
\text{MOVE 2000(50)} & (2000\text{–}2049) \to (1000\text{–}1049). \\
\text{MOVE 2050(50)} & (2050\text{–}2099) \to (1050\text{–}1099). \\
\text{IN} \quad 2000(5) & \text{开始读下一个数据块.}
\end{array}\tag{3}
$$

这样做与 (1) 的总体效果相同, 但是让输入设备保持忙碌, 同时对单元 1000–1099 中的数据进行处理.

在分析前面一块数据之前, (3) 中最后一条指令已经开始把后一个数据块读到单元 2000–2099. 这种作法称为 "提前读" 或者预输入, 它的前提是相信最终将需要用到后一个数据块. 然而, 在开始分析单元 1000–1099 中的数据块之后, 我们可能发现其实并不需要继续输入. 例如, 考

虑 1.4.2 节的协同程序中的类似情况, 那里的输入来自穿孔卡片而非磁带: 出现在卡片任何地方的一个圆点 "." 意味着这张卡片是这叠卡片的最后一张. 遇到这样情况, 预输入不可能实现, 除非我们假定: (a) 在输入卡片叠后面接着有一张空白卡片或者某种其他类型的特殊尾卡片, 或者 (b) 有一个标识记号 (例如 ".") 将出现在卡片叠中最后一张固定位置, 比如 80 列. 只要用到预输入, 始终必须在程序最后提供正常终止输入的某种手段.

让计算时间与 I/O 时间重叠的技术称为缓冲, 而基本方法 (1) 称为非缓冲 (或者无缓冲) 输入. 用于保存 (3) 中的预输入的存储区域 2000–2099, 以及输入后来传送到的区域 1000–1099, 通称为缓冲区 (buffer). 《韦氏新世界词典》(Webster's New World Dictionary) 把 "buffer" 定义为 "为减少冲击提供支持的任何人或物". 用这个术语是恰当的, 因为缓冲技术有助于使 I/O 设备保持平稳运行. (计算机工程师通常使用 "缓冲区" 一词的另一种意义, 用它表示数据传输过程中存储信息的 I/O 设备部分. 但是在本书中, "缓冲区" 表示由程序员用来保存 I/O 数据的存储器区域.)

序列 (3) 并非总是优于序列 (1), 虽然例外情况很少见. 让我们比较一下执行时间: 假定 T 是输入 100 个字需要的时间, C 是介于两次输入请求之间的计算时间. 在方法 (1) 中, 读入每个磁带数据块需要的实际时间为 $T + C$, 而在方法 (3) 中, 需要的实际读入时间为 $\max(C,T) + 202u$. (202u 这个值是执行那两条 MOVE 指令所需的时间.) 这个运行时间的一种评价方法是考虑 "关键路径时间"——在这种情况下就是 I/O 设备两次使用之间处于空闲状态的时间. 方法 (1) 使设备空闲 C 个单位时间, 而方法 (3) 使它空闲 202 个单位时间 (假定 $C < T$).

方法 (3) 中相对慢的 MOVE 指令很讨厌, 尤其是因为磁带设备必然会处于非使用状态而耗费关键路径时间. 利用一种几乎显然的改进, 可以避免使用这些 MOVE 指令: 把外层程序修改为交替地访问单元 1000–1099 和 2000–2099. 我们把数据读入到一个缓冲区时, 可以用另一个缓冲区的信息进行计算; 然后当用第一个缓冲区的信息进行计算时, 开始对第二个缓冲区读入数据. 这就是重要的缓冲区交换 (切换) 技术. 我们把当前用到的缓冲区的单元保存在一个寄存器中 (如果没有可以使用的变址寄存器, 就保存在一个存储单元中). 我们在算法 1.3.2P 及相应程序中, 已经见过把缓冲区交换用于输出的例子 (见 P9–P11 步).

为了举例说明关于输入的缓冲区交换, 我们假定有一个计算机应用, 其中每个磁带数据块包含 100 个独立的单字条目. 下面的程序是一个子程序, 它获取输入中的下一个字, 并且在当前缓冲区用尽时开始读入一个新的数据块.

```
01  WORDIN  STJ   1F              存储退出单元.
02          INC6  1               推进到下一个字.
03  2H      LDA   0,6             是缓冲区的
04          CMPA  =SENTINEL=      末端吗?
05  1H      JNE   *               如果不是, 退出.
06          IN    -100,6(U)       重填这个缓冲区.
07          LD6   1,6             切换到另一个缓冲区
08          JMP   2B              并且返回.
09  INBUF1  ORIG  *+100           第一个缓冲区
10          CON   SENTINEL        缓冲区末端的终结标志
11          CON   *+1             另一个缓冲区的地址
12  INBUF2  ORIG  *+100           第二个缓冲区
13          CON   SENTINEL        缓冲区末端的终结标志
14          CON   INBUF1          另一个缓冲区的地址
```

$$(4)$$

这个程序利用变址寄存器 6 存放输入的最后一个字的地址，我们假定调用它的程序对这个寄存器不产生影响．符号 U 指一台磁带设备，而符号 SENTINEL 指一个已经（根据程序的特性）知道不会出现在磁带块中的值．

关于这个子程序，需要注意下面几个事项．

(1) 终结标志常量 SENTINEL 作为每个缓冲区的第 101 个字出现，它为检验缓冲区到达末端提供便利．但是这种标志技术在许多应用中是不可靠的，因为任何字都可能出现在磁带上．如果是进行卡片输入，我们始终可以使用类似的方法（用缓冲区的第 17 个字作为终结标志）而不用担心失效——用任何带有负号的字作为终结标志都可以，因为来自卡片的 MIX 输入总是给出非负的字．

(2) 每个缓冲区包含另外一个缓冲区的地址（见 07, 11, 14 行）．这种"相互连接"有利于交换过程．

(3) 无须使用 JBUS 指令，因为下一次输入是在前一个数据块的任何字被访问之前启动的．如果 C 和 T 这两个量同前指代计算时间和磁带读入时间，那么每个磁带数据块的执行时间是 $\max(C, T)$．因此，如果 $C \leq T$，那么可保持磁带读入以全速进行．（注记：但是在输入输出方面，MIX 是一台理想化计算机，因为不存在必须要由程序处理的 I/O 错误．对于大部分计算机，在此处的"IN"指令之前，需要用一些指令检验前面的操作是否已经顺利完成．）

(4) 为使子程序 (4) 正常运行，当程序开始时必须做好正确起动的准备．细节留给读者作为习题（见习题 6）．

(5) 在子程序 WORDIN 中，磁带设备的数据块长度仿佛为 1，而不像程序其余部分那样长度为 100．用若干面向程序的记录填入一个实际磁带数据块的思想称为记录组块．

我们所说明的适用于输入的种种技术，稍加修改后也适用于输出（见习题 2 和习题 3）．

多重缓冲区． 缓冲区交换只不过是包含 N 个缓冲区的一般交换方法在 $N = 2$ 时的特例．在某些应用中，需要使用两个以上的缓冲区．例如，考虑下述类型的算法：

第 1 步. 接连快速读入 5 个数据块．
第 2 步. 依据这些数据进行相当长的计算．
第 3 步. 返回第 1 步．

这种情况需要用 5 个或者 6 个缓冲区，使第 2 步执行期间能够同时读入下一批的 5 个数据块．这种"成组"I/O 操作的趋势使多重缓冲技术成为对缓冲区交换的一种改进．

假定我们对于使用单独一台 I/O 设备的某个输入过程或输出过程准备 N 个缓冲区，设想把这些缓冲区排列成环状，如图 23 所示．可以假定缓冲处理过程的外部程序对于涉及的 I/O 设备具有下述一般形式：

$$\vdots$$
$$\text{ASSIGN}$$
$$\vdots$$
$$\text{RELEASE}$$
$$\vdots$$
$$\text{ASSIGN}$$
$$\vdots$$
$$\text{RELEASE}$$
$$\vdots$$

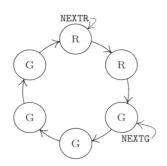

图 23 缓冲区环 ($N = 6$)

换句话说,我们可以假定程序交替执行一个称为 ASSIGN(指定)的操作与一个称为 RELEASE(释放)的操作,这两种操作之间插入某些不影响缓冲区分配的其他计算.

ASSIGN 指定或赋值,意味着程序获得下一个缓冲区的地址,这个地址被指定为某个程序变量的值(给变量赋值).

RELEASE 释放,意味着程序已经处理完毕当前缓冲区的数据.

在 ASSIGN 和 RELEASE 之间,程序同称为当前缓冲区的一个缓冲区交换数据;在 RELEASE 和 ASSIGN 之间,程序不访问任何缓冲区.

可以想象,ASSIGN 可以直接置于 RELEASE 的后面. 对于缓冲技术的讨论通常就是以这个假设为基础. 但是,如果 RELEASE 尽可能快地执行,那么缓冲处理就有更大的自由度,也会更加有效. 通过把 ASSIGN 和 RELEASE 这两种截然不同的功能分隔开来,我们会发现缓冲技术依然是容易理解的,而且我们的讨论即使在 $N = 1$ 的情况下也是有意义的.

为了理解得更加清楚,我们分别考虑输入与输出的情况. 对于输入,假定我们使用卡片读入机. 操作 ASSIGN 意味着程序需要查看一张新卡片上的信息,我们准备把一个变址寄存器设置为定位下一张卡片映象的存储地址. 操作 RELEASE 出现在不再需要当前卡片映象中的信息的时候,此时这些信息或者已经由程序按某种方式处理过,或者已经复制到存储器的另一部分,等等. 因此,可以在当前缓冲区填入后续的预输入.

对于输出,假定使用行式打印机. 操作 ASSIGN 出现在需要一个空闲缓冲区的时候,这时要在缓冲区中填入用于打印的一个行映象. 我们准备把一个变址寄存器设置为这样一个区域的存储地址. 操作 RELEASE 出现在缓冲区中的行映象已经以适宜打印的形式完全准备好的时候.

例:为了打印单元 0800–0823 的内容,我们可以编写

```
JMP  ASSIGNP    (置 rI5 为缓冲区单元)
ENT1 0,5
MOVE 800(24)    传送 24 个字到输出缓冲区.
JMP  RELEASEP
```
(5)

其中 ASSIGNP 和 RELEASEP 代表实现行式打印机的两种缓冲功能的子程序.

从计算机的角度看,ASSIGN 操作在理想情况下实际上不需要执行时间. 对于输入,这意味着每张卡片映象都要预输入,所以程序做好准备时,数据已经事先准备好;对于输出,这意味着在存储器中总是会有一块空闲区域用来记录行映象. 无论是哪一种情况,都不需要花费时间等待 I/O 设备.

为了有助于描述缓冲算法,使它更加丰富多彩,我们会说缓冲区或者是绿色的,或者是黄色的,或者是红色的(在图 24 中分别用缩写 G, Y, R 表示).

绿色表示缓冲区已经为 ASSIGN 做好准备,这意味着已经用预输入的信息填入缓冲区(在输入的情况下),或者它是一个空闲缓冲区(在输出的情况下).

黄色表示对缓冲区已经执行 ASSIGN 操作, 尚未执行 RELEASE 操作, 这意味着它是当前缓冲区, 程序正在同它交换信息.

红色表示对缓冲区已经执行 RELEASE 操作, 因此它是一个空闲缓冲区 (在输入的情况下), 或者对它已经填入信息 (在输出的情况下).

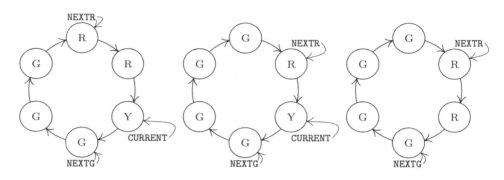

图 24 缓冲区转换. (a) 执行 ASSIGN 之后, (b) I/O 完结后, (c) 执行 RELEASE 之后

图 23 显示与缓冲区环相关的两个 "指针". 在程序中, 这两个指针的概念是变址寄存器. NEXTG 和 NEXTR 分别指向 "下一个绿色" 缓冲区和 "下一个红色" 缓冲区. 黄色缓冲区出现时, 用第三个指针 CURRENT 指示 (如图 24 所示).

下面的算法同样适用于输入和输出, 但是为了明确起见, 我们首先考虑从卡片读入机输入的情况. 假定一个程序已经达到图 23 所示的状态, 这表明 4 张卡片的映象已经通过缓冲处理预先输入, 驻留在绿色缓冲区. 在这个时刻, 有两件事情同时发生: (a) 程序执行过一个 RELEASE 操作, 现在正在计算; (b) 一张卡片正在被读入由 NEXTR 指示的缓冲区中. 这种状态将持续下去, 直到这个输入周期完结 (然后设备会从 "忙碌" 改变为 "就绪"), 或者直到程序执行一个 ASSIGN 操作. 假定首先出现后面一种情况, 那么由 NEXTG 指示的缓冲区从绿色改变为黄色 (指定为当前缓冲区), NEXTG 顺时针移动到图 24(a) 中所示的位置. 如果现在输入完结, 那么出现另外一个预先输入的数据块, 所以这个缓冲区从红色改变为绿色, NEXTR 如图 24(b) 所示移动. 如果后面跟随着 RELEASE 操作, 我们得到图 24(c).

有关输出的一个例子, 参见习题 9 中的图 27. 那幅图把缓冲区的 "颜色" 显示为时间的函数, 相应的程序先产生 4 个快速输出, 然后产生 4 个慢速输出, 最后接连产生两个快速输出作为程序的结束. 在那个例子中出现 3 个缓冲区.

指针 NEXTR 和 NEXTG 各自以独立的速度围绕圆环按顺时针方向遛弯. 程序 (它把缓冲区从绿色转变为红色) 与 I/O 缓冲处理 (它把缓冲区从红色转变为绿色) 之间正在进行一场竞赛. 可能出现两种冲突:

(a) 如果 NEXTG 试图超越 NEXTR, 这时程序已经走在 I/O 设备的前面, 因此必须等待, 直到 I/O 设备就绪;

(b) 如果 NEXTR 试图超越 NEXTG, 这时 I/O 设备已经走在程序的前面, 因此我们必须把它关闭, 直到给出下一个 RLELASE.

图 27 描绘了这两种情况 (参见习题 9).

尽管刚才对缓冲区环隐含的思想所做的解释相当冗长，但是幸好处理它的算法是非常简单的．在下面的描述中，

$$N = 缓冲区的总数;$$
$$n = 当前红色缓冲区的数目.$$

(6)

在下面的算法中，变量 n 用于防止 NEXTG 与 NEXTR 相互干扰．

算法 A（ASSIGN）． 这个算法包括前述的一个计算程序内由 ASSIGN 隐含的操作步骤．

A1. ［等待 $n < N$.］如果 $n = N$，停止程序执行，直到 $n < N$. （如果 $n = N$，没有缓冲区为 ASSIGN 准备就绪，但是下面的算法 B 与本算法并行运行，最终将成功产生一个绿色缓冲区．）

A2. ［CURRENT ← NEXTG.］置 CURRENT ← NEXTG（由此指定当前缓冲区）．

A3. ［推进 NEXTG.］把 NEXTG 顺时针方向推进到下一个缓冲区． ∎

算法 R（RELEASE）． 这个算法包括前述的一个计算程序内由 RELEASE 隐含的操作步骤．

R1. ［增加 n.］n 增加 1. ∎

算法 B（缓冲区控制）． 这个算法执行计算机内的 I/O 操作符的实际启动．在下面描述的意义下，它与主程序是"同时"执行的．

B1. ［计算．］让主程序执行短时间的计算；在一定时间延迟后，步骤 B2 将在 I/O 设备为另一次操作做好准备时执行．

B2. ［$n = 0$ 吗？］如果 $n = 0$，转移到步骤 B1. （因此，如果没有红色缓冲区，那么不能执行 I/O 操作．）

B3. ［启动 I/O.］启动由 NEXTR 指定的缓冲区与 I/O 设备之间的数据传输．

B4. ［计算．］让主程序运行一段时间；然后当 I/O 操作结束时转到步骤 B5.

B5. ［推进 NEXTR.］把 NEXTR 顺时针方向推进到下一个缓冲区．

B6. ［减少 n.］n 减少 1，转到步骤 B2. ∎

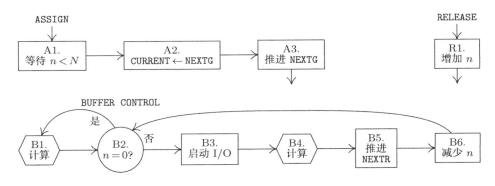

图 25 多重缓冲算法

在这些算法中，我们有两个"同时"执行的独立过程——缓冲区控制程序与计算程序．事实上，它们是两个协同程序，分别称为 CONTROL 和 COMPUTE．协同程序 CONTROL 在步骤 B1 和 B4 转移到 COMPUTE；协同程序 COMPUTE 由散布在其程序分散区间的"就绪转移"指令转移到 CONTROL．

这个算法的 MIX 编码是极其简单的. 为方便起见, 假定缓冲区前后连接, 每个缓冲区之前的字是下一个缓冲区的地址; 例如对于个数 $N = 3$ 的缓冲区, 我们有 CONTENTS(BUF1 − 1) = BUF2, CONTENTS(BUF2 − 1) = BUF3, CONTENTS(BUF3 − 1) = BUF1.

程序 A(ASSIGN, 协同程序 COMPUTE 内部的子程序). rI4 ≡ CURRENT; rI6 ≡ n; 调用序列为 JMP ASSIGN; 退出时 rX 包含 NEXTG.

```
ASSIGN  STJ   9F              子程序连接
1H      JRED  CONTROL(U)      A1. 等待 n < N.
        CMP6  =N=
        JE    1B
        LD4   NEXTG           A2. CURRENT ← NEXTG.
        LDX   -1,4            A3. 推进 NEXTG.
        STX   NEXTG
9H      JMP   *               退出.  ∎
```

程序 R(RELEASE, 协同程序 COMPUTE 内部的代码). rI6 ≡ n. 这段短代码插入到凡是需要 RELEASE 的地方.

```
        INC6  1               R1. 增加 n.
        JRED  CONTROL(U)      可能转移到协同程序 CONTROL.  ∎
```

程序 B(协同程序 CONTROL). rI6 ≡ n, rI5 ≡ NEXTR.

```
CONT1   JMP   COMPUTE         B1. 计算.
1H      J6Z   *-1             B2. n = 0 吗?
        IN    0,5(U)          B3. 启动 I/O.
        JMP   COMPUTE         B4. 计算.
        LD5   -1,5            B5. 推进 NEXTR.
        DEC6  1               B6. 减少 n.
        JMP   1B  ∎
```

除了上面的代码以外, 我们还有常用的协同程序连接

```
        CONTROL   STJ  COMPUTEX        COMPUTE   STJ  CONTROLX
        CONTROLX  JMP  CONT1           COMPUTEX  JMP  COMP1
```

在 COMPUTE 内大约每 50 条指令后应置放一条指令 "JRED CONTROL(U)".

因此, 多重缓冲算法用到的几个程序实际上都很短, CONTROL 只有 7 条指令, ASSIGN 只有 8 条指令, RELEASE 只有 2 条指令.

或许值得注意, 同一个算法同时执行输入和输出. 那么差别在哪里? 控制程序如何知道该预处理(输入)还是延后处理(输出)? 答案在于初始条件: 对于输入, 我们从 $n = N$ 开始(所有缓冲区为红色); 而对于输出, 我们从 $n = 0$ 开始(所有缓冲区为绿色). 一旦程序正确启动, 它就相应地要么作为输入过程、要么作为输出过程继续运行. 另外一个初始条件是两个指针 NEXTR = NEXTG 同时指向一个缓冲区.

程序最后必须停止 I/O 过程(如果是输入), 或者等待直到过程结束(如果是输出). 处理细节作为习题留给读者(见习题 12 和习题 13).

重要的问题是: 缓冲区数目 N 的最佳值是什么? 无疑, 当 N 取值越来越大, 程序的速度不会随之降低, 但是它也不会无限制地增加, 所以 N 增加到一定程度后, 收益就开始递减. 我们再考虑 C 和 T 这两个变量, 它们分别代表 I/O 操作符之间的计算时间和 I/O 本身的时间.

更确切地说，令 C 为相继的 ASSIGN 操作之间的时间，T 为传输一个数据块需要的时间. 如果 C 始终大于 T，那么取 $N = 2$ 是适当的，因为不难看出，用两个缓冲区能使计算机始终保持忙碌状态. 如果 C 始终小于 T，那么 $N = 2$ 同样是适当的，因为 I/O 设备始终保持忙碌状态（除非像在习题 19 那样，设备带有特别的定时约束条件）. 所以当 C 的取值在很小和很大之间大幅变化时，取较大的值尤其是有益的. 如果很大的 C 值显著大于 T 值，那么对于 N 取相继小值的平均值加 1 可能是正确的.（但是如果所有输入出现在程序的开头，而所有输出出现在程序的结尾，那么缓冲的优点实际上会荡然无存.）如果操作 ASSIGN 与 RELEAS 之间的执行时间总是很小的，那么上述整个讨论中的 N 值可以减少 1，这对于程序运行时间影响甚微.

这种缓冲方法可以从多方面改进，我们将简要讨论其中几种改进方法. 迄今为止，我们一直假定仅使用一种 I/O 设备，在实际应用中，当然会同时使用几种设备.

有几种处理多重设备问题的方法. 在最简单的情况下，我们可以对每台设备使用一个单独的缓冲区环，每台设备将有它自己的 n, N, NEXTR, NEXTG, CURRENT 的值，以及它自己的 CONTROL 协同程序. 这样将同时对每台 I/O 设备提供高效的缓冲处理.

我们也可以用大小相同的多个缓冲区构成"共用"缓冲区组，使得两台或者多台设备共享一个公用表中的缓冲区. 这种作法可以采用第 2 章的连接存储技术处理：在一个表中把所有红色的输入缓冲区连接在一起，而在另一个表中把所有绿色的输出缓冲区连接在一起. 在这种情况下，必须区分输入与输出，而且需要重写出不使用 n 和 N 的算法. 如果缓冲区组中所有缓冲区都填满预输入，那么算法可能发生不可挽回的堵塞，所以应该加入一项检查，确认始终有至少一个缓冲区不是绿色的输入缓冲区（最好是每台设备都有一个这样的缓冲区）. 对于某个输入设备，仅当 COMPUTE 程序在 A1 步停滞不前时，我们才允许输入到那个设备的缓冲区组中的最后一个缓冲区.

某些计算机对于使用输入和输出设备有额外的限制，不可能在同一时刻从某些成对的设备上传输数据.（例如，若干外接设备可能通过同一个"通道"与计算机连接）. 这种限制也影响我们的缓冲处理程序. 有时我们必须选择下一次启动哪一种 I/O 设备，那么应该如何选择呢？这就是所谓的"预报"问题. 一般情况下，假定我们对于圆环中的缓冲区的数目已经作过合理的选择，那么最佳的预报规则看来是优先选择缓冲区圆环中具有最大的 n/N 值的设备.

讨论的最后，我们来说明一种在某些条件下很有用的方法，它用同一个缓冲区环同时进行输入和输出. 图 26 用到一种新的紫色缓冲区. 在这种情况下，绿色缓冲区代表预输入；执行程序 ASSIGN 时，绿色缓冲区变为黄色，然后执行 RELEASE 时，它又改变为红色，代表一个用于输出的数据块. 输入和输出过程像前面那样独立地绕环进行，只不过这时把输出完成后的红色缓冲区改变为紫色，输入完成后的紫色缓冲区改变为绿色. 必须保证指针 NEXTG, NEXTR, NEXTP（指向紫色缓冲区）彼此之间不会超越. 在图 26 所示的时刻，程序一方面访问黄色缓冲区，一方面进行 ASSIGN 与 RELEASE 之间的计算；同时，对 NEXTP 指示的缓冲区进行输入，并从 NEXTR 指示的缓冲区执行输出.

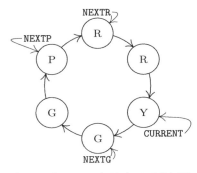

图 26　使用同一个缓冲区环进行输入和输出

习题

1. [05] (a) 如果 MOVE 指令位于 JBUS 指令之前而不是之后，用来避免忙时等待的指令序列 (3) 是否仍然正确？(b) 如果把 MOVE 指令置于 IN 指令之后，会出现什么情况？

2. [10] 可以用两条指令 "OUT 1000(6); JBUS *(6)" 以非缓冲方式输出一个磁带数据块,正如 (1) 用两条指令完成非缓冲输入一样. 给出一种类似于 (2) 和 (3) 的方法,通过使用 MOVE 指令和在单元 2000–2099 的一个辅助缓冲区,以缓冲方式实现这个输出.

▶ **3.** [22] 编写一个类似于 (4) 的缓冲区交换输出子程序. 这个称为 WORDOUT 的子程序应当把 rA 中的字存储到缓冲区作为输出的下一个字,并且当一个缓冲区填满时把 100 个字写到磁带设备 V 中. 需要用变址寄存器 5 指示当前缓冲区的位置. 说明两个缓冲区的布局,解释为了保证对磁带正确地写入第一个数据块和最后一个数据块,在程序的开头和结尾必须用什么指令 (如有必要). 最后的数据块在需要时应当用 0 填满.

4. [M20] 证明:如果程序使用一个 I/O 设备,在有利的情况下,缓冲 I/O 可以把运行时间减少一半,但是无法减少到非缓冲 I/O 所需时间的一半以下.

▶ **5.** [M21] 把上题推广到程序使用 n 个 I/O 设备而不是仅使用一个 I/O 设备的情形.

6. [12] 在一个程序的开头应该使用哪些指令才能使 WORDIN 子程序 (4) 达成正确的启动?(例如,对寄存器 6 必须进行某种设置.)

7. [22] 编写一个称为 WORDIN 的子程序,除了不使用缓冲区终结标志之外,它实质上同程序 (4) 是一样的.

8. [11] 正文从图 23 到图 24 的 (a) (b) (c) 三个部分描述了一种假想的输入情形. 假如图中的假定是行式打印机正在输出,而不是卡片读入机正在输入,请解释图示情形.(例如在图 23 所示的时刻会发生什么事情?)

▶ **9.** [21] 一个导致缓冲区内容如图 27 所示的程序,其特征可以通过下述时间表来表示:

$$A, 1000, R, 1000, A, 1000, R, 1000, A, 1000, R, 1000, A, 1000, R, 1000,$$
$$A, 7000, R, 5000, A, 7000, R, 5000, A, 7000, R, 5000, A, 7000, R, 5000,$$
$$A, 1000, R, 1000, A, 2000, R, 1000.$$

这个表的含义是 "指定,计算 $1000u$,释放,计算 $1000u$,指定,……,计算 $2000u$,释放,计算 $1000u$." 给出的计算时间不包括计算机可能必须等待输出设备的任何时间间隔 (如图 27 中的第 4 个 ASSIGN). 输出设备的运行速度是每数据块 $7500u$.

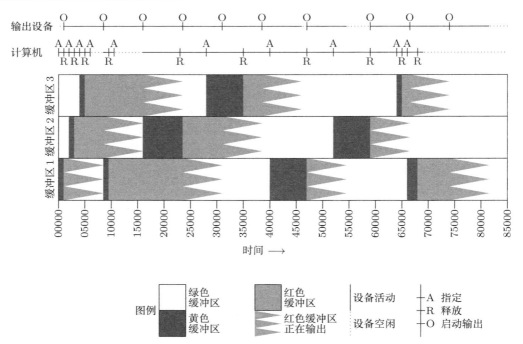

图 27　使用三个缓冲区进行输出 (见习题 9)

下表说明图 27 中所示的操作随时间推移的情形:

时间	操作	时间	操作
0	ASSIGN(BUF1)	38500	OUT BUF3
1000	RELEASE, OUT BUF1	40000	ASSIGN(BUF1)
2000	ASSIGN(BUF2)	46000	输出停止.
3000	RELEASE	47000	RELEASE, OUT BUF1
4000	ASSIGN(BUF3)	52000	ASSIGN(BUF2)
5000	RELEASE	54500	输出停止.
6000	ASSIGN（等待）	59000	RELEASE, OUT BUF2
8500	BUF1 指定, OUT BUF2	64000	ASSIGN(BUF3)
9500	RELEASE	65000	RELEASE
10500	ASSIGN（等待）	66000	ASSIGN(BUF1)
16000	BUF2 指定, OUT BUF3	66500	OUT BUF3
23000	RELEASE	68000	RELEASE
23500	OUT BUF1	69000	计算停止.
28000	ASSIGN(BUF3)	74000	OUT BUF1
31000	OUT BUF2	81500	输出停止.
35000	RELEASE		

因此需要的总时间为 $81500u$. 计算机的空闲时间出现在 6000–8500、10500–16000 和 69000–81500, 总空闲时间为 $20500u$. 输出设备的空闲时间出现在 0–1000、46000–47000 和 54500–59000, 总空闲时间为 $6500u$.

假定仅使用两个缓冲区, 对于同一个程序制作一张像上面那样的"时间-操作"表.

10. [*21*] 重做习题 9, 改用四个缓冲区.

11. [*21*] 重做习题 9, 仅用一个缓冲区.

12. [*24*] 假定把正文中的多重缓冲算法用于卡片输入, 并且假定每当读到一张卡片 80 列上的 "." 就终止输入. 说明应如何修改协同程序 CONTROL（算法 B 和程序 B）, 以使输入按这种方式停止.

13. [*20*] 如果把正文中的缓冲算法应用到输出上, 那么为了保证所有信息从缓冲区输出, 在协同程序 COMPUTE 的结尾应该加入什么指令?

▶ **14.** [*20*] 假定计算程序不是交替执行操作 ASSIGN 与 RELEASE, 而是以 ...ASSIGN...ASSIGN...RELEASE... RELEASE 执行操作序列. 这会对正文中描述的算法产生什么影响? 有没有可能有用处?

▶ **15.** [*22*] 编写一个完整的 MIX 程序, 仅使用三个缓冲区, 把 100 个数据块从磁带设备 0 复制到磁带设备 1. 程序应当尽可能快地执行.

16. [*29*] 按照正文中给出的多重缓冲算法的方式, 完整写出图 26 所示的 "绿-黄-红-紫" 算法, 使用 3 个协同例程（一个控制输入设备, 一个控制输出设备, 一个执行计算）.

17. [*40*] 把多重缓冲算法改写成组合缓冲算法, 使用共用缓冲区组, 在算法加入避免由于预输入过多而拖慢处理速度的方法. 力求使算法尽可能简洁. 应用你的方法解决实际问题, 并与不共用缓冲区组的缓冲方法作比较.

▶ **18.** [*30*] 一种 MIX 扩充草案允许发生如下的计算中断. 在本题中, 你的任务是修改正文中的算法 A、算法 R 和算法 B, 以及程序 A、程序 R 和程序 B, 使它们利用中断功能代替 "JRED" 指令.

新的 MIX 的特征包括从单元 −3999 到 −0001 的 3999 个新增存储单元. 机器具有两种内部 "状态"——正常状态和控制状态. 在正常状态下, 位置 −3999 至 −0001 不允许用作存储单元, MIX 计算机按照常态运行. 当由于后面说明的条件发生 "中断" 时, 单元 −0009 至 −0001 被设置成与 MIX 的寄存器相同的内容: rA 在 −0009 中; rI1 至 rI6 在 −0008 至 −0003 中; rX 在 −0002 中; 此外, rJ、溢出开

关、比较指示器以及下一条指令的单元均存储在 −0001 中，形式为

| + | next inst. | OV, CI | rJ |

；

机器进入控制状态，进入的单元取决于中断的类型.

单元 −0010 充当一个"时钟"：每经过 $1000u$ 时间，出现在这个单元中的数值减少 1，而且当结果为 0 时出现一次转移到单元 −0011 的中断.

新 MIX 指令"INT"（C=5，F=9）的功能如下. (a) 在正常状态下，出现一次转移到单元 −0012 的中断.（于是程序员可以通过这条指令强加一次中断，以便同一个控制例程传递信息；INT 的地址没有影响，虽然控制程序可以利用它作为区分中断类型的信息.）(b) 在控制状态下，从单元 −0009 到 −0001 装入 MIX 所有的寄存器，计算机转入正常状态并恢复执行. INT 在每种情况下的执行时间为 $2u$.

在控制状态下给出一条 IN 或 OUT 或 IOC 指令会导致在 I/O 操作完成时立即出现一次中断. 这个中断转移到单元 −(0020 + 设备号).

在控制状态下不会产生中断. 任何中断条件"保留"到下一条 INT 指令出现，中断将出现在正常状态下程序执行一条指令之后.

▶ **19.** [M28] 当输入或者输出的是磁盘这类旋转设备上的少量数据块时，有一些问题需要特别考虑. 假定一个程序按下述方式处理 $n \geq 2$ 个连续的信息块：信息块 k 在时间 t_k 开始输入，其中 $t_1 = 0$. 它在时间 $u_k \geq t_k + T$ 指定用于处理的缓冲区，在时间 $v_k = u_k + C$ 释放它的缓冲区. 磁盘每 P 个时间单位旋转一周，而读盘磁头每过 L 个时间单位通过一个新信息块的起点，所以我们必须有 $t_k \equiv (k-1)L$ (modulo P). 由于处理是顺序进行的，因此对于 $1 < k \leq n$，我们还必须有 $u_k \geq v_{k-1}$. 假定有 N 个缓冲区，因此对于 $N < k \leq n$，有 $t_k \geq v_{k-N}$.

N 必须取多大的值，才能使完成时间 v_n 取到可能的最小值 $T + C + (n-1)\max(L, C)$? 给出对于确定这样 N 的最小值的一般规则. 就下列例子说明你的规则：已知 $L = 1$，$P = 100$，$T = .5$，$n = 100$. (a) $C = .5$；(b) $C = 1.0$；(c) $C = 1.01$；(d) $C = 1.5$；(e) $C = 2.0$；(f) $C = 2.5$；(g) $C = 10.0$；(h) $C = 50.0$；(i) $C = 200.0$.

1.4.5 历史和文献

1.4 节描述的大部分基本方法是由不同的人独立建立起来的，而种种思想的确切演变过程或许已经永远无法得知了. 在此，我力求把历史上最重要的贡献记录下来，以树立起正确的发展概念.

子程序是史上首次为节省程序员劳动力而发明的方法. 在 19 世纪，巴贝奇对他的"分析机"设想过一种子程序库 [参见 *Charles Babbage and His Calculating Engines*，菲利普 · 莫里森和艾米莉 · 莫里森编辑 (Dover, 1961), 56]. 当葛丽丝 · 霍普[1]于 1944 年在哈佛大学的"Mark I 计算机"上写出计算 $\sin x$ 的子程序时，我们可以认为巴贝奇的梦想变成了现实 [见 *Mechanisation of Thought Processes* (London: Nat. Phys. Lab., 1959), 164]. 然而，这些子程序其实是"开型子程序"，直接在程序中需要的地方插入它们，而不是对它们进行动态连接. 巴贝奇设计的计算机是用穿孔卡片序列控制的，和约瑟夫 · 玛丽 · 雅卡尔织布机[2]一样，Mark I 是由一些纸带控制的. 因此，它们与今天存储程序的计算机截然不同.

适合存储程序的机器且把返回地址作为参数的子程序连接，曾经由荷曼 · 哥斯廷和冯 · 诺依曼讨论过，见他们在 1946 年到 1947 年间撰写的广为传播的那部程序设计专论[3]，另见冯 · 诺依

---

[1] 霍普是杰出的女数学家和计算机语言领域的带头人，开发了 COBOL——一种被广泛应用于商业的程序语言，被誉为计算机软件第一夫人. ——译者注

[2] 由法国发明家雅卡尔发明的一种提花织布机，利用穿孔卡片控制提花式样. ——译者注

[3] 作者所指应当为《电子计算装置逻辑结构设计》(*Planning and Coding of Problems for an Electronic Computing Instrument*). ——编者注

曼的 *Collected Works* **5** (New York: Macmillan, 1963), 215–235. 在他们的程序中，主程序负责把参量存入子程序的程序体，而不是把需要的信息传送到寄存器. 在英国，图灵早在 1945 年就为程序连接设计了硬件和软件 [见 *Proceedings of a Second Symposium on Large-Scale Digital Calculating Machinery* (Cambridge, Mass.: Harvard University, 1949), 87–90；布莱恩·卡朋特和罗伯特·多兰编辑, *A. M. Turing's ACE Report of 1946 and Other Papers* (Cambridge, Mass.: MIT Press, 1986), 35–36, 76, 78–79]. 第一本计算机程序设计教科书《电子数字计算机程序设计》的主要题材，就是一个非常通用的子程序库的应用和构建 [威尔克斯、戴维·惠勒和斯坦利·吉尔, *The Preparation of Programs for an Electronic Digital Computer*, 1st ed. (Reading, Mass.: Addison-Wesley, 1951)].

"协同程序"（coroutine）一词是康威在 1958 年创造的，他在提出这个概念之后，还首次应用它构造了一个汇编程序. 大约在同一时期，乔尔·埃德温和杰克·莫纳也对协同程序进行了独立地研究，他们写了一篇题为"双向连接"（Bilateral Linkage）的论文，可惜由于当时其价值不受重视，未能发表，因此似乎也没有副本保存下来，令人遗憾. 很久以后，关于协同程序概念的公开说明才第一次出现在康威的论文"一个可分离的转换图编译程序的设计" ["Design of a Separable Transition-Diagram Compiler", *CACM* **6** (1963), 396–408] 中. 实际上，关于 UNIVAC 计算机的一篇早期论文 [*The Programmer* **1**, 2 (February 1954), 4] 已经以"编程技巧提示"的方式简要介绍了协同程序连接的一种原始形式. 达尔和克利斯登·奈加特在 SIMULA I [*CACM* **9** (1966), 671–678] 中引入了一种适用于在类 ALGOL 语言里表示协同程序的记号. 协同程序（包括复制协同程序）的若干精彩范例出现在《结构化程序设计》一书的第 3 章中 [奥利-约翰·达尔、戴克斯特拉和查尔斯·霍尔, *Structured Programming*].

可以说，第一个解释程序就是"通用图灵机"，这是能够模拟任何其他图灵机的一种图灵机. 图灵机并非实际的计算机，而是理论上的机器结构，用来证明某些问题是不可能用算法求解的. 传统意义下的解释程序，约翰·莫奇利曾在 1946 年于宾夕法尼亚大学摩尔电子工程学院（Moore School）讲课时提到. 早期最著名的解释程序是由查尔斯·亚当斯等人为 Whirlwind I 计算机以及惠勒等人为 ILLIAC I 计算机编写的某些程序，主要目的在于提供便利的浮点运算方式. 图灵也参与了解释程序的研究工作，Pilot ACE 计算机的解释系统就是在他的指导下编写的. 关于 20 世纪 50 年代初的解释程序研究状况，可参阅约翰·本内特、迪特里希·普林茨和玛丽·李·伍兹, "Interpretative Sub-routines", *Proc. ACM* (Toronto: 1952), 81–87, 也可参阅美国海军研究署 1954 年版《数字计算机自动程序设计专题讨论会会刊》上的诸多文章 [*Proceedings of the Symposium on Automatic Programming for Digital Computers* (1954), Office of Naval Research].

早期使用最广泛的解释程序或许要数约翰·巴克斯的"IBM 701 快速编码系统"了 [见 *JACM* **1** (1954), 4–6]. 这个解释程序后来由贝尔电话实验室的沃隆蒂斯等人为 IBM 650 略做修改，巧妙重写成"贝尔解释系统"，成为极为流行的解释程序. IPL 解释系统是由艾伦·纽厄尔、约翰·肖、赫伯特·西蒙于 1956 年开始设计的，针对一些完全不同的应用问题（见 2.6 节），广泛用于表处理中. 1.4.3 节的引言部分提到过解释程序的现代用法，如今在计算机文献中经常顺便提到它们. 更详细的讨论请见在那一小节中列出的参考文献.

第一个追踪程序是由斯坦利·吉尔于 1950 年设计的，可以参阅他的一篇有趣的论文，见 *Proceedings of the Royal Society of London*, series A, **206** (1951), 538–554. 在其中提到过，由威尔克斯、惠勒、吉尔三人合著的教科书中包含了若干用于追踪的程序. 最有意思的一个或许是惠勒编写的子程序 C-10，它规定在进入一个库子程序时应该停止追踪，以便全速执行该子程序，然后继续追踪. 在一般的计算机文献中，关于追踪程序的公开发表资料非常稀少，主要因为追踪的方法天然是面向特定机器的. 就我所知, 霍默·米克的论文 "IBM 705 的一个实验性监控程序" ["An Experimental Monitoring Routine for the IBM 705," *Proc. Western Joint Computer Conf.* (1956), 68–70] 是仅有的另外一篇早期参考文献, 这篇文章讨论了一台计算机上的一个追踪程序, 其中涉及的问题特别困难. 另请参阅对于 IBM 的 System/360 体系结构的追踪程序, 见威廉姆·麦基曼、詹姆斯·赫宁和戴维·沃特曼, *A Compiler Generator* (Prentice-Hall, 1970), 305–363. 如今关于追踪程序的关注重点已经转移到了能够提供可选符号输出和程序性能测定的软件上, 最好的这种系统之一是由埃德温·萨特思韦特发明的, 见 *Software Practice & Experience* **2** (1972), 197–217.

缓冲技术原先通过计算机硬件完成, 采用一种与代码 1.4.4–(3) 类似的方式. 程序员不能访问的一个内部缓冲区起着单元 2000–2099 的作用, 而 1.4.4–(3) 的那些指令是在给出一条输入指令的时候隐式执行的. 在 20 世纪 40 年代后期, UNIVAC 的早期程序员建立起了对排序特别有用的软件缓冲技术 (参见 5.5 节). 若想全面回顾人们在 1952 年对于 I/O 的普遍观点, 参阅那一年举行的 "东部联合计算机会议" [Eastern Joint Computer Conference] 的会刊.

DYSEAC 计算机 [艾伦·雷纳, *JACM* **1** (1954), 57–81] 引进了新思想: 输入输出设备在程序运行中直接同存储器通信, 完成后中断程序. 这样一个系统的问世, 表明缓冲算法已经诞生, 但是细节未获公开发表. 对于我们描述的缓冲技术, 首次发表的文献给出一种高度复杂的方法, 参阅欧文·默克和查尔斯·斯威夫特, "Programmed Input-Output Buffering", *Proc. ACM Nat. Meeting* **13** (1958), paper 19 以及 *JACM* **6** (1959), 145–151. (请读者注意, 这两篇文章包含了大量的业内术语, 可能需要花些时间才能理解, 可以参考 *JACM* **6** 中邻近的几篇文章.) 戴克斯特拉于 1957 年到 1958 年, 独立建立了一个能够实现缓冲输入和输出的中断系统, 这个系统同布拉姆·洛卜史塔和卡雷尔·斯科尔滕的 X-1 计算机有关联 [见 *Comp. J.* **2** (1959), 39–43]. 戴克斯特拉的博士论文 "与一台自动计算机通信" ["Communication with an Automatic Computer" (1958)] 讨论了采用很长的缓冲区环的缓冲方法, 因为它用到的程序主要是用于纸带和打字机终端 I/O, 每个缓冲区只包含一个字符或一个数字. 后来他以这种思想为基础, 确立了重要的一般概念——信号量 (semaphore), 这不仅对于输入和输出是重要的, 而且对于控制各种各样的并行处理都是根本的. [参阅 *Programming Languages*, 弗朗索瓦·热尼编 (Academic Press, 1968), 43–112; *BIT* **8** (1968), 174–186; *Acta Informatica* **1** (1971), 115–138]. 另外, "输入输出缓冲与 FORTRAN" [戴维·弗格森, "Input-Output Buffering and FORTRAN", *JACM* **7** (1960), 1–9] 一文描述了缓冲区环, 并且详细说明了一次同时处理多台设备的简单缓冲技术.

> 对于当今设想到的问题的复杂程度,
> 合理的处理上限是使用大约 1000 条指令.
>
> ——荷曼·哥斯廷和冯·诺依曼 (1946)

第 2 章　信息结构

我想，我永远看不到，
像树一样可爱的诗.
——乔依斯·基尔默（1913）

是的，从我的记忆表中，
我将抹去所有琐碎愚蠢的记录.
——《哈姆雷特》（Act I, Scene 5, Line 98）

2.1　引论

计算机程序通常对信息表进行操作. 在大部分情况下，这些表并非一团杂乱无章的数值，而是包含了数据元素之间的重要结构关系.

在最简单的情况下，表可以是元素的线性表，相关的结构性质可能回答如下这些问题：哪个元素是表的第一个元素？哪个是最后一个？给定的元素的前后分别是哪个元素？表中有多少个元素？即便在这种看似简单的情况下，关于结构仍有不少话可说（见 2.2 节）.

在较复杂的情况下，表可以是二维数组（矩阵或网格，具有行和列结构）或更高维的 n 维数组；也可以是树结构，表示层次和分支关系；还可以是具有大量内部链接的复杂多链结构，正如人脑的结构.

为了正确地使用计算机，必须了解数据内部的结构关系，必须了解计算机内部表示和处理这种结构的基本技术.

本章概述信息结构的重点知识：不同类型的结构的静态和动态性质，结构化数据的存储分配和表示方法，创建、修改、访问和销毁结构化信息的有效算法. 在学习过程中，我们还设计了一些重要的例子，解释如何使用这些方法解决各种各样的问题. 这些例子包括拓扑排序、多项式算术、离散系统模拟、稀疏矩阵变换、代数公式处理，以及在编写编译程序和操作系统中的应用. 我们基本上只关注结构在计算机内部如何表示，从外部表示到内部表示的转换是第 9章和第 10 章的主题.

我们将要讨论的大部分内容通常称为"表处理". 人们设计了一些诸如LISP 这样的程序设计系统，帮助处理所谓表（List）之类的一般结构类型.（本章中，"表"[①]专指将在 2.3.5 节着重讨论的一类特殊结构. ）虽然表处理系统在许多情况下都很有用，但是它们却对程序员施加了一些往往并不必要的限制. 读者最好直接在自己的程序中使用本章的方法，根据具体应用对数据格式和处理算法进行定制. 然而，许多人仍然觉得表处理技术相当复杂（因此有必要使用他人精心编写的解释系统或预先编写好的子程序），认为表处理必须按某种固定的方式来做. 我们将会看到，处理复杂的结构的方法没有什么神奇、神秘或困难之处. 这些技术是每个程序员的必备技能，无论使用汇编语言，还是使用 FORTRAN、C 或 Java 之类的代数语言编程，我们都能很容易地使用它们.

我们将使用 MIX 计算机解释处理信息结构的方法. 不想关注 MIX 程序细节的读者至少应该了解一下结构化信息在 MIX 内存中的表示方式.

现在，先定义此后将频繁使用的术语和记号. 表中的信息由一组结点（node）组成（结点又被某些作者称为"记录""实体"或"珠子"），我们偶尔也称之为"项"或"元素". 每个结

[①] 作者用 List 表示诸如 LISP 这样的表处理系统处理的表；而用 list 表示一般的表，如线性表. 本段中，"表"一词均指 List. ——译者注

点由计算机内存中的一个或多个连续字构成，并划分成若干称作字段（field）的特定部分. 最简单的结点只是一个内存字，只有一个包含整个内存字的字段. 举一个更加有趣的例子，假设表元素表示纸牌，可能有两个字的结点，划分成 5 个字段，分别是 TAG、SUIT、RANK、NEXT 和 TITLE:

+	TAG	SUIT	RANK	NEXT
+			TITLE			(1)

（这种格式反映两个 MIX 字的内容. 1.3.1 节讲过，一个 MIX 字包含五个字节和一个符号. 本例中，我们假设每个字的符号都是 +.）结点的地址（address）又称指向结点的链（link）、指针（pointer）或引用（reference），是结点的第一个字在内存中的位置. 地址通常是相对于某个基址来取. 但是，为了简单起见，本章取地址为绝对内存位置.

结点中的字段内容可以是数、字母字符、链或程序员想要表示的任何东西. 在此例中，我们希望表示可能在纸牌游戏中出现的一叠牌：TAG = 1 表示牌面朝下，而 TAG = 0 表示牌面朝上；SUIT = 1, 2, 3 或 4 分别表示梅花、方块、红桃和黑桃；RANK = 1, 2, ..., 13 分别表示 A, 2, ..., K；NEXT 是指向本叠牌中下一张牌的链；TITLE是这张牌的字母名，最长五个字符，用于打印输出. 一叠牌可能像下面这样：

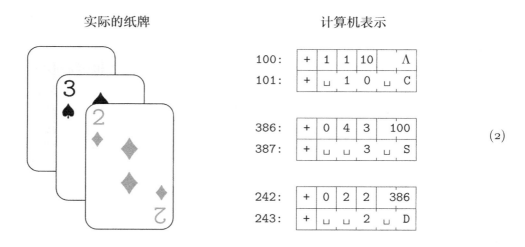

（2）

这里显示的计算机表示的内存位置是 100、386 和 242. 就该例而言，它们可以是任何其他数，因为每张牌都链接到它下面的牌. 注意结点 100 中的特殊链 "Λ"，我们用大写希腊字母 Λ 表示空链——不指向任何结点的链. 空链 Λ 出现在结点 100 中，是因为梅花 10 是这叠牌中最下面一张. 在机器内部，我们用一个不可能是结点位置的、容易识别的值表示 Λ. 通常，我们假定结点都不在位置 0 出现. 因此，在 MIX 程序中，Λ 几乎总是用链值 0 表示.

在计算机程序设计中，指向其他数据元素的链是一种极其重要的思想，是表示复杂数据结构的关键. 绘图表示结点的计算机表示时，用箭头表示链比较方便. 这样，例 (2) 可以表示为：

TOP →	+	0	2	2	•	→	+	0	4	3	•	→	+	1	1	10	•	⏚
	+	⎵	⎵	2	⎵	D		+	⎵	⎵	3	⎵	S		+	⎵	1	0	⎵	C	(3)

实际位置 242、386 和 100（具体位置无关紧要）不再出现在表示 (3) 中. 我们借用电子线路的"接地"符号来指示空链，显示在图的右端. 还要注意，(3) 用一个从"TOP"出来的箭头指向最上面的那张牌，这里 TOP 是一个链变量（link variable），通常称作指针变量，这种变量的值为

链. 程序中但凡引用结点，或者直接地通过链变量（或链常量）实现，或者间接地通过其他结点中的链字段来实现.

现在，我们来看记号的最重要部分：引用结点内部字段的方法. 做法很简单：给出字段的名字，随后在括号中给出指向期望访问的结点的链. 例如，在具有 (1) 的字段的 (2) 和 (3) 中，我们有

$$\text{RANK}(100) = 10; \qquad \text{SUIT}(\text{TOP}) = 2;$$
$$\text{TITLE}(\text{TOP}) = \text{“}_{\sqcup\sqcup}2_{\sqcup}\text{D”}; \qquad \text{RANK}(\text{NEXT}(\text{TOP})) = 3. \tag{4}$$

读者应该仔细研究这个例子，因为这些字段记号将在本章和其后各章的许多算法中使用. 为了更清晰地阐明这一思想，我们现在给出一个简单的算法，用于将一张新纸牌面朝上放置在一叠牌的顶部. 假设 NEWCARD 是一个链变量，其值是指向这张新牌的链，该算法如下.

A1. 置 NEXT(NEWCARD) ← TOP.（这把适当的链放入新牌结点中.）

A2. 置 TOP ← NEWCARD.（这保持 TOP 指向这叠牌的顶部.）

A3. 置 TAG(TOP) ← 0.（这标记该牌“面朝上”.）   ∎

另一个例子是下面的算法，它统计当前一叠牌的张数.

B1. 置 N ← 0，X ← TOP.（这里，N 是一个整型变量，X 是一个链变量.）

B2. 如果 X = Λ，则停止，N 是这叠牌的张数.

B3. 置 N ← N + 1，X ← NEXT(X)，转回步骤 B2.   ∎

注意，在这些算法中，我们使用符号名来表示两种截然不同的对象：变量名用来表示变量（TOP、NEWCARD、N、X），字段名用来表示字段（TAG、NEXT）. 请不要混淆这两种用法. 如果 F 是一个字段名，而 L ≠ Λ 是一个链，则 F(L) 是一个变量. 但是 F 本身不是变量，除非 F 被一个非空链所限定，否则它没有值.

当我们讨论底层机器细节时，还需要使用两个记号，在地址和存储在该地址的值之间进行转换.

(a) CONTENTS 总是表示一个一字结点的整个字的字段. 这样，CONTENTS(1000) 表示存放在内存位置 1000 中的值，是一个取该值的变量. 如果 V 是一个链变量，则 CONTENTS(V) 表示 V 指向的值（不是值 V 本身）.

(b) 如果 V 是存放在某内存单元中的值的名字，则 LOC(V) 表示该单元的地址. 因此，如果 V 是一个变量，其值存放在一个完整的内存字中，则 CONTENTS(LOC(V)) = V.

很容易把这种记号转换成 MIXAL 汇编语言的代码，不过 MIXAL 的记号是反过来的：链变量的值放在变址寄存器中，利用 MIX 访问部分字段（partial-field）的功能，引用想要访问的字段. 例如，上面的算法 A 可以写成：

```
        NEXT  EQU   4:5         为汇编程序定义 NEXT
        TAG   EQU   1:1             和 TAG 字段
              LD1   NEWCARD     A1. rI1 ← NEWCARD.
              LDA   TOP             rA ← TOP.                          (5)
              STA   0,1(NEXT)       NEXT(rI1) ← rA.
              ST1   TOP         A2. TOP ← rI1.
              STZ   0,1(TAG)    A3. TAG(rI1) ← 0.    ∎
```

"链接存储"的概念之所以重要，主要原因是使用它可以在计算机内部轻松高效地执行这些操作.

有时，我们用单个变量表示整个结点，它的值是字段的序列，而不仅仅是一个字段. 因此，我们可以写

$$\text{CARD} \leftarrow \text{NODE(TOP)}, \tag{6}$$

其中 NODE 是字段说明，除引用整个结点之外，与 CONTENTS类似；CARD 是一个变量，具有 (1) 那样的结构化值. 如果结点中有 c 个字，则 (6) 是如下 c 个低层赋值的缩写形式：

$$\text{CONTENTS(LOC(CARD)} + j) \leftarrow \text{CONTENTS(TOP} + j), \qquad 0 \le j < c. \tag{7}$$

汇编语言和算法使用的记号之间存在一个重要差别. 由于汇编语言接近于机器的内部语言，因此 MIXAL 程序中使用的符号代表地址而不是值. 这样，在 (5) 的第三列中，符号 TOP 实际代表指向顶部纸牌的指针所在的内存地址. 但是，在 (6)(7) 以及 (5) 右边的注释中，它代表 TOP 的值，即顶部纸牌结点的地址. 汇编语言与高级语言之间的这种差别经常使编程新手困惑不已，因此读者应当做一做习题 7. 其他习题也能有效帮助读者练习本节介绍的记号约定.

习题

1. [04] 在 (3) 的情形下，下列表示的值是什么？(a) SUIT(NEXT(TOP))；(b) NEXT(NEXT(NEXT(TOP))).

2. [10] 正文指出，在许多情况下，CONTENTS(LOC(V)) = V. 在什么条件下，有 LOC(CONTENTS(V)) = V？

3. [11] 给出一个算法，本质上撤销算法 A 的效果：它从一叠纸牌中取走顶部的牌（如果牌叠非空），并置 NEWCARD 为该牌的地址.

4. [18] 给出一个类似于算法 A 的算法，把新牌面朝下放置在一叠牌的底部.（牌叠可能为空.）

▶ **5.** [21] 给出一个算法，本质上撤销习题 4 算法的效果：假定一叠纸牌非空，并且底部的牌面朝下，你的算法应该取走底部的牌，并使 NEWCARD 链接到它.（在纸牌游戏中，这个算法有时称作"抽老千".）

6. [06] 在纸牌游戏的例子中，假设 CARD 是变量名，它的值像 (6) 中一样，是整个结点. 操作 CARD ← NODE(TOP) 设置 CARD 的诸字段分别等于顶部牌的对应字段. 该操作之后，如下哪种记号表示顶部牌的花色？(a) SUIT(CARD)；(b) SUIT(LOC(CARD))；(c) SUIT(CONTENTS(CARD))；(d) SUIT(TOP)？

▶ **7.** [04] 在正文的 MIX 程序例子 (5) 中，链变量 TOP 存放在汇编语言名为 TOP 的 MIX 计算机字中. 给定字段结构 (1)，下面哪个代码序列把量 NEXT(TOP) 送到寄存器 A 中？解释为什么另一个代码序列不正确.

        (a) LDA TOP(NEXT)   (b) LD1 TOP

                                                    LDA 0,1(NEXT)

▶ **8.** [18] 编写一个对应于步骤 B1–B3 的 MIX 程序.

9. [23] 写一个 MIX 程序，从一叠纸牌的顶部开始，打印当前牌叠内容的字母名，每行打印一张牌，并用括号括住面朝下的纸牌.

2.2 线性表

2.2.1 栈、队列和双端队列

数据通常具有许多结构信息，比我们实际想要在计算机中直接表示的还多很多. 例如，在上一节的纸牌游戏中，每个结点都有一个 NEXT 字段，指出什么牌在它下面. 但是，我们并未提供直接的方法，找出什么牌在给定牌的上方，或找出给定的纸牌在哪一叠牌中. 当然，我们还完全无视了实际纸牌的大部分特征：牌背面图案的细节，纸牌与所在房间里其他对象之间的关系，纸牌内的分子，等等. 可以想象，对于某些计算机应用，这些结构信息可能是相关的，但是我们显然绝不希望存储出现于每种情况的所有结构. 事实上，对于大部分纸牌游戏而言，我们并不需要前面例子中保留的所有信息，比如用来表示牌面朝上还是朝下的 TAG 字段常常不是必要的.

我们必须针对每种情况，确定应该在表格中提供多少结构，每一部分信息是否需要方便访问. 为了做出这样的决定，我们需要知道要对数据执行什么操作. 因此，对于本章考虑的每个问题，我们不但考虑数据结构，而且考虑在数据上执行的操作类型. 计算机表示的设计形式，依赖于数据的期望功能和它的内在性质. 事实上，对于一般的设计问题来说，功能和形式都是必须重视的.

为了进一步解释这一点，我们考虑计算机硬件的一处类似设计. 计算机的存储器通常分为"随机访问存储器"，如 MIX 的主存储器；"只读存储器"，用于存放基本的常量信息；"辅助块存储器"，如 MIX 的磁盘设备，可以存储大量信息但不能高速访问；"联想存储器"，更准确地称作"按内容寻址的存储器"，按照信息的值而不是位置寻址；等等. 每种类型的存储器都有极其重要的预期功能，因此就按照功能命名. 所有这些设备都是"存储"部件，但是它们的不同用途大大影响了它们的设计和价格.

线性表（linear list）是 $n \geq 0$ 个结点的序列 $X[1], X[2], \ldots, X[n]$，它的基本结构性质仅是各项排成一行时的相对位置. 在这种结构中，我们只关心一个事实：如果 $n > 0$，则 $X[1]$ 是第一个结点，而 $X[n]$ 是最后一个；如果 $1 < k < n$，则第 k 个结点 $X[k]$ 之前为 $X[k-1]$，之后为 $X[k+1]$.

对于线性表，我们可能要执行下列操作：

(i) 访问表的第 k 个结点，查看或改变其字段内容；

(ii) 紧接在第 k 个结点之前或之后插入一个新结点；

(iii) 删除第 k 个结点；

(iv) 把两个或多个线性表合并成一个表；

(v) 把一个线性表划分成两个或多个表；

(vi) 复制一个线性表；

(vii) 确定表中的结点数；

(viii) 根据结点的特定字段，把表的结点按递增序排序；

(ix) 搜索线性表，找出一个在某字段上具有特定值的结点.

在操作 (i) (ii) (iii) 中，特殊情况 $k = 1$ 和 $k = n$ 尤为重要，因为线性表的第一项和最后一项可能比一般元素更容易用得到. 本章中，我们不讨论操作 (viii) 和 (ix)，它们分别是第 5 章和第 6 章的主题.

一个计算机应用很少同时用到所有 9 种操作最一般的形式，因此我们发现，取决于最频繁执行的操作类型，线性表有多种表示方法. 很难为线性表设计一种表示方法，使得这些操作都能高效地执行. 例如，在表中间插入和删除项的同时，对于随机的 k，访问长表的第 k 个结点就比较困难. 因此，就像计算机存储器按照预期应用而分类一样，线性表也按照用到的主要操作而分成几类.

经常会遇到只对第一个或最后一个结点插入、删除和访问值的线性表，我们给它们以特殊的名称：

栈（stack）是一种线性表，所有的插入和删除（通常还有所有的访问）都在表的一端进行.

队列（queue）是一种线性表，所有的插入都在表的一端进行，所有删除（通常还有所有的访问）都在表的另一端进行.

双端队列（deque）是一种线性表，又称为双向队列，所有的插入和删除（通常还有所有的访问）都在表的两端进行.

因此，双端队列比栈和队列更一般. 它的一些性质与牌叠相同，两者的英文发音也相同 [1]. 我们也区分输出受限（output-restricted）和输入受限（input-restricted）的双端队列，前者仅允许在一端删除，后者则仅允许在一端插入.

在某些学科，"队列"一词具有更广泛的意义和用法，泛指需要进行插入和删除的任意类型的表. 于是，上面定义的几种特殊情况称作各种"排队规则". 然而，本书只打算在受限的情况下使用术语"队列"，只表示像人们排队等待服务那样的有序队列.

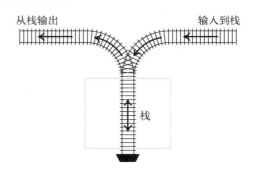

图 1　用铁路切换网络表示的栈

戴克斯特拉建议，把栈与火车车厢切换类比，这种比喻有时有助于理解栈机制（参见图 1）. 双端队列的对应图示见图 2.

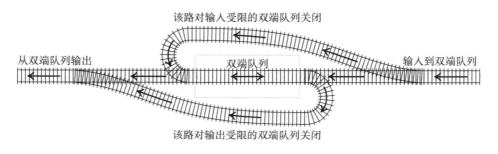

图 2　用铁路切换网络表示的双端队列

使用栈时，我们总是移走表中当前"最新的"项，即比其他项都晚插入的项. 使用队列时恰好相反，总是移走"最老的"项；也就是说，结点离开表的次序与进入的次序相同.

许多人独立地意识到栈和队列的重要性，给它们起了不同的名字：栈也称为下推表、反转存储器、地窖、嵌套存储器、堆叠、后进先出（LIFO）表，甚至称作溜溜球表；队列有时称为循

_____
[1] 这里指 deck（牌叠）与 deque（双端队列）发音相同. ——译者注

环存储器或先进先出（FIFO）表. 术语 LIFO 和 FIFO 在会计行业已经使用多年，表示两种存货计价方法. 此外，输出受限的双端队列也称作"货架"，而输入受限的双端队列称作"卷轴"（scroll 或 roll）. 名称的多样性本身很有意思，因为它是这些概念重要性的证据. "栈"和"队列"逐渐成为标准术语，而上面列举的其他词，只有"下推表"仍然很常用，特别是在自动机理论领域.

栈在实践中经常出现. 例如，我们可能检查一组数据，并记录异常条件或稍后要做的事情的列表. 检查完原始数据集后，我们可以回到该表来做其余处理，移走表中的项，直到它为空.（习题 1.3.2-10 的"鞍点"问题就是这种情况的一个例子.）栈或队列都适合充当这样的表，栈通常更方便. 在我们解决问题时，我们心目中都有一个"栈"：一个问题导致另一个，而这个问题又导致另一个；我们把问题和子问题累积起来，并随着它们的解决而移走. 同样，计算机程序执行期间进入和离开子程序的过程也类似于栈. 对于处理具有嵌套结构的语言，如程序设计语言、算术表达式和德文"套句"（从句套从句的表达），栈特别有用. 一般来说，在涉及显式或隐式递归算法时，栈的出现最为频繁. 我们将在第 8 章全面讨论这种联系.

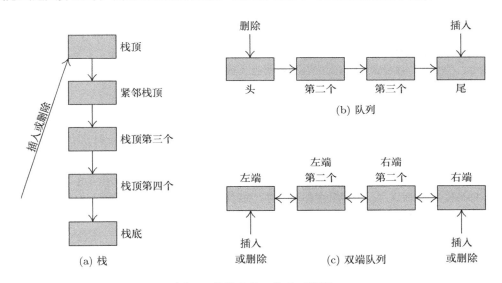

图 3   线性表的三种重要类型

当算法涉及这些结构时，通常使用一些专门术语：我们把一个项放到栈顶（top），或取出栈顶项（见图 3a）；栈底（bottom）是最难访问的项，在其他项删除之后才能移走它.（人们常说把一个项向下推进栈，或在删除栈顶项时说它向上弹出栈. 这种术语源于对餐厅中经常看到的盘子堆叠的类比. 术语"推进"和"弹出"胜在简洁，但是容易误导人，暗示整个表在计算机内存中上下移动. 其实栈完全没有下推，项添加在顶部，就像堆干草或摞盒子一样.）对于队列，我们把首末项称为队列的头（front）和尾（rear），项从队尾进入，最终到达队头位置时移出（见图 3b）. 当谈及双端队列时，我们说左端（left）和右端（right）（见图 3c）. 有时，如果双端队列用作栈或队列，我们也会使用顶、底、头、尾这些概念，但是顶、头应该在左边还是在右边并无标准约定.

这样，我们发现很容易在算法中使用丰富的描述性词汇：对栈用术语"上下"，对队列用术语"排队等待"，而对双端队列用术语"左右".

业已证明，处理栈和队列时，增加少量记号是方便的. 我们用

$$A \Leftarrow x \tag{1}$$

表示把值 x 插入栈 A 的顶部（当 A 是栈时），或表示把 x 插入队列 A 的尾部（当 A 是队列时）. 同理，记号

$$x \Leftarrow A \tag{2}$$

用来表示设置变量 x 等于栈 A 顶部或队列 A 头部的值，并且从 A 中删除该值. 当 A 为空时，即当 A 不包含值时，记号 (2) 没有意义.

如果 A 是一个非空栈，则我们可以用

$$\mathrm{top}(A) \tag{3}$$

表示其栈顶元素.

习题

1. [06]   一个输入受限的双端队列是一个线性表，项可以从一端插入，但可以从两端删除. 显然，如果我们始终如一地从两端中的一端删除所有的项，则输入受限的双端队列既可以充当栈，也可以充当队列. 输出受限的双端队列也可以既充当栈，又充当队列吗？

▶ **2.** [15]   想象四节火车车厢位于图 1 轨道的输入端，从左到右依次编号为 1, 2, 3, 4. 假设我们执行如下操作序列（与图中箭头方向一致，并且不让车厢"越过"其他车厢）: (i) 把车厢 1 移到栈中; (ii) 把车厢 2 移到栈中; (iii) 把车厢 2 移到输出端; (iv) 把车厢 3 移到栈中; (v) 把车厢 4 移到栈中; (vi) 把车厢 4 移到输出端; (vii) 把车厢 3 移到输出端; (viii) 把车厢 1 移到输出端.

这些操作导致原来的车厢次序 1234 变成 2431. 本题和下面习题的目的是: 考察用这种方法从栈、队列或双端队列能够得到何种排列.

如果有六节火车车厢，编号 123456，它们能排列成 325641 吗？它们能排列成 154623 吗？（如果能，给出做法.）

3. [25]   上一题中的步骤 (i) 到 (viii) 可以更简洁地用编码 SSXSSXXX 表示，其中 S 表示"从输入端移动一辆车厢到栈中"，而 X 表示"从栈中移动一辆车厢到输出端". S 和 X 的某些序列代表无意义的操作，因为在指定的铁轨上可能没有可用的车厢. 例如，序列 SXXSSXXS 不可能实现，因为我们假设栈初始为空.

如果一个 S 和 X 的序列包含 n 个 S 和 n 个 X，并且其中没有出现不可能执行的操作，那么我们称这个序列是容许的（admissible）. 给出一个规则，方便识别容许的序列和不容许的序列. 进一步证明: 两个不同的容许的序列不会产生相同的输出排列.

4. [M34]   设 a_n 是使用习题 2 的栈可以得到的 n 个元素的排列数. 找出 a_n 的简单公式.

▶ **5.** [M28]   证明: 用栈从 $12\ldots n$ 可以得到排列 $p_1 p_2 \ldots p_n$，当且仅当不存在下标 $i < j < k$ 使得 $p_j < p_k < p_i$.

6. [00]   用队列取代栈，考虑习题 2 中的问题. 用队列可以得到 $12\ldots n$ 的何种排列？

▶ **7.** [25]   用双端队列取代栈，考虑习题 2 中的问题. (a) 找出 1234 的一个排列，它可以用输入受限的双端队列得到，但不能用输出受限的双端队列得到. (b) 找出 1234 的一个排列，它可以用输出受限的双端队列得到，但不能用输入受限的端双端队列得到. [由 (a) 和 (b) 推知，输入受限与输出受限的双端队列之间肯定存在差别.] (c) 找出 1234 的一个排列，它用输入受限或输出受限的双端队列都无法得到.

8. [22]   是否存在 $12\ldots n$ 的排列，不能用输入、输出均不受限的双端队列得到？

9. [M20]   设 b_n 为使用输入受限的双端队列可以得到的 n 元排列数. （注意，如习题 7 所示，$b_4 = 22$. ）证明: b_n 也是使用输出受限的双端队列可以得到的 n 元排列数.

10. [M25]   （参见习题 3）对于输出受限的双端队列，令 S、Q 和 X 分别代表在左端插入一个元素、在右端插入一个元素和从左端删除一个元素. 例如，序列 QQXSXSXX 将把输入序列 1234 变换成 1342. 序列 SXQSXSXX 产生相同的变换.

试定义符号 S、Q 和 X 的容许序列概念，使得如下性质成立：可以用输出受限的双端队列得到的每种 n 元排列，都正好对应于一种容许的序列.

▶ **11.** [*M40*] 作为习题 9 和 10 的推论，b_n 是长度为 $2n$ 的容许序列数. 找出生成函数 $\sum_{n \geq 0} b_n z^n$ 的闭合式.

12. [*HM34*] 计算习题 4 和 11 中 a_n 和 b_n 的近似值.

13. [*M48*] 使用一般的双端队列，能够得到多少种 n 元排列？（关于在 $O(n)$ 步内判定一个给定的排列能否得到的算法，见皮埃尔·罗森斯泰和罗伯特·塔扬，*J. Algorithms* **5**(1984), 389-390. ）

▶ **14.** [*26*] 假设只允许使用栈作为数据结构. 如何用两个栈有效地实现一个队列？

2.2.2 顺序分配

在计算机中维护线性表，最简单、最自然的方法是把表项存放在连续位置，一个结点挨一个结点. 这样有

$$\text{LOC}(\text{X}[j+1]) = \text{LOC}(\text{X}[j]) + c,$$

其中 c 是每个结点的字数.（通常 $c = 1$. 当 $c > 1$ 时，有时更方便的做法是把单个表划分成 c 个"平行的"表，使得结点 X[j] 的第 k 个字的存放位置与 X[j] 的第一个字保持依赖于 k 的固定距离. 不过我们将继续假定一组 c 个相邻的字形成一个结点. ）一般地，

$$\text{LOC}(\text{X}[j]) = \text{L}_0 + cj, \tag{1}$$

其中 L_0 是常量，称作基址（base address），是人为假定的结点 X[0] 的位置.

这种表示线性表的技术一目了然而又众所周知，似乎毫无必要再费笔墨详述. 本章稍后将介绍许多"更复杂的"表示方法，但是我们不妨首先考察这种简单情况，看看使用它能做些什么. 有必要理解顺序分配有什么能力，有什么局限.

对于栈处理，顺序分配相当方便. 我们只需要一个称作栈指针（stack pointer）的变量 T. 当栈为空时，我们令 T = 0. 为了把一个新元素 Y 放到栈顶，我们置

$$\text{T} \leftarrow \text{T} + 1; \qquad \text{X}[\text{T}] \leftarrow \text{Y}. \tag{2}$$

而当栈非空时，我们可以通过 (2) 的逆动作，置 Y 等于栈顶结点，并删除栈顶结点：

$$\text{Y} \leftarrow \text{X}[\text{T}]; \qquad \text{T} \leftarrow \text{T} - 1. \tag{3}$$

（由 (1)，在计算机内部，通常最有效的办法是维护 $c\text{T}$ 而不是维护 T. 因为这种调整很简单，所以我们将继续按 $c = 1$ 讨论. ）

队列或更一般的双端队列的表示需要一点技巧. 一种显而易见的解决方案是维持两个指针 F 和 R（用于队列的头和尾），当队列为空时，F = R = 0. 于是，在队列尾部插入一个元素的操作是

$$\text{R} \leftarrow \text{R} + 1; \qquad \text{X}[\text{R}] \leftarrow \text{Y}. \tag{4}$$

而取走队列头部结点（F 恰好指向队列头部的前一个结点）的操作是

$$\text{F} \leftarrow \text{F} + 1; \qquad \text{Y} \leftarrow \text{X}[\text{F}]; \qquad \text{如果 F=R，则置 F} \leftarrow \text{R} \leftarrow 0. \tag{5}$$

但是，应当注意：如果 R 总在 F 之前（从而队列中总是至少有一个结点），则所使用的表项为 X[1], X[2], ..., X[1000], ... 直至无穷，造成惊人的内存浪费. 因此，(4) 和 (5) 的简单方法只有在知道 F 经常追上 R 时才能用，例如一下子有很多删除操作清空队列的情形.

为了避免队列过度使用内存, 我们可以预留 M 个结点 X[1],...,X[M], 隐式安排成一个环, 让 X[1] 跟在 X[M] 之后. 则上面的过程 (4) 和 (5) 变成

$$如果 R=M, 则 R \leftarrow 1, 否则 R \leftarrow R+1; \qquad X[R] \leftarrow Y. \tag{6}$$

$$如果 F=M, 则 F \leftarrow 1, 否则 F \leftarrow F+1; \qquad Y \leftarrow X[F]. \tag{7}$$

事实上, 在 1.4.4 节考察输入输出缓冲时, 我们已经看到过这样的循环排队操作.

迄今为止, 我们的讨论都太不现实, 因为暗中假定不会出错. 我们从栈或队列删除一个结点时, 都假定原本至少有一个结点; 把一个结点插入栈或队列中时, 又假定内存中有存放它的空间. 但是, 方法 (6) 和 (7) 显然只允许队列中至多有 M 个结点, 而在给定的计算机程序中, 方法 (2) (3) (4) (5) 只允许 T 和 R 达到某个最大量. 对于并不假定这些限制自动满足的一般情况, 下面说明如何改写这些动作:

$$X \Leftarrow Y（插入到栈）: \begin{cases} T \leftarrow T+1; \\ 如果 T > M, 则 \text{OVERFLOW}; \\ X[T] \leftarrow Y. \end{cases} \tag{2a}$$

$$Y \Leftarrow X（从栈删除）: \begin{cases} 如果 T = 0, 则 \text{UNDERFLOW}; \\ Y \leftarrow X[T]; \\ T \leftarrow T-1. \end{cases} \tag{3a}$$

$$X \Leftarrow Y（插入到队列）: \begin{cases} 如果 R = M, 则 R \leftarrow 1, 否则 R \leftarrow R+1; \\ 如果 R = F, 则 \text{OVERFLOW}; \\ X[R] \leftarrow Y. \end{cases} \tag{6a}$$

$$Y \Leftarrow X（从队列删除）: \begin{cases} 如果 F = R, 则 \text{UNDERFLOW}; \\ 如果 F = M, 则 F \leftarrow 1, 否则 F \leftarrow F+1; \\ Y \leftarrow X[F]. \end{cases} \tag{7a}$$

这里, 我们假定 X[1],...,X[M] 是允许表使用的全部空间; OVERFLOW（上溢）和 UNDERFLOW（下溢）意味项超出或不足. 使用 (6a) 和 (7a) 时, 队列指针的初始设置 F = R = 0 不再正确, 因为当 F = 0 时, 将不检测上溢, 所以应该改动, 比如说以 F = R = 1 开始.

建议读者做习题 1. 该题讨论这种简单排队机制的一些重要特点.

下一个问题是: "OVERFLOW 或 UNDERFLOW 发生时, 应该怎么办?" 发生 UNDERFLOW 时, 我们试图删除一个并不存在的项. 通常, 这是一个有意义的条件而非错误, 可以用来控制程序流程. 例如, 我们可能想反复删除项, 直到出现下溢. 然而, OVERFLOW 通常是错误. 这意味着表已经满了, 但是仍然有更多的信息等待插入. 对于 OVERFLOW, 通常的策略是不得不报告因为超过存储容量限制, 程序不能运行, 然后程序终止.

当然, 如果仅仅一个表变得太大, 而同一程序的其他表可能还有充足的剩余空间, 我们自然不愿因一个表出现上溢而放弃. 上面主要考虑只有一个表的程序. 然而, 我们经常遇到涉及多个大小动态变化的栈的程序. 在这种情况下, 我们不想对每个栈的容量设定最大值, 因为该值通常难以预测; 即便对每个栈都设定最大容量, 也很难遇到所有的栈都同时填满的情况.

当恰有两个变长表时, 如果我们让这两个表迎面增长, 则它们可以很好地共存:

这里, 表 1 向右扩展, 而表 2 (以相反次序存放) 向左扩展. 除非两个表的总容量耗尽了所有存储空间, 否则不会出现 OVERFLOW. 各个表可以独立地扩展和收缩, 使得每个表的最大有效容量显著大于可用空间的一半. 这种内存空间布局使用非常频繁.

然而, 容易发现, 没有办法在内存中存放三个或更多长度可变的顺序表, 使得下面两点都满足: (a) 仅当所有表的总容量超过总空间时, 才出现 OVERFLOW; (b) 每个表的 "底" 元素都有固定的位置. 如果有多个变长表, 比如说有十个 (这很常见), 则存储分配问题就变得非常有意义. 如果希望满足条件 (a), 则必须放弃条件 (b), 即必须允许表的 "底" 元素改变位置. 这意味 (1) 中位置 L_0 不再是常数, 对该表的引用不能通过内存的绝对地址进行, 因为所有的引用必须相对于基址 L_0 做出. 在 MIX 机中, 把第 I 个一字结点取到寄存器 A 的代码便由

$$
\begin{array}{ll}
\texttt{LD1} & \texttt{I} \\
\texttt{LDA} & \texttt{L}_0,\texttt{1}
\end{array}
\qquad \text{变成, 如} \qquad
\begin{array}{ll}
\texttt{LD1} & \texttt{I} \\
\texttt{LDA} & \texttt{BASE(0:2)} \\
\texttt{STA} & \texttt{*+1(0:2)} \\
\texttt{LDA} & \texttt{*,1}
\end{array}
\tag{8}
$$

其中 BASE 包含 $\boxed{\begin{array}{|c|c|c|c|} L_0 & 0 & 0 & 0 \end{array}}$. 这种相对寻址花费的时间显然比固定基址寻址长. 不过如果 MIX 具有 "间接寻址" 特征的话, 它只会稍微慢一点儿 (见习题 3).

一个重要的特例是, 每个变长表都是栈. 这样, 由于任何时候都只关心栈顶元素, 因此几乎可以像以前一样高效地处理. 假设有 n 个栈. 如果 BASE[i] 和 TOP[i] 是第 i 个栈的链变量, 并且每个结点的长度为一个字, 则上面的插入和删除算法变成如下形式,

插入: TOP[i] $\leftarrow$ TOP[i] $+ 1$; 如果 TOP[i] $>$ BASE[$i+1$], 则

OVERFLOW; 否则置 CONTENTS(TOP[i]) $\leftarrow$ Y. $\qquad$ (9)

删除: 如果 TOP[i] $=$ BASE[i], 则 UNDERFLOW; 否则

置 Y $\leftarrow$ CONTENTS(TOP[i]), TOP[i] $\leftarrow$ TOP[i] $- 1$. $\qquad$ (10)

这里, BASE[$i+1$] 是第 $(i+1)$ 个栈的基位置. 条件 TOP[i] $=$ BASE[i] 表示第 i 个栈为空.

在 (9) 中, 上溢的问题没有以前那么严重了, 因为我们可以 "重新分配内存", 从其他尚未装满的表为发生上溢的表腾出一些空间. 多种重新分配的方法显而易见, 我们现在详细考察其中的一些, 因为当线性表顺序分配存储时这些方法相当重要. 我们首先给出最简单的方法, 然后介绍其他方法.

假定有 n 个栈, 值 BASE[i] 和 TOP[i] 按 (9) 和 (10) 中的方法进行操作. 假设所有这些栈都共享一个公共存储区, 共有 L 个位置, $L_0 < L \le L_\infty$. (这里, L_0 和 L_∞ 是常数, 确定总的可用字数.) 我们可以从所有栈均为空开始, 置

$$
\text{BASE}[j] = \text{TOP}[j] = L_0 \qquad \text{对于 } 1 \le j \le n. \tag{11}
$$

还置 BASE[$n+1$] $= L_\infty$, 以便 $i = n$ 时 (9) 可以正确执行.

当栈 i 发生 OVERFLOW 时, 存在三种可能性.

(a) 如果存在 k 满足 $i < k \le n$ 和 TOP[k] $<$ BASE[$k+1$], 找出最小的 k, 然后把一切统统上移一格:

对于 TOP[k] $\ge$ L $>$ BASE[$i+1$], 置 CONTENTS(L $+ 1$) $\leftarrow$ CONTENTS(L).

(为了避免丢失信息, 这里的 L 值必须递减而不是递增. 可能有 TOP[k] $=$ BASE[$i+1$], 此时什么都不需要移动.) 最后, 我们对 $i < j \le k$, 置 BASE[j] $\leftarrow$ BASE[j] $+1$, TOP[j] $\leftarrow$ TOP[j] $+1$.

(b) 找不到 (a) 中的 k, 但是可以找到同时满足 $1 \leq k < i$ 和 $\text{TOP}[k] < \text{BASE}[k+1]$ 的最大的 k. 现在, 我们把一切统统下移一格:

对于 $\text{BASE}[k+1] < \text{L} < \text{TOP}[i]$, 　置 $\text{CONTENTS(L}-1) \leftarrow \text{CONTENTS(L)}$.

（这里的 L 值必须是递增的.）然后, 对于 $k < j \leq i$, 置 $\text{BASE}[j] \leftarrow \text{BASE}[j] - 1$, $\text{TOP}[j] \leftarrow \text{TOP}[j] - 1$.

(c) 对于所有的 $k \neq i$, 我们有 $\text{TOP}[k] = \text{BASE}[k+1]$. 显然, 我们不能为新的栈元素找到空间, 因此必须放弃.

对于 $n = 4$, $\text{L}_0 = 0$, $\text{L}_\infty = 20$, 经历相继动作

$$I_1^* \ I_1^* \ I_4 \ I_2^* \ D_1 \ I_3^* \ I_1 \ I_1^* \ I_2^* \ I_4 \ D_2 \ D_1 \tag{12}$$

之后, 存储格局如图 4 所示.（这里, I_j 和 D_j 分别表示插入到栈 j 和从栈 j 删除, 而星号表示出现上溢, 假定初始不为栈 1、2、3 分配空间.）

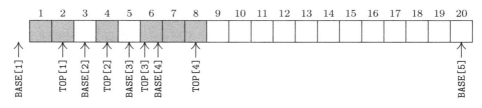

图 4　多次插入和删除后的存储格局示例

显然, 如果我们明智地选择初始化条件, 而不是像 (11) 所示, 一开始把所有栈空间都分配给第 n 个栈, 这种方法前期出现的许多栈上溢都可以避免. 例如, 如果期望每个栈开始都具有相同的容量, 则可以用下式初始化

$$\text{BASE}[j] = \text{TOP}[j] = \left\lfloor \left(\frac{j-1}{n}\right)(\text{L}_\infty - \text{L}_0) \right\rfloor + \text{L}_0, \qquad 对于 1 \leq j \leq n. \tag{13}$$

根据具体程序的运行经验, 我们可以选择更合适的初值. 然而, 无论初始分配多么好, 它至多只能减少固定数目的上溢, 并且其效果仅在程序运行的早期阶段才是显著的.（见习题 17.）

另一种改进方法是, 每次重新分配内存时为多个新项腾出空间. 扬·加威克研讨了这一思想, 他建议发生上溢时, 根据自上一次内存重新分配以来每个栈的大小改变情况, 进行全面内存重新分配. 他的算法使用了一个附加数组 $\text{OLDTOP}[j]$ $(1 \leq j \leq n)$, 保留上一次内存分配之后的 $\text{TOP}[j]$ 值. 表的初始设置与先前一样, 并且 $\text{OLDTOP}[j] = \text{TOP}[j]$. 该算法的处理过程如下.

算法 G（重新为顺序表分配内存）. 假定按照 (9), 栈 i 出现 OVERFLOW. 算法 G 执行后, 我们会发现, 或者内存需求已经超出内存容量, 或者已经重新分配内存, 使得 $\text{CONTENTS(TOP}[i]) \leftarrow Y$ 可以执行.（注意, 在算法 G 执行前, $\text{TOP}[i]$ 已经在 (9) 中增加 1.）

G1.［初始化.］置 $\text{SUM} \leftarrow \text{L}_\infty - \text{L}_0$, $\text{INC} \leftarrow 0$. 然后, 对于 $1 \leq j \leq n$, 执行步骤 G2.（其效果是使 SUM 等于剩余空间总量, INC 等于自上一次重新分配以来表长度增加的总量.）之后, 进入步骤 G3.

G2.［收集统计量.］置 $\text{SUM} \leftarrow \text{SUM} - (\text{TOP}[j] - \text{BASE}[j])$. 如果 $\text{TOP}[j] > \text{OLDTOP}[j]$, 则置 $D[j] \leftarrow \text{TOP}[j] - \text{OLDTOP}[j]$, $\text{INC} \leftarrow \text{INC} + D[j]$; 否则置 $D[j] \leftarrow 0$.

G3.［内存是否已满?］如果 $\text{SUM} < 0$, 则不能继续.

G4. [计算分配因子.] 置 $\alpha \leftarrow 0.1 \times \text{SUM}/n$, $\beta \leftarrow 0.9 \times \text{SUM}/\text{INC}$. (这里, α 和 β 都是小数而不是整数, 需要计算到合理精度. 下面的步骤按如下方法为每个表确定可用空间: 大约 10% 的可用空间被 n 个表平分, 其余 90% 将根据自上次分配以来表长度的增加量, 按比例划分.)

G5. [计算新基址.] 置 $\text{NEWBASE}[1] \leftarrow \text{BASE}[1]$, $\sigma \leftarrow 0$; 然后, 对于 $j = 2, 3, \ldots, n$, 置 $\tau \leftarrow \sigma + \alpha + \text{D}[j-1]\beta$, $\text{NEWBASE}[j] \leftarrow \text{NEWBASE}[j-1] + \text{TOP}[j-1] - \text{BASE}[j-1] + \lfloor \tau \rfloor - \lfloor \sigma \rfloor$, $\sigma \leftarrow \tau$.

G6. [重新分配.] 置 $\text{TOP}[i] \leftarrow \text{TOP}[i] - 1$. (这反映第 i 个表的真实长度, 从而下面不会试图从表的边界之外移动信息.) 执行下面的算法 R, 然后重置 $\text{TOP}[i] \leftarrow \text{TOP}[i] + 1$. 最后, 对于 $1 \le j \le n$, 置 $\text{OLDTOP}[j] \leftarrow \text{TOP}[j]$. ∎

也许, 整个算法最有趣的部分是一般重新分配的过程, 现在介绍如下. 重新分配是非平凡的, 因为内存各部分有的上移, 有的下移. 显然, 在移动时应当注意, 不能覆盖内存中的任何有用信息.

算法 R (顺序表重定位). 对于 $1 \le j \le n$, 按照以上所述的约定, 把由 $\text{BASE}[j]$ 和 $\text{TOP}[j]$ 指定的信息移动到 $\text{NEWBASE}[j]$ 指定的位置, 并对 $\text{BASE}[j]$ 和 $\text{TOP}[j]$ 进行相应的调整. 这个算法的原理是容易验证的: 向下移动的数据既不可能覆盖任何需要向上移动的数据, 也不可能覆盖任何将要原地不动的数据.

R1. [初始化.] 置 $j \leftarrow 1$.

R2. [找移动起始点.] (现在, 从表 1 到表 j, 需要向下移动的表已经移动到期望的位置.) 以步长 1 增加 j, 直到发现下面任一个条件满足为止.

　a) $\text{NEWBASE}[j] < \text{BASE}[j]$: 转到 R3;

　b) $j > n$: 转到 R4.

R3. [表下移.] 置 $\delta \leftarrow \text{BASE}[j] - \text{NEWBASE}[j]$. 对于 $\text{L} = \text{BASE}[j] + 1, \text{BASE}[j] + 2, \ldots, \text{TOP}[j]$, 置 $\text{CONTENTS}(\text{L} - \delta) \leftarrow \text{CONTENTS}(\text{L})$. (可能有 $\text{BASE}[j]$ 等于 $\text{TOP}[j]$. 此时, 什么都不需要做.) 置 $\text{BASE}[j] \leftarrow \text{NEWBASE}[j]$, $\text{TOP}[j] \leftarrow \text{TOP}[j] - \delta$. 转回 R2.

R4. [找移动起始点.] (现在, 从表 j 到表 n, 需要向上移动的表已经移动到期望的位置.) 以步长 1 减少 j, 直到发现下面任一个条件满足为止.

　a) $\text{NEWBASE}[j] > \text{BASE}[j]$: 转到 R5;

　b) $j = 1$: 算法终止.

R5. [表上移.] 置 $\delta \leftarrow \text{NEWBASE}[j] - \text{BASE}[j]$. 对于 $\text{L} = \text{TOP}[j], \text{TOP}[j] - 1, \ldots, \text{BASE}[j] + 1$, 置 $\text{CONTENTS}(\text{L} + \delta) \leftarrow \text{CONTENTS}(\text{L})$, (与步骤 R3 类似, 这一步可能什么都不做.) 置 $\text{BASE}[j] \leftarrow \text{NEWBASE}[j]$, $\text{TOP}[j] \leftarrow \text{TOP}[j] + \delta$. 转回 R4. ∎

注意: 栈 1 永远不需要移动. 因此, 如果我们知道哪个栈最大, 就应该把它放在第一个.

在算法 G 和 R 中, 我们故意允许对于 $1 \le j \le n$, 可能有

$$\text{OLDTOP}[j] \equiv \text{D}[j] \equiv \text{NEWBASE}[j+1],$$

使得这三个表可以共享公共存储, 因为不会在冲突的情况下使用它们的值.

我们介绍了几种用于栈的重新分配的算法. 显然, 它们也都可以用于当前信息包含在 $\text{BASE}[j]$ 和 $\text{TOP}[j]$ 之间的任何相对寻址的表. 可以在表上附上其他指针 (例如 $\text{FRONT}[j]$ 和 $\text{REAR}[j]$), 使得表成为队列或双端队列. 习题 8 将详细考察队列的情况.

上面这样的动态存储分配算法, 从数学角度分析是非常困难的. 下面的习题给出一些有趣的结果, 不过它们只触及了一般特性的皮毛.

对于确实能推导出来的理论, 试举一个例子. 考虑表仅因插入而增长的情况, 忽略掉删除和其后抵消其影响的插入. 进一步, 假定每个表以相同的速率填入信息. 这种情况可以用如下方法建模: 想象 m 个插入操作的序列 $a_1, a_2, \ldots, a_m$, 其中每个 a_i 都是 1 和 n 之间的整数 (代表在栈 a_i 顶部的插入). 例如, 序列 1, 1, 2, 2, 1 表示两次插入栈 1, 后接两次插入栈 2, 再后接另一次插入栈 1. 重新分配操作期间有时必须移动字的位置. 把 n^m 种可能的 $a_1, a_2, \ldots, a_m$ 看作等可能的, 则可以求整个表构建时, 必须移动字所在位置的平均移动次数. 对于第一个算法, 开始时把所有空间都分配给第 n 个栈, 分析见习题 9. 我们求得所需要的平均移动次数为

$$\frac{1}{2}\left(1 - \frac{1}{n}\right)\binom{m}{2}. \tag{14}$$

这样, 可以预料到, 移动次数基本上正比于表增长次数的平方. 如果栈不是等可能的, 这一结论仍然成立 (见习题 10).

这似乎启示我们, 如果相当多的项插入到表中, 则需要进行大量移动. 为了把大量顺序表紧密地放置在一起, 这是我们必须付出的代价. 人们还没有建立起理论, 无法分析算法 G 的平均性能. 看来在这种环境下, 也不太可能用简单的模型刻画实际的表的特征. 然而, 习题 18 仍然提供了一种最坏情况的保证: 如果内存不是太满的话, 运行时间不会太长.

经验表明, 当存储只有半满载时 (也就是说, 当可用空间等于整个空间的一半时), 我们很少需要用算法 G 来重新安排这些表. 或许重点在于, 在半满载的情况下, 算法运行良好; 在几乎满载的情况下, 算法至少能给出正确的答案.

让我们更仔细地考察几乎满载的情况. 当这些表几乎充满内存时, 算法 R 要用相当长的时间执行任务. 更糟糕的是, 在内存耗尽之前, 上溢必然更频繁. 程序如果接着填满内存, 多半会在其后不久就完全上溢; 而此类程序在内存上溢之前, 很可能会在算法 G 和 R 上浪费大量时间. 不幸的是, 未调试的程序经常溢出内存容量. 为了避免浪费这些时间, 可建议: 如果 SUM 小于 $S_{\min}$, 则在步骤 G3 停止算法 G, 其中 $S_{\min}$ 由程序员指定, 用来避免过分重新分配. 当存在许多可变长度的顺序表时, 我们不能指望利用 100% 的存储空间而不使内存溢出.

戴维·怀斯和丹·沃森 [*BIT* **16**(1976), 442–450] 对算法 G 做了进一步研究. 阿维泽里·弗兰克尔 [*Inf. Proc. Letters* **8**(1979), 9–10] 建议使用一对迎面增长的栈.

习题

▶ **1.** [*15*] 在 (6a) 和 (7a) 给定的队列操作中, 一次可以向队列插入多少个项而不会出现上溢?

▶ **2.** [*22*] 推广 (6a) 和 (7a) 的方法, 使之可以用于少于 M 个元素的任意双端队列. 换句话说, 给出另两个操作 "从尾部删除" 和 "插入到头部".

3. [*21*] 假设对 MIX 扩充如下: 每条指令的 I 字段形如 $8\mathrm{I}_1 + \mathrm{I}_2$, 其中 $0 \leq \mathrm{I}_1 < 8$, $0 \leq \mathrm{I}_2 < 8$. 在汇编语言中, 我们写 "OP ADDRESS,I₁:I₂", 或 (现在写) "OP ADDRESS,I₂", 如果 $\mathrm{I}_1 = 0$. 这意味先在 ADDRESS 上执行 "地址修改" I_1, 然后在结果地址上执行 "地址修改" I_2, 最后在新地址上执行 OP. 地址

修改定义如下:

　　0: M = A
　　1: M = A + rI1
　　2: M = A + rI2
　　…
　　6: M = A + rI6
　　7: M = 在位置 A 找到的、由 "ADDRESS,I_1:I_2" 字段定义的结果地址.
　　　　地址 A 中不允许出现 $I_1 = I_2 = 7$ 的情况.
　　　　（做此限制的原因在习题 5 讨论.）

　　这里, A 表示操作执行前的地址, 而 M 表示地址修改后的结果地址. 在所有情况下, 如果 M 的值不能放入两个字节和一个符号位内, 则结果无定义. 每次执行"间接寻址"（修改 7）操作, 执行时间都增加一个单位时间.

　　举一个非平凡的例子, 假设位置 1000 包含 "NOP 1000,1:7", 位置 1001 包含 "NOP 1000,2", 而变址寄存器 1 和 2 分别包含 1 和 2, 则命令 "LDA 1000,7:2" 等价于 "LDA 1004", 因为

$$1000,7:2 = (1000,1:7),2 = (1001,7),2 = (1000,2),2 = 1002,2 = 1004.$$

　　(a)（如果有必要）使用间接寻址特征, 说明如何简化 (8) 右部的编码使得每次表引用都能节省两条指令. 你的编码比 (8) 快多少?

　　(b) 假设有多个表, 它们的基址分别存放在 BASE + 1, BASE + 2, BASE + 3, ... 假定 I 在 rI1, J 在 rI2, 如何使用间接寻址特征把第 J 个表的第 I 个元素取到寄存器 A?

　　(c) 假定位置 X 的 (3:3) 字段为 0, 指令 "ENT4 X,7" 的效果是什么?

　4. [25] 假定 MIX 已按习题 3 扩充. 说明如何使用单条指令（加上辅助常量）实现如下动作:

　　(a) 由于间接寻址永不终止而无限循环.

　　(b) 把值 LINK(LINK(x)) 取到寄存器 A, 其中链变量 x 的值存放在符号地址为 X 的位置的 (0:2) 字段, 值 LINK(x) 存放在位置 x 的 (0:2) 字段, 等等. 假定这些位置的 (3:3) 字段为 0.

　　(c) 在与 (b) 相同的假定下, 把值 LINK(LINK(LINK(x))) 取到寄存器 A.

　　(d) 把位置 rI1 + rI2 + rI3 + rI4 + rI5 + rI6 的内容取到寄存器 A.

　　(e) 把 rI6 的当前值变为其四倍.

▶ **5.** [35] 习题 3 提出的 MIX 扩充有一处令人遗憾的限制: 间接寻址位置中不允许 "7:7".

　　(a) 举例说明, 如果没有这一限制, MIX 硬件可能需要有能力在内部维护一个 3 位项的长栈.（即便对于 MIX 这样的虚构的计算机, 这也是令人望而却步的昂贵硬件.）

　　(b) 解释在当前的限制下, 为什么不需要这样的栈. 换言之, 设计一个算法, 要求无须增加很多寄存器容量, 计算机硬件也可以进行期望的地址修改.

　　(c) 对 7:7 的使用, 给出一个比习题 3 更宽松的限制, 既能缓解习题 4(c) 的困难, 又能用计算机硬件廉价地实现.

　6. [10] 从图 4 所示的内存格局开始, 确定如下哪些操作序列导致上溢或下溢:

　　(a) I_1;　(b) I_2;　(c) I_3;　(d) $I_4 I_4 I_4 I_4$;　(e) $D_2 D_2 I_2 I_2$.

　7. [12] 算法 G 的步骤 G4 出现用 INC 作除数的除法. 在程序的该处, INC 可能为 0 吗?

▶ **8.** [26] 解释对于一个或多个像 (6a) 和 (7a) 中那样的循环处理的队列的表, 如何修改 (9) 和 (10) 以及重新分配算法.

▶ **9.** [M27] 使用本节正文尾部介绍的数学模型, 证明式 (14) 是期望移动次数.（注意, 序列 1, 1, 4, 2, 3, 1, 2, 4, 2, 1 表明 $0 + 0 + 0 + 1 + 1 + 3 + 2 + 0 + 3 + 6 = 16$ 次移动.）

10. [M28] 修改习题 9 的数学模型, 使得某些表会比其他表大: 对于 $1 \le j \le m$, $1 \le k \le n$, 令 p_k 为 $a_j = k$ 的概率. 这样, $p_1 + p_2 + \cdots + p_n = 1$. 上一题考虑的是对于所有的 k, $p_k = 1/n$ 的特殊情况. 对

于这种更一般的情况, 确定像式 (14) 一样的期望移动次数. 可以重新安排 n 个表的相对次序, 使得预计较长的表放在预计较短的表的右边 (或左边). 根据 $p_1, p_2, \ldots, p_n$, 这 n 个表的何种相对次序使期望移动次数最小?

11. [*M30*] 推广习题 9 的论证, 使得任何栈的前 t 次插入都不导致移动, 而其后的插入与以前一样. 这样, 如果 $t = 2$, 则习题 9 的序列指定 $0 + 0 + 0 + 0 + 0 + 3 + 0 + 0 + 3 + 6 = 12$ 次移动. 在这种假设下, 移动的平均总次数是多少? (这能近似给出, 当每个栈开始有 t 个可用空间时, 前述算法的大致行为.)

12. [*M28*] 让两个表共存并迎面增长, 而不是把它们分别放在独立的有界区域中, 其优点可以 (在某种程度) 定量地估计如下: 令 $n = 2$, 使用习题 9 的模型; 对于 2^m 个等可能序列 $a_1, a_2, \ldots, a_m$ 中的每一个, 设其中有 k_1 个 1 和 k_2 个 2. (这里, k_1 和 k_2 分别是内存满之后两个表的长度. 当两个表毗邻时, 我们能够使用 $m = k_1 + k_2$ 个位置, 而不是 $2\max(k_1, k_2)$ 个位置运行该算法, 得到与分离的表相同的效果.)

$\max(k_1, k_2)$ 的平均值是多少?

13. [*HM42*] 如果允许随机删除和随机插入, 导致表的更大波动, 则习题 12 考察的 $\max(k_1, k_2)$ 的值甚至会更大. 假设我们修改该模型, 使得序列值 a_j 以概率 p 解释为删除而不是插入. 过程继续, 直到 $k_1 + k_2$ (使用的表位置的总数) 等于 m. 从空表删除无效.

例如, 如果 $m = 4$, 可以证明过程停止时我们得到如下概率分布:

$(k_1, k_2) =$	$(0, 4)$	$(1, 3)$	$(2, 2)$	$(3, 1)$	$(4, 0)$
概率	$\dfrac{1}{16 - 12p + 4p^2}$,	$\dfrac{1}{4}$,	$\dfrac{6 - 6p + 2p^2}{16 - 12p + 4p^2}$,	$\dfrac{1}{4}$,	$\dfrac{1}{16 - 12p + 4p^2}$.

这样, 随着 p 增加, k_1 和 k_2 之差趋向于增加. 不难证明, 随着 p 趋向于单位 1, k_1 的分布基本上变成均匀的, 并且 $\max(k_1, k_2)$ 的极限期望值恰为 $\frac{3}{4}m + \frac{1}{4m}$ [m 为奇数]. 这一行为与上一题 (当 $p = 0$ 时) 很不相同. 然而, 差异可能并不显著, 因为当 p 趋向于单位 1 时, 终止过程所需时间迅速趋向于无穷. 这个习题提出的问题是考察 $\max(k_1, k_2)$ 对 p 和 m 的依赖性, 并对固定的 p (如 $p = \frac{1}{3}$), 随着 m 趋向于无穷大, 确定近似公式. $p = \frac{1}{2}$ 时特别有意义.

14. [*HM43*] 通过证明当 n 固定, 而 m 趋向于无穷时, 量

$$\frac{m!}{n^m} \sum_{\substack{k_1 + k_2 + \cdots + k_n = m \\ k_1, k_2, \ldots, k_n \geq 0}} \frac{\max(k_1, k_2, \ldots, k_n)}{k_1! \, k_2! \ldots k_n!}$$

具有渐近形式 $m/n + c_n \sqrt{m} + O(1)$, 把习题 12 的结果推广到任意 $n \geq 2$. 确定常量 c_2, c_3, c_4, c_5.

15. [*40*] 使用蒙特卡罗方法, 模拟算法 G 在具有各种分布的插入和删除下的行为. 你的实验表明算法 G 的效率如何? 把它的性能与前面每次上移或下移一个结点的算法进行比较.

16. [*20*] 正文介绍了如何安放两个栈使得它们迎面增长, 从而有效地使用公共内存区域. 如果使用两个队列, 或一个栈和一个队列, 能够同样有效地使用公共存储区域吗?

17. [*30*] 如果 σ 是像 (12) 那样的任意插入和删除序列, 设 $s_0(\sigma)$ 为以 (11) 为初始条件、对 σ 使用图 4 的简单方法时出现的栈上溢次数, $s_1(\sigma)$ 为关于另一初始条件 (如 (13)) 的对应的上溢次数. 证明 $s_0(\sigma) \leq s_1(\sigma) + \mathrm{L}_\infty - \mathrm{L}_0$.

▶ **18.** [*M30*] 证明对于任意 m 次插入和/或删除序列, 算法 G 和算法 R 的运行总时间为 $O(m + n \sum_{k=1}^{m} \alpha_k/(1 - \alpha_k))$, 其中 α_k 为第 k 次操作之前最近一次重新分配时, 占用的存储所占的比例, 第一次重新分配之前 $\alpha_k = 0$. (这样, 如果存储不超过一定比例, 例如 90% 满, 则无论整个存储容量多大, 每个操作平均情况下最多需要 $O(n)$ 单位时间.) 假设 $\mathrm{L}_\infty - \mathrm{L}_0 \geq n^2$.

▶ **19.** [*16*] (*0 起始下标*) 有经验的程序员都知道, 为表示线性表的元素, 通常明智的做法是用 X[0], X[1], $\ldots$, X[$n-1$], 而不是用 X[1], X[2], $\ldots$, X[n]. 这样, 以 (1) 的基址 L_0 为例, 它指向数组的最小单元.

对于栈和队列, 改写插入和删除方法 (2a) (3a) (6a) (7a), 使之与这一约定一致. 换言之, 改写它们, 使得表元素出现在数组 X[0], X[1], $\ldots$, X[M − 1] 中, 而不出现在 X[1], X[2], $\ldots$, X[M] 中.

2.2.3   链接分配

我们可以不把线性表放在顺序存储位置中，而是使用更加灵活的策略，每个结点包含一个指向表中下一个结点的链.

顺序分配：

地址	内容
$L_0 + c$:	项 1
$L_0 + 2c$:	项 2
$L_0 + 3c$:	项 3
$L_0 + 4c$:	项 4
$L_0 + 5c$:	项 5

链接分配：

地址	内容	
A:	项 1	B
B:	项 2	C
C:	项 3	D
D:	项 4	E
E:	项 5	Λ

这里，A、B、C、D 和 E 是内存的任意位置，而 Λ 是空链（见 2.1 节）. 在顺序分配的情况下，使用该表的程序应该有一个附加的变量或常量，其值指示表的长度为 5 个项. 否则，这一信息应在项 5 或其后的位置中用一个结束码指示. 使用链接分配的程序将有一个指向 A 的链变量或链常量，表的其他项都可以从地址 A 出发找到.

回忆 2.1 节，链常常简单地用箭头表示，因为结点占据的实际存储位置通常并不相干. 因此，上面的链表可以表示为：

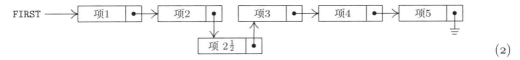

$$(1)$$

这里，FIRST 是指向该表第一个结点的链变量.

我们可以对两种基本存储形式进行一些明显的比较.

(1) 链接分配需要附加的空间存放链. 在某些情况下，这可能是决定性因素. 然而，我们经常看到结点中的信息并未占满整个字，因此本来就有存放链字段的空间. 此外，许多应用能把多个项组合在一个结点中，使得多个信息项仅用一个链字段（见习题 2.5-2）. 但更重要的是，采用链接存储方法无疑会在存储上获益，因为表可以交叠，共享公共部分；在许多情况下，除非本来就有相当多的附加空间空置，否则顺序分配没有链接分配有效. 例如，上一节结尾处的讨论解释了，当存储密集装载时，那里所描述的系统必然是低效的.

(2) 很容易从链表中删除一个项. 例如，为了删除项 3，我们只需要改变与项 2 相关联的链. 但是，使用顺序分配，这样的删除通常意味把表的大部分向上移动到不同的位置.

(3) 使用链接方案时，也很容易把一个项插入到表中间. 例如，为了把项 $2\frac{1}{2}$ 插入到(1)中，我们只需要改变两处链：

```
FIRST ──→ 项1 ──→ 项2 ──→ 项3 ──→ 项4 ──→ 项5
                          项 2½
```

$$(2)$$

相比之下，在长顺序表中，这一操作将非常耗时.

(4) 在顺序分配情况下，表的随机访问快得多. 当 k 是一个变量时，为了访问表的第 k 项，对于顺序表需要固定的时间，而对于链表则需要 k 次迭代前进到正确位置. 因此，链接存储有用的前提是，大部分应用需要顺序地遍历表，而不是随机地访问各项. 如果需要表中间或底部的项，我们将使用一个或一组附加的链变量，指向适当位置.

(5) 链接方案方便把两个表合并在一起，或者把一个表拆分成两个独立增长的表.

(6) 链接方案本身就直接导致了比简单线性表更加错综复杂的结构. 我们可以有可变数目的变长表；表的任何结点都可以是另一个表的起点；结点可以同时以多种次序链接在一起，每种次序对应于不同表，等等.

(7) 在许多计算机上，像顺序遍历表这样的简单操作在顺序表上稍微快一点儿. 对于 MIX，差别在于"INC1 c"和"LD1 0,1(LINK)"，它们只差一个周期. 但是，许多机器没有这么好的性质，不能从变址位置装入变址寄存器. 如果链表的诸元素隶属于一大块内存的不同页，则存储访问的时间可能显著较长.

由此可见，链接技术使我们摆脱了计算机存储器的连续性带来的限制，在某些操作上更加高效，而同时在另外一些操作上损失部分性能. 在给定的情况下，哪种分配技术最合适通常是清楚的，并且这两种方法常常在同一程序的不同表上使用.

为方便起见，在下面的诸例中，我们假定一个结点占一个字，并划分成两个字段 INFO 和 LINK：

$$\boxed{\text{INFO} \mid \text{LINK}} \qquad\qquad (3)$$

使用链接分配一般意味存在某种机制，当我们希望把新创建的信息插入到表中时，该机制为新结点找到可用空间. 这件事通常用一个称作可用空间表（list of available space）的特殊表来实现. 该表称为 AVAIL 表（或 AVAIL 栈，因为它通常按后进先出方式处理）. 当前未使用的所有结点链接在一张表中，和其他表一样，链变量 AVAIL 指向该表的顶部元素. 这样，如果想置链变量 X 为新结点的地址，并保留该结点以便将来使用，则可以按如下步骤处理：

$$X \leftarrow \text{AVAIL}, \qquad \text{AVAIL} \leftarrow \text{LINK(AVAIL)}. \qquad\qquad (4)$$

这实际上移走 AVAIL 栈顶，并使 X 指向刚移走的结点. 操作(4)经常出现，因此我们用一个特殊的记号表示它："X $\Leftarrow$ AVAIL"将意味着置 X 指向一个新结点.

当删除一个结点并且不再需要它时，可以翻转过程(4)：

$$\text{LINK(X)} \leftarrow \text{AVAIL}, \qquad \text{AVAIL} \leftarrow \text{X}. \qquad\qquad (5)$$

该操作把 X 寻址的结点放回"原始材料"表中. 我们把(5)记作"AVAIL $\Leftarrow$ X".

在 AVAIL 栈的讨论中，我们省略了一些重要的事情. 首先，没有说明程序开始时如何建立它. 显然，这件事可以按如下步骤来做：(a) 把将要用于链接存储的所有结点链接在一起，(b) 置AVAIL为这些结点的第一个结点的地址，(c) 把最后一个结点链接到 Λ. 可供分配的所有结点的集合称为存储池（storage pool）.

在我们省略的事项中，检测上溢更为重要：我们在(4)中忘记检查是否所有可用空间都被占用. 实际上，操作 X $\Leftarrow$ AVAIL 应该定义如下：

$$\text{如果AVAIL} = \Lambda, \quad \text{则OVERFLOW；}$$

$$\text{否则 X} \leftarrow \text{AVAIL}, \text{AVAIL} \leftarrow \text{LINK(AVAIL)}. \qquad\qquad (6)$$

必须始终考虑 OVERFLOW 的可能性. 这里，上溢一般意味我们不得不终止程序的运行；也可以启动"垃圾回收"例程，试图找到更多可用空间. 垃圾回收将在 2.3.5 节讨论.

还有一个处理 AVAIL 栈的重要技术：通常，我们预先不知道存储池要用多少存储空间，可能有一个变长的顺序表需要与这些链表共存，此时我们希望链接存储区域只占用绝对需要的最少空间. 于是，假设希望把链接存储区域安排在从 L_0 开始的递增位置，并且该区域绝不超过变量 SEQMIN 的值（代表顺序表的当前下界），则可以使用新变量 POOLMAX，按如下步骤处理：

(a) 初始：置 AVAIL $\leftarrow \Lambda$, POOLMAX $\leftarrow L_0$.

(b) 操作 X ⇐ AVAIL 变成如下形式：

"如果 AVAIL ≠ Λ, 则 X ← AVAIL, AVAIL ← LINK(AVAIL).

否则置 X ← POOLMAX, POOLMAX ← X + c, 其中 c 是结点长度；　　　　　　　　(7)

如果 POOLMAX > SEQMIN, 则出现 OVERFLOW."

(c) 当程序的其他部分试图减少 SEQMIN 的值时, 如果 SEQMIN < POOLMAX 则拉响 OVERFLOW 警报.

(d) 操作 AVAIL ⇐ X 仍为(5)不变.

这一思想实际上与前面的方法差别不大, 只是用一个特殊的恢复过程替换了(6)中的 OVERFLOW 情况. 总效果是保持存储池尽可能小. 许多人喜欢使用这种做法, 甚至当所有的表都占据存储池区域时（因此 SEQMIN 为常数）也如此, 因为它避免了把所有可用单元链接到一起的相当费时的初始化操作, 并且有利于排错. 当然, 我们也可以把顺序表放在底部, 而把池放在顶部, 用 POOLMIN 和 SEQMAX, 而不是用 POOLMAX 和 SEQMIN.

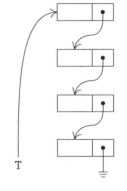

这样, 很容易维护一个可用结点池, 用于有效地找到自由结点并在稍后送回. 这些方法提供了用于链表的原料源. 我们的讨论隐含前提假定：所有的结点都具有相同的长度 c. 结点具有不同的长度的情况非常重要, 但是我们将推迟到 2.5 节再讨论. 现在考虑在涉及栈和队列的特殊情况下最常用的表操作.

最简单的链表是栈. 图 5 显示了一个典型的栈, 指针 T 指向栈顶. 当栈为空时, 该指针的值为 Λ.

图 5　一个链接的栈

使用一个附加的指针变量 P, 如何把新信息 Y 插入（"下推"）到这种栈的顶部是显然的：

$$P \Leftarrow \text{AVAIL}, \quad \text{INFO(P)} \leftarrow Y, \quad \text{LINK(P)} \leftarrow T, \quad T \leftarrow P. \quad (8)$$

反过来, 置Y等于栈顶信息并"弹出"栈, 可以用：

如果 T = Λ, 则 UNDERFLOW;

否则置P ← T, T ← LINK(P), Y ← INFO(P), AVAIL ⇐ P.　　　　　　(9)

应该将这些操作与 2.2.2 节中关于顺序分配的栈的类似机制(2a)和(3a)进行比较. 建议读者仔细研究(8)和(9), 因为它们是非常重要的操作.

在考察队列之前, 我们先看看如何用 MIX 程序方便地表示这些栈操作. 设 P ≡ rI1, 插入程序可以写成如下形式：

```
        INFO EQU  0:3          INFO 字段的定义
        LINK EQU  4:5          LINK 字段的定义
             LD1  AVAIL         P ← AVAIL.        ⎫
             J1Z  OVERFLOW      AVAIL = Λ 吗?     ⎬ P ⇐ AVAIL
             LDA  0,1(LINK)                       ⎪
             STA  AVAIL         AVAIL ← LINK(P).  ⎭        (10)
             LDA  Y
             STA  0,1(INFO)     INFO(P) ← Y.
             LDA  T
             STA  0,1(LINK)     LINK(P) ← T.
             ST1  T             T ← P.
```

这需要 17 个单位时间. 相比之下, 顺序表的对应操作需要 12 个单位时间（尽管在顺序分配情况下, OVERFLOW 处理多半需要显著更长的时间）. 在这个程序以及本章其后的其他程序中, OVERFLOW（上溢）或者表示一个终止例程, 或者表示一个找出更多空间并返回位置 rJ − 2 的子例程.

删除程序同样简单:

```
LD1   T          P ← T.
J1Z   UNDERFLOW  T = Λ 吗?
LDA   0,1(LINK)
STA   T          T ← LINK(P).
LDA   0,1(INFO)                              (11)
STA   Y          Y ← INFO(P).
LDA   AVAIL
STA   0,1(LINK)  LINK(P) ← AVAIL.  ⎫  AVAIL ⇐ P
ST1   AVAIL      AVAIL ← P.        ⎭      ∎
```

注意, 这些操作都涉及三个链变量的循环置换. 例如, 在插入操作中, 设插入前 P 为 AVAIL 的值. 如果 P ≠ Λ, 插入操作之后,

AVAIL 的值变成 LINK(P) 的先前值,

LINK(P) 的值变成 T 的先前值, T 的值变成 AVAIL 的先前值.

因此, 插入操作（除了置 INFO(P) ← Y 之外）是循环置换

类似地, 对于删除, 假设操作前 P 的值为 T 的值, 假设 P ≠ Λ, 则我们有 Y ← INFO(P), 并且

实际上, 置换是循环的这一事实与本问题无关, 因为移动每个元素的所有三元置换都是循环的. 重要的是, 在这些操作中恰有三个链变量被置换.

插入和删除算法(8)和(9)是对栈给出的, 但是它们可以更一般地用于任何线性表的插入和删除. 例如, 插入恰在链变量T指向的结点之前进行. 令T = LINK(LINK(FIRST)), 上面(2)中项 $2\frac{1}{2}$ 的插入可以用操作(8)实现.

队列使用链接分配方式特别方便. 在这种情况下, 容易看出诸链应该一路由队列的头部指向尾部, 以便当一个结点从头部取走后, 能够直接确定新的头部结点. 我们将使用指针F和R分别指向队列的头和尾:

$$F \longrightarrow \boxed{ \vert \bullet} \longrightarrow \boxed{ \vert \bullet} \longrightarrow \boxed{ \vert \bullet} \longrightarrow \boxed{ \vert \bullet} \longleftarrow R \qquad (12)$$

除了 R 之外, 该图抽象地等价于前面的图 5.

设计好表的布局之后, 要仔细说明所有的条件, 特别是表为空的情况. 与链接分配有关的程序设计错误有两种最为常见, 一是不能正确地处理空表, 二是在处理结构时忘记改变某些链. 为了避免第一种错误, 我们应该总是仔细地检查"边界条件". 为了避免第二种错误, 要看出哪些链需要改变, 绘制"前后对比"图示是有帮助的.

让我们通过队列解释上一段的评论. 首先考虑插入操作. 如果(12)是插入前的状况, 则在队列尾部插入后的布局应该是:

$$
\begin{array}{l}
\text{F} \longrightarrow \boxed{\ \ |\bullet\ } \longrightarrow \boxed{\ \ |\bullet\ } \longrightarrow \boxed{\ \ |\bullet\ } \longrightarrow \boxed{\ \ |\bullet\ } \qquad\qquad \text{R} \\[4pt]
\qquad\qquad\qquad \text{AVAIL} \Rightarrow \boxed{\ \text{Y}\ |\bullet\ } \;\; \underline{\underline{\ }}
\end{array} \tag{13}
$$

（这里使用的记号意味从AVAIL表得到一个新结点.）比较(12)和(13)可见, 当信息Y插入到该队列的尾部时, 操作为:

$$\text{P} \Leftarrow \text{AVAIL}, \quad \text{INFO(P)} \leftarrow \text{Y}, \quad \text{LINK(P)} \leftarrow \Lambda, \quad \text{LINK(R)} \leftarrow \text{P}, \quad \text{R} \leftarrow \text{P}. \tag{14}$$

现在考虑队列为空的"边界"情况: 在这种情况下, 插入前的状况待定, 而插入后的状况为:

$$\text{F} \longrightarrow \boxed{\ \text{Y}\ |\bullet\ } \longleftarrow \text{R} \;\;\underline{\underline{\ }} \tag{15}$$
$$\qquad\qquad\quad \uparrow \atop \text{AVAIL}$$

我们希望操作(14)也能用于这种情况, 即使插入到空队列意味必须同时改变F和R, 而不仅仅是改变R. 我们发现, 假定F ≡ LINK(LOC(F)), 如果当队列为空时 R = LOC(F), 则(14)将正确有效. 如果按这种想法来做, 则变量F的值必须存放在其位置的LINK字段中. 为了尽可能有效地检查空队列, 此时将令 F = Λ. 这样, 我们的策略是:

$$\text{空队列用 F} = \Lambda \text{ 和 R} = \text{LOC(F)}.$$

如果在这些情况下使用(14), 则们得到(15).

队列的删除操作用类似的方式导出. 如果(12)是删除前的状况, 则删除后的状况为

$$
\begin{array}{l}
\text{F} \;\overset{\frown}{\longrightarrow}\; \boxed{\ \ |\ } \quad\; \boxed{\ \ |\bullet\ } \longrightarrow \boxed{\ \ |\bullet\ } \longrightarrow \boxed{\ \ |\bullet\ } \longleftarrow \text{R} \\[4pt]
\quad \Downarrow \\
\quad \text{AVAIL}
\end{array} \tag{16}
$$

对于边界条件, 必须确保删除前或删除后队列为空时删除操作都能进行. 鉴于这些考虑, 我们通常用以下方法进行队列删除:

$$
\begin{array}{l}
\text{如果F} = \Lambda, \quad \text{则UNDERFLOW};\\
\text{否则置P} \leftarrow \text{F}, \quad \text{F} \leftarrow \text{LINK(P)}, \quad \text{Y} \leftarrow \text{INFO(P)}, \quad \text{AVAIL} \Leftarrow \text{P}, \\
\qquad\qquad\qquad\quad \text{并且如果F} = \Lambda, \text{则置R} \leftarrow \text{LOC(F)}.
\end{array} \tag{17}
$$

注意, 当队列变空时, 必须改变R. 这正是我们始终需要注意的"边界条件".

这些建议并非用线性链接方式表示队列的唯一方法. 习题 30 描述了另一种稍微自然一些的方法, 并且本章稍后将给出其他方法. 实际上, 上面的操作都不是唯一方法, 而只是打算作为操纵链表的基本手段的例子. 对这些技术只有不多经验的读者将会发现, 在继续阅读之前, 重读本节前面的内容是有益的.

本章到目前为止, 已经讨论了如何在表上执行某些操作, 但是我们的讨论始终是"抽象的", 未给出表明特定技术有用的实际程序. 人们在看到足够多的问题特例, 激发起兴趣之前, 通常缺乏研究抽象问题的动力. 迄今为止所讨论的操作（通过插入和删除操纵变长的信息表, 以及表用作栈和队列）有广泛的应用, 读者大概已经足够频繁地遇见它们, 知道了它们的重要性. 我们现在将离开抽象王国, 开始研究本章技术的一系列有意义的实例.

第一个例子是拓扑排序（topological sorting）问题, 这是一个重要过程, 网络问题、所谓的 PERT 图甚至语言学都需要它. 事实上, 只要问题涉及偏序, 它就可能有用. 集合 S 的一个

偏序（partial ordering）是 S 的对象之间的一个关系，可以记作"$\preceq$"，对于 S 中的任意对象 x，y 和 z（可以相同），满足如下性质：

　　(i) 如果 $x \preceq y$，且 $y \preceq z$，则 $x \preceq z$.（传递性.）

　　(ii) 如果 $x \preceq y$，且 $y \preceq x$，则 $x = y$.（反对称性.）

　　(iii) $x \preceq x$.（自反性.）

记号 $x \preceq y$ 可以读作"x 先于或等于 y". 如果 $x \preceq y$ 并且 $x \neq y$，则记作 $x \prec y$ 并说"x 先于 y". 由 (i)(ii)(iii) 容易看出我们有

　　(i′) 如果 $x \prec y$，且 $y \prec z$，则 $x \prec z$.（传递性.）

　　(ii′) 如果 $x \prec y$，则 $y \not\prec x$.（非对称性.）

　　(iii′) $x \not\prec x$.（非自反性.）

用 $y \not\prec x$ 标记的关系意指"y 不先于 x". 如果从满足条件 (i′)(ii′) 和 (iii′) 的关系 $\prec$ 开始，则可以把上述定义过程颠倒过来，并定义如果 $x \prec y$ 或 $x = y$ 则 $x \preceq y$，于是，性质 (i)(ii)(iii) 为真. 因此，偏序的定义既可以取性质 (i)(ii)(iii)，也可以取性质 (i′)(ii′)(iii′). 注意，性质 (ii′) 实际上是性质 (i′) 和 (iii′) 的推论，尽管 (ii) 不能由 (i) 和 (iii) 推出.

　　偏序频繁地出现在日常生活和数学中. 数学的例子有实数 x 和 y 之间的关系 $x \leq y$，对象集合之间的关系 $x \subseteq y$，正整数之间的关系 $x\backslash y$（x 整除 y）. 在 PERT 网中，S 是必须完成的作业的集合，而关系"$x \prec y$"意指"x 必须先于 y 完成".

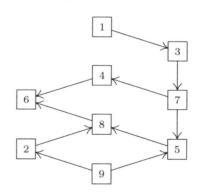

图 6　一个偏序

　　我们将自然地假定 S 是有穷集，因为要在计算机内使用 S. 有穷集上的偏序总可以绘制像图 6 这样的图来表示，其中对象用小方框表示，而关系用方框之间的箭头表示，因此 $x \prec y$ 意味着有一条从标记为 x 的方框沿着箭头方向到标记为 y 的方框的路径. 偏序的性质 (ii) 意味着图中不存在闭回路（没有封闭成环的路径）. 如果在图 6 中从 4 到 1 画一个箭头，就不再有偏序.

　　拓扑排序问题就是把偏序嵌入到线性序，即把诸对象排列成一个线性序列 $a_1 a_2 \ldots a_n$，使得只要 $a_j \prec a_k$，就有 $j < k$. 从图形上看，这意味着把这些方框重新排成一行，使得所有的箭头都指向右方（见图 7）. 如果存在回路，这种重排肯定做不到. 在一般情况下，不容易看出这种重排是否可能. 因此，我们将要给出的算法很有意义，这不仅因为它实现了一个有用的操作，而且因为它证明了，这个操作对于每个偏序都能实现的.

　　作为拓扑排序的例子，考虑一个包含科技术语定义的大型术语表. 如果词 w_1 的定义直接或间接地依赖 w_2，则称 $w_2 \prec w_1$. 只要不存在"循环"定义，这个关系就是偏序关系. 在这种情况下，拓扑排序问题是：找出一种排列术语表中词汇的方法，使得所有术语在定义之前都不使

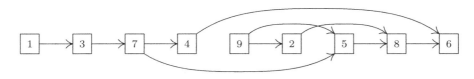

图 7　拓扑排序后，图 6 的序关系

用. 类似的问题出现在编写程序处理某些汇编和编译语言的说明时，出现在编写介绍计算机语言的用户手册时，也出现在编写关于信息结构的教科书时.

有一种非常简单的拓扑排序方法. 开始，取一个对象，要求在该偏序下，任何其他对象都不先于该对象. 这个对象可以放在输出的第一个位置上. 现在，我们从集合 S 中移走该对象，余下的集合仍然是偏序集，并且可以重复该过程，直到整个集合被排序. 例如在图 6，我们可以从移走 1 或 9 开始，1 移走后可以取 3，如此下去. 这个算法可能失败的唯一情况是，如果存在一个非空偏序集，其中每个元素都有另一个元素先于它，算法将无事可做. 但是，如果每个元素都有另一个元素先于它，则我们可以构造一个任意长的序列 $b_1, b_2, b_3, \ldots$，其中 $b_{j+1} \prec b_j$. 由于 S 是有穷的，因此对于某个 $b_j = b_k$，我们必然有 $j < k$. 但是，$j < k$ 意味 $b_k \preceq b_{j+1}$，因此 $b_j = b_k$ 与 (ii) 矛盾.

为了用计算机有效地实现这一过程，我们需要准备好实施上面所描述的动作，即确定不被任何其他对象居先的对象的位置，并且从集合中删除它们. 实现也受到期望的输入和输出特征的影响. 最一般的程序将接受对象的字符名，并能对大量对象（比可以一次装入内存的还要多）排序. 然而，这种复杂性会模糊我们试图解释的要点. 字符数据的处理可以用第 6 章的方法有效地实现，而大型网络的处理作为一个有趣的课题留给读者.

因此，我们假定待排序的对象按任意次序从 1 到 n 编号. 程序的输入在带设备 1 上，每个带记录包含 50 个数对，其中数对 (j, k) 表示对象 j 先于对象 k. 然而，第一个数对是 $(0, n)$，其中 n 是对象的个数. 数对 $(0, 0)$ 终止输入. 我们假定 n 加上关系数对的个数完全可以放在内存中，还假定不必检查输入的合法性. 输出是排定序下的对象编号，后随一个数 0，输出到带设备 2 上.

例如，输入可能有如下关系：

$$9 \prec 2, \quad 3 \prec 7, \quad 7 \prec 5, \quad 5 \prec 8, \quad 8 \prec 6, \quad 4 \prec 6, \quad 1 \prec 3, \quad 7 \prec 4, \quad 9 \prec 5, \quad 2 \prec 8. \qquad (18)$$

没有必要给出更多关系，只要能够刻画期望的偏序就可以了. 因此，像 $9 \prec 8$（它可以由 $9 \prec 5$ 和 $5 \prec 8$ 推导出来）这样的附加关系可以忽略，或者添加到输入中也无妨. 一般而言，仅需给出对应于图 6 中的箭头的关系.

下面的算法使用一个顺序表 X[1], X[2], ..., X[n]，每个 X[k] 形式为

+	0	COUNT[k]	TOP[k]

.

这里，COUNT[k] 是对象 k 的直接前驱的个数（出现在输入中的关系 $j \prec k$ 的个数），而 TOP[k] 是一个到对象 k 的直接后继表开始处的链. 该表各项的格式为

+	0	SUC	NEXT

,

其中 SUC 是 k 的一个直接后继，而 NEXT 是该表的下一个项. 图 8 是这些约定的一个例子，显示了对应于输入(18)的存储内容的示意图.

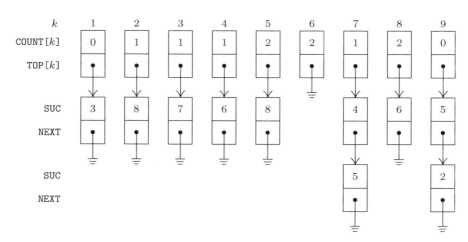

图 8　对应于关系 (18) 的图 6 的计算机表示

　　使用这种存储布局，不难设计该算法. 我们想输出 COUNT 字段为 0 的结点，然后把这些结点所有后继的 COUNT 字段的值减去 1. 技巧是避免"搜索" COUNT 字段为 0 的结点，而这可以用一个包含这些结点的队列来实现. 这个队列的链保存在 COUNT 字段，该字段现在已经完成了先前的使命. 为了使下面的算法更加清晰，当 COUNT[k] 字段不再用于计数时，改用记号 QLINK[k] 表示.

算法 T（拓扑排序）.　　该算法的输入是关系 $j \prec k$ 的序列，指出在某种偏序下，对象 j 先于对象 k（假定 $1 \le j, k \le n$）. 输出是嵌入到一个线性序中的 n 个对象的集合. 使用的内部表是：QLINK[0], COUNT[1] = QLINK[1], COUNT[2] = QLINK[2], ..., COUNT[n] = QLINK[n]；TOP[1], TOP[2], ..., TOP[n]；一个存储池，每个输入关系对应一个结点，以及可能有的 SUC 和 NEXT 字段，如图 8 所示；P 是一个链变量，用来引用存储池中的结点；F 和 R 是整数值变量，用来引用其链接在 QLINK 表中的队列的头和尾；N 是一个变量，统计尚未输出的对象个数计数.

T1.［初始化.］输入值 n. 对于 $1 \le k \le n$，置 COUNT[k] $\leftarrow$ 0, TOP[k] $\leftarrow \Lambda$；置 N $\leftarrow n$.

T2.［下一个关系.］从输入得到下一个关系 "$j \prec k$". 如果输入已经处理完毕，则转到 T4.

T3.［记录该关系.］COUNT[k] 增加 1；置

$$P \Leftarrow AVAIL, \quad SUC(P) \leftarrow k, \quad NEXT(P) \leftarrow TOP[j], \quad TOP[j] \leftarrow P.$$

（这是操作 (8).）转回 T2.

T4.［扫描 0.］（此时，输入阶段已经完成，输入(18)已经转换成图 8 所示的计算机表示. 下一步工作是初始化输出队列，它通过 QLINK 字段链接.）置 R $\leftarrow$ 0, QLINK[0] $\leftarrow$ 0. 对于 $1 \le k \le n$，考察 COUNT[k]，如果它为 0，则置 QLINK[R] $\leftarrow k$, R $\leftarrow k$. 对所有的 k 完成后，置 F $\leftarrow$ QLINK[0]（它将包含遇到的第一个 COUNT[k] 为 0 的 k 值）.

T5.［输出队列头部.］输出 F 的值. 如果 F = 0，则转到 T8；否则置 N $\leftarrow$ N $-$ 1，并置 P $\leftarrow$ TOP[F].（由于 QLINK 表和 COUNT 表重叠，我们有 QLINK[R] = 0，因此，当该队列为空时，条件 F = 0 出现.）

T6.［删除关系.］如果 P = Λ，则转到 T7. 否则 COUNT[SUC(P)] 减 1；如果减 1 后为 0，则置 QLINK[R] $\leftarrow$ SUC(P), R $\leftarrow$ SUC(P). 置 P $\leftarrow$ NEXT(P) 并重复这一步骤.（对于某个 k，

我们从系统取走所有形如 "$F \prec k$" 的关系，并当新结点的所有前驱都已经输出时，把它放进队列中.）

T7.［从队列删除.］置 $F \leftarrow \text{QLINK}[F]$ 并转回 T5.

T8.［过程结束.］算法终止. 如果 $N = 0$，则我们已经按期望的 "拓扑序" 输出了所有对象编号，后随一个 0. 否则，尚未输出的 N 个对象包含一个回路，与偏序假设相违背.（关于打印这种回路内容的算法，见习题 23.）▮

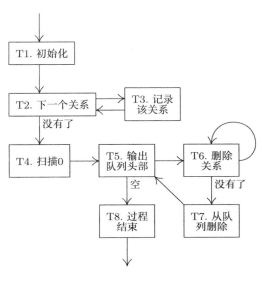

图 9　拓扑排序

读者会发现，以输入(18)为例，人工试试该算法是有益的. 算法 T 展示了顺序存储和链接存储技术的优雅结合. 主表X[1], X[2],…, X[n]使用顺序存储，它包含 COUNT[k] 和 TOP[k] 项，因为步骤 T3 要引用这个表的 "随机" 部分.（如果输入是字符，则为了更快地搜索，将使用另一种类型的表，见第 6 章.）"直接后继" 表使用链接存储，因为这些表的项在输入中没有特定的次序. 按输出序把结点链接在一起，得到等待输出的结点队列，驻留在顺序表中. 这种链接通过表下标，而不是通过地址实现. 换言之，当队列头部为 X[k] 时，我们有 $F = k$，而不是 $F = \text{LOC}(X[k])$. 步骤 T4、T6 和 T7 中使用的队列操作并不等价于(14)和(17)中的操作，因为我们利用了这个系统中该队列特殊性质：在算法的这一部分，不需要创建结点，也不需要把结点送还可用空间.

算法 T 的 MIX 汇编语言程序还有几点有趣之处. 由于在该算法中并不从表中删除（因为不必释放存储供以后使用），操作 P ⇐ AVAIL 可以用非常简单的方法实现，如程序第 19 和 32 行所示. 不需要保持任何链接的存储池，可以连续地选取新结点. 该程序包括完整的磁带输入和输出（按照上面提到的约定），但是为简单起见，省略了缓冲. 读者将会发现不难理解该程序的编码细节，因为它直接对应于算法 T，只是为了效率做了少许改变. 这里阐明了变址寄存器的有效使用，它是链接存储处理的重要方面.

程序 T（拓扑排序）.　在这个程序中，应该注意如下等价性：rI6 ≡ N，rI5 ≡ 缓冲区指针，rI4 ≡ k，rI3 ≡ j 和R，rI2 ≡ AVAIL 和P，rI1 ≡ F，TOP[j] ≡ X + j(4:5)，COUNT[k] ≡ QLINK[k] ≡ X + k(2:3).

```
01  *   缓冲区和字段定义
02  COUNT      EQU   2:3                      字段的
03  QLINK      EQU   2:3                        符号名定义
04  TOP        EQU   4:5
05  SUC        EQU   2:3
06  NEXT       EQU   4:5
07  TAPEIN     EQU   1                        输入在带设备 1 上
08  TAPEOUT    EQU   2                        输出在带设备 2 上
09  BUFFER     ORIG  *+100                    带缓冲区
10             CON   -1                       缓冲区结束标记
11  *   输入阶段
```

12	TOPSORT	IN	BUFFER(TAPEIN)	1	*T1. 初始化.* 读入第一个磁带块.
13		JBUS	*(TAPEIN)		等待完成.
14	1H	LD6	BUFFER+1	1	$N \leftarrow n$.
15		ENT4	0,6	1	
16		STZ	X,4	$n+1$	对于 $0 \leq k \leq n$,
17		DEC4	1	$n+1$	置 COUNT$[k] \leftarrow 0$, TOP$[k] \leftarrow \Lambda$
18		J4NN	*-2	$n+1$	（预置步骤 T4 中的 QLINK$[0] \leftarrow 0$.)
19		ENT2	X,6	1	可用空间从 X$[n]$ 之后开始.
20		ENT5	BUFFER+2	1	准备读第一个数对 (j, k).
21	2H	LD3	0,5	$m+b$	*T2. 下一个关系.*
22		J3P	3F	$m+b$	$j > 0$ 吗?
23		J3Z	4F	b	输入耗尽了吗?
24		IN	BUFFER(TAPEIN)	$b-1$	遇到结束标记; 读另一个磁带块,
25		JBUS	*(TAPEIN)		等待完成.
26		ENT5	BUFFER	$b-1$	重置缓冲区指针.
27		JMP	2B	$b-1$	
28	3H	LD4	1,5	m	*T3. 记录该关系.*
29		LDA	X,4(COUNT)	m	COUNT$[k]$
30		INCA	1	m	$+1$
31		STA	X,4(COUNT)	m	$\rightarrow$ COUNT$[k]$.
32		INC2	1	m	AVAIL $\leftarrow$ AVAIL $+ 1$.
33		LDA	X,3(TOP)	m	TOP$[j]$
34		STA	0,2(NEXT)	m	$\rightarrow$ NEXT(P).
35		ST4	0,2(SUC)	m	$k \rightarrow$ SUC(P).
36		ST2	X,3(TOP)	m	P $\rightarrow$ TOP$[j]$.
37		INC5	2	m	缓冲区指针增值.
38		JMP	2B	m	
39	4H	IOC	0(TAPEIN)	1	重绕输入带.
40		ENT4	0,6	1	*T4. 扫描 0.* $k \leftarrow n$.
41		ENT5	-100	1	重新设置输出缓冲区指针.
42		ENT3	0	1	R $\leftarrow 0$.
43	4H	LDA	X,4(COUNT)	n	检查 COUNT$[k]$.
44		JAP	*+3	n	非 0 吗?
45		ST4	X,3(QLINK)	a	QLINK[R] $\leftarrow k$.
46		ENT3	0,4	a	R $\leftarrow k$.

47		DEC4	1	n	
48		J4P	4B	n	$n \geq k \geq 1$.
49	*	排序阶段			
50		LD1	X(QLINK)	1	F ← QLINK[0].
51	5H	JBUS	*(TAPEOUT)		*T5. 输出队列头部.*
52		ST1	BUFFER+100,5	$n+1$	存放 F 到缓冲区.
53		J1Z	8F	$n+1$	F 为 0 吗?
54		INC5	1	n	推进缓冲区指针.
55		J5N	*+3	n	检测缓冲区是否满.
56		OUT	BUFFER(TAPEOUT)	$c-1$	如果满, 则输出一个磁带块.
57		ENT5	-100	$c-1$	重置缓冲区指针.
58		DEC6	1	n	N ← N − 1.
59		LD2	X,1(TOP)	n	P ← TOP[F].
60		J2Z	7F	n	*T6. 删除关系.*
61	6H	LD4	0,2(SUC)	m	rI4 ← SUC(P).
62		LDA	X,4(COUNT)	m	COUNT[rI4]
63		DECA	1	m	−1
64		STA	X,4(COUNT)	m	→ COUNT[rI4].
65		JAP	*+3	m	已经到 0 吗?
66		ST4	X,3(QLINK)	$n-a$	如果到, 则置 QLINK[R] ← rI4.
67		ENT3	0,4	$n-a$	R ← rI4.
68		LD2	0,2(NEXT)	m	P ← NEXT(P).
69		J2P	6B	m	如果 P ≠ Λ, 则重复.
70	7H	LD1	X,1(QLINK)	n	*T7. 从队列删除.*
71		JMP	5B	n	F ← QLINK[F], 转到 T5.
72	8H	OUT	BUFFER(TAPEOUT)	1	*T8. 过程结束.*
73		IOC	0(TAPEOUT)	1	输出最后一块并重绕.
74		HLT	0,6	1	停止, 在控制台上显示 N.
75	X	END	TOPSORT		表区域开始. ∎

借助基尔霍夫定律, 算法 T 的分析相当简单. 运行时间近似于 $c_1 m + c_2 n$, 其中 m 是输入关系数, n 是对象数, c_1 和 c_2 是常量. 对于这个问题, 很难想象有更快的算法! 上面的程序 T 中, 精确给出分析中的各个量, 其中 a = 无前驱的对象数, b = 输入的带记录数 $= \lceil (m+2)/50 \rceil$, c = 输出的带记录数 $= \lceil (n+1)/100 \rceil$. 排除输入输出操作, 在这种情况下, 整个运行时间仅为 $(32m + 24n + 7b + 2c + 16)u$.

阿瑟·卡恩首先发表一种类似于算法 T 的拓扑排序技术 (但缺乏队列链的重要特征) [*CACM* **5** (1962), 558–562]. 爱德华·苏比尔拉首先发表了偏序总能拓扑排序这一结论的证明 [*Fundamenta Mathematica* **16** (1930), 386–389], 他对无穷集和有穷集均作了证明, 并且提到他的一些同事已经知道这一结果.

虽然算法 T 非常有效, 我们还将在 7.4.1 节研究一种更好的拓扑排序算法.

习题

▶ **1.** [*10*] 由栈弹出的操作(9)提到 UNDERFLOW 的可能性. 为什么下推到栈的操作(8)不提 OVERFLOW 的可能性?

2. [22] 写一个做插入操作(10)的"通用"MIX 子程序. 该子程序应该具有如下说明（与 1.4.1 节一样）:

调用序列: JMP   INSERT   转向子程序.
            NOP   T   指针变量的位置
入口条件: rA = 欲放入新结点 INFO 字段的信息.
出口条件: 以链变量 T 为指针的栈的顶部为新结点; rI1 = T; rI2 和 rI3 被修改.

3. [22] 写一个做删除操作(11)的"通用"MIX 子程序. 该子程序应该具有如下说明:

调用序列: JMP   DELETE   转向子程序.
            NOP   T   指针变量的位置
            JMP   UNDERFLOW 第一出口, 如果检测到 UNDERFLOW 的话.
入口条件: 无
出口条件: 如果以链变量T为指针的栈为空, 则取第一出口; 否则删除该栈的顶部结点, 并且出
            口为"JMP DELETE"指令往后数的第三个位置. 在后一种情况下, rI1 = T, 而 rA
            是被删除结点的 INFO 字段的内容. 在两种情况下, 子程序都使用 rI2 和 rI3.

4. [22] (10)中的程序基于(6)给出的操作 P ⇐ AVAIL. 说明如何写一个 OVERFLOW（上溢）子程序, 使得不对程序(10)做任何改变, 操作 P ⇐ AVAIL 使用 SEQMIN, 即实现(7). 为了通用, 除 rJ 和比较指示器外, 你的子程序不应该改变任何寄存器的内容. 它应该退出到位置 rJ − 2, 而不是通常的 rJ.

▶ **5.** [24] 操作(14)和(17)给出了队列的效果. 说明如何进一步定义"在头部插入"操作, 以便得到输出受限的双端队列的所有操作. 如何定义"从尾部删除"操作（得到一般的双端队列）?

6. [21] 在操作(14)中, 我们置 LINK(P) ← Λ, 而每次队尾插入都将改变这个链字段的值. 试说明, 如果改变(17)中"F = Λ"的检测, 有办法避免(14)中的 LINK(P) 的设置.

▶ **7.** [23] 设计一个算法,"反转"一个形如(1)的链接的线性表, 即改变它的诸链, 使得诸项以相反次序出现.（例如, 如果反转表(1), 则 FIRST 将指向包含项 5 的结点; 该结点将链接到包含项 4 的结点; 如此下去.）假定结点具有形式(3).

8. [24] 对习题 7 的问题, 写一个 MIX 程序. 试图使你的程序尽可能快地运行.

9. [20] 在指定的集合 S 上, 下列关系哪些是偏序关系?（注意: 如果下文定义了关系"$x \prec y$", 则其意图是定义关系"$x \preceq y \equiv (x \prec y$ 或 $x = y)$", 然后确定 $\preceq$ 是否为偏序.）(a) $S =$ 所有有理数, $x \prec y$ 意指 $x > y$. (b) $S =$ 所有的人, $x \prec y$ 意指 x 是 y 的一个祖先. (c) $S =$ 所有整数, $x \preceq y$ 意指 x 是 y 的倍数（即 $x \bmod y = 0$）. (d) $S =$ 本书证明的所有数学结论, $x \prec y$ 意指 y 的证明依赖于 x 的成立. (e) $S =$ 所有正整数, $x \preceq y$ 意指 $x + y$ 为偶数. (f) $S =$ 所有子程序的集合, $x \prec y$ 意指"x 调用 y"; 即在 x 运行期间, y 可能运行, 不允许递归.

10. [M21] 设关系"$\subset$"满足偏序性质 (i) 和 (ii), 关系"$\preceq$"用规则"$x \preceq y$ 当且仅当 $x = y$ 或 $x \subset y$"定义. 证明"$\preceq$"满足偏序的所有三个性质.

▶ **11.** [24] 拓扑排序的结果并非总是完全确定的, 因为可能存在多种方法排列结点, 都满足拓扑序条件. 找出把图 6 的结点排列成拓扑序的所有可能的方法.

12. [M20] n 个元素的集合有 2^n 个子集, 并且这些子集按照集合包含关系是偏序的. 给出两种按拓扑序排列这些子集的方法.

13. [M48] 把习题 12 的 2^n 个子集排列成拓扑序有多少种方法?（答案是 n 的函数.）

14. [M21] 集合 S 的线性序（linear ordering）又称全序（total ordering）, 这种偏序满足附加的"可比较性"条件:

$$\text{(iv)} \qquad \text{对于 } S \text{ 中任意两个对象}x\text{和}y, \text{ 或者}x \preceq y \text{ 或者}y \preceq x.$$

直接由定义证明: 拓扑排序只有一种输出, 当且仅当关系 $\preceq$ 是线性序.（可以假定 S 是有穷集.）

15. [M25] 证明: 对于有限集 S 上的任意偏序, 都存在唯一一组刻画该偏序的无冗余的关系, 像(18)和图 6 一样. 当 S 为无穷集时, 同样的结论成立吗?

16. [*M22*] 给定集合 $S = \{x_1, \ldots, x_n\}$ 上的任意偏序，我们可以构造它的关联矩阵 (a_{ij})，其中如果 $x_i \preceq x_j$ 则 $a_{ij} = 1$，否则 $a_{ij} = 0$. 证明存在一种方法置换该矩阵的行和列，使得对角线下方的元素均为 0.

▶ **17.** [*21*] 如果提供输入(18)，算法 T 的输出是什么？

18. [*20*] 当算法 T 终止时，QLINK[0],QLINK[1], . . . , QLINK[n] 的值（如果有的话）的意义是什么？

19. [*18*] 在算法 T 中，我们在步骤 T5 检查队列的头部元素，但是直到步骤 T7 才移走该元素. 如果我们在步骤 T5 的结尾而不是在步骤 T7 置 F ← QLINK[F]，会发生什么？

▶ **20.** [*24*] 算法 T 使用 F、R 和 QLINK 表获得队列效果，该队列中结点的 COUNT 字段已经变成 0，但是其后继关系尚未移走. 为此目的，可以使用栈而不是使用队列吗？如果可以，把所得算法与算法 T 进行比较.

21. [*21*] 如果一个关系"$j \prec k$"在输入中重复多次，算法 T 还能有效完成拓扑排序吗？如果输入包含形如"$j \prec j$"的关系，又会怎样？

22. [*23*] 程序 T 假定它的输入带包含正确的信息，但是旨在通用的程序总是应该小心地检查它的输入，使得明显的错误可以被查出，从而程序不可能"自毁". 例如，如果关于 k 的一个输入关系是负的，则当存放到 X[k] 中时，程序 T 可能错误地改变它自己的一条指令. 提出一种修改程序 T 的方法，使它能够通用.

▶ **23.** [*27*] 当拓扑排序算法因检测到输入中的回路而不能继续进行时（步骤 T8），停下来并报告"存在回路"一般没有用. 打印回路，指出输入出错的部位，才是有用的. 扩充算法 T，使得它在必要时进行这种打印. [提示：正文中给出了在步骤 T8，当 N > 0 时存在回路的证明，这一证明暗示了一种算法.]

24. [*24*] 把习题 23 所做的算法 T 的扩充合并到程序 T 中.

25. [*47*] 设计一个尽可能高效的算法，对非常大的集 S 进行拓扑排序. S 具有相当多的结点，远远超出计算机的内存容量. 假定输入、输出和临时工作空间都使用磁带. [可能的提示：常规的输入排序允许我们假定给定结点的所有关系一起出现. 但是下一步能够做什么？我们必须特别考虑最坏情况，即给定的序已经是线性序，但经过胡乱置换. 第 5 章引言中的习题 24 解释如何用 $O(\log n)^2$ 次数据扫描来处理这种情况.]

26. [*29*] （子程序分配）假设我们有一条磁带，包含主要的子程序库. 对于 20 世纪 60 年代风格的计算机，这些子程序是可重定位的. 装入程序要确定所使用的每个子程序的重定位量，以便一次扫描磁带就能装入必要的程序. 问题是某些子程序要求其他子程序也在内存中. 不经常使用的子程序（出现在磁带的末端）可能调用频繁使用的子程序（出现在磁带的前端），而我们想在扫描磁带前就知道所有需要的子程序.

处理该问题的一种方法是创建一个可放入内存的"带目录". 装入程序要访问两个表.

(a) 带目录. 这个表由具有如下形式的变长结点组成

B	SPACE	LINK
B	SUB1	SUB2
⋮		
B	SUBn	0

或

B	SPACE	LINK
B	SUB1	SUB2
⋮		
B	SUB($n-1$)	SUBn

其中 SPACE 是该子程序需要的内存字数；LINK 是一个链，指向磁带上紧随该子程序出现的子程序；SUB1，SUB2，. . . , SUBn ($n \geq 0$) 都是链，指向该子程序需要的其他子程序的目录项；除结点的最后一个字上 B = −1 外，结点的所有字上均有 B = 0. 链变量 FIRST 指定库带上第一个子程序的目录项的地址.

(b) 由待装入的程序直接引用的子程序的列表. 这个表存放在连续位置 X[1], X[2], . . . , X[N]，其中 N ≥ 0 是装入程序知道的变量. 该表的每项都是一个链，指向所需要的子程序的目录项.

装入程序也知道用于第一个被装入的子程序的重定位量MLOC.

作为一个小例子，考虑如下配置：

	带目录				需要的子程序列表
	B	SPACE	LINK		X[1] = 1003
1000:	0	20	1005		X[2] = 1010
1001:	−1	1002	0		
1002:	−1	30	1010		N = 2
1003:	0	200	1007		FIRST = 1002
1004:	−1	1000	1006		MLOC = 2400
1005:	−1	100	1003		
1006:	−1	60	1000		
1007:	0	200	0		
1008:	0	1005	1002		
1009:	−1	1006	0		
1010:	−1	20	1006		

在这个例子中，带目录表明，带上的子程序依次为 1002、1010、1006、1000、1005、1003 和 1007. 子程序 1007 占 200 个位置，并且必须使用子程序 1005、1002 和 1006；等等. 待装入的程序需要子程序 1003 和 1010，它们将放在位置 2400 之后. 这些子程序依次还必须装入 1000、1006 和 1002.

子程序分配程序将改变X表，使得除最后一项外（将在下面解释），表中各项X[1], X[2], X[3],... 都具有如下形式

$$+ \quad 0 \quad | \quad \text{BASE} \quad | \quad \text{SUB} \quad ,$$

其中 SUB 是一个待装入的子程序，而 BASE 是重定位量. 这些项将按照子程序在磁带上出现的次序排列. 上面例子的一个可能的答案是

	BASE	SUB			BASE	SUB
X[1]:	2400	1002		X[4]:	2510	1000
X[2]:	2430	1010		X[5]:	2530	1003
X[3]:	2450	1006		X[6]:	2730	0

最后一项包含未使用内存的首地址.

（显然，这不是处理子程序库的唯一方法. 设计子程序库的合适方法高度依赖于所使用的计算机和待处理的应用. 大型现代计算机需要一种完全不同的处理子程序库的方法. 但是，这毕竟是一道好的练习题，因为它同时涉及顺序和链接数据上的有趣操作.）

本题的问题是：为所描述的任务设计一个算法. 在准备答案时，分配程序可以用任何方法变换带目录，因为子程序分配程序可以在下一次任务重新读入带目录，并且装入程序的其他部分也不需要带目录.

27. [*25*] 为习题 26 的子程序分配算法编写一个 MIX 程序.

28. [*40*] 下面的构造展示如何"求解"一类相当一般的双人游戏，包括国际象棋、拿子游戏，以及许多比较简单的游戏. 考虑结点的一个有限集，其中每个结点表示游戏的一个可能棋局. 对于每个棋局，存在零或多种移动，把该棋局变换成某个其他棋局. 如果存在一步移动把棋局 x 变成棋局 y，就说 x 是 y 的一个前驱（y 是 x 的一个后继）. 没有后继的某些棋局分成"赢"或"输"棋局. 在棋局 x 移动的游戏者是在棋局 x 的后继棋局移动的游戏者的对手.

给定这样的棋局配置，通过重复以下操作，直到不再发生改变，我们可以计算赢棋局（下一次移动的游戏者必胜）的完全集和输棋局（当前移动的游戏者与高手对弈必败）的完全集：如果一个棋局的所有后继都被标记"赢"，则标记该棋局为"输"；如果一个棋局的后继至少有一个被标记"输"，则标记该棋局为"赢".

这种操作尽可能多次重复之后，可能还有一些棋局没有标记. 在这种棋局下，游戏者既不是必胜，也不是必败.

可以把这种得到赢棋局和输棋局的完全集的过程改写成一个有效的计算机算法, 它非常类似于算法 T. 我们可以为每个棋局保存计数, 记录它的尚未标记为 "赢" 的后继个数, 并为每个棋局保存一个表, 存放它的所有前驱.

本题的问题是: 详细设计上面粗略描述的算法, 并把它用于某些不涉及太多可能棋局的有趣游戏. [如 "军事游戏", 卢卡斯, *Récréations Mathématiques* **3** (Paris: 1893), 105–116; 埃尔温·伯利坎普、康威和盖伊, *Winning Ways* **3** (A. K. Peters, 2003), Chapter 21.]

▶ **29.** [*21*] (a) 仅给定 FIRST 的值, 给出一个算法, 把像(1)那样的表的所有结点放进 AVAIL 栈中, "删除"整个表. 算法应该尽可能地快. (b) 给定 F 和 R 的值, 对于像(12)那样的表, 重做 (a).

30. [*17*] 假设队列用(12)的形式表示, 但空队列用 "F = Λ, 而R 无定义"表示. 应该用什么样的插入和删除过程替换(14)和(17)?

2.2.4 循环链表

链接方式稍作改动, 可得到上一节方法的一种重要替代方案.

循环链表 (circularly linked list, 简称循环表, circular list) 具有这样的性质, 它的最后一个结点链接回第一个结点, 而不是 Λ. 于是, 从任意给定的位置出发, 可以访问表的所有结点. 如果我们决意不考虑表有最后一个或第一个结点的话, 还能得到额外的对称性.

下面的情况是典型的:

$$\tag{1}$$

与上一节一样, 假定结点包含两个字段 INFO 和 LINK. 有一个链变量 PTR, 指向表的最右结点, 并且 LINK(PTR) 是最左结点的地址. 下面是最重要的基本操作:

(a) 在左端插入 Y: P ⇐ AVAIL, INFO(P) ← Y, LINK(P) ← LINK(PTR), LINK(PTR) ← P;

(b) 在右端插入 Y: 在左端插入 Y, 然后 PTR ← P;

(c) 置Y为左结点并删除: P ← LINK(PTR), Y ← INFO(P), LINK(PTR) ← LINK(P), AVAIL ⇐ P.

乍一看, 操作 (b) 有点让人吃惊: 操作 PTR ← LINK(PTR) 有效地把图(1)的最左结点移动到右端, 并且如果我们把该表看作圆, 而不是看作两端相连的直线的话, 这一点相当容易理解.

思维敏捷的读者会看出操作 (a) (b) 和 (c) 中存在一系列错误. "什么错误?" 答案是: 我们忘记了考虑空表的可能性. 例如, 如果对表 (1) 执行 5 次操作 (c), 则 PTR 将指向 AVAIL 表中的结点, 并且这可能导致严重问题. 例如, 想象再做一次操作 (c)! 如果表为空时, 令PTR等于 Λ, 则我们可以用如下方法修补这些操作: 在 (a) 的 "INFO(P) ← Y" 之后添加指令 "如果 PTR = Λ, 则 PTR ← LINK(P) ← P; 否则……"; 在 (c) 的前面做测试 "如果 PTR = Λ, 则 UNDERFLOW"; 并在 (c) 后随 "如果 PTR = P, 则 PTR ← Λ".

注意: 操作 (a) (b) 和 (c) 为我们提供了 2.2.1 节的输出受限的双端队列的操作. 因此, 我们特别发现循环表既可以当作栈, 也可以当作队列使用. 操作 (a) 和 (c) 结合为我们提供栈, 操作 (b) 和 (c) 提供队列. 与上一节的对应操作相比, 这些操作稍微有点不够直接. 在上一节, 我们看到操作 (a) (b) 和 (c) 可以使用两个指针 F 和 R, 在线性表上进行.

使用循环表, 其他重要操作变得更加有效. 例如, 可以很方便地 "删除" 整个表, 即一次将整个循环表放到 AVAIL 栈中:

$$如果 PTR \neq \Lambda, \quad 则 AVAIL \leftrightarrow LINK(PTR). \tag{2}$$

（回忆一下，"↔" 操作表示交换：P ← AVAIL, AVAIL ← LINK(PTR), LINK(PTR) ← P. ）倘若PTR指向循环表的任意位置，操作(2)显然是正确的. 当然，之后我们应该置 PTR ← Λ.

如果 PTR_1 和 PTR_2 分别指向两个不相交的循环表 L_1 和 L_2，则使用类似的方法，我们可以把整个表 L_2 插入到 L_1 的右端：

$$如果 PTR_2 \neq Λ, 则$$
$$(如果 PTR_1 \neq Λ, 则 LINK(PTR_1) ↔ LINK(PTR_2); \tag{3}$$
$$置 PTR_1 ← PTR_2, PTR_2 ← Λ).$$

另一种可以做的简单操作是用各种方法把一个循环表分裂成两个. 这些操作对应于串的拼接和拆分.

由此可见，循环表不仅可以用来表示固有的循环结构，而且也可以表示线性结构. 具有一个指向尾部结点指针的循环表基本等价于具有一个头指针和一个尾指针的直线线性表. 与这一结论有关，一个自然的问题是："当循环对称时，如何找出表的端点在哪儿？"因为没有 Λ 链接到端点！答案是：在整个表上操作时，我们从一个结点移动到下一个，如果回到开始位置，就应该停止（当然，假定开始位置还在表中）.

对于刚才提出的问题，另一种解决方案是在每个循环表中放置一个可识别的特殊结点，作为方便的停止位置. 这个特殊结点称为表头（list head）. 在应用中，如果每个循环表都恰有一个表头结点，往往会非常方便. 这样的一个好处是循环表永远非空. 使用表头，图示(1)变成

$$\tag{4}$$

像(4)这样的表一般通过表头来访问. 表头通常在固定的存储位置. 表头的缺点是没有指针指向右端，因此我们必须牺牲上面的操作 (b).

可以把图示(4)与上一节开始处的(1)做比较. 那里与项 5 相关联的链现在指向 LOC(FIRST)，而不是 Λ；变量 FIRST 现在看作结点中的一个链，即 NODE(LOC(FIRST)) 中的链. (4)与2.2.3–(1)的主要区别是，(4)使得有可能（但未必高效）从表中任意点出发，访问任何其他点.

作为一个使用循环表的例子，我们将讨论变量 x, y 和 z 的整系数多项式的算术运算. 在许多问题中，科学家想处理多项式，而不仅仅是数. 我们考虑的操作类似于

$$(x^4 + 2x^3y + 3x^2y^2 + 4xy^3 + 5y^4) \qquad 乘以 \qquad (x^2 - 2xy + y^2)$$

得到

$$(x^6 - 6xy^5 + 5y^6).$$

由于多项式可能扩展到不可预知的长度，我们又可能想把多个多项式同时放在内存中，因此链接分配是一种自然的选择.

这里，我们将考虑加法和乘法两种操作. 假设多项式用表来表示，其中每个结点表示一个非零项，并具有双字形式：

COEF				
±	A	B	C	LINK

$$\tag{5}$$

这里，COEF 是项 $x^Ay^Bz^C$ 的系数. 假定系数和指数都总是在这种格式所允许的值域内，并且计算时不必检查值域. 记号 ABC 用来表示结点(5)的± A B C 字段，将看作一个整体. ABC 的符号，即(5)的第二个字的符号将总是为正，但是每个多项式结尾处的特殊结点除外. 在该特殊

结点，ABC = −1，COEF = 0. 类似于上面关于表头的讨论，这个特殊结点非常便利，因为它提供了一个方便的结尾标志，并避免了空表问题（对应于零多项式）. 如果我们沿着链方向前进，则除特殊结点（其 ABC = −1）外，表的结点总是以 ABC 字段的递减序出现. 例如，多项式 $x^6 - 6xy^5 + 5y^6$ 将表示成：

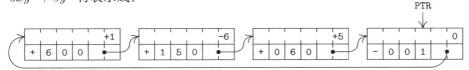

算法 A（多项式加法）. 假定 P 和 Q 是指针变量，指向以上形式的多项式，该算法将多项式 (P) 加到多项式 (Q) 上. 表 P 将不变，而表 Q 将保存和. 在算法结束处，指针变量 P 和 Q 都恢复到它们的开始位置. 算法还使用了两个附加的指针变量 Q1 和 Q2.

A1. ［初始化.］置 P ← LINK(P)，Q1 ← Q，Q ← LINK(Q).（现在 P 和 Q 都指向其多项式的首项. 贯穿该算法的大部分时刻，变量 Q1 总是滞后 Q 一步，即 Q = LINK(Q1).）

A2. ［ABC(P):ABC(Q).］如果 ABC(P) < ABC(Q)，则置 Q1 ← Q，Q ← LINK(Q)，并重复该步骤. 如果 ABC(P) = ABC(Q)，则转到步骤 A3. 如果 ABC(P) > ABC(Q)，则转到步骤 A5.

A3. ［系数相加.］（我们已经找到了指数相等的项.）如果 ABC(P) < 0，则算法终止；否则，置 COEF(Q) ← COEF(Q) + COEF(P). 现在，如果 COEF(Q) = 0，则转到步骤 A4；否则置 P ← LINK(P)，Q1 ← Q，Q ← LINK(Q)，并转到 A2.（奇怪，后面的操作与步骤 A1 相同.）

A4. ［删除零项.］置 Q2 ← Q，LINK(Q1) ← Q ← LINK(Q)，AVAIL ⇐ Q2.（步骤 A3 产生的零项已经从多项式(Q)移出.）置 P ← LINK(P)，并转回 A2.

A5. ［插入新项.］（多项式 (P) 包含一个不在多项式(Q)中出现的项，因此我们把它插入多项式(Q).）置 Q2 ⇐ AVAIL，COEF(Q2) ← COEF(P)，ABC(Q2) ← ABC(P)，LINK(Q2) ← Q，LINK(Q1) ← Q2，Q1 ← Q2，P ← LINK(P)，并返回步骤 A2. ∎

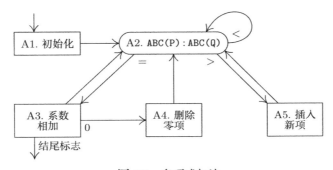

图 10 多项式加法

算法 A 最值得关注的一大特征是，指针变量 Q1 始终紧随指针 Q 在表内移动. 这是表处理算法的典型特征，我们还将看到十几个具有该特征的算法. 读者能够看出来算法 A 为什么使用这种思想吗？

不熟悉链接表处理的读者有必要仔细研究算法 A. 作为一个检验实例，试着把 $x + y + z$ 加到 $x^2 - 2y - z$ 上.

有了算法 A，乘法操作容易极了．

算法 M（多项式乘法）．   这个算法类似于算法 A，只是把多项式（Q）换成

$$多项式(Q) + 多项式(M) \times 多项式(P).$$

M1.［下一个乘式．］置 M ← LINK(M)．如果 ABC(M) < 0，则算法终止．

M2.［乘法循环．］执行算法 A，但是其中的记号"ABC(P)"都改为"（如果 ABC(P) < 0，则
-1；否则 ABC(P) + ABC(M)）"；记号"COEF(P)"都改为"COEF(P) × COEF(M)"．然后，
转回步骤 M1.   ▮

算法 A 的 MIX 语言程序设计再次表明，很容易操纵计算机中的链表．在如下程序中，我们假定
OVERFLOW 是一个子程序，它或者终止程序的运行（由于缺乏内存空间），或者进一步找出可用
空间，并转出到 rJ − 2．

程序 A（多项式加法）．   这个子程序经过设计，可以与乘法子程序一起使用（见习题 15）．

调用序列：JMP ADD

入口条件：rI1 = P, rI2 = Q.

出口条件：多项式(Q) 已经被多项式(Q) + 多项式(P) 取代；rI1 和 rI2 保持不变；所
有其他寄存器的内容不确定．

在下面的程序中，寄存器与算法 A 中的指针变量对应如下：P ≡ rI1，Q ≡ rI2，Q1 ≡ rI3，
Q2 ≡ rI6．

01	LINK	EQU	4:5		LINK 字段的定义
02	ABC	EQU	0:3		ABC 字段的定义
03	ADD	STJ	3F	1	子程序入口
04	1H	ENT3	0,2	$1+m''$	*A1. 初始化.* 置 Q1 ← Q.
05		LD2	1,3(LINK)	$1+m''$	Q ← LINK(Q1).
06	0H	LD1	1,1(LINK)	$1+p$	P ← LINK(P).
07	SW1	LDA	1,1	$1+p$	rA(0:3) ← ABC(P).
08	2H	CMPA	1,2(ABC)	x	*A2. ABC(P):ABC(Q).*
09		JE	3F	x	如果相等，则转到 A3.
10		JG	5F	$p'+q'$	如果大于，则转到 A5.
11		ENT3	0,2	q'	如果小于，则置 Q1 ← Q.
12		LD2	1,3(LINK)	q'	Q ← LINK(Q1).
13		JMP	2B	q'	重复.
14	3H	JAN	*	$m+1$	*A3. 系数相加.*
15	SW2	LDA	0,1	m	COEF(P)
16		ADD	0,2	m	+ COEF(Q)
17		STA	0,2	m	→ COEF(Q).
18		JANZ	1B	m	如果非零则转移.
19		ENT6	0,2	m'	*A4. 删除零项.* Q2 ← Q.
20		LD2	1,2(LINK)	m'	Q ← LINK(Q).
21		LDX	AVAIL	m'	⎫
22		STX	1,6(LINK)	m'	⎬ AVAIL ⇐ Q2,
23		ST6	AVAIL	m'	⎭
24		ST2	1,3(LINK)	m'	LINK(Q1) ← Q.

25		JMP	OB	m'	转去推进 P.
26	5H	LD6	AVAIL	p'	*A5. 插入新项.*
27		J6Z	OVERFLOW	p'	Q2 ⇐ AVAIL.
28		LDX	1,6(LINK)	p'	
29		STX	AVAIL	p'	
30		STA	1,6	p'	ABC(Q2) ← ABC(P).
31	SW3	LDA	0,1	p'	rA ← COEF(P).
32		STA	0,6	p'	COEF(Q2) ← rA.
33		ST2	1,6(LINK)	p'	LINK(Q2) ← Q.
34		ST6	1,3(LINK)	p'	LINK(Q1) ← Q2.
35		ENT3	0,6	p'	Q1 ← Q2.
36		JMP	OB	p'	转去推进 P. ∎

注意,算法 A 只遍历两个表一次,不必循环多次. 使用基尔霍夫定律,不难做出指令计数分析. 算法 A 的执行时间依赖于 4 个量:

$$m' = \text{相互抵消的匹配项数目};$$
$$m'' = \text{不相互抵消的匹配项数目};$$
$$p' = \text{多项式(P)中未匹配的项数目};$$
$$q' = \text{多项式(Q)中未匹配的项数目}.$$

程序 A 的分析使用如下缩略记号:

$$m = m' + m'', \quad p = m + p', \quad q = m + q', \quad x = 1 + m + p' + q'.$$

对于 MIX,程序 A 的运行时间为 $(27m' + 18m'' + 27p' + 8q' + 13)u$. 该算法执行期间,所需要的存储池结点总数至少为 $2 + p + q$,至多为 $2 + p + q + p'$.

习题

1. [21] 在本节开始处,正文中建议用 PTR = Λ 表示空循环表. 考虑到循环表结构的原理,用 PTR = LOC(PTR) 指示空表可能更协调. 这种约定方便本节开始介绍的操作 (a)(b)(c) 吗?

2. [20] 假定 PTR_1 和 PTR_2 都不为 Λ,绘制"前后对比"图,解释拼接操作(3)的效果.

▸ **3.** [20] 如果 PTR_1 和 PTR_2 都指向同一个循环表的结点,操作(3)做什么?

4. [20] 使用表示(4),给出产生栈效果的插入和删除操作.

▸ **5.** [21] 设计一个算法,它取像(1)那样的循环表为输入,并反转所有箭头的方向.

6. [18] 给出如下多项式的表表示图示: (a) $xz - 3$; (b) 0.

7. [10] 假定多项式表的 ABC 字段以递减序出现有什么用?

▸ **8.** [10] 在算法 A 中,让 Q1 紧紧尾随在 Q 之后有什么用?

▸ **9.** [23] 如果 P = Q(即两个指针变量都指向相同的多项式),算法 A 能正确运行吗? 如果 P = M,或如果 P = Q,或如果 M = Q,算法 M 能正确运行吗?

▸ **10.** [20] 本节的算法假定我们在多项式中使用三个变量 x、y 和 z,并且它们的指数都不超过 $b - 1$(其中 b 是 MIX 的字节大小). 假设我们想改做只有一个变量 x 的多项式加法和乘法,并令其指数取值高达 $b^3 - 1$. 应该对算法 A 和 M 做什么改变?

11. [24] (本题和下面的一些习题的目的是与程序 A 结合,创建一个有用的多项式算术运算子程序包.) 由于算法 A 和 M 改变多项式(Q)的值,因此有时希望有一个制作多项式副本的子程序. 写一个具有如下说明的 MIX 子程序:

调用序列：JMP COPY

入口条件：rI1 = P

出口条件：rI2 指向新创建的多项式，它等于多项式(P)；rI1 不变，其他寄存器也不变.

12. [*21*] 当多项式 (Q) = 0 时，把习题 11 的程序的运行时间与程序 A 进行比较.

13. [*20*] 写一个具有如下说明的 MIX 子程序：

调用序列：JMP ERASE

入口条件：rI1 = P

出口条件：多项式(P)已经被添加到AVAIL表；所有寄存器的内容不变.

［注记：可以用序列"LD1 Q；JMP ERASE；LD1 P；JMP COPY；ST2 Q"把这个子程序与习题 11 的子程序结合使用，达到"多项式 (Q) ← 多项式(P)"的效果.］

14. [*22*] 写一个具有如下说明的 MIX 子程序：

调用序列：JMP ZERO

入口条件：无

出口条件：rI2 指向新创建的零多项式；其他寄存器内容没有定义.

15. [*24*] 写一个执行算法 M 的 MIX 子程序，它具有如下说明：

调用序列：JMP MULT

入口条件：rI1 = P, rI2 = Q, rI4 = M.

出口条件：(Q) ← (Q) + (M) × (P)；rI1, rI2 和 rI4 不变；其他寄存器的内容没有定义.

［注记：使用程序 A 作为子程序，改变SW1、SW2和SW3的设置.］

16. [*M28*] 用某些相关参数，估计习题 15 的子程序的运行时间.

▶ **17.** [*22*] 用本节的循环表，而不是用上一节的以 Λ 终止的平直线性链表表示多项式，有什么优点？

▶ **18.** [*25*] 设计一种在计算机内表示循环表的方法，使得表可以高效地双向遍历，但每个结点仍然只用一个链接字段. ［提示：如果给定两个指针，指向两个相继的结点 x_{i-1} 和 x_i，则应该能够对 x_{i+1} 和 x_{i-2} 定位.］

2.2.5 双向链表

为了更灵活地操纵线性表，我们可以让每个结点包含两个链，指向该结点两边的项：

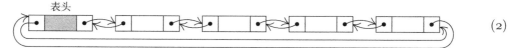

$$\text{LEFT} \longrightarrow \qquad\qquad\qquad \longleftarrow \text{RIGHT} \tag{1}$$

这里，LEFT 和 RIGHT是指针变量，分别指向表的左边和右边. 该表的每个结点包含两个链，例如叫做 LLINK 和 RLINK.

使用这种表示，一般的双端队列操作容易进行（见习题 1）. 然而，正如上一节所述，如果每个表都有一个表头结点，则双向链表的操作往往变得非常容易. 在有表头时，双向链表具有如下典型结构：

表头

$$\tag{2}$$

表头的 RLINK 和 LLINK 字段取代了(1)中的 LEFT 和 RIGHT. 左右之间完全对称，表头原本也可以放在(2)的右边. 如果表为空，表头的两个链字段都指向表头本身.

如果 X 是任意结点（包括表头）的位置，则表的表示(2)显然满足条件

$$\text{RLINK(LLINK(X))} = \text{LLINK(RLINK(X))} = \text{X}. \tag{3}$$

这一事实是表示(2)比(1)更可取的主要原因.

双向链表通常比单向链表占用更多空间（尽管有时在未填满的计算机字中，已经有供另一个链使用的空间）．使用双向链接虽然需要额外的空间，但它使更多操作可以执行得更高效，所以非常划算．双向链表除了具备可以随意向前或向后扫描这一明显的优点之外，还有一种重要的新能力：仅给出 X 的值，我们就可以从 NODE(X) 所在的表中删除它．这种删除操作容易从"前后对比"图（图 11）导出，并且非常简单：

$$\text{RLINK(LLINK(X))} \leftarrow \text{RLINK(X)}, \qquad \text{LLINK(RLINK(X))} \leftarrow \text{LLINK(X)},$$
$$\text{AVAIL} \Leftarrow \text{X}. \tag{4}$$

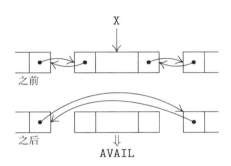

图 11 从双向链表中删除

在一个仅有单向链接的表中，不知道哪一个结点在 NODE(X) 之前，我们就不能删除 NODE(X)，因为 NODE(X) 删除后，需要改变其前驱结点的链．在 2.2.3 节和 2.2.4 节考虑的所有算法中，每当删除结点时，都知道这种附加的位置信息．特别是算法 2.2.4A，那里我们让指针 Q1 紧随 Q 的目的就在于此．但是，我们将会看到，有些算法需要在表的中间随机删除结点，使用双向链表常常就是因为这个原因．（应该指出，在循环表中，给定 X，如果绕一整圈找到 X 的前驱的话，可以删除 NODE(X)．但是，如果表很长，则这种操作显然效率很低，因此很难作为双向链表的满意替代方案．又见习题 2.2.4–8 的答案．）

类似地，使用双向链表，很容易在 NODE(X) 的左边或右边紧接着插入一个结点．步骤

$$\text{P} \Leftarrow \text{AVAIL}, \qquad \text{LLINK(P)} \leftarrow \text{X}, \qquad \text{RLINK(P)} \leftarrow \text{RLINK(X)},$$
$$\text{LLINK(RLINK(X))} \leftarrow \text{P}, \qquad \text{RLINK(X)} \leftarrow \text{P}. \tag{5}$$

在 NODE(X) 右边插入；交换左右，就得到在左边插入的对应算法．操作(5)改变了 5 个链的设置，因此它比单向链表的插入操作稍微慢一点儿，后者只需要改变 3 个链．

为了举例说明双向链表的用法，我们现在考虑写一个离散模拟（discrete simulation）程序．在"离散模拟"所模拟的系统中，可以假定系统状态的所有改变都发生在离散的时间瞬间．被模拟的"系统"一般是个体活动的集合，各活动相互作用，同时在很大程度上相互独立．离散模拟的例子有商店里的顾客、港口里的船只、公司里的人．在离散模拟中，系统按以下方式井然有序地前进：在特定模拟时间瞬间做该做的事，然后把模拟时钟向前拨动到下一次有动作预定发生的时刻．

相比之下，"连续模拟"是模拟连续变化的活动，如高速公路上的车辆移动，宇宙飞船从一个行星飞往另一个行星，等等．通常，步骤之间的时间间隔取非常小的值，可以令人满意地用离散模拟来近似连续模拟．然而，这种情况通常是"同步"的离散模拟，在每个离散时间间隔，系统的许多部分同时都稍微改变，而这样的应用一般要求程序组织结构与这里考虑的类型稍有不同．

下面开发的程序模拟加州理工学院数学楼的电梯．或许，这样的模拟结果只对常去加州理工学院的人有用．即便对于他们，多试乘几次电梯也比写计算机程序省事．但是，像通常的模

拟研究一样, 我们使用的方法比程序给出的答案更有意义. 下面将要讨论的方法揭示了离散模拟所使用的典型实现技术.

数学楼有 5 层: 地下第二层、地下第一层、第一层、第二层和第三层. 有一部自动控制的电梯, 可以停在每一层. 为方便起见, 我们把各层用 0、1、2、3 和 4 重新编号.

在每一层, 有两个呼叫按钮, 一个是 UP (上), 另一个是 DOWN (下). (实际上, 第 0 层只有 UP, 而第 4 层只有 DOWN. 但是, 我们将忽略这种异常, 因为永远没人使用多出来的两个按钮.) 对应于这些按钮, 有 10 个变量 CALLUP[j] 和 CALLDOWN[j], $0 \le j \le 4$. 还有 5 个变量 CALLCAR[j], $0 \le j \le 4$, 对应于电梯间内的按钮, 向电梯指示目的楼层. 当一个人按下按钮时, 相应的变量设置为 1; 请求满足之后, 电梯将该变量清 0.

迄今为止, 我们从用户角度描述了电梯. 从电梯的角度来看, 情况更有趣. 电梯处于三种状态之一: GOINGUP (上行)、GOINGDOWN (下行) 或 NEUTRAL (空挡). (用电梯内的发亮箭头向乘客指示当前状态.) 如果电梯处于 NEUTRAL 状态, 并且不在第 2 层, 则机器将关门, 并且 (如果关门时没有接到命令的话) 改变为 GOINGUP 或 GOINGDOWN 状态, 向第 2 层进发. (这是 "驻停楼层", 因为大部分乘客从那里进入.) 在第 2 层处于 NEUTRAL 状态, 电梯门将最终关闭, 机器将静侯另一个命令. 收到的第一个到另一层的命令设置机器为相应的 GOINGUP 或 GOINGDOWN. 电梯一直处于该状态, 直到同一方向没有等待执行的命令为止. 然后, 视 CALL 变量中的其他命令而定, 电梯或切换方向, 或在开门之前切换到 NEUTRAL 状态. 电梯用一定的时间开门和关门, 加速和减速, 从一层到另一层. 下面的算法指明了所有这些量, 比非形式的描述精确得多. 写作本节时, 我做了数小时实验, 观察电梯的运行. 此算法可能并不反映真实的电梯运行原理, 但是我相信, 要想解释我观察到的所有现象, 这组规则是最简单的.

电梯系统用两个协同程序来模拟, 一个模拟乘客, 另一个模拟电梯. 这两个例程明确说明了有待实施的所有动作, 以及用于模拟的所有时间延迟. 在下面的描述中, 变量 TIME 表示模拟时钟的当前值. 所有时间单位均为十分之一秒. 还有如下一些其他变量.

FLOOR: 电梯的当前位置.
D1: 变量, 除有人进出电梯期间之外, 其值为 0.
D2: 变量, 如果电梯停在某一层不动长达 30 秒或更久, 则其值变为 0.
D3: 变量, 除电梯门打开但无人进出电梯时之外, 其值为 0.
STATE: 电梯的当前状态 (GOINGUP, GOINGDOWN, 或 NEUTRAL).

初始, FLOOR = 2, D1 = D2 = D3 = 0, STATE = NEUTRAL.

协同程序 U (乘客).　每个进入系统的人从步骤 U1 开始, 执行如下动作.

U1. [进入, 为后继做准备.] 以某种此处未指明的方式确定如下量.

IN: 新乘客进入系统的楼层.
OUT: 该乘客想要去的楼层 (OUT $\ne$ IN).
GIVEUPTIME: 该乘客失去耐心并决定爬楼梯之前, 等待电梯的时间.
INTERTIME: 另一个乘客进入系统前的时间量.

在计算这些量之后, 模拟程序设置一些事项, 使得下一位乘客在时刻 TIME + INTERTIME 进入系统.

U2. [发信号并等待.] (这一步的目的是呼叫电梯. 如果电梯已经在正确的楼层, 则出现某些特殊情况.) 如果 FLOOR = IN, 并且电梯的下一个动作是下面的步骤 E6 (即电梯的门正在关闭), 则立即让电梯转移到其步骤 E3, 并且取消活动 E6. (这意味着在电梯移动之前, 电梯门将重新打开.) 如果 FLOOR = IN, 并且 D3 ≠ 0, 则置 D3 ← 0, 置 D1 为非零值, 重新开始电梯的活动 E4. (这意味着在这一层, 电梯门是开的, 其他人已经进出完毕. 电梯步骤 E4 是一个先后顺序步, 它允许人们按照常理先后进入电梯, 因此, 重新开始步骤 E4 让该乘客有机会在关门之前进入电梯.) 在其他情况下, 根据 OUT > IN 或 OUT < IN, 该乘客置 CALLUP[IN] ← 1 或 CALLDOWN[IN] ← 1; 如果 D2 = 0, 电梯处于 "休眠" 状态 E1, 则执行后面的 DECISION 子程序. (DECISION 子程序用来在某些临界时间点解除 NEUTRAL 状态.)

U3. [进入队列.] 把该乘客插入队列 QUEUE[IN] 的尾部. 该队列是一个线性表, 表示在该楼层等待的人. 现在, 乘客耐心地等待 GIVEUPTIME 个时间单位, 除非电梯提前到达; 更准确地说, 除非下面的电梯例程的步骤 E4 将该乘客送到步骤 U5, 并取消预定的活动 U4.

U4. [放弃.] 如果 FLOOR ≠ IN 或 D1 = 0, 则从 QUEUE[IN] 和模拟系统删除该乘客. (该乘客认为电梯太慢, 或认为爬楼梯锻炼一下比乘电梯更好.) 如果 FLOOR = IN 并且 D1 ≠ 0, 则乘客停留并等待 (知道不会久等).

U5. [进入.] 现在, 该乘客离开 QUEUE[IN], 并进入 ELEVATOR, 这是一个类似于栈的表, 表示现在在电梯中的人. 置 CALLCAR[OUT] ← 1.

现在, 如果 STATE = NEUTRAL, 则视情况相应置 STATE ← GOINGUP 或 GOINGDOWN, 并置电梯的活动 E5 在 25 个时间单位之后执行. (这是该电梯的一个特点, 当该乘客选择目的楼层时, 如果电梯的状态是 NEUTRAL, 则允许电梯门比通常更快关闭. 25 个单位时间间隔使得步骤 E4 可以确保在步骤 E5 (关门动作) 之前就设置好 D1.)

现在, 乘客等待, 直到电梯到达期望的楼层后, 被下面的步骤 E4 送到步骤 U6.

U6. [离开.] 从 ELEVATOR 表和模拟系统删除该乘客. ∎

协同程序 E (电梯). 该协同程序表示电梯的动作; 步骤 E4 也处理乘客进出时间的控制.

E1. [等待呼叫.] (此时, 电梯停在 2 层, 电梯门关闭, 正等待事件发生.) 如果有人按下按钮, 则 DECISION 子程序决定是进入步骤 E3 还是 E6. 其间, 等待.

E2. [改变状态?] 如果 STATE = GOINGUP, 并且对于所有的 $j >$ FLOOR 有 CALLUP[j] = CALLDOWN[j] = CALLCAR[j] = 0, 则根据是否对于所有的 $j <$ FLOOR 有 CALLCAR[j] = 0, 置 STATE ← NEUTRAL 或 STATE ← GOINGDOWN, 然后置当前层的所有 CALL 变量的值为 0. 如果 STATE = GOINGDOWN, 则以相反的方向做类似的动作.

E3. [开门.] 置 D1 和 D2 为任意非零值. 置电梯活动 E9 在 300 个时间单位之后独立地开始. (这一活动出现之前可能被步骤 E6 取消. 如果此时它已经被调度并且未被取消, 则我们取消并重新调度它.) 还置电梯活动 E5 在 76 个时间单位之后独立地开始. 然后, 等待 20 个时间单位 (模拟开门) 并转到 E4.

E4. [让乘客出入.] 如果 ELEVATOR 表中有人 OUT = FLOOR, 则把最近进入的这类乘客立即转移到步骤 U6, 等待 25 个时间单位, 重复步骤 E4. 如果没有这样的乘客, 但是 QUEUE[FLOOR] 非空, 则把该队列头部的人立即转移到步骤 U5 而不是 U4, 等待 25 个时间单位, 重复步骤 E4. 但是, 如果 QUEUE[FLOOR] 为空, 则置 D1 ← 0, 置 D3 为非零, 并等待其他活动来启动进一步的动作. (步骤 E5 将转移到 E6, 或者步骤 U2 将重新开始 E4.)

E5. [关门.] 如果 D1 $\neq$ 0, 则等待 40 个单位时间, 重复该步骤 (门稍有振动, 但再次弹开, 因为仍然有人进出). 否则, 置 D3 $\leftarrow$ 0, 并且置电梯在 20 个时间单位之后开始 E6. (这模拟乘客进出电梯之后关闭电梯门; 但是, 如果门关闭时新乘客进入该楼层, 则如步骤 U2 所述, 门重新打开.)

E6. [准备移动.] 置 CALLCAR[FLOOR] 为 0; 如果 STATE $\neq$ GOINGDOWN, 还置 CALLUP[FLOOR] 为 0; 如果 STATE $\neq$ GOINGUP, 还置 CALLDOWN[FLOOR] 为 0. (注记: 如果 STATE = GOINGUP, 则电梯并不清除 CALLDOWN, 因为它假定想要下楼的乘客此时不进入, 见习题 6.) 现在, 执行 DECISION 子程序.

　　如果 STATE = NEUTRAL, 则即使已经执行 DECISION 子程序也要转到 E1. 否则, 如果 D2 $\neq$ 0, 则取消电梯活动 E9. 最后, 如果 STATE = GOINGUP, 则等待 15 个单位时间 (电梯加速), 转到 E7; 如果 STATE = GOINGDOWN, 等待 15 个单位时间, 转到 E8.

E7. [上升一层.] 置 FLOOR $\leftarrow$ FLOOR+1 并等待 51 个单位时间. 如果现在 CALLCAR[FLOOR] = 1 或 CALLUP[FLOOR] = 1, 或如果 ((FLOOR = 2 或 CALLDOWN[FLOOR] = 1), 并且对于所有的 $j >$ FLOOR, CALLUP[j] = CALLDOWN[j] = CALLCAR[j] = 0), 则等待 14 个时间单位 (电梯减速), 转到 E2. 否则重复该步骤.

E8. [下降一层.] 这一步类似于 E7, 但方向相反, 并且时间 51 和 14 分别变成 61 和 23. (电梯下降比上升花更多时间.)

E9. [置不活动指示器] 置 D2 $\leftarrow$ 0, 并执行 DECISION 子程序. (这个独立的动作是在步骤 E3 启动的, 但是几乎总是在步骤 E6 被取消. 见习题 4.) ∎

子程序 D (DECISION 子程序).　　如在上述协同程序中所述, 当需要决定电梯方向的临界时间点, 执行这个子程序.

D1. [决策必要吗?] 如果 STATE $\neq$ NEUTRAL, 则跳出该子程序.

D2. [应该开门吗?] 如果电梯处于 E1, 并且 CALLUP[2]、CALLCAR[2] 和 CALLDOWN[2] 均非零, 则电梯在 20 个时间单位之后开始活动 E3, 并跳出该子程序. (如果子程序 DECISION 当前被独立的活动 E9 调用, 则电梯协同程序可能位于 E1.)

D3. [有呼叫吗?] 找出最小的 $j \neq$ FLOOR, 使得 CALLUP[j]、CALLCAR[j] 或 CALLDOWN[j] 非零, 并转到步骤 D4. 但是, 如果不存在这样的 j, 则如果 DECISION 子程序当前被步骤 E6 调用, 则置 $j \leftarrow$ 2; 否则跳出该子程序.

D4. [置 STATE.] 如果 FLOOR $> j$, 则置 STATE $\leftarrow$ GOINGDOWN; 如果 FLOOR $< j$, 则置 STATE $\leftarrow$ GOINGUP.

D5. [电梯在休眠吗?] 如果电梯协同程序在步骤 E1, 并且 $j \neq$ 2, 则置电梯在 20 个时间单位后执行步骤 E6. 跳出该子程序. ∎

　　与本书之前介绍的算法相比, 上面介绍的电梯系统相当复杂. 但是要想说明模拟问题的典型特征, 任何杜撰的 "书本例子" 都比不上现实生活的系统.

　　为了帮助理解这个系统, 考虑表 1. 该表给出了一次模拟的部分记录. 或许最好是从考察开始于时刻 4257 的最简单情况入手: 当一个乘客到达时 (时刻 4384), 电梯正停在 2 层, 电梯门关闭. 设该乘客的名字为 Don. 两秒钟后门打开, 又过两秒钟 Don 进入电梯. 他按下按钮 "3", 启动电梯上行. 最终, 他在 3 楼下电梯, 而电梯返回 2 楼.

表 1　电梯系统的部分动作

时刻	状态	楼层	D1	D2	D3	步骤	动作
0000	N	2	0	0	0	U1	乘客 1 到达第 0 层，目的地是第 2 层
0035	D	2	0	0	0	E8	电梯下降
0038	D	1	0	0	0	U1	乘客 2 到达第 4 层，目的地是第 1 层
0096	D	1	0	0	0	E8	电梯下降
0136	D	0	0	0	0	U1	乘客 3 到达第 2 层，目的地是第 1 层
0141	D	0	0	0	0	E8	电梯下降
0152	D	0	0	0	0	U4	乘客 4 到达第 2 层，目的地是第 1 层
0180	N	0	0	X	0	E2	乘客 1 决定放弃，离开系统
0180	N	0	0	X	0	E3	电梯门开始打开
0200	N	0	X	X	0	E4	电梯门打开，没有人在外面
0256	N	0	X	X	X	E5	电梯门开始关闭
0291	U	0	0	X	0	U1	乘客 5 到达第 3 层，目的地是第 1 层
0291	U	0	0	X	0	E7	电梯上升
0342	U	1	0	X	0	U1	乘客 6 到达第 2 层，目的地是第 1 层
0364	U	2	X	X	0	E7	电梯上升
0393	U	2	X	X	0	E7	电梯上升
0444	U	3	0	X	X	E2	电梯停
0509	U	4	0	X	0	E2	电梯门开始打开
0509	N	4	0	X	0	E3	乘客 2 进入
0529	N	4	X	X	0	U5	乘客 6 决定放弃，离开系统
0540	D	4	X	X	X	U4	电梯门开始关闭
0554	D	4	0	X	0	E5	电梯下降
0589	D	4	0	X	0	E8	乘客 7 到达第 1 层，目的地是第 2 层
0602	D	3	0	X	0	U1	电梯停
0673	D	3	0	X	0	E2	电梯门开始打开
0673	D	3	0	X	0	E3	乘客 5 进入
0693	D	3	X	X	0	U5	电梯门开始关闭
0749	D	3	X	X	X	E5	电梯下降
0784	D	2	0	X	0	E8	乘客 8 到达第 1 层，目的地是第 0 层
0827	D	2	0	X	0	U1	电梯停
0868	D	2	0	X	0	E2	电梯门开始打开
0868	D	2	X	X	0	E3	乘客 9 到达第 1 层，目的地是第 3 层
0876	D	2	X	X	0	U1	乘客 3 进入
0888	D	2	X	X	0	U5	乘客 4 进入
0913	D	2	X	X	0	U5	电梯门开始关闭
0944	D	2	X	X	X	E5	电梯下降
0979	D	1	0	X	0	E8	乘客 10 到达第 0 层，目的地是第 4 层
1048	D	1	0	X	0	U1	电梯停
1063	D	1	0	X	0	E2	电梯门开始打开
1063	D	1	0	X	0	E3	电梯门开始打开
1083	D	1	X	X	0	U6	乘客 4 出去，离开系统
1108	D	1	X	X	0	U6	乘客 3 出去，离开系统
1133	D	1	X	X	0	U6	乘客 5 出去，离开系统
1139	D	1	X	X	0	E5	电梯门振动
1158	D	1	X	X	0	U6	乘客 2 出去，离开系统
1179	D	1	X	X	0	E5	电梯门振动
1183	D	1	X	X	0	U5	乘客 7 进入
1208	D	1	X	X	0	U5	乘客 8 进入
1219	D	1	X	X	0	E5	电梯门振动
1233	D	1	X	X	0	U5	乘客 9 进入
1259	D	1	X	X	X	E8	电梯门开始下降
1294	D	1	X	X	0	E2	电梯下降
1378	U	0	X	X	0	E3	乘客 5 到达第 1 层
1378	U	0	X	X	0	U6	乘客 8 出去，离开系统
1398	U	2	X	X	0	U5	乘客 10 进入
1423	U	2	X	X	0	E5	电梯门开始关闭
1454	U	3	0	X	X	E2	电梯门开始关闭
1489	U	0	0	X	0	E7	电梯停
1554	U	0	0	X	0	E2	电梯门开始打开
1554	U	1	X	X	0	E3	电梯门开始打开
1630	U	1	X	X	X	E5	电梯门开始关闭
1665	U	1	0	X	0	E7	电梯上升
…							
4257	N	2	0	X	0	E1	乘客 17 到达第 2 层，目的地是第 3 层
4384	N	2	0	X	0	U1	电梯门开始打开
4404	N	2	0	X	0	E3	乘客 17 进入
4424	N	2	X	X	0	U5	电梯门开始关闭
4449	U	2	X	X	0	E5	电梯上升
4484	U	3	0	X	0	E7	电梯停
4549	U	3	0	X	0	E2	电梯门开始打开
4549	N	3	0	X	0	E3	乘客 17 出去，离开系统
4569	N	3	X	X	0	U6	电梯门开始关闭
4625	N	3	X	X	X	E5	电梯下降
4660	D	3	0	X	0	E8	电梯停
4744	D	2	0	X	0	E2	电梯门开始打开
4744	N	2	0	X	0	E3	电梯门打开
4764	N	2	X	X	0	E4	电梯门开始关闭
4820	N	2	X	X	0	E5	电梯门开始关闭
4840	N	2	0	X	0	E1	电梯休眠
…							

表 1 的前面几行显示了一个更生动的场景：一位乘客呼叫电梯到第 0 层，但是 15.2 秒之后，他失去耐心，放弃等待；稍后，电梯来到第 0 层，但没有人在那里；然后，电梯又上升到 4 楼，因为那里有想要下楼的呼叫；等等.

这个系统的计算机（我们用 MIX）编程值得仔细研究. 在模拟期间的任意给定时刻，系统中可能有许多被模拟的乘客（他们处于各种队列中，准备在不同的时刻"放弃"）. 如果当电梯正试图关门时，许多人正要出去，则步骤 E4、E5 和 E9 还有可能本质上同时执行. 模拟时间的流逝和"同时发生"的处理可以通过如下方法编程：每个实体用一个结点表示，该结点包含一个 NEXTTIME 字段（表示该实体下一个动作发生的时间）和一个 NEXTINST 字段（指示该实体开始执行的指令的内存地址，类似于一般的协同程序的连接）. 每个等待时间流逝的实体都放在一个称作 WAIT 的双向链表中，表的"日程"按结点的 NEXTTIME 字段排序，使得动作可以按照正确的模拟时间次序处理. 程序还用双向链表表示 ELEVATOR 和 QUEUE 表.

每个代表活动（无论是乘客行为还是电梯动作）的结点都具有如下形式：

+	IN	LLINK1		RLINK1	
+	NEXTTIME				
+	NEXTINST		0	0	39
+	OUT	LLINK2		RLINK2	

(6)

这里，LLINK1 和 RLINK1 是用于表 WAIT 的链；LLINK2 和 RLINK2 是用于表 QUEUE 或 ELEVATOR 的链. 当结点(6)表示乘客时，后两个字段以及 IN 和 OUT 字段是相关的，但是对于表示电梯动作的结点，它们是不相关的. 结点的第三个字实际上是 MIX 的"JMP"指令.

图 12 显示了典型的 WAIT 表、ELEVATOR 表和一个 QUEUE 表的内容. QUEUE 表中的每个结点同时在 WAIT 表中，其 NEXTINST = U4，但是未在图中指出，因为复杂的链接将干扰基本思想.

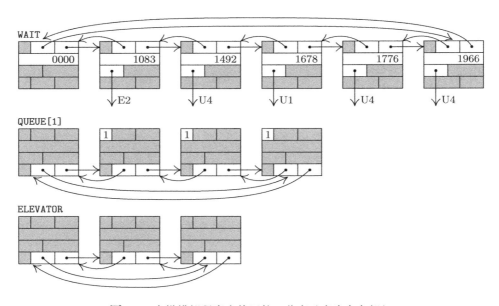

图 12　电梯模拟程序中使用的一些表（表头在左部）

现在，我们考虑程序本身. 程序相当长，不过它像所有的长程序一样，划分成一些小段，每个小段本身都很简单. 最前面的代码行只是用来设置表的初始内容. 这里有若干有趣之处.

WAIT 表（010–011 行）、QUEUE 表（026–031 行）和 ELEVATOR 表（032–033 行）的表头都是形如(6)的结点，但删除了一些不重要的字：WAIT 的表头只包含结点的前两个字，而 QUEUE 和 ELEVATOR 的表头只需要结点的最后一个字. 系统中始终还有另外 4 个结点（012–023 行）：结点 USER1 总是在步骤 U1，为新进入系统的乘客做准备；结点 ELEV1 在步骤 E1、E2、E3、E4、E6、E7 和 E8 支配电梯的主要动作；结点 ELEV2 和 ELEV3 用于电梯的动作 E5 和 E9，这些动作发生的模拟时间独立于其他电梯动作. 这些结点都只包含 3 个字，因为它们绝对不在 QUEUE 或 ELEVATOR 表中出现. 代表系统中每个实际乘客的结点将出现在主程序之后的存储池中.

```
001  * 电梯模拟
002  IN       EQU  1:1                          结点内的字段的定义
003  LLINK1   EQU  2:3
004  RLINK1   EQU  4:5
005  NEXTINST EQU  0:2
006  OUT      EQU  1:1
007  LLINK2   EQU  2:3
008  RLINK2   EQU  4:5

009  * 定长表和表头
010  WAIT     CON  *+2(LLINK1),*+2(RLINK1)     WAIT 表的表头
011           CON  0                                总是有 NEXTTIME = 0
012  USER1    CON  *-2(LLINK1),*-2(RLINK1)     这个结点代表动作 U1
013           CON  0                                并且它初始时是 WAIT 表的
014           JMP  U1                               唯一一项.
015  ELEV1    CON  0                           这个结点代表
016           CON  0                                除 E5 和 E9 之外的
017           JMP  E1                               电梯动作.
018  ELEV2    CON  0                           这个结点代表
019           CON  0                                E5 处的
020           JMP  E5                               独立的电梯动作.
021  ELEV3    CON  0                           这个结点代表
022           CON  0                                E9 处的
023           JMP  E9                               独立的电梯动作.
024  AVAIL    CON  0                           链接到可用结点
025  TIME     CON  0                           当前的模拟时间
026  QUEUE    EQU  *-3
027           CON  *-3(LLINK2),*-3(RLINK2)     QUEUE[0]的表头
028           CON  *-3(LLINK2),*-3(RLINK2)     QUEUE[1]的表头
029           CON  *-3(LLINK2),*-3(RLINK2)     所有的队列初始化
030           CON  *-3(LLINK2),*-3(RLINK2)         为空
031           CON  *-3(LLINK2),*-3(RLINK2)     QUEUE[4]的表头
032  ELEVATOR EQU  *-3
033           CON  *-3(LLINK2),*-3(RLINK2)     ELEVATOR的表头
034           CON  0                          ⎫
035           CON  0                          ⎬ CALL 表的"填料"
036           CON  0                          ⎪   （见 183–186 行）
037           CON  0                          ⎭
038  CALL     CON  0                           CALLUP[0],CALLCAR[0],CALLDOWN[0]
```

039		CON	0		CALLUP[1], CALLCAR[1], CALLDOWN[1]
040		CON	0		CALLUP[2], CALLCAR[2], CALLDOWN[2]
041		CON	0		CALLUP[3], CALLCAR[3], CALLDOWN[3]
042		CON	0		CALLUP[4], CALLCAR[4], CALLDOWN[4]
043		CON	0		
044		CON	0		CALL 表的 "填料"
045		CON	0		（见 178–181 行）
046		CON	0		
047	D1	CON	0		指示门开，活跃
048	D2	CON	0		指示没有延长的停顿
049	D3	CON	0		指示门开，不活跃 ▌

程序编码的下一部分包含基本子程序和模拟过程的主控程序. 子程序 INSERT 和 DELETE 执行双向链表上的典型操作，把当前结点插入 QUEUE 或 ELEVATOR 表，或从表中取出.（在该程序中，"当前结点" C 总是用变址寄存器 6 表示.）还有一些用于 WAIT 表的子程序：子程序 SORTIN 把当前结点插入 WAIT 表，按照 NEXTTIME 字段排序插入到正确位置. 子程序 IMMED 把当前结点插入到 WAIT 表的头部. 子程序 HOLD 把当前结点插入到 WAIT 表中，置其 NEXTTIME 字段为当前时间加上寄存器 A 的值. 子程序 DELETEW 从 WAIT 表删除当前结点.

程序 CYCLE 是模拟控制的核心：它决定下一次执行哪一项活动（即 WAIT 表的第一个元素，我们知道它非空），并转移到它. 有两个进入 CYCLE 的特殊入口：CYCLE1 首先设置当前结点的 NEXTINST，而 HOLDC 等同于一次附加的 HOLD 子程序调用. 这样，当寄存器 A 的值为 t 时，指令 "JMP HOLDC" 的效果是把活动延迟 t 个模拟单位时间，然后返回到下面的位置.

050		* 子程序和控制程序			
051	INSERT	STJ	9F		把 NODE(C) 插入到 NODE(rI1)左边:
052		LD2	3,1(LLINK2)		rI2 ← LLINK2(rI1).
053		ST2	3,6(LLINK2)		LLINK2(C) ← rI2.
054		ST6	3,1(LLINK2)		LLINK2(rI1) ← C.
055		ST6	3,2(RLINK2)		RLINK2(rI2) ← C.
056		ST1	3,6(RLINK2)		RLINK2(C) ← rI1.
057	9H	JMP	*		退出子程序.
058	DELETE	STJ	9F		从所在表中删除 NODE(C):
059		LD1	3,6(LLINK2)		P ← LLINK2(C).
060		LD2	3,6(RLINK2)		Q ← RLINK2(C).
061		ST1	3,2(LLINK2)		LLINK2(Q) ← P.
062		ST2	3,1(RLINK2)		RLINK2(P) ← Q.
063	9H	JMP	*		退出子程序.
064	IMMED	STJ	9F		先把 NODE(C) 插入到 WAIT 表:
065		LDA	TIME		
066		STA	1,6		置 NEXTTIME(C) ← TIME.
067		ENT1	WAIT		P ← LOC(WAIT).
068		JMP	2F		把 NODE(C) 插入到 NODE(P)右边.
069	HOLD	ADD	TIME		rA ← TIME + rA.
070	SORTIN	STJ	9F		把 NODE(C) 排序插入 WAIT 表:
071		STA	1,6		置 NEXTTIME(C) ← rA.
072		ENT1	WAIT		P ← LOC(WAIT).
073		LD1	0,1(LLINK1)		P ← LLINK1(P).

074		CMPA 1,1	从右到左，比较 NEXTTIME 字段.
075		JL *-2	重复，直到 NEXTTIME(C) ≥ NEXTTIME(P).
076	2H	LD2 0,1(RLINK1)	Q ← RLINK1(P).
077		ST2 0,6(RLINK1)	RLINK1(C) ← Q.
078		ST1 0,6(LLINK1)	LLINK1(C) ← P.
079		ST6 0,1(RLINK1)	RLINK1(P) ← C.
080		ST6 0,2(LLINK1)	LLINK1(Q) ← C.
081	9H	JMP *	退出子程序.
082	DELETEW	STJ 9F	从 WAIT 表删除 NODE(C):
083		LD1 0,6(LLINK1)	（除使用 LLINK1, RLINK1
084		LD2 0,6(RLINK1)	而不是使用 LLINK2, RLINK2 外,
085		ST1 0,2(LLINK1)	与 058–063 行相同.）
086		ST2 0,1(RLINK1)	
087	9H	JMP *	
088	CYCLE1	STJ 2,6(NEXTINST)	置 NEXTINST(C) ← rJ.
089		JMP CYCLE	
090	HOLDC	STJ 2,6(NEXTINST)	置 NEXTINST(C) ← rJ.
091		JMP HOLD	把 NODE(C) 插入 WAIT, 延迟 rA.
092	CYCLE	LD6 WAIT(RLINK1)	设置当前结点 C ← RLINK1(LOC(WAIT)).
093		LDA 1,6	
094		STA TIME	TIME ← NEXTTIME(C).
095		JMP DELETEW	从 WAIT 表移出 NODE(C).
096		JMP 2,6	转移到 NEXTINST(C). ∎

下面是协同程序 U. 在步骤 U1 的开始，当前结点 C 是 USER1（见上面 012–014 行），该程序的 099–100 行重新把 USER1 插入到 WAIT 表中，以便在 INTERTIME 个模拟时间单位之后产生下一位乘客. 紧随的 101–114 行负责为新产生的乘客建立结点；其 IN 和 OUT 楼层记录在该结点中. AVAIL 栈是单链接的，用每个结点的 RLINK1 字段链接. 注意，101–108 行使用 2.2.3–(7) 的 POOLMAX 技术，执行动作"C ⇐ AVAIL"；这里没有必要检查 OVERFLOW，因为整个存储池的大小（任意时刻系统中的乘客数）很少超过 10 个结点（40 个字）. 结点返回 AVAIL 栈的代码出现在 156–158 行.

在整个程序中，变址寄存器 4 等于变量 FLOOR，而变址寄存器 5 为正、负或零，取决于 STATE 等于 GOINGUP、GOINGDOWN 还是 NEUTRAL. 变量 CALLUP[j]、CALLCAR[j] 和 CALLDOWN[j] 分别占据位置 CALL + j 的字段 (1:1)(3:3) 和 (5:5).

097	* 协同程序 U		<u>U1. 进入，为后继做准备.</u>
098	U1	JMP VALUES	置 INFLOOR, OUTFLOOR, GIVEUPTIME, INTERTIME.
099		LDA INTERTIME	INTERTIME 由 VALUES 子程序计算.
100		JMP HOLD	把 NODE(C) 放入 WAIT, 延迟 INTERTIME.
101		LD6 AVAIL	C ← AVAIL.
102		J6P 1F	如果 AVAIL ≠ Λ, 则转移.
103		LD6 POOLMAX(0:2)	
104		INC6 4	C ← POOLMAX + 4.
105		ST6 POOLMAX(0:2)	POOLMAX ← C.
106		JMP *+3	假定内存溢出不会发生.
107	1H	LDA 0,6(RLINK1)	
108		STA AVAIL	AVAIL ← RLINK1(AVAIL).

```
109      LD1   INFLOOR            rI1 ← INFLOOR （由 VALUES 计算）.
110      ST1   0,6(IN)            IN(C) ← rI1.
111      LD2   OUTFLOOR           rI2 ← OUTFLOOR （由 VALUES 计算）.
112      ST2   3,6(OUT)           OUT(C) ← rI2.
113      ENTA  39                 把常量 39 （JMP 操作码）放入
114      STA   2,6                    操作码 (6)的第三个字.
115  U2  ENTA  0,4                U2. 发信号并等待.  置 rA ← FLOOR.
116      DECA  0,1                FLOOR − IN.
117      ST6   TEMP               保存 C 值.
118      JANZ  2F                 如果 FLOOR ≠ IN, 则转移.
119      ENT6  ELEV1              置 C ← LOC(ELEV1).
120      LDA   2,6(NEXTINST)      电梯在位置 E6?
121      DECA  E6
122      JANZ  3F
123      ENTA  E3                 如果是, 把它重新放到 E3.
124      STA   2,6(NEXTINST)
125      JMP   DELETEW            把它从 WAIT 表移出
126      JMP   4F                     并把它重新插入到 WAIT 表头部.
127  3H  LDA   D3
128      JAZ   2F                 如果 D3 = 0, 则转移.
129      ST6   D1                 否则置 D1 为非零.
130      STZ   D3                 置 D3 ← 0.
131  4H  JMP   IMMED              把 ELEV1 插入到 WAIT 表头部.
132      JMP   U3                 （rI1 和 rI2 已经改变.）
133  2H  DEC2  0,1                rI2 ← OUT − IN.
134      ENTA  1
135      J2P   *+3                如果正在上升, 则转移.
136      STA   CALL,1(5:5)        置 CALLDOWN[IN] ← 1.
137      JMP   *+2
138      STA   CALL,1(1:1)        置 CALLUP[IN] ← 1.
139      LDA   D2
140      JAZ   *+3                如果 D2 = 0, 则调用子程序 DECISION.
141      LDA   ELEV1+2(NEXTINST)
142      DECA  E1                 如果电梯在 E1,
143      JAZ   DECISION               则调用子程序 DECISION.
144  U3  LD6   TEMP               U3. 进入队列.
145      LD1   0,6(IN)
146      ENT1  QUEUE,1            rI1 ← LOC(QUEUE[IN]).
147      JMP   INSERT             把 NODE(C) 插入 QUEUE[IN]右端.
148  U4A LDA   GIVEUPTIME
149      JMP   HOLDC              等待 GIVEUPTIME 个单位时间.
150  U4  LDA   0,6(IN)            U4. 放弃.
151      DECA  0,4                IN(C) − FLOOR.
152      JANZ  *+3
153      LDA   D1                 FLOOR = IN(C).
154      JANZ  U4A                见习题 7
155  U6  JMP   DELETE             U6. 离开. 从 QUEUE 或 ELEVATOR.
```

156		LDA	AVAIL	删除NODE(C).
157		STA	0,6(RLINK1)	AVAIL ⇐ C.
158		ST6	AVAIL	
159		JMP	CYCLE	继续模拟.
160	U5	JMP	DELETE	*U5. 进入.* 从 QUEUE
161		ENT1	ELEVATOR	删除 NODE(C).
162		JMP	INSERT	把它插入ELEVATOR右部.
163		ENTA	1	
164		LD2	3,6(OUT)	
165		STA	CALL,2(3:3)	置 CALLCAR[OUT(C)] ← 1.
166		J5NZ	CYCLE	如果 STATE ≠ NEUTRAL, 则转移.
167		DEC2	0,4	rI2 ← OUT(C) − FLOOR.
168		ENT5	0,2	置 STATE 为正确的方向.
169		ENT6	ELEV2	置 C ← LOC(ELEV2).
170		JMP	DELETEW	从 WAIT表移出动作 E5.
171		ENTA	25	
172		JMP	E5A	再过 25 个单位时间, 重新开始 E5 动作. ∎

协同程序 E 的程序是上面给出的半形式化描述的直截了当的翻译. 或许, 最有趣的部分是在步骤 E3 为电梯的独立动作做准备, 以及在步骤 E4 搜索 ELEVATOR 和 QUEUE 表.

173		* 协同程序 E	
174	E1A	JMP	CYCLE1	置 NEXTINST ← E1, 转到 CYCLE.
175	E1	EQU	*	*E1. 等待呼叫.* （无动作）
176	E2A	JMP	HOLDC	
177	E2	J5N	1F	*E2. 改变状态?*
178		LDA	CALL+1,4	状态是GOINGUP.
179		ADD	CALL+2,4	
180		ADD	CALL+3,4	
181		ADD	CALL+4,4	
182		JAP	E3	有到更高层的呼叫吗?
183		LDA	CALL-1,4(3:3)	如果没有, 电梯中的乘客有到较低层的
184		ADD	CALL-2,4(3:3)	呼叫吗?
185		ADD	CALL-3,4(3:3)	
186		ADD	CALL-4,4(3:3)	
187		JMP	2F	
188	1H	LDA	CALL-1,4	状态为 GOINGDOWN.
189		ADD	CALL-2,4	动作类似于 178–186 行.
⋮				
196		ADD	CALL+4,4(3:3)	
197	2H	ENN5	0,5	反转 STATE的方向.
198		STZ	CALL,4	置 CALL 变量为零.
199		JANZ	E3	如果呼叫到相反方向, 则转移;
200		ENT5	0	否则置 STATE ← NEUTRAL.
201	E3	ENT6	ELEV3	*E3. 开门.*
202		LDA	0,6	如果活动 E9 已经调度,
203		JANZ	DELETEW	则把它从WAIT表移出.

204		ENTA	300	
205		JMP	HOLD	300 个时间单位后调度活动 E9.
206		ENT6	ELEV2	
207		ENTA	76	
208		JMP	HOLD	76 个时间单位后调度活动 E5.
209		ST6	D2	置 D2 非零.
210		ST6	D1	置 D1 非零.
211		ENTA	20	
212	E4A	ENT6	ELEV1	
213		JMP	HOLDC	
214	E4	ENTA	0,4	*E4. 让乘客出入.*
215		SLA	4	置 rA 的 OUT 字段为FLOOR.
216		ENT6	ELEVATOR	C ← LOC(ELEVATOR).
217	1H	LD6	3,6(LLINK2)	C ← LLINK2(C).
218		CMP6	=ELEVATOR=	自右向左搜索 ELEVATOR.
219		JE	1F	如果 C = LOC(ELEVATOR),则搜索完成.
220		CMPA	3,6(OUT)	OUT(C) 与 FLOOR比较.
221		JNE	1B	如果不相等,则继续搜索;
222		ENTA	U6	否则,准备把乘客送到 U6.
223		JMP	2F	
224	1H	LD6	QUEUE+3,4(RLINK2)	置 C ← RLINK2(LOC(QUEUE[FLOOR])).
225		CMP6	3,6(RLINK2)	C = RLINK2(C) 吗?
226		JE	1F	如果相等,则该队列为空.
227		JMP	DELETEW	如果不等,则对该乘客取消动作 U4.
228		ENTA	U5	准备用 U5 取代 U4.
229	2H	STA	2,6(NEXTINST)	置 NEXTINST(C).
230		JMP	IMMED	把乘客放入 WAIT 表头部.
231		ENTA	25	
232		JMP	E4A	等待 25 个单位时间并重复 E4.
233	1H	STZ	D1	置 D1 ← 0.
234		ST6	D3	置 D3 非零.
235		JMP	CYCLE	返回模拟其他事件.
236	E5A	JMP	HOLDC	
237	E5	LDA	D1	*E5. 关门.*
238		JAZ	*+3	D1 = 0 吗?
239		ENTA	40	如果不等,则乘客仍然在进出.
240		JMP	E5A	等待 40 个单位时间,重复 E5.
241		STZ	D3	如果 D1 = 0,则置 D3 ← 0.
242		ENT6	ELEV1	
243		ENTA	20	
244		JMP	HOLDC	等待 20 个单位时间,然后转到 E6.
245	E6	J5N	*+2	*E6. 准备移动.*
246		STZ	CALL,4(1:3)	如果 STATE ≠ GOINGDOWN,则重新设置
247		J5P	*+2	CALLUP 和 CALLCAR.
248		STZ	CALL,4(3:5)	如果 STATE ≠ GOINGUP,则重新设置 CALLCAR 和 CALLDOWN.
249		J5Z	DECISION	执行 DECISION 子程序.
250	E6B	J5Z	E1A	如果 STATE = NEUTRAL,则转到 E1 并等待.

```
251        LDA  D2
252        JAZ  *+4
253    ENT6 ELEV3                 否则，如果 D2 ≠ 0，
254        JMP  DELETEW              则取消行动 E9
255        STZ  ELEV3               （见 202 行）.
256        ENT6 ELEV1
257        ENTA 15                 等待 15 个单位时间
258        J5N  E8A                如果 STATE = GOINGDOWN，则转到 E8.
259 E7A    JMP  HOLDC
260 E7     INC4 1                  E7. 上升一层.
261        ENTA 51
262        JMP  HOLDC              等待 51 个单位时间.
263        LDA  CALL,4(1:3)        CALLCAR[FLOOR] 或 CALLUP[FLOOR] ≠ 0 吗?
264        JAP  1F
265        ENT1 -2,4               如果否，
266        J1Z  2F                     FLOOR = 2 吗?
267        LDA  CALL,4(5:5)        如果否，CALLDOWN[FLOOR] ≠ 0 吗?
268        JAZ  E7                 如果否，重复步骤 E7.
269 2H     LDA  CALL+1,4
270        ADD  CALL+2,4
271        ADD  CALL+3,4
272        ADD  CALL+4,4
273        JANZ E7                 有去更高层的呼叫吗?
274 1H     ENTA 14                 该是停下电梯的时候了.
275        JMP  E2A                等待 14 个单位时间，并转到 E2.
276 E8A    JMP  HOLDC
    ⋮                             （见习题 8）
292        JMP  E2A
293 E9     STZ  0,6                E9. 置不活动指示器.  （见 202 行）
294        STZ  D2                 D2 ← 0
295        JMP  DECISION           执行DECISION 子程序.
296        JMP  CYCLE              返回模拟其他事件.  ▮
```

这里，我们将不考虑 DECISION 子程序（见习题 9），也不考虑用来说明乘客对电梯要求的 VALUES 子程序. 程序的最后几行代码是

```
BEGIN    ENT4 2       以 FLOOR = 2,
         ENT5 0          STATE = NEUTRAL 开始.
         JMP  CYCLE   开始模拟.
POOLMAX  NOP  POOL
POOL     END  BEGIN   存储池位于文字、临时存储后.  ▮
```

随着各步执行，上面的程序很好地模拟了电梯系统. 但是，运行这个程序毫无用处，因为它没有输出! 实际上，我曾增加一个 PRINT 子程序，在上面程序的关键步调用，并用来准备表1. 我们忽略了这些细节，因为这些相当简单，加进来只会扰乱代码.

前人已经设计了一些程序设计语言，因此我们很容易说明离散模拟系统中的动作，并使用编译程序把这些说明翻译成机器语言. 当然，本节使用了汇编语言，因为我们在这里关心的

是链表操作的基本技术，想看看如何使用一台"一意孤行"的计算机实际执行离散模拟的细节. 本节使用 WAIT 表或日程表控制协同程序的顺序，这种做法称作拟并行处理（quasiparallel processing）.

很难精确分析这种长程序的运行时间，因为这涉及错综复杂的交互作用. 但是大程序通常把大部分时间花在做相对简单的事情的较短程序上. 因此，使用一个称为分析器（profiler）的特殊跟踪程序，通常可以合理得出程序的总体效率. 分析器运行该程序并记录每条指令的执行次数，因此可以识别程序的"瓶颈"，即程序中特别需要注意的地方. ［见习题 1.4.3.2–7. 又见 *Software Practice & Experience* **1** (1971), 105–133，在那篇论文中，我从斯坦福计算中心废纸篓中随机选择 FORTRAN 程序做研究.］我用上面的电梯程序做了一个实验，运行了 10000 个模拟时间单位，26 位乘客进入了模拟系统. SORTIN 循环中的指令（073–075 行）执行最频繁，执行了 1432 次，而 SORTIN 程序本身被调用 437 次. CYCLE 程序执行了 407 次，因此如果不在 095 行调用 DELETEW 子程序，则可以提高一点儿速度，这个子程序的 4 行代码可以全部写出来（以便每次使用 CYCLE 时节省 $4u$ 个单位时间）. 分析器还表明，DECISION 子程序只调用了 32 次，而 E4 中的循环（217–219 行）只运行了 142 次.

我在准备本例时学到许多关于电梯的知识，希望读者也能够从上面的例子中学到同样多的关于模拟的知识.

习题

1. [21] 给出在如(1)表示的双向链表的左端插入和删除信息的说明.（由对称性得到右端的一对操作，合起来得到一般双端队列的所有操作.）

▶ **2.** [22] 解释为什么单链接的表不可能像一般双端队列那样有效地操作，项的删除只能在单链表的一端高效进行.

▶ **3.** [22] 正文中描述的电梯系统对每个楼层使用了三个呼叫变量CALLUP、CALLCAR和CALLDOWN，表示被系统中的乘客按下的按钮. 可能有人认为，对于每个楼层的呼叫按钮，电梯实际上只需要一或两个二元变量，而不是三个. 解释实验者在这种电梯系统中以何种顺序按动按钮，可以证明每层（除顶层和底层之外）有三个独立的二元变量.

4. [24] 电梯协同程序中的步骤 E9 通常被步骤 E6 取消，即使不取消也做不了多少次操作. 解释如果把活动 E9 从系统删除，在什么环境下，电梯的行为将不相同. 例如，它有时会以不同的次序访问楼层吗？

5. [20] 在表 1 中，乘客 10 在时刻 1048 到达第 0 层. 如果乘客 10 不是到达第 0 层，而是到达第 2 层，证明尽管乘客 8 想要下到第 0 层，电梯在接纳第 1 层的乘客之后将继续上行，而不是下行.

6. [23] 在表 1 中，在时间 1183–1233 期间，乘客 7、8 和 9 都在第 1 层进入电梯. 然后，电梯下行到 0 层，只有乘客 8 下电梯. 现在，电梯再次停在第 1 层，打算接乘客 7 和 9，但他们已经上了电梯. 事实上，没有人在第 1 层等待乘电梯.（这种情况在加州理工并不罕见，如果你登上开往错误方向的电梯，那么再次经过原来的楼层时，你必须等待另一次停止.）在许多电梯系统中，乘客 7 和 9 将不会在时刻 1183 登上电梯，因为电梯外的灯显示电梯正在向下，而不是向上，所以他们会等待电梯掉头向上停下来. 在这里所描述的系统中，没有这样的灯，乘客在进入电梯之前不可能知道电梯正朝哪个方向运行，因此表 1 反映了这一实际情况.

如果我们模拟相同的电梯系统，但是有一个指示灯，使得乘客不会登上反方向的电梯，那么协同程序 U 和 E 要做哪些改变？

7. [25] 尽管程序中的错误常常使程序员为难，但是如果我们想从错误中学习，就应该把错误记录下来，告诉其他人，而不是忘掉它们. 下面的错误是我第一次写本节的程序时所犯下的：154 行写成 "JANZ CYCLE"，而不是 "JANZ U4A". 理由是，如果电梯确实到达了乘客所在的楼层，则没有必要再做"放弃"活动 U4，因此可以直接转到 CYCLE，继续模拟其他活动. 错在哪里？

8. [*21*] 写出步骤 E8（即 277–292 行）的代码，正文省略了这段程序.

9. [*23*] 写出 DECISION 子程序的代码，正文省略了该子程序.

10. [*40*] 或许有必要指出以下事实：尽管我已经使用电梯多年，自认为很了解它，但是直到试图写本节时，我才意识到，关于电梯系统的方向选择，自己还有相当多的事实并不知晓. 我又回头做了 6 次实验，每次都以为终于完全理解了电梯的工作方式.（现在，我都不愿乘电梯了，因为担心还会出现新情况，与所给出的算法相悖.）若不是试图在计算机上模拟，我们常常意识不到自己对某事物缺乏了解.

试描述你所熟悉的某电梯的动作. 通过用电梯本身实验，检验该算法（不许直接查看电梯线路!），然后为该系统设计一个离散模拟程序，并在一台计算机上运行它.

▶ **11.** [*21*] （*A* 内存稀疏更新）下面的问题经常在同步模拟中出现：系统有 n 个变量V[1],...,V[n]，并且在每个模拟步，由旧值计算其中某些变量的新值. 假定这些计算"同步地"进行，即直到所有的赋值都进行之后，这些变量才改变成其新值. 这样，出现于相同的模拟时刻的两个语句

$$\text{V}[1] \leftarrow \text{V}[2] \qquad \text{和} \qquad \text{V}[2] \leftarrow \text{V}[1]$$

将交换V[1]和V[2]的值，这与顺序计算所发生的情况截然不同.

当然，所希望的动作可以通过使用一个附加的表 NEWV[1],...,NEWV[n] 来模拟. 在每个模拟步之前，我们可以对$1 \leq k \leq n$，置 NEWV[k] ← V[k]，然后在 NEWV[k] 中记录 V[k]的所有改变，最后，在模拟步之后，对 $1 \leq k \leq n$，置 V[k] ← NEWV[k]. 但是，这种"蛮干"方法并不完全令人满意，原因如下：(1) n 通常很大，但是每步改变的变量数目相当小；(2) 这些变量通常并未很好地排列成表 V[1],...,V[n]，而是散乱地散布在整个内存；(3) 这种方法并未检测在同一个模拟步给一个变量赋予两个值的情况（通常是模型错误）.

假定每步改变的变量个数相当少，设计一个有效的算法，使用两个附加的表 NEWV[k] 和 LINK[k]（$1 \leq k \leq n$）模拟希望的动作. 如果可能在一个模拟步给同一个变量赋予两个不同的值，则出现这种状况时，你的程序要报错停止.

▶ **12.** [*22*] 为什么说在本节的程序中，应该使用双向链表而不是单向链表或顺序表?

2.2.6 数组与正交表

线性表最简单的推广之一是信息的二维或更高维数组. 例如，考虑一个 $m \times n$ 矩阵

$$\begin{pmatrix} \text{A}[1,1] & \text{A}[1,2] & \ldots & \text{A}[1,n] \\ \text{A}[2,1] & \text{A}[2,2] & \ldots & \text{A}[2,n] \\ \vdots & \vdots & & \vdots \\ \text{A}[m,1] & \text{A}[m,2] & \ldots & \text{A}[m,n] \end{pmatrix}. \tag{1}$$

在这个二维数组中，每个结点 A[j,k] 都属于两个线性表："行 j"表A[j,1],A[j,2],...,A[j,n] 和"列 k"表A[1,k], A[2,k],...,A[m,k]. 这些正交的行表和列表本质上是源于矩阵的二维结构. 类似的评述也适用于信息的更高维的数组.

顺序分配. 当(1)这样的数组存放在顺序存储位置时，通常分配存储，使得

$$\text{LOC(A[J,K])} = a_0 + a_1\text{J} + a_2\text{K}, \tag{2}$$

其中，a_0、a_1 和 a_2 是常数. 让我们考虑更一般的情况：假设我们有一个 4 维数组，对于 $0 \leq \text{I} \leq 2$，$0 \leq \text{J} \leq 4$，$0 \leq \text{K} \leq 10$，$0 \leq \text{L} \leq 2$ 有一个字的元素 Q[I,J,K,L] . 我们想分配存储，使得这意味

$$\text{LOC(Q[I,J,K,L])} = a_0 + a_1\text{I} + a_2\text{J} + a_3\text{K} + a_4\text{L}. \tag{3}$$

I，J，K或L的改变导致Q[I,J,K,L]位置的改变容易计算. 分配存储的最自然的（和最常用的）方法是按下标的字典序排列数组元素（习题 1.2.1–15(d)），有时称作"行优先序"：

$$Q[0,0,0,0],\ Q[0,0,0,1],\ Q[0,0,0,2],\ Q[0,0,1,0],\ Q[0,0,1,1],\ \ldots,$$
$$Q[0,0,10,2],\ Q[0,1,0,0],\ \ldots,\ Q[0,4,10,2],\ Q[1,0,0,0],\ \ldots,$$
$$Q[2,4,10,2].$$

容易看出，这种序满足(3)的要求，并且我们有：

$$\text{LOC}(Q[I,J,K,L]) = \text{LOC}(Q[0,0,0,0]) + 165I + 33J + 3K + L \tag{4}$$

一般地，给定一个 k 维数组，具有 c 个字的元素 $A[I_1,I_2,\ldots,I_k]$，其中

$$0 \le I_1 \le d_1, \quad 0 \le I_2 \le d_2, \quad \ldots, \quad 0 \le I_k \le d_k.$$

我们可以把它存放在内存，形式为

$$\begin{aligned}
&\text{LOC}(A[I_1,I_2,\ldots,I_k]) \\
&= \text{LOC}(A[0,0,\ldots,0]) + c(d_2{+}1)\ldots(d_k{+}1)I_1 + \cdots + c(d_k{+}1)I_{k-1} + cI_k \\
&= \text{LOC}(A[0,0,\ldots,0]) + \sum_{1 \le r \le k} a_r I_r,
\end{aligned} \tag{5}$$

其中

$$a_r = c \prod_{r < s \le k} (d_s + 1). \tag{6}$$

为了看出这个公式为何行得通，我们指出，如果 $I_1,\ldots,I_r$ 是常量，而 $J_{r+1},\ldots,J_k$ 遍取 $0 \le J_{r+1} \le d_{r+1},\ldots, 0 \le J_k \le d_k$，则 a_r 是存放子数组 $A[I_1,\ldots,I_r,J_{r+1},\ldots,J_k]$ 所需要的内存总量. 因此，根据字典序的性质，当 I_r 改变 1 时，$A[I_1,\ldots,I_k]$ 的地址应该精确地按这个数量改变.

公式(5)和(6)对应于混合进制数 $I_1 I_2 \ldots I_k$ 的值. 例如，如果有一个数组 TIME[W,D,H,M,S]，其中 $0 \le \text{W} < 4$, $0 \le \text{D} < 7$, $0 \le \text{H} < 24$, $0 \le \text{M} < 60$, $0 \le \text{S} < 60$，则 TIME[0,0,0,0,0] 的位置应该是 TIME[W,D,H,M,S] 的位置，加上转换成秒的量"W周 ＋DD 天 ＋H 小时 ＋M 分 ＋S秒". 当然，如果能用到具有 2 419 200 个元素的数组，那么应用一定相当有趣而复杂.

若数组具有完整的矩形结构，使得对于在独立区间变化的下标 $l_1 \le I_1 \le u_1, l_2 \le I_2 \le u_2,\ldots, l_k \le I_k \le u_k$，所有元素 $A[I_1,I_2,\ldots,I_k]$ 都出现，存放数组的常规方法是合适的. 习题 2 显示如何调整(5)和(6)，使之适合下界 $(l_1,l_2,\ldots,l_k)$ 不是 $(0,0,\ldots,0)$ 的情况.

但是，还有许多情况，数组不是矩形的. 最常见的是三角矩阵，比如只对 $0 \le k \le j \le n$，存放元素 $A[j,k]$：

$$\begin{pmatrix}
A[0,0] & & & \\
A[1,0] & A[1,1] & & \\
\vdots & \vdots & \ddots & \\
A[n,0] & A[n,1] & \ldots & A[n,n]
\end{pmatrix}. \tag{7}$$

我们可能已经知道其余元素均为 0，或者 $A[j,k] = A[k,j]$，因此只需要存放一半的值. 如果想在 $\frac{1}{2}(n+1)(n+2)$ 个连续的存储位置存放下三角矩阵(7)，则不得不放弃像等式(2)所示的线性分配，改为如下形式的分配安排

$$\text{LOC}(A[J,K]) = a_0 + f_1(J) + f_2(K), \tag{8}$$

其中 f_1 和 f_2 是单变量函数.（如果愿意的话，常量 a_0 可以放到 f_1 或 f_2 中.）当寻址具有式 (8) 的形式时，如果我们保存两个附加的（相当短的）f_1 和 f_2 的值表，则可以快速访问随机元素 $A[j,k]$，因此，这些函数只需要计算一次.

结果是，数组(7) 的下标的字典序满足条件(8). 使用一字元素，事实上有简单的公式

$$\text{LOC}(A[J,K]) = \text{LOC}(A[0,0]) + \frac{J(J+1)}{2} + K. \tag{9}$$

但是，如果恰好有两个大小相同的三角矩阵，那么实际上有更好的存放办法. 假设我们想存放$A[j,k]$和$B[j,k]$，$0 \le k \le j \le n$. 于是，使用如下约定

$$A[j,k] = C[j,k], \qquad B[j,k] = C[k,j+1]. \tag{10}$$

我们可以把它们放入单个矩阵C$[j,k]$中，其中 $0 \le j \le n$，$0 \le k \le n+1$. 于是

$$\begin{pmatrix} C[0,0] & C[0,1] & C[0,2] & \dots & C[0,n+1] \\ C[1,0] & C[1,1] & C[1,2] & \dots & C[1,n+1] \\ \vdots & & & & \vdots \\ C[n,0] & C[n,1] & C[n,2] & \dots & C[n,n+1] \end{pmatrix} \equiv \begin{pmatrix} A[0,0] & B[0,0] & B[1,0] & \dots & B[n,0] \\ A[1,0] & A[1,1] & B[1,1] & \dots & B[n,1] \\ \vdots & & & & \vdots \\ A[n,0] & A[n,1] & A[n,2] & \dots & B[n,n] \end{pmatrix}.$$

两个三角矩阵一起挤进 $(n+1)(n+2)$ 个位置的空间内，而且有像(2)一样的线性寻址.

三角矩阵推广到较高维称为四面体数组（tetrahedral array）. 这个有趣的课题是习题 6 到 8 的主题.

关于使用顺序存储数组的典型程序设计技术范例，见习题 1.3.2-10 和该题的两个答案. 在那些程序中，高效地遍历行和列的基本技术以及顺序栈的使用，都特别有趣.

链接分配. 链接存储分配也能自然用于信息的高维数组. 一般地，结点可以包含 k 个链字段，结点所属的每个表对应一个字段. 链接存储一般用于这种情况：数组在特征上不是严格矩形的.

例如，假设有一个表，其中每个结点代表一个人，每个结点有 4 个链字段：SEX（性别），AGE（年龄），EYES（眼睛）和 HAIR（头发）. 在 EYES 字段，我们把眼睛颜色相同的所有结点链接在一起，等等（见图 13）. 容易构思把新的人插入到表中的高效算法，然而除非使用双链接，否则删除将慢得多. 我们还能构思出具有不同效率的算法，完成"找出所有 21 到 23 岁的蓝眼金发女人"之类事情，见习题 9 和 10. 表的每个结点同时属于多个其他类型的表，这种问题的出现相当频繁. 确实，在上一节介绍的电梯系统模拟中，就有一些结点同时在 QUEUE 和 WAIT 表中.

为详细举例说明正交表使用链接分配的做法，我们考虑稀疏矩阵（即大部分元素为零的高阶矩阵）. 目标是，在这些矩阵上操作时，就像提供了整个矩阵一样，同时又要节省大量时间和空间，因为不必提供零元素. 为了随机访问矩阵的元素，一种做法是使用第 6 章的存储和检索方法，从键"$[j,k]$"找$A[j,k]$. 然而，另一种处理稀疏矩阵的方式更可取，因为它更好地反映了矩阵结构，下面就讨论这种方法.

矩阵表示由每行、每列的循环链接的表组成，每个结点包含 3 个字和 5 个字段：

ROW	UP
COL	LEFT
VAL	

$$\tag{11}$$

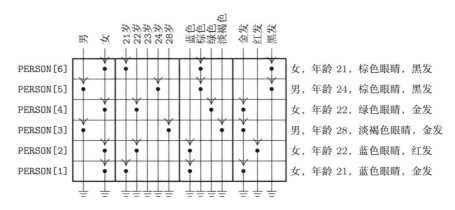

图 13　每个结点在 4 个不同的表中

这里，ROW 和 COL 是结点的行下标和列下标；VAL 是存放在矩阵该处的值；LEFT 和 UP 分别是指向该行左边元素和该列上方元素的链. 对于每一行和每一列，有一个特殊的表头结点 BASEROW[i] 和 BASECOL[j]. 这些结点通过

$$\text{COL}(\text{LOC}(\text{BASEROW}[i])) < 0 \qquad 和 \qquad \text{ROW}(\text{LOC}(\text{BASECOL}[j])) < 0$$

来标识. 像通常的循环表一样，BASEROW[i] 中的 LEFT 链是该行最右边的值的位置，而 BASECOL[j] 中的 UP 是该列最底下的值的位置. 例如，矩阵

$$\begin{pmatrix} 50 & 0 & 0 & 0 \\ 10 & 0 & 20 & 0 \\ 0 & 0 & 0 & 0 \\ -30 & 0 & -60 & 5 \end{pmatrix} \tag{12}$$

将表示成图 14.

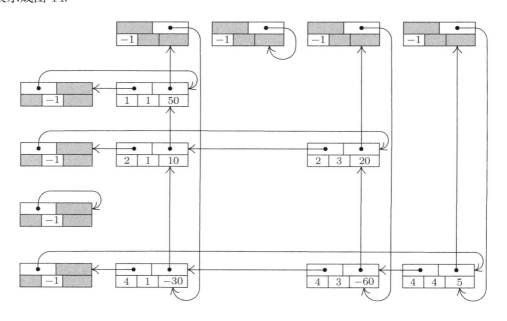

图 14　矩阵(12)的表示，其结点格式为

LEFT		UP
ROW	COL	VAL

，表头出现在最左和最上

使用顺序存储分配，一个 200×200 的矩阵将占 40000 个字，这比许多计算机以往所具有的内存还要多. 但是，一个相当稀疏的 200×200 的矩阵像上面那样，甚至可以在 MIX 的 4000 个字的内存中表示.（见习题 11.）如果每行或每列没有几个元素的话，随机访问元素 A[j,k] 所花费的时间也相当短. 由于大部分矩阵算法是顺序遍历矩阵，而不是随机访问矩阵的元素，因此这种链接表示比顺序表示快.

处理这种形式的稀疏矩阵，有一种具有代表性的非平凡算法，要考虑主元步操作（pivot step）. 这种操作是解线性方程组、矩阵求逆和用单纯形法解线性规划问题算法的重要部分. 主元步是如下矩阵变换［见杜立德，*Report of the Superintendent of the U. S. Coast and Geodetic Survey* (1878), 115–120］：

$$
\begin{array}{cc}
\text{主元步之前} & \text{主元步之后}
\end{array}
$$

$$
\begin{array}{cc}
\begin{array}{c} \text{主元行} \\[12pt] \text{其他行} \end{array}
\begin{array}{c} \text{主元列} \quad \text{其他列} \\
\begin{pmatrix}
 & \vdots & & \vdots & \\
\cdots & a & \cdots & b & \cdots \\
 & \vdots & & \vdots & \\
\cdots & c & \cdots & d & \cdots \\
 & \vdots & & \vdots &
\end{pmatrix}
\end{array},
&
\begin{array}{c} \text{主元列} \qquad \text{其他列} \\
\begin{pmatrix}
 & \vdots & & \vdots & \\
\cdots & 1/a & \cdots & b/a & \cdots \\
 & \vdots & & \vdots & \\
\cdots & -c/a & \cdots & d-bc/a & \cdots \\
 & \vdots & & \vdots &
\end{pmatrix}
\end{array}
\end{array} \tag{13}
$$

假定主元素 a 非零. 例如，对矩阵(12)使用主元步，以第 2 行第 1 列的元素 10 为主元，得

$$
\begin{pmatrix}
-5 & 0 & -100 & 0 \\
0.1 & 0 & 2 & 0 \\
0 & 0 & 0 & 0 \\
3 & 0 & 0 & 5
\end{pmatrix}. \tag{14}
$$

我们的目标是设计一个算法，在如图 14 表示的稀疏矩阵上执行主元操作. 显然，变换(13)只影响主元列上具有非零元素的行，并且只影响主元行上具有非零元素的列.

在许多方面，主元算法都是前述链接技术的直截了当的应用，特别是非常类似多项式加法算法 2.2.4A. 然而，有两件事使得该问题多少需要一点技巧：在式 (13) 中，如果有 $b \neq 0$，$c \neq 0$，但是 $d = 0$，则矩阵的稀疏表示中没有表示 d 的项，必须插入一个新项；如果 $b \neq 0$，$c \neq 0$，$d \neq 0$，但 $d-bc/a = 0$，则我们必须删除先前存在的项. 这些二维数组的插入和删除操作比一维数组更有趣. 为了做这些操作，我们必须知道哪些链受影响. 算法自底向上逐一处理矩阵的行. 插入和删除的高效性需要引入指针变量 PTR[j] 的集合. 所考虑的每一列有一个指针变量，这些指针向上遍历这些列，使得我们能够更新两个维上的相应链.

算法 S（稀疏矩阵的主元步）. 给定如图 14 所示的矩阵，执行主元操作(13). 假定 PIVOT 是一个指向主元素的链变量. 算法使用存放链变量 PTR[j] 的表，矩阵的每列对应一个链变量. 假定变量 ALPHA 和结点的 VAL 字段是浮点或有理量，而算法的其他量都具有整数值.

S1.［初始化.］置 ALPHA ← 1.0/VAL(PIVOT)，VAL(PIVOT) ← 1.0，并且

$$
\begin{aligned}
&\text{I0} \leftarrow \text{ROW(PIVOT)}, && \text{P0} \leftarrow \text{LOC(BASEROW[I0])}; \\
&\text{J0} \leftarrow \text{COL(PIVOT)}, && \text{Q0} \leftarrow \text{LOC(BASECOL[J0])}.
\end{aligned}
$$

S2. [处理主元行.] 置 P0 ← LEFT(P0), J ← COL(P0). 如果 $J < 0$, 则继续到步骤 S3 (主元行已经遍历). 否则, 置 PTR[J] ← LOC(BASECOL[J]), VAL(P0) ← ALPHA × VAL(P0), 并重复步骤 S2.

S3. [找新行.] 置 Q0 ← UP(Q0). (算法的其余部分自底向上, 对于主元列存在项的行, 逐一处理每一行.) 置 I ← ROW(Q0). 如果 $I < 0$, 则算法终止. 如果 $I = I0$, 则重复步骤 S3 (我们已经处理完主元行). 否则, 置 P ← LOC(BASEROW[I]), P1 ← LEFT(P). (现在, 随着P0同步地通过行I0, 指针P和P1将自右向左通过行I. 算法 2.2.4A 类似. 此时, 我们有 P0 = LOC(BASEROW[I0])).

S4. [找新列.] 置 P0 ← LEFT(P0), J ← COL(P0). 如果 $J < 0$, 则置 VAL(Q0) ← −ALPHA × VAL(Q0), 并回到 S3. 如果 $J = J0$, 则重复 S4. (这样, 在其他列元素都处理之后, 我们再处理第 I 行的主元列元素, 理由是步骤 S7 中需要 VAL(Q0).)

S5. [找 I, J 元素.] 如果 COL(P1) $>$ J, 则置 P ← P1, P1 ← LEFT(P), 并重复步骤 S5. 如果 COL(P1) $=$ J, 则转到步骤 S7; 否则, 转到步骤 S6 (我们需要在第I行的第J列插入一个新元素).

S6. [插入 I, J 元素.] 如果 ROW(UP(PTR[J])) $>$ I, 则置 PTR[J] ← UP(PTR[J]), 并重复步骤 S6. (否则, 我们有 ROW(UP(PTR[J])) $<$ I; 在垂直维, 新元素恰插入在 NODE(PTR[J]) 的上方; 在水平维, 恰在 NODE(P) 的左边.) 否则, 置 X ⇐ AVAIL, VAL(X) ← 0, ROW(X) ← I, COL(X) ← J, LEFT(X) ← P1, UP(X) ← UP(PTR[J]), LEFT(P) ← X, UP(PTR[J]) ← X, P1 ← X.

S7. [主元.] 置 VAL(P1) ← VAL(P1) − VAL(Q0) × VAL(P0). 如果现在 VAL(P1) $=$ 0, 则转到 S8. (注意: 在使用浮点数算术运算时, 测试 "VAL(P1) = 0" 应该代之以 "|VAL(P1)| < EPSILON", 或代之以更好的条件 "VAL(P1)在减法中丢失大部分有效数字".) 否则, 置 PTR[J] ← P1, P ← P1, P1 ← LEFT(P), 并转回 S4.

S8. [删除 I, J 元素.] 如果 UP(PTR[J]) $\neq$ P1 (或如果 ROW(UP(PTR[J])) $>$ I, 两个条件实质上是等价的), 则置 PTR[J] ← UP(PTR[J]), 并重复步骤 S8; 否则, 置 UP(PTR[J]) ← UP(P1), LEFT(P) ← LEFT(P1), AVAIL ⇐ P1, P1 ← LEFT(P). 转回步骤 S4. ∎

这个算法的编程作为一个有益的练习留给读者 (见习题 15). 这里, 值得指出的是, 有必要仅给 BASEROW[i] 和 BASECOL[j] 的每个结点分配一个字的内存, 因为它们的大部分字段是不相关的. (见图 14 的阴影区域, 并见 2.2.5 节的程序.) 此外, 可以把值 −PTR[j] 作为 ROW(LOC(BASECOL[j])) 存放, 进一步节省存储空间. 算法 S 的运行时间粗略地正比于受主元操作影响的矩阵元素个数.

用正交的循环表表示稀疏矩阵是有启发意义的, 但是数值分析已经开发了更好的方法. 见弗雷德·古斯塔夫森, *ACM Trans. on Math. Software* **4** (1978), 250–269; 又见第 7 章的图和网络算法 (如算法 7B).

习题

1. [*17*] 如果 A 是式 (1) 的矩阵, 并且数组的每个结点都占两个字, 假定结点按其下标的字典序连续存放, 给出计算 LOC(A[J,K]) 的公式.

▶ **2.** [*21*] 从假设对于 $0 \leq I_r \leq d_r$ 有 $1 \leq r \leq k$ 出发, 推导出了公式(5)和(6). 给出适用于 $l_r \leq I_r \leq u_r$ 的一般公式, 其中 l_r 和 u_r 是维上的任意下界和上界.

3. [21] 正文中对于 $0 \leq k \leq j \leq n$，考虑了下三角矩阵 A[j,k]. 如果下标从 1 开始，而不是从 0 开始，即 $1 \leq k \leq j \leq n$，该如何修改这一讨论？

4. [22] 证明：如果我们按下标的字典序存放上三角矩阵 A[j,k]（$0 \leq j \leq k \leq n$），则分配满足等式(8)的条件. 在这种意义下，找出 LOC(A[J,K]) 的计算公式.

5. [20] 证明：即使A是像(9)一样的三角矩阵，使用习题 2.2.2–3 的间接寻址特征，仍然可能用一条 MIX 指令，把 A[J,K] 的值装入到寄存器 A 中.（假定 J 和 K 的值在变址寄存器中.）

▶ **6.** [M24] 考虑"四面体数组"A[i,j,k] 和 B[i,j,k]，其中 A 中有 $0 \leq k \leq j \leq i \leq n$，B 中有 $0 \leq i \leq j \leq k \leq n$. 假设这两个数组都按下标的字典序存放在连续的内存单元中. 证明存在函数 f_1、f_2 和 f_3，使得 LOC(A[I,J,K]) $= a_0 + f_1(\text{I}) + f_2(\text{J}) + f_3(\text{K})$. LOC(B[I,J,K])也可以用类似的方法表示吗？

7. [M23] 找出对 k 维四面体数组A$[i_1,i_2,\ldots,i_k]$ 分配存储的一般公式，其中 $0 \leq i_k \leq \cdots \leq i_2 \leq i_1 \leq n$.

8. [33] （彼得·韦格纳）假设我们有 6 个四面体数组 A[I,J,K]，B[I,J,K]，C[I,J,K]，D[I,J,K]，E[I,J,K] 和 F[I,J,K] 需要存放在内存中，其中 $0 \leq \text{K} \leq \text{J} \leq \text{I} \leq n$. 是否有一种类似于二维情况下的式 (10) 的简洁方法来实现？

9. [22] 假设已经建立了一张类似于图 13 但是大得多的表，所有的链都与图 13 显示的方向相同（即对于所有的结点和链，都有 LINK(X) < X）. 设计一个算法，通过检查各链字段，找出所有年龄在 21 到 23 岁的蓝眼金发女郎的地址，要求在算法完成时，对 FEMALE、A21、A22、A23、BLOND 和 BLUE 各表最多扫描一遍.

10. [26] 你能想出更好的组织人员表的方法，使得上题所述的检索更高效吗？（不能仅仅回答"能"或"不能".）

11. [11] 假设有一个 200×200 的矩阵，其中每行最多有 4 个非零元素. 如果表头用一个字，每个其他结点用三个字，像图 14 那样表示该矩阵需要多少存储？

▶ **12.** [20] 按照(13)中使用的记号 a, b, c, d，在步骤 S7 开始时，VAL(Q0)、VAL(P0)和VAL(P1)的值是什么？

▶ **13.** [22] 为什么图 14 中使用循环表，而不是标准的直线线性表？可以重写算法 S，使得它不使用循环链接吗？

14. [22] 算法 S 实际上节省了稀疏矩阵上的主元步时间，因为不用考虑主元行上具有零元素的那些列. 说明在一个顺序存储的大型稀疏矩阵中，借助附加的表 LINK[j]（$1 \leq j \leq n$）也能节省运行时间.

▶ **15.** [29] 为算法 S 写一个 MIXAL 程序. 假定 VAL 字段是浮点数，并且 MIX 的浮点算术运算符 FADD，FSUB，FMUL 和 FDIV 可以用于这个字段上的操作. 为简单起见，假定相加减的操作数失去大部分有效位时，FADD 和 FSUB 返回结果 0，使得步骤 S7 可以放心使用测试"VAL(P1) = 0". 浮点操作仅使用 rA，而不是 rX.

16. [25] 设计一个复制稀疏矩阵的算法.（换言之，给定形如图 14 的矩阵表示，该算法将在内存中产生矩阵的两个同样的独立的表示.）

17. [26] 设计一个执行两个稀疏矩阵乘法的算法：给定矩阵 A 和 B，形成一个新矩阵 C，其中 C$[i,j] = \sum_k$ A$[i,k]$B$[k,j]$. 这两个输入矩阵和一个输出矩阵应该表示成图 14 的形式.

18. [22] 假定矩阵的元素是 A$[i,j]$（$1 \leq i,j \leq n$），下面的算法把矩阵替换为矩阵的逆.

(i) 对于 $k = 1,2,\ldots,n$ 做如下事情：搜索第 k 行中所有尚未用作主元列的列，找出绝对值最大的元素；置 C$[k]$ 为找到的元素所在的列，并以该元素为主元，做主元步.（如果所有这样的元素均为零，则矩阵是奇异的，没有逆矩阵.）

(ii) 置换诸行和诸列，使得原来的行 k 变成行 C$[k]$，原来的列 C$[k]$ 变成列 k.

本习题的问题是：使用上述算法，笔算下面矩阵的逆

$$\begin{pmatrix} 1 & 2 & 3 \\ 0 & 1 & 2 \\ 0 & 0 & 1 \end{pmatrix}.$$

19. [*31*] 修改习题 18 中的算法，使之得到用图 14 形式表示的稀疏矩阵的逆. 特别注意使步骤 (ii) 的行列置换操作高效进行.

20. [*20*] 除 $|i-j| \le 1$（$1 \le ij \le n$）之外，三对角矩阵的元素 a_{ij} 均为零. 试证明存在一个分配函数，形如

$$\texttt{LOC(A[I,J])} = a_0 + a_1\texttt{I} + a_2\texttt{J}, \qquad |\texttt{I}-\texttt{J}| \le 1,$$

它用 $(3n-2)$ 个连续位置表示一个三对角矩阵的所有相关元素.

21. [*20*] 给出 $n \times n$ 矩阵的存储分配函数，其中 n 是变量. 无论 n 的值是多少，对于 $1 \le \texttt{I},\texttt{J} \le n$，元素 $\texttt{A[I,J]}$ 应该占据 n^2 个连续位置.

22. [*M25*] （帕罗米塔·乔拉，1961）找出一个多项式 $p(i_1,\dots,i_k)$，要求在下标 $(i_1,\dots,i_k)$ 取遍所有 k 维非负整数向量时，多项式也不重复地取遍每个非负整数值，并且满足性质 "$i_1+\cdots+i_k < j_1+\cdots+j_k$，蕴涵 $p(i_1,\dots,i_k) < p(j_1,\dots,j_k)$".

23. [*23*] 可扩展的矩阵初始为 1×1 矩阵，然后通过添加一个新行或新列，从 $m \times n$ 矩阵扩展为 $(m+1) \times n$ 或 $m \times (n+1)$ 矩阵. 证明：可以给这种矩阵一个简单的分配函数，使得对于 $0 \le \texttt{I} < m$，$0 \le \texttt{J} < n$，元素 $\texttt{A[I,J]}$ 占据 mn 个连续位置；当矩阵增长时，所有元素都不改变位置.

▶ **24.** [*25*] （稀疏数组技巧）假设你想对大数组随机访问，但实际上并不打算引用许多元素. 你想在第一次访问时，$\texttt{A}[k]$ 为 0，但并不想花时间置每个单元为 0. 不对初始存储内容做任何假定，解释如何只对每次数组访问做少量固定数目的附加操作，就能对给定的 k 可靠地读写所需元素 $\texttt{A}[k]$.

2.3 树

现在，我们开始研究树. 树是计算机程序中的最重要的非线性结构. 一般地说，树结构是指结点之间具有"分支"关系，很像自然界的树.

让我们把树（tree）形式化地定义为一个或多个结点的有限集 T，使得

(a) 有一个特别指定的结点，称为树根 root(T)；

(b) 剩下的结点（除根外）被划分成 $m \geq 0$ 个不相交的集合 $T_1, \ldots, T_m$，并且这些集合中的每一个都是一棵树. 这些树 $T_1, \ldots, T_m$ 称为根的子树（subtree）.

刚才给出的定义是递归的：我们用树定义树. 当然，这里没有循环定义问题，因为具有一个结点的树必然仅由根组成，而具有 $n > 1$ 个结点的树用少于 n 个结点的树定义，因此，具有两个结点、三个结点乃至任意多个结点的树的概念都由已知定义所确定. 也有一些定义树的非递归方法（例如，见习题 10、12、14 和 2.3.4 节），但是递归定义看来更合适，因为递归是树结构的固有特征. 树的递归特征也出现在自然界，因为幼树的芽最终长成子树，具有自己的芽，如此下去. 习题 3 说明了如何基于树的上述递归定义，通过对树的结点个数归纳，给出关于树的一些重要事实的严格证明.

由定义得到：树的每个结点都是包含在整棵树中的某棵子树的根. 一个结点的子树个数称为该结点的度（degree）. 零度结点称为终端结点（terminal node），或者有时称为叶（leaf）. 非终端结点通常称为分支结点（branch node）. 结点关于树 T 的层（level）递归地定义为：root(T) 的层为 0，而其他任何结点的层比包含该结点的 root(T) 子树的对应结点的层大 1.

这些概念如图 15 所示，该图显示了一棵具有 7 个结点的树. 根是 A，它有两棵子树 $\{B\}$ 和 $\{C, D, E, F, G\}$. 树 $\{C, D, E, F, G\}$ 以 C 为根. 关于整棵树，结点 C 在第一层，它有三棵子树 $\{D\}$、$\{E\}$ 和 $\{F, G\}$；因此 C 为 3 度. 图 15 中的终端结点是 B、D、E 和 G；F 是唯一的 1 度结点；G 是唯一的第 3 层结点.

如果定义 (b) 中子树 $T_1, \ldots, T_m$ 的相对次序是重要的，则称该树是一棵有序树（ordered tree）. 当有序树中的 $m \geq 2$ 时，称 T_2 是根的"第二棵子树"等是有意义的. 有些作者称有序树为"平面树"，因为这与把树嵌入到平面中的方式有关. 如果两棵树的差别仅是各自结点子树的次序不同时就不作区分，则称该树是定向的（oriented），因为我们只考虑结点的相对定向，而不是它们的序. 树的计算机表示的自然特征是对任何树都定义了一个隐含的序，因此在大部分情况下，我们最感兴趣的是有序树. 除非另作明确说明，否则我们默认所讨论的所有树都是有序的. 据此，图 15 和图 16 的树是不同的，尽管作为定向树，它们是相同的.

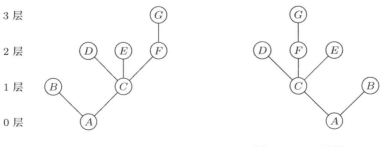

图 15 一棵树　　　　**图 16** 另一棵树

一个森林（forest）是 0 棵或多棵不相交的树的集合（通常是有序集合）. 树定义的 (b) 部分可改写成：除根外，树的结点形成一个森林.

抽象的树与森林之间的差别很小. 如果删除一棵树的根, 则得到一个森林; 反过来, 如果在任意森林上仅增加一个新结点, 并把森林的诸树都看作新结点的子树, 则得到一棵树. 因此, 在非形式地讨论数据结构时, 树和森林这两个词几乎总是可互换地使用.

树可以用多种方法绘制. 除图 15 外, 取决于根放在什么位置, 同一棵树还有三种主要选择, 如图 17 所示. 关注如何在图中绘制树结构并非无关紧要的琐事, 因为在许多情况下, 我们想说一个结点在另一个 "之上" 或 "高于" 另一个结点, 或说 "最左" 元素等. 某些处理树结构的算法已经得名 "自顶向下" 方法, 也有相反的 "自底向上" 方法. 除非我们坚持一致的画树约定, 否则这些术语将导致混乱.

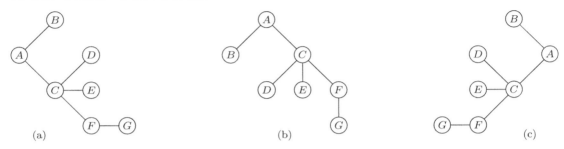

图 17   应该如何绘制树?

看上去, 图 15 的形式可能更可取, 因为它反映了树在自然界中如何生长, 也没有什么令人信服的理由选择其他三种形式, 似乎不妨沿袭自然界的悠久传统. 基于这种考虑, 我在开始写这套书时一直遵循根在下的约定, 试用两年之后, 才发现这是一种错误: 对计算机文献的观察, 以及就各种算法与计算机科学家的非正式讨论表明, 根在上绘制树超过所考察情况的 80%. 手工绘图时, 图表往往向下而不是向上生长 (从我们手写方式的角度, 这也容易理解). 我们使用的术语不是 "超树", 而是 "子树", 也暗示向下的联系. 从这些考虑出发, 我们断言图 15 上下颠倒了. 今后, 我们总是像图 17b 那样画树, 根在上, 叶在下. 对应于这种方向, 或许我们可以称根结点为树的顶点 (apex), 并用浅层或深层来形容结点所处的层.

有必要为谈论树建立好的描述性术语. 我们不用 "上" 和 "下" 这些多少有点含混不清的提法, 一般使用取自家族树的谱系术语. 图 18 显示了两类普通的家族树. 这两种类型很不相同: 家谱显示给定个人的先辈, 而直系图则显示后代.

如果出现族内通婚, 则家谱实际上不是一棵树, 因为树的不同分支 (按照我们的定义) 决不可能交汇在一起. 为了弥补这种不相符之处, 在图 18a 中, Victoria 女王和 Albert 王子在第六代出现两次, Christian IX 国王和 Louise 王后实际既出现在第五代, 也出现在第六代. 如果树的每个结点代表 "一个人作为某人的父亲或母亲的身份", 而不仅代表作为个体的一个人, 则家谱可以看作一棵真正的树.

树结构的标准术语取自家族树的第二种形式——直系图: 每个根称为其子树的根的父母, 子树的根称为兄妹 (sibling), 它们都是其父母的子女 (child). 整棵树的根没有父母. 例如, 在图 19 中, C 有三个子女 D、E 和 F; E 是 G 的父母; B 和 C 是兄妹. 显然可以推广这些术语. 例如, A 是 G 的曾祖父母, B 是 F 的一位叔姑, H 和 F 是第一代堂兄妹. 有些作者使用男性称呼 "父亲、儿子、兄弟", 而不是 "父母、子女、兄妹"; 另一些作者使用 "母亲、女儿、姐妹". 在任何情况下, 一个结点最多只有一个父母或前驱. 我们使用名词先辈和后代表示可能跨越树的若干层的关系. 在图 19 中, C 的后代是 D、E、F 和 G; G 的先辈是 E、C 和 A. 有时, 特别是谈及 "最近的共同先辈" 时, 我们会考虑将一个结点作为自身的先辈 (和自身的后代). G 的包容先辈是 G、E、C 和 A, 而它的真正先辈仅是 E、C 和 A.

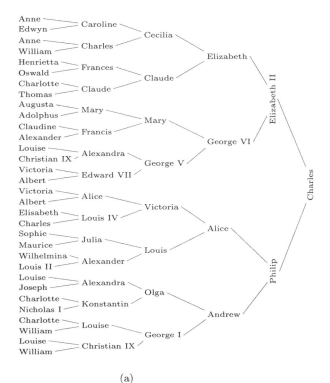

(a)

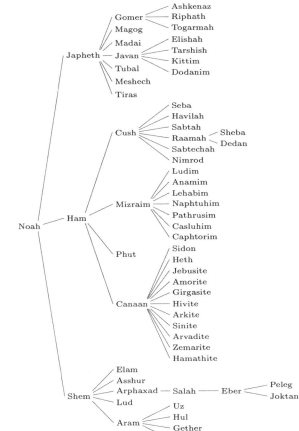

(b)

图 18 家族树：(a) 家谱；(b) 直系图 [参见约翰·伯克，*Peerage* (1959)；*Almanach de Gotha* (1871)；*Genealogisches Handbuch des Adels: Fürstliche Häuser*, **1**；Genesis 10:1–25]

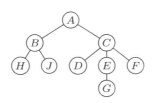

图 19　传统树形图

图 18a 中的家谱是一棵二叉树（binary tree）. 二叉树是另一类重要的树结构. 毫无疑问，读者已经看到过与网球比赛或其他体育活动有关的二叉树. 在二叉树中，每个结点至多有两棵子树，在只有一棵子树时，我们区分左、右子树. 二叉树的正式定义是结点的有限集，它或者为空，或者由一个根和两棵分别称作根的左、右子树的不相交的二叉树组成.

应该仔细地研究二叉树的递归定义. 注意，二叉树不是树的特殊情况，而是另一种完全不同的概念（尽管我们将看到这两个概念之间有许多关联）. 例如，二叉树

$$\begin{matrix} & A \\ B & \end{matrix} \quad\quad 和 \quad\quad \begin{matrix} A & \\ & B \end{matrix} \tag{1}$$

是不同的（第一种的根具有空的右子树，而第二个的根具有非空右子树），尽管作为树，这两个图表示相同的结构. 二叉树可能为空，但树不能为空. 因此，我们总是小心地使用"二叉"一词来区分二叉树和普通的树. 有些作者用稍微不同的方法定义二叉树（见习题 20）.

还可以用几种与实际的树并不相似的方法图示树结构. 图 20 显示了三种反映图 19 结构的图：图 20a 本质上把图 19 表示成定向树. 该图是一般嵌套集（nested set）概念的特例，嵌套集是集合的集族，其中任意一对集合或者是不相交的，或者一个包含另一个.（见习题 10.）图 20b 在一条直线上显示嵌套集，而图 20a 在平面上显示它们. 图 20b 还指出了树的序，而且它也可以视为包含嵌套括号的代数式的大体结构. 图 20c 显示了另一种常见的表示树结构的方法，使用缩排. 多种不同的表示方法本身就足以证明，树结构在日常生活以及在计算机程序设计中都很重要性. 任何分层的分类方案都隐含树结构.

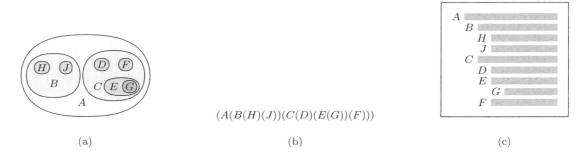

$$(A(B(H)(J))(C(D)(E(G))(F)))$$

(a)   (b)   (c)

图 20　表示树结构的其他方法：(a) 嵌套集；(b) 嵌套括号；(c) 缩排

一个代数式定义了一个隐式树结构，这种结构通常不是用括号表示，或不仅仅用括号表示. 例如，图 21 显示了一棵对应于如下算术表达式的树：

$$a - b(c/d + e/f). \tag{2}$$

按照先乘除、后加减的标准数学约定，我们可以使用像式(2)这样的简化形式，而不是完全括起来的形式"$a - (b \times ((c/d) + (e/f)))$". 在应用中，公式与树之间的这种联系非常重要.

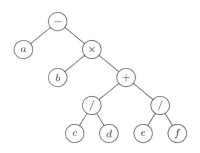

图 21　式(2)的树表示

注意，图 20c 的缩排表看上去非常像一本书的目录表. 确实，这本书本身也具有树结构，第 2 章的树结构如图 22 所示. 这里，我们注意到一个有意思的思想：对本书章节编号的方法是另一种说明树结构的方法. 图书馆使用的类似分类方案称为"杜威十进制分类法"，因此这种树结构表示方法通常称作树的"杜威记数法"（Dewey decimal notation）. 图 19 的树用杜威记数法表示为

$$1\ A;\quad 1.1\ B;\quad 1.1.1\ H;\quad 1.1.2\ J;\quad 1.2\ C;$$
$$1.2.1\ D;\quad 1.2.2\ E;\quad 1.2.2.1\ G;\quad 1.2.3\ F.$$

杜威记数法可以用于森林：森林中第 k 棵树根的编号为 k；如果 α 是 m 度结点的编号，则它的子女编号为 $\alpha.1, \alpha.2, \ldots, \alpha.m$. 杜威记数法满足许多简单的数学性质，是分析树的有用工具，例如它把任意树的结点按自然顺序排序，类似于本书的章节排序. 2.3 节在 2.3.1 节之前，在 2.2.6 节之后.

杜威记数法与我们业已广泛使用的下标变量之间存在密切的关系. 如果 F 是树的森林，我们可以用 $F[1]$ 表示第一棵树的子树，因此 $F[1][2] \equiv F[1, 2]$ 表示 $F[1]$ 的第二棵子树的诸子树，而 $F[1, 2, 1]$ 表示后者的第一个子森林，如此下去. 杜威记数法中的结点 $a.b.c.d$ 是 $F[a, b, c, d]$ 的父母. 这种记号是一般下标的推广，因为每个下标可容许的值域依赖于前一个下标位置上的值.

这样，特殊地，任意矩形数组都可以看作树或森林结构的特例. 例如，这里有 3×4 矩阵的两种表示：

$$\begin{pmatrix} A[1,1] & A[1,2] & A[1,3] & A[1,4] \\ A[2,1] & A[2,2] & A[2,3] & A[2,4] \\ A[3,1] & A[3,2] & A[3,3] & A[3,4] \end{pmatrix}$$

然而要注意，这种树结构并不能忠实地反映矩阵结构的全部，因为树中明显体现出行关系，但是没有出现列结构.

森林也可以看作通常称作表结构的对象的特例. "表①"（List）在这里用的是技术意义，为此，我们大写该英文单词的首字母，以示区别. 表递归地定义为零个或多个原子或表有穷序列. 这里，"原子"是一个不予以定义的概念，指所要考虑的对象域中的元素，只要能够区别原子和

---

① 这里直到本节结尾，以及习题 18 和 19 中，"表"均指 List.——译者注

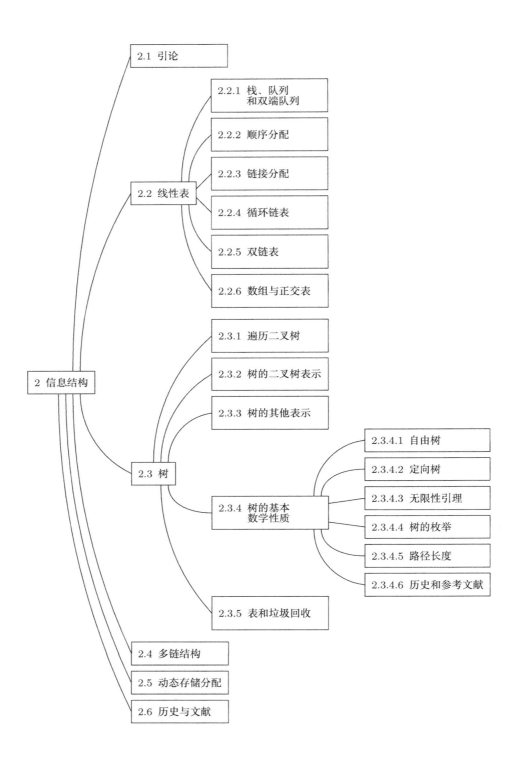

图 22　第 2 章的结构

表就行. 借助于使用逗号和圆括号的显而易见的约定, 我们可以区分原子与表, 并且还能方便地显示表中的次序. 例如, 考虑

$$L = (a, \ (b,a,b), \ (\ ), \ c, \ (((2)))), \tag{3}$$

这是一个具有 5 个元素的表: 第一个是原子 a, 然后是表 (b,a,b), 然后是空表, 然后是原子 c, 最后是表 $(((2)))$. $(((2)))$ 由表 $((2))$ 组成, 而 $((2))$ 又由表 (2) 组成, 而 (2) 由原子 2 组成.

下面的树结构对应于 L:

$$\tag{4}$$

图中的星号表示表的定义和出现, 与原子的出现相区别. 下标记号也用于表, 就像用于森林一样. 例如, $L[2] = (b,a,b)$, $L[2,2] = a$.

在(4)的表的结点中, 除了说它们都是表之外, 并没有数据. 但是, 也可以用信息标记表的非原子元素, 就像我们对树和其他结构所做的那样. 这样,

$$A = (a\!:\!(b,c), d\!:\!(\ ))$$

将对应于一棵树, 我们可以绘制如下:

表和树之间的重大区别是表可能重叠 (即子表不必是不相交的), 甚至可能是递归的 (可能包含自身). 表

$$M = (M) \tag{5}$$

没有对应的树结构, 表

$$N = (a\!:\!M, b\!:\!M, c, N). \tag{6}$$

也没有对应的树结构. (在这些例子中, 大写字母表示表, 小写字母表示标记和原子.) 定义表的地方用星号表示, 则可以绘制(5)和(6)的图示如下:

$$\tag{7}$$

实际上, 表并不像上面例子所显示的那么复杂. 本质上, 表是 2.2 节讨论的线性表的相当简单的推广, 附加了条件 "线性表的元素可以是指向其他表 (可能指向自己) 的链变量".

小结: 四类密切相关的信息结构——树、森林、二叉树和表——常在各种环境中出现, 因而在计算机算法中很重要. 我们已经看到绘制这些结构的多种方法, 并考虑了谈论它们时要用的术语和记号. 下面几节将更详细地展开讨论这些思想.

习题

1. [18] 具有三个树结点 A、B 和 C 的不同的树有多少棵?

2. [20] 具有三个树结点 A、B 和 C 的不同的定向树有多少棵?

3. [M20] 从定义出发,严格地证明:对于树中每个结点 X,存在到根的唯一一条路径,即存在唯一的结点序列 $X_1, X_2, \ldots, X_k$($k \geq 1$),使得 X_1 是树根,$X_k = X$,并且对于 $1 \leq j < k$,X_j 是 X_{j+1} 的父母.(这个证明可以代表几乎所有关于树的基本事实的证明方法.)提示:对树的结点个数使用归纳法.

4. [01] 判断真假:在传统的树图示中(根在上),如果结点 X 比结点 Y 的层数高,则在图中,结点 X 比结点 Y 出现的位置低.

5. [02] 如果结点 A 有 3 个兄妹,并且 B 是 A 的父母,那么结点 B 是几度?

▶ **6.** [21] 如果 $m > 0$,$n \geq 0$,与家族树类比,试把语句"X 是 Y 的第 m 代堂兄妹(堂表亲),高出 n 辈"定义为树的结点 X 和 Y 之间的有意义关系.(关于家族树的术语,请查字典.)

7. [23] 把上一题的定义推广到所有整数 $m \geq -1$ 和 $n \geq -(m+1)$,使得对于树的任意两个结点 X 和 Y,存在唯一的 m 和 n,使得 X 是 Y 的第 m 代堂兄妹(堂表亲),并高出 n 辈.

▶ **8.** [03] 什么二叉树不是树?

9. [00] 在(1)的两棵二叉树中,哪个结点是根(B 还是 A)?

10. [M20] 一个非空集的集族称为嵌套的,如果任意给定一对集合 X 和 Y,或者 $X \subseteq Y$,或者 $X \supseteq Y$,或者 X 与 Y 不相交.(换言之,$X \cap Y$ 或者为 X,或者为 Y,或者为 ∅.)图 20(a) 显示任何树都对应于一个嵌套集的集族;反之,每个这样的集族都对应一棵树吗?

▶ **11.** [HM32] 考虑如习题 10 中的嵌套集的集族,把树的定义扩展到无限树.能够对无限树的每个结点定义层、度、父母、子女概念吗?给出对应于树的实数嵌套集的例子,分别要求
　　　(a) 每个结点都具有不可数的度,树有无限多层;
　　　(b) 存在处于不可数层的结点;
　　　(c) 每个结点至少为 2 度,树有不可数多层.

12. [M23] 在什么条件下,一个偏序集对应于一棵无序树或森林?(偏序集在 2.2.3 节定义.)

13. [10] 假定在杜威记数系统中,结点 X 的编号为 $a_1.a_2.\cdots.a_k$. 从 X 到根的路径上,各结点的杜威数是多少(见习题 3)?

14. [M20] 令 S 为任意非空集合,具有形如 "$1.a_1.\cdots.a_k$" 的元素,其中 $k \geq 0$,并且 $a_1, \ldots, a_k$ 都是正整数. 证明如果 S 有限并且满足如下条件:"如果 $\alpha.m$ 在该集合中,那么若 $m > 1$ 则 $\alpha.(m-1)$ 也在,若 $m = 1$ 则 α 也在." 则 S 确定一棵树.(这个条件显然满足树的杜威记数法,因此它是另一种绘制树结构的方法.)

▶ **15.** [20] 为二叉树的结点创造一套类似于树结点的杜威记数法的记号.

16. [20] 类似于图 21,绘制对应于如下算术表达式的树: (a) $2(a - b/c)$; (b) $a + b + 5c$.

17. [01] 如果 Z 代表图 19 对应的森林,parent(Z[1, 2, 2]) 是哪个结点?

18. [08] 在表(3)中,LL[5, 1, 1] 是什么? LL[3, 1] 是什么?

19. [15] 为 $L = (a, (L))$ 绘制类似于(7)的表图. 在该表中,L[2] 是什么? L[2, 1, 1] 是什么?

▶ **20.** [M21] 定义 0-2 树为一棵树,其中每个结点恰有零个或两个子女.(形式上,一棵 0-2 树由一个称作根的结点,加上 0 或 2 个不相交的 0-2 树组成.)证明每棵 0-2 树都有奇数个结点,并给出具有 n 个结点的二叉树与具有 $2n + 1$ 个结点的(有序)0-2 树之间的一一对应.

21. [M22] 如果一棵树具有 n_1 个 1 度结点,n_2 个 2 度结点,...,n_m 个 m 度结点,那么它有多少个终端结点?

▶ **22.** [21] 标准的欧洲纸张尺寸 A0, A1, A2,..., An,... 都是矩形,长和宽的比例为 $\sqrt{2}$ 比 1,面积为 2^{-n} 平方米. 因此,如果我们把一张 An 的纸对半剪开,则得到两张 A(n + 1) 的纸. 使用这一原则设计一种二叉树的图形表示,并通过绘制 2.3.1(1)的表示,解释你的思想.

2.3.1 遍历二叉树

在对树做进一步考察之前, 有必要充分理解二叉树的性质, 因为在计算机内部, 一般的树通常借助于某种等价的二叉树来表示.

我们已经把二叉树定义为结点的有限集, 它或者为空, 或者由一个根和两棵二叉树组成. 这个定义暗示了一种在计算机内部表示二叉树的方法: 在每个结点中有两个链 LLINK 和 RLINK, 以及一个 "指向该树指针" 的链变量 T. 如果树为空, 则 T = Λ; 否则 T 是树的根结点的地址, 并且 LLINK(T) 和 RLINK(T) 分别是指向根的左、右子树的指针. 这些规则递归地定义了任意二叉树的内存表示, 例如

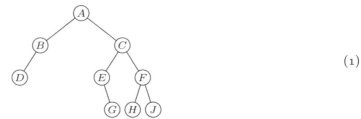

(1)

表示为

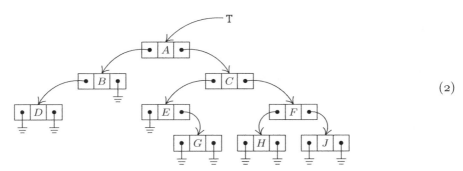

(2)

这种简单而自然的内存表示正是二叉树结构具有特殊重要性的原因所在. 在 2.3.2 节, 我们将看到一般的树可以方便地表示成二叉树. 此外, 应用中出现的许多树本身都是二叉的, 因此二叉树理应令人感兴趣.

有许多处理树结构的算法, 其中反复出现的一种思想就是遍历或 "走遍" 一棵树. 遍历是系统地考察树结点, 使得每个结点恰访问一次的方法. 树的完全遍历给出了树结点的一种线性排列, 并且如果我们能够在这种序列中谈论给定结点的 "前一个" 或 "后一个" 结点, 则许多算法都将更容易.

遍历二叉树主要有三种方法: 我们可以按前序 (preorder)、中序 (inorder) 和后序 (postorder) 遍历二叉树. 这三种方法都是递归定义的. 当二叉树为空时, 什么都不做就已经 "遍历"; 非空时, 遍历分三步:

前序遍历	中序遍历	后序遍历
访问根	遍历左子树	遍历左子树
遍历左子树	访问根	遍历右子树
遍历右子树	遍历右子树	访问根

如果我们把这些规则用于(1)和(2)的二叉树, 那么前序下的结点为:

$$A \; B \; D \; C \; E \; G \; F \; H \; J. \tag{3}$$

（先到根 A，然后按前序遍历左子树

最后按前序遍历右子树.）对于中序，我们在访问两棵子树的中间访问根，基本上就好像把诸结
点"投影"到一条水平线上，产生序列

$$D \quad B \quad A \quad E \quad G \quad C \quad H \quad F \quad J. \tag{4}$$

类似地，该二叉树结点的后序是

$$D \quad B \quad G \quad E \quad H \quad J \quad F \quad C \quad A. \tag{5}$$

我们将看到，这三种把二叉树结点排列成序列的方法非常重要，因为它们与大部分处理树
的计算机方法密切相关. 当然，术语前序、中序和后序源于根和它的子树的相对位置. 在许多
二叉树应用中，左子树与右子树的含义是对称的，这种情况下，中序也称为对称序（symmetric
order）. 中序把根放在中间，基本上是左右对称的：如果二叉树关于垂直轴反射，则对称序只
需要颠倒次序.

像上面三种序这样递归陈述的定义，必须再加工才可以直接用计算机实现. 递归定义的一
般处理方法将在第 8 章讨论. 通常，我们使用一个附加的栈，就像下面的算法那样.

算法 T（中序遍历二叉树）. 设 T 是一个指针，指向一棵如(2)所示的二叉树. 算法使用一个
附加的栈 A，按中序访问该二叉树的所有结点.

T1.［初始化.］置栈 A 为空，并置链变量 P ← T.

T2.［P = Λ?］如果 P = Λ，则转到步骤 T4.

T3.［栈 ⇐ P.］（现在，P 指向一棵待遍历的非空二叉树.）置 A ⇐ P，即把 P 的值推入栈 A
（见 2.2.1 节）. 然后置 P ← LLINK(P)，并返回步骤 T2.

T4.［P ⇐ 栈.］如果栈 A 为空，则算法终止；否则 P ⇐ A.

T5.［访问 P.］访问 NODE(P). 然后，置 P ← RLINK(P) 并返回步骤 T2. ▮

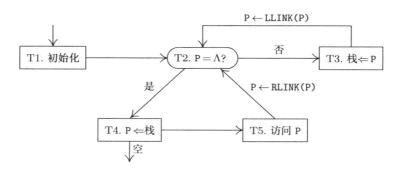

图 23 中序遍历算法 T

在算法的最后一步，"访问"一词是指我们做遍历树打算做的任何活动. 算法 T 就像一个
关于其他活动的协同程序：一旦主程序想让 P 从一个结点移动到其中序下的后继结点，它就激
活这个协同程序. 当然，由于这个协同程序只在一处调用主程序，因此它与子程序并无多大差
别（见 1.4.2 节）. 算法 T 假定外部活动既不从树中删除 NODE(P)，也不删除它的先辈.

现在，读者应该使用二叉树(2)作为测试实例，试着运行算法 T，以便洞悉该过程背后的缘由. 在步骤 T3，我们想要遍历以 P 指向的结点为根的二叉树. 这里的思想是把P保存在栈中，然后遍历左子树；做完之后进入步骤 T4，并从栈顶重新找回 P 的旧值. 在步骤 T5，访问根 NODE(P) 之后，剩下的工作就是遍历右子树.

我们稍后将要看到许多其他算法，算法 T 是它们的典型代表 s，因此看一看上一段所作评述的形式化证明是有益的. 现在，对 n 归纳，证明算法 T 按中序遍历一棵 n 个结点的二叉树. 我们的目标容易实现，如果能够证明稍微更一般的结果：

> 设步骤 T2 开始时，P 是指向 n 个结点的二叉树的指针，并且对于某个 $m \geq 0$，栈 A 包含 A[1]...A[m]. 步骤 T2–T5 的过程将按中序遍历所述二叉树，然后到达步骤 T4，同时栈 A 恢复到它原先的值 A[1]...A[m].

由步骤 (2) 知，当 $n = 0$ 时，该命题显然为真. 如果 $n > 0$，则令 P_0 为进入步骤 T2 时 P 的值. 既然 $P_0 \neq \Lambda$，我们将执行步骤 T3，这意味栈 A 将变成 A[1]...A[m]P_0，并且 P 被置为 LLINK(P_0). 现在，左子树的结点少于 n 个，因此根据归纳假设，我们将中序遍历左子树，并且最终到达步骤 T4，A[1]...A[m]P_0 在栈中. 步骤 T4 返回 A[1]...A[m]，并置 P ← P_0. 现在，步骤 T5 访问 NODE(P_0)，并置 P ← RLINK(P_0). 现在，右子树的结点少于 n 个，因此根据归纳假设，我们将中序遍历右子树，并如要求的那样到达步骤 T4. 根据中序的定义，树已经被中序遍历. 这就完成了证明.

可以设计一种几乎相同的前序遍历二叉树的算法（见习题 12）. 实现后序遍历稍微有点难（见习题 13），正因为如此，对于二叉树，后序遍历不如其他方法重要.

为结点在各种序下的前驱和后继定义新的记号是方便的. 如果 P 指向二叉树的一个结点，则令

$$P* = \text{前序下 NODE(P) 的后继的地址};$$
$$P\$ = \text{中序下 NODE(P) 的后继的地址};$$
$$P\sharp = \text{后序下 of NODE(P) 的后继的地址}; \tag{6}$$
$$*P = \text{前序下 NODE(P) 的前驱的地址};$$
$$\$P = \text{中序下 NODE(P) 的前驱的地址};$$
$$\sharp P = \text{后序下 NODE(P) 的前驱的地址}.$$

如果 NODE(P) 没有这样的后继或前驱，则一般使用值 LOC(T)，其中 T 是一个指向所述树的外部指针. 我们有 *(P*) = (*P)* = P，$(P\$) = (\$P)\$ = P，$\sharp(P\sharp) = (\sharp P)\sharp = P$. 例如，设INFO(P)为树(2)的 NODE(P) 中的字母. 如果 P 指向根，则我们有 INFO(P) = A，INFO(P*) = B，INFO(P\$) = E，INFO(\$P) = B，INFO(\sharp P) = C，$P\sharp = *P = $ LOC(T).

此刻，读者或许已经感觉到，P*、P\$ 等记号的直观意义不太安全. 随着我们继续，其思想将逐渐明朗，本节后面的习题 16 可能也有帮助. P\$ 中的"\$"意在暗示字母 S，表示"对称序"（symmetric order）.

对于(2)给出的二叉树内存表示，有另外一种重要的表示方法，有点类似于循环表与直线单向表之间的差别. 注意，树(2)中的空链比其他指针还多，并且用传统的方法表示的任何二叉树都是如此（见习题 14）. 但是我们实际上不必浪费所有这些内存空间. 例如，我们可以在每个结点存放两个"标签"指示器，只用两个二进位指明 LLINK 和 RLINK 是否为空，原本用于终端结点链的内存空间则可以用于其他目的.

艾伦·佩利和查尔斯·桑顿提出了一种巧妙地利用额外空间的方法，他们发明了一种称作线索树（threaded tree）的表示方法. 在这种方法中，终端链被指向树的其他部分的"线索"

所取代, 以辅助遍历. 等价于(2)的线索树是

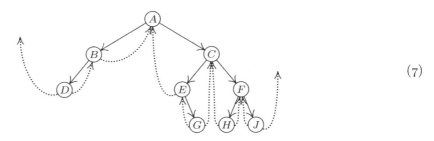

(7)

这里, 虚线表示"线索", 它总是指向树的较高层结点. 现在, 每个结点都有两个链: 某些结点 (如 C) 有两个指向左、右子树的普通链; 某些结点 (如 H) 有两个线索链; 而某些结点则两种类型的链各有一个. 从 D 和 J 出发的特殊线索将稍后解释. 它们分别出现在"最左"和"最右"结点.

在线索二叉树的内存表示中, 必须区分虚线和实线链. 像上面提议的一样, 这可以通过在每个结点中附加两个一位字段 LTAG 和 RTAG 来实现. 线索表示可以精确地定义如下:

非线索表示	线索表示
$\text{LLINK(P)} = \Lambda$	$\text{LTAG(P)} = 1$, $\text{LLINK(P)} = \$\text{P}$
$\text{LLINK(P)} = \text{Q} \neq \Lambda$	$\text{LTAG(P)} = 0$, $\text{LLINK(P)} = \text{Q}$
$\text{RLINK(P)} = \Lambda$	$\text{RTAG(P)} = 1$, $\text{RLINK(P)} = \text{P\$}$
$\text{RLINK(P)} = \text{Q} \neq \Lambda$	$\text{RTAG(P)} = 0$, $\text{RLINK(P)} = \text{Q}$

根据该定义, 每个新的线索链直接指向该结点对称序 (中序) 下的前驱或后继. 图 24 图示了任意二叉树中线索链的一般走向.

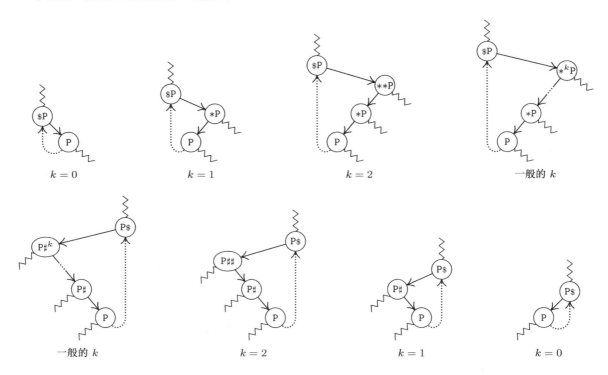

图 24 线索二叉树中左、右线索链的一般走向. 波浪线表示指向树的其他部分的链或线索

在某些算法中，可以保证任何子树的根总是出现在比该子树的其他结点低的内存位置. 这样，LTAG(P) 为 1, 当且仅当 LLINK(P) < P. 因此 LTAG 将是多余的. 同理，RTAG 也是多余的.

线索树的最大优点是使遍历算法变得更简单. 例如，给定 P, 下面的算法计算 P\$.

算法 S （线索二叉树中的对称（中序）后继）. 如果 P 指向线索二叉树的一个结点，则该算法置 Q ← P\$.

S1. [RLINK(P) 是线索吗?] 置 Q ← RLINK(P). 如果 RTAG(P) = 1, 则算法终止.

S2. [搜索左子树.] 如果 LTAG(Q) = 0, 则置 Q ← LLINK(Q), 并重复这一步骤；否则算法终止. ∎

注意，这里并不需要用栈来实现算法 T 中使用栈所做的事情. 事实上，仅给出树中一个随机结点 P 的地址，在一般表示(2)中不可能高效地找到 P\$. 由于非线索的树中没有向上指的链，因此除非我们保留如何到达该点的历史记载，否则不知道有什么结点在给定结点上方. 当没有线索时，算法 T 的栈提供了必要的历史信息.

我们断言算法 S 是"高效的"，尽管这一性质并非显而易见，因为步骤 S2 可能执行任意多次. 鉴于 S2 中的循环，或许像算法 T 一样使用栈会更快? 为了研究这一问题，我们考虑如果 P 是树中的一个"随机"结点，步骤 S2 必须执行的平均次数；或者考虑等价的问题，确定如果反复执行算法 S 来遍历整棵树，步骤 S2 执行的总次数.

在进行这一分析的同时，研究算法 T 和 S 的完整程序是有益的. 像通常一样，我们将小心地构建算法，使得它们对空二叉树也能正确地工作；如果 T 是指向树的指针，则我们希望 LOC(T)* 和 LOC(T)\$ 分别是前序和对称序下的第一结点. 对于线索树，我们发现如果 NODE(LOC(T)) 作为树的"表头"，使得

$$\begin{aligned} \text{LLINK(HEAD)} &= T, & \text{LTAG(HEAD)} &= 0, \\ \text{RLINK(HEAD)} &= \text{HEAD}, & \text{RTAG(HEAD)} &= 0. \end{aligned} \tag{8}$$

则一切令人满意. （这里，HEAD 表示表头地址 LOC(T). ）空线索树将满足条件

$$\text{LLINK(HEAD)} = \text{HEAD}, \quad \text{LTAG(HEAD)} = 1. \tag{9}$$

该树通过把结点插入表头的左边而生长. （这些初始条件主要是计算 P* 的算法需要，见习题 17. ）与这些约定一致，二叉树(1)作为线索树的计算机表示为

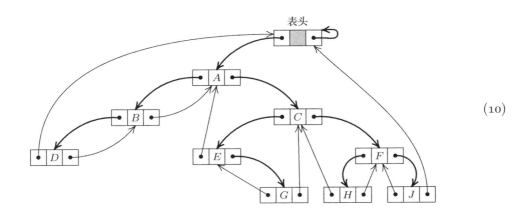

$$\tag{10}$$

有了这些预备知识，我们现在可以考虑算法 S 和 T 的 MIX 版本. 下面的程序假定二叉树的结点占两个字，具有如下形式

LTAG	LLINK	INFO1
RTAG	RLINK	INFO2

.

在非线索的树中，LTAG 和 RTAG 总是为 "+"，并且终端链总是为零. 在线索树中，我们将使用 "+" 表示标签为 0，"−" 表示标签为 1. 缩写 LLINKT 和 RLINKT将分别用来表示组合字段 LTAG-LLINK 和 RTAG-RLINK.

两个标签位占据 MIX 字的未使用的符号位，因此它们没有内存空间开销. 同样，使用 MMIX 计算机，我们可以 "免费" 使用链接字段的最低位作为标签位，因为指针值一般为偶数，并且内存寻址时，MMIX 可以方便地忽略低位.

下面的两个程序以对称序（即中序）遍历二叉树，以变址寄存器 5 指向当前感兴趣的结点，周期性地跳转到位置 VISIT.

程序 T. 在算法 T 的这个实现中，栈存放在位置 A + 1, A + 2, . . . , A + MAX 中；rI6 是栈指针，而 rI5 ≡ P. 如果栈变得太大，则出现 OVERFLOW. 该程序在算法 T 基础上稍有改动（步骤 T2 出现三次），使得直接从 T3 到 T2 到 T4 时，不必进行空栈检测.

```
01 LLINK EQU   1:2
02 RLINK EQU   1:2
03 T1    LD5   HEAD(LLINK)   1    T1. 初始化. 置 P ← T.
04 T2A   J5Z   DONE          1    如果 P = Λ，则停止.
05       ENT6  0             1
06 T3    DEC6  MAX           n    T3. 栈 ⇐ P.
07       J6NN  OVERFLOW      n    栈满吗？
08       INC6  MAX+1         n    如果不满，则栈指针加 1.
09       ST5   A,6           n    把 P 存放在栈中.
10       LD5   0,5(LLINK)    n    P ← LLINK(P).
11 T2B   J5NZ  T3            n    如果 P ≠ Λ，则转到 T3.
12 T4    LD5   A,6           n    T4. P ⇐ 栈.
13       DEC6  1             n    栈指针减 1.
14 T5    JMP   VISIT         n    T5. 访问 P.
15       LD5   1,5(RLINK)    n    P ← RLINK(P).
16 T2C   J5NZ  T3            n    T2. P = Λ?
17       J6NZ  T4            a    检测栈是否为空.
18 DONE  ...
```

程序 S. 已经用初始化和终止条件对算法 S 进行扩展，使得该程序可以与程序 T 比较.

```
01 LLINKT EQU   0:2
02 RLINKT EQU   0:2
03 S0     ENT5  HEAD         1    S0. 初始化. 置 P ← HEAD.
04        JMP   2F           1
05 S3     JMP   VISIT        n    S3. 访问 P.
06 S1     LD5N  1,5(RLINKT)  n    S1. RLINK(P) 是线索吗？
07        J5NN  1F           n    如果 RTAG(P) = 1，则跳转.
```

08		ENN6 0,5	$n-a$	否则置 Q ← RLINK(P).
09	S2	ENT5 0,6	n	*S2. 搜索左子树.* 置 P ← Q.
10	2H	LD6 0,5(LLINKT)	$n+1$	Q ← LLINKT(P).
11		J6P S2	$n+1$	如果 LTAG(P) = 0, 则重复.
12	1H	ENT6 -HEAD,5	$n+1$	
13		J6NZ S3	$n+1$	除非 P = HEAD, 否则访问. ▮

运行时间分析出现在上面的代码中. 使用基尔霍夫定律和如下事实, 容易确定这些量:

(i) 在程序 T 中, 插入栈的次数必须等于删除的次数;

(ii) 在程序 S 中, 每个结点的 LLINK 和 RLINK 都恰好被考察一次;

(iii) "访问"次数等于树的结点数.

该分析告诉我们, 程序 T 用 $15n+a+4$ 个单位时间, 程序 S 用 $11n-a+7$ 个单位时间, 其中 n 是树的结点数, a 是终端右链数(没有右子树的结点). 假定 $n \neq 0$, a 可能低至 1, 高达 n. 如果左右对称, 则作为习题 14 证明的事实的推论, a 的平均值为 $(n+1)/2$.

在这一分析的基础上, 我们可能得到如下主要结论.

(i) 如果 P 是树的随机结点, 则每次运行算法 S, 步骤 S2 平均只执行一次.

(ii) 线索树的遍历稍微快一点儿, 因为它不需要栈操作.

(iii) 算法 T 需要的内存空间比算法 S 多, 因为它需要附加的栈. 在程序 T 中, 我们用连续内存位置存放栈, 因此需要对它的容量施加限制. 如果超过该限制, 则将陷入困境, 因此栈必须设置得相当大 (见习题 10), 故程序 T 的内存需求显著比程序 S 大. 复杂的计算机应用常常同时独立地遍历多棵树. 若使用程序 T, 每棵树需要一个独立的栈. 这暗示程序 T 可能需要对栈使用链接存储分配 (见习题 20). 于是, 它的运行时间变成 $30n+a+4$ 个单位时间, 大约是以前的两倍, 尽管加上其他协同程序的运行时间, 遍历速度可能不是最为重要的. 习题 21 讨论另一种算法, 巧妙地把栈链存放在树本身中.

(iv) 当然, 算法 S 比算法 T 更一般, 因为即便不遍历整棵二叉树, 算法 S 也能从 P 找到 P$.

因此, 就遍历而言, 线索二叉树绝对优于非线索二叉树. 在某些应用中, 这些优点被二叉树中的结点插入和删除需要稍多时间所抵消. 有时在非线索树中还可通过"共享"公共子树来节省内存空间, 而线索树需要保持严格的树结构, 没有重叠的子树.

线索链用来计算 P*、$P 和 #P, 效率与算法 S 相当. 无论有无线索, 函数 *P 和 P# 的计算都要稍难一些. 鼓励读者做习题 17.

如果建立线索链本来就很困难, 则线索树的大部分用途将不复存在. 线索树思想之所以有用, 是因为线索树的生长几乎像通常的树一样容易. 我们有如下算法:

算法 I (插入到线索树中). 如果 NODE(P) 的右子树为空, 则本算法插入新结点 NODE(Q), 作为 NODE(P) 的右子树; 否则, 把 NODE(Q) 插入到 NODE(P) 和 NODE(RLINK(P)) 之间, 使得后者成为 NODE(Q) 的右子女. 假定进行插入的二叉树是像(10)一样的线索树. 关于本算法的变形, 见习题 23.

I1. [调整诸标签和链.] 置 RLINK(Q) ← RLINK(P), RTAG(Q) ← RTAG(P), RLINK(P) ← Q, RTAG(P) ← 0, LLINK(Q) ← P, LTAG(Q) ← 1.

I2. [RLINK(P)是线索吗?] 如果 RTAG(Q) = 0, 则置 LLINK(Q\$) ← Q. (这里, Q\$ 由算法 S 确定, 它将正确地执行, 即使 LLINK(Q\$) 现在指向 NODE(P), 而不是指向 NODE(Q). 这个步骤仅当插入到线索树的中间, 而不是仅插入一个新树叶时, 才是必要的.)   ▌

通过调换左右的角色 (特别是用 Q\$ 替换步骤 I2 中的 \$Q), 我们得到用类似的方法把结点插入到左边的算法.

迄今为止, 我们关于线索二叉树的讨论都利用了到左、右两边的线索链. 在完全非线索和完全线索的表示方法之间存在重要的中间地带: 右线索二叉树 (right-treaded binary tree) 结合这两种方法, 使用线索的 RLINK, 而用 LLINK = Λ 表示空的右子树. (类似地, 左线索二叉树仅将空的 LLINK 设为线索.) 算法 S 基本上没有用到设定为线索的 LLINK; 如果我们把步骤 S2 中的检测 "LTAG = 0" 换成 "LLINK ≠ Λ", 则得到按对称序遍历右线索二叉树的算法. 在右线索的情况下, 程序 S 无须改变就能工作. 二叉树结构的大量应用只需要使用函数 P\$ 和/或 P*, 自左向右遍历二叉树, 并且不需要将诸 LLINK 设为线索. 我们介绍了左、右两个方向的线索, 以便说明对称性和不同可能性. 但是, 在实践中, 单边线索更普遍.

现在, 让我们考虑二叉树的一个重要性质, 以及它与遍历的联系. 两棵二叉树 T 和 T' 称为相似的 (similar), 如果它们具有相同的结构. 正式来说, 相似性意味着 (a) 它们都为空, 或者 (b) 它们都非空并且它们的左右子树分别相似. 随意点说, 相似性是指 T 和 T' 的图具有相同的 "形状". 另一种表达相似性的方法是说, T 和 T' 的结点之间存在一个保持结构的一一对应: 如果 T 中的结点 u_1 和 u_2 分别对应于 T' 中的结点 u_1' 和 u_2', 则 u_1 在 u_2 的左子树中, 当且仅当 u_1' 在 u_2' 的左子树中, 并且对于右子树, 同样的结论成立.

两棵二叉树 T 和 T' 是等价的 (equivalent), 如果它们是相似的, 并且对应的结点包含相同的信息. 正式地说, 设 $\mathrm{info}(u)$ 表示包含在结点 u 中的信息; 两棵二叉树等价, 当且仅当 (a) 它们都为空, 或者 (b) 它们都非空, 并且 $\mathrm{info}(\mathrm{root}(T)) = \mathrm{info}(\mathrm{root}(T'))$, 而它们的左右子树分别等价.

举例说明这些定义, 考虑 4 棵二叉树

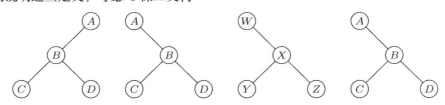

其中, 前两棵不相似, 第二、三、四棵相似, 并且事实上, 第二棵与第四棵等价.

某些涉及树结构的计算机应用需要一个算法, 判定两棵二叉树是否相似或等价. 下面的定理对此是有用的.

定理 A.   设二叉树 T 和 T' 的结点在前序下分别为

$$u_1, u_2, \ldots, u_n \qquad \text{和} \qquad u_1', u_2', \ldots, u_{n'}'$$

对于任意结点 u,

如果 u 具有非空左子树, 则令 $l(u) = 1$, 否则令 $l(u) = 0$;
如果 u 具有非空右子树, 则令 $r(u) = 1$, 否则令 $r(u) = 0$;   (11)

则 T 和 T' 相似当且仅当 $n = n'$ 且

$$l(u_j) = l(u_j'), \qquad r(u_j) = r(u_j') \qquad \text{对于 } 1 \leq j \leq n. \tag{12}$$

此外，T 和 T' 等价当且仅当还有

$$\operatorname{info}(u_j) = \operatorname{info}(u'_j) \qquad 对于 1 \le j \le n. \tag{13}$$

注意，l 和 r 是线索树中 LTAG 和 RTAG 位的补．该定理借助于两个 0 和 1 的序列，刻画了任意二叉树的结构．

证明：显然，如果我们证明了二叉树的相似性条件，则将立即得到二叉树的等价性条件；此外，条件 $n = n'$ 和 (12) 肯定是必要的，因为相似的树的对应结点必须在前序下具有相同的位置．因此，只需证明条件 (12) 和 $n = n'$ 足以确保 T 和 T' 相似性．证明通过对 n 归纳，用到以下辅助结果．

引理 P. 设非空二叉树在前序下的结点为 $u_1, u_2, \ldots, u_n$，并设 $f(u) = l(u) + r(u) - 1$．则

$$f(u_1) + f(u_2) + \cdots + f(u_n) = -1 \quad 和 \quad f(u_1) + \cdots + f(u_k) \ge 0, \quad 1 \le k < n. \tag{14}$$

证明：对于 $n = 1$，结果是显然的．如果 $n > 1$，则二叉树由它的根 u_1 和其他结点组成．如果 $f(u_1) = 0$，则或者左子树为空，或者右子树为空，因此，根据归纳原理，条件显然为真．如果 $f(u_1) = 1$，设左子树有 n_l 个结点，根据归纳假设，有

$$f(u_1) + \cdots + f(u_k) > 0 \quad 对于 1 \le k \le n_l, \qquad f(u_1) + \cdots + f(u_{n_l+1}) = 0, \tag{15}$$

而条件 (14) 又是显然的． ∎

（对于其他类似于引理 P 的定理，见第 10 章波兰表示的讨论．）

为了完成定理 A 的证明，我们注意到当 $n = 0$ 时定理显然成立．如果 $n > 0$，则前序的定义蕴涵 u_1 和 u'_1 分别是所在树的根，并且存在整数 n_l 和 n'_l（左子树的大小）使得

$u_2, \ldots, u_{n_l+1}$ 和 $u'_2, \ldots, u'_{n'_l+1}$ 是 T 和 T' 的左子树；

$u_{n_l+2}, \ldots, u_n$ 和 $u'_{n'_l+2}, \ldots, u'_n$ 是 T 和 T' 的右子树．

如果我们能够证明 $n_l = n'_l$，则归纳证明将完成．存在三种情况：

如果 $l(u_1) = 0$，则 $n_l = 0 = n'_l$；

如果 $l(u_1) = 1$，$r(u_1) = 0$，则 $n_l = n - 1 = n'_l$；

如果 $l(u_1) = r(u_1) = 1$，则根据引理 P，我们能够找到最小的 $k > 0$，使得 $f(u_1) + \cdots + f(u_k) = 0$，并且 $n_l = k - 1 = n'_l$（见 (15)）． ∎

由定理 A 推出，我们只需按前序遍历两棵二叉树并检查它们的 INFO 和 TAG 字段，即可检查它们是否等价．定理 A 的一些有意义的推广已经由安德烈·布利克莱得到 [*Bull. de l' Acad. Polonaise des Sciences*, Série des Sciences Math., Astr., Phys., **14** (1966), 203–208]．他考虑了无限多类可能的遍历次序，其中只有 6 类（包括前序）因其简单的性质而被称为"无地址的"．在本节的最后，我们介绍一个典型而基本的二叉树算法．该算法把一棵二叉树复制到不同的内存位置．

算法 C（复制二叉树）．设 HEAD 为二叉树 T 的表头的地址．这样，T 是 HEAD 的左子树，通过 LLINK(HEAD) 到达．设 NODE(U) 是一个具有空左子树的结点．该算法复制 T，得到的副本成为 NODE(U) 的左子树．特殊地，如果 NODE(U) 是一棵空二叉树的表头，则这个算法把空树变成 T 的一个副本．

C1.［初始化．］置 P ← HEAD, Q ← U, 转到 C4.

C2. [右边有什么?] 如果 NODE(P) 具有非空的右子树,则置 R ⟸ AVAIL,并且把 NODE(R) 附加到 NODE(Q) 的右边.(在步骤 C2 开始时,NODE(Q) 的右子树为空.)

C3. [复制 INFO.] INFO(Q) ← INFO(P).(这里,INFO 代表结点待复制的所有部分,不包括诸链.)

C4. [左边有什么?] 如果 NODE(P) 具有非空的左子树,则置 R ⟸ AVAIL,并且把 NODE(R) 附加到 NODE(Q) 的左边.(在步骤 C4 开始时,NODE(Q) 的左子树为空.)

C5. [前进.] 置 P ← P∗,Q ← Q∗.

C6. [检查是否完成.] P = HEAD(若假定 NODE(U) 具有非空的右子树,则等价地测试 Q = RLINK(U)),则算法终止;否则,转到步骤 C2. ▮

这个简单的算法展示了树遍历的典型应用. 这里的描述可用于线索的、非线索的或部分线索的树. 步骤 C5 需要计算前序后继 P∗ 和 Q∗;对于非线索的树,这通常使用一个辅助栈来做. 算法 C 的高效性证明见习题 29. 在右线索二叉树情况下,对应于该算法的 MIX 程序见习题 2.3.2–13. 对于线索树,步骤 C2 和 C4 的"附加"用算法 I 来做.

下面的习题包含了与本节材料相关的若干有趣主题.

> 二叉或二歧分类系统,尽管有统一原理,
> 但仍然是有史以来最不自然的安排之一.
> ——威廉·斯文森,"关于动物的地理分布和分类的专题论文"(1835)

习题

1. [01] 如果在二叉树 (2) 中设 INFO(P) 表示存放在 NODE(P) 中的字母. 那么,请问 INFO(LLINK(RLINK(RLINK(T)))) 是什么?

2. [11] 以 (a) 前序,(b) 对称序,(c) 后序,列出右边二叉树的结点.

3. [20] 下面的陈述是真还是假?
"在前序、中序和后序,二叉树的终端结点都出现在相同的相对位置?"

▶ **4.** [20] 正文中对二叉树遍历定义了三种基本序. 另一种选择是按以下三步处理:

    (a) 访问根,

    (b) 访问根,

    (c) 遍历左子树.

在所有的非空子树上递归地使用相同的规则. 这种新序与已经讨论的三种序有什么简单的关系吗?

5. [22] 类似于树的"杜威记数法",二叉树的结点可以按如下方法用 0 和 1 的序列标识:根(如果有的话)用序列"1"表示. 用 α 表示的结点的左子树和右子树的根(如果有的话)分别用 $\alpha 0$ 和 $\alpha 1$ 表示. 例如,(1) 中的结点 H 将具有表示"1110".(见习题 2.3–15.)
证明:用这种记号,前序、中序和后序都可以方便地描述.

6. [M22] 假设二叉树具有 n 个结点,在前序下为 $u_1 u_2 \ldots u_n$,在中序下为 $u_{p_1} u_{p_2} \ldots u_{p_n}$. 证明:排列 $p_1 p_2 \ldots p_n$ 可以在习题 2.2.1–2 的意义下,让 $12 \ldots n$ 经由一个栈得到. 反之,证明:用栈能够得到的任何排列 $p_1 p_2 \ldots p_n$ 都以这种方式对应于某棵二叉树.

7. [22] 证明:如果给定二叉树结点的前序和中序,则可以构造该二叉树.(假设结点不同.)如果给定前序和后序(而不是中序),同样的结果为真吗?如果给定中序和后序呢?

8. [20] 找出所有的二叉树,其结点在以下两种序下恰好出现在相同的序列中:(a) 前序和中序;(b) 前序和后序;(c) 中序和后序.(如上一题,我们假设结点不同.)

9. [*M20*] 当使用算法 T 遍历具有 n 个结点的二叉树时，指出步骤 T1、T2、T3、T4 和 T5 各执行多少次（作为 n 的函数）.

▶ **10.** [*20*] 如果二叉树有 n 个结点，在算法 T 执行期间，在栈中同时最多能有多少个元素？（如果栈用顺序存储，那么该问题的答案对于存储分配非常重要.）

11. [*HM41*] 假定具有 n 个结点的二叉树都等可能地出现，作为 n 的函数，分析算法 T 运行期间栈的最大容量的平均值.

12. [*22*] 设计一个类似于算法 T 的算法，以前序遍历任意二叉树，并证明你的算法是正确的.

▶ **13.** [*24*] 设计一个类似于算法 T 的算法，以后序遍历二叉树.

14. [*22*] 证明：如果具有 n 个结点的二叉树表示成(2)的形式，则可以用 n 的简单函数表示在这种表示下的空链个数，而且这个量不依赖于树的形状.

15. [*15*] 在像(10)那样的线索表示中，除表头外，每个结点恰有一个从上方指向它的链，即来自其父母结点的链. 某些结点还有从下方指向它们的链，例如，包含 C 的结点有两个从下到上的指针，而结点 E 只有一个. 在指向一个结点的链数与结点的某种其他基本性质之间存在什么简单的联系吗？（当改变树结构时，我们需要知道有多少链指向给定的结点.）

▶ **16.** [*22*] 图 24 中的图示有助于用 NODE(Q) 附近的结构，直观刻画 NODE(Q$) 在二叉树中的位置：如果 NODE(Q) 具有非空右子树，则在较上的图示考虑 Q = $P，Q$ = P；NODE(Q$) 是那棵右子树的"最左"结点. 如果 NODE(Q) 具有空右子树，则在较下的图示中考虑 Q = P；在树中向上，直到第一个转向右的向上步之后，便确定了 NODE(Q$) 的位置.

给出一个简单"直观"规则，利用 NODE(Q) 附近的结构，在二叉树中找到 NODE(Q*) 的位置.

▶ **17.** [*22*] 给出一个类似于算法 S 的算法，确定线索二叉树中的 P*. 假定树具有像(8)(9)(10)中那样的表头.

18. [*24*] 许多处理树的算法都宁愿使用前序和中序的组合（我们可以称之为双序），访问每个结点两次而不是一次. 二叉树的双序遍历定义如下：如果二叉树为空，则什么也不做；否则

      (a) 第一次访问根结点；
      (b) 按双序遍历左子树；
      (c) 第二次访问根结点；
      (d) 按双序遍历右子树.

例如，按双序遍历(1)，产生序列

$$A_1 B_1 D_1 D_2 B_2 A_2 C_1 E_1 E_2 G_1 G_2 C_2 F_1 H_1 H_2 F_2 J_1 J_2,$$

其中 A_1 表示第一次访问 A.

设 P 指向树的一个结点，并且 $d = 1$ 或 2. 如果第 d 次访问 NODE(P) 之后，双序的下一步是第 e 次访问 NODE(Q)，则定义 $(P, d)^\triangle = (Q, e)$；或者，如果 (P, d) 是双序的最后一步，则记 $(P, d)^\triangle = (\text{HEAD}, 2)$，其中 HEAD 是表头的地址. 我们还把 $(\text{HEAD}, 1)^\triangle$ 定义为双序的第一步.

设计一个类似于算法 T 的算法，按双序遍历二叉树；再设计一个类似于算法 S 的算法，计算 $(P, d)^\triangle$. 讨论这些算法和习题 12、17 之间的关系.

▶ **19.** [*27*] 设计一个类似于算法 S 的算法，在 (a) 右线索二叉树，(b) 完全线索二叉树中计算 P#. 如果可能的话，当 P 是树的一个随机结点时，你的算法的平均运行时间应当最多是一个小常量.

20. [*23*] 修改程序 T，使得它把栈存放在链表，而不是在连续的存储位置中.

▶ **21.** [*33*] 设计一个算法，按中序遍历一棵非线索的二叉树，而不使用任何辅助栈. 在遍历期间，可以以任何方式改变树结点的 LLINK 和 RLINK 字段，只要满足如下条件：在算法遍历树之前和之后，二叉树都具有(2)中所示的通常表示. 树结点中没有其他可以用作临时存储的二进位.

22. [*25*] 对习题 21 给出的算法，写一个 MIX 程序，并将它的运行时间与程序 S 和 T 进行比较.

23. [*22*] 设计类似于算法 I 的两个算法, 分别把结点插入到右线索二叉树右边和左边的算法. 假定结点具有 LLINK、RLINK 和 RTAG 字段.

24. [*M20*] 如果 T 和 T' 的结点按对称序, 而不是按前序给出, 那么定理 A 是否依然成立?

25. [*M24*] 设 $\mathcal{T}$ 是二叉树的集合, 其中每个 info 字段都属于给定的集合 S, 而 S 是按照关系 "$\preceq$" 线性有序的 (见习题 2.2.3–14). 给定 $\mathcal{T}$ 中的任意两棵树 T 和 T', 我们定义 $T \preceq T'$, 当且仅当它们满足以下条件之一:

  (i) T 是空树;
  (ii) T 和 T' 非空, 并且 $\mathrm{info}(\mathrm{root}(T)) \prec \mathrm{info}(\mathrm{root}(T'))$;
  (iii) T 和 T' 非空, $\mathrm{info}(\mathrm{root}(T)) = \mathrm{info}(\mathrm{root}(T'))$, $\mathrm{left}(T) \preceq \mathrm{left}(T')$, 并且 (T) 不等价于 $\mathrm{left}(T')$;
  (iv) T 和 T' 非空, $\mathrm{info}(\mathrm{root}(T)) = \mathrm{info}(\mathrm{root}(T'))$, $\mathrm{left}(T)$ 等价于 $\mathrm{left}(T')$, 并且 $\mathrm{right}(T) \preceq \mathrm{right}(T')$.

这里, $\mathrm{left}(T)$ 和 $\mathrm{right}(T)$ 分别表示 T 的左子树和右子树. 证明: (a) $T \preceq T'$ 和 $T' \preceq T''$ 蕴涵 $T \preceq T''$; (b) T 等价于 T', 当且仅当 $T \preceq T'$ 且 $T' \preceq T$; (c) 对于 $\mathcal{T}$ 中的 T 和 T', 我们有 $T \preceq T'$ 或 $T' \preceq T$. [这样, 如果 $\mathcal{T}$ 中等价的树被视为相等的, 则关系 $\preceq$ 可推出 $\mathcal{T}$ 上的线性序. 这个序具有许多应用 (例如, 代数表达式的化简). 当 S 只有一个元素时, 每个结点的 "info" 相同, 我们有等价性等同于相似性的特殊情况.]

26. [*M24*] 考虑上一题定义的序 $T \preceq T'$. 证明一个类似于定理 A 的定理, 给出 $T \preceq T'$ 的必要和充分条件, 使用如习题 18 定义的双序.

▶ **27.** [*28*] 假定两棵二叉树都是右线索的, 设计一个算法, 按照习题 25 定义的关系, 检查两棵给定的树 T 和 T', 看它们是 $T \prec T'$, $T \succ T'$, 还是 T 与 T' 等价. 假定每个结点都具有 LLINK、RLINK、RTAG 和 INFO 字段, 不使用辅助栈.

28. [*00*] 用算法 C 制作树的一个副本, 新的二叉树与原来的树等价还是相似?

29. [*M25*] 尽可能严格地证明算法 C 正确.

▶ **30.** [*22*] 设计一个算法, 对一棵非线索的树进行线索化. 例如, 它将把 (2) 转换成 (10). 注意: 尽可能使用像 P* 和 P\$ 这样的记号, 而不是重复像算法 T 这样的遍历算法的步骤.

31. [*23*] 设计一个算法, "擦除" 一棵右线索二叉树. 你的算法应该把除表头之外的所有树结点都返回到 AVAIL 表, 并使表头表示一棵空二叉树. 假定每个结点都具有 LLINK、RLINK 和 RTAG 字段, 不使用辅助栈.

32. [*21*] 假设二叉树的每个结点有 4 个链字段: LLINK 和 RLINK, 像在非线索树中一样, Λ 它们指向左、右子树; SUC 和 PRED 分别指向结点在对称序下的后继和前驱. (因此, SUC(P) = P\$, PRED(P) = \$P. 这样的树包含的信息比线索树多.) 为这种树设计一个像算法 I 一样的插入算法.

▶ **33.** [*30*] 对树线索化的方法不止一种! 考虑下面的表示, 每个结点使用三个字段 LTAG、LLINK 和 RLINK:

LTAG(P): 与线索二叉树中的定义相同;

LLINK(P): 总是等于 P*;

RLINK(P): 与非线索二叉树中的定义相同.

对于这样的表示, 讨论插入算法, 并详细写出相应的复制算法 C.

34. [*22*] 设 P 指向某二叉树的一个结点, 并设 HEAD 指向一棵空二叉树的表头. 给出一个算法, (i) 删除 NODE(P) 和它的所有子树, 并且 (ii) 把 NODE(P) 和它的所有子树附着在 NODE(HEAD) 上. 假定问题中只考虑右线索二叉树, 每个结点都有 LLINK、RTAG、RLINK 字段.

35. [*40*] 仿照定义二叉树的方法, 定义三叉树 (更一般地, 对于任意 $t \geq 2$, 定义 t 叉树). 探讨可以有意义地推广到 t 叉树的本章 (包括上面的习题) 论题.

36. [*M23*] 习题 1.2.1–15 表明，字典序把集合 S 上的一个良序扩展为 S 的元素的 n 元组上的良序．上面的习题 25 表明，使用类似的定义，树中信息的线性序可以扩展为树的线性序．如果关系 $\prec$ 是 S 上的良序，那么习题 25 的扩展关系是 $\mathcal{T}$ 的良序吗？

▶ **37.** [*24*]（弗格森）如果包含两个链字段和一个 INFO 字段需要两个计算机字，则对于 n 个结点的树，表示(2)需要 $2n$ 个字的内存．假定一个链和一个 INFO 字段可以放在一个计算机字中，设计一种需要较少内存空间的二叉树表示方案．

2.3.2 树的二叉树表示

现在，我们从二叉树转到普通的树．回忆一下，按照定义，树与二叉树的基本区别是：

(1) 树总有一个根结点，所以它绝不为空；树的每个结点可以有 $0, 1, 2, 3, \ldots$ 个子女．

(2) 二叉树可以为空，每个结点可以有 $0，1$ 或 2 个子女；我们对"左"子女和"右"子女之间加以区别．

还有，森林是零棵或多棵树的有序集合．任意结点下面的诸子树形成一个森林．

有一种自然的方法，把任意森林表示成一棵二叉树．考虑下面两棵树的森林：

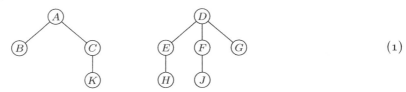

$$(1)$$

对应的二叉树可以这样得到：把每家的子女链接在一起，并删去除父母到第一个子女之外的竖直链：

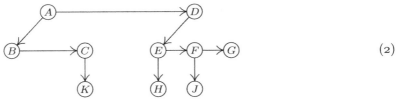

$$(2)$$

然后，把图顺时针转动 $45°$，并稍加调整，得到一棵二叉树：

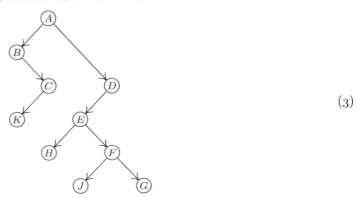

$$(3)$$

反过来，容易看出，通过逆转这一过程，任何二叉树都唯一对应于一个树的森林．

从(1)到(3)的变换非常重要，它称为森林和二叉树之间的自然对应．特殊地，它给出了树与一类特殊的二叉树，即有根但无右子树的二叉树之间的对应．（我们还可以稍微改变一下视角，让树的根对应于二叉树的表头，于是得到具有 $n+1$ 个结点的树与具有 n 个结点的二叉树之间的一一对应．）

设 $F = (T_1, T_2, \ldots, T_n)$ 是树的森林. 对应于 F 的二叉树 $B(F)$ 可以严格地定义如下:

(a) 如果 $n = 0$, 则 $B(F)$ 为空;

(b) 如果 $n > 0$, 则 $B(F)$ 的根是 $\mathrm{root}(T_1)$; $B(F)$ 的左子树是 $B(T_{11}, T_{12} \ldots, T_{1m})$, 其中 $T_{11}, T_{12}, \ldots, T_{1m}$ 都是 $\mathrm{root}(T_1)$ 的子树; 而 $B(F)$ 的右子树是 $B(T_2, \ldots, T_n)$.

这些规则精确地确定了从(1)到(3)的变换.

有时, 把二叉树绘制成像(2)那样的图, 而不必转动 $45°$, 也是方便的. 对应于(1)的线索二叉树为

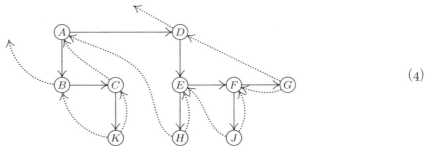

$$(4)$$

(旋转 $45°$, 与图 24 比较.) 注意, 右线索链从一家的最右子女到父母. 左线索链没有这样的自然解释, 因为左右之间缺乏对称性.

上一节考察的遍历思想可以用森林 (因而也能用树) 重新陈述. 中序序列没有简单的类似物, 因为根应该插入后代中间的什么位置并不明显, 但是, 前序和后序遍历却显然适用于森林. 给定任意非空森林, 遍历它的两种基本方法可以定义如下:

前序遍历	后序遍历
访问第一棵树的根;	遍历第一棵树的诸子树;
遍历第一棵树的诸子树;	访问第一棵树的根;
遍历其余的树.	遍历其余的树.

为了理解这两种遍历方法的意义, 考虑下面用嵌套括号表示的树结构:

$$(A(B, C(K)), D(E(H), F(J), G)). \tag{5}$$

这对应于森林(1): 我们用根中的信息后随其诸子树的表示, 来表示一棵树; 用逗号隔开各棵树的表示, 两边用括号括住, 来表示非空森林.

如果用前序遍历(1), 则我们按序列 $A\,B\,C\,K\,D\,E\,H\,F\,J\,G$ 访问诸结点, 这无非就是去掉括号和逗号的(5). 前序是一种列举树结点的自然方法: 我们先列举根, 然后列举它的后代. 如果用像图 20(c) 那样的缩进表示树结构, 则诸行按前序出现. 本书的章节号本身 (见图 22) 就是按前序出现. 这样, 例如 2.3 节后随 2.3.1 节, 然后是 2.3.2, 2.3.3, 2.3.4, 2.3.4.1, ..., 2.3.4.6, 2.3.5, 2.4 节等.

值得注意, 前序是一个历史悠久的概念, 称它为王朝序 (dynastic order) 可能是有意义的. 国王、公爵或伯爵去世后, 头衔传给长子, 然后是长子的后裔, 而如果最终这一支的人全部死去, 则以同样的方式传给家族的其他儿子. (英国传统上, 家族的女儿与儿子具有相同的权利, 只不过她们排在所有的儿子之后.) 理论上, 我们可以取所有贵族的直系图, 并按前序列出结点, 然后只考虑现在还活着的人, 将得到王位继承次序 (按让位法而作出的修改除外).

(1) 中结点的后序是 $B\,K\,C\,A\,H\,E\,J\,F\,G\,D$. 它与前序类似, 区别在于, 它对应的类似括号表示是

$$((B, (K)C)A, ((H)E, (J)F, G)D), \tag{6}$$

其中，结点恰出现在其后代之后，而不是像前序一样出现在其后代之前.

前序和后序的定义与树和二叉树之间的自然对应非常一致，因为第一棵树的子树对应于二叉树的左子树，而其余的树对应于二叉树的右子树. 把这些定义与 253 页的定义进行比较，我们发现，按前序遍历一个森林与按前序遍历对应的二叉树完全相同，按后序遍历一个森林与按中序遍历对应的二叉树完全相同. 因此，可以不加改变地使用 2.3.1 节开发的算法.（注意，树的后序对应于二叉树的中序，而不是后序. 这很幸运，因为我们已经看到按后序遍历二叉树相对困难.）由于这种等价性，我们使用记号 P\$ 表示树或森林中结点 P 的后序后继，也表示二叉树中的中序后继.

作为这些方法用于实际问题的一个例子，我们将考虑代数式的操作. 代数式最适合看作树结构表示，而不是看作符号的一或二维结构，甚至也不是看作二叉树. 例如，公式 $y = 3\ln(x+1) - a/x^2$ 具有树表示

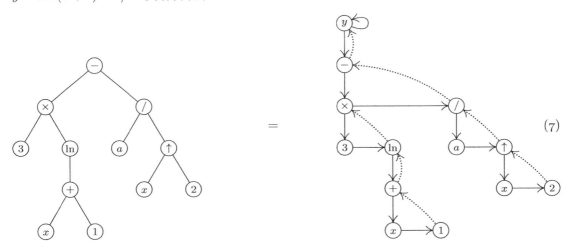

这里，左边的图是像图 21 一样的传统的树，其中二元运算符 $+, -, \times, /$ 和 $\uparrow$（表示乘幂）有两棵子树，对应于它们的操作数；一元运算符 "ln" 有一棵子树. 变量和常量是终端结点. 右边的图显示等价的右线索二叉树，包括一个附加的结点 y，它是树的表头. 表头具有 2.3.1-(8) 所示的形式.

注意，即便(7)中左边的树表面上也与二叉树相似，这里我们依然把它处理成树，并用相当不同的二叉树表示它，显示在(7)的右边. 尽管我们可以直接基于二叉树结构（代数式的所谓 "三地址码" 表示）为代数操作开发程序，但是如果使用像(7)中那样的代数式的一般树表示，则在实践上就会带来一些简化，因为树的后序遍历比较容易.

(7)中左边的树的结点是

$$- \quad \times \quad 3 \quad \ln \quad + \quad x \quad 1 \quad / \quad a \quad \uparrow \quad x \quad 2 \qquad \text{前序;} \qquad (8)$$
$$3 \quad x \quad 1 \quad + \quad \ln \quad \times \quad a \quad x \quad 2 \quad \uparrow \quad / \quad - \qquad \text{后序.} \qquad (9)$$

像(8)和(9)这样的代数表达式非常重要，称为 "波兰表示"，因为形式(8)是波兰逻辑学家扬·武卡谢维奇发明的. 表达式(8)是公式(7)的前缀表示（prefix notation），而(9)是对应的后缀表示（postfix notation）. 在后面几章，我们还将回到波兰表示这一有趣的主题，现在只需要了解波兰表示与树遍历的基本次序直接相关.

我们假定，在 MIX 程序中，待处理代数式的树结构的结点具有如下形式：

RTAG	RLINK	TYPE	LLINK
INFO			

$$(10)$$

这里，RLINK 和 LLINK 具有通常的意义，对于线索链，RTAG 为负（对应于算法语句中的 RTAG $= 1$）．TYPE 字段用于确定结点的不同类型：TYPE $= 0$ 意味结点表示一个常量，而 INFO 是该常量的值；TYPE $= 1$ 意味该结点表示一个变量，而 INFO 是该变量的 5 个字母的名字；TYPE ≥ 2 意味该结点表示一个运算符，而 INFO 是运算符的字符名称，并且 TYPE $= 2, 3, 4, \dots$ 用来区分不同的运算符 $+$, $-$, $\times$, $/$ 等．这里，我们先不管如何在计算机内存建立树结构，因为这一主题将在第 10 章详细分析．现在，我们只假定树已经在计算机内存中，把输入和输出问题推迟到稍后解决．

现在，我们讨论代数操作的经典例子，求一个代数式关于变量 x 的导数．代数微分程序属于第一批为计算机编制的符号运算程序，早在 1952 年就被使用．微分过程阐明了代数操作的许多基本技术，并在科学应用中具有重要的实用价值．

不熟悉数学微积分的读者可以把这个问题看作由以下规则定义的抽象公式操作：

$$D(x) \quad = 1 \tag{11}$$

$$D(a) \quad = 0, \qquad \text{如果 } a \text{ 是常量或是不同于 } x \text{ 的变量} \tag{12}$$

$$D(\ln u) \quad = D(u)/u, \qquad \text{如果 } u \text{ 是一个代数式} \tag{13}$$

$$D(-u) \quad = -D(u) \tag{14}$$

$$D(u+v) = D(u) + D(v) \tag{15}$$

$$D(u-v) = D(u) - D(v) \tag{16}$$

$$D(u \times v) = D(u) \times v + u \times D(v) \tag{17}$$

$$D(u \,/\, v) \quad = D(u)/v - (u \times D(v))/(v \uparrow 2) \tag{18}$$

$$D(u \uparrow v) = D(u) \times (v \times (u \uparrow (v-1))) + ((\ln u) \times D(v)) \times (u \uparrow v) \tag{19}$$

根据这些规则，我们可以对由所列举的运算符组成的任意代数式 y，计算导数 $D(y)$．规则(14)中的符号"$-$"是一元运算符，不同于(16)中的二元"$-$"．在下面的树结点中，我们将使用"neg"表示一元取反运算．

不幸的是，规则(11)到(19)还不够．如果我们盲目地把它们用于像

$$y = 3\ln(x+1) - a/x^2$$

这样的简单公式，则得到

$$\begin{aligned} D(y) = {} & 0 \cdot \ln(x+1) + 3((1+0)/(x+1)) \\ & - (0/x^2 - (a(1(2x^{2-1}) + ((\ln x) \cdot 0)x^2))/(x^2)^2), \end{aligned} \tag{20}$$

这是正确的，但是完全不能令人满意．为了避免答案中有如此之多的冗余操作，我们必须识别加 0 或被 0 乘、被 1 乘或 1 次幂这样的特殊情况．这些化简把(20)归约为

$$D(y) = 3(1/(x+1)) - (-(a(2x))/(x^2)^2), \tag{21}$$

这比较可以接受，但是仍然不理想．真正满意的答案的概念不是明确定义的，因为不同的数学家愿意用不同的方法表示公式．然而，(21)显然可以更简单．为了对式(21)做出实质性化简，有

必要开发代数化简程序（见习题 17），例如把(21)化简为

$$D(y) = 3(x+1)^{-1} + 2ax^{-3}. \tag{22}$$

这里，我们只满足于可以产生式 (21) 而不是式 (22) 的程序.

像通常一样，我们对算法的主要兴趣是该过程在计算机内运行的细节. 在大部分计算机装置中，有许多高级程序设计语言和专用例程可以利用，提供了简化代数操作的内置机制. 但是，提供这个例子的目的是获得基本树操作的更多经验.

下面算法的基本思想是：按后序遍历树，随着遍历形成每个结点的导数，直到最终计算出整个导数. 使用后序意味着我们先对运算符（如"+"）的操作数求导，后到达运算符结点. 规则(11)到(19)暗示原式的每个子式或早或晚都要求微分，因此我们也可以按后序求微分.

一方面，使用右线索树，可避免在算法运行期间使用栈. 另一方面，线索树表示也有缺点，我们需要做子树的副本，例如，在 $D(u\uparrow v)$ 的规则中，可能需要复制 u 和 v 各 3 次. 如果我们选择像 2.3.5 节中的表而不是树表示，则可以避免这种复制.

算法 D（微分）.   如果 Y 是指向按上述表示的公式的表头的地址，DY 是空树表头的地址，则该算法使得 NODE(DY) 指向代表 Y 关于变量 X 的解析导数的树.

D1. [初始化.] 置 P ← Y$（即树在后序下的第一个结点，它是对应的二叉树在中序下的第一个结点）.

D2. [微分.] 置 P1 ← LLINK(P)；并且如果 P1 ≠ Λ，则还置 Q1 ← RLINK(P1). 然后执行下面所描述的程序 DIFF[TYPE(P)].（程序 DIFF[0]、DIFF[1] 等将形成以 P 为根的树的导数，并设置指针变量 Q 为该导数树的根的地址. 先建立变量 P1 和 Q1，以便简化 DIFF 程序的说明.）

D3. [链复位.] 如果 TYPE(P) 表示一个二元运算符，则置 RLINK(P1) ← P2.（解释见下一步.）

D4. [前进到 P$.] 置 P2 ← P, P ← P$. 现在，如果 RTAG(P2) = 0（即是，如果NODE(P2)右边有一个兄妹），则置 RLINK(P2) ← Q（这是算法的技巧部分：我们临时破坏了树 Y 的结构，使得指向 P2 的导数的链得以保存，以便以后使用. 缺失的链稍后将在步骤 D3 恢复. 对于这一技巧的进一步讨论，见习题 21.）

D5. [完成?] 如果 P ≠ Y，则返回步骤 D2；否则，置 LLINK(DY) ← Q, RLINK(Q) ← DY, RTAG(Q) ← 1.   ∎

算法 D 中描述的过程只是求导操作的基础程序，求导由在步骤 D2 调用的处理程序 DIFF[0]，DIFF[1], ... 来实现. 在许多方面，算法 D 很像 1.4.3 节讨论的解释系统或机器模拟器的控制程序，但是它遍历一棵树，而不是简单的指令序列.

为了完成算法 D，我们必须定义实际求微分的程序. 在下面的讨论中，语句"P 指向一棵树"意味 NODE(P) 是一棵以右线索二叉树形式存放的树的根，尽管就这棵树而言，RLINK(P) 和 RTAG(P) 都没有意义. 我们将使用树构造函数，通过把小树连接在一起，构造新树：设 x 代表某种结点，它或者是常量，或者是变量，或者是运算符，而 U 和 V 代表指向树的指针；于是

TREE(x,U,V)产生一棵新树，以 x 为根结点，而 U 和 V 是根的子树：W ⇐ AVAIL,
    INFO(W) ← x, LLINK(W) ← U, RLINK(U) ← V, RTAG(U) ← 0, RLINK(V) ← W,
    RTAG(V) ← 1,

TREE(x,U)类似地产生一棵只有一个子树的新树: W $\Leftarrow$ AVAIL, INFO(W) $\leftarrow$ x, LLINK(W) $\leftarrow$ U, RLINK(U) $\leftarrow$ W, RTAG(U) $\leftarrow$ 1.

TREE(x)产生一棵以 x 为终端根结点的新树: W $\Leftarrow$ AVAIL, INFO(W) $\leftarrow$ x, LLINK(W) $\leftarrow$ Λ. 此外, TYPE(W) 根据 x 而适当设置. 在所有的情况下, TREE 的值是 W, 即指向刚构造的树的指针. 读者应该仔细研究这三个定义, 因为它们阐明了树的二叉树表示. 另一个函数 COPY(U) 制作 U 指向的树的副本, 而其值是指向所创建树的指针. 基本函数 TREE 和 COPY 使得我们很容易一步步地为一个公式的导数建立起一棵树.

零元运算符（常量和变量）. 对于这些运算, NODE(P) 是一个终端结点, 运算结果与 P1、P2、Q1 和 Q 的原值无关.

DIFF[0]: （NODE(P) 是一个常量） 置 Q $\leftarrow$ TREE(0).

DIFF[1]: （NODE(P) 是一个变量） 如果 INFO(P) = "X", 则置 Q $\leftarrow$ TREE(1); 否则置 Q $\leftarrow$ TREE(0).

一元运算符（对数和取反）. 对于这些运算, NODE(P) 具有一个子女 U, P1 指向它, 并且 Q 指向 $D(U)$. 运算结果与 P2 和 Q1 的原值无关.

DIFF[2]: （NODE(P) 是 "ln"） 如果 INFO(Q) $\neq$ 0, 则置 Q $\leftarrow$ TREE("/",Q,COPY(P1)).

DIFF[3]: （NODE(P) 是 "neg"） 如果 INFO(Q) $\neq$ 0, 则置 Q $\leftarrow$ TREE("neg",Q).

二元运算符（加、减、乘、除和乘方）. 对于这些运算, NODE(P) 具有两个子女 U 和 V, P1 和 P2 分别指向它们; Q1 和 Q 分别指向 $D(U)$ 和 $D(V)$.

DIFF[4]: （"+" 运算） 如果 INFO(Q1) = 0, 则置 AVAIL $\Leftarrow$ Q1. 否则, 如果 INFO(Q) = 0, 则置 AVAIL $\Leftarrow$ Q and Q $\leftarrow$ Q1; 否则, 置 Q $\leftarrow$ TREE("+",Q1,Q).

DIFF[5]: （"−" 运算） 如果 INFO(Q) = 0, 则置 AVAIL $\Leftarrow$ Q, Q $\leftarrow$ Q1. 否则, 如果 INFO(Q1) = 0, 则置 AVAIL $\Leftarrow$ Q1, Q $\leftarrow$ TREE("neg",Q); 否则, 置 Q $\leftarrow$ TREE("−",Q1,Q).

DIFF[6]: （"×" 运算） 如果 INFO(Q1) $\neq$ 0, 则置 Q1 $\leftarrow$ MULT(Q1,COPY(P2)). 然后, 如果 INFO(Q) $\neq$ 0, 则置 Q $\leftarrow$ MULT(COPY(P1),Q). 然后, 转到DIFF[4].

这里, MULT(U,V) 是一个新函数, 它构造 U × V 的树, 同时检测U或V是否等于1:

如果 INFO(U) = 1 并且 TYPE(U) = 0, 则置 AVAIL $\Leftarrow$ U, MULT(U,V) $\leftarrow$ V;

如果 INFO(V) = 1 并且 TYPE(V) = 0, 则置 AVAIL $\Leftarrow$ V, MULT(U,V) $\leftarrow$ U;

否则, 置 MULT(U,V) $\leftarrow$ TREE("×",U,V).

DIFF[7]: （"/" 运算） 如果 INFO(Q1) $\neq$ 0, 则置

$$Q1 \leftarrow TREE("/",Q1,COPY(P2))$$

然后, 如果 INFO(Q) $\neq$ 0, 则置

$$Q \leftarrow TREE("/",MULT(COPY(P1),Q),TREE("\uparrow",COPY(P2),TREE(2)))$$

然后, 转到 DIFF[5].

DIFF[8]: （"↑" 操作） 见习题 12.

在本节的最后, 我们展示如何 "从零开始", 仅以 MIX 机器语言为基础, 轻松地把上面的所有操作转换成计算机程序.

程序 D （微分）．　下面的 MIXAL 程序实现算法 D，其中 rI2 ≡ P，rI3 ≡ P2，rI4 ≡ P1，
rI5 ≡ Q，rI6 ≡ Q1．为方便起见，计算次序稍加重新安排．

```
001  * 在右线索树中计算微分
002  LLINK   EQU   4:5              定义字段，见(10)
003  RLINK   EQU   1:2
004  RLINKT  EQU   0:2
005  TYPE    EQU   3:3
006  * 主控制程序              D1. 初始化.
007  D1      STJ   9F               把整个过程看作一个子程序.
008          LD4   Y(LLINK)         P1 ← LLINK(Y)，准备找 Y$.
009  1H      ENT2  0,4              P ← P1.
010  2H      LD4   0,2(LLINK)       P1 ← LLINK(P).
011          J4NZ  1B               If P1 ≠ Λ，则重复.
012  D2      LD1   0,2(TYPE)        D2. 微分.
013          JMP   *+1,1            跳到 DIFF[TYPE(P)].
014          JMP   CONSTANT         跳转到表项DIFF[0].
015          JMP   VARIABLE             DIFF[1].
016          JMP   LN                   DIFF[2].
017          JMP   NEG                  DIFF[3].
018          JMP   ADD                  DIFF[4].
019          JMP   SUB                  DIFF[5].
020          JMP   MUL                  DIFF[6].
021          JMP   DIV                  DIFF[7].
022          JMP   PWR                  DIFF[8].
023  D3      ST3   0,4(RLINK)       D3. 链复位. RLINK(P1) ← P2.
024  D4      ENT3  0,2              D4. 前进到 P$. P2 ← P.
025          LD2   0,2(RLINKT)      P ← RLINKT(P).
026          J2N   1F               如果 RTAG(P) = 1，则跳转；
027          ST5   0,3(RLINK)          否则，置 RLINK(P2) ← Q.
028          JMP   2B               注意，NODE(P$) 将是终端结点.
029  1H      ENN2  0,2
030  D5      ENT1  -Y,2             D5. 完成?
031          LD4   0,2(LLINK)       P1 ← LLINK(P)，为步骤 D2 做准备.
032          LD6   0,4(RLINK)       Q1 ← RLINK(P1).
033          J1NZ  D2               如果 P ≠ Y，则跳转到 D2；
034          ST5   DY(LLINK)           否则置 LLINK(DY) ← Q.
035          ENNA  DY
036          STA   0,5(RLINKT)      RLINK(Q) ← DY, RTAG(Q) ← 1.
037  9H      JMP   *                从微分子程序转出.    ▮
```

程序的下一部分包含基本子程序 TREE 和 COPY．前者按照所构造的树的子树数，有三个入口
TREE0、TREE1 和 TREE2．无论使用哪个子程序入口，rA 都将包含一个特殊常量的地址，指出
什么类型的结点形成所构造的树的根．这些特殊的常量出现在第 105–124 行中．

```
038  * 树构造的基本子程序
039  TREE0   STJ   9F               TREE(rA) 函数:
040          JMP   2F
```

041	TREE1	ST1	3F(0:2)	TREE(rA,rI1) 函数:
042		JSJ	1F	
043	TREE2	STX	3F(0:2)	TREE(rA,rX,rI1) 函数:
044	3H	ST1	*(RLINKT)	RLINK(rX) ← rI1, RTAG(rX) ← 0.
045	1H	STJ	9F	
046		LDXN	AVAIL	
047		JXZ	OVERFLOW	
048		STX	0,1(RLINKT)	RLINK(rI1) ← AVAIL, RTAG(rI1) ← 1.
049		LDX	3B(0:2)	
050		STA	*+1(0:2)	
051		STX	*(LLINK)	LLINK 置下一个根结点的.
052	2H	LD1	AVAIL	rI1 ⇐ AVAIL.
053		J1Z	OVERFLOW	
054		LDX	0,1(LLINK)	
055		STX	AVAIL	
056		STA	*+1(0:2)	复制根信息到新结点.
057		MOVE	*(2)	
058		DEC1	2	重置 rI1 指向新的根.
059	9H	JMP	*	由 TREE转出，rI1 指向新树.
060	COPYP1	ENT1	0,4	COPY(P1)，进入 COPY 的特殊入口COPY.
061		JSJ	COPY	
062	COPYP2	ENT1	0,3	COPY(P2)，进入 COPY 的特殊入口 COPY.
063	COPY	STJ	9F	COPY(rI1) 函数:
⋮		⋮		（见习题 13）
104	9H	JMP	*	由COPY转出，rI1 指向新树
105	CON0	CON	0	表示常量 "0" 的结点
106		CON	0	
107	CON1	CON	0	表示常量 "1" 的结点
108		CON	1	
109	CON2	CON	0	表示常量 "2" 的结点
110		CON	2	
111	LOG	CON	2(TYPE)	表示 "ln" 的结点
112		ALF	LN	
113	NEGOP	CON	3(TYPE)	表示 "neg" 的结点
114		ALF	NEG	
115	PLUS	CON	4(TYPE)	表示 "+" 的结点
116		ALF	+	
117	MINUS	CON	5(TYPE)	表示 "−" 的结点
118		ALF	−	
119	TIMES	CON	6(TYPE)	表示 "×" 的结点
120		ALF	*	
121	SLASH	CON	7(TYPE)	表示 "/" 的结点
122		ALF	/	
123	UPARROW	CON	8(TYPE)	表示 "↑" 的结点
124		ALF	**	▮

程序的剩余部分对应于微分程序 DIFF[0], DIFF[1]，等等. 这些程序设计为，处理完一个二元操作之后把控制返回步骤 D3，否则返回步骤 D4.

```
125   * 微分程序
126   VARIABLE  LDX   1,2
127             ENTA  CON1
128             CMPX  2F              INFO(P) = "x" 吗?
129             JE    *+2             如果等于, 则调用 TREE(1).
130   CONSTANT  ENTA  CON0            调用 TREE(0).
131             JMP   TREE0
132   1H        ENT5  0,1             Q ← 新树的位置.
133             JMP   D4              返回控制程序
134   2H        ALF      X
135   LN        LDA   1,5
136             JAZ   D4              如果 INFO(Q) = 0, 则返回控制程序;
137             JMP   COPYP1              否则, 置 rI1 ← COPY(P1).
138             ENTX  0,5
139             ENTA  SLASH
140             JMP   TREE2           rI1 ← TREE("/",Q,rI1).
141             JMP   1B              Q ← rI1, 返回控制程序.
142   NEG       LDA   1,5
143             JAZ   D4              如果 INFO(Q) = 0, 则返回.
144             ENTA  NEGOP
145             ENT1  0,5
146             JMP   TREE1           rI1 ← TREE("neg",Q).
147             JMP   1B              Q ← rI1, 返回控制程序.
148   ADD       LDA   1,6
149             JANZ  1F              除非 INFO(Q1) = 0, 否则跳转.
150   3H        LDA   AVAIL           AVAIL ⇐ Q1.
151             STA   0,6(LLINK)
152             ST6   AVAIL
153             JMP   D3              返回控制程序, 二元运算符.
154   1H        LDA   1,5
155             JANZ  1F              除非 INFO(Q) = 0, 否则跳转.
156   2H        LDA   AVAIL           AVAIL ⇐ Q.
157             STA   0,5(LLINK)
158             ST5   AVAIL
159             ENT5  0,6             Q ← Q1.
160             JMP   D3              返回控制程序
161   1H        ENTA  PLUS            准备调用 TREE("+",Q1,Q).
162   4H        ENTX  0,6
163             ENT1  0,5
164             JMP   TREE2
165             ENT5  0,1             Q ← TREE("±",Q1,Q).
166             JMP   D3              返回控制程序.
167   SUB       LDA   1,5
168             JAZ   2B              如果 INFO(Q) = 0, 则跳转.
169             LDA   1,6
170             JANZ  1F              除非 INFO(Q1) = 0, 否则跳转.
171             ENTA  NEGOP
```

```
172          ENT1  0,5
173          JMP   TREE1
174          ENT5  0,1            Q ← TREE("neg",Q).
175          JMP   3B             AVAIL ⇐ Q1，并返回.
176   1H     ENTA  MINUS          准备调用TREE("−",Q1,Q).
177          JMP   4B
178   MUL    LDA   1,6
179          JAZ   1F             如果 INFO(Q1) = 0，则跳转;
180          JMP   COPYP2            否则，置 rI1 ← COPY(P2).
181          ENTA  0,6
182          JMP   MULT           rI1 ← MULT(Q1,COPY(P2)).
183          ENT6  0,1            Q1 ← rI1.
184   1H     LDA   1,5
185          JAZ   ADD            如果 INFO(Q) = 0，则跳转;
186          JMP   COPYP1           否则，置 rI1 ← COPY(P1).
187          ENTA  0,1
188          ENT1  0,5
189          JMP   MULT           rI1 ← MULT(COPY(P1),Q).
190          ENT5  0,1            Q ← rI1.
191          JMP   ADD
192   MULT   STJ   9F             MULT(rA,rI1)子程序.
193          STA   1F(0:2)        设 rA ≡ U, rI1 ≡ V.
194          ST2   8F(0:2)        保存 rI2.
195   1H     ENT2  *              rI2 ← U.
196          LDA   1,2            测试是否 INFO(U) = 1
197          DECA  1
198          JANZ  1F
199          LDA   0,2(TYPE)        并且是否 TYPE(U) = 0.
200          JAZ   2F
201   1H     LDA   1,1            如果不是，则测试是否 INFO(V) = 1
202          DECA  1
203          JANZ  1F
204          LDA   0,1(TYPE)        并且是否 TYPE(V) = 0.
205          JANZ  1F
206          ST1   *+2(0:2)       如果是，则交换 U ↔ V.
207          ENT1  0,2
208          ENT2  *
209   2H     LDA   AVAIL          AVAIL ⇐ U.
210          STA   0,2(LLINK)
211          ST2   AVAIL
212          JMP   8F             结果是 V.
213   1H     ENTA  TIMES
214          ENTX  0,2
215          JMP   TREE2          结果是 TREE("×",U,V).
216   8H     ENT2  *              恢复 rI2 的设置.
217   9H     JMP   *              转出 MULT，结果在 rI1 中.    ▌
```

其他两个程序 DIV 和 PWR 是类似的，因此留作习题（习题 15 和 16）.

习题

▶ **1.** [*20*] 正文中给出了对应于森林 F 的二叉树 $B(F)$ 的形式化定义. 给出相反过程的形式化定义; 换言之, 定义对应于二叉树 B 的森林 $F(B)$.

▶ **2.** [*20*] 我们已经在 2.3 节定义了森林的杜威记数法, 在习题 2.3.1–5 中定义了二叉树的杜威记数法. 这样, (1)中的结点 "J" 用 "2.2.1" 表示, 而在等价的二叉树(3)中, 它用 "11010" 表示. 如果可能, 给出一个规则, 直接把树与二叉树之间的自然对应关系表示成杜威记数法之间的对应关系.

3. [*22*] 一个森林的结点的杜威记数法与这些结点的前序和后序之间的关系是什么?

4. [*19*] 下面的陈述是真还是假? "在前序和后序下, 一棵树的终端结点皆以相同的相对次序出现."

5. [*23*] 森林与二叉树之间的另一种对应关系可以用如下方法定义: 令 RLINK(P) 指向 NODE(P) 的最右子女, 而 LLINK(P) 指向左边最近的兄妹. 设 F 是以这种方式对应于二叉树 B 的森林. B 上结点的什么序对应于 F 上的 (a) 前序, (b) 后序?

6. [*25*] 设 T 是一棵非空二叉树, 其中每个结点具有 0 或 2 个子女. 如果我们把 T 看作一棵普通的树, 则它 (通过自然对应) 对应于另一棵二叉树 T'. T 的结点的前序、中序和后序 (按照二叉树的定义) 与 T' 的结点的同样三种序是否存在简单的关系?

7. [*M20*] 如果我们说每个结点都先于它的后代, 则一个森林可以看作一个偏序. 当我们按 (a) 前序, (b) 后序, (c) 逆前序, (d) 逆后序列举结点时, 它们是否已被拓扑排序 (定义见 2.2.3 节)?

8. [*M20*] 习题 2.3.1–25 表明如何把存放在一棵二叉树个体结点中的信息之间的序扩充为所有二叉树的线性序. 在自然对应下, 由该构造可得到所有树的一个序. 用树重新陈述该习题的定义.

9. [*M21*] 证明: 森林中非终端结点的总数与对应的非线索二叉树中为 Λ 的右链总数之间存在一个简单关系.

10. [*M23*] 设 F 是树的森林, 其结点在前序下为 $u_1, u_2, \ldots, u_n$; 又设 F' 是一个森林, 其结点在前序下为 $u'_1, u'_2, \ldots, u'_{n'}$. 令 $d(u)$ 表示结点 u 的度数 (子女数). 用这些概念陈述并证明一个类似于定理 2.3.1A 的定理.

11. [*15*] 试绘制类似于 (7)、对应于公式 $y = \mathrm{e}^{-x^2}$ 的树.

12. [*M21*] 给出程序DIFF[8] ("$\uparrow$" 运算) 的说明, 它在正文的程序中被省略.

▶ **13.** [*26*] 为COPY子程序写一个 MIX 程序 (它填在正文程序的第 064–104 行). [提示: 以适当的初始条件, 对右线性线索树使用算法 2.3.1C.]

▶ **14.** [*M21*] 习题 13 的程序复制一棵具有 n 个结点的树需要多少时间?

15. [*23*] 为对应于文中所述的 DIFF[7] 的 DIV 例程写一个 MIX 程序. (这个程序应该能够添加到正文程序的第 217 行之后.)

16. [*24*] 为对应于习题 12 所述的 DIFF[8] 的 PWR 例程写一个 MIX 程序. (这个程序应该能够添加到正文程序的习题 15 的解之后.)

17. [*M40*] 写一个做代数式化简的程序, 例如能够把(20)或(21)归约为(22). [提示: 每个结点包含一个新字段, 表示它的系数 (对于加数) 或指数 (对于乘积中的因子). 应用代数恒等式, 如用 $v \ln u$ 替换 $\ln(u \uparrow v)$; 可能时, 使用等价的加法或乘法运算消除运算符 $-, /, \uparrow$ 和 neg. 把 $+$ 和 $\times$ 变成 n 元运算, 而不是二元运算; 对操作数按树的次序排序 (习题 8), 收集同类项; 现在, 某些和与乘积将被约化为 0 或 1, 或许可以进一步化简. 其他调整也很明显, 如用乘积的对数替换对数的和.]

▶ **18.** [*25*] 如果每个家庭的结点按位置定序, 则由 n 个链 PARENT[j] ($1 \le j \le n$) 确定的定向树隐式地定义了一棵有序树. 设计一个高效的算法, 构造该有序树的结点按前序排列的双向循环链表. 例如, 给定

$$j = 1\ 2\ 3\ 4\ 5\ 6\ 7\ 8$$
$$\texttt{PARENT}[j] = 3\ 8\ 4\ 0\ 4\ 8\ 3\ 4$$

你的算法将产生

$$\text{LLINK}[j] = 3\ 8\ 4\ 6\ 7\ 2\ 1\ 5$$
$$\text{RLINK}[j] = 7\ 6\ 1\ 3\ 8\ 4\ 5\ 2$$

并且它还将报告根结点是 4.

19. [*M35*] 一个自由格是一个数学系统,（对于本习题）可以简单地定义为由变量和两个抽象的二元运算 "∨" 和 "∧" 组成的所有公式的集合. 自由格中的某些公式 X 和 Y 之间的关系 "$X \succeq Y$" 由以下规则定义:

    (i) $X \vee Y \succeq W \wedge Z$ 当且仅当 $X \vee Y \succeq W$, 或 $X \vee Y \succeq Z$, 或 $X \succeq W \wedge Z$, 或 $Y \succeq W \wedge Z$;

    (ii) $X \wedge Y \succeq Z$, 当且仅当 $X \succeq Z$ 并且 $Y \succeq Z$;

    (iii) $X \succeq Y \vee Z$, 当且仅当 $X \succeq Y$ 并且 $X \succeq Z$;

    (iv) $x \succeq Y \wedge Z$, 当且仅当 $x \succeq Y$ 或 $x \succeq Z$, 其中 x 是变量;

    (v) $X \vee Y \succeq z$, 当且仅当 $X \succeq z$ 或 $Y \succeq z$, 其中 z 是变量;

    (vi) $x \succeq y$, 当且仅当 $x = y$, 其中 x 和 y 是变量.

例如, 我们有 $a \wedge (b \vee c) \succeq (a \wedge b) \vee (a \wedge c) \not\succeq a \wedge (b \vee c)$.

    设计一个算法, 对于给定的自由格中的两个公式 X 和 Y, 检测是否有 $X \succeq Y$.

▶ **20.** [*M22*] 证明: 如果 u 和 v 是一个森林的结点, 则 u 是 v 的一个真正先辈, 当且仅当在前序下, u 在 v 之前, 且在后序下, u 在 v 之后.

21. [*25*] 算法 D 的微分操作适用于二元、一元和零元运算符, 即具有 2 度、1 度和 0 度结点的树; 但是, 它并未明确指出对于三元运算符和具有更高度数结点的树如何处理.（例如, 习题 17 建议把加法和乘法变成具有任意个操作数的运算符.）能否以简单的方法扩展算法 D, 使之可以处理度数大于 2 的运算符?

▶ **22.** [*M26*] 设 T 和 T' 都是树. 如果存在从 T 的结点到 T' 的结点的一对一函数 f, 且 f 保持前序和后序（换言之, 在 T 的前序下, u 在 v 之前, 当且仅当在 T' 的前序下, $f(u)$ 在 $f(v)$ 之前; 并且同样的结论对于后序也成立. 见图 25）, 就说 T 可以嵌入到 T' 中, 记作 $T \subseteq T'$.

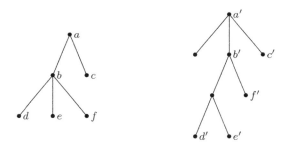

图 25　一棵树嵌入到另一棵中（见习题 22）

    如果 T 的结点多于一个, 则令 $l(T)$ 为 root(T) 的最左子树, $r(T)$ 为树的其余部分, 即删除 $l(T)$ 的 T. 证明: T 可以嵌入 T', 如果 (i) T 只有一个结点, 或者 (ii) T 和 T' 的结点都多于一个, 并且或者 $T \subseteq l(T')$), 或者 $T \subseteq r(T')$, 或者 ($l(T) \subseteq l(T')$ 并且 $r(T) \subseteq r(T')$). 其逆成立吗?

2.3.3　树的其他表示

    除了上一节给出的 LLINK-RLINK（左子女-右兄妹）方法外, 还有许多在计算机内表示树结构的方法. 像通常一样, 哪种表示方法最合适, 高度依赖于我们想在树上执行哪些类型的操作. 本节, 我们将考虑树的几种表示方法, 业已证明它们特别有用.

    首先, 我们可以使用顺序存储技术. 与线性表的情况一样, 如果我们希望树有紧凑表示, 且在程序运行期间树的大小和形状不会剧烈变化, 这种分配模式最为合适. 在许多情况下, 我们需要在程序内引用基本不变的树结构表, 并且树在内存中的合适形式依赖于对这些表进行考察的方式.

树 (和森林) 最普通的顺序表示本质上对应于省略 LLINK 字段, 代之以连续寻址. 例如, 让我们再次观察上一节考虑的森林

$$(A(B, C(K)), D(E(H), F(J), G))\tag{1}$$

其树图如下

$$\tag{2}$$

前序顺序表示的结点以前序出现, 每个结点具有 INFO、RLINK 和 LTAG字段:

```
RLINK
INFO      A  B  C  K  D  E  H  F  J  G        (3)
LTAG
```

这里, 非空的RLINK用箭头指示, 而 LTAG = 1 (对于终端结点) 用 "⌐" 指示. LLINK 不再需要, 因为它或者为空, 或者将指向序列中的下一项. 把(1)与(3)进行比较是有益的.

这种表示有一些有趣的性质. 首先, 一个结点的所有子树都紧接着该结点后边出现, 使得原森林中的所有子树都出现在连续的块中. [把这与 (1) 和图 20b 中的 "嵌套括号" 加以比较.] 其次, 注意 (3) 中的 RLINK 箭头绝不会彼此交叉, 在一般的二叉树中也是如此, 因为在前序下 X 与 RLINK(X) 之间的所有结点都在 X 的左子树中, 所以没有向外的箭头从树的这部分冒出. 再次, 可以看出, 指示结点是否为终端结点的字段 LTAG 是冗余的, 因为 "⌐" 仅出现在森林的尾部, 并恰好在每个向下指的箭头之前.

确实, 这些论述表明RLINK 字段本身几乎也是冗余的. 为了表示该结构, 我们实际需要的只是 RTAG 和 LTAG. 因此, 有可能从更少的数据导出(3).

```
RTAG
INFO      A  B  C  K  D  E  H  F  J  G        (4)
LTAG
```

随着我们自左向右扫描(4), RTAG ≠ "⌐" 的位置对应于必须填入的非空 RLINK. 每当我们扫描过一个 LTAG = "⌐" 的项, 我们就应该完成了一个尚未完成的RLINK的最近实例. (因此, 未完成的诸RLINK可以保存在一个栈中.) 我们实际上再次证明了定理 2.3.1A.

RLINK 或 LTAG 在(3)是冗余的, 这一事实对我们帮助不大, 甚至没有帮助, 除非我们顺序地扫描整个森林, 因为要推导出缺失的信息, 就需要附加的计算. 因此, 我们通常需要(3)中的所有数据. 然而, 明显存在一些被浪费的空间, 因为对于这个特定的森林, RLINK 字段的值一半以上等于 Λ. 有两种常用的方法, 可利用被浪费的空间:

(1) 每个结点的 RLINK 填上该结点下的子树之后的地址. 此时, 该字段常称作 "SCOPE", 而不是 RLINK, 因为它指出每个结点的 "影响" (子孙) 的右边界. 替代(3), 我们将有

```
SCOPE
INFO      A  B  C  K  D  E  H  F  J  G        (5)
```

诸箭头仍然相互不交叉. 此外, LTAG(X) = "⌐" 被条件 SCOPE(X) = X + c 刻画, 其中 c 是每个结点的字数. 使用 SCOPE 思想的一个例子见习题 2.4–12.

(2) 通过取消 RLINK 字段来缩小每个结点，并在先前具有非空 RLINK 的结点前增加特殊的"链"结点：

$$
\begin{array}{l}
\text{INFO} \qquad * \; A \; * \; B \; C \; K \; D \; * \; E \; H \; * \; F \; J \; G \\
\text{LTAG}
\end{array} \tag{6}
$$

这里，"$*$"指示特殊的链结点，其 INFO 字段以某种方式把它们刻画为箭头所示的链．如果(3)的 INFO 和RLINK 字段大致占据相同数量的空间，则(6)占用较少的内存，因为"$*$"结点数总是少于非"$*$"结点数．表示(6)有点类似于像 MIX 那样的一地址计算机的指令序列，"$*$"结点对应于条件转移指令．

如果忽略 RLINK 而不是 LLINK，可以设计另一种类似于(3)的顺序表示．在这种情况下，我们按一种新的序来列出森林的结点．这种序可以称作家族序（family order），因为每个家族的成员一起出现．任意森林的家族序可以递归地定义如下：

访问第一棵树的根；
遍历其余的树（按家族序）；
遍历第一棵树的根的诸子树（按家族序）．

（把这个定义与前一节的前序和后序的定义进行比较．家族序等价于对应的二叉树中的后序的逆．）

树(2)的家族序顺序表示为：

$$
\begin{array}{l}
\text{LLINK} \\
\text{INFO} \qquad A \; D \; E \; F \; G \; J \; H \; B \; C \; K \\
\text{RTAG}
\end{array} \tag{7}
$$

在这种情况下，RTAG字段用来为家族划界．家族序首先列出森林中所有树的根，然后接连选择所在家族尚未列出的、最近出现的结点的家族，继续列出每个家族．其结果是诸 LLINK 箭头绝对不会交叉，并且前序表示的其他性质以类似的方式继续成立．

不使用家族序，我们也可以简单地自左向右、每次一层列出所有的结点．这称作"层次序"（level oredr）[见杰拉德·索尔顿，*CACM* **5**, (1962), 103–114]，而(2)的层次序顺序表示为：

$$
\begin{array}{l}
\text{LLINK} \\
\text{INFO} \qquad A \; D \; B \; C \; E \; F \; G \; K \; H \; J \\
\text{RTAG}
\end{array} \tag{8}
$$

这就像(7)，但是家族按先进先出，而不是按后进先出方式选择．无论(7)还是(8)，都可以看作线性表关于树的自然推广．

读者将容易看出如何设计遍历和分析如上顺序表示的树，因为诸 LLINK 和 RLINK 信息基本上都是可以利用的，仿佛树结构是完全链接的一样．

另一种顺序方法称作带度数的后序（postoder with degrees），它多少有点不同于以上技术．我们按后序列出诸结点，并给出每个结点的度数而不是链：

$$
\begin{array}{llllllllllll}
\text{DEGREE} & 0 & 0 & 1 & 2 & 0 & 1 & 0 & 1 & 0 & 1 & 0 & 3 \\
\text{INFO} & B & K & C & A & H & E & J & F & G & D
\end{array} \tag{9}
$$

习题 2.3.2–10 证明这足以刻画树结构．这种序用于"自底向上"计算定义在树结点上的函数，如下面的算法所示．

算法 F（计算局部定义于树中的函数）．假设 f 是树的诸结点上的函数，使得 f 在树结点 x 上的值仅依赖于 x 和 f 在 x 的子女上的值．下面的算法使用一个辅助栈，在非空森林的每个结点上计算 f．

F1. [初始化.] 设置空栈，并令 P 指向森林在后序下的第一个结点.

F2. [计算 f.] 置 $d \leftarrow \text{DEGREE}(P)$. （第一次到达这一步 d 将为零. 一般地，当我们到达这一步时总有: 从栈顶向下的前 d 个项为 $f(x_d), \ldots, f(x_1)$, 其中 $x_1, \ldots, x_d$ 是 NODE(P) 的自左向右的子女.) 使用由栈顶得到的 $f(x_d), \ldots, f(x_1)$ 的值，计算 $f(\text{NODE}(P))$.

F3. [更新栈.] 移走栈顶的 d 个项; 然后把 $f(\text{NODE}(P))$ 的值放到栈顶.

F4. [前进.] 如果P是后序下的最后一个结点，则算法终止. （于是，从栈顶到栈底，栈将包含 $f(\text{root}(T_m)), \ldots, f(\text{root}(T_1))$, 其中 $T_1, \ldots, T_m$ 都是给定森林的树.) 否则，置P为它在后序下的后继（在表示(9)中，这将简单地用 $P \leftarrow P + c$ 实现），并返回步骤 F2. ∎

算法 F 的正确性可以对树的大小归纳证明（见习题 16）. 该算法与上一节的微分算法 2.3.2D 有着惊人的相似性，它计算一个类型密切相关的函数，见习题 3. 许多解释程序在涉及后缀表示的算术表达式求值时都使用了类似的思想，我们将在第 8 章继续讨论这一主题. 习题 17 给出了另一个类似于算法 F 的重要过程.

至此，我们已经看到了树和森林的各种顺序表示. 下面考虑链接形式的表示.

第一种想法与(3)到(6)的变换有关: 我们从所有非终端结点删去 INFO 字段，并把这一信息作为新的终端结点放在原结点的下面. 例如，树(2)将变成

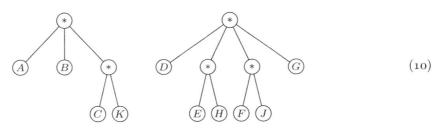

$$(10)$$

这种新形式表明，（不失一般性）我们可以假定树结构中的所有 INFO 都出现在它的终端结点. 因此，在 2.3.2 节的自然的二叉树表示中，LLINK 和 INFO 字段是互斥的，可以共用每个结点中的同一字段. 结点可能具有如下字段

LTAG	LLINK 或 INFO	RLINK

其中，符号 LTAG 指示第二个字段是否是链. （把这种表示与 2.3.2 节中（10）的两字格式进行比较. ）把 INFO 从 5 个字节削减到 3 个字节之后，每个结点可放进一个字中. 然而，注意现在有 15 个结点，不是 10 个结点. 森林(10)占 15 个字的内存，而(2)占 20 个字; 但是后者有 50 个字的 INFO，而前者只有 30 个字的 INFO. 除非过多的 INFO 空间将被浪费掉，否则(10)在内存空间上并未获得实际的收益. (10)中删去了一些 LLINK，代价是新结点中增加了大约相同数目的 RLINK. 这两种表示之间的详细差别见习题 4.

在树的标准二叉树表示中，LLINK 字段可以更准确地称作 LCHILD（最左子女）字段，因为它从父母结点指向其最左子女. 最左子女通常是树的子女中"最年轻"的，因为把一个结点插入到一个家族的左边比插入到右边容易，因此 LCHILD 也可以看作"最后一个子女"或"最小子女"的缩写[①].

树结构的许多应用需要相当频繁地在树中向上和向下访问. 线索树可以向上访问，但速度不快. 有时如果在每个结点中有第三个链 PARENT，则效果更好. 这就是三重链接树（triply

---
① leftmost（最左）、last（最后）和 least（最小）均以字母 "l" 开头. ——译者注

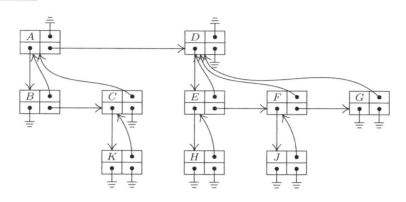

图 26   三重链接树

linked tree），其中每个结点有三个链 LCHILD、RLINK 和 PARENT. 图 26 显示了(2)的三重链接树表示. 三重链接树应用实例见 2.4 节.

显然，PARENT 链本身就足以完全确定任何定向树（或森林）. 因为如果知道所有向上的链，就能绘制这种树的图示. 除根结点外，每个结点恰有一个父母，但可能有多个子女，因此，给出向上的链比给出向下的链简单. 为什么我们之前讨论时没有考虑向上的链？当然是因为在大部分情况下，只有向上的链并不够，很难迅速判断一个结点是否是终端结点，或者迅速地对结点的子女定位，等等. 然而，有一种重要的应用仅用向上的链就足够了. 现在，我们开始简略研究由迈克尔·费希尔和伯纳德·加勒提出的处理等价关系的优雅算法.

一个等价关系"$\equiv$"是一个对象集 S 的元素之间的关系，对于任意对象 x、y 和 z（不必是不同的），满足如下三个性质.

(i) 如果 $x \equiv y$ 并且 $y \equiv z$，则 $x \equiv z$. （传递性）

(ii) 如果 $x \equiv y$，则 $y \equiv x$.（对称性）

(iii) $x \equiv x$.（自反性）

（把这个定义与 2.2.3 节的偏序关系定义进行比较，尽管定义中的三个性质中有两个相同，但是等价关系与偏序关系很不相同. ）等价关系的例子有：关系"="，整数的同余（模 m）关系，2.3.1 节中定义的树的相似关系，等等.

等价性问题是：读入诸等价元素对，然后基于这些给定的等价对，确定能否证明两个具体的元素是否等价. 例如，假设 S 是集合 $\{1,2,3,4,5,6,7,8,9\}$，并假设给定如下等价对

$$1 \equiv 5, \quad 6 \equiv 8, \quad 7 \equiv 2, \quad 9 \equiv 8, \quad 3 \equiv 7, \quad 4 \equiv 2, \quad 9 \equiv 3. \tag{11}$$

由此推出，例如，$2 \equiv 6$，因为 $2 \equiv 7 \equiv 3 \equiv 9 \equiv 8 \equiv 6$. 但是，我们不可能证明 $1 \equiv 6$. 事实上，(11)中的诸对把 S 划分成两个类

$$\{1,5\} \quad 和 \quad \{2,3,4,6,7,8,9\}, \tag{12}$$

使得两个元素等价，当且仅当它们属于相同的类. 不难证明，任何等价关系都把它的集合划分成不相交的类（称作等价类），使得两个元素等价，当且仅当它们属于相同的类.

因此，等价类问题的解无非是搞清楚像(12)那样的等价类. 我们可以从每个元素自成一类开始，即

$$\{1\} \ \{2\} \ \{3\} \ \{4\} \ \{5\} \ \{6\} \ \{7\} \ \{8\} \ \{9\}. \tag{13}$$

现在，倘若已知关系 $1 \equiv 5$，我们就把 $\{1,5\}$ 一起放到一个类. 处理完前三个关系 $1 \equiv 5, 6 \equiv 8$, $7 \equiv 2$ 之后，(13) 变为

$$\{1,5\} \ \{2,7\} \ \{3\} \ \{4\} \ \{6,8\} \ \{9\}. \tag{14}$$

然后，根据 $9 \equiv 8$ 把 $\{6,8,9\}$ 放在一起，等等.

现在，问题是找到一个好方法，在计算机内部表示像 $(12)(13)(14)$ 这样的情况，使得我们可以高效地进行合并不同的类和检查两个给定元素是否在同一个类的操作. 下面的算法为此目的使用定向树结构: S 的元素是定向森林的结点; 而根据迄今为止读入的等价对，两个结点是等价的，当且仅当它们属于同一棵树. 这种检测容易实现，因为两个元素在同一棵树中，当且仅当它们在相同的根元素之下. 此外，只要把一棵树作为另一树根的新子树加入到另一棵树，就可以轻松把两棵定向树合并到一起.

算法 E （处理等价关系）. 设 S 为数的集合 $\{1,2,\ldots,n\}$，并设 PARENT[1], PARENT[2], ..., PARENT[n] 为整型变量. 这个算法输入像 (11) 那样的关系集合，并修改 PARENT 表，以表示定向树的集合，使得两个元素按照给定诸关系等价，当且仅当它们属于同一棵树. （注意: 在更一般的情况下，S 的元素为符号名，而不是简单的 1 到 n 中的数，于是第 6 章中的搜索程序将用来定位对应于 S 的元素的结点，而 PARENT 将是每个结点中的一个字段. 对于这种更一般情况的修改也很明显. ）

E1. ［初始化. ］对于 $1 \le k \le n$，置 PARENT[k] $\leftarrow 0$. （这意味着，所有的树初始都仅由根组成，像 (13) 那样. ）

E2. ［输入新对. ］从输入得到下一个等价元素对 "$j \equiv k$". 如果输入耗尽，则算法终止.

E3. ［找根. ］如果 PARENT[j] > 0，则置 $j \leftarrow$ PARENT[j]，并重复此步骤. 如果 PARENT[k] > 0，则置 $k \leftarrow$ PARENT[k]，并重复此步骤. （这一操作之后，j 和 k 已经移到将使其等价的两棵树的根. 输入 $j \equiv k$ 是冗余的，当且仅当现在有 $j = k$. ）

E4. ［合并树. ］如果 $j \ne k$，则 PARENT[j] $\leftarrow k$. 转回步骤 E2. ▮

读者应该在输入 (11) 上试试这个算法. 在处理 $1 \equiv 5, 6 \equiv 8, 7 \equiv 2$ 和 $9 \equiv 8$ 之后，我们将有

$$\begin{array}{lccccccccc}
\text{PARENT}[k]: & 5 & 0 & 0 & 0 & 0 & 8 & 2 & 0 & 8 \\
k: & 1 & 2 & 3 & 4 & 5 & 6 & 7 & 8 & 9
\end{array} \tag{15}$$

这代表树

$$\tag{16}$$

此后，(11) 中剩下的关系更为有趣，见习题 9.

等价性问题出现在许多应用中. 在 7.4.1 节研究图的连通性时，我们将讨论算法 E 的重大改进. 习题 11 讨论这一问题的更一般形式，编译程序以此处理诸如 FORTRAN 这样的语言中的 "等价声明".

还有其他方法在计算机内存中表示树. 回忆一下，2.2 节讨论了表示线性表的三种主要方法: 终端链用 Λ 的直线表示，循环链表和双向链表. 2.3.1 节介绍的非线索二叉树表示对应于 LLINK 和 RLINK 两个方向上的直线表示. 独立地在 LLINK 和 RLINK 方向上使用这三种方法，可以得到其他 8 种二叉树表示. 例如，图 27 显示两个方向都使用环链的结果. 如果像该图这样，从头到尾使用环链，就得到所谓的环结构（ring structure）. 业已证明，在许多应用中，环结构十分

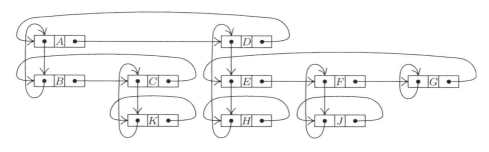

图 27 一个环结构

灵活. 照例, 哪种表示方法合适, 取决于操作这些结构的算法所需要的插入、删除和遍历类型. 读者如果考察过本章迄今为止提供的例子, 应该不难理解如何处理这些内存表示.

我们用一个例子结束本节. 该例把修改后的双链环结构用于一个我们先前考虑过的问题: 多项式算术. 给定两个用循环表表示的多项式, 算法 2.2.4A 把一个多项式加到另一个上, 2.2.4 节的各种其他算法还给出了多项式上的其他操作. 然而, 当时讨论的多项式最多只有三个变量. 当涉及多变量的多项式时, 通常是用树结构比线性表更合适.

一个多项式或者是常量, 或者具有如下形式:

$$\sum_{0 \le j \le n} g_j x^{e_j},$$

其中, x 是变量, $n > 0$, $0 = e_0 < e_1 < \cdots < e_n$, 而 $g_0, \ldots, g_n$ 都是多项式, 只涉及字母次序下小于 x 的变量; $g_1, \ldots, g_n$ 均非零. 由多项式的这个递归定义, 可得如图 28 所示的树表示. 结点具有 6 个字段, 可以放入 MIX 的 3 个字中:

+	0	LEFT	RIGHT
+	EXP	UP	DOWN
CV			

(17)

这里, LEFT、RIGHT、UP和DOWN都是链, EXP是代表指数的整数, CV或者是常量（系数）, 或者是变量的字符名. 根结点有 UP = Λ, EXP = 0, LEFT = RIGHT = ∗（自身）.

下面的算法解释在这样的 4 路链接树中如何遍历、插入和删除, 因此值得仔细研究.

算法 A（多项式加法）. 这个算法把多项式 (P) 加到多项式 (Q), 假定 P 和 Q 都是指针变量, 链接到具有图 28 所示形式的不同多项式树的根. 算法结束时, 多项式 (P) 不变, 而多项式 (Q) 将包含和.

A1. [检测多项式的类型.] 如果 DOWN(P) = Λ（即如果 P 指向一个常量）, 则置 Q ← DOWN(Q) 零次或多次, 直到 DOWN(Q) = Λ, 并转到 A3. 如果 DOWN(P) ≠ Λ, 则如果 DOWN(Q) = Λ 或 CV(Q) < CV(P), 则转到 A2. 否则, 如果 CV(Q) = CV(P), 则置 P ← DOWN(P), Q ← DOWN(Q), 并重复这一步骤; 如果 CV(Q) > CV(P), 则置 Q ← DOWN(Q), 并重复这一步骤.（步骤 A1 或者找到两个多项式的匹配项, 或者确定必须把一个新变量插入到多项式(Q)的当前部分.）

A2. [向下插入.] 置 R ⇐ AVAIL, S ← DOWN(Q). 如果 S ≠ Λ, 则置 UP(S) ← R, S ← RIGHT(S), 并且如果 EXP(S) ≠ 0, 则重复这一操作, 直到最终 EXP(S) = 0. 置 UP(R) ← Q, DOWN(R) ← DOWN(Q), LEFT(R) ← R, RIGHT(R) ← R, CV(R) ← CV(Q),

(a) 字段

LEFT	CV	DOWN
UP	EXP	RIGHT

(b) 多项式 $= c$（常数）

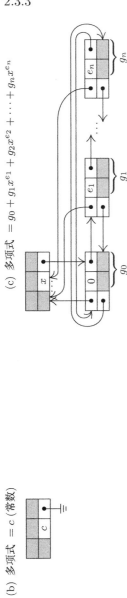

(c) 多项式 $= g_0 + g_1 x^{e_1} + g_2 x^{e_2} + \cdots + g_n x^{e_n}$

(d) 例子：$3 + x^2 + xyz + z^3 - 3xz^3$

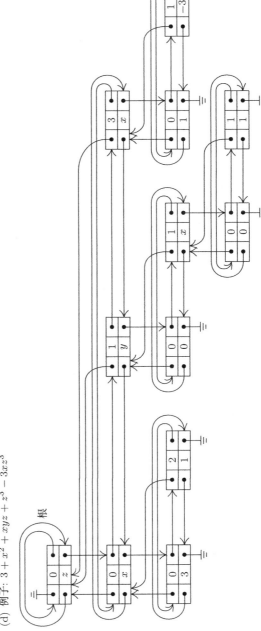

图 28 使用 4 个方向链接的多项式表示。结点的阴影部分表示与所考虑问题不相关的信息。

EXP(R) ← 0. 最后，置 CV(Q) ← CV(P)，DOWN(Q) ← R，并返回到 A1.（我们在 NODE(Q) 之下插入了一个"哑"零多项式，以便与在 P 的树中找到的对应多项式相匹配. 这一步所做的链操作是直截了当的，很容易用 2.2.3 节介绍的"前后对比"图推导出. ）

A3. [找到匹配.]（此时，P 和 Q 指向给定多项式的对应项，因此加法已经准备就绪. ）置 CV(Q) ← CV(Q) + CV(P). 如果该和为零且 EXP(Q) ≠ 0，则转倒步骤 A8. 如果 EXP(Q) = 0，则转到 A7.

A4. [向左推进.]（在成功地加上一项之后，我们找下一个待加项. ）置 P ← LEFT(P). 如果 EXP(P) = 0，则转到 A6；否则，置 Q ← LEFT(Q) 一次或多次，直到 EXP(Q) ≤ EXP(P). 如果这时有 EXP(Q) = EXP(P)，则返回步骤 A1.

A5. [插到右边.]置 R ⇐ AVAIL. 置 UP(R) ← UP(Q)，DOWN(R) ← Λ，CV(R) ← 0，LEFT(R) ← Q，RIGHT(R) ← RIGHT(Q)，LEFT(RIGHT(R)) ← R，RIGHT(Q) ← R，EXP(R) ← EXP(P)，Q ← R. 返回步骤 A1.（我们需要在当前行中 NODE(Q)的右边插入一个新项，以便匹配多项式(P)中对应的指数. 与步骤 A2 中一样，"前后对比"图使得该操作一目了然. ）

A6. [返回向上.]（现在，多项式(P)的一行已经完全遍历. ）置 P ← UP(P).

A7. [向上移动Q到正确的层.]如果 UP(P) = Λ，则转到 A11；否则置 Q ← UP(Q) 零次或多次直到 CV(UP(Q)) = CV(UP(P)). 返回到步骤 A4.

A8. [删除零项.]置 R ← Q，Q ← RIGHT(R)，S ← LEFT(R)，LEFT(Q) ← S，RIGHT(S) ← Q，AVAIL ⇐ R.（出现消去，因此多项式(Q)的一个行元素被删除. ）现在，如果 EXP(LEFT(P)) = 0，并且 Q = S，则转到 A9；否则返回 A4.

A9. [删除常数多项式.]（消去导致多项式归约成常量，因此删除多项式(Q)的一行. ）置 R ← Q，Q ← UP(Q)，DOWN(Q) ← DOWN(R)，CV(Q) ← CV(R)，AVAIL ⇐ R. 置 S ← DOWN(Q)；如果 S ≠ Λ，则置 UP(S) ← Q，S ← RIGHT(S)，并且如果 EXP(S) ≠ 0，则重复这一操作，直到 EXP(S) = 0.

A10. [检测到零?]如果 DOWN(Q) = Λ，CV(Q) = 0，并且 EXP(Q) ≠ 0，则置 P ← UP(P)，并转到 A8；否则转到 A6.

A11. [终止.]置 Q ← UP(Q) 零次或多次，直到 UP(Q) = Λ（把Q带到树根）.   ▮

如果多项式(P)的项不多，而多项式(Q)有许多项，则这个算法的运行实际比算法 2.2.4A 快得多，因为在做加法时不必扫描整个多项式(Q). 读者最好尝试手工模拟算法 A，把多项式 $xy - x^2 - xyz - z^3 + 3xz^3$ 加到图 28 所示的多项式上.（这种情况并未展示算法的高效性，但它要执行算法的所有步骤，展示必须处理的困难情况. ）关于算法 A 的进一步说明，见习题 12 和 13.

这里，我们并未声称对于多变量的多项式，图 28 所示的表示是"最好的". 在第 8 章，我们将考虑多项式表示的另一种形式，以及使用一个辅助栈的算术算法. 与算法 A 相比，它具有概念简单的显著优点. 我们对算法 A 的主要兴趣是它在具有多链的树上操作的方式.

习题

▶ **1.** [20] 如果在像 (8) 那样的层次序顺序表示中，只有 LTAG、INFO 和 RTAG 字段（没有 LLINK），那么有无可能重构诸 LLINK?（换言之，是否像 RLINK 在(3)中那样，LLINK 在(8)中是冗余的? ）

2. [22] （亚瑟·伯克斯、唐·沃伦和杰西·怀特，*Math. Comp.* **8** (1954), 53–57）树(2)按带度的前序存放为

DEGREE	2	0	1	0	3	1	0	1	0	0
INFO	*A*	*B*	*C*	*K*	*D*	*E*	*H*	*F*	*J*	*G*

[与使用后序的(9)比较.] 设计一个类似于算法 F 的算法, 在这种表示中从右到左, 计算结点的局部定义的函数.

▶ **3.** [24] 修改算法 2.3.2D, 使得它按照算法 F 的思想, 把它计算的导数作为中间结果放入栈中, 而不是像步骤 D3 那样, 用不规则的方式记录它们的位置. (见习题 2.3.2–21.) 可以使用每个导数的根中的 RLINK 字段维护这个栈.

4. [18] (2)中诸树包含 10 个结点, 其中 5 个是终端结点. 这些树按通常的二叉树形式表示, 用到 10 个 LLINK 字段和 10 个 RLINK 字段 (每个结点一个); 按形式(10)表示, 需要 5 个 LLINK 字段和 15 个 RLINK 字段, 其中 LLINK 和 INFO 共享结点内的相同空间. 在两种情况下, 都有 10 个 INFO 字段.

给定具有 n 个结点的森林, 其中 m 个结点是终端结点, 比较使用两种树表示方法必须存放的 LLINK 和 RLINK 总数目.

5. [16] 如图 26 所示, 三重链接树的每个结点包含 PARENT、LCHILD 和 RLINK 字段; 当这些字段中没有合适的结点引用时, 可以自由使用 Λ 链. 像 2.3.1 节那样, 把"线索"链放在空 LCHILD 和 PARENT 字段, 把这种表示扩充为线索树, 这样做合适吗?

▶ **6.** [24] 假设定向森林的结点有三个链字段 PARENT、LCHILD 和 RLINK, 只有 PARENT 用来指示树结构. 每个结点的 LCHILD 字段均为 Λ, 而 RLINK 字段被设置为线性表, 简单地按某种序把结点链接在一起. 链变量 FIRST 指向该线性表的第一个结点, 而最后一个结点的 RLINK = Λ.

设计一个算法, 它遍访这些结点, 并填入与 PARENT 链相容的 LCHILD 和 RLINK 字段, 使得我们得到像图 26 那样的三重链接的树表示. 此外, 重新设置 FIRST, 使它指向这种表示下的第一棵树的根.

7. [15] 如果在(11)中未给定关系 $9 \equiv 3$, 那么(12)中将出现什么类?

8. [15] 算法 E 建立了一个树结构, 表示给定的等价元素对, 但是正文中并未明确提到如何使用算法 E 的结果. 假定 $1 \le j \le n$, $1 \le k \le n$, 并且算法 E 已经对某个等价集建立了 PARENT 表, 设计一个算法, 它回答问题: "$j \equiv k$ 成立吗?"

9. [20] 给出一个类似于(15)的表和一个类似于(16)的图, 显示算法 E 自左向右处理完(11)中所有的等价对之后的树.

10. [28] 在最坏情况下, 算法 E 处理 n 个等价对可能需要 $O(n^2)$ 步. 说明如何修改该算法, 使得最坏情况不至于这么糟.

▶ **11.** [24] (等价说明)许多编译语言, 特别是 FORTRAN, 都提供了用于分配顺序存储表占用重叠内存单元的机制. 程序员向编译程序提供一系列形如 $X[j] \equiv Y[k]$ 的关系, 这意味着对于所有的 s, 变量 $X[j+s]$ 被分配到与变量 $Y[k+s]$ 相同的位置. 程序员还对每个变量都指定了下标的允许范围: "ARRAY $X[l:u]$" 意味着在内存为表项 $X[l]$, $X[l+1]$, ..., $X[u]$ 预留空间. 编译程序为每个变量等价类保留一段连续内存块, 这块内存要足以容纳这些变量允许的下标值对应的所有表项, 同时应当尽可能小.

例如, 假设有 ARRAY $X[0:10]$, ARRAY $Y[3:10]$, ARRAY $A[1:1]$ 和 ARRAY $Z[-2:0]$, 以及等价关系 $X[7] \equiv Y[3]$, $Z[0] \equiv A[0]$ 和 $Y[1] \equiv A[8]$. 我们必须为这些变量预留 20 个连续位置

$$X_0 \ \ X_1 \ \ X_2 \ \ X_3 \ \ X_4 \ \ X_5 \ \ X_6 \ \ X_7 \ \ X_8 \ \ X_9 \ X_{10}$$

$$\bullet \ \ \bullet \ \ \bullet \ \ \bullet \ \ \bullet \ \ \bullet \ \ \bullet \ \ \bullet \ \ \bullet \ \ \bullet \ \ \bullet \ \ \bullet \ \ \bullet \ \ \bullet \ \ \bullet \ \ \bullet \ \ \bullet \ \ \bullet \ \ \bullet \ \ \bullet$$

$$Z_{-2} \, Z_{-1} \ Z_0 \ \ A_1 \qquad\qquad\qquad Y_3 \ \ Y_4 \ \ Y_5 \ \ Y_6 \ \ Y_7 \ \ Y_8 \ \ Y_9 \ Y_{10}$$

($A[1]$ 之后的位置不是任何变量允许的下标值, 但是无论如何它必须保留.)

这个习题的目标是: 修改算法 E, 使得它可以用于刚才所述的更一般的情况. 假设我们正在为这样的语言写一个编译程序, 并且对于每个数组, 编译程序内部的表都有一个对应结点, 包含字段 NAME、PARENT、DELTA、LBD 和 UBD. 假设编译程序已经事先处理了所有的数组声明, 使得一旦数组 ARRAY $X[l:u]$ 出现, 并且 P 指向 X 的结点, 则

$$\text{NAME}(P) = \text{``}X\text{''}, \quad \text{PARENT}(P) = \Lambda, \quad \text{DELTA}(P) = 0,$$

$$\text{LBD}(P) = l, \quad \text{UBD}(P) = u.$$

问题是设计一个处理等价说明的算法, 使得算法执行之后

PARENT(P) = Λ 意味着位置 X[LBD(P)],...,X[UBD(P)] 要在内存为这个等价类保留;

PARENT(P) = Q ≠ Λ 意味着位置 X[k] 等于位置 Y[k + DELTA(P)], 其中 NAME(Q) = "Y".

例如, 在上面列出的等价关系之前, 我们有结点

P	NAME(P)	PARENT(P)	DELTA(P)	LBD(P)	UBD(P)
α	X	Λ	0	0	10
β	Y	Λ	0	3	10
γ	A	Λ	0	1	1
δ	Z	Λ	0	−2	0

这些等价关系处理完之后, 这些结点变成

α	X	Λ	*	−5	14
β	Y	α	4	*	*
γ	A	δ	0	*	*
δ	Z	α	−3	*	*

("*" 代表无关信息.)

设计一个算法, 进行这种变换. 假设算法的输入具有格式 (P, j, Q, k), 表示 X[j] ≡ Y[k], 其中 NAME(P) = "X", NAME(Q) = "Y". 务必检查诸等价关系是否相互矛盾. 例如, X[1] ≡ Y[2] 与 X[2] ≡ Y[1] 相互矛盾.

12. [*21*] 在算法 A 的开始, 变量 P 和 Q 分别指向两棵树的根. 设 P_0 和 Q_0 表示算法执行前 P 和 Q 的值. (a) 算法终止后, Q_0 总是两个给定的多项式之和的根的地址吗? (b) 算法终止后, P 和 Q 都恢复为它们原来的值 P_0 和 Q_0 吗?

▶ **13.** [*M29*] 给出下列结论的非形式化证明: 在算法 A 的步骤 A8 开始时, 我们总是有 EXP(P) = EXP(Q) 和 CV(UP(P)) = CV(UP(Q)). (对于真正理解该算法, 这一事实非常重要.)

14. [*40*] 给出算法 A 的正确性的形式化证明 (或反证).

15. [*40*] 设计一个算法, 计算如图 28 所示的两个多项式的乘积.

16. [*M24*] 证明算法 F 的正确性.

▶ **17.** [*25*] 算法 F 对一个 "自底向上" 局部定义的函数求值, 这种函数在一个结点上求值之前, 先在该结点的子女上求值. 一个 "自顶向下" 局部定义的函数 f 则相反, f 在结点 x 上的值仅依赖于 x 和 f 在 x 的父母上的值. 设计一个类似于算法 F 的算法, 它使用一个辅助栈, 计算 "自顶向下" 函数 f 在树的每个结点上的值. (像算法 F 一样, 你的算法应该能够高效处理像(9)那样带度数按后序存放的树.)

▶ **18.** [*28*] 给定两个表 INFO1[j] 和 RLINK[j] ($1 \le j \le n$), 对应于前序顺序表示. 设计一个算法, 形成两个表 INFO2[j] 和 DEGREE[j] ($1 \le j \le n$), 对应于带度的后序表示. 例如, 根据(3)和(9), 你的算法应该把

j	1	2	3	4	5	6	7	8	9	10
INFO1[j]	A	B	C	K	D	E	H	F	J	G
RLINK[j]	5	3	0	0	0	8	0	10	0	0

变换为

INFO2[j]	B	K	C	A	H	E	J	F	G	D
DEGREE[j]	0	0	1	2	0	1	0	1	0	3

19. [*M27*] 在(5)中可以不使用 SCOPE 链, 而是简单地按前序列出每个结点的后代个数:

DESC   3 0 1 0 5 1 0 1 0 0

INFO   *A B C K D E H F J G*

设 $d_1 d_2 \ldots d_n$ 是用这种方法得到的森林的后代数目的序列. (a) 证明: 对于 $1 \le k \le n$, $k + d_k \le n$, 并且 $k \le j \le k + d_k$ 蕴涵 $j + d_j \le k + d_k$. (b) 反之, 证明: 如果 $d_1 d_2 \ldots d_n$ 是满足 (a) 中条件的非负整数序列, 则它是一个森林的后代数目的序列. (c) 假设 $d_1 d_2 \ldots d_n$ 和 $d'_1 d'_2 \ldots d'_n$ 是两个森林的后代数目序列. 证明: 存在第三个森林, 其后代数目序列为

$$\min(d_1, d'_1) \min(d_2, d'_2) \ldots \min(d_n, d'_n).$$

2.3.4 树的基本数学性质

在计算机出现之前, 树结构多年来一直是数学领域广泛研究的对象, 人们已经发现了许多关于树的有趣事实. 本节, 我们将考察树的数学理论. 这些理论不仅使我们更深入地理解树结构的性质, 而且在计算机算法方面也具有重要应用.

建议非数学读者直接跳到 2.3.4.5 节, 那里讨论的问题将频繁出现在稍后要研究的应用中.

下面的内容主要来自称作图论的数学领域. 遗憾的是, 该领域太大, 或许不会有标准化的术语, 因此我只好按照当代图论书籍的惯例, 使用与任何其他图论书籍类似但不同的术语. 在以下几小节 (事实上在全书) 中, 我们试图为重要的概念选择短的描述性词汇, 这些词汇相当常用, 并且不与其他常用的术语明显冲突. 这里使用的术语也偏向于计算机应用. 因此, 电子工程师可能更愿意把我们称作 "自由树" 的概念称作 "树". 但是, 我们想用较短的术语 "树" 表示计算机文献中普遍使用、在计算机应用中更为重要的概念. 如果沿用某些图论作者的术语, 就得说 "有限的有标号的有根的有序树" 而不是 "树", 说 "拓扑双叉树形图" 而不是 "二叉树"!

2.3.4.1 自由树. 图 (graph) 一般地定义为一个点集 (称作顶点) 和一个连接一些不同顶点对的线集 (称作边). 连接任意一对顶点的边最多有一条. 如果存在一条连接两个顶点的边, 那么两个顶点称作相邻的 (adjacent). 假设 V 和 V' 是顶点, 且 $n \ge 0$, 如果 $V = V_0$, V_k 与 V_{k+1} ($0 \le k < n$) 相邻, 且 $V_n = V'$, 那么, 我们说 $(V_0, V_1, \ldots, V_n)$ 是一条从 V 到 V' 的长度为 n 的通路 (walk). 如果顶点 $V_1, \ldots, V_{n-1}, V_n$ 互不相同, 该通路是一条路径 (path); 如果 V_0 到 V_{n-1} 互不相同, $V_n = V_0$, 并且 $n \ge 3$, 它则是一个回路 (cycle). 有时, 我们不太准确地称回路为 "从一个顶点到自身的路径". 我们常常说 "简单路径", 旨在强调我们所指的是路径, 而不是任意的通路. 如果图的任意两个顶点之间都存在一条路径, 那么这个图是连通的 (connected).

这些定义如图 29 所示, 图中显示了一个具有 5 个顶点和 6 条边的连通图. 顶点 C 与 A 相邻, 但不与 B 相邻; 从 B 到 C 有两条长度为 2 的路径, 即 (B, A, C) 和 (B, D, C). 图中有多个回路, 包括 (B, D, E, B).

图 29 一个图   图 30 一棵自由树

自由树 (free tree) 也称为 "无根树" (图 30), 定义为无回路的连通图. 这个定义既用于无限图, 也用于有限图, 尽管对于计算机应用而言, 我们自然最关注有限树. 有许多定义自由树的等价方法, 其中一些出现在下面的著名定理中.

定理 A.   如果 G 是一个图，则以下陈述等价：

(a) G 是自由树；

(b) G 是连通的，但是如果删除任意一条边，则结果图就不再连通；

(c) 如果 V 和 V' 是 G 的不同顶点，则恰有一条从 V 到 V' 的简单路径.

另外，如果 G 是包含 $n > 0$ 个顶点的有限图，则以下陈述也与上述定义等价：

(d) G 不包含回路，并且有 $n-1$ 条边；

(e) G 是连通的，并且有 $n-1$ 条边.

证明：(a) 蕴涵 (b)，因为如果删除边 $V \text{——} V'$ 但图 G 仍然是连通的，则一定存在一条长度至少为 2 的简单路径 $(V, V_1, \ldots, V')$（见习题 2），于是 $(V, V_1, \ldots, V', V)$ 是 G 中的一个回路.

(b) 蕴涵 (c)，因为至少有一条从 V 到 V' 的简单路径. 并且，假如有两条这样的路径 $(V, V_1, \ldots, V')$ 和 $(V, V_1', \ldots, V')$，则我们可以找到使得 $V_k \neq V_k'$ 的最小的 k，删除边 $V_{k-1} \text{——} V_k$ 将不会使图不连通，因为仍然存在一条从 V_{k-1} 到 V_k 的路径 $(V_{k-1}, V_k', \ldots, V', \ldots, V_k)$ 不使用被删除的边.

(c) 蕴涵 (a)，因为如果 G 包含一个回路 $(V, V_1, \ldots, V)$，则存在两条从 V 到 V_1 的简单路径.

为了证明 (d) 和 (e) 也等价于 (a) (b) (c)，我们首先证明一个辅助结果：如果 G 是任意有限图，没有回路并且至少有一条边，则至少有一个顶点恰好与一个其他顶点相邻. 这成立，因为我们可以找到某个顶点 V_1 和一个相邻的顶点 V_2；对于 $k \geq 2$，V_k 或者与 V_{k-1} 相邻但不与其他顶点相邻，或者与另一个顶点 $V_{k+1} \neq V_{k-1}$ 相邻. 由于没有回路，$V_1, V_2, \ldots, V_{k+1}$ 一定是不同的顶点，因而这一过程必然终止.

现在，假定 G 是具有 $n > 1$ 个顶点的自由树，其中 V_n 是一个顶点，它仅与一个其他顶点 V_{n-1} 相邻. 如果我们删除 V_n 和边 $V_{n-1} \text{——} V_n$，则剩下的图 G' 是一棵自由树，因为除非作为第一或最后一个元素，否则 V_n 不会出现在 G 的简单路径中. 这一论证证明 G 有 $n-1$ 条边（对 n 作归纳），因此，(a) 蕴涵 (d).

假定 G 满足 (d)，并令 V_n、V_{n-1} 和 G' 如上一段所述. 于是，G 是连通的，因为 V_n 连通到 V_{n-1}，而 V_{n-1} 连通到 G' 中的所有其他顶点（对 n 做归纳）. 因此，(d) 蕴涵 (e).

最后，假定 G 满足 (e). 如果 G 包含一个回路，则删除回路中出现的任意一条边后 G 仍然是连通的. 因此，我们可以用这种方法继续删除边，直到得到一个具有 $n-1-k$ 条边并且没有回路的连通图 G'. 但是，由于 (a) 蕴涵 (d)，因此一定有 $k = 0$，即 $G = G'$.   ∎

自由树的概念可以直接用于计算机算法分析. 在 1.3.3 节，我们讨论过基尔霍夫第一定律在统计算法每一步骤执行次数问题上的应用，它并不能完全确定每一步的执行次数，但是能减少必须解释的未知量的个数. 树的理论告诉我们将剩下多少独立的未知量，并提供一种求出它们的系统方法.

研究一个例子有助于理解下面的方法，因此我们将一边介绍理论，一边讲解例子. 图 31 显示了程序 1.3.3A 的抽象流程图，1.3.3 节用基尔霍夫定律分析了该程序. 图 31 的每个方框都代表计算部分，方框内的字母或数字使用 1.3.3 节的记号，表示在程序的一次运行期间该计算执行的次数. 方框之间的箭头表示程序中的可能跳转. 这些箭头被标记为 $e_1, e_2, \ldots, e_{27}$. 我们的目标是找出量 $A, B, C, D, E, F, G, H, J, K, L, P, Q, R, S$ 之间被基尔霍夫定律蕴涵的所有关系，并且希望同时能够获得对一般问题的某些洞察.（注意，图 31 做了一些简化，例如，C 和 E 之间的方框标记为 "1"，而这事实上是基尔霍夫定律的推论.）

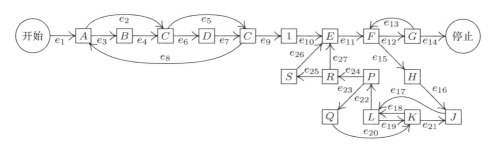

图 31 程序 1.3.3A 的抽象的流程图

设 E_j 表示所研究的程序执行期间选取分支 e_j 的次数，基尔霍夫定律是

$$进入方框的诸 E 之和 = 方框中的值 = 离开方框的诸 E 之和. \qquad (1)$$

例如，对于标记为 K 的方框，我们有

$$E_{19} + E_{20} = K = E_{18} + E_{21}. \qquad (2)$$

在下面的讨论中，我们把 $E_1, E_2, \ldots, E_{27}$ 而不是 $A, B, \ldots, S$ 看作未知量.

图 31 中的流程图可以进一步抽象，变成图 32 的图 G. 方框收缩成顶点，而箭头 $e_1, e_2, \ldots$ 现在表示图的边.（严格地说，图并不隐含边的方向，谈及图 G 的图论性质时应该忽略箭头的方向. 然而，正如我们稍后看到的，应用基尔霍夫定律要用到箭头.）为方便起见，从"停止"顶点到"开始"顶点画了一条附加的边 e_0，以便基尔霍夫定律一致地用于该图的所有部分. 图 32 还包含对图 31 的一些其他稍微修改：增加一个顶点和一条边把 e_{13} 划分成两部分 e'_{13} 和 e''_{13}，使得图的基本定义（没有两条边连接两个相同的顶点）仍有效；e_{19} 也以相同的方式划分. 如果顶点有回到自身的箭头，则也要做类似的修改.

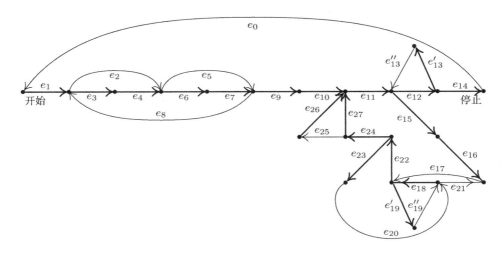

图 32 对应于图 31 的图，包含一棵自由子树

图 32 的某些边画得比较粗，它们构成一棵自由子树，连接所有的顶点. 总可以从流程图导出的图中找到自由子树，因为这种图一定是连通的，并且根据定理 A 的 (b) 部分，如果 G 是连通的但不是自由树，则我们可以删除某些边，结果图仍然是连通的；这一过程可以迭代地继续，

直到得到一棵子树. 找自由子树的另一个算法见习题 6. 事实上, 我们总可以先删去边 e_0 (它从 "停止" 顶点到 "开始" 顶点), 因此可以假定 e_0 不在选取的子树中出现.

设 G' 是用这种方法找出的图 G 的自由子树, 并考虑 G 的不在 G' 中的任意边 $V — V'$. 现在, 我们可能注意到定理 A 的一个重要推论: G' 加上这条新边 $V — V'$ 后, 包含一个回路; 并且事实上恰有一条回路, 形如 $(V, V', \ldots, V)$, 因为图 G' 中从 V' 到 V 存在唯一简单路径. 例如, 如果 G' 是图 32 所示的自由子树, 增加边 e_2, 则得到一个沿着 e_2、进而 (以与箭头相反的方向) 沿着 e_3 和 e_4 的回路. 这个回路可以代数地记作 $e_2 - e_4 - e_3$, 使用加号和减号指示回路是否沿着箭头的方向前进.

对不在自由树中的每条边进行这一过程, 则得到所谓的基本回路. 对于图 32, 它们是:

$$
\begin{aligned}
&C_0: && e_0 + e_1 + e_3 + e_4 + e_6 + e_7 + e_9 + e_{10} + e_{11} + e_{12} + e_{14}, \\
&C_2: && e_2 - e_4 - e_3, \\
&C_5: && e_5 - e_7 - e_6, \\
&C_8: && e_8 + e_3 + e_4 + e_6 + e_7, \\
&C_{13}'': && e_{13}'' + e_{12} + e_{13}', \\
&C_{17}: && e_{17} + e_{22} + e_{24} + e_{27} + e_{11} + e_{15} + e_{16}, \\
&C_{19}'': && e_{19}'' + e_{18} + e_{19}', \\
&C_{20}: && e_{20} + e_{18} + e_{22} + e_{23}, \\
&C_{21}: && e_{21} - e_{16} - e_{15} - e_{11} - e_{27} - e_{24} - e_{22} - e_{18}, \\
&C_{25}: && e_{25} + e_{26} - e_{27}.
\end{aligned}
\tag{3}
$$

显然, 不在自由树中的边 e_j 只出现在一个基本回路中, 即只出现在 C_j 中.

现在, 我们正在接近这一构造的精彩之处. 每个基本回路代表基尔霍夫方程的一个解. 例如, 对应于 C_2 的解是令 $E_2 = +1$, $E_4 = -1$, $E_3 = -1$, 而其他所有的 E' 均为 0. 显然, 环绕回路的流量总满足基尔霍夫定律的条件(1). 此外, 基尔霍夫方程是 "齐次的", 因此(1)的解相加或相减产生另一个解. 因此, 我们可以断言 $E_0, E_2, E_5, \ldots, E_{25}$ 的值在如下意义下是独立的:

如果 $x_0, x_2, \ldots, x_{25}$ 是任意实数 (每个不在 G' 中的 e_j 对应一个 x_j), 则存在一个基尔霍夫方程(1)的解, 使得 $E_0 = x_0$, $E_2 = x_2$, $\ldots$, $E_{25} = x_{25}$. $\tag{4}$

这个解通过如下方法得到: 绕回路 C_0 走 x_0 次, 绕回路 C_2 走 x_2 次, 如此下去. 此外, 我们发现其余变量 $E_1, E_3, E_4, \ldots$ 完全依赖于 $E_0, E_2, \ldots, E_{25}$ 的值:

$$(4)所述的解是唯一的. \tag{5}$$

因为, 如果基尔霍夫方程有两个解使得 $E_0 = x_0, \ldots, E_{25} = x_{25}$, 则我们可以从一个解减去另一个, 从而得到一个解, 其中 $E_0 = E_2 = E_5 = \cdots = E_{25} = 0$. 但是, 现在所有的 E_j 都必须为 0, 因为容易看出, 当图是自由树时, 基尔霍夫方程不可能有非零解 (见习题 4). 因此, 所假定的两个解必定相等. 现在, 我们证明了基尔霍夫方程的所有解都可以作为基本回路的倍数之和得到.

当这些论述用于图 32 的图时，我们得到如下用独立变量 $E_0, E_2, \ldots, E_{25}$ 表示的基尔霍夫方程的一般解：

$$
\begin{aligned}
E_1 &= E_0, & E_{14} &= E_0, \\
E_3 &= E_0 - E_2 + E_8, & E_{15} &= E_{17} - E_{21}, \\
E_4 &= E_0 - E_2 + E_8, & E_{16} &= E_{17} - E_{21}, \\
E_6 &= E_0 - E_5 + E_8, & E_{18} &= E_{19}'' + E_{20} - E_{21}, \\
E_7 &= E_0 - E_5 + E_8, & E_{19}' &= E_{19}'', \\
E_9 &= E_0, & E_{22} &= E_{17} + E_{20} - E_{21}, \\
E_{10} &= E_0, & E_{23} &= E_{20}, \\
E_{11} &= E_0 + E_{17} - E_{21}, & E_{24} &= E_{17} - E_{21}, \\
E_{12} &= E_0 + E_{13}'', & E_{26} &= E_{25}, \\
E_{13}' &= E_{13}'', & E_{27} &= E_{17} - E_{21} - E_{25}.
\end{aligned}
\tag{6}
$$

为了得到这些方程，我们只要对于子树中的每条边 e_j，对 E_j 出现的所有回路 C_k，以适当的符号列出 E_k. [这样，(6)的系数矩阵恰是(3)的系数矩阵的转置.]

严格地说，C_0 不能称作基本回路，因为它涉及一条特殊的边 e_0. 我们可以称 C_0 减去边 e_0 为从"开始"到"停止"的基本路径. 我们的边界条件是流程图中"开始"和"停止"框只执行一次，等价于关系

$$
E_0 = 1. \tag{7}
$$

上面的讨论表明如何得到基尔霍夫定律的所有解. 适用于程序流程图的方法也可以（像基尔霍夫本人所做的那样）用于电子电路. 至此，自然会问，对于程序流程图，基尔霍夫定律是否就是可能给出的最强的方程组. 可以更进一步问：一个计算机程序从开始到停止的任何执行都对每条边被遍历的次数给出一组值 $E_1, E_2, \ldots, E_{27}$，并且这些值遵守基尔霍夫定律，但是，是否存在基尔霍夫方程的解，它不对应于任何计算机程序的执行？（在这个问题中，我们只知道流程图，除此之外对程序信息不作任何假定. ）如果存在满足基尔霍夫方程但不对应于实际程序执行的解，则我们可以给出比基尔霍夫定律更强的条件. 对于电子电路，基尔霍夫自己就给出了第二定律 [*Ann. Physik und Chemie* **64** (1845), 497–514]：环绕基本回路的电压降之和必须为零. 第二定律不能用于我们的问题.

如果诸 E 对应于流程图中从"开始"到"停止"的某条实际通路，则确实还存在一个诸 E 显然必须满足的条件：它们必须为整数，事实上必须是非负整数. 这并不是平凡的条件，因为我们不能简单地把任意非负整数值赋予独立变量 $E_2, E_5, \ldots, E_{25}$. 例如，如果我们取 $E_2 = 2$，$E_8 = 0$，则由式 (6) 和 (7) 得到 $E_3 = -1$. （因此，流程图 G 的任何执行都不会经过分支 e_2 两次，而不经过分支 e_8 至少一次. ）所有的 E 均为非负整数这一条件也还不够. 例如，考虑 $E_{19}'' = 1$，$E_2 = E_5 = \cdots = E_{17} = E_{20} = E_{21} = E_{25} = 0$ 的解，除非经过 e_{15}，否则不能经过 e_{18}. 下面的条件是充分必要条件，回答了上一段的问题：令 $E_2, E_5, \ldots, E_{25}$ 是任意给定的值，按照式 (6) 和 (7) 确定 $E_1, E_3, \ldots, E_{27}$. 假定所有的 E 都是非负整数，并且假定满足 $E_j > 0$ 的边 e_j 和接触这些 e_j 的顶点构成的图是连通的，则存在一条从"开始"到"停止"的通路，边 e_j 恰遍历 E_j 次. 这一事实在下一节证明（见习题 2.3.4.2–24）.

现在，让我们总结前面的讨论.

定理 K. 如果流程图（如图 31）包含 n 个框（包括"开始"和"停止"）和 m 个箭头，则可能找到 $m - n + 1$ 条基本回路和一条从"开始"到"停止"的基本路径，使得从"开始"到

"停止"的每条通路（就每条边被遍历的次数而言）都等价于该基本路径的一次遍历，加上每个基本回路的唯一确定次数的遍历.（基本路径和基本回路可能包含某些按与箭头标记的相反方向遍历的边. 习惯上，我们称这种边被遍历 -1 次.）

反之，对于基本路径和基本回路任意遍历，如果每条边被遍历的总次数非负，并且对应于正遍历次数的顶点和边形成一个连通图，则至少存在一条等价的从"开始"到"停止"的通路. ▮

基本回路通过选取一棵像图 32 中那样的自由树来找出. 一般而言，如果选取不同的子树，就得到不同的基本回路集. 存在 $m-n+1$ 个基本回路这一事实源于定理 A. 我们增加了 e_0 之后，所做的从图 31 得到图 32 的修改并不改变 $m-n+1$ 的值，尽管可能增加了 m 和 n 的值. 这一构造可以推广，完全避免这些平凡的修改（见习题 9）.

定理 K 是令人鼓舞的，因为它说明，基尔霍夫定律（由 m 个未知量 $E_1, E_2, \ldots, E_m$ 组成的 n 个方程）只有一个"冗余"：这 n 个方程使得我们可以删除 $n-1$ 个未知量. 然而，整个讨论过程中，未知量是边被遍历的次数，而不是流程图中每个框被进入的次数. 习题 8 展示了如何构造另一种图，它的边对应于流程图的框，使得以上理论可以用来导出感兴趣的变量的真正冗余数目.

定理 K 可以用来度量高级语言程序的性能，见托马斯·保尔和詹姆斯·拉诺斯的讨论 [*ACM Trans. Prog. Languages and Systems* **16** (1994), 1319–1360].

习题

1. [*14*] 列出图 29 中出现的从 B 到 B 的所有回路.

2. [*M20*] 证明：如果 V 和 V' 是图的顶点，并且存在一条从 V 到 V' 的通路，则存在一条从 V 到 V' 的（简单）路径.

3. [*15*] 在图 32 中，从"开始"到"停止"的什么通路（在定理 K 的意义下）等价于遍历基本路径一次加上遍历回路 C_2 一次？

▶ **4.** [*M20*] 令 G' 是一棵有限的自由树，在它的边 $e_1, \ldots, e_{n-1}$ 上已经画出箭头；令 $E_1, \ldots, E_{n-1}$ 是图 G' 中满足基尔霍夫定律(1)的数. 证明 $E_1 = \cdots = E_{n-1} = 0$.

5. [*20*] 使用式 (6)，用独立变量 $E_2, E_5, \ldots, E_{25}$ 表示出现在图 31 方框中的量 $A, B, \ldots, S$.

▶ **6.** [*M27*] 假设一个图有 n 个顶点 $V_1, \ldots, V_n$ 和 m 条边 $e_1, \ldots, e_m$. 连接 V_a 和 V_b 的边 e 用整数对 (a, b) 表示. 设计一个算法，它取 $(a_1, b_1), \ldots, (a_m, b_m)$ 为输入，并打印形成自由树的边子集；如果不可能得到自由树，则该算法报告错误. 力争给出一个高效算法.

7. [*22*] 对如下流程图

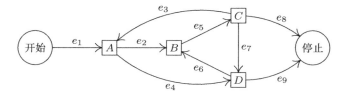

使用由边 e_1, e_2, e_3, e_4, e_9 组成的自由树，实施正文中的构造. 基本回路是什么？用 E_5, E_6, E_7 和 E_8 表示 E_1, E_2, E_3, E_4, E_9.

▶ **8.** [*M25*] 对程序流程图应用基尔霍夫第一定律时，通常我们只对顶点流量（流程图各框的执行次数）感兴趣，而不是对正文中分析的边流量感兴趣. 例如，在习题 7 的图中，顶点的流量是 $A = E_2 + E_4$，$B = E_5$，$C = E_3 + E_7 + E_8$，$D = E_6 + E_9$.

如果我们把顶点分组，把一组顶点当作"超级顶点"来处理，则可以组合对应于相同顶点流量的边流量. 例如，如果把习题 7 的流程图的 B 和 D 放在一起，则可以组合边 e_2 和 e_4：

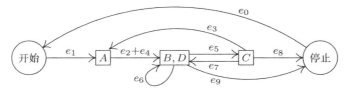

（这里，像正文中一样，从"开始"到"停止"加上了 e_0.）继续这一过程，我们可以组合 $e_3 + e_7$，然后 $(e_3 + e_7) + e_8$，然后 $e_6 + e_9$，直到得到归约后的流程图，具有边 $s = e_1$，$a = e_2 + e_4$，$b = e_5$，$c = e_3 + e_7 + e_8$，$d = e_6 + e_9$，$t = e_0$，对于原流程图中的每个顶点恰有一条边：

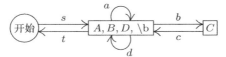

根据构造，在归约的流程图中，基尔霍夫定律成立. 新的边流量就是原来的顶点流量. 因此，正文中的分析用于归约后的流程图，将显示原图的顶点流量如何相互依赖.

证明：这一归约过程可以逆向进行，换言之，在归约后的流程图中满足基尔霍夫定律的任何一组流量 $\{a, b, \ldots\}$ 都可以"划分成"原流程图中的一组边流量 $\{e_0, e_1, \ldots\}$. 这些流量 e_j 满足基尔霍夫定律，并且组合产生给定的流量 $\{a, b, \ldots\}$；然而，其中某些可能为负. （尽管这里只使用一个特定的例子解释归约过程，但是你的证明应该一般成立.）

9. [*M22*] 在图 32 中，边 e_{13} 和 e_{19} 都划分成两部分，因为图不允许两条边连接两个相同的顶点. 然而，如果我们观察最终的构造结果，则这种划分就显得很不自然，因为 $E'_{13} = E''_{13}$，$E'_{19} = E''_{19}$ 是式 (6) 中的两个关系，而 E''_{13} 和 E''_{19} 是两个独立变量. 解释如何扩展该构造，避免这种人为的边划分.

10. [*16*] 一位电子工程师正在为计算机设计电路. 电路的 n 个端点 $T_1, T_2, \ldots, T_n$ 基本上总是具有相同的电压. 为了实现这一点，工程师可以在任意端点之间焊接导线，使用足够的导线连接，使得任意两个端点之间都有一条经由导线的路径. 证明：连接所有端点所需要的最少导线数为 $n-1$ 条，并且 $n-1$ 条导线实现期望的连接，当且仅当它们形成一棵自由树（端点和导线分别代表顶点和边）.

11. [*M27*] （罗伯特·普里姆，*Bell System Tech. J.* **36** (1957), 1389–1401）考虑习题 10 的导线连接问题，附加条件是对于每个 $i < j$，给定了代价 $c(i, j)$，表示用导线连接端点 T_i 和 T_j 的代价. 证明如下算法产生最小代价连通树："如果 $n = 1$，则什么也不做. 否则，对端点 $\{1, \ldots, n-1\}$ 和它们相关联的代价重新编号，使得 $c(n-1, n) = \min_{1 \le i < n} c(i, n)$；连接端点 T_{n-1} 和 T_n；然后，对于 $1 \le j < n-1$，将 $c(j, n-1)$ 改变为 $\min(c(j, n-1), c(j, n))$，并对 $n-1$ 个端点 $T_1, \ldots, T_{n-1}$，使用新的代价重复本算法.（算法重复的条件是，只要随后连接现在称作 T_j 和 T_{n-1} 的顶点，而连接 T_j 和 T_n 的代价更小，实际上就是连接 T_j 和 T_n. 在算法的其余部分，T_{n-1} 和 T_n 视为同一个端点.）"这个算法也可以陈述如下："首先选择一个特定的端点；然后，反复以代价最小的方式，选取一个未选端点连接到一个已选端点，直到所有的端点都被选取."

例如，图 33a 的网格中有 9 个端点，令连接两个端点的代价为导线长度，即端点之间的距离.（读者可以不用算法，凭借直觉手工找出一棵最小代价树.）该算法将首先把 T_8 连接到 T_9，然后以此连接 T_6 到 T_8，T_5 到 T_6，T_2 到 T_6，T_1 到 T_2，T_3 到 T_1，T_7 到 T_3，最后把 T_5 连接到 T_2 或 T_6. 一棵最小代价树（导线长度 $7 + 2\sqrt{2} + 2\sqrt{5}$）如图 33b 所示.

▶ **12.** [*29*] 习题 11 的算法的叙述方式并不适合计算机直接实现. 以计算机程序可以相当高效地执行的方式重新严格描述该算法，详细描述所有操作.

13. [*M24*] 考虑具有 n 个顶点和 m 条边的图，使用习题 6 的记号. 证明：可以把整数 $\{1, 2, \ldots, n\}$ 的任意排列写成对换的乘积 $(a_{k_1} b_{k_1})(a_{k_2} b_{k_2}) \ldots (a_{k_t} b_{k_t})$，当且仅当图是连通的.（因此，存在 $n-1$ 个对换组成的集合，能产生 n 个元素的所有排列，但是 $n-2$ 个对换组成的集合都不能.）

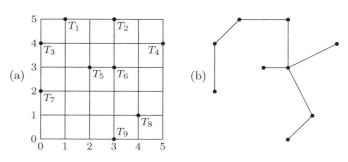

图 33   最小代价自由数（见习题 11）

2.3.4.2 定向树. 在上一节我们看到，如果忽略各边箭头的方向，则抽象的流程图可以看作图. 另外，图论的回路、自由树等思想都与流程图的研究有关. 如果更重视每条边的方向，结论就更多了，此时的图就是所谓的"有向图".

有向图（directed graph 或 digraph）形式地定义为一个顶点的集合和一个弧的集合，每条弧都从一个顶点 V 指向一个顶点 V'. 如果 e 是一条从 V 到 V' 的弧，则我们称 V 为 e 的起始顶点，而 V' 为终止顶点，并记作 $V = \text{init}(e)$，$V' = \text{fin}(e)$. 不排除 $\text{init}(e) = \text{fin}(e)$ 的情况（尽管在一般的图定义中排除了这种情况），多条不同的弧可以具有相同的起始和终止顶点. 顶点 V 的出度（out-degree）是从它引出的弧的条数，即满足 $\text{init}(e) = V$ 的弧 e 的条数；类似地，V 的入度（in-degree）定义为满足 $\text{fin}(e) = V$ 的弧的条数.

对于有向图，路径和回路的概念与一般图的对应定义类似方式，但是必须考虑一些重要的新术语. 如果 $e_1, e_2, \ldots, e_n$ 是弧（$n \geq 1$），我们说 $(e_1, e_2, \ldots, e_n)$ 是一个长度为 n、从 V 到 V' 的定向通路（oriented walk），如果 $V = \text{init}(e_1)$，$V' = \text{fin}(e_n)$，并且 $\text{fin}(e_k) = \text{init}(e_{k+1})$（$1 \leq k < n$）. 如果 $\text{init}(e_1), \ldots, \text{init}(e_n)$ 都不相同，并且 $\text{fin}(e_1), \ldots, \text{fin}(e_n)$ 也都不相同，则定向通路 $(e_1, e_2, \ldots, e_n)$ 是简单的；如果 $\text{fin}(e_n) = \text{init}(e_1)$，这样的通路是定向回路（oriented cycle），否则它是一条定向路径（oriented path）.（一条定向回路的长度可能为 1 或 2，但是上一节的"回路"定义中排除了这样的短回路. 读者可以看出其中的道理吗?）

作为这些简单定义的例子，我们可以看看上一节的图 31. 标记为 J 的框是入度为 3（因为弧 e_{16} 和 e_{21}）、出度为 1 的顶点. 序列 $(e_{17}, e_{19}, e_{18}, e_{22})$ 是一条从 J 到 P、长度为 4 的定向通路. 这条通路不是简单的，因为 $\text{init}(e_{19}) = L = \text{init}(e_{22})$. 这个图不包含长度为 1 的定向回路，但是 (e_{18}, e_{19}) 是一个长度为 2 的定向回路.

如果对于一个有向图的任意两个顶点 $V \neq V'$，都存在一条从 V 到 V' 的定向路径，那么这个有向图称作强连通的（strongly connected）. 如果至少存在一个根，也就是说，至少有一个顶点 R，使得对于所有的 $V \neq R$，都存在一条从 V 到 R 的定向路径，那么它称作有根的（rooted）. "强连通"总蕴涵"有根"，但是其逆不真. 像上一节图 31 那样的流程图就是一个有根的有向图的例子，R 是"停止"顶点；增加一条从"停止"到"开始"的弧（图 32），它就变成强连通的.

如果我们忽略方向并删去重复边和环，则每个有向图 G 都以显而易见的方式对应于一个普通的图 G_0. 形式地说，G_0 有一条从 V 到 V' 的边，当且仅当 $V \neq V'$，并且 G 有一条从 V 到 V' 或从 V' 到 V 的弧. 我们可以说 G 中的（非定向的）路径或回路，把它们理解成 G_0 中的路径或回路；我们可以说 G 是连通的（这个性质比"强连通"弱得多，甚至比有根还弱），如果对应的图 G_0 是连通的.

定向树（oriented tree，见图 34）有时被其他作者称作"有根树"，是一个有向图，它具有特定顶点 R，使得

(a) 每个顶点 $V \neq R$ 恰是一个弧的起始顶点，该弧记作 $e[V]$；

(b) R 不是任何弧的起始顶点；

(c) R 在以上定义的意义下是根（即对于每个 $V \neq R$，存在一条从 V 到 R 的定向路径）.

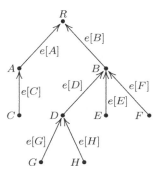

图 34　一棵定向树

由此立即得到：对于每个 $V \neq R$，存在一条唯一的从 V 到 R 的定向路径，因此不存在定向回路. 容易看出，当只有有限多个顶点时，我们先前的"定向树"的定义（在 2.3 节开始处）与刚给出的新定义是相容的. 顶点对应于结点，而弧对应于从 V 到 PARENT$[V]$ 的链.

由性质 (c)，对应于定向树的（无向）图是连通的. 此外，它没有回路. 因为如果 $(V_0, V_1, \ldots, V_n)$ 是一个无向的回路，$n \geq 3$，并且 V_0 和 V_1 之间的边是 $e[V_1]$，则 V_1 和 V_2 之间的边一定是 $e[V_2]$；类似推出，对于 $1 \leq k \leq n$，V_{k-1} 和 V_k 之间的边一定是 $e[V_k]$，与没有定向回路矛盾. 如果 V_0 和 V_1 之间的边不是 $e[V_1]$，则它一定是 $e[V_0]$. 相同的论证可以用于回路

$$(V_1, V_0, V_{n-1}, \ldots, V_1),$$

因为 $V_n = V_0$. 因此，当忽略弧的方向时，定向树是一棵自由树.

反之要注意，我们可以把刚介绍的过程颠倒过来. 从一棵非空的自由树（例如图 30）开始，可以选择任意顶点作为根 R，并对边指定方向. 其直观思想是，"拿着"顶点 R，"提起"并"抖动"该图，然后指定向上的箭头. 更形式地说，规则是：

把边 V —— V' 改变成从 V 到 V' 的弧，当且仅当从 V 到 R 的简单路径经过 V'，即路径具有形式 $(V_0, V_1, \ldots, V_n)$，其中 $n > 0$，$V_0 = V$，$V_1 = V'$，$V_n = R$.

为了验证这一构造是正确的，我们需要证明每条边 V —— V' 都被指定一个方向 $V \leftarrow V'$ 或 $V \rightarrow V'$. 而这容易证明，因为如果 $(V, V_1, \ldots, R)$ 和 $(V', V_1', \ldots, R)$ 是简单路径，则除非 $V = V_1'$ 或 $V_1 = V'$，否则存在一条回路. 这一构造表明，如果我们知道哪个顶点是根，则定向树中的弧的方向是完全确定的，因此当根明确指出时，不必画成有向图.

现在，我们看看三种类型的树之间的关系：树（即 2.3 节定义的有序树）在计算机程序中是最重要的；定向树（或无序树）和自由树都出现在计算机算法的研究中，但是不及第一种类型常见. 这些树结构的基本差别仅在于相关信息总量. 例如，图 35 显示了 3 棵树. 如果看作有序树（根在顶部），则它们都是不同的. 作为定向树，第一棵和第二棵是等同的，因为子树的左右次序是不重要的；作为自由树，图 35 中的所有 3 个图都是等同的，因为根是不重要的.

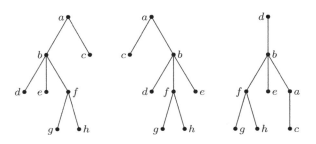

图 35　三棵树结构

有向图中的欧拉迹（Eulerian trail）是一条定向通路 $(e_1, e_2, \ldots, e_m)$，使得有向图中的每条弧恰出现一次，并且 $\text{fin}(e_m) = \text{init}(e_1)$. 这是有向图的弧的"完全遍历".（欧拉迹因欧拉在 1736 年的著名讨论而得名：哥尼斯堡有 7 座桥，星期天散步时，不可能走过每座恰好一次. 他把该问题化为无向图处理. 应该区分欧拉迹与"哈密尔顿回路"，后者是经过每个顶点恰好一次的定向回路，见第 7 章.）

有向图称为平衡的（见图 36），如果每个顶点 V 的入度都等于出度，即以 V 为起点的边与以 V 为终点的边一样多. 这个条件与基尔霍夫定律密切相关（见习题 24）. 如果一个有向图具有欧拉迹，则它显然必须是连通的和平衡的——除非它有孤立顶点，即入度和出度都等于零的顶点.

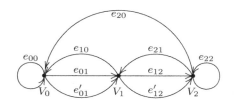

图 36　平衡的有向图

本节迄今为止考察了一些定义（有向图、弧、起始顶点、终止顶点、出度、入度、定向通路、定向路径、定向回路、定向树、欧拉迹、孤立顶点，以及强连通、有根和平衡等性质），但是还缺乏联系这些概念的重要结果. 现在，我们已经为介绍内容丰富的材料做好了准备. 第一个基本结果是欧文·古德给出的定理 [*J. London Math. Soc.* **21** (1947), 167–169]，他证明欧拉迹除非显然不可能存在，否则总是存在.

定理 G.　一个没有孤立顶点的有向图具有欧拉迹，当且仅当它是连通和平衡的.

证明：假定 G 是平衡的，并令

$$P = (e_1, \ldots, e_m)$$

是最长的没有重复弧的定向通路. 于是，如果 $V = \text{fin}(e_m)$，并且 k 是 V 的出度，则满足 $\text{init}(e) = V$ 的所有 k 个弧一定已经出现在 P 中；否则我们可以加上 e，得到一条更长的通路. 但是，如果 $\text{init}(e_j) = V$ 并且 $j > 1$，则 $\text{fin}(e_{j-1}) = V$. 因此，既然 G 是平衡的，则我们一定有

$$\text{init}(e_1) = V = \text{fin}(e_m),$$

否则 V 的入度至少为 $k+1$.

现在，由 P 的循环排列推出，不在该通路中的任何弧 e 既不与该通路上的任何弧有共同的起始顶点，也没有共同的终止顶点. 因此，如果 P 不是欧拉迹，则 G 不连通.　▮

欧拉迹与定向树之间具有重要联系.

引理 E.　令 $(e_1, \ldots, e_m)$ 为不含孤立顶点的有向图 G 的欧拉迹. 令 $R = \text{fin}(e_m) = \text{init}(e_1)$. 对于每个顶点 $V \neq R$，令 $e[V]$ 为该欧拉迹中从 V 最后一次出来的边，即

$$e[V] = e_j, \text{ 如果 } \text{init}(e_j) = V, \text{ 并且对于 } j < k \leq m, \text{ init}(e_k) \neq V. \tag{1}$$

则 G 的顶点连同诸弧 $e[V]$ 形成一棵以 R 为根的定向树.

证明：定向树定义的 (a) 和 (b) 显然满足. 由习题 7，我们只需要证明这些 $e[V]$ 中没有定向回路，而这是直接的，因为如果 $\text{fin}(e[V]) = V' = \text{init}(e[V'])$，其中 $e[V] = e_j$ 且 $e[V'] = e_{j'}$，则 $j < j'$. ∎

如果我们换个角度，考虑"第一次进入"每个顶点的弧，则该引理或许更容易理解. 顶点和第一次进入的弧形成一棵无序树，所有弧都指向远离 R 的方向. 引理 E 有一个令人吃惊的重要的逆命题，由爱伦法斯特和德布鲁因 [*Simon Stevin* **28** (1951), 203–217] 证明.

定理 D. 令 G 是有限的、平衡的有向图，并令 G' 是由 G 的顶点加上 G 的某些弧组成的定向树. 令 R 是 G' 的根，并令 $e[V]$ 为 G' 的起始顶点为 V 的弧. 令 e_1 是 G 的任意弧，满足 $\text{init}(e_1) = R$. 则 $P = (e_1, e_2, \ldots, e_m)$ 是一个欧拉迹，如果它是满足下列条件的定向通路：

(i) 没有一条弧使用一次以上；即当 $e_j \neq e_k$ 时，$j \neq k$.

(ii) $e[V]$ 不在 P 中使用，除非它是与规则 (i) 一致的唯一选择；即如果 $e_j = e[V]$ 并且 e 是满足 $\text{init}(e) = V$ 的弧，则对于某个 $k \leq j$，$e = e_k$.

(iii) P 终止，仅当它不能按规则 (i) 继续；即如果 $\text{init}(e) = \text{fin}(e_m)$，则对于某个 k，$e = e_k$.

证明：根据 (iii) 和定理 G 证明中的论证，必然有 $\text{fin}(e_m) = \text{init}(e_1) = R$. 现在，如果 e 是一条不在 P 中出现的弧，则令 $V = \text{fin}(e)$. 由于 G 是平衡的，因此 V 是某条不在 P 中出现的弧的起始顶点；如果 $V \neq R$，则条件 (ii) 告诉我们，$e[V]$ 不在 P 中. 对 $e = e[V]$ 进行相同的论证，最终发现 R 是不在该通路中出现的某条弧的起始顶点，与 (iii) 矛盾. ∎

定理 D 实质上展示，给定平衡的有向图的任意定向子树，在该图中构造欧拉迹的一种简单方法.（见习题 14 中的例子.）事实上，定理 D 使得我们可以统计有向图中欧拉迹的准确个数，这一结果和本节介绍的思想的许多重要推论见下面的习题.

习题

1. [*M20*] 证明：如果 V 和 V' 是有向图的顶点，并且存在一条从 V 到 V' 的定向通路，则存在一条从 V 到 V' 的简单定向通路.

2. [*15*] 2.3.4.1 节式(3)列举了 10 条"基本回路"，其中的哪些是那一节的有向图（图 32）的定向回路?

3. [*16*] 为一个连通但没有根的有向图绘制图示.

▶ **4.** [*M20*] 对于任意有限的有向图 G，拓扑排序的概念可以定义为顶点的线性排列 $V_1 V_2 \ldots V_n$，使得在该排序中，对于 G 中所有的弧 e，$\text{init}(e)$ 在 $\text{fin}(e)$ 之前.（参见 2.2.3 节图 6 和图 7.）并非所有的有限的有向图都可以拓扑排序，哪些可以?（使用本节的术语给出答案.）

5. [*M16*] 令 G 是一个有向图，包含一个定向通路 $(e_1, \ldots, e_n)$，满足 $\text{fin}(e_n) = \text{init}(e_1)$. 使用本节定义的术语，给出 G 不是定向树的证明.

6. [*M21*] 判断真假：一个有根，并且不包含回路、不包含定向回路的有向图是一棵定向树.

▶ **7.** [*M22*] 判断真假：一个满足定向树定义 (a) 和 (b)，并且没有定向回路的有向图是一棵定向树.

8. [*HM40*] 研究定向树的自同构群的性质. 自同构群是由顶点的所有置换 π 和满足 $\text{init}(e\pi) = \text{init}(e)\pi$，$\text{fin}(e\pi) = \text{fin}(e)\pi$ 的弧构成的群.

9. [*18*] 通过对边指定方向，以 G 为根，画出对应于 2.3.4.1 节图 30 的自由树的定向树.

10. [*22*] 一棵具有顶点 $V_1, \ldots, V_n$ 的定向树可以用如下方法在计算机内使用表 $P[1], \ldots, P[n]$ 表示：如果 V_j 是根，则 $P[j] = 0$；否则，如果弧 $e[V_j]$ 从 V_j 到 V_k，则 $P[j] = k$.（这样，$P[1], \ldots, P[n]$ 与算法 2.3.3E 中使用的"父母"表一样.）

正文说明，选择一个任意顶点为根，有办法把一棵自由树转换成定向树. 因此，也可以从具有根 R 的定向树开始，忽略弧的方向，将它转换成自由树，最后指定新的方向，得到一棵以任意指定顶点为根的定向树. 设计一个算法，进行这种变换：以表示定向树的表 $P[1],\ldots,P[n]$ 和给定的整数 $j\ (1 \le j \le n)$ 开始，变换 P 表，使得它表示相同的自由树，但以 V_j 为根.

▶ **11.** [28] 使用习题 2.3.4.1–6 的假定，但是用 (a_k, b_k) 表示从 V_{a_k} 到 V_{b_k} 的弧，设计一个算法，不仅像原题的算法一样打印出自由树，而且打印出基本回路. [提示：可以把习题 2.3.4.1–6 的解答给出的算法与上一题的算法结合.]

12. [M10] 在本节定义的定向树与 2.3 节开始处定义的定向树之间的对应中，树结点的度等于对应顶点的入度或出度吗？

▶ **13.** [M24] 证明：如果 R 是（可能无限）有向图 G 的根，则 G 包含一棵与 G 具有相同顶点并以 R 为根的定向子树.（作为推论，总可以从像 2.3.4.1 节的图 32 那样的流程图中选取一棵自由子树，使得它实际上是一棵定向子树；在该图中，如果我们选取 $e''_{13}, e''_{19}, e_{20}, e_{17}$，而不是 $e'_{13}, e'_{19}, e_{23}, e_{15}$，则就是这种情况. ）

14. [21] 令 G 为图 36 所示的平衡的有向图，并令 G' 为具有顶点 V_0, V_1, V_2 和弧 e_{01}, e_{21} 的定向子树. 找出从弧 e_{12} 开始、满足定理 D 条件的所有定向通路 P.

15. [M20] 判断真假：连通并且平衡的有向图是强连通的.

▶ **16.** [M24] 在一种称作 "时钟"（clock）的流行的纸牌游戏中，一副普通纸牌 52 张面朝下摆成 13 叠，每叠 4 张；12 叠摆成一圈，像时钟的 12 小时刻度，而第 13 叠放在中心. 现在，纸牌游戏开始，翻开中心叠顶部的纸牌，如果它的面值为 k，则把它放在第 k 叠旁边. （数 $1, 2, \ldots, 13$ 等价于 A, 2, $\ldots$, 10, J, Q, K. ）游戏继续，翻开第 k 叠顶部的牌，并把它放到相应的叠旁边. 如此下去，直到目标叠无牌可翻时终止. （在这个游戏中，玩家没有选择，因为规则已经完全确定了他做什么. ）如果游戏终止时所有纸牌都面朝上，则获胜. [参考文献：埃德拉·切尼，*Patience* (Boston: Lee & Shepard, 1870), 62–65；根据玛丽·琼斯的《单人纸牌游戏》（*Games of Patience*, London: L. Upcott Gill, 1900）第 7 章，该游戏在英国称作 "旅行者的单人纸牌游戏".]

证明：该游戏将获胜，当且仅当顶点是 $V_1, V_2, \ldots, V_{13}$ 且弧是 $e_1, e_2, \ldots, e_{12}$ 的有向图是一棵定向树，其中 e_j 从 V_j 到 V_k，k 是分牌后第 j 叠的底部纸牌.

（特殊地，对于 $j \ne 13$，如果第 j 叠的底部牌为 "j"，则容易看出游戏肯定失败，因为这张牌绝对不会翻开. 本题证明的结果给出了一种快得多的玩此游戏的方法！）

17. [M32] 假定纸牌随机洗牌，时钟纸牌游戏（见习题 16）获胜的概率是多少？当游戏结束时，恰有 k 张牌面朝下的概率是多少？

18. [M30] 令 G 是一个具有 $n+1$ 个顶点 $V_0, V_1, \ldots, V_n$ 和 m 条边 $e_1, \ldots, e_m$ 的图. 对每条边任意指定一个方向，把 G 转换成有向图；然后构造一个 $m \times (n+1)$ 矩阵 A，其中

$$a_{ij} = \begin{cases} +1, & \text{如果 } \mathrm{init}(e_i) = V_j; \\ -1, & \text{如果 } \mathrm{fin}(e_i) = V_j; \\ 0, & \text{其他情形.} \end{cases}$$

令 A_0 是 A 删除第 0 列后的 $m \times n$ 矩阵.

(a) 如果 $m = n$，证明：如果 G 不是自由树，则 A_0 的行列式等于 0；如果 G 是自由树，则 A_0 的行列式等于 ± 1.

(b) 证明：对于一般的 m，$A_0^T A_0$ 的行列式是 G 的自由子树的个数（即从 m 条边选择 n 条使得所得图是自由子树的选择方法数）. [提示：使用 (a) 和习题 1.2.3–46 的结果.]

19. [M31] （矩阵树定理）令 G 是一个具有 $n+1$ 个顶点 $V_0, V_1, \ldots, V_n$ 的有向图. 令 A 是 $(n+1) \times (n+1)$ 矩阵，其中

$$a_{ij} = \begin{cases} -k, & \text{如果 } i \ne j \text{ 并且从 } V_i \text{ 到 } V_j \text{ 有 } k \text{ 条弧;} \\ t, & \text{如果 } i = j \text{ 并且从 } V_j \text{ 到其他顶点有 } t \text{ 条弧.} \end{cases}$$

（由此，对于 $0 \le i \le n$，$a_{i0} + a_{i1} + \cdots + a_{in} = 0$。）令 A_0 是 A 删除第 0 行和第 0 列后的矩阵。例如，如果 G 是图 36 中的有向图，则我们有

$$A = \begin{pmatrix} 2 & -2 & 0 \\ -1 & 3 & -2 \\ -1 & -1 & 2 \end{pmatrix}, \qquad A_0 = \begin{pmatrix} 3 & -2 \\ -1 & 2 \end{pmatrix}.$$

(a) 证明：如果 $a_{00} = 0$，对于 $1 \le j \le n$ 有 $a_{jj} = 1$，并且 G 不含起点和终点相同的弧，则 $\det A_0 = [\,G$ 是一棵以 V_0 为根的定向树 $]$

(b) 证明：在一般情况下，$\det A_0$ 是以 V_0 为根的定向树的个数（即从 G 中选择 n 条弧使得所得有向图是以 V_0 为根的定向树的选择方法数）。[提示：对弧的条数进行归纳。]

20. [M21] 如果 G 是 $n+1$ 个顶点 $V_0, \ldots, V_n$ 上的无向图，令 B 是 $n \times n$ 矩阵，对于 $1 \le i, j \le n, b_{ij}$ 定义如下：

$$b_{ij} = \begin{cases} t, & \text{如果 } i = j \text{ 并且有 } t \text{ 条边连接 } V_j; \\ -1, & \text{如果 } i \ne j \text{ 并且 } V_i \text{ 与 } V_j \text{ 相邻}; \\ 0, & \text{其他情形}. \end{cases}$$

例如，如果 G 是 2.3.4.1 节的图 29，$(V_0, V_1, V_2, V_3, V_4) = (A, B, C, D, E)$，则我们有

$$B = \begin{pmatrix} 3 & 0 & -1 & -1 \\ 0 & 2 & -1 & 0 \\ -1 & -1 & 3 & -1 \\ -1 & 0 & -1 & 2 \end{pmatrix}.$$

证明：G 的自由子树数为 $\det B$。[提示：利用习题 18 或 19。]

21. [HM38] （爱伦法斯特和德布鲁因）图 36 的平衡有向图也是正则的，即每个顶点的入度都等于出度，且度数与其他顶点都相同。设 G 是一个有向图，具有 n 个顶点 $V_0, V_1, \ldots, V_{n-1}$，每个顶点的入度和出度都等于 m。（因此，总共有 mn 条弧。）设 G^* 是一个有向图，G^* 有 mn 个顶点分别对应于 G 的弧，G^* 中对应于 G 中从 V_j 到 V_k 的弧的顶点记作 V_{jk}。G^* 中有一条弧从 V_{jk} 到 $V_{j'k'}$，当且仅当 $k = j'$。例如，如果 G 是图 36 的有向图，则 G^* 如图 37 所示。G 中的欧拉迹是 G^* 中的哈密尔顿回路，反之亦然。

证明：G^* 的定向子树的个数是 G 的定向子树的 $m^{(m-1)n}$ 倍。[提示：使用习题 19。]

▶ **22.** [M26] 设 G 是一个平衡的有向图，具有顶点 $V_1, V_2, \ldots, V_n$，并且没有孤立顶点。令 σ_j 为 V_j 的出度。证明：G 的欧拉迹的个数为

$$(\sigma_1 + \sigma_2 + \cdots + \sigma_n)\, T \prod_{j=1}^{n} (\sigma_j - 1)!,$$

其中，T 是 G 的以 V_1 为根的定向子树个数。[注意：因子 $(\sigma_1 + \cdots + \sigma_n)$ 是 G 中弧的个数。如果把欧拉迹 $(e_1, \ldots, e_m)$ 看作等同于 $(e_k, \ldots, e_m, e_1, \ldots, e_{k-1})$，则这个因子可以忽略。]

▶ **23.** [M33] （德布鲁因）对于每个由小于 m 的数组成的非负整数序列 $x_1, \ldots, x_k$，令 $f(x_1, \ldots, x_k)$ 为一个小于 m 的非负整数。定义一个无穷序列如下：$X_1 = X_2 = \cdots = X_k = 0$；当 $n \ge 0$ 时，$X_{n+k+1} = f(X_{n+k}, \ldots, X_{n+1})$。在 m^{m^k} 个可能的函数中，使得该序列具有最长周期 m^k 的 f 有多少个？[提示：构造一个有向图，对于所有 $0 \le x_j < m$，该图有顶点 $(x_1, \ldots, x_{k-1})$，并且有从 $(x_1, x_2, \ldots, x_{k-1})$ 到 $(x_2, \ldots, x_{k-1}, x_k)$ 的弧，利用习题 21 和 22。]

▶ **24.** [M20] 设 G 是一个连通的有向图，具有弧 $e_0, e_1, \ldots, e_m$。设 $E_0, E_1, \ldots, E_m$ 是一组正整数，对于 G 满足基尔霍夫定律，即对于每个顶点 V，

$$\sum_{\text{init}(e_j) = V} E_j = \sum_{\text{fin}(e_j) = V} E_j.$$

进一步假定 $E_0 = 1$。证明：G 中存在一条从 $\text{fin}(e_0)$ 到 $\text{init}(e_0)$ 的定向通路，使得对于 $1 \le j \le m$，边 e_j 恰好出现 E_j 次，而 e_0 不出现。[提示：把定理 G 应用于合适的有向图。]

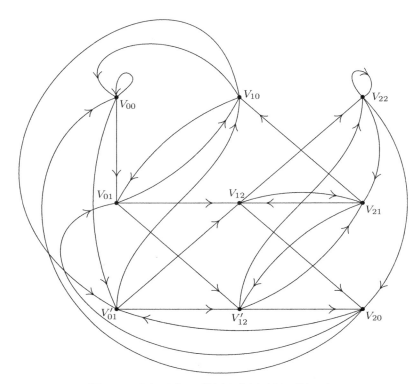

图 37　对应于图 36 的弧有向图（见习题 21）

25. [*26*] 推广树的右线索二叉树表示，为有向图设计一种计算机表示. 使用两个链字段 ALINK 和 BLINK 以及两个一位字段 ATAG 和 BTAG. 设计这种表示，使得：(i) 对于有向图的每条弧（不是每个顶点）有一个结点；(ii) 如果有向图是以 *R* 为根的定向树，并且如果我们增加一条从 *R* 到新顶点 *H* 的弧，则该有向图的表示基本上与这棵定向树的右线索表示一样（在每个家族的子女上加上某种序），即 ALINK、BLINK 和 BTAG 分别与 2.3.2 节中的 LLINK、RLINK 和 RTAG 一样；(iii) 该表示是对称的，意指把 ALINK 和 ATAG 与 BLINK 和 BTAG 交换等价于改变该有向图所有弧的方向.

▶ **26.** [*HM39*]　（随机算法分析）令 *G* 是顶点 $V_1, V_2, \ldots, V_n$ 上的有向图. 假定 *G* 代表一个算法的流程图，其中 V_1 是"开始"顶点，V_n 是"停止"顶点.（因此，V_n 是 *G* 的根.）假设 *G* 的每条弧 *e* 都被赋予一个概率 $p(e)$，满足条件

$$0 < p(e) \le 1; \qquad \sum_{\text{init}(e)=V_j} p(e) = 1 \quad \text{对于} 1 \le j < n.$$

考虑一条随机通路，它从 V_1 开始，之后以概率 $p(e)$ 选择 *G* 的分支 *e*，直至到达 V_n，每一步的分支选择都独立于先前所有的选择.

例如，考虑习题 2.3.4.1–7 的图，并把概率 $1, \frac{1}{2}, \frac{1}{2}, \frac{1}{2}, 1, \frac{3}{4}, \frac{1}{4}, \frac{1}{4}, \frac{1}{4}$ 分别赋予弧 $e_1, e_2, \ldots, e_9$. 于是，选取通路"开始 –A–B–C–A–D–B–C–停止"的概率是 $1 \cdot \frac{1}{2} \cdot 1 \cdot \frac{1}{2} \cdot \frac{1}{2} \cdot \frac{3}{4} \cdot 1 \cdot \frac{1}{4} = \frac{3}{128}$.

这种随机通路称作马尔可夫链，由俄罗斯数学家安德烈·马尔可夫得名. 他第一个对这类随机过程进行了全面研究. 马尔可夫链可以用作某些算法的模型，尽管要求每个选择都独立于其他选择是一个很强的假定. 本题的目的是分析这类算法的计算时间.

考虑 $n \times n$ 矩阵 $A = (a_{ij})$ 有利于这种分析, 其中 $a_{ij} = \sum p(e)$ 在所有从 V_i 到 V_j 的弧上求和. 如果没有这样的弧, 则 $a_{ij} = 0$. 例如, 上面考虑的矩阵 A 是

$$\begin{pmatrix} 0 & 1 & 0 & 0 & 0 & 0 \\ 0 & 0 & \frac{1}{2} & 0 & \frac{1}{2} & 0 \\ 0 & 0 & 0 & 1 & 0 & 0 \\ 0 & \frac{1}{2} & 0 & 0 & \frac{1}{4} & \frac{1}{4} \\ 0 & 0 & \frac{3}{4} & 0 & 0 & \frac{1}{4} \\ 0 & 0 & 0 & 0 & 0 & 0 \end{pmatrix}.$$

由此容易推出, $(A^k)_{ij}$ 是从 V_i 开始的通路在 k 步到达 V_j 的概率.

对于所述类型的任意有向图 G 证明如下事实:

(a) 矩阵 $(I - A)$ 是非奇异的. [提示: 证明没有非零向量 x 满足 $xA^n = x$.]

(b) 顶点 V_j 在该通路中出现的平均次数为

$$(I - A)_{1j}^{-1} = \text{cofactor}_{j1}(I - A)/\det(I - A), \qquad \text{对于} 1 \leq j \leq n.$$

[在上例中可得, 顶点 A, B, C, D 被遍历的平均次数分别为 $\frac{13}{6}, \frac{7}{3}, \frac{7}{3}, \frac{5}{3}$.]

(c) V_j 出现在该通路中的概率为

$$a_j = \text{cofactor}_{j1}(I - A)/\text{cofactor}_{jj}(I - A).$$

此外, $a_n = 1$, 从而该通路在有限步之后以概率 1 终止.

(d) 从 V_j 开始的随机通路不再返回到 V_j 的概率为 $b_j = \det(I - A)/\text{cofactor}_{jj}(I - A)$.

(e) 对于 $k \geq 1$, $1 \leq j \leq n$, V_j 在该通路恰好出现 k 次的概率为 $a_j(1 - b_j)^{k-1} b_j$.

27. [M30] （稳定状态）令 G 为顶点 $V_1, V_2, \ldots, V_n$ 上的有向图, 其弧已经像习题 26 中那样被赋予概率 $p(e)$. 假定 G 是强连通的, 而不是假定有 "开始" 和 "停止" 顶点, 于是, 每个顶点 V_j 都是根. 假定概率 $p(e)$ 为正, 并且对于所有的 j 都有 $\sum_{\text{init}(e)=V_j} p(e) = 1$. 称习题 26 中描述的随机过程具有 "稳定状态" $(x_1, \ldots, x_n)$, 如果

$$x_j = \sum_{\substack{\text{init}(e)=V_i \\ \text{fin}(e)=V_j}} p(e)\, x_i, \qquad 1 \leq j \leq n.$$

设 t_j 是乘积 $\prod_{e \in T_j} p(e)$ 之和, 求和范围是 G 的以 V_j 为根的所有定向树 T_j. 证明 $(t_1, \ldots, t_n)$ 是该随机过程的稳定状态.

▶ **28.** [M35] 考虑一类 $(m+n) \times (m+n)$ 行列式, 例如对于 $m = 2$, $n = 3$ 有:

$$\det \begin{pmatrix} a_{10}+a_{11}+a_{12}+a_{13} & 0 & a_{11} & a_{12} & a_{13} \\ 0 & a_{20}+a_{21}+a_{22}+a_{23} & a_{21} & a_{22} & a_{23} \\ b_{11} & b_{12} & b_{10}+b_{11}+b_{12} & 0 & 0 \\ b_{21} & b_{22} & 0 & b_{20}+b_{21}+b_{22} & 0 \\ b_{31} & b_{32} & 0 & 0 & b_{30}+b_{31}+b_{32} \end{pmatrix}.$$

证明: 当该行列式展开成诸 a 和 b 的多项式时, 每个非零项的系数均为 $+1$. 展开式有多少项? 给出一个与定向树有关的规则, 准确地刻画有哪些项.

*2.3.4.3 无限性引理. 到目前为止, 我们主要考虑了只具有有限多个顶点 (结点) 的树, 但是我们给出的自由树和定向树的定义也适用于无限图. 无限的有序树可以用多种方式定义, 如习题 2.3–14 那样, 把 "杜威记数法" 的概念推广到数的无限集. 即便是在计算机算法的研究中, 有时也需要无限树的性质. 例如, 通过反证法证明某棵树不是无限的. 无限树有一个最基本的性质, 首先由丹尼斯·科尼格以完全一般的形式陈述如下.

定理 K（"无限性引理"）.   每一棵所有顶点的度数均为有限的无限定向树都有一条到根的无限路径，即顶点的无限序列 $V_0, V_1, V_2, \ldots$，其中 V_0 是根，并且对于所有的 $j \geq 0$，$\text{fin}(e[V_{j+1}]) = V_j$.

证明：我们从定向树的根 V_0 开始定义该路径. 假定 $j \geq 0$ 并且选定 V_j 具有无限多个后代. 根据假设，V_j 的度是有限的，因此 V_j 有有限多个子女 $U_1, \ldots, U_n$. 这些子女中必然至少有一个具有无穷多个后代，于是取 V_{j+1} 为 V_j 的一个这种子女.

那么，$V_0, V_1, V_2, \ldots$ 是到根的无限路径.   ∎

学过微积分的学生可能意识到，这里的论证本质上很像证明经典的波尔查诺-维尔斯特拉斯定理所使用的论证. 波-维定理是说："任何有界的无限实数集都有一个聚点."正如科尼格所述，一种陈述定理 K 的方法是："如果人类不会灭绝，则现在活着的某个人必然有一支不会灭绝的后代."

大部分第一次遇到定理 K 的人会认为定理 K 完全是显然的，但是进一步思索并考虑更多的例子后，他们就会意识到这里有一些深奥的东西. 尽管树的每个结点的度数都是有限的，但是我们并未假定度数是有界的（对于所有的顶点，小于某个数 N），因此可能有些结点具有越来越大的度. 至少可以想象每个人的后代都最终灭绝，尽管有些家族可能传至百万代，甚至十亿代，等等. 事实上，亨利·沃森曾经发表了一个"证明"：在永远成立的某些生物学概率定律下，未来将有无限多个人出生，但是每个家族最终都以概率 1 灭绝. 他的论文 [*J. Anthropological Inst. Gt. Britain and Ireland* **4** (1874), 138–144] 包含了一些影响深远的重要定理，尽管因为小疏漏而做出这一错误陈述. 值得注意的是，他没有发现他的结论在逻辑上的不一致.

定理 K 的逆否命题可以直接用于计算机算法：如果我们有一个算法，它定期地把自身划分成有限多个子算法，并且每条子算法链都最终终止，则该算法本身终止.

还有另一种方式陈述：假设我们有一个有限或无限的集合 S，S 的每个元素都是一个具有有限长度 $n \geq 0$ 的正整数序列 $(x_1, x_2, \ldots, x_n)$. 如果我们施加条件

(i) 如果 $(x_1, \ldots, x_n)$ 在 S 中，则对于 $0 \leq k \leq n$，$(x_1, \ldots, x_k)$ 也在 S 中；

(ii) 如果 $(x_1, \ldots, x_n)$ 在 S 中，则只存在有限多个 x_{n+1}，使得 $(x_1, \ldots, x_n, x_{n+1})$ 也在 S 中；

(iii) 不存在无限序列 $(x_1, x_2, \ldots)$，其所有初始子序列 $(x_1, x_2, \ldots, x_n)$ 都在 S 中；

那么，S 本质上是一棵定向树，由杜威记数法确定，并且定理 K 告诉我们 S 是有限的.

最能说明定理 K 的潜能的例子与王浩提出的一族有趣平铺问题有关. 一种**四分形类型**（tetrad type）是一个划分成 4 部分的正方形，每部分上都有一个指定的数，如

$$\tag{1}$$

平面平铺（tiling plane）问题是取四分形类型的有限集，每种类型都有无限多个，看看如何把它们紧挨着放置到无限平面的正方形中（不对四分形进行旋转或反射），使得两个四分形相邻仅当它们的接触处具有相同的数. 例如，我们可以使用如下 6 种四分形类型

$$\tag{2}$$

来平铺平面. 这实际只有一种方法, 就是反复地用

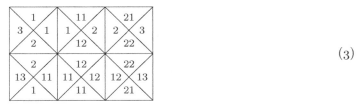

$$(3)$$

来平铺平面. 容易验证, 没有办法使用如下 3 种四分形类型来平铺平面

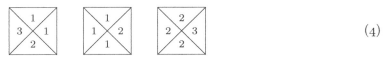

$$(4)$$

        王浩的结论 [*Scientific American* **213**, 5 (1965 年 11 月), 98–106] 是: 如果可以铺满平面的右上象限, 那么就能铺满整个平面. 这肯定令人吃惊, 因为铺满右上象限涉及沿 x 轴和 y 轴的 "边界", 似乎无法由此想出如何铺满左上象限 (因为不能对四分形类型进行旋转和反射). 我们不能简单地把右上象限下移或左移来解决边界问题, 因为无限的移动量没有意义. 王浩的证明如下: 存在右上象限的解意味对于所有的 n, 都存在一种方法铺成一个 $2n \times 2n$ 的正方形. 考虑正方形每条边用偶数个四分形类型单元平铺的问题, 它的所有解的集合形成一棵定向树, 每个 $2n \times 2n$ 解 x 的子女是对 x 镶边得到的可能的 $(2n+2) \times (2n+2)$ 解. 该定向树的根是 0×0 解, 它的子女是 2×2 解, 如此等等. 每个结点都有有限多个子女, 因为平面平铺问题假定只给定有限多种四分形类型. 因此, 根据无限性引理, 存在一条到根的无限路径. 这意味存在一种铺满整个平面的方法 (尽管我们可能不知道如何找到它)!

        关于四分形类型平铺的后续研究进展, 请参阅布兰科·格兰巴姆和杰弗里·谢泼德的赏心悦目的书《平铺与模式》[*Tilings and Patterns* (Freeman, 1987)] 第 11 章.

习题

  1. [*M10*] 正文中提到包含正整数的有限序列的集合 S, 并说该集合 "本质上是一棵定向树". 这棵定向树的根是什么, 弧是什么?

  2. [*20*] 证明: 如果允许旋转四分形类型, 则总有可能铺满平面.

▶ **3.** [*M23*] 当给定四分形类型的无限集时, 如果可以铺满平面的右上象限, 则总可能铺满整个平面吗?

  4. [*M25*] (王浩) 6 个四分形类型(2)给出平铺问题的环形解, 即在整个平面内重复像(3)这样的某种矩形模式的解.

    不加证明地假定, 只要可以用四分形类型的有限集铺满平面, 就存在一个使用这些四分形类型的环形解. 使用这一假定和无限性引理, 设计一个算法, 给定四分形类型的任意有限集的说明, 在有限步内确定是否存在一种办法, 用这些四分形类型铺满平面.

  5. [*M40*] 证明: 使用如下 92 个四分形类型可以铺满平面, 但是不存在习题 4 意义下的环形解.

    为了简化 92 种类型的说明, 先介绍一些记号. 定义如下 "基本编码":

$$\alpha = (1, 2, 1, 2) \quad \beta = (3, 4, 2, 1) \quad \gamma = (2, 1, 3, 4) \quad \delta = (4, 3, 4, 3)$$
$$a = (Q, D, P, R) \quad b = (\ ,\ , L, P) \quad c = (U, Q, T, S) \quad d = (\ ,\ , S, T)$$
$$N = (Y,\ , X,\ ) \quad J = (D, U,\ , X) \quad K = (\ , Y, R, L) \quad B = (\ ,\ ,\ ,\ )$$
$$R = (\ ,\ , R, R) \quad L = (\ ,\ , L, L) \quad P = (\ ,\ , P, P) \quad S = (\ ,\ , S, S)$$
$$T = (\ ,\ , T, T) \quad X = (\ ,\ , X, X)$$
$$Y = (Y, Y,\ ,\ ) \quad U = (U, U,\ ,\ ) \quad D = (D, D,\ ,\ ) \quad Q = (Q, Q,\ ,\ )$$

现在，四分形类型是

$$\alpha\{a,b,c,d\} \qquad\qquad\qquad [4\ \text{种}]$$

$$\beta\{Y\{B,U,Q\}\{P,T\}, \{B,U,D,Q\}\{P,S,T\}, K\{B,U,Q\}\} \qquad [21\ \text{种}]$$

$$\gamma\{\{\{X,B\}\{L,P,S,T\},R\}\{B,Q\}, J\{L,P,S,T\}\} \qquad [22\ \text{种}]$$

$$\delta\{X\{L,P,S,T\}\{B,Q\}, Y\{B,U,Q\}\{P,T\}, N\{a,b,c,d\},$$

$$J\{L,P,S,T\}, K\{B,U,Q\}, \{R,L,P,S,T\}\{B,U,D,Q\}\} \quad [45\ \text{种}]$$

这些缩写意味基本编码的对应分量依次相乘，并且每个分量内部按字典序排序，例如

$$\beta Y\{B,U,Q\}\{P,T\}$$

代表 6 种类型 βYBP, βYUP, βYQP, βYBT, βYUT, βYQT. 类型 βYQT 在对应分量相乘并排序后是

$$(3,4,2,1)(Y,Y,\ \ ,\ \ )(Q,Q,\ \ ,\ \ )(\ \ ,\ \ ,T,T) = (3QY,4QY,2T,1T)$$

对应于如图所示的四分形类型，4 个四分之一区域中使用符号串而不是使用整数. 两个四分形类型可以彼此相邻放置，仅当它们的接触处具有相同的符号串.

　　β-四分形是在其记号中有 β 的四分形. 为着手求解本题，注意任何 β-四分形的左右都必须是 α-四分形，上下都必须是 δ-四分形. αa-四分形右边必须是 βKB 或 βKU 或 βKQ，再右边必须来一个 αb-四分形，等等.

　　（这一构造类似于罗伯特·博格给出的构造，但更简单. 他进一步证明了，如果没有此处给出的不正确假定，那么习题 4 中的一般问题不能求解. 见 *Memoirs Amer. Math. Soc.* **66** (1966).）

▶ **6.** [*M23*]　（奥托·施赖埃尔）在一篇著名的论文 [*Nieuw Archief voor Wiskunde* (2) **15** (1927), 212–216] 中，范德瓦尔登证明了如下定理：

如果 k 和 m 是正整数，并且我们有 k 个正整数的集合 $S_1,\dots,S_k$，使得每个正整数都至少包含在其中一个集合中，则至少有一个 S_j 包含一个长度为 m 的算术级数.

（结论意味存在整数 a 和 $\delta > 0$，使得 $a+\delta$, $a+2\delta$, $\dots$, $a+m\delta$ 都在 S_j 中.）如果可能，使用这一结果和无限性引理证明如下更强的命题：

如果 k 和 m 是正整数，那么存在数 N 使得如果有 N 个正整数的集合 $S_1,\dots,S_k$，使得 1 和 N 之间的每个整数都至少包含在其中一个集合中，则至少有一个 S_j 包含一个长度为 m 的算术级数.

▶ **7.** [*M30*]　如果可能，使用习题 6 中的范德瓦尔登定理和无限性引理证明如下较强的命题：

如果 k 是正整数，并且我们有 k 个整数的集合 $S_1,\dots,S_k$，使得每个正整数都至少包含在其中一个集合中，则至少有一个 S_j 包含一个无限长的算术级数.

▶ **8.** [*M39*]　（约瑟夫·克鲁斯卡尔）如果 T 和 T' 是（有限的、有序的）树，像习题 2.3.2–22 那样，令记号 $T \subseteq T'$ 表示 T 可以嵌入 T'. 证明：如果 $T_1, T_2, T_3, \dots$ 是树的无穷序列，则存在整数 $j < k$ 使得 $T_j \subseteq T_k$.（换言之，不可能构造树的无穷序列，使得没有一棵树包含该序列前面的树. 这一事实可以用来证明某些算法必定终止.）

*2.3.4.4 树的枚举. 对于算法分析而言，树的数学理论最具启发性的一些应用都与统计各种类型的树的数目有关. 例如，给定 4 个不能区别的顶点，求能够构造多少棵不同的定向树，则我们发现只有 4 种可能性：

$$(1)$$

我们的第一个枚举问题是，确定具有 n 个顶点、结构不同的定向树的个数 a_n. 显然 $a_1 = 1$. 如果 $n > 1$，则树有一个根和各种子树. 假设存在 j_1 棵 1 个顶点的子树，j_2 棵 2 个顶点的子树，等等. 于是，因为允许重复（见习题 1.2.6–60），我们可以用

$$\binom{a_k + j_k - 1}{j_k}$$

种方法选择 a_k 种可能的 k 个顶点的树中的 j_k 棵，因此

$$a_n = \sum_{j_1 + 2j_2 + \cdots = n-1} \binom{a_1 + j_1 - 1}{j_1} \cdots \binom{a_{n-1} + j_{n-1} - 1}{j_{n-1}}, \quad \text{对于} n > 1. \tag{2}$$

考虑生成函数 $A(z) = \sum_n a_n z^n$，其中 $a_0 = 0$，则我们发现等式

$$\frac{1}{(1 - z^r)^a} = \sum_j \binom{a + j - 1}{j} z^{rj}$$

连同式 (2) 蕴涵

$$A(z) = \frac{z}{(1 - z)^{a_1}(1 - z^2)^{a_2}(1 - z^3)^{a_3} \cdots}. \tag{3}$$

对于 $A(z)$ 来说，这不是特别好的形式，因为它涉及无限乘积，并且系数 $a_1, a_2, \ldots$ 出现在右端. 一个多少更优雅的表示 $A(z)$ 的方法见习题 1，它可推出相当有效的计算 a_n 值的公式（见习题 2），事实上它也能对大的 n 推导 a_n 的渐近行为（习题 4）. 我们发现

$$A(z) = z + z^2 + 2z^3 + 4z^4 + 9z^5 + 20z^6 + 48z^7 + 115z^8$$
$$+ 286z^9 + 719z^{10} + 1842z^{11} + \cdots. \tag{4}$$

既然已经基本上找到了定向树的个数，接下来令人感兴趣的是确定具有 n 个顶点的不同结构的自由树个数. 对于 4 个顶点，只有两棵不同的自由树，即

$$\text{●————●————●————●} \qquad \text{和} \qquad \text{┬} \tag{5}$$

因为去掉方向之后，(1)的前两棵和后两棵定向树都成为等价的.

我们已经看到，可以选择自由树的任意顶点 X 并且用唯一方法赋予每条边一个方向，使之成为以 X 为根的定向树. 然后，对于给定的顶点 X，假设根 X 有 k 棵子树，每棵子树分别有 $s_1, s_2, \ldots, s_k$ 个顶点. 显然，k 是涉及 X 的弧的条数，而 $s_1 + s_2 + \cdots + s_k = n - 1$. 在这种情况下，我们说 X 的权重（weight）为 $\max(s_1, s_2, \ldots, s_k)$. 因此，在树

中，顶点 D 的权重为 3（从 D 出来的每棵子树都有其余 9 个顶点中的 3 个），而顶点 E 的权重为 $\max(7, 2) = 7$. 具有最小权重的顶点称作自由树的形心（centroid）.

令 X 和 $s_1, s_2, \ldots, s_k$ 如上所述，并令 $Y_1, Y_2, \ldots, Y_k$ 是 X 的诸子树的根. 如果 Y 是子树 Y_1 中的任意结点，则它的权重至少为 $n - s_1 = 1 + s_2 + \cdots + s_k$，因为假定 Y 为根时，在它的包含 X 的子树中至少有 $n - s_1$ 个顶点. 因此，如果 Y 是形心，则

$$\text{weight}(X) = \max(s_1, s_2, \ldots, s_k) \geq \text{weight}(Y) \geq 1 + s_2 + \cdots + s_k,$$

并且仅当 $s_1 > s_2 + \cdots + s_k$ 时,上式才有可能成立. 如果把这一讨论中的 Y_1 用 Y_j 替换,则可以导出类似的结果. 因此,一个顶点上的子树最多有一棵可能包含形心.

这是一个很强的条件,因为它蕴涵自由树最多有两个形心,并且如果存在两个形心,则它们是相邻的(见习题 9).

反之,如果 $s_1 > s_2 + \cdots + s_k$,则子树 Y_1 中存在一个形心,因为

$$\text{weight}\,(Y_1) \leq \max\,(s_1 - 1, 1 + s_2 + \cdots + s_k) \leq s_1 = \text{weight}\,(X),$$

并且子树 $Y_2, \ldots, Y_k$ 中的所有结点的权重最少为 $s_1 + 1$. 我们证明了顶点 X 是自由树的唯一形心,当且仅当

$$s_j \leq s_1 + \cdots + s_k - s_j, \qquad 对于 1 \leq j \leq k. \tag{7}$$

因此,具有 n 个顶点、仅有一个形心的自由树的个数为具有 n 个顶点的定向树的个数,减去违反条件(7)的定向树的个数,而后一类树实际上由一棵具有 s_j 个顶点的定向树和一棵具有 $n - s_j \leq s_j$ 个顶点的定向树组成. 于是,具有一个形心的 n 个顶点的自由树的个数为

$$a_n - a_1 a_{n-1} - a_2 a_{n-2} - \cdots - a_{\lfloor n/2 \rfloor} a_{\lceil n/2 \rceil}. \tag{8}$$

具有两个形心的自由树有偶数个顶点,并且每个形心的权重为 $n/2$(见习题 10). 因此,如果 $n = 2m$,则双形心自由树的个数为从 a_m 个东西中允许重复地选择 2 个的方法数,即

$$\binom{a_m + 1}{2}.$$

为了得到自由树的总数,当 n 为偶数时,我们把 $\frac{1}{2} a_{n/2}(a_{n/2} + 1)$ 加到式(8)上. 式(8)的形式暗示该序列有一个简单的生成函数. 确实如此,不难发现结构不同的自由树个数的生成函数为

$$\begin{aligned}
F(z) &= A(z) - \frac{1}{2} A(z)^2 + \frac{1}{2} A(z^2) \\
&= z + z^2 + z^3 + 2z^4 + 3z^5 + 6z^6 + 11z^7 + 23z^8 \\
&\qquad\qquad\qquad + 47z^9 + 106z^{10} + 235z^{11} + \cdots. \tag{9}
\end{aligned}$$

这个简单的关系归功于卡米尔·若尔当,他在 1869 年考虑了这一问题.

现在,我们考虑枚举有序树问题,对于计算机算法而言,这是我们的主要关注点. 具有 4 个顶点、结构不同的有序树有 5 棵:

$$\tag{10}$$

作为定向树,前两棵是等价的,因此它们只有一个出现在前面的(1)中.

在考察不同的有序树的个数之前,让我们先考虑二叉树,因为它更接近实际的计算机表示,并且容易研究. 设 b_n 为具有 n 个结点的不同二叉树的个数. 根据二叉树的定义,显然 $b_0 = 1$,并且对于 $n > 0$,可能的个数就是把一棵具有 k 个结点的二叉树放到根的左边,而其他 $n - 1 - k$ 个结点放到右边的方法数. 因此

$$b_n = b_0 b_{n-1} + b_1 b_{n-2} + \cdots + b_{n-1} b_0, \qquad n \geq 1. \tag{11}$$

由这个关系式,生成函数

$$B(z) = b_0 + b_1 z + b_2 z^2 + \cdots$$

显然满足方程

$$zB(z)^2 = B(z) - 1. \tag{12}$$

解这个二次方程，并利用 $B(0) = 1$ 这一事实，得到

$$B(z) = \frac{1}{2z}\left(1 - \sqrt{1-4z}\right) = \frac{1}{2z}\left(1 - \sum_{k \geq 0}\binom{\frac{1}{2}}{k}(-4z)^k\right)$$

$$= 2\sum_{n \geq 0}\binom{\frac{1}{2}}{n+1}(-4z)^n = \sum_{n \geq 0}\binom{-\frac{1}{2}}{n}\frac{(-4z)^n}{n+1}$$

$$= \sum_{n \geq 0}\binom{2n}{n}\frac{z^n}{n+1}$$

$$= 1 + z + 2z^2 + 5z^3 + 14z^4 + 42z^5 + 132z^6 + 429z^7$$
$$+ 1430z^8 + 4862z^9 + 16796z^{10} + \cdots. \tag{13}$$

（见习题 1.2.6–47.）因此，所求的解是

$$b_n = \frac{1}{n+1}\binom{2n}{n}. \tag{14}$$

根据斯特林公式，这近似等于 $4^n/n\sqrt{\pi n} + O(4^n n^{-5/2})$. 式(14)的一些重要推广见习题 11 和 32.

回到具有 n 个结点的有序树问题，我们可以看出这一问题本质上与二叉树个数问题相同，因为二叉树与森林之间存在自然的对应，而树去掉它的根就是一个森林. 因此，具有 n 个结点的（有序）树的个数为 b_{n-1}，即具有 $n-1$ 个结点的二叉树的个数.

上述枚举都假定顶点是不可区分的点. 如果把(1)中的顶点用 1, 2, 3, 4 标号，并选定 1 为根，则有 16 棵不同的定向树：

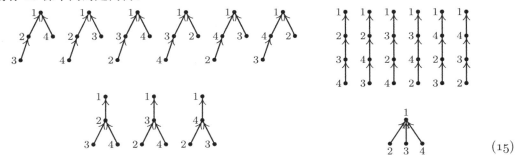

$$\tag{15}$$

枚举有标号的树的问题显然与上面很不相同. 在这种情况下，问题可以重新陈述如下："考虑画 3 条线，分别从顶点 2、3 和 4 指向其他顶点. 从每个顶点出发的线都有 3 种选择，因此总共有 $3^3 = 27$ 种可能性. 这 27 种方法有多少种产生以 1 为根的定向树？"正如我们看到的，答案是 16. 对于 n 个顶点的情况，相同问题有类似形式的陈述："设 $f(x)$ 是一个整数值函数，满足 $f(1) = 1$，并且对于所有整数 $1 \leq f(x) \leq n$，有 $1 \leq x \leq n$. 如果对于所有 x，$f^{[n]}(x)$（即迭代 n 次的 $f(f(\cdots(f(x))\cdots))$）等于 1，我们称 f 为一个树映射（tree mapping）. 有多少个树映射？"这个问题与随机数产生等应用有关. 我们将会相当吃惊地发现，在平均情况下，每 n 个这样的函数恰有一个是树映射.

这个枚举问题的解可以利用前面已经得到的计算图的子树数的一般公式直接导出（见习题 12）. 但是，还存在更有意义的解法，它给我们一种紧凑表示定向树结构的新方法.

假设给定一棵具有顶点 $\{1, 2, \ldots, n\}$ 和 $n-1$ 条弧的定向树，其中除根外，对于所有的 j，弧都从 j 到 $f(j)$. 至少存在一个终端（叶）顶点. 令 V_1 是叶的最小编号，如果 $n > 1$，则记下

$f(V_1)$，并从树中删除 V_1 和弧 $V_1 \to f(V_1)$；然后，令 V_2 是此时树中终端顶点的最小编号，如果 $n > 2$，则记下 $f(V_2)$，并从树中删除 V_2 和弧 $V_2 \to f(V_2)$；以这种方式继续，直到除根外所有的顶点都被删除. 由此得到 $n-1$ 个数的序列

$$f(V_1),\, f(V_2),\, \ldots,\, f(V_{n-1}), \qquad 1 \le f(V_j) \le n. \tag{16}$$

称作原定向树的标准表示（canonical presentation）.

例如，具有 10 个顶点的定向树

$$\tag{17}$$

的标准表示为 1, 3, 10, 5, 10, 1, 3, 5, 3.

这里，重要的是这一过程可以倒过来，从任意 $n-1$ 个数的序列(16)回到产生它的定向树. 因为，如果我们有 1 和 n 之间的数的任意序列 $x_1, x_2, \ldots, x_{n-1}$，则令 V_1 为不在序列 $x_1, \ldots, x_{n-1}$ 中出现的最小数；然后，令 $V_2 \ne V_1$ 为不在序列 $x_2, \ldots, x_{n-1}$ 中出现的最小数；如此下去，用这种方法得到 $\{1, 2, \ldots, n\}$ 的一个排列 $V_1 V_2 \ldots V_n$，然后对于 $1 \le j < n$，画一条从顶点 V_j 到顶点 x_j 的弧. 这构造出了一个没有定向回路的有向图，根据习题 2.3.4.2-7，它是一棵定向树. 显然，序列 $x_1, x_2, \ldots, x_{n-1}$ 与这棵定向树的序列(16)相同.

由于该过程是可逆的，因此我们得到了数 $\{1, 2, \ldots, n\}$ 的 $(n-1)$ 元组与这些顶点上的定向树之间的一个一一对应. 因此，存在 n^{n-1} 棵具有 n 个标号顶点的不同定向树. 如果我们指定一个顶点为根，则指定这个顶点还是那个顶点显然并无差别，因此具有给定根的 $\{1, 2, \ldots, n\}$ 上的定向树有 n^{n-2} 棵. 这解释了式(15)中的 $16 = 4^{4-2}$ 棵树. 由此，容易确定顶点有标号的自由树的个数（见习题 22）. 一旦我们知道顶点没有标号的解，则顶点有标号的有序树的个数也容易确定（见习题 23）. 因此，我们基本上解决了枚举三种基本类型的树的问题，包括顶点有标号和无标号两种情况.

倘若我们把通常的生成函数方法用于枚举有标号的定向树，看看会发生什么，想必很有趣. 为此，最简单的可能是考虑 $r(n, q)$，即具有 n 个有标号的顶点、没有定向回路、从 q 个指定的顶点分别引出一条弧的有向图的个数. 这样，以指定顶点为根的带标号的定向树的个数为 $r(n, n-1)$. 在这种记号下，通过简单的计数论证可得，对于固定的整数 m，

$$r(n, q) = \sum_k \binom{q}{k} r(m+k, k)\, r(n-m-k, q-k), \qquad \text{如果 } 0 \le m \le n-q, \tag{18}$$

$$r(n, q) = \sum_k \binom{q}{k} r(n-1, q-k), \qquad\qquad \text{如果 } q = n-1. \tag{19}$$

把未指定的顶点划分成两组 A 和 B，m 个顶点在 A 中，$n-q-m$ 个顶点在 B 中，然后把 q 个指定的顶点划分成两组，k 个顶点引出通向 A 的路径，$q-k$ 个顶点引出通向 B 的路径，则得到关系 (18). 考虑根为 k 度的定向树则得到关系 (19).

这些关系的形式表明，可以使用生成函数

$$G_m(z) = r(m, 0) + r(m+1, 1)z + \frac{r(m+2, 2)z^2}{2!} + \cdots = \sum_k \frac{r(k+m, k)z^k}{k!}.$$

在这些项中, 式(18)表明 $G_{n-q}(z) = G_m(z)G_{n-q-m}(z)$. 因此, 对 m 归纳可得, $G_m(z) = G_1(z)^m$. 又由式(19), 得到

$$G_1(z) = \sum_{n \geq 1} \frac{r(n, n-1)z^{n-1}}{(n-1)!} = \sum_{k \geq 0} \sum_{n \geq 1} \frac{r(n-1, n-1-k)z^{n-1}}{k!\,(n-1-k)!}$$

$$= \sum_{k \geq 0} \frac{z^k}{k!} G_k(z) = \sum_{k \geq 0} \frac{(zG_1(z))^k}{k!} = \mathrm{e}^{zG_1(z)}.$$

换言之, 置 $G_1(z) = w$, 则问题的解源自超越方程

$$w = \mathrm{e}^{zw}. \tag{20}$$

的解的系数.

这个方程可以使用拉格朗日反演公式求解: $z = \zeta/f(\zeta)$ 蕴涵

$$\zeta = \sum_{n \geq 1} \frac{z^n}{n!}\, g_n^{(n-1)}(0), \tag{21}$$

其中当 f 是原点的邻域中的解析函数并且 $f(0) \neq 0$ 时, $g_n(\zeta) = f(\zeta)^n$ (见习题 4.7–16). 在此情况下, 我们可以置 $\zeta = zw$, $f(\zeta) = \mathrm{e}^\zeta$, 从而导出解

$$w = \sum_{n \geq 0} \frac{(n+1)^{n-1}}{n!} z^n. \tag{22}$$

这与上面得到的答案一致.

乔治·拉尼业已证明, 可以用一种重要的方式推广这种方法, 求解更加一般的方程

$$w = y_1 e^{z_1 w} + y_2 e^{z_2 w} + \cdots + y_s e^{z_s w},$$

用 $y_1, \ldots, y_s$ 和 $z_1, \ldots, z_s$ 的显式幂级数表示解 w. 为进行这种推广, 考虑整数的 s 维向量

$$\mathbf{n} = (n_1, n_2, \ldots, n_s),$$

为方便起见, 记

$$\textstyle\sum\mathbf{n} = n_1 + n_2 + \cdots + n_s.$$

假设我们有 s 种颜色 $C_1, C_2, \ldots, C_s$, 并考虑每个顶点都赋予一种颜色的有向图. 例如,

(23)

设 $r(\mathbf{n}, \mathbf{q})$ 为画弧并对顶点 $\{1, 2, \ldots, n\}$ 着色使之满足如下条件的方法数:

(i) 对于 $1 \leq i \leq s$, 恰好存在 n_i 个 C_i 色的顶点 (因而 $n = \sum\mathbf{n}$);

(ii) 有 q 条弧, 分别从顶点 $\{1, 2, \ldots, q\}$ 引出;

(iii) 对于 $1 \leq i \leq s$, 恰好存在 q_i 条弧通向颜色为 C_i 的顶点 (因而 $q = \sum\mathbf{q}$);

(iv) 不存在定向回路 (因此, 除非 $q = n = 0$, 否则 $q < n$).

我们称之为一个 $(\mathbf{n}, \mathbf{q})$ 构造.

例如, 如果 $C_1 = $ 红, $C_2 = $ 黄, $C_3 = $ 蓝, 则(23)显示了一个 $((3,2,2), (1,2,2))$ 构造. 当只有一种颜色时, 就是已经解决的定向树问题. 拉尼的思想是把一维构造推广到 s 维.

令 **n** 和 **q** 为固定的 s 维非负整数向量, 令 $n = \sum \mathbf{n}$, $q = \sum \mathbf{q}$. 对于每个 (**n**,**q**) 构造和每个 k, $1 \le k \le n$, 我们定义由 4 部分组成的标准表示:

(a) 一个数 t, 满足 $q < t \le n$;

(b) 一个 n 种颜色的序列, 其中颜色 C_i 有 n_i 个;

(c) 一个 q 种颜色的序列, 其中颜色 C_i 有 q_i 个;

(d) 对于 $1 \le i \le s$, 一个集合 $\{1, 2, \ldots, n_i\}$ 中的 q_i 个元素的序列.

该标准表示定义如下: 首先按定向树的标准表示的次序 $V_1, V_2, \ldots, V_q$ 列出顶点 $\{1, 2, \ldots, q\}$, 然后在顶点 V_j 下面写上由 V_j 引出的弧上的顶点号 $f(V_j)$. 令 $t = f(V_q)$. 令颜色序列 (c) 分别为顶点 $f(V_1), \ldots, f(V_q)$ 的颜色. 令颜色序列 (b) 分别为顶点 $k, k+1, \ldots, n, 1, \ldots, k-1$ 的颜色. 最后, 令 (d) 的第 i 个序列为 $x_{i1}, x_{i2}, \ldots, x_{iq_i}$ 其中 $x_{ij} = m$, 如果序列 $f(V_1), \ldots, f(V_q)$ 的第 j 个 C_i 色元素是序列 $k, k+1, \ldots, n, 1, \ldots, k-1$ 的第 m 个 C_i 色元素.

例如, 考虑(23)的构造并令 $k = 3$. 首先, 列出 $V_1, \ldots, V_5$ 和它们下面的 $f(V_1), \ldots, f(V_5)$ 如下:

$$
\begin{array}{ccccc}
1 & 2 & 4 & 5 & 3 \\
7 & 6 & 3 & 3 & 6
\end{array}
$$

因此, $t = 6$, 而序列 (c) 分别是 $7, 6, 3, 3, 6$ 的颜色, 即红、黄、蓝、蓝、黄. 序列 (b) 分别是 $3, 4, 5, 6, 7, 1, 2$ 的颜色, 即蓝、黄、红、黄、红、蓝、红. 最后, 为了得到 (d) 中的序列, 处理过程如下:

颜色	在 $3,4,5,6,7,1,2$ 中该颜色的元素	在 $7,6,3,3,6$ 中该颜色的元素	用第 2 列对第 3 列编码
红	$5, 7, 2$	7	2
黄	$4, 6$	$6, 6$	$2, 2$
蓝	$3, 1$	$3, 3$	$1, 1$

因此, (d) 序列是 2; $2, 2$; $1, 1$.

由标准表示, 我们可以用如下方法倒推原来的 (**n**,**q**) 构造和数 k: 由 (a) 和 (c), 我们知道顶点 t 的颜色. 这种颜色的 (d) 序列的最后一个元素连同 (b) 告诉我们, t 在序列 $k, \ldots, n, 1, \ldots, k-1$ 中的位置. 因此, 我们知道 k 和所有顶点的颜色. 然后, (d) 中的子序列连同 (b) 和 (c) 确定 $f(V_1), f(V_2), \ldots, f(V_q)$, 而最后就像构造定向树那样, 找出 $V_1, \ldots, V_q$ 并构造有向图.

因为这种标准表示具有可逆性, 所以我们可以计算可能的 (**n**,**q**) 构造的个数. (a) 有 $n-q$ 种选择, (b) 的选择数为多项式系数

$$
\binom{n}{n_1, \ldots, n_s},
$$

(c) 的选择数为

$$
\binom{q}{q_1, \ldots, q_s},
$$

(d) 有 $n_1^{q_1} n_2^{q_2} \ldots n_s^{q_s}$ 种选择. 除以 k 的 n 种选择, 我们得到一般结果

$$
r(\mathbf{n}, \mathbf{q}) = \frac{n-q}{n} \frac{n!}{n_1! \ldots n_s!} \frac{q!}{q_1! \ldots q_s!} n_1^{q_1} n_2^{q_2} \ldots n_s^{q_s}. \tag{24}
$$

此外，我们可以导出类似于式 (18) 和 (19) 的结果:

$$r(\mathbf{n},\mathbf{q}) = \sum_{\substack{\mathbf{k},\mathbf{t} \\ \sum(\mathbf{t}-\mathbf{k})=m}} \binom{\sum\mathbf{q}}{\sum\mathbf{k}} r(\mathbf{t},\mathbf{k})\, r(\mathbf{n}-\mathbf{t},\mathbf{q}-\mathbf{k}) \quad \text{如果} 0 \le m \le \sum(\mathbf{n}-\mathbf{q}), \tag{25}$$

其中, 约定 $r(\mathbf{0},\mathbf{0}) = 1$, 并且如果某 n_i 或 q_i 为负或 $q > n$, 则 $r(\mathbf{n},\mathbf{q}) = 0$;

$$r(\mathbf{n},\mathbf{q}) = \sum_{i=1}^{s} \sum_{k} \binom{\sum\mathbf{q}}{k} r(\mathbf{n}-\mathbf{e}_i, \mathbf{q}-k\mathbf{e}_i) \quad \text{如果} \sum\mathbf{n} = 1+\sum\mathbf{q}, \tag{26}$$

其中, $\mathbf{e}_i$ 是位置 i 为 1 而其余位置为 0 的向量. 关系式(25)基于把顶点 $\{q+1,\dots,n\}$ 划分成分别包含 m 和 $n-q-m$ 个元素的两部分; 关系式 (26) 通过删除唯一的根并考虑剩下的结构导出. 现在, 我们得到如下结果.

定理 R (拉尼, *Canadian J. Math.* **16** (1964), 755–762). 令

$$w = \sum_{\substack{\mathbf{n},\mathbf{q} \\ \sum(\mathbf{n}-\mathbf{q})=1}} \frac{r(\mathbf{n},\mathbf{q})}{(\sum\mathbf{q})!} y_1^{n_1} \dots y_s^{n_s} z_1^{q_1} \dots z_s^{q_s}, \tag{27}$$

其中 $r(\mathbf{n},\mathbf{q})$ 由式(24)定义, 而 $\mathbf{n}$ 和 $\mathbf{q}$ 是 s 维整数向量. 则 w 满足等式

$$w = y_1 e^{z_1 w} + y_2 e^{z_2 w} + \dots + y_s e^{z_s w}. \tag{28}$$

证明: 由式(25), 对 m 作归纳, 得

$$w^m = \sum_{\substack{\mathbf{n},\mathbf{q} \\ \sum(\mathbf{n}-\mathbf{q})=m}} \frac{r(\mathbf{n},\mathbf{q})}{(\sum\mathbf{q})!} y_1^{n_1} \dots y_s^{n_s} z_1^{q_1} \dots z_s^{q_s}. \tag{29}$$

现在, 由式(26),

$$\begin{aligned}
w &= \sum_{i=1}^{s} \sum_{k} \sum_{\substack{\mathbf{n},\mathbf{q} \\ \sum(\mathbf{n}-\mathbf{q})=1}} \frac{r(\mathbf{n}-\mathbf{e}_i, \mathbf{q}-k\mathbf{e}_i)}{k!\,(\sum\mathbf{q}-k)!} y_1^{n_1} \dots y_s^{n_s} z_1^{q_1} \dots z_s^{q_s} \\
&= \sum_{i=1}^{s} \sum_{k} \frac{1}{k!} y_i z_i^{k} \sum_{\substack{\mathbf{n},\mathbf{q} \\ \sum(\mathbf{n}-\mathbf{q})=k}} \frac{r(\mathbf{n},\mathbf{q})}{(\sum\mathbf{q})!} y_1^{n_1} \dots y_s^{n_s} z_1^{q_1} \dots z_s^{q_s} \\
&= \sum_{i=1}^{s} \sum_{k} \frac{1}{k!} y_i z_i^{k} w^{k}. \quad \blacksquare
\end{aligned}$$

在式(27)和(28)中, 特殊情况 $s=1$ 且 $z_1=1$ 在应用中特别重要, 此时称为 "树函数"

$$T(y) = \sum_{n \ge 1} \frac{n^{n-1}}{n!} y^n = y e^{T(y)}. \tag{30}$$

关于该函数的历史和重要性质, 见罗伯特 · 科利斯、加斯顿 · 戈内、戴维 · 黑尔、戴维 · 杰弗里和高德纳合著的 *Advances in Computational Math.* **5** (1996), 329–359.

基于巧妙地使用生成函数得到树枚举公式的综述由古德给出 [*Proc. Cambridge Philos. Soc.* **61** (1965), 499–517; **64** (1968), 489]. 后来, 安德烈 · 卓亚提出数学的物种理论 [*Advances in Math.* **42** (1981), 1–82] 带来了更高级的观点, 其中生成函数上的代数操作直接对应于结构的组合性质. 弗朗索瓦 · 鲍格朗、吉尔伯特 · 拉贝尔和皮埃尔 · 勒鲁合著的书《组合物种与类树

结构》[*Combinatorial Species and Tree-like Structures*, Cambridge Univ. Press, 1998] 介绍了这种富有教益的优美理论，举例丰富，推广了上面的许多公式.

习题

1. [*M20*] （波利亚）证明：

$$A(z) = z \cdot \exp\left(A(z) + \tfrac{1}{2}A(z^2) + \tfrac{1}{3}A(z^3) + \cdots\right)$$

[提示：对式 (3) 取对数.]

2. [*HM24*] （理查德·奥特）证明：数 a_n 满足如下条件：

$$na_{n+1} = a_1 s_{n1} + 2a_2 s_{n2} + \cdots + na_n s_{nn},$$

其中

$$s_{nk} = \sum_{1 \le j \le n/k} a_{n+1-jk}.$$

（这些公式对于计算 a_n 是有用的，因为 $s_{nk} = s_{(n-k)k} + a_{n+1-k}$.）

3. [*M40*] 写一个计算机程序，对于 $n \le 100$，确定具有 n 个顶点的（无标号的）自由树和定向树的个数.（使用习题 2 的结果.）探索这些数的算术性质，关于它们的素因子或模 p 余数有什么结论?

▶ **4.** [*HM39*] （波利亚，1937）使用复变量理论，确定定向树个数的近似值如下：

(a) 证明：存在一个 0 和 1 之间的实数 α，使得 $A(z)$ 具有收敛半径 α，并且对于所有满足 $|z| \le \alpha$ 的复数 z，$A(z)$ 都绝对收敛，具有最大值 $A(\alpha) = a < \infty$. [提示：当幂级数具有非负系数时，它或者是一个整函数，或者具有正实数奇点；使用习题 1 中的等式，证明当 $z \to \alpha-$ 时，$A(z)/z$ 有界.]

(b) 令

$$F(z, w) = \exp\left(zw + \tfrac{1}{2}A(z^2) + \tfrac{1}{3}A(z^3) + \cdots\right) - w$$

证明：在 $(z, w) = (\alpha, a/\alpha)$ 的一个邻域内，$F(z, w)$ 分别对每个变量都是解析的.

(c) 证明：在点 $(z, w) = (\alpha, a/\alpha)$，有 $\partial F/\partial w = 0$，因此 $a = 1$.

(d) 在点 $(z, w) = (\alpha, 1/\alpha)$，证明

$$\frac{\partial F}{\partial z} = \beta = \alpha^{-2} + \sum_{k \ge 2} \alpha^{k-2} A'(\alpha^k) \quad \text{和} \quad \frac{\partial^2 F}{\partial w^2} = \alpha.$$

(e) 当 $|z| = \alpha$，而 $z \ne \alpha$ 时，证明 $\partial F/\partial w \ne 0$；因此，$A(z)$ 仅在 $|z| = \alpha$ 上有一个奇点.

(f) 证明：存在一个比 $|z| < \alpha$ 大的区域，在该区域

$$\frac{1}{z}A(z) = \frac{1}{\alpha} - \sqrt{2\beta(1 - z/\alpha)} + (1 - z/\alpha)R(z),$$

其中 $R(z)$ 是 $\sqrt{z - \alpha}$ 的解析函数.

(g) 由此证明：

$$a_n = \frac{1}{\alpha^{n-1}n}\sqrt{\beta/2\pi n} + O(n^{-5/2}\alpha^{-n}).$$

[注记：$1/\alpha \approx 2.955765285652$，$\alpha\sqrt{\beta/2\pi} \approx 0.439924012571$.]

▶ **5.** [*M25*] （亚瑟·凯利）令 c_n 为具有 n 个树叶（即，入度为 0 的顶点），并且在每个其他顶点上至少有两棵子树的（无标号的）定向树的个数. 于是 $c_3 = 2$，两棵树是

对于生成函数

$$C(z) = \sum_n c_n z^n$$

找出类似于式 (3) 的公式.

6. [*M25*] 令"定向二叉树"为每个顶点的入度小于等于 2 的定向树. 找出一个相当简单的关系,对具有 n 个顶点的不同的定向二叉树的个数定义生成函数,并找找出前几个值.

7. [*HM40*] 求习题 6 的数的近似值. (参见习题 4.)

8. [*20*] 根据式(9),存在 6 棵具有 6 个顶点的自由树. 画出它们,并指出它们的形心.

9. [*M20*] 由自由树的顶点最多有一个子树可能包含形心这一事实,证明自由树中最多有两个形心;并进一步证明,如果有两个形心,则它们一定相邻.

▶ **10.** [*M22*] 证明:具有 n 个顶点和两个形心的自由树由两棵具有 $n/2$ 个顶点的自由树经一条边连接而成. 反之,如果两棵具有 m 个顶点的自由树经一条边连接,则得到一棵具有 $2m$ 个顶点和两个形心的自由树.

▶ **11.** [*M28*] 正文推导出了具有 n 个结点的不同二叉树的个数式(14). 对其进行推广,找出具有 n 个结点的不同 t 叉树的个数. (见习题 2.3.1–35;一棵 t 叉树或者为空,或者由一个根和 t 个不相交的 t 叉树组成.)提示:使用 1.2.9 节式 (21).

12. [*M20*] 利用行列式和习题 2.3.4.2–19 的结果,找出具有 n 个顶点的有标号的定向树的个数. (又见习题 1.2.3–36.)

13. [*15*] 顶点 $\{1, 2, \ldots, 10\}$ 上的什么定向树具有标准表示 3, 1, 4, 1, 5, 9, 2, 6, 5?

14. [*10*] 判断真假:定向树的标准表示的最后一项 $f(V_{n-1})$ 总是该树的根.

15. [*21*] 讨论(如果有的话)2.2.3 节的拓扑排序算法与定向树的标准表示之间的关系.

16. [*25*] 设计一个(尽可能高效的)算法,把定向树的标准表示转换成使用PARENT链的传统计算机表示.

▶ **17.** [*M26*] 令 $f(x)$ 是一个整数值函数,对于所有的整数 $1 \le x \le m$,有 $1 \le f(x) \le m$. 定义 $x \equiv y$,如果对于某 $r, s \ge 0$ 有 $f^{[r]}(x) = f^{[s]}(y)$,其中 $f^{[0]}(x) = x$,$f^{[r+1]}(x) = f(f^{[r]}(x))$. 使用类似于本节的枚举方法,证明:对于所有的 x 和 y 满足 $x \equiv y$ 的函数的个数为 $m^{m-1}Q(m)$,其中 $Q(m)$ 是 1.2.11.3 节定义的函数.

18. [*24*] 证明下面的方法也可以定义 1 到 n 的数的 $(n-1)$ 元组与具有 n 个有标号顶点的定向树之间的一一对应:令树的叶以递增序为 $V_1, \ldots, V_k$. 令 $(V_1, V_{k+1}, V_{k+2}, \ldots, V_q)$ 为 V_1 到根的路径,并写下顶点 $V_q, \ldots, V_{k+2}, V_{k+1}$. 然后,令 $(V_2, V_{q+1}, V_{q+2}, \ldots, V_r)$ 为从 V_2 到已经写下的 V_r 的最短定向路径,并写下 $V_r, \ldots, V_{q+2}, V_{q+1}$. 然后,令 $(V_3, V_{r+1}, \ldots, V_s)$ 为从 V_3 到已经写下的 V_s 的最短定向路径,并写下 $V_s, \ldots, V_{r+1}$;如此下去. 例如,树(17)将被编码为 3, 1, 3, 3, 5, 10, 5, 10, 1. 证明这一过程是可逆的,并特别绘出具有顶点 $\{1, 2, \ldots, 10\}$ 和表示 3, 1, 4, 1, 5, 9, 2, 6, 5 的定向树.

19. [*M24*] 具有 n 个顶点,其中 k 个顶点为叶(入度为 0)的不同的有标号的定向树有多少种?

20. [*M24*] (约翰·赖尔登)具有 n 个顶点,其中 k_0 个入度为 0,k_1 个入度为 1,k_2 个入度为 2,……的不同的有标号的定向树有多少种? (注意:必然有 $k_0 + k_1 + k_2 + \cdots = n$,$k_1 + 2k_2 + 3k_3 + \cdots = n - 1$.)

▶ **21.** [*M21*] 试计算每个顶点入度为 0 或 2 的有标号的定向树的个数. (参见习题 20 和习题 2.3–20.)

22. [*HM20*] 具有 n 个顶点的有标号的自由树有多少种? (换言之,如果给定 n 个顶点,则存在 $2^{\binom{n}{2}}$ 个具有这些顶点的图,取决于 $\binom{n}{2}$ 条可能的边中的哪些放入图中. 这些图有多少个是自由树?)

23. [*M21*] 具有 n 个顶点的有标号的有序树有多少种? (给出一个包含阶乘的简单公式.)

24. [*M16*] 具有顶点 1, 2, 3, 4 并以 1 为根的所有有标号的定向树都显示在(15)中. 如果我们用这些顶点和根列举所有有标号的有序树,那么会有多少棵树?

25. [*M20*] 在式(18)和(19)中出现的量 $r(n, q)$ 的值是什么? (给出一个显式公式;正文只提到 $r(n, n-1) = n^{n-2}$.)

26. [*20*] 使用本节结尾处的记号,绘制类似于(23)的 $((3, 2, 4), (1, 4, 2))$ 构造,并找出数 k,要求它对应的标准表示满足 $t = 8$,颜色序列为"红、黄、蓝、红、黄、蓝、红、蓝、蓝"和"红、黄、蓝、黄、黄、蓝、黄"和下标序列 3;1, 2, 2, 1;2, 4.

▶ **27.** [*M28*] 令 $U_1, U_2, \ldots, U_p, \ldots, U_q$; $V_1, V_2, \ldots, V_r$ 为有向图的顶点，其中 $1 \le p \le q$. 令 f 为从集合 $\{p+1, \ldots, q\}$ 到集合 $\{1, 2, \ldots, r\}$ 的任意函数，并令该有向图恰包含 $q - p$ 条弧，对于 $p < k \le q$, 从 U_k 到 $V_{f(k)}$. 证明：增加 r 条弧，每条都从一个 V 到一个 U, 使得结果有向图不含定向回路，添加的方法有 $q^{r-1}p$ 种. 通过推广标准表示方法来证明，即建立这样添加 r 条弧的所有方法与所有整数序列 $a_1, a_2, \ldots, a_r$ 之间的一一对应，其中，对于所有 $1 \le k < r$ 有 $1 \le a_k \le q$, 并且 $1 \le a_r \le p$.

28. [*M22*] （二分树）使用习题 27 的结果，对于顶点 $U_1, \ldots, U_m$, $V_1, \ldots, V_n$ 上的有标号的自由树，计算其中使得每条边都是对于某个 j 和 k 连接顶点 U_j 和 V_k 的树的个数.

29. [*HM26*] 证明：如果 $E_k(r, t) = r(r + kt)^{k-1}/k!$, 并且 $zx^t = \ln x$, 则对于固定的 t 和充分小的 $|z|$ 和 $|x - 1|$, 有

$$x^r = \sum_{k \ge 0} E_k(r, t) z^k.$$

［使用式(19)下面讨论中的事实 $G_m(z) = G_1(z)^m$. ］在这个公式中，r 代表任意实数. ［注记：作为这个公式的推论，有等式

$$\sum_{k=0}^{n} E_k(r, t) E_{n-k}(s, t) = E_n(r + s, t),$$

这蕴涵 1.2.6 节的阿贝尔二项式定理式 (16). 与式 1.2.6–(30) 比较. ］

30. [*M23*] 令 $n, x, y, z_1, \ldots, z_n$ 为正整数. 考虑 $x + y + z_1 + \cdots + z_n + n$ 个顶点 r_i, s_{jk}, t_j ($1 \le i \le x+y$, $1 \le j \le n$, $1 \le k \le z_j$) 的集合，其中对于所有的 j 和 k, 已经画出从 s_{jk} 到 t_j 的弧. 根据习题 27, 存在 $(x+y)(x+y+z_1+\cdots+z_n)^{n-1}$ 种方法从 $t_1, \ldots, t_n$ 的每一个到其他顶点画一条弧，使得结果有向图不包含定向回路. 使用这一事实证明二项式定理的赫维茨推广：

$$\sum x(x + \epsilon_1 z_1 + \cdots + \epsilon_n z_n)^{\epsilon_1 + \cdots + \epsilon_n - 1} y(y + (1-\epsilon_1)z_1 + \cdots + (1-\epsilon_n)z_n)^{n-1-\epsilon_1-\cdots-\epsilon_n}$$
$$= (x+y)(x+y+z_1+\cdots+z_n)^{n-1},$$

其中求和范围是 $\epsilon_1, \ldots, \epsilon_n$ 等于 0 或 1 的所有 2^n 个选择.

31. [*M24*] 对于有序树求解习题 5; 即对于具有 n 个终端结点并且没有 1 度结点的无标号有序树，推导生成函数.

32. [*M37*] （阿瑟·埃尔代伊和艾弗·埃瑟林顿，*Edinburgh Math. Notes* **32** (1941), 7–12）有多少棵具有 n_0 个 0 度结点，n_1 个 1 度结点，$\ldots$, n_m 个 m 度结点并且没有度数高于 m 的结点的（有序的、无标号的）树？（这个问题的显式解可以用阶乘给出，从而显著地推广习题 11 的结果. ）

▶ **33.** [*M28*] 正文基于某种定向森林的枚举公式，对方程 $w = y_1 e^{z_1 w} + \cdots + y_r e^{z_r w}$ 给出了一个显式的幂级数解. 类似地，证明习题 32 的枚举公式可推出方程

$$w = z_1 w^{e_1} + z_2 w^{e_2} + \cdots + z_r w^{e_r}$$

的显式幂级数解，将 w 表示成 $z_1, \ldots, z_r$ 的幂级数. （这里，$e_1, \ldots, e_r$ 是固定的非负整数，其中最少有一个为 0. ）

2.3.4.5 路径长度. 树的"路径长度"概念在算法分析中极其重要，因为它常常直接影响执行时间. 我们主要关注二叉树，因为它最接近实际的计算机表示.

在下面的讨论中，我们将扩展每个二叉树图，在原树中出现空子树的地方增加一个特殊的结点，使得

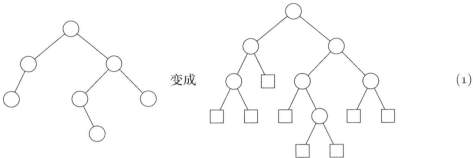

变成   (1)

后者称作扩展的二叉树. 以这种方式增加方形结点后，得到的结构有时更便于处理，因此我们在后面的章节中经常用到扩展的二叉树. 显然，每个圆形结点都有两个子女，而方形结点没有子女.（与习题 2.3–20 比较.）如果有 n 个圆形结点和 s 个方形结点，则我们有 $n+s-1$ 条边（因为该图是自由树）；用另一种方法统计，由子女个数可知，存在 $2n$ 条边. 因此，显然有

$$s = n+1; \tag{2}$$

换言之，刚增加的"外部"结点比原有的"内部"结点多一个.（另一种证明见习题 2.3.1–14.）即便 $n=0$，公式(2)也是正确的.

假定二叉树已经按照这种方法扩展. 树的外部路径长度 E 定义为遍取所有的外部（方形）结点，从根到每个结点的路径长度之和. 内部路径长度 I 是相同的量在内部（圆形）结点上求和. 在(1)中，外部路径长度为

$$E = 3+3+2+3+4+4+3+3 = 25,$$

而内部路径长度为

$$I = 2+1+0+2+3+1+2 = 11.$$

这两个量总有关联公式

$$E = I+2n, \tag{3}$$

其中 n 是内部结点数.

为了证明式(3)，考虑删除一个与根的距离为 k 的内部结点 V，其中 V 的两个子女都是外部的. 量 E 减少 $2(k+1)$，因为 V 的子女被删除；然后它又增加 k，因为 V 成为外部结点. 因此，E 的净改变为 $-k-2$，I 的净改变为 $-k$，归纳可得(3).

不难看出，当树退化成线性结构时，内部路径长度最大（因而外部路径长度也最大）. 此时，内部路径长度为

$$(n-1)+(n-2)+\cdots+1+0 = \frac{n^2-n}{2}.$$

可以证明，所有二叉树的"平均"路径长度正比于 $n\sqrt{n}$（见习题 5）.

现在，考虑构造具有最小路径长度的 n 个结点的二叉树问题. 这种树很重要，因为它使各种算法的计算时间缩至最短. 显然，仅有一个结点（根）与根的距离可能为 0，最多有两个结点与根的距离可能为 1，至多有 4 个结点与根的距离可能为 2，如此下去. 因此，内部路径长度至少与序列

$$0, 1, 1, 2, 2, 2, 2, 3, 3, 3, 3, 3, 3, 3, 3, 4, 4, 4, 4, \cdots$$

的前 n 项之和一样大. 这是和 $\sum_{k=1}^{n}\lfloor\lg k\rfloor$, 从习题 1.2.4–42 可知, 它是

$$(n+1)q - 2^{q+1} + 2, \qquad q = \lfloor\lg(n+1)\rfloor. \tag{4}$$

最优值(4)是 $n\lg n + O(n)$, 因为 $q = \lg n + O(1)$. 显然如下所示的树会取得最优值（以 $n = 12$ 为例）：

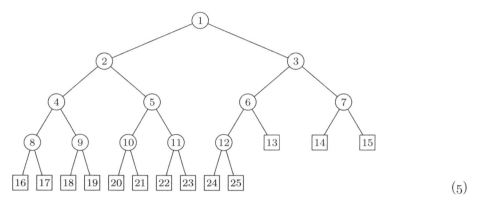

$$\tag{5}$$

像(5)这样的树称作具有 n 个内部结点的完全二叉树. 在一般情况下, 我们可以把内部结点编号为 $1, 2, \ldots, n$. 这种编号具有有用的性质: 结点 k 的父母是结点 $\lfloor k/2\rfloor$, 而结点 k 的子女为结点 $2k$ 和 $2k+1$. 外部结点用 $n+1, \ldots, 2n+1$ 编号.

由此, 完全二叉树可以简单地用顺序的存储位置表示, 结构隐含在结点的位置中（而不是链中）. 完全二叉树显式或隐式出现在许多重要的计算机算法中, 因此读者应该对它特别留意.

这些概念具有重要的推广, 可以推广到三叉树、四叉树和更多叉树. 我们定义 t 叉树为结点的集合, 它或者为空, 或者由一个根和 t 个有序的、不相交的 t 叉树组成. （这推广了 2.3 节的二叉树定义.）具有 12 个内部结点的完全三叉树是

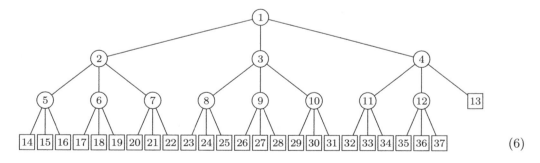

$$\tag{6}$$

容易看出, 对于任意 $t \geq 2$, 同样的构造有效. 在具有内部结点 $\{1, 2, \ldots, n\}$ 的完全 k 叉树中, 结点 k 的父母为

$$\lfloor(k+t-2)/t\rfloor = \lceil(k-1)/t\rceil,$$

而结点 k 的子女为

$$t(k-1)+2, \quad t(k-1)+3, \quad \ldots, \quad tk+1.$$

在所有具有 n 个内部结点的 t 叉树中, 这棵树具有最小的内部路径长度. 习题 8 证明, 它的内部路径长度为

$$\left(n + \frac{1}{t-1}\right)q - \frac{(t^{q+1}-t)}{(t-1)^2}, \qquad q = \lfloor\log_t((t-1)n+1)\rfloor. \tag{7}$$

稍微改变一下视角，则这些结果有另一个重要的推广. 假设给定 m 个实数 $w_1, w_2, \ldots, w_m$，问题是找出一棵具有 m 个外部结点的扩展的二叉树，并且把这 m 个数 $w_1, \ldots, w_m$ 与这些结点相关联，使得和 $\sum w_j l_j$ 最小，其中 l_j 是到根的路径长度，求和对所有的外部结点进行. 例如，如果给定的数为 2、3、4、11，则我们可以形成像如下三棵这样的扩展的二叉树：

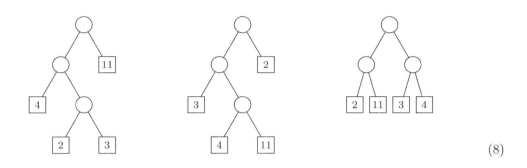

$$(8)$$

这里，"加权的"路径长度 $\sum w_j l_j$ 分别为 34, 53, 40. （因此，我们看到当权重为 2, 3, 4, 11 时，完全平衡的树并不给出最小的加权路径长度，尽管我们已经看到在特殊情况 $w_1 = w_2 = \cdots = w_m = 1$ 下，它确实给出最小的加权路径长度.）

联系到不同的计算机算法，加权的路径长度有多种解释. 例如，我们可以把它用于合并长度分别为 $w_1, w_2, \ldots, w_m$ 的已排序序列（见第 5 章）. 这种思想最直接的应用是把二叉树看作一般的搜索过程，我们从根开始，做某种测试；根据测试的结果，来到两个分支中的一个，可以再做进一步的测试，如此下去. 例如，如果我们想判定 4 种不同的选择哪个为真，并且这些可能性分别以概率 $\frac{2}{20}, \frac{3}{20}, \frac{4}{20}, \frac{11}{20}$ 为真，则具有最小加权路径长度的树将形成最优搜索过程. [这些概率就是(8)中的权重乘以一个缩放因子.]

有一个精巧的算法能找出具有最小加权路径长度的树，发现者是戴维·哈夫曼 [*Proc. IRE* **40** (1952), 1098–1101]：首先，找出两个最小的 w 值，比如说 w_1 和 w_2；然后，求解 $m - 1$ 个权重 $w_1 + w_2, w_3, \ldots, w_m$ 的问题，并且把解中的结点

$$\boxed{w_1 + w_2} \tag{9}$$

用

$$\tag{10}$$

置换.

下面举例说明哈夫曼方法，试对权重 2, 3, 5, 7, 11, 13, 17, 19, 23, 29, 31, 37, 41，找出最优树. 首先组合 2+3，并寻找 5,5,7,…,41 的解；然后组合 5+5，等等. 计算过程汇总如下：

```
   2   3   5   7  11  13  17  19  23  29  31  37  41
       5   5   7  11  13  17  19  23  29  31  37  41
          10   7  11  13  17  19  23  29  31  37  41
              17  11  13  17  19  23  29  31  37  41
              17      24  17  19  23  29  31  37  41
                      24  34  19  23  29  31  37  41
                      24  34      42  29  31  37  41
                          34      42  53  31  37  41
                                  42  53  65  37  41
                                  42  53  65      78
                                      95  65      78
                                      95         143
                                                 238
```

因此，下面的树对应于哈夫曼的构造：

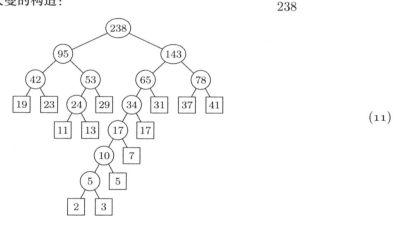

$$(11)$$

（圆形结点中的数显示这棵树与计算过程的对应性，另见习题 9.）

对 m 作归纳，不难证明这种方法确实能得到最小的加权路径长度. 假设 $w_1 \le w_2 \le w_3 \le \cdots \le w_m$，其中 $m \ge 2$，并且假设给定了一棵最小化加权路径长度的树.（这种树一定存在，因为具有 m 个终端结点的二叉树只有有限多种.）令 V 是到根的距离最大的内部结点. 如果权重 w_1 和 w_2 未赋给 V 的子女，则我们可以把它们与那里已经有的值交换，因为这种交换不增加加权的路径长度. 因此，存在一棵具有最小加权路径长度并且包含子树 (10) 的树. 容易证明，对于权重 $w_1, \cdots, w_m$，包含 (10) 作为子树的树的加权路径长度取最小值，当且仅当用 (9) 替换 (10) 的树对于权重 $w_1 + w_2, w_3, \ldots, w_m$. 有最小的加权路径长度.（见习题 9.）

如果给定的 w_i 都非负，则每当构造过程中合并两个权重时，待合并的权重都不小于上次合并之前的权重. 这意味只要给定的权重以非递减序排序，则找出哈夫曼树的方法很简洁：只需要维护两个队列，一个包含原来的权重，而另一个包含组合的权重. 在每一步，未使用的最小权重都出现在某个队列的队首，因此我们不必搜索它. 习题 13 表明，甚至当权重可能为负时，相同的思想依然有效.

一般而言，存在多棵使 $\sum w_j l_j$ 取最小值的树. 如果上一段描述的算法在出现平局时总是使用原来的权重，而不是组合权重，则它构造的树在所有最小化 $\sum w_j l_j$ 的树中具有最小的 $\max l_j$ 和 $\sum l_j$ 值. 如果权重都为正，则在所有这样的树中，这棵树实际上对于任意凸函数 f 具有最

小的 $\sum w_j f(l_j)$ 值.〔尤金 · 施瓦茨的 *Information and Control* **7**(1964), 37–44；马可夫斯基，*Acta Informatica* **16** (1981), 363–370.〕

哈夫曼方法可以推广到 t 叉树，就像二叉树一样.（参见习题 10.）另一个重要推广在 6.2.2 节讨论. 路径长度的进一步讨论见 5.3.1 节、5.4.9 节和 6.3 节.

习题

1. [*12*] 除完全二叉树(5)之外，还有具有 12 个内部结点和最小路径长度的其他二叉树吗？

2. [*17*] 画一棵扩展的二叉树，它具有权重为 1, 4, 9, 16, 25, 36, 49, 64, 81, 100 的终端结点，具有最小的加权路径长度.

▶ **3.** [*M24*] 一棵具有 m 个外部结点的扩展的二叉树确定了路径长度 $l_1, l_2, \ldots, l_m$ 的集合，它们刻画从根到各外部结点的路径长度. 反之，如果给定数 $l_1, l_2, \ldots, l_m$ 的集合，是否总可以构造一棵扩展的二叉树，使得这些数是按照某种次序排列的路径长度吗？证明：能够构造这样的二叉树，当且仅当 $\sum_{j=1}^{m} 2^{-l_j} = 1$.

▶ **4.** [*M25*] （施瓦茨和布鲁斯 · 卡利克）假定 $w_1 \le w_2 \le \cdots \le w_m$. 证明：存在一棵扩展的二叉树使 $\sum w_j l_j$ 取最小值，并且其终端结点从左到右分别包含值 $w_1, w_2, \ldots, w_m$. 〔例如，树(11)不满足这一条件，因为权重出现的次序为 19, 23, 11, 13, 29, 2, 3, 5, 7, 17, 31, 37, 41. 我们寻找权重以递增序出现的树，而哈夫曼构造未必符合要求.〕

5. [*HM26*] 令

$$B(w, z) = \sum_{n, p \ge 0} b_{np} w^p z^n,$$

其中，b_{np} 是具有 n 个结点并且内部路径长度为 p 的二叉树个数.〔因此，

$$B(w, z) = 1 + z + 2wz^2 + (w^2 + 4w^3)z^3 + (4w^4 + 2w^5 + 8w^6)z^4 + \cdots,$$

即 $B(1, z)$ 是 2.3.4.4 节式 (13) 的 $B(z)$.〕(a) 找出刻画 $B(w, z)$ 的函数关系，推广 2.3.4.4–(12). (b) 使用 (a) 的结果确定具有 n 个结点的二叉树的内部路径的平均长度. 假定所有 $\frac{1}{n+1}\binom{2n}{n}$ 种树都是等可能的. (c) 求出这个量的近似值.

6. [*16*] 如果 t 叉树像(1)那样用方形结点扩展，那么对应于式(2)的方形和圆形结点数量之间的关系是什么么？

7. [*M21*] t 叉树的外部和内部路径长度之间的关系是什么？（参见习题 6，希望推广式(3).）

8. [*M23*] 证明式(7).

9. [*M21*] 出现在(11)中圆形结点内的数等于对应子树中外部结点的权重之和. 证明：所有圆形结点中的值之和等于加权的路径长度.

▶ **10.** [*M26*] （哈夫曼）给定非负权重 $w_1, w_2, \ldots, w_m$，说明如何构造具有极小加权路径长度的 t 叉树. 对于权重 1, 4, 9, 16, 25, 36, 49, 64, 81, 100，构建一棵最优三叉树.

11. [*16*] 完全二叉树(5)与习题 2.3.1–5 介绍的二叉树的"杜威记数法"之间有无联系？

▶ **12.** [*M20*] 假设在二叉树中随机选取一个结点，每个结点都等可能. 证明，以该结点为根的子树的平均大小与该树的路径长度有关.

13. [*22*] 设计一个算法，从 m 个权重 $w_1 \le w_2 \le \cdots \le w_m$ 开始，构造一棵具有最小加权路径长度的扩展的二叉树. 用以下三个数组表示最终的树

$$A[1] \ldots A[2m-1], \quad L[1] \ldots L[m-1], \quad R[1] \ldots R[m-1],$$

这里，$L[i]$ 和 $R[i]$ 指向内部结点 i 的左子女和右子女，根是结点 1，$A[i]$ 是结点 i 的权重. 原来的权重应该作为外部结点的权重 $A[m], \ldots, A[2m-1]$ 出现. 你的算法所做的权重比较应该少于 $2m$ 次. 注意：某些或所有给定的权重可能为负！

14. [25] （胡德强和艾伦·塔克）在哈夫曼算法 k 步之后，已组合的结点形成一个包含 $m-k$ 棵扩展的二叉树的森林. 证明：在所有的具有给定权重的 $m-k$ 棵扩展的二叉树的森林中，该森林具有最小的加权路径总长度.

15. [M25] 说明一个类哈夫曼算法能找出一棵扩展的二叉树，它最小化 (a)$\max(w_1+l_1,\ldots,w_m+l_m)$；(b)$w_1 x^{l_1}+\cdots+w_m x^{l_m}$，其中 $x>1$.

16. [M25] （黄光明）令 $w_1\leq\cdots\leq w_m$ 和 $w_1'\leq\cdots\leq w_m'$ 是两组权重，满足

$$\sum_{j=1}^{k} w_j \leq \sum_{j=1}^{k} w_j' \qquad \text{对于 } 1\leq k\leq m.$$

证明：最小化的加权路径长度满足 $\sum_{j=1}^{m} w_j l_j \leq \sum_{j=1}^{m} w_j' l_j'$.

17. [HM30] （查尔斯·格拉西和理查德·卡普）令 $s_1,\ldots,s_{m-1}$ 是被哈夫曼算法形成的扩展的二叉树的内部（圆形）结点中的数，按构造次序. 令 $s_1',\ldots,s_{m-1}'$ 是相同权重集 $\{w_1,\ldots,w_m\}$ 上的任意的扩展二叉树的内部结点权重，按满足每个非根的内部结点都在其父母结点之前出现的任意次序列出. (a) 证明对于 $1\leq k<m$，$\sum_{j=1}^{k} s_j \leq \sum_{j=1}^{k} s_j'$. (b) 对于每个非递减的凹函数 f，即满足 $f'(x)\geq 0, f''(x)\leq 0$ 的函数 f，(a) 的结果等价于

$$\sum_{j=1}^{m-1} f(s_j) \leq \sum_{j=1}^{m-1} f(s_j').$$

［见哈代、约翰·利特尔伍德和波利亚，*Messenger of Math.* **58** (1929), 145–152.］使用这一事实证明：给定任意函数 $f(n)$，满足性质 $f(n)=\Delta f(n)=f(n+1)-f(n)\geq 0$，$\Delta^2 f(n)=\Delta f(n+1)-\Delta f(n)\leq 0$，递推式

$$F(n)=f(n)+\min_{1\leq k<n}\left(F(k)+F(n-k)\right),\qquad F(1)=0$$

的极小值总是在 $k=2^{\lceil \lg(n/3)\rceil}$ 时取得.

*2.3.4.6 历史和参考文献. 当然，在创世纪的第三天就有了树，树结构（特别是家族树）也一直得到广泛使用. 树概念作为形式定义的数学实体，似乎首次出现在基尔霍夫的工作中［基尔霍夫，*Annalen der Physik und Chemie* **72** (1847), 497–508，英文版见 *IRE Transactions* **CT-5** (1958), 4–7］. 基尔霍夫使用自由树和基尔霍夫定律，在电路网络中寻找一组基本回路，本质上和 2.3.4.1 节的做法相同. 这一概念大约同时出现在冯·施陶特的《位置几何学》（*Geometrie der Lage*, 20–21）一书中. 十年以后，"树"这一名称和许多有关树的枚举的结果开始出现，见凯利的一系列论文［*Collected Mathematical Papers of A. Cayley* **3** (1857), 242–246；**4** (1859), 112–115；**9** (1874), 202–204；**9** (1875), 427–460；**10** (1877), 598–600；**11** (1881), 365–367；**13** (1889), 26–28］. 凯利并不知道基尔霍夫和冯·施陶特先前的工作，他的研究始于代数式结构，后来则主要受到化学同分异构体问题应用的启发. 树结构也由博尔夏特［*Crelle* **57** (1860), 111–121］、李斯亭［*Göttinger Abhandlungen* Math. Classe, **10** (1862), 137–139］和若尔当［*Crelle* **70** (1869), 185–190］独立研究.

　　"无限性引理"首先由科尼格［*Fundamenta Math.* **8** (1926), 114–134］严格阐述. 他在经典著作《有限图和无限图的理论》［*Theorie der endlichen und unendlichen Graphen*, (Leipzig: 1936)］第 6 章强调了该引理. 一个类似的结果称作"扇子定理"，稍早出现在鲁伊兹·布劳威尔的工作中［*Verhandelingen Akad. Amsterdam* **12** (1919), 7］，但涉及更强的假设，相关讨论见阿兰德·海廷的《直觉主义》［*Intuitionism* (1956), 3.4 节］.

　　2.3.4.4 节的枚举无标号定向树的式 (3) 由凯利在他的第一篇关于树的论文中给出. 他在第二篇论文中枚举了无标号的有序树，与之等价的几何问题（见习题 1）已经由欧拉提出并解决. 欧拉在 1751 年 9 月 4 日写给哥德巴赫的信中提到了他的结果［见冯·谢格奈和欧拉，*Novi*

Commentarii Academiæ Scientiarum Petropolitanæ **7** (1758–1759), summary 13–15, 203–210]. 欧拉的问题是 7 篇论文 [加布里埃尔·拉梅、欧仁·卡塔兰、奥林德·罗德里格斯和比内, *Journal de mathématiques* **3, 4** (1838, 1839)] 的主题, 其他参考文献见习题 2.2.1–4 的答案. 对应的树现在称作卡塔兰数 (Catalan number). 在 1750 年之前, 中国蒙古族数学家明安图在研究无穷级数时遇到过卡塔兰数, 但是他没有将它与树或其他组合对象联系起来 [见罗见今, *Acta Scientiarum Naturalium Universitatis Intramongolicæ* **19** (1988), 239–245; *Combinatorics and Graph Theory* (World Scientific Publishing, 1993), 68–70]. 卡塔兰数在众多不同环境下出现, 斯坦利在他的杰作《枚举组合数学·第二卷》[*Enumerative Combinatorics* **2**, Cambridge Univ. Press, 1999] 第 6 章解释了超过 60 种情况. 或许, 最令人吃惊的是卡塔兰数与数的某种排列有关, 由于这种排列高度对称, 考克斯特称之为 "饰带模式" (frieze pattern), 见习题 4.

　　有标号自由树的个数公式 n^{n-2} 由西尔维斯特发现 [*Quart. J. Pure and Applied Math.* **1** (1857), 55–56], 作为他计算某行列式的副产品 (习题 2.3.4.2–28). 凯利于 1889 年独立地给出了该公式的推导 [见前述文献], 他的讨论很含糊, 暗示有标号的定向树与数的 $(n-1)$ 元组之间有联系. 证实这种联系的明确对应关系首先由海因兹·普吕佛发表 [*Arch. Math. und Phys.* **27** (1918), 142–144], 完全独立于凯利先前的工作. 关于该问题已经发表大量论文, 约翰·穆恩的书《统计有标号的树》[*Counting Labelled Trees*, (Montreal: Canadian Math. Congress, 1970)] 出色地综述了经典成果.

　　关于枚举树和其他许多组合结构有一篇重要论文, 由波利亚发表 [*Acta Math.* **68**(1937), 145–253]. 关于图的枚举问题的讨论和早期优秀文献目录, 见弗兰克·哈拉里的综述 [*Graph Theory and Theoretical Physics* (London: Academic Press, 1967), 1–41].

　　通过反复组合最小的权重来取得最小加权路径长度的原理由哈夫曼发现 [*Proc. IRE* **40** (1952), 1098–1101], 与设计缩短信息编码长度的程序有关. 同样的思想也由塞斯·齐默尔曼独立发表 [*AMM* **66** (1959), 690–693].

　　关于树结构理论的其他几篇重要论文已经在 2.3.4.1 节到 2.3.4.5 节讨论特定主题时引述.

习题

▶ **1.** [*21*] 找出具有 n 个结点的二叉树与凸 $(n+2)$ 边形分成 n 个三角形的剖分之间的简单一一对应关系. 假定多边形的边互不相同.

▶ **2.** [*M26*] 托马斯·柯克曼于 1857 年猜想, 在一个 r 边形中画 k 条不相交的对角线的方法数为 $\binom{r+k}{k+1}\binom{r-3}{k}/(r+k)$.

　　(a) 扩展习题 1 的对应关系, 得到关于树枚举的等价问题.

　　(b) 使用习题 2.3.4.4–32 的方法, 证明柯克曼的猜想.

▶ **3.** [*M30*] 考虑把一个凸 n 边形的顶点划分成 k 个非空部分, 使得一部分的两个顶点之间的对角线都不与另一部分的两个顶点的对角线相交的所有方法.

　　(a) 找出不相交的划分与一类有趣的树结构之间的一一对应关系.

　　(b) 给定 n 和 k, 有多少种方法进行这种划分?

▶ **4.** [*M38*] (康威和考克斯特) 饰带模式是一个无限数组, 如

$$
\begin{array}{cccccccccccccccccccccccccccc}
1 & & 1 & & 1 & & 1 & & 1 & & 1 & & 1 & & 1 & & 1 & & 1 & & 1 & & 1 & & 1 & \cdots \\
& 3 & & 1 & & 3 & & 1 & & 4 & & 1 & & 2 & & 3 & & 1 & & 4 & & 1 & & 4 & \cdots \\
5 & & 2 & & 2 & & 2 & & 3 & & 3 & & 1 & & 5 & & 2 & & 2 & & 2 & & 3 & & \cdots \\
& 3 & & 3 & & 1 & & 5 & & 2 & & 2 & & 2 & & 3 & & 3 & & 1 & & 5 & & 2 & \cdots \\
1 & & 4 & & 1 & & 4 & & 1 & & 3 & & 3 & & 1 & & 4 & & 1 & & 4 & & 1 & & \cdots \\
& 1 & & 1 & & 1 & & 1 & & 1 & & 1 & & 1 & & 1 & & 1 & & 1 & & 1 & & 1 & \cdots \\
\end{array}
$$

其中，首尾两行全部由 1 组成，并且每四个相邻值构成的菱形 $a\,{}^{b}_{c}\,d$ 都满足 $ad - bc = 1$. 找出 n 个结点的二叉树与 $(n+1)$ 行的正整数饰带模式之间的一一对应关系.

2.3.5 表和垃圾回收

在 2.3 节的开始处，我们非形式地定义表[①]是"零个或多个原子或表的有限序列". 任何森林都是一个表，例如，

$$
\begin{array}{ccc}
& a & & e \\
b\ \ c\ \ d & & f\ \ \ \ g \\
& & & h
\end{array}
\tag{1}
$$

可以看作表

$$
\bigl(a\colon(b,c,d),\ e\colon(f,g\colon(h))\bigr),
\tag{2}
$$

而对应的表图为

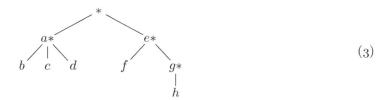

$$
\tag{3}
$$

此时，读者应该复习一下以前给出的表的介绍，特别是 2.3 节开始处的 (3)(4)(5)(6)(7). 回到上面的 (2)，记号 $a\colon(b,c,d)$ 意味 (b,c,d) 是包含 3 个原子的表，由属性 a 标记. 这种约定符合我们的一般规则——除了结构联系之外，树的每个结点可以包含信息. 然而，正如在 2.3.3 节讨论树那样，无标记的表可使所有信息都出现在原子中，完全可以统一使用这种表，有时还有好处.

尽管任何森林都可以看作一个表，但是其逆不真. 下面的表可能比 (2) 和 (3) 更典型，因为它显示了树结构的限制可能被违反：

$$
L = \bigl(a\colon N, b, c\colon(d\colon N), e\colon L\bigr), \qquad N = \bigl(f\colon(\,), g\colon(h\colon L, j\colon N)\bigr)
\tag{4}
$$

它可以图示为

$$
\tag{5}
$$

[与 2.3–(7) 中的例子比较. 对这些图的形式不必太认真.]

不出所料，存在许多种在计算机内存中表示表结构的方法. 这些方法一般与使用二叉树表示一般的树的森林有相同的基本主旨，只作了变形：一个字段，比如说 RLINK，用来指向表的下一个元素，而另一个字段 DLINK 可以用来指向子表的第一个元素. 通过对 2.3.2 节介绍的内

---

① 本节中的表均指 List. ——译者注

存表示的自然扩充, 我们可以把表 (5) 表示如下:

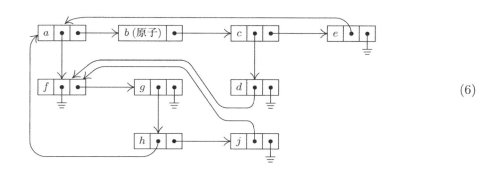

$$(6)$$

遗憾的是, 对于最常见的表处理应用, 这种简单的思想并不太合适. 例如, 假设我们有表 $L = \bigl(A, a, (A, A)\bigr)$, 它包含对另一个表 $A = (b, c, d)$ 的三次引用. 一种典型的表处理操作是移去 A 的最左元素, 使得 A 变成 (c, d). 但是, 如果我们使用 (6) 所示的技术, 则需要对 L 的表示做 3 处改变, 因为每个指向 A 的指针都指向要删除的元素 b. 略加考虑, 读者就会明白, 如果仅因为删除 A 的第一个元素就改变对 A 的所有引用, 那将非常不方便. (在这个例子中, 我们可以使用一点技巧, 假定没有指针指向元素 c, 把整个 c 复制到 b 先前占据的位置, 然后删除旧的元素 c. 但是, 如果 A 失去最后一个元素而成为空表, 则这种做法将失败.)

为此, 表示方案 (6) 通常换成另一种类似的方案所取代, 改用 2.2.4 节介绍的表头开始每个表. 每个表都包含一个称作表头的附加结点, 例如, 结构 (6) 将表示成

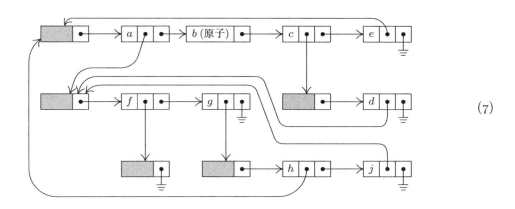

$$(7)$$

实践中, 这种头结点的引入实际上并不浪费内存空间, 因为明显不用的字段 (图示 (7) 的阴影区域) 一般有多种用法, 例如存放引用计数、指向表右端的指针、字母名, 或作为辅助遍历算法的 "临时" 字段.

在原来的图示 (6) 中, 包含 b 的结点是一个原子, 而包含 f 的结点则确定一个空表. 两者在结构上是等价的, 因此读者有理由问为什么还要谈论 "原子". 不失一般性, 照常约定 "表的每个结点除了结构信息外还可能包含数据", 我们本来可以简单地把表定义为 "零个或多个表的有限序列". 这种观点肯定说得通, 显得 "原子" 概念非常不自然. 然而, 当考虑计算机内存的有效使用时, 确实有充分理由突出原子, 因为原子并不受制于希望对表进行的那些通用操作. 内存表示 (6) 表明, 原子结点 b 中用于存放信息的空间可能比表结点 f 中的大; 像 (7) 那样有表头时, 结点 b 和 f 的存储要求之间存在显著差别. 因此, 引进 "原子" 概念旨在高效地使用

计算机内存. 典型的表包含的原子远比例 (4)–(7) 更多, 这里只想说明可能的复杂性, 而不是通常的简单性.

一个表本质上只不过是元素可能包含指向其他表的指针的线性表. 我们希望在表上进行的常用操作正是线性表的常用操作 (创建、销毁、插入、删除、拆分、连接), 加上主要对树结构有意义的其他操作 (复制、遍历、输入和输出嵌套信息). 为此, 用于表示内存中的链接线性表的三种基本技术 (即直线表、循环表或双链接表) 都可以使用, 效率取决于所使用的算法. 对于这三种表示, 图示 (7) 可能以下面的形式出现在内存中.

内存位置	直接链接			循环链接			双链接			
	INFO	DLINK	RLINK	INFO	DLINK	RLINK	INFO	DLINK	LLINK	RLINK
010:	—	表头	020	—	表头	020	—	表头	050	020
020:	a	060	030	a	060	030	a	060	010	030
030:	b	原子	040	b	原子	040	b	原子	020	040
040:	c	090	050	c	090	050	c	090	030	050
050:	e	010	Λ	e	010	010	e	010	040	010
060:	—	表头	070	—	表头	070	—	表头	080	070
070:	f	110	080	f	110	080	f	110	060	080
080:	g	120	Λ	g	120	060	g	120	070	060
090:	—	表头	100	—	表头	100	—	表头	100	100
100:	d	060	Λ	d	060	090	d	060	090	090
110:	—	表头	Λ	—	表头	110	—	表头	110	110
120:	—	表头	130	—	表头	130	—	表头	140	130
130:	h	010	140	h	010	140	h	010	120	140
140:	j	060	Λ	j	060	120	j	060	130	120

(8)

这里, LLINK 用作双链接表示的左指针. 在三种形式中, INFO 和 DLINK 字段都相同.

没有必要在此重复这三种形式下的表处理算法, 因为我们已经多次讨论过这些思想. 然而, 关于表, 需要注意如下要点, 因为它们有别于以前处理过的简单特殊情况.

(1) 由上面的内存表示可知, 原子结点不同于非原子结点. 此外, 当使用循环表或双链接表时, 为了方便表的遍历, 最好区别表头结点和其他结点. 因此, 每个结点通常包含一个 TYPE 字段, 指出结点代表的信息类型. TYPE 字段也常常用来区别不同类型的原子 (例如在处理或显示数据时, 用来区别字母、整数或浮点量).

(2) 用于 MIX 计算机的一般表处理的结点格式可以用以下两种方法设计.

(a) 假定所有 INFO 都出现在原子中, 可能的一字格式:

$$\boxed{\text{S}\mid\text{T}\mid\text{REF}\mid\text{RLINK}}$$

(9)

S (符号): 用于垃圾回收的标志位 (见下面).

T (类型): T = 0 表示表头, T = 1 表示子表元素, T > 1 表示原子.

REF:　当 T = 0 时, REF 是引用计数 (见下面); 当 T = 1 时, REF 指向相关子表的表头; 当 T > 1 时, REF 指向一个包含一个标志位和 5 个字节原子信息的结点.

RLINK:　用于直线链接或循环链接的指针, 同 (8).

(b) 可能的两字格式:

$$\begin{array}{|c|c|c|c|}\hline \text{S} & \text{T} & \text{LLINK} & \text{RLINK} \\\hline \multicolumn{4}{|c|}{\text{INFO}} \\\hline \end{array}$$

(10)

S 和 T: 同 (9).

LLINK 和 RLINK: 用于双链接的通常的指针, 同 (8).

INFO: 与该结点相关联的全字信息; 对于表头结点, 这可能包含引用计数、指向该表内部以辅助线性遍历的运行指针、符号名等. 当 T = 1 时, 这一信息包括 DLINK.

(3) 显然, 表是一类非常一般的结构. 似乎可以合理地说, 只要进行适当约定, 无论什么结构都可以表示成表. 由于表的普适性, 大量程序设计系统都经过设计, 便于表处理, 并且任何计算机装置都有多种系统可供使用. 此类系统都是基于式 (9) 和 (10) 这样的通用结点格式, 是为了表操作的灵活性而设计的. 实际上容易发现, 通用格式通常并非适合特定应用的最佳格式, 使用通用程序的处理时间显著多于针对特定问题人工定制的系统. 例如, 容易看出, 如果统一使用像 (9) 和 (10) 中那样的通用表表示, 而不是用我们针对每种情况给出的结点格式, 则本章解决的应用几乎都会受到拖累. 在处理结点时, 表处理程序通常必须考察 T 字段, 而迄今为止我们写出的任何程序中都不需要. 使用通用系统虽然会损失效率, 但在许多情况下可通过降低编程难度和减少排错时间来弥补.

(4) 表处理算法与本章前面给出的算法之间还存在一个非常显著的差别. 由于一个表可能同时包含在许多其他表中, 因此没有办法准确知道一个表何时应该送回可用存储池中. 迄今为止, 我们的算法都是只要不再需要 NODE(X), 就使用指令 "AVAIL ⇐ X". 但是一般的表可能以完全不可预测的方式增长和消亡, 通常很难判断特定的结点何时是多余的. 因此, 对于表, 维护可用空间表的问题比原来考虑的简单情况困难得多. 本节的剩余部分将集中讨论存储回收再利用问题.

想象我们在设计一个通用表处理系统, 供几百名程序员使用. 为维护可用空间表, 目前有两种备选方案: 使用引用计数器 (reference counter) 和垃圾回收 (garbage collection). 引用计数器技术利用每个结点中的一个新字段, 包含对指向该结点的箭头数量的计数. 这个计数在程序运行时很容易维护, 一旦它降至 0, 则对应的结点就成为可用的. 垃圾回收技术需要在每个结点新增一个称作标志位的一位字段. 其基本思想是, 把几乎所有算法都写成不向自由存储返回结点的形式, 让每个程序一直顺畅运行, 直到可用存储全部耗尽; 然后, "回收" 算法利用标志位识别当前不能访问的所有结点, 并把它们送回可用存储, 之后程序可以继续.

这两种方法都不完全令人满意. 引用计数器方法的主要缺点是, 它并不一定能释放所有可用结点. 对于重叠表 (包含公共子表的表), 它运行良好; 但是对于递归表, 像 (4) 中的 L 和 N, 该方法永远不能把这些结点返回到可用存储中. 即便没有运行程序可访问的其他表指向它们, 它们的计数也不会为 0 (因为它们自引用). 此外, 引用计数器方法在每个结点中都使用好大一块空间 (尽管有时计算机字容量有富余, 本来就有可用空间).

除了每个结点损失一位外, 垃圾回收技术的困难是, 当几乎所有内存空间都在用时, 它运行很慢, 并且此时找到的自由存储单元数量太少, 不值得费这么大的劲. 超过存储容量的程序 (很多未经过排错的程序就是如此!) 在存储耗尽之前常常多次调用垃圾回收程序, 浪费很多时间, 却几乎毫无成效. 对于这一问题, 一种部分解决方案是让程序员指定一个数 k, 表示当垃圾回收程序运行后只找到 k 个或更少自由结点时, 就不再继续处理.

另一个问题是, 有时很难准确判定在给定的阶段什么表不是废料. 如果程序员一直使用非标准技术或总是在非常规位置存放指针值, 则垃圾回收程序就很可能出错. 程序调试史上出现过一些非常不可思议的事, 都是由于程序以前曾经多次正常运行, 但某次运行期间, 垃圾回收程序却在出人预料的时刻突然运行. 垃圾回收程序还要求程序员始终要在所有指针字段存放合法的值,尽管把没有意义的信息留在程序不使用的字段(例如队列尾结点的链字段)常常是方便的,见习题 2.2.3-6.

尽管对于每个结点,垃圾回收都需要一个标志位,但是我们可以把所有标志位组装成一个单独的表,放在另外的存储区域中,并建立结点的位置与标志位之间的对应关系. 在某些计算机上,这种思想会带来很好的垃圾回收方法,比在每个结点中用掉一位更有吸引力.

约瑟夫·维森鲍姆对引用计数器技术提出了一种有趣的改进. 他使用双向链表结构,只在每个表的表头设置一个计数器. 这样,当指针变量遍历一个表时,它们并不包含在个体结点的引用计数中. 如果知道对整个表维护引用计数的规则,则(理论上)就知道如何避免访问引用计数为 0 的表. 我们还可以完全不管引用计数,而把特定的表送回可用空间. 这些都需要小心从事,对于没有经验的程序员来说,这样做比较危险,因为引用已经删除的结点会导致程序调试更加困难. 维森鲍姆方法的最精彩部分是处理引用计数刚变成 0 的表:他把这种表附加到当前可用空间表的尾部(使用双向链表很容易做到),仅当前面的可用单元都用完之后才把它作为可用空间. 最终,随着这个表的一个个结点变成可用的,它们引用的表的计数相应减 1. 这种延迟清除表的做法在运行时间上相当高效,但是它常常使得不正确的程序正确地多运行一会儿!更多细节参见 *CACM* **6** (1963), 524–544.

垃圾回收算法非常令人感兴趣,原因有多种. 首先,这种算法在其他情况下也有用,比如想标记一个给定结点直接或间接引用的所有结点时.(例如,我们可能想要找出给定程序直接或间接调用的所有子程序,如习题 2.2.3-26.)

垃圾回收通常分两个阶段. 我们假定所有结点的标志位初始都为 0(或者都设置为 0). 第一阶段是从主程序可以直接访问的结点开始,标记所有不是垃圾(无用单元)的结点;第二阶段顺序扫描整个内存池区域,把所有未标记的结点都放进自由空间表. 标记阶段最有趣,因此我们把注意力放在这上面. 然而,第二阶段也有某些重要变化形式,参见习题 9.

运行垃圾回收算法时,只有少量存储可以用于控制标记过程. 这个问题很有趣,也很困难,下面将抽丝剥茧,分析清楚. 大部分人首次得知垃圾回收的想法时意识不到这种困难,最初几年也一直没有出现好的解决方法.

下面的标记算法也许是最显而易见的.

算法 A(标记). 令整个可用的表内存为 NODE(1), NODE(2), ..., NODE(M),并假设这些字或者是原子,或者包含两个链接字段 ALINK 和 BLINK. 假定所有结点初始均未标记. 这个算法的目的是从一组"直接可访问的"结点,即从主程序中某些固定位置指向的结点开始,标记通过一串非原子结点 ALINK 和/或 BLINK 指针链可以到达的所有结点. 主程序中的这些固定指针用作所有内存访问的依据.

A1. [初始化.] 标记所有直接可访问的结点. 置 $K \leftarrow 1$.

A2. [NODE(K) 蕴涵另一个吗?] 置 $K1 \leftarrow K + 1$. 如果 NODE(K) 是原子或未标记的,则转到步骤 A3. 否则,如果 NODE(ALINK(K)) 是未标记的,标记它,并且如果它不是原子,则置 $K1 \leftarrow \min(K1, ALINK(K))$. 类似地,如果 NODE(BLINK(K)) 是未标记的,标记它,并且如果它不是原子,则置 $K1 \leftarrow \min(K1, BLINK(K))$.

A3. [完成?] 置 $K \leftarrow K1$. 如果 $K \leq M$,则返回步骤 A2;否则算法终止. ▮

在这个算法和本节下面的算法中,为方便起见,我们假定实际不存在的结点 NODE(Λ) 已经标记.(例如,在步骤 A2 中,ALINK(K) 或 BLINK(K) 可能等于 Λ.)

算法 A 可变形为, 在步骤 A1 置 K1 ← M + 1, 从步骤 A2 删除操作 K1 ← K + 1, 把步骤 A3 改变成:

A3′. [完成?] 置 K ← K + 1. 如果 K ≤ M, 则返回步骤 A2. 否则, 如果 K1 ≤ M, 则置 K ← K1, K1 ← M + 1, 并且返回步骤 A2. 否则算法终止.

很难给出算法 A 的精确分析, 也很难确定它比刚才介绍的变形好还是坏, 因为没有有意义的方法来刻画输入的概率分布. 我们可以说, 在最坏情况下, 它的运行时间正比于 nM, 其中 n 是标记的结点数. 一般而言, 当 n 很大时, 它肯定很慢. 算法 A 太慢, 难以作为垃圾回收的有用技术.

另一种相当明显的标记算法是沿着所有的路径前进, 并把分支点记录在栈中.

算法 B (标记).   这个算法使用 STACK[1], STACK[2],... 作为辅助存储, 记录所有尚未走完的路径, 达到与算法 A 相同的效果.

B1. [初始化.] 令 T 为直接可访问的结点数. 标记直接可访问的结点, 并且把指向它们的指针放入 STACK[1],..., STACK[T] 中.

B2. [栈空否?] 如果 T = 0, 则算法终止.

B3. [移走顶部的项.] 置 K ← STACK[T], T ← T − 1.

B4. [考察链.] 如果 NODE(K) 是原子, 则返回步骤 B2. 否则, 如果 NODE(ALINK(K)) 未标记, 则标记它, 并且置 T ← T + 1, STACK[T] ← ALINK(K); 如果 NODE(BLINK(K)) 未标记, 则标记它, 并且置 T ← T + 1, STACK[T] ← BLINK(K). 返回步骤 B2. ∎

显然, 算法 B 的运行时间基本上正比于被它标记的单元数, 而这正是我们所能期望的最好效果. 但是, 对于垃圾回收, 它实际上没有用, 因为没有地方来维护栈! 算法 B 中的栈会增长, 比如说可以合理假定增长到内存大小的百分之五; 但是如果调用垃圾回收程序, 并且所有可用空间都已用完, 则只有固定数目 (相当少) 的单元可以用作栈. 早期的垃圾回收过程基本上都基于这个算法. 如果栈空间用完, 则整个程序都得终止.

结合算法 A 和 B, 使用固定大小的栈, 可得到稍微好一点儿的解决方案.

算法 C (标记).   这个算法使用 H 个单元的辅助表 STACK[0], STACK[1],..., STACK[H − 1], 达到与算法 A 和 B 同样的效果.

在这个算法中, "把 X 插入到栈顶" 意指如下操作: "置 T ← (T + 1) mod H, STACK[T] ← X. 如果 T = B, 则置 B ← (B + 1) mod H, K1 ← min(K1, STACK[B])." (注意: T 指向当前栈顶, B 指向当前栈底的下一个位置; STACK基本上像输入受限的队列一样操作.)

C1. [初始化.] 置 T ← H − 1, B ← H − 1, K1 ← M + 1. 标记所有可以直接访问的结点, 按顺序把它们的位置插入到栈中 (如上所述).

C2. [栈空否?] 如果 T = B, 则转到步骤 C5.

C3. [移走顶部的项.] 置 K ← STACK[T], T ← (T − 1) mod H.

C4. [考察链.] 如果NODE(K)是原子, 则返回步骤 C2. 否则, 如果 NODE(ALINK(K)) 未标记, 则标记它, 并且把 ALINK(K) 插入到栈中. 类似地, 如果 NODE(BLINK(K)) 未标记, 则标记它, 并且把 BLINK(K) 插入到栈中. 返回 C2.

C5. [扫描.] 如果 K1 > M, 则算法终止. (变量K1代表可能指向需要标记的新结点的最小位置.) 否则, 如果 NODE(K1) 是原子或未标记的, 则 K1 增加 1, 并重复该步骤. 如果 NODE(K1) 是标记的, 则置 K ← K1, K1增加 1, 转到步骤 C4. ∎

如果当 NODE(X) 是原子时不把 X 推入栈中, 则可以改进算法 C 和算法 B. 此外, 当知道某项马上就被移出时, B4 和 C4 步就不需把它推入栈中. 这些修改是直截了当的, 没有做只是为了避免无谓的算法复杂性.

当 H = 1 时, 算法 C 基本上等价于算法 A, 而当 H = M 时等价于算法 B. 随着 H 增大, 算法 C 效率也逐渐提高. 可惜由于与算法 A 一样的原因, 算法 C 无法精确地分析, 所以我们不知道设置多大的 H 才能使这种方法足够快. 似乎可以说, 诸如 H = 50 就足以使算法 C 可以用于多数应用的垃圾回收, 但是这种说法令人不放心.

算法 B 和 C 使用存放在顺序存储单元中的栈, 但是在这一章我们已经看到, 链接存储技术适合维护非连续内存中的栈. 这暗示算法 B 的栈恰好可以设法分散存放在希望收集垃圾的内存区域. 稍微给垃圾回收程序一点活动空间, 就可以轻松做到. 例如, 假定所有的表都像式(9)那样表示, 只是表头结点的 REF 字段用于垃圾回收, 而不是作为引用计数. 于是我们可以重新设计算法 B, 使得栈存放在表头结点的 REF 字段中:

算法 D (标记). 这个算法达到与算法 A、B 和 C 相同的效果, 但是假定结点有上面介绍的 S、T、REF 和 RLINK 字段, 而不是 ALINK 和 BLINK. 字段 S 用作标志位, 使得 S(P) = 1 意味 NODE(P) 已标记.

D1. [初始化.] 置 TOP ← Λ. 然后, 对于每个指向直接可访问的表的表头的指针 P (见算法 A 的步骤 A1), 如果 S(P) = 0, 则置 S(P) ← 1, REF(P) ← TOP, TOP ← P.

D2. [栈空否?] 如果 TOP = Λ, 则算法终止.

D3. [移走顶部项.] 置 P ← TOP, TOP ← REF(P).

D4. [扫描表.] 置 P ← RLINK(P); 然后, 如果 P = Λ, 或者如果 T(P) = 0, 则转到 D2. 否则, 置 S(P) ← 1. 如果 T(P) > 1, 则置 S(REF(P)) ← 1 (因而标记该原子信息). 否则 (即 (T(P) = 1)), 置 Q ← REF(P); 如果 Q ≠ Λ 并且 S(Q) = 0, 则置 S(Q) ← 1, REF(Q) ← TOP, TOP ← Q. 重复步骤 D4. ∎

可以比较算法 D 与算法 B, 它们很类似, 运行时间基本正比于标记的结点数. 然而, 不能无条件推荐算法 D, 因为它的限制条件虽然看上去很温和, 但对于一般的表处理系统常常太严苛. 算法 D 实质上要求, 每次调用垃圾回收时, 所有的表结构都必须像(7)一样格式工整. 但是, 表处理算法会暂时破坏表结构, 而此时不能使用像算法 D 这样的垃圾回收程序. 此外, 当程序包含指向表中间的指针时, 步骤 D1 也需要特别小心.

基于这些考虑设计了算法 E. 这是一个优秀的标记算法, 分别由彼得·多伊奇, 以及赫伯特·肖尔和威廉姆·韦特在 1965 年独立发现. 算法 E 的假定与算法 A 到 D 稍有不同.

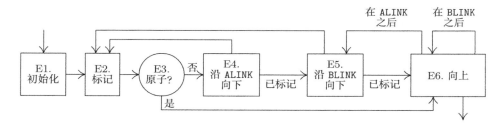

图 38 不使用辅助栈空间的标记算法 E

算法 E (标记). 假定给定的结点集具有如下字段:

MARK (一个一位字段),

ATOM（另一个一位字段），

ALINK（一个指针字段），

BLINK（一个指针字段）.

当 ATOM = 0 时，ALINK 和 BLINK 字段或者为 Λ，或者包含指向另一相同格式结点的指针；当 ATOM = 1 时，ALINK 和 BLINK 字段的内容与算法不相关.

给定一个非空指针 P0，对于结点 NODE(P0) 和可以从 NODE(P0) 通过 ATOM = MARK = 0 的结点的 ALINK 和 BLINK 指针链到达所有结点，该算法把它们的 MARK 字段置为 1. 该算法使用三个指针变量 T、Q 和 P. 它修改指针和控制位，ATOM、ALINK 和 BLINK 可能临时改变，但在算法完成时都会恢复为原来的设置.

E1. ［初始化. ］置 T ← Λ，P ← P0.（在算法的其余部分，变量 T 具有双重意义：当 T ≠ Λ 时，它指向本质上像算法 D 中那样的栈的栈顶；T 指向的结点一度包含一个等于 P 的链，代替当前占据 NODE(T) 的"人为"栈链.）

E2. ［标记. ］置 MARK(P) ← 1.

E3. ［原子？］如果 ATOM(P) = 1，则转到 E6.

E4. ［沿ALINK向下. ］置 Q ← ALINK(P). 如果 Q ≠ Λ 并且 MARK(Q) = 0，则置 ATOM(P) ← 1，ALINK(P) ← T，T ← P，P ← Q，并且转到 E2.（这里，ATOM和ALINK字段临时改变，使得当前被标记的结点的表结构被显著改变. 但是，这些改变将在步骤 E6 恢复.）

E5. ［沿BLINK向下. ］置 Q ← BLINK(P). 如果 Q ≠ Λ 并且 MARK(Q) = 0，则置 BLINK(P) ← T，T ← P，P ← Q，并且转到 E2.

E6. ［向上. ］（这一步撤销步骤 E4 和 E5 所做的链接切换，根据 ATOM(T) 的设置确定是恢复 ALINK(T) 还是 BLINK(T).）如果 T = Λ，则算法终止. 否则，置 Q ← T. 如果 ATOM(Q) = 1，则置 ATOM(Q) ← 0，T ← ALINK(Q)，ALINK(Q) ← P，P ← Q，并返回 E5. 如果 ATOM(Q) = 0，则置 T ← BLINK(Q)，BLINK(Q) ← P，P ← Q，并重复 E6. ∎

算法 E 的一个运行实例如图 39 所示，按顺序显示了简单表结构经历的步骤. 算法 E 值得仔细研究，请读者注意，为了维持一个类似于算法 D 的栈结构，如何在步骤 E4 和 E5 中人为地改变链结构. 返回前一个状态时，ATOM 字段用来确定 ALINK 或 BLINK 是否包含人为改变的地址. 图 39 底部的"嵌套"表明，在算法 E 执行期间，每个非原子结点被访问三次：同一个格局 (T,P) 在步骤 E2、E5 和 E6 开始时出现三次.

要证明算法 E 的正确性，可以对标记的结点数进行归纳. 同时也可证明，算法结束时，P 回到初始值 P0. 关于证明的细节，见习题 3. 如果删除步骤 E3，在步骤 E1 做测试"ATOM(Q) = 1"，在步骤 E4 和 E5 对"ATOM(P0) = 1"做特殊测试并采取其他适当的操作，则算法 E 将运行得更快. 为了简单起见，这里只给出算法 E 的简单形式，上述修改见习题 4 的答案.

算法 E 的思想不仅适用于垃圾回收，还可用于其他问题. 事实上，习题 2.3.1–21 已经提到它在树遍历上的应用. 将算法 E 与习题 2.2.3–7 解决的较简单的问题进行比较，对读者是有益的.

上面讨论的所有标记算法中，只有算法 D 可以直接用于以式 (9) 形式表示的表. 其他算法都要测试给定的结点 P 是否为原子，而式 (9) 约定允许原子信息填满除标志位之外的整个字，故与这种测试是不相容的. 然而，经过适当修改，当区分原子数据和链接到它的指针数据，而不是区分字本身时，上述算法均可以正常运行. 算法 A 和算法 C 只要不标记原子字，直到所有非原子字都被适当地标记之后，再扫描一遍数据就足以标记所有的原子字. 算法 B 更容易修改，

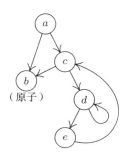

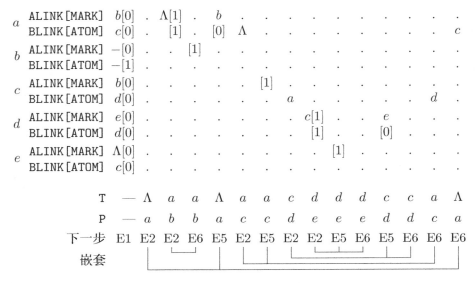

图 39 算法 E 标记的结构（表中只显示自上步以来已发生的变化）

因为只需不让原子字进栈即可. 算法 E 几乎一样简单, 不过如果 ALINK 和 BLINK 都允许指向原子数据, 则在非原子结点中有必要引入另一个一位字段. 这通常不难做到.（例如, 当每个结点有两个字时, 每个链接字段的最低位可以用来存放临时信息.）

尽管算法 E 需要的运行时间正比于它标记的结点数, 但是其比例常数不像算法 B 那么小. 目前最快的垃圾回收算法结合算法 B 和 E, 见习题 5.

与本章前面的大部分例子使用 "AVAIL ⇐ X" 相反, 现在让我们试着定量评估垃圾回收的效率. 在前面的每个例子中, 我们本来也可以省略把结点返回自由空间的所有操作, 代之以使用垃圾回收程序.（与一组通用的表处理程序相反, 在特定功能的应用中, 垃圾回收程序的设计与调试比我们使用的方法更困难, 还需要在每个结点中额外保留一位空间. 但是, 这里我们关注的是, 程序完成编写和调试之后的相对速度.）

目前最好的垃圾回收程序的运行时间基本上为 $c_1N + c_2M$, 其中 c_1 和 c_2 是常数, N 是被标记的结点数, M 是内存中的结点总数. 因此, M − N 是找到的自由结点数, 而把每个结点返回到自由存储空间所需的时间为 $(c_1N + c_2M)/(M-N)$. 令 $N = \rho M$, 则这个数字变成 $(c_1\rho + c_2)/(1-\rho)$. 因此, 如果 $\rho = \frac{3}{4}$, 即内存四分之三已满, 则返回每个自由结点需要花费 $3c_1 + 4c_2$ 个单位时间; 当 $\rho = \frac{1}{4}$ 时, 对应的开销仅为 $\frac{1}{3}c_1 + \frac{4}{3}c_2$. 如果我们不使用垃圾回收技术, 则返回每个结点的时间基本上是一个常量 c_3, 并且 c_3/c_1 可能非常大. 因此, 我们可以看出, 当内存变满时, 垃圾回收是何等低效, 而当内存需求很小时, 它又是何等高效.

在许多程序中，好结点与整个内存的比值 $\rho = N/M$ 相当小．这种情况下，当一个存储池装满时，最好是使用复制技术，把所有活跃的表数据转移到另一个相等容量的存储池中（见习题 10），但不必费力保存被复制的结点的内容．然后，当第二个存储池装满时，我们可以把数据再转移回第一个存储池．使用这种方法，更多的数据可以同时放在高速内存，因为链接字段常常指向邻近的结点．此外，也不再需要标记阶段，存储分配只不过是顺序分配．

有一些其他技术能把单元返回到自由空间，可以将它们与垃圾回收相结合．这些思想不是相互排斥的，有些系统既允许程序员直接删除结点，也使用引用计数和垃圾回收．基本思想是把垃圾回收作为"万不得已的下下策"，只有返回单元的其他方法都失败时才使用．一个精心设计的系统实现了这一思想，并且为了提高效率，还用到了引用计数上的延迟操作机制．该系统的描述见多伊奇和丹尼尔·鲍勃罗，*CACM* **19** (1976), 522–526.

表的顺序表示也是可能的，这节省大量链接字段，其代价是更复杂的存储管理．见奈尔·怀斯曼和约翰·海尔斯，*Comp. J.* **10** (1968), 338–343；威尔弗雷德·汉森，*CACM* **12** (1969), 499–507；克里斯托弗·切尼，*CACM* **13** (1970), 677–678.

丹尼尔·弗里德曼和戴维·怀斯注意到，如果不把某些链接字段包含在计数内，则在许多情况下（甚至当表指向自己时）可以相当令人满意地使用引用计数方法［*Inf. Proc. Letters* **8** (1979), 41–45］.

人们提出了垃圾回收算法的许多变形和改进．雅克·科恩［*Computing Surveys* **13** (1981), 341–364］详细综述了 1981 年之前的文献，并对于慢速和快速存储之间频繁移动页面时访问存储的附加开销给出了重要评述．

"实时"应用要求每种基本表操作都必须很快，因而我们介绍的垃圾回收并不适用．即便垃圾回收程序不频繁运行，它在运行时也需要大量计算时间．习题 12 讨论了一些方法，借助它们，实时垃圾回收成为可能．

> 如今没有多少无用的信息，
> 实在是件非常悲哀的事情.
>
> ——奥斯卡·王尔德（1894）

习题

▶ **1.** [*M21*] 在 2.3.4 节，我们看到树是"经典的"数学概念有向图的特例．能否用图论术语描述表？

2. [*20*] 在 2.3.1 节，我们看到在计算机内使用线索表示有利于树遍历．表结构能用同样的方法使用线索吗？

3. [*M26*] 证明算法 E 的正确性．［提示：参见算法 2.3.1T 的证明．］

4. [*28*] 为算法 E 写一个 MIX 程序．假定结点用一个 MIX 字表示，MARK 在 (0:0) 字段［"+" = 0，"−" = 1］，ATOM 在 (1:1) 字段，ALINK 在 (2:3) 字段，BLINK 在 (4:5) 字段，而 $\Lambda = 0$. 此外，借助相关参数，确定程序的运行时间．（在 MIX 计算机上，确定一个存储单元包含 −0 还是 +0 并非是平凡的，可能大大影响你的程序．）

5. [*25*] （肖尔和韦特）给出一个结合算法 B 和 E 的标记算法：保留算法 E 关于结点内字段的假定，但像算法 B 一样使用一个辅助栈 STACK[1], STACK[2],..., STACK[N]，仅当栈满时才使用算法 E 的机制．

6. [*00*] 本节结尾处的定量讨论表明垃圾回收的开销正比于 $c_1 N + c_2 M$ 个单位时间．项"$c_2 M$"来自何处？

7. [*24*] （弗洛伊德）设计一个类似于算法 E 的标记算法，不使用辅助栈，但是 (i) 它的任务更困难，因为每个结点只包含 MARK、ALINK 和 BLINK 字段，没有 ATOM 字段提供附加的控制；或者 (ii) 它的任务更简单，因为它只标记二叉树，而不是一般的表．这里，ALINK 和 BLINK 是二叉树中的 LLINK 和 RLINK．

▶ **8.** [*27*] （多伊奇）设计一个类似于算法 D 和 E 的标记算法，不使用附加的内存作为栈，修改方法使得它能处理变长结点和具有如下格式的可变个数的指针：结点的第一个字有两个字段 MARK 和 SIZE；MARK

字段像算法 E 那样处理，而 SIZE 字段包含一个数 $n \geq 0$. 这意味第一个字后有 n 个连续的字，每个包含两个字段MARK（它为 0 并且应该一直如此）和 LINK（它为 Λ 或指向另一个结点的第一个字）. 例如，一个具有三个指针的结点将由 4 个连续字组成：

第一个字	MARK $= 0$ (将被设置为 1)	SIZE $= 3$
第二个字	MARK $= 0$	LINK $=$ 第一个指针
第三个字	MARK $= 0$	LINK $=$ 第二个指针
第四个字	MARK $= 0$	LINK $=$ 第三个指针.

你的算法应该标记从给定的结点 P0 能到达的所有结点.

▶ **9.** [*28*] （丹尼尔·爱德华兹）为垃圾回收的第二阶段设计一个算法，它在以下意义下"压缩存储"：令 NODE(1),..., NODE(M) 是一字结点，具有如算法 E 所述的字段 MARK、ATOM、ALINK 和 BLINK. 假定所有非垃圾的结点中都有 MARK $= 1$. 所求的算法必要时应该对被标记的结点重定位，使得它们都出现在相邻位置 NODE(1),..., NODE(K)，还应在必要时改变非原子字段的 ALINK 和 BLINK 字段以保持表结构.

▶ **10.** [*28*] 假定使用像$(_7)$那样的内部表示，设计一个复制表结构的算法.（这样，如果用你的过程复制以$(_7)$的左上角结点作为表头的表，则应该创建一组具有 14 个结点并且具有等价于$(_7)$的结构和信息的新表.）

假定表结构存放在内存，使用像$(_9)$那样的 S、T、REF 和 RLINK 字段，而 NODE(P0) 是要复制的表的表头. 进一步假定每个表头的 REF 字段均为 Λ；为了避免需要附加内存空间，你的复制过程应该使用这些 REF 字段（并在之后把它们重新置为 Λ）.

11. [*M30*] 任何表结构都可以通过重复所有的重叠元素，直到没有重叠，"完全扩展"成一个树结构. 如果表是递归的，这产生一棵无限树. 例如，表$(_5)$将扩展成一棵无限树，其前 4 层为

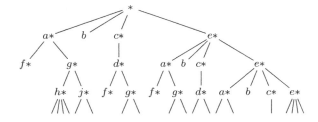

设计一个算法检验两个表结构的等价性. 两个表结构等价意指当完全扩展时，它们具有相同的图示. 例如，表 A 和 B 在此意义下等价，如果

$$A = (a{:}\,C, b, a{:}\,(b{:}\,D))$$
$$B = (a{:}\,(b{:}\,D), b, a{:}\,E)$$
$$C = (b{:}\,(a{:}\,C))$$
$$D = (a{:}\,(b{:}\,D))$$
$$E = (b{:}\,(a{:}\,C)).$$

12. [*30*] （马文·闵斯基）说明在"实时"应用中有办法可靠使用垃圾回收程序. 例如，当计算机正控制某外部设备时，即便对每个表操作执行所需的最大运行时间施加严格的上界时，也有可能使用垃圾回收程序. [提示：如果小心谨慎，则可以安排垃圾回收与表操作并行.]

2.4 多链结构

我们既然已经详细考察过线性表和树结构，便应该很清楚在计算机内部表示结构化信息的基本原理了．本节将研究这些技术的另一个应用，考虑结构信息稍微复杂一点儿的典型情况：在更高级的应用中，结构的几种类型通常同时出现．

"多链结构"包含多个结点，每个结点有好几个链字段，而不是像前面大多数例子那样只有一个或两个链字段．我们已经见过多重链接的一些实例，如 2.2.5 节中的模拟电梯系统，以及 2.3.3 节中的多元多项式．

我们将见到，每个结点中出现许多不同种类的链接，这并不一定导致相应的算法比之前研究过的那些更难写出或更难理解．我们也将讨论一个重要的问题："内存里应该显式记录多少结构信息？"

这个问题与为 COBOL 及相关语言编写编译器程序有关．使用 COBOL 的程序员可能在几个层次上给程序变量赋予字母名字，例如，程序可能访问具有下列结构的销售和购买数据文件：

```
1 SALES                        1 PURCHASES
  2 DATE                          2 DATE
    3 MONTH                         3 DAY
    3 DAY                           3 MONTH
    3 YEAR                          3 YEAR
  2 TRANSACTION                   2 TRANSACTION
    3 ITEM                          3 ITEM                    (1)
    3 QUANTITY                      3 QUANTITY
    3 PRICE                         3 PRICE
    3 TAX                           3 TAX
    3 BUYER                         3 SHIPPER
      4 NAME                          4 NAME
      4 ADDRESS                       4 ADDRESS
```

由这个布局可以看出：SALES 中的每项由 DATE 和 TRANSACTION 两部分组成；DATE 细分成三个部分，而 TRANSACTION 则细分为五个部分．PURCHASES 的情况类似．这些名字的相对顺序指出这些量在文件的外部表示（如磁带或打印表格）中出现的顺序．注意，本例中"DAY"和"MONTH"在两个文件中的出现顺序相反．程序员除图示以外也给出其他信息，说明每个信息项占据的空间以及使用的格式．此类信息在本节中没有用，所以不会再提起．

COBOL 程序员首先描述文件布局和其他程序变量，然后确定对这些量进行操作的算法．要引用（访问）上例中的单个变量，仅给出名字 DAY 是不够的，因为没法判断这个名为 DAY 的变量是在 SALES 文件中还是在 PURCHASES 文件中．因此，COBOL 程序员可以写"DAY OF SALES"来引用 SALES 项的 DAY 部分．程序员也可以写得更完整些：

$$\text{"DAY OF DATE OF SALES"}$$

但一般而言只要给出避免二义性所必需的限定即可，无须更多．因此，

$$\text{"NAME OF SHIPPER OF TRANSACTION OF PURCHASES"}$$

可简化为

$$\text{"NAME OF SHIPPER"}$$

因为数据只有一个部分名为 SHIPPER.

COBOL 的这些规则可以更准确地陈述如下:

(a) 每个名字前面紧挨着一个称为其层次编号的关联正整数. 名字或者指基本项, 或者是名字紧跟其后的一个或多个项构成的组的名字. 后一种情况中, 组中每项必须具有相同的层次编号, 该层次编号必须比组名的层次编号大. (例如, 上例中 DATE 和 TRANSACTION 的层次编号都为 2, 比 SALES 的层次编号 1 要大.)

(b) 要引用名为 A_0 的基本项或项组, 一般形式为

$$A_0 \text{ OF } A_1 \text{ OF } \ldots \text{ OF } A_n,$$

其中 $n \geq 0$, 且对于 $0 \leq j < n$, A_j 是直接或间接包含在名为 A_{j+1} 的组中的某项的名字. 必定刚好有一个项 A_0 满足这个条件.

(c) 如果同一名字 A_0 在多处出现, 则必须可以使用条件限定来引用其中的每一个.

作为规则 (c) 的例子, 数据布局

$$\begin{array}{ll} 1 \text{ AA} & \\ \quad 2 \text{ BB} & \\ \qquad 3 \text{ CC} & \\ \qquad 3 \text{ DD} & \\ \quad 2 \text{ CC} & \end{array} \qquad (2)$$

是不允许的, 因为没有无二义的方式来引用 CC 的第二次出现 (见习题 4).

COBOL 还有另一个特征, 会影响编译器编写以及我们考虑的应用, 这就是 COBOL 语言可以选择一次引用多个项. COBOL 程序员可以写

$$\text{MOVE CORRESPONDING } \alpha \text{ TO } \beta$$

将具有对应名字的所有项从数据区 α 移动到数据区 β. 例如, COBOL 语句

MOVE CORRESPONDING DATE OF SALES TO DATE OF PURCHASES

意味着 SALES 文件中 MONTH、DAY 和 YEAR 的值将移动到 PURCHASES 文件中的变量 MONTH、DAY 和 YEAR 中去. (DAY 和 MONTH 的相对顺序因此交换)

本节将研究的问题是, 设计三个适合在 COBOL 编译器中使用的算法, 分别完成下列任务.

操作 1. 处理名字描述和层次编号, 如(1), 将相关信息放入编译器的表中以备操作 2 和操作 3 使用.

操作 2. 按照规则 (b), 确定给定的限定引用是否合法. 若合法, 则找到对应的数据项.

操作 3. 找到由给定 CORRESPONDING 语句所指定的所有成对的对应项.

我们将假定编译器已具有"符号表子程序", 能将字母名字转换为一个链接, 指向该名字对应的符号表条目. (符号表算法的构造方法将在第 6 章详细讨论). 除符号表之外, 还有一个更大的表, 该表对于被编译的 COBOL 源程序中的每个数据项都有一个条目, 我们称之为*数据表*.

显然, 我们只有先了解数据表中存储什么类型的信息, 才能为操作 1 设计算法. 数据表的形式则取决于完成操作 2 和操作 3 所需要的信息, 因此, 我们首先考察操作 2 和 3.

为了确定 COBOL 引用

$$A_0 \text{ OF } A_1 \text{ OF } \ldots \text{ OF } A_n, \qquad n \geq 0 \qquad (3)$$

的含义, 我们应该首先在符号表中查找名字 A_0. 对于这个名字, 应该存在从符号表条目指向所有数据表条目的一系列链接. 然后, 对于每个数据表条目, 需要一个指向该条目所在组

项条目的链接. 如果还有一个链字段从数据表项回到符号表, 就不难看出像(3)那样的引用该如何处理了. 此外, 我们还需要从组项的数据表条目到组中各项的某种链接, 以便找出由 "MOVE CORRESPONDING" 指定的成对的项.

因此, 每个数据表条目可能需要 5 个链字段:

PREV (链接到具有相同名字的前一条目, 如果存在的话);

PARENT (链接到包含该项的最小的组, 如果存在的话);

NAME (链接到该项的符号表条目);

CHILD (链接到组中的第一个子项);

SIB (链接到包含该项的组中下一个子项).

显然, 像上文中 SALES 和 PURCHASES 那样的 COBOL 数据结构实质上是树, 而且这里出现的 PARENT 链、CHILD 链和 SIB 链与前面研究过的类似 (树的标准二叉树表示由CHILD链和SIB链构成, 若加上 PARENT 链就是 "三链树". 上面提到的五个链由这三个树链加上 PREV 链和 NAME 链构成, 后两个链在树结构上添加更多信息).

也许这五个链并非都是必要或充分的, 但我们首先尝试在数据表条目包括这五个链字段 (和与问题无关的其他信息) 这一试验性假设下设计算法. 作为使用上述多重链接的实例, 考虑如下两个 COBOL 数据结构

$$
\begin{array}{ll}
\begin{array}{ll}
1 & A \\
3 & B \\
\quad 7 & C \\
\quad 7 & D \\
3 & E \\
3 & F \\
\quad 4 & G \\
\end{array}
&
\begin{array}{ll}
1 & H \\
5 & F \\
\quad 8 & G \\
5 & B \\
5 & C \\
\quad 9 & E \\
\quad 9 & D \\
\quad 9 & G \\
\end{array}
\end{array} \tag{4}
$$

它们将如(5)那样表示 (带有用符号表示的链接). 符号表每个条目的 LINK 字段指向最近一个具有相应符号名字的数据表条目.

我们需要的第一个算法是按这种形式建立数据表的算法. 注意, COBOL 规则所允许的层次编号可以灵活选择, (4)中左边的结构完全等价于

$$
\begin{array}{ll}
1 & A \\
2 & B \\
\quad 3 & C \\
\quad 3 & D \\
2 & E \\
2 & F \\
\quad 3 & G \\
\end{array}
$$

因为层次编号不必是连续的.

但是, 有些层次编号序列是非法的. 例如, 如果(4)中 D 的层次编号改为 "6" (在任一位置), 将得到无意义的数据布局, 因为违背了同一组中所有的项必须具有相同编号这一规则. 因此下列算法要确认没有破坏 COBOL 的规则 (a).

符号表

	LINK
A:	A1
B:	B5
C:	C5
D:	D9
E:	E9
F:	F5
G:	G9
H:	H1

空的单元格
指明附加信息与
此处无关

数据表

	PREV	PARENT	NAME	CHILD	SIB
A1:	Λ	Λ	A	B3	H1
B3:	Λ	A1	B	C7	E3
C7:	Λ	B3	C	Λ	D7
D7:	Λ	B3	D	Λ	Λ
E3:	Λ	A1	E	Λ	F3
F3:	Λ	A1	F	G4	Λ
G4:	Λ	F3	G	Λ	Λ
H1:	Λ	Λ	H	F5	Λ
F5:	F3	H1	F	G8	B5
G8:	G4	F5	G	Λ	Λ
B5:	B3	H1	B	Λ	C5
C5:	C7	H1	C	E9	Λ
E9:	E3	C5	E	Λ	D9
D9:	D7	C5	D	Λ	G9
G9:	G8	C5	G	Λ	Λ

$$(5)$$

算法 A （构造数据表）. 这个算法接受偶对 (L, P) 序列, 其中, L 是正整数 "层次编号", P 指向对应如(4)所示 COBOL 数据结构的符号表条目. 算法构造如上例所示(5)的数据表. 若 P 指向之前尚未出现的符号表条目, 则 LINK(P) 将等于 Λ. 该算法使用一个常规辅助栈（要么像 2.2.2 节那样使用顺序内存分配, 要么像 2.2.3 节那样使用链接分配）.

A1. ［初始化］设栈内容为单个条目 $(0, Λ)$. （在整个算法中, 栈条目为偶对 (L, P), 其中 L 是一个整数, 而 P 是一个指针. 随着算法进行, 栈包含层次编号以及树中当前层之上所有层中最近的数据条目的指针. 例如, 上例中在遇到偶对 "3 F" 之前, 栈中从栈底到栈顶将包含

$$(0, Λ) \qquad (1, A1) \qquad (3, E3)$$

三项. ）

A2. ［下一项.］令 (L, P) 为来自输入的下一数据项. 若输入结束, 则算法终止. 置 Q $\Leftarrow$ AVAIL（即令 Q 为可以放置下一数据表条目的新结点的位置）.

A3. ［设置名字链接.］置

$$\text{PREV(Q)} \leftarrow \text{LINK(P)}, \qquad \text{LINK(P)} \leftarrow \text{Q}, \qquad \text{NAME(Q)} \leftarrow \text{P}.$$

NODE(Q) 中共有五个链接, 上面的语句恰当设置了其中两个, 下面要恰当地设置 PARENT、CHILD 和 SIB）.

A4. ［比较层次.］令栈的栈顶条目为 $(L1, P1)$. 若 $L1 < L$, 则置 CHILD(P1) $\leftarrow$ Q（或者, 若 P1 $=$ Λ, 则置 FIRST $\leftarrow$ Q, 其中 FIRST 是将指向第一个数据表条目的变量）, 并转到 A6.

A5. ［删除顶层.］若 $L1 > L$, 则删除栈顶条目, 令 $(L1, P1)$ 为新的栈顶条目, 并重复步骤 A5. 若 $L1 < L$, 提示出错（同一层中出现了混合编号）; 否则, 即 $L1 = L$, 令 SIB(P1) $\leftarrow$ Q, 删除栈顶条目, 并令 $(L1, P1)$ 成为新进入栈顶的偶对.

A6. ［设置家族链接.］置 PARENT(Q) ← P1CHILD(Q) ← Λ, SIB(Q) ← Λ.

A7. ［加入栈.］将 (L, Q) 放入栈顶, 并返回到步骤 A2.   ∎

引入步骤 A1 中说明的辅助栈, 这个算法一目了然, 因此无须进一步解释.

下一个问题是找到引用

$$A_0 \text{ OF } A_1 \text{ OF } \ldots \text{ OF } A_n, \qquad n \geq 0. \tag{6}$$

所对应的数据表条目. 好的编译器还需要检查, 以保证这样的引用是无二义的. 在这种情况下, 适当的算法立即就能想到: 我们只需要针对名字 A_0 遍历整个数据表条目列表, 确保只有一个条目与声明的限定 $A_1, \ldots, A_n$ 相符.

算法 B (检查受限引用). 对应于引用(6), 符号表子程序将找出分别指向 $A_0, A_1, \ldots, A_n$ 的符号表条目的指针 $P_0, P_1, \ldots, P_n$.

算法 B 的目的是检查 $P_0, P_1, \ldots, P_n$, 要么确定引用(6)是错误的, 要么将变量 Q 置为与(6)所引用的项对应的数据表条目的地址.

B1. ［初始化.］置 Q ← Λ, P ← LINK(P_0).

B2. ［完成了吗?］若 P = Λ, 则算法终止, 此时若(6)没有对应的数据表条目, 则Q将等于 Λ. 若 P ≠ Λ, 则置 S ← P 及 k ← 0. (S 是一个指针变量, 将从 P 开始沿着 PARENT 链走向树的上层, k 是取值从 0 到 n 的整数变量). 实际上, 指针 $P_0, \ldots, P_n$ 通常保存在链表中, 并用一个遍历该链表的指针代替 k. 见习题 5.）

B3. ［匹配结束?］若 $k < n$, 则转到 B4. 否则, 已找到一个匹配的数据表条目; 若 Q ≠ Λ, 则这是找到的第二个条目, 因此提示出错条件. 置 Q ← P, P ← PREV(P), 转到 B2.

B4. ［k 增加 1.］置 k ← $k+1$.

B5. ［沿树上移.］置 S ← PARENT(S). 若 S = Λ, 则找不到匹配; 置 P ← PREV(P), 转到 B2.

B6. ［A_k 匹配吗?］若 NAME(S) = P_k, 则转到 B3, 否则, 转到 B5.   ∎

注意: 此算法不需要 CHILD 链和 SIB 链.

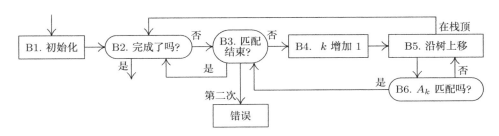

图 40 检查 COBOL 引用的算法

我们需要的第三个也是最后一个算法涉及 "MOVE CORRESPONDING". 在设计该算法之前, 必须准确定义所求操作. 设 α 和 β 是形如 (6) 的数据项引用, 则 COBOL 语句

$$\text{MOVE CORRESPONDING } \alpha \text{ TO } \beta \tag{7}$$

是对所有形如

$$\text{MOVE } \alpha' \text{ TO } \beta'$$

的语句构成的集合的缩写，其中存在整数 $n \geq 0$ 以及 n 个名字 $A_0, A_1, \ldots, A_{n-1}$ 使得

$$\alpha' = A_0 \text{ OF } A_1 \text{ OF } \ldots \text{ OF } A_{n-1} \text{ OF } \alpha$$
$$\beta' = A_0 \text{ OF } A_1 \text{ OF } \ldots \text{ OF } A_{n-1} \text{ OF } \beta \tag{8}$$

且 α' 或 β' 是基本项（而不是组项）. 此外，我们要求(8)的第一层给出完备限定，即 α 和 β 是 $A_n - 1$ 的父母，且对于 $0 \leq j < n - 1$，A_{j+1} 是 A_j 的父母；α' 和 β' 在树中必定刚好比 α 和 β 低 n 层.

因此，例(4)的语句

$$\text{MOVE CORRESPONDING A TO H}$$

就是语句

$$\text{MOVE B OF A TO B OF H}$$
$$\text{MOVE G OF F OF A TO G OF F OF H}$$

的缩写.

识别所有相应对 α', β' 的算法虽然不难，但非常有趣. 我们按前序沿着以 α 为根的树移动，同时在 β 树中寻找匹配的名字，跳过不可能出现相应元素的那些子树. (8)中的名字 $A_0, \ldots, A_{n-1}$ 按照相反顺序 $A_{n-1}, \ldots, A_0$ 被发现.

算法 C （找出 CORRESPONDING 偶对）. 给定 P0 和 Q0，分别指向 α 和 β 的数据表条目，本算法逐个找到指向满足上文限制的项 (α', β') 的所有指针偶对 (P, Q).

C1. [初始化.] 置 P ← P0，Q ← Q0. （在算法的剩余部分，指针变量 P 和 Q 将遍历分别以 α 和 β 为根的树）.

C2. [是基本项?] 若 CHILD(P) = Λ 或 CHILD(Q) = Λ，则将 (P, Q) 作为所求偶对输出，并转到 C5. 否则，置 P ← CHILD(P)，Q ← CHILD(Q). （在这一步中，P 和 Q 指向满足(8)的 α' 和 β'，我们希望MOVE α' TO β'，当且仅当 α' 或 β'（或二者都）为基本项）.

C3. [匹配名字.] （现在 P 和 Q 分别指向具有形如

$$A_0 \text{ OF } A_1 \text{ OF } \ldots \text{ OF } A_{n-1} \text{ OF } \alpha$$

和

$$B_0 \text{ OF } A_1 \text{ OF } \ldots \text{ OF } A_{n-1} \text{ OF } \beta$$

的完备限定的数据项. 目标是检查组 A_1 OF ... OF A_{n-1} OF β 中的所有名字，看能否使得 $B_0 = A_0$）. 若 NAME(P) = NAME(Q)，则转到 C2（找到了一个匹配）. 否则，若 SIB(Q) $\neq$ Λ，则置 Q ← SIB(Q) 并重复步骤 C3. （若 SIB(Q) = Λ，则组中不存在匹配的名字，继续进行步骤 C4）.

C4. [继续.] 若 SIB(P) $\neq$ Λ，则置 P ← SIB(P)，Q ← CHILD(PARENT(Q))，转到 C3. 若 SIB(P) = Λ，置 P ← PARENT(P)，Q ← PARENT(Q).

C5. [完成了吗?] 若 P = P0，则算法终止；否则，转到 C4. ▌

这个算法的流程图如图 41 所示. 对所涉及的树的大小使用归纳法，可以很容易地构造出该算法的有效性证明（见习题 9）.

这时，算法 B 和 C 使用五个链字段 PREV、PARENT、NAME、CHILD 和 SIB 的方式值得研究一下. 这种用法的特别之处在于，当算法 B 和 C 沿数据表移动时，实际上做最少量的工作，在这个意义下，这五个链构成了一个"完备集". 每次需要引用另一数据表条目，都能够即刻得到

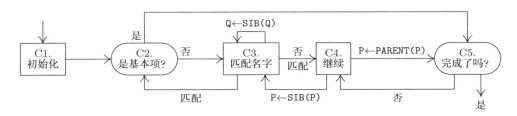

图 41 MOVE CORRESPONDING 的算法

所需地址, 不必进行查找. 很难想象如何在表中添加链接信息, 加快算法 B 和 C 的速度 (见习题 11).

每个链字段可看作程序的线索, 安置在那里是为了让算法运行得更快. (当然这样一来, 用来构造各表的算法 A 要填充更多的链接, 就会相应变慢. 但是, 表构造只进行一次.) 不过, 上面所构造的数据表显然包含许多冗余信息. 考虑一下, 如果删除某些链字段会怎样?

PREV 链虽然在算法 C 中没有使用, 但对算法 B 极重要, 而且它似乎是任何 COBOL 编译器的必要部分, 除非执行冗长的搜索. 因此, 对效率而言, 将所有具有相同名字的各项链在一起的链字段似乎是必不可少的. 我们也许可以稍微修改一下策略, 采用循环链代替以 Λ 结尾的列表, 但是并没有理由这么做, 除非其他链字段改变或去掉.

PARENT 链在算法 B 和 C 中都用到. 不过如果使用一个辅助栈或者扩充 SIB 以包含线索链 (像在 2.3.2 节那样), 就可以避免在算法 C 中使用它. 因此我们看到, 只有在算法 B 中, PARENT 链的使用必不可少. 如果 SIB 链被线索化, 把结点现在的 SIB = Λ 改成 SIB = PARENT, 就可以沿着 SIB 链定位到任意数据项的父结点. 可以在每个结点新增 TAG 字段来说明 SIB 链是否为线索, 或者如果数据表条目在内存中按出现顺序存放, 也可通过条件 "SIB(P) < P" 来区分线索链. 这意味着在步骤 B5 中需要进行简短的搜索, 算法 B 因此会相应慢一点儿.

NAME 链仅在算法步骤 B6 和 C3 中使用. 在这两种情况下, 如果没有 NAME 链, 都可以用其他方式测试 "NAME(S) = P_k" 和 "NAME(P) = NAME(Q)" (见习题 10), 但是, 这会大大降低算法 B 和算法 C 中内层循环的速度. 这里又一次出现链接空间与算法速度之间的取舍与折中 (只考虑 MOVE CORRESPONDING 的典型使用时, 在 COBOL 编译器中算法 C 的速度不是特别重要, 但是算法 B 应该是快的). 经验表明, 在 COBOL 编译器中还可以找到 NAME 链的其他重要用途, 尤其是在打印诊断信息方面.

算法 A 一步一步构造数据表, 从不会将结点返回到可用存储池, 因此数据表条目通常根据 COBOL 源程序中数据项的出现顺序占据连续的内存位置. 比如在例 (5) 中, 位置 A1, B3, ... 是互相跟随的. 利用数据表的这一顺序特征, 可做出某些简化. 例如, 每个结点的 CHILD 链或者为 Λ, 或者指向其后紧跟着的结点, 因此可以将 CHILD 简化为 1 个二进制位的字段. 或者可以直接去掉, 改为测试 PARENT(P + c) = P 是否成立, 其中 c 是数据表中的结点大小.

因此, 尽管从算法 B 和 C 的速度来看, 五个链字段都是有帮助的, 但它们并不都是必要的. 这种情况在大多数多链结构中非常典型.

有意思的是, 在 20 世纪 60 年代早期, 至少有 6 个编写 COBOL 编译器的人不谋而合, 独立地走到了使用 5 个链 (或其中 4 个链, 通常省略 CHILD 链) 维护数据表的同一路子上. 这一技术的第一篇发表文献来自哈罗德·劳松 [*ACM National Conference Digest*(Syracuse, N.Y.:1962)]. 但是, 戴维·达姆在 1965 年给出了一种巧妙技术, 仅使用两个链字段以及数据表的顺序存储, 不必大幅降低速度, 便达到了算法 B 和算法 C 的效果, 见习题 12 至 14.

习题

1. [*00*] 将 COBOL 数据布局视为树结构, COBOL 程序员列出的数据项是前序、后序, 还是都不是?

2. [*10*] 评论算法 A 的运行时间.

3. [*22*] PL/I 语言接受类似于 COBOL 的数据结构, 只是层次编号可以是任意序列. 例如, 序列

$$
\begin{array}{llcll}
1 & A & & 1 & A \\
3 & B & & 2 & B \\
5 & C & 等价于 & 3 & C \\
4 & D & & 3 & D \\
2 & E & & 2 & E \\
\end{array}
$$

一般而言, 规则 (a) 可修改如下: "组中的项必须具有非增的层次编号序列, 这些层次编号都比组名的层次编号要大." 怎样修改算法 A, 可以使它从 COBOL 的约定改为 PL/I 的约定?

▶ **4.** [*26*] 算法 A 没有检测 COBOL 程序员是否违反正文中给出的规则 (c). 应该如何修改算法 A, 使得它只接受满足规则 (c) 的数据结构?

如果算法 A 维持不变, 那么 COBOL 程序员在试图使用一个非法项时, 算法 B 将返回错误信息. 只有 MOVE CORRESPONDING 可以使用此类数据项而不出错.

5. [*20*] 在实践中, 可以为算法 B 提供一个关于符号表引用的链表作为输入, 代替我们所说的 "$P_0, P_1, \ldots, P_n$". 令 T 是一个指针变量, 使得

$$\text{INFO(T)} \equiv P_0, \quad \text{INFO(RLINK(T))} \equiv P_1, \quad \ldots, \quad \text{INFO(RLINK}^{[n]}\text{(T))} \equiv P_n, \quad \text{RLINK}^{[n+1]}\text{(T)} = \Lambda.$$

说明如何修改算法 B, 使得它使用这样的链表作为输入.

6. [*23*] PL/I 语言接受非常类似于 COBOL 的数据结构, 但不作规则 (c) 的限制, 代之以规则: 如果限定引用(3)显示 "完备" 限定, 即对于 $0 \le j < n$, A_{j+1} 是 A_j 的父母, 且 A_n 没有父母, 则 (3) 是无二义的. 规则 (c) 现在弱化为简单条件: 组中不能有两个同名的项. (2)中的第二个 "CC" 可以无二义地引用为 "CC OF AA", 按照刚才提出的 PL/I 约定, 这三个数据项

$$
\begin{array}{ll}
1 & A \\
\quad 2 & A \\
\qquad 3 & A \\
\end{array}
$$

可以引用为 "A", "A OF A", "A OF A OF A". [注记: 实际上 "OF" 一词在 PL/I 中用句点取代, 而且顺序是前后颠倒的. "CC OF AA" 在 PL/I 中实际上写成 "AA.CC", 但对于这个习题来说并不重要.] 说明如何修改算法 B, 使得它遵循 PL/I 的约定.

7. [*15*] 给定(1)中的数据结构, 请问 COBOL 语句 "MOVE CORRESPONDING SALES TO PURCHASES" 的含义是什么?

8. [*10*] 根据正文中的定义, "MOVE CORRESPONDING α TO β" 和 "MOVE α TO β" 在什么情况下完全相同?

9. [*M23*] 证明算法 C 是正确的.

10. [*23*] (a) 如果数据表结点中没有 NAME 链, 步骤 B6 中的测试 "NAME(S) $= P_k$" 如何完成? (b) 如果数据表条目中没有 NAME 链, 步骤 C3 中的测试 "NAME(P) $=$ NAME(Q)" 如何完成? (假定所有其他链接如正文中一样表示.)

▶ **11.** [*23*] 附加什么链或如何改变正文中算法的策略, 可以使得算法 B 或算法 C 更快?

12. [*25*] (达姆) 考虑用顺序单元表示数据表, 对每个项仅使用两个链:

PREV (像正文中一样);

SCOPE (到本组中最后一个基本项的链).

当且仅当 NODE(P) 表示基本项时, SCOPE(P) = P. 例如, (5)中的数据表可以用下表代替:

	PREV	SCOPE		PREV	SCOPE		PREV	SCOPE
A1:	Λ	G4	F3:	Λ	G4	B5:	B3	B5
B3:	Λ	D7	G4:	Λ	G4	C5:	C7	G9
C7:	Λ	C7	H1:	Λ	G9	E9:	E3	E9
D7:	Λ	D7	F5:	F3	G8	D9:	D7	D9
E3:	Λ	E3	G8:	G4	G8	G9:	G8	G9

（试与 2.3.3 节中的(5)相比较.）注意, NODE(P) 在树中位于 NODE(Q) 的下层, 当且仅当 Q < P ≤ SCOPE(Q). 试设计一个算法, 对于具有这种形式的数据表, 完成算法 B 的功能.

▶ **13.** [_24_] 当数据表具有如习题 12 所示的形式时, 给出算法 A 的替代算法.

▶ **14.** [_28_] 当数据表具有如习题 12 所示的形式时, 给出算法 C 的替代算法.

15. [_25_] （怀斯）重写算法 A, 使得栈无须使用额外存储. [提示: 在现在的算法 A 中, 栈所指向的所有结点的 SIB 字段为 Λ.]

2.5 动态存储分配

我们已经看到，链接的使用意味着数据结构不需要在内存中顺序存放，许多表可以在公共的内存池区域中独立地增长和收缩. 但是，我们之前总是隐含假定所有结点大小相同——每个结点占据固定数目的内存单元.

对于许多应用，能够找到合适的折中办法，使得所有结构确实使用统一的结点大小（见习题 2）. 通常，不是简单地使用所需的最大结点大小从而在较小的结点中浪费空间，而是选择相当小的结点大小并使用经典的链式存储原理："如果这里的空间不够存储该信息，就将它放在其他地方并设置一个指向它的链接."

但是，对相当多的其他应用而言，使用单一结点大小是不合理的，常常应该让具有不同大小的结点共用公共内存区域. 换句话说，我们想要算法从大块存储区域保留和释放可变大小的内存块，这些内存块是由连续的内存单元构成的. 这样的技术一般称为动态存储分配算法.

有时，通常是在模拟程序中，我们希望为相当小的结点（例如 1 到 10 个字）进行动态存储分配；而其他时候，通常是在操作系统中，我们主要处理相当大的信息块. 这两种情况下，动态存储分配稍有不同，尽管方法上有许多共同处. 为了统一表述，本节将一般使用术语块和区域，而不用"结点"，来表示一组连续的内存单元.

大约从 1975 年开始，几个作者将可用内存池称为堆（heap）. 但是在本套书中，我们只用"堆"表示与优先队列相关的传统意义（见 5.2.3 节）.

A. 保留. 图 42 是典型的内存布局，或称为"跳棋盘"，是用来显示某个内存池的当前状态的图表. 在这个例子里，内存划分成 53 个"保留"存储块和 21 个"自由"块，"保留"表示正在使用，"自由"又称为"可用"，表示不在使用. 动态存储分配使用一段时间后，计算机内存看起来可能就像图 42 这样. 首先，我们要回答两个问题：

(a) 可用空间的这种划分在计算机中如何表示？

(b) 给定可用空间的这种表示，找到由 n 个连续的自由空间构成的块并加以保留的好算法是什么？

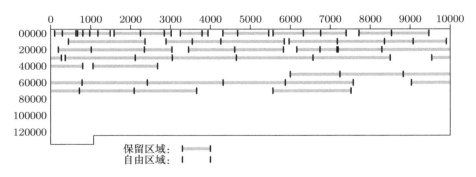

图 42　内存布局

问题 (a) 的答案当然是在某处存储一个可用空间列表，而且往往最好就把这个列表存放在可用空间本身.（也有例外，当为磁盘文件等存储器分配存储时，由于访问时间不一致，因此单独存放可用空间列表会更好.）

因此，我们可以将可用段链在一起：每个自由存储区域的第一个字可以保存该块的大小以及下一个自由块的地址；自由块的链接顺序可以按照大小的升序或降序，或者按内存地址顺序，或者干脆按随机的顺序.

例如，考虑图 42，该图所示的内存大小为 131072 个字，地址从 0 到 131071. 如果可用块是按内存地址顺序链在一起，就有一个变量 AVAIL 指向第一个自由块（本例中 AVAIL 等于 0），而其他块表示如下：

位置	SIZE	LINK	
0	101	632	
632	42	1488	
⋮	⋮	⋮	[17 个类似条目]
73654	1909	77519	
77519	53553	Λ	[最后一个链接的特殊标记]

因此，单元 0 到 100 构成第一个可用块；在图 42 所示的保留区域 100–290 和 291–631 之后，在单元 632–673 又有一块自由空间，等等.

至于问题 (b)，如果我们想要 n 个连续字，显然必须定位到某个有 m（$m \geq n$）个可用字的块并将其尺寸缩减为 $m - n$.（此外，当 $m = n$ 时，我们还必须将该块从列表中删除）. 可能会有好几个块具有 n 个或更多单元，因此问题就变成：应该选择哪个区域呢？

这个问题主要有两个答案：使用最佳匹配方法（best-fit method）或最先匹配方法（first-fit method）. 最佳匹配方法选择具有 m 个单元的区域，其中 m 是所出现的大于或等于 n 的值中的最小值，在做出决定前，可能需要搜索整个可用空间列表. 最先匹配方法则简单地选择所遇到的第一个有 $\geq n$ 个字的区域.

历史上，最佳匹配方法广泛使用了好多年. 这个策略自然看起来不错，因为它将较大的可用区域节省下来以备需要时使用. 但是，最佳匹配技术也有几个缺陷. 它相当慢，因为涉及较长时间的搜索. 如果没有显著优于最先匹配的其他原因，额外的搜索时间就是不值得的. 更重要的是，最佳匹配方法会增加非常小的块，而我们通常并不希望小块增值. 在某些情况下，最先匹配技术确实明显优于最佳匹配方法，例如，假设只给定两个可用的内存区域，大小分别是 1300 和 1200，并假设按顺序提出大小分别为 1000、1100 和 250 的内存块请求：

内存 请求	可用区域 最先匹配	可用区域 最佳匹配	
—	1300, 1200	1300, 1200	
1000	300, 1200	1300, 200	(1)
1100	300, 100	200, 200	
250	50, 100	卡住	

（习题 7 中有一个反例.）要点在于，两种方法都没有明显优于另一个，因此，简单的最先匹配方法更可取.

算法 A（最先匹配方法）. 令 AVAIL 指向第一个可用存储块，并假定每个地址为 P 的可用块具有两个字段：SIZE(P)，块中字的数目；LINK(P)，指向下一可用块的指针. 最后一个指针为 Λ. 该算法查找并保留N字大小的块，或者报告失败.

A1. [初始化.] 置 Q ← LOC(AVAIL).（整个算法用到两个指针，Q和P，它们一般通过条件 P = LINK(Q) 相关联. 假定 LINK(LOC(AVAIL)) = AVAIL.）

A2. [列表结束了吗？] 置 P ← LINK(Q). 若 P = Λ，则算法失败终止，没有适用于 N 个连续字块的内存空间.

A3. [大小足够吗？] 若 SIZE(P) ≥ N，则转到 A4；否则，置 Q ← P 并返回到步骤 A2.

A4.［保留 N.］置 K ← SIZE(P) − N. 若 K = 0，则置 LINK(Q) ← LINK(P)（因而从列表中删除一块空白区域）；否则，置 SIZE(P) ← K. 算法成功终止，保留了从位置 P + K 开始、长度为 N 的一个区域. ▮

这个算法当然相当直观. 但是，只要在策略上做一点儿改变就可以大大提高运行速度. 这一改进相当重要，请读者自己发现这个秘密，并享受独立思考的乐趣（见习题 6）.

无论存储分配要求的 N 是小还是大，都可以使用算法 A. 不过，我们暂时假定主要对大的 N 值感兴趣，然后看看在该算法中当 SIZE(P) 等于 N + 1 时会发生什么：我们转到步骤 A4，并将 SIZE(P) 减为 1. 换句话说，刚建立了一个大小为 1 的可用块. 这个块太小了，实际上没有用，只会阻塞系统而已. 如果我们保留整个 N + 1 字的块，而不是节省额外的一个字，结果会更好. 很多时候，应该扩展内存的一些字，避免处理不重要的细节. 类似的结论也适用于当 K 很小时 N + K 字的块.

如果我们允许比 N 个字多保留一点儿，则有必要记住保留了多少字，从而过后当这个块再次变为可用的时候，所有 N + K 个字都能被释放. 附加记录量意味着，我们在每个块中紧缩空间，仅仅是为了在某些情况下找到完全匹配时能让系统更有效率. 因此，该策略似乎并不特别吸引人. 但是出于其他原因，用特别的控制字作为每个大小可变的块的第一个字，往往还是可取的，因此依然可以合理要求，无论可用块还是保留块，SIZE 字段都出现在第一个字中.

依照这些约定，上述步骤 A4 可以修改如下：

A4′.［保留 ≥ N.］置 K ← SIZE(P) − N. 若 K < c（其中 c 是一个小的正常量，用于反映我们为了节省时间而愿意牺牲的存储量），则置 LINK(Q) ← LINK(P) 及 L ← P. 否则，置 SIZE(P) ← K，L ← P + K，SIZE(L) ← N. 算法成功终止，保留了从位置 L 开始、长度为 N 或更大的一个区域.

虽然理论或经验证据不足，但建议 c 值取 8 或 10. 与最先匹配方法相比，使用最佳匹配方法更应重视对 K < c 的检测，因为更严格的匹配（更小的 K 值）更有可能出现，所以最佳匹配算法中，可用块的数目应该保持尽可能地小.

B. 释放. 现在考虑相反的问题：当不再需要某些内存块时，怎样将它们返回到可用空间列表？

容易想到，可以使用垃圾回收（见 2.3.5 节）直接解决这一问题. 策略很简单：什么也不做，直到空间耗尽，然后搜索所有目前在用的区域并形成新的 AVAIL 表.

但是，垃圾回收的思想并不适用于所有的应用. 首先，如果要保证当前在用的所有区域容易找到，就需要相当"规范"地使用指针，而在此处所考虑的应用当中通常达不到此等规范. 其次，正如前面所见，当内存接近充满时，垃圾回收往往缓慢.

垃圾回收之所以不能令人满意，还有一个更重要的原因，而在前面的讨论中尚未出现：假定有两个相邻的内存区域，它们都是可用的，但是由于垃圾回收原则，其中一个（如阴影所示）不在 AVAIL 表中.

(2)

该图中，左端和右端的深色阴影区域是不可用的. 我们现在可以保留已知可用区域的一部分：

(3)

若在这个时间点进行垃圾回收，就有两个分开的自由区域：

(4)

可用区域和保留区域之间的边界会永久存在，而且随着时间的推移，情况逐渐变得更糟. 但是，如果使用另一种原则，一旦内存块成为自由块就把它们放回 AVAIL 表，并且将相邻可用区域结合在一起，(2)就会结合成为:

$$\text{(5)}$$

而且我们就会得到（6）:

$$\text{(6)}$$

这比(4)好多了. 这个现象导致垃圾回收技术使得内存变得过分破碎.

为了避免这一困难，可以将垃圾回收与紧致内存结合使用，即将所有保留块移到相邻位置，使得每当垃圾回收完成时，所有可用块都聚到一起. 现在任何时候都只有一个可用块，所以分配算法与算法 A 相比变得完全微不足道了. 尽管这一技术花费时间重新复制所有在用的单元，还要改变其中链字段的值，但是如果指针使用规范，而且在每个内存块中都有空闲链字段以供垃圾回收算法使用，它能以不错的效率得到应用（见习题 33）.

既然许多应用不符合垃圾回收的可行性要求，现在将研究把内存块返回到可用空间列表的方法. 这些方法中唯一的困难在于结合（collapsing）问题: 两个相邻自由区域应该合并成一个. 事实上，当一个两边都是可用块的区域成为自由区域时，所有这三个区域应该合并成一个. 使用这样的方式，尽管在长时间里不断保留和释放存储区域，仍可以获得内存中的良好平衡（关于这一事实的证明，见下面的"百分之五十规则".）

问题在于，首先确定位于被返回块两边的区域当前是否可用，如果是可用区域则要适当地更新 AVAIL 表. 后一操作实际上比表面还要困难一点儿.

对这些问题的第一个解决方案是: 按内存位置递增的次序来维护 AVAIL 表.

算法 B（使用有序列表释放）. 在算法 A 的假定之下，再加上 AVAIL 表按内存位置排序的假定（若 P 指向一个可用块且 LINK(P) ≠ Λ，则 LINK(P) > P），这一算法将从位置 P0 开始的 N 个连续单元加到 AVAIL 表中. 我们自然假定这N个单元中目前没有可用的.

B1. [初始化] 置 Q ← LOC(AVAIL). （见上面步骤 A1 中的注释. ）

B2. [前移 P] 置 P ← LINK(Q). 若 P = Λ，或者 P > P0，则转到 B3; 否则，置 Q ← P 并重复步骤 B2.

B3. [检测上界] 若 P0 + N = P 且 P ≠ Λ，则置 N ← N + SIZE(P) 并置 LINK(P0) ← LINK(P); 否则，置 LINK(P0) ← P.

B4. [检测下界] 若 Q + SIZE(Q) = P0（假定

$$\text{SIZE(LOC(AVAIL))} = 0,$$

因此当 Q = LOC(AVAIL) 时，检测总会失败），则置 SIZE(Q) ← SIZE(Q) + N 及 LINK(Q) ← LINK(P0); 否则，置LINK(Q) ← P0, SIZE(P0) ← N. ∎

基于指针 Q < P0 < P 是三个连续可用区域的起始位置这一事实，步骤 B3 和 B4 完成想要的结合.

如果 AVAIL 表不是按位置保持的，那么结合问题的"暴力"方法会要求完全搜索整个 AVAIL 表，而算法 B 将之减少为平均大约搜索 AVAIL 表的一半（在步骤 B2 中）. 习题 11 说明可以修改算法 B，使得平均仅需搜索 AVAIL 表的三分之一左右. 但是显然，若 AVAIL 表较长，这些方法都远远不够快. 难道没有什么保留和释放存储区域的方式，可以避免广泛搜索 AVAIL 表吗?

下面考虑一种方法，它在返回存储时避免所有搜索，而且像习题 6 中那样修改后，也能在保留存储时避免几乎所有搜索. 该技术利用位于每个内存块首尾两端的 TAG 字段，以及每块第一个字中的 SIZE 字段. 虽然当内存块平均大小非常小时，这一开销的代价可能太大，但在使用相当大的块时，则可以忽略不计. 习题 19 描述了另一种方法，仅需要每个块第一个字中的一位，其代价是运行时间稍多一点儿以及程序稍微复杂一点儿.

无论如何，现在假定我们不在乎稍微增加一点儿控制信息，以便在 AVAIL 表很长时为算法 B 节省大量时间. 下面的算法假定每个内存块具有如下形式:

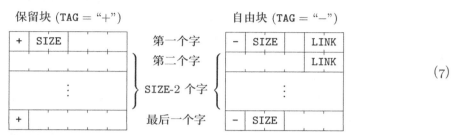

(7)

这个算法的思想是维护一个双链 AVAIL 表，方便从列表的任意部分删除条目. 位于内存块两端的 TAG 字段可以用来控制结合过程，因为我们可以轻松判断出两个相邻块是否可用.

令第一个字中的 LINK 指向列表中下一个自由块，第二个字中的 LINK 指回前一块，便用熟悉的方式获得双链. 因此，若 P 是一个可用块的地址，我们总有

$$\text{LINK}(\text{LINK}(P) + 1) = P = \text{LINK}(\text{LINK}(P + 1)).$$ (8)

为了保证适当的"边界条件"，列表的表头如下设置:

LOC(AVAIL): | − | 0 | 0 | • |→ 指向可用空间列表的第一块
LOC(AVAIL)+1: | − | 0 | 0 | • |→ 指向可用空间列表的最后一块   (9)

这一技术的最先匹配保留算法可以设计得很像算法 A，所以此处不作考虑（见习题 12）. 这一方法的主要新特征在于，内存块可以在基本定量的时间内释放.

算法 C（使用边界标记释放）. 假定内存块具有如(7)所示的形式，并假定 AVAIL 表是上述的双向链表. 这一算法将从地址 P0 处开始的内存块放入 AVAIL 表. 如果可用存储池是从位置 m_0 至 m_1，为方便起见，本算法假定

$$\text{TAG}(m_0 - 1) = \text{TAG}(m_1 + 1) = \text{"+"}.$$

C1.［检测下界.］如果 TAG(P0 − 1) = "+"，则转到 C3.

C2.［删除下部区域.］置 P ← P0 − SIZE(P0 − 1)，并置 P1 ← LINK(P), P2 ← LINK(P + 1), LINK(P1 + 1) ← P2, LINK(P2) ← P1, SIZE(P) ← SIZE(P) + SIZE(P0), P0 ← P.

C3.［检测上界.］置 P ← P0 + SIZE(P0). 如果 TAG(P) = "+"，则转到 C5.

C4.［删除上部区域.］置 P1 ← LINK(P), P2 ← LINK(P+1), LINK(P1+1) ← P2, LINK(P2) ← P1, SIZE(P0) ← SIZE(P0) + SIZE(P), P ← P + SIZE(P).

C5.［加到AVAIL 表.］置 SIZE(P − 1) ← SIZE(P0), LINK(P0) ← AVAIL, LINK(P0 + 1) ← LOC(AVAIL), LINK(AVAIL + 1) ← P0, AVAIL ← P0, TAG(P0) ← TAG(P − 1) ← "−". ∎

算法 C 的步骤是存储布局 (7) 的直接结果. 一个长一点儿也快一点儿的算法见习题 15. 步骤 C5 中，AVAIL 是 LINK(LOC(AVAIL)) 的缩写，如 (9) 中所示.

C. "伙伴系统". 现在将研究另一种动态存储分配方法. 该方法适用于二进制计算机, 在每个块中使用一个二进制位的开销, 并且要求所有块的长度为 1, 2, 4, 8 或 16 等. 如果一个块不是 2^k（k 为非负整数）个字那么长, 则选择下一个 2 的幂并相应分配额外的未使用空间.

该方法的思想是, 为每个尺寸 2^k（$0 \le k \le m$）分别维护可用块列表. 整个被分配的内存空间池由 2^m 个字组成, 可假定这些字的地址为 0 到 $2^m - 1$. 最初, 2^m 个字的整个块是可用的. 然后, 当需要 2^k 字的块且没有这样大小的可用块时, 就把一个较大的可用块平均分成两部分; 最终, 将会出现一个大小刚好为 2^k 的块. 当一个块分成两块（每块都为原来的一半大小）时, 这两块就称为伙伴（buddy）. 当两个伙伴都再次可用时, 它们又合并成一个块. 因此, 这个过程可以无限维持下去, 直到某一时刻用完内存空间为止.

奠定这一方法实用价值基础的关键事实在于, 如果知道一个块的地址（它的第一个字的内存位置）和大小, 就知道其伙伴的地址. 例如, 已知一个大小为 16 的块是从二进制位置 101110010110000 开始, 则它的伙伴是从二进制位置 101110010100000 开始的块. 为什么? 我们首先观察到, 当算法进行时, 大小为 2^k 的块的地址是 2^k 的倍数. 也就是说, 地址的二进制表示在右边至少有 k 个 0. 这容易通过归纳法证明: 如果对于所有大小为 2^{k+1} 的块, 结论成立, 那么当这样的块被平分时, 结论自然也成立.

因此, 以大小是 32 的块为例, 它具有形如 $xx \dots x00000$ 的地址（其中, x 表示 0 或 1）; 如果它被拆分, 则新形成的伙伴块的地址为 $xx \dots x00000$ 和 $xx \dots x10000$. 一般而言, 令 $\text{buddy}_k(x) =$ 地址为 x、大小为 2^k 的块的伙伴的地址, 有:

$$\text{buddy}_k(x) = \begin{cases} x + 2^k, & \text{如果 } x \bmod 2^{k+1} = 0; \\ x - 2^k, & \text{如果 } x \bmod 2^{k+1} = 2^k. \end{cases} \tag{10}$$

这个函数容易用常见于二进制计算机的"异或"指令（有时称为"选择性补"或"无进位加"）进行计算, 见习题 28.

伙伴系统在每个块中利用一个二进制位的 TAG 字段:

$$\begin{aligned} \text{TAG(P)} = 0, & \qquad \text{若地址为 P 的块是保留的;} \\ \text{TAG(P)} = 1, & \qquad \text{若地址为 P 的块是可用的.} \end{aligned} \tag{11}$$

除了这个出现在每个块中、不能被保留块的用户篡改的 TAG 字段之外, 可用块还具有两个链字段, LINKF 和 LINKB, 它们是双链列表中常规的前向和后向链; 可用块还有一个KVAL字段用于指定 k（块的大小为 2^k）. 下面的算法利用表单元 AVAIL[0], AVAIL[1], ..., AVAIL[m], 它们分别作为大小为 1, 2, 4, ..., 2^m 的可用存储列表的表头. 这些列表是双向链表, 因此像通常的双向链表一样, 表头包含两个指针（见 2.2.5 节）:

$$\begin{aligned} \text{AVAILF}[k] &= \text{LINKF(LOC(AVAIL}[k])) = \text{到 AVAIL}[k] \text{ 列表尾部的链接;} \\ \text{AVAILB}[k] &= \text{LINKB(LOC(AVAIL}[k])) = \text{到 AVAIL}[k] \text{ 列表尾部的链接.} \end{aligned} \tag{12}$$

最初, 在分配任何存储之前, 有

$$\begin{aligned} \text{AVAILF}[m] &= \text{AVAILB}[m] = 0, \\ \text{LINKF(0)} &= \text{LINKB(0)} = \text{LOC(AVAIL}[m]), \\ \text{TAG(0)} &= 1, \qquad \text{KVAL(0)} = m \end{aligned} \tag{13}$$

（表示从位置 0 开始、长度为 2^m 的单个可用块）, 以及

$$\text{AVAILF}[k] = \text{AVAILB}[k] = \text{LOC(AVAIL}[k]), \qquad \text{对于} 0 \le k < m \tag{14}$$

（表示对于所有 $k < m$, 长度为 2^k 的可用块的空列表）.

　　根据伙伴系统的这一描述，读者可以在阅读下面给出的算法之前，自己为保留和释放存储区域设计必要的算法，并从中获得乐趣．注意，在保留算法中，内存块可以比较轻松地平分成两半．

算法 R（伙伴系统的保留）． 这个算法使用上面介绍的伙伴系统的组织方式，找到并保留大小为 2^k 的一个块，或者报告失败．

R1.［寻找块．］令 j 为 $k \le j \le m$ 范围中满足下述条件的最小整数：对 j 而言，AVAILF[j] $\ne$ LOC(AVAIL[j])，即大小为 2^j 的可用块的列表不为空．若不存在这样的 j，则算法失败终止，因为没有大小足够的已知可用块能满足要求．

R2.［从列表中删除．］置 L ← AVAILB[j]，P ← LINKB(L)，AVAILB[j] ← P，LINKF(P) ← LOC(AVAIL[j])，TAG(L) ← 0．

R3.［需要拆分吗？］若 $j = k$，则算法终止（我们已经找到并保留了从地址 L 开始的一个可用块）．

R4.［拆分．］j 减少 1．置 P ← L+2^j，TAG(P) ← 1，KVAL(P) ← j，LINKF(P) ← LINKB(P) ← LOC(AVAIL[j])，AVAILF[j] ← AVAILB[j] ← P．（拆分一个较大的块并将未使用的一半放入原为空表的 AVAIL[j] 表）．转回到步骤 R3．　∎

算法 S（伙伴系统的释放）． 这个算法使用上面介绍的伙伴系统的组织方式，将从地址 L 开始、大小为 2^k 的一个块返回到自由存储中．

S1.［伙伴可用吗？］置 P ← buddy$_k$(L)．（见公式(10)）．若 $k = m$，或者 TAG(P) = 0，或者 TAG(P) = 1 且 KVAL(P) $\ne$ k，则转到 S3．

S2.［与伙伴合并．］置

$$\text{LINKF(LINKB(P))} \leftarrow \text{LINKF(P)}, \qquad \text{LINKB(LINKF(P))} \leftarrow \text{LINKB(P)}.$$

（将块 P 从 AVAIL[k] 表中删除）．然后置 $k \leftarrow k+1$，并且，若 P < L，则置 L ← P．返回 S1．

S3.［放入列表．］置 TAG(L) ← 1，P ← AVAILF[k]，LINKF(L) ← P，LINKB(P) ← L，KVAL(L) ← k，LINKB(L) ← LOC(AVAIL[k])，AVAILF[k] ← L．（将块 L 放入 AVAIL[k] 列表）．　∎

　　D. 方法比较． 业已证明，很难对这些动态存储分配算法进行数学分析，但是有一个有趣的现象很容易分析，那就是"百分之五十规则"：

> 如果以系统趋于均衡状态的方式，不断地使用算法 A 和 B，已知系统中平均有 N 个保留块，每一块都同样可能在下一步释放，而且算法 A 中的数量 K 取非零值（或者更一般地，像步骤 A4′ 中那样取 $\ge c$ 的值）的概率为 p，则可用块的平均数目近似趋向于 $\frac{1}{2}pN$．

这个规则告诉我们 AVAIL 表大约有多长．当数量 p 接近 1 时——如果 c 非常小且块的大小不常彼此相等，就会如此——可用块的数量约为不可用块之一半，因此该规则称为"百分之五十规则"．

　　这个规则不难推导出来．考虑下面的内存布局：

该图显示保留块被分为三类：

A: 释放时，可用块的数目将减少 1;

B: 释放时，可用块的数目将不变;

C: 释放时，可用块的数目将增加 1.

现在令 N 为保留块的数目，M 为可用块的数目，A、B 和 C 为相应类型的块的数目，则有

$$N = A + B + C$$
$$M = \tfrac{1}{2}(2A + B + \epsilon) \tag{15}$$

其中，$\epsilon = 0, 1$ 或 2，取决于下界和上界的条件.

假定 N 基本不变，但是 A、B、C 和 ϵ 为随机量，它们在一个块被释放后达到固定分布，在一个块被分配后也达到（另一个略有不同的）固定分布. 当一个块被释放时，M 的平均变化是 $(C - A)/N$ 的平均值；当一个块被分配时，M 的平均变化是 $-1 + p$. 因此，均衡假定告诉我们 $C - A - N + pN$ 的平均值是 0. 但是，$2M$ 的平均值是 pN 加上 ϵ 的平均值，因为根据 (15)，$2M = N + A - C + \epsilon$. 从而得出百分之五十规则.

如果块的生命期是一个指数分布的随机变量，则每次删除都是随机删除任意保留块的假定是正确的. 反之，如果所有块具有大致相同的生命期，则该假定是错误的. 约翰·肖指出：如果分配和释放类似于先进先出，A 类型的块往往比 C 类型的块要"老"一些，因为一系列相邻的保留块大致会按从最新到最老的顺序排列，而最新分配的块几乎总不是 A 类型的. 这往往导致可用块数量更少，因此给出甚至比百分之五十规则所预测的更好的性能.［见 $CACM$ **20** (1977), 812–820.］

关于百分之五十规则，详见戴维·戴维斯，BIT **20** (1980), 279–288；科林·里夫斯，$Comp.$ $J.$ **26** (1983), 25–35；乔治·普福鲁克，$Comp.$ $J.$ **27** (1984), 328–333.

除了这个有趣的规则之外，我们关于动态存储分配算法性能的知识几乎完全基于蒙特卡罗实验. 读者如果要为某一特定机器和某项或某类特定应用选择存储分配算法，那么实施自己的模拟实验是有益的. 我在写这一节之前，就进行了几次这样的实验（实际上，当时在实验中已注意到百分之五十规则，而后来才有人找到证明）. 在此，我们简略研究一下这些实验的方法和结果.

基本的模拟程序运行如下，TIME 初始化为 0，且整个内存区域最初都是可用的.

P1. TIME 加 1.

P2. 释放系统中计划在当前 TIME 值释放的所有块.

P3. 使用第 3 章的方法，基于一定的概率分布，计算两个量 S（随机大小）和 T（随机生命期）.

P4. 保留一个长度为 S 的新块，该块将在 (TIME $+ T$) 时释放. 返回到 P1. ▮

每当 TIME 是 200 的倍数时，打印关于保留和释放算法性能的详细统计. 每次测试一对算法，都使用相同的 S 和 T 值的序列. 当 TIME 超过 2000 之后，系统通常已大致达到稳定状态，并明确指示此后将无限保持这种状态. 然而，依赖于可用存储的总量以及步骤 P3 中 S 和 T 的分布，分配算法偶尔找不到足够空间，模拟实验将因此而终止.

令 C 为可用内存单元的总数，并令 $\bar{S}$ 和 $\bar{T}$ 表示步骤 P3 中 S 和 T 的平均值. 容易看出，一旦 TIME 足够大，在任意给定时间，不可用的内存字数的期望是 $\bar{S}\bar{T}$. 在实验中，当 $\bar{S}\bar{T}$ 大于约 $\frac{2}{3}C$ 时，一般会发生内存溢出，而且通常发生在实际需要内存的 C 个字之前. 当块的大小相比于 C 很小的时候，内存能有超过 90% 被充满；但是当允许块的大小超过 $\frac{1}{3}C$ 时（取小得多的值也一样），则程序往往在实际使用的内存少于 $\frac{1}{2}C$ 时就认为内存已"满". 经验表明：如果期望高效操作，则大于 $\frac{1}{10}C$ 的块不应该用于动态存储分配.

根据百分之五十规则，可以理解上面的建议. 如果系统达到平衡条件，自由块的平均大小 f 小于在用块的平均大小 r，则除非有一个大的自由块以备不时之需，否则一定会碰到无法满足的请求. 因此，在一个不溢出的饱和系统中，$f \geq r$，而且有 $C = fM + rN \geq rM + rN \approx (p/2+1)rN$. 由此可得，在用的总内存是 $rN \leq C/(p/2+1)$，故当 $p \approx 1$ 时不能使用超过约 2/3 的内存单元.

进行实验时，分别考虑了 S 的三种大小分布：

($S1$) 在 100 和 2000 之间均匀选择的整数；

($S2$) 分别使用概率 $(\frac{1}{2}, \frac{1}{4}, \frac{1}{8}, \frac{1}{16}, \frac{1}{32}, \frac{1}{32})$ 选择的大小 (1, 2, 4, 8, 16, 32)；

($S3$) 按相等概率选择的大小 (10, 12, 14, 16, 18, 20, 30, 40, 50, 60, 70, 80, 90, 100, 150, 200, 250, 500, 1000, 2000, 3000, 4000).

时间分布 T 通常是在 1 和固定的 t 之间均匀选择的随机整数，$t = 10, 100$ 或 1000.

另外还有一种实验条件，即在步骤 P3 中，在 1 和 $\min(\lfloor \frac{5}{4}U \rfloor, 12500)$ 之间均匀地选取 T，其中 U 是系统中下次调度释放某个当前保留块距离当前时刻有多少单位的时间. 这种时间分布用于模拟"几乎后进先出"的行为，因为如果总是选择 $T \leq U$，存储分配系统将退化为不需要复杂算法的栈操作（见习题 1）. 根据该分布，T 有大约 20% 的可能性被选择成大于 U，因此该系统几乎（但不完全）是一个栈操作. 若采用这种分布，诸如算法 A、B 和 C 这样的算法表现得比通常要好很多，整个 AVAIL 表中很少有超过两项，而同时却约有 14 个保留块. 在使用这种分布时，伙伴系统算法 R 和 S 会比较慢，因为在类似于栈的操作中，它们往往会更频繁地拆分与合并内存块. 这种时间分布的理论性质的推导显得相当困难（见习题 32）.

本节开始处出现的图 42，是 TIME = 5000 时的内存布局，用的是大小分布（$S1$）以及在 $\{1,\dots,100\}$ 中均匀分布的时间，像上述算法 A 和 B 那样使用最先匹配方法. 对于这个实验，"百分之五十规则"中的概率 p 实质上是 1，因此可以期望可用块的数目大约是保留块的一半. 实际上，图 42 显示有 21 个可用块和 53 个保留块. 不过这并不否定百分之五十规则，因为 TIME = 4600 时就有 25 个可用块和 49 个保留块. 图 42 中的布局只不过显示出"百分之五十规则"会受到统计偏差的影响. 可用块的数目一般在 20 和 30 之间，而保留块的数目一般在 45 和 55 之间.

图 43 是另一内存布局，与图 42 使用相同数据，但使用最佳匹配方法而非最先匹配方法. 步骤 A4' 中的常数 c 设为 16，以去掉小块，结果导致概率 p 降为约 0.7，并有更少的可用区域.

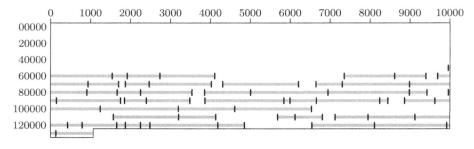

图 43   用最佳匹配方法得到的内存布局（与说明最先匹配方法的图 42 以及说明伙伴系统的图 44 相比较，三幅图使用同一存储请求序列）

把时间分布的变化区间从 1 到 100 改成 1 到 1000，则得到完全与图 42 和图 43 类似的情况，不过所有相应数量都近似乘以 10. 例如，有 515 个保留块，在图 42 和图 43 的等价条件下分别有 240 和 176 个自由块.

在所有比较最佳匹配和最先匹配方法的实验中，后者总是显得更胜一筹．当内存耗尽时，大多数情况下，最先匹配方法实际上比最佳匹配方法坚持更久才发生内存溢出．

把用来获得图 42 和图 43 的相同数据用在伙伴系统上，结果得到图 44．257 到 512 范围内的所有大小都当作 512 处理，而 513 和 1024 之间的大小则提升为 1024，等等．平均而言，这意味着要求超过三分之四的内存（见习题 21）．当然，伙伴系统在上述（*S2*）而不是（*S1*）那样的大小分布上效果更好．注意，图 44 中有大小为 2^9, 2^{10}, 2^{11}, 2^{12}, 2^{13} 和 2^{14} 的可用块．

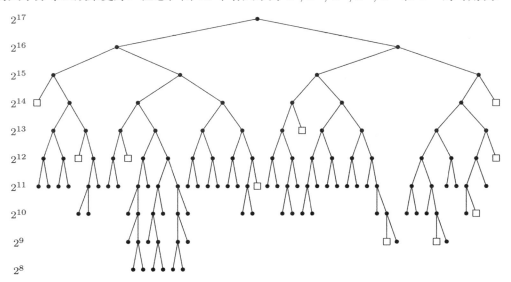

图 44 使用伙伴系统得到的内存布局（树结构表示某些大块划分为一半大小的伙伴块，方块表示可用块）

伙伴系统的模拟显示出，它的执行比预期的要好得多．显然，伙伴系统有时允许出现两个同样大小的可用相邻区域，而不将它们合并成一个（如果它们不是伙伴）．但是，这种情况没有在图 44 中出现，实际上在实践中本来就很少见．在发生内存溢出的情况下，95% 的内存是保留的，这反映出相当好的分配平衡．而且，在算法 R 中很少需要拆分内存块，在算法 S 中很少需要合并内存块．树结构一直很像图 44，可用块始终在最常使用的各层上．解释最低层上这一特性的数学结果已经由保罗·珀德姆和史蒂芬·史蒂格勒获得 [见 *JACM* **17** (1970), 683–697]．

另一件惊喜是，按习题 6 的描述进行修改后，算法 A 可得到杰出特性：平均仅需对可用块的大小进行 2.8 次检查（使用大小分布（*S1*）以及在 1 和 1000 间均匀选择的时间），而且超过一半的情况下仅仅需要最小值（一次迭代）．要知道，总共约有 250 块可用块，这样的结果可谓惊人．使用未修改的算法 A 的相同实验显示，平均大约需要 125 次迭代（因此每次大约要检查 AVAIL 表的一半），而且大约 20% 的情况下需要 200 或更多次迭代．

实际上，未修改的算法 A 的这一行为可根据"百分之五十规则"预测到．在平衡情况下，内存中包含后一半保留块的部分也将包含后一半的自由块，当释放一个块时有一半可能性会用到该部分，因此为了维持平衡，它也必须出现在一半的分配中．当用其他任何分数来代替"一半"时，同样的论证也成立．（这些发现属于约翰·罗布森．）

依据上述说明，在习题中推荐了关于两个基本方法的 MIX 程序: (i) 习题 12 和 16 所修改的边界标记系统; (ii) 伙伴系统．下面给出近似结果:

	用于保留的时间	用于释放的时间
边界标记系统:	$33 + 7A$	18, 29, 31 或 34
伙伴系统:	$19 + 25R$	$27 + 26S$

此处 $A \geq 1$ 是在查找足够大的可用块时必需的迭代次数；$R \geq 0$ 是一个块拆分成两块的次数（算法 R 中 $j - k$ 的初值）；$S \geq 0$ 是算法 S 中伙伴块合并的次数. 模拟实验指出，在所声明的假定之下，使用大小分布（$S1$）以及在 1 和 1000 之间选取的时间，平均可以取 $A = 2.8$，$R = S = 0.04$.（使用前面说明的"几乎后进先出"时间分布时，观察到平均值 $A = 1.3$，$R = S = 0.9$.）这表明两种方法都相当快，而伙伴系统在 MIX 的情况下略快一点儿. 记住，当块大小不是限定为 2 的幂时，伙伴系统需要多出大约 44% 的空间.

对于习题 33 的垃圾回收及紧致算法，相应的时间估计是，假定在内存大约半充满时发生垃圾回收，并假定结点平均长度为每个 5 个字并有 2 个链字段，则大约需要 104 个单位时间来定位到一个自由结点. 垃圾回收的优缺点已在 2.3.5 节讨论过. 当内存负荷不重且满足恰当限制时，垃圾回收和紧致的效率很高. 例如，在 MIX 计算机上，如果可访问项从不占用约三分之一以上的总内存空间，而且结点相对较小，则垃圾回收方法比其他两种方法更快.

如果满足奠定垃圾回收基础的假定，则最佳策略也许是将内存池分为两半，并在其中一半按顺序进行所有的分配. 当内存块变为可用时不进行释放，而是简单地等到当前活动的一半内存充满之后，使用类似于习题 33 的方法，将所有的活动数据复制到另一半，同时去掉内存块之间的所有空洞. 当我们从一半内存池转到另一半的时候，也可以调整两半的大小.

上面提及的模拟技术也在其他存储分配算法上做过实验. 相比于本节中所介绍的方法，其他方法显得非常拙劣，因此这里只简单提及一下.

(a) 为每个大小保存独立的 AVAIL 表. 一个单独的自由块在必要时偶尔会拆分成两个更小的块，但不会试图再将这样的块合在一起. 内存布局将变得越来越细碎，直到一塌糊涂. 这样的简单方案几乎等同于在分散的区域进行独立分配，每个区域都对应块的一种大小.

(b) 试图进行二级分配：内存划分为 32 个大的部分. 使用暴力分配方法，保留包含 1、2 或 3 个（很少会更多）相邻部分的大块；每个这样的大块继续划分，以满足存储请求，直至在当前大块中已没有空间剩下，然后保留另一个大块进行后续分配. 每个大块只有当其中的所有空间变为可用时才被返回到自由存储中. 这种方法几乎总是很快就耗尽存储空间.

虽然对于我在模拟实验中考虑的数据来说，这种二级分配的特殊方法是失败的，但是在其他某些情况（在实践中不常出现）下，多级分配策略可能有益. 例如，如果一个很大的程序在多个阶段运行，也许有某些类型的结点仅在某一子程序中需要. 某些程序也可能更适宜对不同类别的结点使用不同的分配策略. 可以根据区域分配存储，在每个区域中采用可能不同的策略，并能一次性释放整个区域，道格拉斯·罗斯对此进行了讨论 [见 *CACM* **10** (1967), 481–492].

关于动态存储分配的其他实验结果，见如下论文：布赖恩·兰德尔，*CACM* **12** (1969)，365–369；珀德姆、史蒂格勒和达·姜，*BIT* **11** (1971)，187–195；巴瑞·马格林、理查德·帕米利和马丁·沙措夫，*IBM Systems J.* **10** (1971)，283–304；约翰·坎贝尔，*Comp. J.* **14** (1971)，7–9；约翰·肖，*CACM* **18** (1975)，433–440；诺曼·尼尔森，*CACM* **20** (1977)，864–873.

*E. 分布匹配.   如果事先知道块大小的分布，而且无论块何时被分配，每个当前块都同样可能成为下一个被释放的块，那么，根据爱德华·科夫曼和弗兰克·莱顿的建议 [*J. Computer and System Sci.* **38** (1989), 2–35]，我们就可以使用另一种技术，远比迄今所介绍的通用技术更好地利用内存. 这种新方法称为"分布匹配方法"，工作方式是将内存划分为大约 $N + \sqrt{N} \lg N$ 个槽，其中 N 是想要在稳定状态处理的最大块数. 虽然不同的槽可能有不同的大小，但每个槽有固定的大小. 要点是，任意给定的槽具有固定的边界，每个槽或者为空，或者包含单个已分配的块.

在科夫曼和莱顿的方案中，前 N 个槽根据假定的大小分布进行安排，而后 $\sqrt{N}\lg N$ 个槽都为最大尺寸. 例如，如果假定块大小在 1 和 256 之间均匀分布，而且希望处理 $N = 2^{14}$ 个这样的块，我们就可以将内存分为 $N/256 = 2^6$ 个槽，大小分别为 $1, 2, \ldots, 256$，后面跟着一个"溢出区域"，包含 $\sqrt{N}\lg N = 2^7 \cdot 14 = 1792$ 个大小为 256 的块. 系统满负载操作时，我们期望它处理 N 个平均大小为 $\frac{257}{2}$ 的块，占据 $\frac{257}{2}N = 2^{21} + 2^{13} = 2\,105\,344$ 个单元，也就是分配给前 N 个槽的空间量. 我们还另外设置了 $1792 \cdot 256 = 458\,752$ 个单元，用于处理随机偏差，这一额外开销量不像伙伴系统中那样是 N 的常数倍，而是达到总空间的 $O(N^{-1/2}\log N)$，因此当 $N \to \infty$ 时可忽略. 但是，在我们的例子中，它仍占总分配量的大约 18%.

槽的安排顺序应该是先小后大. 给定这种安排，最先匹配和最佳匹配技术都可以用来分配内存块.（此时两种方法是等价的，因为槽的大小是有序的.）在我们的假定下的效果就是，每当接受一个新的分配请求，就从前 N 个槽中基本随机的位置开始查找，直到找到一个空槽为止.

如果每次查找的起始槽真是在 1 和 N 之间随机选取的，就不会频繁侵入溢出区域. 事实上，如果从随机槽开始刚好插入 N 个项，平均只发生 $O(\sqrt{N})$ 次溢出. 原因在于，这个算法可以与带线性探测的散列法（算法 6.4L）相比较，两者行为相同，只不过后者查找空单元时从 N 绕回到 1，而不是进入溢出区域. 定理 6.4K 中对算法 6.4L 的分析说明，插入 N 个项时，每项与其散列地址的平均位移是 $\frac{1}{2}(Q(N) - 1) \sim \sqrt{\pi N/8}$. 根据循环对称性容易看出，这个平均值就等于从槽 k 到槽 $k+1$ 的查找次数对于所有 k 的平均值. 分布匹配方法中的溢出与从槽 N 到槽 1 的查找对应，只是情况甚至会更好，因为不从槽 N 绕回到槽 1，可以避免拥塞. 因此，溢出次数平均少于 $\sqrt{\pi N/8}$. 上述分析没有考虑删除，而删除保持算法 6.4L 的假定的前提是，在删除介于块的起始槽和已分配槽之间的其他块时将该块移回（见算法 6.4R）；但是，将块移回又只会增加溢出的机会. 上述分析也没有考虑同时存在超过 N 块的效果，如果仅仅假定诸块之间的到达时间大约是驻留时间的 N 分之一就可能同时出现多块. 对于超过 N 个块的情况，我们需要扩展算法 6.4L 的分析. 科夫曼和莱顿已经证明，溢出区域几乎不需要超过 $\sqrt{N}\lg N$ 个槽，对于所有的 M，超出概率小于 $O(N^{-M})$.

我们的例子中，分配期间查找的起始槽不是均匀分布于槽 $1, 2, \ldots, N$ 中，而是均匀分布于槽 $1, 65, 129, \ldots, N - 63$，因为对于每个大小有 $N/256 = 64$ 个槽. 但是，与上段中考虑的随机模型之间的这种偏差使得溢出甚至比预期的更不可能发生. 当然，如果违背关于块大小分布和占据时间的假定，压根就没有办法预期了.

F. 溢出. 不再有可用空间的时候，应该怎么办？假设请求 n 个连续的字，而此时所有可用块都太小. 这种情况第一次发生的时候，通常有超过 n 个可用单元存在，但它们不是连续的. 紧致内存（即移动某些在用单元，使得所有可用单元连在一起）之后可以继续处理. 但紧致很慢，又要求指针规范使用. 而且，绝大多数情况下，一旦最先匹配方法用完可用空间，那么不管反复进行多少次紧致，都会很快彻底用完所有空间. 因此，除非在与垃圾回收相关联的特殊情况下（如习题 33），通常不值得编写紧致程序. 如果预期会发生溢出，则可以使用某种方法，将一些项目从内存中移出并存储在外部存储设备上，在需要时可再将信息送回. 这意味着，访问该动态内存区域的所有程序，都必须严格限制对其他块所做的访问，而且通常需要有特殊的计算机硬件（例如，缺少数据时的中断，或自动"分页"）才能在这些条件下高效操作.

为了确定哪些块最适合移出，必须有某种判定过程. 一种想法是维护保留块的双向链表，每次访问一块时就将它移动到列表的前端，则各块便根据最后访问时间有效排序，列表尾端的块就应该最先移出. 类似效果有更简单的实现方法：将保留块放入一个循环列表，并在每个块中包含一个"最近使用过"的位，访问它时就将该位置为 1. 要删除一个块时，令一个指针沿循环列表移动, 将所有 "最近使用过" 位重置为 0, 直到找到自从上次指针到达该处以来一直没有使用的一个块为止.

罗布森已证明 [*JACM* **18** (1971), 416–423] 从不对保留块进行重新定位的动态存储分配策略, 不可能保证有效使用内存, 因为总有使得这种方法崩溃的病态极端情形. 例如, 甚至在限制块大小为 1 和 2 的时候, 无论使用哪种分配算法, 也可能在内存仅充满 $\frac{2}{3}$ 时发生溢出! 习题 36~40 综述了罗布森的有趣结果, 而在习题 42 和习题 43 中, 罗布森证明了最先匹配方法与最佳匹配方法相比, 具有非常糟糕的最坏情况.

G. 进一步阅读. 在编写上述材料时, 我的经验有限. 基于更多年的经验, 保罗·威尔逊、马克·约翰斯通、迈克尔·尼利和戴维·博尔斯针对动态存储分配技术撰写了全面综述和中肯评论 [见 *Lecture Notes in Computer Science* **986** (1995), 1–116].

习题

1. [20] 如果存储请求总是以 "后进先出" 方式出现, 即每个保留块都在其后保留的所有块释放之后才被释放, 那么对本节的保留和分配算法可以如何简化?

2. [*HM23*] (埃里克·伍尔曼) 假设我们想要为可变长度项选择固定的结点大小, 又假设当每个结点长度为 k 而一个项长度为 l, 就用 $\lceil l/(k-b) \rceil$ 个结点存储这个项. (其中, b 是一个常数, 表示每个结点有 b 个字包含控制信息, 如到下一结点的链接.) 如果项长度 l 的平均值是 L, 选择什么样的 k 使得平均所需存储空间量最少? (假设对于任意固定的 k, 当 l 变化时, $(l/(k-b)) \bmod 1$ 的平均值等于 $1/2$.)

3. [40] 通过计算机模拟, 比较存储分配的最佳匹配、最先匹配和最差匹配方法. 最差匹配方法总是选择最大的可用块. 不同方法在内存使用方面有什么显著区别吗?

4. [22] 为算法 A 编写 MIX 程序, 特别注意内层循环要快. 假设 SIZE 字段是 (4:5), LINK 字段是 (0:2), 且 $\Lambda < 0$.

▶ **5.** [18] 假设已知算法 A 中的 N 总是 100 或更大. 在修改后的步骤 A4′ 中置 $c = 100$ 合适吗?

▶ **6.** [23] (下一个匹配) 重复使用算法 A 之后, SIZE 小的块极可能保留在 AVAIL 表的头端, 因此, 经常必须在列表中查找相当远才能找到长度为 N 或更长的块. 例如, 注意图 42 中, 从内存的开头到末尾, 保留块和自由块的大小实质上都在增长. (按照算法 B 的要求, 制作图 42 时所用的 AVAIL 表根据单元顺序排序.) 能否给出修改算法 A 的方式, 同时满足 (a) 较短的块不会倾向于集中在特定区域, (b) AVAIL 表可以仍然根据内存位置升序排列, 以方便像算法 B 那样的算法?

7. [10] 例(1)说明最先匹配有时一定优于最佳匹配. 请给出一个类似的例子, 说明最佳匹配何时优于最先匹配优胜.

8. [21] 说明如何用简单的方法修改算法 A, 把算法从最先匹配改成最佳匹配.

▶ **9.** [26] 用何种方式可以设计保留算法, 使之使用最佳匹配方法而无须搜索整个 AVAIL 表? (试考虑尽可能多种降低必要搜索的方式.)

10. [22] 说明如何修改算法 B, 使得从位置 P0 开始的 N 个连续单元构成的块可以成为可用块, 而无须假定这 N 个单元中的每一个当前都是不可用的. 事实上, 假定被释放的区域实际上可以与几个已被释放的块重叠.

11. [*M25*] 习题 6 答案中提出了对算法 A 的改进, 说明它也可以对算法 B 进行一点儿改进, 将搜索的平均长度从 AVAIL 表的一半降至 1/3. (假定释放的块将插入到有序 AVAIL 表中的一个随机位置.)

▶ **12.** [20] 修改算法 A, 使得它遵循 (7)–(9) 的边界标记约定, 使用正文中描述的修改步骤 A4′, 并合并习题 6 中的改进.

13. [21] 为习题 12 的算法编写一个 MIX 程序.

14. [21] (a) 如果自由块的最后一个字中没有 SIZE 字段, 或者 (b) 如果保留块的第一个字中没有 SIZE 字段, 则算法 C 以及习题 12 中的算法会有什么不同?

▶ **15.** [24] 在 TAG(PO − 1) 和 TAG(PO + SIZE(PO)) 为正或为负的四种情况下的每一种, 说明如何以稍微增加程序长度为代价, 只改动非改不可的链接, 提高算法 C 的速度.

16. [24] 结合习题 15 的思想, 为算法 C 编写一个 MIX 程序.

17. [10] 在没有可用块存在的时候, (9)中 LOC(AVAIL) 和 LOC(AVAIL) + 1 的内容应该是什么?

▶ **18.** [20] 图 42 和 43 是使用相同数据以及实质相同的算法 (算法 A 和 B) 而得到的, 只是图 43 使用的算法 A 经过修改, 以最佳匹配代替最先匹配. 为什么这导致一大块可用区域在图 42 中出现在内存的较高位置, 在图 43 中则出现在较低位置?

▶ **19.** [24] 假定内存块具有(7)的形式, 但在块的最后一个字中没有TAG 字段或 SIZE 字段. 还假定下面的简单算法用于再次释放保留块: Q ← AVAIL, LINK(PO) ← Q, LINK(PO + 1) ← LOC(AVAIL), LINK(Q + 1) ← PO, AVAIL ← PO, TAG(PO) ← "−". (这个算法并没有将相邻区域结合在一起.)

设计一个类似于算法 A 的保留算法, 在搜索 AVAIL 表时对相邻自由块进行必要的结合, 并且同时避免任何像(2)(3)(4)中那样不必要的内存碎片.

20. [00] 为什么伙伴系统中的 AVAIL[k] 表最好是双链的, 而不是直接用平直线性列表?

21. [HM25] 考察当 n 趋于无穷时的比值 a_n/b_n, 其中 a_n 是 $1 + 2 + 4 + 4 + 8 + 8 + 8 + 8 + 16 + 16 + \cdots$ 的前 n 项之和, 而 b_n 是 $1 + 2 + 3 + 4 + 5 + 6 + 7 + 8 + 9 + 10 + \cdots$ 的前 n 项之和.

▶ **22.** [21] 正文中反复声明, 伙伴系统仅允许使用大小为 2^k 的块, 并且习题 21 说明这会导致存储需求的实质增长. 但是, 如果在伙伴系统中需要一个 11 个字的块, 为什么不能找到一个 16 个字的块, 并将它拆分成一个 11 字的部分以及两个大小分别为 4 和 1 的自由块?

23. [05] 已知一个块的大小为 4, 二进制地址为 011011110000, 其伙伴块的二进制地址是什么? 如果该块的大小是 16 而不是 4, 其伙伴块的二进制地址又是什么?

24. [20] 根据正文中的算法, 最大的块 (大小为 2^m) 没有伙伴, 因为它表示整个存储空间. 如果定义 $\text{buddy}_m(0) = 0$ (即该块是其自身的伙伴), 从而避免在步骤 S1 中测试 $k = m$, 正确吗?

▶ **25.** [22] 评判下述观念: "使用伙伴系统的动态存储分配, 在实际情况中将从不保留大小为 2^m 的块 (因为这将充满整个内存), 而且一般而言, 存在一个最大尺寸 2^n, 大于该尺寸的块都不会被保留. 因此如果算法 S 从这么大的可用块开始, 即便合并后块的大小大于 2^n 还要合并伙伴, 就是浪费时间."

▶ **26.** [21] 解释即使 M 不像正文中要求的那样具有 2^m 的形式, 伙伴系统也能用于内存单元 0 到 M − 1 的动态存储分配.

27. [24] 为算法 R 编写 MIX 程序, 并确定其运行时间.

28. [25] 假定 MIX 是一台二进制计算机, 具有如下 (使用 1.3.1 节的记号) 定义的新操作码 XOR: "C = 5, F = 5". 对于单元 M 中每个等于 1 的二进制位, 寄存器 A 中的对应位取补值 (0 变为 1, 1 变为 0); rA 的符号无影响. 执行时间为 $2u$."

为算法 S 编写 MIX 程序, 并确定其运行时间.

29. [20] 如果每个保留块中没有标记位, 伙伴系统可以工作吗?

30. [M48] 给定存储请求序列的合理分布, 试分析算法 R 和 S 的平均性质.

31. [M40] 用斐波那契序列取代 2 的幂, 可以设计一个类似于伙伴系统的存储分配系统吗? (若能, 则可以从 F_m 个可用字开始, 并将 F_k 字的可用块拆分成两个长度分别为 F_{k-1} 和 F_{k-2} 的伙伴.)

32. [HM46] 如果存在的话, 试确定 $\lim_{n\to\infty} \alpha_n$, 其中 α_n 是如下定义的随机序列 t_n 的平均值: 对于 $0 \le k < n$, 给定 t_k 的值, 令 t_n 从 $\{1, 2, \ldots, g_n\}$ 中均匀选取, 其中,

$$g_n = \left\lfloor \tfrac{5}{4} \min(10000, f(t_{n-1} - 1), f(t_{n-2} - 2), \ldots, f(t_0 - n)) \right\rfloor,$$

并且, 如果 $x > 0$, 则 $f(x) = x$; 如果 $x \leq 0$, 则 $f(x) = \infty$. [注记: 有限的经验测试指出 α_n 大约是 14, 但这可能不是非常准确.]

▶ **33.** [28] （垃圾回收与紧致）假定将内存单元 1, 2, $\ldots$, AVAIL -1 用作可变大小结点的存储池, 结点具有如下形式: NODE(P) 的第一个字包含字段

$$SIZE(P) = NODE(P) \text{ 中字的数目};$$
$$T(P) = NODE(P) \text{ 中链字段的数目}; \quad T(P) < SIZE(P);$$
$$LINK(P) = \text{仅在垃圾回收期间使用的特殊链字段}.$$

在内存中紧跟着 NODE(P) 的结点是 NODE(P + SIZE(P)). 假定 NODE(P) 中用作到其他结点的链接的字段只有 LINK(P + 1), LINK(P + 2), $\ldots$, LINK(P + T(P)), 并且这些链字段中的每一个要么是 Λ, 要么是另一结点的第一个字的地址. 最后, 假定程序中另有一个链接变量, 叫作 USE, 它指向这些结点中的一个.

试设计一个算法完成下述三步操作: (i) 确定从变量 USE 可以直接或间接访问的所有结点, (ii) 对于某个K, 将这些结点移动到内存单元 1 到 K -1, 改变所有链接以保持结构关系, (iii) 置 AVAIL $\leftarrow$ K.

例如, 考虑内存的如下内容, 其中 INFO(L) 表示单元 L 的内容, 不包括 LINK(L):

1: SIZE = 2, T = 1	6: SIZE = 2, T = 0	AVAIL = 11,
2: LINK = 6, INFO = A	7: CONTENTS = D	USE = 3.
3: SIZE = 3, T = 1	8: SIZE = 3, T = 2	
4: LINK = 8, INFO = B	9: LINK = 8, INFO = E	
5: CONTENTS = C	10: LINK = 3, INFO = F	

你的算法应该将之转换为:

1: SIZE = 3, T = 1	4: SIZE = 3, T = 2	AVAIL = 7,
2: LINK = 4, INFO = B	5: LINK = 4, INFO = E	USE = 1.
3: CONTENTS = C	6: LINK = 1, INFO = F	

34. [29] 试为习题 33 的算法编写 MIX 程序, 并确定其运行时间.

35. [22] 将本节中的动态存储分配方法, 与 2.2.2 节末尾所讨论的用于可变大小顺序列表的技术进行对比.

▶ **36.** [20] 加利福尼亚的好莱坞有个快餐馆, 共有 23 个座位排成一行. 顾客一个或两个一伙进入该餐馆, 美丽的服务员指示他们在哪里就座. 假设不会有超过 16 个顾客同时出现, 试证明, 服务员只要不分配单独前来的顾客坐到编号为 2, 5, 8, $\ldots$, 20 的座位上, 就总能让顾客立即入座而不必分开成对的两人. （一同就餐的两人必定一起离开.）

▶ **37.** [26] 继续习题 36, 试证明, 当餐馆只有 22 个座位的时候, 服务员无法保证做好工作: 无论她采用什么策略, 总有可能碰到窘境, 虽然两个朋友进入餐馆时仅有 14 人在座, 却没有两个相邻的空座位.

38. [M21] （罗布森）可将习题 36 和 37 中的快餐馆问题进行推广, 对于任何从不对保留块进行重定位的动态存储分配算法, 确定在最坏情况下的性能. 令 $N(n, m)$ 为任意分配和释放的请求序列可被处理而不会溢出所需的最小内存数量, 假设所有块的大小均 $\leq m$ 且所需空间总量不会超过 n. 习题 36 和 37 证明了 $N(16, 2) = 23$. 试对所有的 n, 确定 $N(n, 2)$ 的准确值.

39. [HM23] （罗布森）使用习题 38 中的记号, 试证明 $N(n_1 + n_2, m) \leq N(n_1, m) + N(n_2, m) + N(2m - 2, m)$. 因此对于固定的 m, $\lim_{n \to \infty} N(n, m)/n = N(m)$ 存在.

40. [HM50] 继续习题 39, 确定 $N(3)$ 和 $N(4)$. 如果存在的话, 确定 $\lim_{m \to \infty} N(m)/\lg m$.

41. [M27] 这个习题的目的是考虑伙伴系统在最坏情况下的内存使用. 例如, 如果我们从空的内存开始并如下进行, 就会发生特别坏的情况: 首先, 保留 $n = 2^{r+1}$ 个长度为 1 的块, 位于 0 到 $n - 1$ 单元; 然后, 对于 $k = 1, 2, \ldots, r$, 释放所有其起始位置不能被 2^k 整除的块, 并保留 $2^{-k-1}n$ 个长度为 2^k 的块, 它们位于 $\frac{1}{2}(1 + k)n$ 到 $\frac{1}{2}(2 + k)n - 1$ 单元. 这个过程使用了达到被占用内存的 $1 + \frac{1}{2}r$ 倍的内存.

试证明, 最坏情况实质上不会比这种情况更坏: 如果所有请求均针对大小为 1, 2, ..., 2^r 的块, 且任何时候请求的总空间都不会超过 n, 其中 n 是 2^r 的倍数, 则伙伴系统将从不会溢出一个大小为 $(r+1)n$ 的内存区域.

42. [*M40*] （罗布森, 1975）当习题 38 的分配使用最佳匹配方法时, 令 $N_{\mathrm{BF}}(n, m)$ 为保证不会溢出所需的内存量. 试找出一个攻击性策略, 以证明 $N_{\mathrm{BF}}(n, m) \geq mn - O(n + m^2)$.

43. [*HM35*] 继续习题 42, 令 $N_{\mathrm{FF}}(n, m)$ 为使用最先匹配方法时所需的内存量. 试找出一个防御性策略, 以证明 $N_{\mathrm{FF}}(n, m) \leq H_m n / \ln 2$. （因此最先匹配的最坏情况与最好的最坏情况相差不远）.

44. [*M21*] 假设分布函数 $F(x) = $（块具有 $\leq x$ 的大小之概率）是连续的. 例如, 对于 $a \leq x \leq b$, 如果块的大小均匀分布于 a 和 b 之间, 则 $F(x)$ 为 $(x - a)/(b - a)$. 试给出使用分布匹配方法时, 前 N 个槽大小设置的合适公式.

2.6   历史与文献

自从存储程序计算机问世以来，保存在连续存储单元中的信息的线性表和矩形数组就一直得到广泛使用，程序设计的早期论文给出了遍历这些结构的基本算法.［例如，冯·诺依曼写于 1946 年的 *Collected Works* **5**, 113–116；威尔克斯、惠勒和吉尔合著的 *The Preparation of Programs for an Electronic Digital Computer* (Reading, Mass.: Addison-Wesley, 1951)，子程序 V-1；特别见康拉德·楚泽写于 1945 年的著作 *Berichte der Gesellschaft für Mathematik und Datenverarbeitung* **63** (Bonn: 1972). 楚泽是开发处理动态变长表的非平凡算法的第一人.］在变址寄存器面世之前，为序列线性表上的操作，需要对机器语言指令本身进行算术运算，这便是允许计算机程序与所加工的数据共享内存的最初动机之一.

显然，过了很久之后才有人发明出 2.2.2 节介绍的技术，允许变长线性表在必要时来回移动以共享顺序存储位置. 在 1963 年之前，邓拉普公司的詹姆斯·邓拉普开发了这一技术，开发背景是要设计一系列编译程序. 大约同时，相同的思想独立出现在 IBM 公司，用在 COBOL 编译程序的设计中，一组相关子程序称作 CITRUS，之后被用于各种装置. 这些技术一直秘而不宣，直到挪威人扬·加威克独立开发才公之于众，见 *BIT* **4** (1964), 137–140.

把线性表置于非顺序存储中的思想似乎源于使用旋转磁鼓存储器的计算机设计. 这种计算机在执行位置 n 中的指令之后，通常并未做好从位置 $n+1$ 获得下一条指令的准备，因为磁鼓已经旋转过该点. 依赖于正执行的指令，下一条指令的最合适位置可能是 $n+7$ 或 $n+18$ 之类的位置. 如果指令存放在最优位置，则机器操作可能比顺序存放指令快五六倍.［指令的最优布局问题很有趣，对其的讨论见我的文章，*JACM* **8** (1961), 119–150.］因此，每条机器语言指令都提供一个额外的地址，作为到下一条指令的链接. 这种思想称作"一加一寻址"，1946 年由约翰·莫奇利探讨［*Theory and Techniques for the Design of Electronic Computers* **4**（宾夕法尼亚大学，1946），讲座 37］. 它包含了萌芽状态的链表概念，尽管本章频繁使用的动态插入和删除操作当时还不为人所知. 程序中的链早期也出现在汉斯·卢恩于 1953 年的汇报总结中，他提出可以对外部搜索使用"链接"（chaining），参见 6.4 节.

当艾伦·纽厄尔、约翰·肖和赫伯特·西蒙开始研究用机器运行启发式解法时，链接内存技术才真正诞生. 为了方便编写搜索数理逻辑证明的程序，他们于 1956 年春设计了第一种表处理语言 IPL-II.［IPL 是 Information Processing Language（信息处理语言）的首字母缩写.］IPL-III 系统使用指针，用到可用空间表等重要概念，但是还未充分建立栈的概念. 一年之后设计的 IPL-III 包括了栈的"下推"和"弹出"，作为重要的基本操作.［关于 IPL-II 的参考文献，见 *IRE Transactions* **IT-2** (1956 年 9 月), 61–70；*Proc. Western Joint Comp. Conf.* **9** (1957), 218–240. IPL-III 的资料首先出现在密歇根大学 1957 年夏季课程的讲稿中.］

纽威尔、肖和西蒙的工作启发其他人开始使用链接存储，这在当时常常根据三人姓氏称作 NSS 存储，主要用于处理模拟人的思维过程的问题，后来才逐渐成为计算机程序设计的基本工具. 第一篇介绍链接存储对"货真价实的实际问题"有用的论文由约翰·卡尔 III 发表［*CACM* **2**, 2 (1959 年 2 月), 4–6］. 卡尔在文中指出，很容易在普通的程序设计语言中操纵链表，不需要复杂的子程序或解释系统. 又见格里特·勃洛夫的论文，"Indexing and control-word techniques"，*IBM J. Res. and Dev.* **3** (1959), 288–301.

最初，链表使用一字结点. 大约在 1959 年，不同的研究小组逐渐认识到连续多个字构成的结点和"多链接"的列表的有用性. 专门讨论这一思想的第一篇论文由道格拉斯·罗斯发表［*CACM* **4** (1961), 147–150］. 那时，他使用术语"丛"（plex）称呼本章称作"结点"的对象，但是后来他又在不同的意义下使用"丛"，表示与相关遍历算法结合的结点类.

引用结点内字段的记号一般分两类: 字段名在指针名之前或之后. 于是, 尽管我们在本章写成 "INFO(P)", 但是其他作者可能写成 "P.INFO". 最初写作这一章时, 两种记法地位同样重要. 这里采用的记法具有一个很大的优点: 如果我们定义 INFO 和 LINK 数组, 并把 P 用作下标, 则它可以直接翻译成 FORTRAN、COBOL 或类似的语言. 此外, 使用数学函数记号描述结点的属性看上去更自然. 注意, 在传统的数学读法中, "INFO(P)" 读作 "P 的(信息)INFO", 正如 $f(x)$ 被读作 "x 的(函数)f" 一样. 另一种记法 P.INFO 尽管也可以读作 "P 的(信息)INFO", 但是不太自然, 因为它似乎强调 P. INFO(P) 看上去更可取, 显然是因为此时 P 是变量, 而 INFO 具有固定的含义. 照此类推, 向量 $A = (A[1], A[2], \ldots, A[100])$ 可以看作一个结点, 具有 100 个名字为 $1, 2, \ldots, 100$ 的字段. 按照我们的记法, 要引用该结点的第二个字段, 将写成 "2(P)", 其中 P 是指向向量 A 的指针; 但是, 如果要引用该向量的第 j 个元素, 则把变量 "j" 放在后面, 写成 $A[j]$ 更自然. 同理, 把变量 "P" 放在记号 INFO(P) 的第二位似乎更合适.

率先意识到 "栈"(后进先出)和 "队列"(先进先出)概念值得研究的人, 或许是希望降低所得税评定额的成本会计师. 关于计价盘存的 "LIFO" 和 "FIFO" 方法, 可参见任意中级会计教材, 例如《成本核算》[查尔斯·谢拉德和威廉姆·谢拉德, *Cost Accounting* (New York: Wiley, 1957), 第 7 章]. 在 20 世纪 40 年代中期, 图灵为子程序连接、局部变量和参数开发了一种称作反转存储(Reversion Storage)的栈机制. 他使用 "埋入"(bury)和 "掘出"(disinter/unbury)表示 "推入" 和 "弹出". (参见 1.4.5 节的参考文献.)毫无疑问, 自从程序设计初期以来, 保存在顺序存储单元中的栈的简单使用就在计算机程序设计中十分普遍, 因为栈是一个非常直观的概念. 如上所述, 链接形式的栈的程序设计首先出现在 IPL 中. 名称 "栈" 源于 IPL 的技术(尽管 "下推表" 曾经是 IPL 更正式的措辞), 并且也被戴克斯特拉独立地引进 [*Numer. Math.* **2** (1960), 312–318]. "双端队列"(deque)是厄尔·史威普于 1966 年创造出的术语.

循环链表和双向链表的起源模糊不清, 大概许多人能自然地想到这些思想. 这类技术流行的一大原因是存在基于它们的通用表处理系统 [主要有维森鲍姆的 Knotted List Structures(组结的表结构), *CACM* **5** (1962), 161–165 和 Symmetric List Processor(对称的表处理程序), *CACM* **6** (1963), 524–544]. 伊凡·苏泽兰在他的 Sketchpad 系统中引进在较大的结点内部使用独立的双向链表(麻省理工学院博士论文, 1963).

自计算机诞生之初, 多维信息数组的寻址和遍历方法就被许多聪明的程序员独立地开发, 从而产生了另一部分未发表的计算机民俗. 这一主题首先被赫伯特·赫尔曼书面综述, 见 *CACM* **5** (1962), 205–207. 又见约翰·高尔, *Comp. J.* **4** (1962), 280–286.

在计算机内存中显式表示的树结构最初用于代数公式的处理. 一些早期计算机的机器语言使用三地址码表示算术表达式的计算, 这等价于二叉树表示的 INFO、LLINK 和 RLINK. 1952 年, 哈里·卡赫里曼尼恩为用扩充的三地址码表示的微商公式开发算法 [*Symposium on Automatic Programming* (华盛顿: 海军研究所, 1954 年 5 月), 6–14].

自此之后, 各种外观的树结构被许多人独立地研究, 涉及大量计算及应用. 但是, 除了具体算法的详细介绍外, 树操作的基本技术(不是一般的表操作)很少见诸于出版物中. 艾弗森首次给出了一般综述, 涉及所有数据结构的更一般研究 [IBM 公司研究报告 RC-390, RC-603, 1961; 又见艾弗森的《一种程序设计语言》(*A Programming Language*, York: Wiley, 1962), 第 3 章]. 又见索尔顿, *CACM* **5** (1962), 103–114.

线索树的概念归功于佩利和桑顿, *CACM* **3** (1960), 195–204. 他们的论文还引进了以各种序遍历树的思想, 并且给出了大量代数操作算法的例子. 不幸的是, 这篇重要论文准备仓促, 包含许多印刷错误. 用我们的术语, 佩利和桑顿的线索表只不过是 "右线索树". 双向线索的二叉树被安纳托尔·霍尔特独立地发现, 见《树结构的数学和应用研究》(*A Marhematical and Applied Investigation of Tree Structures*, 宾夕法尼亚大学学位论文, 1963). 树结点的后序和前序被兹齐斯拉夫·帕夫拉克称为 "正常前进序"(normal along order) 和 "双前进序"(dual along order)[*Colloquium on the Foundation of Mathematics*, Tihany, 1962 (Budapest: Akadémiai Kiadó, 1965), 227–238]. 在上面引用的文献中, 前序被艾弗森和约翰逊称作 "子树序". 安瑟尼·奥廷格介绍了表示树结构和对应的线性记号之间联系的图形方法, 见 *Proc. Harvard Symp. on Digital Computers and their Applications* (1961 年 4 月), 203–224. 索尔·葛恩给出了树按度数的前序表示, 以及这种表示与杜威记数法相关的算法和树的其他性质, 见 *Proc. Symp. Math. Theory of Automata* (Brooklyn: Poly. Inst., 1962), 223–240.

2.3.4.6 节回顾了树作为数学实体的历史, 并给出了该主题的参考文献.

1966 年, 当我首次撰写本节时, 最为广泛传播的信息结构知识来自于程序员对表处理系统的接触经验. 表处理系统在这段历史中起着非常重要的作用. 第一个广泛使用的此类系统是 IPL-V (IPL-III 的后继版本, 在 1959 年底开发). IPL-V 是一个解释系统, 为程序员提供了类似于机器语言的表操作. 大约同时, 赫伯·格伦特尔等人开发了 FLPL (一组用于表处理的 FORTRAN 子程序, 也受 IPL 的启发, 但使用子程序调用而不是使用解释语言). 第三个系统 LISP 是约翰·麦卡锡设计的, 也是在 1959 年. LISP 与此前的系统截然不同: 它的程序用结合 "条件表达式" 的数学函数记号表示, 然后转换成表表示. 许多表处理系统出现于 20 世纪 60 年代. 从历史角度来看, 其中最突出的当数约瑟夫·维森鲍姆的 SLIP, 这是一组在 FORTRAN 中实现双向链表的子程序.

鲍勃罗和贝尔特拉姆·拉菲尔的文章 [*CACM* **7** (1964), 231–240] 可以作为 IPL-V、LISP 和 SLIP 的简介来阅读, 该文比较了这些系统. 菲利普·伍德沃德和戴维·詹金斯发表在 *Comp. J.* **4** (1961), 47–53 上的论文是 LISP 的一篇早期优秀导论. 又见我本人对他们的系统的讨论, 这些论文具有重要的历史意义: 艾伦·纽厄尔和弗雷德里克·汤奇, "An Introduction to IPL-V", *CACM* **3** (1960), 205–211; 格伦特尔、詹姆斯·汉森和卡尔·格贝里希, "A FORTRAN-compiled List Processing Language", *JACM* **7** (1960), 80–106; 麦卡锡, "Recursive function of symbolic expressions and their computation by machine, I", *CACM* **3** (1960), 184–195; 维森鲍姆, "Symmetric List processor", *CACM* **6** (1963), 524–544. 维森鲍姆的文章还完整介绍了 SLIP 中使用的所有算法. 在所有的早期系统中, 只有 LISP 具有必要的要素, 经历了数十年的发展. 麦卡锡在《程序设计语言的历史》[*History of Programming Languages, Academic Press*, 1981, 173–197] 中介绍了 LISP 的早期历史.

20 世纪 60 年代也出现了一些串处理系统, 它们主要关注字符信息的变长串上的操作: 查找某些子串的出现, 用其他串替换它们, 等等. 从历史的角度来看, 最重要的系统是 COMIT [维克多·英韦, *CACM* **6** (1963), 83–84] 和 SNOBOL [戴维·法伯、拉尔夫·格里斯沃尔德和伊万·波隆斯基, *JACM* **11** (1964), 21–30]. 尽管串处理系统曾被广泛使用, 主要算法也与本章的算法类似, 但是它们在信息结构表示技术的历史上所起作用相对较小, 这是因为这种系统的用户接触不到实际的计算机内部处理细节. 关于早期串处理技术的综述, 见斯图亚特·玛德尼克, *CACM* **10** (1967), 420–424.

表处理系统 IPL-V 和 FLPL 都不对表共享问题使用垃圾回收和引用计数技术. 每个表被一个表所 "拥有", 被其他引用它的表所 "借用", 当 "拥有者" 允许时才可删除表. 因此, 程序员要确保没有表仍然借用要删除的表. 表的引用计数技术由乔治·科林斯发明 [*CACM* **3** (1960), 655–657] 并作深入解释 [*CACM* **9** (1966), 578–588]. 垃圾回收最先由麦卡锡在其 1960 年发表的文章中介绍，其他文献见维森鲍姆的评论 [*CACM* **7** (1964), 38]，以及雅克·科恩和劳伦特·特里林的文章 [*BIT* **7** (1967), 20–30].

随着人们逐渐认识到链操作的重要性，1965 年之后设计的代数程序设计语言之中自然纳入了它们. 新的程序设计语言允许程序员选择合适的数据表示形式，而不必借助汇编语言，也不必付出完全通用的表处理结构的开销. 这一发展过程的重要步骤是以下工作：沃斯和赫尔穆特·韦伯，*CACM* **9** (1966), 13–23, 25, 89–99；小劳松，*CACM* **10** (1967), 358–367；查尔斯·霍尔，*Symbol Manipulation Languages and Techniques* [由鲍勃罗编辑，(Amsterdam: North-Holland, 1968), 262–284]；达尔和克利斯登·奈加特，*CACM* **9** (1966), 671–678；范韦恩加登、巴里·梅利克斯、约翰·派克和科内利斯·科斯特，*Numerische Math.* **14** (1969), 79–218；丹尼斯·里奇，*History of Programming Languages — II* (ACM Press, 1996), 671–698.

动态存储分配算法在正式发表之前已经使用多年. 韦伯·康福特于 1961 年写成一篇非常清晰的论文 [*CACM* **7** (1964), 357–362]，值得一读. 2.5 节介绍的边界标志方法是我于 1962 年设计的，用于 Burroughs B5000 计算机的操作系统. 伙伴系统首先由哈里·马科维茨于 1963 年用在 SIMSCRIPT 程序设计系统上，并且独立地被肯尼斯·诺尔顿发现并发表 [*CACM* **8** (1965), 623–625；又见 *CACM* **9** (1966), 616–625]. 关于动态存储分配的其他早期讨论，见以下文章：约翰·伊利弗和简·佐迪，*Comp. J.* **5** (1962), 200–209；迈克尔·贝利、迈克尔·巴内特和彼得·布勒森，*CACM* **7** (1964), 339–346；阿尔夫·拜尔蒂斯，*CACM* **8** (1965), 512–513；道格拉斯·罗斯，*CACM* **10** (1967), 481–492.

玛丽·丁佩里奥的"数据结构及其存储表示"["Data Structures and their Representation in Storage"，*Annual Review in Automatic Programming* **5** (Oxford：Pergation Press, 1969)] 提供了信息结构及其与程序设计的关系的一般讨论. 她的文章是关于这一主题的历史的有用指南，因为它包含了 12 个表处理和串处理系统所使用的结构的详细分析. 关于更多的历史细节，又见两次研讨会的文集 [*CACM* **3** (1960), 183–234; *CACM* **9** (1966), 567–643]. (上面已经引述其中部分文章.)

琼·萨米特整理了符号处理和代数公式处理的早期工作，编辑了一份出色的带注释的文献目录，与本章内容联系非常密切 [*Computing Reviews* **7** (1966 年 7 ~ 8 月), B1–B31].

在这一章，我们非常详细地考察了特定类型的信息结构. 为了避免见木不见林，总结所学知识，从更广的视角概括信息结构的一般主题，或许是明智之举. 从作为数据元素的结点的基本思想开始，我们已经看到许多例子，用来解释隐式（基于结点存放在计算机内存中的相对次序）或显式（利用结点中的指向其他结点的链）表示结构联系的合适方法. 总共有多少结构信息应当在计算机程序的表中表示，依赖于要在结点上进行什么操作.

基于教学方面的考虑，我们主要讲解信息结构与其机器表示之间的联系，而没有分别讨论这两方面. 然而，为了深入理解这一主题，有必要从更抽象的角度选取若干可以独立研究的概念层. 人们已经发明了一些值得注意的这类方法，在早期文献中特别推荐阅读如下发人深省的论文：乔治·米里，"Another look at data"，*Proc. AFIPS Fall Joint Computer Conf.* **31** (1967), 525–534；杰克逊·厄雷，"Toward an understanding of data structures"，*CACM* **14** (1971), 617–627；霍尔，"Notes on data structuring"[见于达尔、戴克斯特拉、霍尔合著的 *Structured Programming* (Academic Press, 1972), 83–174]；罗伯特·恩格斯，"A tutorial on data-base organization"，*Annual Review in Automatic Programming* **7** (1972), 3–63.

本章的讨论并未完全涵盖整个信息结构论题，至少还有如下三个重要方面未曾涉及.

(a) 我们常常想搜索整个表, 找出具有某个值的结点或结点集合, 而这种操作往往对表的结构具有重大影响. 这种情况将在第 6 章详细探讨.

(b) 我们主要关注了结构在计算机内的内部表示, 但这显然只是问题的一个方面, 因为在外部输入和输出数据中也必须表示结构. 在最简单的情况下, 外部结构基本上可以用此前用于内部结构的相同技术来处理. 但是, 字符串与更复杂的数据结构之间的转换过程也非常重要, 将在第 9 章和第 10 章分析.

(c) 我们主要讨论了数据结构在高速随机访问存储器中的表示. 当使用诸如磁盘或磁带这样较慢的存储器时, 所有结构问题都变得更加严重, 高效的算法和数据表示方案变得更加至关重要. 在这种情况下, 相互链接的结点应该存放在邻近区域. 通常, 这些问题高度依赖于具体机器的特征, 因此很难一概而论. 本章处理的简单例子将有助于读者做好准备, 解决因不太理想的存储设备而导致的困难问题. 第 5 章和第 6 章将详细讨论部分此类问题.

由本章处理的所有主题, 主要可得出什么推论? 也许最重要的结论是, 这里涉及的思想并非仅仅局限于计算机程序设计, 而是普遍适用于日常生活. 我们用到的模型是由包含字段的结点组成的集合, 其中某些字段指向其他结点, 而这看来是各类结构关系的出色的抽象模型. 这种模型说明, 可以从简单的结构构建复杂的结构, 而且处理这种结构的算法可以用自然的方式来设计.

因此, 看来应当深入探讨关于链接结点集的理论, 开发出比现有知识更丰富的结论. 或许, 最显而易见的起步方法是, 定义一类新的抽象机器或 "自动机" 来处理链接结构. 例如, 这种装置可以非形式地定义如下: 存在数 k, l, r, s, 使得该自动机处理包含 k 个链接字段和 r 个信息字段的结点; 该自动机有 l 个链接寄存器和 s 个信息寄存器, 使得它能够控制它所实施的过程. 信息字段和信息寄存器可以包含取自给定信息符号集中的任意符号; 每个链接字段和链接寄存器或者包含 Λ, 或者指向一个结点. 这个机器可以 (i) 创建新结点 (把指向该结点的链放置到一个寄存器中), (ii) 比较信息符号或链接值是否相等, (iii) 在寄存器和结点之间传递信息符号或链接值. 仅有链接寄存器指向的结点才是直接可访问的. 对机器行为适当施加限制, 将使它等价于其他几种自动机.

柯尔莫哥洛夫早在 1952 年就提出了一个相关的计算模型. 他的机器本质上是在图 G 上运行, 有一个特别指定的开始顶点 v_0, G 中与 v_0 的距离小于或等于 n 的所有顶点组成子图 G'. 机器每步动作仅取决于 G 的子图 G', 并将它替换成另一个图 $G'' = f(G')$, 其中 G'' 包括 v_0 和到 v_0 的距离恰为 n 的顶点, 可能还有其他顶点 (新创建的), 图 G 的其余部分均不改变. 这里, n 是为具体算法预先指定的固定值, 但它可以任意大. 每个顶点都附上一个取自有限字母表的符号, 并且限制两个具有相同符号的顶点不能与一个公共顶点相邻. [见柯尔莫哥洛夫, *Uspekhi Mat. Nauk* **8**, 4 (1953), 175–176; 柯尔莫哥洛夫和乌斯宾斯基, *Uspekhi Mat. Nauk* **13**, 4 (1958), 3–28; *Amer. Math. Soc. Translations*, series 2, **29** (1963), 217–245.]

链接自动机可以很容易地模拟图机器, 每个图步骤最多用有界的多步实现. 然而, 反过来, 假如不使用无界增加的运行时间, 图机器不太可能模拟任意的链接自动机, 除非把定义从无向图改变成有向图, 考虑顶点度数有界的限制. 当然, 链接模型非常接近程序员在实际机器上可用的操作, 而图模型则相差甚远.

对这种装置而言, 需要解决的最有趣的问题是: 求解某些问题时 (例如翻译某种形式语言), 它们能够以多快的速度解决? 需要多少结点? 在第一次撰写本章时, 已经有人得出一些有趣结果 (特别是尤里斯·哈特马尼斯和理查德·斯特恩斯), 但是仅针对具有多带、多读写头的特殊图灵机的. 图灵机模型相对而言不太现实, 因此这些结果对于实际问题不太有用.

必须承认，如果链接自动机创建的结点数 n 趋于无限，那么我们不知道如何实际开发这种设备，因为我们希望无论 n 多大，机器的操作都用相同的时间. 如果像在计算机内存中那样使用地址表示链接，则由于链接字段具有固定的大小，有必要对结点数设置上限. 因此，当 n 趋向于无穷时，多带图灵机是一种更现实的模型. 不过似乎有理由相信，即便当 n 很大时考虑渐近公式，基于链接自动机的算法复杂性理论也比图灵机更合适，因为这一理论很可能与 n 的实际值有关. 此外，大约当 n 大于 10^{30} 时，单带图灵机甚至也不现实，不可能构建. 相关性比现实性更重要.

自我最初写作以上大部分评论以来，已经过去了许多年. 链接自动机（现在称"指针机器"）理论方面发生了实实在在的进展，值得每个人为之高兴. 但是，仍然还有许多工作要做.

> 程序设计的一般规则已被发现，
> 其中大部分早已在堪萨斯城的货场使用多年.
>
> ——德里克·莱默（1949）

> 首先，我要说明，在这个体系中，
> 所有的树都是倒立的，即根在上而枝在下.
> 有人可能会说，这样的话，"树"就名不副实了.
> 而我的回答是，我只是借鉴了家谱学的做法.
> 家谱树都是倒立的，那为什么逻辑"树"不可以这样呢?
>
> ——刘易斯·卡罗尔，《符号逻辑》（1896）

> 我相信你一定同意，
> 如果翻到第 534 页还没出第二章，
> 那么第一章的长度肯定不堪忍受.
>
> ——福尔摩斯，《恐怖谷》，柯南·道尔（1888）

习题答案

习题说明

1. 对喜欢数学的读者, 这是个普通问题.

4. 参阅威廉姆·勒维克, *Topics in Number Theory* **2** (Reading, Mass.: Addison-Wesley, 1956), 第 3 章; 保罗·里本伯姆, *13 Lectures on Fermat's Last Theorem* (New York: Springer-Verlag, 1979); 安德鲁·怀尔斯, *Annals of Mathematics* (2) **141** (1995), 443–551.

1.1 节

1. $t \leftarrow a$, $a \leftarrow b$, $b \leftarrow c$, $c \leftarrow d$, $d \leftarrow t$.

2. 在第一次执行步骤 E1 后, 变量 m 和 n 的值分别是 n 和 r 原来的值, 且 $n > r$.

3. 算法 **F** (欧几里得算法). 给定两个正整数 m 和 n, 求它们的最大公因数.

F1. [求 m/n 的余数.] 用 n 除 m, 令 m 为余数.

F2. [余数是否为 0?] 如果 $m = 0$, 算法终止, n 是答案.

F3. [求 n/m 的余数.] 用 m 除 n, 令 n 为余数.

F4. [余数是否为 0?] 如果 $n = 0$, 算法终止, m 是答案; 否则, 返回步骤 F1. ▮

4. 由算法 E, $n = 6099, 2166, 1767, 399, 171, 57$. 答案是 57.

5. 它不满足有限性、确定性和可行性, 可能没有输出. 就格式而言, 在操作步号码之前没有字母, 未出现概述性短语, 而且没有 "▮".

6. 用 $n = 5$ 和 $m = 1, 2, 3, 4, 5$ 试验算法 E, 步骤 E1 执行的次数分别为 2, 3, 4, 3, 1. 所以步骤 E1 执行的平均次数是 $2.6 = T_5$.

7. 除了数目有限的特例以外, $n > m$ 总成立. 当 $n > m$ 时, 算法 E 的第 1 次迭代仅仅交换这两个数, 所以 $U_m = T_m + 1$. 例如 $m = 5$, $n = 1, 2, \ldots$, 1,2,3,2,1, 1,3,4,5,4, 2,3,4,5,4,2,$\ldots$ 的平均次数是 3.6.

8. 令 $A = \{a, b, c\}$, $N = 5$, 算法结束时得到字符串 $a^{\gcd(m,n)}$.

j	θ_j	ϕ_j	b_j	a_j	
0	ab	(空)	1	2	消除一个 a 和一个 b, 或者转到 2.
1	(空)	c	0	0	在最左端加 c, 转回 0.
2	a	b	2	3	把所有 a 变成 b.
3	c	a	3	4	把所有 c 变成 a.
4	b	b	0	5	如果还有 b, 重复.

每次迭代要么减少 m, 要么保持 m 不变并减少 n.

9. 例如，我们可以说 C_2 表示 C_1，如果存在一个从 I_1 到 I_2 的函数 g，一个从 Q_2 到 Q_1 的函数 h，以及一个从 Q_2 到正整数集的函数 j，满足下列条件：

(a) 如果 x 在 I_1 中，那么 $h(g(x)) = x$.

(b) 如果 q 在 Q_2 中，那么 $f_1(h(q)) = h(f_2^{[j(q)]}(q))$，其中 $f_2^{[j(q)]}$ 是指函数 f_2 迭代 $j(q)$ 次.

(c) 如果 q 在 Q_2 中，那么 $h(q)$ 在 Ω_1 中的充分必要条件为 q 在 Ω_2 中.

例如，令 C_1 按式 (2) 定义，令 C_2 有 $I_2 = \{(m,n)\}$，$\Omega_2 = \{(m,n,d)\}$，$Q_2 = I_2 \cup \Omega_2 \cup \{(m,n,a,b,1)\} \cup \{(m,n,a,b,r,2)\} \cup \{(m,n,a,b,r,3)\} \cup \{(m,n,a,b,r,4)\} \cup \{(m,n,a,b,5)\}$. 令 $f_2((m,n)) = (m,n,m,n,1)$；$f_2((m,n,d)) = (m,n,d)$；$f_2((m,n,a,b,1)) = (m,n,a,b,a \bmod b,2)$；$f_2((m,n,a,b,r,2)) = (m,n,b)$，如果 $r = 0$，其他情形为 $(m,n,a,b,r,3)$；$f_2((m,n,a,b,r,3)) = (m,n,b,b,r,4)$；$f_2((m,n,a,b,r,4)) = (m,n,a,r,5)$；$f_2((m,n,a,b,5)) = f_2((m,n,a,b,1))$.

现在令 $h((m,n)) = g((m,n)) = (m,n)$；$h((m,n,d)) = (d)$；$h((m,n,a,b,1)) = (a,b,0,1)$；$h((m,n,a,b,r,2)) = (a,b,r,2)$；$h((m,n,a,b,r,3)) = (a,b,r,3)$；$h((m,n,a,b,r,4)) = h(f_2((m,n,a,b,r,4)))$；$h((m,n,a,b,5)) = (a,b,b,1)$；$j((m,n,a,b,r,3)) = j((m,n,a,b,r,4)) = 2$，其他情形为 $j(q) = 1$. 于是 C_2 表示 C_1.

注记：读者可能希望寻找更简单的定义方式，例如令 g 是从 Q_1 到 Q_2 的函数，并且仅要求当 $x_0, x_1, \ldots$ 是 C_1 中的计算序列时，$g(x_0), g(x_1), \ldots$ 是 C_2 中以 $g(x_0)$ 为首项的计算序列的子序列. 然而这是不恰当的. 在上面的例子中，C_1 忽略 m 和 n 的原值，但是 C_2 未忽略.

如果 C_2 通过函数 g, h, j 表示 C_1，而且 C_3 通过函数 g', h', j' 表示 C_2，那么 C_3 通过函数 g'', h''，j'' 表示 C_1，其中

$$g''(x) = g'(g(x)), \qquad h''(x) = h(h'(x)),$$

并且如果 $q_0 = q$ 且 $q_{k+1} = f_3^{[j'(q_k)]}(q_k)$，那么

$$j''(q) = \sum_{0 \le k < j(h'(q))} j'(q_k).$$

因此上面定义的关系是传递的. 如果函数 j 是有界的，我们可以说 C_2 直接表示 C_1，这个关系也是传递的. 关系 "C_2 表示 C_1" 产生一个等价关系，两个计算方法等价显然当且仅当它们计算的函数是同构的；关系 "C_2 直接表示 C_1" 产生一个更有趣的等价关系，它大概相当于二者 "本质上是同一个算法" 的直观概念.

关于模拟的另一种定义方法，参阅罗伯特·弗洛伊德和理查德·贝尔格的《机器的语言》的 3.3 节 [*The Language of Machines* (Computer Science Press, 1994)].

1.2.1 节

1. (a) 证明 $P(0)$. (b) 证明对于所有 $n \ge 0$，$P(0), \ldots, P(n)$ 蕴涵 $P(n+1)$.

2. 对于 $n = 2$，定理并未证明. 在证明的第二部分，取 $n = 1$，可见式中假定 $a^{(n-1)-1} = a^{-1} = 1$. 如果这个条件满足（即 $a = 1$），那么定理确实成立.

3. 正确答案是 $1 - 1/n$，错误出现在对 $n = 1$ 的证明中，这时公式的左端或者视为无意义，或者视为 0（因为共有 $n - 1$ 项）.

5. 如果 n 是素数，它显然是素的乘积，结论是平凡的. 否则，n 有因数，于是存在 k 和 m 使得 $n = km$，其中 $1 < k$，$m < n$. 由于 k 和 m 都小于 n，根据归纳法，它们可以写成素数的乘积. 因此，n 可以写成出现在 k 和 m 的表示中的素数的乘积.

6. 用图 4 中的记号，我们证明 $A5$ 蕴涵 $A6$. 这是显然的，因为 $A5$ 蕴涵 $(a' - qa)m + (b' - qb)n = (a'm + b'n) - q(am + bn) = c - qd = r$.

7. $n^2 - (n-1)^2 + \cdots - (-1)^n 1^2 = 1 + 2 + \cdots + n = n(n+1)/2$.

8. (a) 我们要证明 $(n^2 - n + 1) + (n^2 - n + 3) + \cdots + (n^2 + n - 1)$ 等于 n^3. 事实上，由等式 (2)，这个和是 $n(n^2 - n) + (1 + 3 + \cdots + (2n-1)) = n^3 - n^2 + n^2$. 不过题目要求用归纳法证明，所以需要采用

另外一种方法！对于 $n = 1$，结果是显然的．令 $n \geq 1$，有 $(n+1)^2 - (n+1) = n^2 - n + 2n$，所以对于 $n+1$ 的式子的前面各项分别比对于 n 的各项大 $2n$．因此，对于 $n+1$ 的和等于对于 n 的和加上

$$\underbrace{2n + \cdots + 2n}_{n} + (n+1)^2 + (n+1) - 1,$$

这等于 $n^3 + 2n^2 + n^2 + 3n + 1 = (n+1)^3$．(b) 对于 $(n+1)^3$ 的第一项比对于 n^3 的最后一项大 2．所以由等式 (2)，$1^3 + 2^3 + \cdots + n^3 =$ 从 1 开始的连续奇数之和 =（项数）$^2 = (1 + 2 + \cdots + n)^2$．

10. 对于 $n = 10$ 是显然的．如果 $n \geq 10$，有 $2^{n+1} = 2 \cdot 2^n > (1 + 1/n)^3 2^n$，根据归纳法，这大于 $(1 + 1/n)^3 n^3 = (n+1)^3$．

11. $(-1)^n(n+1)/(4(n+1)^2 + 1)$．

12. 这个推广唯一的不平凡之处在 E2 中整数 q 的计算．可以反复做减法，把问题归纳为判断 $u + v\sqrt{2}$ 是正数或负数还是为零，而这是容易解决的．

　　不难证明，当 $u + v\sqrt{2} = u' + v'\sqrt{2}$ 时，必有 $u = u'$ 和 $v = v'$，因为 $\sqrt{2}$ 是无理数．如果我们定义 $u + v\sqrt{2}$ 为 $a(u + v\sqrt{2})$ 的因数，当且仅当 a 为整数，那么 1 与 $\sqrt{2}$ 显然没有公因数．用这种方式扩充的算法以正规连分数计算两个输入之比，参阅 4.5.3 节．

　　［注记：然而，如果我们推广因数的概念，定义 $u + v\sqrt{2}$ 为 $a(u + v\sqrt{2})$ 的因数，当且仅当 a 形如 $u' + v'\sqrt{2}$，其中 u' 和 v' 是整数，那么存在一种推广算法 E 的方法，使得它总会终止：如果在步骤 E2 有 $c = u + v\sqrt{2}$ 和 $d = u' + v'\sqrt{2}$，计算 $c/d = c(u' - v'\sqrt{2})/(u'^2 - 2v'^2) = x + y\sqrt{2}$，其中 x 和 y 是有理数；现在令 $q = u'' + v''\sqrt{2}$，其中 u'' 和 v'' 是最接近 x 和 y 的整数，并且令 $r = c - qd$．如果 $r = u''' + v'''\sqrt{2}$，由此推出 $|u'''^2 - 2v'''^2| < |u'^2 - 2v'^2|$，因此计算将会终止．关于进一步的资料，请参阅数论教科书中的"二次欧几里得整环"部分．］

13. 把 "$T \leq 3(n-d) + k$" 加进断言 $A3, A4, A5, A6$，其中 k 分别取值 $2, 3, 3, 1$．另外把 "$d > 0$" 加进断言 $A4$．

15. (a) 在 (iii) 中令 $A = S$；每个非空的良序集都有最小元素．

　　(b) 如果 $|x| < |y|$，或者如果 $|x| = |y|$ 且 $x < 0 < y$，令 $x \prec y$．

　　(c) 不是，所有正实数的子集不满足 (iii)．［注记：利用所谓"选择公理"可以给出一个比较复杂的论证，证明每个集合都存在某种良序关系，但是目前无人能够显式定义实数上的良序关系．］

　　(d) 为了对 T_n 证明 (iii)，对 n 归纳：令 A 为 T_n 的一个非空子集，考虑由 A 中元素的第一个分量组成的集合 A_1．由于 A_1 是 S 的非空子集，而且 S 是良序的，因此 A_1 中存在最小的元素 x．现在考虑 A 中第一个分量为 x 的元素构成的子集 A_x，去掉 A_x 各元素的第一个分量后，可将它视为 T_{n-1} 的一个子集，所以根据归纳法，A_x 中存在最小元素 $(x, x_2, \ldots, x_n)$，实际上这就是 A 的最小元素．

　　(e) 不是，不过性质 (i) 和 (ii) 成立．如果 S 包含至少两个不同的元素 $a \prec b$，那么由 $(b), (a, b)$, $(a, a, b), (a, a, a, b), (a, a, a, a, b), \ldots$ 组成的集合没有最小元素．当 $m < n$ 时，或者当 $m = n$ 且在 T_n 中有 $(x_1, \ldots, x_m) \prec (y_1, \ldots, y_n)$ 时，定义 $(x_1, \ldots, x_n) \prec (y_1, \ldots, y_n)$，那么 T 是良序的．

　　(f) 令 S 按照 $\prec$ 是良序的．如果存在这样的一个无穷序列，那么由序列各项组成的集合 A 不满足性质 (iii)，因为序列中没有最小元素．反过来，如果 $\prec$ 是满足 (i) 和 (ii) 但是不满足 (iii) 的关系，令 A 是 S 的不含最小元素的非空子集．由于 A 不空，A 中存在元素 x_1；由于 x_1 不是 A 的最小元素，在 A 中存在 x_2 满足 $x_2 \prec x_1$；由于 x_2 也不是最小元素，又存在 $x_3 \prec x_2$；以此类推．

　　(g) 令 A 是使 $P(x)$ 为假的所有 x 的集合．如果 A 不空，其中存在最小元素 x_0．因此 $P(y)$ 对于所有 $y \prec x_0$ 为真．但是这蕴涵 $P(x_0)$ 为真，所以 x_0 不在 A 中（矛盾）．因此 A 必定是空集，即 $P(x)$ 恒为真．

1.2.2 节

1. 不存在．如果 r 是正有理数，$r/2$ 总是更小的正有理数．

2. 假如末尾连续出现无限多个 9，就不是十进制展开式．按照式 (2)，此时对应的十进制展开式为 $1 + 0.24000000\ldots$．

3. $-1/27$,但是正文没有对它给出定义.

4. 4.

6. 一个数的十进制展开式是唯一的,所以当且仅当 $m = n$ 而且对于所有 $i \geq 1$ 有 $d_i = e_i$ 时,$x = y$. 我们可以依次比较 m 与 n,d_1 与 e_1,d_2 与 e_2,等等,当第一次出现不相等的情况时,较大的数字所在的实数就是 $\{x, y\}$ 中较大的数.

7. 可以对 x 归纳,首先证明 x 为正数时定律成立,然后证明 x 为负数时定律成立. 细节从略.

8. 依次令 $n = 0, 1, 2, \ldots$ 可求出满足 $n^m \leq u < (n+1)^m$ 的 n 值. 归纳假设已经求出 $n, d_1, \ldots, d_{k-1}$,那么 d_k 是满足

$$\left(n + \frac{d_1}{10} + \cdots + \frac{d_k}{10^k}\right)^m \leq u < \left(n + \frac{d_1}{10} + \cdots + \frac{d_k}{10^k} + \frac{1}{10^k}\right)^m$$

的数字. 按这种构造方法,对于所有的 $k > l$ 都不满足 $d_k = 9$,因为此情况出现的必要条件是 $(n + d_1/10 + \ldots + d_l/10^l + 1/10^l)^m \leq u$.

9. $((b^{p/q})^{u/v})^{qv} = (((b^{p/q})^{u/v})^v)^q = ((b^{p/q})^q)^u = ((b^{p/q})^q)^u = b^{pu}$. 因此 $(b^{p/q})^{u/v} = b^{pu/qv}$. 这证明了第二个定律. 用第二个定律可以证明第一个定律:$b^{p/q}b^{u/v} = (b^{1/qv})^{pv}(b^{1/qv})^{qu} = (b^{1/qv})^{pv+qu} = b^{p/q+u/v}$.

10. 如果 $\log_{10} 2 = p/q$,其中 p 和 q 为正整数,那么 $2^q = 10^p$. 而这是不可能的,因为等式右端能被 5 整除,左端却不能.

11. 无限多位!如果 x 的各位数字同 $\log_{10} 2$ 一致,无论给出多少位数,我们都不知道 $10^x = 1.99999\ldots$ 还是 $2.00000\ldots$. 这丝毫没有神秘难解或者自相矛盾之处. 加法也有类似的情况,例如把 $0.444444\ldots$ 加到 $0.55555\ldots$ 上.

12. $d_1, \ldots, d_8$ 只有如此取值才满足等式 (7).

13. (a) 首先用归纳法证明:如果 $y > 0$,那么 $1 + ny \leq (1 + y)^n$. 然后置 $y = x/n$,并且取 n 次根.
(b) $x = b - 1$,$n = 10^k$.

14. 在 (5) 的第二个等式中置 $x = \log_b c$,然后两端同时取对数.

15. 把 "$\log_b y$" 移到等式的另一端,利用式 (11) 证明结论成立.

16. 由式 (14),是 $\ln x / \ln 10$.

17. 5;1;1;0;无定义.

18. 原式不成立,$\log_8 x = \lg x / \lg 8 = \frac{1}{3} \lg x$.

19. 是,因为 $\lg n < (\log_{10} n)/0.301 < 14/0.301 < 47$.

20. 它们互为倒数.

21. $(\ln\ln x - \ln\ln b)/\ln b$.

22. 由附录 A 的表,$\lg x \approx 1.442695 \ln x$,$\log_{10} x \approx .4342945 \ln x$.
相对误差 $\approx (1.442695 - 1.4342945)/1.442695 \approx 0.582\%$.

23. 在图 6 中,取面积为 $\ln y$ 的图形,用 x 除它的高度,同时用 x 乘它的长度. 这个变形保持它的面积不变,并使它与从 $\ln xy$ 减去 $\ln x$ 剩下的图形全等,因为在 $\ln xy$ 的图中,$x + xt$ 点处的高度为 $1/(x + xt) = (1/(1 + t))/x$.

24. 用 2 代换所有 10.

25. 注意到 $z = 2^{-p}\lfloor 2^{p-k} x \rfloor > 0$,其中 p 表示精度(小数点后的二进制数的位数). 算法执行时,$y + \log_b x$ 的值基本不变.

27. 对 k 归纳证明

$$x^{2^k}(1-\delta)^{2^{k+1}-1} \leq 10^{2^k(n+b_1/2+\cdots+b_k/2^k)} x'_k \leq x^{2^k}(1+\epsilon)^{2^{k+1}-1}$$

并对上式取对数.

28. 下面的解法使用同习题 25 一样的辅助表.

E1. ［初始化.］置 $x \leftarrow 1 - \epsilon - x$, $y \leftarrow y_0$, $k \leftarrow 1$, 其中 $1 - \epsilon$ 是 x 可能取的最大值, y_0 是最接近 $b^{1-\epsilon}$ 的近似值. （yb^{-x} 的值在下列步骤中基本不变. ）

E2. ［检验算法终结.］如果 $x = 0$, 终止.

E3. ［比较.］如果 $x < \log_b\big(2^k/(2^k - 1)\big)$, k 增加 1, 重复这一步.

E4. ［减少值.］置 $x \leftarrow x - \log_b\big(2^k/(2^k - 1)\big)$, $y \leftarrow y - (y$ 右移 k 位), 然后转到 E2. ∎

如果在步骤 E1 将 y 取为 $b^{1-\epsilon}(1+\epsilon_0)$, 那么在步骤 E4 的第 j 次执行中, 由于置 $x \leftarrow x + \log_b(1 - 2^{-k}) + \delta_j$ 和 $y \leftarrow y(1 - 2^{-k})(1 + \epsilon_j)$, δ_j 和 ϵ_j 是微小误差, 因此就引入了计算误差. 算法终结时, 计算出 $y = b^{x - \Sigma \delta_j} \prod_j (1 + \epsilon_j)$. 进一步的分析依赖于 b 和计算机的字大小. 请注意, 在本题和习题 26 中, 若改成以 e 为底, 可改进误差估计, 因为对于 k 的多数值, 表项 $\ln(2^k/(2^k - 1))$ 可以给出高精度的值: 它等于 $2^{-k} + \frac{1}{2}2^{-2k} + \frac{1}{3}2^{-3k} + \cdots$.

注记: 对于三角函数可给出类似的算法, 见约翰 · 麦吉特, *IBM J. Res. and Dev.* **6** (1962), 210–226; **7** (1963), 237–245. 另见陈天机, *IBM J. Res. and Dev.* **16** (1972), 380–388; 弗拉季斯拉夫 · 林斯基, *Vychisl. Mat.* **2** (1957), 90–119; 高德纳, *METAFONT: The Program* (Reading, Mass.: Addison-Wesley, 1986), §120–§147.

29. e; 3; 4.

30. n.

1.2.3 节

1. $-a_1$, 以及 $a_2 + \ldots + a_1 = 0$. 有省略号的和式一般定义为: 对任意整数 p、q 和 r, $(a_p + \cdots + a_q) + (a_{q+1} + \cdots + a_r) = a_p + \cdots + a_r$ 都成立.

2. $a_1 + a_2 + a_3$.

3. $\frac{1}{1} + \frac{1}{3} + \frac{1}{5} + \frac{1}{7} + \frac{1}{9} + \frac{1}{11}$; $\frac{1}{9} + \frac{1}{3} + \frac{1}{1} + \frac{1}{3} + \frac{1}{9}$. 有两处不满足针对 $p(j)$ 的规则: 第一, 没有 n 满足 $n^2 = 3$; 第二, 有两个 n 满足 $n^2 = 4$. ［见式 (18). ］

4. $(a_{11}) + (a_{21} + a_{22}) + (a_{31} + a_{32} + a_{33}) = (a_{11} + a_{21} + a_{31}) + (a_{22} + a_{32}) + (a_{33})$.

5. 仅需使用规则 $a \sum_{R(i)} x_i = \sum_{R(i)} (a x_i)$:

$$\left(\sum_{R(i)} a_i\right)\left(\sum_{S(j)} b_j\right) = \sum_{R(i)} a_i\left(\sum_{S(j)} b_j\right) = \sum_{R(i)}\left(\sum_{S(j)} a_i b_j\right).$$

7. 使用式 (3), 交换两个极限, a_0 到 a_c 各项必须从一个极限移到另一个极限中.

8. 对于所有 $i \geq 0$, 令 $a_{(i+1)i} = +1$, $a_{i(i+1)} = -1$, 再令其他 a_{ij} 均为 0. 令 $R(i) = S(i) = $ "$i \geq 0$". 则式 (7) 左端为 -1, 右端为 $+1$.

9, 10. 无效. 应用规则 (d) 的前提是 $n \geq 0$. （$n = -1$ 时, 结果正确但推导错误. ）

11. $(n+1)a$.

12. $\frac{7}{6}(1 - 1/7^{n+1})$.

13. $m(n - m + 1) + \frac{1}{2}(n - m)(n - m + 1)$, 或写成 $\frac{1}{2}(n(n+1) - m(m-1))$.

14. $\frac{1}{4}\big(n(n+1) - m(m-1)\big)\big(s(s+1) - r(r-1)\big)$, 如果 $m \leq n$ 且 $r \leq s$.

15, 16. 关键步骤:

$$\sum_{0 \leq j \leq n} j x^j = x \sum_{1 \leq j \leq n} j x^{j-1} = x \sum_{0 \leq j \leq n-1} (j+1) x^j$$

$$= x \sum_{0 \leq j \leq n} j x^j - n x^{n+1} + x \sum_{0 \leq j \leq n-1} x^j.$$

17. S 中元素的个数.

18. $S'(j) =$ "$1 \le j < n$". $R'(i,j) =$ "n 是 i 的倍数且 $i > j$".

19. $(a_n - a_{m-1})[m \le n]$.

20. $(b-1)\sum_{k=0}^{n}(n-k)b^k + n + 1 = \sum_{k=0}^{n} b^k$. 可以从 (14) 和习题 16 的结果推出.

21. $\sum_{R(j)} a_j + \sum_{S(j)} a_j = \sum_j a_j[R(j)] + \sum_j a_j[S(j)] = \sum_j a_j([R(j)] + [S(j)])$; 然后利用 $[R(j)] + [S(j)] = [R(j)$ 或 $S(j)] + [R(j)$ 且 $S(j)]$ 这个事实. 一般地, 利用方括号记号, 我们能在 "行内" 直接运算, 而不必 "在行下" 处理.

22. 对于式 (5) 和式 (7), 只需把 $\sum$ 改成 $\prod$. 另外两式为 $\prod_{R(i)} b_i c_i = (\prod_{R(i)} b_i)(\prod_{R(i)} c_i)$ 和

$$\left(\prod_{R(j)} a_j\right)\left(\prod_{S(j)} a_j\right) = \left(\prod_{R(j) \text{ 或 } S(j)} a_j\right)\left(\prod_{R(j) \text{ 且 } S(j)} a_j\right).$$

23. $0 + x = x$ 和 $1 \cdot x = x$. 这种约定能简化很多运算和等式, 如规则 (d) 及上题中的类似结果.

25. 第一步和最后一步是正确的. 第二步同时用 i 表示了两个不同的意义. 第三步或许应该是 $\sum_{i=1}^{n} n$.

26. 仿照例 2 变形之后, 关键步骤为:

$$\prod_{i=0}^{n}\left(\prod_{j=0}^{n} a_i a_j\right) = \prod_{i=0}^{n}\left(a_i^{n+1}\prod_{j=0}^{n} a_j\right)$$

$$= \left(\prod_{i=0}^{n} a_i^{n+1}\right)\left(\prod_{i=0}^{n}\left(\prod_{j=0}^{n} a_j\right)\right) = \left(\prod_{i=0}^{n} a_i\right)^{2n+2}.$$

答案为 $(\prod_{i=0}^{n} a_i)^{n+2}$.

28. $(n+1)/2n$.

29. (a) $\sum_{0 \le k \le j \le i \le n} a_i a_j a_k$. (b) 令 $S_r = \sum_{i=0}^{n} a_i^r$. 解: $\frac{1}{3}S_3 + \frac{1}{2}S_1 S_2 + \frac{1}{6}S_1^3$. 下标数目更大时, 这个问题的一般解见 1.2.9 节式 (38).

30. 把左端写成 $\sum_{1 \le j,k \le n} a_j b_k x_j y_k$, 右端也采用类似的表示. (这个恒等式是习题 46 取 $m = 2$ 时的特例.)

31. 置 $a_j = u_j$, $b_j = 1$, $x_j = v_j$, $y_j = 1$, 得到答案 $n\sum_{j=1}^{n} u_j v_j - (\sum_{j=1}^{n} u_j)(\sum_{j=1}^{n} v_j)$. 因此, 当 $u_1 \le u_2 \le \ldots \le u_n$, $v_1 \le v_2 \le \ldots \le v_n$ 时, 我们有 $(\sum_{j=1}^{n} u_j)(\sum_{j=1}^{n} v_j) \le n\sum_{j=1}^{n} u_j v_j$, 这就是切比雪夫的单调不等式 [见 *Soobshch. mat. obshch. Khar'kovskom Univ.* **4**, 2 (1882, 93–98)].

33. 把公式改写成

$$\frac{1}{x_n - x_{n-1}}\left(\sum_{j=1}^{n}\frac{x_j^r(x_j - x_{n-1})}{\prod_{1 \le k \le n,\, k \ne j}(x_j - x_k)} - \sum_{j=1}^{n}\frac{x_j^r(x_j - x_n)}{\prod_{1 \le k \le n,\, k \ne j}(x_j - x_k)}\right),$$

然后可以对 n 归纳证明. 每个和都具有原式的形式, 只不过是对 $n-1$ 个元素求和, 而且当 $0 \le r \le n-1$ 时, 可由归纳法出色地加以证明. 当 $r = n$ 时, 考虑恒等式

$$0 = \sum_{j=1}^{n}\frac{\prod_{k=1}^{n}(x_j - x_k)}{\prod_{1 \le k \le n,\, k \ne j}(x_j - x_k)} = \sum_{j=1}^{n}\frac{x_j^n - (x_1 + \cdots + x_n)x_j^{n-1} + P(x_j)}{\prod_{1 \le k \le n,\, k \ne j}(x_j - x_k)},$$

其中 $P(x_j)$ 是关于 x_j 的 $n-2$ 次多项式, 其系数关于 $x_1, \ldots, x_n$ 对称, 与 j 无关 (见习题 1.2.9–10). 由 $r = 0, 1, \ldots, n-1$ 时的解, 我们得到所求答案.

注记: 在矩阵博士发现这个结果之前, 欧拉已经于 1762 年 11 月 9 日致信哥德巴赫谈到这一公式. 见欧拉的《积分学原理》[*Institutionum Calculi Integralis* **2** (1769), §1169], 另见爱德华·华林, *Phil. Trans.* **69** (1779), 64–67. 下面利用复变函数论给出另一种证法, 它虽然不够初等, 但是更为精巧. 由留数定理, 所求和式的值为

$$\frac{1}{2\pi i}\int_{|z|=R}\frac{z^r\,\mathrm{d}z}{(z - x_1)\ldots(z - x_n)},$$

其中 $R > |x_1|, \ldots, |x_n|$. 被积函数的洛朗展开式对于 $|z| = R$ 一致收敛，值为

$$z^{r-n}\left(\frac{1}{1-x_1/z}\right)\cdots\left(\frac{1}{1-x_n/z}\right)$$

$$= z^{r-n} + (x_1 + \cdots + x_n)z^{r-n-1} + (x_1^2 + x_1 x_2 + \cdots)z^{r-n-2} + \cdots.$$

逐项积分，除 z^{-1} 的系数外全部为 0. 这个方法给出了对于任意整数 $r \geq 0$ 的一般公式：

$$\sum_{\substack{j_1+\cdots+j_n=r-n+1 \\ j_1,\ldots,j_n \geq 0}} x_1^{j_1}\ldots x_n^{j_n} = \sum_{1 \leq j_1 \leq \cdots j_{r-n+1} \leq n} x_{j_1}\ldots x_{j_{r-n+1}}.$$

见式 1.2.9–(33). ［詹姆斯·西尔维斯特，*Quart. J. Math.* **1** (1857), 141–152. ］

34. 如果读者已经认真尝试求解了这个问题而没有获得答案，那么出题的目的或许已经达到. 读者几乎必然会把分子看成关于 x 的多项式，而不是 k 的多项式. 然而，无疑更容易证明更加一般的结果

$$\sum_{k=1}^{n} \frac{\prod_{1 \leq r \leq n-1}(y_k - z_r)}{\prod_{1 \leq r \leq n, r \neq k}(y_k - y_r)} = 1.$$

这是关于 $2n-1$ 个变量的恒等式！

35. 如果 $R(j)$ 永不成立，那么这个上确界应为 $-\infty$. 由规则 (a) 类推得到题中所述规则的根据是恒等式 $a + \max(b, c) = \max(a + b, a + c)$. 类似地，如果所有 a_i 和 b_j 都非负，那么

$$\sup_{R(i)} a_i \sup_{S(j)} b_j = \sup_{R(i)} \sup_{S(j)} a_i b_j.$$

规则 (b) (c) 不变. 对于规则 (d)，我们得到更简单的形式

$$\sup(\sup_{R(j)} a_j, \sup_{S(j)} a_j) = \sup_{R(j) \text{ 或 } S(j)} a_j.$$

36. 从第 $2, \ldots, n$ 列减去第 1 列. 把第 $2, \ldots, n$ 行加到第 1 行. 结果是一个三角形行列式.

37. 从第 $2, \ldots, n$ 列减去第 1 列. 然后对于 $k = n, n-1, \ldots, 2$，依次从第 k 行减去第 $k-1$ 行的 x_1 倍（注意顺序）. 现在提出第 1 列的因子 x_1，提出第 k 列的因子 $x_k - x_1$，其中 $k = 2, \ldots, n$. 得到 $x_1(x_2 - x_1)\ldots(x_n - x_1)$ 乘一个 $n-1$ 阶的范德蒙德行列式. 归纳可得结论.

另外一个证明利用"更高等"的数学：这个行列式是关于变量 $x_1, \ldots, x_n$ 的多项式，总次数为 $1 + 2 + \cdots + n$. 如果 $x_j = 0$，或者 $x_i = x_j$ $(i < j)$，那么它变为 0. 而且 $x_1^1 x_2^2 \ldots x_n^n$ 的系数为 1. 这些事实决定了行列式的值. 一般地，如果一个矩阵的两行在 $x_i = x_j$ 时相等，那么它们的差往往能被 $x_i - x_j$ 除尽. 利用这一结论，通常可快速计算行列式.

38. 从第 $2, \ldots, n$ 列减去第 1 列，并且从各行各列提取因式

$$(x_1 + y_1)^{-1}\ldots(x_n + y_1)^{-1}(y_1 - y_2)\ldots(y_1 - y_n).$$

现在从第 $2, \ldots, n$ 行减去第 1 行，并且提取因式 $(x_1 - x_2)\ldots(x_1 - x_n)(x_1 + y_2)^{-1}\ldots(x_1 + y_n)^{-1}$. 我们得到了 $n-1$ 阶的柯西行列式.

39. 令 I 为单位矩阵 (δ_{ij})，J 为每个元素都是 1 的矩阵. 由于 $J^2 = nJ$，我们有 $(xI + yJ)((x+ny)I - yJ) = x(x + ny)I$.

40. ［棣莫弗，*The Doctrine of Chances*, 2nd edition (London:1738), 197–199. ］我们有

$$\sum_{t=1}^{n} b_{it} x_j^t = x_j \prod_{\substack{1 \leq k \leq n \\ k \neq j}}(x_k - x_j) \bigg/ x_i \prod_{\substack{1 \leq k \leq n \\ k \neq i}}(x_k - x_i) = \delta_{ij}.$$

41. 从逆矩阵同原矩阵余子式的关系立即推出. 下面的直接证明也值得细读：当 $x = 0$ 时，我们有

$$\sum_{t=1}^{n} \frac{1}{x_i + y_t} b_{tj} = \sum_{t=1}^{n} \frac{\prod_{k \neq t}(x_j + y_k - x)\prod_{k \neq i}(x_k + y_t)}{\prod_{k \neq j}(x_j - x_k)\prod_{k \neq t}(y_t - y_k)}.$$

这是 x 的次数至多为 $n-1$ 的多项式. 如果我们置 $x = x_j + y_s$, $1 \le s \le n$, 那么除 $s = t$ 之外的项为 0, 所以这个多项式的值为

$$\prod_{k \ne i}(-x_k - y_s) \Big/ \prod_{k \ne j}(x_j - x_k) = \prod_{k \ne i}(x_j - x_k - x) \Big/ \prod_{k \ne j}(x_j - x_k).$$

这些次数至多为 $n-1$ 的多项式在 n 个不同点取值相等, 所以 $x = 0$ 时它们也相等; 因此

$$\sum_{t=1}^{n} \frac{1}{x_i + y_t} b_{tj} = \prod_{k \ne i}(x_j - x_k) \Big/ \prod_{k \ne j}(x_j - x_k) = \delta_{ij}.$$

42. $n/(x + ny)$.

43. $1 - \prod_{k=1}^{n}(1 - 1/x_k)$. 如果有某个 $x_i = 1$, 结论是容易验证的, 因为若原矩阵有一行或一列全为 1, 则逆矩阵的元素之和必定为 1. 如果没有 x_i 等于 1, 那么在习题 40 中令 $x = 1$, 得到 $\prod_{k \ne i}(x_k - 1)/x_i \prod_{k \ne i}(x_k - x_i)$. 然后利用习题 33 对 i 求和, 取 $r = 0$, $n+2$ 个数为 $0, 1, x_1, \ldots, x_n$ (同时用 $x_i - 1$ 乘分子和分母).

44. 应用习题 33, 求出

$$c_j = \sum_{i=1}^{n} b_{ij} = \prod_{k=1}^{n}(x_j + y_k) \Big/ \prod_{\substack{1 \le k \le n \\ k \ne j}}(x_j - x_k),$$

于是

$$\sum_{j=1}^{n} c_j = \sum_{j=1}^{n} \frac{(x_j^n + (y_1 + \cdots + y_n)x_j^{n-1} + \cdots)}{\prod_{1 \le k \le n,\, k \ne j}(x_j - x_k)}$$

$$= (x_1 + x_2 + \cdots + x_n) + (y_1 + y_2 + \cdots + y_n).$$

45. 令 $x_i = i$, $y_j = j-1$. 由习题 44, 逆矩阵的元素之和为 $(1+2+\cdots+n) + ((n-1)+(n-2)+\cdots+0) = n^2$. 由习题 38, 逆矩阵的元素为

$$b_{ij} = \frac{(-1)^{i+j}(i+n-1)!\,(j+n-1)!}{(i+j-1)(i-1)!^2(j-1)!^2(n-i)!\,(n-j)!}.$$

上式用二项式系数可以写成多种形式, 例如

$$\frac{(-1)^{i+j}ij}{i+j-1}\binom{-i}{n}\binom{n}{i}\binom{-j}{n}\binom{n}{j} = (-1)^{i+j}j\binom{i+j-2}{i-1}\binom{i+n-1}{i-1}\binom{j+n-1}{n-i}\binom{n}{j}.$$

我们从右式看出, b_{ij} 不但是整数, 而且可以被 $i, j, n, i+j-1, i+n-1, j+n-1, n-i+1$ 和 $n-j+1$ 整除. 最优美的 b_{ij} 表达式也许是

$$(i+j-1)\binom{i+j-2}{i-1}^2\binom{-(i+j)}{n-i}\binom{-(i+j)}{n-j}.$$

对于这个问题, 如果认识不到希尔伯特矩阵是柯西矩阵的特例, 那么求解是极端困难的. 求解更一般的问题反倒比求解特例容易得多! 我们可以把一个问题推广到它的 "归纳闭包", 即最低限度的推广, 使得试用数学归纳法证明时会出现的所有子问题都包含在内, 这种做法往往是明智的. 本题中, 柯西矩阵的余子式仍然是柯西矩阵的行列式, 但是希尔伯特矩阵的余子式则不是希尔伯特矩阵的行列式. [关于进一步的资料, 见约翰·托德, *J. Res. Nat. Bur. Stand.* **65** (1961), 19–22; 柯西, *Œuvres* (2) **12**, 173–182. [1]]

46. 对于任何整数 $k_1, k_2, \ldots, k_m$, 令 $\epsilon(k_1, \ldots, k_m) = \mathrm{sign}(\prod_{1 \le i < j \le m}(k_j - k_i))$, 其中 $\mathrm{sign}\, x = [x > 0] - [x < 0]$. 如果 $(l_1, \ldots, l_m)$ 和 $(k_1, \ldots, k_m)$ 相等, 只是右式交换了 k_i 和 k_j 的位置, 那么 $\epsilon(l_1, \ldots, l_m) = -\epsilon(k_1, \ldots, k_m)$. 因此, 如果 $j_1 \le \cdots \le j_m$ 是 $k_1, \ldots, k_m$ 按非减顺序的重新排列, 那么我们有等式

---

[1] 从第 24 次印刷起, 该参考文献更新为 *Exercices d'analyse et de physique mathématique* **2** (1841), 151–159.

$\det(B_{k_1\ldots k_m}) = \epsilon(k_1, \ldots, k_m)\det(B_{j_1\ldots j_m})$. 现在由行列式的定义,

$$\begin{aligned}
\det(AB) &= \sum_{1 \le l_1, \ldots, l_m \le m} \epsilon(l_1, \ldots, l_m)\left(\sum_{k=1}^{n} a_{1k}b_{kl_1}\right)\ldots\left(\sum_{k=1}^{n} a_{mk}b_{kl_m}\right) \\
&= \sum_{1 \le k_1, \ldots, k_m \le n} a_{1k_1}\ldots a_{mk_m} \sum_{1 \le l_1, \ldots, l_m \le m} \epsilon(l_1, \ldots, l_m)b_{k_1l_1}\ldots b_{k_ml_m} \\
&= \sum_{1 \le k_1, \ldots, k_m \le n} a_{1k_1}\ldots a_{mk_m}\det(B_{k_1\ldots k_m}) \\
&= \sum_{1 \le k_1, \ldots, k_m \le n} \epsilon(k_1, \ldots, k_m)a_{1k_1}\ldots a_{mk_m}\det(B_{j_1\ldots j_m}) \\
&= \sum_{1 \le j_1 \le \cdots \le j_m \le n} \det(A_{j_1\ldots j_m})\det(B_{j_1\ldots j_m}).
\end{aligned}$$

最后, 如果有两个 j 相等, 那么 $\det(A_{j_1\ldots j_m}) = 0$. [*J. de l'École Polytechnique* **9** (1813), 280–354; **10** (1815), 29–112. 比内和柯西在 1812 年的同一天提交了论文.]

47. 令 $a_{ij} = (\prod_{k=1}^{j-1}(x_i + p_k))(\prod_{k=j+1}^{n}(x_i + q_k))$. 对于 $k = n, n - 1, \ldots, j + 1$ (注意顺序), 其中 $j = 1, 2, \ldots, n - 1$ (注意顺序), 依次从第 k 列减去第 $k - 1$ 列, 并提出因式 $p_{k-j} - q_k$. 这样得到 $\prod_{1 \le i < j \le n}(p_i - q_j)$ 乘以 $\det(b_{ij})$, 其中 $b_{ij} = \prod_{k=j+1}^{n}(x_i + q_k)$. 现在对于 $k = 1, \ldots, n - j$, 其中 $j = 1, \ldots, n - 1$, 依次从第 k 列减去第 $k + 1$ 列的 q_{k+j} 倍. 这样得到 $\det(c_{ij})$, 其中 $c_{ij} = x_i^{n-j}$ 实际上定义了一个范德蒙德矩阵. 我们现在可以像习题 37 那样处理, 对行而不是对列进行运算, 得到

$$\det(a_{ij}) = \prod_{1 \le i < j \le n}(x_i - x_j)(p_i - q_j).$$

若 $1 \le j \le n$ 时 $p_j = q_j = y_j$, 本题中的矩阵是柯西矩阵第 i 行乘以 $\prod_{j=1}^{n}(x_i + y_j)$ 得到的矩阵. 所以这个结果通过增加 $n - 2$ 个独立参数推广习题 38. [*Manuscripta Math.* **69** (1990), 177–178.]

1.2.4 节

1. 1, -2, -1, 0, 5.

2. $\lfloor x \rfloor$.

3. 按照定义, $\lfloor x \rfloor$ 是小于或等于 x 的最大整数, 因此, $\lfloor x \rfloor$ 是一个整数, 满足 $\lfloor x \rfloor \le x$ 和 $\lfloor x \rfloor + 1 > x$. 根据这两个性质, 以及当 m 和 n 为整数时 $m < n$ 的充分必要条件是 $m \le n - 1$ 这一事实, 很容易证明命题 (a) (b). 用类似的论证, 可以证明 (c) 和 (d). 最后, (e) 和 (f) 仅仅是本题前几部分的结合.

4. 依据上题 (f), $x \le \lceil x \rceil < x + 1$, 所以 $-x - 1 < -\lceil x \rceil \le -x$; 利用上题 (e).

5. $\lfloor x + \frac{1}{2} \rfloor$. $-x$ 舍入的值与 $-(x$ 舍入的值) 一般相同; 例外: 当 $x \bmod 1 = \frac{1}{2}$ 时, x 取负值时舍入到离 0 较近的整数, 而 x 取正值时舍入到离 0 较远的整数.

6. (a) 成立: $\lfloor \sqrt{x} \rfloor = n \iff n^2 \le x < (n+1)^2 \iff n^2 \le \lfloor x \rfloor < (n+1)^2 \iff \lfloor \sqrt{\lfloor x \rfloor} \rfloor = n$. 同样, (b) 成立. 但是, (c) 不成立, 反例比如 $x = 1.1$.

7. $\lceil x + y \rceil = \lfloor \lfloor x \rfloor + x \bmod 1 + \lfloor y \rfloor + y \bmod 1 \rfloor = \lfloor x \rfloor + \lfloor y \rfloor + \lfloor x \bmod 1 + y \bmod 1 \rfloor$. 不等式对于上取整应为 $\ge$ 号, 等式成立的充分必要条件是 x 或 y 为整数, 或者 $x \bmod 1 + y \bmod 1 > 1$; 就是说, 等式成立的充分必要条件是 $(-x) \bmod 1 + (-y) \bmod 1 < 1$.

8. 1, 2, 5, -100.

9. -1, 0, -2.

10. 0.1, 0.01, -0.09.

11. $x = y$.

12. 所有整数.

13. $+1$, -1.

14. 8.

15. 用 z 乘等式(1)的两端;如果 $y = 0$,结果也是容易验证的.

17. 以定律 A 的乘法部分为例:存在整数 q 和 r,使得 $a = b + qm$,$x = y + rm$,所以 $ax = by + (br + yq + qrm)m$.

18. 存在整数 k,使得 $a - b = kr$,且 $kr \equiv 0 \,(\text{modulo } s)$. 因此,由定律 B,$k \equiv 0 \,(\text{modulo } s)$,所以存在整数 q,使得 $a - b = qsr$.

20. 用 a' 乘同余式的两端.

21. 根据前面证明的习题,至少有一种这样的表示. 如果存在两种表示 $n = p_1 \dots p_k = q_1 \dots q_m$,我们有 $q_1 \dots q_m \equiv 0 \,(\text{modulo } p_1)$. 所以,如果没有 q_j 等于 p_1,由定律 B 我们能够全部消去它们,得到 $1 \equiv 0 \,(\text{modulo } p_1)$. 而这是不可能的,因为 p_1 不等于 1. 所以某个 q_j 等于 p_1,于是 $n/p_1 = p_2 \dots p_k = q_1 \dots q_{j-1} q_{j+1} \dots q_m$. 此时,或者 n 为素数,结论显然是正确的,或者按归纳法,n/p_1 的两种因子分解是相同的.

22. 令 $m = ax$,其中 $a > 1$,$x > 0$. 于是 $ax \equiv 0 \,(\text{modulo } m)$,但是 $x \not\equiv 0 \,(\text{modulo } m)$.

24. 定律 A 对于加法和减法始终成立,定律 C 始终成立.

26. 如果 b 不是 p 的倍数,那么 $b^2 - 1$ 是 p 的倍数,所以它必有一个因子是 p 的倍数.

27. 一个数与 p^e 互素,当且仅当它不是 p 的倍数. 所以,我们对不是 p 的倍数的数计数,从而得到 $\varphi(p^e) = p^e - p^{e-1}$.

28. 如果 a 和 b 都与 m 互素,那么 $ab \bmod m$ 也与 m 互素,因为任何整除后者和 m 的素数也必然整除 a 或 b. 现在只需令 $x_1, \dots, x_{\varphi(m)}$ 是与 m 互素的数,注意到 $ax_1 \bmod m, \dots, ax_{\varphi(m)} \bmod m$ 是同一组数按某种顺序排列而得的.

29. 我们证明 (b):如果 $r \perp s$ 且 k^2 整除 rs,那么存在素数 p,使得 p^2 整除 rs,所以 p(比如)整除 r 而不能整除 s,于是 p^2 整除 r. 我们看出,$f(rs) = 0$ 当且仅当 $f(r) = 0$ 或 $f(s) = 0$.

30. 假设 $r \perp s$. 一种想法是证明:$\varphi(rs)$ 个与 rs 互素的数正好是 $\varphi(r)\varphi(s)$ 个不同的数 $(sx_i + ry_j) \bmod (rs)$,其中 $x_1, \dots, x_{\varphi(r)}$ 和 $y_1, \dots, y_{\varphi(s)}$ 是对应于 r 和 s 的值.

由于 φ 是积性函数,$\varphi(10^6) = \varphi(2^6)\varphi(5^6) = (2^6 - 2^5)(5^6 - 5^5) = 400000$. 一般地,当 $n = p_1^{e_1} \dots p_r^{e_r}$ 时,我们有 $\varphi(n) = (p_1^{e_1} - p_1^{e_1-1}) \dots (p_r^{e_r} - p_r^{e_r-1}) = n \prod_{p \backslash n,\, p \text{ 是素数}} (1 - 1/p)$.(另一种证明见习题 1.3.3-27.)

31. 利用下述事实:rs 的因子可以唯一地写成 cd 的形式,其中 c 整除 r 而 d 整除 s. 同样可以证明,如果 $f(n) \geq 0$,那么函数 $\max_{d \backslash n} f(d)$ 是积性函数(见习题 1.2.3-35).

33. 或者 $n + m$ 为偶数,或者 $n - m + 1$ 为偶数,所以其中一个括号内的量是整数. 这样,习题 7 中的等式成立,我们由此得到 (a) n;(b) $n + 1$.

34. b 必须是 ≥ 2 的整数.(置 $x = b$.)充分性仿照习题 6 证明,这也是 $\lceil \log_b x \rceil = \lceil \log_b \lceil x \rceil \rceil$ 的充分必要条件.

注记:罗伯特·麦克伊利斯指出了下述推广:令 f 是在区间 A 上定义的严格递增的连续函数,并且假定只要 x 属于 A,那么 $\lfloor x \rfloor$ 和 $\lceil x \rceil$ 都属于 A. 于是,关系 $\lfloor f(x) \rfloor = \lfloor f(\lfloor x \rfloor) \rfloor$ 对于 A 内的所有 x 成立,当且仅当关系 $\lceil f(x) \rceil = \lceil f(\lceil x \rceil) \rceil$ 对于 A 内的所有 x 成立,当且仅当 A 内的所有 x 满足条件 "$f(x)$ 是整数蕴涵 x 是整数". 这个条件显然是必要的,因为如果 $f(x)$ 是整数而且它等于 $\lfloor f(\lfloor x \rfloor) \rfloor$ 或 $\lceil f(\lceil x \rceil) \rceil$,那么 x 必定等于 $\lfloor x \rfloor$ 或 $\lceil x \rceil$. 反过来,比如说如果 $\lfloor f(\lfloor x \rfloor) \rfloor < \lfloor f(x) \rfloor$,那么由连续性,存在某个满足 $\lfloor x \rfloor < y \leq x$ 的 y 使 $f(y)$ 是整数,但是 y 不能是整数.

35. $\dfrac{x+m}{n} - 1 = \dfrac{x+m}{n} - \dfrac{1}{n} - \dfrac{n-1}{n} < \dfrac{\lfloor x \rfloor + m}{n} - \dfrac{n-1}{n} \leq \left\lfloor \dfrac{\lfloor x \rfloor + m}{n} \right\rfloor \leq \dfrac{x+m}{n}$, 然后应用习题 3. 应用习题 4,对于向上取整函数给出一个类似的结果. 两个恒等式都是习题 34 中麦克伊利斯定理的特例.

36. 首先假定 $n = 2t$. 于是

$$\sum_{k=1}^{n} \left\lfloor \frac{k}{2} \right\rfloor = \sum_{k=1}^{n} \left\lfloor \frac{n+1-k}{2} \right\rfloor.$$

因此，由习题 33

$$\sum_{k=1}^{n} \left\lfloor \frac{k}{2} \right\rfloor = \frac{1}{2} \sum_{k=1}^{n} \left(\left\lfloor \frac{k}{2} \right\rfloor + \left\lfloor \frac{n+1-k}{2} \right\rfloor \right) = \frac{1}{2} \sum_{k=1}^{n} \left\lfloor \frac{2t+1}{2} \right\rfloor = t^2 = \frac{n^2}{4}.$$

如果 $n = 2t+1$，我们有 $t^2 + \lfloor n/2 \rfloor = t^2 + t = n^2/4 - 1/4$. 对于第二个和，我们类似地得到 $\lceil n(n+2)/4 \rceil$.

37. $\displaystyle\sum_{0 \le k < n} \frac{mk+x}{n} = \frac{m(n-1)}{2} + x$. 令 $\{y\}$ 表示 $y \bmod 1$. 我们必须减去

$$S = \sum_{0 \le k < n} \left\{ \frac{mk+x}{n} \right\}.$$

S 这个量是把同一个和加了 d 次，因为 $t = n/d$ 时有

$$\left\{ \frac{mk+x}{n} \right\} = \left\{ \frac{m(k+t)+x}{n} \right\}.$$

令 $u = m/d$，那么

$$\sum_{0 \le k < t} \left\{ \frac{mk+x}{n} \right\} = \sum_{0 \le k < t} \left\{ \frac{x}{n} + \frac{uk}{t} \right\},$$

而且由于 $t \perp u$，可以重排这个和，使之等于

$$\left\{ \frac{x \bmod d}{n} \right\} + \left\{ \frac{x \bmod d}{n} + \frac{1}{t} \right\} + \cdots + \left\{ \frac{x \bmod d}{n} + \frac{t-1}{t} \right\}.$$

最后，由于 $(x \bmod d)/n < 1/t$，可以直接去掉这个和中的大括号，得到

$$S = d \left(\frac{t(x \bmod d)}{n} + \frac{t-1}{2} \right).$$

应用习题 4 可得类似的恒等式

$$\sum_{0 \le k < n} \left\lceil \frac{mk+x}{n} \right\rceil = \frac{(m+1)(n-1)}{2} - \frac{d-1}{2} + d \lceil x/d \rceil.$$

如果把求和范围延伸到 $0 \le k \le n$，这个公式将关于 m 和 n 对称.（为理解其对称性，可画出被加项作为 k 的函数的图象，然后关于直线 $y = x$ 反射.）

38. 当 x 增加 1 时，等式两端增加 $\lceil y \rceil$，所以我们可以假定 $0 \le x < 1$. 于是，当 $x = 0$ 时，等式两端为 0；每当 x 增加后超过某个 $1 - k/y (y > k \ge 0)$ 的值时，等式两端均增加 1. [*Crelle* **136**(1909), 42. $y = n$ 的情形出自查尔斯·埃尔米特，*Acta Math.* **5** (1884), 315.]

39. (f) 部分的证明：考虑更一般的恒等式 $\prod_{0 \le k < n} 2 \sin \pi(x + k/n) = 2 \sin \pi n x$，证明如下：由于 $2 \sin \theta = (e^{i\theta} - e^{-i\theta})/i = (1 - e^{-2i\theta}) e^{i\theta - i\pi/2}$，它是两个公式

$$\prod_{0 \le k < n} (1 - e^{-2\pi(x + ik/n)}) = 1 - e^{-2\pi n x} \quad \text{和} \quad \prod_{0 \le k < n} e^{\pi(x - (1/2) + (k/n))} = e^{\pi(nx - 1/2)}$$

的推论. 第二个公式成立是因为函数 $x - \frac{1}{2}$ 是复制函数，而第一个公式成立则是由于我们可以因式分解多项式 $z^n - \alpha^n = (z - \alpha)(z - \omega\alpha) \ldots (z - \omega^{n-1}\alpha)$ 并置 $z = 1$，其中 $\omega = e^{-2\pi i/n}$.

40. （由德布鲁因注明）如果 f 是复制函数，那么 $f(nx+1) - f(nx) = f(x+1) - f(x)$（$n > 0$）. 因此，如果 f 是连续的，那么对于所有 x，$f(x+1) - f(x) = c$，且 $g(x) = f(x) - c\lfloor x \rfloor$ 是周期性的复制函数. 现在

$$\int_0^1 e^{2\pi i n x} g(x) \, dx = \frac{1}{n} \int_0^1 e^{2\pi i y} g(y) \, dy.$$

按傅里叶级数展开可知, 对于 $0 < x < 1$ 有 $g(x) = (x - \frac{1}{2})a$. 由此推出, $f(x) = (x - \frac{1}{2})a$. 一般地, 这一论证说明任何既是复制函数又在局部黎曼可积的函数几乎处处形如 $(x - \frac{1}{2})a + b\max(\lfloor x \rfloor, 0) + c\min(\lfloor x \rfloor, 0)$. 进一步的结果参见路易斯·莫德尔, *J. London Math. Soc.* **33** (1958), 371–375; 迈克尔·约德, *Æquationes Mathematicæ* **13** (1975), 251–261.

41. 我们要求当 $\frac{1}{2}k(k-1) < n \le \frac{1}{2}k(k+1)$ 时 $a_n = k$. 由于 n 是整数, 这等价于

$$\frac{k(k-1)}{2} + \frac{1}{8} < n < \frac{k(k+1)}{2} + \frac{1}{8};$$

也就是 $k - \frac{1}{2} < \sqrt{2n} < k + \frac{1}{2}$. 因此 $a_n = \lfloor \sqrt{2n} + \frac{1}{2} \rfloor$, 这是最接近 $\sqrt{2n}$ 的整数. 其他正确的答案还包括 $\lceil \sqrt{2n} - \frac{1}{2} \rceil$, $\lceil (\sqrt{8n+1} - 1)/2 \rceil$, $\lfloor (\sqrt{8n-7} + 1)/2 \rfloor$, 等等.

42. (a) 见习题 1.2.7–10. (b) 给定的和为 $n\lfloor \log_b n \rfloor - S$, 其中

$$S = \sum_{\substack{1 \le k < n \\ k+1 \text{ 是 } b \text{ 的幂}}} k = \sum_{1 \le t \le \log_b n} (b^t - 1) = (b^{\lfloor \log_b n \rfloor + 1} - b)/(b-1) - \lfloor \log_b n \rfloor.$$

43. $\lfloor \sqrt{n} \rfloor \left(n - \frac{1}{6}(2\lfloor \sqrt{n} \rfloor + 5)(\lfloor \sqrt{n} \rfloor - 1) \right)$.

44. 当 n 为负数时, 所求和等于 $n + 1$.

45. $\lfloor mj/n \rfloor = r$ 当且仅当 $\left\lceil \frac{rn}{m} \right\rceil \le j < \left\lceil \frac{(r+1)n}{m} \right\rceil$, 因此给定的和为

$$\sum_{0 \le r < m} f(r)\left(\left\lceil \frac{(r+1)n}{m} \right\rceil - \left\lceil \frac{rn}{m} \right\rceil \right).$$

重新排列和式, 按 $\lceil rn/m \rceil$ 的值合并各项, 得到所求证的结果. 第二个公式通过代入

$$f(x) = \binom{x+1}{k}$$

直接推出.

46. $\sum_{0 \le j < \alpha n} f(\lfloor mj/n \rfloor) = \sum_{0 \le r < \alpha m} \lceil rn/m \rceil (f(r-1) - f(r)) + \lceil \alpha n \rceil f(\lceil \alpha m \rceil - 1)$.

47. (a) 数 $2, 4, \ldots, p-1$ 是模 p 的全部偶余数 (modulo p). 由于 $2kq = p\lfloor 2kq/p \rfloor + (2kq) \bmod p$, 数 $(-1)^{\lfloor 2kq/p \rfloor}((2kq) \bmod p)$ 要么是偶余数, 要么是偶余数减 p, 而且每个偶余数显然恰好出现一次. 因此, $(-1)^\sigma q^{(p-1)/2} 2 \cdot 4 \ldots (p-1) \equiv 2 \cdot 4 \ldots (p-1)$.

(b) 令 $q = 2$. 如果 $p = 4n+1$, 那么 $\sigma = n$; 如果 $p = 4n+3$, 那么 $\sigma = n+1$. 因此, $p \bmod 8 = (1, 3, 5, 7)$ 时, 相应分别有 $\left(\frac{2}{p}\right) = (1, -1, -1, 1)$.

(c) 对于 $k < p/4$, 我们有

$$\lfloor (p-1-2k)q/p \rfloor = q - \lceil (2k+1)q/p \rceil = q - 1 - \lfloor (2k+1)q/p \rfloor \equiv \lfloor (2k+1)q/p \rfloor \pmod 2.$$

因此, 我们可以用 $\lfloor (p-1)q/p \rfloor, \lfloor (p-3)q/p \rfloor, \ldots$ 替换最后各项 $\lfloor q/p \rfloor, \lfloor 3q/p \rfloor, \ldots$.

(d) $\sum_{0 \le k < p/2} \lfloor kq/p \rfloor + \sum_{0 \le r < q/2} \lceil rp/q \rceil = \lceil p/2 \rceil (\lceil q/2 \rceil - 1) = (p+1)(q-1)/4$.

此外, $\sum_{0 \le r < q/2} \lceil rp/q \rceil = \sum_{0 \le r < q/2} \lfloor rp/q \rfloor + (q-1)/2$. 这个证明的思想要追溯到费迪南·哥德霍尔特·马克斯·艾森斯坦 [*Crelle* **28** (1844), 246–248], 他在同一期杂志中还对这个结果以及其他互反定律给出若干其他证明.

48. (a) 当 $n < 0$ 时, 等式显然不是始终成立的; 当 $n > 0$ 时, 等式很容易验证. (b) $\lfloor (n+2-\lfloor n/25 \rfloor)/3 \rfloor = \lceil (n - \lfloor n/25 \rfloor)/3 \rceil = \lceil (n + \lceil -n/25 \rceil)/3 \rceil = \lceil \lceil 24n/25 \rceil/3 \rceil = \lceil 8n/25 \rceil = \lfloor (8n+24)/25 \rfloor$. 倒数第二个等式由习题 35 证明是正确的.

49. 由于 $f(0) = f(f(0)) = f(f(0) + 0) = f(0) + f(0)$, 对于所有整数 n, 有 $f(n) = n$. 如果 $f(\frac{1}{2}) = k \le 0$, 我们有 $k = f(\frac{1}{1-2k} f(\frac{1}{2} - k)) = f(\frac{1}{1-2k}(f(\frac{1}{2}) - k)) = f(0) = 0$. 如果 $f(\frac{1}{n-1}) = 0$, 我们有 $f(\frac{1}{n}) = f(\frac{1}{n} f(1 + \frac{1}{n-1})) = f(\frac{1}{n-1}) = 0$. 此外, 对于 $a = \lceil n/m \rceil$, 对 m 归纳可得, $1 \le m < n$ 蕴涵 $f(\frac{m}{n}) = f(\frac{1}{a} f(\frac{am}{n})) = f(\frac{1}{a}) = 0$. 于是, $f(\frac{1}{2}) \le 0$ 蕴涵 $f(x) = \lfloor x \rfloor$ 对所有有理数 x 成立. 另外,

如果 $f(\frac{1}{2}) > 0$, 函数 $g(x) = -f(-x)$ 满足 (i) 和 (ii), 而且有 $g(\frac{1}{2}) = 1 - f(\frac{1}{2}) \le 0$. 因此, 对于所有有理数 x, $f(x) = -g(-x) = -\lfloor -x \rfloor = \lceil x \rceil$. [彼得·埃斯利和卡尔-彼得·哈德勒, *AMM* **97** (1990), 475–477.]

然而不能推出, 对于所有实数 x 有 $f(x) = \lfloor x \rfloor$ 或 $\lceil x \rceil$. 例如, 如果函数 $h(x)$ 满足 $h(1) = 1$, 且对于所有实数 x 和 y 有 $h(x + y) = h(x) + h(y)$, 那么函数 $f(x) = \lfloor h(x) \rfloor$ 满足 (i) 和 (ii). 但是当 $0 < x < 1$ 时, $h(x)$ 可能是无界且剧烈振荡的. [乔治·哈梅尔, *Math. Annalen* **60** (1905), 459–462.]

1.2.5 节

1. $52!$. 为满足部分读者的好奇心, 我们给出具体数字: 806 58175 17094 38785 71660 63685 64037 66975 28950 54408 83277 82400 00000 00000. (!)

2. $p_{nk} = p_{n(k-1)}(n - k + 1)$. 在置放前 $n - 1$ 个对象之后, 最后一个对象仅有一种可能性.

3. 53124, 35124, 31524, 31254, 31245; 42351, 41352, 41253, 31254, 31245.

4. 有 2568 位数字. 第一位数字是 4, 因为 $\log_{10} 4 = 2 \log_{10} 2 \approx 0.602$. 最后一位数字是 0, 事实上由等式(8)可知, 最后 249 位数字全部为 0. 1000! 的准确值曾由贺拉斯·尤勒用台式计算器以极大的耐心花费几年时间计算出来, 见 *Scripta Mathematica* **21** (1955), 266–267. 它的前几位是 402 38726 00770.... (计算的最后一步是把 750! 和 $\prod_{k=751}^{1000} k$ 乘起来, 由约翰·威廉·伦奇在UNIVAC I 上 "以 2.5 分钟的惊人时间" 完成. 当然, 如今用台式计算机不消一秒钟就能计算出 1000!, 而且可以验证尤勒的结果是 100% 正确的.)

5. $(39902)(97/96) \approx 416 + 39902 = 40318$.

6. $2^{18} \cdot 3^8 \cdot 5^4 \cdot 7^2 \cdot 11 \cdot 13 \cdot 17 \cdot 19$.

8. 它等于 $\lim_{m \to \infty} m^n m! / ((n + m)!/n!) = n! \lim_{m \to \infty} m^n / ((m + 1) \ldots (m + n)) = n!$, 因为 $m/(m + k) \to 1$.

9. $\sqrt{\pi}$ 和 $-2\sqrt{\pi}$. (利用习题 10.)

10. 一般成立, 不过当 x 为 0 或负整数时不成立, 因为

$$\Gamma(x + 1) = x \lim_{m \to \infty} \frac{m^x m!}{x(x + 1) \ldots (x + m)} \left(\frac{m}{x + m + 1} \right).$$

11, 12. $\mu = (a_k p^{k-1} + \cdots + a_1) + (a_k p^{k-2} + \cdots + a_2) + \cdots + a_k$

$$= a_k(p^{k-1} + \cdots + p + 1) + \cdots + a_1 = (a_k(p^k - 1) + \cdots + a_0(p^0 - 1))/(p - 1)$$

$$= (n - a_k - \cdots - a_1 - a_0)/(p - 1).$$

13. 对于每个 n, $1 \le n < p$, 可仿照习题 1.2.4–19 确定 n'. 由定律 1.2.4B, 恰有一个这样的 n'. 而 $(n')' = n$. 所以, 如果 $n' \ne n$, 这些数就可以两两配对. 如果 $n' = n$, 我们有 $n^2 \equiv 1$ (modulo p). 因此, 参见习题 1.2.4-26, 有 $n = 1$ 或者 $n = p - 1$. 因为未配对元素只有 1 和 $p - 1$, 所以 $(p - 1)! \equiv 1 \cdot 1 \ldots 1 \cdot (-1)$.

14. 在 $\{1, 2, \ldots, n\}$ 里不是 p 的倍数的数中, 由威尔逊定理, 存在 $\lfloor n/p \rfloor$ 个包含 $p - 1$ 个相继元素的完备集合, 每个集合内元素之积都与 -1 (modulo p) 同余. 此外剩下 a_0, 它与 $a_0!$ (modulo p) 同余. 所以不是 p 的倍数的因子贡献了 $(-1)^{\lfloor n/p \rfloor} a_0!$, 是 p 的倍数的因子的贡献与其在 $\lfloor n/p \rfloor!$ 中的贡献相同. 因此, 可以重复这个论证获得所求的公式.

15. $(n!)^3$. 共有 $n!$ 项, 每项均包含分别来自每行和每列的一个元素, 所以每项的值都为 $(n!)^2$.

16. 无限和中的项不趋近于 0, 因为系数趋近于 $1/e$.

17. 用等式(1_5)把 Γ 函数表示成极限.

18. $\displaystyle\prod_{n \ge 1} \frac{n}{n - \frac{1}{2}} \frac{n}{n + \frac{1}{2}} = \frac{\Gamma(\frac{1}{2})\Gamma(\frac{3}{2})}{\Gamma(1)\Gamma(1)} = 2\Gamma(\frac{3}{2})^2$.

[沃利斯本人的启发式 "证明" 见德克·扬·斯特洛伊克, *Source Book in Mathematics* (Harvard University Press, 1969), 244–253.]

19. 做变量变换 $t = mt$，分部积分，然后归纳.

20. [为了完整性，我们先证明题目给出的不等式. 从容易证明的不等式 $1 + x \le \mathrm{e}^x$ 开始，置 $x = \pm t/n$，自乘 n 次，得到 $(1 \pm t/n)^n \le \mathrm{e}^{\pm t}$. 因此，由习题 1.2.1–9，$\mathrm{e}^{-t} \ge (1 - t/n)^n = \mathrm{e}^{-t}(1 - t/n)^n \mathrm{e}^t \ge \mathrm{e}^{-t}(1 - t/n)^n(1 + t/n)^n = \mathrm{e}^{-t}(1 - t^2/n^2)^n \ge \mathrm{e}^{-t}(1 - t^2/n).$]

现在，给定的积分减 $\Gamma_m(x)$ 等于

$$\int_m^\infty \mathrm{e}^{-t} t^{x-1} \, \mathrm{d}t + \int_0^m \left(\mathrm{e}^{-t} - \left(1 - \frac{t}{m}\right)^m \right) t^{x-1} \, \mathrm{d}t.$$

当 $m \to \infty$ 时，第一项积分趋近 0，因为对于很大的 t，有 $t^{x-1} < \mathrm{e}^{t/2}$；同时，第二项积分小于

$$\frac{1}{m} \int_0^m t^{x+1} \mathrm{e}^{-t} \, \mathrm{d}t < \frac{1}{m} \int_0^\infty t^{x+1} \mathrm{e}^{-t} \, \mathrm{d}t \to 0.$$

21. 如果 $c(n, j, k_1, k_2, \dots)$ 表示相应的系数，由微分法求出

$$c(n+1, j, k_1, \dots) = c(n, j-1, k_1-1, k_2, \dots) + (k_1+1)c(n, j, k_1+1, k_2-1, k_3, \dots)$$
$$+ (k_2+1)c(n, j, k_1, k_2+1, k_3-1, k_4, \dots) + \cdots.$$

在这个归纳性质的关系中，依然有等式 $k_1 + k_2 + \cdots = j$ 和 $k_1 + 2k_2 + \cdots = n$. 很容易对 $c(n+1, j, k_1, \dots)$ 从上式右端的每项中提出因子 $n!/(k_1!(1!)^{k_1} k_2!(2!)^{k_2} \dots)$，留下 $k_1 + 2k_2 + 3k_3 + \cdots = n + 1$. （为证明方便，我们假定存在无限多个 k，尽管显然 $k_{n+1} = k_{n+2} = \cdots = 0$. ）

刚才给出的证法使用了常规推导技巧，但是不能圆满解释这个公式为什么具有这种形式，也不能说明当初它是如何被发现的. 下面，我们用休伯特·沃尔提出的组合论证方法来探讨这个问题 [*Bull. Amer. Math. Soc.* **44** (1938), 395–398]. 为方便起见，记 $w_j = D_u^j w$，$u_k = D_x^k u$. 于是 $D_x(w_j) = w_{j+1} u_1$，$D_x(u_k) = u_{k+1}$. 由这两条规则以及乘积求导规则，我们求出

$$D_x^1 w = w_1 u_1$$
$$D_x^2 w = (w_2 u_1 u_1 + w_1 u_2)$$
$$D_x^3 w = ((w_3 u_1 u_1 u_1 + w_2 u_2 u_1 + w_2 u_1 u_2) + (w_2 u_1 u_2 + w_1 u_3))$$
$$\cdots$$

我们可以类似建立对应的集合分拆的表：

$$\mathcal{D}^1 = \{1\}$$
$$\mathcal{D}^2 = (\{2\}\{1\} + \{2, 1\})$$
$$\mathcal{D}^3 = ((\{3\}\{2\}\{1\} + \{3, 2\}\{1\} + \{2\}\{3, 1\}) + (\{3\}\{2, 1\} + \{3, 2, 1\}))$$
$$\cdots$$

如果 $a_1 a_2 \dots a_j$ 是集合 $\{1, 2, \dots, n-1\}$ 的一个分拆，从形式上定义

$$\mathcal{D} a_1 a_2 \dots a_j = \{n\} a_1 a_2 \dots a_j + (a_1 \cup \{n\}) a_2 \dots a_j$$
$$+ a_1(a_2 \cup \{n\}) \dots a_j + \cdots + a_1 a_2 \dots (a_j \cup \{n\}).$$

这条规则完全对应于规则

$$D_x(w_j u_{r_1} u_{r_2} \dots u_{r_j}) = w_{j+1} u_1 u_{r_1} u_{r_2} \dots u_{r_j} + w_j u_{r_1+1} u_{r_2} \dots u_{r_j}$$
$$+ w_j u_{r_1} u_{r_2+1} \dots u_{r_j} + \cdots + w_j u_{r_1} u_{r_2} \dots u_{r_j+1},$$

只需令 $w_j u_{r_1} u_{r_2} \dots u_{r_j}$ 项对应于 $a_1 a_2 \dots a_j$ 的分拆，其中每个 a_t 包含有 r_t 个元素，$1 \le t \le j$. 所以存在一个从 $\mathcal{D}^n$ 到 $D_x^n w$ 的自然映射，并且容易看出，$\mathcal{D}^n$ 包含集合 $\{1, 2, \dots, n\}$ 的每个分拆恰好一次（见习题 1.2.6–64）.

我们由这些结果发现, 如果合并 $D_x^n w$ 中的同类项, 就得到 $c(k_1, k_2, \dots) w_j u_1^{k_1} u_2^{k_2} \dots$ 项之和, 其中 $j = k_1 + k_2 + \cdots$, $n = k_1 + 2k_2 + \cdots$, $c(k_1, k_2, \dots)$ 是集合 $\{1, 2, \dots, n\}$ 分拆成 j 个子集、使得 t 元子集有 k_t 个的方法数.

下面计算这些分拆的数目. 考虑 k_t 个容积为 t 的盒子的阵列:

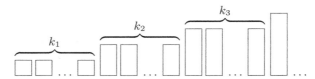

把 n 个不同的元素放进这些盒子的方式数是多项式系数

$$\binom{n}{1, 1, \dots, 1, 2, 2, \dots, 2, 3, 3, \dots, 3, 4, \dots} = \frac{n!}{1!^{k_1} 2!^{k_2} 3!^{k_3} \dots}.$$

为了得到 $c(k_1, k_2, k_3, \dots)$, 我们应当用 $k_1! k_2! k_3! \dots$ 除这个系数, 因为每组的 k_t 个盒子彼此是不能区分的. 它们共有 $k_t!$ 种排列方式, 不影响集合分拆.

阿伯加斯特的原始证明 [*Du Calcul des Dérivations* (Strasbourg: 1800), §52] 是基于这样一个事实: $D_x^k u / k!$ 是 $u(x+z)$ 中 z^k 的系数, $D_u^j w / j!$ 是 $w(u+y)$ 中 y^j 的系数, 因此 $w(u(x+z))$ 中 z^n 的系数是

$$\frac{D_x^n w}{n!} = \sum_{j=0}^{n} \frac{D_u^j w}{j!} \sum_{\substack{k_1+k_2+\cdots+k_n=j \\ k_1+2k_2+\cdots+nk_n=n \\ k_1, k_2, \dots, k_n \geq 0}} \frac{j!}{k_1! k_2! \dots k_n!} \left(\frac{D_x^1 u}{1!}\right)^{k_1} \left(\frac{D_x^2 u}{2!}\right)^{k_2} \cdots \left(\frac{D_x^n u}{n!}\right)^{k_n}.$$

阿伯加斯特公式被遗忘了许多年, 后来弗朗西斯科·布鲁诺重新独立发现 [*Quarterly J. Math.* **1** (1857), 359–360]. 他注意到这个公式也可以写成行列式

$$D_x^n = \det \begin{pmatrix} \binom{n-1}{0} u_1 & \binom{n-1}{1} u_2 & \binom{n-1}{2} u_3 & \cdots & \binom{n-1}{n-2} u_{n-1} & \binom{n-1}{n-1} u_n \\ -1 & \binom{n-2}{0} u_1 & \binom{n-2}{1} u_2 & \cdots & \binom{n-2}{n-3} u_{n-2} & \binom{n-2}{n-2} u_{n-1} \\ 0 & -1 & \binom{n-3}{0} u_1 & \cdots & \binom{n-3}{n-4} u_{n-3} & \binom{n-3}{n-3} u_{n-2} \\ \vdots & \vdots & \vdots & \ddots & \vdots & \vdots \\ 0 & 0 & 0 & \cdots & -1 & \binom{0}{0} u_1 \end{pmatrix}.$$

其中 $u_j = (D_x^j u) D_u$. 这个等式的两端都是应用于 w 的微分算子. 关于阿伯加斯特公式对多元函数的推广以及相关研究的参考文献列表, 见古德, *Annals of Mathematical Statistics* **32** (1961), 540–541.

22. 提出假设 $\lim_{n \to \infty} (n+x)!/(n! \, n^x) = 1$. 这个假设对于整数 x 成立. 例如, 如果 x 为正数, 这个量是 $(1 + 1/n)(1 + 2/n) \dots (1 + x/n)$, 它肯定趋近 1. 如果我们还假定 $x! = x(x-1)!$, 那么由上面的假设立即推出

$$1 = \lim_{n \to \infty} \frac{(n+x)!}{n! \, n^x} = x! \lim_{n \to \infty} \frac{(x+1) \dots (x+n)}{n! \, n^x}$$

这同正文中给出的定义是等价的.

23. 由(13)和(15), $z(-z)! \, \Gamma(z) = \lim_{m \to \infty} \prod_{n=1}^{m} (1 - z/n)^{-1} (1 + z/n)^{-1}$.

24. $n^n/n! = \prod_{k=1}^{n-1} (k+1)^k/k^k \leq \prod_{k=1}^{n-1} e$; $\quad n!/n^{n+1} = \prod_{k=1}^{n-1} k^{k+1}/(k+1)^{k+1} \leq \prod_{k=1}^{n-1} e^{-1}$.

25. $x^{\underline{m+n}} = x^{\underline{m}} (x-m)^{\underline{n}}; x^{\overline{m+n}} = x^{\overline{m}} (x+m)^{\overline{n}}$. 由(21), 这两个定律当 m 和 n 为非整数时也成立.

1.2.6 节

1. n. 因为每个组合相当于不取某一个物体.

2. 1. 从空集中不选择元素恰好有一种方式.

3. $\binom{52}{13}$. 具体数字是 635013559600.

4. $2^4 \cdot 5^2 \cdot 7^2 \cdot 17 \cdot 23 \cdot 41 \cdot 43 \cdot 47$.

5. $(10 + 1)^4 = 10000 + 4(1000) + 6(100) + 4(10) + 1.$

6. $r = -3$:　 1　−3　6　−10　15　−21　28　−36 ...
$\quad\quad r = -2$:　 1　−2　3　−4　5　−6　7　−8 ...
$\quad\quad r = -1$:　 1　−1　1　−1　1　−1　1　−1 ...

7. $\lfloor n/2 \rfloor$ 或 $\lceil n/2 \rceil$. 从式(3)明显可见, 二项式系数在下标小于这两个数时是严格递增的, 而大于时递减至 0.

8. 每行的非零项从左至右与从右至左看都一样.

9. 如果 n 为正数或者为 0, 其值是 1; 如果 n 为负数, 其值是 0.

10. (a) (b) (f) 直接由 (e) 推出; (c) 和 (d) 由 (a) (b) 和等式 (9)推出. 因此只需证明 (e). 把 $\binom{n}{k}$ 看成由式 (3)给出的分数, 分子与分母都写成因子相乘的形式. 在分母中, 前面 $k \bmod p$ 个因子不含 p, 而且在分子和分母中的这些项显然与

$$\binom{n \bmod p}{k \bmod p}$$

的对应项是同余的, 只相差 p 的倍数. (当处理不是 p 倍数的数时, 我们可以同时在分子和分母中取 modulo p 运算, 因为如果 $a \equiv c$ 且 $b \equiv d$ (modulo p), 并且 a/b 和 c/d 为整数, 那么 $a/b \equiv c/d$ (modulo p).) 剩余 $k - k \bmod p$ 个因子, 它们落入每组包含 p 个相继值的 $\lfloor k/p \rfloor$ 个组中. 每组恰有一个数是 p 的倍数, 其余 $p-1$ 个因子之积与 $(p-1)!$ 同余, 所以它们在分子和分母中消去. 现在只要讨论分子和分母中 $\lfloor k/p \rfloor$ 个 p 的倍数. 每一个都除以 p, 得到二项式系数

$$\binom{\lfloor (n - k \bmod p)/p \rfloor}{\lfloor k/p \rfloor}.$$

如果 $k \bmod p \leq n \bmod p$, 那么上式等于题目要求的

$$\binom{\lfloor n/p \rfloor}{\lfloor k/p \rfloor}.$$

如果 $k \bmod p > n \bmod p$, 那么另一个因子 $\binom{n \bmod p}{k \bmod p}$ 为 0, 所以公式总是成立. [*American J. Math.* **1** (1878), 229–230. 另见雷奥那德·尤金·迪克森, *Quart. J. Math.* **33** (1902), 383–384; 内森·法恩, *AMM* **54** (1947), 589–592.]

11. 如果 $a = a_r p^r + \cdots + a_0$, $b = b_r p^r + \cdots + b_0$, $a + b = c_r p^r + \cdots + c_0$, 那么 n 的值 (按照习题 1.2.5–12 和等式(5)) 为

$$(a_0 + \cdots + a_r + b_0 + \cdots + b_r - c_0 - \cdots - c_r)/(p-1).$$

a 与 b 相加时, 每发生一次进位, c_j 减少 p 而 c_{j+1} 增加 1, 因此上式产生 +1 的净改变. [类似的结果对于q 项式系数和斐波那契系数成立; 见高德纳和维尔夫, *Crelle* **396** (1989), 212–219.]

12. 由前面两题均可推出, n 必定比 2 的某个幂小 1. 更一般地, 对所有 $0 \leq k \leq n$ 都有 $\binom{n}{k}$ 不能被素数 p 整除, 当且仅当 $n = ap^m - 1$, $1 \leq a < p$, $m \geq 0$.

14. $24 \binom{n+1}{5} + 36 \binom{n+1}{4} + 14 \binom{n+1}{3} + \binom{n+1}{2}$

$$= \frac{n^5}{5} + \frac{n^4}{2} + \frac{n^3}{3} - \frac{n}{30} = \frac{n(n+1)(n+\frac{1}{2})(3n^2 + 3n - 1)}{15}.$$

15. 用归纳法和式 (9).

17. 我们可以假定 r 和 s 为正整数. 对于所有 x, 有

$$\sum_n \binom{r+s}{n} x^n = (1+x)^{r+s} = \sum_k \binom{r}{k} x^k \sum_m \binom{s}{m} x^m$$

$$= \sum_k \binom{r}{k} x^k \sum_n \binom{s}{n-k} x^{n-k} = \sum_n \left(\sum_k \binom{r}{k} \binom{s}{n-k} \right) x^n.$$

所以左右两端 x^n 的系数必定是相等的.

21. 左端是次数 $\leq n$ 的多项式；右端是次数为 $m+n+1$ 的多项式. 这两个多项式在 $n+1$ 个点取值相同，不足以证明它们相等. [事实上，正确的一般公式是

$$\sum_{k=0}^{r}\binom{r-k}{m}\binom{s+k}{n} = \binom{r+s+1}{m+n+1} - \sum_{k=0}^{m}\binom{r+1}{k}\binom{s}{m+n+1-k},$$

其中 m, n, r 为非负整数.]

22. 假定 $n>0$. 第 k 项是 $r/(r-tk)$ 乘

$$\frac{1}{n!}\binom{n}{k}\prod_{0\leq j<k}(r-tk-j)\prod_{0\leq j<n-k}(n-1-r+tk-j)$$

$$= \frac{(-1)^{k-1}}{n!}\binom{n}{k}\prod_{0\leq j<k}(-r+tk+j)\prod_{k\leq j<n}(-r+tk+j).$$

这两个乘积给出了除以 $r-tk$ 后的 k 的 $n-1$ 次多项式，所以按等式(34)，对 k 求和结果为 0.

24. 对 n 归纳证明. 如果 $n\leq 0$，则等式显然成立. 如果 $n>0$，对整数 $m\geq 0$ 归纳，利用前面两题以及等式对于 $n-1$ 成立，我们证明它对于 $(r, n-r+nt+m, t, n)$ 成立. 这就证实 (r, s, t, n) 的等式对于无限多的 s 成立，又因为两端是 s 的多项式，所以它对于所有 s 成立.

25. 利用级数的比率检验法，对于很大的 k 值直接估计，我们可以证明所给级数的收敛性. 当 w 足够小，我们有

$$1 = \sum_{k,j}(-1)^j\binom{k}{j}\binom{r-jt}{k}\frac{r}{r-jt}w^k = \sum_j(-1)^j\frac{r}{r-jt}\sum_k\binom{k}{j}\binom{r-jt}{k}w^k$$

$$= \sum_j\frac{(-1)^jr}{r-jt}\sum_k\binom{r-jt}{j}\binom{r-jt-j}{k-j}w^k = \sum_j(-1)^jA_j(r,t)(1+w)^{r-jt-j}w^j.$$

现在令 $x=1/(1+w)$, $z=-w/(1+w)^{1+t}$. 这个证明出自古尔德 [AMM **63** (1956), 84–91]. 另见习题 2.3.4.4–33 和 4.7–22 中更一般的公式.

26. 我们可以从形式为

$$\sum_j(-1)^j\binom{k}{j}\binom{r-jt}{k} = t^k$$

的恒等式(35)开始，像习题 25 那样证明. 也可以在上题的公式中对 z 求导数，得到

$$\sum_k kA_k(r,t)z^k = z\frac{d(x^r)}{dz} = \frac{(x^{t+1}-x^t)rx^r}{(t+1)x^{t+1}-tx^t}.$$

由此可计算

$$\sum_k\left(1-\frac{t}{r}k\right)A_k(r,t)z^k.$$

27. 对于等式(26)，用 x^s 的级数乘 $x^{r+1}/((t+1)x-t)$ 的级数，得到 $x^{r+s+1}/((t+1)x-t)$ 的级数，其中 z 的系数可视为 $x^{(r+s+1)+1}/((t+1)x-t)$ 的级数的系数.

28. 用 $f(r,s,t,n)$ 表示左端，通过考察恒等式

$$\sum_k\binom{r+tk}{k}\binom{s-tk}{n-k}\frac{r}{r+tk} + \sum_k\binom{r+tk}{k}\binom{s-tk}{n-k}\frac{tk}{r+tk} = f(r,s,t,n),$$

我们求得

$$\binom{r+s}{n} + tf(r+t-1, s-t, t, n-1) = f(r,s,t,n).$$

29. $(-1)^k\binom{n}{k}\Big/n! = (-1)^k/(k!\,(n-k)!) = (-1)^n\Big/\prod_{\substack{0\leq j\leq n\\j\neq k}}(k-j).$

30. 应用(7) (6) (19), 得到

$$\sum_{k \geq 0} \binom{-m-2k-1}{n-m-k}\binom{2k+1}{k}\frac{(-1)^{n-m}}{2k+1}.$$

现在取 $(r,s,t,n)=(1,m-2n-1,-2,n-m)$, 应用等式(26)获得

$$(-1)^{n-m}\binom{-m}{n-m}=\binom{n-1}{n-m}.$$

当 n 为正数时, 这个结果与前面的公式相同, 但是当 $n=0$ 时, 这个答案是正确的, 而答案 $\binom{n-1}{m-1}$ 是不正确的. 我们的推导还有另一个优点, 因为答案 $\binom{n-1}{n-m}$ 对于 $n \geq 0$ 以及所有整数 m 都是正确的.

31. [这个和的闭合式最早见约瑟夫 · 普法夫, *Nova Acta Acad. Scient. Petr.* **11** (1797), 38–57.] 我们有

$$\sum_k \sum_j \binom{m-r+s}{k}\binom{n+r-s}{n-k}\binom{r}{m+n-j}\binom{k}{j}$$
$$=\sum_j \sum_k \binom{m-r+s}{j}\binom{n+r-s}{n-k}\binom{r}{m+n-j}\binom{m-r+s-j}{k-j}$$
$$=\sum_j \binom{m-r+s}{j}\binom{r}{m+n-j}.$$

把 $\binom{m+n-j}{n-j}$ 变成 $\binom{m+n-j}{m}$, 再次应用(20), 得到

$$\sum_j \binom{m-r+s}{j}\binom{r}{m}\binom{r-m}{n-j}=\binom{r}{m}\binom{s}{n}.$$

32. 在(44)中用 $-x$ 替换 x.

33, 34. [*Mém. Acad. Roy. Sci.* (Paris, 1772), part 1, 492; C. 卡曼, *Élémens d'Arithmétique Universelle* (Cologne: 1808), 359; *Giornale di Mat. Battaglini* **33** (1895), 179–182.] 由于 $x^{\bar{n}}=n!\binom{x+n-1}{n}$, 原式可以变形为

$$\binom{x+y+n-1}{n}=\sum_k \binom{x+(1-z)k}{k}\binom{y-1+nz+(n-k)(1-z)}{n-k}\frac{x}{x+(1-z)k},$$

这是等式(26)的一个特例. 类似地, 有 $(x+y)^n=\sum_k \binom{n}{k}x(x-kz-1)^{\underline{k-1}}(y+kz)^{\underline{n-k}}$, 与罗思公式等价 [*Formulæ de Serierum Reversione* (Leipzig: 1793), 18].

35. 以证明第一个公式为例:

$$\sum_k (-1)^{n+1-k}\left(n\begin{bmatrix}n\\k\end{bmatrix}+\begin{bmatrix}n\\k-1\end{bmatrix}\right)x^k=-nx^{\underline{n}}+xx^{\underline{n}}=x^{\underline{n+1}}.$$

36. 根据二项式定理(13), 假定 n 为非负整数, 我们分别得到 2^n 和 δ_{n0}.

37. 当 $n>0$ 时, 和为 2^{n-1}. (奇数项与偶数项抵消, 所以每个和为总和的一半.)

38. 令 $\omega=e^{2\pi i/m}$. 于是

$$\sum_{0 \leq j < m}(1+\omega^j)^n\omega^{-jk}=\sum_t \sum_{0 \leq j < m}\binom{n}{t}\omega^{j(t-k)}.$$

因为

$$\sum_{0 \leq j < m}\omega^{rj}=m\,[r \equiv 0 \pmod{m}].$$

(这是一个等比级数的和), 所以右端的和为 $m\sum_{t \bmod m=k}\binom{n}{t}$. 左端原来的和是

$$\sum_{0 \leq j < m}(\omega^{-j/2}+\omega^{j/2})^n\omega^{j(n/2-k)}=\sum_{0 \leq j < m}\left(2\cos\frac{j\pi}{m}\right)^n\omega^{j(n/2-k)}.$$

由于已知这个量是实数, 我们取它的实部就得到所述的公式. [见 *Crelle* **11** (1834), 353–355.]

《具体数学》习题 5.75 和 6.57 讨论了 $m = 3$ 和 $m = 5$ 这两种情形的特殊性质.

39. $n!$; $\delta_{n0} - \delta_{n1}$. [第二个斯特林三角每行各数之和没有第一个这么简单, 我们将发现 (习题 64) $\sum_k \left\{ {n \atop k} \right\}$ 是把 n 元集合划分为不相交子集的分拆数, 这个数等于 $\{1, 2, \dots, n\}$ 上的等价关系的数目.]

40. (c) 的证明: 先分部积分,

$$\mathrm{B}(x + 1, y) = -\left.\frac{t^x (1 - t)^y}{y}\right|_0^1 + \frac{x}{y} \int_0^1 t^{x-1} (1 - t)^y \, \mathrm{d}t,$$

然后利用 (b).

41. 当 $m \to \infty$ 时, $m^x \mathrm{B}(x, m + 1) \to \Gamma(x)$, 无论 m 是否通过遍历整数值趋近无穷大 (由单调性). 因此, $(m + y)^x \mathrm{B}(x, m + y + 1) \to \Gamma(x), (m/(m + y))^x \to 1$.

42. 按照习题 41(b) 的定义, 用 $1/((r + 1)\mathrm{B}(k + 1, r - k + 1))$ 表示. 一般地, 当 z 和 w 为任意复数时, 我们定义

$$\binom{z}{w} = \lim_{\zeta \to z} \lim_{\omega \to w} \frac{\zeta!}{\omega! \, (\zeta - \omega)!}, \qquad \text{其中 } \zeta! = \Gamma(\zeta + 1).$$

当 z 是负整数而 w 不是整数时, 这个值为无穷大.

按照这个定义, 对称性条件(6)仅在 n 为负整数且 k 为整数时不成立, 对其他所有复数 n 和 k 都成立. 等式(7) (9) (20)始终不会成立, 虽然它们可能偶尔取 $0 \cdot \infty$ 或 $\infty + \infty$ 这样的不定式形式. 等式 (17)变成

$$\binom{z}{w} = \frac{\sin \pi (w - z - 1)}{\sin \pi z} \binom{w - z - 1}{w}.$$

我们还可以扩展二项式定理 (13)和范德蒙德恒等式 (21), 得到 $\sum_k \binom{r}{\alpha+k} z^{\alpha+k} = (1 + z)^r$ 以及 $\sum_k \binom{r}{\alpha+k} \binom{s}{\beta-k} = \binom{r+s}{\alpha+\beta}$. 合理定义复数幂以后, 对于所有复数 r, s, z, α, β, 只要式中级数收敛, 这两个公式就成立. [见莱尔·拉姆肖, *Inf. Proc. Letters* **6** (1977), 223–226.]

43. $\int_0^1 \mathrm{d}t/(t^{1/2}(1 - t)^{1/2}) = 2 \int_0^1 \mathrm{d}u/(1 - u^2)^{1/2} = 2 \arcsin u|_0^1 = \pi$.

45. 对于很大的 r 值, $\dfrac{1}{k \Gamma(k)} \sqrt{\dfrac{r}{r - k}} \dfrac{1}{\mathrm{e}^k} \dfrac{(1 - k/r)^k}{(1 - k/r)^r} \to \dfrac{1}{\Gamma(k + 1)}$.

46. $\sqrt{\dfrac{1}{2\pi}\left(\dfrac{1}{x} + \dfrac{1}{y}\right)} \left(1 + \dfrac{y}{x}\right)^x \left(1 + \dfrac{x}{y}\right)^y$, $\binom{2n}{n} \approx 4^n / \sqrt{\pi n}$.

47. 当 $k \leq 0$ 时, 每个量等于 δ_{k0}. 用 $k + 1$ 替换 k 时, 每个量都乘以 $(r - k)(r - \frac{1}{2} - k)/(k + 1)^2$. 当 $r = -\frac{1}{2}$ 时, 公式为 $\binom{-1/2}{k} = (-1/4)^k \binom{2k}{k}$.

48. 这个恒等式可以用归纳法证明, 利用这样一个事实: 当 $n > 0$ 时,

$$0 = \sum_k \binom{n}{k} (-1)^k = \sum_k \binom{n}{k} \frac{(-1)^k k}{k + x} + \sum_k \binom{n}{k} \frac{(-1)^k x}{k + x}.$$

或者, 我们有

$$\mathrm{B}(x, n + 1) = \int_0^1 t^{x-1} (1 - t)^n \, \mathrm{d}t = \sum_k \binom{n}{k} (-1)^k \int_0^1 t^{x+k-1} \, \mathrm{d}t.$$

(事实上, 当级数收敛时, 所求的和对于非整数 n 也等于 $\mathrm{B}(x, n + 1)$.)

49. $\binom{r}{m} = \sum_k \binom{r}{k} \binom{-r}{m - 2k} (-1)^{m+k}$, m 为整数 (见习题 17).

50. 第 k 个被加项为 $\binom{n}{k} (-1)^{n-k} (x - kz)^{n-1} x$. 应用等式 (34).

51. 右端为

$$\sum_k \binom{n}{n-k} x(x-kz)^{k-1} \sum_j \binom{n-k}{j}(x+y)^j(-x+kz)^{n-k-j}$$

$$= \sum_j \binom{n}{j}(x+y)^j \sum_k \binom{n-j}{n-j-k} x(x-kz)^{k-1}(-x+kz)^{n-k-j}$$

$$= \sum_{j \le n} \binom{n}{j}(x+y)^j 0^{n-j} = (x+y)^n.$$

用同样的方法可以证明托勒里和（习题 34）.

阿贝尔公式还有另外一种巧妙的证法，因为它很容易变形成习题 2.3.4.4–29 中导出的更对称的恒等式

$$\sum_k \binom{n}{k} x(x+kz)^{k-1} y(y+(n-k)z)^{n-k-1} = (x+y)(x+y+nz)^{n-1}.$$

阿贝尔定理还由阿道夫·赫维茨 [*Acta Mathematica* **26** (1902), 199–203] 进一步推广如下：

$$\sum x(x+\epsilon_1 z_1 + \cdots + \epsilon_n z_n)^{\epsilon_1+\cdots+\epsilon_n-1}(y-\epsilon_1 z_1 - \cdots - \epsilon_n z_n)^{n-\epsilon_1-\cdots-\epsilon_n} = (x+y)^n,$$

求和对 $\epsilon_1,\ldots,\epsilon_n = 0$ 或 1 的所有 2^n 种选择进行. 这是关于 $x, y, z_1, \ldots, z_n$ 的恒等式，阿贝尔公式是 $z_1 = z_2 = \cdots = z_n$ 时的特例. 赫维茨公式由习题 2.3.4.4–30 的结果推出.

52. $\sum_{k \ge 0}(k+1)^{-2} = \pi^2/6.$ [马修斯·豪塔斯指出，只要 $z \ne 0$，这个和对于所有复数 x, y, z, n 绝对收敛，因为对于很大的 k，被加项始终是 $1/k^2$ 阶的. 它在有界区域内是一致收敛的，所以我们可以对级数逐项求导. 记 $f(x, y, n)$ 是当 $z = 1$ 时这个和的值，我们求出 $(\partial/\partial y)f(x, y, n) = nf(x, y, n-1)$ 和 $(\partial/\partial x)f(x, y, n) = nf(x-1, y+1, n-1)$. 这两个公式同 $f(x, y, n) = (x+y)^n$ 不矛盾，但是第二个等式实际上极少成立，除非是有限和. 另外，关于 z 的导数几乎总是非零的.]

53. 对于 (b)，在 (a) 的结果中置 $r = \frac{1}{2}$ 和 $s = -\frac{1}{2}$.

54. 像国际象棋棋盘染色一样，在矩阵里间隔插入负号：

$$\begin{pmatrix} 1 & -0 & 0 & -0 \\ -1 & 1 & -0 & 0 \\ 1 & -2 & 1 & -0 \\ -1 & 3 & -3 & 1 \end{pmatrix},$$

这等价于用 $(-1)^{i+j}$ 乘 a_{ij}. 由等式(33)，结果就是所求的逆矩阵.

55. 像上题那样在一个三角对应的矩阵中插进负号，得到另外一个三角对应矩阵的逆矩阵.

56. 210 310 320 321 410 420 421 430 431 432 510 520 521 530 531 532 540 541 542 543 610. a 固定，b 和 c 取遍 a 个对象中一次取两个对象的组合；a 和 b 固定，c 取遍 b 个对象中一次取一个的组合.

类似地，我们能够把所有数表示成 $n = \binom{a}{4} + \binom{b}{3} + \binom{c}{2} + \binom{d}{1}$ 的形式，其中 $a > b > c > d \ge 0$. 序列前几项是 3210 4210 4310 4320 4321 5210 5310 5320.... 我们可以用"贪婪法"求这种组合表示，首先选择能取到的最大的 a，然后对于 $n - \binom{a}{4}$ 选择能取到的最大的 b，以此类推. [7.2.1.3 节讨论这种表示的其他性质.]

58. [*Systematisches Lehrbuch der Arithmetik* (Leipzig: 1811), xxix.] 用归纳法以及

$$\binom{n}{k}_q = \binom{n-1}{k}_q + \binom{n-1}{k-1}_q q^{n-k} = \binom{n-1}{k}_q q^k + \binom{n-1}{k-1}_q.$$

因此 [施魏因兹, *Analysis* (Heidelberg: 1820), §151]，式(21)的 q 推广是

$$\sum_k \binom{r}{k}_q \binom{s}{n-k}_q q^{(r-k)(n-k)} = \sum_k \binom{r}{k}_q \binom{s}{n-k}_q q^{(s-n+k)k} = \binom{r+s}{n}_q.$$

借助恒等式 $1 - q^t = -q^t(1-q^{-t})$ 很容易把(17)推广为

$$\binom{r}{k}_q = (-1)^k \binom{k-r-1}{k}_q q^{kr-k(k-1)/2}.$$

q 项式系数有各种各样的应用，例如参见 5.1.2 节，以及作者的短文注记 [*J. Combinatorial Theory* **A10** (1971), 178–180].

有用的事实：当 n 为非负整数时，$\binom{n}{k}_q$ 是 q 的 $k(n-k)$ 次非负整系数多项式，而且满足自反律

$$\binom{n}{k}_q = \binom{n}{n-k}_q = q^{k(n-k)}\binom{n}{k}_{q^{-1}}.$$

如果 $|q| < 1$ 且 $|x| < 1$，用 $\prod_{k\geq 0}((1+q^kx)/(1+q^{n+k}x))$ 替换上式左端，那么 q 项式定理对任意实数 n 成立. 由于幂级数的性质，我们可以置 $q^n = y$，所以只需证明 n 为正整数时成立. 已经验证这个恒等式对于 y 的无限多值成立. 现在我们可以在 q 项式定理中对上标取相反数，得到

$$\prod_{k\geq 0}\frac{(1-q^{k+r+1}x)}{(1-q^kx)} = \sum_k \binom{-r-1}{k}_q q^{k(k-1)/2}(-q^{r+1}x)^k = \sum_k \binom{k+r}{k}_q x^k.$$

关于进一步的资料，参阅乔治·加伯斯和米扎卢·拉哈曼的《超几何级数基础》[*Basic Hypergeometric Series* (Cambridge Univ. Press, 1990)]. q 项式系数的发明者是高斯 [*Commentationes societatis regiæscientiarum Gottingensis recentiores* **1** (1808), 147–186]；另见柯西 [*Comptes Rendus Acad. Sci.* **17** (Paris, 1843), 523–531]，卡尔·雅可比 [*Crelle* **32** (1846), 197–204]，海涅 [*Crelle* **34**(1847),285–328]，以及本书 7.2.1.4 节.

59. $(n+1)\binom{n}{k} - \binom{n}{k+1}$.

60. $\binom{n+k-1}{k}$. 这个公式很好记，因为它是

$$\frac{n(n+1)\ldots(n+k-1)}{k(k-1)\ldots 1},$$

同等式(2)相像，只不过分子中的数是递增而不是递减的. 它有一种巧妙的证法：注意到我们要计算关系式 $1 \leq a_1 \leq a_2 \leq \cdots \leq a_k \leq n$ 的整数解 $(a_1,\ldots,a_k)$ 的数目. 该式与 $0 < a_1 < a_2 + 1 < \cdots < a_k + k - 1 < n + k$ 是相同的，而

$$0 < b_1 < b_2 < \cdots < b_k < n+k$$

的解的数目等于从集合 $\{1, 2, \ldots, n+k-1\}$ 选择 k 个不同元素的数目. （这种技巧来自舍尔克 [*Crelle* **3** (1828), 97]. 奇怪的是，福斯特曼几年后在该杂志 [**13** (1835), 237] 上再次给出了这个方法，他还写道：“人们肯定认为这种方法必定很久以前就为人所知，但是我查阅了这方面的许多著作也没有找到它.”）

61. 如果 a_{mn} 是所求的量，由(46)和(47)，我们有 $a_{mn} = na_{m(n-1)} + \delta_{mn}$. 因此答案为 $[n \geq m]\, n!/m!$. 也很容易通过(56)的反演得到答案.

62. 利用习题 31 的恒等式，置 $(m,n,r,s,k) \leftarrow (m+k, l-k, m+n, n+l, j)$. 重排阶乘的符号得到

$$\sum_k (-1)^k \binom{l+m}{l+k}\binom{m+n}{m+k}\binom{n+l}{n+k}$$

$$= \sum_{j,k} (-1)^k \binom{l+m}{l+k}\binom{l+k}{j}\binom{m-k}{l-k-j}\binom{m+n+j}{m+l}$$

$$= \sum_{j,k} (-1)^k \binom{2l-2j}{l-j+k}\frac{(m+n+j)!}{(2l-2j)!\, j!\,(m-l+j)!\,(n+j-l)!}.$$

现在对 k 求和为 0，除非 $j = l$.

这个恒等式在 $l = m = n$ 的特例由阿尔弗雷德·狄克逊发表 [*Messenger of Math.* **20** (1891), 79–80]. 他在 12 年以后证明了一般情况下的公式 [*Proc. London Math. Soc.* **35** (1903), 285–289]. 但是，在此期间罗杰斯已经发表更为一般的公式 [*Proc. London Math. Soc.* **26** (1895), 15–32, §8]. 另见以下论文：麦克马洪，*Quarterly Journal of Pure and Applied Math.* **33** (1902), 274–288；约翰·杜格尔，

Proc. Edinburgh Math. Society **25** (1907), 114–132. 对应的 q 项式恒等式为

$$\sum_k \binom{m-r+s}{k}_q \binom{n+r-s}{n-k}_q \binom{r+k}{m+n}_q q^{(m-r+s-k)(n-k)} = \binom{r}{m}_q \binom{s}{n}_q,$$

$$\sum_k (-1)^k \binom{l+m}{l+k}_q \binom{m+n}{m+k}_q \binom{n+l}{n+k}_q q^{(3k^2-k)/2} = \frac{(l+m+n)!_q}{l!_q\, m!_q\, n!_q},$$

其中 $n!_q = \prod_{k=1}^n (1+q+\cdots+q^{k-1})$.

63. 见《具体数学》习题 5.83 和 5.106.

64. 令 $f(n,m)$ 为 $\{1,2,\ldots,n\}$ 分拆成 m 部分的划分数. 显然 $f(1,m)=\delta_{1m}$. 如果 $n>1$, 有两类分拆. (a) 元素 n 单独构成分拆后的一个集合, 构成这样的分拆有 $f(n-1,m-1)$ 种方法. (b) 元素 n 与其他元素一起出现在某个集合中, 把 n 插入到 $\{1,2,\ldots,n-1\}$ 划分出的 m 个集合之一有 m 种方法, 因此构造这样的分拆有 $mf(n-1,m)$ 种方法. 综上, $f(n,m)=f(n-1,m-1)+mf(n-1,m)$, 归纳可知 $f(n,m)=\left\{{n \atop m}\right\}$.

65. 参阅 *AMM* **99** (1992), 410–422.

66. 令 $X=\binom{x}{n}$, $\underline{X}=\binom{x}{n-1}=\frac{n}{x-n+1}X$, $\overline{X}=\binom{x}{n+1}=\frac{x-n}{n+1}X$, 对于 Y 和 Z 采用同样的记号. 我们可以假定 $y>n-1$ 是固定的, 所以 x 是 z 的一个函数.

令 $F(z)=\overline{X}-\overline{Y}-\overline{Z}$, 设某个 $z>n-2$ 使得 $F(z)=0$. 我们将证明 $F'(z)<0$, 所以 $z=y$ 必然是唯一一个大于 $n-2$ 的根, 这就证明第二个不等式成立. 由于 $F(z)=\frac{x-n}{n+1}(Y+Z)-\frac{y-n}{n+1}Y-\frac{z-n+1}{n}Z=0$ 以及 $x>y$ 和 $Y,Z>0$, 我们必须有 $\frac{x-n}{n+1}<\frac{z-n+1}{n}$. 置 $X'=\mathrm{d}X/\mathrm{d}x$ 和 $Z'=\mathrm{d}Z/\mathrm{d}z=\mathrm{d}X/\mathrm{d}z$, 我们有

$$\frac{X'}{X}=\frac{1}{x}+\frac{1}{x-1}+\cdots+\frac{1}{x-n+1}>\frac{n}{n+1}\left(\frac{1}{z}+\cdots+\frac{1}{z-n+2}\right)=\frac{n}{n+1}\frac{Z'}{Z}.$$

因为 $\frac{x-n+1}{n+1}<\frac{z-n+2}{n}$, ..., $\frac{x-1}{n+1}<\frac{z}{n}$. 因此 $\mathrm{d}x/\mathrm{d}z=Z'/X'<\frac{n+1}{n}(Z/X)$, 并且

$$F'(z)=\frac{X}{n+1}\frac{\mathrm{d}x}{\mathrm{d}z}+\frac{x-n}{n+1}Z'-\frac{Z}{n}-\frac{z-n+1}{n}Z'<\left(\frac{x-n}{n+1}-\frac{z-n+1}{n}\right)Z'<0.$$

为证明第一个不等式, 我们可以假定 $n>2$, 于是, 如果某个 $z>n-2$ 使得 $\underline{X}=\underline{Y}+\underline{Z}$, 那么第二个等式表明 $z=y$.

[参考文献: 洛瓦斯, *Combinatorial Problems and Exercises* (1993), Problem 13.31(a); 瑞德海法, *AMM* **103** (1996), 62–64.]

67. 如果 $k>0$, 习题 1.2.5–24 给出略微准确一些 (但是不好记忆) 的上界 $\binom{n}{k}=n^{\underline{k}}/k! \le n^k/k! \le \frac{1}{\mathrm{e}}\left(\frac{n\mathrm{e}}{k}\right)^k \le \left(\frac{n\mathrm{e}}{k+1}\right)^k$. 相应的下界为 $\binom{n}{k} \ge \left(\frac{(n-k+1)\mathrm{e}}{k}\right)^k \frac{1}{\mathrm{e}k}$, 这比 $\binom{n}{k} \ge \left(\frac{n}{k}\right)^k$ 更不好记忆 (但通常准确).

68. 令 $t_k=k\binom{n}{k}p^k(1-p)^{n+1-k}$, 那么 $t_k-t_{k+1}=\binom{n}{k}p^k(1-p)^{n-k}(k-np)$. 所以, 所述的和为

$$\sum_{k<\lceil np\rceil}(t_{k+1}-t_k)+\sum_{k\ge\lceil np\rceil}(t_k-t_{k+1})=2t_{\lceil np\rceil}.$$

[棣莫弗提出了 np 为整数时的这个等式, 见 *Miscellanea Analytica* (1730), 101; 亨利·庞加莱证明了一般情况下的公式, 见 *Calcul des Probabilités* (1896), 56–60. 对于这个恒等式以及各种各样类似公式的有趣历史, 感兴趣的读者请参阅迪亚科尼斯和泽贝尔, *Statistical Science* **6** (1991), 284–302.]

1.2.7 节

1. 0, 1, 3/2.

2. 用上界 $1/2^m$ 替换每一项 $1/(2^m+k)$.

3. $H_{2^m-1}^{(r)} \le \sum_{0\le k<m} 2^k/2^{kr}$; $2^{r-1}/(2^{r-1}-1)$ 是一个上界.

4. (b) 和 (c).

5. 9.78760 60360 44382 ...

6. 用归纳法和等式 1.2.6–(46).

7. $T(m+1,n) - T(m,n) = 1/(m+1) - 1/(mn+1) - \cdots - 1/(mn+n) \leq 1/(m+1) - (1/(mn+n) + \cdots + 1/(mn+n)) = 1/(m+1) - n/(mn+n) = 0$. 在 $m = n = 1$ 时取到最大值, 而当 m 和 n 取非常大的值时趋近最小值. 由等式(3), 最大下界是 γ, 实际上是不能达到的. 这个结果的一种推广见 *AMM* **70** (1963), 575–577.

8. 由斯特林近似公式, $\ln n!$ 近似等于 $(n + \frac{1}{2}) \ln n - n + \ln \sqrt{2\pi}$; 另外, $\sum_{k=1}^{n} H_k$ 近似等于 $(n+1) \ln n - n(1 - \gamma) + (\gamma + \frac{1}{2})$. 两者之差近似为 $\gamma n + \frac{1}{2} \ln n + 0.158$.

9. $-1/n$.

10. 把左端分成两个和; 在第二个和中把 k 变成 $k + 1$.

11. 对于 $n > 0$, 和为 $2 - H_n/n - 1/n$.

12. $1.000\ldots$ 的超过前 300 位小数都是准确值.

13. 利用定理 A 的证明中用到的归纳法. 或者利用微积分: 对 x 求导数, 再求在 $x = 1$ 时的值.

14. 参见 1.2.3 节例 2. 第二个和是 $\frac{1}{2}(H_{n+1}^2 - H_{n+1}^{(2)})$.

15. 可以用正文中的公式对 $\sum_{j=1}^{n}(1/j) \sum_{k=j}^{n} H_k$ 求和; 答案为 $(n+1)H_n^2 - (2n+1)H_n + 2n$.

16. $H_{2n-1} - \frac{1}{2}H_{n-1}$.

17. 第一种解法 (初等方法): 取 $(p-1)!$ 作为分母, 这是真正分母的倍数, 但不是 p 的倍数. 我们仅需证明, 对应的分子 $(p-1)!/1 + (p-1)!/2 + \cdots + (p-1)!/(p-1)$ 确实是 p 的倍数. 以 p 为模, $(p-1)!/k \equiv (p-1)! k'$, 其中 k' 可以由关系式 $kk' \bmod p = 1$ 确定. 集合 $\{1', 2', \ldots, (p-1)'\}$ 正好是集合 $\{1, 2, \ldots, p-1\}$, 所以分子与 $(p-1)!(1 + 2 + \cdots + p - 1)$ 同余.

第二种解法 (高等方法): 由习题 4.6.2–6, 我们有 $x^{\bar{p}} \equiv x^p - x$ (modulo p). 因此, 由习题 1.2.6–32, $\begin{bmatrix} p \\ k \end{bmatrix} \equiv \delta_{kp} - \delta_{k1}$ (modulo p). 现在应用习题 6.

其实已经知道, 当 $p > 3$ 时, H_{p-1} 的分子是 p^2 的倍数, 见哈代和爱德华·赖特的《哈代数论》[①]第 7.8 节 [*An Introduction to the Theory of Numbers*].

18. 如果 $n = 2^k m$, 其中 m 为奇数, 那么和等于 $2^{2k} m_1/m_2$, 其中 m_1 和 m_2 均为奇数. [*AMM* **67** (1960), 924–925.]

19. 仅有 $n = 0$ 和 $n = 1$. 对于 $n \geq 2$, 令 $k = \lfloor \lg n \rfloor$. 恰好有一项的分母是 2^k, 所以 $2^{k-1} H_n - \frac{1}{2}$ 是分母中仅包含奇素数的各项之和. 假如 H_n 是整数, 那么 $2^{k-1} H_n - \frac{1}{2}$ 的分母应等于 2.

20. 逐项展开被积函数. 另见 *AMM* **69** (1962), 239; 古尔德, *Mathematics Magazine* **34** (1961), 317–321.

21. $H_{n+1}^2 - H_{n+1}^{(2)}$.

22. $(n+1)(H_n^2 - H_n^{(2)}) - 2n(H_n - 1)$.

23. $\Gamma'(n+1)/\Gamma(n+1) = 1/n + \Gamma'(n)/\Gamma(n)$, 因为 $\Gamma(x+1) = x\Gamma(x)$. 于是 $H_n = \gamma + \Gamma'(n+1)/\Gamma(n+1)$. 函数 $\psi(x) = \Gamma'(x)/\Gamma(x) = H_{x-1} - \gamma$ 称为 ψ 函数或者双 γ 函数. H_n 对于部分有理数 x 的值见附录 A.

24. 左边等于

$$x \lim_{n \to \infty} e^{(H_n - \ln n)x} \prod_{k=1}^{n} \left(\left(1 + \frac{x}{k}\right) e^{-x/k} \right) = \lim_{n \to \infty} \frac{x(x+1)\ldots(x+n)}{n^x n!}.$$

注记: 由此, 上题中考虑的 H_n 的推广就相当于 $r = 1$ 时的 $H_x^{(r)} = \sum_{k \geq 0}(1/(k+1)^r - 1/(k+1+x)^r)$. 这种思想可用于更大的 r 值. 该无穷乘积对于所有复数 x 收敛.

25. $H_n^{(0,v)} = \sum_{k=1}^{n} H_n^{(v)}$, $H_n^{(u,0)} = H_n^{(u-1)}$. 所以该恒等式是 (8) 的推广. [见欧拉, *Novi Comment. Acad. Sci. Pet.* **20** (1775), 140–186, §2.]

[①] 中译本由人民邮电出版社于 2010 年出版. ——编者注

1.2.8 节

1. 在 k 个月后有 F_{k+2} 对兔子, 所以答案为 $F_{14} = 377$ 对.

2. $\ln(\phi^{1000}/\sqrt{5}) = 1000\ln\phi - \frac{1}{2}\ln 5 = 480.40711$; $\log_{10} F_{1000}$ 是 $1/(\ln 10)$ 乘此数, 等于 208.64. 所以 F_{1000} 的近似值具有 209 位数, 首位数是 4.

4. 0, 1, 5, 此后 F_n 增加非常快.

5. 0, 1, 12.

6. 用归纳法. (这个等式对于负数 n 也成立, 见习题 8.)

7. 如果 d 是 n 的一个真因子, 那么 F_d 整除 F_n. 在 $d > 2$ 的条件下, F_d 大于 1 而且小于 F_n. 没有大于 2 的真因子的唯一非素数是 $n = 4$, 所以 $F_4 = 3$ 是唯一的例外.

8. $F_{-1} = 1$; $F_{-2} = -1$; 对 n 归纳可得 $F_{-n} = (-1)^{n+1} F_n$.

9. 等式(15)不成立. 其他等式可以递降归纳证明成立: 假定某个断言对于 n 和更大的值成立, 那么它对于 $n - 1$ 成立.

10. 当 n 为偶数时是大于; 当 n 为奇数时是小于. [见等式 (1_4).]

11. 用归纳法; 见习题 9. 这是习题 13(a) 的一个特例.

12. 如果 $\mathcal{G}(z) = \sum \mathcal{F}_n z^n$, 那么 $(1 - z - z^2)\mathcal{G}(z) = z + F_0 z^2 + F_1 z^3 + \cdots = z + z^2 G(z)$. 因此 $\mathcal{G}(z) = G(z) + zG(z)^2$; 从等式(17), 我们求出 $\mathcal{F}_n = ((3n+3)/5)F_n - (n/5)F_{n+1}$.

13. (a) $a_n = rF_{n-1} + sF_n$. (b) 由于 $(b_{n+2} + c) = (b_{n+1} + c) + (b_n + c)$, 我们可以考虑新序列 $b'_n = b_n + c$. 把 (a) 部分应用于 b'_n, 得到答案 $cF_{n-1} + (c+1)F_n - c$.

14. $a_n = F_{m+n+1} + F_n - \binom{n}{m} - \binom{n+1}{m-1} - \cdots - \binom{n+m}{0}$.

15. $c_n = xa_n + yb_n + (1 - x - y)F_n$.

16. 和为 F_{n+1}. 用归纳法以及 $\binom{n+1-k}{k} = \binom{n-k}{k} + \binom{(n-1)-(k-1)}{k-1}$ 证明.

17. 一般地, 等式 $(x^{n+k} - y^{n+k})(x^{m-k} - y^{m-k}) - (x^n - y^n)(x^m - y^m)$ 等于 $(xy)^n(x^{m-n-k} - y^{m-n-k})(x^k - y^k)$. 置 $x = \phi$, $y = \hat{\phi}$, 上式除以 $(\sqrt{5})^2$.

18. 它是 F_{2n+1}.

19. 令 $u = \cos 72°$, $v = \cos 36°$. 我们有 $u = 2v^2 - 1$, $v = 1 - 2\sin^2 18° = 1 - 2u^2$. 因此 $u + v = 2(v^2 - u^2)$, 即 $1 = 2(v - u) = 2v - 4v^2 + 2$. 故 $v = \frac{1}{2}\phi$. (此外, $u = \frac{1}{2}\phi^{-1}$, $\sin 36° = \frac{1}{2}5^{1/4}\phi^{-1/2}$, $\sin 72° = \frac{1}{2}5^{1/4}\phi^{1/2}$. 另一个有趣的思路是 $\alpha = \arctan\phi = \pi/4 + \frac{1}{2}\arctan\frac{1}{2}$, 相应有 $\sin\alpha = 5^{-1/4}\phi^{1/2}$, $\cos\alpha = 5^{-1/4}\phi^{1/2}$.)

20. $F_{n+2} - 1$.

21. 原式乘以 $x^2 + x - 1$, 答案为 $(x^{n+1}F_{n+1} + x^{n+2}F_n - x)/(x^2 + x - 1)$. 如果分母为 0, x 是 $1/\phi$ 或 $1/\hat{\phi}$, 此时答案 $(n + 1 - x^n F_{n+1})/(2x + 1)$.

22. F_{m+2n}. 在下题中, 置 $t = 2$.

23. $\dfrac{1}{\sqrt{5}} \sum_k \binom{n}{k}(\phi^k F_t^k F_{t-1}^{n-k}\phi^m - \hat{\phi}^k F_t^k F_{t-1}^{n-k}\hat{\phi}^m)$

$$= \frac{1}{\sqrt{5}}(\phi^m(\phi F_t + F_{t-1})^n - \hat{\phi}^m(\hat{\phi}F_t + F_{t-1})^n) = F_{m+tn}.$$

24. F_{n+1} (按第一行展开).

25. $2^n\sqrt{5}F_n = (1 + \sqrt{5})^n - (1 - \sqrt{5})^n$.

26. 由费马小定理, $2^{p-1} \equiv 1 \pmod{p}$. 再应用上题和习题 1.2.6–10(b).

27. 如果 $p = 2$, 命题为真. 在其他情形下, $F_{p-1}F_{p+1} - F_p^2 = -1$, 由上题和费马小定理, $F_{p-1}F_{p+1} \equiv 0 \pmod{p}$. 由于 $F_{p+1} = F_p + F_{p-1}$, 这两个因子中仅有一个可能是 p 的倍数.

28. $\widehat{\phi}^n$. 注记: 递推式 $a_{n+1} = Aa_n + B^n$, $a_0 = 0$ 的解是

$$a_n = (A^n - B^n)/(A - B) \text{ 如果} A \neq B, \qquad a_n = nA^{n-1} \text{ 如果} A = B.$$

29. (a)

$\binom{n}{0}_{\mathcal{F}}$	$\binom{n}{1}_{\mathcal{F}}$	$\binom{n}{2}_{\mathcal{F}}$	$\binom{n}{3}_{\mathcal{F}}$	$\binom{n}{4}_{\mathcal{F}}$	$\binom{n}{5}_{\mathcal{F}}$	$\binom{n}{6}_{\mathcal{F}}$
1	0	0	0	0	0	0
1	1	0	0	0	0	0
1	1	1	0	0	0	0
1	2	2	1	0	0	0
1	3	6	3	1	0	0
1	5	15	15	5	1	0
1	8	40	60	40	8	1

(b) 由(6)推出. [卢卡斯, *Amer. J. Math.* **1** (1878), 201–204.]

30. 命题当 $m = 1$ 时是显然的, 下面对 m 归纳证明:

(a) $\displaystyle\sum_k \binom{m}{k}_{\mathcal{F}} (-1)^{\lceil (m-k)/2 \rceil} F_{n+k}^{m-2} F_k = F_m \sum_k \binom{m-1}{k-1}_{\mathcal{F}} (-1)^{\lceil (m-k)/2 \rceil} F_{n+k}^{m-2} = 0.$

(b) $\displaystyle\sum_k \binom{m}{k}_{\mathcal{F}} (-1)^{\lceil (m-k)/2 \rceil} F_{n+k}^{m-2} (-1)^k F_{m-k}$

$$= (-1)^m F_m \sum_k \binom{m-1}{k}_{\mathcal{F}} (-1)^{\lceil (m-1-k)/2 \rceil} F_{n+k}^{m-2} = 0.$$

(c) 由于 $(-1)^k F_{m-k} = F_{k-1} F_m - F_k F_{m-1}$ 且 $F_m \neq 0$, 我们由 (a) 和 (b) 推出

$$\sum_k \binom{m}{k}_{\mathcal{F}} (-1)^{\lceil (m-k)/2 \rceil} F_{n+k}^{m-2} F_{k-1} = 0.$$

(d) 由于 $F_{n+k} = F_{k-1} F_n + F_k F_{n+1}$, 结果由 (a) 和 (c) 推出. 也可以利用习题 1.2.6–58 的 q 项式定理证明略微更一般的形式. 参考文献: 亚尔登, *Recurring Sequences*, 2nd ed. (Jerusalem, 1966), 30–33; 赖尔登, *Duke Math. J.* **29** (1962), 5–12.

31. 利用习题 8 和习题 11.

32. 斐波那契序列对 F_n 取模所得的序列为 $0, 1, \ldots, F_{n-1}, 0, F_{n-1}, -F_{n-2}, \ldots$.

33. 注意到, 对于这个特殊的 z, $\cos z = \frac{1}{2}(e^{iz} + e^{-iz}) = -i/2$; 然后利用 $\sin(n+1)z + \sin(n-1)z = 2\sin nz \cos z$ 对于所有 z 成立这个事实.

34. 证明 F_{k_1} 仅可能取小于或等于 n 的最大斐波那契数. 因此 $n - F_{k_1}$ 小于 F_{k_1-1}, 并且归纳可知存在 $n - F_{k_1}$ 的唯一表示. 这个证明的大致过程同唯一分解定理的证明十分相似. 斐波那契数系是由爱德华·齐肯多夫发现的 [见 *Simon Stevin* **29** (1952), 190–195; *Bull. Soc. Royale des Sciences de Liège* **41** (1972), 179–182]. 但是 7.2.1.7 节指出, 它在 14 世纪时已为印度人所知. 它的几种推广见习题 5.4.2–10 及 7.1.3 节.

35. 参阅乔治·伯格曼的 *Mathematics Magazine* **31** (1957), 98–110. 为了表示 $x > 0$, 求出满足 $\phi^k \leq x$ 的最大 k, 把 x 表示成 ϕ^k 加上 $x - \phi^k$ 的表示.

非负整数的表示还可以从全体整数的下述递归规则得到, 其中 0 和 1 的表示是平凡的: 令 $L_n = \phi^n + \widehat{\phi}^n = F_{n+1} + F_{n-1}$. 当 $0 \leq m \leq L_{2n-1}$ 且 $n \geq 1$ 时, $L_{2n} + m$ 的表示是 $\phi^{2n} + \phi^{-2n}$ 加上 m 的表示. 当 $0 < m < L_{2n}$ 且 $n \geq 0$ 时, $L_{2n+1} + m$ 的表示是 $\phi^{2n+1} + \phi^{-2n-2}$ 加上 $m - \phi^{-2n}$ 的表示, 后一项由规则 $\phi^k - \phi^{k-2j} = \phi^{k-1} + \phi^{k-3} + \cdots + \phi^{k-2j+1}$ 得到. 结果推出, 对于包含 0 和 1 的所有数字串 α, 只要它的首位是 1 并且没有相邻的 1, 就会出现在恰好一个正整数的表示的小数点左侧; 唯一的例外是以 $10^{2k}1$ 结束的数字串, 它们都不会出现在这样的表示中.

36. 我们可以考虑无穷字母串 S_∞, 因为 $n > 1$ 时, S_n 就是 S_∞ 的前面 F_n 个字母. 不会出现连续 2 个 a, 也不会出现连续 3 个 b. 串 S_n 包含 F_{n-2} 个 a 和 F_{n-1} 个 b. 如果我们用习题 34 的斐波那契

数系表示 $m-1$, 那么, S_∞ 的第 m 个字母为 a 当且仅当 $k_r = 2$. S_∞ 的第 k 个字母为 b 当且仅当 $\lfloor (k+1)\phi^{-1} \rfloor - \lfloor k\phi^{-1} \rfloor = 1$. 因此, 在前面 k 个字母中, b 的个数为 $\lfloor (k+1)\phi^{-1} \rfloor$. 此外, 第 k 个字母为 b 当且仅当存在正整数 m 使得 $k = \lfloor m\phi \rfloor$. 这个序列在 18 世纪经过约翰·伯努利的研究, 在 19 世纪经过马尔可夫的研究, 此后也有许多数学家做过研究 [见肯尼斯·斯托拉斯基, *Canadian Math. Bull.* **19** (1976), 473–482].

37. [*Fibonacci Quart.* **1** (December 1963), 9–12.] 考虑习题 34 中的斐波那契数系, 如果在那个数系中 $n = F_{k_1} + \cdots + F_{k_r} > 0$, 则令 $\mu(n) = F_{k_r}$. 令 $\mu(0) = \infty$. 我们证明: (A) 如果 $n > 0$, $\mu(n - \mu(n)) > 2\mu(n)$. 证明: 因为 $k_r \geq 2$, 所以 $\mu(n - \mu(n)) = F_{k_{r-1}} \geq F_{k_r+2} > 2F_{k_r}$. (B) 如果 $0 < m < F_k$, $\mu(m) \leq 2(F_k - m)$. 证明: 令 $\mu(m) = F_j$; $m \leq F_{k-1} + F_{k-3} + \cdots + F_{j+(k-1-j) \bmod 2} = -F_{j-1+(k-1-j) \bmod 2} + F_k \leq -\frac{1}{2}F_j + F_k$. (C) 如果 $0 < m < \mu(n)$, $\mu(n - \mu(n) + m) \leq 2(\mu(n) - m)$. 证明: 由 (B) 推出. (D) 如果 $0 < m < \mu(n)$, $\mu(n - m) \leq 2m$. 证明: 在 (C) 中置 $m = \mu(n) - m$.

现在我们来证明, 如果有 n 个筹码, 而且下一轮最多可以取 q 个筹码, 那么当且仅当 $\mu(n) \leq q$ 时, 存在一种必胜取法. 证明: (a) 如果 $\mu(n) > q$, 所有取法得到的结果 n' 和 q' 都满足 $\mu(n') \leq q'$. [这由上面的 (D) 推出.] (b) 如果 $\mu(n) \leq q$, 那么我们要么在这步获胜 (如果 $q \geq n$), 要么能够采用一种取法, 使得取完以后的 n' 和 q' 满足 $\mu(n') > q'$. [由上面的 (A) 推出: 应取走 $\mu(n)$ 个筹码.] 可以看出, 如果 $n = F_{k_1} + \cdots + F_{k_r}$, 所有必胜取法的集合是对于 $1 \leq j \leq r$ 范围内的某个 j 取走 $F_{k_j} + \cdots + F_{k_r}$ 个筹码, 前提是 $j = 1$ 或者 $F_{k_{j-1}} > 2(F_{k_j} + \cdots + F_{k_r})$.

1000 的斐波那契表示是 $987 + 13$, 保证获胜的唯一幸运取法是取出 13 个筹码. 第一位玩家总是能够取得胜利, 除非 n 是一个斐波那契数.

对于这种类型的非常一般的游戏, 解法已由艾伦·施文克获得. [*Fibonacci Quarterly* **8** (1970), 225–234.]

39. $(3^n - (-2)^n)/5$.

40. 对 m 归纳证明, 对于 $F_m < n \leq F_{m+1}$, $f(n) = m$: 首先, $f(n) \leq \max(1+f(F_m), \, 2+f(n-F_m)) = m$. 其次, 如果 $f(n) < m$, 那么存在某个 $k < n$ 满足不等式 $1 + f(k) < m$ (因此 $k \leq F_{m-1}$) 以及 $2 + f(n-k) < m$ (因此 $n - k \leq F_{m-2}$); 但是, $n \leq F_{m-1} + F_{m-2}$. [由此可知, 在 6.2.1 节中定义的斐波那契树, 当右代价为左支的两倍时, 由根到叶的最大代价取得最小值.]

41. $F_{k_1+1} + \cdots + F_{k_r+1} = \phi n + (\hat\phi^{k_1} + \cdots + \hat\phi^{k_r})$ 是整数, 括号中的量介于 $\hat\phi^3 + \hat\phi^5 + \cdots = \phi^{-1} - 1$ 和 $\hat\phi^2 + \hat\phi^4 + \cdots = \phi^{-1}$ 之间. 类似地, $F_{k_1-1} + \cdots + F_{k_r-1} = \phi^{-1} n + (\hat\phi^{k_1} + \cdots + \hat\phi^{k_r}) = f(\phi^{-1} n)$. [这样的斐波那契移位是在心里换算英里与公里的简便方法, 见《具体数学》6.6 节.]

42. [*Fibonacci Quarterly* **6** (1968), 235–244.] 如果存在这样的表示, 对于所有整数 N 就有

$$mF_{N-1} + nF_N = F_{k_1+N} + F_{k_2+N} + \cdots + F_{k_r+N}, \qquad (*)$$

因此存在两种不同的表示, 与习题 34 矛盾.

反过来, 我们可以用归纳法证明, 对于所有非负的 m 和 n, 存在这样的相关表示. 但是更有趣的是利用上题证明, 这样的相关表示对于可能为负的整数 m 和 n 存在, 当且仅当 $m + \phi n \geq 0$: 令 N 足够大, 使得 $|m\hat\phi^{N-1} + n\hat\phi^N| < \phi^{-2}$, 把 $mF_{N-1} + nF_N$ 按 $(*)$ 的形式表示. 于是 $mF_N + nF_{N+1} = \phi(mF_{N-1} + nF_N) + (m\hat\phi^{N-1} + n\hat\phi^N) = f(\phi(mF_{N-1} + nF_N)) = F_{k_1+N+1} + \cdots + F_{k_r+N+1}$, 由此推出表示式 $(*)$ 对于所有的 N 成立. 现在置 $N = 0$ 和 $N = 1$.

1.2.9 节

1. $1/(1-2z) + 1/(1-3z)$.

2. 从式 (6) 推出, 因为 $\binom{n}{k} = n!/k!(n-k)!$.

3. $G'(z) = \ln(1/(1-z))/(1-z)^2 + 1/(1-z)^2$. 由此式和 $G(z)/(1-z)$ 的意义, 我们有 $\sum_{k=1}^{n-1} H_k = nH_n - n$. 这个结果同等式 1.2.7–(8) 一致.

4. 令 $t = 0$.

5. 由等式(11)和(22)，z^k 的系数为

$$\frac{(n-1)!}{k!} \sum_{0 \le j < k} \left\{ {j \atop n-1} \right\} \binom{k}{j}.$$

现在应用等式 1.2.6–(46) 和 1.2.6–(52)．（或者求导数后利用等式 1.2.6–(46)．）

6. 生成函数是 $\left(\ln(1/(1-z))\right)^2$；导数是调和数的生成函数的两倍；因此和为 $2H_{n-1}/n$．

8. $1/((1-z)(1-z^2)(1-z^3)\dots)$．（这是历史上生成函数的首批应用之一．欧拉在 18 世纪研究了这个生成函数，对此的有趣论述请参阅波利亚《数学中的归纳和类比》第 6 章 [*Induction and Analogy in Mathematics* (Princeton: Princeton University Press, 1954)]．）

9. $\frac{1}{24}S_1^4 + \frac{1}{4}S_1^2 S_2 + \frac{1}{8}S_2^2 + \frac{1}{3}S_1 S_3 + \frac{1}{4}S_4$．

10. $G(z) = (1 + x_1 z)\dots(1 + x_n z)$．像等式(38) 的推导那样取对数，可得到同样的公式，不过是用 (24) 取代 (17)；答案也几乎完全一样，不过 $S_2, S_4, S_6, \dots$ 变成了 $-S_2, -S_4, -S_6, \dots$．我们有 $e_1 = S_1$，$e_2 = \frac{1}{2}S_1^2 - \frac{1}{2}S_2$，$e_3 = \frac{1}{6}S_1^3 - \frac{1}{2}S_1 S_2 + \frac{1}{3}S_3$，$e_4 = \frac{1}{24}S_1^4 - \frac{1}{4}S_1^2 S_2 + \frac{1}{8}S_2^2 + \frac{1}{3}S_1 S_3 - \frac{1}{4}S_4$．（见习题 9．）同 (39) 类似的递推公式是 $ne_n = S_1 e_{n-1} - S_2 e_{n-2} + \cdots$．注记：在这个递推公式中的等式称为牛顿恒等式，因为它们首次发表于牛顿的《算术原理》一书 [牛顿, *Arithmetica Universalis* (1707)]．见德克·扬·斯特洛伊克的 *Source Book in Mathematics* (Harvard University Press, 1969), 94–95．

11. 由于 $\sum_{m \ge 1} S_m z^m / m = \ln G(z) = \sum_{k \ge 1} (-1)^{k-1} (h_1 z + h_2 z^2 + \cdots)^k / k$，所求系数为

$$(-1)^{k_1 + k_2 + \cdots + k_m - 1} m(k_1 + k_2 + \cdots + k_m - 1)! / k_1! \, k_2! \dots k_m!.$$

[用 $(-1)^{m-1}$ 相乘，获得习题 10 中用 e 表示 S_m 时的 $e_1^{k_1} e_2^{k_2} \dots e_m^{k_m}$ 项的系数．阿尔伯特·吉拉尔在其《代数学中的新发现》[*Invention Nouvelle en Algébre* (Amsterdam: 1629)] 中接近结尾的地方，叙述了通过 e_1, e_2, e_3, e_4 表示 S_1, S_2, S_3, S_4 的公式；对称函数论便由此诞生．]

12. $\displaystyle\sum_{m,n \ge 0} a_{mn} w^m z^n = \sum_{m,n \ge 0} \binom{n}{m} w^m z^n = \sum_{n \ge 0} (1+w)^n z^n = 1/(1 - z - wz).$

13. $\int_n^{n+1} e^{-st} f(t)\, dt = (a_0 + \cdots + a_n)(e^{-sn} - e^{-s(n+1)})/s$ 把对于所有 n 的这些表达式加在一起，我们求出 $\mathbf{L}f(s) = G(e^{-s})/s$．

14. 见习题 1.2.6–38．

15. $G_n(z) = G_{n-1}(z) + zG_{n-2}(z) + \delta_{n0}$，所以我们求出 $H(w) = 1/(1 - w - zw^2)$．因此，最终得到

$$G_n(z) = \left(\left(\frac{1 + \sqrt{1+4z}}{2} \right)^{n+1} - \left(\frac{1 - \sqrt{1+4z}}{2} \right)^{n+1} \right) \Big/ \sqrt{1+4z} \quad , \; z \ne -\tfrac{1}{4}$$

$G_n\left(-\frac{1}{4}\right) = (n+1)/2^n$ 对于 $n \ge 0$．

16. $G_{nr}(z) = (1 + z + \cdots + z^r)^n = \left(\dfrac{1 - z^{r+1}}{1 - z} \right)^n$．[注意 $r = \infty$ 的情况．]

17. $\displaystyle\sum_k \binom{-w}{k}(-z)^k = \sum_k \frac{w(w+1)\dots(w+k-1)}{k(k-1)\dots 1} z^k = \sum_{n,k} \left[{k \atop n} \right] z^k w^n / k!.$

（或者换一种方法，把它写成 $e^{w\ln(1/(1-z))}$，首先按 w 的幂展开．）

18. (a) 固定 n，只改变 r，由等式(27)，生成函数为

$$G_n(z) = (1+z)(1+2z)\dots(1+nz) = z^{n+1} \left(\frac{1}{z} \right) \left(\frac{1}{z} + 1 \right) \left(\frac{1}{z} + 2 \right) \dots \left(\frac{1}{z} + n \right)$$

$$= \sum_k \left[{n+1 \atop k} \right] z^{n+1-k},$$

因此答案为 $\left[{n+1 \atop n+1-r} \right]$．(b) 同样，由等式(28)，生成函数为

$$\frac{1}{1-z} \cdot \frac{1}{1-2z} \cdot \dots \cdot \frac{1}{1-nz} = \sum_k \left\{ {k \atop n} \right\} z^{k-n},$$

所以答案为 $\left\{{n+r \atop n}\right\}$.

19. $\sum_{n\geq 1}(1/n - 1/(n+p/q))x^{p+nq} = \sum_{k=0}^{q-1}\omega^{-kp}\ln(1-\omega^k x) - x^p\ln(1-x^q) + \frac{q}{p}x^p = f(x) + g(x)$，其中 $\omega = \mathrm{e}^{2\pi\mathrm{i}/q}$ 及

$$f(x) = \sum_{k=1}^{q-1}\omega^{-kp}\ln(1-\omega^k x), \qquad g(x) = (1-x^p)\ln(1-x) + \frac{q}{p}x^p - x^p\ln\frac{1-x^q}{1-x}.$$

现在 $\lim_{x\to 1-}g(x) = q/p - \ln q$. 由恒等式

$$\ln(1-\mathrm{e}^{\mathrm{i}\theta}) = \ln\left(2\mathrm{e}^{\mathrm{i}(\theta-\pi)/2}\frac{\mathrm{e}^{\mathrm{i}\theta/2}-\mathrm{e}^{-\mathrm{i}\theta/2}}{2\mathrm{i}}\right) = \ln 2 + \tfrac{1}{2}\mathrm{i}(\theta-\pi) + \ln\sin\frac{\theta}{2},$$

我们可以写 $\lim_{x\to 1-}f(x) = f(1) = A + B$，其中

$$A = \sum_{k=1}^{q-1}\omega^{-kp}\left(\ln 2 - \frac{\mathrm{i}\pi}{2} + \frac{\mathrm{i}k\pi}{q}\right) = -\ln 2 + \frac{\mathrm{i}\pi}{2} + \frac{\mathrm{i}\pi}{(\omega^{-p}-1)};$$

$$B = \sum_{k=1}^{q-1}\omega^{-kp}\ln\sin\frac{k}{q}\pi = \sum_{0<k<q/2}(\omega^{-kp} + \omega^{-(q-k)p})\ln\sin\frac{k}{q}\pi$$

$$= 2\sum_{0<k<q/2}\cos\frac{2pk}{q}\pi\cdot\ln\sin\frac{k}{q}\pi.$$

最后，

$$\frac{\mathrm{i}}{2} + \frac{\mathrm{i}}{(\omega^{-p}-1)} = \frac{\mathrm{i}}{2}\left(\frac{1+\omega^p}{1-\omega^p}\right) = \frac{\mathrm{i}}{2}\left(\frac{\omega^{p/2}+\omega^{-p/2}}{\omega^{p/2}-\omega^{-p/2}}\right) = \frac{1}{2}\cot\frac{p}{q}\pi;$$

[高斯在论述超几何级数的专著中推出了这些结果（§33，式 [75]），但他的原始证明是不充分的；阿贝尔提供了正确的证明，见 *Crelle* **1** (1826), 314–315.]

20. 由等式 1.2.6-(45)，$c_{mk} = k!\left\{{m \atop k}\right\}$.

21. 我们求出 $z^2 G'(z) + zG(z) = G(z) - 1$. 这个微分方程的解是 $G(z) = (-1/z)\mathrm{e}^{-1/z}(E_1(-1/z) + C)$，其中 $E_1(z) = \int_z^\infty \mathrm{e}^{-t}\,\mathrm{d}t/t$，$C$ 是常数. 这个函数在 $z=0$ 的邻域带有严重的病态特性，$G(z)$ 不存在幂级数展开. 事实上，由于 $\sqrt[n]{n!} \approx n/\mathrm{e}$ 不是有界的，生成函数在这种情况下不收敛；但是，当 $z < 0$ 时，它是所述函数的渐近展开. [见康拉德·克诺普，*Infinite Sequences and Series* (Dover, 1956), §66.]

22. $G(z) = (1+z)^r(1+z^2)^r(1+z^4)^r(1+z^8)^r\ldots = (1-z)^{-r}$. 由此推出，所述的和为 $\binom{r+n-1}{n}$.

23. (a) 当 $m=1$ 时，这是取 $f_1(z) = z$ 和 $g_1(z) = 1+z$ 的二项式定理. 当 $m\geq 1$ 时，如果用 $z_m(1+z_{m+1}^{-1})$ 替换 z_m，并且令 $f_{m+1}(z_1,\ldots,z_{m+1}) = z_{m+1}f_m(z_1,\ldots,z_{m-1},z_m(1+z_{m+1}^{-1}))$，$g_{m+1}(z_1,\ldots,z_{m+1}) = z_{m+1}g_m(z_1,\ldots,z_{m-1},z_m(1+z_{m+1}^{-1}))$，我们可以对 m 增加 1. 这样，$g_2(z_1,z_2) = z_1+z_2+z_1z_2$，并且

$$\frac{g_m(z_1,\ldots,z_m)}{f_m(z_1,\ldots,z_m)} = 1 + \cfrac{z_1^{-1}}{1 + \cfrac{z_2^{-1}}{1 + \cfrac{\ddots}{1 + z_m^{-1}}}}.$$

两个多项式 f_m 和 g_m 满足同样的递推公式，$f_m = z_m f_{m-1} + z_{m-1}f_{m-2}$，$g_m = z_m g_{m-1} + z_{m-1}g_{m-2}$，初始条件是 $f_{-1} = 0$，$f_0 = g_{-1} = g_0 = z_0 = 1$. 由此推出，$g_m$ 是对 $z_1\ldots z_m$ 删去 0 个或者若干个不相邻因子能获得的所有项之和，共有 F_{m+2} 种删法. 可以类似解释 f_m，所不同的是必须保留 z_1. 在 (b) 中我们要遇到多项式 $h_m = z_m g_{m-1} + z_{m-1}f_{m-2}$，这是从 $z_1\ldots z_m$ 中通过删去不循环相邻的因子能获得的所有项的和. 例如 $h_3 = z_1 z_2 z_3 + z_1 z_2 + z_1 z_3 + z_2 z_3$.

    (b) 由 (a) 部分可知，$S_n(z_1,\ldots,z_{m-1},z) = [z_m^n]\sum_{r=0}^n z^r z_m^{n-r}f_m^{n-r}g_m^r$；因此

$$S_n(z_1,\ldots,z_m) = \sum_{0\leq s\leq r\leq n}\binom{r}{s}\binom{n-r}{s}a^{r-s}b^s c^s d^{n-r-s},$$

其中 $a = z_m g_{m-1}$, $b = z_{m-1} g_{m-2}$, $c = z_m f_{m-1}$, $d = z_{m-1} f_{m-2}$. 用 z^n 乘这个等式，首先对 n 求和，然后对 r 求和，最后对 s 求和，得到闭合式的和

$$S_n(z_1, \ldots, z_m) = [z^n] \frac{1}{(1-az)(1-dz) - bcz^2} = \frac{\rho^{n+1} - \sigma^{n+1}}{\rho - \sigma},$$

其中 $1 - (a+d)z + (ad-bc)z^2 = (1-\rho z)(1-\sigma z)$. 这里 $a + d = h_m$, $ad - bc$ 简化成 $(-1)^m z_1 \ldots z_m$. [我们附带证实了递推公式 $S_n = h_m S_{n-1} - (-1)^m z_1 \ldots z_m S_{n-2}$, 不用生成函数很难推导出它.]

(c) 令 $\rho_1 = (z + \sqrt{z^2 + 4z})/2$ 和 $\sigma_1 = (z - \sqrt{z^2 + 4z})/2$ 是当 $m = 1$ 时的根，于是 $\rho_m = \rho_1^m$, $\sigma_m = \sigma_1^m$.

卡里兹利用这个答案推导出一个惊人的结果："右对齐的二项式系数"的 $n \times n$ 矩阵

$$A = \begin{pmatrix} 0 & 0 & \ldots & 0 & \binom{0}{0} \\ 0 & 0 & \ldots & \binom{1}{0} & \binom{1}{1} \\ \vdots & \vdots & \ddots & \vdots & \vdots \\ \binom{n-1}{0} & \binom{n-1}{1} & \ldots & \binom{n-1}{n-2} & \binom{n-1}{n-1} \end{pmatrix}$$

的特征多项式 $\det(xI - A)$, 等于具有斐波那契系数的和 $\sum_k \binom{n}{k}_{\mathcal{F}} (-1)^{\lceil (n-k)/2 \rceil} x^k$ (参阅习题 1.2.8–30). 他还用类似的方法证明了

$$\sum_{k_1, \ldots, k_m \geq 0} \binom{k_1 + k_2}{k_1} \binom{k_2 + k_3}{k_2} \cdots \binom{k_m + k_1}{k_m} z_1^{k_1} \ldots z_m^{k_m}$$
$$= \frac{1}{\sqrt{z_1^2 \ldots z_m^2 \, h_m(-z_1^{-1}, \ldots, -z_m^{-1})^2 - 4z_1 \ldots z_m}}.$$

[*Collectanea Math.* **27** (1965), 281–296.]

24. 两端都等于 $\sum_k \binom{m}{k} [z^n] (zG(z))^k$. 当 $G(z) = 1/(1-z)$ 时，恒等式变成 $\sum_k \binom{m}{k} \binom{n-1}{n-k} = \binom{m+n-1}{n}$, 这是 1.2.6–(21) 的一个特例. 当 $G(z) = (e^z - 1)/z$ 时，恒等式变成 $\sum_k m^{\underline{k}} \{^n_k\} = m^n$, 即等式 1.2.6–(45).

25. $\sum_k [w^k] (1 - 2w)^n [z^n] z^k (1+z)^{2n-2k} = [z^n] (1+z)^{2n} \sum_k [w^k] (1-2w)^n (z/(1+z)^2)^k$, 这等于 $[z^n] (1+z)^{2n} (1 - 2z/(1+z)^2)^n = [z^n] (1+z^2)^n = \binom{n}{n/2}[n]$. 同样，我们求出 $\sum_k \binom{n}{k} \binom{2n-2k}{n-k} (-4)^k = (-1)^n \binom{2n}{n}$. 这种求和方法的许多例子可以参阅叶戈雷切夫, *Integral Representation and the Computation of Combinatorial Sums* (Amer. Math. Soc., 1984); 这是 1977 年俄文原版的英译本.

26. $[F(z)]\,G(z)$ 表示 $F(z^{-1})G(z)$ 的常数项. 我的讨论见高德纳, *A Classical Mind* (Prentice-Hall, 1994), 247–258.

1.2.10 节

1. $G_n(0) = 1/n$, 这是 $X[n]$ 为最大项的概率.

2. $G''(1) = \sum_k k(k-1)p_k$, $G'(1) = \sum_k kp_k$.

3. (min 0, ave 6.49, max 999, dev 2.42). 注意 $H_n^{(2)}$ 近似等于 $\pi^2/6$; 见等式 1.2.7–(7).

4. $\binom{n}{k} p^k q^{n-k}$.

5. 均值为 $36/5 = 7.2$, 标准差为 $6\sqrt{2}/5 \approx 1.697$.

6. 对于 (18), 公式

$$\ln(q + pe^t) = \ln\left(1 + pt + \frac{pt^2}{2} + \frac{pt^3}{6} + \cdots \right) = pt + p(1-p)\frac{t^2}{2} + p(1-p)(1-2p)\frac{t^3}{6} + \cdots$$

表明，$\kappa_3/n = p(1-p)(1-2p) = pq(q-p)$. (这种优美的规律没有延续到 t^4 的系数.) 在分布 (8) 的情况下，置 $p = k^{-1}$, 给出 $\kappa_3 = \sum_{k=2}^n k^{-1}(1 - k^{-1})(1 - 2k^{-1}) = H_n - 3H_n^{(2)} + 2H_n^{(3)}$. 对于 (20), 我们有 $\ln G(e^t) = t + H(nt) - H(t)$, 其中 $H(t) = \ln((e^t - 1)/t)$. 由于 $H'(t) = e^t/(e^t - 1) - 1/t$, 此时对于所有 $r \geq 2$ 有 $\kappa_r = (n^r - 1)B_r/r$; 特别地，$\kappa_3 = 0$.

7. $A = k$ 的概率为 p_{mk}. 因为我们不妨假定这些不同值是 $1, 2, \ldots, m$. 给定任何一种把这 n 个位置分拆成 m 个不相交集合的方法, 存在 $m!$ 种方法把数 $1, \ldots, m$ 指定给这些集合. 算法 M 处理这些值时, 仿佛每个集合仅有最右端的元素, 所以 p_{mk} 是对于任何固定分拆的平均数. 例如, 如果 $n = 5$, $m = 3$, 一种分拆是

$$\{X[1], X[4]\} \quad \{X[2], X[5]\} \quad \{X[3]\},$$

可能的排列为 12312, 13213, 21321, 23123, 31231, 32132. 在每个分拆中, 取 $A = k$ 的排列所占比例相同.

如果给出更多的信息, 概率分布就会改变. 例如, 如果 $n = 3$, $m = 2$, 前段的论证要考虑 6 种可能性 122, 212, 221, 211, 121, 112; 如果我们知道存在两个 2 和一个 1, 那么仅需考虑前面 3 种可能性. 但是这个解释不符合本题的陈述.

8. M^n/M^n. M 越大, 这个概率越接近于 1.

9. 令 q_{nm} 是恰好出现 m 个不同值的概率, 从递归公式

$$q_{nm} = \frac{M - m + 1}{M} q_{(n-1)(m-1)} + \frac{m}{M} q_{(n-1)m}$$

推出

$$q_{nm} = M! \left\{ \begin{matrix} n \\ m \end{matrix} \right\} \Big/ (M - m)! \, M^n.$$

另见习题 1.2.6–64.

10. 这是 $q_{nm} p_{mk}$ 对于所有 m 求和的结果, 即 $M^{-n} \sum_m \binom{M}{m} \left\{ \begin{matrix} n \\ m \end{matrix} \right\} \left[\begin{matrix} m \\ k+1 \end{matrix} \right]$. 求平均值似乎没有简单公式, 平均值比

$$H_M - \sum_{m=1}^{M} \left(1 - \frac{m}{M} \right)^n m^{-1} = H_n + \sum_{k=1}^{n} \left(\binom{n}{k} - 1 \right) B_k M^{-k} k^{-1}$$

小 1.

11. 由于这是一个乘积, 我们将各项的半不变量相加. 如果 $H(z) = z^n$, $H(e^t) = e^{nt}$, 我们求出 $\kappa_1 = n$, 所有其他的半不变量为 0. 因此, $\mathrm{mean}(F) = n + \mathrm{mean}(G)$, 所有其他的半不变量都不变. (这正是 "半不变量" 名称的由来.)

12. 写出 e^{kt} 的幂级数展开, 第一个恒等式是显而易见的. 对于第二个恒等式, 令 $u = 1 + M_1 t + M_2 t^2/2! + \cdots$, 当 $t = 0$ 时, 我们有 $u = 1$ 和 $D_t^k u = M_k$. 此外, $D_u^j (\ln u) = (-1)^{j-1} (j-1)!/u^j$. 由习题 11, 这个公式同样适用于中心矩, 所不同的是我们忽略了所有 $k_1 > 0$ 的项; 于是 $\kappa_2 = m_2$, $\kappa_3 = m_3$, $\kappa_4 = m_4 - 3m_2^2$.

13. $G_n(z) = \dfrac{\Gamma(n+z)}{\Gamma(z+1) n!} = \dfrac{e^{-z}(n+z)^{z-1}}{\Gamma(z+1)} \left(1 + \dfrac{z}{n} \right)^n (1 + O(n^{-1})) = \dfrac{n^{z-1}}{\Gamma(z+1)} (1 + O(n^{-1}))$ 令 $z_n = e^{it/\sigma_n}$. 当 $n \to \infty$ 而且 t 固定时, 我们有 $z_n \to 1$; 因此 $\Gamma(z_n + 1) \to 1$, 并且

$$\lim_{n \to \infty} z_n^{-\mu_n} G_n(z_n) = \lim_{n \to \infty} \exp \left(\frac{-it\mu_n}{\sigma_n} + (e^{it/\sigma_n} - 1) \ln n \right)$$
$$= \lim_{n \to \infty} \exp \left(\frac{-t^2 \ln n}{2\sigma_n^2} + O \left(\frac{1}{\sqrt{\log n}} \right) \right) = e^{-t^2/2}.$$

注记: 这是贡恰罗夫的一个定理 [*Izv. Akad. Nauk SSSR Ser. Math.* **8** (1944), 3–48]. 菲利普 · 弗拉若莱和米歇尔 · 索里亚 [*Disc. Math.* **114** (1993), 159–180] 推广了分析过程, 证明了 $G_n(z)$ 和一大族相关分布不但在均值附近近似符合正态分布, 而且也具有一致指数尾概率, 即对于所有 n 和 x,

$$概率 \left(\left| \frac{X_n - \mu_n}{\sigma_n} \right| > x \right) < e^{-ax},$$

其中 a 是某个大于 0 的常数.

14. $e^{-itpn/\sqrt{pqn}} (q + pe^{it/\sqrt{pqn}})^n = (qe^{-itp/\sqrt{pqn}} + pe^{itq/\sqrt{pqn}})^n$. 把指数展开成幂级数, 得到 $(1 - t^2/2n + O(n^{-3/2}))^n = \exp(n \ln(1 - t^2/2n + O(n^{-3/2}))) = \exp(-t^2/2 + O(n^{-1/2})) \to \exp(-t^2/2)$.

15. (a) $\sum_{k \geq 0} e^{-\mu} (\mu z)^k / k! = e^{\mu(z-1)}$. (b) $\ln e^{\mu(e^t - 1)} = \mu(e^t - 1)$, 所以所有半不变量等于 μ. (c) $\exp(-itnp/\sqrt{np}) \exp(np(it/\sqrt{np} - t^2/(2np) + O(n^{-3/2}))) = \exp(-t^2/2 + O(n^{-1/2}))$.

16. $g(z) = \sum_k p_k g_k(z)$, $\mathrm{mean}(g) = \sum_k p_k \mathrm{mean}(g_k)$, $\mathrm{var}(g) = \sum_k p_k \mathrm{var}(g_k) + \sum_{j<k} p_j p_k (\mathrm{mean}(g_j) - \mathrm{mean}(g_k))^2$.

17. (a) $f(z)$ 和 $g(z)$ 的系数都是非负的, 而且 $f(1) = g(1) = 1$. 显然 $h(z)$ 具有同样的特性, 因为 $h(1) = g(f(1))$, 而且 h 的系数是 f 和 g 的非负系数多项式. (b) 令 $f(z) = \sum p_k z^k$, 其中 p_k 是某个事件获得 "分数" k 的概率. 令 $g(z) = \sum q_k z^k$, 其中 q_k 是由 f 描述的事件恰好出现 k 次的概率 (事件每次出现都是独立的). 于是 $h(z) = \sum r_k z^k$, 其中 r_k 是出现的事件的得分之和等于 k 的概率. (注意到 $f(z)^k = \sum s_t z^t$, 其中 s_t 是某事件独立出现 k 次获得总分 t 的概率, 则这是容易理解的.) 例: 如果 f 给出了一名男性有 k 名男性后代的概率, g 给出了在第 n 代有 k 名男性的概率, 那么 h 给出了在两者独立的条件下在第 $(n+1)$ 代有 k 名男性的概率. (c) $\mathrm{mean}(h) = \mathrm{mean}(g)\,\mathrm{mean}(f)$; $\mathrm{var}(h) = \mathrm{var}(g)\,\mathrm{mean}^2(f) + \mathrm{mean}(g)\,\mathrm{var}(f)$.

18. 考虑 $X[1], \ldots, X[n]$ 的选择过程, 视为先放置所有的 n, 接着在这些 n 中间放置所有的 $n-1$, 以此类推, 最后放置所有的 1. 当我们在数 $\{r+1, \ldots, n\}$ 中间放置数字 r 时, 左向局部最大值个数加 1, 当且仅当我们在最右边放置一个 r. 发生这种情况的概率为 $k_r/(k_r + k_{r+1} + \cdots + k_n)$.

19. 令 $a_k = l$. 那么 a_k 是 $a_1 \ldots a_n$ 的一个右向最大值 $\iff$ $j < k$ 蕴涵 $a_j < l$ $\iff$ $a_j > l$ 蕴涵 $j > k$ $\iff$ $j > l$ 蕴涵 $b_j > k$ $\iff$ k 是 $b_1 \ldots b_n$ 的一个左向最小值.

20. $m_L = \max\{a_1 - b_1, \ldots, a_n - b_n\}$. 证明: 反证, 设 k 为满足 $a_k - b_k > m_L$ 的最小下标. 于是 a_k 不是一个右向最大值, 所以存在 $j < k$ 使得 $a_j \geq a_k$. 但是这样就有 $a_j - b_j \geq a_k - b_k > m_L$, 同 k 的最小性矛盾. 同理可证, $m_R = \max\{b_1 - a_1, \ldots, b_n - a_n\}$.

21. 当 $\epsilon \geq q$ 时结论是平凡的, 所以我们不妨假定 $\epsilon < q$. 在 (25) 中置 $x = \frac{p+\epsilon}{p} \frac{q}{q-\epsilon}$, 给出 $\Pr(X \geq n(p+\epsilon)) \leq ((\frac{p}{p+\epsilon})^{p+\epsilon} (\frac{q}{q-\epsilon})^{q-\epsilon})^n$. 现在有 $(\frac{p}{p+\epsilon})^{p+\epsilon} \leq e^{-\epsilon}$, 因为 $t \leq e^{t-1}$ 对于所有实数 t 成立. 另外, $(q-\epsilon) \ln \frac{q}{q-\epsilon} = \epsilon - \frac{1}{2 \cdot 1} \epsilon^2 q^{-1} - \frac{1}{3 \cdot 2} \epsilon^3 q^{-2} - \cdots \leq \epsilon - \frac{1}{2q} \epsilon^2$. (更详细的分析可给出当 $p \geq \frac{1}{2}$ 时略强的估计 $\exp(-\epsilon^2 n/(2pq))$; 再进一步研究得到对于所有 p 成立的上界 $\exp(-2\epsilon^2 n)$.)

在上面的论证中, 交换正面与背面, 求出

$$\Pr(X \leq n(p-\epsilon)) = \Pr(n - X \geq n(q+\epsilon)) \leq e^{-\epsilon^2 n/(2p)}.$$

(硬币的 "背面" 与概率分布的 "尾部" 在英文中均为 "tail" 一词, 不应混为一谈.)

22. (a) 在 (24) 和 (25) 中置 $x = r$, 注意到 $q_k + p_k r = 1 + (r-1)p_k \leq e^{(r-1)p_k}$. [见赫尔曼·切尔诺夫, *Annals of Math. Stat.* **23** (1952), 493–507.]

(b) 令 $r = 1 + \delta$, 其中 $|\delta| \leq 1$. 于是 $r^{-r} e^{r-1} = \exp(-\frac{1}{2 \cdot 1} \delta^2 + \frac{1}{3 \cdot 2} \delta^3 - \cdots)$, 当 $\delta \leq 0$ 时该式 $\leq e^{-\delta^2/2}$; 当 $\delta \geq 0$ 时该式 $\leq e^{-\delta^2/3}$.

(c) 当 r 从 1 增加到 ∞ 时, 函数 $r^{-1} e^{1-r^{-1}}$ 从 1 减少到 0. 如果 $r \geq 2$, 函数值 $\leq \frac{1}{2} e^{1/2} < 0.825$; 如果 $r \geq 4.32$, 函数值 $< \frac{1}{2}$.

顺便一提, 当 X 具有习题 15 的泊松分布时, 取 xr 的尾概率不等式给出完全相同的估计 $(r^{-r} e^{r-1})^\mu$.

23. 在 (24) 中置 $x = \frac{p-\epsilon}{p} \frac{q}{q-\epsilon}$, 给出 $\Pr(X \leq n(p-\epsilon)) \leq ((\frac{p}{p-\epsilon})^{p-\epsilon} (\frac{q}{q-\epsilon})^{q-\epsilon})^n \leq e^{-\epsilon^2 n/(2pq)}$. 类似地, 置 $x = \frac{p+\epsilon}{p} \frac{q}{q+\epsilon}$, 给出 $\Pr(X \geq n(p+\epsilon)) \leq ((\frac{p}{p+\epsilon})^{p+\epsilon} (\frac{q}{q+\epsilon})^{q+\epsilon})^n$. 令 $f(\epsilon) = (q+\epsilon) \ln(1 + \frac{\epsilon}{q}) - (p+\epsilon) \ln(1 + \frac{\epsilon}{p})$, 注意到 $f'(\epsilon) = \ln(1 + \frac{\epsilon}{q}) - \ln(1 + \frac{\epsilon}{p})$. 由此推出, 如果 $0 \leq \epsilon \leq p$, 那么 $f(\epsilon) \leq -\epsilon^2/(6pq)$.

1.2.11.1 节

1. 0.

2. 每个大 O 记号表示一个不同意义的近似量. 由于左端可以取 $f(n) - (-f(n)) = 2f(n)$, 所以最恰当的说法是 $O(f(n)) - O(f(n)) = O(f(n))$, 这是由 (6) 和 (7) 推出的. 为证明 (7), 注意如果对于 $n \geq n_0$ 有 $|x_n| \leq M|f(n)|$, 对于 $n \geq n_0'$ 有 $|x_n'| \leq M'|f(n)|$, 那么对于 $n \geq \max(n_0, n_0')$ 有 $|x_n \pm x_n'| \leq |x_n| + |x_n'| \leq (M + M')|f(n)|$. (署名乔纳森·奎克, 学生是也.)

3. $n(\ln n) + \gamma n + O(\sqrt{n} \ln n)$.

4. $\ln a + (\ln a)^2/2n + (\ln a)^3/6n^2 + O(n^{-3})$.

5. 如果 $f(n) = n^2$, $g(n) = 1$, 那么 n 属于集合 $O(f(n) + g(n))$, 但不属于集合 $f(n) + O(g(n))$. 所以命题不成立.

6. 错在用一个大 O 记号代替 n 个大 O 记号, 而 n 是一个可变的数量, 因此错误地暗指 M 的单个值就能满足每一项 $|kn| \leq Mn$. 如我们所知, 给定的和实际为 $\Theta(n^3)$. 最后的等式 $\sum_{k=1}^{n} O(n) = O(n^2)$ 是完全正确的.

7. 如果 x 为正数, 幂级数 1.2.9–(22) 表明 $e^x > x^{m+1}/(m+1)!$; 因此 e^x/x^m 的比值不以任何 M 为界.

8. 把 n 换成 e^n, 应用上题的方法.

9. 如果 $|f(z)| \leq M|z|^m$ 对于 $|z| \leq r$ 成立, 那么 $|e^{f(z)}| \leq e^{M|z|^m} = 1 + |z|^m(M + M^2|z|^m/2! + M^3|z|^{2m}/3! + \cdots) \leq 1 + |z|^m(M + M^2r^m/2! + M^3r^{2m}/3! + \cdots)$.

10. $\ln(1 + O(z^m)) = O(z^m)$, 如果 m 是正整数. 证明: 如果 $f(z) = O(z^m)$, 那么存在正整数 $r < 1$ 和 $r' < 1$, 以及合适的常数 M, 使得 $|z| \leq r$ 时有 $|f(z)| \leq M|z|^m \leq r'$. 于是 $|\ln(1 + f(z))| \leq |f(z)| + \frac{1}{2}|f(z)|^2 + \cdots \leq |z|^m M(1 + \frac{1}{2}r' + \cdots)$.

11. 我们可以应用等式 (12), 取 $m = 1$ 和 $z = \ln n/n$. 这是合理的, 因为当 n 充分大时, 对于任何给定的 $r > 0$, 有 $\ln n/n \leq r$.

12. 令 $f(z) = (ze^z/(e^z - 1))^{1/2}$. 如果 $\begin{bmatrix} 1/2 \\ 1/2 - k \end{bmatrix}$ 是 $O(n^k)$, 所述恒等式证明 $[z^k]f(z) = O(n^k/(k-1)!)$, 所以当 $z = 2\pi i$ 时 $f(z)$ 会收敛. 但是 $f(2\pi i) = \infty$.

13. 证明: 我们可以在 O 和 Ω 的定义中取 $L = 1/M$.

1.2.11.2 节

1. $(B_0 + B_1 z + B_2 z^2/2! + \cdots)e^z = (B_0 + B_1 z + B_2 z^2/2! + \cdots) + z$; 应用等式 1.2.9–(11).

2. 为了进行分部积分, 函数 $B_{m+1}(\{x\})$ 必须是连续的.

3. $|R_{mn}| \leq |B_m/(m)!| \int_1^n |f^{(m)}(x)|\, dx$. [注记: 我们有 $B_m(x) = (-1)^m B_m(1 - x)$, 并且 $B_m(x)$ 等于 $m!$ 与 $ze^{xz}/(e^z - 1)$ 中 z^m 项系数的乘积. 特别地, 由于 $e^{z/2}/(e^z - 1) = 1/(e^{z/2} - 1) - 1/(e^z - 1)$, 因此 $B_m(\frac{1}{2}) = (2^{1-m} - 1)B_m$. 不难证明, 当 m 为偶数时, $|B_m - B_m(x)|$ 在 $0 \leq x \leq 1$ 上的最大值出现在 $x = \frac{1}{2}$ 处. 于是, 当 $m = 2k \geq 4$ 时, 将 R_{mn} 和 C_{mn} 简单记为 R_m 和 C_m. 我们有 $R_{m-2} = C_m + R_m = \int_1^n (B_m - B_m(\{x\}))f^{(m)}(x)\, dx/m!$, 而 $B_m - B_m(\{x\})$ 介于 0 和 $(2 - 2^{1-m})B_m$ 之间; 因此 R_{m-2} 介于 0 和 $(2 - 2^{1-m})C_m$ 之间. 由此推出 R_m 介于 $-C_m$ 和 $(1 - 2^{1-m})C_m$ 之间, 这是一个稍强的结果. 依据上述论证, 我们看出, 如果对于 $1 < x < n$ 有 $f^{(m+2)}(x)\, f^{(m+4)}(x) > 0$, 那么 C_{m+2} 和 C_{m+4} 这两个量的符号相反, R_m 与 C_{m+2} 同号, R_{m+2} 与 C_{m+4} 同号, 并且 $|R_{m+2}| \leq |C_{m+2}|$; 这就证明式 (13). 见约翰·斯蒂芬森, *Interpolation* (Baltimore: 1927), §14.]

4. $\displaystyle\sum_{0 \leq k < n} k^m = \frac{n^{m+1}}{1 + m} + \sum_{k=1}^{m} \frac{B_k}{k!} \frac{m!}{(m - k + 1)!} n^{m-k+1} = \frac{1}{m+1}B_{m+1}(n) - \frac{1}{m+1}B_{m+1}$.

5. 由条件推出

$$\kappa = \sqrt{2} \lim_{n \to \infty} \frac{2^{2n}(n!)^2}{\sqrt{n}\,(2n)!};$$

$$\kappa^2 = \lim_{n \to \infty} \frac{2}{n} \frac{n^2(n-1)^2 \ldots (1)^2}{(n - \frac{1}{2})^2 (n - \frac{3}{2})^2 \ldots (\frac{1}{2})^2} = 4 \frac{2 \cdot 2 \cdot 4 \cdot 4 \cdots}{1 \cdot 3 \cdot 3 \cdot 5 \cdots} = 2\pi.$$

6. 假定 $c > 0$, 考虑 $\sum_{0 \leq k < n} \ln(k + c)$. 我们求出

$$\ln(c(c+1) \ldots (c + n - 1)) = (n + c)\ln(n + c) - c \ln c - n - \tfrac{1}{2}\ln(n + c) + \tfrac{1}{2}\ln c$$
$$+ \sum_{1 < k \leq m} \frac{B_k(-1)^k}{k(k-1)} \left(\frac{1}{(n+c)^{k-1}} - \frac{1}{c^{k-1}} \right) + R_{mn}.$$

此外

$$\ln(n-1)! = (n-\tfrac{1}{2})\ln n - n + \sigma + \sum_{1<k\le m} \frac{B_k(-1)^k}{k(k-1)}\left(\frac{1}{n^{k-1}}\right) - \frac{1}{m}\int_n^\infty \frac{B_m(\{x\})\,dx}{x^m}.$$

由于 $\ln\Gamma_{n-1}(c) = c\ln(n-1) + \ln(n-1)! - \ln(c\ldots(c+n-1))$; 代入并令 $n\to\infty$, 我们得到

$$\ln\Gamma(c) = -c + (c-\tfrac{1}{2})\ln c + \sigma + \sum_{1<k\le m}\frac{B_k(-1)^k}{k(k-1)c^{k-1}} - \frac{1}{m}\int_0^\infty \frac{B_m(\{x\})\,dx}{(x+c)^m}.$$

这证明 $\Gamma(c+1) = ce^{\ln\Gamma(c)}$ 的展开式与此前对于 $c!$ 导出的展开式相同.

7. $An^{n^2/2+n/2+1/12}e^{-n^2/4}$, 其中 A 是常数. 为了得到这个结果, 应用欧拉求和公式对 $\sum_{k=1}^{n-1}k\ln k$ 求和. 如果我们用

$$\exp\left(-B_4/(2\cdot3\cdot4n^2) - \cdots - B_{2t}/((2t-2)(2t-1)(2t)n^{2t-2}) + O(1/n^{2t})\right)$$

乘上面的答案, 则得到一个更精确的公式. 在这些公式中, A 是 "葛莱弃-金可林常数" (Glaisher-Kinkelin constant) $1.2824271\ldots$ [*Crelle* **57** (1860), 122–158; *Messenger of Math.* **7** (1877), 43–47]. 可以证明这个常数等于 $e^{1/12-\zeta'(-1)} = (2\pi e^{\gamma-\zeta'(2)/\zeta(2)})^{1/12}$ [德布鲁因, *Asymptotic Methods in Analysis*, §3.7].

8. 例如, 我们有 $\ln(an^2+bn) = 2\ln n + \ln a + \ln(1+b/(an))$. 因此, 第一个问题的答案是 $2an^2\ln n + a(\ln a - 1)n^2 + 2bn\ln n + bn\ln a + \ln n + b^2/(2a) + \tfrac{1}{2}\ln a + \sigma + (3a-b^2)b/(6a^2n) + O(n^{-2})$. 当我们计算 $\ln(cn^2)! - \ln(cn^2-n)! - n\ln c - \ln n^2! + \ln(n^2-n)! = (c-1)/(2c) - (c-1)(2c-1)/(6c^2n) + O(n^{-2})$ 时, 有许多量会消去. 所以答案为

$$e^{(c-1)/(2c)}\left(1 - \frac{(c-1)(2c-1)}{6c^2n}\right)(1+O(n^{-2})).$$

顺便指出, 可以把 $\binom{cn^2}{n}/(c^n\binom{n^2}{n})$ 写成 $\prod_{j=1}^{n-1}(1+\alpha j/(n^2-j))$, 其中 $\alpha = 1-1/c$.

9. (a) 我们有 $\ln(2n)! = (2n+\tfrac{1}{2})\ln 2n - 2n + \sigma + \frac{1}{24n} + O(n^{-3})$, 并且 $\ln(n!)^2 = (2n+1)\ln n - 2n + 2\sigma + \frac{1}{6n} + O(n^{-3})$; 因此 $\binom{2n}{n} = \exp(2n\ln 2 - \tfrac{1}{2}\ln\pi n - \frac{1}{8n} + O(n^{-3})) = 2^{2n}(\pi n)^{-1/2}(1 - \tfrac{1}{8}n^{-1} + \frac{1}{128}n^{-2} + O(n^{-3}))$. (b) 由于 $\binom{2n}{n} = 2^{2n}\binom{n-1/2}{n}$ 以及 $\binom{n-1/2}{n} = \Gamma(n+1/2)/(n\Gamma(n)\Gamma(1/2)) = n^{-1}n^{1/2}/\sqrt{\pi}$, 我们从 1.2.11.1–(16) 得到同样的结果, 因为

$$\begin{bmatrix}1/2\\1/2\end{bmatrix} = 1, \quad \begin{bmatrix}1/2\\-1/2\end{bmatrix} = \binom{1/2}{2} = -\frac{1}{8}, \quad \begin{bmatrix}1/2\\-3/2\end{bmatrix} = \binom{1/2}{4} + 2\binom{3/2}{4} = \frac{1}{128}$$

方法 (b) 解释了在

$$\binom{2n}{n} = \frac{2^{2n}}{\sqrt{\pi n}}\left(1 - \frac{n^{-1}}{8} + \frac{n^{-2}}{128} + \frac{5n^{-3}}{1024} - \frac{21n^{-4}}{32768} - \frac{399n^{-5}}{262144} + \frac{869n^{-6}}{4194304} + O(n^{-7})\right)$$

中, 分母为什么都是 2 的幂 [高德纳和伊兰·瓦尔迪, *AMM* **97** (1990), 629–630].

1.2.11.3 节

1. 分部积分.

2. 在积分中代入 e^{-t} 的幂级数展开式.

3. 见等式 1.2.9–(11) 和习题 1.2.6–48.

4. $1+1/u$ 作为 v 的一个函数是有界的, 因为当 v 从 r 趋近无穷大时它趋近 0. 用 M 替换它得到的积分为 Me^{-rx}.

5. $f''(x) = f(x)((n+1/2)(n-1/2)/x^2 - (2n+1)/x+1)$ 在点 $r = n+1/2 - \sqrt{n+1/2}$ 处改变符号, 所以 $|R| = O(\int_0^n |f''(x)|\,dx) = O(\int_0^r f''(x)\,dx - \int_r^n f''(x)\,dx) = O(f'(n) - 2f'(r) + f'(0)) = O(f(n)/\sqrt{n})$.

6. $n^{n+\beta}\exp((n+\beta)(\alpha/n - \alpha^2/2n^2 + O(n^{-3}))), \ldots$.

7. 被积函数按 x^{-1} 的幂级数展开，则 x^{-n} 项的系数为 $O(u^{2n})$. 积分后，x^{-3} 项为 $Cu^7/x^3 = O(x^{-5/4})$，等等. 为了在答案中得到 $O(x^{-2})$，我们可以舍弃满足 $4m - n \geq 9$ 的 u^n/x^m 项. 因此，借助乘积 $\exp(-u^2/2x)\exp(u^3/3x^2)\dots$ 的展开式最终导出答案

$$yx^{1/4} - \frac{y^3}{6}x^{-1/4} + \frac{y^5}{40}x^{-3/4} + \frac{y^4}{12}x^{-1} - \frac{y^7}{336}x^{-5/4} - \frac{y^6}{36}x^{-3/2} + \left(\frac{y^9}{3456} - \frac{y^5}{20}\right)x^{-7/4} + O(x^{-2}).$$

8. （西蒙诺维茨提供解法）如果 x 充分大，我们有 $|f(x)| < x$. 令 $R(x) = \int_0^{f(x)}(\mathrm{e}^{-g(u,x)} - \mathrm{e}^{-h(u,x)})\,\mathrm{d}u$ 是两个给定的积分之差，其中 $g(u,x) = u - x\ln(1 + u/x)$，$h(u,x) = u^2/2x - u^3/3x^2 + \cdots + (-1)^m u^m/mx^{m-1}$. 注意 $|u| < x$ 时有 $g(u,x) \geq 0$ 且 $h(u,x) \geq 0$；此外 $g(u,x) = h(u,x) + O(u^{m+1}/x^m)$.

按照中值定理，存在介于 a 和 b 之间的 c，使得 $\mathrm{e}^a - \mathrm{e}^b = (a - b)\mathrm{e}^c$. 所以 $a, b \leq 0$ 时，$|\mathrm{e}^a - \mathrm{e}^b| \leq |a - b|$. 由此推出

$$|R(x)| \leq \int_{-|f(x)|}^{|f(x)|} |g(u,x) - h(u,x)|\,\mathrm{d}u = O\left(\int_{-Mx^r}^{Mx^r} \frac{u^{m+1}\mathrm{d}u}{x^m}\right)$$
$$= O(x^{(m+2)r - m}) = O(x^{-s}).$$

9. 我们可以假定 $p \neq 1$，因为 $p = 1$ 的情形已由定理 A 给出. 我们还可以假定 $p \neq 0$，因为 $p = 0$ 的情形是平凡的.

情形 1：$p < 1$. 换元，令 $t = px(1 - u)$，再令 $v = -\ln(1 - u) - pu$. 我们有 $\mathrm{d}v = ((1 - p + pu)/(1 - u))\,\mathrm{d}u$，所以变换对于 $0 \leq u \leq 1$ 是单调的，得到积分形如

$$\int_0^\infty x\mathrm{e}^{-xv}\mathrm{d}v\left(\frac{1 - u}{1 - p + pu}\right).$$

由于括号内的量等于 $(1 - p)^{-1}(1 - v(1 - p)^{-2} + \cdots)$，答案为

$$\frac{p}{1 - p}(p\mathrm{e}^{1-p})^x \frac{\mathrm{e}^{-x}x^x}{\Gamma(x+1)}\left(1 - \frac{1}{(p-1)^2 x} + O(x^{-2})\right).$$

情形 2：$p > 1$. 这就是 $1 - \int_{px}^\infty(\ )$. 在后面这个积分中代入 $t = px(1 + u)$，再代入 $v = pu - \ln(1 + u)$，然后像情形 1 那样处理. 得到的答案是情形 1 的公式再加 1. 注意 $p\mathrm{e}^{1-p} < 1$，所以 $(p\mathrm{e}^{1-p})^x$ 非常小. 习题 11 的答案给出求解这个问题的另外一种方法.

10. $\dfrac{p}{p-1}(p\mathrm{e}^{1-p})^x \mathrm{e}^{-x}x^x\left(1 - \mathrm{e}^{-y} - \dfrac{\mathrm{e}^{-y}(\mathrm{e}^y - 1 - y - y^2/2)}{x(p-1)^2} + O(x^{-2})\right).$

11. 首先，$xQ_x(n) + R_{1/x}(n) = n!(x/n)^n\mathrm{e}^{n/x}$ 是 (4) 的推广. 其次，有 $R_x(n) = n!(\mathrm{e}^x/nx)^n\gamma(n, nx)/(n-1)!$，这是 (9) 的推广. 由于 $a\gamma(a,x) = \gamma(a+1, x) + \mathrm{e}^{-x}x^a$，我们也可以写 $R_x(n) = 1 + (\mathrm{e}^x/nx)^n\gamma(n+1, nx)$，使这一题与习题 9 联系起来. 此外，利用 1.2.9–(27) 和 (28)，我们可以直接处理 $Q_x(n)$ 和 $R_x(n)$，导出包含斯特林数的级数展开式：

$$1 + xQ_x(n) = \sum_{k \geq 0} x^k n^{\underline{k}}/n^k = \sum_{k,m \geq 0} \frac{(-1)^m}{n^m}\begin{bmatrix} k \\ k - m \end{bmatrix}x^k;$$

$$R_x(n) = \sum_{k \geq 0} x^k n^k/(n+1)^{\overline{k}} = \sum_{k,m \geq 0} \frac{(-1)^m}{n^m}\begin{Bmatrix} k + m \\ k \end{Bmatrix}x^k.$$

当 $|x| < 1$ 时，上面两式对 k 求和对于固定的 m 是收敛的；当 $|x| > 1$ 时，我们可以利用 $Q_x(n)$ 与 $R_{1/x}(n)$ 之间的关系. 这样导出下列公式：

$$Q_x(n) = \frac{1}{1-x} - \frac{x}{(1-x)^3 n} + \cdots + \frac{(-1)^m q_m(x)}{(1-x)^{2m+1}n^m} + O(n^{-1-m}),$$

$$R_x(n) = \frac{1}{1-x} - \frac{x}{(1-x)^3 n} + \cdots + \frac{(-1)^m r_m(x)}{(1-x)^{2m+1}n^m} + O(n^{-1-m}), \quad \text{如果 } x < 1;$$

$$Q_x(n) = \frac{n!\,x^{n-1}\mathrm{e}^{n/x}}{n^n} + \frac{1}{1-x} - \frac{x}{(1-x)^3 n} + \cdots + \frac{(-1)^m q_m(x)}{(1-x)^{2m+1}n^m} + O(n^{-1-m}),$$

$$R_x(n) = \frac{n!\,\mathrm{e}^{nx}}{n^n x^n} + \frac{1}{1-x} - \frac{x}{(1-x)^3 n} + \cdots + \frac{(-1)^m r_m(x)}{(1-x)^{2m+1}n^m} + O(n^{-1-m}), \quad \text{如果 } x > 1.$$

在上面的公式中，

$$q_m(x) = \left\langle\!\!\left\langle {m \atop 0} \right\rangle\!\!\right\rangle x^{2m-1} + \left\langle\!\!\left\langle {m \atop 1} \right\rangle\!\!\right\rangle x^{2m-2} + \cdots$$

和

$$r_m(x) = \left\langle\!\!\left\langle {m \atop 0} \right\rangle\!\!\right\rangle x + \left\langle\!\!\left\langle {m \atop 1} \right\rangle\!\!\right\rangle x^2 + \cdots$$

是多项式，它们的系数是"二阶欧拉数"[《具体数学》6.2 节；另见卡里茨，*Proc. Amer. Math. Soc.* **16** (1965), 248–252]. $x = -1$ 的情况略微棘手，但是可以通过连续性进行处理，因为 $x < 0$ 时，由 $O(n^{-1-m})$ 隐含的界是与 x 无关的. 值得指出，$R_{-1}(n) - Q_{-1}(n) = (-1)^n n!/(\mathrm{e}^n n^n) \approx (-1)^n \sqrt{2\pi n}/\mathrm{e}^{2n}$ 的值是极小的.

12. $\gamma(\frac{1}{2}, \frac{1}{2}x^2)/\sqrt{2}$.

13. 见菲利普·弗拉若莱、彼得·格拉布内、彼得·基尔申霍费尔和赫尔穆特·普罗丁格，*J. Computational and Applied Math.* **58** (1995), 103–116.

15. 用二项式定理展开被积函数，得到 $1 + Q(n)$.

16. 把 $Q(k)$ 写成和的形式，利用等式 1.2.6–(53) 交换求和顺序.

17. $S(n) = \sqrt{\pi n/2} + \frac{2}{3} - \frac{1}{24}\sqrt{\pi/2n} - \frac{4}{135}n^{-1} + \frac{49}{1152}\sqrt{\pi/2n^3} + O(n^{-2})$. [注意到 $S(n+1) + P(n) = \sum_{k\geq 0} k^{n-k}k!/n!$，而 $Q(n) + R(n) = \sum_{k\geq 0} n!/k!\, n^{n-k}$.]

18. 令 $S_n(x,y) = \sum_k \binom{n}{k}(x+k)^k(y+n-k)^{n-k}$. 于是由阿贝尔公式 1.2.6–(16)，对于 $n > 0$ 我们有 $S_n(x,y) = x\sum_k \binom{n}{k}(x+k)^{k-1}(y+n-k)^{n-k} + n\sum_k \binom{n-1}{k}(x+1+k)^k(y+n-1-k)^{n-1-k} = (x+y+n)^n + nS_{n-1}(x+1,y)$；所以 $S_n(x,y) = \sum_k \binom{n}{k}k!(x+y+n)^{n-k}$. [这个公式是柯西得到的，他利用留数的计算给出公式的证明；见 *Œuvres* (2) **6**, 62–73.] 因此，所述的和分别等于 $n^n(1 + Q(n))$ 和 $(n+1)^n Q(n+1)$.

19. 假定 C_n 对于所有 $n \geq N$ 存在，而且对于 $0 \leq x \leq r$ 有 $|f(x)| \leq Mx^\alpha$. 令 $F(x) = \int_r^x \mathrm{e}^{-Nt}f(t)\,\mathrm{d}t$. 于是当 $n > N$ 时，我们有

$$\begin{aligned}
|C_n| &\leq \int_0^r \mathrm{e}^{-nx}|f(x)|\,\mathrm{d}x + \left|\int_r^\infty \mathrm{e}^{-(n-N)x}\mathrm{e}^{-Nx}f(x)\,\mathrm{d}x\right| \\
&\leq M\int_0^r \mathrm{e}^{-nx}x^\alpha\,\mathrm{d}x + (n-N)\left|\int_r^\infty \mathrm{e}^{-(n-N)x}F(x)\,\mathrm{d}x\right| \\
&\leq M\int_0^\infty \mathrm{e}^{-nx}x^\alpha\,\mathrm{d}x + (n-N)\sup_{x\geq r}|F(x)|\int_r^\infty \mathrm{e}^{-(n-N)x}\,\mathrm{d}x \\
&= M\Gamma(\alpha+1)n^{-1-\alpha} + \sup_{x\geq r}|F(x)|\mathrm{e}^{-(n-N)r} = O(n^{-1-\alpha}).
\end{aligned}$$

[欧尼斯特·巴尼斯，*Phil. Trans.* **A206** (1906), 249–297；乔治·内维尔·沃森，*Proc. London Math. Soc.* **17** (1918), 116–148.]

20. [塞西尔·鲁索，*Applied Math. Letters* **2** (1989), 159–161.] 代入 $u = x - \ln(1+x)$，令 $g(u) = \mathrm{d}x/\mathrm{d}u$，我们有 $Q(n)+1 = n\int_0^\infty \mathrm{e}^{-nx}(1+x)^n\,\mathrm{d}x = n\int_0^\infty \mathrm{e}^{-n(x-\ln(1+x))}\,\mathrm{d}x = n\int_0^\infty \mathrm{e}^{-nu}g(u)\,\mathrm{d}u$. 注意当 u 充分小时，$x = \sum_{k=1}^\infty c_k(2u)^{k/2}$. 因此 $g(u) = \sum_{k=1}^{m-1} c_k(2u)^{k/2-1} + O(u^{m/2-1})$，然后可以对 $Q(n) + 1 - n\int_0^\infty \mathrm{e}^{-nu}\sum_{k=1}^{m-1} kc_k(2u)^{k/2-1}\,\mathrm{d}u$ 应用沃森引理.

1.3.1 节

1. 4；于是每个字节将包含 $3^4 = 81$ 个不同的值.

2. 5；因为 5 个字节一定足够，但是 4 个字节则不够.

3. (0:2)；(3:3)；(4:4)；(5:5).

4. 变址寄存器 4 很可能包含一个大于或等于 2000 的值，所以在变址后产生有效的存储器地址.

5. "DIV -80,3(0:5)",或者简单地表示成"DIV -80,3".

6. (a) rA ← | - | 5 | 1 | 200 | 15 | . (b) rI2 ← −200. (c) rX ← | + | 0 | 0 | 5 | 1 | ? | . (d) 无定义,这么大的数不能装入变址寄存器. (e) rX ← | - | 0 | 0 | 0 | 0 | 0 | .

7. 令 $n = |rAX|$ 是寄存器 A 和 X 在操作前的值,$d = |V|$ 是除数的大小. 在操作后,rA 的值为 $\lfloor n/d \rfloor$,而 rX 的值为 $n \bmod d$. 操作后,rX 的符号是操作前 rA 的符号;如果操作前 rA 和 V 的符号相同,操作后 rA 的符号为 +;否则为 −. 另外一种表示方式:如果 rA 和 V 同号,那么 rA ← $\lfloor rAX/V \rfloor$,rX ← rAX mod V;否则,rA ← $\lceil rAX/V \rceil$,rX ← rAX mod $-V$.

8. rA ← | + | 0 | 617 | 0 | 1 | ; rX ← | - | 0 | 0 | 0 | 1 | 1 | .

9. ADD, SUB, DIV, NUM, JOV, JNOV, INCA, DECA, INCX, DECX.

10. CMPA, CMP1, CMP2, CMP3, CMP4, CMP5, CMP6, CMPX.(对于浮点运算还有 FCMP.)

11. MOVE, LD1, LD1N, INC1, DEC1, ENT1, ENN1.

12. INC3 0,3.

13. "JOV 1000"除了执行时间不同外没有差别. "JNOV 1001"在多数情况下使 rJ 取得不同的值. "JNOV 1000"的差别非常大,因为它可能使计算机陷入无限循环中.

14. 所有情况的NOP;F = (0:0) 或地址等于*(指令位置)且 F = (3:3) 的 ADD和SUB;HLT(依赖于你怎样理解习题说明);地址和变址为 0 的任何移位;变址为 0 且地址为 10 的倍数的SLC和ISRC;F = 0 的MOVE;STJ *(0:0), STZ *(0:0), STZ *(3:3);JSJ *+1;地址和变址为 0 的任何INC和IDEC指令. 但是 "ENT1 0,1"并非必定等效于无操作,因为它可能把 rI1 由 −0 改变成 +0.

15. 70; 80; 120.(块大小乘 5.)

16. (a) STZ 0; ENT1 1; MOVE 0(49); MOVE 0(50). 如果已知字节大小等于 100,那么仅需用一条 MOVE 指令,但是我们不允许对字节的大小作假定.(b) 用 100 条 STZ 指令.

17. (a) STZ 0,2; DEC2 1; J2NN 3000.

  (b)   STZ 0
     ENT1 1
     JMP 3004
 (3003) MOVE 0(63)
 (3004) DEC2 63
     J2P 3003
     INC2 63
     ST2 3008(4:4)
 (3008) MOVE 0

(另一则程序稍快一点儿,但是非常怪异不合常理,它使用了 993 条 STZ 指令:JMP 3995; STZ 1,2; STZ 2,2; ...; STZ 993,2; J2N 3999; DEC2 993; J2NN 3001; ENN1 0,2; JMP 3000,1.)

18.(如果正确执行程序指令,则在执行ADD时会出现一次上溢,其后寄存器 A 为 −0.)答:上溢开关设置为开,比较指示器设置为 EQUAL,rA 设置为 | - | 30 | 30 | 30 | 30 | 30 | ,rX 设置为 | - | 31 | 30 | 30 | 30 | 30 | ,rI1 设置为 +3,存储位置 0001 和 0002 设置为 +0.(除非程序本身从位置 0000 开始.)

19. $42u = (2+1+2+2+1+1+1+2+2+1+2+2+3+10+10)u$.

20.(由福冈博文给出解)

 (3991) ENT1 0
     MOVE 3995   (MOVE的标准 F 字段是 1)
 (3993) MOVE 0(43) $(3999 = 93 \times 43)$
     JMP 3993
 (3995) HLT 0

21. (a) 不能, 除非可以用外部手段把它设置为 0 (见习题 26 的 "GO按钮"), 因为程序仅仅通过从位置 $N-1$ 转移才能设置 $\text{rJ} \leftarrow N$.

    (b)
```
        LDA  -1,4
        LDX  3004
        STX  -1,4
        JMP  -1,4
(3004)  JMP  3005
(3005)  STA  -1,4
```

22. 最短时间: 如果 b 是字节大小, $|X^{13}| < b^5$ 这个假定蕴涵 $X^2 < b$, 所以 X^2 可以容纳在一个字节中. 利用该事实, 耶鲁·帕特给出了下面的巧妙解答. rA 的符号是 X 的符号.

(3000) LDA	2000									
MUL	2000(1:5)	rA					rX			
STX	3500(1:1)									
SRC	1	X^2	0	0	0	0	0	0	0	0
MUL	3500	X^4	0	0	0	0	0	0	0	0
STA	3501	X^4	0	0	0	0	0	0	0	0
ADD	2000	X^4	0	0	X	0	0	0	0	0
MUL	3501(1:5)	X^8		0	X^5	0	0	0	
STX	3501	X^8		0	X^5	0	0	0	
MUL	3501(1:5)	0	X^{13}		0	0	0	
SLAX	1	X^{13}		0	0	0	0	0	
HLT	0									
(3500) NOP	0									
(3501) NOP	0									

空间 $= 14$; 时间 $= 54u$, HLT不计在内.

按照在 4.6.3 节建立的理论, "必需" 至少 5 步乘法, 然而这个程序仅使用 4 步乘法! 事实上, 下面甚至还有一个更好的解答.

最小空间:
```
        (3000) ENT4 12        DEC4 1
               LDA  2000      J4P  3002
        (3002) MUL  2000      HLT  0
               SLAX 5        空间 = 7; 时间 = 171u.
```

真正的最短时间: 正如弗洛伊德指出的那样, 这些条件蕴涵 $|X| \leq 5$, 所以最小执行时间通过访问一张表达到:

```
(3000) LD1  2000
       LDA  3500,1
       HLT  0
(3495) (−5)^13   [ 仅当 b > 65 时需要. ]
(3496) (−4)^13
    ⋮
(3505) (+5)^13   [ 仅当 b > 65 时需要. ]
```

空间 $= 14$; 时间 $= 4u$.

23. 由罗伯特·狄克逊给出的下述解答看来满足全部条件:

(3000)	ENT1	4	DEC1 1
(3001)	LDA	200	J1NN 3001
	SRA	0,1	SLAX 5
	SRAX	1	HLT 0 ∎

24. (a) DIV 3500, 其中 3500 = | + | 1 | 0 | 0 | 0 | 0 |.

(b) SRC 4; SRA 1; SLC 5.

25. 一些想法: (a) 明显的事情, 如提供更快的存储器和更多的输入输出设备. (b) I 字段可以用于 J 寄存器变址, 用于多重变址 (指定两个不同的变址寄存器), 用于 "直接寻址" (习题 2.2.2–3, 4, 5). 以上用法可结合. (c) 变址寄存器和 J 寄存器可以扩充到全部 5 个字节. 因此, 具有较高地址的存储单元只能通过变址的方式访问, 但是如果允许 (b) 中使用多重变址, 这也不算多么无法忍受. (d) 可以增加一种中断功能, 像习题 1.4.4–18 那样利用负的存储器地址. (e) 可以在一个负的存储器地址中增加一只 "实时时钟". (f) 对于二进制版的 MIX, 可以增加按位操作, 按寄存器的奇数或偶数转移, 以及二进制移位. (例如, 参见习题 2.5–28, 5.2.2–12, 6.3–9. 此外, 参见程序 4.5.2B, 式 6.4–(24) 和 7.1 节.) (g) 增加一条 "执行" 指令, 意味着执行在位置 M 的指令, 这可以是 C = 5 的另外一种变式. (h) C = 48, . . . , 55 的另外一种变式可以用来置 CI ← register : M.

26. 容易想到利用 (2:5) 字段获取卡片 7–10 列的信息, 不过不能采用这种做法, 因为 $2 \cdot 8 + 5 = 21$. 为了使程序更易于领会, 在 1.3.2 节介绍符号语言之前, 这里先给出符号语言的程序.

					在卡片上 穿孔的字符
	BUFF	EQU	29	缓冲区为 0029–0044	
		ORIG	0		
00	LOC	IN	16(16)	读入第 2 张卡片.	␣0␣06
01	READ	IN	BUFF(16)	读入下一张卡片.	␣Z␣06
02		LD1	0(0:0)	rI1 ← 0.	␣␣␣␣I
03		JBUS	*(16)	等待读入完成.	␣C␣04
04		LDA	BUFF+1	rA ← 6–10 列.	␣0␣EH
05	=1=	SLA	1		␣A␣␣F
06		SRAX	6	rAX ← 7–10 列.	␣F␣CF
07	=30=	NUM	30		␣0␣␣E
08		STA	LOC	LOC ← 起始位置.	␣␣␣EU
09		LDA	BUFF+1(1:1)		␣0␣IH
10		SUB	=30=(0:2)		␣G␣BB
11	LOOP	LD3	LOC	rI3 ← LOC.	␣␣␣EJ
12		JAZ	0,3	若是传送卡片, 转移.	␣␣CA.
13		STA	BUFF	BUFF ← 计数器.	␣Z␣EU
14		LDA	LOC		␣␣␣EH
15		ADD	=1=(0:2)		␣E␣BA
16		STA	LOC	LOC ← LOC + 1.	␣␣␣EU
17		LDA	BUFF+3,1(5:5)		␣2A–H
18		SUB	=25=(0:2)		␣S␣BB
19		STA	0,3(0:0)	存储符号.	␣␣C␣U
20		LDA	BUFF+2,1		␣1AEH
21		LDX	BUFF+3,1		␣2AEN
22	=25=	NUM	25		␣V␣␣E
23		STA	0,3(1:5)	存储数量.	␣␣CLU
24		MOVE	0,1(2)	rI1 ← rI1 + 2. (!)	␣␣ABG
25		LDA	BUFF		␣Z␣EH

26	SUB	=1=(0:2)	计数器减 1.	␣E␣BB
27	JAP	LOOP	重复直至计数器为 0.	␣J␣B.
28	JMP	READ	现在读入一张新卡片.	␣A␣␣9 ▮

1.3.2 节

1. ENTX 1000; STX X.

2. 03 行中 STJ 指令恢复这个地址（传统上用 "*" 表示这样的地址，一则书写简单，再则万一因某种疏忽而未正确进入子程序，它也能对于程序中的出错条件提供可识别的检验；有些人更愿意用 "*-*".）

3. 从磁带设备 0 读入 100 个字；把其中的最大值同最后一个交换；再在剩下的 99 个字中把最大值同最后一个交换；以此类推. 最后，这 100 个字将完全按非减顺序排序. 然后把结果输出到磁带设备 1 上. （与算法 5.2.3S 比较. ）

4. 非零单元:

3000:	+	0000	00	18	35		3021:	+	0000	00	01	05
3001:	+	2051	00	05	09		3022:	+	0000	04	12	31
3002:	+	2050	00	05	10		3023:	+	0001	00	01	52
3003:	+	0001	00	00	49		3024:	+	0050	00	01	53
3004:	+	0499	01	05	26		3025:	+	3020	00	02	45
3005:	+	3016	00	01	41		3026:	+	0000	04	18	37
3006:	+	0002	00	00	50		3027:	+	0024	04	05	12
3007:	+	0002	00	02	51		3028:	+	3019	00	00	45
3008:	+	0000	00	02	48		3029:	+	0000	00	02	05
3009:	+	0000	02	02	55		0000:	+				2
3010:	−	0001	03	05	04		1995:	+	06	09	19	22	23
3011:	+	3006	00	01	47		1996:	+	00	06	09	25	05
3012:	−	0001	03	05	56		1997:	+	00	08	24	15	04
3013:	+	0001	00	00	51		1998:	+	19	05	04	00	17
3014:	+	3008	00	06	39		1999:	+	19	09	14	05	22
3015:	+	3003	00	00	39		2024:	+				2035
3016:	+	1995	00	18	37		2049:	+				2010
3017:	+	2035	00	02	52		2050:	+				3
3018:	−	0050	00	02	53		2051:	−				499
3019:	+	0501	00	00	53							
3020:	−	0001	05	05	08							

（最后两个可以互换，相应修改 3001 和 3002）

5. 每条 OUT 指令都等待前面那次打印机操作结束（来自另一个缓冲区）.

6. (a) 如果 n 不是素数，按照定义，n 有一个因子 d 满足 $1 < d < n$. 如果 $d > \sqrt{n}$，那么 n/d 是满足 $1 < n/d < \sqrt{n}$ 的一个因子. (b) 如果 N 不是素数，N 有一个素因子 d 满足 $1 < d \le \sqrt{N}$. 算法已经证实，N 没有素因子 $\le p = \mathrm{PRIME}[K]$. 此外 $N = pQ + R < pQ + p \le p^2 + p < (p+1)^2$. 因此 N 的任何素因子大于 $p + 1 > \sqrt{N}$. 我们还必须证明，当 N 是素数时将有一个充分大的素数小于 N，即第 $(k+1)$ 个素数 p_{k+1} 小于 $p_k^2 + p_k$；否则 K 将超过 J，而 $\mathrm{PRIME}[K]$ 虽然需要取很大的值，实际却是 0. 所需的证明从 "贝特朗公设" 推出: 如果 p 是素数，那么存在一个小于 $2p$ 的更大的素数.

7. (a) 它指向 29 行的单元. (b) 程序将出现故障；14 行将指向 15 行而不是 25 行；24 行将指向 15 行而不是 12 行.

8. 它打印 100 行. 假如把这些行上的 12000 个字符首尾相连排列, 它们将延伸很远, 内容为 5 个空格后跟 5 个 A, 接着 10 个空格后跟 5 个 A, 接着 15 个空格后跟 5 个 A, $\ldots$, 接着 $5k$ 个空格后跟 5 个 A, 接着 $5(k+1)$ 个空格后跟 5 个 A, $\ldots$, 直到打印完 12000 个字符. 倒数第 3 行以 AAAAA 和 35 个空格结束; 最后两行全部为空格. 总效果是OP画——操作符的美术作品.

9. 在下表中每一项的 (4:4) 字段保存最大的 F 设置值; (1:2) 字段是合适的有效性检验例程所在的单元.

```
B      EQU  1(4:4)              BEGIN  LDA  INST
BMAX   EQU  B-1                        CMPA VALID(3:3)
UMAX   EQU  20                         JG   BAD              I 字段 > 6?
TABLE  NOP  GOOD(BMAX)                 LD1  INST(5:5)
       ADD  FLOAT(5:5)                 DEC1 64
       SUB  FLOAT(5:5)                 J1NN BAD              C 字段 ≥ 64?
       MUL  FLOAT(5:5)                 CMPA TABLE+64,1(4:4)
       DIV  FLOAT(5:5)                 JG   BAD              F 字段 > F 最大值?
       HLT  GOOD                       LD1  TABLE+64,1(1:2)  转移到
       SRC  GOOD                       JMP  0,1                 特别的程序.
       MOVE MEMORY(BMAX)        FLOAT  CMPA VALID(4:4)       F = 6 允许做
       LDA  FIELD(5:5)                 JE   MEMORY             算术运算.
       ...                      FIELD  ENTA 0
       STZ  FIELD(5:5)                 LDX  INST(4:4)        这是检验
       JBUS MEMORY(UMAX)               DIV  =9=                 部分字段
       IOC  GOOD(UMAX)                 STX  *+1(0:2)            是否有效的
       IN   MEMORY(UMAX)               INCA 0                  巧妙方法.
       OUT  MEMORY(UMAX)               DECA 5
       JRED MEMORY(UMAX)               JAP  BAD
       JLE  MEMORY            MEMORY   LDX  INST(3:3)
       JANP MEMORY                     JXNZ GOOD             如果 I = 0,
       ...                             LDX  INST(0:2)           保证地址
       JXNP MEMORY                     JXN  BAD                 是有效的
       ENNA GOOD                       DECX 3999               存储位置
       ...                             JXNP GOOD               (单元).
       ENNX GOOD                       JMP  BAD
       CMPA FLOAT(5:5)         VALID   CMPX 3999,6(6)        ∎
       CMP1 FIELD(5:5)
       ...
       CMPX FIELD(5:5)
```

10. 这个问题的难点在于, 在一行或一列中可能有多个最小值或最大值, 每一处都可能是鞍点.

解法 1: 我们在这个解法中依次遍历每一行, 建立各行最小值所在列的一张表, 然后检查表上每一列, 确定行的最小值是否同时是列的最大值. rX ≡ 当前最小值; rI1 遍历整个矩阵, 从 72 递减到 0, 除非找到一个鞍点; rI2 ≡ rI1 的列下标; rI3 ≡ 最小值表的大小. 注意, 在所有情况下, 循环终止的条件是一个变址寄存器 ≤ 0.

```
*  解法 1
A10    EQU  1008     a₁₀
LIST   EQU  1000
START  ENT1 9*8        从右下角开始.
ROWMIN ENT2 8          此时 rI1 是在它的行的第 8 列.
```

```
2H      LDX   A10,1       行内最小值的候选者
        ENT3  0           表空
4H      INC3  1
        ST2   LIST,3      列下标置表中.
1H      DEC1  1           左移一列.
        DEC2  1
        J2Z   COLMAX      是否处理完行?
3H      CMPX  A10,1
        JL    1B          rX 仍然是最小值吗?
        JG    2B          新的最小值吗?
        JMP   4B          记录另一个最小值.
COLMAX  LD2   LIST,3      从表中取列.
        INC2  9*8-8
1H      CMPX  A10,2
        JL    NO          行最小值 < 列元素吗?
        DEC2  8
        J2P   1B          是否处理完列?
YES     INC1  A10+8,2     是;rI1 ← 鞍点地址.
        HLT
NO      DEC3  1           表是否已空?
        J3P   COLMAX      否;再试.
        J1P   ROWMIN      是否试过所有行?
        HLT               是;rI1 = 0, 无鞍点. ▮
```

解法 2: 引进一种数学方法, 给出一个不同的算法.

定理. 令 $R(i) = \min_j a_{ij}$, $C(j) = \max_i a_{ij}$. 元素 $a_{i_0 j_0}$ 是一个鞍点, 当且仅当 $R(i_0) = \max_i R(i) = C(j_0) = \min_j C(j)$.

证明. 如果 $a_{i_0 j_0}$ 是一个鞍点, 那么对于任意固定的 i, 都有 $R(i_0) = C(j_0) \geq a_{i j_0} \geq R(i)$, 于是 $R(i_0) = \max_i R(i)$. 同理, $C(j_0) = \min_j C(j)$. 反过来, $R(i) \leq a_{ij} \leq C(j)$ 对于所有 i 和 j 成立, 因此 $R(i_0) = C(j_0)$ 蕴涵 $a_{i_0 j_0}$ 是一个鞍点. ▮

（这个证明显示, 始终有 $\max_i R(i) \leq \min_j C(j)$. 所以不存在鞍点当且仅当所有的 R 小于所有的 C.）

按照这个定理, 首先求最小的某列最大值, 然后寻找一个取值相等的某行最小值, 这样就足够了. 在第一阶段, rI1 ≡ 列下标; rI2 遍历矩阵. 在第二阶段, rI1 ≡ 可能的答案; rI2 遍历矩阵; rI3 ≡ 行下标乘 8; rI4 ≡ 列下标.

```
* 解法 2
CMAX    EQU   1000
A10     EQU   CMAX+8
PHASE1  ENT1  8           从 8 列开始.
3H      ENT2  9*8-8,1     从 9 行开始.
        JMP   2F
1H      CMPX  A10,2       rX 仍然是最大值吗?
        JGE   *+2
2H      LDX   A10,2       新的列内最大值
        DEC2  8
        J2P   1B
```

```
         STX   CMAX+8,2      存储列内最大值.
         J2Z   1F            是第一次吗?
         CMPA  CMAX+8,2      rA 仍然是最小的最大值吗?
         JLE   *+2
1H       LDA   CMAX+8,2
         DEC1  1             左移一列.
         J1P   3B
PHASE2   ENT3  9*8           此时 rA = min_j C(j)
3H       ENT2  0,3           准备搜索一行.
         ENT4  8
1H       CMPA  A10,2         min_j C(j) > a[i,j] 吗?
         JG    NO            该行无鞍点.
         JL    2F
         CMPA  CMAX,4        a[i,j] = C(j) 吗?
         JNE   2F
         ENT1  A10,2         记录一个可能的鞍点.
2H       DEC4  1             行内左移.
         DEC2  1
         J4P   1B
         HLT                 找到一个鞍点.
NO       DEC3  8
         J3P   3B            换一行再试.
         ENT1  0
         HLT                 rI1 = 0; 无鞍点.     ▮
```

我们把提出更好解法的任务留给读者,新解法的第一阶段记录所有供第二阶段搜索使用的候选行. 不需要搜索所有行,只要搜索行下标 i_0 使得 $C(j_0) = \min_j C(j)$ 蕴涵 $a_{i_0 j_0} = C(j_0)$ 的行. 通常至多有一个这样的行.

从 $\{0, 1, 2, 3, 4\}$ 随机选取元素的试验运行中,解法 1 需要大约 $730u$ 的运行时间,而解法 2 大约需要 $530u$. 如果矩阵元素均为 0,解法 1 找到一个鞍点要用 $137u$,解法 2 要用 $524u$.

如果一个 $m \times n$ 矩阵具有两两不同的元素,而且 $m \geq n$,那么我们仅仅通过检查其中的 $O(m + n)$ 个元素,进行 $O(m \log n)$ 次辅助运算,就能找到鞍点. 见丹尼尔·拜恩斯托克、钟金芳蓉、弗雷德曼、谢夫勒、彼得·秀尔、苏瑞,*AMM* **98** (1991), 418–419.

11. 设矩阵为 $m \times n$ 矩阵. (a) 按照习题 10 答案中的定理,一个矩阵的所有鞍点具有相同的值,所以(由于我们假定元素互不相同)至多有一个鞍点. 由对称性,所求的概率为 mn 乘以 a_{11} 是一个鞍点的概率. 后面这个概率等于 $1/(mn)!$ 乘以满足 $a_{12} > a_{11}, \ldots, a_{1n} > a_{11}, a_{11} > a_{21}, \ldots, a_{11} > a_{m1}$ 的排列数;这等于 $1/(m + n - 1)!$ 乘以第一个对象大于其后 $(m - 1)$ 个对象并且小于剩下 $(n - 1)$ 个对象的 $m + n - 1$ 元排列数,即 $(m - 1)!(n - 1)!$. 因此答案为

$$mn(m-1)!(n-1)!/(m+n-1)! = (m+n)\Big/\binom{m+n}{n}.$$

代入本题就是 $17/\binom{17}{8}$,仅有 $1/1430$ 的概率. (b) 在第二种假设下,必须使用一种完全不同的方法. 所求概率等于有一个鞍点的值为 0 的概率加上有一个鞍点的值为 1 的概率. 前者是至少有一列为 0 的概率,后者是至少有一行为 1 的概率. 答案是 $(1 - (1 - 2^{-m})^n) + (1 - (1 - 2^{-n})^m)$;代入本题等于 924744796234036231/18446744073709551616,约为 $1/19.9$. 一个近似的答案为 $n2^{-m} + m2^{-n}$.

12. 霍里夫和雅凯 [*Algorithmica* **22** (1998), 516–528] 分析了 $m \times n$ 矩阵具有随机排列且互不相同的元素的情况. 这种条件下,两个 MIX 程序的运行时间分别为 $(6mn + 5mH_n + 8m + 6 + 5(m+1)/(n-1))u +$

$O((m+n)^2/\binom{m+n}{m}))$ 和 $(5mn + 2nH_m + 7m + 7n + 9H_n)u + O(1/n) + O((\log n)^2/m)$，当 $m \to \infty$ 和 $n \to \infty$ 时，假定 $(\log n)/m \to 0$.

13. * 密码分析师问题（分类）

```
     TAPE  EQU  20          输入设备号
     TYPE  EQU  19          输出设备号
     SIZE  EQU  14          输入块大小
     OSIZE EQU  14          输出块大小
     TABLE EQU  1000        计数表
           ORIG TABLE       (初值为 0
           CON  -1          用于空格
           ORIG TABLE+46    和星号的
           CON  -1          条目除外)
           ORIG 2000
     BUF1  ORIG *+SIZE      第一缓冲区
           CON  -1          缓冲区末端的"结束标记"
           CON  *+1         指向第二缓冲区
     BUF2  ORIG *+SIZE      第二缓冲区
           CON  -1          "结束标记"
           CON  BUF1        指向第一缓冲区
     BEGIN IN   BUF1(TAPE)  输入第一个块.
           ENT6 BUF2
     1H    IN   0,6(TAPE)   输入下一个块.
           LD6  SIZE+1,6    在这次输入期间,
           ENT5 0,6             准备处理前一次输入.
           JMP  4F
     2H    INCA 1
           STA  TABLE,1     更新表的条目
     3H    SLAX 1
           STA  *+1(2:2)    rI1 ← 下个字符
           ENT1 0
           LDA  TABLE,1
           JANN 2B          是标准字符吗?
           J1NZ 3F          是星号吗?
           JXP  3B          跳过一个空格.
           INC5 1
     4H    LDX  0,5         rX ← 5 个字符.
           JXNN 3B          当不是结束标记时转移.
           JMP  1B          完成块处理.
     3H    ENT1 1           开始最后处理: rI1 ← "A".
     2H    LDA  TABLE,1
           JANP 1F          跳过为 0 的答案.
           CHAR             转换为十进制数.
           JBUS *(TYPE)     等待打印机就绪.
           ST1  CHAR(1:1)
           STA  CHAR(4:5)
           STX  FREQ
```

主循环, 运行应尽量快.

```
        OUT  ANS(TYPE)    打印一个答案.
1H      CMP1 =63=
        INC1 1             最多计数 63 个
        JL   2B              字符代码.
        HLT
ANS     ALF               输出缓冲区.
        ALF
CHAR    ALF  C  NN
FREQ    ALF  NNNNN
        ORIG ANS+OSIZE    缓冲区剩余部分为空格
        END  BEGIN        字面常量 =63= 出现于此.  ▐
```

对于这个问题，不需要采用输出缓冲技术，因为这样最多只能对每行输出节省 $7u$ 时间.

14. 部分由皮托利诺提出的下述解法使用很多技巧，以便减少执行时间，因此问题更具有挑战性：读者还能够挤出几微秒时间吗？

```
*  复活节日期
EASTER    STJ  EASTX
          STX  Y
          ENTA 0              E1.
          DIV  =19=
          STX  GMINUS1(0:2)
          LDA  Y              E2.
          MUL  =1//100+1=     （见
          INCA 61               下）
          STA  CPLUS60(1:2)
          MUL  =3//4+1=
          STA  XPLUS57(1:2)
CPLUS60   ENTA *
          MUL  =8//25+1=      rA ← Z + 24.
GMINUS1   ENT2 *              E5.
          ENT1 1,2           rI1 ← G.
          INC2 1,1
          INC2 0,2
          INC2 0,1
          INC2 0,2
          INC2 773,1         rI2 ← 11G + 773.
XPLUS57   INCA -*,2          rA ← 11G + Z − X + 20 + 24·30 (≥ 0).
          SRAX 5
          DIV  =30=          rX ← E.
          DECX 24
          JXN  4F
          DECX 1
          JXP  2F
          JXN  3F
          DEC1 11
          J1NP 2F
3H        INCX 1
```

```
2H       DECX 29                 E6.
4H       STX  20MINUSN(0:2)
         LDA  Y                  E4.
         MUL  =1//4+1=
         ADD  Y
         SUB  XPLUS57(1:2)   rA ← D − 47.
20MINUSN ENN1 *
         INCA 67,1               E7.
         SRAX 5              rX ← D + N
         DIV  =7=
         SLAX 5
         DECA -4,1           rA ← 31 − N
         JAN  1F                 E8.
         DECA 31
         CHAR
         LDA  MARCH
         JMP  2F
1H       CHAR
         LDA  APRIL
2H       JBUS *(18)
         STA  MONTH
         STX  DAY(1:2)
         LDA  Y
         CHAR
         STX  YEAR
         OUT  ANS(18)        打印
EASTX    JMP  *

MARCH    ALF  MARCH
APRIL    ALF  APRIL
ANS      ALF
DAY      ALF  DD
MONTH    ALF  MMMMM
         ALF  ,
YEAR     ALF  YYYYY
         ORIG *+20
BEGIN    ENTX 1950           "驱动"
         ENT6 1950-2000        程序,
         JMP  EASTER           使用
         INC6 1               上面的
         ENTX 2000,6          子程序.
         J6NP EASTER+1
         HLT
         END  BEGIN          ▌
```

根据 rA 中的数不是太大的事实, 可以严格证明在几处把除法改成乘法是正确的. 这个程序兼容各种大小的字节.

[要想计算 ≤ 1582 年的复活节, 参阅 *CACM* **5** (1962), 209–210. 计算复活节日期的第一个系统算法是阿基坦的维克托里斯 (公元 457 年) 提出的复活节法典 *canon paschalis*. 种种迹象表明, 计算复活节的日期是算术在中世纪欧洲唯一的不平凡应用, 因此每一种此类算法都具有历史意义. 更多评述请参阅托马斯·奥皮亚奈, *Puzzles and Paradoxes* (London: Oxford University Press, 1965), Chapter 10; 关于日期的各种算法, 另请参阅莱因戈尔德和纳楚姆·德肖维茨, *Calendrical Calculations* (Cambridge Univ. Press, 2001).]

15. 所求最早一年是公元 10317 年, 不过这个错误几乎导致在公元 $10108 + 19k$ 年出错, 其中 $0 \le k \le 10$.

顺便一提, 奥皮亚奈指出, 复活节的日期恰好以 5 700 000 年为周期重复. 由罗伯特·希尔所做的计算表明, 最常见的复活节日期是 4 月 19 日 (每个周期出现 220 400 次), 最早也是最少见的日期是 3 月 22 日 (27 550 次), 最晚也是次少见的日期是 4 月 25 日 (42 000 次). 希尔很好地解释了下述稀奇的事实: 任何一个特定日期在一个周期中的出现次数总是 25 的倍数.

16. 把数成倍放大, 计算 $R_n = 10^n r_n$. 那么 $R_n(1/m) = R$ 当且仅当 $10^n/(R + \frac{1}{2}) < m \le 10^n/(R - \frac{1}{2})$; 因此, 我们求出 $m_h = \lfloor 2 \cdot 10^n/(2R - 1) \rfloor$.

```
      * 调和级数的和
BUF    ORIG *+24
START  ENT2 0
       ENT1 3            5 - n
       ENTA 20
OUTER  MUL  =10=
       STX  CONST        2 · 10ⁿ
       DIV  =2=
       ENTX 2
       JMP  1F
INNER  STA  R
       ADD  R
       DECA 1
       STA  TEMP         2R - 1
       LDX  CONST
       ENTA 0
       DIV  TEMP
       INCA 1
       STA  TEMP         m_h + 1
       SUB  M
       MUL  R
       SLAX 5
       ADD  S
       LDX  TEMP
1H     STA  S            部分和
       STX  M            m = m_e
       LDA  M
       ADD  M
       STA  TEMP
       LDA  CONST
       ADD  M            计算 R = R_n(1/m) =
       SRAX 5               ⌊(2 · 10ⁿ + m)/(2m)⌋.
       DIV  TEMP
       JAP  INNER        R > 0?
```

```
            LDA   S            10^n S_n
            CHAR
            SLAX  0,1          优化格式
            SLA   1
            INCA  40           小数点
            STA   BUF,2
            STX   BUF+1,2
            INC2  3
            DEC1  1
            LDA   CONST
            J1NN  OUTER
            OUT   BUF(18)
            HLT
            END   START
```

输出为

$$0006.16 \qquad 0008.449 \qquad 0010.7509 \qquad 0013.05363$$

时间为 $65595u$ 加上输出时间.（假如当 $m < 10^{n/2}\sqrt{2}$ 时直接计算 $R_n(1/m)$，取值较大时再应用上述过程，计算将会更快.）

17. 令 $N = \lfloor 2 \cdot 10^n/(2m+1) \rfloor$. 如果分部求和，置 $m \approx 10^{n/2}$，那么 $S_n = H_N + O(N/10^n) + \sum_{k=1}^{m}(\lfloor 2 \cdot 10^n/(2k-1) \rfloor - \lfloor 2 \cdot 10^n/(2k+1) \rfloor)k/10^n = H_N + O(m^{-1}) + O(m/10^n) - 1 + 2H_{2m} - H_m = n\ln 10 + 2\gamma - 1 + 2\ln 2 + O(10^{-n/2})$.

附带指出，其后的几个值是 $S_6 = 15.356262$，$S_7 = 17.6588276$，$S_8 = 19.96140690$，$S_9 = 22.263991779$，$S_{10} = 24.5665766353$. 我们所得的 S_{10} 的近似值 ≈ 24.566576621，比预计的值更接近.

18.
```
    FAREY STJ   9F           假定 rI1 包含 n, n > 1.
          STZ   X            x_0 ← 0.
          ENTX  1
          STX   Y            y_0 ← 1.
          STX   X+1          x_1 ← 1.
          ST1   Y+1          y_1 ← n.
          ENT2  0            k ← 0.
    1H    LDX   Y,2
          INCX  0,1
          ENTA  0
          DIV   Y+1,2
          STA   TEMP         ⌊(y_k + n)/y_{k+1}⌋
          MUL   Y+1,2
          SLAX  5
          SUB   Y,2
          STA   Y+2,2        y_{k+2}
          LDA   TEMP
          MUL   X+1,2
          SLAX  5
          SUB   X,2
          STA   X+2,2        x_{k+2}
          CMPA  Y+2,2        检验是否 x_{k+2} < y_{k+2}.
```

```
        INC2  1           k ← k + 1
        JL    1B          如果是, 继续
    9H  JMP   *           退出子程序. ▮
```

19. (a) 用归纳法. (b) 令 $k \geq 0$, $X = ax_{k+1} - x_k$, $Y = ay_{k+1} - y_k$, 其中 $a = \lfloor (y_k + n)/y_{k+1} \rfloor$. 由 (a) 和 $0 < Y \leq n$ 的事实, 我们有 $X \perp Y$ 和 $X/Y > x_{k+1}/y_{k+1}$. 所以如果 $X/Y \neq x_{k+2}/y_{k+2}$, 那么由定义有 $X/Y > x_{k+2}/y_{k+2}$. 但是这蕴涵

$$
\frac{1}{Yy_{k+1}} = \frac{Xy_{k+1} - Yx_{k+1}}{Yy_{k+1}} = \frac{X}{Y} - \frac{x_{k+1}}{y_{k+1}}
$$
$$
= \left(\frac{X}{Y} - \frac{x_{k+2}}{y_{k+2}} \right) + \left(\frac{x_{k+2}}{y_{k+2}} - \frac{x_{k+1}}{y_{k+1}} \right)
$$
$$
\geq \frac{1}{Yy_{k+2}} + \frac{1}{y_{k+1}y_{k+2}} = \frac{y_{k+1} + Y}{Yy_{k+1}y_{k+2}} > \frac{n}{Yy_{k+1}y_{k+2}} \geq \frac{1}{Yy_{k+1}}.
$$

历史注记: 赫罗斯给出一个 (更复杂的) 构造此类序列的规则, 见 *J. de l'École Polytechnique* **4**, 11 (1802), 364–368; 他的方法是正确的, 但是证明是不充分的. 十多年之后, 地质学家约翰·法里独立地提出猜想, 认为 x_k/y_k 总是等于 $(x_{k-1} + x_{k+1})/(y_{k-1} + y_{k+1})$ [*Philos. Magazine and Journal* **47** (1816), 385–386]. 不久之后, 柯西提供了一个证明 [*Bull. Société Philomathique de Paris* (3) **3** (1816), 133–135], 并用法里的姓氏为此类序列定名. 关于该序列的其他有趣性质, 见哈代和爱德华·赖特的《哈代数论》[1] [*An Introduction to the Theory of Numbers*] 第 3 章.

20. * 交通信号灯问题

```
    BSIZE   EQU   1(4:4)        字节大小
    2BSIZE  EQU   2(4:4)        两倍字节大小
    DELAY   STJ   1F            如果 rA 包含 n,
            DECA  6               这个子程序
            DECA  2               恰好等待 max(n,7)u,
            JAP   *-1             转移到该子程序
            JAN   *+2             的时间不计在内
            NOP
    1H      JMP   *
    FLASH   STJ   2F        4   这个子程序使相应的
            ENT2  8         5     DON'T WALK (禁止通行) 灯闪
    1H      LDA   =49991=   7
            JMP   DELAY     8
            DECX  0,1       9   关闭灯.
            LDA   =49996=   2
            JMP   DELAY     3
            INCX  0,1       4   "DON'T WALK"
            DEC2  1         1
            J2Z   1F        2   重复 8 次.
            LDA   *         4   用时 2u.
            JMP   1B        5   同步返回.
    1H      LDA   =399992=  4   退出后置黄灯 2u.
            JMP   DELAY     5
    2H      JMP   *         6
    WAIT    JNOV  *         5   德尔马大道绿灯直到
```

---

① 中译本:《哈代数论 (第 6 版)》, [英] 哈代、爱德华·赖特著, 张明尧、张凡译, 人民邮电出版社, 2010 年第 1 版. ——编者注

```
        TRIP   INCX BSIZE       6     接通 DON'T WALK
               ENT1 2BSIZE      1
               JMP  FLASH       2     德尔马大道灯闪.
               LDX  BAMBER      8     德尔马大道黄灯
               LDA  =799995=    2
               JMP  DELAY       3     等待 8 秒.
               LDX  AGREEN      5     伯克利大街绿灯
               LDA  =799996=    2
               JMP  DELAY       3     等待 8 秒.
               INCX 1           4     伯克利大街 DON'T WALK
               ENT1 2           1
               JMP  FLASH       2     伯克利大街灯闪.
               LDX  AAMBER      8     伯克利大街黄灯
               JOV  *+1         1     消除多余的转换.
               LDA  =499994=    3
               JMP  DELAY       4     等待 5 秒.
        BEGIN  LDX  BGREEN      6     德尔马大道绿灯
               LDA  =1799994=   2
               JMP  DELAY       3     等待
               JMP  WAIT        4      至少 18 秒.
        AGREEN ALF  CABA              伯克利大街绿灯
        AAMBER ALF  CBBB              伯克利大街黄灯
        BGREEN ALF  ACAB              德尔马大道绿灯
        BAMBER ALF  BCBB              德尔马大道黄灯
               END  BEGIN
```

22. ∗ 约瑟夫问题

```
        N    EQU  24
        M    EQU  11
        X    ORIG *+N
        OH   ENT1 N-1            1          把每个单元设置为
             STZ  X+N-1          1             序列中下一位男士
             ST1  X-1,1          N-1           的号码.
             DEC1 1              N-1
             J1P  *-2            N-1
             ENTA 1              1          (现在 rI1 = 0)
        1H   ENT2 M-2            N-1        (假定 M > 2)
             LD1  X,1            (M-2)(N-1)  围绕圆圈
             DEC2 1              (M-2)(N-1)   计数.
             J2P  *-2            (M-2)(N-1)
             LD2  X,1            N-1        rI1 ≡ 幸运的男士
             LD3  X,2            N-1        rI2 ≡ 厄运的男士
             CHAR                N-1        rI3 ≡ 下一位男士
             STX  X,2(4:5)       N-1        存储处死编号.
             NUM                 N-1
             INCA 1              N-1
             ST3  X,1            N-1        将男士移出圆圈.
```

```
        ENT1 0,3          N-1
        CMPA =N=          N-1
        JL   1B           N-1
        CHAR              1         剩下一人;
        STX  X,1(4:5)     1             不留活口.
        OUT  X(18)        1         打印答案.
        HLT               1
        END  0B                    ▌
```

最后一位男士处在位置 15. 输出答案前的总时间为 $(4(N-1)(M+7.5)+16)u$. 可以在几处地方做出改进, 例如像丹尼尔·英格尔斯建议的那样, 采用 3 字长的代码组 "DEC2 1; J2P NEXT; JMP OUT", 其中 OUT 修改 NEXT 字段以便删除一个代码组. 一个在渐近意义下更快的方法出现在习题 5.1.1–5 中.

1.3.3 节

1. $(1\ 2\ 4)(3\ 6\ 5)$.

2. $a \leftrightarrow c, c \leftrightarrow f; b \leftrightarrow d$. 对任意排列的推广是显然的.

3. $\begin{pmatrix} a & b & c & d & e & f \\ d & b & f & c & a & e \end{pmatrix}$.

4. $(a\,d\,c\,f\,e)$.

5. 12. （见习题 20.）

6. 对于每个接在 "(" 后面的空格字, 总时间减少 $8u$, 因为 30–32 行花费 $4u$, 而 26–28, 33–34, 36–38 行花费 $12u$. 对于每个接在符号名后面的空格字, 总时间减少 $2u$, 因为 68–71 行花费 $5u$, 而 42–46 行或 75–79 行花费 $7u$. 打头的空格字和循环之间的空格字对于执行时间没有影响. 空格字的位置对于程序 B 不产生任何影响.

7. $X=2, Y=29, M=5, N=7, U=3, V=1$. 由等式 (18), 总时间为 $2161u$.

8. 是; 于是我们将保持这个排列的逆排列, 所以 x_i 变为 x_j, 当且仅当 $T[j]=i$. （于是最后的循环形式将利用 T 表从右到左构造.）

9. 否. 例如, 给定 (6) 作为输入, 程序 A 将产生 "(ADG)(CEB)" 作为输出, 而程序 B 则产生 "(CEB)(DGA)". 由于循环表示的非唯一性, 这两个答案是等价的, 但不是完全相同的. 在程序 A 中, 对于一个循环第一个选择的元素是可以得到的符号名里最左边的一个; 而在程序 B, 则是从右到左遇到的最后一个不同的符号名.

10. (1) 由基尔霍夫定律, $A=1+C-D$, $B=A+J+P-1$, $C=B-(P-L)$, $E=D-L$, $G=E$, $Q=Z$, $W=S$. (2) 解释: $B=$ 输入的字数 $=16X-1$, $C=$ 非空格字的字数 $=Y$, $D=C-M$; $E=D-M$, $F=$ 符号名表搜索中的比较次数, $H=N$, $K=M$, $Q=R=U$, $S=R-V$, $T=N-V$ 因为其他的每个符号名已做标记. (3) 求和得 $(4F+16Y+80X+21N-19M+9U-16V)u$, 这个结果比程序 A 更好一些, 因为 F 肯定小于 $16NX$. 所述情形的时间为 $983u$, 因为 $F=74$.

11. 对它 "反射". 例如, $(a\,c\,f)(b\,d)$ 的逆排列是 $(d\,b)(f\,c\,a)$.

12. (a) 单元 $L+mn-1$ 中的值对转置是不变的, 所以我们对它可以不予考虑. 对于其他情况, 如果 $x=n(i-1)+(j-1)<mn-1$, 那么 $L+x$ 中的值应该移到单元 $L+mx \bmod N = L+(mn(i-1)+m(j-1)) \bmod N = L+m(j-1)+(i-1)$, 因为 $mn \equiv 1 \pmod{N}$ 和 $0 \le m(j-1)+(i-1)<N$. (b) 如果在每个存储单元中有 1 位是可以使用的（例如符号位）, 那么我们可以利用类似算法 I 的一种算法, 在移动元素时做 "标记". [见马丁·伯曼, *JACM* **5** (1958), 383–384.] 如果没有用作标记位的空间, 那么可以把标记位保存在一个辅助表中, 也可以使用表示所有非单元素循环的一个表: 对于 N 的每个因数 d, 我们可以分别转置是 d 的倍数的元素, 因为 m 与 N 互素. 若 $\gcd(x,N)=d$, x 所在循环的长度是满足 $m^r \equiv 1 \pmod{N/d}$ 的最小正整数 $r>0$. 对于每个 d, 我们需要从这些循环的每一个

中找到 $\varphi(N/d)/r$ 的表示式. 为此可以用某些数论方法, 但是这些方法并不够简单, 不足以真正令人满意. 一种比较复杂的高效算法可以通过结合利用数论与一张小型的标记位的表而得到. ［见诺曼·布伦纳, *CACM* **16** (1973), 692–694.］最后, 还有一个类似于算法 J 的方法, 它虽然要慢一些, 但是不需要辅助存储单元, 能够原位就地实现任何排列. ［见彼得·温德利, *Comp. J.* **2** (1959), 47–48; 高德纳, *Proc. IFIP Congress* (1971), **1**, 19–27; 埃斯科·凯特和戴维·特威格, *ACM Trans. Math. Software* **3** (1977), 104–110; 费思·菲西, 詹姆斯·芒罗, 帕特里西奥·波夫莱特, *SICOMP* **24** (1995), 266–278.］

13. 用归纳法证明, 在 J2 步开始时, $X[i] = +j$, 当且仅当 $j > m$ 且排列 π 把 j 变到 i; $X[i] = -j$, 当且仅当排列 π^{k+1} 把 i 变到 j, 其中 k 是满足 π^k 把 i 变成 $\le m$ 的数的最小的非负整数.

14. 用标准循环形式写出给定排列的*逆排列*, 去掉括号. 数量 $A - N$ 是大于一个给定元素并且紧靠其右边的相继元素的个数之和. 例如, 如果原来的排列是 $(1\ 6\ 5)(3\ 7\ 8\ 4)$, 逆排列的标准循环形式是 $(3\ 4\ 8\ 7)(2)(1\ 5\ 6)$; 建立阵列

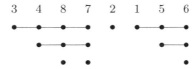

数量 A 是 "圆点" 的数目 16. 在第 k 个元素下方的圆点数目是前面 k 个元素中左向最小值的个数 (在上面的例子中, 在 7 下面有 3 个圆点, 因为在 3487 中有 3 个左向最小值). 因此平均值是 $H_1 + H_2 + \cdots + H_n = (n+1)H_n - n$.

15. 如果线性表示的第一个字符是 1, 那么标准表示的最后一个字符是 1. 如果线性表示的第一个字符是 $m > 1$, 那么 "...$1m$..." 出现在标准表示中. 所以唯一的解是一个一元排列. (正好, 那也等于零元排列.)

16. 1324, 4231, 3214, 4213, 2143, 3412, 2413, 1243, 3421, 1324, ...

17. (a) n 元排列中的一个循环是 m 元循环的概率等于 $n!/m$ 除以 $n!\,H_n$, 所以 $p_m = 1/(mH_n)$. 平均长度为 $p_1 + 2p_2 + 3p_3 + \cdots = \sum_{m=1}^{n} m/(mH_n) = n/H_n$. (b) 由于 m 元循环的总数为 $n!/m$, 在 m 元循环中出现的元素的总数是 $n!$. 按照对称性, 每个元素出现的机会都一样, 所以 k 在 m 元循环中出现 $n!/n$ 次. 因此在这种情况下, 对于所有的 k 和 m, $p_m = 1/n$, 平均值是 $\sum_{m=1}^{n} m/n = (n+1)/2$.

18. 见习题 22(e).

19. $|P_{n0} - n!/e| = n!/(n+1)! - n!/(n+2)! + \cdots$. 这是每项绝对值递减的交错级数, 它的和小于 $n!/(n+1)! \le \frac{1}{2}$.

20. 共有 $\alpha_1 + \alpha_2 + \cdots$ 个循环, 它们彼此之间可以排列, 而且每个 m 元循环可以独立地用 m 种方式书写. 所以答案为

$$(\alpha_1 + \alpha_2 + \cdots)!\,1^{\alpha_1}2^{\alpha_2}3^{\alpha_3}\cdots.$$

21. 如果 $n = \alpha_1 + 2\alpha_2 + \cdots$, 那么概率为 $1/(\alpha_1!\,1^{\alpha_1}\alpha_2!\,2^{\alpha_2}\ldots)$; 否则为 0.

证明. 在一行中用空位写出 α_1 个一元循环, α_2 个二元循环, 等等. 例如, 如果 $\alpha_1 = 1$, $\alpha_2 = 2$, $\alpha_3 = \alpha_4 = \cdots = 0$, 我们会写出 "(-)(--)(--)". 用所有可能的 $n!$ 种方式填上这些空位, 所求形式的每一种排列恰好得到 $\alpha_1!\,1^{\alpha_1}\alpha_2!\,2^{\alpha_2}\ldots$ 次.

22. (a) 如果 $k_1 + 2k_2 + \cdots = n$, 那么 (ii) 的概率为 $\prod_{j>0} f(w, j, k_j)$, 根据假定, 它应该等于 $(1-w)w^n/(k_1!\,1^{k_1}k_2!\,2^{k_2}\ldots)$; 因此

$$\frac{f(w, m, k_m+1)}{f(w, m, k_m)} = \left(\prod_{j>0} f(w, j, k_j)\right)^{-1}\prod_{j>0} f(w, j, k_j + \delta_{jm}) = \frac{w^m}{m(k_m+1)}.$$

所以, 归纳可得

$$f(w, m, k) = \frac{1}{k!}\left(\frac{w^m}{m}\right)^k f(w, m, 0).$$

条件 (i) 现在蕴涵

$$f(w, m, k) = \frac{1}{k!} \left(\frac{w^m}{m}\right)^k e^{-w^m/m}.$$

[换句话说, α_m 是按泊松分布选择的. 参见习题 1.2.10–15.]

(b)
$$\sum_{\substack{k_1+2k_2+\cdots=n \\ k_1,k_2,\ldots \geq 0}} \left(\prod_{j>0} f(w,j,k_j)\right) = (1-w)w^n \sum_{\substack{k_1+2k_2+\cdots=n \\ k_1,k_2,\ldots \geq 0}} P(n;k_1,k_2,\ldots)$$
$$= (1-w)w^n.$$

因此 $\alpha_1 + 2\alpha_2 + \cdots \leq n$ 的概率为 $(1-w)(1+w+\cdots+w^n) = 1 - w^{n+1}$.

(c) ϕ 的平均值为

$$\sum_{n \geq 0} \left(\sum_{k_1+2k_2+\cdots=n} \phi(k_1,k_2,\ldots) \Pr(\alpha_1 = k_1, \alpha_2 = k_2, \ldots)\right)$$
$$= (1-w)\sum_{n \geq 0} w^n \left(\sum_{k_1+2k_2+\cdots=n} \phi(k_1,k_2,\ldots)/k_1! \, 1^{k_1} k_2! \, 2^{k_2}\ldots\right).$$

(d) 令 $\phi(\alpha_1, \alpha_2, \ldots) = \alpha_2 + \alpha_4 + \alpha_6 + \cdots$. 线性组合 ϕ 的平均值等于 $\alpha_2, \alpha_4, \alpha_6, \ldots$ 的平均值之和; 同时 α_m 的平均值为

$$\sum_{k \geq 0} k f(w,m,k) = \sum_{k \geq 1} \frac{1}{(k-1)!} \left(\frac{w^m}{m}\right)^k e^{-w^m/m} = \frac{w^m}{m}.$$

所以 ϕ 的平均值为

$$\frac{w^2}{2} + \frac{w^4}{4} + \frac{w^6}{6} + \cdots = \frac{1-w}{2}(H_1 w^2 + H_1 w^3 + H_2 w^4 + H_2 w^5 + H_3 w^6 + \cdots).$$

所求的答案是 $\frac{1}{2} H_{\lfloor n/2 \rfloor}$.

(e) 置 $\phi(\alpha_1, \alpha_2, \ldots) = z^{\alpha_m}$, 注意到 ϕ 的平均值为

$$\sum_{k \geq 0} f(w,m,k)z^k = \sum_{k \geq 0} \frac{1}{k!} \left(\frac{w^m z}{m}\right)^k e^{-w^m/m} = e^{w^m(z-1)/m} = \sum_{j \geq 0} \frac{w^{mj}}{j!}\left(\frac{z-1}{m}\right)^j$$
$$= (1-w)\sum_{n \geq 0} w^n \left(\sum_{0 \leq j \leq n/m} \frac{1}{j!}\left(\frac{z-1}{m}\right)^j\right)$$
$$= (1-w)\sum_{n \geq 0} w^n G_{nm}(z).$$

因此,

$$G_{nm}(z) = \sum_{0 \leq j \leq n/m} \frac{1}{j!}\left(\frac{z-1}{m}\right)^j; \qquad p_{nkm} = \frac{1}{m^k k!} \sum_{0 \leq j \leq n/m-k} \frac{(-1/m)^j}{j!},$$

统计量为 $(\min 0, \text{ave } 1/m, \max \lfloor n/m \rfloor, \text{dev } \sqrt{1/m})$, 其中 $n \geq 2m$.

23. 常数 λ 是 $\int_0^\infty \exp(-t - E_1(t))\,dt$, 其中 $E_1(x) = \int_x^\infty e^{-t}dt/t$. 见 *Trans. Amer. Math. Soc.* **121** (1966), 340–357, 文中还证明了其他许多结果, 特别是证明最短循环的平均长度近似为 $e^{-\gamma} \ln n$. l_n 渐近表示的其他项已经由泽维尔·古尔登求出, 见 [博士论文, École Polytechnique (Paris: 1996)]; 级数的前面几项为

$$\lambda n + \tfrac{1}{2}\lambda - \tfrac{1}{24}e^\gamma n^{-1} + \left(\tfrac{1}{48}e^\gamma - \tfrac{1}{8}(-1)^n\right)n^{-2} + \left(\tfrac{17}{3840}e^\gamma + \tfrac{1}{8}(-1)^n + \tfrac{1}{6}\omega^{1-n} + \tfrac{1}{6}\omega^{n-1}\right)n^{-3},$$

其中 $\omega = e^{2\pi i/3}$. 威廉姆·米歇尔计算出 λ 的高精度近似值为 0.62432 99885 43550 87099 29363 83100 83724 41796+ [*Math. Comp.* **22** (1968), 411–415]. 尚不知道 λ 与经典数学常数之间存在什么关系. 但是, 这个常数也曾由卡尔·狄克曼在另一种背景下计算出来, 见 *Arkiv för Mat., Astron. och Fys.* **22A**, 10 (1930), 1–14. 直到许多年后人们才注意到这两个结果是一致的 [*Theor. Comp. Sci.* **3** (1976), 373].

24. 见高德纳, *Proc. IFIP Congress* (1971), **1**, 19–27.

25. 可给出一个对 N 归纳的证明, 基于下述结果: 当第 N 个元素是这些集合中的 s 个集合的成员时, 它对和的贡献恰好是

$$\binom{s}{0} - \binom{s}{1} + \binom{s}{2} - \cdots = (1-1)^s = \delta_{s0}.$$

另外可给出一个对 M 归纳的证明, 基于下面的事实: 属于 S_M 但是不属于 $S_1 \cup \cdots \cup S_{M-1}$ 的元素的个数为

$$|S_M| - \sum_{1 \le j < M} |S_j \cap S_M| + \sum_{1 \le j < k < M} |S_j \cap S_k \cap S_M| - \cdots.$$

26. 令 $N_0 = N$, 且

$$N_k = \sum_{1 \le j_1 < \cdots < j_k \le M} |S_{j_1} \cap \cdots \cap S_{j_k}|.$$

这种情况下所求的公式为

$$N_r - \binom{r+1}{r} N_{r+1} + \binom{r+2}{r} N_{r+2} - \cdots.$$

这可以从容斥原理本身得到证明, 或者像习题 25 那样利用公式

$$\binom{r}{r}\binom{s}{r} - \binom{r+1}{r}\binom{s}{r+1} + \cdots = \binom{s}{r}\binom{s-r}{0} - \binom{s}{r}\binom{s-r}{1} + \cdots = \delta_{sr}$$

证明.

27. 令 S_j 是在所述范围内的 m_j 的倍数, 并且令 $N = a m_1 \ldots m_t$, 那么 $|S_j \cap S_k| = N/m_j m_k$, 等等. 所以答案是

$$N - N \sum_{1 \le j \le t} \frac{1}{m_j} + N \sum_{1 \le j < k \le t} \frac{1}{m_j m_k} - \cdots = N\left(1 - \frac{1}{m_1}\right) \cdots \left(1 - \frac{1}{m_t}\right).$$

如果我们令 $m_1, \ldots, m_t$ 是整除 N 的素数, 这也是习题 1.2.4–30 的解答.

28. 参见以色列·奈森·贺斯汀和欧文·卡普兰斯基, *Matters Mathematical* (1974), §3.5.

29. 当越过一位男士时, 赋予他一个新的号码 (从 $n+1$ 开始). 于是第 k 位处死的男士的号码是 $2k$, 并且对于 $j > n$ 的男士号码 j 过去是号码 $(2j) \bmod (2n+1)$. 附带一提, 第 k 位处死的男士的原始号码是 $2n+1 - (2n+1-2k)2^{\lfloor \lg(2n/(2n+1-2k)) \rfloor}$. [沙姆斯, *Proc. Nat. Computer Conf. 2002*, English papers section, **2** (Mashhad, Iran: Ferdowsi University, 2002), 29–33.]

31. 见《具体数学》3.3 节. 令 $x_0 = jm$, $x_{i+1} = (m(x_i - n) - d_i)/(m-1)$, 其中 $1 \le d_i \le m$. 那么 $x_k = j$ 当且仅当 $a_k j = b_k n + t_k$, 其中 $a_k = m^{k+1} - (m-1)^k$, $b_k = m(m^k - (m-1)^k)$, $t_k = \sum_{i=0}^{k-1} m^{k-1-i}(m-1)^i d_i$. 因为 $a_k \perp b_k$, 且对于 t_k 有 $(m-1)^k$ 种不同的可能, 所以 k 步固定元素的平均数是 $(m-1)^k/a_k$.

32. (a) 事实上, 当 k 为偶数时, $k-1 \le \pi_k \le k+2$; 当 k 为奇数时, $k-2 \le \pi_k \le k+1$. (b) 从左到右选择指数, 设置值 $e_k = 1$, 当且仅当 k 和 $k+1$ 是在迄今为止该排列的不同循环中. [史蒂文·阿尔佩恩, *J. Combinatorial Theory* **B25** (1978), 62–73.]

33. 对于 $l = 0$, 令 $(\alpha_{01}, \alpha_{02}; \beta_{01}, \beta_{02}) = (\pi, \rho; \epsilon, \epsilon)$, 令 $(\alpha_{11}, \alpha_{12}; \beta_{11}, \beta_{12}) = (\epsilon, \epsilon; \pi, \rho)$, 其中 $\pi = (14)(23)$, $\rho = (15)(24)$, $\epsilon = ()$.

假定我们对于某个 $l \ge 0$ 建立了这样一构造, 其中 $\alpha_{jk}^2 = \beta_{jk}^2 = ()$ 对于 $0 \le j < m$ 和 $1 \le k \le n$ 成立. 那么排列

$$\begin{aligned}
(A_{(jm+j')1}, &\ldots, A_{(jm+j')(4n)}; B_{(jm+j')1}, \ldots, B_{(jm+j')(4n)}) = \\
&(\sigma^- \alpha_{j1} \sigma, \ldots, \sigma^- \alpha_{jn} \sigma, \tau^- \alpha_{j'1} \tau, \ldots, \tau^- \alpha_{j'n} \tau, \\
&\quad \sigma^- \beta_{jn} \sigma, \ldots, \sigma^- \beta_{j1} \sigma, \tau^- \beta_{j'n} \tau, \ldots, \tau^- \beta_{j'1} \tau; \\
&\sigma^- \beta_{j1} \sigma, \ldots, \sigma^- \beta_{jn} \sigma, \tau^- \beta_{j'1} \tau, \ldots, \tau^- \beta_{j'n} \tau, \\
&\quad \sigma^- \alpha_{jn} \sigma, \ldots, \sigma^- \alpha_{j1} \sigma, \tau^- \alpha_{j'n} \tau, \ldots, \tau^- \alpha_{j'1} \tau)
\end{aligned}$$

具有如下性质: 如果 $i=j$ 且 $i'=j'$,

$$A_{(im+i')1}B_{(jm+j')1}\ldots A_{(im+i')(4n)}B_{(jm+j')(4n)} =$$

$$\sigma^-(1\,2\,3\,4\,5)\sigma\tau^-(1\,2\,3\,4\,5)\tau\sigma^-(5\,4\,3\,2\,1)\sigma\tau^-(5\,4\,3\,2\,1)\tau$$

否则, 这个乘积为 (). 当 $im+i'=jm+j'$ 时, 选择 $\sigma=(2\,3)(4\,5)$ 和 $\tau=(3\,4\,5)$, 将产生所求的乘积 $(1\,2\,3\,4\,5)$.

从 l 到 $l+1$ 的构造来自戴维·巴林顿 [*J. Comp. Syst. Sci.* **38** (1989), 150–164], 他证明了一个普遍性定理, 由该定理, 任何布尔函数可以表示成 $\{1,2,3,4,5\}$ 的若干排列之乘积. 例如, 用类似的构造, 我们可以求出排列序列 $(\alpha_{j1},\ldots,\alpha_{jn};\beta_{j1},\ldots,\beta_{jn})$ 使得当 $n=6^{l+1}-4^{l+1}$ 时,

$$\alpha_{i1}\beta_{j1}\alpha_{i2}\beta_{j2}\ldots\alpha_{in}\beta_{jn} = \begin{cases} (1\,2\,3\,4\,5), & \text{如果 } i<j; \\ (), & \text{如果 } i \geq j; \end{cases}$$

对于 $0 \leq i,j < m = 2^{2^l}$ 成立.

34. 令 $N=m+n$. 如果 $m \perp n$, 那么仅有一个循环, 因为每个元素可以对于某个整数 a 写成 $am \bmod N$ 的形式. 同时, 一般地, 如果 $d=\gcd(m,n)$, 那么恰好有 d 个循环 $C_0, C_1, \ldots, C_{d-1}$, 其中 C_j 包含按某种次序排列的元素 $\{j,j+d,\ldots,j+N-d\}$. 为了实现这个排列, 我们可以对 $0 \leq j < d$ 做如下处理 (如果方便, 可以并行处理): 置 $t \leftarrow x_j$, $k \leftarrow j$; 然后, 当 $(k+m) \bmod N \neq j$ 时, 置 $x_k \leftarrow x_{(k+m) \bmod N}$, $k \leftarrow (k+m) \bmod N$; 最后置 $x_k \leftarrow t$. 在这个算法中, 关系 $(k+m) \bmod N \neq j$ 成立当且仅当 $(k+m) \bmod N \geq d$, 所以我们可以任意选用一种效率更高的检验. [威廉姆·弗莱彻和罗兰德·希尔弗, *CACM* **9** (1966), 326.]

35. 令 $M=l+m+n$, $N=l+2m+n$. 所求重排的循环可以从 $\{0,1,\ldots,N-1\}$ 的排列的循环中获得: 取把 k 变为 $(k+l+m) \bmod N$ 的排列, 只需对每个循环删除 $\geq M$ 的元素. (比较这种情况同习题 29 的类似情况.)

证明. 若提示的交换置 $x_k \leftarrow x_{k'}$ 和 $x_{k'} \leftarrow x_{k''}$, 其中 k 是某个满足 $k'=(k+l+m) \bmod N$ 和 $k''=(k'+l+m) \bmod N$ 以及 $k' \geq M$ 的数, 则我们知道 $x_{k'}=x_{k''}$. 因此重排 $\alpha\beta\gamma \to \gamma\beta\alpha$ 把 x_k 替换为 $x_{k''}$.

由此推出, 恰好有 $d=\gcd(l+m,m+n)$ 个循环, 而且我们可以使用同上题类似的算法.

要把这个问题简化成习题 34 的特例, 还有另一种简单一点儿的办法, 值得注意, 虽然它对存储器的访问稍多一些: 假定 $\gamma=\gamma'\gamma''$, 其中 $|\gamma''|=|\alpha|$. 于是我们可以把 $\alpha\beta\gamma'\gamma''$ 变成 $\gamma''\beta\gamma'\alpha$, 并且交换 $\gamma''\beta$ 和 γ'. 如果 $|\alpha|>|\gamma|$, 可用一个类似的方法. [见约翰·穆哈默德和卡洛斯·萨比, *J. Algorithms* **8** (1987), 113–121.]

37. 当 $n \leq 2$ 时, 结果很明显. 其他情况下, 我们可以寻找 $a,b<n$ 使得 π 取 a 到 b, 那么对于 $n-1$ 元循环 (αa) 和 $(b\beta)$, $(na)\pi(bn)=(\alpha a)(b\beta)$, 当且仅当 $\pi=(n\alpha a)(b\beta n)$. [见阿兰·雅克, 雷诺曼, 安德烈·朗坦和让-弗朗索瓦·佩罗, *Comptes Rendus Acad. Sci.* **266** (Paris, 1968), A446–A448.]

1.4.1 节

1. 调用序列: `JMP MAXN`; 或者 `JMP MAX100`, 如果 $n=100$.

入口条件: 对于 `MAXN` 入口, $rI3=n$; 假定 $n \geq 1$.

出口条件: 同 (4).

2.
```
MAX50 STJ  EXIT
      ENT3 50
      JMP  2F
```

3. 入口条件: $n=rI1$ 如果 $rI1 > 0$, 否则 $n=1$.

出口条件: rA 和 rI2 同 (4); rI1 不变; $rI3=\min(0,rI1)$; $rJ=\text{EXIT}+1$; 如果 $n=1$ 则 CI 不变, 否则如果最大值大于 $X[1]$, CI 为大于, 如果最大值等于 $X[1]$ 且 $rI2 > 1$, 则 CI 为等于, 如果最大值等于 $X[1]$ 且 $rI2=1$, 则 CI 为小于.

（若换成 (9)，该习题自然会略复杂一些. ）

4. SMAX1 ENT1 1　　　　$r = 1$
　　SMAX　STJ　EXIT　　一般的 r
　　　　　　JMP　2F　　　继续，同前
　...
　　　　　　DEC3　0,1　　减去 r
　　　　　　J3P　1B
　　EXIT　JMP　*　　　退出.

调用序列：JMP SMAX; 或者 JMP SMAX1，如果 $r = 1$.

入口条件：rI3 $= n$，默认为整数；对于SMAX入口，rI1 $= r$，默认为整数.

出口条件：rA $= \max_{0 \le k < n/r}$ CONTENTS$(X + n - kr) =$ CONTENTS$(X + rI2)$; rI3 $= (n-1) \bmod$
　　　　　$r + 1 - r = -((-n) \bmod r)$.

5. 可以使用其他任何寄存器. 例如

调用序列：ENTA *+2
　　　　　　JMP　MAX100

入口条件：无.

出口条件：同 (4).

代码类似于 (1)，但是第一条指令变为 "MAX100 STA EXIT(0:2)".

6. （由乔尔·戈德堡和罗杰·阿伦斯提供解法）

　　MOVE STJ 3F
　　　　　STA　4F　　　　保存 rA 和 rI2.
　　　　　ST2　5F(0:2)
　　　　　LD2　3F(0:2)　rI2 ← "NOP A,I(F)" 的地址.
　　　　　LDA　0,2(0:3)　rA ← "A,I".
　　　　　STA　*+2(0:3)
　　　　　LD2　5F(0:2)　恢复 rI2，因为 I 可能是 2.
　　　　　ENTA *　　　　rA ← 变址的地址.
　　　　　LD2　3F(0:2)
　　　　　LD2N 0,2(4:4)　rI2 ← −F
　　　　　J2Z　1F
　　　　　DECA 0,2
　　　　　STA　2F(0:2)
　　　　　DEC1 0,2　　　rI1 ← rI1 + F
　　　　　ST1　6F(0:2)
　　2H　LDA　*,2
　　6H　STA　*,2
　　　　　INC2 1　　　　rI2 增加，直到它变为 0.
　　　　　J2N　2B
　　1H　LDA　4F　　　　恢复 rA 和 rI2.
　　5H　ENT2 *
　　3H　JMP　*　　　　退出到 NOP 指令.
　　4H　CON　0

7. (1) 如果事先知道程序块是 "只读的"，那么操作系统可以更有效率地分配高速存储器. (2) 如果指令不能改变，那么可以用一个指令高速缓冲存储器（cache）硬件，让速度更快，开销更小. (3) 同 (2)，可用 "流水线"（pipeline）而不用 "高速缓冲存储器". 如果一条指令在进入一条流水线后被修改，那么流水线需要刷新；检测这个条件所需的电路很复杂，又很费时间. (4) 自修改代码不能同时用在多于一个进程中. (5) 自修改代码可能会阻碍转移追踪程序（习题 1.4.3.2–7），这种程序用于"显示程序轮廓"（即用于计算每条指令执行次数），是一种重要的诊断工具.

1.4.2 节

1. 如果一个协同程序只调用另外一个协同程序一次，前者只不过是一个子程序. 所以，我们需要在一个应用中的每个协同程序都至少在两个不同的位置调用其他协同程序. 不过通常很容易设置某种开关，或者利用数据的某种性质，有办法根据一个协同程序进入的某处固定位置，让它转移到两个要求的地方之一；这再次表明，所需的无非是一个子例程而已. 协同程序之间的调用次数越多，用处就越大.

2. 通过 IN 找到的第一个字符将会丢失. ［我们首先启动 OUT，因为 58–59 行对于 IN 进行必需的初始化. 如果我们首先启动 IN，那么我们必须用"ENT4 -16"初始化 OUT，并且如果不知道输出缓冲为空，对它进行清除. 然后我们可以使 62 行首先转移到 39 行. ］

3. 几乎为真，因为 IN 内"CMPA =10="是程序这时唯一的比较指令，而且因为"."的代码是 40.（！）但是，比较指示器没有初始化，而且最后的圆点如果前面有一个重复数字就将被忽略. ［注记：最苛求效率的程序或许是删除 40, 44, 48 行，并且在 26 行和 27 行之间插入"CMPA PERIOD"，再在 59 行和 60 行之间插入"CMPX PERIOD". 如果比较指示器的状态要在不同协同程序之间共用，那么它必须在程序文档中记录下来，作为协同程序特性的一部分. ］

4. 下面是取自历史上相当不同的三类重要计算机的例子：(i) IBM 650：使用 SOAP 汇编语言，我们将有调用序列"LDD A"和"LDD B"，以及连接"A STD BX AX"和"B STD AX BX"（在核心部分用这两条连接指令更可取）. (ii) IBM 709：使用普通的汇编语言，调用序列为"TSX A,4"和"TSX B,4"；连接指令用

```
A   SXA   BX,4              B   SXA   AX,4
AX  AXT   1-A1,4            BX  AXT   1-B1,4
    TRA   1,4                   TRA   1,4
```

(iii) CDC 1604：调用序列将是转移到 A 或 B 的"返回转移"SLJ 4，而连接指令例如用

```
A:  SLJ  B1;  ALS  0
B:  SLJ  A1;  SLJ  A
```

存放在两个相邻的 48 位的字中.

5. 在 OUT 和 OUTX 之间用"STA HOLDAIN; LDA HOLDAOUT"；在 IN 和 INX 之间用"STA HOLDAOUT; LDA HOLDAIN".

6. 在 A 内编写"JMP AB"启动 B，编写"JMP AC"启动 C. 类似地，在 B 和 C 内使用单元 BA, BC, CA, CB. 连接指令为：

```
AB  STJ   AX          BC  STJ   BX          CA  STJ   CX
BX  JMP   B1          CX  JMP   C1          AX  JMP   A1
CB  STJ   CX          AC  STJ   AX          BA  STJ   BX
    JMP   BX              JMP   CX              JMP   AX
```

［注记：对于 n 个协同程序，这种连接方式需要 $2(n-1)n$ 个单元. 如果 n 是很大的数，自然可以使用"集中式"连接程序；不难建立一种用 $3n+2$ 个单元的方法. 但是在实践中，上面那种更快的方法实际上只需要 $2m$ 个单元，其中 m 是从协同程序 i 转移到协同程序 j 的成对程序 (i,j) 的数目. 如果存在很多协同程序而且每个程序到其他程序的转移都是独立的，控制序列通常会受到外部影响，正如 2.2.5 节中的讨论那样. ］

1.4.3.1 节

1. FCHECK 仅仅使用两次，两次后面都接着调用 MEMORY. 所以把 FCHECK 作为 MEMORY 子程序的一个特殊入口，并且也让它把 −R 存入 rI2 中，这样会提高效率.

```
2. SHIFT J5N   ADDRERROR          3. MOVE  J3Z   CYCLE
         DEC3  5                           JMP   MEMORY
         J3P   FERROR                      SRAX  5
         LDA   AREG                        LD1   I1REG
         LDX   XREG                        LDA   SIGN1
         LD1   1F,3(4:5)                   JAP   *+3
         ST1   2F(4:5)                      J1NZ  MEMERROR
         J5Z   CYCLE                       STZ   SIGN1(0:0)
     2H  SLA   1                           CMP1  =BEGIN=
         DEC5  1                           JGE   MEMERROR
         J5P   2B                          STX   0,1
         JMP   STOREAX                     LDA   CLOCK
         SLA   1                           INCA  2
         SRA   1                           STA   CLOCK
         SLAX  1                           INC1  1
         SRAX  1                           ST1   I1REG
         SLC   1                           INC5  1
     1H  SRC   1  ▌                        DEC3  1
                                           JMP   MOVE  ▌
```

4. 只需把 "IN 0(16)" 和 "JBUS *(16)" 插入 003 和 004 行之间. （若换成另外的计算机, 当然将有显著的不同, 因为需要转换成 MIX 字符代码.）

5. 中央控制时间为 $34u$, 如果需要变址另加 $15u$; GETV 子程序用 $52u$, 如果 $L \neq 0$ 另加 $5u$; 实现实际装入的额外时间, 对于 LDA 或 LDX 为 $11u$, 对于 LDi 为 $13u$, 对于 ENTA 或 ENTX 为 $21u$, 对于 ENTi 为 $23u$（如果 $M = 0$, 后面两种时间再加 $2u$）. 综上所述, 对于模拟 LDA 和 ENTA, 我们需要的全部时间分别为 $97u$ 和 $55u$, 如果变址另加 $15u$, 并且在某些其他条件下再加 $5u$ 或 $2u$. 看来这种模拟的速度比大约为 50:1. （在一次试运行中, 模拟时间为 $178u$, 实际需要时间为 $8422u$, 两者之比为 47:1.）

7. IN 或 OUT 的执行分别把同相应设备有关的一个变量设置为传输要求的时间. "CYCLE" 控制程序在每个周期查询这两个变量, 确定 CLOCK 是否超出其中一者或两者的; 如果超出, 就进行传输, 并且把时间变量设置为 ∞.（当有两个以上的 I/O 设备必须用这种方式处理时, 可能涉及很多变量, 这种情况下更宜把它们保存在采用链式存储技术的一个排序表中, 参阅 2.2.5 节.）当模拟 HLT 指令时, 我们对于完成 I/O 操作务必小心.

8. 假; 如果我们在单元 BEGIN -1 使条件 "失效", rI6 可能等于 BEGIN; 但是随后将在试图把 0 存储到 TIME 的 STZ 的操作中发生 MEMERROR 错误! 由于 254 行, 我们始终有 $0 \leq$ rI6 $\leq$ BEGIN.

1.4.3.2 节

1. 把 48 行和 49 行改为下列指令:

```
    XREG   ORIG  *+2                      JMP   -1,1
    LEAVE  STX   XREG              1H      JMP   *+1
           ST1   XREG+1                    STA   -1,1
           LD1   JREG(0:2)                 LD1   XREG+1
           LDA   -1,1                      LDX   XREG
           LDX   1F                        LDA   AREG
           STX   -1,1             LEAVEX   JSJ   *
```

当然, 此处的操作符 "JSJ" 是至关重要的.

2.

```
   * TRACE ROUTINE                         STA   BUF+1,1(4:5)
        ORIG  *+99                         ENTA  8
   BUF  CON   0                            JNOV  1F
   .............02–04 行                    ADD   BIG
        ST1   I1REG                   1H   JL    1F
   .............05–07 行                    INCA  1
   PTR  ENT1  -100                         JE    1F
        JBUS  *(0)                         INCA  1
        STA   BUF+1,1(0:2)            1H   STA   BUF+1,1(3:3)
   .............08–11 行                    INC1  10
        STA   BUF+2,1                      J1N   1F
   .............12–13 行                    OUT   BUF-99(0)
        LDA   AREG                         ENT1  -100
        STA   BUF+3,1                 1H   ST1   PTR(0:2)
        LDA   I1REG                        LD1   I1REG
        STA   BUF+4,1                 .............14–35 行
        ST2   BUF+5,1                      ST1   I1REG
        ST3   BUF+6,1                 .............36–48 行
        ST4   BUF+7,1                      LD1   I1REG
        ST5   BUF+8,1                 .............49–50 行
        ST6   BUF+9,1                 B4   EQU   1(1:1)
        STX   BUF+10,1                BIG  CON   B4-8,B4-1(1:1) ▮
        LDA   JREG(0:2)
```

在追踪全部执行后，应当调用一个补充例程，填写最后的缓冲区并且对磁带 0 倒带.

3. 磁带更快；同时，在追踪时把这种信息编辑成字符将会耗费过多的存储空间. 此外，可以选择地打印磁带内容.

4. 不能取得符合习题 6 要求的真实追踪，因为违反了正文中提出的限制 (a). 首次尝试追踪 CYCLE 时，将返回追踪 ENTER+1，形成循环，因为 PREG 会遭到破坏.

6. 建议：用一张表，存放追踪范围内被外部程序改变的存储单元的值.

7. 这个程序应扫描被追踪的程序，直到找到第一条转移指令（或者条件转移指令）；在修改这条指令和下一条指令后，它需要恢复各个寄存器并且让程序一口气执行到这一点之前的全部指令. [如果被追踪的程序修改它自身的转移指令，或者把非转移指令改变成转移指令，这种方法可能失败. 为了实用的目的，我们可以禁止STJ之外的转移指令采用这种做法，反正对于STJ或许本来就应该单独处理.]

1.4.4 节

1. (a) 否；输入操作可能尚未完成. (b) 否；输入操作可能只比 MOVE 进行得稍快一点儿. 这个计划过于冒险.

2.
```
ENT1 2000
JBUS *(6)
MOVE 1000(50)
MOVE 1050(50)
OUT  2000(6) ▮
```

3.

```
WORDOUT  STJ   1F                                   DEC5  100
         STA   0,5                                  JMP   2B
         INC5  1                            * BUFFER AREAS
2H       CMP5  BUFMAX                       OUTBUF1 ORIG  *+100
1H       JNE   *                            ENDBUF1 CON   *+101 (ENDBUF2)
         OUT   -100,5(V)                    OUTBUF2 ORIG  *+100
         LD5   0,5                          ENDBUF2 CON   ENDBUF1
         ST5   BUFMAX                       BUFMAX  CON   ENDBUF1  ∎
```

在程序开始处, 给出指令 "ENT5 OUTBUF1". 在程序最后, 给出

```
LDA   BUFMAX                                INC5  1
DECA  100,5                                 CMP5  BUFMAX
JAZ   *+6                                   JNE   *-3
STZ   0,5                                   OUT   -100,5(V)
```

4. 如果计算时间恰好等于 I/O 时间（这是最有利的情况）, 计算机和外围设备同时运行的时间将是它们单独运行时间的一半. 为形式证明, 令 C 为整个程序的计算时间, T 为 I/O 需要的总时间; 那么用缓冲区可能获得的最佳运行时间为 $\max(C, T)$, 不用缓冲区的运行时间则是 $C + T$; 当然 $\frac{1}{2}(C + T) \leq \max(C, T) \leq C + T$.

然而某些设备有一种 "停机故障", 如果对它的访问间隔太长, 将会引起额外的时间损失. 在这样的情况下, 有可能取得比 2:1 更好的结果.（例如, 见习题 19.）

5. 最佳比为 $(n + 1){:}1$.

6. $\left\{ \begin{array}{l} \text{IN}\quad\ \text{INBUF1(U)} \\ \text{ENT6 INBUF2+99} \end{array} \right\}$ 或 $\left\{ \begin{array}{l} \text{IN}\quad\ \text{INBUF2(U)} \\ \text{ENT6 INBUF1+99} \end{array} \right\}$

（可以在前面加上 IOC 0(U) 指令, 以防万一有必要倒带）.

7. 一种方法是使用下列协同程序:

```
INBUF1  ORIG  *+100                             INC6  1
INBUF2  ORIG  *+100                             J6N   2B
1H      LDA   INBUF2+100,6                      IN    INBUF1(U)
        JMP   MAIN                              ENN6  100
        INC6  1                                 JMP   1B
        J6N   1B                        WORDIN  STJ   MAINX
WORDIN1 IN    INBUF2(U)                  WORDINX JMP   WORDIN1
        ENN6  100                        MAIN    STJ   WORDINX
2H      LDA   INBUF1+100,6              MAINX   JMP   *   ∎
        JMP   MAIN
```

再添加几条利用特殊情况的其他指令, 将使这个程序实际上比程序(4)更快.

8. 在图 23 所示的时刻, 两个红色缓冲区已经填入行映象, 而且由 NEXTR 指示的缓冲区正在打印. 与此同时, 程序在进行 RELEASE 与 ASSIGN 之间的计算. 当程序执行 ASSIGN 时, 由 NEXTG 指示的绿色缓冲区变为黄色; NEXTG 按顺时针方向移动, 程序开始填入黄色缓冲区. 当输出操作完成时, NEXTR 按顺时针方向移动, 刚进行打印的缓冲区变为绿色, 剩余的红色缓冲区开始打印. 最后, 程序执行 RELEASE 释放黄色缓冲区, 该缓冲区也为其后的打印做好准备.

9, 10, 11.

时间	动作（$N = 1$）	动作（$N = 2$）	动作（$N = 4$）
0	ASSIGN(BUF1)	ASSIGN(BUF1)	ASSIGN(BUF1)
1000	RELEASE, OUT BUF1	RELEASE, OUT BUF1	RELEASE, OUT BUF1
2000	ASSIGN（等待）	ASSIGN(BUF2)	ASSIGN(BUF2)
3000		RELEASE	RELEASE

4000		ASSIGN（等待）	ASSIGN(BUF3)
5000			RELEASE
6000			ASSIGN(BUF4)
7000			RELEASE
8000			ASSIGN（等待）
8500	BUF1 指定，输出停止	BUF1 指定，OUT BUF2	BUF1 指定，OUT BUF2
9500	RELEASE，OUT BUF1	RELEASE	
10500	ASSIGN（等待）	ASSIGN（等待）	
15500			RELEASE

等等. 当 $N = 1$ 时, 总时间为 $110000u$; 当 $N = 2$ 时, 总时间为 $89000u$; 当 $N = 3$ 时, 总时间为 $81500u$; 最后, 当 $N \geq 4$ 时, 总时间为 $76000u$.

12. 把程序 B 的最后 3 行改为:

```
       STA  2F
       LDA  3F
       CMPA 15,5(5:5)
       LDA  2F
       LD5  -1,5
       DEC6 1
       JNE  1B
       JMP  COMPUTE
       JMP  *-1     （或 JMP COMPUTEX）
    2H CON  0
    3H ALF  ␣␣␣␣.
```

13.
```
       JRED CONTROL(U)
       J6NZ *-1
```

14. 如果 $N = 1$, 算法失效（可能在进行 I/O 时访问缓冲区）; 否则, 这个结构将具有两个黄色缓冲区的作用. 如果计算程序需要一次访问两个缓冲区, 这可能是很有用的, 虽然它占用缓冲区空间. 一般说来, ASSIGN 的次数减去 RELEASE 的次数应是非负的, 并且不会大于 N.

15.
```
  U      EQU  0              IN   BUF3(U)
  V      EQU  1              OUT  BUF2(V)
  BUF1   ORIG *+100          IN   BUF1(U)
  BUF2   ORIG *+100          OUT  BUF3(V)
  BUF3   ORIG *+100          DEC1 3
  TAPECPY IN  BUF1(U)        J1P  1B
         ENT1 99             JBUS *(U)
  1H     IN   BUF2(U)        OUT  BUF1(V)
         OUT  BUF1(V)        HLT
                             END  TAPECPY
```

这是图 26 所示的算法的一个特例.

18. 部分解答: 在下面的算法中, t 是一个变量, 当 I/O 设备空闲时它等于 0, 当 I/O 设备在使用时它等于 1.

算法 A′（ASSIGN, 正常状态的子程序）.

　　同算法 1.4.4A, 不做改变.

算法 R′（RELEASE, 正常状态的子程序）.

　　R1′. n 增加 1.

　　R2′. 如果 $t = 0$, 强制中断, 转到 B3′（用 INT 操作符）.

算法 B′（缓冲区控制程序，处理中断）.

　B1′. 重新启动主程序.

　B2′. 如果 $n = 0$，置 $t \leftarrow 0$，转到 B1′.

　B3′. 置 $t \leftarrow 1$，从 NEXTR 指示的缓冲区启动 I/O.

　B4′. 重新启动主程序；一个"I/O 完成"条件将使主程序中断，并且导致转到 B5′.

　B5′. 把 NEXTR 顺时针方向推进到下一个缓冲区.

　B6′. n 减少 1，转到 B2′. ∎

19. 如果 $C \leq L$，那么当且仅当 $NL \geq T + C$ 时，能有 $t_k = (k-1)L$，$u_k = t_k + T$，$v_k = u_k + C$.
如果 $C > L$，情况更为复杂；当且仅当存在整数 $a_1 \leq a_2 \leq \cdots \leq a_n$ 使得 $t_k = (k-1)L + a_k P$
满足 $u_k - T \geq t_k \geq v_{k-N}$，其中 $N < k \leq n$ 时，能有 $u_k = (k-1)C + T$，$v_k = kC + T$. 一
个等价的条件是 $NC \geq b_k$ 对于 $N < k \leq n$ 成立，其中 $b_k = C + T + ((k-1)(C-L)) \bmod P$.
令 $c_l = \max\{b_{l+1}, \ldots, b_n, 0\}$，那么当 l 增加时 c_l 减少，保持算法过程稳定进行的最小 N 值就是
满足 $c_l/l \leq C$ 的最小 l 值. 由于 $c_l < C + T + P$ 和 $c_l \leq L + T + n(C-L)$，这个 N 值不会超过
$\lceil \min\{C+T+P, L+T+n(C-L)\}/C \rceil$. [见阿龙 · 伊泰和尤阿夫 · 拉茨，*CACM* **31** (1988), 1338–1342.]

　　在所述的例子中，我们因此得到 (a) $N = 1$；(b) $N = 2$；(c) $N = 3$，$c_N = 2.5$；(d) $N = 35$，
$c_N = 51.5$；(e) $N = 51$，$c_N = 101.5$；(f) $N = 41$，$c_N = 102$；(g) $N = 11$，$c_N = 109.5$；(h) $N = 3$，
$c_N = 149.5$；(i) $N = 2$，$c_N = 298.5$.

2.1 节

1. (a) SUIT(NEXT(TOP)) = SUIT(NEXT(242)) = SUIT(386) = 4. (b) Λ.

2. 当 V 是链变量（否则 CONTENTS(V) 无意义）且其值非 Λ 时. 明智之举是避免在这种情况下使用 LOC.

3. 置 NEWCARD ← TOP，如果 TOP $\neq \Lambda$，则置 TOP ← NEXT(TOP).

4. C1. 置 X ← LOC(TOP). （为方便起见，我们合理假定 TOP ≡ NEXT(LOC(TOP))，即 TOP 的值出现在
　　它存放位置的 NEXT 字段. 这个假定与程序(5)一致，并且免除为空牌叠写专用例程的麻烦. ）

　C2. 如果 NEXT(X) $\neq \Lambda$，置 X ← NEXT(X) 并重复此步.

　C3. 置 NEXT(X) ← NEWCARD，NEXT(NEWCARD) ← Λ，TAG(NEWCARD) ← 1. ∎

5. D1. 置 X ← LOC(TOP)，Y ← TOP. （见上面的步骤 C1. 根据假设，Y $\neq \Lambda$. 在接下来的整个算法中，
　　X 始终紧跟在 Y 之后一步，即 Y = NEXT(X). ）

　D2. 如果 NEXT(Y) $\neq \Lambda$，则置 X ← Y，Y ← NEXT(Y)，并重复此步.

　D3. （现在，NEXT(Y) = Λ，因此 Y 指向底部的牌，X 指向底部第二张牌. ）置 NEXT(X) ← Λ，
　　NEWCARD ← Y. ∎

6. 记号 (b) 和 (d). (a) 不是！CARD 是一个结点，而不是指向结点的链.

7. 序列 (a) 给出 NEXT(LOC(TOP))，在此情况下它等于 TOP 的值；序列 (b) 正确. 不必困惑，考虑一个
类似的例子：X 是一个数值变量，为把 X 取到寄存器 A，我们用 LDA X，而不使用 ENTA X，因为后者把
LOC(X) 送入寄存器.

8. 设 rA ≡ N，rI1 ≡ X.

```
ENTA 0      B1. N ← 0.              INCA 1          B3. N ← N + 1.
LD1  TOP    X ← TOP.                LD1  0,1(NEXT)  X ← NEXT(X).
J1Z  *+4    B2. X = Λ 吗?           J1NZ *-2                        ∎
```

9. 设 rI2 ≡ X.

```
PRINTER EQU  18          行打印机的设备号
TAG     EQU  1:1
```

```
       NEXT    EQU   4:5              定义字段
       NAME    EQU   0:5
       PBUF    ALF   PILE             牌叠为空时
               ALF   EMPTY                 打印消息.
               ORIG  PBUF+24
       BEGIN   LD2   TOP              置 X ← TOP.
               J2Z   2F               牌叠为空吗?
       1H      LDA   0,2(TAG)         rA ← TAG(X).
               ENT1  PBUF             为 MOVE 指令做准备.
               JBUS  *(PRINTER)       等待打印机就绪.
               JAZ   *+3              TAG = 0 (牌面朝上) 吗?
               MOVE  PAREN(3)         否: 复制圆括号.
               JMP   *+2
               MOVE  BLANKS(3)        是: 复制空白.
               LDA   1,2(NAME)        rA ← NAME(X).
               STA   PBUF+1
               LD2   0,2(NEXT)        置 X ← NEXT(X).
       2H      OUT   PBUF(PRINTER)    打印该行.
               J2NZ  1B               如果 X ≠ Λ, 则重复打印循环.
       DONE    HLT
       PAREN   ALF          (
       BLANKS  ALF
               ALF          )
               ALF                        ▮
```

2.2.1 节

1. 可以.（始终在两端中的一端插入所有的项.）

2. 为了得到 325641, 做 SSSXXSSXSXXX（用下一题的记号）. 不可能得到次序 154623, 因为只有在 3 插入之前从栈中移出 2, 才能让 2 排在 3 前.

3. 在一个容许的序列中, 从左向右数, X 的个数从不会超过 S 的个数.

两个不同的容许的序列一定产生不同的结果, 因为如果这两个序列到某一位之前一直相同, 在该位一个为 S, 而另一个为 X, 则后一个序列此时输出一个符号, 而前一个序列不可能也输出这个符号, 因为由 S 刚插入的符号必须先输出.

4. 这个问题与许多有趣的问题等价, 如二叉树的枚举计数, 向公式中插入括号的方法数, 以及把一个多边形划分成三角形的方法数. 早在 1759 年, 这类问题就出现在欧拉和塞格纳的笔记中（见 2.3.4.6 节）.

下面的精彩解法使用了雅各布·埃伯利和德米特里·米利曼诺夫的"反射原理"（reflection principle）[*L'Enseignement Math.* **23** (1923), 185–189]: 显然, 包含 n 个 S 和 n 个 X 的序列共有 $\binom{2n}{n}$ 个, 只需要计算不容许的序列的数目（这种序列中, S 和 X 的个数正确, 但不满足另一个条件）. 在任意不容许的序列中, 确定 X 的个数首次超过 S 时相应的 X 的位置. 然后, 在从最左端到这个 X（包含 X）的部分序列中, 把每个 X 用 S 替换, 每个 S 用 X 替换. 结果是一个具有 $(n+1)$ 个 S 和 $(n-1)$ 个 X 的序列. 反过来, 对于每个这种类型的序列, 都可以逆转这一过程, 找出导致它的不容许序列. 例如, 序列 XXSXSSSXXSSS 一定源于 SSSXSXXXXSSS. 这种对应表明, 不容许的序列数为 $\binom{2n}{n-1}$. 因此, $a_n = \binom{2n}{n} - \binom{2n}{n-1}$. [*Comptes Rendus Acad. Sci.* **105** (Paris, 1887), 436–437.]

使用相同的思想, 我们可以解决概率论中更一般的"抽签问题"（ballot problem）. 本质上就是枚举具有给定个数的 S 和 X 的部分容许序列. 实际上, 棣莫弗早在 1708 年就已经解决了这一问题, 他证明了如果序列包含 l 个 A 和 m 个 B, 并且至少包含一个初始子串（从序列最左端开始的子序列）满足 A 比 B

多 n 个，那么这样的序列总数为 $f(l, m, n) = \binom{l+m}{\min(m, l-n)}$。上面的 $a_n = \binom{2n}{n} - f(n, n, 1)$ 就是该式的特殊情形。（棣莫弗陈述了这一结果，而未给出证明 [*Philos. Trans.* **27** (1711), 262–263]。但是，从论文的其他段落可以看出，他显然知道如何证明，因为当 $l \geq m + n$ 时，该公式显然成立，并且他会用生成函数方法解决类似问题，通过简单的代数运算，可由这种方法产生对称条件 $f(l, m, n) = f(m+n, l-n, n)$。）关于抽签问题的后续发展和某些推广，见巴顿和科林·马洛斯的翔实综述 [*Annals of Math. Statistics* **36** (1965), 236–260]；又见习题 2.3.4.4–32 和 5.1.4 节。

这里，我们提供一种使用双生成函数解决抽签问题的新方法，因为这种方法可求解习题 11 这样的难题。

设 g_{nm} 是长度为 n 且满足下列条件的 S 和 X 的序列个数：在这些序列中，如果从左开始数的话，X 的个数从不会超过 S 的个数，并且在整个序列中，S 比 X 多 m 个。于是，$a_n = g_{(2n)0}$。显然，除非 $m+n$ 为偶数，否则 g_{nm} 为 0。容易看出，这些数可以用递推关系

$$g_{(n+1)m} = g_{n(m-1)} + g_{n(m+1)}, \qquad m \geq 0, \qquad n \geq 0; \qquad g_{0m} = \delta_{0m}$$

定义。考虑双生成函数 $G(x, z) = \sum_{n,m} g_{nm} x^m z^n$，并令 $g(z) = G(0, z)$。上面的递推方程等价于方程

$$\left(x + \frac{1}{x}\right) G(x, z) = \frac{1}{x} g(z) + \frac{1}{z}\big(G(x, z) - 1\big), \quad \text{即} \quad G(x, z) = \frac{z g(z) - x}{z(x^2 + 1) - x}.$$

不幸的是，如果置 $x = 0$，则该等式无意义，但是，我们可以把分母分解成 $z(1 - r_1(z) x)(1 - r_2(z) x)$，其中

$$r_1(z) = \frac{1}{2z}\big(1 + \sqrt{1 - 4z^2}\big), \qquad r_2(z) = \frac{1}{2z}\big(1 - \sqrt{1 - 4z^2}\big).$$

（注意，$r_1 + r_2 = 1/z$，$r_1 r_2 = 1$。）现在，我们稍作推理：问题是找出 $g(z)$ 的某个值，使得由上面的公式给定的 $G(x, z)$ 具有关于 x 和 z 的无穷幂级数展开式。函数 $r_2(z)$ 有幂级数，并且 $r_2(0) = 0$。此外，对于固定的 z，当 $x = r_2(z)$ 时，$G(x, z)$ 的分母为 0。这提示我们，应该选择 $g(z)$，使得 $x = r_2(z)$ 时，$G(x, z)$ 的分子也为 0。换言之，可能应该取 $z g(z) = r_2(z)$。此时，$G(x, z)$ 化简为

$$G(x, z) = \frac{r_2(z)}{z(1 - r_2(z) x)} = \sum_{n \geq 0} (r_2(z))^{n+1} x^n z^{-1}.$$

这是一个满足原式的幂级数展开式，因此我们必定已经找到了正确的函数 $g(z)$。

$g(z)$ 的系数就是我们的问题的解。实际上，我们可以进一步推导出 $G(x, z)$ 所有系数的简单形式：根据二项式定理，

$$r_2(z) = \sum_{k \geq 0} z^{2k+1} \binom{2k+1}{k} \frac{1}{2k+1}.$$

令 $w = z^2$，$r_2(z) = z f(w)$。于是，利用习题 1.2.6–25 的记号表示，$f(w) = \sum_{k \geq 0} A_k(1, -2) w^k$。因此，

$$f(w)^r = \sum_{k \geq 0} A_k(r, -2) w^k.$$

于是，

$$G(x, z) = \sum_{n,m} A_m(n+1, -2) x^n z^{2m+n}.$$

因此，通解为

$$g_{(2n)(2m)} = \binom{2n+1}{n-m} \frac{2m+1}{2n+1} = \binom{2n}{n-m} - \binom{2n}{n-m-1};$$

$$g_{(2n+1)(2m+1)} = \binom{2n+2}{n-m} \frac{2m+2}{2n+2} = \binom{2n+1}{n-m} - \binom{2n+1}{n-m-1}.$$

5. 如果 $j < k$ 且 $p_j < p_k$，则我们必定在 p_k 插入之前把 p_j 从栈中取走；如果 $p_j > p_k$，则 p_k 必定在栈中保留到 p_j 插入之后。结合这两条规则，条件 $i < j < k$ 且 $p_j < p_k < p_i$ 是不可能的，因为这意味着 p_j 必须在 p_k 之前、在 p_i 之后离开栈，而 p_i 又出现在 p_k 之后。

反之，使用如下算法可以得到期望的排列："对于 $j = 1, 2, \ldots, n$，输入零或多个项（项数取决于需要），直到 p_j 第一次出现在栈中；然后输出 p_j。"仅当我们到达某个 j 使得 p_j 不在栈顶，而是在某个 p_k

之下，且 $k > j$ 时，这个算法才会失败．此时，由于栈中诸值总是单调递增的，因此有 $p_j < p_k$．而 p_k 出现，必定是因为存在某个 $i < j$ 使得 $p_k < p_i$．

普拉卡什·拉马丹 [*SICOMP* **13** (1984), 167–169] 已经说明，如果除了栈之外，还有 m 个辅助存储位置可以自由使用，应该如何刻画可得到的排列．（这一推广难度惊人．）

6. 根据队列的性质，只能得到平凡的排列 $12 \ldots n$．

7. 首先输出 n 的输入受限的双端队列，必然在前 n 次操作把值 $1, 2, \ldots, n$ 依次插入到双端队列中．首先输出 n 的输出受限的双端队列，必然在前 n 次操作把值 $p_1 p_2 \ldots p_n$ 插入到双端队列中．因此，我们得到唯一答案：(a) 4132, (b) 4213, (c) 4231.

8. 当 $n \le 4$ 时，没有；当 $n = 5$ 时，有 4 个（见习题 13）．

9. 对于由输入受限的双端队列得到的任意排列，通过逆向操作，我们可以用输出受限的双端队列，得到该排列的反转的逆的反转，反之亦然．这一规则建立了两个排列集合之间的一一对应关系．

10. (i) 应该有 n 个 X，而 S 与 Q 的个数之和也为 n．(ii) 如果我们从左向右看，则 X 的个数始终不会超过 S 与 Q 的个数之和．(iii) 从左向右看，一旦 X 的个数等于 S 与 Q 的个数之和，则下一个字符一定是 Q．(iv) 两个操作 XQ 绝对不会以这种次序相邻．

显然，规则 (i) 和 (ii) 是必要的．加上规则 (iii) 和 (iv) 旨在消除二义性，因为当双端队列为空时，S 与 Q 相同，并且 XQ 总可以用 QX 替换．这样，任何可得到的序列至少对应一个容许的序列．

为了证明两个容许的序列产生不同的排列，考虑两个序列，它们到达某一点之前皆相同，在这一点处，一个序列是 S，而另一个是 X 或 Q．根据 (iii)，双端队列非空，因此这两个序列显然得到不同的排列（相对于被 S 插入的元素的次序）．剩下的情况是，两个序列 A 和 B 到某一点皆相同，而之后序列 A 有 Q，序列 B 有 X．序列 B 在此处可能有不止一个 X，而根据 (iv)，它们后面必然跟着一个 S，因此排列又是不同的．

11. 像习题 4 一样，对于长度为 n、留下 m 个元素在双端队列中的部分容许序列，令 g_{nm} 为不以符号 X 结尾的这类序列的个数，类似定义 h_{nm} 为以 X 结尾的这类序列的个数．我们有 $g_{(n+1)m} = 2g_{n(m-1)} + h_{n(m-1)}[m > 1]$，并且 $h_{(n+1)m} = g_{n(m+1)} + h_{n(m+1)}$．仿照习题 4，定义 $G(x, z)$ 和 $H(x, z)$ 为

$$G(x, z) = xz + 2x^2 z^2 + 4x^3 z^3 + (8x^4 + 2x^2)z^4 + (16x^5 + 8x^3)z^5 + \cdots;$$
$$H(x, z) = z^2 + 2xz^3 + (4x^2 + 2)z^4 + (8x^3 + 6x)z^5 + \cdots.$$

令 $h(z) = H(0, z)$，我们发现 $z^{-1}G(x, z) = 2xG(x, z) + x(H(x, z) - h(z)) + x$，并且 $z^{-1}H(x, z) = x^{-1}G(x, z) + x^{-1}(H(x, z) - h(z))$，于是

$$G(x, z) = \frac{xz(x - z - xh(z))}{x - z - 2x^2 z + xz^2}.$$

与习题 4 一样，我们希望设法选取 $h(z)$，使得分子与分母的一个因式相约．我们发现，$G(x, z) = xz/(1 - 2xr_2(z))$，其中

$$r_2(z) = \frac{1}{4z}(z^2 + 1 - \sqrt{(z^2 + 1)^2 - 8z^2}).$$

使用约定 $b_0 = 1$，所求生成函数为

$$\tfrac{1}{2}(3 - z - \sqrt{1 - 6z + z^2}) = 1 + z + 2z^2 + 6z^3 + 22z^4 + 90z^5 + \cdots.$$

通过微分，我们找到便于计算的递推关系：$nb_n = 3(2n - 3)b_{n-1} - (n - 3)b_{n-2}$，$n \ge 2$．

沃恩·普拉特提出了解决该问题的另一种方法，使用串集合的前后文无关文法（见第 10 章）．具有如下产生式的无限文法是无二义性的：$S \to q^n(Bx)^n$，$B \to sq^n(Bx)^{n+1}B$，对于所有 $n \ge 0$，且 $B \to \epsilon$．该文法允许我们像习题 2.3.4.4–31 那样，计算具有 n 个 x 的串的个数．

12. 根据斯特林公式, 有 $a_n = 4^n/\sqrt{\pi n^3} + O(4^n n^{-5/2})$. 为了分析 b_n, 先考虑一般问题: 当 $|\alpha| < 1$ 时, 估计 $\sqrt{1-w}\,\sqrt{1-\alpha w}$ 的幂级数中 w^n 的系数. 对于充分小的 α, 有

$$\sqrt{1-w}\,\sqrt{1-\alpha w} = \sqrt{1-w}\,\sqrt{1-\alpha+\alpha(1-w)} = \sqrt{1-\alpha}\sum_k \binom{1/2}{k}\beta^k(1-w)^{k+1/2},$$

其中 $\beta = \alpha/(1-\alpha)$. 因此, 所求的系数是 $(-1)^n\sqrt{1-\alpha}\sum_k\binom{1/2}{k}\beta^k\binom{k+1/2}{n}$. 现在,

$$(-1)^n\binom{k+1/2}{n} = \binom{n-k-3/2}{n} = \frac{\Gamma(n-k-1/2)}{\Gamma(n+1)\Gamma(-k-1/2)} = \frac{(-1/2)^{k+1}}{\sqrt{\pi}n}\overline{n^{-k-1/2}}.$$

而根据等式 1.2.11.1–(16), 有 $\overline{n^{-k-1/2}} = \sum_{j=0}^m \begin{bmatrix} -k-1/2 \\ -k-1/2-j \end{bmatrix} n^{-k-1/2-j} + O(n^{-k-3/2-m})$. 这样, 我们得到渐近级数 $[w^n]\sqrt{1-w}\sqrt{1-\alpha w} = c_0 n^{-3/2} + c_1 n^{-5/2} + \cdots + c_m n^{-m-3/2} + O(n^{-m-5/2})$, 其中

$$c_j = \sqrt{\frac{1-\alpha}{\pi}}\sum_{k=0}^j \binom{1/2}{k}(-1/2)^{k+1}\begin{Bmatrix} j+1/2 \\ k+1/2 \end{Bmatrix}\frac{\alpha^k}{(1-\alpha)^k}.$$

对于 b_n, 我们根据 $1 - 6z + z^2 = (1-(3+\sqrt8)z)(1-(3-\sqrt8)z)$, 并令 $w = (3+\sqrt8)z$, $\alpha = (3-\sqrt8)/(3+\sqrt8)$, 得到近似公式

$$b_n = \frac{(\sqrt2-1)(3+\sqrt8)^n}{2^{3/4}\pi^{1/2}n^{3/2}}(1+O(n^{-1})) = \frac{(\sqrt2+1)^{2n-1}}{2^{3/4}\pi^{1/2}n^{3/2}}(1+O(n^{-1})).$$

13. 普拉特发现, 一个排列是不能得到的, 当且仅当存在 $k \geq 1$ 使得该序列包含一个子序列, 其相对量值分别为

$$5,2,7,4,\ldots,4k+1,4k-2,3,4k,1 \quad \text{或} \quad 5,2,7,4,\ldots,4k+3,4k,1,4k+2,3$$

或交换后两个元素, 或交换 1 和 2, 或二者都交换. 这样, 对于 $k=1$, 禁止的模式为 52341, 52314, 51342, 51324, 5274163, 5274136, 5174263, 5174236. [STOC **5** (1973), 268–277.]

14. (罗伯特·梅尔维尔的解, 1980) 设 R 和 S 是栈, 使得队列方向为从 R 的顶到底, 之后从 S 的底到顶. 当 R 为空时, 弹出 S 的元素到栈 R, 直到 S 为空. 为了从队列头部删除, 弹出 R 顶元素. 除非整个队列为空, 否则 R 非空. 为了把元素插入队列尾部, 把它推入栈 S (除非 R 为空). 每个元素在离开队列之前最多进栈两次, 最多出栈两次.

2.2.2 节

1. M $- 1$ (不是 M). 如果我们允许 M 项, 就像 (6) 和 (7) 那样, 则不可能通过考察 R 和 F 区别空队列和满队列, 因为仅能检测 M 种可能性. 不如放弃一个存储单元, 免得程序过于复杂.

2. 从队列尾部删除: 如果 R = F 则下溢; Y ← X[R] ; 如果 R = 1 则 R ← M, 否则 R ← R − 1. 在队列头部插入: 置 X[F] ← Y ; 如果 F = 1 则 F ← M, 否则 F ← F − 1 ; 如果 F = R 则上溢.

3. (a) LD1 I; LDA BASE,7:1. 这用 5 个周期, 而不是像 (8) 一样用 4 或 8 个周期.

(b) *解法* 1: LDA BASE,2:7, 其中每个基址以 $I_1 = 0$, $I_2 = 1$ 存储. *解法* 2: 如果希望基址以 $I_1 = I_2 = 0$ 存储, 则我们可以写 LDA X2,7:1, 其中位置 X2 包含 NOP BASE,2:7. 第二种解法多用一个周期, 但是可以通过任意变址寄存器使用基址表.

(c) 这等价于 LD4 X(0:2), 并用相同的执行时间, 区别是当 X(0:2) 包含 -0 时, rI4 将设置为 $+0$.

4. (a) NOP *,7. (b) LDA X,7:7(0:2). (c) 这是不可能的. 如果位置 Y 包含 NOP X,7:7, 那么代码 LDA Y,7:7 会打破 7:7 上的限制. (见习题 5.) (d) LDA X,7:1, 连同辅助常数

```
X   NOP   *+1,7:2
    NOP   *+1,7:3
    NOP   *+1,7:4
    NOP   0,5:6
```

执行时间为 6 个单位时间. (e) INC6 X,7:6, 其中 X 包含 NOP 0,6:6.

5. (a) 考虑指令 ENTA 1000,7:7 与内存格局

location	ADDRESS	I_1	I_2
1000:	1001	7	7
1001:	1004	7	1
1002:	1002	2	2
1003:	1001	1	1
1004:	1005	1	7
1005:	1006	1	7
1006:	1008	7	7
1007:	1002	7	1
1008:	1003	7	2

并且 rI1 = 1, rI2 = 2. 我们发现 1000,7,7 = 1001,7,7,7 = 1004,7,1,7,7 = 1005,1,7,1,7,7 = 1006,7,1,7,7 = 1008,7,7,1,7,7 = 1003,7,2,7,1,7,7 = 1001,1,1,2,7,1,7,7 = 1002,1,2,7,1,7,7 = 1003,2,7,1,7,7 = 1005,7,1,7,7 = 1006,1,7,1,7,7 = 1007,7,1,7,7 = 1002,7,1,1,7,7 = 1002,2,2,1,1,7,7 = 1004,2,1,1,7,7 = 1006,1,1,7,7 = 1007,1,7,7 = 1008,7,7 = 1003,7,2,7 = 1001,1,1,2,7 = 1002,1,2,7 = 1003,2,7 = 1005,7 = 1006,1,7 = 1007,7 = 1002,7,1 = 1002,2,2,1 = 1004,2,1 = 1006,1 = 1007. （手工做此推导更快的方法是依次计算位置 1002, 1003, 1007, 1008, 1005, 1006, 1004, 1001, 1000 中指定的地址，但是计算机显然需要按上面所示的次序计算．）我尝试了多种有趣的方案，试图在计算地址的同时改变内存的内容，最终在得到最后的地址时一切都恢复原样．类似的算法出现在 2.3.5 节．然而，这些尝试并没有多大成效，似乎总是没有足够的空间来存放必要的信息．

(b, c) 设 H 和 C 是辅助寄存器，N 是计数器．为了得到有效地址 M，对于位置 L 中的指令，如下操作．

A1. ［初始化．］置 H ← 0, C ← L, N ← 0. （在这个算法中，C 是"当前"位置，H 用来把各个变址寄存器的内容加到一起，N 度量间接寻址的深度．）

A2. ［检查地址．］置 M ← ADDRESS(C). 如果 I_1(C) = j, $1 \le j \le 6$, 置 M ← M + rIj. 如果 I_2(C) = j, $1 \le j \le 6$, 置 H ← H + rIj. 如果 I_1(C) = I_2(C) = 7, 置 N ← N + 1, H ← 0.

A3. ［间接？］如果 I_1(C) 或 I_2(C) 等于 7, 置 C ← M 并转到 A2. 否则置 M ← M + H, H ← 0.

A4. ［降低深度．］如果 N > 0, 置 C ← M, N ← N − 1, 并转到 A2. 否则 M 是所求答案.   ▮

除了 I_1 = 7, $1 \le I_2 \le 6$, 并且 ADDRESS 中地址的计算涉及 $I_1 = I_2 = 7$ 的情况之外，这个算法将正确地处理其他任何情况．其效果就好像 I_2 为 0 一样．为了理解算法 A 的操作，考虑 (a) 部分的记号：状态 "L,7,1,2,5,2,7,7,7,7" 被 C 或 M = L, N = 4 （末尾 7 的个数）表示，并且 H = rI1 + rI2 + rI5 + rI2 （后变址）．在本题 (b) 部分的解中，计数器 N 总是 0 或 1.

6. (c) 导致上溢． (e) 导致下溢，并且如果程序继续运行，则它在最终的 I_2 导致上溢．

7. 不可能，因为 TOP[i] 必须大于 OLDTOP[i].

8. 使用栈，有用的信息出现在一端，而空信息出现在另一端：

其中 A = BASE[j], B = TOP[j], C = BASE[$j + 1$]. 使用队列或双端队列，有用信息出现在两端，空信息在中间某处：

或有用信息在中间，空信息在两端：

其中 $A = \texttt{BASE}[j]$, $B = \texttt{REAR}[j]$, $C = \texttt{FRONT}[j]$, $D = \texttt{BASE}[j+1]$. 在非空队列, 两种情况分别通过条件 $B \le C$ 和 $B > C$ 识别; 如果已知队列未上溢, 识别条件也可以分别采用 $B < C$ 和 $B \ge C$. 因此, 应该用一种明显的方法修改该算法, 以加大或缩小空信息的间隔. (这样, 当 $B = C$ 上溢时, 我们只移动一部分, 在 B 和 C 之间产生空间.) 在步骤 G2 计算 $\texttt{SUM}$ 和 $\texttt{D}[j]$ 时, 每个队列应该视为比实际多占一个单元 (见习题 1).

9. 给定任意序列 $a_1, a_2, \ldots, a_m$, 对于每个满足 $j < k$ 且 $a_j > a_k$ 的数对 (j, k), 需要一次移动操作. (这种数对称作 "反序", 见 5.1.1 节.) 因此, 这样的数对的个数就是需要移动的次数. 现在, 想象所有 n^m 个序列都已经列出, 并对 $\binom{m}{2}$ 个满足 $j < k$ 的数对 (j, k), 分别计数有多少个序列满足 $a_j > a_k$. 显然, 这等于 a_j 和 a_k 的可选取值数 $\binom{n}{2}$, 再乘以填充其余位置的方法数 n^{m-2}. 因此, 所有序列中的总移动次数为 $\binom{m}{2}\binom{n}{2}n^{m-2}$. 除以 n^m, 得到平均值式 (14).

10. 与习题 9 一样, 我们发现该期望值为

$$\binom{m}{2}\sum_{1 \le j < k \le n} p_j p_k = \frac{1}{2}\binom{m}{2}\left((p_1 + \cdots + p_n)^2 - (p_1^2 + \cdots + p_n^2)\right)$$
$$= \frac{1}{2}\binom{m}{2}\left(1 - (p_1^2 + \cdots + p_n^2)\right).$$

对于这个模型, 表的相对次序是什么完全没有关系! (片刻沉思就能明白为什么. 考虑一个给定序列 $a_1, \ldots, a_m$ 的所有可能的排列, 则我们发现, 所有这些排列的总移动次数仅依赖于不同元素 $a_j \ne a_k$ 的数对的个数.)

11. 与前面一样计数, 我们发现该期望数为

$$E_{mnt} = \frac{1}{n^m}\binom{n}{2}\sum_{k=1}^{m}\sum_{r \ge t}(k-1)\binom{k-2}{r}(n-1)^{k-2-r}n^{m-k},$$

这里, r 是 $a_1, a_2, \ldots, a_{k-1}$ 中等于 a_k 的元素个数. 这个公式可化简为

$$E_{mnt} = \frac{1}{n^m}\binom{n}{2}\sum_{k>t}\binom{m}{k}(n-1)^{m-k}\left(\binom{k}{2} - \binom{t+1}{2}\right), \quad \text{对于} t \ge 0.$$

答案还能进一步化简吗? 显然不能, 因为对于给定的 n 和 t, 生成函数为

$$\sum_m E_{mnt}z^m = \frac{n-1}{2n}\frac{z}{(1-z)^3}\left(\frac{z}{n-(n-1)z}\right)^{t+1}(z + (1-z)n(t+1)).$$

12. 如果 $m = 2k$, 则平均值为 2^{-2k} 乘以

$$\binom{2k}{0}2k + \binom{2k}{1}(2k-1) + \cdots + \binom{2k}{k}k + \binom{2k}{k+1}(k+1) + \cdots + \binom{2k}{2k}2k.$$

上面的和式等于

$$\binom{2k}{k}k + 2\left(\binom{2k-1}{k}2k + \cdots + \binom{2k-1}{2k-1}2k\right) = \binom{2k}{k}k + 4k \cdot \frac{1}{2} \cdot 2^{2k-1}.$$

当 $m = 2k+1$ 时, 可以使用类似的论证. 答案是

$$\frac{m}{2} + \frac{m}{2^m}\binom{m-1}{\lfloor m/2 \rfloor}.$$

13. 姚期智证明了当 $p < \frac{1}{2}$ 时, 对于大的 m, 有 $\mathrm{E}\max(k_1, k_2) = \frac{1}{2}m + (2\pi(1-2p))^{-1/2}\sqrt{m} + O(m^{-1/2}(\log m)^2)$. [*SICOMP* **10** (1981), 398–403.] 弗拉若莱扩充了这一分析, 特别证明当 $p = \frac{1}{2}$ 时, 该期望值逼近 αm, 其中

$$\alpha = \frac{1}{2} + 8\sum_{n \ge 1}\frac{\sin(n\pi/2)\cosh(n\pi/2)}{n^2\pi^2\sinh n\pi} \approx 0.6753144833.$$

此外, 当 $p > \frac{1}{2}$ 时, k_1 的值随 $m \to \infty$ 而趋向于均匀分布, 因此 $\mathrm{E}\max(k_1, k_2) \approx \frac{3}{4}m$. [见 *Lecture Notes in Comp. Sci.* **233** (1986), 325–340.]

14. 令 $k_j = m/n + \sqrt{m}\, x_j$.（这一思想是德布鲁因提出的。）当 $k_1 + \cdots + k_n = m$ 并且所有 x 都一致有界时，斯特林近似公式表明

$$n^{-m} \frac{m!}{k_1! \ldots k_n!} \max(k_1, \ldots, k_n)$$

$$= (\sqrt{2\pi})^{1-n} n^{n/2} \left(\frac{m}{n} + \sqrt{m}\, \max(x_1, \ldots, x_n) \right)$$

$$\times \exp\left(-\frac{n}{2}(x_1^2 + \cdots + x_n^2) \right) (\sqrt{m})^{1-n} \left(1 + O\left(\frac{1}{\sqrt{m}} \right) \right),$$

后一个量对满足这一条件的所有非负 $k_1, \ldots, k_n$ 求和，近似得到一个黎曼积分。可以推出这个和的渐近行为是 $a_n(m/n) + c_n \sqrt{m} + O(1)$，其中

$$a_n = (\sqrt{2\pi})^{1-n} n^{n/2} \int_{x_1 + \cdots + x_n = 0} \exp\left(-\frac{n}{2}(x_1^2 + \cdots + x_n^2) \right) \mathrm{d}x_2 \ldots \mathrm{d}x_n,$$

$$c_n = (\sqrt{2\pi})^{1-n} n^{n/2} \int_{x_1 + \cdots + x_n = 0} \max(x_1, \ldots, x_n) \exp\left(-\frac{n}{2}(x_1^2 + \cdots + x_n^2) \right) \mathrm{d}x_2 \ldots \mathrm{d}x_n,$$

这是因为可以证明，对于任意 ϵ，对应的和在 a_n 和 c_n 的 ϵ 邻域之内。

我们知道 $a_n = 1$，因为对应的和可以显式求值。c_n 表达式中的积分等于 nI_1，其中

$$I_1 = \int_{\substack{x_1 + \cdots + x_n = 0 \\ x_1 \geq x_2, \ldots, x_n}} x_1 \exp\left(-\frac{n}{2}(x_1^2 + \cdots + x_n^2) \right) \mathrm{d}x_2 \ldots \mathrm{d}x_n.$$

我们可以换元，

$$x_1 = \frac{1}{n}(y_2 + \cdots + y_n), \quad x_2 = x_1 - y_2, \quad x_3 = x_1 - y_3, \quad \ldots, \quad x_n = x_1 - y_n.$$

于是发现 $I_1 = I_2/n^2$，其中

$$I_2 = \int_{y_2, \ldots, y_n \geq 0} (y_2 + \cdots + y_n) \exp\left(-\frac{Q}{2} \right) \mathrm{d}y_2 \ldots \mathrm{d}y_n,$$

并且 $Q = n(y_2^2 + \cdots + y_n^2) - (y_2 + \cdots + y_n)^2$。现在，由对称性，$I_2$ 是 $(n-1)$ 乘以该积分，但把 $(y_2 + \cdots + y_n)$ 换成 y_2。因此 $I_2 = (n-1)I_3$，其中

$$I_3 = \int_{y_2, \ldots, y_n \geq 0} (ny_2 - (y_2 + \cdots + y_n)) \exp\left(-\frac{Q}{2} \right) \mathrm{d}y_2 \ldots \mathrm{d}y_n$$

$$= \int_{y_3, \ldots, y_n \geq 0} \exp\left(-\frac{Q_0}{2} \right) \mathrm{d}y_3 \ldots \mathrm{d}y_n,$$

这里，Q_0 是在 Q 中用 0 替换 y_2 得到的。[当 $n = 2$ 时，令 $I_3 = 1$。] 现在，令 $z_j = \sqrt{n}\, y_j - (y_3 + \cdots + y_n)/(\sqrt{2} + \sqrt{n})$，$3 \leq j \leq n$。于是，$Q_0 = z_3^2 + \cdots + z_n^2$，并且推出 $I_3 = I_4/n^{(n-3)/2}\sqrt{2}$，其中

$$I_4 = \int_{y_3, \ldots, y_n \geq 0} \exp\left(-\frac{z_3^2 + \cdots + z_n^2}{2} \right) \mathrm{d}z_3 \ldots \mathrm{d}z_n$$

$$= \alpha_n \int \exp\left(-\frac{z_3^2 + \cdots + z_n^2}{2} \right) \mathrm{d}z_3 \ldots \mathrm{d}z_n = \alpha_n (\sqrt{2\pi})^{n-2},$$

其中 α_n 是由向量 $(n + \sqrt{2n}, 0, \ldots, 0) - (1, 1, \ldots, 1)$，$\ldots$，$(0, 0, \ldots, n + \sqrt{2n}) - (1, 1, \ldots, 1)$ 张成的 $(n-2)$ 维空间中的"立体角"，除以整个空间的总立体角。因此

$$c_n = \frac{(n-1)\sqrt{n}}{2\sqrt{\pi}} \alpha_n.$$

我们有 $\alpha_2 = 1$，$\alpha_3 = \frac{1}{2}$，$\alpha_4 = \pi^{-1} \arctan \sqrt{2} \approx 0.304$，并且

$$\alpha_5 = \frac{1}{8} + \frac{3}{4\pi} \arctan \frac{1}{\sqrt{8}} \approx 0.206.$$

[c_3 的值是罗伯特·科泽尔卡找到的，见 *Annals of Math. Stat.* **27** (1956), 507–512. 但是，对于较大的 n 值，这一问题的解尚未见诸文献.]

16. 不能，除非队列满足用于 (4) 和 (5) 的基本方法的限制.

17. 首先证明 $\text{BASE}[j]_0 \leq \text{BASE}[j]_1$ 总是成立. 然后注意到栈 i 每次在 $s_0(\sigma)$ 中上溢但不在 $s_1(\sigma)$ 中上溢的时候，栈 i 都比以前任何时候更长，但并不大于在 $s_1(\sigma)$ 中分配给栈 i 的初始长度.

18. 假设一次插入的代价为 a，如果重新分配的话，再加上 $bN + cn$，其中 N 是所占据的单元数；设删除的代价为 d. 重新分配之后，N 个单元被占用，$S = M - N$ 个单元为空. 设想下一次重新分配之前的每次插入代价为 $a + b + 10c + 10(b + c)nN/S = O(1 + n\alpha/(1 - \alpha))$，其中 $\alpha = N/M$. 如果在重新分配之前出现 p 次插入和 q 次删除，则设想的代价为 $p(a + b + 10c + 10(b + c)nN/S) + qd$，而实际代价为 $pa + bN' + cn + qd \leq pa + pb + bN + cn + qd$. 后者比设想的代价小，因为 $p > .1S/n$；我们的假定 $M \geq n^2$ 意味着 $cS/n + (b + c)N \geq bN + cn$.

19. 我们可以直接把所有下标减 1. 下面的解稍微好一些. 初始，$\mathtt{T} = \mathtt{F} = \mathtt{R} = 0$.

把 $\mathtt{Y}$ 推进栈 $\mathtt{X}$: 如果 $\mathtt{T} = \mathtt{M}$ 则 OVERFLOW；$\mathtt{X[T]} \leftarrow \mathtt{Y}$；$\mathtt{T} \leftarrow \mathtt{T} + 1$.

把 $\mathtt{Y}$ 从栈 $\mathtt{X}$ 弹出: 如果 $\mathtt{T} = 0$ 则 UNDERFLOW；$\mathtt{T} \leftarrow \mathtt{T} - 1$；$\mathtt{Y} \leftarrow \mathtt{X[T]}$.

把 $\mathtt{Y}$ 插入队列 $\mathtt{X}$: $\mathtt{X[R]} \leftarrow \mathtt{Y}$；$\mathtt{R} \leftarrow (\mathtt{R} + 1) \bmod \mathtt{M}$；如果 $\mathtt{R} = \mathtt{F}$ 则 OVERFLOW.

把 $\mathtt{Y}$ 从队列 $\mathtt{X}$ 删除: 如果 $\mathtt{F} = \mathtt{R}$ 则 UNDERFLOW；$\mathtt{Y} \leftarrow \mathtt{X[F]}$；$\mathtt{F} \leftarrow (\mathtt{F} + 1) \bmod \mathtt{M}$.

像以前一样，$\mathtt{T}$ 是栈中元素个数，$(\mathtt{R} - \mathtt{F}) \bmod \mathtt{M}$ 是队列中元素个数. 但是，现在栈顶元素是 $\mathtt{X[T - 1]}$，而不是 $\mathtt{X[T]}$.

尽管对于计算机科学家而言，从 0 开始计数几乎总是更好，但是世上其他人可能永远不会改成从 0 开始计数. 甚至连戴克斯特拉[①]在弹钢琴时也在数着 "1–2–3–4 | 1–2–3–4"!

2.2.3 节

1. OVERFLOW 隐含在操作 $\mathtt{P} \Leftarrow \mathtt{AVAIL}$ 中.

2.

	INSERT	STJ	1F	*存放 "NOP T" 的位置.*
		STJ	9F	*存放出口位置.*
		LD1	AVAIL	$\mathtt{rI1} \Leftarrow \mathtt{AVAIL}$.
		J1Z	OVERFLOW	
		LD3	0,1(LINK)	
		ST3	AVAIL	
		STA	0,1(INFO)	$\mathtt{INFO(rI1)} \leftarrow \mathtt{Y}$.
1H		LD3	*(0:2)	$\mathtt{rI3} \leftarrow \mathtt{LOC(T)}$.
		LD2	0,3	$\mathtt{rI2} \leftarrow \mathtt{T}$.
		ST2	0,1(LINK)	$\mathtt{LINK(rI1)} \leftarrow \mathtt{T}$.
		ST1	0,3	$\mathtt{T} \leftarrow \mathtt{rI1}$.
9H		JMP	*	▮

3.

	DELETE	STJ	1F	*存放 "NOP T" 的位置.*
		STJ	9F	*存放出口位置.*
1H		LD2	*(0:2)	$\mathtt{rI2} \leftarrow \mathtt{LOC(T)}$.
		LD3	0,2	$\mathtt{rI3} \leftarrow \mathtt{T}$.
		J3Z	9F	$\mathtt{T} = \Lambda$ 吗?
		LD1	0,3(LINK)	$\mathtt{rI1} \leftarrow \mathtt{LINK(T)}$.
		ST1	0,2	$\mathtt{T} \leftarrow \mathtt{rI1}$.
		LDA	0,3(INFO)	$\mathtt{rA} \leftarrow \mathtt{INFO(rI1)}$.
		LD2	AVAIL	$\mathtt{AVAIL} \Leftarrow \mathtt{rI3}$.

———————————
① 著名计算机科学家，1972 年图灵奖得主.

```
                ST2   0,3(LINK)
                ST3   AVAIL
                ENT3  2              准备第二出口.
        9H      JMP   *,3            ▌
4.  OVERFLOW    STJ   9F             存放 rJ 的设置.
                ST1   8F(0:2)        保存 rI1 的设置.
                LD1   POOLMAX
                ST1   AVAIL          设置 AVAIL 到新的位置.
                INC1  c
                ST1   POOLMAX        POOLMAX 增值.
                CMP1  SEQMIN
                JG    TOOBAD         存储已经超出?
                STZ   -c,1(LINK)     置 LINK(AVAIL) ← Λ.
        9H      ENT1  *              取 rJ 的设置.
                DEC1  2              减 2.
                ST1   *+2(0:2)       存放出口位置.
        8H      ENT1  *              恢复 rI1.
                JMP   *              返回.      ▌
```

5. 插入到队列头部本质上与基本插入操作 (8) 一样，附加对空队列的检测：$P \Leftarrow$ AVAIL，INFO(P) ← Y，LINK(P) ← F；如果 F = Λ，则 R ← P；F ← P.

为了从尾部删除，我们必须找出哪个结点链接到 NODE(R). 这必定是低效的，因为我们必须从 F 起，一路搜索. 例如，这可以按以下步骤来做：

(a) 如果 F = Λ，则下溢，否则置 P ← LOC(F).

(b) 如果 LINK(P) ≠ R，则置 P ← LINK(P)，并重复该步骤直到 LINK(P) = R.

(c) 置 Y ← INFO(R)，AVAIL $\Leftarrow$ R，R ← P，LINK(P) ← Λ.

6. 我们如果从 (17) 中删除命令 "F ← LINK(P)"，把 "如果 F = Λ，则置 R ← LOC(F)" 改成 "如果 F = R，则 F ← Λ，R ← LOC(F)，否则置 F ← LINK(P)"，则可以从 (14) 中去掉操作 LINK(P) ← Λ.

这些改变的效果是队列尾部结点的 LINK 字段将包含程序绝不访问的假信息. 像这样的技巧能节省执行时间，在实践中非常有用，不过它违背了垃圾回收的基本假定（见 2.3.5 节），因此不能与垃圾回收算法一起使用.

7. （确保你的解对空表也能工作.）

I1. 置 P ← FIRST，Q ← Λ.

I2. 如果 P ≠ Λ，则置 R ← Q，Q ← P，P ← LINK(Q)，LINK(Q) ← R，并重复此步骤.

I3. 置 FIRST ← Q. ▌

本质上，我们从一个栈弹出诸结点，并把它们推入另一个栈.

```
8.      LD1  FIRST       1   I1. P ≡ rI1 ← FIRST.
        ENT2 0           1   Q ≡ rI2 ← Λ.
        J1Z  2F          1   I2. 如果表为空，则转移.
    1H  ENTA 0,2         n   R ≡ rA ← Q.
        ENT2 0,1         n   Q ← P.
        LD1  0,2(LINK)   n   P ← LINK(Q).
        STA  0,2(LINK)   n   LINK(Q) ← R.
        J1NZ 1B          n   P ≠ Λ 吗?
    2H  ST2  FIRST       1   I3. FIRST ← Q.      ▌
```

时间是 $(7n+6)u$. 可以加快速度, 把时间缩短到 $(5n+$ 常数$)u$, 见习题 1.1–3.

9. (a) 是. (b) 是, 如果考虑血缘上的亲子关系; 否, 如果考虑法律上的亲子关系. (c) 否（$-1 \prec 1$ 并且 $1 \prec -1$）. (d) 希望如此, 否则就会有循环推理. (e) $1 \prec 3$ 并且 $3 \prec 1$. (f) 该陈述具有二义性. 如果我们认为被 y 调用的子程序依赖于哪个子程序调用 y, 则我们将不得不断言传递律不一定成立.（例如, 对于每种 I/O 设备, 一个通用的输入输出处理程序可能调用不同的处理例程, 但是, 在一个程序中往往不需要所有这些处理例程. 这在过去是一个困扰许多自动程序设计系统的问题.）

10. 对于 (i), 有三种情况: $x = y; x \subset y$ 且 $y = z; x \subset y$ 且 $y \subset z$. 对于 (ii), 有两种情况: $x = y$; $x \neq y$. 每种情况的处理都是平凡的, (iii) 也是如此.

11. "乘出" 下面的表达式[1], 得到所有 52 种解: $13749(25+52)86 + (1379 + 1397 + 1937 + 9137)(4258 + 4528 + 2458 + 5428 + 2548 + 5248 + 2584 + 5284)6 + (1392 + 1932 + 1923 + 9123 + 9132 + 9213)7(458 + 548 + 584)6$.

12. 例如: (a) 对于 $0 \le k < n$, 先（以任意次序）列出所有具有 k 个元素的集合, 再列出所有具有 $k+1$ 个元素的集合. (b) 用一个 0 和 1 的序列表示一个子集, 指出哪些元素在该子集中. 这通过二进制系统, 给出了所有子集与 0 到 $2^n - 1$ 中的整数之间的对应关系. 对应的次序就是一个拓扑序列.

13. 沙基昌和丹尼尔·克莱特曼 [*Discrete Math.* **63** (1987), 271–278] 已经证明该数最多为 $\prod_{k=0}^{n} \binom{n}{k}^{\binom{n}{k}}$. 这一上界是明显的下界 $\prod_{k=0}^{n} \binom{n}{k}! = 2^{2^n(n+O(\log n))}$ 的 $e^{2^n + O(n)}$ 倍. 他们猜测该下界比上界更接近真实值.

14. 如果 $a_1 a_2 \ldots a_n$ 和 $b_1 b_2 \ldots b_n$ 是两个可能的拓扑序, 令 j 是使 $a_j \neq b_j$ 的最小下标; 于是, 存在 $k, m > j$, 有 $a_k = b_j$, $a_j = b_m$. 现在, 由 $k > j$ 有 $b_j \not\preceq a_j$, 由 $m > j$ 有 $a_j \not\preceq b_j$, 因此 (iv) 为假. 反之, 如果只有一个拓扑序 $a_1 a_2 \ldots a_n$, 则对于 $1 \le j < n$, 必然有 $a_j \preceq a_{j+1}$, 否则的话, a_j 与 a_{j+1} 可以互换. 这和传递性蕴涵 (iv).

　　注意: 下面的另一种证明对无限集也成立. (a) 每个偏序都可以嵌入在一个线性序中. 如果我们有两个元素满足 $x_0 \not\preceq y_0$ 和 $y_0 \not\preceq x_0$, 则我们可以按规则 "$x \preceq y$ 或（$x \preceq x_0$ 且 $y_0 \preceq y$）"产生另一个偏序. 后一个序 "包含" 前一个, 并且有 $x_0 \preceq y_0$. 现在, 在通常的方式下使用佐恩引理或超限归纳法完成证明. (b) 显然, 一种线性序不可能嵌入到任何不同的线性序中. (c) 一个具有像 (a) 中那样的不可比较元素 x_0 和 y_0 的偏序可以拓广成两种线性序, 其中分别有 $x_0 \preceq y_0$ 和 $y_0 \preceq x_0$, 因此至少存在两个线性序.

15. 如果 S 是有限的, 则我们可以列出在给定的偏序下为真的所有关系 $a \prec b$. 通过一次一个、逐个移去被其他关系蕴涵的关系, 我们得到一个无冗余的集合. 问题是证明无论我们按什么次序移去冗余关系, 恰有一个这样的无冗余集合. 如果有两个无冗余的集合 U 和 V, 其中 $a \prec b$ 在 U 中出现, 但不在 V 中出现, 则对于某个 $k \ge 1$, V 中存在 $k+1$ 个关系 $a \prec c_1 \prec \cdots \prec c_k \prec b$. 但是, 不使用 $a \prec b$ 也能从 U 导出 $a \prec c_1$ 和 $c_1 \prec b$（由于 $b \not\preceq c_1$ 和 $c_1 \not\preceq a$）, 因此关系 $a \prec b$ 在 U 中是冗余的.

　　当 S 为无限集时, 上述结果为假, S 最多有一个无冗余的关系集. 例如, 如果 S 表示整数和元素 ∞ 构成的集合, 对于所有的 n, 定义 $n \prec n+1$ 并且 $n \prec \infty$, 则不存在刻画这个偏序的无冗余的关系集.

16. 设 $x_{p_1} x_{p_2} \ldots x_{p_n}$ 是 S 的一个拓扑序, 把排列 $p_1 p_2 \ldots p_n$ 用于行和列.

17. 如果 k 在步骤 T4 从 1 递增到 n, 则输出为 1932745860. 如果像在程序 T 中那样, k 在步骤 T4 从 n 递减到 1, 则输出为 9123745860.

18. 它们按排序次序把诸项链接在一起: QLINK[0] 是第一个, QLINK[QLINK[0]] 是第二个, 如此下去; QLINK[last] = 0.

19. 在某些情况下将失败: 当队列在步骤 T5 仅包含一个元素时, 修改后的的方法将置 F = 0（从而清空队列）, 但是其他项将可能在步骤 T6 被放入队列. 因此, 修改后的版本需要在步骤 T6 进行附加的 F = 0 检测.

20. 确实可以用如下方法使用栈（步骤 T7 消失）:

---

　　[1] 这里, "乘出" 实际上是 "串接". "+" 分隔开不同的解. 例如, $13749(25 + 52)86 = 137492586 + 137495286$, 表示两种解 137492586 和 137495286. ——译者注

T4. 置 T ← 0. 对于 $1 \le k \le n$, 如果 COUNT[k] 为零, 则做下列工作: 置 SLINK[k] ← T, T ← k. (SLINK[k] ≡ QLINK[k].)

T5. 输出 T的值. 如果 T = 0, 则转到 T8; 否则置 N ← N − 1, P ← TOP[T], T ← SLINK[T].

T6. 与以前一样, 不同的是转到 T5 而不是 T7, 并且当 COUNT[SUC(P)] 减少至零时, 置 SLINK[SUC(P)] ← T, T ← SUC(P).

21. 重复的关系只是使算法稍慢, 并且占用更多的存储池空间. 关系 $j \prec j$ 将被视为一个循环 (在对应的图中是从一个方框指向自身的箭头), 违反偏序.

22. 为了使程序 "万无一失", 我们应该 (a) 检查确认 $0 < n <$ 某个适当的最大值; (b) 对于每个关系 $0 < j, k \le n$, 检查条件 $j \prec k$; (c) 确保所有关系不会溢出存储池区域.

23. 在步骤 T5 结尾添加 TOP[F] ← Λ. (于是, TOP[1],..., TOP[n] 始终指向尚未被消除的关系.) 在步骤 T8, 如果 N > 0, 则打印 "LOOP DETECTED IN INPUT:"(检测到输入中的环:), 并且对于 $1 \le k \le n$, 置 QLINK[k] ← 0. 现在, 增加如下步骤:

T9. 对于 $1 \le k \le n$, 置 P ← TOP[k], TOP[k] ← 0,, 并执行步骤 T10. (这将对于每个尚未输出的 j, 将 QLINK[j] 设置为对象 j 的前驱之一.) 然后转到步骤 T11.

T10. 如果 P ≠ Λ, 则置 QLINK[SUC(P)] ← k, P ← NEXT(P), 并重复此步骤.

T11. 找出一个满足 QLINK[k] ≠ 0 的 k.

T12. 置 TOP[k] ← 1, k ← QLINK[k]. 现在, 如果 TOP[k] = 0, 则重复此步骤.

T13. (我们已经找到一个环的开始.) 打印 k 的值, 置 TOP[k] ← 0, k ← QLINK[k], 如果 TOP[k] = 1 则重复此步骤.

T14. 打印 k 的值 (该环的开始和结尾) 并停止. (注意: 该环被逆向打印; 如果想正向打印该环, 则应该在步骤 T12 和 T13 之间用类似于习题 7 的算法.) ∎

24. 在正文的程序中插入如下三行:

```
08a PRINTER EQU 18
14a         ST6 NO
59a         STZ X,1(TOP)        TOP[F] ← Λ.
```

用如下诸行替换第 74-75 行:

```
74            J6Z  DONE
75            OUT  LINE1(PRINTER)   打印环标志.
76            LD6  NO
77            STZ  X,6(QLINK)       QLINK[k] ← 0.
78            DEC6 1
79            J6P  *-2              n ≥ k ≥ 1.
80            LD6  NO
81  T9        LD2  X,6(TOP)         P ← TOP[k].
82            STZ  X,6(TOP)         TOP[k] ← 0.
83            J2Z  T9A              P = Λ 吗?
84  T10       LD1  0,2(SUC)         rI1 ← SUC(P).
85            ST6  X,1(QLINK)       QLINK[rI1] ← k.
86            LD2  0,2(NEXT)        P ← NEXT(P).
87            J2P  T10              P ≠ Λ 吗?
88  T9A       DEC6 1
89            J6P  T9               n ≥ k ≥ 1.
90  T11       INC6 1
```

```
 91            LDA   X,6(QLINK)
 92            JAZ   *-2                找出 QLINK[k] ≠ 0 的 k.
 93   T12      ST6   X,6(TOP)           TOP[k] ← k.
 94            LD6   X,6(QLINK)         k ← QLINK[k].
 95            LD1   X,6(TOP)
 96            J1Z   T12                TOP[k] = 0 吗?
 97   T13      ENTA  0,6
 98            CHAR                     把 k 转换成字母.
 99            JBUS  *(PRINTER)
100            STX   VALUE              打印.
101            OUT   LINE2(PRINTER)
102            J1Z   DONE               当 TOP[k] = 0 时停止.
103            STZ   X,6(TOP)           TOP[k] ← 0.
104            LD6   X,6(QLINK)         k ← QLINK[k].
105            LD1   X,6(TOP)
106            JMP   T13
107   LINE1    ALF   LOOP               标题行
108            ALF   DETEC
109            ALF   TED I
110            ALF   N INP
111            ALF   UT:
112   LINE2    ALF                      随后的诸行
113   VALUE    EQU   LINE2+3
114            ORIG  LINE2+24
115   DONE     HLT                      计算结束
116   X        END   TOPSORT
```

注意: 如果把关系 $9 \prec 1$ 和 $6 \prec 9$ 添加到数据 (18) 中, 则这个程序将打印环 "$9, 6, 8, 5, 9$".

26. 一个解法是按以下步骤分两阶段处理.

阶段 *1.*（使用 X 表作为（顺序）栈, 对每个需要使用的子程序标记 B = 1 或 2.）

　　A0. 对于 $1 \le J \le N$, 如果 $B(X[J]) \le 0$, 则置 $B(X[J]) \leftarrow B(X[J]) + 2$.

　　A1. 如果 $N = 0$, 则转到阶段 2; 否则置 $P \leftarrow X[N]$, 并且 N 减 1.

　　A2. 如果 $|B(P)| = 1$, 则转 A1, 否则置 $P \leftarrow P + 1$.

　　A3. 如果 $B(\text{SUB1}(P)) \le 0$, 则置 $N \leftarrow N + 1$, $B(\text{SUB1}(P)) \leftarrow B(\text{SUB1}(P)) + 2$, $X[N] \leftarrow \text{SUB1}(P)$.
　　　　如果 $\text{SUB2}(P) \ne 0$, 并且 $B(\text{SUB2}(P)) \le 0$, 则对 $\text{SUB2}(P)$ 执行一组类似的动作. 转到 A2.

阶段 *2.*（扫描表格并分配内存.）

　　B1. 置 $P \leftarrow \text{FIRST}$.

　　B2. 如果 $P = \Lambda$, 则置 $N \leftarrow N + 1$, $\text{BASE}(\text{LOC}(X[N])) \leftarrow \text{MLOC}$, $\text{SUB}(\text{LOC}(X[N])) \leftarrow 0$, 并且终止程序.

　　B3. 如果 $B(P) > 0$, 则置 $N \leftarrow N + 1$, $\text{BASE}(\text{LOC}(X[N])) \leftarrow \text{MLOC}$, $\text{SUB}(\text{LOC}(X[N])) \leftarrow P$, $\text{MLOC} \leftarrow \text{MLOC} + \text{SPACE}(P)$.

　　B4. 置 $P \leftarrow \text{LINK}(P)$, 并返回 B2.

27. 代码如下, 注释留给读者.

```
B     EQU  0:1          A1 J1Z  B1              INC1 1
SPACE EQU  2:3             LD2  X,1             INCA 2
LINK  EQU  4:5             DEC1 1               STA  0,3(B)
SUB1  EQU  2:3          A2 LDA  0,2(1:1)        ST3  X,1
SUB2  EQU  4:5             DECA 1               JMP  A2
BASE  EQU  0:3             JAZ  A1            B1 ENT2 FIRST
SUB   EQU  4:5             INC2 1               LDA  MLOC
A0    LD2  N            A3 LD3  0,2(SUB1)        JMP  1F
      J2Z  2F              LDA  0,3(B)        B3 LDX  0,2(B)
1H    LD3  X,2             JAP  9F              JXNP B4
      LDA  0,3(B)          INC1 1               INC1 1
      JAP  *+3             INCA 2               ST2  X,1(SUB)
      INCA 2               STA  0,3(B)          ADD  0,2(SPACE)
      STA  0,3(B)          ST3  X,1          1H STA  X+1,1(BASE)
      DEC2 1            9H LD3  0,2(SUB2)     B4 LD2  0,2(LINK)
      J2P  1B             J3Z  A2            B2 J2NZ B3
2H    LD1  N               LDA  0,3(B)          STZ  X+1,1(SUB)  ▮
                          JAP  A2
```

28. 这里，我们仅对军事游戏给出一点注释．设 A 是一位游戏者，指挥三个开始位于结点 A13 的士兵棋子；B 是另一位游戏者．在这个游戏中，A 必须"包围"B，但是如果 B 能让相同的棋局第二次出现，则我们认为 B 获胜．然而，为了避免以诸棋局的形式记录游戏的全部过往史，我们应该按以下方法来修改算法．开始，标注棋局 157-4、789-B 和 359-6 在轮到 B 走时为 B "输"的棋局，并使用所提议的算法．现在，基本思想是游戏者 A 只移动到 B 输的棋局．但是，A 也必须预防重复前面的移动．好的计算机游戏程序在面对多个获胜的移动时，将使用随机数产生器从中进行选择，因此显然可以让计算机在充当 A 时，从所有引向 B 输的棋局的那些移动中随机选择．但是，有一些有趣的情况，会使这个看似有理的过程失败！例如，考虑棋局 258-7，轮到 A 走，这是一个"赢"棋局．游戏者 A 可能试图从棋局 258-7 移动到 158-7（根据算法，这是 B 的"输"棋局）．但是，其后游戏者 B 走到 158-B，迫使 A 走到 258-B，而后 B 回到 258-7，此时 B 获胜，因为前面的棋局已经重复！这个例子表明，每次移动后，必须先将先前出现过的棋局标记为"输"（如果该 A 走）或"赢"（如果该 B 走），再重新调用该算法．这个军事游戏程序可以制成一个非常令人满意的计算机演示程序．

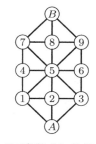

"军事游戏"的棋盘

29. (a) 如果 FIRST = Λ，则什么都不做；否则，置 P ← FIRST，然后重复执行 P ← LINK(P) 零或多次，直到 LINK(P) = Λ．最后，置 LINK(P) ← AVAIL，AVAIL ← FIRST（或许还有 FIRST ← Λ）．　(b) 如果 F = Λ，则什么也不做；否则置 LINK(R) ← AVAIL，AVAIL ← F（或许还有 F ← Λ，R ← LOC(F)）．

30. 插入：置 P ⇐ AVAIL，INFO(P) ← Y，LINK(P) ← Λ，如果 F = Λ，则置 F ← P，否则置 LINK(R) ← P，R ← P．删除：用 F 替换 T 执行(9)．（尽管对于空队列令 R 无定义是方便的，但是这种不规范的做法可能像习题 6 一样使垃圾回收程序无所适从．）

2.2.4 节

1. 否，这毫无帮助，反而可能带来防碍．（除非我们把 NODE(LOC(PTR)) 放入表中作为表头，否则所述约定与循环表的原理并不是特别吻合．）

2. 操作前：

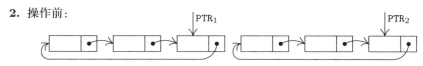

操作后：

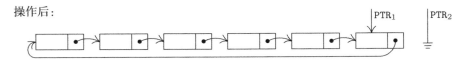

3. 如果 $PTR_1 = PTR_2$，则唯一的效果是 $PTR_2 \leftarrow \Lambda$. 如果 $PTR_1 \neq PTR_2$，则链的交换把表一分为二，就仿佛一个圆切断两处后一分为二一样. 操作的第二部分是使 PTR_1 指向一个循环表，假如在原来的表中沿着链从 PTR_1 到 PTR_2 的话，就会遍历该循环表中的结点.

4. 设 HEAD 为表头的地址. 把 Y 推进栈：置 $P \Leftarrow AVAIL$, $INFO(P) \leftarrow Y$, $LINK(P) \leftarrow LINK(HEAD)$, $LINK(HEAD) \leftarrow P$. 从栈弹出到 Y：如果 $LINK(HEAD) = HEAD$，则下溢；否则置 $P \leftarrow LINK(HEAD)$, $LINK(HEAD) \leftarrow LINK(P)$, $Y \leftarrow INFO(P)$, $AVAIL \Leftarrow P$.

5. （与习题 2.2.3–7 比较）置 $Q \leftarrow \Lambda$, $P \leftarrow PTR$, 然后，当 $P \neq \Lambda$ 时，重复地置 $R \leftarrow Q$, $Q \leftarrow P$, $P \leftarrow LINK(Q)$, $LINK(Q) \leftarrow R$. （之后，$Q = PTR$.）

6.

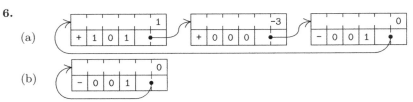

7. 多项式中的匹配项通过一次表扫描定位，因此避免了重复随机搜索. 此外，递增序与结束标记 “-1” 不相容.

8. 如果想要删除当前考虑的结点或在其前面插入另一个结点的话，我们必须知道什么结点指向该结点. 然而，也有其他方法：可以置 $Q2 \leftarrow LINK(Q)$, 然后置 $NODE(Q) \leftarrow NODE(Q2)$, $AVAIL \Leftarrow Q2$, 从而删除 $NODE(Q)$；可以先交换 $NODE(Q2) \leftrightarrow NODE(Q)$, 然后置 $LINK(Q) \leftarrow Q2$, $Q \leftarrow Q2$, 从而在 $NODE(Q)$ 之前插入 $NODE(Q2)$. 这些技巧使得我们无须知道哪个结点链接到 $NODE(Q)$ 就能进行删除和插入，它们被应用于 IPL 的早期版本. 但是，它们有一个缺点，就是多项式尾部的结束标记结点有时会移动，而其他链变量可能正指向该结点.

9. 如果 $P = Q$，算法 A 一般正常运行，使多项式 (Q) 加倍. 唯一特例是对于某 $ABC \geq 0$ 的项有 $COEF = 0$ 时，算法会大错特错. 如果 $P = M$，算法 M 也给出预期的结果. 如果 $P = Q$，而 $M = t_1 + t_2 + \cdots + t_k$，则算法置多项式 (P) $\leftarrow$ 多项式(P) 乘以 $(1+t_1)(1+t_2)\dots(1+t_k)$（尽管这并非是显而易见的）. 如果 $M = Q$，算法 M 令人吃惊地给出预期的结果，置多项式 (Q) $\leftarrow$ 多项式(Q) + 多项式(Q) × 多项式(P)，但是当多项式(P) 的常数项为 -1 时算法 M 失败.

10. 完全不变.（唯一可能不同之处在步骤 M2，取消了 A、B 或 C 个别可能溢出的出错检查；这些错误检查未指定，因为我们假定它们不是必需的.）换言之，这一节的算法可以看作多项式 $f(x^{b^2}, x^b, x)$ 上的运算，而不是多项式 $f(x, y, z)$ 上的运算.

11.

```
COPY STJ  9F        （注释留给          ST6  1,3(LINK)
     ENT3 9F          读者.）           ENT3 0,6
     LDA  1,1                           LD1  1,1(LINK)
1H   LD6  AVAIL                         LDA  1,1
     J6Z  OVERFLOW                      JANN 1B
     LDX  1,6(LINK)                     LD2  8F(LINK)
     STX  AVAIL                         ST2  1,3(LINK)
     STA  1,6                      9H   JMP  *
     LDA  0,1                      8H   CON  0
     STA  0,6
```

12. 设被复制的多项式有 p 项. 程序 A 用 $(27p + 13)u$，而为了公平比较，我们应该加上创建一个零多项式的时间，比如说用习题 14 需要 $18u$. 习题 11 的程序用 $(21p + 31)u$，大约是程序 A 的 78%.

13. ERASE STJ 9F
     LDX AVAIL
     LDA 1,1(LINK)
     STA AVAIL
     STX 1,1(LINK)
 9H JMP * ∎

14. ZERO STJ 9F   MOVE 1F(2)
     LD1 AVAIL   ST2 1,2(LINK)
     J1Z OVERFLOW   9H JMP *
     LDX 1,1(LINK)   1H CON 0
     STX AVAIL   CON -1(ABC) ∎
     ENT2 0,1

15. MULT STJ 9F   子程序入口
     LDA 5F   改变开关的设置
     STA SW1
     LDA 6F
     STA SW2
     STA SW3
     JMP *+2
 2H JMP ADD   _M2. 乘法循环._
 1H LD4 1,4(LINK) _M1. 下一个乘式._ M ← LINK(M).
     LDA 1,4
     JANN 2B   如果 ABC(M) ≥ 0，则转到 M2.
 8H LDA 7F   恢复开关的设置.
     STA SW1
     LDA 8F
     STA SW2
     STA SW3
 9H JMP *   返回.
 5H JMP *+1   SW1 的新设置
     LDA 0,1
     MUL 0,4   rX ← COEF(P) × COEF(M).
     LDA 1,1(ABC)   ABC(P)
     JAN *+2
     ADD 1,4(ABC)   + ABC(M)，如果 ABC(P) ≥ 0.
     SLA 2   移入 rA 的 0:3 字段.
     STX 0F   保存 rX 以供 SW2 和 SW3 中使用.
     JMP SW1+1
 6H LDA 0F   SW2 和 SW3 的新设置
 7H LDA 1,1   SW1的通常设置
 8H LDA 0,1   SW2 和 SW3 的通常设置
 0H CON 0   临时存储 ∎

16. 设 r 是多项式(M) 中的项数. 子程序需要 $21pr + 38r + 29 + 27\sum m' + 18\sum m'' + 27\sum p' + 8\sum q'$ 个单位时间，其中求和涉及程序 A 的 r 次激活期间一些对应的量. 每次激活程序 A，多项式 (Q) 中的项数就上升 $p' - m'$. 如果我们做并非不合理的假定 $m' = 0$, $p' = \alpha p$，其中 $0 < \alpha < 1$，则我们得到这些和分别为 0、$(1-\alpha)pr$、αpr 和 $rq_0' + \alpha p(r(r-1)/2)$，其中 q_0' 是 q' 在第一次迭代的值. 总和为

$4\alpha pr^2 + 40pr + 4\alpha pr + 8q_0'r + 38r + 29.$ 这一分析表明，乘式应该比被乘式的项数少，因为我们更多地跳过多项式（Q）中的非匹配项.（关于更快的算法，见习题 5.2.3–29.）

17. 实际上没什么优点. 两类表的加法和乘法例程实质上相同. ERASE 子程序（见习题 13）的效率看来是唯一的重要差别.

18. 设结点 x_i 的链字段包含 $\mathrm{LOC}(x_{i+1}) \oplus \mathrm{LOC}(x_{i-1})$，其中 $\oplus$ 是"异或". 也能使用其他可逆操作，如加法或减法关于指针字段的长度取模. 循环表中包含两个相邻表的表头是方便的，有助于正确开始（这种巧妙技术的起源并不清楚）.

2.2.5 节

1. 左端插入 Y: $P \Leftarrow \mathrm{AVAIL}$; $\mathrm{INFO}(P) \leftarrow Y$; $\mathrm{LLINK}(P) \leftarrow \Lambda$; $\mathrm{RLINK}(P) \leftarrow \mathrm{LEFT}$; 如果 $\mathrm{LEFT} \neq \Lambda$，则 $\mathrm{LLINK}(\mathrm{LEFT}) \leftarrow P$ else $\mathrm{RIGHT} \leftarrow P$; $\mathrm{LEFT} \leftarrow P$. 置 Y 为最左元素并删除: 如果 $\mathrm{LEFT} = \Lambda$，则下溢; $P \leftarrow \mathrm{LEFT}$; $\mathrm{LEFT} \leftarrow \mathrm{RLINK}(P)$; 如果 $\mathrm{LEFT} = \Lambda$，则 $\mathrm{RIGHT} \leftarrow \Lambda$，否则 $\mathrm{LLINK}(\mathrm{LEFT}) \leftarrow \Lambda$; $Y \leftarrow \mathrm{INFO}(P)$; $\mathrm{AVAIL} \Leftarrow P$.

2. 考虑在同一端连续多次删除. 每次删除之后，我们必须知道下一次要删除什么，所以表中诸链的指向必须背离表的删除端. 因此，在两端删除意味着两个方向必须都有链. 另外，习题 2.2.4–18 解释了如何在单个链字段中表示两个链，采用这种方法能实现一般的双端队列操作.

3. 为了证明 CALLUP 独立于 CALLDOWN，例如，注意在表 1 中，在时间 0393–0444，尽管第 2 层和第 3 层有人等待，但电梯并没有停下；这些人按了 CALLDOWN 键，但是，如果他们按的是 CALLUP 键，电梯应该会停下.

　　为了证明 CALLCAR 独立于其他变量，注意在表 1 中，当门在时刻 1378 开始打开时，电梯已经决定要 GOINGUP. 根据步骤 E2，如果 CALLCAR[1] = CALLCAR[2] = CALLCAR[3] = CALLCAR[4] = 0，则电梯在该点的状态应改为 NEUTRAL，但事实上，CALLCAR[2] 和 CALLCAR[3] 已经被电梯内的乘客 7 和 9 设置为 1.（如果我们想象相同的情况，但所有的层号都加 1，则当门打开时，STATE = NEUTRAL 或 STATE = GOINGUP 将影响电梯是有可能继续下行，还是一定会无条件地上行.）

4. 如果十几人或更多人在同一层离开电梯，则在这一段时间，STATE 可以一直为 NEUTRAL，当 E9 调用 DECISION 子程序时，可能新乘客还没有在当前层进入，电梯就已经设置为新状态. 这种情况确实很少发生（这确实也是作者进行电梯实验时观察到的最令人莫名其妙的现象）.

5. 从时刻 1063 电梯门开始打开到时刻 1183 乘客 7 进入，STATE 将为 NEUTRAL，因为没有到第 0 层的呼叫，并且没有乘客在电梯上. 然后，乘客 7 将设置 CALLCAR[2] ← 1，电梯状态将相应地转变成 GOINGUP.

6. 把条件"如果 OUT < IN，则 STATE ≠ GOINGUP；如果 OUT > IN，则 STATE ≠ GOINGDOWN"添加到步骤 U2 和 U4 的条件"FLOOR = IN 中. 在步骤 E4，除非 STATE = NEUTRAL（此时接纳所有新乘客），否则仅当乘客的去向与电梯的方向一致时，才从 QUEUE[FLOOR] 接受乘客.

　　[斯坦福大学数学系正好有一部这样的电梯，但是乘客并不怎么关注指示灯，因为人们一般会尽快地上电梯，而不管它的行进方向. 为什么电梯的设计者没有意识到这一点，并且据此设计电梯逻辑，相应地清除 CALLUP 和 CALLDOWN？要是这样的话，电梯停下次数会减少，整个过程将会更快.]

7. 在 227 行，假定该乘客在 WAIT 表中. 转到 U4A 确保这一假定成立. 假定 GIVEUPTIME 为正，而且它确实很可能为 100 或更大.

8. 注释留给读者.

```
277   E8   DEC4 1
278        ENTA 61
279        JMP  HOLDC
280        LDA  CALL,4(3:5)
281        JAP  1F
282        ENT1 -2,4
```

```
283          J1Z   2F
284          LDA   CALL,4(1:1)
285          JAZ   E8
286  2H      LDA   CALL-1,4
287          ADD   CALL-2,4
288          ADD   CALL-3,4
289          ADD   CALL-4,4
290          JANZ  E8
291  1H      ENTA  23
292          JMP   E2A
```

9.

01	DECISION	STJ	9F	存放出口位置.
02		J5NZ	9F	*D1. 决策必要吗?*
03		LDX	ELEV1+2(NEXTINST)	
04		DECX	E1	*D2. 应该开门吗?*
05		JXNZ	1F	如果电梯不在 E1, 则转移.
06		LDA	CALL+2	
07		ENT3	E3	如果第二层有呼叫,
08		JANZ	8F	则准备调度 E3.
09	1H	ENT1	-4	*D3. 有呼叫吗?*
10		LDA	CALL+4,1	搜索非零呼叫变量.
11		JANZ	2F	
12	1H	INC1	1	rI1 ≡ $j - 4$
13		J1NP	*-3	
14		LDA	9F(0:2)	$j \neq$ FLOOR 的所有 CALL[j] 均为零.
15		DECA	E6B	出口位置为 = 250 行吗?
16		JANZ	9F	
17		ENT1	-2	Set $j \leftarrow 2.$
18	2H	ENT5	4,1	*D4. 置 STATE.*
19		DEC5	0,4	STATE $\leftarrow j -$ FLOOR.
20		J5NZ	*+2	
21		JANZ	1B	一般不允许 $j =$ FLOOR.
22		JXNZ	9F	*D5. 电梯在休眠吗?*
23		J5Z	9F	如果不在 E1 或如果 $j = 2$, 则转移.
24		ENT3	E6	否则调度 E6.
25	8H	ENTA	20	等待 20 个单位时间.
26		ST6	8F(0:2)	保存 rI6.
27		ENT6	ELEV1	
28		ST3	2,6(NEXTINST)	置 NEXTINST 为 E3 或 E6.
29		JMP	HOLD	调度该活动.
30	8H	ENT6	*	恢复 rI6.
31	9H	JMP	*	从子程序转出. ▌

11. 初始, 对于 $1 \leq k \leq n$, 令 LINK[k] = 0, 并且 HEAD = −1 在改变 V[k] 的模拟步期间, 如果 LINK[k] $\neq 0$, 则给出一个错误指示; 否则, 置 LINK[k] $\leftarrow$ HEAD, HEAD $\leftarrow k$, 并且置 NEWV[k] 为 V[k] 的新值. 在每个模拟步骤之后, 置 $k \leftarrow$ HEAD, HEAD $\leftarrow -1$, 并且重复执行如下操作零次或多次, 直到 $k < 0$: 置 V[k] $\leftarrow$ NEWV[k], $t \leftarrow$ LINK[k], LINK[k] $\leftarrow 0$, $k \leftarrow t$.

　　显然，如果在每个与变量字段 V 相关联的结点中包括一个 NEWV 和 LINK 字段的话，则这种方法容易用于散布的变量.

12. WAIT 表从左向右删除，但是插入从右向左排序（因为从这一边搜索可能会短一些）. 当我们不知道待删除的结点的前驱或后继时，也从这三个表的多处删除结点. 只有 ELEVATOR 表可以转换成单向表而不会过多降低效率.

　　注意： 在一个离散模拟程序中，更可取的方法是使用一个非线性表作为 WAIT，以减少排序时间. 5.2.3 节讨论维护优先队列之类"最小先出"（smallest in, first out）表的一般问题. 业已知道有多种方法，当表中有 n 个元素时，插入或删除只需要 $O(\log n)$ 次操作，尽管当我们知道 n 很小时，当然不需要这种奇思妙想的方法.

2.2.6 节

1. （这里的下标从 1 到 n，而不是像等式 (6)中那样从 0 到 n.）$\mathtt{LOC(A[J,K])} = \mathtt{LOC(A[0,0])}+2n\mathtt{J}+2\mathtt{K}$，其中 A[0,0] 是一个实际不存在的假设结点. 如果令 $\mathtt{J}=\mathtt{K}=1$，则得到 $\mathtt{LOC(A[1,1])}=\mathtt{LOC(A[0,0])}+2n+2$，因此答案可以用多种方法表达. 事实是 $\mathtt{LOC(A[0,0])}$ 可能为负，导致编译程序和装入程序中的许多错误.

2. $\mathtt{LOC(A[I_1,\ldots,I_k])} = \mathtt{LOC(A[0,\ldots,0])} + \sum_{1\le r\le k} a_r \mathtt{I}_r = \mathtt{LOC(A[l_1,\ldots,l_k])} + \sum_{1\le r\le k} a_r \mathtt{I}_r - \sum_{1\le r\le k} a_r l_r$，其中 $a_r = c\prod_{r<s\le k}(u_s - l_s + 1)$.

　　注意： 关于诸如 C 程序设计语言中出现的结构的推广和计算相关常量的简单算法，见菲利普·德尔，*CACM* **9** (1966), 344–347.

3. $1\le k\le j\le n$ 当且仅当 $0\le k-1\le j-1\le n-1$；因此，在下界为零的所有公式中分别用 $k-1$，$j-1$，$n-1$ 替换 k，j，n.

4. $\mathtt{LOC(A[J,K])} = \mathtt{LOC(A[0,0])} + n\mathtt{J} - \mathtt{J(J-1)}/2 + \mathtt{K}$.

5. 令 $\mathtt{A0} = \mathtt{LOC(A[0,0])}$. 假定 J 在 rI1 中，K 在 rI2 中，至少有两个解： (i) "LDA TA2,1:7"，其中位置 TA2+j is "NOP j+1*j/2+A0,2"；(ii) "LDA C1,7:2"，其中位置 C1 包含 "NOP TA,1:7"，而位置 TA+j 为 "NOP j+1*j/2+A0". 后一个解多用一个周期，但不把表格绑定在变址寄存器 2 上.

6. (a) $\mathtt{LOC(A[I,J,K])} = \mathtt{LOC(A[0,0,0])} + \binom{\mathtt{I}+2}{3} + \binom{\mathtt{J}+1}{2} + \binom{\mathtt{K}}{1}$.

　　(b) $\mathtt{LOC(B[I,J,K])} = \mathtt{LOC(B[0,0,0])}$

$$+ \binom{n+3}{3} - \binom{n+3-\mathtt{I}}{3} + \binom{n+2-\mathtt{I}}{2} - \binom{n+2-\mathtt{J}}{2} + \mathtt{K} - \mathtt{J},$$

因此所述形式在此情况下也是可能的.

7. $\mathtt{LOC(A[I_1,\ldots,I_k])} = \mathtt{LOC(A[0,\ldots,0])} + \sum_{1\le r\le k} \binom{\mathtt{I}_r+k-r}{1+k-r}$. 见习题 1.2.6–56.

8. （保罗·纳什的解）令 $\mathtt{X[I,J,K]}$ 对于 $0\le \mathtt{I}\le n$，$0\le \mathtt{J}\le n+1$，$0\le \mathtt{K}\le n+2$ 有定义. 我们可以令 $\mathtt{A[I,J,K]} = \mathtt{X[I,J,K]}$，$\mathtt{B[I,J,K]} = \mathtt{X[J,I+1,K]}$，$\mathtt{C[I,J,K]} = \mathtt{X[I,K,J+1]}$，$\mathtt{D[I,J,K]} = \mathtt{X[J,K,I+2]}$，$\mathtt{E[I,J,K]} = \mathtt{X[K,I+1,J+1]}$，$\mathtt{F[I,J,K]} = \mathtt{X[K,J+1,I+2]}$. 这个模式是最佳的，因为它把 6 个四面体数组的 $(n+1)(n+2)(n+3)$ 个元素紧缩在连续的单元中而不重叠. 证明： A 和 B 耗尽了满足 $k = \min(i,j,k)$ 的所有单元 $\mathtt{X}[i,j,k]$，C 和 D 耗尽了满足 $j = \min(i,j,k) \ne k$ 的所有单元，E 和 F 耗尽了满足 $i = \min(i,j,k) \ne j,k$ 的所有单元.

　　（这一构造可以推广到 m 维，如果谁想想把 $m!$ 个广义四面体数组的元素紧缩到 $(n+1)(n+2)\ldots(n+m)$ 个连续位置的话. 与每个数组相关联的有一个排列 $a_1 a_2 \ldots a_m$，并且存放其元素于 $\mathtt{X[I}_{a_1}+B_1,\mathtt{I}_{a_2}+B_2,\ldots,\mathtt{I}_{a_m}+B_m]$，其中 $B_1 B_2 \ldots B_m$ 是 $a_1 a_2 \ldots a_m$ 的一个如习题 5.1.1–7 定义的反序表.）

9. G1. 设置指针变量 P1, P2, P3, P4, P5, P6 分别指向表 FEMALE, A21, A22, A23, BLOND, BLUE 的第一个位置. 假定每个表以链 Λ 结尾，并且 Λ 小于任何其他链. 如果 P6 $= \Lambda$ 则停止（不幸，表为空）.

　　G2. （如下动作可以按多种次序实现，我们选择依次考察 EYES first, HAIR, AGE, SEX. ）置 P5 $\leftarrow$ HAIR(P5) 零或多次，直到 P5 $\le$ P6. 如果现在 P5 $<$ P6，则转到步骤 G5.

G3. 如果需要的话，反复地置 P4 ← AGE(P4) 直到 P4 ≤ P6. 同样处理 P3 和 P2, 直到 P3 ≤ P6 和 P2 ≤ P6. 如果现在 P4, P3, P2 都小于 P6, 则转到 G5.

G4. 置 P1 ← SEX(P1) 直到 P1 ≤ P6. 如果 P1 = P6, 则我们找到了一个符合条件的女孩，因此输出她的地址 P6. （她的年龄可以由 P2, P3, P4 的设置确定.)

G5. 置 P6 ← EYES(P6). 现在，如果 P6 = Λ 则停止，否则返回 G2. ∎

这个算法是有趣的，但并不是为这种搜索而组织表的最好方法.

10. 见 6.5 节.

11. 最多 $200 + 200 + 3 \cdot 4 \cdot 200 = 2800$ 个字.

12. VAL(Q0) = c, VAL(P0) = b/a, VAL(P1) = d.

13. 在每个表的端点设置一个标记，在表的某个有序字段上"比较"，可带来便利. 可以使用平直的单向表，例如只保留 BASEROW[i] 的 LEFT 链和 BASECOL[j] 的 UP 链，修改算法 S 如下：在 S2, 在置 J ← COL(P0) 之前判断是否有 P0 = Λ; 如果是，则置 P0 ← LOC(BASEROW[I0]), 并转到 S3. 在 S3, 判断是否有 Q0 = Λ; 如果是则终止. 步骤 S4 应该按照类似于步骤 S2 的方法改动. 在 S5, 判断是否有 P1 = Λ; 如果是，则就像 COL(P1) < 0 一样处理. 在 S6, 判断是否有 UP(PTR[J]) = Λ; 如果是，则就像 ROW 字段为负一样处理. 这些修改使得算法更加复杂，并且除表头的 ROW 和 COL 字段外，并不节省其他空间（对于 MIX 机就是完全不节省空间）.

14. 首先，可以把在主元行上具有非零元素的那些列链接在一起，使得我们在每一行处理时可以跳过其他行. 主元列为零的那些行直接被跳过.

15. 设 rI1 ≡ PIVOT,J, rI2 ≡ P0, rI3 ≡ Q0, rI4 ≡ P, rI5 ≡ P1,X, LOC(BASEROW[i]) ≡ BROW + i, LOC(BASECOL[j]) ≡ BCOL + j, PTR[j] ≡ BCOL + j(1:3).

```
01  ROW        EQU  0:3
02  UP         EQU  4:5
03  COL        EQU  0:3
04  LEFT       EQU  4:5
05  PTR        EQU  1:3
06  PIVOTSTEP  STJ  9F          子程序入口, rI1 = PIVOT
07  S1         LD2  0,1(ROW)    S1. 初始化.
08             ST2  I0          I0 ← ROW(PIVOT).
09             LD3  1,1(COL)
10             ST3  J0          J0 ← COL(PIVOT).
11             LDA  =1.0=       浮点常量 1
12             FDIV 2,1
13             STA  ALPHA       ALPHA ← 1/VAL(PIVOT).
14             LDA  =1.0=
15             STA  2,1         VAL(PIVOT) ← 1.
16             ENT2 BROW,2      P0 ← LOC(BASEROW[I0]).
17             ENT3 BCOL,3      Q0 ← LOC(BASECOL[J0]).
18             JMP  S2
19  2H         ENTA BCOL,1
20             STA  BCOL,1(PTR) PTR[J] ← LOC(BASECOL[J]).
21             LDA  2,2
22             FMUL ALPHA
23             STA  2,2         VAL(P0) ← ALPHA × VAL(P0).
```

24	S2	LD2 1,2(LEFT)	*S2. 处理主元行.* P0 ← LEFT(P0).
25		LD1 1,2(COL)	J ← COL(P0).
26		J1NN 2B	如果 J ≥ 0, 则处理 J.
27	S3	LD3 0,3(UP)	*S3. 找新行.* Q0 ← UP(Q0).
28		LD4 0,3(ROW)	rI4 ← ROW(Q0).
29	9H	J4N *	如果 rI4 < 0, 则转出.
30		CMP4 I0	
31		JE S3	如果 rI4 = I0, 则重复.
32		ST4 I(ROW)	I ← rI4.
33		ENT4 BROW,4	P ← LOC(BASEROW[I]).
34	S4A	LD5 1,4(LEFT)	P1 ← LEFT(P).
35	S4	LD2 1,2(LEFT)	*S4. 找新列.* P0 ← LEFT(P0).
36		LD1 1,2(COL)	J ← COL(P0).
37		CMP1 J0	
38		JE S4	如果 J = J0, 则重复.
39		ENTA 0,1	
40		SLA 2	rA(0:3) ← J.
41		J1NN S5	
42		LDAN 2,3	如果 J < 0, 则
43		FMUL ALPHA	置 VAL(Q0) ← −ALPHA × VAL(Q0).
44		STA 2,3	
45		JMP S3	
46	1H	ENT4 0,5	P ← P1.
47		LD5 1,4(LEFT)	P1 ← LEFT(P).
48	S5	CMPA 1,5(COL)	*S5. 找 I, J 元素.*
49		JL 1B	循环直到 COL(P1) ≤ J.
50		JE S7	如果相等, 则转到 S7.
51	S6	LD5 BCOL,1(PTR)	*S6. 插入 I, J 元素.* rI5 ← PTR[J].
52		LDA I	rA(0:3) ← I.
53	2H	ENT6 0,5	rI6 ← rI5.
54		LD5 0,6(UP)	rI5 ← UP(rI6).
55		CMPA 0,5(ROW)	
56		JL 2B	如果 ROW(rI5) > I, 则转移.
57		LD5 AVAIL	X ⇐ AVAIL.
58		J5Z OVERFLOW	
59		LDA 0,5(UP)	
60		STA AVAIL	
61		LDA 0,6(UP)	
62		STA 0,5(UP)	UP(X) ← UP(PTR[J]).
63		LDA 1,4(LEFT)	
64		STA 1,5(LEFT)	LEFT(X) ← LEFT(P).
65		ST1 1,5(COL)	COL(X) ← J.
66		LDA I(ROW)	
67		STA 0,5(ROW)	ROW(X) ← I.
68		STZ 2,5	VAL(X) ← 0.
69		ST5 1,4(LEFT)	LEFT(P) ← X.
70		ST5 0,6(UP)	UP(PTR[J]) ← X.

71	S7	LDAN 2,3	_S7. 主元._ −VAL(Q0)
72		FMUL 2,2	× VAL(P0)
73		FADD 2,5	+ VAL(P1).
74		JAZ S8	如果失去有效数字，则转到 S8.
75		STA 2,5	否则，存放到 VAL(P1) 中.
76		ST5 BCOL,1(PTR)	PTR[J] ← P1.
77		ENT4 0,5	P ← P1.
78		JMP S4A	P1 ← LEFT(P)，转到 S4.
79	S8	LD6 BCOL,1(PTR)	_S8. 删除 I, J 元素._ rI6 ← PTR[J].
80		JMP *+2	
81		LD6 0,6(UP)	rI6 ← UP(rI6).
82		LDA 0,6(UP)	
83		DECA 0,5	Is UP(rI6) = P1?
84		JANZ *−3	循环直到相等.
85		LDA 0,5(UP)	
86		STA 0,6(UP)	UP(rI6) ← UP(P1).
87		LDA 1,5(LEFT)	
88		STA 1,4(LEFT)	LEFT(P) ← LEFT(P1).
89		LDA AVAIL	AVAIL ⇐ P1.
90		STA 0,5(UP)	
91		ST5 AVAIL	
92		JMP S4A	P1 ← LEFT(P)，转到 S4. ∎

注记：使用第 4 章的记号，71–74 行实际上可以写成：

LDA 2,3; FMUL 2,2; FCMP 2,5; JE S8; STA TEMP; LDA 2,5; FSUB TEMP;

一个适当的参数 EPSILON 在位置 0.

17. 对于每个行 i 和每个元素 $A[i,k] \neq 0$，把 $A[i,k]$ 乘以 B 的第 k 行加到 C 的第 i 行. 做此事时，只需要维护 C 的诸 COL 链，因为之后容易填入诸 ROW 链. [阿米尔·朔尔，_Inf. Proc. Letters_ **15** (1982), 87–89.]

18. 三个主元步骤分别在 3, 1, 2 列，分别产生

$$\begin{pmatrix} \frac{1}{3} & \frac{2}{3} & \frac{1}{3} \\ -\frac{2}{3} & -\frac{1}{3} & -\frac{2}{3} \\ -\frac{1}{3} & -\frac{2}{3} & -\frac{1}{3} \end{pmatrix}, \qquad \begin{pmatrix} \frac{1}{2} & \frac{1}{2} & 0 \\ -\frac{3}{2} & \frac{1}{2} & 1 \\ -\frac{1}{2} & -\frac{1}{2} & 0 \end{pmatrix}, \qquad \begin{pmatrix} 0 & 1 & 0 \\ -2 & 1 & 1 \\ 1 & -2 & 0 \end{pmatrix}.$$

经过最后的置换之后，我们有答案：

$$\begin{pmatrix} 1 & -2 & 1 \\ 0 & 1 & -2 \\ 0 & 0 & 1 \end{pmatrix}.$$

20. $a_0 = \text{LOC}(A[1,1]) - 3$, $a_1 = 1$ 或 2, $a_2 = 3 - a_1$.

21. 例如，$M \leftarrow \max(I,J)$, $\text{LOC}(A[I,J]) = \text{LOC}(A[1,1]) + M(M-1) + I - J$. （这样的公式被多人独立地提出. 阿诺德·罗森堡和霍维·斯特朗提出了以下 k 维推广：$\text{LOC}(A[I_1,\dots,I_k]) = L_k$，其中 $L_1 = \text{LOC}(A[1,\dots,1]) + I_1 - 1$, $L_r = L_{r-1} + (M_r-1)^r + (M_r-I_r)(M_r^{r-1} - (M_r-1)^{r-1})$, $M_r = \max(I_1,\dots,I_r)$ [_IBM Tech. Disclosure Bull._ **14** (1972), 3026–3028]. 关于这类问题的进一步结果，见 _Current Trends in Programming Methodology_ **4** (Prentice-Hall, 1978), 263–311. ）

22. 根据组合数系（习题 1.2.6–56），我们可以令

$$p(i_1,\ldots,i_k)=\binom{i_1}{1}+\binom{i_1+i_2+1}{2}+\cdots+\binom{i_1+i_2+\cdots+i_k+k-1}{k}.$$

[*Det Kongelige Norske Videnskabers Selskabs Forhandlinger* **34** (1961), 8–9.]

23. 如果当矩阵从 J 列增加到 J + 1 列时有 m 行，则令 $c[\mathtt{J}]=\mathtt{LOC}(\mathtt{A[0,J]})=\mathtt{LOC}(\mathtt{A[0,0]})+m\mathtt{J}$；类似地，如果当我们创建第 I 行时有 n 列，则令 $r[\mathtt{I}]=\mathtt{LOC}(\mathtt{A[I,0]})=\mathtt{LOC}(\mathtt{A[0,0]})+n\mathtt{I}$. 于是，我们可以使用分配函数

$$\mathtt{LOC}(\mathtt{A[I,J]})=\begin{cases}\mathtt{I}+c[\mathtt{J}] & \text{如果 } c[\mathtt{J}]\geq r[\mathtt{I}];\\ \mathtt{J}+r[\mathtt{I}] & \text{否则}.\end{cases}$$

不难证明 $c[\mathtt{J}]\geq r[\mathtt{I}]$ 蕴涵 $c[\mathtt{J}]\geq r[\mathtt{I}]+\mathtt{J}$，而 $c[\mathtt{J}]\leq r[\mathtt{I}]$ 蕴涵 $c[\mathtt{J}]+\mathtt{I}\leq r[\mathtt{I}]$；因而关系

$$\mathtt{LOC}(\mathtt{A[I,J]})=\max(\mathtt{I}+\mathtt{LOC}(\mathtt{A[0,J]}),\mathtt{J}+\mathtt{LOC}(\mathtt{A[I,0]}))$$

也成立. 我们不需要限制分配到 mn 个连续位置，只需要一项限制：当矩阵增长时，在比先前使用的那些地址更大的位置上分配 m 或 n 个连续的新单元. 这种构造的发明者是埃科·奥图和梅里特·蒂莫西 [*Computing* **31** (1983), 1–9]，他们还将其推广到 k 维.

24. [阿尔佛雷德·艾侯、约翰·霍普克洛夫特和杰弗里·厄尔曼，*The Design and Analysis of Computer Algorithms* (Addison-Wesley, 1974), 习题 2.12.] 除数组 A 外，还维护一个同样大小的验证数组 V 和一个存储已用位置的表 L. 设 n 是 L 中的项数；初始 $n=0$，而 L、A 和 V 中的内容是任意的. 每当我们对于以前可能并未使用的 k 值，想要访问 $\mathtt{A}[k]$ 时，首先检查是否有 $0\leq\mathtt{V}[k]<n$ 且 $\mathtt{L}[\mathtt{V}[k]]=k$. 如果否，则置 $\mathtt{V}[k]\leftarrow n$，$\mathtt{L}[n]\leftarrow k$，$\mathtt{A}[k]\leftarrow 0$，$n\leftarrow n+1$. 否则，可以确信 $\mathtt{A}[k]$ 已经包含合法数据.（对该方法稍加扩充，可以保存并最终恢复计算期间改变的 A 和 V 的所有项的内容.）

2.3 节

1. 有三种方法选择根. 一旦选定根，比如说选定 A，有三种方法把其他结点划分到子树中：$\{B\}$, $\{C\}$; $\{C\}$, $\{B\}$; $\{B,C\}$. 在最后一种情况下，有两种方法把 $\{B,C\}$ 放到树中，取决于哪个是根. 因此，当 A 是根时，我们得到所示的 4 棵树，而总共有 12 棵树. 对于任意结点数 n，该问题在习题 2.3.4.4–23 中解决.

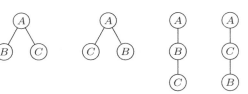

2. 在习题 1 的答案中，作为定向树，前两棵树是相同的，因此在这种情况下，我们只得到 9 种可能性. 关于一般解，见 2.3.4.4 节，那里证明了公式 n^{n-1}.

3. 第一部分：证明至少有一个这样的序列. 设树有 n 个结点. 当 $n=1$ 时结果是显然的，因为 X 必然是树根. 如果 $n>1$，则定义蕴涵存在一个根 X_1 和子树 $T_1,T_2,\ldots,T_m$，或者 $X=X_1$，或者 X 是唯一的 T_j 的一个成员. 在后一种情况，根据归纳假设，有一条路径 $X_2,\ldots,X$，其中 X_2 是 T_j 的根，又由于 X_1 是 X_2 的父母，因此有一条路径 $X_1,X_2,\ldots,X$.

第二部分：证明最多有一个这样的序列. 我们将归纳地证明：如果 X 不是根，则 X 有唯一的父母（于是 X_k 确定 X_{k-1}，X_{k-1} 确定 X_{k-2}，等等）. 如果树有一个结点，则无须证明；否则，X 在唯一的 T_j 中. 或者 X 是 T_j 的根，此时根据定义，X 有唯一父母；或者 X 不是 T_j 的根，此时根据归纳假设，X 在 T_j 中有唯一父母，并且 T_j 之外的结点都不可能是 X 的父母.

4. 真（很遗憾）.

5. 4.

6. 令 $\mathrm{parent}^{[0]}(X)$ 表示 X，并令 $\mathrm{parent}^{[k+1]}(X)=\mathrm{parent}(\mathrm{parent}^{[k]}(X))$，使得 $\mathrm{parentparent}^{[1]}(X)$ 是 X 的父母，$\mathrm{parentparent}^{[2]}(X)$ 是 X 的祖父母；当 $k\geq 2$ 时，$\mathrm{parentparent}^{[k]}(X)$ 是 X 的"（曾）$^{k-2}$ 祖父母". 所要求的堂亲关系条件为 $\mathrm{parentparent}^{[m+1]}(X)=\mathrm{parentparent}^{[m+n+1]}(Y)$，但是 $\mathrm{parentparent}^{[m]}(X)\neq\mathrm{parentparent}^{[m+n]}(Y)$. 当 $n>0$ 时，两人的关系不是关于 X 和 Y 对称的，尽管人们在日常生活中常常说成"相差 n 辈的第 m 代堂表亲"，把它看作对称的.

7. 使用习题 6 中定义的（非对称）条件，再约定如果 j 或 k（或二者）为 -1，则 $\text{parentparent}^{[j]}(X) \neq \text{parentparent}^{[k]}(Y)$. 为了证明这一关系总是对于唯一的 m 和 n 成立，考虑 X 和 Y 的杜威记数法记号，即 $1.a_1.\cdots.a_p.b_1.\cdots.b_q$ 和 $1.a_1.\cdots.a_p.c_1.\cdots.c_r$，其中 $p \geq 0$，$q \geq 0$，$r \geq 0$，并且（如果 $qr \neq 0$）有 $b_1 \neq c_1$. 任意一对结点的杜威数都可以写成这种形式，而显然我们必须取 $m = q - 1$，$m + n = r - 1$.

8. 二叉树实际上都不是树. 尽管非空二叉树的图形看上去像树，但是两个概念完全不同.

9. A 是根，因为我们约定把根放在顶部.

10. 任何嵌套集的有限集族都对应于一个正文中定义的森林：设 $A_1, \ldots, A_n$ 是该集族中不被其他集合包含的嵌套集. 对于固定的 j，包含在 A_j 中的所有集合的子集族是嵌套的，因此，我们可以假定这个子集族对应于一棵以 A_j 为根的（无序的）树.

11. 在嵌套集族 $\mathcal{C}$ 中，如果存在某个 $Z \in \mathcal{C}$ 使得 $X \cup Y \subseteq Z$，则令 $X \equiv Y$. 这个关系显然是自反的和对称的，并且它事实上是等价的，因为 $W \equiv X$ 和 $X \equiv Y$ 蕴涵 $\mathcal{C}$ 中存在 Z_1 和 Z_2，使得 $W \subseteq Z_1$，$X \subseteq Z_1 \cap Z_2$，$Y \subseteq Z_2$. 由于 $Z_1 \cap Z_2 \neq \emptyset$，因此或者 $Z_1 \subseteq Z_2$，或者 $Z_2 \subseteq Z_1$，从而推出 $W \cup Y \subseteq Z_1 \cup Z_2 \in \mathcal{C}$. 既然 $\mathcal{C}$ 是嵌套的集族，我们按以下规则定义一个对应于 $\mathcal{C}$ 的定向森林：X 是 Y 的一个先辈，Y 是 X 的一个后代（真正的先辈或后代），当且仅当 $X \supset Y$. $\mathcal{C}$ 中的每个等价类对应于一棵定向树，即一个对于所有 X 和 Y 满足 $X \equiv Y$ 的定向森林.（这样就推广了对有限集给出的树和森林的定义.）使用这些术语，可以定义 X 的层为 $\text{ancestors}(X)$ 的基数，X 的度为嵌套集合 $\text{descendants}(X)$ 中的等价类的基数. 如果 X 是 Y 的先辈之一，并且不存在 Z 使得 $X \supset Z \supset Y$，则称 X 是 Y 的父母，而 Y 是 X 的子女.（X 有可能会有后代而无子女，有先辈而无父母.）为了得到有序树和森林，用某种特别的方法，例如像习题 2.2.3–14 中那样把关系 $\subseteq$ 嵌入到线性序中，对上面提到的等价类排定顺序.

例 (a)：令 $S_{\alpha k} = \{x \mid x = $ 十进制形式的 $.d_1 d_2 d_3 \ldots$，其中 $\alpha = $ 十进制形式的 $.e_1 e_2 e_3 \ldots$，并且如果 $j \bmod 2^k \neq 0\}$，则 $d_j = e_j$. 集合 $\mathcal{C} = \{S_{\alpha k} \mid k \geq 0, 0 < \alpha < 1\}$ 是嵌套的，它给出的树有无限多层，每个结点具有不可数的度.

例 (b)(c)：在平面中定义这个集合比用实数定义更方便，定义依据是平面与实数之间存在一一对应关系. 令 $S_{\alpha m n} = \{(\alpha, y) \mid m/2^n \leq y < (m+1)/2^n\}$，并令 $T_\alpha = \{(x, y) \mid x \leq \alpha\}$. 容易看出集合 $\mathcal{C} = \{S_{\alpha m n} \mid 0 < \alpha < 1, n \geq 0, 0 \leq m < 2^n\} \cup \{T_\alpha \mid 0 < \alpha < 1\}$ 是嵌套的. $S_{\alpha m n}$ 的子女为 $S_{\alpha(2m)(n+1)}$ 和 $S_{\alpha(2m+1)(n+1)}$，T_α 有子女 $S_{\alpha 00}$ 加上子树 $\{S_{\beta m n} \mid \beta < \alpha\} \cup \{T_\beta \mid \beta < \alpha\}$. 因而，每个结点为 2 度，并且每个结点有不可数多个形如 T_α 的先辈. 这一构造由理查德·比奇洛提出.

注意：如果我们适当地取实数的良序，并定义 $T_\alpha = \{(x, y) \mid x \succ \alpha\}$，可以稍微改进这一构造，得到一个嵌套集，其中每个结点具有不可数的层，度数为 2，并且有两个子女.

12. 我们在偏序上加上一个附加条件（类似于"嵌套集"上的条件），以确保它对应于一个森林：如果 $x \preceq y$ 并且 $x \preceq z$，则或者 $y \preceq z$ 或者 $z \preceq y$. 换言之，大于任意给定元素的元素是线性有序的. 为了构成树，还要断言存在一个最大元 r，使得对于所有的 x，$x \preceq r$. 当结点的个数有限时，这给出了一棵如正文中定义的无序树. 其证明类似于习题 10 中关于嵌套集的证明.

13. $a_1.a_2.\cdots.a_k, a_1.a_2.\cdots.a_{k-1}, \ldots, a_1.a_2, a_1$.

14. 由于 S 非空，因此它包含一个元素 $1.a_1.\cdots.a_k$，其中 k 尽可能小；如果 $k > 0$，则我们还取 a_k 在 S 中尽可能小，于是立即看出 k 一定为 0. 换言之，S 必定包含元素 1. 令 1 是根. 所有其他元素都有 $k > 0$，因此可以对某个 $m \geq 0$，把 S 中的其他元素划分成集合 $S_j = \{1.j.a_2.\cdots.a_k\}$，$1 \leq j \leq m$. 如果 $m \neq 0$ 并且 S_m 非空，按照如上推理，我们推断对于每个 S_j，$1.j$ 在 S_j 中，因此每个 S_j 非空. 于是容易看出，集合 $S'_j = \{1.a_2.\cdots.a_k \mid 1.j.a_2.\cdots.a_k$ 在 S_j 中$\}$ 和 S 满足相同的条件. 根据归纳假设，每个 S_j 形成一棵树.

15. 设根为 1，并设 α 的左子树和右子树（如果有的话）的根分别为 $\alpha.0$ 和 $\alpha.1$. 例如，国王Christian IX 出现在图 18(a) 的两个位置上，即 1.0.0.0.0 和 1.1.0.0.1.0. 为简短起见，我们省略小数点，简单地写成 10000 和 110010. 注意：这种记号是弗朗西斯·高尔顿提出的 [*Natural Inheritance* (Macmillan, 1889), 249]. 对于家谱，用 F 和 M 替代 0 和 1，去掉开始处的 1，会更好记，例如 Christian IX 是 Charles

的 *MFFMF*，即他的母亲的父亲的父亲的母亲的父亲. 0 和 1 的约定令人感兴趣有另外的原因：它提供了二叉树结点与二进制正整数（即计算机内存地址）之间的重要对应关系.

16. (a)　　　　　　(b)　　　　　　　　或　　　　　　　　或　　　．

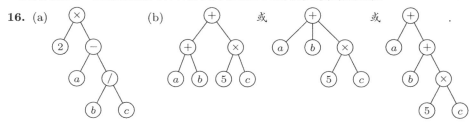

17. $\mathrm{parent}(Z[1]) = A$；$\mathrm{parent}(Z[1,2]) = C$；$\mathrm{parent}(Z[1,2,2]) = E$.

18. $L[5,1,1] = (2)$. $L[3,1]$ 没有意义，因为 $L[3]$ 是一个空表.

19.　　　$L[2] = (L)$；　$L[2,1,1] = a$.

20. （可以直观看出，删除 0-2 树的所有终端结点，就得到 0-2 树与二叉树之间的对应关系，见 2.3.4.5 节的重要结构.）令具有一个结点的 0-2 树对应于空二叉树；具有多于一个结点的 0-2 树由一个根 r 和 0-2 树 T_1 和 T_2 组成，令其对应于具有根 r、左子树 T_1' 和右子树 T_2' 的二叉树，其中 T_1 和 T_2 分别对应于 T_1' 和 T_2'.

21. $1 + 0 \cdot n_1 + 1 \cdot n_2 + \cdots + (m-1) \cdot n_m$. 证明：树中的结点数为 $n_0 + n_1 + n_2 + \cdots + n_m$，这也等于 $1 +$（树中的子女数）$= 1 + 0 \cdot n_0 + 1 \cdot n_1 + 2 \cdot n_2 + \cdots + m \cdot n_m$.

22. 基本想法是递归地处理，非空二叉树的表示定义为它的根加上它的左、右子树的折半旋转（half-size-and-rotated）表示. 这样，一棵任意大的二叉树可以表示在一张纸上，只要有倍数足够高的放大镜就行.

　　这种模式的许多形式是可行的. 例如，一种想法是在一张给定的横向放置的纸上，用一条从中心到顶边的线段表示根，并把左子树表示在左半张纸上顺时针旋转 90°，把右子树表示在右半张纸上逆时针旋转 90°. 每个结点用一条线段表示.（当这种方法用于具有 k 层、$2^k - 1$ 个结点的完全二叉树时，它产生所谓的 "H-树"，这是完全二叉树在VLSI 芯片上的最高效布局 [见理查德·布伦特和孔祥重，*Inf. Proc. Letters* **11** (1980), 46–48].)

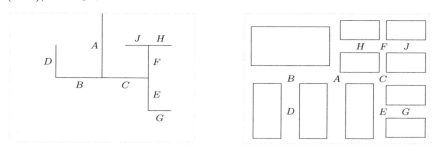

另一种想法是用某种方框表示空二叉树，并旋转非空二叉树的表示，根据递归的深度是偶还是奇，使得左子子树（subsubtree）交替位于对应的右子子树的左边或下方. 方框对应于扩展的二叉树（见 2.3.4.5 节）的外部结点. 这种表示与 6.5 节讨论的2-d 树和四叉树密切相关，当外部结点携带信息，而内部结点不携带时，特别合适.

2.3.1 节

1. $\mathrm{INFO}(\mathtt{T}) = A$, $\mathrm{INFO}(\mathrm{RLINK}(\mathtt{T})) = C$，等等；答案是 H.

2. 前序：1245367；对称序：4251637；后序：4526731.

3. 该陈述为真. 例如, 注意在习题 2 中, 结点 4、5、6、7 总是按这一次序出现. 对二叉树的大小归纳, 可立即证明这一结果.

4. 它是后序的逆.（用归纳法容易证明这一点.）

5. 例如, 在习题 2 的树中, 使用二进制记号（在此情况下等价于杜威系统）, 前序是 1, 10, 100, 101, 11, 110, 111. 这些数字串已经排好序, 像字典中的词一样.

一般地, 如果使用"空白"$< 0 < 1$, 从左到右按字典序对结点排序, 则诸结点将按前序列出. 如果使用 $0 < 1 <$ "空白", 按字典序排序, 则诸结点将按后序列出. 使用 $0 <$ "空白" < 1, 则为中序.

（此外, 如果我们想象左边有空白, 把杜威记数法视为一般的二进制数, 则得到层次序, 见 2.3.3–(8).）

6. $p_1 p_2 \ldots p_n$ 可以用栈得到, 容易通过对 n 归纳证明. 事实上, 可以指出, 算法 T 准确执行其栈动作要求的事情.（习题 2.2.1–3 中对应的 S 和 X 的序列与双序中作为下标的 1 和 2 的序列一样, 见习题 18.）

反之, 如果 $p_1 p_2 \ldots p_n$ 可以用栈得到, 并且 $p_k = 1$, 则 $p_1 \ldots p_{k-1}$ 是 $\{2, \ldots, k\}$ 的一个排列, 并且 $p_{k+1} \ldots p_n$ 是 $\{k+1, \ldots, n\}$ 的一个排列. 这些排列对应于左子树和右子树, 并且二者都可以用栈得到. 因此, 归纳即可完成证明.

7. 由前序知道根；然后由中序知道左子树和右子树. 事实上, 我们知道两棵子树各结点的前序和中序. 因此, 树容易构造（构造一个简单的算法, 首先在 LLINK 中以前序、在 RLINK 中以中序将结点链接在一起, 逐渐按通常的方式把结点链接成一棵树, 这一过程很有趣）. 类似地, 后序与中序一起能够刻画该结构. 但是, 前序与后序不能, 例如有两棵二叉树以 AB 为前序, 以 BA 为后序. 如果二叉树的所有非终端结点都有两个非空分支, 则前序和后序能够刻画其结构.

8. (a) 所有 LLINK 为空的二叉树. (b) 具有零个或一个结点的二叉树. (c) 所有 RLINK 为空的二叉树.

9. T1 执行一次, T2 执行 $2n+1$ 次, T3 执行 n 次, T4 执行 $n+1$ 次, T5 执行 n 次. 这些计数可以用归纳法, 或用基尔霍夫定律, 或通过考察程序 T 推出.

10. 所有 RLINK 为空的二叉树将把所有 n 个结点的地址推入栈中, 然后才开始从栈中删除结点.

11. 令 a_{nk} 为一类有 n 个结点的二叉树个数, 它使用算法 T 时, 栈中包含的项绝不超过 k 项. 如果 $g_k(z) = \sum_n a_{nk} z^n$, 则我们发现 $g_1(z) = 1/(1-z)$, $g_2(z) = 1/(1 - z/(1-z)) = (1-z)/(1-2z)$, $\ldots$, $g_k(z) = 1/(1 - z g_{k-1}(z)) = q_{k-1}(z)/q_k(z)$, 其中 $q_{-1}(z) = q_0(z) = 1$, $q_{k+1}(z) = q_k(z) - z q_{k-1}(z)$. 因此, $g_k(z) = (f_1(z)^{k+1} - f_2(z)^{k+1})/(f_1(z)^{k+2} - f_2(z)^{k+2})$, 其中 $f_j(z) = \frac{1}{2}(1 \pm \sqrt{1-4z})$. 现在可以证明 $a_{nk} = [u^n](1-u)(1+u)^{2n}(1 - u^{k+1})/(1 - u^{k+2})$, 因此 $s_n = \sum_{k \geq 1} k(a_{nk} - a_{n(k-1)})$ 是 $[u^{n+1}](1-u)^2(1+u)^{2n} \sum_{j \geq 1} u^j/(1 - u^j)$ 再减去 a_{nn}. 利用习题 5.2.2–52 的方法, 求得渐近级数

$$s_n/a_{nn} = \sqrt{\pi n} - \frac{3}{2} - \frac{13}{24}\sqrt{\frac{\pi}{n}} + \frac{1}{2n} + O(n^{-3/2}).$$

[德布鲁因、高德纳和斯蒂芬·莱斯,《图论与计算》(*Graph Theory and Computing*), 罗纳德·里德编辑 (New York: Academic Press, 1972), 15–22.]

当二叉树像 2.3.2 节描述的那样表示森林时, 这里分析的量是森林的高度（结点与根的最远距离加 1）. 弗拉若莱和奥德里兹科得到了其他类型的树的推广 [*J. Computer and System Sci.* **25** (1982), 171–213]. 随后, 弗拉若莱、高志成、奥德里兹科和里士满分析了高度在均值附近和远离均值的渐近分布 [*Combinatorics, Probability, and Computing* **2** (1993), 145–156]

12. 在步骤 T2 与 T3 之间访问 NODE(P), 而不是在步骤 T5. 为了证明, 基本与正文一样, 论证命题："设步骤 T2 开始时, P 是指向 n 个结点的二叉树的指针……栈 A 恢复到它原先的值 A[1] ... A[m]."

13.（修罗·阿罗约的解, 1976）除新变量 Q 在步骤 T1 初始化为 Λ 外, 步骤 T1 到 T4 不变；如果有的话, Q 将指向最后一个被访问的结点. 步骤 T5 变成两步：

T5′. [右分支已完成?] 如果 RLINK(P) = Λ 或 RLINK(P) = Q, 则继续 T6′；否则置 A $\Leftarrow$ P, P $\leftarrow$ RLINK(P), 并返回步骤 T2.

T6′. [访问 P.] 访问 NODE(P), 置 Q $\leftarrow$ P, 并返回 T4. 可以使用类似的证明.

（步骤 T4 和 T5 可以形成流水线, 使得结点不会出栈又立即重新插入.）

14. 由归纳法，总是恰有 $n+1$ 个 Λ 链（当 T 为空时包括它）. 包括 T 共有 n 个非空链，因此正文中空链占多数的评述成立.

15. 某结点有一个指向它的 LLINK（或 RLINK）线索，当且仅当该结点有一个非空的右子树（或左子树）.（见图 24.）

16. 如果 LTAG(Q) = 0，则 Q* 是 LLINK(Q)，此时 Q* 向左下一步. 否则沿树向上（如有必要则反复向上），直到第一次能向右下而不走回头路，就得到 Q*. 如下面的树所示，从 P 到 P* 和从 Q 到 Q* 都是典型的例子.

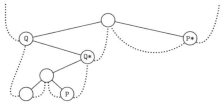

17. 如果 LTAG(P) = 0，则置 Q ← LLINK(P) 并终止. 否则，置 Q ← P，然后置 Q ← RLINK(Q) 零次或多次，直到找到 RTAG(Q) = 0，最后再置 Q ← RLINK(Q) 一次.

18. 修改算法 T，插入步骤 T2.5，"第一次访问 NODE(P)"；在步骤 T5 第二次访问 NODE(P).
    给定线索树，遍历极其简单：

$$(P,1)^{\Delta} = (\text{LLINK}(P),1) \text{ 如果 LTAG(P)} = 0, \quad \text{否则为 } (P,2);$$

$$(P,2)^{\Delta} = (\text{RLINK}(P),1) \text{ 如果 RTAG(P)} = 0, \quad \text{否则为 } (\text{RLINK}(P),2).$$

在每种情况下，我们最多在树中移动一步，因此在实践中，双序和 d 与 e 的值已经嵌入在程序中，不再明确指出.
    去掉所有的第一次访问，就得到算法 T 和 S；去掉所有的第二次访问，则得到习题 12 和 17 的解.

19. 基本思想是，从找出 P 的父母 Q 开始. 然后，如果 P $\neq$ LLINK(Q)，则有 P$\sharp$ = Q；否则可以反复置 Q ← Q\$ 零次或多次，直到 RTAG(Q) = 1，找出 P$\sharp$.（例如，见所示树中的 P 和 P$\sharp$.）

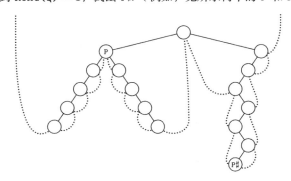

在一般的右线索树中，没有找出 P 的父母的高效算法，因为所有左链均为空的退化的右线索树基本相当于一个循环表，其中链的走向都是错误的. 因此，如果不保留如何到达当前结点 P 的记录，就不可能像习题 13 的栈方法那样高效地按后序遍历右线索树.
    但是，如果树是双向线索的，则我们可以高效找到 P 的父母：

F1. 置 Q ← P, R ← P.

F2. 如果 LTAG(Q) = RTAG(R) = 0，则置 Q ← LLINK(Q)，R ← RLINK(R)，并重复这一步骤. 否则如果 RTAG(R) = 1，则转到 F4.

F3. 置 Q ← LLINK(Q)，如果 P = RLINK(Q)，则终止. 否则置 R ← RLINK(R) 零次或多次，直到 RTAG(R) = 1，然后置 Q ← RLINK(R) 并终止.

F4. 置 R ← RLINK(R)，如果 P = LLINK(R)，则置 Q ← R 并终止. 否则，置 Q ← LLINK(Q) 零次或多次，直到 LTAG(Q) = 1，然后置 Q ← LLINK(Q) 并终止. ∎

当 P 是树的一个随机结点时，算法 F 的平均运行时间为 $O(1)$. 当 P 是右子女时，只计算步骤 Q ← LLINK(Q)，或当 P 是左子女时，只计算步骤 R ← RLINK(R)，则每个链都恰为了一个结点 P 而遍历.

20. 06–09 行改为：　　　　　　　　　　　　　12–13 行改为：

```
T3    ENT4    0,6                LD4    0,6(LINK)
      LD6     AVAIL              LD5    0,6(INFO)
      J6Z     OVERFLOW           LDX    AVAIL
      LDX     0,6(LINK)          STX    0,6(LINK)
      STX     AVAIL              ST6    AVAIL
      ST5     0,6(INFO)          ENT6   0,4
      ST4     0,6(LINK)
```

如果在 06 行处再加两行代码

```
T3    LD3     0,5(LLINK)
      J3Z     T5                      如果 LLINK(P) = Λ，则转到 T5.
```

并在 10 和 11 行进行适当调整，则运行时间从 $(30n + a + 4)u$ 个单位时间降低到 $(27a + 6n - 22)u$ 个单位时间.（如果置 $a = (n+1)/2$，则该方法将稍稍改进程序 T 的运行时间，把它降低到 $(12a + 6n - 7)u$ 个单位时间.）

21. 约瑟夫·莫里斯给出下面的解 [*Inf. Proc. Letters* **9** (1979), 197–200]，也是按前序遍历（见习题 18）.

U1. [初始化.] 置 P ← T，R ← Λ.

U2. [完成?] 如果 P = Λ，则算法终止.

U3. [左看.] 置 Q ← LLINK(P). 如果 Q = Λ，则按前序访问 NODE(P) 并转到 U6.

U4. [搜索线索.] 置 Q ← RLINK(Q) 零次或多次，直到 Q = R 或 RLINK(Q) = Λ.

U5. [插入或删除线索.] 如果 Q ≠ R，则置 RLINK(Q) ← P，并转到 U8. 否则置 RLINK(Q) ← Λ（此前临时改变为 P，但是现在已经遍历完 P 的左子树）.

U6. [中序访问.] 按中序访问 NODE(P).

U7. [转右或上.] 置 R ← P，P ← RLINK(P)，并返回到 U2.

U8. [前序访问.] 按前序访问 NODE(P).

U9. [转左.] 置 P ← LLINK(P) 并返回到步骤 U3. ∎

莫里斯还提出了一种稍复杂的后序遍历方法.

约翰·罗布森发现了一种完全不同的解 [*Inf. Proc. Letters* **2** (1973), 12–14]. 我们说一个结点是"满的"，如果它的 LLINK 和 RLINK 都非空；一个结点是"空的"，如果 LLINK 和 RLINK 都为空. 罗布森发现了一种方法，使用空结点中的链字段，维护指向其右子树将被访问的满结点的指针的栈！

还有另一种避免使用辅助栈的方法由加里·林德斯特伦和巴瑞·德怀尔独立地发现 [*Inf. Proc. Letters* **2** (1973), 47–51, 143–145]. 他们的算法用三序遍历，访问每个结点恰好三次，前序、中序和后序各一次，但不知道当前正在以哪个序访问.

W1. [初始化.] 置 P ← T，Q ← S，其中 S 是一个标记值——已知不同于树中任何链的任意数（例如 −1）.

W2. [绕开空链.] 如果 P = Λ，则置 P ← Q，Q ← Λ.

W3. [完成?] 如果 P = S，则终止算法.（终止时有 Q = T.）

W4. [访问.] 访问 NODE(P).

W5. [轮转.] 置 R ← LLINK(P), LLINK(P) ← RLINK(P), RLINK(P) ← Q, Q ← P, P ← R, 并返回
　　　到 W2. ∎

正确性从如下事实得出: 如果在 W2 开始时, P 指向二叉树 T 的根, Q 指向不在该树中的链 X, 则算法将
三次遍历该树并到达步骤 W3, 此时有 P = X 和 Q = T.

　　如果 $\alpha(T) = x_1 x_2 \dots x_{3n}$ 是三序下得到的结点序列, 则有 $\alpha(T) = T \, \alpha(\text{LLINK}(T)) \, T \, \alpha(\text{RLINK}(T)) \, T$.
因此, 正如林德斯特伦所指出的, 三个子序列 $x_1 x_4 \dots x_{3n-2}$, $x_2 x_5 \dots x_{3n-1}$, $x_3 x_6 \dots x_{3n}$ 每个都包含
树的每个结点恰好一次. (由于 x_{j+1} 或者是 x_j 的父母, 或者是 x_j 的子女, 因此这些子序列在访问结点
时, 每个结点至多与它的前驱相距 3 个链. 7.2.1.6 节介绍了一种称作前后序 (prepostorder) 的一般遍历
策略, 它不仅对二叉树, 而且对一般的树也具有这种性质.)

22. 这个程序使用程序 T 和 S 的约定, Q 在 rI6 和/或 rI4 中. 旧式 MIX 计算机并不擅长比较变址寄存器
中的值是否相等, 因此变量 R 去掉, 判定 "Q = R" 改成 "RLINK(Q) = P".

01	U1	LD5	HEAD(LLINK)	1	*U1. 初始化.* P ← T.
02	U2A	J5Z	DONE	1	如果 P = Λ, 则停止.
03	U3	LD6	0,5(LLINK)	$n+a-1$	*U3. 左看.* Q ← LLINK(P).
04		J6Z	U6	$n+a-1$	如果 Q = Λ, 则转 U6.
05	U4	CMP5	1,6(RLINK)	$2n-2b$	*U4. 搜索线索.*
06		JE	5F	$2n-2b$	如果 RLINK(Q) = P, 则转移.
07		ENT4	0,6	$2n-2b-a+1$	rI4 ← Q.
08		LD6	1,6(RLINK)	$2n-2b-a+1$	
09		J6NZ	U4	$2n-2b-a+1$	如果 ≠ 0, Q ← RLINK(Q), 转到 U4.
10	U5	ST5	1,4(RLINK)	$a-1$	*U5a. 插入线索.* RLINK(Q) ← P.
11	U9	LD5	0,5(LLINK)	$a-1$	*U9. 转左.* P ← LLINK(P).
12		JMP	U3	$a-1$	转到 U3.
13	5H	STZ	1,6(RLINK)	$a-1$	*U5b. 删除线索.* RLINK(Q) ← Λ.
14	U6	JMP	VISIT	n	*U6. 中序访问.*
15	U7	LD5	1,5(RLINK)	n	*U7. 转右或上.* P ← RLINK(P).
16	U2	J5NZ	U3	n	*U2. 完成?* 如果 P ≠ Λ, 则转到 U3.
17	DONE	...			∎

总运行时间为 $21n + 6a - 3 - 14b$ 个单位时间, 其中 n 是结点数, a 是空 RLINK 数 (因此 $a-1$ 是非空
LLINK 数), b 是树的 "右刺" T、RLINK(T)、RLINK(RLINK(T)) 等上的结点数.

23. 插入右边: RLINKT(Q) ← RLINKT(P), RLINK(P) ← Q, RTAG(P) ← 0, LLINK(Q) ← Λ. 假定
LLINK(P) = Λ, 插入左边: 置 LLINK(P) ← Q, LLINK(Q) ← Λ, RLINK(Q) ← P, RTAG(Q) ← 1. 在 P 和
LLINK(P) ≠ Λ 之间, 插入左边: 置 R ← LLINK(P), LLINK(Q) ← R, 然后置 R ← RLINK(R) 零或多次,
直到 RTAG(R) = 1; 最后, 置 RLINK(R) ← Q, LLINK(P) ← Q, RLINK(Q) ← P, RTAG(Q) ← 1.

　　(对于最后一种情况, 如果你知道一个结点 F 使得 P = LLINK(F) 或 P = RLINK(F), 则可以使用更
高效的算法: 例如假定有 P = RLINK(F), 可以置 INFO(P) ↔ INFO(Q), RLINK(F) ← Q, LLINK(Q) ← P,
RLINKT(Q) ← RLINKT(P), RLINK(P) ← Q, RTAG(P) ← 1. 这只需要固定的时间, 但是一般并不推荐, 因
为它在内存中交换结点.)

24. 否.

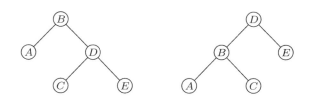

25. 我们对 T 中结点个数归纳, 先证明 (b), 并类似地证明 (c). 现在, (a) 分解成几类情形: 如果 (i) 成立, 记作 $T \preceq_1 T'$; 如果 (ii) 成立, 记作 $T \preceq_2 T'$; 等等. 于是, $T \preceq_1 T'$ 和 $T' \preceq T''$ 蕴涵 $T \preceq_1 T''$, $T \preceq_2 T'$ 和 $T' \preceq T''$ 蕴涵 $T \preceq_2 T''$, 其余两种情况通过对 T 中结点个数归纳证明 (a) 来处理.

26. 如果 T 的双序是 $(u_1, d_1), (u_2, d_2), \dots, (u_{2n}, d_{2n})$, 其中诸 u 是结点, 诸 d 是 1 或 2, 则构造该树的 "迹" $(v_1, s_1), (v_2, s_2), \dots, (v_{2n}, s_{2n})$, 其中 $v_j = \mathrm{info}(u_j)$, 依据 $d_j = 1$ 或 2 相应有 $s_j = l(u_j)$ 或 $r(u_j)$. 现在, $T \preceq T'$ 当且仅当 T 的迹 (按这里的定义) 按字典序先于或等于 T' 的迹. 形式地, 这意味着两种情形, 第一种是对于 $1 \le j \le 2n$, 有 $n \le n'$ 和 $(v_j, s_j) = (v'_j, s'_j)$; 否则存在一个 k, 对于 $1 \le j < k$, 有 $(v_j, s_j) = (v'_j, s'_j)$, 此时为第二种情形, 或者 $v_k \prec v'_k$, 或者 $v_k = v'_k$ 并且 $s_k < s'_k$.

27. R1. [初始化.] 置 P $\leftarrow$ HEAD, P$'$ $\leftarrow$ HEAD$'$; 这些分别是给定右线索二叉树的表头. 转 R3.

    R2. [检查 INFO.] 如果 INFO(P) $\prec$ INFO(P$'$), 则终止 ($T \prec T'$); 如果 INFO(P) $\succ$ INFO(P$'$), 则终止 ($T \succ T'$).

    R3. [转左.] 如果 LLINK(P) $= \Lambda =$ LLINK(P$'$), 则转 R4; 如果 LLINK(P) $= \Lambda \ne$ LLINK(P$'$), 则终止 ($T \prec T'$); 如果 LLINK(P) $\ne \Lambda =$ LLINK(P$'$), 则终止 ($T \succ T'$); 否则置 P $\leftarrow$ LLINK(P), P$'$ $\leftarrow$ LLINK(P$'$), 并转到 R2.

    R4. [树结束?] 如果 P $=$ HEAD (或等价地, 如果 P$'$ $=$ HEAD$'$), 则终止 (T 等价于 T').

    R5. [转右.] 如果 RTAG(P) $= 1 =$ RTAG(P$'$), 则置 P $\leftarrow$ RLINK(P), P$'$ $\leftarrow$ RLINK(P$'$), 并转到 R4. 如果 RTAG(P) $= 1 \ne$ RTAG(P$'$), 则终止 ($T \prec T'$); 如果 RTAG(P) $\ne 1 =$ RTAG(P$'$), 则终止 ($T \succ T'$). 否则, 置 P $\leftarrow$ RLINK(P), P$'$ $\leftarrow$ RLINK(P$'$), 并转到 R2. ∎

    为了证明这一算法的正确性 (从而理解其工作机制), 可以对树 T_0 的大小归纳, 证明如下命题成立: 设步骤 R2 开始时, P 和 P$'$ 指向两棵非空的右线索二叉树 T_0 和 T'_0 的根, 如果 T_0 和 T'_0 不等价, 则该算法将终止, 指出是 $T_0 \prec T'_0$, 还是 $T_0 \succ T'_0$; 如果 T_0 与 T'_0 等价, 则算法将到达步骤 R4, P 和 P$'$ 分别指向 T_0 和 T'_0 在对称序下的后继结点.

28. 等价并且相似.

29. 对树 T 的大小归纳, 证明如下命题成立: 设步骤 C2 开始时, P 指向非空二叉树 T 的根, Q 指向一个具有空的左右子树的结点, 该过程置 INFO(Q) $\leftarrow$ INFO(P), 把 NODE(Q) 的左右子树的副本附在 NODE(P) 上, 最终到达步骤 C6, 此时 P 和 Q 分别指向树 T 和 NODE(Q) 在前序下的后继结点.

30. 假定 (2) 中的指针 T 是 (10) 中的 LLINK(HEAD). 因此, LOC(T) $=$ HEAD, 且 HEAD\$ 是对称序下二叉树的第一个结点.

    L1. [初始化.] 置 Q $\leftarrow$ HEAD, RLINK(Q) $\leftarrow$ Q.

    L2. [前进.] 置 P $\leftarrow$ Q\$. (见下.)

    L3. [线索.] 如果 RLINK(Q) $= \Lambda$, 则置 RLINK(Q) $\leftarrow$ P, RTAG(Q) $\leftarrow 1$; 否则置 RTAG(Q) $\leftarrow 0$. 如果 LLINK(P) $= \Lambda$, 则置 LLINK(P) $\leftarrow$ Q, LTAG(P) $\leftarrow 1$; 否则置 LTAG(P) $\leftarrow 0$.

    L4. [完成?] 如果 P $\ne$ HEAD, 则置 Q $\leftarrow$ P, 并返回 L2. ∎

    算法的步骤 L2 意味着激活算法 T 之类中序遍历协同例程, 附带条件是算法 T 在完全遍历树之后访问 HEAD. 这个简化记号方便描述树算法, 避免一再重复算法 T 的栈机制. 当然, 不可能在步骤 L2 期间使用算法 S, 因为树还未线索化. 但是, 习题 21 答案中的算法 U 可以在步骤 L2 中使用, 这提供了一种不使用任何附加栈对树线索化的巧妙方法.

31. X1. 置 P $\leftarrow$ HEAD.

    X2. 置 Q $\leftarrow$ P\$ (例如使用为右线索树修改后的算法 S).

    X3. 如果 P $\ne$ HEAD, 则置 AVAIL $\Leftarrow$ P.

    X4. 如果 Q $\ne$ HEAD, 则置 P $\leftarrow$ Q, 并转回 X2.

    X5. 置 LLINK(HEAD) $\leftarrow \Lambda$. ∎

显然存在减少内层循环长度的其他解, 不过基本步骤的次序相当重要. 所述过程之所以有效, 是因为在算法 S 考察完一个结点的 LLINK 和 RLINK 之前, 我们绝不会把它送回可用存储. 正如正文中所指出的, 在一次完整的树遍历期间, 这些链都恰好使用一次.

32. RLINK(Q) ← RLINK(P), SUC(Q) ← SUC(P), SUC(P) ← RLINK(P) ← Q, PRED(Q) ← P, PRED(SUC(Q)) ← Q.

33. 把 NODE(Q) 插入到 NODE(P) 的左下边相当简单: 置 LLINKT(Q) ← LLINKT(P), LLINK(P) ← Q, LTAG(P) ← 0, RLINK(Q) ← Λ. 插入到右边相当困难, 因为它本质上需要找到 *Q, 这与找到 Q♯ 一样难 (见习题 19), 或许可以使用习题 23 讨论的结点移动方法. 因此, 使用这类线索, 一般的插入更加困难. 但是, 算法 C 所要求的插入不太困难, 事实上复制过程反而稍微快一些:

    C1. 置 P ← HEAD, Q ← U, 转到 C4. (始终使用正文中算法 C 的假定和原理.)

    C2. 如果 RLINK(P) ≠ Λ, 则置 R ⇐ AVAIL, LLINK(R) ← LLINK(Q), LTAG(R) ← 1, RLINK(R) ← Λ, RLINK(Q) ← LLINK(Q) ← R.

    C3. 置 INFO(Q) ← INFO(P).

    C4. 如果 LTAG(P) = 0, 则置 R ⇐ AVAIL, LLINK(R) ← LLINK(Q), LTAG(R) ← 1, RLINK(R) ← Λ, LLINK(Q) ← R, LTAG(Q) ← 0.

    C5. 置 P ← LLINK(P), Q ← LLINK(Q).

    C6. 如果 P ≠ HEAD, 则转到 C2. ∎

现在, 这个算法看上去太简单了, 很难相信它正确!

    对于线索和右线索二叉树, 由于在步骤 C5 计算 P* 和 Q* 需要额外时间, 算法 C 所用的时间稍多一点儿.

    通过在步骤 C2 和 C4 适当地设置 RLINK 和 RLINK(P) 的值, 与这种复制方法配合使用, 有可能用通常的方法使 RLINK(R) 线索化, 或把 ♯P 放到 RLINKT(Q) 中.

34. A1. 置 Q ← P, 然后重复执行 Q ← RLINK(Q) 零或多次, 直到 RTAG(Q) = 1.

    A2. 置 R ← RLINK(Q). 如果 LLINK(R) = P, 则置 LLINK(R) ← Λ. 否则, 置 R ← LLINK(R), 然后重复执行 R ← RLINK(R) 零次或多次, 直到 RLINK(R) = P; 最后, 置 RLINKT(R) ← RLINKT(Q). (这一步从原来的树中删除 NODE(P) 及其子树.)

    A3. 置 RLINK(Q) ← HEAD, LLINK(HEAD) ← P. ∎

(想出或理解该算法的关键是构造好的 "前后对比" 图.)

36. 否, 见习题 1.2.1–15(e) 的答案.

37. 如果在表示(2)中 LLINK(P) = RLINK(P) = Λ, 则令 LINK(P) = Λ; 否则令 LINK(P) = Q, 其中 NODE(Q) 对应于 NODE(LLINK(P)), NODE(Q + 1) 对应于 NODE(RLINK(P)). 条件 LLINK(P) 或 RLINK(P) = Λ 分别被 NODE(Q) 或 NODE(Q + 1) 中的标记表示. 这种表示使用的存储位置在 n 和 2n − 1 之间. 在所述假定下, (2)需要 18 个字的内存, 而新方案需要 11 个字. 在两种表示下, 插入和删除都有大致相同的效率. 但是, 这种表示与其他结构结合并不很灵活.

2.3.2 节

1. 如果 B 为空, 则 F(B) 是一个空森林. 否则, F(B) 由一棵树 T 加上一个森林 F(right(B)) 组成, 其中 root(T) = root(B), 并且 subtrees(T) = F(left(B)).

2. 二进制记号下 0 的个数是十进制记号下小数点的个数, 对应关系的准确公式是

$$a_1.a_2.\cdots.a_k \leftrightarrow 1^{a_1}01^{a_2-1}0\dots01^{a_k-1},$$

其中 1^a 表示连续 a 个 1.

3. 把结点的杜威记数法按字典序排序（像字典一样，由左到右）. 对于前序，较短的序列 $a_1.\cdots.a_k$ 放在其扩展 $a_1.\cdots.a_k.\cdots.a_r$ 的前面，而对于后序则把它放在其扩展的后面. 这样，如果我们对词而不是对数的序列排序，则按通常的字典序放置词 *cat, cataract* 可得到前序；逆转初始的子词的序，排成 *cataract, cat* 可得到后序. 这些结果容易通过对树的大小归纳来证明.

4. 为真，对结点数归纳可证.

5. (a) 中序. (b) 后序. 严格归纳证明这些遍历算法的等价性是有趣的.

6. 我们有前序 (T) = 前序 (T')，后序 (T) = 中序 (T')，即便 T 的结点可以仅有一个子女. 其他两个序并无简单的关系，以 T 的根为例，它在两个序中分别处在末尾和差不多中间.

7. (a) 是；(b) 否；(c) 否；(d) 是. 注意，森林的颠倒前序等于左右颠倒的森林的后序（在镜像反射的意义下）.

8. $T \preceq T'$ 意味着或者 $\text{info}(\text{root}(T)) \prec \text{info}(\text{root}(T'))$，或者这两个 info 相等并且如下条件成立：假设 $\text{root}(T)$ 的子树为 $T_1,\ldots,T_n$，而 $\text{root}(T')$ 的子树为 $T_1',\ldots,T_{n'}'$，并设 $k \geq 0$ 是使得对于 $1 \leq j \leq k$，T_j 等价于 T_j' 的尽可能大的 k. 于是，或者 $k = n$，或者 $k < n$ 并且 $T_{k+1} \preceq T_{k+1}'$.

9. 在一个非空的森林中，非终端结点数比为 Λ 的右链数少 1，因为空右链对应于每个非终端结点的最右子女，也对应于森林的最右树的根. （这一事实给出了习题 2.3.1–14 的另一个证明，因为空左链显然等于终端结点数. ）

10. 森林 F 和 F' 相似，当且仅当 $n = n'$，并且对于 $1 \leq j \leq n$，有 $d(u_j) = d(u_j')$；它们等价，当且仅当还有对于 $1 \leq j \leq n$，$\text{info}(u_j) = \text{info}(u_j')$. 证明类似于前面的证明，推广引理 2.3.1P，令 $f(u) = d(u) - 1$.

11.

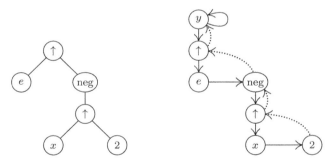

12. 如果 INFO(Q1) $\neq$ 0：置 R $\leftarrow$ COPY(P1)；然后，若TYPE(P2) = 0 且 INFO(P2) $\neq$ 2，则置 R $\leftarrow$ TREE("↑",R,TREE(INFO(P2) − 1))；若 TYPE(P2) $\neq$ 0，则置 R $\leftarrow$ TREE("↑",R,TREE("−",COPY(P2),TREE(1)))；然后置 Q1 $\leftarrow$ MULT(Q1,MULT(COPY(P2),R)).

如果 INFO(Q) $\neq$ 0：置 Q $\leftarrow$ TREE("×", MULT(TREE("ln",COPY(P1)),Q), TREE("↑",COPY(P1),COPY(P2))).

最后转到 DIFF[4].

13. 下面的程序令 rI1 $\equiv$ P, rI2 $\equiv$ Q, rI3 $\equiv$ R, 并适当地改变了初始和终止条件，实现算法 2.3.1C：

064		ST3 6F(0:2)	保存 rI3 和 rI2 的内容.
065		ST2 7F(0:2)	*C1. 初始化.*
066		ENT2 8F	首先创建 NODE(U) 并置
067		JMP 1F	RLINK(U) = Λ.
068	8H	CON 0	用于初始化的常量 0
069	4H	LD1 0,1(LLINK)	置 P $\leftarrow$ LLINK(P) = P∗.
070	1H	LD3 AVAIL	R $\Leftarrow$ AVAIL.
071		J3Z OVERFLOW	
072		LDA 0,3(LLINK)	
073		STA AVAIL	

```
074      ST3  0,2(LLINK)    LLINK(Q) ← R.
075      ENNA 0,2
076      STA  0,3(RLINKT)   RLINK(R) ← Q, RTAG(R) ← 1.
077      INCA 8B            rA ← LOC(初始结点) − Q.
078      ENT2 0,3           置 Q ← R = Q∗.
079      JAZ  C3            转到 C3, 第一次.
080 C2   LDA  0,1           C2. 右边有什么?
081      JAN  C3            如果 RTAG(P) = 1, 则转移.
082      LD3  AVAIL         R ⇐ AVAIL.
083      J3Z  OVERFLOW
084      LDA  0,3(LLINK)
085      STA  AVAIL
086      LDA  0,2(RLINKT)
087      STA  0,3(RLINKT)   置 RLINKT(R) ← RLINKT(Q).
088      ST3  0,2(RLINK)    RLINK(Q) ← R, RTAG(Q) ← 0.
089 C3   LDA  1,1           C3. 复制 INFO.
090      STA  1,2           复制完 INFO 字段.
091      LDA  0,1(TYPE)
092      STA  0,2(TYPE)     复制完 TYPE 字段.
093 C4   LDA  0,1(LLINK)    C4. 左边有什么?
094      JANZ 4B            如果 LLINK(P) ≠ Λ, 则转移.
095      STZ  0,2(LLINK)    LLINK(Q) ← Λ.
096 C5   LD2N 0,2(RLINKT)   C5. 前进. Q ← −RLINKT(Q).
097      LD1  0,1(RLINK)    P ← RLINK(P).
098      J2P  C5            如果 RTAG(Q) 为 1.
099      ENN2 0,2           Q ← −Q.
100 C6   J2NZ C2            C6. 检查是否完成.
101      LD1  8B(LLINK)     rI1 ← 创建的第一个结点的地址.
102 6H   ENT3 *             恢复变址寄存器.
103 7H   ENT2 *
```

14. 设 a 是复制的非终端（运算符）结点数. 前面程序各行的执行次数如下: 064–067, 1; 069, a; 070–079, $a+1$; 080–081, $n-1$; 082–088, $n-1-a$; 089–094, n; 095, $n-a$; 096–098, $n+1$; 099–100, $n-a$; 101–103, 1. 总时间为 $(36n+22)u$ 个单位时间, 其中大约 20% 的时间得到可用结点, 40% 的时间遍历, 40% 的时间复制 INFO 和 LINK 信息.

15. 注释留给读者.

```
218 DIV LDA  1,6          227     JMP  COPYP2        236     ENTA 0,1
219     JAZ  1F           228     ST1  1F(0:2)       237     ENT1 0,5
220     JMP  COPYP2       229     ENTA CON2          238     JMP  MULT
221     ENTA SLASH        230     JMP  TREE0         239     ENTX 0,1
222     ENTX 0,6          231     ENTA UPARROW       240 1H  ENT1 *
223     JMP  TREE2        232 1H  ENTX *             241     ENTA SLASH
224     ENT6 0,1          233     JMP  TREE2         242     JMP  TREE2
225 1H  LDA  1,5          234     ST1  1F(0:2)       243     ENT5 0,1
226     JAZ  SUB          235     JMP  COPYP1        244     JMP  SUB
```

16. 注释留给读者.

245	PWR	LDA	1,6	*263*		JMP	TREE0	*281*		ENTA	LOG
246		JAZ	4F	*264*	1H	ENTX	*	*282*		JMP	TREE1
247		JMP	COPYP1	*265*		ENTA	MINUS	*283*		ENTA	0,1
248		ST1	R(0:2)	*266*		JMP	TREE2	*284*		ENT1	0,5
249		LDA	0,3(TYPE)	*267*	5H	LDX	R(0:2)	*285*		JMP	MULT
250		JANZ	2F	*268*		ENTA	UPARROW	*286*		ST1	1F(0:2)
251		LDA	1,3	*269*		JMP	TREE2	*287*		JMP	COPYP1
252		DECA	2	*270*		ST1	R(0:2)	*288*		ST1	2F(0:2)
253		JAZ	3F	*271*	3H	JMP	COPYP2	*289*		JMP	COPYP2
254		INCA	1	*272*		ENTA	0,1	*290*	2H	ENTX	*
255		STA	CON0+1	*273*	R	ENT1	*	*291*		ENTA	UPARROW
256		ENTA	CON0	*274*		JMP	MULT	*292*		JMP	TREE2
257		JMP	TREE0	*275*		ENTA	0,6	*293*	1H	ENTX	*
258		STZ	CON0+1	*276*		JMP	MULT	*294*		ENTA	TIMES
259		JMP	5F	*277*		ENT6	0,1	*295*		JMP	TREE2
260	2H	JMP	COPYP2	*278*	4H	LDA	1,5	*296*		ENT5	0,1
261		ST1	1F(0:2)	*279*		JAZ	ADD	*297*		JMP	ADD
262		ENTA	CON1	*280*		JMP	COPYP1				

17. 关于这些问题的早期工作可以在琼·萨米特的综述文章中找到 [*CACM* **9** (1966), 555–569].

18. 首先, 对于所有的 j, 置 LLINK[j] ← RLINK[j] ← j, 使得每个结点都在一个长度为 1 的循环表中. 然后, 对于 $j = n, n-1, \ldots, 1$ (按这种次序), 如果 PARENT[j] = 0, 则置 $r \leftarrow j$, 否则按以下步骤, 把 j 开始的循环表插入到以 PARENT[j] 开始的循环表中: $k \leftarrow$ PARENT[j], $l \leftarrow$ RLINK[k], $i \leftarrow$ LLINK[j], LLINK[j] ← k, RLINK[k] ← j, LLINK[l] ← i, RLINK[i] ← l. 该算法有效, 因为 (a) 每个非根结点之前总有其父母或其父母的一个后代; (b) 每家的诸结点都按位置序出现在其父母的列表中; (c) 前序是满足 (a) 和 (b) 的唯一序.

20. 如果 u 是 v 的一个先辈, 则由归纳法立即得到: 在前序下 u 在 v 之前, 在后序下 u 在 v 之后. 反之, 假设在前序下 u 在 v 之前, 在后序下 u 在 v 之后, 我们必须证明 u 是 v 的一个先辈. 如果 u 是第一棵树的根, 则这是显然的. 如果 u 是第一棵树的非根结点, 则 v 必然也是, 因为在后序下, u 跟在 v 之后, 于是可以使用归纳法. 类似地, 如果 u 不在第一棵树中, 则 v 必然也不在, 因为在前序下 u 在 v 之前. (这一题也容易从习题 3 的结果得到. 如果我们知道两个结点在前序和后序下的位置, 由此可以快速得知它们有无先辈关系.)

21. 如果 NODE(P) 是一个二元运算符, 则指向它的两个操作数的指针是 P1 = LLINK(P) 和 P2 = RLINK(P1) = \$P. 算法 D 利用 P2\$ = P 这一事实, 使得 RLINK(P1) 可改变成指向 NODE(P1) 的导数的指针 Q1; 然后, RLINK(P1) 稍后在步骤 D3 重新设置. 对于三元运算, 我们将有 P1 = LLINK(P), P2 = RLINK(P1), P3 = RLINK(P2) = \$P, 因此很难推广二元运算的技巧. 计算完导数 Q1 之后, 可以临时置 RLINK(P1) ← Q1, 然后, 计算完下一个导数 Q2 之后, 我们可以置 RLINK(Q2) ← Q1, RLINK(P2) ← Q2, 并重新设置 RLINK(P1) ← P2. 但是, 这样做肯定不优雅, 运算符的度数越高, 做法会显得越麻烦. 因此, 在算法 D 中临时地改变 RLINK(P1) 肯定是投机取巧, 而不是通用方法. 基于算法 2.3.3F 可以设计一种控制微分过程的更优雅的方法, 既能推广到更高度数的运算符, 又不依赖于个别情况的技巧, 见习题 2.3.3–3.

22. 由定义立即推出该关系是传递的, 即如果 $T \subseteq T'$ 并且 $T' \subseteq T''$, 则 $T \subseteq T''$. (事实上, 容易看出该关系是偏序.) 设 f 是把诸结点映射到自身的函数, 显然, $l(T) \subseteq T$, $r(T) \subseteq T$. 因此, 如果 $T \subseteq l(T')$ 或 $T \subseteq r(T')$, 则必然有 $T \subseteq T'$.

假设 f_l 和 f_r 是函数，分别揭示 $l(T) \subseteq l(T')$ 和 $r(T) \subseteq r(T')$. 如果 u 在 $l(T)$ 中，令 $f(u) = f_l(u)$; 如果 u 在 root(T) 中，令 $f(u) =$ root(T'); 其他情况下，令 $f(u) = f_r(u)$. 现在，容易推出 f 揭示 $T \subseteq T'$. 例如，如果令 $r'(T)$ 表示 $(T) =$ root(T) $(l(T))$ $(r'(T))$; 前序 $(T') = f($root$(T))$ $(l(T'))$ $(r'(T'))$

其逆不成立，考虑图 25 中以 b 和 b' 为根的子树.

2.3.3 节

1. 是，可以重构 LLINK，做法像由(4)导出(3)一样，但是要交换 LTAG 和 RTAG，LLINK 和 RLINK，并且使用队列而不是栈.

2. 在算法 F 中作如下改变：步骤 F1 改为"森林在前序下的最后一个结点."步骤 F2 把两处 "$f(x_d),\ldots,f(x_1)$"都改为"$f(x_1),\ldots,f(x_d)$". 步骤 F4 改成"如果 P 是前序下第一个结点，则终止算法.（于是，从栈顶到栈底，栈将包含 $f($root$(T_1)),\ldots,f($root$(T_m))$，其中 $T_1,\ldots,T_m$ 是给定森林中从左到右的树.）否则，置 P 为它在前序下的前驱（在给定的表示中，P $\leftarrow$ P $- c$），并返回到步骤 F2."

3. 在步骤 D1，还设置 S $\leftarrow \Lambda$.（S 是一个指向栈顶的链变量.）步骤 D2 可以改变成"如果 NODE(P) 表示一元运算符，则置 Q $\leftarrow$ S, S $\leftarrow$ RLINK(Q), P1 $\leftarrow$ LLINK(P); 如果它表示二元运算符，则置 Q $\leftarrow$ S, Q1 $\leftarrow$ RLINK(Q), S $\leftarrow$ RLINK(Q1), P1 $\leftarrow$ LLINK(P), P2 $\leftarrow$ RLINK(P1). 然后，执行DIFF[TYPE(P)]."步骤 D3 改变成"置 RLINK(Q) $\leftarrow$ S, S $\leftarrow$ Q."步骤 D4 改变成"置 P $\leftarrow$ P\$."如果我们假定 LLINK(DY) $\leftarrow$ Q，则步骤 D5 中的操作 S $\equiv$ LLINK(DY) 可以去掉. 这一方法显然可以推广到三元或更高阶的运算符.

4. 像(10)一样的表示用到 $n - m$ 个LLINK和 $n + (n - m)$ 个 RLINK. 两种表示形式的链总数之差为 $n - 2m$. 当一个结点中 LLINK 和 INFO 字段需要大致相同的空间，并且当 m 相当大时，即当非终端结点具有相当大的度数时，(10)更合适.

5. 使用线索化的 RLINK 肯定是不明智的，因为 RLINK 线索只不过指向 PARENT 而已. 如果我们想按颠倒的后序，或按家族序遍历树的话，那么像 2.3.2–(4) 中的线索的 LLINK 是有用的；但是除非结点具有很高的度数，否则的话，没有线索的 LLINK，这些操作也不会显著困难.

6. L1. 置 P $\leftarrow$ FIRST, FIRST $\leftarrow \Lambda$.

   L2. 如果 P $= \Lambda$，则终止，否则置 Q $\leftarrow$ RLINK(P).

   L3. 如果 PARENT(P) $= \Lambda$，则置 RLINK(P) $\leftarrow$ FIRST, FIRST $\leftarrow$ P; 否则置 R $\leftarrow$ PARENT(P), RLINK(P) $\leftarrow$ LCHILD(R), LCHILD(R) $\leftarrow$ P.

   L4. 置 P $\leftarrow$ Q 并返回到 L2. ∎

7. $\{1,5\}\{2,3,4,7\}\{6,8,9\}$.

8. 执行算法 E 的步骤 E3，然后检查是否有 $j = k$.

9. PARENT$[k]$:   5   0   2   2   0   8   2   2   8
         k: 1   2   3   4   5   6   7   8   9

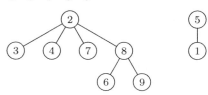

10. 一种想法是设置每个根结点的 PARENT 为树中结点数的相反数（这个值容易保持最新）；然后，如果步骤 E4 有 $|$PARENT$[j]| > |$PARENT$[k]|$，则 j 与 k 的角色互换. 这一技术（由马尔科姆·道格拉斯·麦克罗伊提出）确保每个操作作用 $O(\log n)$ 步.

为了获得更快的速度，可以采纳艾伦·崔特的如下建议：在步骤 E4，对于在步骤 E3 遇到的所有的 $x \neq k$，置 PARENT$[x] \leftarrow k$. 这对树做了一次额外的扫描，但是它瓦解了树，使得将来的搜索更快.（见 7.4.1 节.）

11. 只需要定义对每个输入 (P, j, Q, k) 要做的变换就足够了:

T1. 如果 $\mathtt{PARENT(P)} \neq \Lambda$, 则置 $j \leftarrow j + \mathtt{DELTA(P)}$, $\mathtt{P} \leftarrow \mathtt{PARENT(P)}$, 并且重复这一步骤.

T2. 如果 $\mathtt{PARENT(Q)} \neq \Lambda$, 则置 $k \leftarrow k + \mathtt{DELTA(Q)}$, $\mathtt{Q} \leftarrow \mathtt{PARENT(Q)}$, 并且重复这一步骤.

T3. 如果 $\mathtt{P} = \mathtt{Q}$, 则检查 $j = k$ (否则输入错误, 包含矛盾的等价关系). 如果 $\mathtt{P} \neq \mathtt{Q}$, 则置 $\mathtt{DELTA(Q)} \leftarrow j - k$, $\mathtt{PARENT(Q)} \leftarrow \mathtt{PLBD(P)} \leftarrow \min(\mathtt{LBD(P)}, \mathtt{LBD(Q)} + \mathtt{DELTA(Q)})$, $\mathtt{UBD(P)} \leftarrow \max(\mathtt{UBD(P)}, \mathtt{UBD(Q)} + \mathtt{DELTA(Q)})$. ∎

注意: 在不难理解的适当条件下, 可以允许 $\mathtt{ARRAY}\ X[l\!:\!u]$ 说明与等价性混合出现, 或者允许变量的某些地址先赋值, 再确定与其他变量的等价关系, 等等. 关于这一算法的进一步发展, 见 *CACM* **7** (1964), 301–303, 506.

12. (a) 是. (如果不需要这个条件, 则出现在步骤 A2 和 A9 中 S 上的循环可以避免.) (b) 是.

13. 至关重要的事实是: 从 P 向上的 UP 链总是与从 Q 向上的 UP 链涉及相同的变量和这些变量的相同指数, 但后一个链对于指数为 0 的变量可能包含附加的步骤. (这一条件在该算法的大部分地方成立, 只有步骤 A9 和 A10 执行期间除外.) 既然到达 A8 或者经过 A3, 或者经过 A10, 在两种情况下都验证了 $\mathtt{EXP(Q)} \neq 0$, 因此, $\mathtt{EXP(P)} \neq 0$, 特别推出 $\mathtt{P} \neq \Lambda$, $\mathtt{Q} \neq \Lambda$, $\mathtt{UP(P)} \neq \Lambda$, $\mathtt{UP(Q)} \neq \Lambda$, 由此得到习题中陈述的结果. 所以, 该证明依赖于证明上面所述的 UP 链条件在该算法的动作中保持成立.

14, 15. 见马丁·沃德和侯赛因·泽丹, "Provably correct derivation of algorithms using FermaT", *Formal Aspects of Computing* **26** (2014), 993–1031.

16. (对单棵树 T 的结点个数作归纳) 证明: 如果 P 是指向 T 的指针, 并且栈初始为空, 则步骤 F2 到 F4 将以单个值 $f(\mathrm{root}(T))$ 在栈中结束. 对于 $n = 1$, 这显然为真. 如果 $n > 1$, 则有 $0 < d = \mathtt{DEGREE}(\mathrm{root}(T))$ 棵子树 $T_1, \ldots, T_d$; 根据归纳假设和栈的性质, 由于后序由 $T_1, \ldots, T_d$ 后随 $\mathrm{root}(T)$ 组成, 因此正如我们所希望的, 算法计算 $f(T_1), \ldots, f(T_d)$, 然后计算 $f(\mathrm{root}(T))$. 算法 F 对森林的正确性由此可得.

17. **G1.** 置栈为空, 并令 P 指向树的根 (后序下的最后一个结点). 计算 $f(\mathtt{NODE(P)})$.

G2. 把 $f(\mathtt{NODE(P)})$ 的 $\mathtt{DEGREE(P)}$ 份副本推入栈中.

G3. 如果 P 是后序下的第一个结点, 则算法终止. 否则, 置 P 指向它在后序下的前驱 (即(9)中的 $\mathtt{P} \leftarrow \mathtt{P} - c$).

G4. 使用栈顶的值计算 $f(\mathtt{NODE(P)})$, 这等价于计算 $f(\mathtt{NODE(PARENT(P))})$. 把该值弹出栈, 并返回 G2. ∎

注意: 如习题 2, 可以基于前序而不是后序, 设计类似的算法. 事实上, 也可以使用家族序或层次序. 使用层次序时, 应使用队列, 而不是栈.

18. INFO1 和 RLINK 表, 连同正文给出的关于计算 LTAG 的建议, 为我们提供了通常的二叉树表示的等价表示. 基本思想是按后序遍历这棵树, 同时计算结点的度数:

P1. 令 R、D 和 I 是初始为空的栈; 然后, 置 $\mathtt{R} \Leftarrow n+1$, $\mathtt{D} \Leftarrow 0$, $j \leftarrow 0$, $k \leftarrow 0$.

P2. 如果 $\mathrm{top}(\mathtt{R}) > j + 1$, 则转到 P5. (假如有 LTAG 字段, 则可以测试 $\mathtt{LTAG}[j] = 0$, 而不是测试 $\mathrm{top}(\mathtt{R}) > j + 1$.)

P3. 如果 I 为空, 则算法终止; 否则, 置 $i \Leftarrow \mathtt{I}$, $k \leftarrow k + 1$, $\mathtt{INFO2}[k] \leftarrow \mathtt{INFO1}[i]$, $\mathtt{DEGREE}[k] \Leftarrow \mathtt{D}$.

P4. 如果 $\mathtt{RLINK}[i] = 0$, 则转到 P3; 否则, 删除 R 的栈顶元素 (它应该等于 $\mathtt{RLINK}[i]$).

P5. 置 $\mathrm{top}(\mathtt{D}) \leftarrow \mathrm{top}(\mathtt{D}) + 1$, $j \leftarrow j + 1$, $\mathtt{I} \Leftarrow j$, $\mathtt{D} \Leftarrow 0$. 如果 $\mathtt{RLINK}[j] \neq 0$, 则置 $\mathtt{R} \Leftarrow \mathtt{RLINK}[j]$. 转到 P2. ∎

19. (a) 这一性质等价于各个 SCOPE 链互不相交. (b) 森林的第一棵树包含 $d_1 + 1$ 个元素, 然后可以用归纳法证明. (c) 取最小值时, (a) 的条件成立.

注意: 根据习题 2.3.2–20, $d_1 d_2 \ldots d_n$ 也能逆向解释. 如果后序下的第 k 个结点是前序下的第 p_k 个结点, 则 d_k 是在 $p_1 p_2 \ldots p_n$ 中 k 的左边出现的大于 k 的元素个数.

还有一种类似的方案，即列出后序下森林的每个结点的后代数目，得出具有如下性质的数列 $c_1 c_2 \ldots c_n$: (i) $0 \le c_k < k$ 并且 (ii) $k \ge j \ge k - c_k$ 蕴涵 $j - c_j \ge k - c_k$. 让·帕罗研究了基于这种序列的若干算法 [*Comp. J.* **29** (1986), 171–175]. 注意，c_k 是对应的二叉树在对称序下第 k 个结点的左子树的大小. 我们还可以把 d_k 解释成适当的二叉树在对称序下第 k 个结点的右子树的大小，所谓"适当的二叉树"就是按照习题 2.3.2–5 的双线索方法得到的对应于给定森林的二叉树.

关系 $d_k \le d'_k$ $(1 \le k \le n)$ 定义了森林和二叉树的有意义的格序，最早由多夫·塔迈里 [Thèse (Paris: 1951)] 用另一种方法提出，见习题 6.2.3–32.

2.3.4.1 节

1. (B, A, C, D, B), (B, A, C, D, E, B), (B, D, C, A, B), (B, D, E, B), (B, E, D, B), (B, E, D, C, A, B).

2. 令 $(V_0, V_1, \ldots, V_n)$ 为从 V 到 V' 的最短通路. 如果对于某 $j < k$ 有 $V_j = V_k$，则

$$(V_0, \ldots, V_j, V_{k+1}, \ldots, V_n)$$

将是一条更短的通路.

3. （基本路径经过 e_3 和 e_4 一次，但是回路 C_2 经过它们 -1 次，净总数为 0.）经过如下边：e_1, e_2, e_6, e_7, e_9, e_{10}, e_{11}, e_{12}, e_{14}.

4. 如果否，则令 G'' 是通过删除每条 $E_j = 0$ 的边 e_j 得到的 G' 的子图. 于是，G'' 是一个没有回路并且至少有一条边的有限图，因此根据定理 A 的证明，至少存在一个顶点 V，它恰与一个其他顶点 V' 相邻. 令 e_j 为连接 V 到 V' 的边，于是在顶点 V 上的基尔霍夫方程(1)是 $E_j = 0$，与 G'' 的定义矛盾.

5. $A = 1 + E_8$, $B = 1 + E_8 - E_2$, $C = 1 + E_8$, $D = 1 + E_8 - E_5$, $E = 1 + E_{17} - E_{21}$, $F = 1 + E''_{13} + E_{17} - E_{21}$, $G = 1 + E''_{13}$, $H = E_{17} - E_{21}$, $J = E_{17}$, $K = E''_{19} + E_{20}$, $L = E_{17} + E''_{19} + E_{20} - E_{21}$, $P = E_{17} + E_{20} - E_{21}$, $Q = E_{20}$, $R = E_{17} - E_{21}$, $S = E_{25}$. 注意： 本例也可以用 $A, B, \ldots, S$ 解出 $E_2, E_5, \ldots, E_{25}$，因此有 9 个独立的解，解释了为什么在 1.3.3–(8) 中消去了 6 个变量.

6. （下面的解基于这样的一种思想：我们可以打印出每条不与前面的边形成回路的边. ）使用算法 2.3.3E，用 (a_i, b_i) 表示其中的 $a_i \equiv b_i$. 唯一的改变是在步骤 E4，如果 $j \ne k$ 则打印 (a_i, b_i).

为了证明该算法正确，我们必须证明 (a) 算法打印的边都不会形成回路，并且 (b) 如果 G 至少包含一棵自由子树，则该算法打印 $n - 1$ 条边. 定义 $j \equiv k$，如果存在一条从 V_j 到 V_k 的路径或 $j = k$. 显然，这是一个等价关系，并且 $j \equiv k$ 当且仅当这一关系可以被等价式 $a_1 \equiv b_1, \ldots, a_m \equiv b_m$ 导出. 因此，(a) 成立，因为打印的边都不与前面打印的边形成回路；(b) 为真，因为如果所有顶点都等价，则恰有一个 k 使 $\text{PARENT}[k] = 0$.

基于深度优先搜索可以设计效率更高的算法，见算法 2.3.5A 和 7.4.1 节.

7. 基本回路：$C_0 = e_0 + e_1 + e_4 + e_9$（基本路径是 $e_1 + e_4 + e_9$）；$C_5 = e_5 + e_3 + e_2$；$C_6 = e_6 - e_2 + e_4$；$C_7 = e_7 - e_4 - e_3$；$C_8 = e_8 - e_9 - e_4 - e_3$. 因此，我们发现 $E_1 = 1$，$E_2 = E_5 - E_6$，$E_3 = E_5 - E_7 - E_8$，$E_4 = 1 + E_6 - E_7 - E_8$，$E_9 = 1 - E_8$.

8. 归约过程的每一步都把从同一方框开始的两个箭头 e_i 和 e_j 组合起来，只需证明这些步骤都是可逆的就足够了. 因此，组合后得到值 $e_i + e_j$，组合前也必须对 e_i 和 e_j 赋予一致的值. 存在三种不同情况

情况 1　　　　　　　　　　情况 2　　　　　　　　　　情况 3

组合前

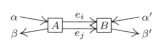
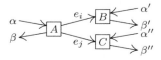
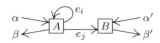

组合后

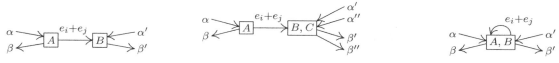

这里，A、B 和 C 代表顶点或超级顶点，诸 α 和 β 代表除 $e_i + e_j$ 之外的其他给定的流量，这些流量可能分布在多条边上，尽管只显示了一条边. 在情况 1（e_i 和 e_j 指向相同的框），我们可以任意地选取 e_i，然后令 $e_j \leftarrow (e_i + e_j) - e_i$. 在情况 2（$e_i$ 和 e_j 指向不同的框），我们必须置 $e_i \leftarrow \beta' - \alpha'$，$e_j \leftarrow \beta'' - \alpha''$. 在情况 3（$e_i$ 是环，而 e_j 不是），我们必须置 $e_j \leftarrow \beta' - \alpha'$，$e_i \leftarrow (e_i + e_j) - e_j$. 在每种情况下，我们都成功逆转了组合步骤.

这一习题的结果基本上证明，归约后的流程图中的基本回路数，就是为确定其他所有顶点流量而必须测定的顶点流量数. 在给出的例子中，归约后的流程图揭示，只需要测定 3 个顶点（例如 a、c、d）的流量，而习题 7 的原图有 4 个独立的边流量. 在归约时，每出现一次情况 1，就减少一个需要测定的量.

组合流入而不是流出给定框的箭头，可以得到类似的归约过程. 可以证明，除超级顶点可能包含不同的名字外，这将产生相同的归约后的流程图.

这一习题的构造思想来自阿芒·纳哈培蒂安和弗朗西斯·斯蒂文森. 关于更多的解释，参见纳哈培蒂安，*Acta Informatica* **3** (1973), 37–41；高德纳和斯蒂文森，*BIT* **13** (1973), 313–322.

9. 从一个顶点到自身的每条边都独立形成一条"基本回路". 如果顶点 V 和 V' 之间有 $k + 1$ 条边 $e, e', \ldots, e^{(k)}$，则构造 k 条基本回路 $e' \pm e, \ldots, e^{(k)} \pm e$（根据边沿相同或相反方向选择 $+$ 或 $-$），然后就像只有 e 出现一样处理.

实际上，如果我们定义图时，允许顶点之间有多条边，也允许边从一个顶点到自身，则这种情况从概念上讲更简单，因为路径和回路用边而不是用顶点定义. 事实上，在 2.3.4.2 节，有向图就是如此定义的.

10. 如果所有的端点都已经连接在一起，则对应的图在图论意义下一定是连通的. 最少连线数将不涉及回路，因此必然存在自由树. 根据定理 A，自由树包含 $n - 1$ 条连线，而具有 n 个顶点和 $n - 1$ 条边的图是自由树当且仅当它是连通的.

11. 只需要证明，当 $n > 1$ 并且 $c(n-1, n)$ 是最小的 $c(i, n)$ 时，至少存在一棵最小代价树，在该树中 T_{n-1} 连接到 T_n.（因为使用算法的约定，如果我们把 T_{n-1} 和 T_n 看作"同一个"顶点，则任何具有 $n > 1$ 个顶点，并且 T_{n-1} 连接到 T_n 的最小代价树必然也是具有 $n - 1$ 个顶点的最小代价树.）

为了证明上面的陈述，假设我们有一棵最小代价树，其中 T_{n-1} 未连接到 T_n. 如果添加一条线 $T_{n-1} \!-\! T_n$，则得到一条回路，并且该回路中的其他连线都可以删除. 删除连接 T_n 的其他线将产生另一棵树，其总代价不会大于原来的树，并且 $T_{n-1} \!-\! T_n$ 也出现在该树中.

12. 维护两个辅助表 $a(i)$ 和 $b(i)$（$1 \le i < n$），表示要从 T_i 以最廉价的方式连接到某个已选定顶点，应该连接 $T_{b(i)}$，代价为 $a(i)$. 初始，$a(i) = c(i, n)$，$b(i) = n$. 然后，执行如下操作 $n - 1$ 次：找出 i 使得 $a(i) = \min_{1 \le j < n} a(j)$；从 T_i 连接到 $T_{b(i)}$；对于 $1 \le j < n$，如果 $c(i, j) < a(j)$，则置 $a(j) \leftarrow c(i, j)$，$b(j) \leftarrow i$；并且置 $a(i) \leftarrow \infty$. 这里，当 $j < i$ 时，$c(i, j)$ 意指 $c(j, i)$.

（不使用 ∞，代之以维护一个尚未选取的 j 的一路链接表效率稍微高一点儿. 无论是否使用这种直截了当的改进，该算法都需要 $O(n^2)$ 次操作.）又见戴克斯特拉，*Proc. Nederl. Akad. Wetensch.* **A63** (1960), 196–199；高德纳，*The Stanford GraphBase*(New York: ACM Press, 1994), 460–497. 找最小代价生成树的更好算法在 7.5.4 节讨论.

13. 如果对于某 $i \ne j$，没有从 V_i 到 V_j 的路径，则没有对换的乘积把 i 移到 j. 因此，如果生成了所有排列，则图必然是连通的. 反之，如果图是连通的，则必要时删除一些边，直至得到一棵自由树. 重新对顶点编号，使得 V_n 仅与一个其他顶点相邻，即与 V_{n-1} 相邻.（参见定理 A 的证明.）现在，除 $(n-1 \; n)$ 之外的对换形成一棵具有 $n - 1$ 个顶点的自由树. 因此，根据归纳法，如果 π 是 $\{1, 2, \ldots, n\}$ 的保持 n 固定的任意排列，则 π 可以写成这些对换的乘积. 如果 π 把 n 移到 j，则 $\pi(j \; n-1)(n-1 \; n) = \rho$ 固定 n，因此 $\pi = \rho(n-1 \; n)(j \; n-1)$ 可以写成给定对换的乘积.

2.3.4.2 节

1. 令 $(e_1, \ldots, e_n)$ 为一条从 V 到 V' 的长度最短的定向通路. 如果对于 $j < k$, $\mathrm{init}(e_k) = \mathrm{init}(e_j) =$, 则 $(e_1, \ldots, e_{j-1}, e_k, \ldots, e_n)$ 将是更短的通路. 如果对于 $j < k$, $\mathrm{fin}(e_j) = \mathrm{fin}(e_k)$, 也可使用类似的论证. 因此, $(e_1, \ldots, e_n)$ 是简单的.

2. 所有符号都相同的回路为: C_0, C_8, C_{13}'', C_{17}, C_{19}'', C_{20}.

3. 例如, 使用 3 个顶点 A, B, C, 加上从 A 到 B 和从 A 到 C 的弧.

4. 如果没有定向回路, 则算法 2.2.3T 对图 G 拓扑排序. 如果有定向回路, 则拓扑排序显然是不可能的. (依赖于如何解释该题, 长度为 1 的定向回路可以不考虑.)

5. 令 k 是最小整数, 使得对于某 $j \le k$, $\mathrm{fin}(e_k) = \mathrm{init}(e_j)$. 于是, $(e_j, \ldots, e_k)$ 是一条定向回路.

6. 假 (严格说来), 因为从一个顶点到另一个可能存在多条不同的弧.

7. 对于有限的有向图为真: 如果我们从任意顶点开始, 沿着唯一可能的定向路径前进, 则不会遇到任何顶点两次, 因此必然最终到达 R (唯一没有后继的顶点). 对于无限图, 结果显然为假, 因为可能有顶点 $R, V_1, V_2, V_3, \ldots$ 和从 V_j 到 V_{j+1} ($j \ge 1$) 的弧.

9. 所有的弧都向上指.

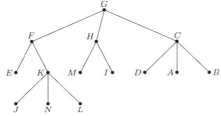

10. G1. 置 $k \leftarrow P[j]$, $P[j] \leftarrow 0$.

   G2. 如果 $k = 0$, 则停止; 否则置 $m \leftarrow P[k]$, $P[k] \leftarrow j$, $j \leftarrow k$, $k \leftarrow m$, 并重复步骤 G2.   ∎

11. 这个算法把算法 2.3.3E 和上一题的方法结合在一起, 使得所有的定向树的弧都对应于有向图中的实际的弧. $S[j]$ 是一个辅助表, 它指出一个弧是从 j 到 $P[j]$ ($S[j] = +1$) 还是从 $P[j]$ 到 j ($S[j] = -1$). 初始, $P[1] = \cdots = P[n] = 0$. 如下步骤可以用来处理每条弧 (a, b):

   C1. 置 $j \leftarrow a$, $k \leftarrow P[j]$, $P[j] \leftarrow 0$, $s \leftarrow S[j]$.

   C2. 如果 $k = 0$, 则转到 C3; 否则, 置 $m \leftarrow P[k]$, $t \leftarrow S[k]$, $P[k] \leftarrow j$, $S[k] \leftarrow -s$, $s \leftarrow t$, $j \leftarrow k$, $k \leftarrow m$, 并重复步骤 C2.

   C3. (现在 a 作为它所在树的根出现) 置 $j \leftarrow b$, 然后, 如果 $P[j] \ne 0$, 则反复置 $j \leftarrow P[j]$, 直到 $P[j] = 0$.

   C4. 如果 $j = a$, 则转到 C5; 否则置 $P[a] \leftarrow b$, $S[a] \leftarrow +1$, 打印 (a, b) 作为属于该自由树的弧, 并且终止.

   C5. 打印 "CYCLE" 后随 "(a, b)".

   C6. 如果 $P[b] = 0$, 则终止. 否则, 如果 $S[b] = +1$, 则打印 "$+(b, P[b])$", 否则打印 "$-(P[b], b)$"; 置 $b \leftarrow P[b]$, 并重复步骤 C6.   ∎

注意: 如果我们结合习题 2.3.3–10 答案中麦克罗伊的建议, 则该算法最多需要 $O(m \log n)$ 步. 但是, 有一个更好的解, 只需要 $O(m)$ 步: 使用深度优先搜索, 构造一棵 "棕榈树" (palm tree), 每个 "叶状体" (frond) 对应一条基本回路 [罗伯特·塔扬, *SICOMP* **1** (1972), 146–150].

12. 它等于入度; 每个顶点的出度只可能为 0 或 1.

13. 定义 G 的定向子树的序列如下: G_0 是单个顶点 R. G_{k+1} 是 G_k 加上 G 的任意不在 G_k 中但存在一条从 V 到 V' 的弧的顶点 V, 其中 V' 在 G_k 中, 再对每个这样的 V 加上一条弧 $e[V]$. 根据归纳法立即得知, 对于所有的 $k \ge 0$, G_k 都是定向树, 并且如果 G 中存在一条从 V 到 R 的长度为 k 的定向路径, 则 V 在 G_k 中. 因此, 在任意 G_k 中所有 V 和 $e[V]$ 的集合 G_∞ 就是所求的 G 的定向树.

14. $(e_{12}, e_{20}, e_{00}, e'_{01}, e_{10}, e_{01}, e'_{12}, e_{22}, e_{21})$ $(e_{12}, e_{20}, e_{00}, e'_{01}, e'_{12}, e_{22}, e_{21}, e_{10}, e_{01})$

$(e_{12}, e_{20}, e'_{01}, e_{10}, e_{00}, e_{01}, e'_{12}, e_{22}, e_{21})$ $(e_{12}, e_{20}, e'_{01}, e'_{12}, e_{22}, e_{21}, e_{10}, e_{00}, e_{01})$

$(e_{12}, e_{22}, e_{20}, e_{00}, e'_{01}, e_{10}, e_{01}, e'_{12}, e_{21})$ $(e_{12}, e_{22}, e_{20}, e_{00}, e'_{01}, e'_{12}, e_{21}, e_{10}, e_{01})$

$(e_{12}, e_{22}, e_{20}, e'_{01}, e_{10}, e_{00}, e_{01}, e'_{12}, e_{21})$ $(e_{12}, e_{22}, e_{20}, e'_{01}, e'_{12}, e_{21}, e_{10}, e_{00}, e_{01})$

在字典序下；8 种可能来自 e_{00} 或 e'_{01}, e_{10} 或 e'_{12}, e_{20} 或 e_{22} 的次序的独立选择.

15. 对有限图为真：如果它是连通和平衡的，并且具有一个以上顶点，则它具有接触所有顶点的欧拉迹.（但在一般情况下为假.）

16. 考虑有向图 G，它具有顶点 $V_1, \ldots, V_{13}$，并且对于第 j 叠中的每个 k 有一条从 V_j 到 V_k 的弧；这个图是平衡的. 赢得游戏等价于在 G 中找到一条欧拉迹，因为当遇到第四条到 V_{13} 的弧时（即遇到第四个 k 时）游戏结束. 如果游戏获胜，则由引理 E，所述的图是一棵定向子树. 反之，如果所述的图是一棵定向子树，则由定理 D，游戏获胜.

17. $\frac{1}{13}$. 我第一次求解时，用 2.3.4.4 节的方法，辛辛苦苦地枚举特殊类型的定向树，运用生成函数，等等，得到答案. 但是，这种简单的答案应该有简单直接的证明. 确实存在这样的证明［见托尔·斯塔韦尔，*Norsk Matematisk Tidsskrift* **28** (1946), 88–89］. 定义一个翻转整副牌的次序如下：遵照游戏规则直到停下来为止，然后"作弊"，翻动第一张可翻的牌（从第一叠顺时针前进找到第一个非空叠），像以前一样继续，直到所有的牌都最终被翻开. 牌的翻动次序完全是随机序（因为牌的值直到翻开后才能确定）. 因此，只需要计算随机洗牌的一叠纸牌最后一张牌是 K 的概率. 更一般地，游戏结束时，仍然有 k 张牌面朝下的概率是随机洗牌后最后一张 K 后面有 k 张牌的概率，即 $4! \binom{51-k}{3} \frac{48!}{52!}$. 因此，不作弊的玩家每玩一次平均翻开 42.4 张牌. 注意：类似地，可以证明，玩家在上面介绍的过程中必须"作弊" k 次的概率恰为斯特林数 $\begin{bmatrix} 13 \\ k+1 \end{bmatrix}/13!$.（见 1.2.10–(9) 和习题 1.2.10–7，更一般的牌叠见习题 1.2.10–18.）

18. (a) 如果存在回路 $(V_0, V_1, \ldots, V_k)$，其中必须有 $3 \le k \le n$，则对应于回路中 k 条边的 A 的 k 行之代数和（带有相应的符号）是一行 0. 因此，如果 G 不是自由树，则 A_0 的行列式为 0.

但是，如果 G 是自由树，则我们可以把它看作一棵以 V_0 为根的有序树，并重新安排 A_0 的行和列，使得它的诸列按前序排列，第 k 行对应于从第 k 个顶点（列）到它的父母的边. 于是，矩阵是三角矩阵，± 1 在对角线上，因此行列式的值为 ± 1.

(b) 根据比内-柯西公式（习题 1.2.3–46），有

$$\det A_0^T A_0 = \sum_{1 \le i_1 < \cdots < i_n \le m} (\det A_{i_1 \ldots i_n})^2,$$

其中 $A_{i_1 \ldots i_n}$ 表示由 A_0 的行 $i_1, \ldots, i_n$ 组成的矩阵（因此对应于在 G 中选择 n 条边的一种方法）. 由 (a) 得到结果.

［见冈田幸千生和小野寺力夫，*Bull. Yamagata Univ.* **2** (1952), 89–117.］

19. (a) 条件 $a_{00} = 0$ 和 $a_{jj} = 1$ 正是定向树定义的条件 (a) 和 (b). 如果 G 不是定向树，则存在一条定向回路（习题 7），对应于这条定向回路的 A_0 各行相加，将得到一行 0，因此 $\det A_0 = 0$. 如果 G 是一棵定向树，则对每个家族的子女赋予一个任意序，并把 G 看作有序树. 现在，改变 A_0 的行和列次序，直到它们对应于顶点的前序. 由于相同的排列用于行和列，因此行列式的值不变，所得矩阵是三角矩阵，对角线上每个位置都为 $+1$.

(b) 我们可以假定，对于所有的 j 都有 $a_{0j} = 0$，因为定向子树中不会有从 V_0 出发的边. 我们还可以假定，对于所有的 $j \ge 1$ 都有 $a_{jj} > 0$，否则的话整个第 j 行为 0，显然没有定向子树. 现在，对弧的条数归纳：如果 $a_{jj} > 1$，则令 e 为某条从 V_j 出发的弧；令 B_0 为类似于 A_0 的矩阵，但删除了弧 e；令 C_0 是类似于 A_0 的矩阵，但删除了除 e 之外所有从 V_j 出发的弧. 例如，如果 $A_0 = \begin{pmatrix} 3 & -2 \\ -1 & 2 \end{pmatrix}$，$j = 1$，$e$ 是一条从 V_1 到 V_0 的弧，则 $B_0 = \begin{pmatrix} 2 & -2 \\ -1 & 2 \end{pmatrix}$，$C_0 = \begin{pmatrix} 1 & 0 \\ -1 & 2 \end{pmatrix}$. 一般有 $\det A_0 = \det B_0 + \det C_0$，因为这些矩阵在除第 j 行之外的所有行上都一致，而在第 j 行上，A_0 为 B_0 与 C_0 的和. 此外，G 的定向树的个数是不使用 e 的子树的个数（由归纳法，即 $\det B_0$）加上使用 e 的子树的个数（即 $\det C_0$）.

注意：仿照偏微分方程理论的拉普拉斯算子概念，矩阵 A 通常类似称为图的拉普拉斯算子矩阵. 如果我们从矩阵 A 删除任意一组行构成的集合 S，并且删除相同一组列，则结果矩阵的行列式是其根为顶

点 $\{V_k \mid k \in S\}$，其弧属于给定的有向图的定向森林数. 定向树的矩阵树定理最先被詹姆斯·西尔维斯特于 1857 年陈述而未加证明（见习题 28），之后被遗忘多年，直到被威廉·塔特重新独立发现 [*Proc. Cambridge Phil. Soc.* **44** (1948), 463–482, §3]. 在矩阵 A 是对称矩阵、图是无向图的特殊情况下，首个正式发表的证明由卡尔·博尔夏特给出 [*Crelle* **57** (1860), 111–121]. 一些作者认为这个定理是基尔霍夫提出的，但是基尔霍夫证明的结果与之很不相同（尽管相关）.

20. 利用习题 18，我们发现 $B = A_0^T A_0$. 或者根据习题 19，B 是用两条弧（每个方向一条）取代 G 的每条边得到的有向图 G' 的矩阵 A_0，G 的每棵自由子树唯一地对应于 G' 的一棵以 V_0 为根的定向子树，因为弧的方向由根的选取所确定.

21. 像习题 19 一样，构造矩阵 A 和 A^*. 对于图 36 和图 37 中的图例 G 和 G^*，

$$
A = \begin{pmatrix} 2 & -2 & 0 \\ -1 & 3 & -2 \\ -1 & -1 & 2 \end{pmatrix}, \quad
A^* = \begin{array}{c}
\begin{array}{ccccccccc} [00] & [10] & [20] & \quad [01] & [01] & [21] & \quad [12] & [12] & [22] \end{array} \\
\begin{array}{c} [00] \\ [10] \\ [20] \\ [01] \\ [01] \\ [21] \\ [12] \\ [12] \\ [22] \end{array}
\left(\begin{array}{ccc|ccc|ccc}
2 & 0 & 0 & -1 & -1 & 0 & 0 & 0 & 0 \\
-1 & 3 & 0 & -1 & -1 & 0 & 0 & 0 & 0 \\
-1 & 0 & 3 & -1 & -1 & 0 & 0 & 0 & 0 \\
\hline
0 & -1 & 0 & 3 & 0 & 0 & -1 & -1 & 0 \\
0 & -1 & 0 & 0 & 3 & 0 & -1 & -1 & 0 \\
0 & -1 & 0 & 0 & 0 & 3 & -1 & -1 & 0 \\
\hline
0 & 0 & -1 & 0 & 0 & -1 & 3 & 0 & -1 \\
0 & 0 & -1 & 0 & 0 & -1 & 0 & 3 & -1 \\
0 & 0 & -1 & 0 & 0 & -1 & 0 & 0 & 2
\end{array}\right)
\end{array}.
$$

把不确定的 λ 加到 A 和 A^* 的每个对角线元素上. 如果 $t(G)$ 和 $t(G^*)$ 是 G 和 G^* 的定向子树的个数，则 $\det A = \lambda t(G) + O(\lambda^2)$，$\det A^* = \lambda t(G^*) + O(\lambda^2)$.（根据习题 22，对于任意给定的根，平衡图的定向子树的个数都相同，但我们不需要这一事实.）

如果我们把顶点 V_{jk} 按相等的 k 分组，则可以划分矩阵 A^* 如上所示. 令 $B_{kk'}$ 是 A^* 的子矩阵，对于使得 V_{jk} 和 $V_{j'k'}$ 在 G^* 中的所有 j 和 j'，$B_{kk'}$ 由 V_{jk} 的行和 $V_{j'k'}$ 的列组成. 在每个子矩阵中，把第 $2, \cdots, \mathrm{m}$ 列加到第 1 列，然后从第 $2, \ldots, m$ 行减去第 1 行，则矩阵 A^* 被变换，使得

$$
B_{kk'} = \begin{pmatrix} a_{kk'} & * & \ldots & * \\ 0 & 0 & \ldots & 0 \\ \vdots & \vdots & \ddots & \vdots \\ 0 & 0 & \ldots & 0 \end{pmatrix} \quad 对于 k \neq k', \qquad
B_{kk} = \begin{pmatrix} \lambda + a_{kk} & * & \ldots & * \\ 0 & \lambda + m & \ldots & 0 \\ \vdots & \vdots & \ddots & \vdots \\ 0 & 0 & \ldots & \lambda + m \end{pmatrix}.
$$

在变换后的子矩阵中，首行的 "$*$" 是不相关的值，因为 A^* 的行列式为 $(\lambda + m)^{(m-1)n}$ 乘以

$$
\det \begin{pmatrix}
\lambda + a_{00} & a_{01} & \ldots & a_{0(n-1)} \\
a_{10} & \lambda + a_{11} & \ldots & a_{1(n-1)} \\
\vdots & \vdots & \ddots & \vdots \\
a_{(n-1)0} & a_{(n-1)1} & \ldots & \lambda + a_{(n-1)(n-1)}
\end{pmatrix} = \lambda t(G) + O(\lambda^2).
$$

注意，特殊地，当 $n = 1$ 并且从 V_0 到自身有 m 条弧时，我们发现在 m 个标号的结点上恰有 m^{m-1} 棵可能的定向树. 这一结果将在 2.3.4.4 节用截然不同的方法得到.

这一推导可以推广. 对于任意有向图 G，确定 G^* 的定向子树的个数，见里德·道森和古德，*Ann. Math. Stat.* **28** (1957), 946–956；高德纳，*Journal of Combinatorial Theory* **3** (1967), 309–314. 詹姆斯·奥林给出了另一种纯组合数学的证明，见 *Journal of Combinatorial Theory* **B25** (1978), 187–198.

22. 总数为 $(\sigma_1 + \cdots + \sigma_n)$ 乘以从给定的边 e_1 开始的欧拉迹的个数，其中 $\mathrm{init}(e_1) = V_1$. 由引理 E，每个这样的迹确定一棵以 V_1 为根的定向子树，并且对于 T 棵定向子树的每一棵，存在 $\prod_{j=1}^n (\sigma_j - 1)!$ 条满足定理 D 的三个条件的通路，对应于弧 $\{e \mid \mathrm{init}(e) = V_j, e \neq e[V_j], e \neq e_1\}$ 进入 P 的不同次序.（习题 14 是一个简单的例子.）

23. 按照提示，构造具有 m^{k-1} 个顶点的有向图 G_k，并且用 $[x_1,\ldots,x_k]$ 表示所提及的弧. 对于每个具有最大周期长度的函数，我们可以定义一条唯一对应的欧拉迹：如果弧 $[x_1,\ldots,x_k]$ 后面是弧 $[x_2,\ldots,x_{k+1}]$，则令 $f(x_1,\ldots,x_k) = x_{k+1}$.（如果一个欧拉迹只是另一个的循环排列，则我们把它们看作等同的.）在习题 21 的意义下，$G_k = G^*_{k-1}$. 因此，G_k 的定向子树个数是 G_{k-1} 的 $m^{m^{k-1}-m^{k-2}}$ 倍. 归纳可知，G_k 有 $m^{m^{k-1}-1}$ 棵定向子树，其中 $m^{m^{k-1}-k}$ 棵具有给定的根. 因此，由习题 22，具有最大周期的函数个数，即从给定的弧出发的 G_k 的欧拉迹的个数，是 $m^{-k}(m!)^{m^{k-1}}$. [$m=2$ 的结果归功于卡米尔·圣玛丽，L'*Intermédiaire des Mathématiciens* **1** (1894), 107–110.]

24. 定义一个新的有向图，对于 $0 \le j \le m$，e_j 有 E_j 个副本. 这个图是平衡的，因此由定理 G，它包含一个欧拉迹 $(e_0,\ldots)$. 从该欧拉迹中删除边 e_0，得到所求定向通路.

25. 对集合 $I_j = \{e \mid \text{init}(e) = V_j\}$ 和 $F_j = \{e \mid \text{fin}(e) = V_j\}$ 中的所有弧指定一个任意次序. 对于 I_j 中的每条弧 e，令 ATAG$(e) = 0$，ALINK$(e) = e'$，如果在 I_j 的次序下 e' 紧接在 e 后面；令 ATAG$(e) = 1$，ALINK$(e) = e'$，如果 e 是 I_j 中的最后一个，并且 e' 是 F_j 的第一个. 在后一种情况，令 ALINK$(e) = \Lambda$，如果 F_j 为空. 颠倒 init 和 fin 的角色，用相同的规则定义 BLINK 和 IBTAG.

例子（在每个弧集合中使用字母序）：

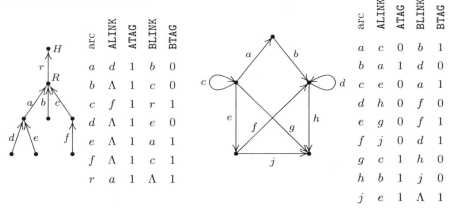

arc	ALINK	ATAG	BLINK	BTAG
a	d	1	b	0
b	Λ	1	c	0
c	f	1	r	1
d	Λ	1	e	0
e	Λ	1	a	1
f	Λ	1	c	1
r	a	1	Λ	1

arc	ALINK	ATAG	BLINK	BTAG
a	c	0	b	1
b	a	1	d	0
c	e	0	a	1
d	h	0	f	0
e	g	0	f	1
f	j	0	d	1
g	c	1	h	0
h	b	1	j	0
j	e	1	Λ	1

注意：如果在该定向树表示中，另外增加一条从 H 到自身的弧，则情况很有趣：或者得到表头处 LLINK、LTAG、RLINK、RTAG 互换 的 2.3.1–(8) 的标准约定，或者（如果新弧在该序下放在最后）得到上述标准约定，只是与树的根相关联的结点中有 RTAG $= 0$.

这一习题基于威廉·林奇向我表达的思想. 使用这种表示，能否把算法 2.3.1S 那样的树遍历算法，推广到并非定向树的有向图类？

27. 令 a_{ij} 为从 V_i 到 V_j 的所有弧 e 上的 $p(e)$ 之和. 我们要证明对于所有的 j，$t_j = \sum_i a_{ij} t_i$. 由于 $\sum_i a_{ji} = 1$，我们必须证明 $\sum_i a_{ji} t_j = \sum_i a_{ij} t_i$. 这并不困难，因为等式两边都表示所有满足下列条件的乘积 $p(e_1)\ldots p(e_n)$ 的和：G 中的子图 $\{e_1,\ldots,e_n\}$ 使得 $\text{init}(e_i) = V_i$，存在唯一定向回路包含在 $\{e_1,\ldots,e_n\}$ 中，且这条回路包含 V_j. 删除该回路中的任意一条弧产生一棵定向树，该等式的左边对应于离开 V_j 的弧，而右边对应于进入 V_j 的弧.

在某种意义下，这一题结合了习题 19 和 26.

28. 该展开式的每一项为 $a_{1p_1}\ldots a_{mp_m} b_{1q_1}\ldots b_{nq_n}$ 乘以某整数系数，其中对于 $0 \le p_i \le n$，$1 \le i \le m$，对于 $1 \le j \le n$，$0 \le q_j \le m$. 把这个乘积表示成顶点 $\{0, u_1,\ldots,u_m, v_1,\ldots,v_n\}$ 上的有向图，具有从 u_i 到 v_{p_i} 和从 v_j 到 u_{q_j} 的弧，其中 $u_0 = v_0 = 0$.

如果该有向图包含一个回路，则整数系数为 0. 因为每条回路对应于形如

$$a_{i_0 j_0} b_{j_0 i_1} a_{i_1 j_1} \ldots a_{i_{k-1} j_{k-1}} b_{j_{k-1} i_0} \tag{$*$}$$

的因子，其中下标 $(i_0, i_1,\ldots,i_{k-1})$ 互不相同，下标 $(j_0, j_1,\ldots,j_{k-1})$ 也互不相同. 对于 $0 \le l < k$，$0 \le j \le n$，置 $a_{i_l j} \leftarrow [j = j_l]$，并且对于 $0 \le i \le m$，置 $b_{j_l i} \leftarrow [i = i_{(l+1) \bmod k}]$，其他 $m+n-2k$ 行中

的变量不变，得到一个 $(*)$ 倍行列式. 该行列式也等于包含因子 $(*)$ 的所有项之和. 该行列式肯定为 0，因为上部行 $i_0, i_1, \ldots, i_{k-1}$ 的和等于下部行 $j_0, j_1, \ldots, j_{k-1}$ 的和.

如果该有向图没有回路，则整数系数为 $+1$. 这是因为每个因子 a_{ip_i} 和 b_{jq_j} 一定来自该行列式的对角线：如果在上部的 i_0 行选取任意非对角线元素 $a_{i_0 j_0}$，则必须从左部 j_0 行选取某非对角线元素 $b_{j_0 i_1}$，因此必须从上部 i_1 行选取非对角线元素 $a_{i_1 j_1}$，等等，形成一条回路.

因此，系数为 $+1$，当且仅当对应的有向图是一棵以 0 为根的定向树. 为计算这样的项的个数（即这种定向树的个数），可以置每个 a_{ij} 和 b_{ji} 为 1，例如

$$\det\begin{pmatrix} 4 & 0 & 1 & 1 & 1 \\ 0 & 4 & 1 & 1 & 1 \\ 1 & 1 & 3 & 0 & 0 \\ 1 & 1 & 0 & 3 & 0 \\ 1 & 1 & 0 & 0 & 3 \end{pmatrix} = \det\begin{pmatrix} 4 & 0 & 1 & 1 & 1 \\ -4 & 4 & 0 & 0 & 0 \\ 1 & 1 & 3 & 0 & 0 \\ 0 & 0 & -3 & 3 & 0 \\ 0 & 0 & -3 & 0 & 3 \end{pmatrix} = \det\begin{pmatrix} 4 & 0 & 3 & 1 & 1 \\ 0 & 4 & 0 & 0 & 0 \\ 2 & 1 & 3 & 0 & 0 \\ 0 & 0 & 0 & 3 & 0 \\ 0 & 0 & 0 & 0 & 3 \end{pmatrix}$$
$$= \det\begin{pmatrix} 4 & 3 \\ 2 & 3 \end{pmatrix} \cdot 4 \cdot 3 \cdot 3.$$

一般地，我们得到 $\det\binom{n+1 \quad n}{m \quad m+1} \cdot (n+1)^{m-1} \cdot (m+1)^{n-1}$.

注记： 西尔维斯特 [*Quarterly J. of Pure and Applied Math.* **1** (1857), 42–56] 考虑了特殊情况 $m = n$, $a_{10} = a_{20} = \cdots = a_{m0} = 0$，并正确地猜想项的总数为 $n^n(n+1)^{n-1}$. 他还未加证明地说，当 $a_{ij} = \delta_{ij}$ 时，有 $(n+1)^{n-1}$ 个非 0 项，对应于 $\{0, 1, \ldots, n\}$ 上所有连通的无回路的图. 在那种特殊情况下，他把该行列式归约为习题 19 的矩阵树定理形式，例如

$$\det\begin{pmatrix} b_{10}+b_{12}+b_{13} & -b_{12} & -b_{13} \\ -b_{21} & b_{20}+b_{21}+b_{23} & -b_{23} \\ -b_{31} & -b_{32} & b_{30}+b_{31}+b_{32} \end{pmatrix}.$$

凯利 [*Crelle* **52** (1856), 279] 引述了这一结果，并表示这是由西尔维斯特提出的，然而讽刺的是，人们常常认为是凯利提出了关于这种图的个数的定理.

对该行列式的前 m 行取反，然后对前 m 列取反，可以把这一习题归结为矩阵树定理.

[在偏微分方程的迭代法求解中，具有这一习题所考虑的一般形式的矩阵非常重要，称作具有"性质 $\mathcal{A}$"的矩阵. 见路易斯·哈格曼和戴维·扬，《实用迭代方法》（ *Applied Iterative Methods*, Academic Press, 1981 ）第 9 章.]

2.3.4.3 节

1. 根是空序列，弧从 $(x_1, \ldots, x_n)$ 到 $(x_1, \ldots, x_{n-1})$.

2. 取一个四分形类型并把它旋转 $180°$，得到另一个四分形类型. 使用两种类型，重复 2×2 模式，显然可以平铺平面（不需要进一步旋转）.

3. 对于所有正整数 j，考虑四分形类型 的集合. 右半平面可以用不可数种方法铺满；但是，无论什么正方形放在平面的中心，继续向左铺的距离极限都是有限的.

4. 对于 $n = 1, 2, \ldots$，系统地枚举平铺一个 $n \times n$ 块的所有可能方法，在这些块的范围内寻找环形解. 如果没有方法铺满平面，则根据无限性引理，存在一个 n，没有 $n \times n$ 解. 如果有一种方法铺满平面，则根据假定，存在一个 n，有一个 $n \times n$ 解是由矩形产生的环形解. 因此，在两种情况下，算法都将终止.

[但是正如下一题所示，所述假定其实不成立. 事实上，不存在算法在有限步内确定能否用给定四分形类型铺满平面. 另外，如果不存在这样的平铺，那么在某种意义下，总有一种平铺（quasitoroidal），对于一些函数 f，它的每个 $n \times n$ 块在每个 $f(n) \times f(n)$ 块中至少出现一次. 参见巴里·杜兰，*Theoretical Computer Science* **221** (1999), 61–75.]

5. 首先注意，我们需要 $\begin{smallmatrix}\alpha & \beta \\ \gamma & \delta\end{smallmatrix}$ 在任意解的 2×2 组内重复. 然后，步骤 1: 只考虑 α 正方形，证明模式 $\begin{smallmatrix}a & b \\ c & d\end{smallmatrix}$ 必须在 α 正方形的 2×2 组内重复. 步骤 $n>1$: 确定必须出现在高度和宽度为 2^n-1 的十字形区域中的模式. 十字的中间有在整个平面重复的模式 $\begin{smallmatrix}Na & Nb \\ Nc & Nd\end{smallmatrix}$.

例如，第 3 步之后，我们将知道整个平面的 7×7 块的内容，每 8 个单位被单位长度的条带分开. 中心的类 Na 的 7×7 块形如

αa	βKQ	αb	βQP	αa	βBK	αb
γPJ	δNa	γRB	δQK	γLJ	δNb	γPB
αc	βDS	αd	βQTY	αc	βBS	αd
γPQ	δPJ	γPXB	δNa	γRQ	δRB	γRB
αa	βUK	αb	βDP	αa	βBK	αb
γTJ	δNc	γSB	δDS	γSJ	δNd	γTB
αc	βQS	αd	βDT	αc	βBS	αd

中间列和中间行是第 3 步刚填入的 "十字"；其他 3×3 正方形是第 2 步之后填入的；这个 7×7 正方形右边和下面的正方形是将在步骤 4 填入的 15×15 十字的一部分.

由一种类似的构造，可推出一个只有 35 个四分形类型的集合，它只有非环形解，见拉斐尔·罗宾逊的 *Inventiones Math.* **12** (1971), 177–209. 罗宾逊还展示了一个由 6 个方形构成的集合，即便允许旋转和反射，它也只能非环形地铺满整个平面. 1974 年，罗杰·潘洛斯基于黄金分割比而不是方形格，发现了一个仅有两个多边形的集合，它只能非周期地铺满平面，由此可推出只有非环形解的只有 16 个四分形类型的集合 [见布兰科·格兰巴姆和杰弗里·谢泼德，*Tilings and Patterns* (Freeman, 1987)，第 10–11 章；加德纳，*Penrose Tiles to Trapdoor Ciphers* (Freeman, 1989)，第 1–2 章.]

6. 令 k 和 m 是固定的. 考虑定向树，它的每个顶点代表对于某个 n，把 $\{1,\dots,n\}$ 划分成 k 部分的一个划分，不包含长度为 m 的算术级数. 划分 $\{1,\dots,n+1\}$ 的结点是划分 $\{1,\dots,n\}$ 的结点的子女，如果两个划分在 $\{1,\dots,n\}$ 上一致. 假如存在到根的无限路径，则我们将有方法把所有的整数划分成 k 个不包含长度为 m 的算术级数的集合. 因此，根据无限性引理和范德瓦尔登定理，这棵树是有限的. （如果 $k=2$，$m=3$，这棵树可以很快人工计算出来，最小的 N 值为 9. 关于范德瓦尔登如何发现他的定理的证明，他本人的说法很有趣，见《纯数学研究》[*Studies in Pure Mathematics*, 利昂·米尔斯基编辑 (Academic Press, 1971), 251–260]. ）

7. 正整数可以划分成两个集合 S_0 和 S_1，使得每个集合都不包含无限的可计算的序列（见习题 3.5–32），特别是不存在无限算术级数. 定理 K 不能使用，因为部分解无法放进每个顶点都具有有限度数的树中.

8. 令一个 "反例序列" 为违反克鲁斯卡尔定理的树的无限序列，如果存在这样的序列. 假定该定理不成立，令 T_1 为具有最小结点数的树，使得 T_1 可以是该反例序列中的第一棵树；如果 $T_1,\dots,T_j$ 已经选定，则令 T_{j+1} 为具有最小结点数的树，使得 $T_1,\dots,T_j,T_{j+1}$ 是反例序列的前 j+1 棵树. 这一过程定义了一个反例序列 $\langle T_n\rangle$. 这些 T 都不仅仅是一个根. 现在，让我们仔细考察这个序列.

(a) 假设有一个子序列 $T_{n_1}, T_{n_2},\dots$ 使得 $l(T_{n_1}), l(T_{n_2}),\dots$ 是一个反例序列. 这是不可能的，否则的话 $T_1,\dots,T_{n_1-1}, l(T_{n_1}), l(T_{n_2}),\dots$ 将是一个反例序列，与 T_{n_1} 的定义矛盾.

(b) 由于 (a)，只存在有限多个 j，使得对于任意 $k>j$，$l(T_j)$ 都不可能嵌入 $l(T_k)$ 中. 因此，取 n_1 大于所有这样的 j，可以找到一个子序列满足 $l(T_{n_1})\subseteq l(T_{n_2})\subseteq l(T_{n_3})\subseteq\cdots$.

(c) 现在，根据习题 2.3.2–22 的结果，对于任何 $k>j$，$r(T_{n_j})$ 都不能嵌入中 $r(T_{n_k})$，否则 $T_{n_j}\subseteq T_{n_k}$. 因此，$T_1,\dots,T_{n_1-1}, r(T_{n_1}), r(T_{n_2}),\dots$ 是一个反例序列. 但是，这与 T_{n_1} 的定义矛盾.

注记：克鲁斯卡尔 [*Trans. Amer. Math. Soc.* **95** (1960), 210–225] 实际使用较弱的嵌入概念，证明了一个更强的结果. 他的定理并不能直接从无限性引理得到，尽管两者的结论大致类似. 事实上，无限性引理的提出者科尼格也证明了克鲁斯卡尔定理的一个特例，证明不存在逐对不可比较的非负整数的 n 元组的无限序列，"可比较" 意味一个 n 元组的所有分量都小于或等于另一个的对应分量 [*Matematikai* *és Fizikai Lapok* **39** (1932), 27–29]. 关于进一步研究进展, 见 *J. Combinatorial Theory* **A13** (1972), 297–305. 关于算法终止的应用, 又见德肖维茨, *Inf. Proc. Letters* **9** (1979), 212–215.

2.3.4.4 节

1. $\ln A(z) = \ln z + \sum_{k \geq 1} a_k \ln\left(\frac{1}{1-z^k}\right) = \ln z + \sum_{k,t \geq 1} \frac{a_k z^{kt}}{t} = \ln z + \sum_{t \geq 1} \frac{A(z^t)}{t}.$

2. 微分, 令 z^n 的系数相等, 得到等式

$$na_{n+1} = \sum_{k \geq 1} \sum_{d \backslash k} d a_d a_{n+1-k}.$$

现在, 交换求和次序.

4. (a) $A(z)$ 至少对 $|z| < \frac{1}{4}$ 肯定收敛, 因为 a_n 小于有序树的个数 b_{n-1}. 由于 $A(1)$ 是无限的, 并且所有的系数为正, 因此存在正数 $\alpha \leq 1$ 使得 $A(z)$ 对于任意 $|z| < \alpha$ 收敛, 并且在 $z = \alpha$ 上是奇异的. 令 $\psi(z) = A(z)/z$. 由于 $\psi(z) > e^{z\psi(z)}$, $\psi(z) = m$ 蕴涵 $z < \ln m/m$, 因此 $\psi(z)$ 是有界的, $\lim_{z \to \alpha^-} \psi(z)$ 存在. 于是, $\alpha < 1$, 由阿贝尔极限定理, $a = \alpha \cdot \exp(a + \frac{1}{2}A(\alpha^2) + \frac{1}{3}A(\alpha^3) + \cdots)$.

(b) 对于 $|z| < \sqrt{\alpha}$, $A(z^2)$, $A(z^3)$, ... 都是解析的, 并且 $\frac{1}{2}A(z^2) + \frac{1}{3}A(z^3) + \cdots$ 在一个稍小的半径内是一致收敛的.

(c) 如果 $\partial F/\partial w = a - 1 \neq 0$, 则隐函数定理蕴涵, 存在 $(\alpha, a/\alpha)$ 邻域内的解析函数 $f(z)$, 使得 $F(z, f(z)) = 0$. 但是, 这又蕴涵 $f(z) = A(z)/z$, 与 $A(z)$ 在 α 上奇异矛盾.

(d) 显然.

(e) $\partial F/\partial w = A(z) - 1$ 并且 $|A(z)| < A(\alpha) = 1$, 因为 $A(z)$ 的系数均为正. 因此, 与 (c) 中一样, $A(z)$ 在所有这种点上都是正则的.

(f) 邻近 $(\alpha, 1/\alpha)$, 成立等式 $0 = \beta(z-\alpha) + (\alpha/2)(w - 1/\alpha)^2 +$ 高阶项, 其中 $w = A(z)/z$. 因此, 根据隐函数定理, w 是 $\sqrt{z-\alpha}$ 的解析函数. 因而, 存在一个区域 $|z| < \alpha_1$ 减去一个割 $[\alpha, \alpha_1]$, $A(z)$ 在其中具有所述形式. (选择减号是因为加号最终使系数为负.)

(g) 具有所述形式的任何函数的系数都渐近为 $\frac{\sqrt{2\beta}}{\alpha^n}\binom{1/2}{n}$. 注意

$$\binom{3/2}{n} = O\left(\frac{1}{n}\binom{1/2}{n}\right).$$

关于详细分析和自由树个数的渐近值, 见奥特, *Ann. Math.* (2) **49** (1948), 583–599.

5. $$c_n = \sum_{j_1 + 2j_2 + \cdots = n} \binom{c_1 + j_1 - 1}{j_1} \cdots \binom{c_n + j_n - 1}{j_n} - c_n, \qquad n > 1.$$

因此

$$2C(z) + 1 - z = (1-z)^{-c_1}(1-z^2)^{-c_2}(1-z^3)^{-c_3} \cdots = \exp(C(z) + \frac{1}{2}C(z^2) + \cdots).$$

于是, $C(z) = z + z^2 + 2z^3 + 5z^4 + 12z^5 + 33z^6 + 90z^7 + 261z^8 + 766z^9 + \cdots$. 当 $n > 1$ 时, 具有 n 条边的串并联网络的数目为 $2c_n$ [见珀西·麦克马洪, *Proc. London Math. Soc.* **22** (1891), 330–339].

6. $zG(z)^2 = 2G(z) - 2 - zG(z^2)$; $G(z) = 1 + z + z^2 + 2z^3 + 3z^4 + 6z^5 + 11z^6 + 23z^7 + 46z^8 + 98z^9 + \cdots$. 函数 $F(z) = 1 - zG(z)$ 满足较简单的关系 $F(z^2) = 2z + F(z)^2$. [约瑟夫·韦德伯恩, *Annals of Math.* (2) **24** (1922), 121–140.]

7. $g_n = ca^n n^{-3/2}(1 + O(1/n))$, 其中 $c \approx 0.7916031835775$, $a \approx 2.483253536173$.

8.

9. 如果有两个形心, 则考虑从一个到另一个的路径, 我们发现不可能有中间点, 因此两个形心是相邻的. 一棵树不可能包含三个相互相邻的顶点, 因此最多有两个形心.

10. 如果 X 和 Y 相邻，则令 $s(X,Y)$ 为 X 的 Y 子树的顶点数. 于是 $s(X,Y) + s(Y,X) = n$. 正文中的论证表明，如果 Y 是形心，则 $\text{weight}(X) = s(X,Y)$. 因此，如果 X 和 Y 都是形心，则 $\text{weight}(X) = \text{weight}(Y) = n/2$.

使用这种记号，正文中的论证还表明，如果 $s(X,Y) \geq s(Y,X)$，则 X 的 Y 子树中有一个形心. 因此，如果两棵具有 m 个顶点的自由树用 X 和 Y 之间的一条边连接，则形成一棵自由树，其中 $s(X,Y) = m = s(Y,X)$，这棵树一定有两个形心（即 X 和 Y）.

［一个很好的程序设计练习是，在 $O(n)$ 步内对于所有相邻的 X 和 Y 计算 $s(X,Y)$. 由此，我们可以快速找出形心. 第一种高效的形心定位算法见艾伦·古德曼, *Transportation Sci.* **5** (1971), 212–221. ］

11. $zT(z)^t = T(z) - 1$，因此 $z + T(z)^{-t} = T(z)^{1-t}$. 由 1.2.9–(21)，$T(z) = \sum_n A_n(1, -t)z^n$，因此 t 叉树的个数为

$$\binom{1 + tn}{n} \frac{1}{1 + tn} = \binom{tn}{n} \frac{1}{(t-1)n + 1}.$$

12. 考虑一类有向图：对于所有的 $i \neq j$，它有一条从 V_i 到 V_j 的弧. 习题 2.3.4.2–19 的矩阵 A_0 是一个组合的 $(n-1) \times (n-1)$ 矩阵，对角线元素为 $n-1$，非对角线元素为 -1. 因此，它的行列式为

$$(n + (n-1)(-1))n^{n-2} = n^{n-2},$$

是具有给定根的定向树的个数.（也可以利用习题 2.3.4.2–20. ）

13.

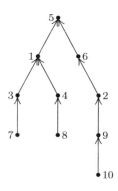

14. 真，因为直到所有其他分支都删除后，根才变成树叶.

15. 在标准表示中，$V_1, V_2, \ldots, V_{n-1}, f(V_{n-1})$ 是被视为有向图的定向树的拓扑序，但是算法 2.2.3T 一般不会输出这个序. 可以修改算法 2.2.3T，使得它确定 $V_1, V_2, \ldots, V_{n-1}$ 的值. 做法是把步骤 T6 中的"插入队列"操作改为一个修改链的过程，使得列表中的项从队头到队尾以升序出现，于是队列变成了优先队列.

（然而，为确定标准表示，并不需要使用一般的优先队列，只需要从 1 到 n 扫描顶点，寻找树叶，同时从小于已扫描的指针的新树叶处剪掉路径，见下一题. ）

16. D1. 置 $\text{C}[1] \leftarrow \cdots \leftarrow \text{C}[n] \leftarrow 0$，然后对于 $1 \leq j < n$，置 $\text{C}[f(V_j)] \leftarrow \text{C}[f(V_j)] + 1$.（顶点 k 是树叶，当且仅当 $\text{C}[k] = 0$. ）置 $k \leftarrow 0$, $j \leftarrow 1$.

D2. k 增值一次或多次，直到 $\text{C}[k] = 0$，然后置 $l \leftarrow k$.

D3. 置 $\text{PARENT}[l] \leftarrow f(V_j)$, $l \leftarrow f(V_j)$, $\text{C}[l] \leftarrow \text{C}[l] - 1$, $j \leftarrow j + 1$.

D4. 如果 $j = n$，则置 $\text{PARENT}[l] \leftarrow 0$，终止本算法.

D5. 如果 $\text{C}[l] = 0$，并且 $l < k$，则转到 D3；否则转回 D2. ∎

17. 一定恰有一条回路 $x_1, x_2, \ldots, x_k$, 其中 $f(x_j) = x_{j+1}$ 并且 $f(x_k) = x_1$. 我们将枚举所有这样的 f: 它具有长度为 k 的回路, 每个 x 的迭代最终都进入这个回路. 像正文中那样定义标准表示 $f(V_1)$, $f(V_2), \ldots, f(V_{m-k})$. 由于 $f(V_{m-k})$ 在该回路中, 因此我们写下该回路的其余部分 $f(f(V_{m-k}))$, $f(f(f(V_{m-k})))$, 等等, 也能得到 "标准表示". 例如, 当 $m = 13$ 时, 根据图所示的函数, 可写出表示 3, 1, 8, 8, 1, 12, 12, 2, 3, 4, 5, 1. 我们得到 $m-1$ 个数的序列, 其中后 k 个数互不相同. 反之, 由任意一个这样的序列, 可以逆转这一构造 (假定 k 已知). 因此, 恰有 $m^k m^{m-k-1}$ 个具有一条长度为 k 的回路的函数. (相关结果参见习题 3.1–14. 公式 $m^{m-1} Q(m)$ 首先由莱奥·卡茨得到, 见 *Annals of Math. Statistics* **26** (1955), 512–517.)

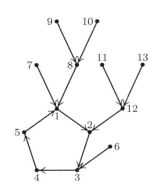

18. 为了由序列 $s_1, s_2, \ldots, s_{n-1}$ 构造树, 首先以 s_1 为根, 然后相继把指向 $s_1, s_2, \ldots$ 的弧附加到树上. 如果顶点 s_k 已经在前面出现, 则指向 s_{k-1} 的弧的起始顶点不命名, 否则给这个顶点以名称 s_k. 当所有 $n-1$ 条弧都已经加上之后, 以递增序使用还未出现的数, 按照顶点的创建次序, 对仍然没有名字的所有顶点命名.

例如, 由 3, 1, 4, 1, 5, 9, 2, 6, 5, 我们可以构造如图所示的树. 这种方法与正文中的方法之间没有简单的联系. 也存在其他表示方法, 参见埃里克·内维尔的论文 [*Proc. Cambridge Phil. Soc.* **49** (1953), 381–385].

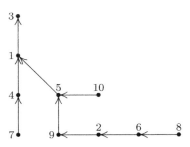

19. 标准表示恰有 $n-k$ 个不同值, 因此可以用这一性质枚举 $n-1$ 个数的序列. 答案是 $n^{\underline{n-k}} \left\{ {n-1 \atop n-k} \right\}$.

20. 考虑这种树的标准表示. 我们是问 $(x_1 + \cdots + x_n)^{n-1}$ 有多少项具有 k_0 个指数 0, k_1 个指数 1, 等等. 答案显然是这样的项的系数乘以这样的项的项数, 即

$$\frac{(n-1)!}{(0!)^{k_0} (1!)^{k_1} \ldots (n!)^{k_n}} \times \frac{n!}{k_0! \, k_1! \ldots k_n!}$$

21. 具有 $2m$ 个顶点的此类树一个也没有. 如果有 $n = 2m+1$ 个顶点, 则令 $k_0 = m+1$, $k_2 = m$, 从习题 20 得到答案, 即 $\binom{2m+1}{m} (2m)! / 2^m$.

22. 恰为 n^{n-2}, 因为如果 X 是一个特定顶点, 则自由树与以 X 为根的定向树一一对应.

23. 可以用 $n!$ 种方法对每一棵无标号的有序树加标号, 得到的每棵带标号的有序树都互不相同. 因此, 总数为 $n! \, b_{n-1} = (2n-2)! / (n-1)!$.

24. 以任一给定顶点为根的有标号有序树的个数都一样多, 因此, 一般情况下的答案为 $1/n$ 乘以习题 23 的结果, 在本题具体情况下, 答案是 30.

25. 对于 $0 \le q < n$, $r(n, q) = (n-q) n^{q-1}$. (特殊情况 $s = 1$ 见式 (24).)

26. ($k = 7$)

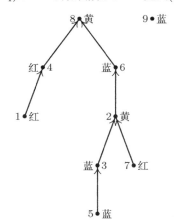

27. 给定 $\{1,2,\ldots,r\}$ 到 $\{1,2,\ldots,q\}$ 的函数 g，使得增加从 V_k 到 $U_{g(k)}$ 的弧不引入定向回路，构造一个序列 $a_1,\ldots,a_r$ 如下：我们称顶点 V_k 是"自由的"，如果对于任意 $j \neq k$，不存在从 V_j 到 V_k 的定向路径．由于不存在定向回路，因此至少存在一个自由顶点．令 b_1 是使得 V_{b_1} 是自由顶点的最小整数，并假定 $b_1,\ldots,b_t$ 已经选定．令 b_{t+1} 是不同于 $b_1,\ldots,b_t$ 的最小整数，使得在删除了从 V_{b_k} 到 $U_{g(b_k)}$ 的弧（$1 \leq k \leq t$）后得到的图中 $V_{b_{t+1}}$ 是自由的．这一规则定义了整数 $\{1,2,\ldots,r\}$ 的一个排列 $b_1 b_2 \ldots b_r$．对于 $1 \leq k \leq r$，令 $a_k = g(b_k)$．这定义了一个序列，使得对于 $1 \leq k < r$，$1 \leq a_k \leq q$，并且 $1 \leq a_r \leq p$．

反之，如果给定这样的序列 $a_1,\ldots,a_r$，则称 V_k 是"自由的"，如果不存在 j 使得 $a_j > p$ 并且 $f(a_j) = k$．由于 $a_r \leq p$，因此最多有 $r-1$ 个非自由的顶点．设 b_1 是使得 V_{b_1} 是自由顶点的最小整数；若 $b_1,\ldots,b_t$ 已经选定，令 b_{t+1} 是不同于 $b_1,\ldots,b_t$ 的最小整数，使得 $V_{b_{t+1}}$ 关于序列 $a_{t+1},\ldots,a_r$ 是自由的．这一规则定义了整数 $\{1,2,\ldots,r\}$ 的一个排列 $b_1 b_2 \ldots b_r$．对于 $1 \leq k \leq r$，令 $g(b_k) = a_k$．这定义了一个函数，使得增加从 V_k 到 $U_{g(k)}$ 的弧不会引入定向回路．

28. 令 f 是从 $\{2,\ldots,m\}$ 到 $\{1,2,\ldots,n\}$ 的 n^{m-1} 个函数中的任意一个，考虑具有顶点 $U_1,\ldots,U_m,V_1,\ldots,V_n$ 和从 U_k 到 $V_{f(k)}$（$1 < k \leq m$）的弧的有向图．以 $p=1$，$q=m$，$r=n$，使用习题 27，证明存在 m^{n-1} 种方法进一步增加从诸 V 到诸 U 的弧，得到以 U_1 为根的定向树．由于所求的自由树的集合与以 U_1 为根的定向树的集合之间存在一一对应，因此答案是 $n^{m-1}m^{n-1}$．[这一构造可以广泛地推广，参见高德纳，*Canadian J. Math.* **20** (1968), 1077–1086.]

29. 如果 $y = x^t$，则 $(tz)y = \ln y$，只要对 $t=1$ 证明该等式就足够了．如果 $zx = \ln x$，则由习题 25 可知，对于非负整数 m，$x^m = \sum_k E_k(m,1)z^k$．因此

$$x^r = e^{zxr} = \sum_k \frac{(zxr)^k}{k!} = \sum_{j,k} \frac{r^k z^{k+j} E_j(k,1)}{k!} = \sum_k \frac{z^k}{k!} \sum_j \binom{k}{j} j! E_j(k-j,1) r^{k-j}$$

$$= \sum_k \frac{z^k}{k!} \sum_j \binom{k-1}{j} k^j r^{k-j} = \sum_k z^k E_k(r,1).$$

[习题 4.7–22 推导出了更加一般的结果．]

30. 所描述的每个图都定义了一个集合 $C_x \subseteq \{1,\ldots,n\}$，$j$ 在 C_x 中当且仅当对于某个 $i \leq x$，存在一条从 t_j 到 r_i 的路径．对于给定的 C_x，所描述的每个图都由两个独立的部分组成：一部分是顶点 r_i，s_{jk}，t_j（$i \leq x$，$j \in C_x$）上 $x(x + \epsilon_1 z_1 + \cdots + \epsilon_n z_n)^{\epsilon_1 + \cdots + \epsilon_n - 1}$ 个图中的一个，其中 $\epsilon_j = [j \in C_x]$，另一部分是其他顶点上的 $y(y + (1-\epsilon_1)z_1 + \cdots + (1-\epsilon_n)z_n)^{(1-\epsilon_1)+\cdots+(1-\epsilon_n)-1}$ 个图中的一个．

31. $G(z) = z + G(z)^2 + G(z)^3 + G(z)^4 + \cdots = z + G(z)^2/(1 - G(z))$．因此，$G(z) = \frac{1}{4}(1 + z - \sqrt{1 - 6z + z^2}) = z + z^2 + 3z^3 + 11z^4 + 45z^5 + \cdots$ [注记：与该问题等价的另一个问题由厄恩斯特·施罗德提出并解决，见 *Zeitschrift für Mathematik und Physik* **15**(1870), 361–376. 他确定了在一个凸 $(n+1)$ 边形中插入不重叠的对角线的方法数．对于 $n > 1$，该数仅为习题 2.2.1–11 得到的值的一半，因为普拉特允许相关联顶点分析树的根结点为 1 度．该近似值的计算结果见习题 2.2.1–12. 说来奇怪，似乎在公元前 2 世纪，喜帕恰斯就已经计算过值 $[z^{10}]\,G(z) = 103049$，把它作为"可以仅由 10 个简单命题表述的肯定复合命题"的数目，参见理查德·斯坦利，*AMM* **104** (1997)，344–350；法比奥·阿切尔比，*Archive for History of Exact Sciences* **57** (2003)，465–502.]

32. 如果 $n_0 \neq 1 + n_2 + 2n_3 + 3n_4 + \cdots$，则为 0（见习题 2.3–21）；否则为

$$(n_0 + n_1 + \cdots + n_m - 1)!/n_0!\,n_1!\ldots n_m!.$$

为了证明这一结果，回想具有 $n = n_0 + n_1 + \cdots + n_m$ 个结点的无符号的树，如何用后序下结点的度数序列 $d_1 d_2 \ldots d_n$ 刻画（2.3.3 节）．此外，这样一个度数序列对应于一棵树，当且仅当对于 $0 < k \leq n$，$\sum_{j=1}^{k}(1 - d_j) > 0$．（波兰后缀表示法（postfix notation）的这一重要性质容易用归纳法证明，见算法 2.3.3F，其中 f 是创建树的函数，类似于 2.3.2 节的 TREE 函数．）特别要求 d_1 必须为 0. 因此，本题的答案是，j 出现 n_j 次（$j > 0$）的序列 $d_2 \ldots d_n$ 的个数，即多项式系数

$$\binom{n-1}{n_0 - 1,\, n_1,\ldots, n_m},$$

减去满足如下条件的序列 $d_2 \ldots d_n$ 的个数: 对于某个 $k \geq 2$, $\sum_{j=2}^{k}(1 - d_j) < 0$.

要排除的序列可以枚举如下: 令 t 为使得 $\sum_{j=2}^{t}(1 - d_j) < 0$ 的最小整数, 于是, $\sum_{j=2}^{t}(1 - d_j) = -s$, 其中 $1 \leq s < d_t$, 可以构造子序列 $d'_2 \ldots d'_n = d_{t-1} \ldots d_2 0 d_{t+1} \ldots d_n$, 其中对于 $j = d_t$, j 出现 n_j 次, 对于 $j \neq d_t$, j 出现 $n_j - 1$ 次. 因此, 当 $k = n$ 时 $\sum_{j=2}^{k}(1 - d'_j)$ 等于 d_t, 而当 $k = t$ 时它等于 $d_t - s$; 当 $k < t$ 时, 它是

$$\sum_{2 \leq j < t}(1 - d_j) - \sum_{2 \leq j \leq t-k}(1 - d_j) \leq \sum_{2 \leq j < t}(1 - d_j) = d_t - s - 1.$$

由此, 给定 s 和任意序列 $d'_2 \ldots d'_n$, 则该构造是可逆的. 因此, 具有给定 d_t 和 s 值的序列 $d_2 \ldots d_n$ 的个数是多项式系数

$$\binom{n-1}{n_0, \ldots, n_{d_t} - 1, \ldots, n_m}.$$

对所有可能的 d_t 和 s 值求和, 得到序列 $d_2 \ldots d_n$ 的个数:

$$\sum_{j=0}^{m}(1 - j)\binom{n-1}{n_0, \ldots, n_j - 1, \ldots, n_m} = \frac{(n-1)!}{n_0! \, n_1! \ldots n_m!}\sum_{j=0}^{m}(1 - j)n_j,$$

其中, 后一个和为 1.

更简单的证明由拉尼给出 [*Transactions of the American Math. Society* **94** (1960), 441–451]. 如果 $d_1 d_2 \ldots d_n$ 是任意序列, 其中 j 出现 n_j 次, 则恰有一个对应于树的循环重排 $d_k \ldots d_n d_1 \ldots d_{k-1}$, 此时 k 是使 $\sum_{j=1}^{k-1}(1 - d_j)$ 最小的最大值. [在二叉树情况下, 这一论证显然首先由查尔斯·皮尔斯发现, 写在一篇未发表的手稿中, 见 *New Elements of Mathematics* **4** (The Hague: Mouton, 1976), 303–304. 在 t 叉树的情况下, 则由阿列耶夫·德瓦列茨基和费得罗·莫茨金发现, 见 *Duke Math. J.* **14** (1947), 305–313.]

伯格曼还给出了另一种证明, 如果 $d_k > 0$, 则归纳地用 $(d_k + d_{k+1} - 1)$ 替换 $d_k d_{k+1}$ [*Algebra Universalis* **8** (1978), 129–130].

上面的方法可以推广, 证明只要满足条件 $n_0 = f + n_2 + 2n_3 + \cdots$, 则具有 f 棵树和 n_j 个 j 度结点的 (有序的、无标号的) 森林数为 $(n-1)! \, f/n_0! \, n_1! \ldots n_m!$.

33. 考虑具有 n_1 个标号为 1 的结点, n_2 个标号为 2 的结点, ... 并使得标号为 j 的每个结点为 e_j 度的树的个数. 令该数为 $c(n_1, n_2, \ldots)$, 而所说明的度数 e_1, e_2, ... 看作固定的. 生成函数 $G(z_1, z_2, \ldots) = \sum c(n_1, n_2, \ldots) z_1^{n_1} z_2^{n_2} \ldots$ 满足等式 $G = z_1 G^{e_1} + \cdots + z_r G^{e_r}$ 因为 $z_j G^{e_j}$ 枚举根结点标号为 j 的树. 根据上一题的结果,

$$c(n_1, n_2, \ldots) = \begin{cases} \dfrac{(n_1 + n_2 + \cdots - 1)!}{n_1! \, n_2! \ldots}, & \text{如果 } (1 - e_1)n_1 + (1 - e_2)n_2 + \cdots = 1; \\ 0, & \text{其他.} \end{cases}$$

更一般地, 由于 G^f 枚举具有这种标号的有序森林的个数, 因此对于整数 $f > 0$, 有

$$w^f = \sum_{f = (1-e_1)n_1 + (1-e_2)n_2 + \cdots} \frac{(n_1 + n_2 + \cdots - 1)! \, f}{n_1! \, n_2! \ldots} z_1^{n_1} z_2^{n_2} \cdots.$$

当 $r = \infty$ 时, 上述公式有意义, 并且本质上等价于拉格朗日反演公式.

2.3.4.5 节

1. 总共有 $\binom{8}{5}$ 棵, 因为编号为 8, 9, 10, 11, 12 的结点可以附在 4, 5, 6, 7 之下的 8 个位置的任何一个.

2.

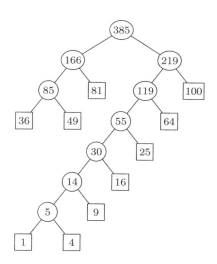

3. 对 m 归纳可证, 该条件是必要的. 反之, 如果 $\sum_{j=1}^{m} 2^{-l_j} = 1$, 则我们想构造一棵具有路径长度 $l_1, \ldots,$ l_m 的扩展的二叉树. 当 $m = 1$ 时, $l_1 = 0$, 构造是平凡的. 否则, 可以假定诸 l 是有序的, 对于某个满足 $1 \le q \le m$ 的 q, $l_1 = l_2 = \cdots = l_q > l_{q+1} \ge l_{q+2} \ge \cdots \ge l_m > 0$. 由于 $2^{l_1-1} = \sum_{j=1}^{m} 2^{l_1-l_j-1} = \frac{1}{2}q +$ 整数, 因此 q 为偶数. 对 m 作归纳, 存在一棵具有路径长度 $l_1 - 1, l_3, l_4, \ldots, l_m$ 的树. 取这棵树, 用一个其子女在 $l_1 = l_2$ 层的内部结点取代第 $l_1 - 1$ 层的一个外部结点.

4. 首先, 用哈夫曼方法找一棵树. 如果 $w_j < w_{j+1}$, 则 $l_j \ge l_{j+1}$, 因为这棵树是最优的. 利用习题 3 答案中的构造, 得到另一棵树, 它具有相同的诸路径长度, 权重序列也符合题目要求. 例如, 树(11)变成

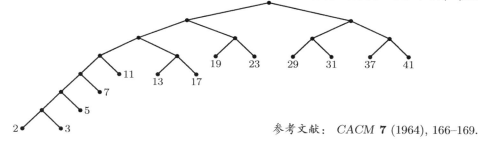

参考文献: *CACM* **7** (1964), 166–169.

5. (a) $b_{np} = \sum\limits_{\substack{k+l=n-1 \\ r+s+n-1=p}} b_{kr}b_{ls}$. 因此 $zB(w, wz)^2 = B(w, z) - 1$.

   (b) 关于 w 求偏导数:

$$2zB(w, wz)\big(B_w(w, wz) + zB_z(w, wz)\big) = B_w(w, z).$$

因此, 如果 $H(z) = B_w(1, z) = \sum_n h_n z^n$, 则求得 $H(z) = 2zB(z)(H(z) + zB'(z))$. $B(z)$ 的公式蕴涵

$$H(z) = \frac{1}{1-4z} - \frac{1}{z}\left(\frac{1-z}{\sqrt{1-4z}} - 1\right), \qquad \text{所以} \qquad h_n = 4^n - \frac{3n+1}{n+1}\binom{2n}{n}.$$

平均值为 h_n/b_n. (c) 近似值为 $n\sqrt{\pi n} - 3n + O(\sqrt{n})$.

   关于类似问题的解, 见约翰·赖尔登, *IBM J. Res. and Devel.* **4** (1960), 473–478; 阿尔弗雷德·雷尼和乔治·塞凯赖什, *J. Australian Math. Soc.* **7** (1967), 497–507; 赖尔登和尼尔·斯洛恩, *J. Australian Math. Soc.* **10** (1969), 278–282; 以及习题 2.3.1–11.

6. $n + s - 1 = tn$.

7. $E = (t-1)I + tn$.

8. 分部求和，得到 $\sum_{k=1}^{n} \lfloor \log_t((t-1)k) \rfloor = nq - \sum k$，右端和式的求和范围是使得 $0 \le k \le n$ 并且对于某个 j 有 $(t-1)k+1 = t^j$ 的所有 k，后一部分可以写成 $\sum_{j=1}^{q}(t^j-1)/(t-1)$.

9. 对树的大小归纳.

10. 如果必要的话，通过增加一些 0 权重，我们可以假定 $m \bmod (t-1) = 1$. 为了得到具有极小加权路径长度的 t 叉树，可以在每一步组合 t 个最小的值，并且用它们的和替换它们. 证明基本上与二叉树情况相同. 所求的三叉树如图所示.

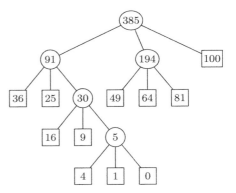

黄光明 [*SIAM J. Appl. Math.* **37** (1979), 124–127] 指出，对于具有任意确定度数多重集的极小加权路径长度树，类似的过程有效：在每一步组合 t 个最小的权重，其中 t 尽可能小.

11. "杜威" 记数法的记号是结点数的二进制表示.

12. 根据习题 9，以随机结点为根的子树的平均大小是内部路径长度除以 n，再加上 1.（这一结果对一般的树和二叉树都成立.）

13. [见扬·莱文，*Proc. 3rd International Colloq. Automata, Languages and Programming* (Edinburgh University Press, 1976), 382–410.]

> **H1.** [初始化.] 对于 $1 \le i \le m$，置 $A[m-1+i] \leftarrow w_i$. 然后，置 $A[2m] \leftarrow \infty$，$x \leftarrow m$，$i \leftarrow m+1$，$j \leftarrow m-1$，$k \leftarrow m$.（在这个算法运行期间，$A[i] \le \cdots \le A[2m-1]$ 是未使用的外部权重的队列；$A[k] \ge \cdots \ge A[j]$ 是未使用的内部权重的队列，如果 $j < k$ 则为空；当前的左右指针为 x 和 y.）

> **H2.** [找右指针.] 如果 $j < k$ 或 $A[i] \le A[j]$，则置 $y \leftarrow i$，$i \leftarrow i+1$；否则置 $y \leftarrow j$，$j \leftarrow j-1$.

> **H3.** [创建内部结点.] 置 $k \leftarrow k-1$，$L[k] \leftarrow x$，$R[k] \leftarrow y$，$A[k] \leftarrow A[x] + A[y]$.

> **H4.** [完成?] 如果 $k = 1$，则终止算法.

> **H5.** [找左指针.]（此时，$j \ge k$，队列总共包含 k 个未使用的权重. 如果 $A[y] < 0$，则 $j = k$，$i = y+1$，并且 $A[i] > A[j]$.）如果 $A[i] \le A[j]$，则置 $x \leftarrow i$，$i \leftarrow i+1$；否则置 $x \leftarrow i$，$i \leftarrow i+1$，$j \leftarrow j-1$. 返回步骤 H2. ∎

14. 对于 $k = m-1$ 的证明稍作改变. [见 *SIAM J. Appl. Math.* **21** (1971), 518.]

15. 在式(9)中，分别使用组合权重函数 (a) $1 + \max(w_1, w_2)$ 和 (b) $xw_1 + xw_2$，而不是 $w_1 + w_2$. [(a) 基于马丁·戈隆比克，*IEEE Trans.* **C-25** (1976), 1164–1167；(b) 基于胡德强、丹尼尔·克莱特曼和玉置惠子，*SIAM J. Appl. Math.* **37** (1979), 246–256. 哈夫曼问题是 $x \to 1$ 时 (b) 的极限情况，因为 $\sum(1+\epsilon)^{l_j} w_j = \sum w_j + \epsilon \sum w_j l_j + O(\epsilon^2)$.]

道格拉斯·帕克指出，当 $0 < x < 1$ 时，如果像 (b) 一样，每步组合两个最大的权重，一种类哈夫曼算法也能找出极小的 $w_1 2^{-l_1} + \cdots + w_m 2^{-l_m}$. 特别是当 $w_1 x^{l_1} + \cdots + w_m x^{l_m}$ 时，$w_1/2 + \cdots + w_{m-1}/2^{m-1} + w_m/2^{m-1}$ 的极小值为 $w_1 \le \cdots \le w_m$. 关于进一步推广，见高德纳，*J. Comb. Theory* **A32** (1982), 216–224.

16. 令 $l_{m+1} = l'_{m+1} = 0$. 于是

$$\sum_{j=1}^{m} w_j l_j \le \sum_{j=1}^{m} w_j l'_j = \sum_{k=1}^{m} (l'_k - l'_{k+1}) \sum_{j=1}^{k} w_j \le \sum_{k=1}^{m} (l'_k - l'_{k+1}) \sum_{j=1}^{k} w'_j = \sum_{j=1}^{m} w'_j l'_j,$$

因为像习题 4 中一样，$l'_j \ge l'_{j+1}$. 同样的证明对于许多其他类型的最优树也成立，例如习题 10.

17. (a) 这是习题 14. (b) 我们可以把 $f(n)$ 扩充成凹函数 $f(x)$, 使得所述不等式成立. $F(m)$ 是极小的 $\sum_{j=1}^{m-1} f(s_j)$, 其中 s_j 是以 $1, 1, \ldots, 1$ 为权重的扩展的二叉树的内部结点权重. 哈夫曼算法在此情况下构造具有 $m-1$ 个内部结点的完全二叉树, 产生最优树. 取值 $k = 2^{\lceil \lg(n/3) \rceil}$ 定义具有相同内部权重的二叉树, 因此对于每个 n, 它产生递推式中的最小值. [*SIAM J. Appl. Math.* **31** (1976), 368–378.] 可以在 $O(\log n)$ 步内计算 $F(n)$, 见习题 5.2.3–20 和 5.2.3–21. 如果 $f(n)$ 是凸的而不是凹的, 使得 $\Delta^2 f(n) \geq 0$, 则当 $k = \lfloor n/2 \rfloor$ 时得到递推式的解.

2.3.4.6 节

1. 选择多边形的一条边, 并称它为基. 给定一个三角剖分, 令基上的三角形对应于一棵二叉树的根, 并定义该三角形的其他两边为左右子多边形的基, 它们以同样的方式对应于左右子树. 递归地进行, 直至得到 "两边形", 它对应于空二叉树.

下面用另一种方法陈述这一对应关系. 用整数 $0, \ldots, n$ 标记被三角剖分的多边形的非基边. 当一个三角形的两条相邻边以顺时针被标记为 α 和 β 时, 可以标记第三边为 $(\alpha\beta)$. 于是, 基的标记刻画二叉树和三角剖分. 例如

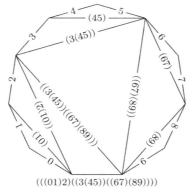

对应于 2.3.1–(1) 中的二叉树. [见亨利·福德, *Mathematical Gazette* **45** (1961), 199–201.]

2. (a) 像习题 1 中那样, 取基边. 如果该基边属于被切分的 r 边形中的 $(d+1)$ 边形, 那么给它 d 条边作为后代, 这 d 条边则是诸子树的基. 这定义了柯克曼问题与具有 $r-1$ 个树叶、$k+1$ 个非树叶、没有 1 度结点的所有有序树之间的对应关系. (当 $k = r-3$ 时, 得到习题 1 的情况.)

(b) 存在 $\binom{r+k}{k+1}\binom{r-3}{k}$ 个非负整数序列 $d_1 d_2 \ldots d_{r+k}$ 使得 $r-1$ 个 d_j 等于 0, 所有 d_j 均不等于 1, 并且其和为 $r+k-1$. 循环排列 $d_1 d_2 \ldots d_{r+k}, d_2 \ldots d_{r+k} d_1, \ldots, d_{r+k} d_1 \ldots d_{r+k-1}$ 中, 恰有一个满足附加的条件: 对于 $1 \leq q \leq r+k$, $\sum_{j=1}^{q} (1 - d_j) > 0$.

[柯克曼对他的猜想给出了证据, 见 *Philos. Trans.* **147** (1857), 217–272 §22. 凯利给出了证明, 但未注意到它与树的联系, 见 *Proc. London Math. Soc.* **22** (1891), 237–262.]

3. (a) 令顶点为 $\{1, 2, \ldots, n\}$. 如果 i 和 j 是相同部分的相继元素, 并且 $i < j$, 则从 i 到 j 画一个 RLINK; 如果 $j+1$ 是所在部分的最小者, 则从 j 到 $j+1$ 画一个 LLINK. 于是, 存在 $k-1$ 个非空 LLINK 和 $n-k$ 个非空 RLINK, 得到一棵二叉树, 其结点在前序下为 $12 \ldots n$. 使用 2.3.2 节的自然对应关系, 这一规则定义了 "把 n 边形的顶点划分成 k 个不相交部分" 与 "具有 n 个顶点和 $n-k+1$ 个树叶的森林" 之间的一一对应关系. 交换 LLINK 和 RLINK, 也给出 "具有 n 个顶点和 k 个树叶的森林".

(b) 具有 n 个顶点和 k 个树叶的森林也对应于包含 n 个左括号、n 个右括号和 k 个 "()" 的嵌套括号序列. 我们可以如下枚举这样的序列.

一个 0 和 1 的串称作 (m, n, k) 串, 如果其中出现 m 个 0, n 个 1 和 k 个 "01". 于是, 0010101001110 是一个 $(7, 6, 4)$ 串. (m, n, k) 串的个数为 $\binom{m}{k}\binom{n}{k}$, 因为我们可以自由地选择哪些 0 和哪些 1 形成 01 对.

令 $S(\alpha)$ 为 α 中 0 的个数减去 1 的个数. 如果只要 α 是 σ 的前缀就有 $S(\alpha) \geq 0$ (换言之, $\sigma = \alpha\beta$ 蕴涵 $S(\alpha) \geq 0$), 则称串 σ 是好的; 否则, σ 是坏的. 下面的方案与习题 2.2.1–4 的 "反射原理" 不同, 也能建立坏的 (n, n, k) 串与任意 $(n-1, n+1, k)$ 串之间的一一对应关系:

任何坏的 (n,n,k) 串 σ 都可以唯一写成 $\sigma = \alpha 0\beta$ 的形式，其中 $\bar{\alpha}^R$ 和 β 是好的.（这里，$\bar{\alpha}^R$ 是翻转 α 并对各位取补得到的串.）于是，$\sigma' = \alpha 1\beta$ 是一个 $(n-1,n+1,k)$ 串. 反之，每个 $(n-1,n+1,k)$ 串都可以唯一地写成 $\alpha 1\beta$ 的形式，其中 $\bar{\alpha}^R$ 和 β 是好的，于是 $\alpha 0\beta$ 是一个坏的 (n,n,k) 串.

因此，具有 n 个顶点和 k 个树叶的森林数为 $\binom{n}{k}\binom{n}{k} - \binom{n-1}{k}\binom{n+1}{k} = \binom{n-1}{k-1}\binom{n}{k} - \binom{n-1}{k}\binom{n}{k-1} = n!\,(n-1)!/(n-k+1)!\,(n-k)!\,k!\,(k-1)!$，又称那罗延数.［那罗延，*Comptes Rendus Acad. Sci.* **240** (Paris, 1955), 1188–1189.］

注记：杰曼·克雷韦拉斯［*Discrete Math.* **1** (1972), 333–350］用另一种方法枚举了不交叉的划分. 改进划分的偏序，可得到森林的有趣偏序，与习题 2.3.3–19 中讨论的偏序不同，见伊夫·波帕尔，*Cahiers du Bureau Univ. de Recherche Opérationnelle* **16** (1971), 第 8 章；*Discrete Math.* **2** (1972), 279–288；保罗·埃德尔曼，*Discrete Math.* **31** (1980), 171–180, **40** (1982), 171–179；德肖维茨和什穆埃尔·扎克斯，*Discrete Math.* **64** (1986), 215–218.

定义森林的自然格序还有第三种方法，由斯坦利［*Fibonacci Quarterly* **13** (1975), 215–232］提出：假设像上面一样，用表示左右括号的 0 和 1 的串 σ 表示森林，于是 $\sigma \le \sigma'$，当且仅当对于所有的 k 都有 $S(\sigma_k) \le S(\sigma'_k)$，其中 σ_k 表示 σ 的前 k 位. 与前两种方法不同，斯坦利的格是分配格.

4. 令 $m = n + 2$；由习题 1，我们想求出三角剖分 m 边形和 $(m-1)$ 行饰带之间的对应关系. 首先，对三角剖分的边使用"自顶向下"标记，而不是习题 1 的"自底向上"标记，更仔细地观察之前发现的对应关系：对基赋予一个空标号 ϵ，然后递归地对基标记为 α 的三角形的对边赋予标记 αL 和 αR. 例如，在新的约定下，前面的图变成

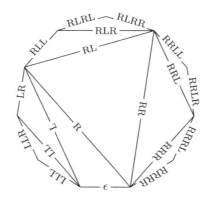

如果这个例子中的基边称作 10，而其他边与以前一样是 0 到 9，则可以写 $0 = 10LLL$，$1 = 10LLR$，$2 = 10LR$，$3 = 10RLL$，等等. 任何其他边也都可以选为基，如果选定 0 为基，则有 $1 = 0L$，$2 = 0RL$，$3 = 0RRLLL$，等等. 不难验证，如果 $u = v\alpha$，则 $v = u\alpha^T$，其中 α^T 是从右向左读 α 并把 L 与 R 互换得到的. 例如，$10 = 0RRR = 1LRR = 2LR = 3RRL$，等等. 如果 u、v 和 w 是多边形的边，满足 $w = u\alpha L\gamma$ 和 $w = v\beta R\gamma$，则 $u = v\beta L\alpha^T$，$v = u\alpha R\beta^T$.

给定各边编号为 $0, 1, \ldots, m-1$ 的多边形的一个三角剖分，对任意一对不同的边 u 和 v，定义 (u, v) 如下：令 $u = v\alpha$，又令 $L = \left(\begin{smallmatrix} 1 & 1 \\ 0 & 1 \end{smallmatrix}\right)$，$R = \left(\begin{smallmatrix} 1 & 0 \\ 1 & 1 \end{smallmatrix}\right)$ 把 α 解释为 2×2 矩阵，于是 (u, v) 定义为 α 的左上角元素. 注意 $R = L^T$，α^T 是矩阵 α 的转置，因此 $(v, u) = (u, v)$. 另外注意，$(u, v) = 1$，当且仅当 u_- 和 v_- 被三角剖分的一条边连接，其中 v_- 表示边 u 和 $u-1$ 之间的顶点.

对于多边形的所有边 u，令 $(u, u) = 0$. 现在，我们可以证明 $v = u\alpha$ 蕴涵

$$\alpha = \begin{pmatrix} (u, v) & (u, v+1) \\ (u+1, v) & (u+1, v+1) \end{pmatrix} \qquad \text{对于所有 } u \ne v, \tag{$*$}$$

其中 $u+1$ 和 $v+1$ 是 u 和 v 顺时针方向的后继. 证明方法是对 m 归纳：当 $m = 2$ 时，式 $(*)$ 是显然的，因为两条平行的边 u 和 v 被 $u = v\epsilon$ 相关联，而 $\alpha = \epsilon$ 是单位矩阵. 如果在某条边 v 上增加三角形 $vv'v''$，可扩展三角剖分，则 $v = u\alpha$ 蕴涵 $v' = u\alpha L$ 和 $v'' = u\alpha R$，因此扩展后的多边形中的 (u, v') 和

(u, v'') 分别等于原多边形中的 (u, v) 和 $(u, v) + (u, v+1)$. 由此推出,

$$\alpha L = \begin{pmatrix} (u, v') & (u, v'') \\ (u+1, v') & (u+1, v'') \end{pmatrix} \quad \text{和} \quad \alpha R = \begin{pmatrix} (u, v'') & (u, v''+1) \\ (u+1, v'') & (u+1, v''+1) \end{pmatrix},$$

并且在扩展后的多边形中, 式 $(*)$ 仍然成立.

对应于给定三角剖分的饰带模式, 定义为周期序列

$$
\begin{array}{ccccccccc}
(0,1) & (1,2) & (2,3) & \cdots & (m-1,0) & (0,1) & (1,2) & \cdots \\
 & (0,2) & (1,3) & (2,4) & \cdots & (m-1,1) & (0,2) & (1,3) & \cdots \\
(m-1,2) & (0,3) & (1,4) & \cdots & (m-2,1) & (m-1,2) & (0,3) & \cdots \\
(m-1,3) & (0,4) & (1,5) & \cdots & (m-2,2) & (m-1,3) & (0,4) & \cdots
\end{array}
$$

如此下去, 直到 $m-1$ 行被定义. 当 $m > 3$ 时, 最后一行首项为 $(\lceil m/2 \rceil + 1, \lceil m/2 \rceil)$. 条件 $(*)$ 证明这个模式是饰带, 即

$$(u, v)(u+1, v+1) - (u, v+1)(u+1, v) = 1, \tag{$**$}$$

因为 $\det L = \det R = 1$ 蕴涵 $\det \alpha = 1$. 由本题的三角剖分, 得到饰带

```
1   1   1   1   1   1   1   1   1   1   1   1   1   1   1   1   1   1   1   1   1   1   1   1   1  ...
  1   2   4   2   1   5   1   3   1   4   3   1   2   4   2   1   5   1   3   1   4  ...
2   1   7   7   1   4   4   2   2   3  11   2   1   7   7   1   4   4   2   2   3  ...
  1   3  13   3   3   7   1   5   8   7   1   3  13   3   3   7   1   5   8  ...
3   2   5   5   8   5   2   5  13   5   3   2   5   5   8   5   2   5   3   2  13  ...
  5   3   2  13   5   3   2   5   5   8   5   3   2  13   5   3   2   5   5   8  ...
3   7   1   5   8   7   1   3  12   3   3   7   1   5   8   7   1   3  12   3  ...
  4   2   2   3  11   2   1   7   7   1   4   4   2   2   3  11   2   1   7   7   1  ...
5   1   3   1   4   3   1   2   4   2   1   5   1   3   1   4   3   1   2   4   2  ...
  1   1   1   1   1   1   1   1   1   1   1   1   1   1   1   1   1   1   1   1  ...
```

关系 $(u, v) = 1$ 定义三角剖分的边, 因此不同的三角剖分产生不同的饰带. 为了完成一一对应关系的证明, 我们必须证明, 每一个 $(m-1)$ 行的正整数的饰带模式都可以用这种方法从某个三角剖分得到.

给定任意 $m-1$ 行的饰带, 在上部增加新的第 0 行, 在下部增加新的第 m 行, 它们都全部由 0 组成. 称第 0 行的元素为 $(0,0)$, $(1,1)$, $(2,2)$ 等, 并对于所有非负整数 $u < v \le u + m$, 令 (u, v) 为 (u, u) 东南对角线与 (v, v) 西南对角线交点处的元素. 根据假定, 条件 $(**)$ 对于所有 $u < v < u + m$ 成立. 事实上, 我们可以把 $(**)$ 扩充为更加一般的关系

$$(t, u)(v, w) + (t, w)(u, v) = (t, v)(u, w) \qquad \text{对于 } t \le u \le v \le w \le t + m. \tag{$***$}$$

因为, 如果 $(***)$ 为假, 则令 (t, u, v, w) 为具有最小 $(w-t)m + u - t + w - v$ 值的反例. 情况 1: $t + 1 < u$. 于是, 对于 $(t, t+1, v, w)$、$(t, t+1, u, v)$ 和 $(t+1, u, v, w)$, 式 $(***)$ 成立, 因此 $((t, u)(v, w) + (t, w)(u, v))(t+1, v) = (t, v)(u, w)(t+1, v)$, 而这蕴涵 $(t+1, v) = 0$, 矛盾. 情况 2: $v + 1 < w$. 于是, 对于 $(t, u, w-1, w)$、$(u, v, w-1, w)$ 和 $(t, u, v, w-1)$, 式 $(***)$ 成立, 同理可得 $(u, w-1) = 0$, 矛盾. 情况 3: $u = t + 1$, $w = v + 1$. 在这种情况下, 式 $(***)$ 归结成式 $(**)$.

在式 $(***)$ 中令 $u = t + 1$, $w = t + m$, 则得到对于 $t \le v \le t + m$, 有 $(t, v) = (v, t+m)$, 因为 $(t+1, t+m) = 1$ 并且 $(t, t+m) = 0$. 由此得出结论, 任何 $(m-1)$ 行的饰带都是周期的: $(u, v) = (v, u+m) = (u+m, v+m) = (v+m, u+2m) = \cdots$.

每个正整数的饰带模式的第 2 行都包含一个 1. 因为如果在式 $(***)$ 中令 $t = 0$, $v = u + 1$, $w = u + 2$, 则得到 $(0, u+1)(u, u+2) = (0, u) + (0, u+2)$. 因此, $(0, u+2) - (0, u+1) \ge (0, u+1) - (0, u)$, 当且仅当 $(u, u+2) \ge 2$. 这不可能对区间 $0 \le u \le m-2$ 中的所有 u 都成立, 因为 $(0,1) - (0,0) = 1$, 并且 $(0, m) - (0, m-1) = -1$.

最后，如果 $m > 3$，则第 2 行不可能有两个连续的 1，因为 $(u, u+2) = (u+1, u+3) = 1$ 蕴涵 $(u, u+3) = 0$. 因此，我们可以把该饰带归约为具有 (m_1) 行的另一个饰带，如下所示把 7 行归约为 6 行：

$$
\begin{array}{cccccccc}
1 & 1 & 1 & 1 & 1 & 1 & 1 & 1 \cdots \\
a & b & c & d{+}1 & 1 & e{+}1 & y & z \cdots \\
p & q & c{+}r & d & e & u{+}y & v & w \cdots \\
u & q{+}v & r & s & s & u & q{+}v & r & s \cdots \\
u{+}y & v & w & p & q & c{+}r & d & e \cdots \\
y & z & a & b & c & d{+}1 & 1 & e{+}1 \cdots \\
1 & 1 & 1 & 1 & 1 & 1 & 1 & 1 \cdots
\end{array}
\qquad
\begin{array}{ccccccc}
1 & 1 & 1 & 1 & 1 & 1 & 1 \cdots \\
a & b & c & d & e & y & z \cdots \\
p & q & r & s & u & v & w \cdots \\
u & v & w & p & q & r & s \cdots \\
y & z & a & b & c & d & e \cdots \\
1 & 1 & 1 & 1 & 1 & 1 & 1 \cdots
\end{array}
$$

根据归纳法，归约后的饰带对应于一个三角剖分，而未归约的饰带对应于再附加一个三角形的三角剖分. [*Math. Gazette* **57** (1974), 87–94, 175–183；康威和盖伊，*The Book of Numbers* (New York: Copernicus, 1996), 74–76, 96–97, 101–102.]

注记: 这个证明展示，只要 (t, u, v, w) 是多边形在顺时针序下的边，利用 2×2 矩阵在任意三角剖分上定义的函数 (u, v) 就满足式 (∗∗∗). 我们可以把每个 (u, v) 表示成数 $a_j = (j-1, j+1)$ 的多项式，它们除了各项的符号外，基本上与 4.5.3 节讨论的"连续多项式"(continuant) 相同. 事实上，$(j, k) = i^{1-k+j} K_{k-j-1}(ia_{j+1}, ia_{j+2}, \ldots, ia_{k-1})$. 因此，(∗∗∗) 等价于习题 4.5.3–32 答案中关于连续多项式的欧拉恒等式. 矩阵 L 和 R 具有一个有趣的性质：行列式为 1 的任意负整数的 2×2 矩阵都可以唯一地表示成若干个 L 和若干个 R 的乘积.

此外，还有一些有趣的联系. 例如，在整数饰带对应的剖分多边形中，每个顶点所在的三角形个数之和就是饰带第 2 行中的相应数. 在基本区域 $0 \le u < v - 1 < m - 1$，$(u, v) \ne (0, m-1)$ 中，$(u, v) = 1$ 出现的总次数是剖分的对角线（弦）的个数，即 $m - 3 = n - 1$. 2 的总数也是 $n - 1$，因为 $(u, v) = 2$，当且仅当 u_- 和 v_- 是与一根弦邻近的两个三角形的相对顶点.

(u, v) 的另一种解释由杜安·布罗林、唐纳德·克罗和欧文·艾萨克斯发现 [*Geometriæ Dedicata* **3** (1974), 171–176]：u 和 $v - 1$ 这两条边之间有 $v - u - 1$ 个顶点，与这些顶点邻接的不同三角形和这些顶点匹配的方法数就是 (u, v).

2.3.5 节

1. 表结构是一个有向图，其中从每个顶点出来的弧是有序的，一些出度为 0 的顶点被指定为"原子". 此外，存在一个顶点 S，使得对于所有的顶点 $V \ne S$，都存在一条从 S 到 V 的定向路径. （逆转弧的方向，S 将为"根".）

2. 不能用同样的方法，因为通常表示下的线索链指回"PARENT"，对于子表不是唯一的. 习题 2.3.4.2–25 讨论的表示或类似的方法或许可以使用（但是写作本章时未探讨这种想法）.

3. 正如正文中所提到的，我们还要证明算法终止时 P = P0. 如果只有 P0 待标记，算法肯定正确. 如果 $n > 1$ 个结点待标记，则一定有 ATOM(P0) = 0. 于是，步骤 E4 置 ALINK(P0) ← Λ，并且以 ALINK(P0) 替换 P0，P0 替换 T 执行该算法. 根据归纳法可知（注意，由于 MARK(P0) 现在等于 1，根据步骤 E4 和 E5，所有指向 P0 的链都等价于 Λ），最终我们将标记从 ALINK(P0) 出发并且不经过 P0 的所有路径上的所有结点，到达步骤 E6 时将有 T = P0，P = ALINK(P0). 由于 ATOM(T) = 1，因此步骤 E6 恢复 ALINK(P0) 和 ATOM(P0)，并且回到步骤 E5. 步骤 E5 置 BLINK(P0) ← Λ 等，重复类似的论证，可以证明，最终将标记从 BLINK(P0) 出发并且不经过 P0 或从 ALINK(P0) 可达的结点的所有路径上的所有结点. 然后，到达步骤 E6 时将有 T = P0，P = BLINK(P0)，最后一次到达 E6 时则有 T = Λ，P = P0.

4. 下面的程序结合了正文中在算法 E 后面提出的改进，以加快原子的处理速度.

在算法 E 的步骤 E4 和 E5，我们要测试是否有 MARK(Q) = 0. 如果 NODE(Q) = +0，这种不寻常的情况可以正确处理，只需置它为 −0，并且把它看作原本就是 −0 一样处理，因为它的 ALINK 和 BLINK 都为 Λ. 这一简化修改在下面的程序计时中未反映.

rI1 ≡ P，rI2 ≡ T，rI3 ≡ Q，rX ≡ −1（为设置诸 MARK）.

01	MARK	EQU	0:0	
02	ATOM	EQU	1:1	
03	ALINK	EQU	2:3	
04	BLINK	EQU	4:5	
05	E1	LD1	P0	1	*E1. 初始化.* P ← P0.
06		ENT2	0	1	T ← Λ.
07		ENTX	-1	1	rX ← −1.
08	E2	STX	0,1(MARK)	1	*E2. 标记.* MARK(P) ← 1.
09	E3	LDA	0,1(ATOM)	1	*E3. 原子?*
10		JAZ	E4	1	如果 ATOM(P) = 0, 则转移.
11	E6	J2Z	DONE	n	*E6. 向上.*
12		ENT3	0,2	$n-1$	Q ← T.
13		LDA	0,3(ATOM)	$n-1$	
14		JANZ	1F	$n-1$	如果 ATOM(T) = 1, 则转移.
15		LD2	0,3(BLINK)	t_2	T ← BLINK(Q).
16		ST1	0,3(BLINK)	t_2	BLINK(Q) ← P.
17		ENT1	0,3	t_2	P ← Q.
18		JMP	E6	t_2	
19	1H	STZ	0,2(ATOM)	t_1	ATOM(T) ← 0.
20		LD2	0,3(ALINK)	t_1	T ← ALINK(Q).
21		ST1	0,3(ALINK)	t_1	ALINK(Q) ← P.
22		ENT1	0,3	t_1	P ← Q.
23	E5	LD3	0,1(BLINK)	n	*E5. 沿 BLINK 向下.* Q ← BLINK(P).
24		J3Z	E6	n	如果 Q = Λ, 则转移.
25		LDA	0,3	$n-b_2$	
26		STX	0,3(MARK)	$n-b_2$	MARK(Q) ← 1.
27		JANP	E6	$n-b_2$	如果 NODE(Q)已被标记, 则转移.
28		LDA	0,3(ATOM)	t_2+a_2	
29		JANZ	E6	t_2+a_2	如果 ATOM(Q) = 1, 则转移.
30		ST2	0,1(BLINK)	t_2	BLINK(P) ← T.
31	E4A	ENT2	0,1	$n-1$	T ← P.
32		ENT1	0,3	$n-1$	P ← Q.
33	E4	LD3	0,1(ALINK)	n	*E4. 沿 ALINK 向下.* Q ← ALINK(P).
34		J3Z	E5	n	如果 Q = Λ, 则转移.
35		LDA	0,3	$n-b_1$	
36		STX	0,3(MARK)	$n-b_1$	MARK(Q) ← 1.
37		JANP	E5	$n-b_1$	如果 NODE(Q) 已被标记, 则转移.
38		LDA	0,3(ATOM)	t_1+a_1	
39		JANZ	E5	t_1+a_1	如果 ATOM(Q) = 1, 则转移.
40		STX	0,1(ATOM)	t_1	ATOM(P) ← 1.
41		ST2	0,1(ALINK)	t_1	ALINK(P) ← T.
42		JMP	E4A	t_1	T ← P, P ← Q, 转 E4. ∎

根据基尔霍夫定律, $t_1+t_2+1 = n$. 总时间为 $(34n+4t_1+3a-5b-8)u$ 个单位时间, 其中, n 是被标记的非原子结点数, a 是被标记的原子结点数, b 是标记非原子结点遇到的 Λ 链接数, t_1 是沿 ALINK 向下的次数 ($0 \le t_1 < n$).

5. (对于一级存储, 下面是已知的最快的标记算法.)

S1. 置 MARK(PO) ← 1. 如果 ATOM(PO) = 1，则算法终止；否则，置 S ← 0，T ← Λ.

S2. 置 P ← BLINK(R). 如果 P = Λ 或 MARK(P) = 1，则转到 S3. 否则，置 MARK(P) ← 1. 现在，如果 ATOM(P) = 1，则转到 S3；否则，如果 S < N，则置 S ← S + 1，STACK[S] ← P，并转到 S3；否则转到 S5.

S3. 置 P ← ALINK(R). 如果 P = Λ 或 MARK(P) = 1，则转到 S4. 否则，置 MARK(P) ← 1. 现在，如果 ATOM(P) = 1，则转到 S4；否则置 R ← P，并返回 S2.

S4. 如果 S = 0，则算法终止；否则，置 R ← STACK[S]，S ← S − 1，并转到 S2.

S5. 置 Q ← ALINK(P). 如果 Q = Λ 或 MARK(Q) = 1，则转到 S6. 否则，置 MARK(Q) ← 1. 现在，如果 ATOM(Q) = 1，则转到 S6；否则，置 ATOM(P) ← 1，ALINK(P) ← T，T ← P，P ← Q，转到 S5.

S6. 置 Q ← BLINK(P). 如果 Q = Λ 或 MARK(Q) = 1，则转到 S7. 否则，置 MARK(Q) ← 1. 现在，如果 ATOM(Q) = 1，则转到 S7；否则，置 BLINK(P) ← T，T ← P，P ← Q，转到 S5.

S7. 如果 T = Λ，则转到 S3. 否则，置 Q ← T. 如果 ATOM(Q) = 1，则置 ATOM(Q) ← 0，T ← ALINK(Q)，ALINK(Q) ← P，P ← Q，并返回 S6. 如果 ATOM(Q) = 0，则置 T ← BLINK(Q)，BLINK(Q) ← P，P ← Q，并返回 S7. ∎

参考文献：*CACM* **10** (1967), 501–506.

6. 来自垃圾回收的第二阶段（或许也来自初始化阶段，如果所有的标志位在那时被设置为 0 的话）.

7. 删除步骤 E2 和 E3，并删除 E4 中的"ATOM(P) ← 1". 在步骤 E5 中置 MARK(P) ← 1，并在步骤 E6 中使用"MARK(Q) = 0"和"MARK(Q) = 1"分别取代"ATOM(Q) = 1"和"ATOM(Q) = 0". 其基本思想是，仅当左子树被标记之后才设置 MARK 位. 即便树具有重叠（共用）的子树，这个算法也是有效的. 但是该算法未必适用于递归的表结构，如以 NODE(ALINK(Q)) 为 NODE(Q) 先辈的表结构.（注意，一个被标记的结点的 ALINK 绝不会改变.）

8. 解法 1：类似算法 E，但是更简单.

F1. 置 T ← Λ，P ← PO.

F2. 置 MARK(P) ← 1，并且置 P ← P + SIZE(P).

F3. 如果 MARK(P) = 1，则转到 F5.

F4. 置 Q ← LINK(P). 如果 Q ≠ Λ 并且 MARK(Q) = 0，则置 LINK(P) ← T，T ← P，P ← Q，并且转到 F2. 否则，置 P ← P − 1，并且返回 F3.

F5. 如果 T = Λ，则停止. 否则，置 Q ← T，T ← LINK(Q)，LINK(Q) ← P，P ← Q − 1，并且返回 F3. ∎

拉尔斯-埃里克·托雷利提出一个类似的算法，它有时降低存储开销，还能避免指针指向结点的中部 [*BIT* **12** (1972)，555–568].

解法 2：类似算法 D. 这一解法假定 SIZE 字段足够大，能够容纳一个链地址. 根据问题陈述，这一假定可能不合理，但是如果假定成立就能获得比第一种解法稍快一点儿的速度.

G1. 置 T ← Λ，MARK(PO) ← 1，P ← PO + SIZE(PO).

G2. 如果 MARK(P) = 1，则转到 G5.

G3. 置 Q ← LINK(P)，P ← P − 1.

G4. 如果 Q ≠ Λ 并且 MARK(Q) = 0，则置 MARK(Q) ← 1，S ← SIZE(Q)，SIZE(Q) ← T，T ← Q + S. 转回 G2.

G5. 如果 T = Λ 则停止. 否则，置 P ← T，在 Q = P，P − 1，P − 2，... 中，找出使得 MARK(Q) = 1 的第一个 Q 值；置 T ← SIZE(Q)，SIZE(Q) ← P − Q，转回 G2. ∎

9. **H1.** 置 L ← 0, K ← M + 1, MARK(0) ← 1, MARK(M + 1) ← 0.

   H2. L 增加 1, 如果 MARK(L) = 1 则重复这一步骤.

   H3. K 减少 1, 如果 MARK(K) = 0 则重复这一步骤.

   H4. 如果 L > K, 则转到步骤 H5; 否则, 置 NODE(L) ← NODE(K), ALINK(K) ← L, MARK(K) ← 0, 并且返回 H2.

   H5. 对于 L = 1, 2,..., K, 执行: 置 MARK(L) ← 0; 如果 ATOM(L) = 0 并且 ALINK(L) > K, 则置 ALINK(L) ← ALINK(ALINK(L)); 如果 ATOM(L) = 0 并且 BLINK(L) > K, 则置 BLINK(L) ← ALINK(BLINK(L)). ∎

又见习题 2.5–33.

10. **Z1.** [初始化.] 置 F ← P0, R ⇐ AVAIL, NODE(R) ← NODE(F), REF(F) ← R. (这里, F 和 R 是指针, 指向在遇到的所有表头结点的 REF 字段中建立的队列.)

   Z2. [开始一个新表.] 置 P ← F, Q ← REF(P).

   Z3. [向右推进.] 置 P ← RLINK(P). 如果 P = Λ, 则转到 Z6.

   Z4. [复制一个结点.] 置 Q1 ⇐ AVAIL, RLINK(Q) ← Q1, Q ← Q1, NODE(Q) ← NODE(P).

   Z5. [转换子表链接.] 如果 T(P) = 1, 则置 P1 ← REF(P). 如果 REF(P1) = Λ, 则置 REF(R) ← P1, R ⇐ AVAIL, REF(P1) ← R, NODE(R) ← NODE(P1), REF(Q) ← R. 如果 T(P) = 1 并且 REF(P1) ≠ Λ, 则置 REF(Q) ← REF(P1). 转到 Z3.

   Z6. [移到下一个表.] 置 RLINK(Q) ← Λ. 如果 REF(F) ≠ R, 则置 F ← REF(REF(F)), 并返回到 Z2. 否则, 置 REF(R) ← Λ, P ← P0.

   Z7. [最后清理.] 置 Q ← REF(P). 如果 Q ≠ Λ, 则置 REF(P) ← Λ, P ← Q, 并且重复步骤 Z7. ∎

当然, 这样使用 REF 字段, 表在复制期间不能保持格式工整, 因此就不可能使用算法 D 完成垃圾回收. 人们已经设计了一些优雅的表移动和表复制算法, 它们对表的表示所做的假定弱得多. 见道格拉斯·克拉克, *CACM* **19** (1976), 352–354; 约翰·罗布森, *CACM* **20** (1977), 431–433.

11. 有一种笔算方法可以形式化地写出来作为答案: 首先, 对给定集合中的每个表都附以唯一的名字 (例如一个大写字母). 在这个例子中, 可以有 A = (a: C, b, a: F), F = (b: D), B = (a: F, b, a: E), C = (b: G), G = (a: C), D = (a: F), E = (b: G). 现在, 构造一个列表, 列出每对必须证明它们相等的表名对. 逐次把这些表名对加到该列表中, 直到或者因为一对表名在第一层不一致而发现矛盾 (于是原来给定的表不相同), 或者该列表中的表名对不再蕴涵其他表名对 (于是原来给定的表相同). 在这个例子中, 该表名对列表开始仅包含给定的表名对 AB, 然后得到表名对 CF 和 EF (通过匹配 A 和 B), 此后加入 DG (由 CF), 于是得到一个自洽的集合.

   为了证明这种方法的正确性, 指出三点: (i) 如果它返回的答案是 "不相同", 则给定的表不相同; (ii) 如果给定的表不相同, 则它返回 "不相同"; (iii) 它总会终止.

12. 当 AVAIL 表包含 N 个结点时 (其中 N 是一个特定的常数, 选择要求在下面讨论), 启动另一个与主程序共享计算机时间的协同例程, 并做如下事情: (a) 标记 AVAIL 表中的所有 N 个结点; (b) 标记该程序可访问的所有其他结点; (c) 把所有未标记的结点链接在一起, 准备一个新的 AVAIL 表, 以备当前的 AVAIL 表为空时使用; (d) 把所有结点中的标志位复位. 我们必须适当选取 N 和共享时间所占比例, 确保在从 AVAIL 表中选取 N 个结点之前, 完成操作 (a)(b)(c)(d), 主程序运行还要保证足够快. 对于步骤 (b) 必须特别小心, 因为程序还要继续运行, 所以必须确保 "程序可访问的" 所有结点都被标记, 细节略去不提. 如果步骤 (c) 形成的表的结点少于 N 个, 可能最终需要停下来, 因为内存空间可能耗尽. [更多信息见盖伊·斯蒂尔, *CACM* **18** (1975), 495–508; 菲利普·瓦德勒, *CACM* **19** (1976), 491–500; 戴克斯特拉、莱斯利·兰伯特、阿兰·马丁、卡尔·斯科尔滕和伊丽莎白·斯蒂芬斯, *CACM* **21** (1978), 966–975; 亨利·贝克, *CACM* **21** (1978), 280–294.]

2.4 节

1. 前序.

2. 实质上与所建立数据表的条目数成正比.

3. 将步骤 A5 修改为：

A5′. ［删除顶层.］删除栈顶条目. 如果位于栈顶的新层编号 $\geq$ L，则令 (L1, P1) 为栈顶的新条目并重复本步骤. 否则，置 SIB(P1) $\leftarrow$ Q 并令 (L1, P1) 为栈顶的新条目.

4. （怀斯的解答）规则 (c) 违反，当且仅当有一个数据项的完备限定 A_0 OF ... OF A_n 也是对另一数据项的 COBOL 引用. 因为其父母 A_1 OF ... OF A_n 必须也满足规则 (c)，我们可以假定引用的另一数据项是同一父母的后代. 因此，可以扩充算法 A，检测加入数据表的每个新数据项的父母是否是其他同名项的祖先，并检查其他同名项的父母是否在栈中.（当该父母项为 Λ 时，它是所有项的祖先并总是在栈上）.

5. 进行这些修改：

步骤	原内容	修改后的内容
B1.	P $\leftarrow$ LINK(P_0)	P $\leftarrow$ LINK(INFO(T))
B2.	$k \leftarrow 0$	K $\leftarrow$ T
B3.	$k < n$	RLINK(K) $\neq$ Λ
B4.	$k \leftarrow k + 1$	K $\leftarrow$ RLINK(K)
B6.	NAME(S) $= P_k$	NAME(S) = INFO(K)

6. 简单修改算法 B，仅搜索完备引用（如果步骤 B3 有 $k = n$ 且 PARENT(S) $\neq$ Λ，或者步骤 B6 中 NAME(S) $\neq P_k$，则置 P $\leftarrow$ PREV(P) 并转到 B2）. 思路是首先运行修改后的算法 B，然后如果 Q 仍为 Λ，则执行未修改的算法.

7. MOVE MONTH OF DATE OF SALES TO MONTH OF DATE OF PURCHASES. MOVE DAY OF DATE OF SALES TO DAY OF DATE OF PURCHASES. MOVE YEAR OF DATE OF SALES TO YEAR OF DATE OF PURCHASES. MOVE ITEM OF TRANSACTION OF SALES TO ITEM OF TRANSACTION OF PURCHASES. MOVE QUANTITY OF TRANSACTION OF SALES TO QUANTITY OF TRANSACTION OF PURCHASES. MOVE PRICE OF TRANSACTION OF SALES TO PRICE OF TRANSACTION OF PURCHASES. MOVE TAX OF TRANSACTION OF SALES TO TAX OF TRANSACTION OF PURCHASES.

8. 当且仅当 α 或 β 是基本项.（也许有必要指出，我在算法 C 的第一稿中没有恰当地处理这种情况，实际上导致算法更加复杂.）

9. 如果 α 和 β 都不是基本项，则 "MOVE CORRESPONDING α TO β" 等价于遍取组 α 和 β 中共用名字 A 的语句 "MOVE CORRESPONDING A OF α TO A OF β" 的集合.（正文中给出的 "MOVE CORRESPONDING" 的传统定义较为繁琐，这种叙述方式则更为优雅）. 可以归纳证明，步骤 C2 到 C5 将最终终止于 P = P0 和 Q = Q0，从而验证算法 C 满足这个定义. 证明细节像以前在 "树的归纳" 中做过多次的那样进行填充（例如，参见算法 2.3.1T 的证明）.

10. (a) 置 S1 $\leftarrow$ LINK(P_k). 然后重复置 S1 $\leftarrow$ PREV(S1) 零次或多次，直到 S1 = Λ (NAME(S) $\neq P_k$) 或 S1 = S (NAME(S) $= P_k$). (b) 置 P1 $\leftarrow$ P，然后置 P1 $\leftarrow$ PREV(P1) 零次或多次，直到 PREV(P1) = Λ；对变量 Q1 和 Q 进行类似操作；然后测试是否 P1 = Q1. 或者，如果数据表条目是有序的，对所有 P 有 PREV(P) < P，则依赖于是否有 P > Q，沿较大条目的 PREV 链看是否能遇到较小条目，显然可以更快完成测试.

11. 增加一个新的链字段 SIB1(P) $\equiv$ CHILD(PARENT(P))，可以将步骤 C4 的速度提高一点儿. 更有意义的是，可以修改 CHILD 和 SIB 链，使得 NAME(SIB(P)) > NAME(P)，从而显著提高步骤 C3 中搜索的速度，因为仅需扫描每个家族一趟就能找到匹配的成员. 因此这一修改将去掉算法 C 中仅有的 "搜索". 对于这一解释，算法 A 和 C 很容易修改，读者不妨练习一番.（但是，考虑到 MOVE CORRESPONDING 语句的相对频率以及家族组的常规大小，在真正的 COBOL 程序翻译中，其实并不会得到大幅加速.）

12. 步骤 B1、B2、B3 不变，其他步骤修改如下：

B4′. 置 $k \leftarrow k + 1$，R $\leftarrow$ LINK(P_k).

B5′. 若 R = Λ，则置 P ← PREV(P) 并转到 B2（没有发现匹配项）. 若 R < S ≤ SCOPE(R)，则置
S ← R 并转到 B3. 否则，置 R ← PREV(R) 并重复步骤 B5′. ∎

该算法并不适用于习题 6 的 PL/I 约定.

13. 使用相同算法，去掉设置 NAME、PARENT、CHILD 和 SIB 的操作. 在步骤 A5 中删除栈顶条目时，置
SCOPE(P1) ← Q − 1. 步骤 A2 中输入用完时，只需置 L ← 0 并继续，然后，若步骤 A7 中 L = 0，则终
止算法.

14. 下面的算法使用一个辅助栈，步骤编号与正文中的算法直接对应.

C1′. 置 P ← P0，Q ← Q0，并置栈内容为空.

C2′. 若 SCOPE(P) = P 或 SCOPE(Q) = Q，则输出 (P,Q) 作为所求偶对之一，并转到 C5′. 否则，让
(P,Q) 入栈，并置 P ← P + 1，Q ← Q + 1.

C3′. 确定 P 和 Q 是否指向同名条目（见习题 10(b)）. 如果是，则转到 C2′. 不是，则令 (P1,Q1) 为
栈顶条目；若 SCOPE(Q) < SCOPE(Q1)，则置 Q ← SCOPE(Q) + 1 并重复步骤 C3′.

C4′. 令 (P1,Q1) 为栈顶条目. 若 SCOPE(P) < SCOPE(P1)，则置 P ← SCOPE(P) + 1，Q ← Q1 + 1，并
转到 C3′. 若 SCOPE(P) = SCOPE(P1)，则置 P ← P1，Q ← Q1，删除栈顶条目.

C5′. 若栈为空，则算法终止. 否则，转到 C4′. ∎

2.5 节

1. 在这种幸运情况下，可以使用类似栈的操作：令内存池区域位于 0 到 M − 1，并令 AVAIL 指向最低自
由单元. 要保留 N 个字，如果 AVAIL + N ≥ M，则报告失败；否则，置 AVAIL ← AVAIL + N. 要释放这 N
个字，只需置 AVAIL ← AVAIL − N.

同理，类似循环队列的操作适用于先进先出原则.

2. 长度为 l 的项所需存储空间量为 $k\lceil l/(k-b)\rceil$，其平均值为 $kL/(k-b)+(1-\alpha)k$，其中 α 假定为
$1/2$，独立于 k. 当 $k = b + \sqrt{2bL}$ 时，该表达式取极小值（对于 k 的实数值而言）. 因此，选择 k 为刚好
大于或小于该值的整数，都使得 $kL/(k-b)+\frac{1}{2}k$ 取最小值. 例如，若 $b = 1$ 且 $L = 10$，则我们可以选择
$k \approx 1 + \sqrt{20} = 5$ 或 6，两个都一样合适. 关于这一问题的更多细节，参见 *JACM* **12** (1965), 53–70.

4. rI1 ≡ Q，rI2 ≡ P.

```
A1   LDA  N            rA ← N.
     ENT2 AVAIL        P ← LOC(AVAIL).
A2A  ENT1 0,2          Q ← P.
A2   LD2  0,1(LINK)    P ← LINK(Q).
     J2N  OVERFLOW     若 P = Λ，则没有空间.
A3   CMPA 0,2(SIZE)
     JG   A2A          若 N > SIZE(P)，则跳转.
A4   SUB  0,2(SIZE)    rA ← N − SIZE(P) ≡ K.
     JANZ *+3          若 K ≠ 0，则跳转.
     LDX  0,2(LINK)
     STX  0,1(LINK)    LINK(Q) ← LINK(P).
     STA  0,2(SIZE)    SIZE(P) ← K.
     LD1  0,2(SIZE)    可选的结束，
     INC1 0,2            置 rI1 ← P + K. ∎
```

5. 很可能不合适. 刚好在单元 P 之前的不可用存储区域将接着成为可用的，其长度将增长数量 K，而长
度增加 99 是不可忽略的.

6. 想法是每次试图在 AVAIL 表的不同部分查找. 我们可以使用一个"游动指针", 例如叫做 ROVER, 对它进行如下处理: 在步骤 A1 中, 置 Q ← ROVER. 步骤 A4 之后, 若 LINK(Q) ≠ Λ, 则置 ROVER ← LINK(Q); 否则, 置 ROVER ← LOC(AVAIL). 在步骤 A2 中, 当算法 A 的特定执行期间第一次出现 P = Λ 时, 置 Q ← LOC(AVAIL) 并重复步骤 A2. 当第二次 P = Λ 时, 算法失败终止. 在这种方式下, ROVER 基本上指向 AVAIL 表中的一个随机点, 而且大小将更为均衡. 在程序的开始处, 置 ROVER ← LOC(AVAIL); 在程序中其他地方, 只要从 AVAIL 表取出块, 而块的地址等于 ROVER 的当前设置, 就同样有必要置 ROVER 为 LOC(AVAIL). (但是, 程序开始时拥有小块有时是有用的, 比如严格的最先匹配方法. 例如, 我们可能希望在内存高端存放一个顺序栈. 此时可以遵循习题 6.2.3–30 的建议, 使用树结构, 减少搜索时间.)

7. 对于大小为 800、1300 的内存请求, 可用内存区域为 2000、1000. [最差匹配成功而最佳匹配失败的例子已由理查德·韦兰德构造出来.]

8. 在步骤 A1 中, 也置 M ← ∞, R ← Λ. 在步骤 A2 中, 若 P = Λ, 则转到 A6″. 在步骤 A3 中, 转到 A5″ 而不是 A4. 增加如下新步骤:

A5″. [较好的匹配?] 若 M > SIZE(P), 则置 R ← Q, M ← SIZE(P). 然后置 Q ← P 并返回 A2.

A6″. [找到了?] 若 R = Λ, 则算法失败终止. 否则, 置 Q ← R, P ← LINK(Q), 并转到 A4. ∎

9. 显然, 如果我们碰巧找到了 SIZE(P) = N, 就有了最佳匹配而不必再搜索. (当只有寥寥几种不同的块大小时, 这种情况经常出现.) 如果使用像算法 C 那样的"边界标记"方法, 则可能要根据大小维护有序的 AVAIL 表; 因此, 平均而言, 搜索长度可以降为该列表长度的一半或更小. 但是, 最好的解决方案是, 如果预期 AVAIL 表会很长, 则像 6.2.3 节所描述的那样, 将它构造成平衡树.

10. 进行如下修改:

步骤 B2, 将 "P > P0" 改为 "P ≥ P0".

步骤 B3, 开头插入 "若 P0 + N > P 且 P ≠ Λ, 则置 N ← max(N, P + SIZE(P) − P0), P ← LINK(P), 并重复步骤 B3."

步骤 B4, 将 "Q + SIZE(Q) = P0" 改为 "Q + SIZE(Q) ≥ P0"; 并将 "SIZE(Q) ← SIZE(Q) + N" 改为 "SIZE(Q) ← max(SIZE(Q), P0 + N − Q)".

11. 若 P0 大于 ROVER, 我们可以在步骤 B1 中置 Q ← ROVER 代替 Q ← LOC(AVAIL). 若 AVAIL 表中有 n 个条目, 则步骤 B2 的平均迭代次数是 $(2n+3)(n+2)/(6n+6) = \frac{1}{3}n + \frac{5}{6} + O\left(\frac{1}{n}\right)$. 例如, 若 $n = 2$, 则有 9 种等概率情况, 其中 P1 和 P2 指向两个当前可用块:

	P0 < P1	P1 < P0 < P2	P2 < P0
ROVER = P1	1	1	2
ROVER = P2	1	2	1
ROVER = LOC(AVAIL)	1	2	3

该图说明了在每种情况下所需的迭代次数. 平均值为

$$\frac{1}{9}\left(\binom{2}{2} + \binom{3}{2} + \binom{4}{2} + \binom{3}{2} + \binom{2}{2}\right) = \frac{1}{9}\left(\binom{5}{3} + \binom{4}{3}\right) = \frac{14}{9}.$$

12. A1*. 置 P ← ROVER, F ← 0.

A2*. 若 P = LOC(AVAIL) 且 F = 0, 则置 P ← AVAIL, F ← 1, 并重复步骤 A2*. 若 P = LOC(AVAIL) 且 F ≠ 0, 则算法失败终止.

A3*. 若 SIZE(P) ≥ N, 则转到 A4*; 否则, 置 P ← LINK(P) 并返回到 A2.

A4*. 置 ROVER ← LINK(P), K ← SIZE(P) − N. 若 K < c (其中 c 为 ≥ 2 的常数), 则置 LINK(LINK(P + 1)) ← ROVER, LINK(ROVER + 1) ← LINK(P + 1), L ← P; 否则, 置 L ← P + K, SIZE(P) ← SIZE(L − 1) ← K, TAG(L − 1) ← "−", SIZE(L) ← N. 最后, 置 TAG(L) ← TAG(L + SIZE(L) − 1) ← "+". ∎

13. $rI1 \equiv P$, $rX \equiv F$, $rI2 \equiv L$.

```
LINK  EQU  4:5
SIZE  EQU  1:2
TSIZE EQU  0:2
TAG   EQU  0:0
A1    LDA  N              rA ← N.
      SLA  3              移入 SIZE 字段.
      ENTX 0              F ← 0.
      LD1  ROVER          P ← ROVER.
      JMP  A2
A3    CMPA 0,1(SIZE)
      JLE  A4             若 N ≤ SIZE(P)，则跳转.
      LD1  0,1(LINK)      P ← LINK(P).
A2    ENT2 -AVAIL,1       rI2 ← P − LOC(AVAIL).
      J2NZ A3
      JXNZ OVERFLOW       Is F ≠ 0?
      ENTX 1              置 F ← 1.
      LD1  AVAIL(LINK)    P ← AVAIL.
      JMP  A2
A4    LD2  0,1(LINK)
      ST2  ROVER          ROVER ← LINK(P).
      LDA  0,1(SIZE)      rA ≡ K ← SIZE(P) − N.
      SUB  N
      CMPA =c=
      JGE  1F             若 K ≥ c，则跳转.
      LD3  1,1(LINK)      rI3 ← LINK(P + 1).
      ST2  0,3(LINK)      LINK(rI3) ← ROVER.
      ST3  1,2(LINK)      LINK(ROVER + 1) ← rI3.
      ENT2 0,1            L ← P.
      LD3  0,1(SIZE)      rI3 ← SIZE(P).
      JMP  2F
1H    STA  0,1(SIZE)      SIZE(P) ← K.
      LD2  0,1(SIZE)
      INC2 0,1            L ← P + K.
      LDAN 0,1(SIZE)      rA ← −K.
      STA  -1,2(TSIZE)    SIZE(L − 1) ← K, TAG(L − 1) ← "−".
      LD3  N              rI3 ← N.
2H    ST3  0,2(TSIZE)     TAG(L) ← "+", also set SIZE(L) ← rI3.
      INC3 0,2
      STZ  -1,3(TAG)      TAG(L + SIZE(L) − 1) ← "+".  ▮
```

14. (a) 在步骤 C2 中，需要这个字段来定位块的开始. 可以用到块的第一个字的链接来代替它（也许更有利）. 参见习题 19. (b) 需要这个字段是因为，我们有时需要保留多于 N 个字（例如，若 K = 1），后续释放该块时，必须知道保留的数量.

15, 16. $rI1 \equiv P0$, $rI2 \equiv P1$, $rI3 \equiv F$, $rI4 \equiv B$, $rI6 \equiv -N$.

```
C1 LD1  P0              C1.
   LD2  0,1(SIZE)
```

```
        ENN6  0,2           N ← SIZE(P0).
        INC2  0,1           P1 ← P0 + N.
        LD5   0,2(TSIZE)
        J5N   D4            若 TAG(P1) = "−", 则转到 C4.
    C2  LD5   -1,1(TSIZE)   C2.
        J5N   D7            若 TAG(P0 − 1) = "−", 则转到 C7.
    C3  LD3   AVAIL(LINK)   C3. 置 F ← AVAIL.
        ENT4  AVAIL         B ← LOC(AVAIL).
        JMP   D5            转到 D5.
    C4  INC6  0,5           C4. N ← N + SIZE(P1).
        LD3   0,2(LINK)     F ← LINK(P1).
        LD4   1,2(LINK)     B ← LINK(P1 + 1).
        CMP2  ROVER         （新代码, 因为习题集 12 的 ROVER
        JNE   *+3             特性:
        ENTX  AVAIL           若 P1 = ROVER,
        STX   ROVER             则置 ROVER ← LOC(AVAIL). ）
        DEC2  0,5           P1 ← P1 + SIZE(P1).
        LD5   -1,1(TSIZE)
        J5N   D6            若 TAG(P0 − 1) = "−", 则转到 C6.
    C5  ST3   0,1(LINK)     C5. LINK(P0) ← F.
        ST4   1,1(LINK)     LINK(P0 + 1) ← B.
        ST1   1,3(LINK)     LINK(F + 1) ← P0.
        ST1   0,4(LINK)     LINK(B) ← P0.
        JMP   D8            转到 C8.
    C6  ST3   0,4(LINK)     C6. LINK(B) ← F.
        ST4   1,3(LINK)     LINK(F + 1) ← B.
    C7  INC6  0,5           C7. N ← N + SIZE(P0 − 1).
        INC1  0,5           P0 ← P0 − SIZE(P0 − 1).
    C8  ST6   0,1(TSIZE)    C8. SIZE(P0) ← N, TAG(P0) ← "−".
        ST6   -1,2(TSIZE)   SIZE(P1 − 1) ← N, TAG(P1 − 1) ← "−".  ∎
```

17. 两个 LINK 字段都等于 LOC(AVAIL).

18. 算法 A 保留一个大块的高端. 当存储完全可用的时候, 最先匹配方法实际上首先保留高位置单元, 但是, 一旦这些单元重新变得可用, 它们就不会被再次保留, 因为通常已经在较低位置找到了"匹配". 因此, 使用"最先匹配"时, 位于内存低端的初始大块很快就消失了. 但是, 一个大块很少会是"最佳匹配", 所以, 最佳匹配方法在内存开始处留下了一个大块.

19. 使用习题 12 的算法, 但从步骤 A4 中删除对 SIZE(L − 1)、TAG(L − 1) 和 TAG(L + SIZE(L) − 1) 的引用, 并在步骤 A2 和 A3 之间插入如下新步骤:

> **A2$\frac{1}{2}$.** 置 P1 ← P + SIZE(P). 若 TAG(P1) = "+", 则前进到 A3. 否则, 置 P2 ← LINK(P1), LINK(P2+1) ← LINK(P1+1), LINK(LINK(P1+1)) ← P2, SIZE(P) ← SIZE(P)+SIZE(P1). 若 ROVER = P1, 则置 ROVER ← P2. 重复步骤 A2$\frac{1}{2}$.

显然, 这里不会出现(2)(3)(4)的情况, 该修改对存储分配实际只有两处影响: 搜索往往比习题 12 中的更长一些, 而且有时 K 将小于 c, 尽管实际上在这个块的前面还有我们不知道的另一个可用块.

（另一种方案是从内层循环 A3 中去掉结合步骤, 仅在步骤 A2.5* 中, 在最终分配之前或在内层循环中, 如果不结合算法就以失败终止的时候, 才进行结合. 这种方案需要进行模拟研究, 来看看它是否改进原算法. ）

[该算法经过改进, 已用于 TEX 和 MATAFONT 的实现, 事实证明效果非常令人满意. 参见 *TEX: The Program* (Addison-Wesley, 1986), §125.]

20. 当在结合循环期间发现了可用的伙伴的时候, 我们希望将该块从它的 AVAIL[k] 表中删除, 但是, 我们不知道该更新哪些链接, 除非 (i) 进行可能很长的搜索, 或者 (ii) 该列表是双链的.

21. 若 $n = 2^k\alpha$, 其中 $1 \le \alpha \le 2$, 则 a_n 是 $2^{2k+1}(\alpha - \frac{2}{3}) + \frac{1}{3}$, 而 b_n 是 $2^{2k-1}\alpha^2 + 2^{k-1}\alpha$. 对于很大的 n, 比值 a_n/b_n 本质上是 $4(\alpha - \frac{2}{3})/\alpha^2$, 当 $\alpha = 1$ 和 2 时, 它取最小值 $\frac{4}{3}$, 当 $\alpha = 1\frac{1}{3}$ 时, 它取最大值 $\frac{3}{2}$. 因此, a_n/b_n 没有极限, 它在这两个极值之间振荡. 但是, 4.2.4 节的取平均方法的确产生平均比值 $4(\ln 2)^{-1} \int_1^2 (\alpha - \frac{2}{3}) \, d\alpha/\alpha^3 = (\ln 2)^{-1} \approx 1.44$.

22. 这个想法要求在 11 字块的若干字中有一个 TAG 字段, 而不仅是在第一个字中. 如果有空间安排这些额外的 TAG 位的话, 这就是一个切实可行的想法, 似乎特别适合在计算机硬件中使用.

23. 011011110100; 011011100000.

24. 这会在程序中引入一个错误: 当 TAG(0) = 1 时, 我们可能到达步骤 S1, 因为 S2 可以返回到 S1. 为了避免上述错误, 在步骤 S2 中 "L ← P" 之后增加 "TAG(L) ← 0". (更方便的假定是 TAG(2^m) = 0.)

25. 这个想法绝对正确. (评判未必就是否定.) 对于 $n < k \le m$, 可以去掉列表表头 AVAIL[k]; 若在步骤 R1 和 S1 中将 "m" 改为 "n", 则可以使用正文中的算法. 初始条件(13)和(14)应该改为表示 2^{m-n} 个大小为 2^n 的块, 而不是一个大小为 2^m 的块.

26. 使用 M 的二进制表示, 容易修改初始条件(13)和(14), 使得所有内存单元都分成大小为 2 的幂的块, 这些块按大小递减排列. 算法 S 中, 每当 P ≥ M − 2^k 的时候, 就应认为 TAG(P) 是 0.

27. rI1 ≡ k, rI2 ≡ j, rI3 ≡ $j - k$, rI4 ≡ L, LOC(AVAIL[j]) = AVAIL + j. 假定对于 $0 \le j \le m$, 辅助表 TWO[j] = 2^j 存储在 TWO + j 的位置. 进一步假定 "+" 和 "−" 表示标记 0 和 1, 且 TAG(LOC(AVAIL[j])) = "−", 但 TAG(LOC(AVAIL[$m+1$])) = "+" 是一个结束标志.

```
00  KVAL  EQU  5:5
01  TAG   EQU  0:0
02  LINKF EQU  1:2
03  LINKB EQU  3:4
04  TLNKF EQU  0:2
05  R1    LD1  K                1      R1. 找到块.
06        ENT2 0,1               1      j ← k.
07        ENT3 0                 1
08        LD4  AVAIL,2(LINKF)    1
09  1H    ENT5 AVAIL,2          1 + R
10        DEC5 0,4              1 + R
11        J5NZ R2               1 + R   若 AVAILF[j] ≠ LOC(AVAIL[j]), 则跳转.
12        INC2 1                  R      增加 j.
13        INC3 1                  R
14        LD4N AVAIL,2(TLNKF)     R
15        J4NN 1B                 R      j ≤ m 吗?
16        JMP  OVERFLOW
17  R2    LD5  0,4(LINKB)        1      R2. 从列表中删除.
18        ST5  AVAIL,2(LINKB)    1      AVAILB[j] ← LINKB(L).
19        ENTA AVAIL,2           1
20        STA  0,5(LINKF)        1      LINKF(L) ← LOC(AVAIL[j]).
21        STZ  0,4(TAG)          1      TAG(L) ← 0.
22  R3    J3Z  DONE              1      R3. 需要拆分吗?
```

23	R4	DEC3	1	R	<u>R4. 拆分.</u>
24		DEC2	1	R	减少 j.
25		LD5	TWO,2	R	rI5 $\equiv$ P.
26		INC5	0,4	R	P $\leftarrow$ L $+ 2^j$.
27		ENNA	AVAIL,2	R	
28		STA	0,5(TLNKF)	R	TAG(P) $\leftarrow$ 1, LINKF(P) $\leftarrow$ LOC(AVAIL[j]).
29		STA	0,5(LINKB)	R	LINKB(P) $\leftarrow$ LOC(AVAIL[j]).
30		ST5	AVAIL,2(LINKF)	R	AVAILF[j] $\leftarrow$ P.
31		ST5	AVAIL,2(LINKB)	R	AVAILB[j] $\leftarrow$ P.
32		ST2	0,5(KVAL)	R	KVAL(P) $\leftarrow$ j.
33		J3P	R4	R	转到 R3.
34	DONE	...		▮	

28. rI1 $\equiv k$, rI5 $\equiv$ P, rI4 $\equiv$ L, 假定 TAG(2^m) = "+".

01	S1	LD4	L	1	<u>S1. 伙伴可用吗?</u>
02		LD1	K	1	
03	1H	ENTA	0,4	$1+S$	
04		XOR	TWO,1	$1+S$	rA $\leftarrow$ buddy$_k$(L).
05		STA	TEMP	$1+S$	
06		LD5	TEMP	$1+S$	P $\leftarrow$ rA.
07		LDA	0,5	$1+S$	
08		JANN	S3	$1+S$	若 TAG(P) $= 0$, 则跳转.
09		CMP1	0,5(KVAL)	$B+S$	
10		JNE	S3	$B+S$	若 KVAL(P) $\neq k$, 则跳转.
11	S2	LD2	0,5(LINKB)	S	<u>S2. 与伙伴合并.</u>
12		LD3	0,5(LINKF)	S	
13		ST3	0,2(LINKF)	S	LINKF(LINKB(P)) $\leftarrow$ LINKF(P).
14		ST2	0,3(LINKB)	S	LINKB(LINKF(P)) $\leftarrow$ LINKB(P).
15		INC1	1	S	增加 k.
16		CMP4	TEMP	S	
17		JL	1B	S	
18		ENT4	0,5	A	若 L $>$ P, 则置 L $\leftarrow$ P.
19		JMP	1B	A	
20	S3	LD2	AVAIL,1(LINKF)	1	<u>S3. 放入列表.</u>
21		ENNA	AVAIL,1	1	
22		STA	0,4(0:4)	1	TAG(L) $\leftarrow$ 1, LINKB(L) $\leftarrow$ LOC(AVAIL[k]).
23		ST2	0,4(LINKF)	1	LINKF(L) $\leftarrow$ AVAILF[k].
24		ST1	0,4(KVAL)	1	KVAL(L) $\leftarrow$ k.
25		ST4	0,2(LINKB)	1	LINKB(AVAILF[k]) $\leftarrow$ L.
26		ST4	AVAIL,1(LINKF)	1	AVAILF[k] $\leftarrow$ L. ▮

29. 可以, 但有代价, 要么增加搜索, 要么 (此种做法更好) 需要以某种方式组装 TAG 位的附加表. (很容易想到的一种方案是在算法 S 期间不将伙伴结合在一起, 只在算法 R 中当没有足够大的块满足要求时才结合伙伴. 但这很可能会导致内存变得非常零碎.)

31. 参见戴玮·拉塞尔, *SICOMP* **6** (1977), 607–621.

32. 史蒂文·克雷恩指出, 该方法必然在 16667 的时间内释放所有的块并重新开始, 因此所述极限当然存在. 证明: 令 $u_n = n + t_n$, 使得 $g_n = \lfloor \frac{5}{4} \min(10000, f(u_{n-1} - n), f(u_{n-2} - n), \ldots, f(u_0 - n)) \rfloor$. 令

$x_0 = 0$, $x_1 = u_0$, 对于 $k \geq 1$, 令 $x_{k+1} = \max(u_0, \ldots, u_{x_k-1})$. 若 $x_k > x_{k-1}$, 则对于 $x_{k-1} \leq n < x_k$, 有

$$u_n \leq n + \frac{5}{4}f(x_k - n) = \frac{5}{4}x_k - \frac{1}{4}n \leq \frac{5}{4}x_k - \frac{1}{4}x_{k-1}.$$

因此, $x_{k+1} - x_k \leq \frac{1}{4}(x_k - x_{k-1})$, 所以在时间 $12500 + \lfloor 12500/4 \rfloor + \lfloor 12500/4^2 \rfloor + \cdots$ 之前, 一定有 $x_k = x_{k-1}$.

33. G1. [清除各 LINK.] 置 P ← 1, 并重复操作 LINK(P) ← Λ, P ← P+SIZE(P), 直到 P = AVAIL. (这仅仅将每个结点第一个字的 LINK 字段置为 Λ. 在大多数情况下, 我们可以假定这一步不是必要的, 因为 LINK(P) 将在下面的步骤 G9 中被置为 Λ, 存储分配程序也可以将它置为 Λ.)

　　G2. [初始化标记阶段.] 置 TOP ← USE, LINK(TOP) ← AVAIL, LINK(AVAIL) ← Λ. (TOP 像在算法 2.3.5D 中那样指向栈顶.)

　　G3. [出栈] 置 P ← TOP, TOP ← LINK(TOP). 若 TOP = Λ, 则转到 G5.

　　G4. [新链接入栈.] 对于 $1 \leq k \leq$ T(P), 进行如下操作: 置 Q ← LINK(P + k); 然后, 若 Q ≠ Λ 且 LINK(Q) = Λ, 则置 LINK(Q) ← TOP, TOP ← Q. 然后, 转回到 G3.

　　G5. [初始化下一阶段.] (现在 P = AVAIL, 标记阶段已经完成, 使得每个可访问结点的第一个字有一个非空 LINK. 我们的下一目标是, 为了加快后面步骤的速度, 对相邻的不可访问结点进行合并, 并为可访问结点分配新的地址.) 置 Q ← 1, LINK(AVAIL) ← Q, SIZE(AVAIL) ← 0, P ← 1. (位置AVAIL用作结束标志, 在后续阶段用来表示循环的结束.)

　　G6. [分配新地址.] 若 LINK(P) = Λ, 则转到 G7. 否则, 若 SIZE(P) = 0, 则转到 G8. 否则, 置 LINK(P) ← Q, Q ← Q + SIZE(P), P ← P + SIZE(P), 并重复该步骤.

　　G7. [结合可用区域.] 若 LINK(P + SIZE(P)) = Λ, 则将 SIZE(P + SIZE(P)) 加到 SIZE(P) 上, 并重复该步骤. 否则, 置 P ← P + SIZE(P) 并返回到 G6.

　　G8. [转换所有链接.] (现在, 每个可访问结点的第一个字中的 LINK 字段包含该结点将移动到的地址.) 置 USE ← LINK(USE), AVAIL ← Q. 然后, 置 P ← 1, 并重复下面的操作, 直到 SIZE(P) = 0: 若 LINK(P) ≠ Λ, 对所有满足 P < Q ≤ P + T(P) 且 LINK(Q) ≠ Λ 的Q, 置 LINK(Q) ← LINK(LINK(Q)); 然后, 无论LINK(P)为何值, 都置 P ← P + SIZE(P).

　　G9. [移动.] 置 P ← 1, 并重复下面的操作, 直到 SIZE(P) = 0: 置 Q ← LINK(P); 若 Q ≠ Λ, 则置 LINK(P) ← Λ 及 NODE(Q) ← NODE(P); 然后, 无论是否 Q = Λ, 都置 P ← P + SIZE(P). (操作 NODE(Q) ← NODE(P) 意味着移动 SIZE(P) 个字. 由于一定有 Q ≤ P, 因此按照从最小位置到最大位置的次序移动各字是安全的.) ∎

[这个方法称为 "LISP 2 垃圾回收器". 另一种有趣的方案不需要结点开始处的 LINK 字段, 而是将指向每个结点的所有指针链接在一起, 参见托雷利, *BIT* **16** (1976), 426–441; 罗伯特·迪尤尔和安东尼·麦卡恩, *Software Practice & Exp.* **7** (1977), 95–113; 莫里斯, *CACM* **21** (1978), 662–665, **22** (1979), 571; 亨里克斯·琼克斯, *Inf. Proc. Letters* **9** (1979), 26–30; 约翰内斯·马丁, *CACM* **25** (1982), 571–581; 莫里斯, *Inf. Proc. Letters* **15** (1982), 139–142, **16** (1983), 215. 此外, 还有其他方法, 见布鲁斯·哈登和威廉姆·韦特, *Comp. J.* **10** (1967), 162–165; 本·韦格布里特, *Comp. J.* **15** (1972), 204–208; 德里克·扎韦, *Inf. Proc. Letters* **3** (1975), 167–169. 科恩和尼古劳分析了其中的四种方法, 见 *ACM Trans. Prog. Languages and Systems* **5** (1983), 532–553.]

34. 令 TOP ≡ rI1, Q ≡ rI2, P ≡ rI3, k ≡ rI4, SIZE(P) ≡ rI5. 进一步假定 Λ = 0 且 LINK(0) ≠ 0 以简化步骤 G4. 省略步骤 G1.

```
01   LINK EQU  4:5
02   INFO EQU  0:3
03   SIZE EQU  1:2
04   T    EQU  3:3
```

05	G2	LD1	USE	1	G2. 初始化标记阶段. TOP ← USE.
06		LD2	AVAIL	1	
07		ST2	0,1(LINK)	1	LINK(TOP) ← AVAIL.
08		STZ	0,2(LINK)	1	LINK(AVAIL) ← Λ.
09	G3	ENT3	0,1	$a+1$	G3. 出栈. P ← TOP.
10		LD1	0,1(LINK)	$a+1$	TOP ← LINK(TOP).
11		J1Z	G5	$a+1$	若 TOP = Λ, 则转到 G5.
12	G4	LD4	0,3(T)	a	G4. 新链接入栈. k ← T(P).
13	1H	J4Z	G3	$a+b$	$k = 0$?
14		INC3	1	b	P ← P + 1.
15		DEC4	1	b	k ← $k-1$.
16		LD2	0,3(LINK)	b	Q ← LINK(P).
17		LDA	0,2(LINK)	b	
18		JANZ	1B	b	若 LINK(Q) ≠ Λ, 则跳转.
19		ST1	0,2(LINK)	$a-1$	否则, 置 LINK(Q) ← TOP.
20		ENT1	0,2	$a-1$	TOP ← Q.
21		JMP	1B	$a-1$	
22	G5	ENT2	1	1	G5. 初始化下一阶段. Q ← 1.
23		ST2	0,3	1	LINK(AVAIL) ← 1, SIZE(AVAIL) ← 0.
24		ENT3	1	1	P ← 1.
25		JMP	G6	1	
26	1H	ST2	0,3(LINK)	a	LINK(P) ← Q.
27		INC2	0,5	a	Q ← Q + SIZE(P).
28		INC3	0,5	a	P ← P + SIZE(P).
29	G6	LDA	0,3(LINK)	$a+1$	G6. 分配新地址.
30	G6A	LD5	0,3(SIZE)	$a+c+1$	
31		JAZ	G7	$a+c+1$	若 LINK(P) = Λ, 则跳转.
32		J5NZ	1B	$a+1$	若 SIZE(P) ≠ 0, 则跳转.
33	G8	LD1	USE	1	G8. 转换所有链接
34		LDA	0,1(LINK)	1	
35		STA	USE	1	USE ← LINK(USE).
36		ST2	AVAIL	1	AVAIL ← Q.
37		ENT3	1	1	P ← 1
38		JMP	G8P	1	
39	1H	LD6	0,6(SIZE)	d	
40		INC5	0,6	d	rI5 ← rI5 + SIZE(P + SIZE(P)).
41	G7	ENT6	0,3	$c+d$	G7. 结合可用区域.
42		INC6	0,5	$c+d$	rI6 ← P + SIZE(P).
43		LDA	0,6(LINK)	$c+d$	
44		JAZ	1B	$c+d$	若 LINK(rI6) ≡ Λ, 则跳转.
45		ST5	0,3(SIZE)	c	SIZE(P) ← rI5.
46		INC3	0,5	c	P ← P + SIZE(P).
47		JMP	G6A	c	
48	2H	DEC4	1	b	k ← $k-1$.
49		INC2	1	b	Q ← Q + 1.
50		LD6	0,2(LINK)	b	
51		LDA	0,6(LINK)	b	

52		STA	0,2(LINK)	b	LINK(Q) ← LINK(LINK(Q)).
53	1H	J4NZ	2B	$a+b$	若 $k \neq 0$，则跳转.
54	3H	INC3	0,5	$a+c$	P ← P + SIZE(P).
55	G8P	LDA	0,3(LINK)	$1+a+c$	
56		LD5	0,3(SIZE)	$1+a+c$	
57		JAZ	3B	$1+a+c$	Is LINK(P) = Λ?
58		LD4	0,3(T)	$1+a$	k ← T(P).
59		ENT2	0,3	$1+a$	Q ← P.
60		J5NZ	1B	$1+a$	跳转，除非 SIZE(P) = 0.
61	G9	ENT3	1	1	*G9. 移动.*　P ← 1.
62		ENT1	1	1	为 MOVE 指令置 rI1.
63		JMP	G9P	1	
64	1H	STZ	0,3(LINK)	a	LINK(P) ← Λ.
65		ST5	*+1(4:4)	a	
66		MOVE	0,3(*)	a	NODE(rI1) ← NODE(P), rI1 ← rI1 + SIZE(P).
67	3H	INC3	0,5	$a+c$	P ← P + SIZE(P).
68	G9P	LDA	0,3(LINK)	$1+a+c$	
69		LD5	0,3(SIZE)	$1+a+c$	
70		JAZ	3B	$1+a+c$	若 LINK(P) = Λ，则跳转.
71		J5NZ	1B	$1+a$	跳转，除非 SIZE(P) = 0. ∎

在 66 行中，我们假定每个结点的尺寸足够小，可以用单条 MOVE 指令移动. 对大多数情况而言，当这种类型的垃圾回收可用的时候，这似乎是一个合理的假设.

这个程序的总运行时间是 $(44a + 17b + 2w + 25c + 8d + 47)u$，其中，$a$ 是可访问结点的数目，b 是其中链字段的数目，c 是前面不是不可访问结点的那些不可访问结点的数目，d 是前面是不可访问结点的那些不可访问结点的数目，w 是可访问结点中的总字数. 如果内存包含 n 个结点，其中有 ρn 个是不可访问的，那么我们可以估计 $a = (1-\rho)n$，$c = (1-\rho)\rho n$，$d = \rho^2 n$. 例如：每个结点有 5 个字（平均而言）和 2 个链字段（平均而言），内存共有 1000 个结点，则当 $\rho = \frac{1}{5}$ 时，恢复每个可用结点花费时间 $374u$；当 $\rho = \frac{1}{2}$ 时，花费 $104u$；而当 $\rho = \frac{4}{5}$ 时，仅花费 $33u$.

36. 单个顾客将可以在 16 个座位 $1, 3, 4, 6, \ldots, 23$ 之一落座. 如果一对顾客进入，则一定有空位；否则，至少有两个人在座位 $(1, 2, 3)$，至少有两个人在 $(4, 5, 6)$，$\ldots$，至少有两个人在 $(19, 20, 21)$，而且至少有一个人在 22 或 23，因此，至少有 15 人已经就座.

37. 首先 16 个单独男性顾客进入，服务员安排他们就坐. 在已被占用的座位之间有 17 个由空座位组成的间隙（两端各计一个间隙），相邻两个已占据座位之间假定有长度为 0 的间隙. 空座位的总数即所有这 17 个间隙的总和，是 6. 假定有 x 个间隙的长度为奇数，则 $6 - x$ 个座位可以用来坐成对的顾客（注意，$6 - x$ 是偶数且 ≥ 0）. 现在，坐在座位 1、3、5、7、9、11、13 的顾客中，两边的空座位间隙长度均为偶数的顾客从左到右依次吃完午餐并离席. 每个长度为奇数的间隙最多防止这 8 位用餐者之一离开，因此至少有 $8 - x$ 人离开. 仍然只有 $6 - x$ 个座位可供成对者入座. 但现在有 $(8-x)/2$ 对进入.

38. 这些论证容易推广. 对于 $n \geq 1$，$N(n, 2) = \lfloor (3n-1)/2 \rfloor$. [罗布森已经证明，当服务员使用最先匹配策略而不是最优匹配时，必要且充分的座位数是 $\lfloor (5n-2)/3 \rfloor$.]

39. 将内存分为大小为 $N(n_1, m)$、$N(n_2, m)$ 和 $N(2m-2, m)$ 的三个独立区域. 要处理空间请求，对于每个块选择第一个不会超出声明容量的区域，使用相关的最优策略把该块放入该区域. 这不会出错，因为如果不能满足 x 个单元的请求，则必须有至少 $(n_1 - x + 1) + (n_2 - x + 1) + (2m - x - 1) > n_1 + n_2 - x$ 个单元已被占据.

现在如果 $f(n) = N(n, m) + N(2m-2, m)$，则有次加定律 $f(n_1 + n_2) \leq f(n_1) + f(n_2)$. 因此 $\lim f(n)/n$ 存在.（证明：$f(a + bc) \leq f(a) + bf(c)$，因此，对于所有的 c，$\limsup_{n \to \infty} f(n)/n =$

$\max_{0 \le a < c} \limsup_{b \to \infty} f(a + bc)/(a + bc) \le f(c)/c$，于是 $\limsup_{n \to \infty} f(n)/n \le \liminf_{n \to \infty} f(n)/n$.）所以，$\lim N(n, m)/n$ 存在.

[从习题 38 可知，$N(2) = \frac{3}{2}$. 对任意 $m > 2$，值 $N(m)$ 是未知的. 不难证明，对于只有两个块大小，1 和 b，乘法因子是 $2 - 1/b$；因此，$N(3) \ge 1\frac{2}{3}$. 根据罗布森的方法，$N(3) \le 1\frac{11}{12}$，$2 \le N(4) \le 2\frac{1}{6}$.]

40. 罗布森已经证明，$N(2^r) \le 1 + r$. 证明策略如下：每块分配大小为 k，$2^m \le k < 2^{m+1}$，k 个单元的第一个可用块位置从 2^m 的倍数开始.

当所有块的大小限制在集合 $\{b_1, b_2, \ldots, b_n\}$ 中的时候，令 $N(\{b_1, b_2, \ldots, b_n\})$ 表示乘法因子，使得 $N(n) = N(\{1, 2, \ldots, n\})$. 罗布森和施泰因·克罗格达尔已经发现，只要对于 $1 < i \le n$，b_i 是 b_{i-1} 的倍数，就有 $N(\{b_1, b_2, \ldots, b_n\}) = n - (b_1/b_2 + \cdots + b_{n-1}/b_n)$. 事实上，罗布森已经建立了精确的公式 $N(2^r m, \{1, 2, 4, \ldots, 2^r\}) = 2^r m(1 + \frac{1}{2}r) - 2^r + 1$. 因此，特别有 $N(n) \ge 1 + \frac{1}{2}\lfloor \lg n \rfloor$. 他推导出了上界 $N(n) \le 1.1825 \ln n + O(1)$，还谨慎猜想 $N(n) = H_n$. 如果一般有 $N(\{b_1, b_2, \ldots, b_n\})$ 等于 $n - (b_1/b_2 + \cdots + b_{n-1}/b_n)$，则这个猜想将成立，遗憾的是情况并非如此，因为罗布森已经证明了 $N(\{3, 4\}) \ge 1\frac{4}{15}$.（参见 *Inf. Proc. Letters* **2** (1973), 96–97；*JACM* **21** (1974), 491–499.）

41. 考虑维护大小为 2^k 的块：大小为 $1, 2, 4, \ldots, 2^{k-1}$ 的请求将定期要求拆分大小为 2^k 的新块，或者返回大小为 2^k 的块. 对 k 归纳，可以证明，如此拆分的那些块所占用的总存储量不超过 kn，这是因为在每次请求拆分一个大小为 2^{k+1} 的块之后，在已拆分的 2^k 块中至多有 kn 个单元正在使用，而在未拆分的块中至多 n 个单元正在使用.

可加强这一论证，证明 $a_r n$ 个单元就够了，其中，$a_0 = 1$，$a_k = 1 + a_{k-1}(1 - 2^{-k})$. 我们有

$k =$	0	1	2	3	4	5
$a_k =$	1	$1\frac{1}{2}$	$2\frac{1}{8}$	$2\frac{55}{64}$	$3\frac{697}{1024}$	$4\frac{18535}{32768}$

相反，对于 $r \le 5$，可以证明，如果修改步骤 R1 和 R2 中的机制，选取最坏的可用 $2j$ 块而不是第一个 2^j 块进行拆分，则伙伴系统有时需要 $a_r n$ 个单元之多.

容易修改罗布森对 $N(2^r) \le 1 + r$ 的证明（见习题 40），从而证明，为大小为 $1, 2, 4, \ldots, 2^r$ 的块分配空间，那样的"最左"策略从不需要超过 $(1 + \frac{1}{2}r)n$ 个单元，因为大小为 2^k 的块不会位于 $\ge (1 + \frac{1}{2}k)n$ 的位置. 尽管罗布森的算法似乎很像伙伴系统，但结果表明伙伴系统都不如他的算法，即使修改步骤 R1 和 R2 以选取最好的可用 2^j 块进行拆分也是一样. 例如，对于 $n = 16$ 及 $r = 3$，考虑如下的内存"快照"序列：

```
11111111  11111111  00000000  00000000
10101010  10101010  2-2-2-2-  00000000
11110000  11110000  2-110000  00000000
11111111  11110000  11110000  00000000
10101010  10102-2-  10102-2-  00000000
10001000  10002-00  10002-00  4---4---
10000000  10000000  10000000  4---0000
```

这里 0 表示一个可用单元，k 表示一个 k 块（大小为 k 的块）的开始单元. 有一个类似的操作序列，每当 n 是 16 的倍数时，操作就迫使 $\frac{3}{16}n$ 个大小为 8 的块有 $\frac{1}{8}$ 被充满，还有 $\frac{1}{16}n$ 个块被充满 $\frac{1}{2}$. 如果 n 是 128 的倍数，随后对 $\frac{9}{128}n$ 个大小为 8 的块的请求将需要超过 $2.5n$ 个内存单元.（伙伴系统允许多余的大小为 1 的块塞进 $\frac{3}{16}n$ 个 8 块中，因为在关键时候没有其他可用的 2 块供拆分；"最左"算法则限制所有大小为 1 的块.）

42. 我们可以假定 $m \ge 6$. 基本思路是，对于 $k = 0, 1, \ldots$，在内存的开始建立占用模式 $R_{m-2}(F_{m-3}R_1)^k$，其中，R_j 和 F_j 分别表示大小为 j 的保留块和自由块. 从 k 到 $k+1$ 的转换时，首先是

$$R_{m-2}(F_{m-3}R_1)^k \to R_{m-2}(F_{m-3}R_1)^k R_{m-2} R_{m-2}$$
$$\to R_{m-2}(F_{m-3}R_1)^{k-1} F_{2m-4} R_{m-2}$$
$$\to R_{m-2}(F_{m-3}R_1)^{k-1} R_m R_{m-5} R_1 R_{m-2}$$
$$\to R_{m-2}(F_{m-3}R_1)^{k-1} F_m R_{m-5} R_1 ;$$

然后，使用交换序列 $F_{m-3}R_1F_mR_{m-5}R_1 \rightarrow F_{m-3}R_1R_{m-2}R_2R_{m-5}R_1 \rightarrow F_{2m-4}R_2R_{m-5}R_1 \rightarrow R_mR_{m-5}R_1R_2R_{m-5}R_1 \rightarrow F_mR_{m-5}R_1F_{m-3}R_1$ 共 k 次，直到得到 $F_mR_{m-5}R_1(F_{m-3}R_1)^k \rightarrow F_{2m-5}R_1$ $(F_{m-3}R_1)^k \rightarrow R_{m-2}(F_{m-3}R_1)^{k+1}$. 最后，当 k 达到足够大时，除非内存大小至少为 $(n-4m+11)(m-2)$，否则最终会发生溢出；细节见 *Comp. J.* **20**(1977), 242–244. [注意，想象得到的最糟糕的最坏情况只不过比这更糟一点儿而已，它以模式 $F_{m-1}R_1F_{m-1}R_1F_{m-1}R_1\ldots$ 开始，而习题 6 的"下一个匹配"策略就可以产生这种最坏的模式.]

43. 我们将证明，如果 $D_1, D_2, \ldots$ 是使得 $D_1/m + D_2/(m+1) + \cdots + D_m/(2m-1) \geq 1$ 对于所有 $m \geq 1$ 成立的任意数的序列，且 $C_m = D_1/1 + D_2/2 + \cdots + D_m/m$，则 $N_{FF}(n, m) \leq nC_m$. 特别地，因为

$$\frac{1}{m} + \frac{1}{m+1} + \cdots + \frac{1}{2m+1} = 1 - \frac{1}{2} + \cdots + \frac{1}{2m-3} - \frac{1}{2m-2} + \frac{1}{2m-1} > \ln 2,$$

常数序列 $D_m = 1/\ln 2$ 满足必要条件. 对 m 归纳证明：对于 $j \geq 1$，令 $N_j = nC_j$，并假定针对大小为 m 的块的某一请求不能分配在内存的最左 N_m 个单元中，于是 $m > 1$. 对于 $0 \leq j < m$，令 N_j' 表示分配给大小 $\leq j$ 的块的最右位置，若所有保留块都大于 j 则 N_j' 为 0；通过归纳，有 $N_j' \leq N_j$. 此外，令 N_m' 为 $\leq N_m$ 的最右被占用位置，使得 $N_m' \geq N_m - m + 1$. 则区间 $((N_{j-1}'..N_j']]$ 包含至少 $\lceil j(N_j' - N_{j-1}')/(m+j-1)\rceil$ 个被占用单元，因为它的自由块的大小 $< m$ 且它的保留块的大小 $\geq j$. 由此可得，$n - m \geq$ 被占用单元数 $\geq \sum_{j=1}^m j(N_j' - N_{j-1}')/(m+j-1) = mN_m'/(2m-1) - (m-1)\sum_{j=1}^{m-1} N_j'/(m+j)(m+j-1) > mN_m/(2m-1) - m - (m-1)\sum_{j=1}^{m-1} N_j(1/(m+j-1) - 1/(m+j)) = \sum_{j=1}^m nD_j/(m+j-1) - m \geq n - m$，矛盾.

　　　[这个证明的结论比题目要求稍强一些. 如果用 $D_1/m + \cdots + D_m/(2m-1) = 1$ 来定义各个 D_j，则序列 $C_1, C_2, \ldots$ 为 $\frac{7}{4}$, $\frac{161}{72}$, $\frac{7483}{2880}$, $\ldots$；而且即使在 $m = 2$ 的情况下（见习题 38），这个结果仍可继续改进.]

44. $\lceil F^{-1}(1/N) \rceil$, $\lceil F^{-1}(2/N) \rceil$, $\ldots$, $\lceil F^{-1}(N/N) \rceil$.

附录　A　数值表

表 1　常用于标准子例程和计算机程序分析中的数值（精确到小数点后 40 位）

$$\sqrt{2} = 1.41421\ 35623\ 73095\ 04880\ 16887\ 24209\ 69807\ 85697-$$
$$\sqrt{3} = 1.73205\ 08075\ 68877\ 29352\ 74463\ 41505\ 87236\ 69428+$$
$$\sqrt{5} = 2.23606\ 79774\ 99789\ 69640\ 91736\ 68731\ 27623\ 54406+$$
$$\sqrt{10} = 3.16227\ 76601\ 68379\ 33199\ 88935\ 44432\ 71853\ 37196-$$
$$\sqrt[3]{2} = 1.25992\ 10498\ 94873\ 16476\ 72106\ 07278\ 22835\ 05703-$$
$$\sqrt[3]{3} = 1.44224\ 95703\ 07408\ 38232\ 16383\ 10780\ 10958\ 83919-$$
$$\sqrt[4]{2} = 1.18920\ 71150\ 02721\ 06671\ 74999\ 70560\ 47591\ 52930-$$
$$\ln 2 = 0.69314\ 71805\ 59945\ 30941\ 72321\ 21458\ 17656\ 80755+$$
$$\ln 3 = 1.09861\ 22886\ 68109\ 69139\ 52452\ 36922\ 52570\ 46475-$$
$$\ln 10 = 2.30258\ 50929\ 94045\ 68401\ 79914\ 54684\ 36420\ 76011+$$
$$1/\ln 2 = 1.44269\ 50408\ 88963\ 40735\ 99246\ 81001\ 89213\ 74266+$$
$$1/\ln 10 = 0.43429\ 44819\ 03251\ 82765\ 11289\ 18916\ 60508\ 22944-$$
$$\pi = 3.14159\ 26535\ 89793\ 23846\ 26433\ 83279\ 50288\ 41972-$$
$$1° = \pi/180 = 0.01745\ 32925\ 19943\ 29576\ 92369\ 07684\ 88612\ 71344+$$
$$1/\pi = 0.31830\ 98861\ 83790\ 67153\ 77675\ 26745\ 02872\ 40689+$$
$$\pi^2 = 9.86960\ 44010\ 89358\ 61883\ 44909\ 99876\ 15113\ 53137-$$
$$\sqrt{\pi} = \Gamma(1/2) = 1.77245\ 38509\ 05516\ 02729\ 81674\ 83341\ 14518\ 27975+$$
$$\Gamma(1/3) = 2.67893\ 85347\ 07747\ 63365\ 56929\ 40974\ 67764\ 41287-$$
$$\Gamma(2/3) = 1.35411\ 79394\ 26400\ 41694\ 52880\ 28154\ 51378\ 55193+$$
$$e = 2.71828\ 18284\ 59045\ 23536\ 02874\ 71352\ 66249\ 77572+$$
$$1/e = 0.36787\ 94411\ 71442\ 32159\ 55237\ 70161\ 46086\ 74458+$$
$$e^2 = 7.38905\ 60989\ 30650\ 22723\ 04274\ 60575\ 00781\ 31803+$$
$$\gamma = 0.57721\ 56649\ 01532\ 86060\ 65120\ 90082\ 40243\ 10422-$$
$$\ln \pi = 1.14472\ 98858\ 49400\ 17414\ 34273\ 51353\ 05871\ 16473-$$
$$\phi = 1.61803\ 39887\ 49894\ 84820\ 45868\ 34365\ 63811\ 77203+$$
$$e^\gamma = 1.78107\ 24179\ 90197\ 98523\ 65041\ 03107\ 17954\ 91696+$$
$$e^{\pi/4} = 2.19328\ 00507\ 38015\ 45655\ 97696\ 59278\ 73822\ 34616+$$
$$\sin 1 = 0.84147\ 09848\ 07896\ 50665\ 25023\ 21630\ 29899\ 96226-$$
$$\cos 1 = 0.54030\ 23058\ 68139\ 71740\ 09366\ 07442\ 97660\ 37323+$$
$$-\zeta'(2) = 0.93754\ 82543\ 15843\ 75370\ 25740\ 94567\ 86497\ 78979-$$
$$\zeta(3) = 1.20205\ 69031\ 59594\ 28539\ 97381\ 61511\ 44999\ 07650-$$
$$\ln \phi = 0.48121\ 18250\ 59603\ 44749\ 77589\ 13424\ 36842\ 31352-$$
$$1/\ln \phi = 2.07808\ 69212\ 35027\ 53760\ 13226\ 06117\ 79576\ 77422-$$
$$-\ln \ln 2 = 0.36651\ 29205\ 81664\ 32701\ 24391\ 58232\ 66946\ 94543-$$

　　表 1 中的一些 40 位值是约翰·伦奇针对本书第 1 版，在一个台式计算器上计算的．在 20 世纪 70 年代，进行这类计算的计算机软件证实了他的计算是正确的．另一基本常数的 40 位值参见习题 1.3.3-23 的答案．

表 2　常用于标准子例程和计算机程序分析中的数值（45 位八进制数字）

“=” 左边的是十进制数.

$$0.1 = 0.06314\ 63146\ 31463\ 14631\ 46314\ 63146\ 31463\ 14631\ 46315-$$
$$0.01 = 0.00507\ 53412\ 17270\ 24365\ 60507\ 53412\ 17270\ 24365\ 60510-$$
$$0.001 = 0.00040\ 61115\ 64570\ 65176\ 76355\ 44264\ 16254\ 02030\ 44672+$$
$$0.0001 = 0.00003\ 21556\ 13530\ 70414\ 54512\ 75170\ 33021\ 15002\ 35223-$$
$$0.00001 = 0.00000\ 24761\ 32610\ 70664\ 36041\ 06077\ 17401\ 56063\ 34417-$$
$$0.000001 = 0.00000\ 02061\ 57364\ 05536\ 66151\ 55323\ 07746\ 44470\ 26033+$$
$$0.0000001 = 0.00000\ 00153\ 27745\ 15274\ 53644\ 12741\ 72312\ 20354\ 02151+$$
$$0.00000001 = 0.00000\ 00012\ 57143\ 56106\ 04303\ 47374\ 77341\ 01512\ 63327+$$
$$0.000000001 = 0.00000\ 00001\ 04560\ 27640\ 46655\ 12262\ 71426\ 40124\ 21742+$$
$$0.0000000001 = 0.00000\ 00000\ 06676\ 33766\ 35367\ 55653\ 37265\ 34642\ 01627-$$
$$\sqrt{2} = 1.32404\ 74631\ 77167\ 46220\ 42627\ 66115\ 46725\ 12575\ 17435+$$
$$\sqrt{3} = 1.56663\ 65641\ 30231\ 25163\ 54453\ 50265\ 60361\ 34073\ 42223-$$
$$\sqrt{5} = 2.17067\ 36334\ 57722\ 47602\ 57471\ 63003\ 00563\ 55620\ 32021-$$
$$\sqrt{10} = 3.12305\ 40726\ 64555\ 22444\ 02242\ 57101\ 41466\ 33775\ 22532+$$
$$\sqrt[3]{2} = 1.20505\ 05746\ 15345\ 05342\ 10756\ 65334\ 25574\ 22415\ 03024+$$
$$\sqrt[3]{3} = 1.34233\ 50444\ 22175\ 73134\ 67363\ 76133\ 05334\ 31147\ 60121-$$
$$\sqrt[4]{2} = 1.14067\ 74050\ 61556\ 12455\ 72152\ 64430\ 60271\ 02755\ 73136+$$
$$\ln 2 = 0.54271\ 02775\ 75071\ 73632\ 57117\ 07316\ 30007\ 71366\ 53640+$$
$$\ln 3 = 1.06237\ 24752\ 55006\ 05227\ 32440\ 63065\ 25012\ 35574\ 55337+$$
$$\ln 10 = 2.23273\ 06735\ 52524\ 25405\ 56512\ 66542\ 56026\ 46050\ 50705+$$
$$1/\ln 2 = 1.34252\ 16624\ 53405\ 77027\ 35750\ 37766\ 40644\ 35175\ 04353+$$
$$1/\ln 10 = 0.33626\ 75425\ 11562\ 41614\ 52325\ 33525\ 27655\ 14756\ 06220-$$
$$\pi = 3.11037\ 55242\ 10264\ 30215\ 14230\ 63050\ 56006\ 70163\ 21122+$$
$$1° = \pi/180 = 0.01073\ 72152\ 11224\ 72344\ 25603\ 54276\ 63351\ 22056\ 11544+$$
$$1/\pi = 0.24276\ 30155\ 62344\ 20251\ 23760\ 47257\ 50765\ 15156\ 70067-$$
$$\pi^2 = 11.67517\ 14467\ 62135\ 71322\ 25561\ 15466\ 30021\ 40654\ 34103-$$
$$\sqrt{\pi} = \Gamma(1/2) = 1.61337\ 61106\ 64736\ 65247\ 47035\ 40510\ 15273\ 34470\ 17762-$$
$$\Gamma(1/3) = 2.53347\ 35234\ 51013\ 61316\ 73106\ 47644\ 54653\ 00106\ 66046-$$
$$\Gamma(2/3) = 1.26523\ 57112\ 14154\ 74312\ 54572\ 37655\ 60126\ 23231\ 02452+$$
$$e = 2.55760\ 52130\ 50535\ 51246\ 52773\ 42542\ 00471\ 72363\ 61661+$$
$$1/e = 0.27426\ 53066\ 13167\ 46761\ 52726\ 75436\ 02440\ 52371\ 03355+$$
$$e^2 = 7.30714\ 45615\ 23355\ 33460\ 63507\ 35040\ 32664\ 25356\ 50217+$$
$$\gamma = 0.44742\ 14770\ 67666\ 06172\ 23215\ 74376\ 01002\ 51313\ 25521-$$
$$\ln \pi = 1.11206\ 40443\ 47503\ 36413\ 65374\ 52661\ 52410\ 37511\ 46057+$$
$$\phi = 1.47433\ 57156\ 27751\ 23701\ 27634\ 71401\ 40271\ 66710\ 15010+$$
$$e^\gamma = 1.61772\ 13452\ 61152\ 65761\ 22477\ 36553\ 53327\ 17554\ 21260+$$
$$e^{\pi/4} = 2.14275\ 31512\ 16162\ 52370\ 35530\ 11342\ 53525\ 44307\ 02171-$$
$$\sin 1 = 0.65665\ 24436\ 04414\ 73402\ 03067\ 23644\ 11612\ 07474\ 14505-$$
$$\cos 1 = 0.42450\ 50037\ 32406\ 42711\ 07022\ 14666\ 27320\ 70675\ 12321+$$
$$-\zeta'(2) = 0.74001\ 45144\ 53253\ 42362\ 42107\ 23350\ 50074\ 46100\ 27706+$$
$$\zeta(3) = 1.14735\ 00023\ 60014\ 20470\ 15613\ 42561\ 31715\ 10177\ 06614+$$
$$\ln \phi = 0.36630\ 26256\ 61213\ 01145\ 13700\ 41004\ 52264\ 30700\ 40646+$$
$$1/\ln \phi = 2.04776\ 60111\ 17144\ 41512\ 11436\ 16575\ 00355\ 43630\ 40651+$$
$$-\ln \ln 2 = 0.27351\ 71233\ 67265\ 63650\ 17401\ 56637\ 26334\ 31455\ 57005-$$

表 3 对于小的 n 值，调和数、伯努利数和斐波那契数的值

n	H_n	B_n	F_n	n
0	0	1	0	0
1	1	$-1/2$	1	1
2	3/2	1/6	1	2
3	11/6	0	2	3
4	25/12	$-1/30$	3	4
5	137/60	0	5	5
6	49/20	1/42	8	6
7	363/140	0	13	7
8	761/280	$-1/30$	21	8
9	7129/2520	0	34	9
10	7381/2520	5/66	55	10
11	83711/27720	0	89	11
12	86021/27720	$-691/2730$	144	12
13	1145993/360360	0	233	13
14	1171733/360360	7/6	377	14
15	1195757/360360	0	610	15
16	2436559/720720	$-3617/510$	987	16
17	42142223/12252240	0	1597	17
18	14274301/4084080	43867/798	2584	18
19	275295799/77597520	0	4181	19
20	55835135/15519504	$-174611/330$	6765	20
21	18858053/5173168	0	10946	21
22	19093197/5173168	854513/138	17711	22
23	444316699/118982864	0	28657	23
24	1347822955/356948592	$-236364091/2730$	46368	24
25	34052522467/8923714800	0	75025	25
26	34395742267/8923714800	8553103/6	121393	26
27	312536252003/80313433200	0	196418	27
28	315404588903/80313433200	$-23749461029/870$	317811	28
29	9227046511387/2329089562800	0	514229	29
30	9304682830147/2329089562800	8615841276005/14322	832040	30

对任何 x, 令 $H_x = \sum_{n \geq 1} \left(\dfrac{1}{n} - \dfrac{1}{n+x} \right)$. 于是

$$H_{1/2} = 2 - 2\ln 2,$$

$$H_{1/3} = 3 - \tfrac{1}{2}\pi/\sqrt{3} - \tfrac{3}{2}\ln 3,$$

$$H_{2/3} = \tfrac{3}{2} + \tfrac{1}{2}\pi/\sqrt{3} - \tfrac{3}{2}\ln 3,$$

$$H_{1/4} = 4 - \tfrac{1}{2}\pi - 3\ln 2,$$

$$H_{3/4} = \tfrac{4}{3} + \tfrac{1}{2}\pi - 3\ln 2,$$

$$H_{1/5} = 5 - \tfrac{1}{2}\pi\phi^{3/2}5^{-1/4} - \tfrac{5}{4}\ln 5 - \tfrac{1}{2}\sqrt{5}\ln\phi,$$

$$H_{2/5} = \tfrac{5}{2} - \tfrac{1}{2}\pi\phi^{-3/2}5^{-1/4} - \tfrac{5}{4}\ln 5 + \tfrac{1}{2}\sqrt{5}\ln\phi,$$

$$H_{3/5} = \tfrac{5}{3} + \tfrac{1}{2}\pi\phi^{-3/2}5^{-1/4} - \tfrac{5}{4}\ln 5 + \tfrac{1}{2}\sqrt{5}\ln\phi,$$

$$H_{4/5} = \tfrac{5}{4} + \tfrac{1}{2}\pi\phi^{3/2}5^{-1/4} - \tfrac{5}{4}\ln 5 - \tfrac{1}{2}\sqrt{5}\ln\phi,$$

$$H_{1/6} = 6 - \tfrac{1}{2}\pi\sqrt{3} - 2\ln 2 - \tfrac{3}{2}\ln 3,$$

$$H_{5/6} = \tfrac{6}{5} + \tfrac{1}{2}\pi\sqrt{3} - 2\ln 2 - \tfrac{3}{2}\ln 3,$$

一般地, 当 $0 < p < q$ 时 (参见习题 1.2.9–19),

$$H_{p/q} = \frac{q}{p} - \frac{\pi}{2}\cot\frac{p}{q}\pi - \ln 2q + 2 \sum_{1 \leq n < q/2} \cos\frac{2pn}{q}\pi \cdot \ln\sin\frac{n}{q}\pi.$$

附录 B 记号索引

在下列公式中，未作说明的字母的意义如下：

$$j, k \quad \text{整数值的算术表达式}$$
$$m, n \quad \text{非负整数值的算术表达式}$$
$$x, y \quad \text{实数值的算术表达式}$$
$$f \quad \text{实数值或复数值的函数}$$
$$\text{P} \quad \text{指针值表达式（要么是 } \Lambda \text{，要么是计算机地址)}$$
$$S, T \quad \text{集合或多重集合}$$
$$\alpha \quad \text{符号串}$$

形式符号	含义	定义位置
$V \leftarrow E$	将表达式 E 的值赋给变量 V	1.1
$U \leftrightarrow V$	交换变量 U 和 V 的值	1.1
A_n 或 $A[n]$	线性数组 A 的第 n 个元素	1.1
A_{mn} 或 $A[m,n]$	矩形数组 A 的第 m 行 n 列元素	1.1
NODE(P)	地址为 P 的结点（由字段名独立识别的变量组），假定 $\text{P} \neq \Lambda$	2.1
F(P)	字段名是 F 的 NODE(P) 中的变量	2.1
CONTENTS(P)	地址是 P 的计算机字的内容	2.1
LOC(V)	计算机内变量 V 的地址	2.1
$\text{P} \Leftarrow \text{AVAIL}$	将指针变量 P 置为一个新结点的地址	2.2.3
$\text{AVAIL} \Leftarrow \text{P}$	将 NODE(P) 恢复成自由存储；其所有字段都失去了身份	2.2.3
$\text{top}(S)$	非空栈 S 顶上的结点	2.2.1
$X \Leftarrow \text{S}$	从 S 向上弹出到 X：置 $X \leftarrow \text{top}(S)$，然后从非空栈 S 删除 $\text{top}(S)$	2.2.1
$\text{S} \Leftarrow X$	将 X 向下推入 S：插入值 X，作为栈 S 顶上的新条目	2.2.1
$(B \Rightarrow E; E')$	条件表达式：如果 B 为真，表示 E；如果 B 为假，表示 E'	
$[B]$	条件 B 的特征函数： $$(B \Rightarrow 1; 0)$$	1.2.3
δ_{kj}	克罗内克 δ：$[j = k]$	1.2.3
$[z^n]\, g(z)$	幂级数 $g(z)$ 中 z^n 的系数	1.2.9
$\displaystyle\sum_{R(k)} f(k)$	使得变量 k 为整数且关系 $R(k)$ 为真的所有 $f(k)$ 之和	1.2.3
$\displaystyle\prod_{R(k)} f(k)$	使得变量 k 为整数且关系 $R(k)$ 为真的所有 $f(k)$ 之积	1.2.3

形式符号	含义	定义位置
$\displaystyle\min_{R(k)} f(k)$	使得变量 k 为整数且关系 $R(k)$ 为真的所有 $f(k)$ 之极小值	1.2.3
$\displaystyle\max_{R(k)} f(k)$	使得变量 k 为整数且关系 $R(k)$ 为真的所有 $f(k)$ 之极大值	1.2.3
$j \backslash k$	j 整除 k: $k \bmod j = 0$ 且 $j > 0$	1.2.4
$S \setminus T$	集合差: $\{a \mid a$ 在 S 中且 a 不在 T 中$\}$	
$\gcd(j, k)$	j 和 k 的最大公因子: $$\left(j = k = 0 \Rightarrow 0;\ \max_{d \backslash j,\, d \backslash k} d \right)$$	1.1
$j \perp k$	j 与 k 互素: $\gcd(j, k) = 1$	1.2.4
A^T	矩形数组 A 的转置: $A^T[j, k] = A[k, j]$	
α^R	α 的左右反转	
x^y	x 的 y 次方（ x 为正）	1.2.2
x^k	x 的 k 次方: $$\left(k \ge 0 \Rightarrow \prod_{0 \le j < k} x;\quad 1/x^{-k} \right)$$	1.2.2
$x^{\bar{k}}$	x 的 k 次升幂: $\Gamma(x+k)/\Gamma(x) =$ $$\left(k \ge 0 \Rightarrow \prod_{0 \le j < k} (x+j);\quad 1/(x+k)^{\overline{-k}} \right)$$	1.2.5
$x^{\underline{k}}$	x 的 k 次降幂: $x!/(x-k)! =$ $$\left(k \ge 0 \Rightarrow \prod_{0 \le j < k} (x-j);\quad 1/(x-k)^{\underline{-k}} \right)$$	1.2.5
$n!$	n 的阶乘: $\Gamma(n+1) = n^{\underline{n}}$	1.2.5
$\dbinom{x}{k}$	二项式系数: $(k < 0 \Rightarrow 0;\ x^{\underline{k}}/k!)$	1.2.6
$\dbinom{n}{n_1, n_2, \ldots, n_m}$	多项式系数（仅当 $n = n_1 + n_2 + \cdots + n_m$ 时）	1.2.6
$\begin{bmatrix} n \\ m \end{bmatrix}$	第一类斯特林数: $$\sum_{0 < k_1 < k_2 < \cdots < k_{n-m} < n} k_1 k_2 \ldots k_{n-m}$$	1.2.6
$\begin{Bmatrix} n \\ m \end{Bmatrix}$	第二类斯特林数: $$\sum_{1 \le k_1 \le k_2 \le \cdots \le k_{n-m} \le m} k_1 k_2 \ldots k_{n-m}$$	1.2.6
$\{a \mid R(a)\}$	使得关系 $R(a)$ 为真的所有 a 的集合	
$\{a_1, \ldots, a_n\}$	集合或多重集合 $\{a_k \mid 1 \le k \le n\}$	
$\{x\}$	小数部分（用于蕴涵实数值而非集合的范畴）: $x - \lfloor x \rfloor$	1.2.11.2

形式符号	含义	定义位置
$a_1 + a_2 + \ldots + a_n$	n 重和：$\sum_{j=1}^{n} a_j$	1.2.3
$[a \mathinner{\ldotp\ldotp} b]$	闭区间：$\{x \mid a \le x \le b\}$	1.2.2
$(a \mathinner{\ldotp\ldotp} b)$	开区间：$\{x \mid a < x < b\}$	1.2.2
$[a \mathinner{\ldotp\ldotp} b)$	半开区间：$\{x \mid a \le x < b\}$	1.2.2
$(a \mathinner{\ldotp\ldotp} b]$	半闭区间：$\{x \mid a < x \le b\}$	1.2.2
$|S|$	基数：集合 S 的元素个数	
$|x|$	x 的绝对值：$(x \ge 0 \Rightarrow x; -x)$	
$|\alpha|$	α 的长度	
$\lfloor x \rfloor$	x 的下整，最大整数函数：$\max_{k \le x} k$	1.2.4
$\lceil x \rceil$	x 的上整，最小整数函数：$\min_{k \ge x} k$	1.2.4
$x \bmod y$	mod 函数：$(y = 0 \Rightarrow x; x - y\lfloor x/y \rfloor)$	1.2.4
$x \equiv x' \,(\text{modulo } y)$	同余关系：$x \bmod y = x' \bmod y$	1.2.4
$O\big(f(n)\big)$	当变量 $n \to \infty$，$f(n)$ 的大 O	1.2.11.1
$O\big(f(z)\big)$	当变量 $z \to 0$，$f(z)$ 的大 O	1.2.11.1
$\Omega\big(f(n)\big)$	当变量 $n \to \infty$，$f(n)$ 的大 Ω	1.2.11.1
$\Theta\big(f(n)\big)$	当变量 $n \to \infty$，$f(n)$ 的大 Θ	1.2.11.1
$\log_b x$	x 的以 b 为底的对数（当 $x > 0, b > 0, b \ne 1$ 时）：使得 $x = b^y$ 的 y	1.2.2
$\ln x$	自然对数：$\log_e x$	1.2.2
$\lg x$	以 2 为底的对数：$\log_2 x$	1.2.2
$\exp x$	指数函数：e^x	1.2.9
$\langle X_n \rangle$	无穷序列 $X_0, X_1, X_2, \ldots$（这里的字母 n 是符号的一部分）	1.2.9
$f'(x)$	f 在 x 处的导数	1.2.9
$f''(x)$	f 在 x 处的二阶导数	1.2.10
$f^{(n)}(x)$	n 阶导数：$(n = 0 \Rightarrow f(x); g'(x))$，其中 $g(x) = f^{(n-1)}(x)$	1.2.11.2
$H_n^{(x)}$	x 阶调和数：$\displaystyle\sum_{1 \le k \le n} 1/k^x$	1.2.7
H_n	调和数：$H_n^{(1)}$	1.2.7
F_n	斐波那契数：$(n \le 1 \Rightarrow n; F_{n-1} + F_{n-2})$	1.2.8
B_n	伯努利数：$n!\,[z^n]\,z/(\mathrm{e}^z - 1)$	1.2.11.2
$\det(A)$	方阵 A 的行列式	1.2.3
$\operatorname{sign}(x)$	x 的符号：$[x > 0] - [x < 0]$	
$\zeta(x)$	ζ 函数：$\lim_{n \to \infty} H_n^{(x)}$（当 $x > 1$）	1.2.7
$\Gamma(x)$	Γ 函数：$(x - 1)! = \gamma(x, \infty)$	1.2.5
$\gamma(x, y)$	不完全 Γ 函数：$\int_0^y \mathrm{e}^{-t} t^{x-1}\,\mathrm{d}t$	1.2.11.3

形式符号	含义	定义位置
γ	欧拉常数：$\lim_{n\to\infty}(H_n - \ln n)$	1.2.7
e	自然对数的底：$\sum_{n\geq 0} 1/n!$	1.2.2
π	圆周率：$4\sum_{n\geq 0}(-1)^n/(2n+1)$	1.2.2
∞	无穷：大于任何数	
Λ	空链（不指向地址的指针）	2.1
ϵ	空串（长度为 0 的字符串）	
$\emptyset$	空集（无元素的集合）	
ϕ	黄金分割比：$\frac{1}{2}(1+\sqrt{5})$	1.2.8
$\varphi(n)$	欧拉 φ 函数：$\displaystyle\sum_{0\leq k<n}[k\perp n]$	1.2.4
$x\approx y$	x 近似等于 y	1.2.5, 4.2.2
$\Pr(S(X))$	对于 X 的随机值，命题 $S(X)$ 为真的概率	1.2.10
$\mathrm{E}\,X$	X 的期望值：$\sum_x x\Pr(X=x)$	1.2.10
$\mathrm{mean}(g)$	用生成函数 g 表示的概率分布的均值：$g'(1)$	1.2.10
$\mathrm{var}(g)$	用生成函数 g 表示的概率分布的方差：$$g''(1)+g'(1)-g'(1)^2$$	1.2.10
$(\min x_1, \mathrm{ave}\ x_2,$ $\max x_3, \mathrm{dev}\ x_4)$	具有最小值 x_1、平均（期望）值 x_2、最大值 x_3、标准差 x_4 的随机变量	1.2.10
P*	二叉树或树中 NODE(P) 的前序后续的地址	2.3.1, 2.3.2
P\$	二叉树中 NODE(P) 的中序后续的地址，树的后序后续	2.3.1, 2.3.2
P♯	二叉树中 NODE(P) 的后序后续的地址	2.3.1
*P	二叉树或树中 NODE(P) 的前序前驱的地址	2.3.1, 2.3.2
\$P	二叉树中 NODE(P) 的中序前驱的地址，树的后序前驱	2.3.1, 2.3.2
♯P	二叉树中 NODE(P) 的后序前驱的地址	2.3.1
▌	算法、程序、证明的结束标志	1.1
␣	一个空格	1.3.1
rA	MIX的寄存器 A（累加器）	1.3.1
rX	MIX的寄存器 X（扩展）	1.3.1
rI1,...,rI6	MIX的（变址）寄存器 I1, ..., I6	1.3.1
rJ	MIX的（转址）寄存器 J	1.3.1
(L:R)	MIX字的部分字段，$0\leq L\leq R\leq 5$	1.3.1
OP ADDRESS,I(F)	MIX指令的记号	1.3.1, 1.3.2
u	MIX中的时间单位	1.3.1
*	MIXAL中的 "self"	1.3.2
0F, 1F, 2F, ..., 9F	MIXAL中的 "forward" 局部符号	1.3.2
0B, 1B, 2B, ..., 9B	MIXAL中的 "backward" 局部符号	1.3.2
0H, 1H, 2H, ..., 9H	MIXAL中的 "here" 局部符号	1.3.2

附录 C 算法和定理索引

人名索引

阿贝尔，Niels Henrik Abel, 45, 314, 391.
阿波斯托尔，Tom Mike Apostol, 22.
阿伯加斯特，Louis François Antoine Arbogast, 41, 83, 378.
阿呆，Brutus Cyclops Dull, 88.
阿尔佩恩，Steven Robert Alpern, 416.
阿伦斯，Roger Michael Aarons, 418.
阿伦斯，Wilhelm Ernst Martin Georg Ahrens, 130.
阿罗约，Saulo Araújo, 449.
阿切尔比，Fabio Acerbi, 471.
埃伯利，Jakob Aebly, 425.
埃德尔曼，Paul Henry Edelman, 476.
埃德温，Joel Dyne Erdwinn, 185.
埃尔代伊，Arthur Erdélyi, 314.
埃尔米特，Charles Hermite, 38, 374.
埃瑟林顿，Ivor Malcolm Haddon Etherington, 314.
埃斯利，Peter Eisele, 376.
爱比克泰德，Epictetus of Hierapolis, 1.
爱德华兹，Daniel James Edwards, 332.
爱伦法斯特，Tatyana van Aardenne-Ehrenfest, 297, 299.
艾达，Augusta Ada LoveLace, 1.
艾弗森，Kenneth Eugene Iverson, 26, 31, 48, 359–360.
艾侯，Alfred Vaino Aho, 446.
艾萨克斯，Irving Martin Isaacs, 478.
艾森斯坦，Ferdinand Gotthold Max Eisenstein, 375.
奥德里兹科，Andrew Michael Odlyzko, 96, 449.
奥顿堡，Henry Oldenburg, 45.
奥尔德姆，Jeffrey David Oldham, ix.
奥里斯姆，Nicole Oresme, 17.
奥林，James Berger Orlin, 464.
奥皮亚奈，Thomas Hay O'Beirne, 409.
奥特，Richard Robert Otter, 312, 468.
奥廷格，Anthony Gervin Oettinger, 360.
奥图，Ekow Joseph Otoo, 446.

巴贝奇，Charles Babbage, 1, 184.
巴顿，David Elliott Barton, 52, 426.
巴赫曼，Paul Gustav Heinrich, 85.
巴克斯，John Warner Backus, 185.
巴里，David McAlister Barry, 217.
巴林顿，David Arno Barrington, 417.
巴内特，Michael Peter Barnett, 361.
巴尼斯，Ernest William Barnes, 398.
拜恩斯托克，Daniel Bienstock, 405.
拜尔蒂斯，Alfs Teodors Berztiss, 361.
邦孔帕尼，Prince Baldassarre Boncompagni, 63.
保尔，Thomas Jaudou Ball, 292.
鲍勃罗，Daniel Gureasko Bobrow, 331, 360.
鲍尔，Walter William Rouse Ball, 130.
鲍格朗，Francois Bergeron, 311.
贝尔，Eric Temple Bell, 69.
贝尔格，Richard Beigel, 365.
贝尔曼，Richard Ernest Bellman, xii.
贝利，Michael John Bailey, 361.
本内特，John Makepeace Bennett, 185.
比内，Jacques Philippe Marie Binet, 28, 321, 372.
比奇洛，Richard Henry Bigelow, 447.
边奈美，Irénée Jules Bienaymé, 78.
波夫莱特，Patricio Vicente Poblete Olivares, 414.
波利亚，George Pólya, 13, 74, 312, 320, 321, 390.
波隆斯基，Ivan Paul Polonsky, 360.
波洛，Hercule Poirot, xiii.

波帕尔，Yves Poupard, 476.
伯恩斯坦，Sergei Natanovich Bernstein, 83.
伯格曼，George Mark Bergman, 388, 472.
伯克，Jhon Burke, 247.
伯克斯，Arthur Walter Burks, 284.
伯利坎普，Elwyn Ralph Berlekamp, 217.
伯曼，Martin Fredric Berman, 413.
伯努利，Daniel Bernoulli, 66.
伯努利，Jacques（= Jakob = James）Bernoulli, 89, 92.
伯努利，Jean（= Johann = John）Bernoulli III, 389.
勃洛夫，Gerrit Anne Blaauw, 358.
博尔斯，David Alan Boles, 354.
博尔夏特，Carl Wilhelm Borchardt, 320, 464.
博格，Robert Berger, 304.
布劳威尔，Luitzen Egbertus Jan Brouwer, 320.
布勒森，Peter Barrus Burleson, 361.
布里格斯，Henry Briggs, 20.
布利克莱，Andrzej Jacek Blikle, 261.
布鲁诺，Francesco Faà di Bruno, 378.
布伦纳，Norman Mitchell Brenner, 414.
布伦特，Richard Peirce Brent, 448.
布罗林，Duane Marvin Broline, 478.
布思罗伊德，John Boothroyd, 143.
布希，Conrad Heinrich Edmund Friedrich Busche, 34.

查克拉瓦尔蒂，Gurugovinda Chakravarti, 42.
陈天机，Tien Chi Chen, 368.
楚泽，Konrad Zuse, 358.
崔特，Alan Levi Tritter, 458.

达尔，Ole-Johan Dahl, 185, 361.
达姆，David Michael Dahm, 339, 340.
戴克斯特拉，Edsger Wybe Dijkstra, 13, 153, 185, 186, 192, 359, 361, 432, 461, 481.
戴维，Florence Nightingale David, 52.
戴维斯，David Julian Meredith Davies, 349.
戴维斯，Philip Jacob Davis, 40.
道尔，Arthur Ignatius Conan Doyle, 363.
道森，Reed Dawson, 464.
德布鲁因，Nicolaas Govert de Bruijn, 96, 97, 297, 299, 374, 396, 431, 449.
德怀尔，Barry Dwyer, 451.
德摩根，Augustus De Morgan, 13.
德穆思，Howard B. Demuth, 96.
德瓦列茨基，Aryeh Dvoretzky, 472.
德肖维茨，Nachum Dershowitz, 409, 468, 476.
邓拉普，James Robert Dunlap, 358.
狄克曼，Karl Daniel Dickman, 415.
狄克逊，Alfred Cardew Dixon, 384.
狄克逊，Robert Dan Dixon, 400.
迪克森，Leonard Eugene Dickson, 64, 379.
迪亚科尼斯，Persi Warren Diaconis, 385.
迪尤尔，Robert Berriedale Keith Dewar, 489.
棣莫弗，Abraham de Moivre, 59, 66, 69, 84, 146, 370, 385, 425.
蒂勒，Thorvald Nicolai Thiele, 82.
蒂莫西，Timothy Howard Merrett, 446.
丁佩里奥，Mary Evelyn d'Imperio, 361.
杜格尔，John Dougall, 384.
杜卡，Jacques Dutka, 40, 51.
杜兰，Barry Durand, 466.
杜立德，M. H. Doolittle, 241.

索　引

当一条索引所指的页码包括相关习题时，请参考该习题的答案了解更多信息. 习题答案的页码未编入索引，除非其中有未曾涉及的主题.

字符代码:

00	01	02	03	04	05	06	07	08	09	10	11	12	13	14	15	16	17	18	19	20	21	22	23	24
␣	A	B	C	D	E	F	G	H	I	Δ	J	K	L	M	N	O	P	Q	R	Σ	Π	S	T	U

00	*1*	**01**	*2*	**02**	*2*	**03**	*10*
无操作		$rA \leftarrow rA + V$		$rA \leftarrow rA - V$		$rAX \leftarrow rA \times V$	
NOP(0)		ADD(0:5) FADD(6)		SUB(0:5) FSUB(6)		MUL(0:5) FMUL(6)	

08	*2*	**09**	*2*	**10**	*2*	**11**	*2*
$rA \leftarrow V$		$rI1 \leftarrow V$		$rI2 \leftarrow V$		$rI3 \leftarrow V$	
LDA(0:5)		LD1(0:5)		LD2(0:5)		LD3(0:5)	

16	*2*	**17**	*2*	**18**	*2*	**19**	*2*
$rA \leftarrow -V$		$rI1 \leftarrow -V$		$rI2 \leftarrow -V$		$rI3 \leftarrow -V$	
LDAN(0:5)		LD1N(0:5)		LD2N(0:5)		LD3N(0:5)	

24	*2*	**25**	*2*	**26**	*2*	**27**	*2*
$M(F) \leftarrow rA$		$M(F) \leftarrow rI1$		$M(F) \leftarrow rI2$		$M(F) \leftarrow rI3$	
STA(0:5)		ST1(0:5)		ST2(0:5)		ST3(0:5)	

32	*2*	**33**	*2*	**34**	*1*	**35**	*1+T*
$M(F) \leftarrow rJ$		$M(F) \leftarrow 0$		设备 F 忙吗?		控制, 设备 F	
STJ(0:2)		STZ(0:5)		JBUS(0)		IOC(0)	

40	*1*	**41**	*1*	**42**	*1*	**43**	*1*
$rA:0$, 转移		$rI1:0$, 转移		$rI2:0$, 转移		$rI3:0$, 转移	
JA[+]		J1[+]		J2[+]		J3[+]	

48	*1*	**49**	*1*	**50**	*1*	**51**	*1*
$rA \leftarrow [rA]? \pm M$		$rI1 \leftarrow [rI1]? \pm M$		$rI2 \leftarrow [rI2]? \pm M$		$rI3 \leftarrow [rI3]? \pm M$	
INCA(0) DECA(1) ENTA(2) ENNA(3)		INC1(0) DEC1(1) ENT1(2) ENN1(3)		INC2(0) DEC2(1) ENT2(2) ENN2(3)		INC3(0) DEC3(1) ENT3(2) ENN3(3)	

56	*2*	**57**	*2*	**58**	*2*	**59**	*2*
$CI \leftarrow rA(F):V$		$CI \leftarrow rI1(F):V$		$CI \leftarrow rI2(F):V$		$CI \leftarrow rI3(F):V$	
CMPA(0:5) FCMP(6)		CMP1(0:5)		CMP2(0:5)		CMP3(0:5)	

一般形式:

C	t
描述	
OP(F)	

C = 操作码, 指令的 (5:5) 字段
F = 操作码的变形, 指令的 (4:4) 字段
M = 变址后的指令地址
V = M(F) = 位置 M 的字段 F 的内容
OP = 操作的符号名
(F) = 标准 F 设置
t = 执行时间, T = 互锁时间

25	26	27	28	29	30	31	32	33	34	35	36	37	38	39	40	41	42	43	44	45	46	47	48	49	50	51	52	53	54	55
V	W	X	Y	Z	0	1	2	3	4	5	6	7	8	9	.	,	(	)	+	-	*	/	=	$	<	>	@	;	:	'

04	*12*	05	*10*	06	*2*	07	*1 + 2F*
rA ← rAX/V rX ← 余数 DIV(0:5) FDIV(6)		特殊 NUM(0) CHAR(1) HLT(2)		移位 M 字节 SLA(0)　SRA(1) SLAX(2)　SRAX(3) SLC(4)　SRC(5)		从 M 到 rI1 移动 F 字 MOVE(1)	
12	*2*	**13**	*2*	**14**	*2*	**15**	*2*
rI4 ← V LD4(0:5)		rI5 ← V LD5(0:5)		rI6 ← V LD6(0:5)		rX ← V LDX(0:5)	
20	*2*	**21**	*2*	**22**	*2*	**23**	*2*
rI4 ← −V LD4N(0:5)		rI5 ← −V LD5N(0:5)		rI6 ← −V LD6N(0:5)		rX ← −V LDXN(0:5)	
28	*2*	**29**	*2*	**30**	*2*	**31**	*2*
M(F) ← rI4 ST4(0:5)		M(F) ← rI5 ST5(0:5)		M(F) ← rI6 ST6(0:5)		M(F) ← rX STX(0:5)	
36	*1 + T*	**37**	*1 + T*	**38**	*1*	**39**	*1*
输入，设备 F IN(0)		输出，设备 F OUT(0)		设备 F 就绪？ JRED(0)		转移 JMP(0)　JSJ(1) JOV(2)　JNOV(3) 还有下面的 [*]	
44	*1*	**45**	*1*	**46**	*1*	**47**	*1*
rI4 : 0, 转移 J4[+]		rI5 : 0, 转移 J5[+]		rI6 : 0, 转移 J6[+]		rX : 0, 转移 JX[+]	
52	*1*	**53**	*1*	**54**	*1*	**55**	*1*
rI4 ← [rI4]? ± M INC4(0) DEC4(1) ENT4(2) ENN4(3)		rI5 ← [rI5]? ± M INC5(0) DEC5(1) ENT5(2) ENN5(3)		rI6 ← [rI6]? ± M INC6(0) DEC6(1) ENT6(2) ENN6(3)		rX ← [rX]? ± M INCX(0) DECX(1) ENTX(2) ENNX(3)	
60	*2*	**61**	*2*	**62**	*2*	**63**	*2*
CI ← rI4(F) : V CMP4(0:5)		CI ← rI5(F) : V CMP5(0:5)		CI ← rI6(F) : V CMP6(0:5)		CI ← rX(F) : V CMPX(0:5)	

		[*] :		[+] :	
rA = 寄存器 A		JL(4)	<	N(0)	
rX = 寄存器 X		JE(5)	=	Z(1)	
rAX = 寄存器 A 和 X 视作一个		JG(6)	>	P(2)	
rIi = 变址寄存器 i, $1 \le i \le 6$		JGE(7)	≥	NN(3)	
rJ = 寄存器 J		JNE(8)	≠	NZ(4)	
CI = 比较指示器		JLE(9)	≤	NP(5)	

其他 TAOCP 系列图书

卷2全面讲解了半数值算法，分"随机数"和"算术"两章。书中总结了主要算法范例及这些算法的基本理论，广泛剖析了计算机程序设计与数值分析间的相互联系。

卷3扩展了卷1中信息结构的内容，推广到大小数据和内外存储器的情形。书中深入讲解了排序和查找算法，并对各种算法的效率进行了量化分析。

卷4包含多卷，卷4A全面介绍了组合算法，内容涉及布尔函数、按位操作技巧、元组和排列、组合和分区以及树。